安定同位体がなく，特有の天然同位体組成を示さない元素については，その元素の代表的な放射性同位体の中から1種を選んでその質量数を（　）の中に示した。

| 10 | 11 | 12 | 1 | | | | | 17 | 18 | 族／周期 |

JN248132

常温・常圧における単体の状態

気体　液体　固体

1
$_2$**He** ヘリウム 4.003

| $_5$**B** ホウ素 10.81 | $_6$**C** 炭素 12.01 | $_7$**N** 窒素 14.01 | $_8$**O** 酸素 16.00 | $_9$**F** フッ素 19.00 | $_{10}$**Ne** ネオン 20.18 | **2** |

| $_{13}$**Al** アルミニウム 26.98 | $_{14}$**Si** ケイ素 28.09 | $_{15}$**P** リン 30.97 | $_{16}$**S** 硫黄 32.07 | $_{17}$**Cl** 塩素 35.45 | $_{18}$**Ar** アルゴン 39.95 | **3** |

| $_{28}$**Ni** ニッケル 58.69 | $_{29}$**Cu** 銅 63.55 | $_{30}$**Zn** 亜鉛 65.38 | $_{31}$**Ga** ガリウム 69.72 | $_{32}$**Ge** ゲルマニウム 72.63 | $_{33}$**As** ヒ素 74.92 | $_{34}$**Se** セレン 78.96 | $_{35}$**Br** 臭素 79.90 | $_{36}$**Kr** クリプトン 83.80 | **4** |

| $_{46}$**Pd** パラジウム 106.4 | $_{47}$**Ag** 銀 107.9 | $_{48}$**Cd** カドミウム 112.4 | $_{49}$**In** インジウム 114.8 | $_{50}$**Sn** スズ 118.7 | $_{51}$**Sb** アンチモン 121.8 | $_{52}$**Te** テルル 127.6 | $_{53}$**I** ヨウ素 126.9 | $_{54}$**Xe** キセノン 131.3 | **5** |

| $_{78}$**Pt** 白金 195.1 | $_{79}$**Au** 金 197.0 | $_{80}$**Hg** 水銀 200.6 | $_{81}$**Tl** タリウム 204.4 | $_{82}$**Pb** 鉛 207.2 | $_{83}$**Bi** ビスマス 209.0 | $_{84}$**Po** ポロニウム (210) | $_{85}$**At** アスタチン (210) | $_{86}$**Rn** ラドン (222) | **6** |

| $_{110}$**Ds** ダームスタチウム (281) | $_{111}$**Rg** レントゲニウム (280) | $_{112}$**Cn** コペルニシウム (285) | $_{113}$**Nh** ニホニウム (284) | $_{114}$**Fl** フレロビウム (289) | $_{115}$**Mc** モスコビウム (288) | $_{116}$**Lv** リバモリウム (293) | $_{117}$**Ts** テネシン (293) | $_{118}$**Og** オガネソン (294) | **7** |

ハロゲン　希ガス

| $_{63}$**Eu** ユウロピウム 152.0 | $_{64}$**Gd** ガドリニウム 157.3 | $_{65}$**Tb** テルビウム 158.9 | $_{66}$**Dy** ジスプロシウム 162.5 | $_{67}$**Ho** ホルミウム 164.9 | $_{68}$**Er** エルビウム 167.3 | $_{69}$**Tm** ツリウム 168.9 | $_{70}$**Yb** イッテルビウム 173.1 | $_{71}$**Lu** ルテチウム 175.0 | ランタノイド |

| $_{95}$**Am** アメリシウム (243) | $_{96}$**Cm** キュリウム (247) | $_{97}$**Bk** バークリウム (247) | $_{98}$**Cf** カリホルニウム (252) | $_{99}$**Es** アインスタイニウム (252) | $_{100}$**Fm** フェルミウム (257) | $_{101}$**Md** メンデレビウム (258) | $_{102}$**No** ノーベリウム (259) | $_{103}$**Lr** ローレンシウム (262) | アクチノイド |

大学入学共通テスト・理系大学 受験

化学の
新標準演習 改訂版

化学基礎 収録

卜部吉庸 [著]
Urabe Yoshinobu

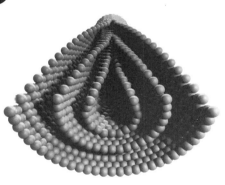

三省堂

本書の構成

　本書は，高等学校「化学基礎」「化学」の学習内容を完全に理解するとともに，大学入学共通テストを含めた大学入試全般に必要とされる基礎力の養成を目的とした，総合的な問題集です。編集にあたっては，次の点に，とくに留意しました。

> ①　進度に応じて，こまめに学習が進められるよう，章立てを比較的細かくしました。
> ②　「要点のまとめ」～「共通テストチャレンジ」まで段階を追って学習がすすめられるよう配慮しました。
> ③　「化学基礎」「化学」の学習内容を網羅した良問を厳選し，基礎的な問題から標準的なレベルの問題で構成しました。

本書の構成

要点のまとめ ……問題を解く上で，確実に覚えておかなければならない基礎的な重要事項を，図・表を用いて簡潔にまとめてあります。

確認&チェック ……重要事項の理解と暗記ができているかを確認できるように，穴埋め形式や一問一答形式のチェック問題を中心に構成してあります。

例　　題 ……典型的な問題を取り上げ，必ず身に付けなければならない考え方や解き方を，丁寧に解説してあります。

標準問題 ……必ず出題されそうな重要な問題を多く集めてあります。学習効率を上げるために，それぞれの問題で内容が重複することを避けると同時に，学習内容を網羅できるような問題から構成してあります。

発展問題 ……少し難しめの問題，発展的な内容を含む問題で構成してあります。

共通テストチャレンジ ……本番の大学入学共通テストを想定した問題で構成されています。

表示マーク

> **必** 　**標準問題** のなかでもとりわけ重要な必須問題です。時間がない人は，ここから先に取り組むことをおすすめします。
>
> →　**確認&チェック** で，**要点のまとめ** の該当部分を示します。
>
> ➡　**確認&チェック** で，解答を補足する簡単な解説です。
>
> □□　チェックボックス：各自で使い方を工夫してみて下さい。チェックボックスの使い方の一例を，次のページの「本書の利用法」で示しましたので，参考にして下さい。

別冊　標準問題・発展問題・共通テストチャレンジの解答・解説集

　解答・解説集には詳しい解説をつけ，自学・自習できるようにしました。解説を熟読することで，学習内容の理解がすすむように配慮してあります。解答・解説集の詳しい使い方は，解答・解説集の表紙裏に示したので，そちらも参照して下さい。

本書の利用法

1 「要点のまとめ」を熟読して，これまでの学習内容を総復習し，覚えるべき事項を覚えます。忘れていたり，理解できていなかった事項は，教科書などで確認します。

2 「確認&チェック」に取り組み，基本事項の理解がどの程度かを確認します。理解できていなかった事項や忘れていた事項は，すぐに「要点のまとめ」や教科書で確認します。ここまでの段階できちんと理解・暗記しておくことが大切です。この準備が中途半端だと，これ以降，つまずく原因となるので，必ず解決しておきます。

3 「例題」で，問題の考え方と解き方，その手順を身につけます。ここでは，なぜそのようにするのかを理解することが大切です。「例題」では，解き方の基本方法を学ぶので，飛ばしてはいけません。

4 「標準問題」に取り組みます。時間がない時や最初の時は，**必**が付いた問題を解くことから始めます。**必**が付いた問題では，代表的な頻出事項を扱っているので，必ず解いて下さい。

5 「発展問題」に取り組みます。発展的な内容を含む問題も多いので，解けそうな問題からすすめるのも一つの方法です。

6 「標準問題」「発展問題」では，初めから自分で解けたとしても，必ず別冊「解答・解説集」の解説を熟読します。単に答え合わせだけに終わらせてはいけません。解説を読むことで，自動的に復習ができ，さらに受験に役立つ知識や，テクニックなどが自然に身に付くよう工夫されています。特に，「発展問題」は，初めから解けなくても構いません。解説をじっくり読んで理解することが大切です。再度問題を解いて，解けるようになっていれば，演習の目的は達成されています。そのために，問題番号の後にチェックボックス□□が2つあります。最初に解くのに苦労したら□に✓や×，簡単にできたら◎や○などの印を付けておきます。最終的に全部が◎になるように反復すれば，受験のための基礎力は万全なものとなります。

7 「共通テストチャレンジ」は，適宜，活用して下さい。「標準問題」がスムーズに解けるようになっていれば，決して難しく感じることはないはずです。ここでは，大学入学共通テスト特有の問題形式に慣れることも大切です。

8 「解答・解説集」の解説でわからないこと，調べたいこと，さらに詳しく知りたいことが出てきたら，姉妹本の『化学の新研究 改訂版』(三省堂刊)で，その項目を調べてみて下さい。その問題の背景となる内容が書かれているので，さらに実力が付くと思います。

CONTENTS

本書の構成 ……………………………………………………………………… 2

本書の利用法 …………………………………………………………………… 3

目次 ……………………………………………………………………………… 4

化学基礎

第1編　物質の構成

1章　物質の成分と元素………………………………………………………… 6

2章　原子の構造と周期表……………………………………………………… 15

3章　化学結合①………………………………………………………………… 26

4章　化学結合②………………………………………………………………… 34

　　　共通テストチャレンジ…………………………………………………… 42

第2編　物質の変化

5章　物質量と濃度……………………………………………………………… 44

6章　化学反応式と量的関係…………………………………………………… 54

7章　酸と塩基…………………………………………………………………… 64

8章　中和反応と塩……………………………………………………………… 72

9章　酸化還元反応……………………………………………………………… 82

　　　共通テストチャレンジ…………………………………………………… 93

化　学

第3編　物質の状態

10章　物質の状態変化 ………………………………………………………… 95

11章　気体の法則 ……………………………………………………………… 104

12章　溶解と溶解度 …………………………………………………………… 115

13章　希薄溶液の性質 ………………………………………………………… 123

14章　コロイド ………………………………………………………………… 130

15章　固体の構造 ……………………………………………………………… 135

　　　共通テストチャレンジ ………………………………………………… 142

4

第4編　物質の変化と平衡

16章	化学反応と熱	144
17章	電池	154
18章	電気分解	161
	共通テストチャレンジ(1)	167
19章	化学反応の速さ	169
20章	化学平衡	177
21章	電解質水溶液の平衡	186
	共通テストチャレンジ(2)	196

第5編　無機物質の性質と利用

22章	非金属元素(その1)	198
23章	非金属元素(その2)	208
24章	典型金属元素	216
25章	遷移金属元素	225
26章	金属イオンの分離と検出	233
27章	無機物質と人間生活	241
	共通テストチャレンジ	248

第6編　有機化合物の性質と利用

28章	有機化合物の特徴と構造	250
29章	脂肪族炭化水素	257
30章	アルコールとカルボニル化合物	266
31章	カルボン酸・エステルと油脂	274
32章	芳香族化合物①	283
33章	芳香族化合物②	290
34章	有機化合物と人間生活	299
	共通テストチャレンジ	306

第7編　高分子化合物の性質と利用

35章	糖類(炭水化物)	308
36章	アミノ酸とタンパク質，核酸	317
37章	プラスチック・ゴム	331
38章	繊維・機能性高分子	340
	共通テストチャレンジ	350

別冊：解答・解説集

1 物質の成分と元素

1 混合物と純物質

❶ 元素　物質を構成する基本的成分で，約 120 種類ある。元素記号で表す。
❷ 原子　物質を構成する最小の粒子。原子を表す記号にも元素記号が用いられる。
❸ 物質の分類

物質 ┬ 純物質 … 1 種類の成分物質からなる。一定の融点・沸点・密度を示す。
　　 │ 　　　　 例 水，酸素，二酸化炭素，エタノール，塩化ナトリウム
　　 └ 混合物 … 2 種類以上の物質からなる。混合割合によって性質が異なる。
　　 　　　　　 例 空気，海水，石油，岩石，しょう油

純物質 ┬ 単体　… 1 種類の元素だけからなる物質。　例 水素，酸素，鉄
　　　 └ 化合物… 2 種類以上の元素からなる物質。　例 水，塩化ナトリウム

❹ 混合物の分離・精製
　分離　混合物から目的の物質を取り出す操作。
　精製　不純物を取り除き，純度の高い物質を得る操作。

名　称	方　　法	例
ろ　過	液体中の不溶性の固体をろ紙などで分離する。	泥水から泥を分離
蒸　留	液体の混合物(溶液)を加熱し，生じた蒸気を冷却して，再び液体として分離する。	海水から水を分離
分　留	蒸留を利用し，液体の混合物を沸点の違う各成分に分離する。	液体空気から窒素と酸素を分離
再結晶	高温の溶液を冷却して，純粋な結晶を分離する。	固体中の不純物を除く
抽出（ちゅうしゅつ）	適当な液体(溶媒)を加えて，目的物質を溶かし出して分離する。	大豆から大豆油を分離
昇華法（しょうか）	固体の混合物を加熱し，直接気体になる成分を分離する。	ヨウ素の精製
クロマトグラフィー	ろ紙などに対する吸着力と溶媒への溶解性の違いを利用して分離する。	インクから各色素の分離

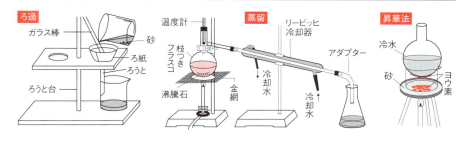

2 同素体

❶**同素体** 同じ元素からできている単体で，性質が異なる物質。SCOP（スコップ）で探せ！

構成元素	同素体
硫黄 S	斜方硫黄，単斜硫黄，ゴム状硫黄
炭素 C	ダイヤモンド，黒鉛，フラーレン
酸素 O	酸素，オゾン
リン P	黄リン，赤リン

例 酸素 O の同素体

酸素

オゾン

3 成分元素の確認

❶**炎色反応** 物質を高温の炎の中に入れると，成分元素に特有の色を示す現象。

元 素	Li	Na	K	Ca	Sr	Ba	Cu
炎 色	赤	黄	赤紫	橙赤	紅(深赤)	黄緑	青緑

❷**沈殿反応** 溶液中から不溶性の固体物質(沈殿)を生じる反応。

例 塩素の検出：硝酸銀水溶液を加えると白色の沈殿(塩化銀 AgCl)を生成。

4 物質の三態

❶**熱運動** 物質の構成粒子が絶えず行う不規則な運動。
❷**拡散** 物質が自然に広がっていく現象。構成粒子の熱運動により起こる。
❸**絶対零度** 粒子の熱運動が停止すると考えられる最低温度。−273℃。
❹**セルシウス温度** 水の凝固点(0℃)と沸点(100℃)の間を100等分して得られる温度。単位〔℃〕。
❺**絶対温度** −273℃を原点とする温度。セルシウス温度と同じ目盛り間隔をもつ。単位はケルビン〔記号：K〕。物質の構成粒子の熱運動の激しさに対応する温度。
・絶対温度 T とセルシウス温度 t との関係　$T〔K〕= t〔℃〕+ 273$
❻**物質の三態** 物質の固体，液体，気体の3つの状態。温度や圧力により変化する。

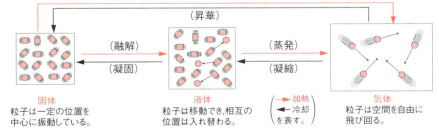

❼**物理変化** 物質そのものは変化せず，その状態だけが変わる変化。
　例 物質の状態変化，物質の溶解など。
❽**化学変化** ある物質から別の物質が生じる変化。化学反応ともいう。
　例 水の電気分解，物質の燃焼，金属の酸化など。

確認＆チェック

1 次の記述に当てはまる化学用語を答えよ。
 (1) 1種類の成分物質からなる物質。
 (2) 2種類以上の物質が混じり合った物質。
 (3) 1種類の元素だけからなる物質。
 (4) 2種類以上の元素からなる物質。
 (5) 混合物から純物質を取り出す操作。
 (6) 不純物を取り除き，純度の高い物質を得る操作。

2 次のような混合物の分離法を何というか。
 (1) 液体の混合物（溶液）を加熱し，生じた蒸気を冷却して，再び液体として分離する。
 (2) 高温の溶液を冷却して，純粋な結晶を分離する。
 (3) 固体の混合物を加熱し，直接気体になる成分を分離する。
 (4) 適当な溶媒を加えて，目的物質を溶かし出して分離する。

3 次の物質のうち，同素体の関係にあるものを3組選べ。
 (ア) 赤リン　　　(イ) 酸素　　　(ウ) ダイヤモンド
 (エ) 黄リン　　　(オ) 硫黄　　　(カ) オゾン
 (キ) 黒鉛　　　(ク) 二酸化炭素　　(ケ) 一酸化炭素

4 次の記述に当てはまる化学用語を答えよ。
 (1) 物質を高温の炎の中に入れると，成分元素に特有の色を示す現象。
 (2) 溶液中から不溶性の固体物質が生じる反応。
 (3) 物質が自然に広がっていく現象。
 (4) 物質の構成粒子が絶えず行う不規則な運動。
 (5) 水の凝固点と沸点の間を100等分して得られる温度。
 (6) −273℃を原点とする温度。(5)と同じ目盛り間隔をもつ。

5 次の変化を，物理変化はA，化学変化はBと区別せよ。
 (1) 水を加熱すると水蒸気になった。
 (2) 空気中で鉄くぎがさびて褐色になった。
 (3) 水を電気分解すると，水素と酸素が発生した。
 (4) 水に砂糖を入れてかき混ぜたら，溶けた。
 (5) ダイナマイトが爆発した。

解答

1 (1) 純物質
 (2) 混合物
 (3) 単体
 (4) 化合物
 (5) 分離
 (6) 精製
 → p.6 **1**

2 (1) 蒸留
 (2) 再結晶
 (3) 昇華法
 (4) 抽出
 → p.6 **1**

3 (ア)と(エ)
 (イ)と(カ)
 (ウ)と(キ)
 → p.7 **2**

4 (1) 炎色反応
 (2) 沈殿反応
 (3) 拡散
 (4) 熱運動
 (5) セルシウス温度
 (6) 絶対温度
 → p.7 **3**，**4**

5 (1) A
 (2) B
 (3) B
 (4) A
 (5) B
 → p.7 **4**

---

8 第1編 物質の構成

例題 1　物質の分類

次の各物質を混合物と純物質に分類し，さらに，純物質は単体と化合物に分類し，記号で答えよ。
- (ア) 水
- (イ) 黄銅
- (ウ) ダイヤモンド
- (エ) 石油
- (オ) 白金
- (カ) 食塩水
- (キ) 塩酸
- (ク) アンモニア

考え方
・**混合物**は，一定の融点・沸点を示さず，混合割合（組成という）によってその性質がしだいに変化する。
　混合物は，1つの**化学式**（物質を元素記号で表した式）で表すことはできない。
・**純物質**は，一定の融点・沸点を示し，1つの化学式で表すことができる。
　化学式で表したとき，その中に，1種類の元素記号を含めば**単体**，2種類以上の元素記号を含めば**化合物**と判断できる。
・1つの化学式で表せる物質は，純物質である。
　(ア) H_2O（化合物）　(ウ) C（単体）
　(オ) Pt（単体）　(ク) NH_3（化合物）
・混合物は1つの化学式では表せない物質。
　(イ) 黄銅…銅と亜鉛の混合物（合金）。
　(エ) 石油…沸点の異なる各種の炭化水素（炭素と水素の化合物）の混合物。
　(カ) 食塩水…水と塩化ナトリウムの混合物。
　(キ) 塩酸…水と塩化水素（HCl）の混合物。
　一般に溶液は，混合物と判断してよい。

解答　混合物…(イ)，(エ)，(カ)，(キ)
　　　　純物質 { 単体…(ウ)，(オ)
　　　　　　　　 化合物…(ア)，(ク)

例題 2　液体混合物の分離

右図は，液体混合物を分離する装置を示す。次の各問いに答えよ。
(1) 図のような分離法を何というか。
(2) 器具 A, B, C の名称を答えよ。
(3) 器具 B に流す冷却水は，x, y のどちらから流すのが適切か。
(4) 温度計の球部をフラスコの枝分かれの部分に置く理由を述べよ。

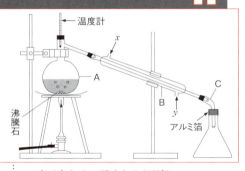

考え方　(1) 液体の混合物（溶液）を加熱すると，低沸点の成分が先に蒸発する。この蒸気を冷却すれば，純粋な液体として分離できる。このような混合物の分離法を**蒸留**という。
　沸騰石は，**突沸**（急激に起こる沸騰）を防ぐために，蒸留を行う前に液体混合物に入れておく。
(3) 冷却水を冷却器の上方から入れると，冷却器の中が冷却水で満たされずに，冷却効率はきわめて悪くなる（不適）。
(4) 温度計の球部（温度を測定する部分）をフラスコの枝分かれの位置に置くのは，フラスコから冷却器に向かう蒸気の温度を正確に測るためである（温度計の球部を溶液中に入れてはいけない）。

解答　(1) 蒸留　(2) A…枝付きフラスコ　B…リービッヒ冷却器　C…アダプター
(3) y
(4) **冷却器に向かう蒸気の温度を正確に測るため。**

例題 3　混合物の分離法　■■

次の混合物から（　）内の物質を分離するには，どの方法が最も適当か。下の語群から1つずつ選び，記号で答えよ。
(1)　食塩水　（水）　　　　　　　(2)　砂とグルコース　（砂）
(3)　原油　（ガソリン）　　　　　(4)　砂とヨウ素　（ヨウ素）
【語群】　(ア)　ろ過　　(イ)　蒸留　　(ウ)　分留　　(エ)　昇華法

考え方　混合物は，**物理変化**（状態変化など物質の種類が変わらない変化）を利用して，**純物質**に分離することができる。
(1)　加熱すると揮発性物質（気体になりやすい物質）の水が蒸発するが，不揮発性物質（気体になりにくい物質）の食塩は蒸発しない。発生した水蒸気を冷却すると，純粋な水が得られる。この操作を**蒸留**という。
(2)　水を加えてかき混ぜるとグルコースだけが溶ける。この水溶液をろ紙を用いて**ろ過**すると，砂だけがろ紙上に分離される。
(3)　原油は炭化水素の複雑な混合物で，酸素の供給を絶った状態で穏やかに加熱する

と，沸点の低いものから順に，ガソリン（ナフサ）・灯油・軽油・重油などの各成分に分けられる。このように，液体の混合物を沸点の違いによって，各成分に分離する方法を**分留**（**分別蒸留**）という。
(4)　砂とヨウ素の混合物を穏やかに加熱すると，ヨウ素だけが固体から気体になる（**昇華**）。この蒸気を冷却すると，純粋なヨウ素の結晶が得られる。
　　昇華性のある物質には，ヨウ素，ナフタレンなどがある。

解答　(1)…(イ)　　(2)…(ア)
　　　　　(3)…(ウ)　　(4)…(エ)

例題 4　元素と単体の区別　■■

次の文中の下線部の語句は，元素と単体のどちらの意味で用いられているか。
(1)　塩素は酸化力が強く，水道水の殺菌に利用されている。
(2)　地球の表層部（地殻）全体の質量の約46%は，酸素である。
(3)　成長期にはカルシウムの多い食品を摂取するように心がけなさい。

考え方　**単体**は，1種類の元素からできている具体的な性質をもつ物質を指す化学用語である。一方，**元素**は，物質を構成する成分（要素）の種類を指す化学用語であり，具体的な性質をもたない。
　単体と元素は同じ名称が使用されるため，しばしば混同されて使用されることが多い。
　具体的にいうと，化合物やイオンに対しても文意が通じる場合は元素名，通じない場合は単体名と判断してよい。なお，気体の単体には○○ガス，金属の単体には金属○○という言葉をつけると，より文意がはっきりとわかる場合は，単体名と判断できる。

また，「〜という成分」という言葉を補うと，文意がよく通じる場合は，元素名と判断してもよい。
(1)　実在する塩素ガス Cl_2 の具体的な性質を述べているので，**単体名**。
(2)　地殻中では，酸素 O は Si, Al, Fe などと化合物をつくって存在しており，物質を構成する成分としての種類を述べているので，**元素名**。
(3)　食品中には，金属のカルシウムが含まれているのではなく，カルシウムを成分とする物質が含まれているので，**元素名**。

解答　(1) 単体　(2) 元素　(3) 元素

標準問題

必は重要な必須問題。時間のないときはここから取り組む。

必 1 □□ ◀物質の分類▶ 次の各物質を混合物・単体・化合物に分類せよ。
(1) ドライアイス (2) 牛乳 (3) 都市ガス (4) 水銀
(5) グルコース (6) 硫酸 (7) 空気 (8) 青銅
(9) 塩化ナトリウム (10) アンモニア水 (11) 塩素

必 2 □□ ◀混合物・化合物・単体▶ 次の記述のうち、混合物に該当するものはA、化合物に該当するものはB、単体に該当するものはCと記入せよ。
(1) 蒸留などの物理的方法によって、2種類以上の物質に分けられる。
(2) 電気分解などの化学的方法によってのみ、2種類以上の物質に分けられる。
(3) 化学的方法によっても、それ以上、別の成分に分けることはできない。
(4) 成分物質の割合（組成）を変えると、その性質も変化する。
(5) 決まった沸点・融点・密度などをもっていない。
(6) 固体が融解し始める温度と、液体が凝固し始める温度が異なっている。

3 □□ ◀硫黄の同素体▶ (a)～(c)の硫黄の同素体の名称を記し、下の問いにも答えよ。

(a) 　(b) 　(c)

(1) 約120℃の硫黄の融解液を空気中で放置してつくるのは、(a)～(c)のいずれか。
(2) 250℃の硫黄の融解液を冷水に注いでつくるのは、(a)～(c)のいずれか。
(3) 常温・常圧で最も安定な硫黄の同素体は、(a)～(c)のいずれか。

4 □□ ◀ヨウ素溶液の分離▶ ガラス器具Aに、ヨウ素溶液（ヨウ素をヨウ化カリウム水溶液に溶かしたもの）と、ヘキサンを加えてよく振り静置した。この操作により、ヨウ素は水層からヘキサン層へ移った（右図）。次の問いに答えよ。

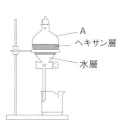

(1) ガラス器具Aの名称を記せ。
(2) この操作を何というか。
(3) この操作と同じ原理を利用した分離法を、下の(ア)～(エ)から1つ選べ。
　(ア) 原油からガソリンを取り出す。　(イ) 大豆から大豆油を取り出す。
　(ウ) 食塩水から食塩を取り出す。　(エ) 鉄鉱石から鉄を取り出す。

1 物質の成分と元素

5 ◀物質の分離法▶
次の(1)〜(7)の混合物からそれぞれ指定された物質を取り出すには，下の(ア)〜(ク)のどの操作を行うのが最も適当か。それぞれ1つずつ選び，記号で答えよ。
(1) 塩化ナトリウム水溶液から塩化ナトリウムを取り出す。
(2) 塩化ナトリウム水溶液から純水を取り出す。
(3) 液体空気から窒素と酸素をそれぞれ分離する。
(4) 白濁した石灰水から無色透明の石灰水をつくる。
(5) 少量の塩化ナトリウムを含む硝酸カリウムから純粋な硝酸カリウムを取り出す。
(6) 植物の緑葉から葉緑素（クロロフィル）を取り出す。
(7) 黒インクの中に含まれる各色素を分離する。

【操作】
(ア) 分留　　(イ) ろ過　　(ウ) クロマトグラフィー
(エ) 再結晶　(オ) 蒸発　　(カ) 蒸留
(キ) 抽出　　(ク) 昇華法

6 ◀混合物の分離▶
図は，砂の混じった食塩水から，砂を取り除く操作を示している。次の問いに答えよ。
(1) 図の(a)・(b)に相当する器具の名称を記せ。
(2) 図のような混合物の分離操作を何というか。
(3) 図の(a)を通過して下へ流れ出てくる液体を何というか。
(4) 図の装置で，実験操作上，不適切な点が3か所ある。どのように訂正すればよいか，簡潔に説明せよ。
(5) この操作で分離できないものを，すべて記号で選べ。
　(ア) 食塩水　(イ) 砂が混じった水　(ウ) 牛乳

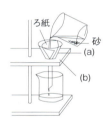

7 ◀同素体▶
次の(ア)〜(ク)の文のうち，正しいものをすべて選び，記号で答えよ。
(ア) 同素体は単体にだけあって，化合物には存在しない。
(イ) 同素体は固体の状態だけに存在し，液体や気体の状態には存在しない。
(ウ) 黄リンと赤リンは同素体で，物理的性質はかなり異なるが，化学的性質はほぼ同じである。
(エ) 互いに同素体である酸素とオゾンを混ぜ合わせたものは，純物質である。
(オ) 同素体は同じ元素からできている物質なので，融点や沸点は等しい。
(カ) 水と過酸化水素はいずれも同じ元素からできており，互いに同素体である。
(キ) 同素体は，ある温度を境にして，一方から他方へと移り変わることがある。
(ク) ダイヤモンドと黒鉛は炭素の同素体であり，完全燃焼させるといずれも二酸化炭素になる。

8 □□ ◀物質の成分元素▶ 次の(1)〜(5)の各操作によって，下線部の物質から検出された成分元素は何か。それぞれ元素記号を示せ。
(1) 食塩水に白金線を浸して炎色反応を調べると，黄色を示した。
(2) 石灰石に希塩酸を加えたら気体が発生した。この反応液に白金線を浸して炎色反応を調べると，橙赤色を示した。
(3) 食塩水に硝酸銀水溶液を加えたら，白色沈殿を生じた。
(4) スクロース(ショ糖)と酸化銅(Ⅱ)を混合し，加熱して生じた気体を石灰水に通じたら，白濁した。
(5) スクロース(ショ糖)と酸化銅(Ⅱ)を混合し，加熱して生じた液体を硫酸銅(Ⅱ)無水塩につけると，青色を示した。

9 □□ ◀物質の三態▶ 物質の状態変化について，次の問いに答えよ。
(1) 図のア〜カの状態変化の名称を記せ。
(2) 熱運動が最も激しく行われているのはどの状態か。
(3) 次の現象は，図のどの変化に関連するか。ア〜カの記号で示せ。
　(a) 真冬に屋外の水道管が破裂した。
　(b) 暖かい日に洗濯物がよく乾いた。
　(c) 冷水を入れたコップの表面に水滴がついた。
　(d) 防虫剤のナフタレンを放置すると，なくなった。
　(e) 真夏にチョコレートが融けた。
　(f) フリーズドライ食品は，凍結した食品を減圧することによって水分を除いている。
(4) 27℃は絶対温度で何Kか。また，373Kはセルシウス温度で何℃か。

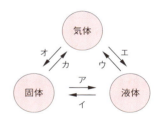

10 □□ ◀混合物の分離▶ ガラスの破片が混じったヨウ素がある。これをビーカーに入れ，固体と気体との間の状態変化を利用して，できるだけ多くのヨウ素をフラスコの底面に集めたい。次の問いに答えよ。
(1) この分離法の名称を記せ。
(2) このときの方法として最も適切なものはどれか。次の①〜④から1つ選べ。

11 □□ ◀元素・単体▶ 次の文中の下線部の語句のうち，単体に該当するものはA，元素に該当するものはBを記せ。
(1) 周期表中の酸素の位置は，窒素とフッ素の間にある。
(2) 人間は酸素を吸って二酸化炭素を吐き出す。
(3) 二酸化炭素は炭素と酸素からなる化合物である。
(4) 湖沼中の溶存酸素量は水の汚染と密接な関係がある。
(5) 人体を構成している物質の質量の約60％が酸素である。

12 □□ ◀三態変化とエネルギー▶ 下図は，－100℃の氷を一様に加熱したときの加熱時間と温度の関係を示している。次の問いに答えよ。
(1) a，bの温度をそれぞれ何というか。
(2) ア，イで起こる状態変化をそれぞれ何というか。
(3) AB，BC，CD，DE，EF間では，水はそれぞれどのような状態にあるか。
(4) BC間，DE間では，加熱しているにもかかわらず温度が上昇しない理由を説明せよ。
(5) この物質は純物質と混合物のどちらか。理由も含めて答えよ。

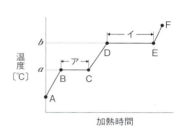

13 □□ ◀混合物の分離▶ 下図は海水から純水を分離するための装置である。次の問いに答えよ。
(1) この分離操作の名称を記せ。
(2) 器具(ア)～(オ)の名称を記せ。
(3) 器具(ウ)には冷却水を通すが，その入口は①，②のどちらがよいか。
(4) 器具(イ)にはa，b2つのネジがあるが，それぞれ何の量を調節するネジか。
(5) 器具(ア)に沸騰石を入れておくのはなぜか。
(6) 実験操作上，不適切なところが図中に3か所ある。どこをどのように直せばよいかを説明せよ。
(7) ウイスキーを蒸留してエタノールを分離する場合，上図の装置のどこをどのように変更すればよいかを説明せよ。ただし，(6)の不適切なところは適切に直したものとする。

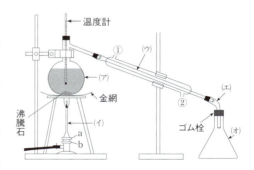

2 原子の構造と周期表

1 原子の構造

❶**原子** 物質を構成する最小の粒子。直径は 10^{-10}m 程度。

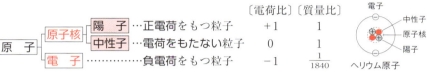

❷**原子の構成表示** 元素記号の左下に原子番号，左上に質量数を書く。

質量数＝陽子の数＋中性子の数……12
原子番号＝陽子の数＝電子の数…… 6 C （陽子6個／中性子6個）

❸**同位体（アイソトープ）** 原子番号が同じで，質量数の異なる原子どうし。
　陽子の数は同じであるが，中性子の数が異なる。化学的性質はほぼ等しい。

同位体	陽子の数	中性子の数	質量数	天然存在比[%]
$^1_1$H	1	0	1	99.9885
$^2_1$H	1	1	2	0.0115
$^3_1$H	1	2	3	極微量
$^{12}_6$C	6	6	12	98.93
$^{13}_6$C	6	7	13	1.07
$^{14}_6$C	6	8	14	極微量

・$^1_1$H だけは中性子をもたない。
・同位体の存在しない元素は，F, Na, Al, P など天然に約20種類ある。

❹**放射性同位体（ラジオアイソトープ）** 放射線を放出して他の原子に変わる（壊変する）同位体。例 $^3_1$H：トレーサー（追跡子），$^{14}_6$C：遺跡の年代測定，$^{60}_{27}$Co：がんの治療

2 電子配置

❶**電子殻** 電子は，原子核のまわりにいくつかの層に分かれて存在する。この層を電子殻という。内側から順に，K殻，L殻，M殻，N殻……という。
内側から n 番目の電子殻へ入る電子の最大数は $2n^2$ 個

❷**電子配置** 電子殻への電子の入り方。
　電子は通常，内側の電子殻から入る。K殻は2個，L殻は8個，M殻以上の電子殻では8個の電子が入ると，安定な電子配置（希ガス型の電子配置）になる。

❸**最外殻電子** 原子の最も外側の電子殻（最外殻という）にある電子。

❹**価電子** 最外殻電子のうち，他の原子と結合するときに重要な役割をする電子。

価電子は原子の化学的性質に関係する。**希ガス(貴ガス)**（He, Ne, Ar, Kr など）の原子の電子配置は安定で，他の原子と結合をつくりにくく，**価電子の数は 0 個**とする。価電子の数の等しい原子どうしは，化学的性質が似ている。

価電子の数	1	2	3	4	5	6	7	0
K殻	1 H (1+)							2 He (2+)
L殻	3 Li (3+)	4 Be (4+)	5 B (5+)	6 C (6+)	7 N (7+)	8 O (8+)	9 F (9+)	10 Ne (10+)
M殻	11 Na (11+)	12 Mg (12+)	13 Al (13+)	14 Si (14+)	15 P (15+)	16 S (16+)	17 Cl (17+)	18 Ar (18+)

注）最外殻に最大数の電子が入った電子殻を**閉殻**といい，きわめて安定な状態である。また，閉殻でなくても，最外殻に8個の電子が入った電子殻（**オクテット**という）も閉殻と同様に安定である。

❺ **電子式** 元素記号の周囲に**最外殻電子**を点・で示した式。

周期＼族	1	2	13	14	15	16	17	18
1	H·							He:
2	Li·	·Be·	·B·	·C·	·N·	·O·	:F·	:Ne:
3	Na·	·Mg·	·Al·	·Si·	·P·	·S·	:Cl·	:Ar:
4	K·	·Ca·						

Heの電子式は例外的に電子対：で示す。

● 電子対……対になっている電子で，化学結合に関与しない。
● 不対電子…対になっていない電子で，化学結合に関与する。

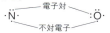

3 イオンの生成

❶ **イオンの生成** 生成したイオンは，最も近い希ガス原子の電子配置をとる。

	価電子の少ない原子が電子を失う		価電子の多い電子が電子を受け取る
陽イオンの生成	Na (11+) → Na⁺ (11+) Ne型の電子配置 陽イオンになりやすい性質を**陽性**という。	陰イオンの生成	Cl (17+) → Cl⁻ (17+) Ar型の電子配置 陰イオンになりやすい性質を**陰性**という。

❷ **イオンの価数** 原子がイオンになるとき，授受した電子の数。
❸ **イオン式** 元素記号の右上にイオンの価数と電荷の符号をつけた式。　例 Mg^{2+}
❹ **イオンの分類** 原子1個からなる**単原子イオン**，2個以上からなる**多原子イオン**。

価数	陽イオン（正の電荷をもつ）	陰イオン（負の電荷をもつ）
1価	ナトリウムイオンNa^+，アンモニウムイオンNH_4^+	塩化物イオンCl^-，硝酸イオンNO_3^-
2価	カルシウムイオンCa^{2+}，亜鉛イオンZn^{2+}	酸化物イオンO^{2-}，硫酸イオンSO_4^{2-}
3価	アルミニウムイオンAl^{3+}，鉄(Ⅲ)イオンFe^{3+}	リン酸イオンPO_4^{3-}

※ は多原子イオンを表し，それ以外は単原子イオンを表す。

❺**単原子イオンの名称** 陽イオンは○○イオン，陰イオンは○化物イオンと読む。
  多原子イオンの名称 それぞれに固有の名称がある。　例 NO_3^- 硝酸イオン
❻**イオンの大きさ**

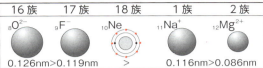

- 同族元素では，原子番号が大きくなるほどイオン半径が大きくなる。
- 同じ電子配置をもつイオンでは，原子番号が大きくなるほどイオン半径が小さくなる。

❼**イオン化エネルギー** 原子から電子を1個取り去り，1価の陽イオンにするのに必要なエネルギー。
　イオン化エネルギーが小 → 陽イオンになりやすい。

❽**電子親和力** 原子が電子を1個取り込み，1価の陰イオンになるときに放出されるエネルギー。
　電子親和力が大 → 陰イオンになりやすい。

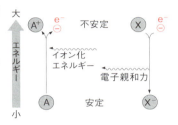

4 元素の周期表

❶**元素の周期律** 元素を原子番号順に並べると，その性質が周期的に変化する。
　例 原子の価電子の数，原子のイオン化エネルギー，原子半径など。
❷**元素の周期表** 元素を原子番号順に並べ，性質の類似した元素が縦一列に並ぶように配列した表。縦の列を族，横の列を周期という。
❸**典型元素** 1族，2族および，12族～18族の元素。金属元素と非金属元素がある。価電子の数は原子番号とともに変化し，周期表の縦の元素の類似性が強い。
❹**遷移元素** 3族～11族の元素。すべて金属元素。原子番号が増しても価電子数はほとんど変化せず，周期表の縦の元素の類似性に加え，横の元素にも類似性が見られる。
❺**金属元素** 単体が金属光沢をもち，電気をよく導く。陽イオンになりやすい。
❻**非金属元素** 金属元素以外の元素。周期表では右上に位置する。水素 H も含む。

Rf～Og については，詳しいことはわかっていない。

❼**同族元素** 同じ族に属する元素。互いに化学的性質がよく似ている。
　H を除く1族元素…アルカリ金属　17族元素…ハロゲン
　Be，Mg を除く2族元素…アルカリ土類金属　18族元素…希ガス(貴ガス)

確認&チェック

1 右の図は，ある原子の模式図である。次の問いに答えよ。
(1) (a)〜(c)の各粒子を何というか。
(2) この原子の原子番号と，質量数はそれぞれいくらか。
(3) この原子を元素記号で書け。

2 3種類の水素原子(右図)について，次の問いに答えよ。
(1) このような原子を互いに何というか。
(2) 最も重い水素原子の質量は，最も軽い水素原子の質量のおよそ何倍か。
(3) ^3_1H のように，放射線を放出して別の原子に変わっていく同位体を何というか。

3 次の文の□□□に適する語句または数を入れよ。
　原子核の周囲に存在する電子は，いくつかの層に分かれて存在する。この層を①□□□といい，内側から順に②□□□殻，③□□□殻，④□□□殻という。また，①に入る電子の最大数は，内側から順に⑤□□個，⑥□□個，⑦□□個である。最外殻に存在する電子(最外殻電子)のうち，他の原子と結合するときに重要な役割をする電子を⑧□□□という。

4 次の原子の電子配置を，右図の例にならって書け。また，価電子の数も答えよ。
(1) $_8O$　(2) $_{10}Ne$

5 次の文の□□□に適する語句を入れよ。
　元素を①□□□の順に並べると，その性質が周期的に変化する。これを元素の②□□□という。また，性質の類似した元素を縦一列に配列した表を元素の③□□□という。
　周期表における縦の列を④□□□，横の列を⑤□□□という。また，Hを除く1族元素は⑥□□□，17族元素は⑦□□□，18族元素は⑧□□□，BeとMgを除く2族元素は⑨□□□と総称される。

解答

1 (1) (a) 電子
　　　 (b) 陽子
　　　 (c) 中性子
(2) 原子番号　2
　　質量数　4
(3) He
→ p.15 1

2 (1) 同位体
　　　 (アイソトープ)
(2) 3倍
(3) 放射性同位体
　　(ラジオアイソトープ)
→ p.15 1

3 ① 電子殻
② K　③ L
④ M　⑤ 2
⑥ 8　⑦ 18
⑧ 価電子
→ p.15 2

4 (1) 6個
(2) 0個
➡希ガスの価電子の数は0個
→ p.16 2

5 ① 原子番号
② 周期律
③ 周期表
④ 族　⑤ 周期
⑥ アルカリ金属
⑦ ハロゲン
⑧ 希ガス(貴ガス)
⑨ アルカリ土類金属
→ p.17 4

第1編　物質の構成

例題 5　原子の構造

　天然の塩素原子には，$^{35}_{17}Cl$ と $^{37}_{17}Cl$ の2種類の原子があり，それらは3：1の割合で存在する。次の問いに答えよ。
(1)　このように，原子番号が同じで質量数の異なる原子を互いに何というか。
(2)　下の表の空欄に，適当な数字を入れよ。

	原子番号	質量数	陽子の数	電子の数	中性子の数
$^{35}_{17}Cl$	①	②	③	④	⑤

考え方　(1)　原子番号は等しいが，質量数の異なる原子を互いに**同位体**という。言い換えると，陽子の数は等しいので同種の原子であるが，中性子の数の異なる原子が同位体といえる。
　陽子の数＝電子の数より，同位体どうしは電子の数も等しいため，化学的性質はほぼ等しい。
(2)　元素記号の左下の数字が**原子番号**，左上の数字が**質量数**を表す。
　　質量数＝陽子の数＋中性子の数＝35　　　　質量数　35
　　原子番号＝陽子の数＝電子の数＝17　　　　原子番号　17 Cl
　　$^{35}_{17}Cl$ の中性子の数＝質量数－原子番号＝35－17＝18

解答　(1) 同位体　　(2) ① 17　② 35　③ 17　④ 17　⑤ 18

例題 6　原子の電子配置

　次の(ア)～(オ)の電子配置で示された原子について，下の問いに答えよ。
　●は原子核，●は電子，原子殻のまわりの同心円は電子殻を示す。

(ア) 　(イ) 　(ウ) 　(エ) 　(オ)

(1)　(ア)～(オ)の各原子の価電子の数を答えよ。
(2)　化学的に安定な原子はどれか。元素記号で答えよ。
(3)　周期表の第3周期に属する原子をすべて選び，元素記号で答えよ。
(4)　同族元素に属する原子はどれとどれか。元素記号で答えよ。

考え方　電子の数＝陽子の数＝原子番号の関係から，(ア)は $_2He$，(イ)は $_6C$，(ウ)は $_9F$，(エ)は $_{12}Mg$，(オ)は $_{14}Si$ と決まる。
(1)　一般に，**最外殻電子＝価電子**であるが，希ガス(貴ガス)(He，Ne，Ar…)の原子の場合，最外殻電子の数はHeが2個，Ne，Arなどは8個であっても，**価電子の数はすべて0個**であることに注意する。
(2)　希ガス(貴ガス)の原子は化学的に安定で，他の原子と結合しにくい。よって，(ア)のHeである。
(3)　第3周期に属する原子は，内側から数えて3番目のM殻に電子が配置されていく原子なので，(エ)のMgと(オ)のSiである。
(4)　典型元素の**同族元素**は，価電子の数が等しい。よって，(イ)のCと(オ)のSiとなる。

解答　(1)(ア) 0　(イ) 4　(ウ) 7　(エ) 2　(オ) 4
　　　　(2) He　(3) Mg, Si　(4) C と Si

例題 7　周期表と元素の性質　■■

第2周期，第3周期の元素について，下の問いに答えよ。

周期＼族	1	2	13	14	15	16	17	18
2	(ア)	(イ)	(ウ)	(エ)	(オ)	(カ)	(キ)	(ク)
3	(ケ)	(コ)	(サ)	(シ)	(ス)	(セ)	(ソ)	(タ)

(1)　L殻に2個の電子をもつ原子を選び，記号で答えよ。

(2)　M殻に6個の電子をもつ原子を選び，記号で答えよ。

(3)　(ア)～(キ)の原子のうち，原子半径が最も大きい原子を選び，記号で答えよ。

(4)　陽性，陰性が最も強い原子を選び，それぞれ記号で答えよ

考え方　(1)　L殻に2個の電子をもつのは，第2周期の2族元素。

(2)　M殻に6個の電子をもつのは，第3周期の16族元素。

(3)　同周期の原子では，周期表の左側の原子ほど原子半径が大きく，右側の原子ほど原子半径は小さい(希ガスを除く)。これは，原子核の正電荷が大きくなると，電子が原子核に強く引きつけられるためである。

(4)　周期表では，左下側の原子ほど陽性(金属性)が強く，右上側の原子ほど陰性(非金属性)が強くなる(希ガスを除く)。

解答　(1)　(イ)　　(2)　(セ)　　(3)　(ア)
(4)　陽性…(ケ)　　陰性…(キ)

例題 8　電子配置　■■

次の(1)～(3)の記述に当てはまる原子を，下の(ア)～(オ)から記号で選べ。

(1)　最外殻電子の数が2個である原子。(2つ)

(2)　価電子の数が2個である原子。

(3)　2価の陰イオンになるとネオン Ne と同じ電子配置をもつ原子。

(ア) $_2$He　　(イ) $_6$C　　(ウ) $_8$O　　(エ) $_{12}$Mg　　(オ) $_{17}$Cl

考え方　(1)　原子番号＝陽子の数＝電子の数
最外殻電子の数＝電子の数－内殻電子の数

・第1周期 H，He…内殻電子は0個。
　最外殻電子の数＝原子番号 である。

・第2周期 Li～Ne…内殻電子は K 殻(2個)。
　最外殻電子の数＝原子番号－2 である。

・第3周期 Na～Ar…内殻電子は K 殻(2個)と L 殻(8個)で，合計10個。
　最外殻電子の数＝原子番号－10 である。
以上のことから，最外殻電子の数は，
He ⇒ 2－0＝2，C ⇒ 6－2＝4
O ⇒ 8－2＝6，Mg ⇒ 12－10＝2
Cl ⇒ 17－10＝7

(2)　希ガス(貴ガス)の原子の電子配置はきわめて安定で，イオン化したり，他の原子と結合しない。よって，希ガスの原子の価電子の数は0個とする。希ガス以外の原子では，最外殻電子が価電子となる。He の価電子の数は0個だから，価電子の数が2個の原子は Mg のみとなる。

(3)　Ne の原子番号は10なので，電子の数も10個である。2価の陰イオンになると，もとの原子より電子が2個多くなる。よって，もとの原子のもつ電子の数は10－2＝8個より，酸素 O となる。

解答　(1)　(ア)，(エ)　　(2)　(エ)　　(3)　(ウ)

20　第1編　物質の構成

標準問題

必は重要な必須問題。時間のないときはここから取り組む。

必 14 □□ ◀原子の構造▶　次の文の□□に適当な語句，数値を入れよ。

原子の中心部には正の電荷をもつ①□□があり，その周囲には負の電荷をもつ②□□が存在する。さらに，①は，正の電荷をもつ③□□と，電荷をもたない④□□からできている。

原子の種類は③の数によって決まり，この数を⑤□□という。また，原子の質量はほぼ①の質量によって決まり，③と④の数の和を⑥□□という。

15 □□ ◀同位体▶　天然の塩素原子には^{35}Clと^{37}Clの2種類の同位体が存在し，その存在比は3:1である。次の問いに答えよ。

(1)　塩素分子Cl_2には，質量の異なる何種類の分子が存在するか。

(2)　塩素分子のうち，^{35}Clと^{37}Clからなる塩素分子の占める割合〔％〕を小数第1位まで求めよ。ただし，^{35}Cl原子と^{37}Cl原子の結合のしやすさは等しいものとする。

必 16 □□ ◀原子の構造の表示▶　次の各原子について，下の問いに答えよ。

(a)　$^{14}_{6}C$　　(b)　$^{17}_{8}O$　　(c)　$^{16}_{8}O$　　(d)　$^{24}_{12}Mg$　　(e)　$^{20}_{10}Ne$

(1)　電子の数が等しい原子をすべて選び，記号で答えよ。

(2)　(b)と(c)のような関係にある原子を，互いに何というか。

(3)　原子核中の中性子の数が等しい原子をすべて選び，記号で答えよ。

(4)　最外殻電子の数と，価電子の数が最も少ない原子をそれぞれ選び，記号で答えよ。

17 □□ ◀周期律と周期表▶　次の文の□□に適当な語句，数値を入れよ。

ロシアの化学者①□□は，1896年，元素を原子量*の順に並べると，性質のよく似た元素が周期的に現れること，すなわち元素の②□□を発見し，周期表の原型を発表した。その後，周期表は改良され，現在では元素は③□□の順に配列されている。周期表の横の行は④□□，縦の列は⑤□□とよばれる。現在の周期表は1族〜⑥□□族，第1周期〜第⑦□□周期で構成されている。

第1周期には⑧□□種類，第2，第3周期にはいずれも⑨□□種類の元素が並び，すべて⑩□□元素に分類される。一方，第4周期以降に初めて登場するのが⑪□□元素である。　　　　　　　　　*原子量は，原子の相対質量のことである。

18 □□ ◀イオン▶　次の各原子から形成される安定なイオンについて，下の問いに答えよ。

(a)　Al　　(b)　Cl　　(c)　Ca　　(d)　O　　(e)　Br

(1)　それぞれどのようなイオンになるか。そのイオン式と名称を答えよ。

(2)　各イオンと等しい電子配置をもつ希ガス(貴ガス)の原子を，元素記号で答えよ。

2　原子の構造と周期表　21

必 19 ◀原子の電子配置と電子式▶

下の(1)〜(5)の文に当てはまる電子配置をもつ原子を，次の図(ア)〜(カ)から選び元素記号で答えよ。また，(6)にも答えよ。●は原子核，•は電子，原子核のまわりの同心円は電子殻を表す。

(ア)　(イ)　(ウ)　(エ)　(オ)　(カ)

(1) 1価の陽イオンになりやすい原子はどれか。
(2) 2価の陰イオンになりやすい原子はどれか。
(3) 最も安定な電子配置をもつ原子はどれか。
(4) 陽イオンになると，ネオン Ne と同じ電子配置になる原子はどれか。
(5) 周期表で同じ族に属する原子はどれとどれか。
(6) (ア)〜(カ)の各原子の電子式を示せ。

必 20 ◀イオン▶

(1)〜(12)はイオンの名称に，(13)〜(24)はイオン式に直せ。

(1) Al^{3+}　(2) Cl^-　(3) Ca^{2+}　(4) CO_3^{2-}　(5) NO_3^-　(6) K^+
(7) O^{2-}　(8) OH^-　(9) SO_4^{2-}　(10) PO_4^{3-}　(11) NH_4^+　(12) S^{2-}
(13) ナトリウムイオン　(14) アルミニウムイオン　(15) 塩化物イオン
(16) 酸化物イオン　(17) アンモニウムイオン　(18) 硫化物イオン
(19) 水酸化物イオン　(20) 硫酸イオン　(21) 硝酸イオン
(22) 炭酸イオン　(23) 鉄(Ⅲ)イオン　(24) リン酸イオン

必 21 ◀イオン化エネルギー▶

次の文の□□□に適当な語句を入れよ。

原子から電子を1個取り去って1価の陽イオンにするのに必要な最小のエネルギーを，その原子の①□□□といい，この値が②□□□ほど陽イオンになりやすい。

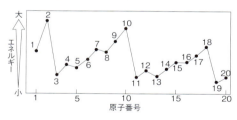

このエネルギーを原子番号順に示すと右図のように周期性を示し，折れ線グラフの最も高いところが③□□□の原子群で，最も低いところが④□□□の原子群である。

また，同じ周期の原子では，原子番号が増加するにつれて，このエネルギーは⑤□□□するが，同族の原子では，原子番号が増加するにつれて，このエネルギーは⑥□□□する。

逆に，原子が電子を1個取り入れて1価の陰イオンになるときに放出されるエネルギーを，その原子の⑦□□□といい，この値が⑧□□□ほど陰イオンになりやすい。

必22 ◀元素の周期表▶ 下図は，元素の周期表の概略図である。次の問いに答えよ。

(1) 非金属元素の領域を，すべて記号で答えよ。
(2) ①最も陽性の強い元素と，②最も陰性の強い元素は，それぞれどの領域にあるか。記号で答えよ。
(3) 最も反応性に乏しい元素の領域を記号で答えよ。
(4) ⓑ，ⓓ，ⓔ，ⓗ，ⓘで示した元素群の名称を，それぞれ何というか。

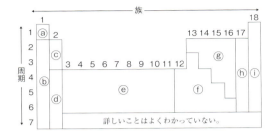

23 ◀第3周期の元素▶ 周期表の第3周期の元素について，次の問いに答えよ。
(1) 炭素の同族元素の原子番号はいくつか。
(2) 単原子分子をつくる元素の原子番号はいくつか。
(3) 常温で単体が気体である元素の数は何個か。
(4) 価電子の数が3個の原子の名称は何か。
(5) イオン化エネルギーが最小の原子の元素記号は何か。

24 ◀原子の構造▶ 次の文のうち，正しいものをすべて選び，記号で答えよ。
(ア) 原子は，原子核とその約 $\frac{1}{1840}$ の質量をもつ何個かの電子から構成されている。
(イ) 最外殻に8個の電子が配置されているすべての原子は，化学的に安定である。
(ウ) 同じ周期に属する原子では，最外殻電子の数が多いほど，陽イオンになりやすい。
(エ) 原子核は，いくつかの陽子と，それと同数の中性子で構成されている。
(オ) 原子の種類は，原子核中に含まれる陽子の数で決まる。
(カ) すべての原子の最外殻電子は，価電子とよばれる。

25 ◀同位体▶ 次の(ア)～(ク)に，同位体について説明したものである。正しいものをすべて選び，記号で答えよ。
(ア) 質量数は等しいが，原子番号が異なる。
(イ) 質量数も原子番号も等しい。
(ウ) 質量数は異なるが，原子番号が等しい。
(エ) 質量数も原子番号も異なる。
(オ) 同位体どうしの化学的性質は，ほとんど同じである。
(カ) 同位体には，放射能をもつものと，放射能をもたないものがある。
(キ) 地球上では，各元素の同位体の存在する割合はほぼ一定である。
(ク) すべての元素には，天然に同位体が存在する。

26 ◀典型元素▶
次の(ア)〜(オ)は，典型元素について説明したものである。正しいものには○，誤っているものには×を記せ。
(ア) アルカリ金属元素は陽性の元素で，原子番号が大きいほど陽性が強い。
(イ) ハロゲン元素は陰性の元素で，原子番号が大きいほど陰性が強い。
(ウ) 原子番号が4，12，19の元素は，周期表においてすべて同族元素である。
(エ) 周期表で15族の元素の原子は，いずれも5個の価電子をもっている。
(オ) 典型元素の原子の価電子の数は1個または2個で，周期表では横に並んだ元素どうしの化学的性質がよく似ている。

必27 ◀電子配置▶
次の(ア)〜(カ)の原子について，下の(1)〜(5)の文に当てはまる原子をすべて記号で答えよ。ただし，(3)については数値で答えよ。
　(ア) Li　(イ) C　(ウ) Na　(エ) Al　(オ) S　(カ) Cl
(1) 互いに価電子の数の等しい原子はどれとどれか。
(2) 安定なイオンになったときに He 型のもの，Ar 型のものは，それぞれどれか。
(3) Al が安定な陽イオンになったときの電子の数は何個か。
(4) イオン化エネルギーの最も小さい原子はどれか。
(5) 安定なイオンになったとき，イオン半径の最も大きい原子はどれか。

28 ◀元素の周期性▶
下図は，元素の性質が原子番号(横軸)とともに変化する様子を示す。それぞれの縦軸は何の変化を示しているか。下の(ア)〜(エ)から選べ。

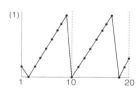
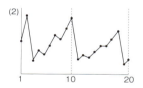
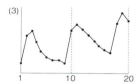

(ア) 原子の質量　(イ) イオン化エネルギー　(ウ) 原子半径　(エ) 価電子の数

29 ◀総合問題▶
次の文で，正しいものをすべて記号で選べ。
(ア) 原子のもつ陽子の数と中性子の数は常に等しい。
(イ) 質量数が12，13，14で，中性子の数がそれぞれ6，7，8の原子は，すべて同じ元素である。
(ウ) 原子核は，原子の質量の大部分を占める。
(エ) 希ガスの最外殻電子の数は，すべて8個である。
(オ) 電子殻のM殻は最大8個の電子を収容できる。
(カ) イオン化エネルギーの大きい原子ほど，陽イオンになりやすい。
(キ) Na^+，Li^+，K^+のうちで，イオン半径が最も大きいものは Na^+ である。

発展問題

30 □□ ◀イオンの大きさ▶ O^{2-}, F^-, Na^+, Mg^{2+} の大きさ（数値はイオン半径）を図に示す。次の問いに答えよ。

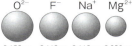

(1) イオン半径が図のように小さくなる理由を説明せよ。
(2) 同族のイオンである Na^+ と K^+ では，どちらのイオン半径が大きいか。また，そのようになる理由を説明せよ。

31 □□ ◀同位体▶ 水素原子には ^1H と ^2H, 酸素原子には ^{16}O, ^{17}O, ^{18}O の同位体が，それぞれ自然界に安定に存在する。また，水分子の構造は下図のようであるとして，次の各問いに答えよ。

水分子

(1) 上記の同位体を組み合わせたとき，自然界には全部で何種類の水分子が存在することになるか。
(2) 自然界の水分子を質量の違いで区別した場合，質量の異なる水分子は何種類存在しているか。

32 □□ ◀原子・イオンの半径▶ 典型元素の原子について述べた(ア)～(オ)の文について，誤っているものをすべて記号で選べ。
(ア) 同じ周期の原子では，正電荷の大きい原子核ほど電子を強く引きつけるので，原子番号が大きいほど原子半径も大きくなる。
(イ) 同じ電子配置をもつ陽イオンでは，イオンの価数が大きいほど，原子核の正電荷が大きくなるので，イオン半径は小さくなる。
(ウ) 同じ電子配置をもつ陰イオンでは，イオンの価数が大きいほど，原子核の正電荷が小さくなるので，イオン半径は大きくなる。
(エ) 原子が陽イオンになると，その半径はもとの原子半径よりも小さくなる。
(オ) 原子が陰イオンになると，その半径はもとの原子半径と変わらない。

33 □□ ◀放射性同位体▶ 次の問いに答えよ。(3)は有効数字3桁で答えよ。
$^{14}_{6}C$ は放射線を放出して，別の原子に変わる（壊変という）性質がある。また，$^{14}_{6}C$ が壊変する速度は，温度・圧力によらず一定であり，5700年かかって元の数の半分に減少するものとする。
(1) $^{14}_{6}C$ のように，放射線を放出して壊変する同位体を何というか。
(2) $^{14}_{6}C$ の原子核から β 線（電子の流れ）という放射線を放射すると，どんな原子に変化するか，元素記号に原子番号と質量数を添えて表せ。
(3) 現在の大気中の $^{12}_{6}C$ と $^{13}_{6}C$ の総和に対する $^{14}_{6}C$ の割合は 1.2×10^{-12} である。ある遺跡から発掘された木片中の $^{12}_{6}C$ と $^{13}_{6}C$ の総和に対する $^{14}_{6}C$ の割合は 7.5×10^{-14} であった。このことから，この木片は何年前に伐採されたものと推定されるか。

3 化学結合①

1 イオン結合

❶ **イオン結合** 陽イオンと陰イオンが**静電気力**(クーロン力)で引き合う結合。方向性はない。陽性の強い金属元素と陰性の強い非金属元素の原子間で生じる。

❷ **イオン結晶** 多数の陽イオンと陰イオンが、イオン結合により規則的に配列した結晶。
陽イオンと陰イオンは、正・負の電荷が等しくなる割合で集まり、結晶全体では電荷は0(**電気的に中性**)である。

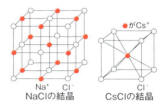

(性質)・融点が高く、硬くてもろい。
・強い力を加えると、特定の面に沿って割れる性質(**へき開性**)がある。
・固体は電気を導かないが、液体や水溶液は電気を導く。

❸ **組成式** イオン結合でできた物質は、構成イオンの種類とその数の割合を最も簡単な整数比で示した化学式(**組成式**)で表す。

> 陽イオンの価数×陽イオンの数 = 陰イオンの価数×陰イオンの数
> 　　　　正電荷の総和　　　　　　　　　負電荷の総和

つまり、陽イオンの数:陰イオンの数 = 陰イオンの価数:陽イオンの価数

例 $Al^{3+} : O^{2-} = 2 : 3$ ──イオンの電荷を省略→ 組成式 Al_2O_3
　　価数の比3:2　個数の比

陰イオン ＼ 陽イオン	Na^+ ナトリウムイオン	Ca^{2+} カルシウムイオン	Al^{3+} アルミニウムイオン
Cl^- 塩化物イオン	$NaCl$ 塩化ナトリウム	$CaCl_2$ 塩化カルシウム	$AlCl_3$ 塩化アルミニウム
OH^- 水酸化物イオン	$NaOH$ 水酸化ナトリウム	$Ca(OH)_2$ 水酸化カルシウム	$Al(OH)_3$ 水酸化アルミニウム
SO_4^{2-} 硫酸イオン	Na_2SO_4 硫酸ナトリウム	$CaSO_4$ 硫酸カルシウム	$Al_2(SO_4)_3$ 硫酸アルミニウム
PO_4^{3-} リン酸イオン	Na_3PO_4 リン酸ナトリウム	$Ca_3(PO_4)_2$ リン酸カルシウム	$AlPO_4$ リン酸アルミニウム

・組成式は、陽イオン、陰イオンの順に並べ、その数を右下に書く(1は省略)。多原子イオンが2個以上のときは、( )でくくり、その数を右下に書く。
・名称は、陰イオン、陽イオンの順に示す。このとき「〜イオン」や「〜物イオン」は省略する。

2 共有結合

❶**共有結合** 原子どうしが価電子を出し合い,互いに電子を共有してできる結合。非金属元素の原子間で生じる。

❷**電子対** 最外殻電子のうち,2個で対になった電子。
不対電子 最外殻電子のうち,対になっていない電子。

❸**共有電子対** 2原子間で共有されている電子対。
非共有電子対 2原子間で共有されていない電子対。

H・ + ・Cl: ⟶ H:Cl: ⟶ 非共有電子対
不対電子 　共有電子対

（共有結合した各原子は,HはHe型,ClはAr型の**希ガス型の電子配置**をとる。）

❹**分子式** 分子を構成する原子の種類と数を表した化学式。

❺**構造式** 1組の共有電子対を1本の線(**価標**)で表した化学式。各原子の価標の数(**原子価**)を満たすように書く。

❻**電子式** 元素記号の周りに最外殻電子を点・で表した化学式。

❼**分子の形** 分子は固有の立体構造をもつ。中心の原子の共有電子対や非共有電子対の反発が最小になる構造をとる。

分子式の表し方
構成原子の元素記号
H_2O
原子の数(1は省略)

	塩化水素	水	アンモニア	メタン	二酸化炭素
立体構造	H-Cl	H-O-H	H-N(H)-H	H-C(H)(H)-H	O-C-O
形	直線形	折れ線形	三角錐形	正四面体形	直線形
電子式	H:Cl:	H:O:H	H:N:H / H	H:C:H / H (上下)	:O::C::O:
構造式	H-Cl	H-O-H	H-N-H / H	H-C-H / H (上下)	O=C=O

価標1本,2本,3本で表される共有結合を,それぞれ**単結合**,**二重結合**,**三重結合**という。

❽**配位結合** 非共有電子対を他の分子や陽イオンに提供してできる共有結合。

例 非共有電子対 H:N:H + H⁺ ⟶ [H:N:H]⁺ アンモニウムイオン
　　　　H　　　　　　　H

❾**共有結合の結晶** 全ての原子が共有結合だけで結びついた結晶。
例 ダイヤモンドC,ケイ素Si,二酸化ケイ素SiO_2
(性質)きわめて硬く,融点が非常に高い。電気伝導性はない*1。

ダイヤモンド

*1)黒鉛は例外で,薄くてはがれやすく,価電子の一部が自由に動けるため電気伝導性を示す。

確認&チェック

解答

1 次の文の□□□に適当な語句を入れよ。

陽イオンと陰イオンの間に生じる[1]□□□(クーロン力)で引き合う結合を[2]□□□という。この結合は、陽性の強い[3]□□□元素と陰性の強い[4]□□□元素の原子間で生じる。

また、多数の陽イオンと陰イオンが②によって規則的に配列した結晶を[5]□□□という。

1
① 静電気力
② イオン結合
③ 金属
④ 非金属
⑤ イオン結晶
→ p.26 ①

2 次の文の□□□に適当な語句、数字を入れよ。

原子どうしが価電子を出し合い、互いに電子を共有してできる結合を[1]□□□という。水素原子と塩素原子は下図のように、[2]□□□個ずつ価電子を出し合い、それらを共有して塩化水素分子を形成する。このとき、水素原子は希ガスの[3]□□□原子、塩素原子は希ガスの[4]□□□原子と同じ安定な電子配置をとる。

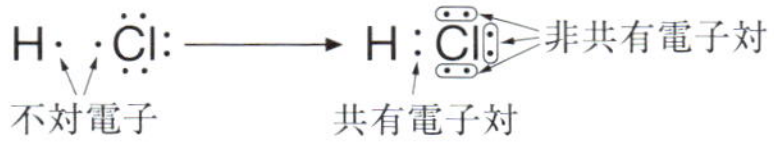

$$\text{H·} \, \text{:}\ddot{\text{Cl}}\text{:} \longrightarrow \text{H}\text{:}\ddot{\text{Cl}}\text{:} \text{非共有電子対}$$

不対電子　　共有電子対

2
① 共有結合
② 1
③ ヘリウム(He)
④ アルゴン(Ar)
→ p.27 ②

3 次の記述に当てはまる化学用語を答えよ。

(1) 最外殻電子のうち、対になっていない電子。
(2) 最外殻電子のうち、対になっている電子。
(3) 2原子間で共有されている電子対。
(4) 2原子間で共有されていない電子対。

3
(1) 不対電子
(2) 電子対
(3) 共有電子対
(4) 非共有電子対
→ p.27 ②

4 水分子を表す(1)～(3)の化学式を、それぞれ何というか。

(1) H_2O　　　(2) $H-O-H$　　　(3) $H\text{:}\ddot{O}\text{:}H$

4
(1) 分子式
(2) 構造式
(3) 電子式
→ p.27 ②

5 次の分子の分子式を記せ。また、分子の形を下の(ア)～(エ)から記号で選べ。

(1) 水　　　(2) 二酸化炭素　　　(3) メタン
(4) アンモニア　　　(5) 塩化水素

(ア) 直線形　　(イ) 折れ線形
(ウ) 三角錐形　　(エ) 正四面体形

5
(1) H_2O, (イ)
(2) CO_2, (ア)
(3) CH_4, (エ)
(4) NH_3, (ウ)
(5) HCl, (ア)
→ p.27 ②

28　第1編　物質の構成

例題 9　エタノールの化学式　■■□

右図のエタノール分子について，次の問いに答えよ。 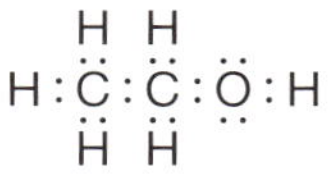
(1)　右図のような化学式を何というか。
(2)　共有電子対，非共有電子対は，それぞれ何組ずつあるか。
(3)　エタノールの構造式を書け。

$$
\begin{array}{ccc}
\text{H} & \text{H} & \\
\text{H:C:C:O:H} & & \\
\text{H} & \text{H} &
\end{array}
$$

考え方　(1)　各原子の最外殻電子を点・で表した化学式を電子式という。分子の電子式は，各原子の電子式の不対電子を組み合わせて電子対をつくるように書けばよい。

$$ \text{H} \cdot \cdot \text{H} \longrightarrow \text{H:H} $$

(2)　2原子間に共有され，共有結合に関与する電子対を共有電子対といい，1個の原子だけに所属し，共有結合に関与しない電子対を非共有電子対という。

　　エタノール分子には，10組の電子対があるが，このうち非共有電子対はO原子に所属する2組だけであり，他の8組は共有電子対である。

(3)〈電子式から構造式を書く方法〉
①　共有電子対1組ごとに，価標1本に直す。
②　非共有電子対は省略する。
共有電子対1組は，価標1本の単結合とする。
共有電子対2組は，価標2本の二重結合とする。
共有電子対3組は，価標3本の三重結合とする。

解答　(1)　電子式
(2)　共有電子対…8組
　　　非共有電子対…2組

(3)
$$
\begin{array}{ccc}
\text{H} & \text{H} & \\
\text{H-C-C-O-H} & & \\
\text{H} & \text{H} &
\end{array}
$$

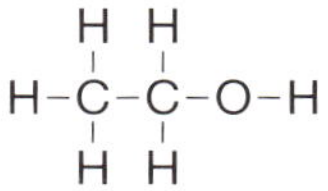

例題 10　物質の化学式　■■□

次に示す各物質について，下の問いに記号で答えよ。
(ア)　N_2　　(イ)　MgO　　(ウ)　O_2　　(エ)　CH_4　　(オ)　$NaOH$
(1)　イオン結合でできた物質をすべて選べ。
(2)　原子価が最大である原子を含む分子を選べ。
(3)　二重結合，三重結合をもつ分子をそれぞれ選べ。

考え方　(1)　一般に，金属元素と非金属元素どうしの結合はイオン結合であり，非金属元素どうしの結合は共有結合，金属元素どうしの結合は金属結合と考えてよい。
　　(イ)では金属元素のMg^{2+}と非金属元素のO^{2-}がイオン結合しており，(オ)では金属元素のNa^+と非金属元素のOH^-とがイオン結合している(ただし，OとHは共有結合である)。
(2)　各原子のもつ価標の数を原子価という。原子価は原子のもつ不対電子の数に等しい。

価標(-)	-H	-O-	-N-	-C-	-Cl
原子価	(1)	(2)	(3)	(4)	(1)

各原子の原子価を過不足なく満たすように組み合わせると，分子の構造式(原子間の結合を価標(-)を用いて表した式)が書ける。最大の原子価4をもつC原子を含むメタンCH_4分子を選べばよい。
(3)　(イ)，(オ)以外は，すべて非金属元素からなり，共有結合を形成して分子をつくる。

(ア)　　　　　(ウ)　　　　　(エ)

$$ N \equiv N \qquad O = O \qquad \begin{array}{c} \text{H} \\ \text{H-C-H} \\ \text{H} \end{array} $$

三重結合　　　二重結合　　　すべて単結合

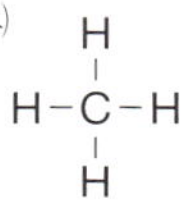

解答　(1)…(イ)，(オ)　　(2)…(エ)
(3)　二重結合…(ウ)，三重結合…(ア)

3　化学結合①　29

例題 11　組成式 ■■

右表の陽イオンと陰イオンが結合して生じる化合物①〜③について、その組成式を記せ。

	Cl^-	SO_4^{2-}
NH_4^+	NH_4Cl	②
Al^{3+}	①	③

考え方　イオンからなる物質は、構成するイオンの数の割合（組成）を最も簡単な整数比で表した組成式で表す。

陽イオンと陰イオンがイオン結合して結晶をつくるとき、次の関係が成り立つ。

陽イオンの電荷×数＝陰イオンの電荷×数
⊕の個数：⊖の個数＝⊖の電荷：⊕の電荷
陽イオンと陰イオンの価数の比を前後で入れかえたもの（逆比にする）が、結合する陽イオンと陰イオンの個数の比に等しくなる。

① Al^{3+}とCl^-の価数の比は3：1だから、結合するAl^{3+}とCl^-の個数の比は1：3である。
② NH_4^+とSO_4^{2-}の価数の比は1：2だから、

結合するNH_4^+とSO_4^{2-}の個数の比は2：1である。
③ Al^{3+}とSO_4^{2-}の価数の比は3：2だから、結合するAl^{3+}とSO_4^{2-}の個数の比は2：3である。

〈組成式の書き方〉
・陽イオン→陰イオンの順に並べ、電荷を省略する。なお、各原子の個数の比は元素記号の右下に書き添える（1は省略）。
・多原子イオンが2個以上ある場合は（　）でくくり、その数を右下に書き添える。

解答　① $AlCl_3$　② $(NH_4)_2SO_4$
③ $Al_2(SO_4)_3$

例題 12　構造式と電子式 ■■

次の分子式で表された各物質を、構造式と電子式でそれぞれ示せ。
(1) NH_3　　(2) H_2O　　(3) CO_2

考え方

〈構造式の書き方〉
構造式は、各原子の原子価を過不足なく満たすように書く。このとき、原子価の多い原子を中心に書き、その周囲に原子価の少ない原子を並べていくとよい。

(1)　　　　　　　　(2) 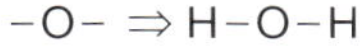
$-N-$ ⇒ H$-$N$-$H　　$-O-$ ⇒ H$-$O$-$H
　|　　　　|
　　　　　H
（構造式では、分子の形は考慮しなくてよい）
(3)
　|
$-C-$　⇒　$=C=$　⇒　O$=$C$=$O
　|

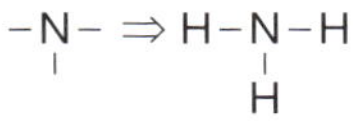

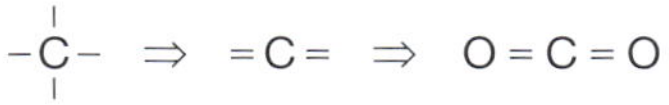

〈構造式から電子式を書く方法〉
① 価標1本ごとに、共有電子対 : に直す。

② 分子中では、各原子は安定な希ガス型の電子配置をとるから、各原子の周囲に8個（H原子だけは2個）の電子が並ぶように、非共有電子対 : を書き加える。

(1) 〔構造式〕　〔途中〕　〔電子式〕 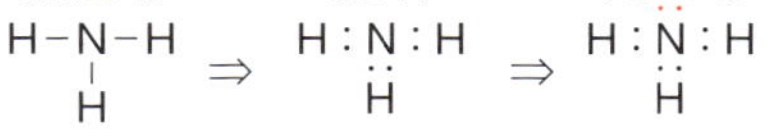
H$-$N$-$H　H : N : H　H : N : H
　|　　⇒　　··　⇒　　··
　H　　　　H　　　　H
（N原子に非共有電子対：1組を加える）

(2) H$-$O$-$H ⇒ H : O : H ⇒ H : O : H
（O原子に非共有電子対：2組を加える）

(3) O$=$C$=$O ⇒ O :: C :: O ⇒ : O :: C :: O :
（O原子に非共有電子対：2組を加える）

解答　考え方を参照。

標準問題

必は重要な必須問題。時間のないときはここから取り組む。

必 34 □□ ◀化学結合▶ 次の文の□□に適当な化学式，語句，数字を入れよ。ただし，①〜④は化学式で答えること。

Na原子とCl原子が近づくと①□□原子は電子1個を失って②□□となる。一方，③□□原子は電子1個を受け取り④□□となる。こうしてできた陽イオンと陰イオンは，静電気力(⑤□□力)で引き合う。このような結合を⑥□□という。

Cl原子の価電子のうち，⑦□□個は対をつくっているが，⑧□□個だけは対をつくらずに存在する。このような電子を⑨□□という。一般に，2個の原子が同数の⑨を出し合って電子対をつくり，それを共有することで生じる結合を⑩□□という。⑩に関係する電子対を⑪□□，⑩に関係しない電子対を⑫□□という。

1組の共有電子対を⑬□□とよばれる1本の線(−)で表した化学式を⑭□□という。また，原子1個のもつ⑬の数を，その原子の⑮□□という。

必 35 □□ ◀組成式▶ 次の問いに答えよ。
(1) 次のイオンで構成される物質の組成式を示せ。
　① Na^+, S^{2-}　② Mg^{2+}, NO_3^-　③ Al^{3+}, SO_4^{2-}　④ Ca^{2+}, PO_4^{3-}
(2) 次の組成式で表される物質の名称を記せ。
　① CaO　② $ZnCl_2$　③ $Fe(OH)_2$　④ $Fe(OH)_3$　⑤ Na_2CO_3

36 □□ ◀分子式▶ 次の分子式で表される物質の名称を答えよ。
(1) NO　　　(2) NO_2　　(3) N_2O_4　　(4) SO_2
(5) H_2O_2　(6) P_4O_{10}　(7) HNO_3　　(8) H_2SO_4
(9) C_2H_6　(10) C_3H_8　*(11) CH_3OH　*(12) C_2H_5OH
(13) HClO　(14) $HClO_2$　(15) $HClO_3$　(16) $HClO_4$

＊(11), (12)のように，分子の特徴を表す原子団(−OH)を明示した化学式を**示性式**という。

37 □□ ◀ダイヤモンドと黒鉛▶ 次図を参考にして，表の空欄①〜⑧に当てはまる語句を，下の語群より選べ。

	ダイヤモンド	黒鉛
機械的性質	①	②
融点	③	④
電気的性質	⑤	⑥
光学的性質	⑦	⑧

ダイヤモンド

黒鉛

【語群】［軟らかい　絶縁体　良導体　透明　不透明
　　　　硬い　高い　低い　半導体　非常に高い　］

3 化学結合① 31

必38 □□ ◀イオン結合▶ イオン結合について、次の問いに答えよ。
(1) 次の物質のうち、イオン結合からなる物質をすべて選べ。

N_2　　$CuCl_2$　　C_2H_6　　CO_2　　KI　　I_2　　$Al_2(SO_4)_3$　　SiO_2

(2) 次の①〜⑤の記述のうち、正しいものを2つ選び、番号で記せ。
　① イオン結晶は、強い力で分子が集まっており、融点が高く割れにくい。
　② アンモニウムイオンは、アンモニア分子と水素イオンのイオン結合で生じる。
　③ イオン結晶は、陽イオンと陰イオンでできているため、固体状態でも電気を通す。
　④ イオン結晶を融解させて直流電圧をかけると、陽イオンは陰極に、陰イオンは陽極に移動する。
　⑤ イオン結合の強さは、陽イオンと陰イオンの電荷の積が大きいほど強くなる。また、両イオン間の距離が小さいほど強くなる。

39 □□ ◀共有結合の結晶▶ 次の文の□□□に適当な語句、数字を入れよ。

ダイヤモンドと黒鉛は炭素の①□□□であるが、電気伝導性が大きく異なる。ダイヤモンドでは、炭素原子の価電子が②□□□個とも共有結合に使われ、③□□□を基本単位とする立体網目状構造を形成しており、電気を④□□□。

黒鉛では、炭素原子の価電子のうち⑤□□□個が共有結合に使われ、⑥□□□を基本単位とする平面層状構造を形成しており、各炭素原子に残る価電子⑦□□□個がこの平面に沿って自由に動くことができるので、電気をよく⑧□□□。

40 □□ ◀配位結合▶ 次の文の□□□に適当な語句を入れよ。

空気中でアンモニアと塩化水素が出会うと①□□□の白煙を生じる。このとき、NH_3分子の窒素原子がもっていた②□□□がHCl分子から生じた③□□□に提供されて、アンモニウムイオンNH_4^+が生成する。このとき新しく形成された結合を④□□□という。生じたアンモニウムイオンに含まれる4本の$N-H$結合はすべて同等で、区別することが⑤□□□。したがって、アンモニウムイオンの立体構造は⑥□□□形である。

また、水分子と水素イオンが④すると⑦□□□が生成するが、その立体構造は⑧□□□形である。

必41 □□ ◀電子配置と化学結合▶ (a)〜(d)の電子配置をもつ原子について、次の問いに答えよ。
(1) 単原子分子となるものを選び、記号で答えよ。
(2) 共有結合の結晶をつくるものを選び、記号で答えよ。
(3) 金属結晶をつくるものを選び、記号で答えよ。
(4) (c)と(d)からなる化合物の結合の種類と化学式を答えよ。
(5) (a)1個と酸素原子2個からなる化合物の結合の種類と化学式を答えよ。

必 42 □□ ◀電子式と構造式▶ 次の表は，いろいろな分子の構造をいくつかの方法で示したものである。例にならって空欄①〜⑫を埋めよ。また，下の問いにも答えよ。

分子式	(例)H_2	(ア)N_2	(イ)HCl	(ウ)H_2O	(エ)NH_3	(オ)CH_4	(カ)CO_2
構造式	H－H	①	②	③	④	⑤	⑥
電子式	H：H	⑦	⑧	⑨	⑩	⑪	⑫

(1) (ア)〜(カ)の分子の形を，下の(a)〜(e)から選び，記号で答えよ。

  (a) 直線形　　(b) 折れ線形　　(c) 三角錐形　　(d) 正四面体形　　(e) 正方形

(2) 二重結合をもつ分子を(ア)〜(カ)から1つ選び，記号で答えよ。

(3)   ⓐ 共有電子対の数が最も少ない分子を(ア)〜(カ)から1つ選び，記号で答えよ。

    ⓑ 非共有電子対の数が最も多い分子を(ア)〜(カ)から1つ選び，記号で答えよ。

(4) 水素イオン H^+ と配位結合を形成する分子を(ア)〜(カ)からすべて選び，記号で答えよ。

43 □□ ◀化学結合▶ 次の記述の中で，正しいものをすべて選び，記号で答えよ。

(ア) アンモニア NH_3 分子を構成する4個の原子は同一平面上にある。

(イ) アンモニア分子の3つの N－H 結合はすべて等価な共有結合である。

(ウ) アンモニウムイオン $NH_4{}^+$ は1組の非共有電子対をもつ。

(エ) アンモニウムイオンと水酸化物イオンは同数の電子をもつ。

(オ) アンモニウムイオンの1つの N－H 結合は配位結合であり，他の3つの N－H結合に比べてやや弱い結合である。

発展問題

44 □□ ◀電子式と分子の構造▶ 次の(1)〜(3)に当てはまる分子を，下の解答群(ア)〜(キ)の中から選び，記号で答えよ。また，該当するものがない場合は「なし」と答えよ。

(1) (a) 二重結合をもつ分子

  (b) 三重結合をもつ分子

(2) (a) 非共有電子対を最も多くもつ分子

  (b) 非共有電子対をもたない分子

(3) (a) 正四面体形の分子　　(b) 三角錐形の分子　　(c) 折れ線形の分子

  (d) 正三角形の分子　　(e) 直線形の分子

(解答群)

  (ア) HF　　(イ) N_2　　(ウ) H_2S　　(エ) CS_2

  (オ) SiH_4　　(カ) PH_3　　(キ) BH_3

3 化学結合①　33

4 化学結合②

1 分子の極性

❶**電気陰性度** 原子が共有電子対を引きつける強さを表す数値。周期表上では希ガス（貴ガス）を除いて，右上側の元素ほど大きく，左下側の元素ほど小さい。
全元素中でフッ素（F）が最大。18族の希ガス（貴ガス）は値が求められていない。

元　素	F	O	N	Cl	S	C	H	Na	K
電気陰性度	4.0	3.4	3.0	3.2	2.6	2.6	2.2	0.9	0.8

❷**結合の極性** 共有結合している2原子間にみられる電荷の偏り（**極性**）。
2原子間の電気陰性度の差が大きいほど，結合の極性は大きくなる。

2原子間の電気陰性度の差 ─→ 大きい：イオン結合性が大
　　　　　　　　　　　　　　→ 小さい：共有結合性が大

❸**分子の極性** 分子全体にみられる電荷の偏り（**極性**）。
分子全体で極性をもつ分子が**極性分子**。極性をもたない分子が**無極性分子**。
二原子分子では，分子の極性は結合の極性と一致する。
極性分子…例 フッ化水素 HF，塩化水素 HCl
無極性分子…例 水素 H_2，酸素 O_2，窒素 N_2
多原子分子では，分子の極性は，立体構造（形）の影響を受ける。

極性分子	結合に極性があり，分子全体でその極性が打ち消されない。中心原子に非共有電子対あり。（例）水，アンモニア	折れ線形　$H_{\delta+}$─$O_{\delta-}$─$H_{\delta+}$	三角錐形　$N_{\delta-}$に$H_{\delta+}$が3つ
無極性分子	結合に極性があるが，分子全体でその極性が打ち消される。中心原子に非共有電子対なし。（例）二酸化炭素，メタン	直線形　$O_{\delta-}$←$C_{\delta+}$→$O_{\delta-}$	正四面体形　$C_{\delta-}$に$H_{\delta+}$が4つ

δ+はわずかな正電荷，δ−はわずかな負電荷を表す。

2 分子間の結合

❶**分子間力** すべての分子間にはたらく比較的弱い引力。
ファンデルワールス力ともいう。
分子量（→ p.44）が大きい物質ほど，分子間力が強くはたらき，融点・沸点が高くなる。

❷**分子結晶** 分子が分子間力によって，規則的に配列した結晶。
例 ドライアイス CO_2，ヨウ素 I_2，ナフタレン $C_{10}H_8$，氷 H_2O
（性質）軟らかく，融点が低い。電気伝導性はない。**昇華性**を示すものが多い。

ドライアイス

3 金属結合

1. **自由電子** 金属中を自由に動き回る電子。
2. **金属結合** 自由電子を仲立ちとした金属原子間の結合。
3. **金属結晶** 金属結合によってできた結晶。
4. **金属の性質** すべて自由電子のはたらきで生じる。
   - 金属光沢 特有の輝きを示す。
   - 電気伝導性, 熱伝導性 電気, 熱をよく伝える。
   - 展性(叩くと薄く広がる性質), 延性(引っ張ると長く延びる性質)に富む。

金属結晶は, 下の3種類の単位格子[*1]のいずれかをとる→(p.135)。

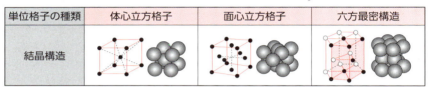

単位格子の種類	体心立方格子	面心立方格子	六方最密構造
結晶構造			

[*1] 結晶内での粒子の配列構造(結晶格子)の最小の繰り返し単位を単位格子という。

4 結晶の種類と性質

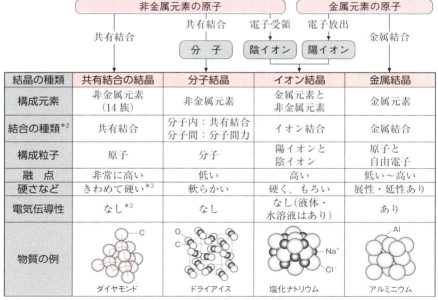

[*2] 結合の強さは, およそ 共有結合 ＞ 金属結合・イオン結合 ≫ 分子間力 である。
[*3] 黒鉛は共有結合の結晶であるが, 軟らかく, 電気伝導性を示す。(例外)

確認&チェック

1 次の記述に当てはまる化学用語を答えよ。
(1) 原子が共有電子対を引きつける強さ。
(2) 全元素中で,電気陰性度が最大の元素。
(3) 共有結合している2原子間にみられる電荷の偏り。
(4) 分子全体にみられる電荷の偏り。
(5) 分子全体で極性をもつ分子。
(6) 分子全体で極性をもたない分子。

2 次の記述に当てはまる化学用語を答えよ。
(1) すべての分子間にはたらく比較的弱い引力。
(2) 分子が分子間力で引き合い,規則的に配列した結晶。
(3) 多数の原子が共有結合でつながってできた結晶。

3 次の記述に当てはまる化学用語を答えよ。
(1) 金属中を自由に動き回る電子。
(2) 自由電子を仲立ちとした金属原子間の結合。
(3) 金属結合によってできた結晶。
(4) 金属の示す特有の輝き。
(5) 金属を引っ張ると長く延びる性質。
(6) 金属を叩くと薄く広がる性質。

4 次の金属結晶の単位格子の名称をそれぞれ答えよ。

① ② ③

5 (a)〜(d)の結晶に当てはまる性質を,(ア)〜(エ)より選べ。
(a) イオン結晶 (b) 共有結合の結晶
(c) 金属結晶 (d) 分子結晶
(ア) 融点は非常に高く,きわめて硬い。
(イ) 融点は低く,軟らかい。
(ウ) 融点は高く,硬くてもろい。
(エ) 固体でも液体でも電気をよく導く。

解答

1 (1) 電気陰性度
(2) フッ素
(3) 結合の極性
(4) 分子の極性
(5) 極性分子
(6) 無極性分子
→ p.34 ①

2 (1) 分子間力
(ファンデルワールス力)
(2) 分子結晶
(3) 共有結合の結晶
→ p.34 ②

3 (1) 自由電子
(2) 金属結合
(3) 金属結晶
(4) 金属光沢
(5) 延性
(6) 展性
→ p.35 ③

4 ① 面心立方格子
② 体心立方格子
③ 六方最密構造
→ p.35 ③

5 (a) (ウ)
(b) (ア)
(c) (エ)
(d) (イ)
→ p.35 ④

例題 13　分子の極性

次の各分子を極性分子，無極性分子に分類せよ。（　）は分子の形を表す。
(1) H_2O（折れ線形）　　(2) CO_2（直線形）

考え方　共有結合している2原子間にみられる電荷の偏りを，**結合の極性**という。
・同種の2原子からなる共有結合…極性なし
・異種の2原子からなる共有結合…極性あり

結合の極性を共有電子対が引き寄せられる方向に矢印（ベクトル）で示すと，次のようになる。

(1) $\overset{\delta-}{O} \leftarrow \overset{\delta+}{H}$　　(2) $\overset{\delta+}{C} \rightarrow \overset{\delta-}{O}$

分子の極性は，分子の立体構造にもとづいて，このベクトルを合成して判断する。
結合の極性と分子の極性の関係は，次のようになる。

(1) H_2O　　(2) CO_2

（折れ線形）　　（直線形）
→ 結合の極性　　⇨ 分子全体の極性

(1) H_2Oの場合，分子全体においては，結合の極性は互いに打ち消し合わず，H_2Oは**極性分子**となる。
(2) CO_2では，結合の極性の大きさが同じで，その方向が逆向きなので，これらは互いに打ち消し合い，CO_2は**無極性分子**となる。

解答　(1) 極性分子　　(2) 無極性分子

例題 14　原子の結合とその種類

次の(a)～(e)は，原子の電子配置を示す。下の(1)～(5)の組合せで，原子どうしは，どのような結合で結びつくか。その化学結合の種類を答えよ。

(a)　(b)　(c)　(d)　(e)

(1) (a)と(e)　(2) (b)と(c)　(3) (d)と(e)　(4) (b)どうし　(5) (d)どうし

考え方　電子の数＝陽子の数＝原子番号より，電子の数から原子の種類がわかる。
(a)はH，(b)はC，(c)はO，(d)はNa，(e)はClである。(d)だけが**金属元素**で，(a)，(b)，(c)，(e)はすべて**非金属元素**である。

一般に，原子どうしの化学結合の種類は，構成元素の種類と次のような関係がある。

　非金属元素どうし………共有結合
　金属元素と非金属元素…イオン結合
　金属元素どうし…………金属結合

(1) 非金属元素のHとClは**共有結合**で結びつき，HCl分子をつくる。

(2) 非金属元素のCとOは**共有結合**で結びつき，CO_2やCOなどの分子をつくる。
(3) 金属元素のNaと非金属元素のClは，電子の授受によりNa^+，Cl^-となり**イオン結合**で結びつき，イオン結晶NaClをつくる。
(4) 非金属元素のCどうしは**共有結合**で次々と結びつき，共有結合の結晶Cをつくる。
(5) 金属元素のNaどうしは**金属結合**で次々と結びつき，金属結晶Naをつくる。

解答　(1) 共有結合　　(2) 共有結合
　　　　(3) イオン結合　(4) 共有結合
　　　　(5) 金属結合

4　化学結合②

例題 15　結晶の種類と性質

次の(1)～(4)の各結晶の実例を A 群から，その特性を表している記述を B 群からそれぞれ記号で選べ。

　　(1)　金属結晶　　(2)　イオン結晶　　(3)　共有結合の結晶　　(4)　分子結晶
【A群】(a)　塩化カリウム　　(b)　ダイヤモンド　　(c)　鉄　　(d)　ヨウ素
【B群】(ア)　融点が非常に高く，きわめて硬い。
　　　　(イ)　固体は電気を導かないが，液体・水溶液にすると電気を導く。
　　　　(ウ)　融点が低く，電気を導かない。
　　　　(エ)　展性・延性があり，固体でも電気を導く。

考え方　構成元素の種類(金属元素か非金属元素)によって，結晶の種類が次のようになる。

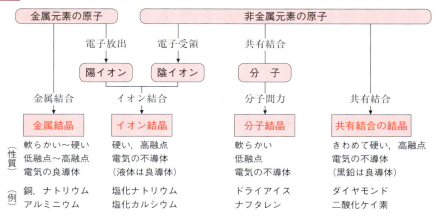

・結合力の強さは，共有結合＞イオン結合・金属結合≫分子間力である。
　一般に，粒子間の結合力が強いほど，結晶は硬く，融点も高くなる傾向がある。

(1)　金属元素どうしがつくるのは金属結晶，実例は鉄(Fe)で，金属中には自由電子が存在し，電気・熱をよく導き，外力により原子どうしの位置が多少ずれても，金属結合の強さはほとんど変わらない。したがって，金属は展性・延性を示す。
(2)　金属元素と非金属元素からできるものはイオン結晶で，実例は塩化カリウム(KCl)。
　　イオン結晶は固体のままでは電気を導かないが，イオンが移動できる状態(液体や水溶液)にすると，電気を導くようになる。
(3)　14族の非金属元素どうし(C，Siなどの単体)は，共有結合だけからなる共有結合の結晶をつくる。実例はダイヤモンド(C)。化学結合の中では共有結合が最も強いので，融点は非常に高く，きわめて硬い。
(4)　一般に，非金属元素(希ガスを除く)は，まず共有結合で分子を形成し，それらが分子間力(ファンデルワールス力)で集まって分子結晶をつくる。実例はヨウ素(I_2)。分子間力は他の化学結合に比べてはるかに弱いので，分子結晶の融点は低く，軟らかい。

解答　(1)…(c)，(エ)　　(2)…(a)，(イ)
　　　　(3)…(b)，(ア)　　(4)…(d)，(ウ)

標準問題

必は重要な必須問題。時間のないときはここから取り組む。

必 45 □□ ◀電気陰性度と極性▶ 次の文の□□に適語を入れ，下の問いにも答えよ。

原子が共有結合したとき，①□□を引きつける強さを数値で表したものを電気陰性度という。電気陰性度の値は，希ガス（貴ガス）を除いて，周期表の右上にある元素ほど②□□く，全元素中では③□□が最も大きい。

電気陰性度の異なる2原子間の共有結合では，電気陰性度の④□□い原子の方に共有電子対が引きつけられるため，その原子はわずかに⑤□□の電荷をもち，他方の原子はわずかに⑥□□の電荷をもつ。このように，結合した2原子間に電荷の偏りがあることを，結合に⑦□□があるという。

一般に，電気陰性度の差の小さい原子間の結合では，⑧□□結合の性質が強くなり，電気陰性度の差の大きい原子間の結合では，⑨□□結合の性質が強くなる。

また，分子全体として電荷の偏り（極性）をもつか否かは，分子の⑩□□が影響する。分子全体として，電荷の偏りをもつ分子を⑪□□，電荷の偏りをもたない分子を⑫□□という。

〔問〕 次の(ア)～(エ)に示す結合のうち，結合の極性が最も大きいものはどれか。ただし，各原子の電気陰性度は，$O = 3.4$，$H = 2.2$，$N = 3.0$，$F = 4.0$ とする。

(ア) $O-H$ 　　(イ) $N-H$ 　　(ウ) $F-H$ 　　(エ) $F-F$

必 46 □□ ◀分子の極性▶ 次の文の□□に適当な語句を記入せよ。

塩化水素分子 HCl の $H-Cl$ 結合には極性があるので，分子全体でも①□□となる。

メタン分子 CH_4 の $C-H$ 結合には極性があるが，分子が②□□形であるため，結合の極性が互いに打ち消し合って，分子全体では③□□となる。また，アンモニア分子 NH_3 の $N-H$ 結合にも極性があるが，分子が④□□形であるため，結合の極性が互いに打ち消し合わず，分子全体では⑤□□となる。

水分子 H_2O の $O-H$ 結合には極性があるが，分子が⑥□□形であるため，結合の極性が互いに打ち消し合わず，分子全体では⑦□□となる。

二酸化炭素分子 CO_2 の $C=O$ 結合には⑧□□がある。しかし，分子が⑨□□形であり，$C=O$ 結合が同一直線上で逆向きに並んでいるため，分子全体では⑩□□となる。

47 □□ ◀分子の極性▶ 次の(ア)～(カ)の分子を極性分子，無極性分子に分類せよ。ただし，（ ）内は分子の形を示す。

(ア) フッ素 F_2（直線形） 　　　　(イ) フッ化水素 HF（直線形）

(ウ) 二酸化炭素 CO_2（直線形） 　　(エ) 硫化水素 H_2S（折れ線形）

(オ) アンモニア NH_3（三角錐形） 　(カ) メタン CH_4（正四面体形）

4 化学結合②　39

必 48 □□ ◀化学結合▶　次の文の□□□に適する語句を，下の語群から選べ。ただし，同じ語句を繰り返し用いてもよい。

(1)　分子結晶は，分子どうしが^①□□□という力で集まっているため，その結晶は^②□□□く，融点は^③□□□いものが多い。

(2)　共有結合の結晶は，原子どうしが^④□□□という結合で結びついているため，その結晶はきわめて^⑤□□□く，融点は非常に^⑥□□□いものが多い。

(3)　イオン結晶は，イオンどうしが^⑦□□□という結合で結びついているため，その結晶は^⑧□□□いが，もろいという特徴がある。融点は一般的に^⑨□□□く，固体では電気の^{⑩}□□□であるが，水溶液は電気の^{⑪}□□□となる。

(4)　金属結晶は，原子どうしが^{⑫}□□□という結合で結びついている。電気・熱の^{⑬}□□□であり，展性・延性に富み，他の物質にはみられない独特な輝き（＝^{⑭}□□□）が見られる。

【語群】共有結合　　分子間力　　金属結合　　イオン結合　　高　　低
　　　　硬　　軟らか　　良導体　　不導体（絶縁体）　　金属光沢

必 49 □□ ◀金属結合▶　次の文の□□□に適当な語句を入れ，下の問いにも答えよ。

同種の金属原子が多数集まると，価電子はもとの原子から離れ，金属中を自由に動き回るようになる。この電子を^①□□□といい，①による金属原子間の結合を^②□□□という。金属は特有の金属光沢をもち，固体でも^③□□□や熱をよく導く。また，薄く広げて箔や板などに加工できる^④□□□や，細く延ばして棒や針金などに加工できる^⑤□□□がある。これらの特性はいずれも^⑥□□□のはたらきによるものである。

〔問〕　次の金属を融点の低いものから順に元素記号で示せ。

ナトリウム　　　アルミニウム　　　マグネシウム

50 □□ ◀金属の利用▶　次の(1)〜(5)に該当する金属を，元素記号で答えよ。

(1)　単体が常温・常圧で液体の金属。圧力計や蛍光灯に用いられる。

(2)　電気伝導性が最も大きい金属。鏡や電気配線などに利用される。

(3)　電気・熱の伝導性に優れた金属。硬貨や電線に用いられる。

(4)　ボーキサイトから得られる。電気・熱の伝導性に優れた軽い金属。

(5)　最も多量に使われている金属で，建材や機械・日用品などに用いられる。

51 □□ ◀結晶と性質▶　次の①〜⑤の記述のうち，正しいものをすべて選べ。

①　金属元素と非金属元素が化合すると，イオン結晶ができやすい。

②　二酸化ケイ素などの共有結合の結晶は，水によく溶け，電気を導きやすい。

③　黒鉛が電気を導くのは，金属結合をしているためである。

④　ヨウ素や硫黄などの分子結晶は，分子内に共有結合を含むので，融点が高い。

⑤　金属結晶内では，自由電子が存在するため，展性や延性に富む。

40　第 1 編　物質の構成

必 52 □□ ◀結晶とその分類▶　結晶には，構成粒子間の結合のしかたで，次の4種類がある。

　　(1)　イオン結晶　　(2)　共有結合の結晶　　(3)　分子結晶　　(4)　金属結晶

　下のA群には結晶を構成する粒子の種類が，B群にはその粒子間の結合力の種類が，C群には結晶の特徴的な性質が，D群には結晶の実例が示されている。上の(1)～(4)に対応するものを各群より記号で選べ。ただし，D群からは2個ずつ選べ。

【A群】(ア)　原子　　(イ)　分子　　(ウ)　原子と自由電子　　(エ)　陽イオンと陰イオン

【B群】(オ)　自由電子による結合　　　　(カ)　静電気的な引力

　　　　(キ)　電子対の共有による結合　　(ク)　ファンデルワールス力

【C群】(ケ)　きわめて硬く，融点も非常に高い。

　　　　(コ)　外力を加えると展性・延性を示し，電気伝導性がよい。

　　　　(サ)　電気伝導性はないが，水溶液や融解状態では電気の良導体となる。

　　　　(シ)　一般に軟らかく融点が低い。昇華性を示すものもある。

【D群】(a)　ヨウ素　　　(b)　塩化鉄(Ⅲ)　　(c)　ナトリウム　　　(d)　臭化カリウム

　　　　(e)　鉄　　　　　(f)　炭化ケイ素　　(g)　ドライアイス　　(h)　ダイヤモンド

発展問題

53 □□ ◀化学結合の種類▶　次に示す各物質が結晶状態にあるとき，それぞれの結晶に存在している結合および力の種類を，下の(ア)～(オ)からすべて選べ。

(1)　ダイヤモンド　　(2)　二酸化炭素　　(3)　マグネシウム

(4)　二酸化ケイ素　　(5)　塩化銅(Ⅱ)　　(6)　塩化アンモニウム　　(7)　アルゴン

　　┌ (ア)　金属結合　　(イ)　イオン結合　　(ウ)　共有結合　　　　　┐
　　└ (エ)　配位結合　　(オ)　分子間力(ファンデルワールス力)　┘

54 □□ ◀電気陰性度と分子の極性▶　元素の周期表を参考にして，次の問いに答えよ。

(1)　表中から，電気陰性度が最大の元素と最小の元素を選び，元素名で答えよ。

(2)　電気陰性度が求められていないのは，周期表の何族元素か。また，その理由を答えよ。

周期＼族	1	2	13	14	15	16	17	18
1	H							He
2	Li	Be	B	C	N	O	F	Ne
3	Na	Mg	Al	Si	P	S	Cl	Ar

(3)　次の各物質のうち，①イオン結合性の最も強いもの，②共有結合性の最も強いもの，をそれぞれ1つ選び，物質名で答えよ。

　　〔　HCl　　O_2　　HF　　MgO　　NaF　〕

(4)　次の各物質のうち，無極性分子をすべて選び，物質名で答えよ。

　　〔　CH_3Cl　　H_2S　　F_2　　CS_2　　NH_3　〕

4　化学結合②　41

共通テストチャレンジ

55 □□ ◀**単体・同素体**▶　次の a)，b)に当てはまるものを，①〜⑤から一つずつ選べ。

a) 単体でない物質

　① アルゴン　　② オゾン　　③ ダイヤモンド　　④ マンガン　　⑤ メタン

b) 互いに同素体でないもの

　① 黒鉛(グラファイト)とダイヤモンド　　② 酸素とオゾン

　③ 鉛と亜鉛　　④ 黄リンと赤リン　　⑤ 斜方硫黄と単斜硫黄

56 □□ ◀**物質の分離・精製**▶　次の記述のうちで不適切なものを，次の①〜⑤のうちから一つ選べ。

① ヨウ素とヨウ化カリウムの混合物から，昇華法を利用してヨウ素を取り出す。

② 食塩水を電気分解して，塩化ナトリウムを取り出す。

③ 液体空気を分留して，酸素と窒素をそれぞれ取り出す。

④ インクに含まれる複数の色素を，クロマトグラフィーによりそれぞれ分離する。

⑤ 大豆の油脂を，ヘキサンなどの有機溶媒で抽出して取り出す。

57 □□ ◀**原子の電子配置**▶　図に示す電子配置をもつ(a)〜(d)の原子に関する記述として誤っているものを，①〜⑤のうちから一つ選べ。

(a)　　(b)　　(c)　　(d)

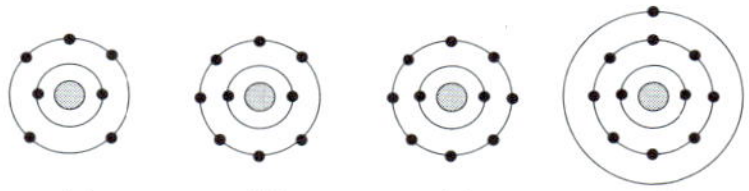

① (a)，(b)，(c)は，いずれも周期表の第2周期に含まれる元素の原子である。

② (a)には，原子間で共有される価電子が4個ある。

③ (b)は，(a)〜(d)の中で最も1価の陰イオンになりやすい。

④ (c)の価電子の数は，(a)〜(d)の中で最も少ない。

⑤ (d)のイオン化エネルギーは，(a)〜(d)の中で最も小さい。

58 □□ ◀**原子の性質**▶　a)〜c)に当てはまるものを，各解答群から一つずつ選べ。

a) 中性子の数が最も少ない原子

　① $_{17}^{35}\text{Cl}$　　② $_{17}^{37}\text{Cl}$　　③ $_{18}^{40}\text{Ar}$　　④ $_{19}^{39}\text{K}$　　⑤ $_{20}^{40}\text{Ca}$

b) $_1^1\text{H}$ と $_1^2\text{H}$ のイオン化エネルギーの比

　① 1:4　　② 1:2　　③ 1:1　　④ 2:1　　⑤ 4:1

c) イオン化エネルギーの大きい順に並べたもの

　① He>H>Li　　② He>Li>H　　③ H>Li>He

　④ H>He>Li　　⑤ Li>H>He　　⑥ Li>He>H

42　第1編　物質の構成

59 □□ ◀共有電子対と非共有電子対の数▶ 次の問い a), b) に答えよ。
a) 次の①～⑤から共有電子対の数が非共有電子対の数より少ない分子を一つ選べ。
  ① フッ化水素 ② アンモニア ③ 水 ④ メタン ⑤ 窒素
b) 次の①～④から非共有電子対をもたないものを一つ選べ。
  ① HCl ② H_3O^+ ③ CO_2 ④ CH_4

60 □□ ◀分子の生成と分子の形▶ 次の a), b) に当てはまるものを, それぞれの解答群の①～⑤のうちから一つずつ選べ。
a) 最も多くの価標をもつ原子
  ① 窒素分子中の N ② フッ素分子中の F
  ③ メタン分子中の C ④ 硫化水素分子中の S
  ⑤ 酸素分子中の O
b) 二重結合をもつ直線形分子
  ① H_2O ② CO_2 ③ NH_3 ④ C_2H_2 ⑤ C_2H_4

61 □□ ◀結晶▶ 塩化ナトリウムの結晶, ダイヤモンド, ヨウ素の結晶は, 次の a～d のどの結合あるいは結合力で成り立っているか。正しいものの組合せとして最も適当なものを, 右の①～⑧のうちから一つ選べ。

	塩化ナトリウムの結晶	ダイヤモンド	ヨウ素の結晶
①	a	b	a・c
②	a	d	b・c
③	a	b	b・d
④	a	d	c・d
⑤	c	b	a・c
⑥	c	d	b・c
⑦	c	b	b・d
⑧	c	d	c・d

a イオン結合 b 共有結合
c 金属結合 d 分子間力

62 □□ ◀化学結合の総合問題▶ 次の a)～d) に当てはまるものを, それぞれの解答群の①～⑤のうちから一つずつ選べ。
a) 共有結合をもたない物質
  ① 塩化ナトリウム ② ケイ素 ③ 塩素
  ④ 二酸化炭素 ⑤ アセチレン C_2H_2
b) 常温・常圧で昇華しやすい物質
  ① ダイヤモンド ② 酸化カルシウム ③ ヨウ素
  ④ 二酸化ケイ素 ⑤ 鉄
c) 総電子数が CH_4 と同じ分子
  ① CO ② NO ③ HCl ④ H_2O ⑤ O_2
d) 共有電子対と非共有電子対の数が等しい分子
  ① N_2 ② Cl_2 ③ HF ④ H_2S ⑤ NH_3

5 物質量と濃度

1 原子量・分子量・式量

❶原子の相対質量 質量数 12 の炭素原子 ^{12}C の質量を 12(基準)とした各原子の質量の相対値。単位はない。各原子の質量数にほぼ等しい。

❷元素の原子量 各元素の原子の相対質量の平均値を表す。
- 同位体の存在する元素の原子量は，各原子の相対質量に存在比をかけて求めた平均値[*1]となる。

原子	相対質量	天然存在比
^{35}Cl	34.97	75.77%
^{37}Cl	36.97	24.23%

例 塩素の原子量 $= 34.97 \times \dfrac{75.77}{100} + 36.97 \times \dfrac{24.23}{100} ≒ 35.45$

[*1] 同位体の存在しない元素の原子量は，その原子の相対質量に一致する。

❸分子量 原子量と同じ基準で求めた分子の相対質量。分子を構成する全原子の原子量の総和で求める。
例 H_2O の分子量 $= 1.0 \times 2 + 16 = 18$
CO_2 の分子量 $= 12 + 16 \times 2 = 44$

水分子

❹式量 イオン式や組成式を構成する全原子の原子量の総和。分子が存在しない物質では，分子量の代わりに用いる。
例 OH^- の式量 $= 16 + 1.0 = 17$ [*2]
$NaCl$ の式量 $= 23.0 + 35.5 = 58.5$

二酸化炭素分子

[*2] 電子の質量は陽子や中性子の質量に比べてきわめて小さいので，無視できる。

2 物質量

❶アボガドロ数 ^{12}C 原子 12g 中に含まれる ^{12}C 原子の数。6.0×10^{23} [*3]

❷1mol(モル) 物質を構成する粒子(原子，分子，イオンなど)の 6.0×10^{23} 個の集団[*4]。

❸物質量 mol(モル)を単位として表した物質の量。

❹アボガドロ定数(N_A) 物質 1mol あたりの粒子の数。$N_A = 6.0 \times 10^{23}/mol$ で表される。

❺モル質量 物質を構成する粒子 1mol あたりの質量。原子量・分子量・式量に，単位〔g/mol〕をつけた質量。

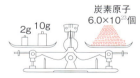
1molの定義

[*3] アボガドロ数の詳しい値は，6.02×10^{23} である(別冊p.29 参考 参照)。

[*4] 鉛筆 12 本を 1 ダースとするのと同様に，粒子 6.0×10^{23} 個をまとめて 1mol として扱う。

物質量　1mol
粒子数　6.0×10^{23} 個

物質量　2mol
粒子数　1.2×10^{24} 個

物質量　0.5mol
粒子数　3.0×10^{23} 個

❻**気体1molあたりの体積（モル体積）** 0℃，$1.013×10^5$Pa（=**標準状態**）において，気体1molあたりの体積は，気体の種類に関係なく，**22.4〔L/mol〕**である。

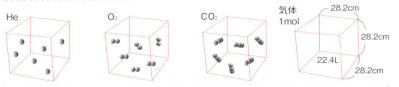

同温・同圧のとき，同体積の気体は，同数の分子を含む（アボガドロの法則）。

❼**気体の密度** 標準状態の気体1Lあたりの質量で表される。

気体の密度（標準状態）〔g/L〕= $\dfrac{\text{気体1molあたりの質量}}{\text{気体1molあたりの体積}}$ = $\dfrac{\text{モル質量〔g/mol〕}}{22.4〔\text{L/mol}〕}$

❽**気体の密度と分子量** 気体の分子量は密度から求められる。

> 分子量…モル質量〔g/mol〕=気体の密度（標準状態）〔g/L〕×22.4〔L/mol〕

例 標準状態において，密度1.25g/Lの気体の分子量は，
1.25g/L×22.4L/mol＝28.0〔g/mol〕 —単位をとる→ 分子量＝28.0

❸ 物質量の相互関係

❶**物質量と粒子の数，質量，気体の体積の関係**

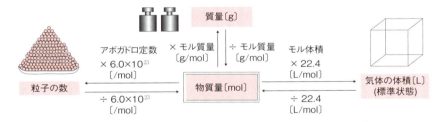

上図のように，粒子の数，質量，気体の体積の間で，異なる単位をもつ物理量に変換する場合は，いったん，**物質量〔mol〕**に直したのち行うとよい。

❷**物質量の求め方**

物質量〔mol〕= $\dfrac{\text{粒子の数}}{6.0×10^{23}〔/\text{mol}〕}$ = $\dfrac{\text{質量〔g〕}}{\text{モル質量〔g/mol〕}}$ = $\dfrac{\text{気体の体積（標準状態）〔L〕}}{22.4〔\text{L/mol}〕}$

物質量〔mol〕に，それぞれ，アボガドロ定数，モル質量，モル体積をかければ，粒子の数，質量，気体の体積（標準状態）を求めることができる。

4 物質の溶解性

❶**溶液** 物質が液体に溶けてできた均一な混合物。

溶液 ┬ **溶媒** …物質を溶かしている液体。(水，エタノールなど)
　　 └ **溶質** …液体に溶けている物質。(固体，液体，気体)

❷**物質の溶解** 極性の似たものどうしがよく溶け合う。

イオン結晶・極性分子 …極性のある溶媒に溶けやすい。　例 グルコース(極性分子)が水に溶ける。

無極性分子 …極性のない溶媒に溶けやすい。　例 ヨウ素がヘキサンに溶ける。

5 溶液の濃度

❶**濃度** 溶液中に溶けている溶質の割合。

濃度	定義	単位	利用
質量パーセント濃度	溶液 100g 中に溶けている溶質の質量。	%	日常，最もよく使われる濃度。
モル濃度	溶液 1L 中に溶けている溶質の物質量[mol]。	mol/L	化学の計算でよく使われる濃度。

$$\text{質量パーセント濃度}[\%] = \frac{\text{溶質の質量}[g]}{\text{溶液の質量}[g]} \times 100$$

$$\text{モル濃度}[\text{mol/L}] = \frac{\text{溶質の物質量}[\text{mol}]}{\text{溶液の体積}[L]}$$

※モル濃度のわかっている溶液は，体積をはかればすぐに溶質の物質量がわかるので便利である。
溶質の物質量[mol]＝モル濃度[mol/L]×溶液の体積[L] で求められる。

❷**正確なモル濃度の溶液の調製法**

例 1.0mol/L の塩化ナトリウム水溶液の調製

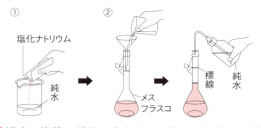

① NaCl 0.10mol(5.85g)を約 50mL(メスフラスコの容量の半分)の純水に溶かす。
② 100mL のメスフラスコに移す。ビーカー内部を少量の純水で洗い，その洗液もメスフラスコに入れる。
③ 純水を標線まで加えて，ちょうど 100mL の溶液とする。栓をしてよく振り混ぜ，均一な溶液にする。
$\frac{0.10\text{mol}}{0.10\text{L}} = 1.0 [\text{mol/L}]$

❸**濃度の換算** 質量%濃度とモル濃度の換算は，**溶液 1L(＝1000mL＝1000cm³)** あたりで考えるとよい。質量パーセント濃度A[%]，密度d[g/cm³]，モル質量M[g/mol]の水溶液のモル濃度 C[mol/L]は，

$$C[\text{mol/L}] = 1000[\text{cm}^3] \times d[\text{g/cm}^3] \times \frac{A}{100} \times \frac{1}{M[\text{g/mol}]}$$

確認&チェック

解答

1 次の文の ▢ に適当な語句，数値を入れよ。

原子の質量はきわめて小さいので，質量数 12 の炭素原子
^{12}C の質量を^{①}▢（基準）とした，各原子の質量の相対値を
用いる。これを，原子の^{②}▢という。

同位体の存在する元素では，各同位体の相対質量に存在比を
かけて求めた平均値を，その元素の^{③}▢という。

分子を構成する全原子の原子量の総和を^{④}▢といい，組成
式やイオン式を構成する全原子の原子量の総和を^{⑤}▢という。

2 天然の塩素には，^{35}Cl（相対質量 35.0）と^{37}Cl（相対質量 37.0）
の 2 種類の同位体が存在し，その存在比はそれぞれ 76.0 ％，
24.0 ％である。▢ をうめ，塩素の原子量を求めよ。

$$35.0 \times \frac{^{①}\boxed{}}{100} + 37.0 \times \frac{^{②}\boxed{}}{100} ≒ {}^{③}\boxed{}$$

3 次の文の ▢ に適当な語句を入れよ。

物質を構成する粒子（原子・分子・イオン）の 6.0×10^{23} 個の
集団を^{①}▢という。モル（mol）を単位として表した物質の量
を^{②}▢という。また，6.0×10^{23}/mol という定数を^{③}▢
という。

物質 1mol あたりの質量を^{④}▢といい，物質の構成粒子
が原子の場合は^{⑤}▢に，分子の場合は^{⑥}▢に，イオン
の場合は^{⑦}▢に単位〔g/mol〕をつけたものに等しい。

4 次の文の ▢ に適当な語句，数値を入れよ。

「同温・同圧で，同体積の気体は^{①}▢の分子を含む。」こ
れを^{②}▢の法則という。0℃，1.013×10^5Pa の状態を^{③}▢
といい，このとき気体 1mol の体積は，気体の種類に関係なく，
^{④}▢L である。

5 次の表の空欄①〜④を埋めよ。

濃度	単位	定義
①	②	溶液 100g 中に溶けている溶質の質量。
③	④	溶液 1L 中に溶けている溶質の物質量。

解答

1
① 12
② 相対質量
③ 原子量
④ 分子量
⑤ 式量
→ p.44 1

2
① 76.0
② 24.0
③ 35.5
→ p.44 1

3
① 1mol（モル）
② 物質量
③ アボガドロ定数
④ モル質量
⑤ 原子量
⑥ 分子量
⑦ 式量
→ p.44 2

4
① 同数
② アボガドロ
③ 標準状態
④ 22.4
→ p.45 2

5
① 質量パーセント濃度
② ％
③ モル濃度
④ mol/L
→ p.46 5

5 物質量と濃度 47

例題 16 原子量

次の問いに答えよ。ただし、アボガドロ定数は 6.0×10^{23}/mol とする。

(1) 塩素原子には、天然に ^{35}Cl と ^{37}Cl の同位体があり、それぞれの存在比は 75.5% および 24.5% である。塩素の原子量を有効数字 3 桁で求めよ。ただし、各同位体の相対質量はその原子の質量数に等しいとする。

(2) アルミニウムの結晶を調べたところ、アルミニウム原子 4 個の質量が 1.8×10^{-22} g であることがわかった。アルミニウムの原子量を求めよ。

考え方 (1) 同位体の存在する元素の原子量は、各同位体の相対質量にその存在比をかけて求めた平均値である。

題意より、各原子の相対質量は質量数と等しく、^{35}Cl と ^{37}Cl の相対質量は 35 と 37 とみなせる。(元素の原子量)=(原子の相対質量×存在比)の和より、

$$\text{塩素の原子量} = 35 \times \frac{75.5}{100} + 37 \times \frac{24.5}{100}$$
$$= 35.49 \fallingdotseq 35.5$$

(2) 原子 1 mol の質量は、原子量に単位〔g〕をつけたものになる。したがって、アルミニウム原子 6.0×10^{23} 個の質量を求めればよい。

Al 原子 1 個の質量は $\dfrac{1.8 \times 10^{-22}}{4}$〔g〕

∴ Al 1 mol の質量は次のようになる。

$$\frac{1.8 \times 10^{-22}}{4} \times 6.0 \times 10^{23} = 27 \text{〔g〕}$$

単位〔g〕をとると、Al の原子量は 27。

解答 (1) 35.5　(2) 27

例題 17 物質量の計算

メタン分子 CH_4 について、次の問いに答えよ。原子量は H=1.0、C=12、アボガドロ定数は 6.0×10^{23}/mol とする。

(1) メタン 2.4 g の物質量はいくらか。
(2) メタン 2.4 g の体積は標準状態で何 L か。
(3) メタン 2.4 g に含まれるメタン分子および、水素原子はそれぞれ何個か。

解説 (1) メタンの分子量は、$CH_4 = 12 + 1.0 \times 4 = 16$ より、そのモル質量は 16 g/mol である。メタン 2.4 g の物質量は、

$$\text{物質量} = \frac{\text{質量〔g〕}}{\text{モル質量〔g/mol〕}} = \frac{2.4\text{g}}{16\text{g/mol}} = 0.15\text{〔mol〕}$$

CH₄分子

(2) 気体 1 mol あたりの体積(**モル体積**)は、標準状態で 22.4 L/mol であるから、
気体の体積(標準状態)=物質量〔mol〕×気体のモル体積〔L/mol〕より、
メタンの体積(標準状態) = $0.15\text{mol} \times 22.4\text{L/mol} = 3.36 \fallingdotseq 3.4$〔L〕

(3) 物質量 1 mol 中には、アボガドロ数(6.0×10^{23})個の粒子が含まれる。
粒子数=物質量〔mol〕×アボガドロ定数〔/mol〕より、
CH_4 分子の数 = $0.15\text{mol} \times 6.0 \times 10^{23}\text{/mol} = 0.90 \times 10^{23} = 9.0 \times 10^{22}$〔個〕
CH_4 1 分子中には、C 原子 1 個と H 原子 4 個が含まれるから、
H 原子の数 = $9.0 \times 10^{22} \times 4 = 36 \times 10^{22} = 3.6 \times 10^{23}$〔個〕

C原子　H原子

解答 (1) 0.15 mol　(2) 3.4 L　(3) $CH_4 : 9.0 \times 10^{22}$ 個　H : 3.6×10^{23} 個

例題 18 気体の分子量

次の気体の分子量を求めよ。
(1) 標準状態での密度が1.25g/Lである気体の分子量。
(2) 標準状態で1.12Lを占める気体の質量が2.40gである気体の分子量。

考え方 気体の密度は，体積1Lあたりの質量で示し，単位は[g/L]で表す。

物質1molあたりの質量をモル質量[g/mol]といい，分子量に単位[g/mol]をつけたものである。

したがって，分子量は，モル質量から単位[g/mol]をとった数値である。

(1) 気体の種類によらず，気体1molの体積は標準状態で22.4Lだから，この気体1mol（標準状態で22.4L）に相当する質量を求めると，

$$1.25\text{g/L} \times 22.4\text{L} = 28.0\text{[g]}$$

この気体の分子量は，上記の28.0から単位[g]をとった28.0である。

(2) この気体1mol（標準状態で22.4L）に相当する質量は，

$$2.40\text{g} \times \frac{22.4\text{L}}{1.12\text{L}} = 48.0\text{[g]}$$

この気体の分子量は，上記の48.0gから単位[g]をとった48.0である。

解答 (1) 28.0　　(2) 48.0

例題 19 溶液の濃度

(1) グルコース $C_6H_{12}O_6$ 9.0gを水に溶かして200mLの水溶液をつくった。この水溶液のモル濃度を求めよ。（分子量は，$C_6H_{12}O_6 = 180$）
(2) 質量パーセント濃度が27.0％で，密度が1.20g/cm³の希硫酸について，次の問いに答えよ。（分子量は，$H_2SO_4 = 98$）
　① この希硫酸1000mL中に，溶質として含まれる硫酸は何gか。
　② この希硫酸のモル濃度は何mol/Lか。

解説 (1) グルコースの分子量は $C_6H_{12}O_6$ =180 より，そのモル質量は180g/molである。グルコース9.0gの物質量は，

$$\frac{\text{質量}}{\text{モル質量}} = \frac{9.0\text{g}}{180\text{g/mol}} = 0.050\text{[mol]}$$

水溶液の体積は200mL＝0.20Lだから，

$$\text{モル濃度} = \frac{\text{溶質の物質量[mol]}}{\text{溶液の体積[L]}}$$

$$= \frac{0.050\text{mol}}{0.20\text{L}} = 0.25\text{[mol/L]}$$

(2) ① 質量[g]＝密度[g/cm³]×体積[cm³] から，この希硫酸1000mL（＝1000cm³）の質量を求め，その質量の27％が溶質である硫酸の質量である。

希硫酸1000mL中に含まれる溶質の質量は，

$$1000\text{cm}^3 \times 1.20\text{g/cm}^3 \times \frac{27.0}{100} = 324\text{[g]}$$

② ①で求めた溶質の H_2SO_4 324gの物質量は，硫酸 H_2SO_4 の分子量が98より，そのモル質量は98g/molなので，

$$\frac{324\text{g}}{98\text{g/mol}} = 3.306 = 3.31\text{[mol]}$$

よって，希硫酸のモル濃度は3.31[mol/L]。

解答 (1) 0.25mol/L
　　　　(2) ① 324g　② 3.31mol/L

5 物質量と濃度　**49**

標準問題

必は重要な必須問題。時間のないときはここから取り組む。

必63 □□ ◀同位体と原子量▶　次の問いに答えよ。

(1) 天然のホウ素には，^{10}B が 20.0%，^{11}B が 80.0%（存在比）含まれる。各ホウ素の相対質量は質量数に等しいとして，ホウ素の原子量を小数第1位まで求めよ。

(2) 天然の塩素には2種類の同位体 ^{35}Cl（相対質量 34.97）と ^{37}Cl（相対質量 36.97）が存在し，塩素の原子量は 35.45 である。^{35}Cl と ^{37}Cl の存在比〔%〕をそれぞれ小数第1位まで求めよ。

64 □□ ◀原子量▶　次の文のうち，正しいものをすべて記号で選べ。

(ア) 原子量の基準は，現在，質量数 12 の炭素原子の質量を 12 としている。

(イ) 原子量は原子の相対的な質量を表したものなので，単位はない。

(ウ) 同位体の存在する元素の原子量は存在比が最大である同位体の相対質量と等しい。

(エ) 原子量の基準は，地球上のすべての炭素原子の相対質量の平均を 12 としている。

(オ) 同位体が存在しなければ，元素の原子量はすべて整数値で表される。

65 □□ ◀モル質量▶　次の各物質の 1mol あたりの質量（モル質量）は，それぞれ何 g/mol か。（原子量は，H = 1.0，C = 12，N = 14，O = 16，S = 32）

① 水　H_2O

② 二酸化炭素　CO_2

③ 硝酸　HNO_3

④ 硫酸イオン　SO_4^{2-}

66 □□ ◀物質量の定義▶　次の文の□□□に適当な語句，数字を入れよ。

^{12}C 原子を^①□□□g 量り取ったとき，その中に含まれる ^{12}C 原子の数は $6.0×10^{23}$ 個となり，この数を^②□□□という。また，$6.0×10^{23}$ 個の粒子の集団を^③□□□という。このように，mol を単位として表した物質の量を^④□□□といい，mol は国際単位系の基本単位の1つである。1mol あたりの粒子の数を，^{⑤}□□□という。また，物質を構成する粒子 1mol あたりの質量を^⑥□□□といい，原子の場合は^⑦□□□に g/mol を，分子の場合は^⑧□□□に g/mol を，イオンの場合は^⑨□□□に g/mol をつけたものになる。また，0℃，$1.013×10^5$Pa の状態を^⑩□□□といい，⑩における気体 1mol の体積は，気体の種類に関係なく^⑪□□□L である。

必67 □□ ◀物質量の計算▶　次の文の□□□に当てはまる数値を記入せよ。原子量は，C = 12，O = 16，アボガドロ定数は $6.0×10^{23}$/mol とする。

二酸化炭素 1.1g の物質量は^①□□□mol で，その体積は標準状態で^②□□□L である。また，この中には^③□□□個の二酸化炭素分子が含まれ，さらに，その中には，炭素原子と酸素原子あわせて^④□□□個の原子が存在する。

50　第2編　物質の変化

必68 □□ ◀物質量の計算▶　次の問いに答えよ。ただし，原子量は，$H = 1.0$，$C = 12$，$N = 14$，$O = 16$，$Cl = 35.5$，アボガドロ定数は 6.0×10^{23}/mol とする。
(1) 窒素分子 2.4×10^{24} 個の物質量を求めよ。
(2) 塩化水素分子 7.3g の物質量を求めよ。
(3) 標準状態で 11.2L のアンモニア分子の物質量を求めよ。
(4) 水 2.0mol 中には，何個の水分子が含まれるか。
(5) 酸素原子 1.5mol の質量は何 g か。
(6) 二酸化炭素 0.25mol の占める体積は，標準状態で何 L か。

必69 □□ ◀物質量の計算▶　次の問いに答えよ。ただし，原子量は，$H = 1.0$，$C = 12$，$O = 16$，アボガドロ定数は 6.0×10^{23}/mol とする。
(1) 1.5×10^{23} 個の酸素分子の質量は何 g か。
(2) 3.2g のメタン分子の占める体積は，標準状態で何 L か。
(3) 標準状態で 5.6L の水素中には，何個の水素分子が含まれるか。
(4) 標準状態で 2.8L を占める二酸化炭素の質量は何 g か。

70 □□ ◀物質量▶　次の文の□□□に適当な数値を入れよ。ただし，原子量は，$H = 1.0$，$N = 14$，$O = 16$，$Cl = 35.5$，アボガドロ定数は 6.0×10^{23}/mol とする。
(1) 酸素分子 1.2×10^{23} 個は標準状態で ① □□□ L を占める。
(2) 窒素 8.4g と酸素 6.4g の混合気体に含まれる分子の数は ② □□□ 個である。
(3) 塩化水素 0.20mol は ③ □□□ g であり，その体積は標準状態で ④ □□□ L である。

71 □□ ◀平均分子量▶　空気は窒素と酸素が4:1の体積の比で混合した気体である。次の問いに答えよ。ただし，原子量は，$H = 1.0$，$C = 12$，$N = 14$，$O = 16$ とする。
(1) 空気中の窒素と酸素の物質量の比はいくらか。
(2) 空気の平均分子量を小数第 1 位まで求めよ。
(3) 次の各気体の中から，空気より軽いものをすべて記号で選べ。
　(ア) NH_3　　(イ) C_3H_8　　(ウ) NO_2　　(エ) CH_4

必72 □□ ◀気体の分子量▶　次の問いに答えよ。ただし，原子量は，$H = 1.0$，$C = 12$，$O = 16$，$Cl = 35.5$ とする。
(1) 標準状態における密度が 1.96g/L の気体の分子量を求めよ。
(2) 同温・同圧で同体積のある気体と酸素の質量を比較したら，その気体の質量は酸素の 2.22 倍であった。この気体の分子量を求めよ。
(3) 同温・同圧において，次の気体を密度の小さいものから順に，化学式で書け。
　(a) 二酸化炭素　　(b) メタン　　(c) 酸素　　(d) 塩化水素

5　物質量と濃度　51

必 **73** □□ ◀物質量▶　水酸化カルシウム $Ca(OH)_2$ について，次の問いに答えよ。原子量は，$H = 1.0$，$O = 16$，$Ca = 40$，アボガドロ定数は $6.0 \times 10^{23}/mol$ とする。
(1)　この物質 0.20mol の質量は何 g か。
(2)　この物質 37g の物質量は何 mol か。
(3)　この物質 37g 中に含まれるイオンの総数を求めよ。

必 **74** □□ ◀モル濃度▶　次の問いに答えよ。ただし，$C_6H_{12}O_6$ の分子量は180，$NaOH$ の式量は 40 とする。
(1)　9.0g のグルコース $C_6H_{12}O_6$ を，水に溶かして 200mL にした水溶液は何 mol/L か。
(2)　0.25mol/L の水酸化ナトリウム $NaOH$ 水溶液 200mL 中に，$NaOH$ は何 mol 含まれるか。また，含まれる $NaOH$ の質量は何 g か。
(3)　0.16mol/L の硫酸水溶液 100mL と 0.24mol/L の硫酸水溶液 300mL を混合した水溶液の体積が 400mL であるとする。この硫酸水溶液の濃度は何 mol/L か。

75 □□ ◀水溶液の調製▶　0.200mol/L の塩化ナトリウム水溶液を 100mL つくりたい。次の問いに答えよ。
(1)　塩化ナトリウムは何 g 必要か。（式量：$NaCl = 58.5$）
(2)　水溶液を調製する操作を次に示してある。正しい順序に記号で並べかえよ。
　(ア)　メスフラスコの標線までピペットで純水を加える。
　(イ)　(1)で求めた質量分の塩化ナトリウムを天秤ではかり取る。
　(ウ)　約 50mL の純水を 100mL のビーカーに入れ，そこにはかり取った塩化ナトリウムを加えて溶かし，メスフラスコに入れる。
　(エ)　メスフラスコに栓をしてよく振り，均一な溶液にする。
　(オ)　純水でビーカーの内壁を洗い，その洗った液もメスフラスコに入れる。

76 □□ ◀硫酸銅(II)水溶液の調製▶　硫酸銅(II)五水和物 $CuSO_4 \cdot 5H_2O$ の結晶を水に溶かして，0.10mol/L の硫酸銅(II)水溶液を 1.0L つくりたい。その方法として最も適切なものを選び，番号で答えよ。（式量：$CuSO_4 = 160$，$CuSO_4 \cdot 5H_2O = 250$）
　①　$CuSO_4 \cdot 5H_2O$ 16g を水 1.0L に溶かす。
　②　$CuSO_4 \cdot 5H_2O$ 25g を水 1.0L に溶かす。
　③　$CuSO_4 \cdot 5H_2O$ 25g を水に溶かし 1.0L とする。
　④　$CuSO_4 \cdot 5H_2O$ 25g を水 975g に溶かす。

必 **77** □□ ◀濃度の換算▶　次の濃度を求めよ。ただし，$NaOH$ の式量は 40.0，H_2SO_4 の分子量は 98.0 とする。
(1)　6.00mol/L の水酸化ナトリウム水溶液（密度 1.20g/cm³）の質量パーセント濃度
(2)　20.0% 希硫酸（密度 1.14g/cm³）のモル濃度

52　第 2 編　物質の変化

発展問題

78 ◀組成式と原子量▶ 次の問いに答えよ。
(1) ある金属X 4.2gを十分に酸化したところ，組成式 X_3O_4 で表される酸化物 5.8g を生じた。この金属Xの原子量を求めよ。ただし，原子量は O = 16 とする。
(2) 元素AとBからなる化合物にはAが質量百分率で70%含まれる。Aの原子量がBの原子量の3.5倍であるとき，この化合物の組成式は次のうちどれか。
(ア) AB　(イ) AB_2　(ウ) AB_3　(エ) A_2B　(オ) A_2B_3　(カ) A_3B　(キ) A_3B_2

79 ◀水溶液の調製▶ 96.0%濃硫酸（硫酸の分子量 98.0）の密度を $1.84g/cm^3$ として，次の問いに有効数字3桁で答えよ。
(1) この濃硫酸のモル濃度を求めよ。
(2) この濃硫酸から 3.00mol/L 希硫酸 500mL をつくるには，この濃硫酸が何mL必要か。
(3) 右図の器具を用いて，(2)の希硫酸をつくる操作方法を順に説明せよ。

メスシリンダー　ビーカー　メスフラスコ　ガラス棒　純水

80 ◀原子量の基準の変更▶ 現在の原子量は，$^{12}C = 12$ を基準として定められている。今，この基準を $^{12}C = 24$ と定め，物質1molあたりの質量も 12g/mol から 24g/mol に変更したとすると，次の値は現在の値の何倍になるか。変化しない場合は，「変化なし」と答えよ。
(1) 酸素 1mol あたりの質量　　(2) アボガドロ定数
(3) 酸素 32g の物質量　　(4) 標準状態での酸素の密度
(5) 標準状態で 1.0L を占める酸素の物質量

81 ◀アボガドロ定数の測定(実験)▶ ステアリン酸 $C_{17}H_{35}COOH$ 0.0284g をヘキサン 100mL に溶かし，その 0.250mL を水面に滴下すると，ヘキサンは蒸発し，水面上にステアリン酸の分子が一層に並んだ単分子膜 $340cm^2$ を生じた。次の問いに答えよ。ただし，分子量は $C_{17}H_{35}COOH = 284$ とする。
(1) 水面に滴下したステアリン酸分子の物質量は何molか。
(2) $340cm^2$ の単分子膜中には何個のステアリン酸分子が含まれるか。ただし，水面上でステアリン酸1分子の占める面積（断面積）を $2.20 \times 10^{-15} cm^2$ とする。
(3) この実験から求められるアボガドロ定数はいくらか。有効数字3桁で答えよ。

単分子膜

化学基礎

6 化学反応式と量的関係

1 化学反応式

❶**物理変化**　物質の種類が変わらない変化。　　**例** 状態変化，物質の溶解など。

❷**化学変化**　物質の種類が変わる変化。　　**例** 物質の燃焼，水の電気分解など。

❸**化学反応式（反応式）**　化学変化を化学式を用いて表した式。

❹**化学反応式のつくり方**

① 反応物を左辺に，生成物を右辺にそれぞれ化学式で書き，両辺を→で結ぶ。

② 両辺の各原子の数が等しくなるように，化学式の前に係数をつける。
係数は最も簡単な整数比とする。係数の1は省略する。

③ 化学変化しなかった溶媒や触媒[1]などは，反応式中には書かない。

＊1）触媒…自身は変化せず，化学反応を促進させるはたらきをもつ物質。

❺**係数のつけ方**

目算法　最も複雑な（多種類の原子を含む）物質の係数を1とおき，他の物質の係数を暗算で決める。係数が分数になれば，分母を払って整数にしておく。

化学反応式を書き表す順序(例)	プロパンと酸素が反応して二酸化炭素と水を生じる反応	
① 反応物と生成物の化学式を書き，矢印で結ぶ。	$C_3H_8 + O_2 \rightarrow CO_2 + H_2O$ プロパン　酸素　二酸化炭素　水	
② C_3H_8 の係数を1とおき，炭素原子の数を合わせる。	$1C_3H_8 + O_2 \rightarrow 3CO_2 + H_2O$	C原子が左辺で3個なので，CO_2 の係数を3にする。
③ 水素原子の数を合わせる。	$1C_3H_8 + O_2 \rightarrow 3CO_2 + 4H_2O$	H原子が左辺で8個なので，H_2O の係数を4にする。
④ 酸素原子の数を合わせる。	$1C_3H_8 + 5O_2 \rightarrow 3CO_2 + 4H_2O$	O原子が右辺で10個なので，O_2 の係数を5にする。
⑤ 係数の「1」を省略する。	$C_3H_8 + 5O_2 \rightarrow 3CO_2 + 4H_2O$	係数に分数がある場合は最も簡単な整数比にする。

・登場回数の少ない原子の数を先に，登場回数の多い原子の数を最後に合わせるとよい。

未定係数法　各係数を未知数の a, b, c, …とおき，連立方程式を解いて求める。

例 $a\,FeS_2 + b\,O_2 \longrightarrow c\,Fe_2O_3 + d\,SO_2$

Fe原子について　　　　　　　　　$a = 2c$　　　　……①

S原子について　　　　　　　　　$2a = d$　　　　……②

O原子について　　　　　　　　　$2b = 3c + 2d$　　……③

$a = 1$ とおくと，①より $c = \dfrac{1}{2}$，②より $d = 2$，③より $b = \dfrac{11}{4}$

係数全体を4倍して，$a = 4$，$b = 11$，$c = 2$，$d = 8$

❻**イオン反応式**　反応に関係したイオンだけで表した反応式。

例 硝酸銀水溶液に塩化ナトリウム水溶液を加えると，塩化銀の沈殿を生じる反応。

$AgNO_3 + NaCl \longrightarrow AgCl + NaNO_3$　（化学反応式）

$Ag^+ + Cl^- \longrightarrow AgCl$　　　　　　　（イオン反応式）

54　第2編　物質の変化

2 化学反応式の量的関係

- 反応式の係数の比は，反応に関係する**物質の物質量(mol)の比**を表す。
- 気体の反応の場合，反応式の**係数の比**は，同温，同圧における**体積の比**も表す。

❶化学反応式の示す量的関係

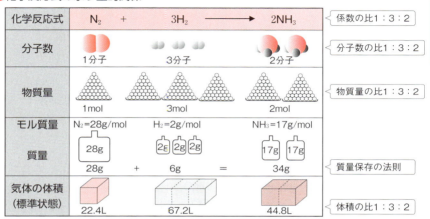

❷化学反応式の量的計算

〔1〕 与えられた物質の物質量を求める。
〔2〕 反応式の係数の比から，目的物質の物質量を求める。
〔3〕 目的物質の物質量を，指定された量に変換する。

❸反応物に過不足がある反応の量的計算

一方の物質が余る場合，すべてが反応する(不足する)方の物質の物質量を基準として，生成物の物質量を求める。

3 化学の基本法則

法則(発見者，年)	内容
質量保存の法則 (ラボアジエ　1774年)	化学変化の前後で，反応物と生成物の質量の総和は変わらない。
定比例の法則 (プルースト　1799年)	化合物を構成する元素の質量比は常に一定である。
倍数比例の法則 (ドルトン　1803年)	2種類の元素からなる2種類以上の化合物では，一方の元素の一定質量と化合する他方の元素の質量比は簡単な整数比になる。
気体反応の法則 (ゲーリュサック　1808年)	気体が関係する反応では，反応・生成する気体の体積は，同温・同圧のもとで簡単な整数比になる。
アボガドロの法則 (アボガドロ　1811年)	すべての気体は，同温・同圧で同体積中に同数の分子を含む。

6 化学反応式と量的関係

確認&チェック

1 次の文の　　　　に適当な語句を入れよ。

物質の種類が変わらない変化を^1　　　　，物質の種類が変わる変化を^2　　　　という。化学変化を化学式を用いて表した式を^3　　　　という。また，イオンが関係する反応において，反応に関係したイオンだけで表した反応式を^4　　　　という。

2 次の文の　　　　に適当な語句を入れよ。

化学反応式は，反応前の物質(^{1}　　　　)の化学式を左辺に，反応後の物質(^{2}　　　　)の化学式を右辺に書き，矢印で結ぶ。このとき，両辺にある各原子の数が等しくなるように，化学式の前に^3　　　　(1は省略)をつける必要がある。

3 次の化学反応式に係数をつけよ。(1も省略しないこと)

(1) 　　Mg + 　　O_2 ⟶ 　　MgO

(2) 　　CH_4 + 　　O_2 ⟶ 　　CO_2 + 　　H_2O

4 下の表中の①〜⑤に適当な数値を単位も含めて入れよ。

化学反応式	$2H_2$	+	O_2	⟶ $2H_2O$(気体)
物質量	2mol		①	②
標準状態の体積	③		22.4L	④
質量	4.0g		32g	⑤

5 一酸化炭素が燃焼すると，二酸化炭素が生成する。

$$2CO + O_2 \longrightarrow 2CO_2$$

(1) CO 1.0molを完全燃焼させるとCO_2は何mol生成するか。

(2) CO 5.0molを完全燃焼させるのにO_2は何mol必要か。

6 次の文に該当する化学の基本法則の名称を答えよ。

(1) 気体の反応では，その体積間に簡単な整数比が成り立つ。

(2) 化学変化の前後では，物質の総質量は変わらない。

(3) 化合物を構成する元素の質量比は，常に一定である。

(4) 同温・同圧において，同体積の気体は同数の分子を含む。

(5) 2種類の元素からなる複数の化合物について，一方の元素の一定質量と化合する他方の元素の質量は，簡単な整数比となる。

解答

1
① 物理変化
② 化学変化
③ 化学反応式
④ イオン反応式
→ p.54 ①

2
① 反応物
② 生成物
③ 係数
→ p.54 ①

3
(1) 2, 1, 2
(2) 1, 2, 1, 2
→ p.54 ①

4
① 1mol
② 2mol
③ 44.8L
④ 44.8L
⑤ 36g
→ p.55 ②

5
(1) 1.0mol
(2) 2.5mol
→ p.55 ②

6
(1) 気体反応の法則
(2) 質量保存の法則
(3) 定比例の法則
(4) アボガドロの法則
(5) 倍数比例の法則
→ p.55 ③

56 第2編　物質の変化

例題 20　化学反応式の係数　■■

次の化学反応式の係数を求め，化学反応式を完成させよ。

(1) 　( )C_2H_2 + ( )O_2 ⟶ ( )CO_2 + ( )H_2O

(2) 　( )Fe + ( )O_2 ⟶ ( )Fe_2O_3

(3) 　( )NH_3 + ( )O_2 ⟶ ( )NO + ( )H_2O

考え方　化学変化は，原子の組合せが変わるだけで，原子が生成・消滅することはない。よって，**化学反応式では，両辺の各原子の数が等しくなるように，化学式の前に**係数**をつける必要がある。**簡単な反応式の場合，両辺を見ながら暗算で係数を決めていく**目算法**が有効である。

(1)①原子の種類が多くて複雑な化学式のC_2H_2の係数を，まず1と決める。

②両辺に登場する回数の少ない原子（C，H）に着目し，順次，CO_2の係数を2，H_2Oの係数を1と決めていく。

$$1C_2H_2 + (　)O_2 \longrightarrow 2CO_2 + 1H_2O$$

③右辺のO原子の数が5個だから，O_2の係数をとりあえず$\dfrac{5}{2}$と決める。

④全体を2倍して，係数の分母を払い，最

も簡単な整数に直す。

(2)　最も複雑なFe_2O_3の係数を1とおく。右辺のFe原子の数は2個より，左辺Feの係数は2。右辺のO原子の数が3個より，O_2の係数をとりあえず$\dfrac{3}{2}$と決める。最後に，全体を2倍して係数を整数に直す。

(3)　とりあえずNH_3の係数を1とおく。H原子の数は，左辺が3個，右辺が2個だから，最小公倍数の6個に合わせる。

$$2NH_3 + (　)O_2 \longrightarrow 2NO + 3H_2O$$

右辺のO原子の数が5個より，O_2の係数をとりあえず$\dfrac{5}{2}$と決める。最後に，全体を2倍して係数を最も簡単な整数に直す。

解答　(1)　$2C_2H_2 + 5O_2 \to 4CO_2 + 2H_2O$

(2)　$4Fe + 3O_2 \to 2Fe_2O_3$

(3)　$4NH_3 + 5O_2 \to 4NO + 6H_2O$

例題 21　化学反応式の係数　■■

次の化学反応式の係数を求め，化学反応式を完成させよ。

( )Cu + ( )HNO_3 ⟶ ( )$Cu(NO_3)_2$ + ( )NO + ( )H_2O

考え方　複雑な化学反応式の場合，各化学式の係数をa，b，c，…のように未知数とし，両辺の各原子の数が等しくなるように連立方程式を立てて係数を求める。この方法を**未定係数法**という。

$$a\mathrm{Cu} + b\mathrm{HNO_3} \longrightarrow c\mathrm{Cu(NO_3)_2} + d\mathrm{NO} + e\mathrm{H_2O}$$

Cuについて：$a = c$　…………①

Hについて：$b = 2e$　…………②

Nについて：$b = 2c + d$　…………③

Oについて：$3b = 6c + d + e$　…………④

未知数が5つで方程式が4つしかないので，この連立方程式は解けない。そこで，ある係数を1とおき，係数の比を求めるとよい。

$b = 1$とおくと②より$e = \dfrac{1}{2}$

③より　$1 = 2c + d$　……③′

④より　$\dfrac{5}{2} = 6c + d$　……④′

④′−③′より　$c = \dfrac{3}{8}$　　①より　$a = \dfrac{3}{8}$

③より　$d = \dfrac{1}{4}$

分母を払うために，係数全体を8倍する。

$a = 3$，$b = 8$，$c = 3$，$d = 2$，$e = 4$

解答

$$3Cu + 8HNO_3 \longrightarrow 3Cu(NO_3)_2 + 2NO + 4H_2O$$

6　化学反応式と量的関係　57

| 例題 22 | 化学反応式の量的関係 | ■■ |

プロパン C_3H_8 の完全燃焼反応について，次の問いに答えよ。ただし，分子量は，$C_3H_8 = 44$，$H_2O = 18$，$O_2 = 32$ とする。

$$C_3H_8 \ + \ 5O_2 \ \longrightarrow \ 3CO_2 \ + \ 4H_2O$$

(1) プロパン 22g を完全燃焼させたとき，発生する二酸化炭素は標準状態で何 L か。

(2) プロパン 22g を完全燃焼させたとき，生成する水は何 g か。

(3) プロパン 22g を完全燃焼させるのに，必要な酸素は何 g か。

解き方 化学反応の量的計算では，**係数の比＝物質量の比**の関係を利用して解く。

プロパンの完全燃焼についての量的関係は次のようになる。

$$C_3H_8 \ + \ 5O_2 \ \longrightarrow \ 3CO_2 \ + \ 4H_2O$$

物質量比　　1mol　　　5mol　　　　　3mol　　　　4mol

(1) プロパンの分子量が $C_3H_8 = 44$ より，モル質量は 44g/mol である。

プロパン 22g の物質量は，

$$\frac{質量}{モル質量} = \frac{22g}{44g/mol} = 0.50〔mol〕$$

発生する CO_2 の物質量は $C_3H_8 : CO_2 = 1 : 3$ より，$0.50mol \times 3 = 1.5〔mol〕$

CO_2 1.5mol の体積(標準状態)は，

$$1.5mol \times 22.4L/mol = 33.6 \fallingdotseq 34〔L〕$$

(2) 生成する H_2O の物質量は，係数の比より，

$$0.50mol \times 4 = 2.0〔mol〕$$

水の分子量が $H_2O = 18$ より，モル質量は 18g/mol なので，水 2.0mol の質量は，

$$2.0mol \times 18g/mol = 36〔g〕$$

(3) 燃焼に必要な O_2 の物質量は，係数の比より，

$$0.50mol \times 5 = 2.5〔mol〕$$

酸素の分子量が $O_2 = 32$ より，モル質量は 32g/mol なので，O_2 2.5mol の質量は，

$$2.5mol \times 32g/mol = 80〔g〕$$

解答 (1) 34L　　(2) 36g　　(3) 80g

| 例題 23 | 過不足ある反応の量的関係 | ■■ |

メタン CH_4 の完全燃焼は，$CH_4 \ + \ 2O_2 \ \longrightarrow \ CO_2 \ + \ 2H_2O$ の反応式で表される。1.0mol のメタンと 3.0mol の酸素を反応させた場合について，次の問いに答えよ。

(1) 反応せずに余る気体は何か。また，何 mol 余るか。

(2) 生成した二酸化炭素と水の物質量はそれぞれ何 mol か。

解き方 反応物の量に過不足がある場合，反応物の物質量の大小関係を調べる。そして，完全に反応する(不足する)方の物質の物質量を基準にして，生成物の物質量を求めるとよい。

(1) 反応式の係数から，1.0mol のメタンとちょうど反応する酸素は 2.0mol である。酸素は 3.0mol あるので，全部は反応せずに，$3.0 - 2.0 = 1.0〔mol〕$ 余る。

(2) メタン 1.0mol は完全に反応するから，これを基準として，生成する CO_2 と H_2O の物質量は反応式の係数から次のようにまとめられる。

	CH_4	+	$2O_2$	$\longrightarrow$	CO_2	+	$2H_2O$
反応前	1.0mol		3.0mol		0mol		0mol
変化した量	$-1.0mol$		$-2.0mol$		$+1.0mol$		$+2.0mol$
反応後	0mol		1.0mol		1.0mol		2.0mol

解答 (1) 酸素，1.0mol　　(2) 二酸化炭素…1.0mol，水…2.0mol

58 第2編　物質の変化

例題 24　化学反応の量的関係

ある質量のマグネシウムをはかり取り、濃度未知の塩酸 10mL を加えて、発生する水素の体積を標準状態で測定した。

$$Mg + 2HCl \longrightarrow MgCl_2 + H_2$$

マグネシウムの質量を変えて、同様の測定を繰り返し、右図のようなグラフを得た。(原子量：Mg = 24)

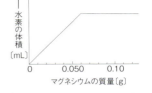

(1) 塩酸とちょうど反応したマグネシウムの質量は何 g か。
(2) 用いた塩酸の濃度は何 mol/L であったか。

考え方　(1) Mg が 0.060g までは、Mg の質量に比例して水素の発生量が増加している。それ以降は反応する HCl がなくなり、Mg を加えても水素の発生量は増加しない。よって、グラフが屈曲して横軸に平行となる点が Mg と HCl が過不足なく反応したときであり、そのときの Mg の質量は 0.060g である。
(2) Mg の原子量は 24 なので、そのモル質量は 24g/mol。反応した Mg 0.060g の物質量は、

$$\frac{質量}{モル質量} = \frac{0.060g}{24g/mol} = 2.5 \times 10^{-3} [mol]$$

Mg : HCl = 1 : 2 (物質量比) で反応するから、2.5×10^{-3} mol の Mg と反応した HCl の物質量は、2.5×10^{-3} mol $\times 2 = 5.0 \times 10^{-3}$ [mol]

これが塩酸 10mL 中に含まれるから、

$$モル濃度 = \frac{5.0 \times 10^{-3} mol}{0.010L} = 0.50 [mol/L]$$

解答　(1) 0.060g　(2) 0.50mol/L

例題 25　気体反応の量的計算

右図のような装置に酸素 100mL を通して無声放電したところ、その体積が 96.0mL となった。ただし、温度、圧力は変化しないものとする。
(1) 反応した酸素は何 mL か。
(2) 反応後の混合気体中のオゾンは体積で何 % を占めているか。

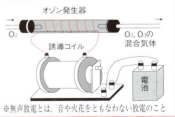

※無声放電とは、音や火花をともなわない放電のこと

考え方　化学反応の量的計算は、通常は、係数の比＝物質量の比の関係から、物質量に直して行う。しかし、本問のように気体どうしの反応の場合、同温・同圧では、**係数の比＝体積の比**の関係が成り立つので、気体の体積の増減だけで量的計算を行うことができる。
(1) 反応式　$3O_2 \longrightarrow 2O_3$ より

物質量比　3mol　　2mol

反応した O_2 を x [mL] とおくと、生成した O_3 は $\frac{2}{3}x$ [mL] だから、

	$3O_2$	$\longrightarrow$	$2O_3$
(反応前)	100		0 [mL]
(反応量)	$-x$		$+\frac{2}{3}x$ [mL]
(反応後)	$100-x$		$\frac{2}{3}x$ [mL]

反応後の気体の体積は $100 - \frac{1}{3}x$ [mL]

$100 - \frac{1}{3}x = 96.0$　∴ $x = 12.0$ [mL]

(2) $\frac{O_3 の体積}{全体積} = \frac{8.00}{96.0} \times 100 ≒ 8.33 [\%]$

解答　(1) 12.0mL　(2) 8.33%

標準問題　必は重要な必須問題。時間のないときはここから取り組む。

必82 □□ ◀化学反応式の係数▶　次の化学反応式の係数を定めよ（1 も答えよ）。

(1) （　）Al ＋ （　）HCl ⟶ （　）$AlCl_3$ ＋ （　）H_2

(2) （　）P ＋ （　）O_2 ⟶ （　）P_4O_{10}

(3) （　）C_4H_{10} ＋ （　）O_2 ⟶ （　）CO_2 ＋ （　）H_2O

(4) （　）FeS_2 ＋ （　）O_2 ⟶ （　）Fe_2O_3 ＋ （　）SO_2

(5) （　）MnO_2 ＋ （　）HCl ⟶ （　）$MnCl_2$ ＋ （　）Cl_2 ＋ （　）H_2O

必83 □□ ◀化学反応式▶　次の化学変化を化学反応式で示せ。

(1) エタン C_2H_6 を完全燃焼させると，二酸化炭素と水を生成する。

(2) メタノール CH_4O を完全燃焼させると，二酸化炭素と水を生成する。

(3) 過酸化水素水に触媒として酸化マンガン（Ⅳ）を加えると，酸素が発生する。

(4) アルミニウムを酸素中で燃やすと，酸化アルミニウム Al_2O_3 を生成する。

(5) 石灰水 $Ca(OH)_2$ に二酸化炭素を通じると，炭酸カルシウム $CaCO_3$ の沈殿を生成する。

(6) ナトリウム Na を水に入れると，水酸化ナトリウム $NaOH$ が生成し，水素が発生する。

必84 □□ ◀イオン反応式の係数▶　次のイオン反応式の係数を定めよ（1 も答えよ）。

(1) （　）Ag^+ ＋ （　）Cu ⟶ （　）Ag ＋ （　）Cu^{2+}

(2) （　）Al ＋ （　）H^+ ⟶ （　）Al^{3+} ＋ （　）H_2

(3) （　）Fe^{3+} ＋ （　）Sn^{2+} ⟶ （　）Fe^{2+} ＋ （　）Sn^{4+}

(4) （　）Fe^{2+} ＋ （　）H_2O_2 ＋ （　）H^+ ⟶ （　）Fe^{3+} ＋ （　）H_2O

85 □□ ◀化学の基本法則▶　次の文の□□に適当な語句，人物名を入れよ。

　18 世紀末に，ラボアジエは「化学反応の前後で，物質全体の質量は変化しない」という①□□□を発見した。同じころ，プルーストにより，「化合物を構成する元素の質量比は常に一定である」という②□□□も発見された。

　これらの実験事実を説明するために，③□□□は「すべての物質は原子からなる」という④□□□を主張するとともに，「2 種類の元素からなる複数の化合物において，一方の元素の一定質量と化合する他方の元素の質量は，それらの化合物の間では簡単な整数比をなす」という⑤□□□を発表した。

　一方，ゲーリュサックは「気体の化学反応では，反応前後の体積の間に簡単な整数比が成り立つ」という⑥□□□を発表した。しかし，⑥に対して④を適用しても，うまく説明できなかった。その後，⑦□□□は，「気体はすべて一定数個の原子が結合した分子からなる」という⑧□□□を提唱し，⑥を矛盾なく説明した。

60　第 2 編　物質の変化

86 □□ ◀化学反応の量的関係▶ プロパン C_3H_8 を完全燃焼させた。この反応について，次の問いに答えよ。ただし，原子量は $H=1.0$，$C=12$，$O=16$ とする。
(1) この変化を化学反応式で示せ。
(2) プロパン 4.4g を完全燃焼させた。発生した二酸化炭素は標準状態で何Lか。
(3) プロパン 4.4g を完全燃焼させた。生成した水は何gか。
(4) プロパン 4.4g を完全燃焼させるのに，必要な酸素は標準状態で何Lか。

87 □□ ◀化学反応の量的関係▶ 塩素酸カリウム $KClO_3$ に酸化マンガン(Ⅳ) MnO_2 を加え，図のような装置で加熱すると，塩化カリウムと酸素 O_2 が発生する。ただし，この反応で MnO_2 は，触媒としてはたらく。（原子量は $O=16$，$K=39$，$Cl=35.5$）

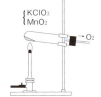

(1) 0.20mol の $KClO_3$ から何gの O_2 が発生するか。
(2) 0.60mol の O_2 を得るには，$KClO_3$ が何g必要か。

88 □□ ◀過不足のある反応▶ 標準状態で，一酸化炭素 5.6L と酸素 5.6L を混合して点火した。次の問いに答えよ。（原子量は $C=12$，$O=16$）
(1) 反応した酸素は，標準状態で何Lか。
(2) 反応後の気体の体積は，標準状態で何Lか。
(3) 発生した二酸化炭素の質量は何gか。

89 □□ ◀混合気体の燃焼▶ メタン CH_4 とプロパン C_3H_8 の混合気体を完全燃焼させると，標準状態で 0.56L の二酸化炭素と，0.72g の水が得られた。次の問いに答えよ。（原子量は $C=12$，$O=16$）
(1) 燃焼前の混合気体中のメタンとプロパンの物質量の比を整数比で示せ。
(2) この混合気体を完全燃焼させるのに消費された酸素は，標準状態で何Lか。

90 □□ ◀化学反応の量的関係▶ 図のような装置を用いて，石灰石（主成分 $CaCO_3$）15.0g に十分量の希塩酸を反応させたら，標準状態で 2.80L の二酸化炭素が発生した。次の問いに答えよ。ただし，原子量は $H=1.0$，$C=12$，$O=16$，$Ca=40$ とする。

(1) 発生した二酸化炭素の物質量は何molか。
(2) この石灰石の純度は何%か。

ただし，純度〔%〕＝ $\dfrac{主成分の質量〔g〕}{混合物の質量〔g〕}$ ×100 で表される。

91 ◀過不足のある量的計算▶ 2.00mol/Lの塩酸150mLに亜鉛6.54gを加えたら，気体を発生して亜鉛は完全に溶けた。次の問いに答えよ。(H=1.0, Zn=65.4)
(1) 発生した気体の体積は，標準状態で何Lか。
(2) 反応が終わったあとの溶液は，さらに何gの亜鉛を溶かすことができるか。

92 ◀化学反応の量的関係▶ 右図は，濃度未知の塩酸50mLに対していろいろな質量のマグネシウムを加えたとき，発生する水素の体積(標準状態)を測定し，グラフに表したものである。次の問いに答えよ。原子量はMg=24とする。
(1) グラフから，50mLの塩酸と過不足なく反応したマグネシウムの質量[g]を求めよ。
(2) 発生した水素の体積は，最大何Lか。
(3) 反応に用いた塩酸のモル濃度は何mol/Lか。

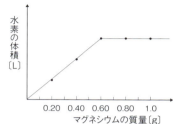

93 ◀溶液反応の量的計算▶ 0.10mol/L 硝酸銀水溶液50mLに0.15mol/L 希塩酸50mLを加えた。次の問いに答えよ。ただし，原子量は，Cl=35.5, Ag=108とする。
(1) 生じた塩化銀の沈殿は何gか。
(2) 混合溶液中に含まれる塩化物イオンのモル濃度[Cl⁻]を求めよ。

94 ◀混合気体の燃焼▶ プロパンC_3H_8に酸素を加えた混合気体を点火し，完全燃焼させた後，発生した気体を塩化カルシウム管を通して乾燥させたら，体積は45mLになった。さらに，その中の二酸化炭素をソーダ石灰管を通してすべて除いたら，体積は15mLになった。はじめのプロパンの体積および，加えた酸素の体積はそれぞれ何mLか。ただし，体積はすべて標準状態の値とする。

95 ◀化学反応の計算▶ 次の問いに答えよ。
(1) エタンC_2H_6とプロパンC_3H_8の混合気体が1.0Lある。これを完全燃焼させるのに必要な酸素は，同温・同圧のもとで4.4Lであった。この混合気体中のエタンとプロパンの体積の比を求めよ。
(2) ある金属4.0gは希塩酸と完全に反応し，標準状態で1.6Lの気体を発生した。この金属は，(ア)〜(ウ)のどれか。ただし，（ ）内は原子量である。
　(ア) 亜鉛(65.4)
　(イ) ニッケル(58.7)
　(ウ) 鉄(55.9)

発展問題

96 ◀化学反応の考察▶ 図のような装置のAに0.12gのマグネシウムを，Bに1.0mol/Lの希硫酸20mLを入れた。Bの希硫酸をAに移して，発生する水素を，水上置換により100mLのメスシリンダー中に捕集し，その体積(20℃, 1013hPa)を正確に測定したい。この実験について，次の問いに答えよ。ただし，原子量はMg=24とする。

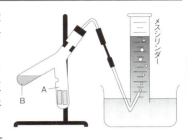

この実験について，正しい意見には○，誤った意見には×をつけよ。
① 硫酸の量は十分にあり，マグネシウムはすべて溶解する。
② 100mLのメスシリンダーでは小さすぎて，発生するすべての気体の体積が測れない。
③ 最初に発生してくる気体には試験管内の空気を含むから，しばらくしてから，メスシリンダーに気体を集めるようにする。

97 ◀過不足のある量的計算▶ 水素0.40gと酸素4.0gを図のような実験装置に入れ，電気火花により点火し，燃焼させた。次の問いに答えよ。ただし，原子量はH=1.0, O=16とする。

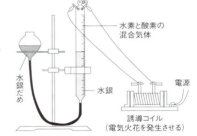

(1) 反応後に残るのは水素，酸素のいずれか。また，その質量を求めよ。
(2) 生成した水の質量は何gか。

98 ◀硫酸の製造▶ 硫黄から硫酸をつくる工程は，次の反応式で示される。

$S + O_2 \longrightarrow SO_2$
$2SO_2 + O_2 \longrightarrow 2SO_3$
$SO_3 + H_2O \longrightarrow H_2SO_4$

これらの反応式を参考にして，次の問いに答えよ。ただし，原子量はH=1.0, O=16, S=32とする。
(1) 上記の3つの反応式を，1つにまとめた化学反応式で示せ。
(2) 16kgの硫黄から生成する98%硫酸は，理論上，何kgになるか。
(3) 16kgの硫黄をすべて硫酸にするのに必要な酸素の体積は，標準状態で何Lか。

6 化学反応式と量的関係 63

化学基礎

7 酸と塩基

1 酸と塩基

❶酸・塩基の定義

	酸	塩基[*2]
アレニウスの定義 (1887年)	水に溶けて水素イオン H^+[*1]を生じる物質。 $HCl + H_2O \longrightarrow H_3O^+ + Cl^-$	水に溶けて水酸化物イオン OH^- を生じる物質。 $NaOH \longrightarrow Na^+ + OH^-$
ブレンステッド・ ローリーの定義 (1923年)	相手に水素イオン H^+ を与える物質。 　　塩基　　　酸 　　$NH_3 + HCl \longrightarrow NH_4Cl$ 　　　　H^+　　　　　　塩化アンモニウム	相手から水素イオン H^+ を受け取る物質。

[*1] 酸の水溶液中では,水素イオン H^+ は H_2O と結合して,**オキソニウムイオン** H_3O^+ として存在する。H_3O^+ は H_2O を省略して,単に H^+ として示されることがある。
[*2] 塩基のうち,水に溶けやすいものを特に**アルカリ**という。

2 酸・塩基の分類

❶**酸の価数** 酸1分子から放出することができる H^+ の数。
❷**塩基の価数** 塩基1分子(1化学式)から放出することができる OH^- の数。

価数	酸	塩基
1価	塩化水素 HCl　硝酸 HNO_3 酢酸 CH_3COOH	水酸化ナトリウム $NaOH$ アンモニア NH_3
2価	硫酸 H_2SO_4　炭酸 H_2CO_3 シュウ酸 $(COOH)_2$	水酸化カルシウム $Ca(OH)_2$ 水酸化バリウム $Ba(OH)_2$
3価	リン酸 H_3PO_4	水酸化鉄(III) $Fe(OH)_3$

注) 2価以上の酸(**多価の酸**)は多段階の電離を行うが,第1段階の電離度が最も大きい。

❸**電離度** 電解質が水溶液中で電離する度合い。

$$電離度\ \alpha = \frac{電離した電解質の物質量}{溶解した電解質の物質量} \quad (0 < \alpha \leq 1)$$

❹**酸・塩基の強弱** 同濃度の水溶液で電離度の大小を比較。
強酸・強塩基 電離度がほぼ1の酸・塩基。
弱酸・弱塩基 電離度が小さい酸・塩基。

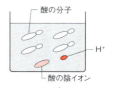

電離度 $\alpha = \dfrac{1}{5} = 0.2$

	強酸	弱酸		強塩基	弱塩基
酸	HCl　HBr　HI HNO_3　H_2SO_4	HF　CH_3COOH H_2S　$(COOH)_2$	塩基	$NaOH$　KOH $Ca(OH)_2$ $Ba(OH)_2$	NH_3　$Mg(OH)_2$ $Cu(OH)_2$ $Fe(OH)_3$

3 水素イオン濃度とpH

❶水の電離 水はわずかに電離している。　$H_2O \rightleftarrows H^+ + OH^-$
純水では，水素イオン濃度$[H^+]$と水酸化物イオン濃度$[OH^-]$は等しい。
$[H^+] = [OH^-] = 1.0 \times 10^{-7}$ mol/L　(25℃)

❷水のイオン積 水溶液中では，$[H^+]$と$[OH^-]$の積(**水のイオン積** K_w)は，一定温度では一定となる。
$K_w = [H^+][OH^-] = 1.0 \times 10^{-14}$ (mol/L)²　(25℃)
この関係は，酸性，中性，塩基性いずれの水溶液中でも成立する。

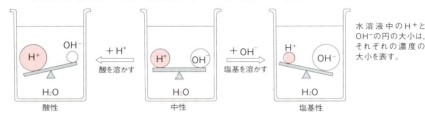

水溶液中のH⁺とOH⁻の円の大小は，それぞれの濃度の大小を表す。

❸水素イオン濃度[H⁺]と水酸化物イオン濃度[OH⁻]
C [mol/L]の1価の酸(電離度α)の水溶液　$[H^+] = C\alpha$ [mol/L]
C' [mol/L]の1価の塩基(電離度α')の水溶液　$[OH^-] = C'\alpha'$ [mol/L]

❹水素イオン指数 pH(ピーエイチ)
水溶液中の$[H^+]$は，通常，10^{-x}mol/L のように小さい値をとる。そこで，$[H^+]$の値を10の指数で表し，その指数の符号を逆にしたものを pH という。
$[H^+] = 1.0 \times 10^{-x}$ mol/L　のとき　$pH = x$
別の表し方では，$pH = -\log_{10}[H^+]$
例 $[H^+] = 1.0 \times 10^{-7}$ mol/L　のとき　$pH = 7$(中性)

❺水溶性の性質(液性)とpHの関係(25℃)
酸　性：$[H^+] > 1 \times 10^{-7}$ mol/L $> [OH^-]$，$pH < 7$
中　性：$[H^+] = 1 \times 10^{-7}$ mol/L $= [OH^-]$，$pH = 7$
塩基性：$[H^+] < 1 \times 10^{-7}$ mol/L $< [OH^-]$，$pH > 7$

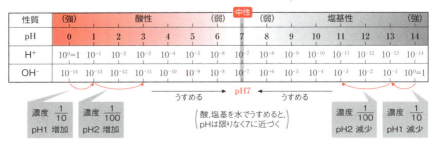

確認&チェック

1 次の文の[   ]に適当な語句を記せ。

①[   ]は，水溶液中での酸・塩基の反応を説明するため，酸とは水に溶けて②[   ]を生じる物質，塩基とは水に溶けて③[   ]を生じる物質であると定義した。

④[   ]は，水溶液以外での酸・塩基の反応を説明するため，相手にH^+を与える物質を⑤[   ]，相手からH^+を受け取る物質を⑥[   ]であると定義した。

2 次の酸・塩基の強弱，および，価数をそれぞれ示せ。
(1) HCl   (2) $Ca(OH)_2$
(3) CH_3COOH (4) NH_3
(5) H_2SO_4 (6) NaOH

3 ある酸が水に溶けたとき，右図のような状態となった。この酸の電離度は，いくらになるか。

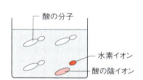

4 水溶液中でのH^+とOH^-のモル濃度は，それぞれ$[H^+]$，$[OH^-]$で表される。次の表の[   ]に適する数値を入れよ。

液性	酸性			中性		塩基性	
$[H^+]$	①	10^{-3}	10^{-5}	10^{-7}	10^{-9}	⑤	10^{-13}
$[OH^-]$	10^{-13}	10^{-11}	③	④	10^{-5}	10^{-3}	10^{-1}
pH	②	3	5	7	9	⑥	⑦

5 次の問いに答えよ。
(1) 純水(25℃)では，$[H^+]=[OH^-]=$①[   ]mol/L
(2) 水溶液(25℃)では，$[H^+]×[OH^-]=$②[   ]$(mol/L)^2$
(3) $[H^+]=1.0×10^{-x}$mol/L のとき，pH=③[   ]

解答

1
① アレニウス
② 水素イオン（オキソニウムイオン）
③ 水酸化物イオン
④ ブレンステッドとローリー
⑤ 酸
⑥ 塩基
→ p.64 [1]

2
(1) 強酸，1価
(2) 強塩基，2価
(3) 弱酸，1価
(4) 弱塩基，1価
(5) 強酸，2価
(6) 強塩基，1価
→ p.64 [2]

3 0.25

➡電離度
$= \dfrac{\text{電離した酸の分子数}}{\text{溶かした酸の分子数}}$
$= \dfrac{1}{4} = 0.25$
→ p.64 [2]

4
① 10^{-1} ② 1
③ 10^{-9} ④ 10^{-7}
⑤ 10^{-11} ⑥ 11
⑦ 13
→ p.65 [3]

5
① $1.0×10^{-7}$
② $1.0×10^{-14}$
③ x
→ p.65 [3]

例題 26	酸・塩基の定義	■■

次の①，②の酸・塩基の反応について，下の問いに答えよ。

$$CO_3^{2-} + H_2O \rightleftarrows HCO_3^- + OH^- \cdots\cdots①$$
$$CH_3COOH + H_2O \rightleftarrows CH_3COO^- + H_3O^+ \cdots\cdots②$$

(1) ブレンステッド・ローリーの定義によると，①，②の反応における H_2O はそれぞれ酸・塩基のどちらのはたらきをしているか。

(2) ①，②の逆反応(右辺から左辺への反応)において，ブレンステッド・ローリーの酸としてはたらいている物質をそれぞれ化学式で示せ。

考え方 ブレンステッドとローリーは，H^+(陽子)を与える物質を酸，H^+(陽子)を受け取る物質を塩基と定義した。

(1) H^+ の動きだけに着目すればよい。

①では，H_2O は H^+ を CO_3^{2-} に与えているから酸，②では，H_2O は CH_3COCH から H^+ を受け取っているので塩基としてはたらく。このように，一般に，物質が酸としてはたらくか，塩基としてはたらくかは，最初から決まっているわけではない。そのはたらきは相手によって相対的に決まる。

(2) ①の逆反応においては，HCO_3^- が H^+ を OH^- に与えているから酸，②の逆反応では，H_3O^+ が H^+ を CH_3COO^- に与えているから酸としてはたらいている。

解答 (1) ①酸 ②塩基
(2) ① HCO_3^- ② H_3O^+

例題 27	水溶液の pH	■■

次の各水溶液の pH を求めよ。ただし，25℃における水のイオン積は，$K_w = 1.0 \times 10^{-14} (mol/L)^2$ とする。

(1) 0.010mol/L の硝酸

(2) 0.10mol/L の酢酸(電離度は 0.010)

(3) 0.010mol/L の水酸化ナトリウム水溶液

考え方 まず，酸の水溶液では，水素イオン濃度 $[H^+]$ を求める。塩基の水溶液では，水酸化物イオン濃度 $[OH^-]$ を求め，水のイオン積 K_w の関係から $[H^+]$ を求めること。

$C[mol/L]$ の1価の酸(電離度 α)の電離で生じる水素イオンの濃度は，$[H^+] = C\alpha[mol/L]$ で求められる。同様に，$C'[mol/L]$ の1価の塩基(電離度 α')の電離で生じる水酸化物イオンの濃度は，$[OH^-] = C'\alpha'[mol/L]$ で求められる。

(1) 硝酸は1価の強酸なので，電離度は1である。
$$[H^+] = C\alpha = 0.010 \times 1 = 1.0 \times 10^{-2}[mol/L]$$
よって，pH = 2

(2) 酢酸は1価の弱酸なので，
$$[H^+] = C\alpha = 0.10 \times 0.010$$
$$= 1.0 \times 10^{-3}[mol/L]$$
よって，pH = 3

(3) 水酸化ナトリウムは1価の強塩基なので，電離度は1である。
$$[OH^-] = C'\alpha' = 0.010 \times 1$$
$$= 1.0 \times 10^{-2}[mol/L]$$
$$K_w = [H^+][OH^-] = 1.0 \times 10^{-14}(mol/L)^2$$
$$[H^+] = \frac{K_w}{[OH^-]} = \frac{1.0 \times 10^{-14}}{1.0 \times 10^{-2}}$$
$$= 1.0 \times 10^{-12}[mol/L]$$
よって，pH = 12

解答 (1) 2 (2) 3 (3) 12

7 酸と塩基 67

例題 28 | アンモニア水の $[H^+]$

標準状態で 224mL のアンモニアを水に溶かして 500mL の溶液にした。このアンモニア水の水素イオン濃度$[H^+]$を求めよ。ただし，このアンモニア水中での NH_3 の電離度を 0.010 とする。水のイオン積 $K_w = 1.0 \times 10^{-14} (mol/L)^2$ とする。

考え方 塩基性の強さは，水酸化物イオン濃度，記号$[OH^-]$の大小で表す。

アンモニア水の濃度を C〔mol/L〕，アンモニアの電離度を α とすると，電離式より次の関係が成り立つ。

$$NH_3 + H_2O \rightleftharpoons NH_4^+ + OH^-$$
$$C(1-\alpha) \quad 一定 \qquad C\alpha \quad C\alpha$$
$$〔mol/L〕$$

標準状態で 224mL の NH_3 の物質量は 0.010mol であり，これが溶液 500mL 中に存在しているので，アンモニア水のモル濃度は，

$$\frac{0.010mol}{0.50L} = 0.020〔mol/L〕$$

電離式より，水酸化物イオン濃度$[OH^-]$は，
$$[OH^-] = C\alpha = 0.020 \times 0.010$$
$$= 2.0 \times 10^{-4}〔mol/L〕$$

水素イオン濃度$[H^+]$を求めるには，
水のイオン積 K_w
$$= [H^+][OH^-] = 1.0 \times 10^{-14} (mol/L)^2$$
の関係を利用して，$[OH^-]$を$[H^+]$に変換すればよい。

$$\therefore \quad [H^+] = \frac{K_w}{[OH^-]} = \frac{1.0 \times 10^{-14}}{2.0 \times 10^{-4}}$$
$$= 0.5 \times 10^{-10}$$
$$= 5.0 \times 10^{-11}〔mol/L〕$$

解答 $5.0 \times 10^{-11} mol/L$

例題 29 | 酸・塩基の混合溶液の pH

0.20mol/L の塩酸 200mL と，0.15mol/L の水酸化ナトリウム水溶液 300mL を混合した。この混合溶液の pH を小数第 1 位まで求めよ。ただし，混合前後で溶液の体積は変化せず，水のイオン積 $K_w = 1.0 \times 10^{-14} (mol/L)^2$ とする。

考え方 酸と塩基を混合すると，H^+ と OH^- は中和して水になる。
$$H^+ + OH^- \longrightarrow H_2O$$
したがって，H^+ または OH^- の物質量の大きい方が，混合溶液の酸性・塩基性を決定する。

〈強酸・強塩基の混合溶液の pH の求め方〉
① 過剰になった H^+ または OH^- の物質量を求める。
② 混合溶液の体積に注意して，$[H^+]$または$[OH^-]$を求める。
③ $pH = -\log_{10}[H^+]$ を利用して，pH を求める。

塩酸から生じる H^+ の物質量は，
$$0.20mol/L \times \frac{200}{1000} L = 0.040〔mol〕$$

NaOH 水溶液から生じる OH^- の物質量は，
$$0.15mol/L \times \frac{300}{1000} L = 0.045〔mol〕$$

中和後に残るのは OH^- であり，その物質量は，$0.045 - 0.040 = 0.005〔mol〕$
これが，混合溶液 500mL 中に含まれるから，

$$[OH^-] = \frac{0.005mol}{0.50L}$$
$$= 0.010 = 1.0 \times 10^{-2}〔mol/L〕$$

水のイオン積 K_w
$$= [H^+][OH^-] = 1.0 \times 10^{-14} (mol/L)^2$$
を用いて，$[OH^-]$を$[H^+]$に変換すると，

$$[H^+] = \frac{1.0 \times 10^{-14}}{1.0 \times 10^{-2}} = 1.0 \times 10^{-12}〔mol/L〕$$

$$pH = -\log_{10}[H^+] = -\log(1.0 \times 10^{-12}) = 12.0$$

解答 12.0

68 第 2 編 物質の変化

標準問題 必は重要な必須問題。時間のないときはここから取り組む。

99 □□ ◀酸性・塩基性▶ 次の文について，酸性を示すものは A，塩基性を示すものは B に分類し，記号で答えよ。

(1) 水溶液に苦味がある。　　(2) 水溶液に酸味がある。

(3) 青色リトマス紙を赤変する。　　(4) 赤色リトマス紙を青変する。

(5) 指につけるとぬるぬるする。　　(6) BTB 溶液を黄色にする。

(7) 多くの金属と反応して水素を発生する。

(8) フェノールフタレイン溶液を赤色にする。

100 □□ ◀酸・塩基の定義▶ 次の文の □□□ に適当な語句を入れよ。

1887 年，アレニウスは，水溶液の酸・塩基に対して次のような定義を行った。「酸とは水溶液中で① □□□ を生じる物質で，塩基とは水溶液中で② □□□ を生じる物質である」。

その後，1923 年，ブレンステッドとローリーは，水溶液以外でも酸・塩基の反応が説明できるように，「酸とは③ □□□ を放出する物質，塩基とは④ □□□ を受け取る物質である」と定義した。これによると，空気中でアンモニアと塩化水素が直接反応して塩化アンモニウムの白煙を生じる反応では，HCl が⑤ □□□ ，NH_3 が⑥ □□□ としてはたらいていることになる。

$$NH_3 \ + \ HCl \ \longrightarrow \ NH_4Cl$$

アレニウスの定義では，水素イオンは現在では⑦ □□□ イオンに相当するものであり，ブレンステッド・ローリーの定義では，水素イオンは⑧ □□□ そのものである。

101 □□ ◀酸と塩基の定義▶ アンモニア水中で，アンモニアは次式のように電離する。これについて述べた(a)～(f)のうち，正しいものをすべて記号で示せ。

$$NH_3 \ + \ H_2O \ \rightleftarrows \ NH_4^+ \ + \ OH^-$$

(a) アレニウスの定義によれば，NH_3 と H_2O はいずれも塩基である。

(b) アレニウスの定義によれば，NH_3 は塩基で，H_2O は酸である。

(c) アレニウスの定義によれば，NH_3 は塩基で，H_2O は酸でも塩基でもない。

(d) ブレンステッド・ローリーの定義によれば，NH_3 と NH_4^+ はいずれも塩基である。

(e) ブレンステッド・ローリーの定義によれば，NH_3 は塩基で，NH_4^+ は酸である。

(f) ブレンステッド・ローリーの定義によれば，H_2O は酸でも塩基でもない。

必 102 □□ ◀酸・塩基の強弱▶ 次の酸・塩基の名称を書け。また，強酸は A，弱酸は a，強塩基は B，弱塩基は b に分類し，記号で答えよ。

(1) HCl 　　(2) HNO_3 　　(3) KOH 　　(4) H_2SO_4

(5) CH_3COOH 　　(6) $Ba(OH)_2$ 　　(7) $Ca(OH)_2$ 　　(8) NH_3

(9) H_3PO_4 　　(10) $(COOH)_2$ 　　(11) $Cu(OH)_2$ 　　(12) H_2CO_3

7 酸と塩基　69

必103 □□ ◀酸・塩基の分類▶ 酸，塩基に関して，それぞれの問いに答えよ。

(1) (ア)〜(ク)の各酸の化学式を示せ。また，酸の価数を答えよ。

(2) (ア)〜(ク)の各酸を，(a)強酸 (b)弱酸 に分類せよ。

(ア) 塩酸 (イ) 硫酸 (ウ) 硝酸 (エ) 炭酸

(オ) リン酸 (カ) 酢酸 (キ) シュウ酸 (ク) 硫化水素

(3) (ケ)〜(セ)の各塩基の化学式を示せ。また，塩基の価数を答えよ。

(4) (ケ)〜(セ)の各塩基を，(a)強塩基 (b)弱塩基 に分類せよ。

(ケ) 水酸化ナトリウム (コ) 水酸化バリウム (サ) アンモニア

(シ) 水酸化カルシウム (ス) 水酸化アルミニウム (セ) 水酸化銅(Ⅱ)

104 □□ ◀水の電離，pH▶ 次の文の□□□に適当な語句，数字(有効数字2桁)を入れよ。

純水もわずかに電離し，25℃では$[H^+] = [OH^-] = $①□□□mol/Lである。したがって，$[H^+][OH^-] = $②□□□$(mol/L)^2$となる。この関係は，純水だけでなくすべての水溶液で成り立つ。

例えば，酸の水溶液では酸の電離で生じるH^+のため，$[H^+]$は1.0×10^{-7}mol/Lより③□□□くなる。また，塩基の水溶液では$[OH^-]$が大きくなるので，$[H^+]$は1.0×10^{-7}mol/Lより④□□□くなる。

さらに，$[H^+]$の変化を取り扱いやすくするため，10の指数だけを取り出し，その指数の符号を逆にした数値を⑤□□□という。酸性水溶液のpHは7より⑥□□□，塩基性水溶液のpHは7より⑦□□□。

必105 □□ ◀水溶液のpH▶ 次の各水溶液のpHを小数第1位まで求めよ。

(1) 0.10mol/Lの酢酸(電離度は0.010)

(2) 0.010mol/Lの水酸化ナトリウム水溶液

(3) 0.010mol/Lの塩酸55mLと0.010mol/Lの水酸化ナトリウム水溶液45mLの混合水溶液

(4) 0.10mol/Lの塩酸10mLに0.30mol/Lの水酸化ナトリウム水溶液10mLを加えた混合水溶液

(5) 5.0×10^{-3}mol/Lの硫酸(電離度は1)

必106 □□ ◀水溶液のpH▶ 次の文の(　)に適当な数値(整数)を記入せよ。

pHが3の塩酸を水で100倍にうすめると，pHは①(　　　)になり，pHが12の水酸化ナトリウム水溶液を水で100倍にうすめると，pHは②(　　　)になる。一方，pHが6の塩酸を水で100倍にうすめると，pHは約③(　　　)になる。

70 第2編 物質の変化

107 □□ ◀酸と塩基▶ 次の文(1)〜(8)のうち，正しいものを1つ選べ。
(1) 1価の酸よりも2価の酸の方が強い酸である。
(2) 酸はすべて酸素原子を含んでいる。
(3) 塩酸は電離度が大きいので，強酸である。
(4) アレニウスの定義によると塩基は必ずOHをもつので，NH_3は塩基ではない。
(5) 水酸化鉄(Ⅲ)$Fe(OH)_3$はほとんど水に溶けないので，塩基ではない。
(6) 酸1分子中に含まれる水素原子の数を，酸の価数という。
(7) 分子中にOHをもつ化合物は，すべて塩基としてはたらく。
(8) 0.1mol/Lの塩酸のpHと0.1mol/Lの硫酸のpHは等しい。

発展問題

108 □□ ◀電離度▶ 次の問いに答えよ。
(1) $5.0×10^{-4}$mol/Lの酢酸水溶液のpHは4であった。この酢酸水溶液中での酢酸の電離度を求めよ。
(2) ある塩基$M(OH)_2$の$5.0×10^{-2}$mol/L水溶液がある。この水溶液中の水酸化物イオン濃度$[OH^-]$は$8.0×10^{-2}$mol/Lであった。この塩基の電離度を求めよ。

109 □□ ◀弱酸の濃度と電離度▶ 右図に，酢酸水溶液の濃度と電離度の関係を示す。これをもとにして，次の問いに答えよ。

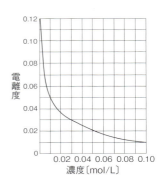

(1) 0.010mol/Lの酢酸の水素イオン濃度$[H^+]$を求めよ。
(2) 0.050mol/Lの酢酸中の水素イオン濃度$[H^+]$は，水酸化物イオン濃度$[OH^-]$の何倍か。
(3) 0.10mol/Lの酢酸を純水で0.010mol/Lに希釈すると，水素イオン濃度は何分の1になるか。

110 □□ ◀多段階電離▶ 2価の酸H_2Aは水溶液中で次のように2段階に電離する。
$$H_2A \rightleftarrows H^+ + HA^-$$
$$HA^- \rightleftarrows H^+ + A^{2-}$$
モル濃度C[mol/L]の硫酸水溶液において，硫酸の1段階目の電離は完全に進行し，2段階目は一部が電離した状態になっているとする。2段階目の電離度を$α_2$として，この水溶液の水素イオン濃度$[H^+]$を表している式はどれか。ただし，水の電離によって生じた水素イオンの濃度は無視できるものとする。
① 0　② C　③ $2C$　④ $C(1+α_2)$　⑤ $C(1-α_2)$　⑥ $Cα_2$

8 中和反応と塩

1 中和反応

❶**中和反応** 酸の H^+ と塩基の OH^- が反応して，水 H_2O が生成する反応。
（イオン反応式） $H^+ + OH^- \longrightarrow H_2O$

❷**中和の量的関係** 酸と塩基が過不足なくちょうど中和する条件。

酸の出す H^+ の物質量 ＝ 塩基の出す OH^- の物質量
酸の物質量 × 価数 ＝ 塩基の物質量 × 価数

〈中和の公式〉

溶液中の H^+ と OH^- の数が等しいとき,過不足なく中和する。

$$aC \times \frac{v}{1000} = bC' \times \frac{v'}{1000}$$

a, b …酸，塩基の価数
C, C' …酸・塩基の濃度〔mol/L〕
v, v' …酸・塩基の体積〔mL〕

注）この関係は，酸・塩基の強弱に関係なく成り立つ。

2 塩とその分類

❶**塩** 中和反応で，塩基の陽イオンと酸の陰イオンが結合してできた物質。

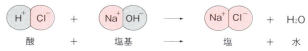

酸 ＋ 塩基 ⟶ 塩 ＋ 水

❷**塩の分類**

分類	定義	例
正塩	酸の H も塩基の OH も残っていない塩。	$NaCl$, Na_2SO_4, CH_3COONa
酸性塩	酸の H が残っている塩。	$NaHCO_3$, $NaHSO_4$
塩基性塩	塩基の OH が残っている塩。	$MgCl(OH)$ 塩化水酸化マグネシウム

注）塩の組成に基づく分類で，塩の液性（中性，酸性，塩基性）とは無関係である。

❸**塩の水溶液の性質（液性）** 塩を構成する酸・塩基の強弱（→p.64）により決まる。

塩のタイプ	水溶液の液性	例
強酸と強塩基の正塩	中性	$NaCl$, Na_2SO_4, KNO_3
弱酸と強塩基の正塩	塩基性	CH_3COONa, Na_2CO_3
強酸と弱塩基の正塩	酸性	NH_4Cl, $CuSO_4$

注）ただし，強酸と強塩基からなる酸性塩の硫酸水素ナトリウム $NaHSO_4$ は，
$NaHSO_4 \longrightarrow Na^+ + H^+ + SO_4^{2-}$ と電離して，酸性を示す。

❹**酸化物の分類**

酸性酸化物	酸としてはたらく酸化物。	非金属元素の酸化物。	例 CO_2, SO_2
塩基性酸化物	塩基としてはたらく酸化物。	金属元素の酸化物。	例 Na_2O, CaO
両性酸化物	酸，塩基としてはたらく酸化物。	両性金属[1]の酸化物。	例 Al_2O_3, ZnO

*1）酸・塩基いずれの水溶液とも反応する金属。例 Al, Zn, Sn, Pb

3 中和滴定

❶ **中和滴定** 濃度が正確にわかった酸(塩基)の水溶液(<u>標準溶液</u>という)を用いて，濃度未知の塩基(酸)の水溶液の濃度を求める操作。次のような器具を用いて行う。

器　具	使 用 目 的	洗 浄 法
メスフラスコ	一定濃度の溶液をつくる。	純水でぬれていてもよい。
ホールピペット	一定体積の溶液をはかる。	使用する溶液で洗う(共洗い)。
ビュレット	溶液の任意の滴下量をはかる。	使用する溶液で洗う(共洗い)。
コニカルビーカー	中和滴定の反応容器として使用。	純水でぬれていてもよい。

〈操作〉 酢酸水溶液の水酸化ナトリウム水溶液による中和滴定。

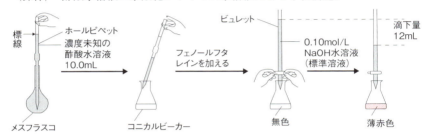

❷ **滴定曲線** 中和滴定にともなう溶液のpHの変化を表す曲線。

❸ **pH指示薬** 水溶液のpHの変化により色の変わる色素。酸・塩基が過不足なく中和した点(中和点)を知るのに用いる。指示薬の色の変わるpHの範囲を<u>変色域</u>という。

指示薬 \ pH	1	2	3	4	5	6	7	8	9	10	11	12
メチルオレンジ			赤		黄							
メチルレッド					赤		黄					
ブロモチモールブルー						黄		青				
フェノールフタレイン								無		赤		

注)リトマスは変色域が広く，色の変化が鋭敏ではないので，中和滴定の指示薬には用いない。

❹ **指示薬の選択** 中和点付近では，pHの急激な変化(pHジャンプ)が起こる。このpHジャンプの範囲内に変色域をもつ指示薬を用いて中和点を知る。

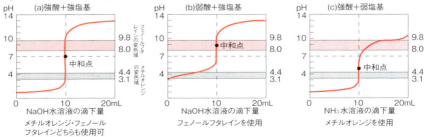

確認&チェック

1 次の文の□内に適当な語句を入れよ。
酸の①□イオンと塩基の②□イオンが反応して、水 H_2O が生成する反応を③□という。また、塩基の陽イオンと酸の陰イオンが結合してできた物質を④□という。

2 次の塩を、(a)正塩、(b)酸性塩、(c)塩基性塩に分類せよ。
(1) NaCl　　(2) $NaHSO_4$
(3) CuCl(OH)　　(4) Na_2SO_4

3 次の各塩の水溶液は、何性を示すかを答えよ。
(1) 強酸と強塩基からなる正塩
(2) 強酸と弱塩基からなる正塩
(3) 弱酸と強塩基からなる正塩

4 中和滴定の実験において、次の操作に最も適した器具を1つずつ記号で選べ。
(1) 一定体積の溶液を正確にはかりとる。
(2) 一定濃度の酸・塩基の標準溶液をつくる。
(3) 溶液の任意の滴下量を正確にはかる。
(4) 中和滴定の反応容器として使用する。

(ア)　(イ)　(ウ)　(エ)　(オ)

5 下の図は、代表的な pH 指示薬の変色域を示す。該当する指示薬の名称を、下の(ア)〜(エ)から選べ。

指示薬\pH	1	2	3	4	5	6	7	8	9	10	11	12	13
(1)			赤		黄								
(2)				赤			黄						
(3)					黄			青					
(4)							無		赤				

(ア) メチルレッド　　(イ) ブロモチモールブルー (BTB)
(ウ) メチルオレンジ　(エ) フェノールフタレイン

解答

1 ① 水素
② 水酸化物
③ 中和
④ 塩
→ p.72 1, 2

2 (1) (a)　(2) (b)
(3) (c)　(4) (a)
→ p.72 2

3 (1) 中性
(2) 酸性
(3) 塩基性
→ p.72 2

4 (1) (ウ)
(2) (イ)
(3) (オ)
(4) (エ)
→ p.73 3

5 (1) (ウ)
(2) (ア)
(3) (イ)
(4) (エ)
→ p.73 3

例題 30　中和の量的関係　■■

(1)　ある濃度の硫酸 100mL を中和するのに，0.10mol/L の水酸化ナトリウム水溶液が 50mL 必要であった。この硫酸の濃度は何 mol/L か。

(2)　ある濃度の硫酸 25.0mL を中和するのに，標準状態で 112mL のアンモニアが必要であった。この硫酸のモル濃度を求めよ。

考え方　酸と塩基の水溶液が過不足なく中和した点を中和点という。

中和点では，(酸の放出した H^+ の物質量) ＝ (塩基の放出した OH^- の物質量) または，(酸の物質量×価数) ＝ (塩基の物質量×価数) が成り立つ。

この関係は，酸・塩基が水溶液だけでなく，固体や気体の場合も成り立つ。

「a 価，C mol/L，v mL」の酸と，「b 価，C' mol/L，v' mL」の塩基がちょうど中和する条件は，

$$a C \times \frac{v}{1000} = b C' \times \frac{v'}{1000}$$ （中和の公式）

中和の量的関係には，酸・塩基の強弱は関係しないが，酸・塩基の価数が関係すること

に留意しなければならない。

(1)　硫酸の濃度を x〔mol/L〕とおくと，H_2SO_4 は 2 価の酸，$NaOH$ は 1 価の塩基であり，中和点では次式が成り立つ。

$$2 \times x \times \frac{100}{1000} = 1 \times 0.10 \times \frac{50}{1000}$$

$$\therefore \quad x = 0.025 \text{〔mol/L〕}$$

(2)　2 価の酸である硫酸の濃度を y〔mol/L〕とする。アンモニアは 1 価の塩基であるので，中和点では次式が成り立つ。

$$2 \times y \,\text{mol/L} \times \frac{25.0}{1000}\,\text{L} = 1 \times \frac{0.112\,\text{L}}{22.4\,\text{L/mol}}$$

$$\therefore \quad y = 0.100 \text{〔mol/L〕}$$

解答　(1)　0.025mol/L　(2)　0.100mol/L

例題 31　逆滴定　■■

濃度不明の硫酸 10.0mL を 0.10mol/L の水酸化ナトリウム水溶液で中和滴定したが，誤って中和点を越え，12.5mL を滴下してしまった。そこで，この混合溶液を 0.010mol/L の塩酸で再び中和滴定したところ，5.0mL 加えた時点でちょうど中和点に達した。最初の硫酸の濃度は何 mol/L であったか。

考え方　過剰に加えた塩基(酸)の残りを，別の酸(塩基)で滴定することを逆滴定という。

逆滴定は，本問のように，中和滴定実験を失敗して，中和点を越えてしまった場合のほか，気体や固体の酸・塩基の物質量を求める場合によく使われる。

例えば，① CO_2(酸性気体)を過剰の塩基の水溶液に吸収させ，残った塩基を別の酸で滴定して，CO_2 の物質量を求める。② NH_3(塩基性気体)を過剰の酸の水溶液に吸収させ，残った酸を別の塩基で滴定して NH_3 の物質量を求めるなどの方法がある。

逆滴定のように，2 種類以上の酸・塩基が

関係する場合でも，最終的に，中和点では次の関係が成り立つ。

(酸の放出した H^+ の総物質量)

＝ (塩基の放出した OH^- の総物質量)

求める硫酸の濃度を x〔mol/L〕とおくと，硫酸は 2 価の酸，塩酸は 1 価の酸，水酸化ナトリウムは 1 価の塩基であり，中和点では次式が成り立つ。

$$2 \times x \times \frac{10.0}{1000} + 1 \times 0.010 \times \frac{5.0}{1000}$$
$$= 1 \times 0.10 \times \frac{12.5}{1000}$$

$$\therefore \quad x = 0.060 \text{〔mol/L〕}$$

解答　0.060mol/L

8　中和反応と塩　75

例題 32　塩の水溶液の性質（液性）

次の(ア)〜(エ)の塩の水溶液は、酸性、中性、塩基性のいずれを示すか。
(ア) NaCl　(イ) CH₃COONa　(ウ) NH₄Cl　(エ) CuSO₄

考え方　正塩（酸のHも塩基のOHも残っていない塩）の水溶液の液性（酸性、中性、塩基性）は、その塩がどのような酸と塩基の中和で生成した塩であるかを考え、もとの酸・塩基の強弱から、次のように判定できる。主な酸・塩基の強弱（p.64）を覚えておくことが判定のポイント。

- 強酸と強塩基からなる正塩は**中性**
- 強酸と弱塩基からなる正塩は**酸性**
- 弱酸と強塩基からなる正塩は**塩基性**

(ア) HCl（強酸）とNaOH（強塩基）からなる正塩だから、水溶液は中性を示す。
(イ) CH₃COOH（弱酸）とNaOH（強塩基）からなる正塩だから、水溶液は塩基性を示す。
(ウ) HCl（強酸）とNH₃（弱塩基）からなる正塩だから、水溶液は酸性を示す。
(エ) H₂SO₄（強酸）とCu(OH)₂（弱塩基）からなる正塩だから、水溶液は酸性を示す。

解答　(ア) 中性　(イ) 塩基性
(ウ) 酸性　(エ) 酸性

例題 33　中和滴定

シュウ酸二水和物 (COOH)₂・2H₂O（式量126）0.567g をはかりとり、100mLの水溶液とした。この水溶液 10.0mL をコニカルビーカーにとり、濃度未知の水酸化ナトリウム水溶液で滴定したところ 12.5mL を要した。

(1) シュウ酸水溶液と水酸化ナトリウム水溶液との中和反応を化学反応式で示せ。
(2) シュウ酸の水溶液の濃度は何 mol/L か。
(3) 水酸化ナトリウム水溶液の濃度は何 mol/L か。

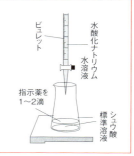

考え方　通常、中和点は適当な指示薬（色素）の変色で知ることができる。シュウ酸（弱酸）と水酸化ナトリウム（強塩基）の中和滴定では、中和点は塩基性側に偏るので、塩基性側に変色域をもつフェノールフタレインという指示薬を使う。ビュレットからNaOH水溶液を滴下するごとにコニカルビーカーを振り混ぜ、溶液の色が無色→淡赤色になったときが中和点である。

(1) シュウ酸（2価の酸）のように、多価の酸の中和反応式は、完全に中和して、正塩が生成するまでを書く。
(2) シュウ酸二水和物（結晶）の式量は126より、モル質量は 126g/mol。シュウ酸の結晶

0.567gの物質量は、$\frac{0.567}{126}$ mol。

これが溶液 100mL 中に含まれるので、シュウ酸水溶液のモル濃度は、

$$\frac{0.567}{126} \times \frac{1000}{100} = 0.0450 \text{〔mol/L〕}$$

(3) NaOH 水溶液の濃度を x〔mol/L〕とすると、シュウ酸は2価の酸、水酸化ナトリウムは1価の塩基であり、中和点では次式が成り立つ。

$$2 \times 0.0450 \times \frac{10.0}{1000} = 1 \times x \times \frac{12.5}{1000}$$

∴　$x = 0.0720$〔mol/L〕

解答　(1) (COOH)₂ + 2NaOH
　　　　　　　⟶ (COONa)₂ + 2H₂O
(2) **0.0450mol/L**　(3) **0.0720mol/L**

例題 34　中和滴定と指示薬

右図は，0.10 mol/L 酢酸水溶液 10 mL に，濃度不明の水酸化ナトリウム水溶液を加えたときの混合水溶液の pH 変化を表す。次の問いに答えよ。

(1) このようなグラフは何とよばれるか。
(2) この水酸化ナトリウム水溶液のモル濃度〔mol/L〕を求めよ。
(3) 中和点を知るのに用いる指示薬は，次のうちどちらがよいか。
　(ア)　フェノールフタレイン　　(イ)　メチルオレンジ

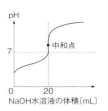

考え方 (2) 中和滴定で，酸・塩基の水溶液が過不足なく中和した点(**中和点**)では，次の関係が成り立つ。

$$a \times C \times \frac{v}{1000} = b \times C' \times \frac{v'}{1000}$$

NaOH 水溶液の濃度を x〔mol/L〕とすると，CH_3COOH は 1 価の酸，NaOH も 1 価の塩基なので，中和点では次式が成り立つ。

$$1 \times 0.10 \times \frac{10}{1000} = 1 \times x \times \frac{20}{1000}$$

$x = 0.050$〔mol/L〕

(3) フェノールフタレインの変色域は 8.0 ～ 9.8(塩基性側)，メチルオレンジの変色域は 3.1 ～ 4.4(酸性側)である。この中和滴定の中和点は塩基性側に偏っているので，用いる指示薬はフェノールフタレインが適する。

解答 (1) 滴定曲線
(2) 0.050 mol/L
(3) (ア)

例題 35　滴定曲線

次の図は，0.1 mol/L の酸の水溶液 a〔mL〕に，0.1 mol/L の塩基の水溶液を加えたときの滴定曲線である。(1)～(4)の酸－塩基の組合せを，(ア)～(エ)より選べ。

(1) 　(2) 　(3) 　(4)

(ア) HCl － NH₃　　(イ) CH₃COOH － NH₃　　(ウ) HCl － NaOH　　(エ) CH₃COOH － NaOH

考え方 滴定曲線の概形(開始点，中和点，終了点の pH)から，酸と塩基の強弱の組合せを判断する。滴定曲線で pH が急激に変化する範囲を **pH ジャンプ**といい，その中点を**中和点**とみなすことができる。

(1) pH1 付近から始まり pH10 へ近づく。
　　中和点は酸性側に偏っている。
　　　→強酸－弱塩基の組合せ⇒(ア)
(2) pH3 付近から始まり pH13 へ近づく。

中和点は塩基性側に偏っている。
　　→弱酸－強塩基の組合せ⇒(エ)
(3) pH3 付近から始まり pH10 へ近づく。
　　中和点ははっきりしない。
　　　→弱酸－弱塩基の組合せ⇒(イ)
(4) pH1 付近から始まり pH13 へ近づく。
　　中和点は中性の pH7 付近にある。
　　　→強酸－強塩基の組合せ⇒(ウ)

解答 (1)…(ア)　　(2)…(エ)　　(3)…(イ)　　(4)…(ウ)

標準問題

必は重要な必須問題。時間のないときはここから取り組む。

必 111 □□ ◀中和の量的関係▶ 次の問いに答えよ。
(1) 濃度不明の希硫酸 10.0mL を 0.500mol/L の水酸化ナトリウム水溶液で中和滴定したら，12.0mL 加えた時点で中和点に達した。この希硫酸の濃度は何 mol/L か。
(2) 水酸化カルシウム Ca(OH)₂ 0.020mol を，完全に中和するのに必要な 1.0mol/L 塩酸は何 mL か。
(3) 0.500mol/L の希硫酸 200mL に，ある量のアンモニアを完全に吸収させたところ，まだ酸性を示した。そこで，この水溶液を中和するのに 1.00mol/L の水酸化ナトリウム水溶液を加えたところ，42.0mL を要した。吸収させたアンモニアの物質量を求めよ。

112 □□ ◀中和滴定に使用する器具▶ 図は中和滴定に用いられるガラス器具を示す。
(1) 器具 A～D の名称をそれぞれ記せ。
(2) 器具 A～D のおもな役割を次から記号で選べ。
　㋐ 一定濃度の溶液(標準溶液)をつくる。
　㋑ 滴下した液体の正確な体積をはかる。
　㋒ 一定体積の液体を正確にはかりとる。
　㋓ 酸と塩基の中和反応を行う反応容器。
(3) 器具 A～D の最適な使用法を次から記号で選べ。重複して選んでもよい。
　(a) 純水でぬれたまま使用してもよい。
　(b) 清潔な布で内部をよくふいてから使用する。
　(c) これから使用する溶液で内部を数回すすいでから，ぬれたまま使用する。
(4) 器具 A～D のうち，加熱乾燥してもよいものを記号で選び，理由も示せ。

必 113 □□ ◀中和滴定▶ 次の実験について，下の問いに答えよ。
① 食酢を正確に 10.0mL はかりとり，メスフラスコに入れ，純水で薄めて正確に 100mL とした。
② ①で 10 倍に薄めた水溶液をホールピペットで 10.0mL 正確にはかりとり，コニカルビーカーへ移した。
③ ここへフェノールフタレイン溶液を 2 滴加え，ビュレットから 0.100mol/L 水酸化ナトリウム水溶液を滴下したら，ちょうど中和するのに 7.20mL を要した。
(1) このような実験は，一般に何とよばれるか。
(2) 中和点付近での指示薬の色の変化を答えよ。
(3) この滴定の指示薬にフェノールフタレインを用いた理由を答えよ。
(4) 純水で薄める前の食酢中の酢酸の濃度は何 mol/L か。

必 114 ◀塩の分類と液性▶ 次の塩について，下の問いに記号で答えよ。
(a) KCl (b) (NH₄)₂SO₄
(c) MgCl(OH) (d) Na₂CO₃
(e) Ba(NO₃)₂ (f) Al₂(SO₄)₃
(g) NaHCO₃ (h) NaHSO₄

(1) 上にあげた塩を，①正塩，②酸性塩，③塩基性塩に分類せよ。
(2) 塩の水溶液が，酸性であればA，塩基性であればB，中性であればNと示せ（ただし，塩基性塩を除くこと）。

115 ◀塩の加水分解▶ 次の文の □ には適当な語句を，（ ）には適当な化学式を入れよ。また，下の問いにも答えよ。

酢酸ナトリウムは水に溶けてほぼ完全に電離し，①(   )と②(   )に分かれる。このうち，①の一部は水と反応して③(   )分子と④(   )になる。そのため，酢酸ナトリウムの水溶液は⑤ □ 性を示す。

このように塩を水に溶かすと，塩を構成するイオンの一部が水と反応して，酸性または塩基性を示す現象を，塩の⑥ □ という。

〔問〕 次の塩の水溶液は，酸性，中性，塩基性のいずれを示すか。
(1) CH₃COOK (2) Na₂S (3) CuCl₂

必 116 ◀滴定曲線と指示薬▶ 下図は，0.1 mol/L の酸に，0.1 mol/L の塩基の水溶液を加えたときの滴定曲線である。これらの図に該当する最適な酸と塩基の組合せを[A]から，最適な指示薬を[B]からそれぞれ選べ。

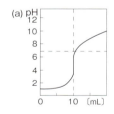
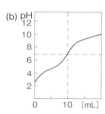
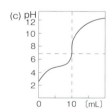
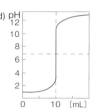

[A] (ア) 塩酸とアンモニア水 (イ) 酢酸と水酸化ナトリウム水溶液
  (ウ) 酢酸とアンモニア水 (エ) 塩酸と水酸化ナトリウム水溶液
[B] (オ) メチルオレンジのみが使用できる。
  (カ) フェノールフタレインのみが使用できる。
  (キ) メチルオレンジまたはフェノールフタレインのいずれでもよい。
  (ク) メチルオレンジもフェノールフタレインもともに使用できない。

必117 □□ ◀中和滴定の実験▶
食酢中の酢酸の濃度を求める操作(a)〜(d)を行った。食酢中の酸はすべて酢酸であるとして下の問いに答えよ。ただし，原子量は H = 1.0，C = 12，O = 16 とする。

(a) シュウ酸の結晶 (COOH)₂·2H₂O 3.15g に少量の純水を加えて溶かしてから，器具①に移し，その標線まで純水を加えて 500mL の水溶液とした。

(b) 固体の水酸化ナトリウム約 2.0g を純水に溶かし，500mL の水溶液とした。

(c) (a)のシュウ酸標準溶液 20.0mL を器具②を用いて器具③にとり，器具④を用いて(b)の水酸化ナトリウム水溶液で滴定したら，19.6mL を要した。なお，滴定する際には，指示薬としてフェノールフタレインを，あらかじめ器具③に加えておいた。

(d) 市販の食酢を純水で 10 倍に希釈し，その 20.0mL をとり，(b)の水酸化ナトリウム水溶液で滴定したら，15.0mL で中和点に達した。

(1) 器具①〜④に適する器具の名称を答えよ。また，外形を図の A〜G から選べ。
(2) 器具①〜④の最も適当な使用方法を，次の(ア)〜(エ)からそれぞれ選べ。
  (ア) 純水で洗ったのち，ぬれたまま使用する。
  (イ) そのまま熱風を当ててよく乾燥してから使用する。
  (ウ) これから使用する溶液で数回すすぎ，ぬれたまま使用する。
  (エ) 水道水で洗ったのち，そのまま使用する。
(3) (c)の滴定で，指示薬としてフェノールフタレインを用いた理由を記せ。
(4) (a)のシュウ酸標準溶液の濃度は何 mol/L か。
(5) (b)の水酸化ナトリウム水溶液の濃度は何 mol/L か。
(6) (b)の水酸化ナトリウム水溶液の濃度は，(c)の滴定を行わなければ正確にはわからない。その理由を簡潔に記せ。
(7) 市販の食酢(密度 1.02g/cm³)の質量パーセント濃度を求めよ。

118 □□ ◀中和と滴定曲線▶
右図は，ある濃度の塩酸 50mL に，0.20mol/L の水酸化ナトリウム水溶液を少量ずつ加えたときの，pH の変化を示した滴定曲線である。

点 A(滴定開始点)，点 B(中和点)，点 C(滴定終了点)の pH を，それぞれ小数第 1 位まで求めよ。

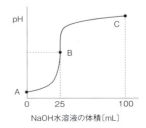

発展問題

119 □□ ◀逆滴定▶ ある気体中の二酸化炭素の量を調べるために，標準状態で次のような実験を行った。

0.020mol/L の水酸化バリウム水溶液 100mL を上記の気体 1.00L とともに密閉容器中でよく振ったところ白濁した。しばらく放置した後，その上澄液 10.0mL をとり，二酸化炭素のない条件下でこの溶液を中和するのに，0.010mol/L の塩酸 8.0mL を要した。次の問いに有効数字 2 桁で答えよ。
(1) 二酸化炭素と反応した水酸化バリウムの物質量は何 mol か。
(2) この気体に含まれていた二酸化炭素の体積百分率〔%〕を求めよ。

120 □□ ◀二段階中和▶ 炭酸ナトリウムを含む水酸化ナトリウムの結晶約 1g を純水に溶かして 100mL の溶液とした。このうち 10.0mL をコニカルビーカーにとり，フェノールフタレインを指示薬として 0.100mol/L 塩酸で滴定したところ，18.6mL を加えた時点で⒜指示薬が変色した。（第一中和点）

続いて，指示薬のメチルオレンジを加えて，さらに同濃度の塩酸で滴定したところ，3.00mL 加えた時点で⒝指示薬が変色した。（第二中和点）

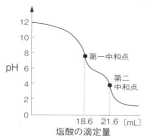

(1) 下線部⒜，⒝での水溶液の色の変化を記せ。
(2) (i)滴定開始〜第一中和点，および(ii)第一中和点〜第二中和点までに起こる変化を化学反応式で示せ。
(3) もとの水溶液 100mL 中に含まれる水酸化ナトリウムと炭酸ナトリウムの質量〔g〕を求めよ。NaOH の式量 40.0，Na_2CO_3 の式量を 106 とする。

121 □□ ◀電気伝導度滴定▶ 電解質の水溶液では，電離によって生じた陽イオンと陰イオンが，水溶液に電気を流す役割を果たしている。次の(1)〜(3)の反応溶液に電流を流し，その電流の強さを電流計ではかった。それぞれの結果を最もよく表しているグラフを，下の(ア)〜(オ)より 1 つずつ選べ。
(1) 希硫酸に水酸化バリウム水溶液を滴下する。
(2) 希塩酸に水酸化ナトリウム水溶液を滴下する。
(3) 酢酸水溶液に水酸化ナトリウム水溶液を滴下する。

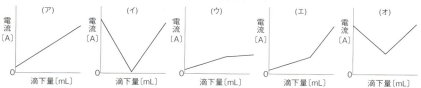

9 酸化還元反応

1 酸化と還元

❶酸化・還元の定義

定　義	酸素原子	水素原子	電　子	酸化数
酸化	受け取る	失う	失う	増加する
還元	失う	受け取る	受け取る	減少する

例　CuO + H₂ ─→ Cu + H₂O　（通常，「酸化された」「還元された」のように受身形で表現する。）
（上：酸化された／下：還元された）

❷酸化数　原子，イオンの酸化の程度を表す数値。
・原子1個あたりの整数値で示し，必ず+，-の符号をつける。
・±1，±2，…と算用数字で表すほか，±Ⅰ，±Ⅱ，…とローマ数字でも表す。

酸 化 数 の 決 め 方	例
単体中の原子の酸化数は0。	H_2(H…0)，Cu(Cu…0)
化合物中の原子の酸化数の総和は0。 水素原子の酸化数は+1，酸素原子の酸化数は-2。	H_2S(S…-2) SO_2(S…+4)
単原子イオンの酸化数は，イオンの電荷に等しい。	Na^+(Na…+1)
多原子イオンの酸化数の総和は，イオンの電荷に等しい。	NH_4^+(N…-3)

（例外）過酸化水素 H_2O_2(H-O-O-H)のように，-O-O-結合があると，Oの酸化数は-1。

❸酸化還元反応　酸化と還元は常に同時に起こる。（酸化還元反応の同時性）
・酸化数の変化した原子を含む反応…酸化還元反応である。

例　CuO + H₂ ─→ Cu + H₂O
　　(+2)　(0)　　　(0)　(+1)
（上：酸化された／下：還元された）

・酸化数の変化した原子を含まない反応…酸化還元反応ではない。

例　CuO + H₂SO₄ ─→ CuSO₄ + H₂O
　　(+2)　(+1)　　　(+2)　(+1)

2 酸化剤と還元剤

❶酸化剤　相手の物質を酸化し，自身は還元される物質。
❷還元剤　相手の物質を還元し，自身は酸化される物質。

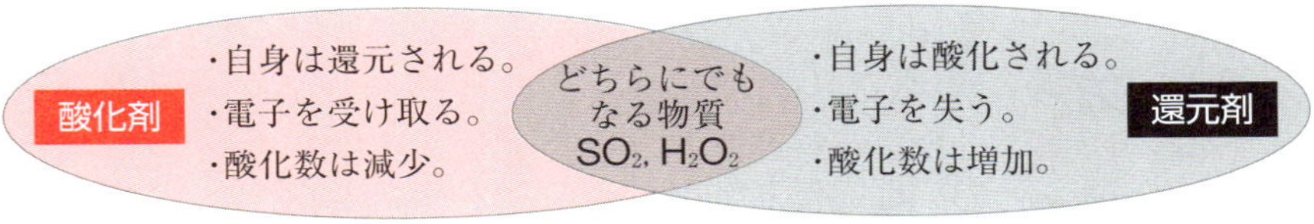

酸化剤
・自身は還元される。
・電子を受け取る。
・酸化数は減少。

どちらにでもなる物質　SO_2，H_2O_2

還元剤
・自身は酸化される。
・電子を失う。
・酸化数は増加。

酸化剤(電子を受け取る)		還元剤(電子を失う)	
Cl_2, Br_2, I_2	$Cl_2 + 2e^- \longrightarrow 2Cl^-$	Na	$Na \longrightarrow Na^+ + e^-$
$KMnO_4$(酸性)	$MnO_4^- + 8H^+ + 5e^- \longrightarrow Mn^{2+} + 4H_2O$	$FeSO_4$	$Fe^{2+} \longrightarrow Fe^{3+} + e^-$
$K_2Cr_2O_7$(酸性)	$Cr_2O_7^{2-} + 14H^+ + 6e^- \longrightarrow 2Cr^{3+} + 7H_2O$	$SnCl_2$	$Sn^{2+} \longrightarrow Sn^{4+} + 2e^-$
HNO_3(濃)	$HNO_3 + H^+ + e^- \longrightarrow NO_2 + H_2O$	$(COOH)_2$	$(COOH)_2 \longrightarrow 2CO_2 + 2H^+ + 2e^-$
HNO_3(希)	$HNO_3 + 3H^+ + 3e^- \longrightarrow NO + 2H_2O$	H_2S	$H_2S \longrightarrow S + 2H^+ + 2e^-$
H_2SO_4(熱濃)	$H_2SO_4 + 2H^+ + 2e^- \longrightarrow SO_2 + 2H_2O$	KI	$2I^- \longrightarrow I_2 + 2e^-$
H_2O_2	$H_2O_2 + 2H^+ + 2e^- \longrightarrow 2H_2O$	H_2O_2	$H_2O_2 \longrightarrow O_2 + 2H^+ + 2e^-$
SO_2	$SO_2 + 4H^+ + 4e^- \longrightarrow S + 2H_2O$	SO_2	$SO_2 + 2H_2O \longrightarrow SO_4^{2-} + 4H^+ + 2e^-$

❸ 電子の授受を表すイオン反応式(半反応式)のつくり方

例 酸性水溶液中における MnO_4^-(酸化剤)と SO_2(還元剤)の半反応式。

(1) 左辺に反応前の物質(**反応物**),右辺に反応後の物質(**生成物**)を書く。	
$MnO_4^- \longrightarrow Mn^{2+}$	$SO_2 \longrightarrow SO_4^{2-}$
(2) 両辺の O 原子の数が等しくなるように,水 H_2O を加える。	
$MnO_4^- \longrightarrow Mn^{2+} + \boxed{4H_2O}$	$SO_2 + \boxed{2H_2O} \longrightarrow SO_4^{2-}$
(3) 両辺の H 原子の数が等しくなるように,水素イオン H^+ を加える。	
$MnO_4^- + \boxed{8H^+} \longrightarrow Mn^{2+} + 4H_2O$	$SO_2 + 2H_2O \longrightarrow SO_4^{2-} + \boxed{4H^+}$
(4) 両辺の電荷の総和が等しくなるように,電子 e^- を加える。	
$MnO_4^- + 8H^+ + \boxed{5e^-} \longrightarrow Mn^{2+} + 4H_2O$	$SO_2 + 2H_2O \longrightarrow SO_4^{2-} + 4H^+ + \boxed{2e^-}$

❹ 酸化還元反応の反応式のつくり方

・酸化剤と還元剤の半反応式の電子 e^- の係数を合わせてから,両式を足し合わせる。

例 二酸化硫黄と硫化水素の反応

$$酸化剤:SO_2 + 4H^+ + 4e^- \longrightarrow S + 2H_2O \quad \cdots\cdots(1)$$
$$還元剤:H_2S \longrightarrow S + 2H^+ + 2e^- \quad \cdots\cdots(2)$$

(2)式を 2 倍して(1)式に加える。両辺で同じ $4H^+$ は消去する。

$$SO_2 + 2H_2S \longrightarrow 3S + 2H_2O \quad \cdots\cdots(3)$$

③ 酸化還元滴定

酸化剤と還元剤がちょうど反応した点(**当量点**という)の条件

$$\begin{pmatrix} 酸化剤の受け取る \\ 電子\ e^-\ の物質量 \end{pmatrix} = \begin{pmatrix} 還元剤の放出する \\ 電子\ e^-\ の物質量 \end{pmatrix}$$

❶ **過マンガン酸塩滴定** 過マンガン酸カリウム $KMnO_4$ (酸化剤で指示薬を兼ねる)の色の変化を利用し,還元剤の濃度を決定することができる。

$$MnO_4^- + 8H^+ + 5e^- \longrightarrow Mn^{2+} + 4H_2O \quad \cdots\cdots①$$
$$(COOH)_2 \longrightarrow 2CO_2 + 2H^+ + 2e^- \quad \cdots\cdots②$$

①×2+②×5 より,両辺から e^- を消去すると,

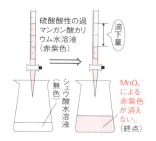

化学基礎

$$2MnO_4^- + 6H^+ + 5(COOH)_2 \longrightarrow 2Mn^{2+} + 10CO_2 + 8H_2O$$

以上より，KMnO₄ 2mol と (COOH)₂ 5mol は，過不足なく反応する。
・反応の終点…MnO₄⁻の赤紫色が消えなくなり，薄い赤紫色になったとき。

❷ヨウ素滴定　KI（還元剤）と濃度未知の酸化剤を反応させてヨウ素 I_2 を遊離させる。このI₂を，デンプン溶液を指示薬として，濃度のわかっているチオ硫酸ナトリウム Na₂S₂O₃ 水溶液（還元剤）で滴定する。酸化剤の濃度を決定できる。
・反応の終点…ヨウ素デンプン反応の青紫色が消えたとき。

4 金属のイオン化傾向

❶金属のイオン化傾向　金属が水溶液中で陽イオンとなる性質。

> イオン化傾向大＝電子を失いやすい＝還元力が強い
> イオン化傾向小＝電子を失いにくい＝還元力が弱い

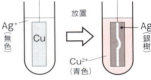

❷金属イオンと別の金属単体の反応
　　硝酸銀 AgNO₃ 水溶液に銅 Cu 片を入れる。
　　Cu　＋2Ag⁺ ⟶ Cu²⁺＋2Ag
　　Cu²⁺＋2Ag ⇸ 反応しない
　　以上より，イオン化傾向は，Cu＞Ag とわかる。

AgNO₃水溶液に Cu 片を入れると，Cu 片の表面に黒色〜灰色の苔（こけ）状の析出物（Ag）が付着する。放置すると，白色の金属光沢をもつ銀樹が成長する。

❸イオン化列　金属をイオン化傾向の大きい順に並べたもの（ボルタによる）。

(覚え方) リッチ(に)貸(そう)か　な　ま　あ　あ　て　に　す　な　ひ　ど　すぎ(る)借　金

イオン化列	Li	K	Ca	Na	Mg	Al	Zn	Fe	Ni	Sn	Pb	(H₂)	Cu	Hg	Ag	Pt	Au
	大 ←　　　　　　　　　　　イオン化傾向　　　　　　　　　　　→ 小																
空気中での反応(常温)	すみやかに酸化される	酸化され，表面に酸化物の被膜を生じる										酸化されない					
水との反応	常温の水と反応*1			熱水と反応	高温の水蒸気と反応	反応しない										
酸との反応	塩酸，希硫酸と反応し，水素を発生して溶ける*2											酸化力の強い酸（硝酸，熱濃硫酸）に溶ける*3				王水に溶ける	

注) ①Pb は，その表面に，水に溶けない PbCl₂ や PbSO₄ をつくるため，塩酸や希硫酸にほとんど溶けない。
②Al，Fe，Ni は，濃硝酸には不動態となって溶けない。不動態は，金属の表面がち密な酸化被膜でおおわれて，内部が保護されている状態のことである。
③王水は，濃硝酸と濃塩酸を1:3の体積比で混合したもので，酸化力がきわめて強い。

*1)　例　ナトリウムを常温の水に入れる。　2Na＋2H₂O ⟶ 2NaOH＋H₂
*2)　例　鉄を希硫酸に入れる。　Fe＋H₂SO₄ ⟶ FeSO₄＋H₂
*3)　例　銅を希硝酸に入れる。　3Cu＋8HNO₃ ⟶ 3Cu(NO₃)₂＋4H₂O＋2NO
　　　　銅を濃硝酸に入れる。　Cu＋4HNO₃ ⟶ Cu(NO₃)₂＋2H₂O＋2NO₂
　　　　銅を熱濃硫酸に入れる。　Cu＋2H₂SO₄ ⟶ CuSO₄＋2H₂O＋SO₂

確認&チェック

1 酸化と還元を定義する下表の中に適切な語句を入れよ。

定　義	酸素原子	水素原子	電　子	酸化数
酸化	受け取る	①	③	⑤
還元	失う	②	④	⑥

2 次の物質中で，下線をつけた原子の酸化数を求めよ。

(1) $\underline{Cl}_2$　　　(2) $\underline{N}H_3$

(3) $\underline{Ca}^{2+}$　　　(4) $\underline{N}O_3{}^-$

3 次の文の□□□□に適当な語句を入れよ。

相手の物質を①□□□□するはたらきのある物質を酸化剤といい，その結果，酸化剤自身は相手物質によって②□□□□される。一方，相手の物質を③□□□□するはたらきのある物質を還元剤といい，その結果，還元剤自身は相手物質によって④□□□□される。

4 次の物質を酸化剤と還元剤に分けよ。

(ア) $KMnO_4$　　　(イ) H_2S

(ウ) HNO_3　　　(エ) $FeSO_4$

5 図は，Ag^+を含む水溶液に銅片を入れ，しばらく放置したようすを示す。次の問いに答えよ。

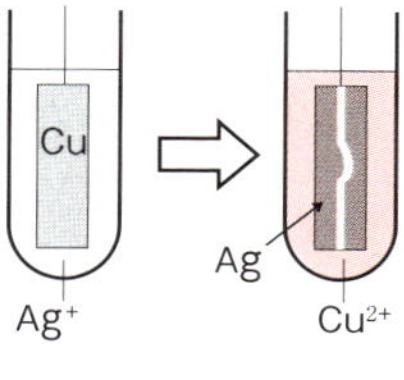

(1) 銅片に析出した樹枝状の銀の結晶を何というか。

(2) 銅と銀では，どちらがイオン化傾向が大きいか。

(3) このとき起こった変化を，イオン反応式で示せ。

6 次の(1)〜(4)に当てはまる金属を下から選べ。

(1) 常温の水と反応する。

(2) 熱水とは反応しないが，塩酸には溶ける。

(3) 塩酸には溶けないが，希硝酸には溶ける。

(4) 希硝酸にも溶けないが，王水には溶ける。

〔 Cu　Na　Fe　Au 〕

解答

1 ① 失う
② 受け取る
③ 失う
④ 受け取る
⑤ 増加する
⑥ 減少する
→ p.82 **1**

2 (1) 0　　(2) −3
(3) +2　　(4) +5
➡(4) $x+(-2)\times3=-1$
∴ $x=+5$
→ p.82 **1**

3 ① 酸化
② 還元
③ 還元
④ 酸化
→ p.82 **2**

4 酸化剤 (ア), (ウ)
還元剤 (イ), (エ)
→ p.82 **2**

5 (1) 銀樹
(2) 銅
(3) $Cu+2Ag^+$
$\rightarrow Cu^{2+}+2Ag$
→ p.84 **4**

6 (1) Na
(2) Fe
(3) Cu
(4) Au
→ p.84 **4**

9 酸化還元反応 85

例題 36 | 酸化数と酸化剤・還元剤 ■ ■

次の各反応の下線部の原子の酸化数の変化を調べ，酸化剤および還元剤に相当する物質をそれぞれ化学式で答えよ。

(1) $\underline{I}_2 + \underline{S}O_2 + 2H_2O \longrightarrow 2H\underline{I} + H_2\underline{S}O_4$

(2) $\underline{Cu} + 4H\underline{N}O_3 \longrightarrow \underline{Cu}(NO_3)_2 + 2\underline{N}O_2 + 2H_2O$

考え方 反応前後で，次のように考える。

原子の酸化数が増加 ⟶ 原子が酸化された ⟶ その物質が**酸化された**
原子の酸化数が減少 ⟶ 原子が還元された ⟶ その物質が**還元された**

```
               ┌── 酸化数増加（酸化された）──┐
(1) I₂  +  SO₂  +  2H₂O  ⟶        2HI  +  H₂SO₄
   (0)    (+4)                    (−1)    (+6)
         └── 酸化数減少（還元された）──┘
```

```
         ┌── 酸化数減少（還元された）──┐
(2) Cu  +  4HNO₃  ⟶   Cu(NO₃)₂  +  2NO₂  +  2H₂O
   (0)     (+5)        (+2)        (+4)
   └── 酸化数増加（酸化された）──┘
```

酸化剤 → 相手を酸化する物質（自身は還元される…酸化数が減少する物質）
還元剤 → 相手を還元する物質（自身は酸化される…酸化数が増加する物質）

解 答 (1) I：0 → −1　酸化剤は I_2，　S：+4 → +6　還元剤は SO_2
　　　　 (2) Cu：0 → +2　還元剤は Cu，　N：+5 → +4　酸化剤は HNO_3

例題 37 | 酸化剤・還元剤のイオン反応式 ■ ■

次の問いに答えよ。

(1) 過酸化水素 H_2O_2（酸性）が酸化剤としてはたらくときのイオン反応式を示せ。

(2) 過酸化水素 H_2O_2 が還元剤としてはたらくときのイオン反応式を示せ。

考え方 酸化剤（還元剤）だけのはたらきを示すイオン反応式を，とくに**半反応式**という。半反応式を書くには，それぞれの酸化剤・還元剤（反応物）が反応後にどんな物質（生成物）になるのかを知っておく必要がある。

(1) 過酸化水素が酸化剤としてはたらく場合
① 反応物は H_2O_2，生成物は H_2O である。
$$H_2O_2 \longrightarrow H_2O$$
② 両辺の O 原子の数を H_2O で合わせる。
$$H_2O_2 \longrightarrow 2H_2O$$
③ 両辺の H 原子の数を H^+ で合わせる。
$$H_2O_2 + 2H^+ \longrightarrow 2H_2O$$

④ 両辺の電荷の総和を e^- で合わせる。
解 答 $H_2O_2 + 2H^+ + 2e^- \longrightarrow 2H_2O$

(2) 過酸化水素が還元剤としてはたらく場合
① 反応物は H_2O_2，生成物は O_2 である。
$$H_2O_2 \longrightarrow O_2$$
② 両辺の O 原子の数を H_2O で合わせる。
（合っている）
③ 両辺の H 原子の数を H^+ で合わせる。
$$H_2O_2 \longrightarrow O_2 + 2H^+$$
④ 両辺の電荷の総和を e^- で合わせる。
解 答 $H_2O_2 \longrightarrow O_2 + 2H^+ + 2e^-$

86 第 2 編　物質の変化

例題 38 金属のイオン化傾向

次の反応式のうち，反応が進まないものはどれか。番号で記せ。
① $Cu^{2+} + Mg \longrightarrow Cu + Mg^{2+}$ ② $Zn^{2+} + Cu \longrightarrow Zn + Cu^{2+}$
③ $Mg + 2H^+ \longrightarrow Mg^{2+} + H_2$ ④ $2Ag^+ + Fe \longrightarrow 2Ag + Fe^{2+}$

考え方 イオン化傾向が大きい方が単体で，イオン化傾向が小さい方がイオンのとき，電子の授受による酸化還元反応が進み，イオン化傾向が大きい方がイオンとなり，イオン化傾向が小さい方が単体となって安定化する。
① イオン化傾向は Mg＞Cu なので，この反応は進む。

② イオン化傾向は Zn＞Cu なので，この反応は進まない。
③ イオン化傾向は Mg＞H_2 なので，この反応は進む。
④ イオン化傾向は Fe＞Ag なので，この反応は進む。

解答 ②

例題 39 金属の反応性

次の(1)〜(5)の記述に当てはまる金属を，下から選び元素記号で答えよ。
(1) 常温の水と激しく反応し，H_2 を発生する。
(2) 常温の水とは反応しないが，熱水とは反応して H_2 を発生する。
(3) 王水とだけ反応し，溶ける。
(4) 塩酸や希硫酸とは反応しないが，酸化力のある濃硝酸には NO_2 を発生して溶ける。
(5) 熱水とは反応しないが，塩酸や希硫酸とは反応して H_2 を発生する。
〔 Zn Cu Na Mg Au 〕

考え方 各金属をイオン化傾向の大きいものから順に並べると，次の通りである。
$$Na＞Mg＞Zn＞(H_2)＞Cu＞Au$$
H_2 よりイオン化傾向の大きい金属は，塩酸や希硫酸と反応して溶ける。金属と酸の H^+ による酸化還元反応によって，H_2 が発生する。
H_2 よりもイオン化傾向が小さい Cu, Hg, Ag は酸化力のない塩酸や希硫酸には溶けないが，酸化力のある硝酸や熱濃硫酸には溶ける。
(1) イオン化傾向の特に大きい Li, K, Ca, Na などは，常温の水とも激しく反応して H_2 を発生する。
(2) Mg は常温の水とは反応しないが，熱水とは徐々に反応して H_2 を発生する。
(3) イオン化傾向がきわめて小さい Pt, Au は酸化力の非常に強い王水にしか溶けない。

※王水は濃塩酸と濃硝酸の混合溶液(体積比は $3:1$)である。濃塩酸と濃硝酸が反応して塩化ニトロシル NOCl が生成するために，非常に強い酸化作用を示す。
(4) H_2 よりもイオン化傾向の小さい Cu, Ag は，酸化力のある希硝酸，濃硝酸，熱濃硫酸とは反応して溶け，それぞれ NO, NO_2, SO_2 の気体を発生する。
(5) Al, Zn, Fe は熱水には溶けないが，高温の水蒸気とは反応して H_2 を発生する。また，H_2 よりもイオン化傾向の大きいこれらの金属は，酸化力のない塩酸や希硫酸とは反応して H_2 を発生する。

解答 (1) Na (2) Mg (3) Au (4) Cu (5) Zn

9 酸化還元反応 87

例題 40 　酸化還元反応式のつくり方 ■■□

　二クロム酸カリウムの硫酸酸性水溶液と二酸化硫黄の水溶液を反応させると，溶液の色は赤橙色から暗緑色に変化する。この酸化還元反応の化学反応式を書け。

考え方　酸化剤は相手を酸化する物質，還元剤は相手を還元する物質のことである。酸化剤と還元剤を混合すると，電子の授受に基づく酸化還元反応が起こる。

〈酸化剤 $K_2Cr_2O_7$ の半反応式のつくり方〉
① 酸化剤とその生成物の化学式を書く。
（中心原子 Cr の数は，先に合わせておく）
$$Cr_2O_7^{2-} \longrightarrow 2Cr^{3+}$$
② O 原子の数は，H_2O で合わせる。
$$Cr_2O_7^{2-} \longrightarrow 2Cr^{3+} + 7H_2O$$
③ H 原子の数は，H^+ で合わせる。
$$Cr_2O_7^{2-} + 14H^+ \longrightarrow 2Cr^{3+} + 7H_2O$$
④ 両辺の電荷の総和は，e^- で合わせる。
$$Cr_2O_7^{2-} + 6e^- + 14H^+ \longrightarrow 2Cr^{3+} + 7H_2O$$

〈還元剤 SO_2 の半反応式のつくり方〉
⑤ $SO_2 \longrightarrow SO_4^{2-}$
⑥ $SO_2 + 2H_2O \longrightarrow SO_4^{2-}$
⑦ $SO_2 + 2H_2O \longrightarrow SO_4^{2-} + 4H^+$
⑧ $SO_2 + 2H_2O \longrightarrow SO_4^{2-} + 4H^+ + 2e^-$

　2つの半反応式の電子 e^- の数をそろえ，e^- を消去すると，イオン反応式になる。
④＋⑧×3 より，
$$Cr_2O_7^{2-} + 3SO_2 + 2H^+ \longrightarrow 2Cr^{3+} + 3SO_4^{2-} + H_2O$$
　反応に関係しなかった $2K^+$ と SO_4^{2-} を両辺に加えて整理すると，化学反応式になる。

解答　$K_2Cr_2O_7 + 3SO_2 + H_2SO_4$
$$\longrightarrow Cr_2(SO_4)_3 + K_2SO_4 + H_2O$$

例題 41 　酸化還元滴定 ■■□

　ある濃度の過酸化水素水 10.0mL に硫酸を加えて酸性にした。この水溶液に 0.0200mol/L の過マンガン酸カリウム水溶液を滴下したところ，14.0mL で反応が終点に達した。次のイオン反応式を参考にして，下の問いに答えよ。
$$MnO_4^- + 8H^+ + 5e^- \longrightarrow Mn^{2+} + 4H_2O \quad \cdots\cdots ①$$
$$H_2O_2 \longrightarrow O_2 + 2H^+ + 2e^- \quad \cdots\cdots ②$$
(1) 滴定の終点はどう決めたらよいか。
(2) 過酸化水素水の濃度は何 mol/L か。

考え方　酸化還元反応を利用して濃度既知の酸化剤（還元剤）から，還元剤（酸化剤）の濃度を決定する操作を酸化還元滴定という。
(1) 反応容器に H_2O_2 が残っている間は，滴下した MnO_4^-（赤紫色）は反応して直ちに Mn^{2+}（無色）になる。しかし，H_2O_2 がなくなると，MnO_4^- の色が消えなくなる。このときが滴定の終点となる。すなわち，酸化剤の $KMnO_4$ は指示薬としての役割も兼ねている。
(2) ①より MnO_4^- 1mol は電子 5mol を受け取り，②より H_2O_2 1mol は電子 2mol を与

えることができる。
　酸化剤と還元剤が過不足なく反応する点を当量点という。当量点では，（酸化剤の受け取った e^- の物質量）＝（還元剤の与えた e^- の物質量）の関係が成り立つから，過酸化水素水の濃度を x〔mol/L〕とすると，
$$0.0200 \times \frac{14.0}{1000} \times 5 = x \times \frac{10.0}{1000} \times 2$$
$$\therefore \quad x = 0.0700 〔mol/L〕$$

解答　(1) 溶液の色が無色から薄い赤紫色に変化したとき。　(2) **0.0700mol/L**

88 第 2 編 物質の変化

標準問題　必は重要な必須問題。時間のないときはここから取り組む。

122 □□ ◀酸化と還元▶　次の文の□□□に適当な語句を入れよ。

(1) ある物質が酸素原子を受け取ったとき，その物質は^1□□□されたといい，生じた物質を^2□□□という。②が酸素原子を失ったとき，その物質は^3□□□されたという。

(2) ある物質が水素原子を受け取ったとき，その物質は^4□□□されたといい，ある物質が水素原子を失ったとき，その物質は^5□□□されたという。

(3) ある物質中の原子が電子を失ったとき，その原子を含む物質は^6□□□されたという。また，ある物質中の原子が電子を受け取ったとき，その原子を含む物質は^7□□□されたという。

(4) ある物質中の原子の酸化数が増加したとき，その物質は^8□□□されたといい，ある物質中の原子の酸化数が減少したとき，その物質は^9□□□されたという。

必123 □□ ◀酸化数▶　次の下線をつけた原子の酸化数を求めよ。

(1) $\underline{O}_3$　　(2) $H_2\underline{S}$　　(3) $\underline{N}_2O_5$　　(4) $\underline{Mn}O_2$

(5) $\underline{Ca}^{2+}$　　(6) $\underline{S}O_4^{2-}$　　(7) $K\underline{Mn}O_4$　　(8) $K_2\underline{Cr}_2O_7$

必124 □□ ◀酸化還元反応▶　次の化学反応のうち，酸化還元反応であるものをすべて選べ。また，選んだそれぞれについて，下線部の原子の酸化数の変化も示せ。

(1) $\underline{Fe}_2O_3 + 3CO \longrightarrow 2\underline{Fe} + 3CO_2$

(2) $H_2\underline{S}O_3 + 2NaOH \longrightarrow Na_2\underline{S}O_3 + 2H_2O$

(3) $\underline{Mn}O_2 + 4HCl \longrightarrow \underline{Mn}Cl_2 + Cl_2 + 2H_2O$

(4) $\underline{N}H_3 + 2O_2 \longrightarrow H\underline{N}O_3 + H_2O$

(5) $\underline{Sn}Cl_2 + 2FeCl_3 \longrightarrow \underline{Sn}Cl_4 + 2FeCl_2$

125 □□ ◀正誤問題▶　次の記述のうち，正しいものをすべて記号で選べ。

(ア) 電子を受け取った物質は，必ず還元されたといえる。

(イ) 酸化還元反応では，必ず酸化数の変化した原子が存在する。

(ウ) 自身が酸化された物質は，酸化剤とよばれる。

(エ) 酸化剤にも還元剤にもはたらく物質もある。

(オ) 酸化還元反応では，必ず酸素原子あるいは水素原子の授受をともなう。

(カ) 酸化還元反応において，1分子あたりで受け取る電子の数が多い物質ほど強い酸化剤といえる。

(キ) アルカリ金属は電子を失いやすく，他の物質を酸化する力が強い。

(ク) 酸化還元反応では，酸化数が増加した原子の数と，酸化数が減少した原子の数は常に等しい。

9　酸化還元反応　89

126 □□ ◀酸化剤と還元剤▶　次の文の□□□に適当な語句を入れよ。また，下の問いにも答えよ。

　酸化還元反応において，相手の物質を[1]□□□するはたらきをもつ物質を酸化剤という。このとき，酸化剤自身は相手の物質によって[2]□□□される。したがって，相手の物質によって還元されやすい物質ほど，強い[3]□□□となる。同様に，相手の物質を[4]□□□するはたらきをもつ物質を還元剤という。このとき，還元剤自身は相手の物質によって[5]□□□される。したがって，相手の物質によって酸化されやすい物質ほど，強い[6]□□□となる。

〔問〕　次の物質を，酸化剤は O，還元剤は R に分類し，記号で答えよ。
　　(1)　塩素　　　　　　(2)　過マンガン酸カリウム　　　(3)　シュウ酸
　　(4)　硫化水素　　　　(5)　硫酸鉄(Ⅱ)　　　　(6)　濃硝酸

⬤127 □□ ◀金属の反応性▶　各金属のイオン化傾向の違いによる反応性を比較して，次表のようにまとめた。①～⑧の性質を下から記号で選べ。

イオン化列	Li K Ca Na Mg Al Zn Fe Ni Sn Pb (H₂) Cu Hg Ag Pt Au						
空気中での反応	①		②			反応しない	
水との反応	③	④	⑤		反応しない		
酸との反応	⑥					⑦	⑧

　ア．塩酸や希硫酸と反応し，水素を発生して溶ける。
　イ．すみやかに内部まで酸化される。
　ウ．表面に酸化物の被膜を生じる。
　エ．硝酸や熱濃硫酸と反応して溶ける。
　オ．王水にのみ溶ける。
　カ．熱水と反応し，水素を発生して溶ける。
　キ．常温の水と反応し，水素を発生して溶ける。
　ク．高温の水蒸気と反応し，水素を発生する。

128 □□ ◀金属のイオン化傾向▶　次の金属の中から，下の条件に当てはまるものを（　）内の数だけ元素記号で示せ。
　　　　Al，Zn，Ag，K，Au，Cu，Fe，Ca
(1)　常温で水と激しく反応して水素を発生するもの。(2)
(2)　常温の水とは反応しないが，希塩酸と反応して溶けるもの。(3)
(3)　希塩酸とは反応しないが，濃硝酸と反応して溶けるもの。(2)
(4)　濃硝酸に溶けないもの。(3)
(5)　空気中で加熱しても酸化されないもの。(2)
(6)　濃硝酸には溶けず，王水にしか溶けないもの。(1)

90　第２編　物質の変化

129 ◀酸化剤・還元剤▶ 次の文の□□□に適当な語句を入れよ。また，下線部ⓐ，ⓑを化学反応式で示せ。

一般に，還元剤として用いられる物質でも，より強力な還元剤の作用を受けると還元されて，自身は¹□□□として作用することがある。
たとえば，ⓐ褐色のヨウ素ヨウ化カリウム水溶液に二酸化硫黄を通じると，溶液の色は消える。一方，ⓑ硫化水素水に二酸化硫黄を通じると，溶液は白濁する。
ⓐの反応では，二酸化硫黄はヨウ素に対して²□□□として作用しているが，ⓑの反応では，二酸化硫黄は硫化水素に対して³□□□として作用している。

130 ◀酸化還元反応式▶ 次の反応を，イオン反応式と化学反応式の両方で示せ。
(1) 硫酸酸性にした過酸化水素水にヨウ素ヨウ化カリウム水溶液を加えると，溶液の色が無色から褐色になる。
(2) 硫酸酸性の二クロム酸カリウム $K_2Cr_2O_7$ 水溶液に硫酸鉄(Ⅱ) $FeSO_4$ 水溶液を加えると，溶液の色が赤橙色から暗緑色になる。

131 ◀酸化剤の強さ▶ 酸性の水溶液中で，次の(a)〜(c)の酸化還元反応が起こった。このことから，I_2, Br_2, Cl_2, S を酸化剤として作用の強いものから順に並べよ。
(a)　$2KI + Br_2 \longrightarrow 2KBr + I_2$
(b)　$I_2 + H_2S \longrightarrow 2HI + S$
(c)　$2KBr + Cl_2 \longrightarrow 2KCl + Br_2$

132 ◀酸化還元滴定▶ 濃度 5.0×10^{-2} mol/L のシュウ酸水溶液 20mL をコニカルビーカーにとり，6mol/L の硫酸水溶液を約 20mL 加えて酸性にし，水を加えて液量を約 70mL にした。このⓐ溶液を 70℃ 前後に温め，かき混ぜながら濃度不明の過マンガン酸カリウム水溶液をゆっくり滴下した。過マンガン酸カリウム水溶液を 9.8mL 滴下したとき，溶液のⓑ色の変化が見られ，これを滴定の終点とした。次の問いに答えよ。

(1) この実験で酸性にするのに硫酸を用い，塩酸や硝酸を使用しない理由を述べよ。
(2) 下線部ⓐで溶液を温める理由を述べよ。
(3) 下線部ⓑの溶液の色の変化を示せ。
(4) この滴定の化学反応式を示せ。
(5) 過マンガン酸カリウム水溶液のモル濃度を有効数字2桁で求めよ。

発展問題

133 □□ ◀金属のイオン化傾向▶

次の(a)～(d)の文中の A ～ G は，下のどの金属に該当するか。それぞれの元素記号で示せ。

(a) C は常温の水と反応するが，他は反応しない。

(b) A，D，F は希硫酸と反応して水素を発生するが，B，E，G は反応しない。
B，E，G に希硝酸を作用させると，B，G は溶けたが E は溶けなかった。

(c) B の金属塩の水溶液に G を入れると，G の表面に B が析出した。

(d) A に F と D をメッキしたものを比べると，傷がついた場合，D をメッキしたものの方が，F をメッキしたものよりも内部の A が速く腐食された。

【金属】［ 鉄　　ナトリウム　　白金　　銅　　スズ　　亜鉛　　銀 ］

134 □□ ◀ヨウ素滴定▶

次の文を読み，下の問いに答えよ。

〔実験1〕　濃度のわからない過酸化水素水 100mL を硫酸酸性として，過剰量のヨウ素ヨウ化カリウム水溶液を加えたところヨウ素が遊離した。

〔実験2〕　〔実験1〕で生じたヨウ素を，0.0800mol/L のチオ硫酸ナトリウム $Na_2S_2O_3$ 水溶液で滴定したところ，終点に達するまでに 37.5mL 要した。ただし，この変化は次式のような反応式で示される。

$$I_2 + 2Na_2S_2O_3 \longrightarrow 2NaI + Na_2S_4O_6$$

(1) 〔実験1〕で起こった変化をイオン反応式で示せ。

(2) この過酸化水素水のモル濃度を求めよ。

(3) 〔実験2〕の滴定の終点は，どのように決定すればよいか述べよ。

135 □□ ◀ COD ▶

河川や海水の有機物等による水質汚染の状態を知る重要な指標として，COD(化学的酸素要求量)がある。COD は，試料水 1L に強力な酸化剤を加えて加熱したとき，消費された酸化剤の量を酸素の質量〔mg〕に換算して表される。

いま，ある河川水 100mL に 6mol/L 硫酸 10mL を加えて酸性とした。ここへ，5.0×10^{-3}mol/L 過マンガン酸カリウム $KMnO_4$ 水溶液 10mL を加えて 30 分間煮沸した。この溶液を熱いうちに 4.0×10^{-3}mol/L シュウ酸 $(COOH)_2$ 水溶液で滴定したところ，25mL 加えたとき終点に達した。次の問いに答えよ。

(1) 河川水 100mL 中の有機物の酸化により消費された過マンガン酸カリウムの物質量を求めよ。

(2) この河川水の COD は何 mg/L か。(分子量：$O_2 = 32$)
ただし，水中の酸素 O_2 は，次式のように酸化剤として作用するものとする。

$$O_2 + 2H_2O + 4e^- \longrightarrow 4OH^-$$

92 第 2 編　物質の変化

共通テストチャレンジ

136 □□ ◀気体の体積と分子量▶ 標準状態で，ある体積の空気の質量を測定したところ 0.29 g であった。次に，標準状態で同体積の別の気体の質量を測定したところ 0.58 g であった。この気体は何か。最も適当なものを，次の①〜⑤のうちから一つ選べ。ただし，空気は窒素と酸素の体積比が 4：1 の混合気体であり，原子量は H = 1.0，C = 12，O = 16，Ar = 40，Xe = 131 とする。

① アルゴン（Ar）　　② キセノン（Xe）　　③ プロパン（C_3H_8）
④ ブタン（C_4H_{10}）　　⑤ 二酸化炭素（CO_2）

137 □□ ◀水和物と原子量▶ ある金属 M の塩化物は，組成式 $MCl_2 \cdot 2H_2O$ の水和物をつくる。この水和物 294 mg を加熱して完全に無水物にしたところ，質量は 222 mg になった。この金属の原子量として，最も適当な数値を，次の①〜⑤のうちから一つ選べ。ただし，原子量は Cl = 35.5 とする。

① 24　　② 40　　③ 56　　④ 88　　⑤ 112

138 □□ ◀炭酸水素ナトリウムと塩酸の反応▶
炭酸水素ナトリウム $NaHCO_3$ を塩酸に加えると，二酸化炭素 CO_2 が発生する。この反応に関する次の実験について，下の問い(1)，(2)に答えよ。

〔実験〕 7 個のビーカーに塩酸を 50 mL ずつはかりとり，それぞれのビーカーに 0.5 g から 3.5 g まで 0.5 g きざみの質量の $NaHCO_3$ を加えた。発生した CO_2 と加えた $NaHCO_3$ の質量の間に，右図で示す関係が得られた。

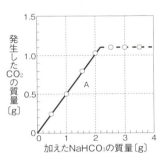

(1) 図の直線 A（実線）の傾きに関して正しいものを，①〜④のうちから一つ選べ。
　① 直線 A の傾きは，$NaHCO_3$ の式量に対する CO_2 の分子量の比に等しい。
　② 直線 A の傾きは，未反応の $NaHCO_3$ の質量に比例する。
　③ 各ビーカー中の塩酸の体積を 2 倍にすると，直線 A の傾きは 1/2 倍になる。
　④ 各ビーカー中の塩酸の濃度を 2 倍にすると，直線 A の傾きは 2 倍になる。

(2) 実験に用いた塩酸の濃度は何 mol/L か。最も適当な数値を①〜⑤のうちから一つ選べ。
　① 0.25　　② 0.50　　③ 0.75　　④ 1.0　　⑤ 1.3

139 □□ ◀滴定曲線▶ 濃度が 0.10mol/L の酸 a, b を 10mL ずつ取り,それぞれを 0.10mol/L 水酸化ナトリウム水溶液で滴定し,滴下量と溶液の pH との関係を調べた。右図の滴定曲線を与える酸 a, b の組合せとして,最も適当なものを①～⑥のうちから一つ選べ。

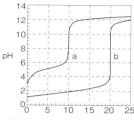

	a	b
①	塩酸	酢酸
②	酢酸	塩酸
③	硫酸	塩酸
④	塩酸	硫酸
⑤	硫酸	酢酸
⑥	酢酸	硫酸

140 □□ ◀中和反応と pH▶ 次の各問いに答えよ。

(1) 同じモル濃度の水溶液 A と B を,体積比 1:1 で混合したとき,水溶液が酸性を示した。A と B の組合せとして正しいものを,右表の①～⑤のうちから一つ選べ。

	A	B
①	希塩酸	アンモニア水
②	希塩酸	水酸化ナトリウム水溶液
③	希塩酸	水酸化バリウム水溶液
④	希硫酸	水酸化カルシウム水溶液
⑤	酢酸水溶液	水酸化カリウム水溶液

(2) pH1.0 の塩酸 100mL に 0.010mol/L の水酸化ナトリウム水溶液 900mL を加えたとき,得られる水溶液の pH として最も適当なものを,次の①～⑤のうちから一つ選べ。
① 1　　② 2　　③ 3　　④ 4　　⑤ 5

141 □□ ◀酸化還元反応▶ 次の記述①～④のうち,誤りを含むものを一つ選べ。
① 酸化還元反応では,酸化剤自身が還元される。
② 過酸化水素は反応する相手物質によって,酸化剤にも還元剤にもなる。
③ 硫酸酸性水溶液中で,過マンガン酸カリウム 1mol と過酸化水素 1mol は過不足なく反応する。
④ カルシウムと水の反応では,カルシウムが酸化される。

142 □□ ◀酸化還元滴定▶ 濃度未知の $SnCl_2$ の酸性水溶液 200mL を 100mL ずつに分け,それぞれについて Sn^{2+} を Sn^{4+} に酸化する実験を行った。一方の $SnCl_2$ 水溶液中のすべての Sn^{2+} を Sn^{4+} に酸化するのに,0.10mol/L の $KMnO_4$ 水溶液が 30mL 必要であった。もう一方の $SnCl_2$ 水溶液中のすべての Sn^{2+} を Sn^{4+} に酸化するとき,必要な 0.10mol/L の $K_2Cr_2O_7$ 水溶液の体積は何 mL か。最も適当な数値を下の①～⑤のうちから一つ選べ。ただし,MnO_4^- と $Cr_2O_7^{2-}$ は酸性水溶液中で次のようにはたらく。

$$MnO_4^- + 8H^+ + 5e^- \longrightarrow Mn^{2+} + 4H_2O$$
$$Cr_2O_7^{2-} + 14H^+ + 6e^- \longrightarrow 2Cr^{3+} + 7H_2O$$

① 5　　② 18　　③ 25　　④ 36　　⑤ 50

10 物質の状態変化

1 物質の三態

❶**熱運動** 物質の構成粒子(原子，分子，イオンなど)が行う不規則な運動。

❷**拡散** 粒子の熱運動により，気体分子や液体中の粒子が一様に広がる現象。

❸**物質の三態** 温度・圧力により，物質は**固体・液体・気体**のいずれかの状態をとる。

❹**融解熱** 物質1molの固体を液体にするのに必要な熱量。 例 水 6.0kJ/mol(0℃)

❺**蒸発熱** 物質1molの液体を気体にするのに必要な熱量。 例 水 41kJ/mol(100℃)

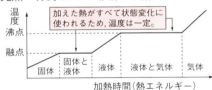

エネルギー…気体＞液体＞固体
密度…固体＞液体＞気体
(水の密度は，液体＞固体＞気体)

2 状態変化と分子間力

❶**分子間力** 分子間にはたらく弱い引力の総称。

❷**ファンデルワールス力** 分子間力のうち，水素結合(後述)を除いたもの。

(a)構造の似た分子では，**分子量が大きいほど融点・沸点は高くなる。**

例	分子(分子量)	H_2(2)	O_2(32)	Cl_2(71)	Br_2(160)
	分子間力	弱(小)	――――→		強(大)
	沸点[℃]	-253	-183	-35	59

(b)分子量が同程度の分子では，無極性分子より極性分子の方が融点・沸点は高くなる。

❸**分子結晶** 多数の分子が分子間力により引き合い，規則的に配列した結晶。

例 ドライアイス CO_2，ヨウ素 I_2，ナフタレン $C_{10}H_8$

(性質)軟らかく，融点が低い。電気伝導性はない。**昇華性**を示すものが多い。

❹**水素結合** 電気陰性度の大きい F, O, N 原子の間で, H 原子を仲立ちとして生じる分子間の結合。本書では, 記号-----で表す。
 (a) HF, H₂O, NH₃ など強い極性分子間に生じる。強い方向性がある。
 (b) 水素結合を形成している物質は, 分子量に比べて, 融点・沸点がさらに高くなる。

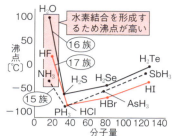

❺**分子間力の強さ**
水素結合＞極性分子間にはたらく引力＞無極性分子間にはたらく引力

❸ 気体の圧力と蒸気圧

❶**気体の圧力** 気体分子が器壁に衝突するとき, 単位面積あたりにおよぼす力。1Pa は, 1m² の面積に 1N の力がはたらいたときの圧力。

❷**圧力の測定** 気体の圧力は水銀柱の高さを測定して求める。
1atm(気圧) = 760mmHg = 1.013×10^5 Pa = 1013hPa

❸**気液平衡** 密閉容器に液体を入れて放置すると, やがて(蒸発分子の数)=(凝縮分子の数)となり, 見かけ上, 蒸発や凝縮が止まった状態になる。この状態を気液平衡という。

❹**飽和蒸気圧**[*1] 気液平衡のとき, 蒸気(気体)の示す圧力。
 (a) 温度が高くなると, 急激に大きくなる。
 (b) 一定温度では, 空間の体積, 他の気体によらず一定。

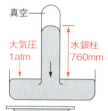

❺**蒸気圧曲線** 温度と蒸気圧の関係を表したグラフ。
分子間力の大きい物質ほど, 蒸気圧は低く, 沸点は高い。

❻**沸騰と沸点** (飽和蒸気圧)=(外圧(大気圧))になると, 液体表面だけでなく, **液体内部からも蒸発が起こる**。
　この現象を沸騰といい, このときの温度を沸点という。
・外圧が低くなると, 沸点は低くなる。
　例 富士山頂(約 0.54×10^5 Pa)で, 水の沸点は約 92℃。
・外圧が高くなると, 沸点は高くなる。例 圧力鍋

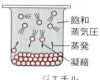

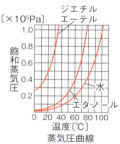

蒸気圧曲線

❼**状態図** 温度・圧力に応じて, 物質がとる状態を示した図。

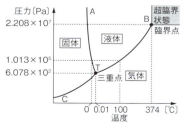

[*1] 単に蒸気圧ともいう。

水の状態図
固体・液体・気体が共存する T：三重点。
液体と気体を区切る曲線 BT：蒸気圧曲線
固体と液体を区切る曲線 AT：融解曲線
固体と気体を区切る曲線 CT：昇華圧曲線
これらの曲線上では両側の状態が共存する。
液体と気体の区別ができない状態：超臨界状態

確認&チェック

1 次の文は，固体A，液体B，気体Cのいずれに該当するか。
(1) 分子間力がほとんどはたらいていない。
(2) 分子が規則正しく配列している。
(3) 分子間力が最も強くはたらいている。
(4) 分子は不規則に配列し，流動性を示す。
(5) 他の状態に比べて，体積が著しく大きい。

2 次の文の□□に適当な語句を記せ。
構造の似た分子では，分子量が大きいほど，融点・沸点は①□□なる。
分子量が同程度の分子では，無極性分子よりも極性分子の方が融点・沸点は②□□なる。
HF，H_2O，NH_3 など強い極性分子では，分子間に③□□が形成されるため，融点・沸点はさらに④□□なる。

3 次の文の□□に適当な語句を入れよ。
密閉容器に液体を入れ放置すると，やがて，(蒸発分子の数)=(凝縮分子の数)となる。このような状態を①□□という。このときの蒸気の示す圧力を②□□といい，温度が高いほど③□□なる。
(飽和蒸気圧)=(外圧)になると，液体表面だけでなく，液体内部からも蒸発が起こる。この現象を④□□といい，このときの温度を⑤□□という。

4 右の図は二酸化炭素について，温度・圧力によってその状態が変化する様子を示したものである。
(1) このような図を何というか。
(2) 領域Ⅰ，Ⅱ，Ⅲ，Ⅳのとき，どのような状態であるか。
(3) T点，B点を何というか。

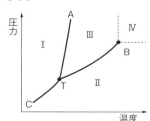

解答

1
(1) C
(2) A
(3) A
(4) B
(5) C
→ p.95 ①

2
① 高く
② 高く
③ 水素結合
④ 高く
→ p.95 ②

3
① 気液平衡
② 飽和蒸気圧（蒸気圧）
③ 大きく
④ 沸騰
⑤ 沸点
→ p.96 ③

4
(1) 状態図
(2) Ⅰ：固体
　　Ⅱ：気体
　　Ⅲ：液体
　　Ⅳ：超臨界状態
(3) T：三重点
　　B：臨界点
→ p.96 ③

10 物質の状態変化　97

例題 42　物質の状態変化

右図は，-20℃の氷9.0gを一様に加熱したときの温度変化のようすを示す。次の問いに答えよ。
(1) BC間で，加熱しても温度が上昇しないのはなぜか。
(2) BE間で加えられた熱エネルギーは何kJか。ただし，水の比熱を4.2J/(g・K)，融解熱を6.0kJ/mol，蒸発熱を41kJ/mol，分子量 $H_2O = 18$ とする。

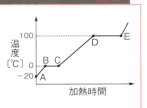

考え方 (1) B点で氷が融け始めてから，C点で融け終わるまで，0℃のままで温度の変化はない。このように，BC間で温度が上昇しないのは，加えられた熱エネルギーが運動エネルギーの増加ではなく，水の状態変化(氷の融解)に使われるためである。

(2) $H_2O = 18$ より，モル質量は18g/mol。
水9.0gは0.50molである。0℃の氷0.50molを100℃の水蒸気にするには，
① 0℃の氷を0℃の水にするための熱量は，
　 $6.0 \times 0.50 = 3.0$ 〔kJ〕

② 比熱は，物質1gの温度を1K上昇させるのに必要な熱量〔J/(g・K)〕である。
　(熱量)＝(比熱)×(質量)×(温度変化)
0℃の水を100℃の水にするための熱量は，$4.2 \times 9.0 \times 100 = 3780$〔J〕$= 3.78$〔kJ〕
③ 100℃の水を100℃の水蒸気にするための熱量は，$41 \times 0.50 = 20.5$〔kJ〕
①＋②＋③より，
$3.0 + 3.78 + 20.5 = 27.3 ≒ 27$〔kJ〕

解答 (1) 考え方の波線部分参照。
(2) 27kJ

例題 43　分子間にはたらく力と沸点

次の(ア)～(ウ)の分子性物質の中で，沸点が高い方の物質を選び，化学式で答えよ。
　(原子量：H = 1.0, O = 16, F = 19, S = 32, Cl = 35.5)
　(ア) F_2, Cl_2　　(イ) O_2, H_2S　　(ウ) HF, HCl

考え方 一般に，粒子間にはたらく結合力が強いほど，融点・沸点は高くなる。

(ア) 構造の似た分子では，分子量が大きいほど，分子間力は強くなり，沸点が高くなる。分子量は，F_2(38) < Cl_2(71)で，どちらも直線形の無極性分子なので，この順に沸点が高くなる。

(イ) 分子量は，O_2(32)，H_2S(34)でほぼ等しい。O_2は直線形の無極性分子であるが，H_2SはH_2Oと同じ折れ線形の極性分子である。
このように，分子量が同程度の分子では，極性分子の方が無極性分子より沸点が高くなる。これは，極性分子では無極性分子に比べて静電気的な引力が加わるので，

分子間力が強くなるためである。

(ウ) HF, HClはどちらも直線形の極性分子である。このうち，HFは分子量が小さいにもかかわらず，沸点が高い。これは，HFは強い極性分子で，分子間に水素結合が形成されるためである。

水素結合を形成する分子には，ファンデルワールス力よりも強い静電気的な引力が加わるので，沸点がかなり高くなる。

解答 (ア) Cl_2　(イ) H_2S　(ウ) HF

例題 44　蒸気圧曲線

右図の蒸気圧曲線を見て，次の問いに答えよ。
(1) 物質 A の沸点は何℃か。
(2) 外圧 400hPa の地点で，物質 C の沸点は何℃か。
(3) 物質 B を 50℃で沸騰させるには，外圧を約何 hPa にすればよいか。
(4) 物質 A～C を分子間力の大きい順に並べよ。
(5) 物質 C を点 P の状態から，外圧を 200hPa に保ったまま温度を下げたら，約何℃で液体が生じ始めるか。

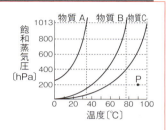

考え方 (1) 沸点は，液体の飽和蒸気圧が外圧に等しくなる温度である。外圧が表示されていないときは，外圧 = 1013hPa(= 1atm)となる温度を指す。A の蒸気圧が 1013hPa に達する温度をグラフから読みとると，約 34℃。
(2) 外圧が変化すると，液体の沸点も変化する。グラフより，C の蒸気圧が外圧 400 hPa に達する温度を読みとると，約 78℃。
(3) B の 50℃での蒸気圧は約 300hPa。これと等しい外圧をかけると，B は沸騰し始める。
(4) 液体の分子間にはたらく分子間力が大きくなるほど，同温での蒸気圧は小さくなる。
(5) 蒸気圧曲線より上側では，液体と気体(蒸気)が共存するが，蒸気圧曲線より下側の P 点では，気体のみが存在する。P 点から横軸に平行に左へ移動すると，約 60℃で C の蒸気圧曲線と交わり，凝縮が起こる。

解答 (1) 34℃　(2) 78℃　(3) 約 300hPa
(4) C＞B＞A　(5) 約 60℃

例題 45　状態図

水の状態図(右図)を見て，次の問いに答えよ。
(1) 領域①，②，③はどんな状態にあるか。
(2) 3 曲線が交わる点 X は何とよばれるか。
(3) 1.0×10^5Pa における矢印 A, B の状態変化をそれぞれ何というか。
(4) 状態図から，0℃の氷に高い圧力を加えると，その状態はどのように変化するか。

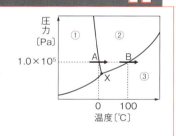

考え方 (1) 1.0×10^5Pa で温度を上げると，固体→液体→気体への状態変化が起こる。
(2) 固体と液体の境界線は**融解曲線**，液体と気体の境界線は**蒸気圧曲線**，固体と気体の境界線は**昇華圧曲線**とよばれ，3 つの曲線が交わる点は，固体・液体・気体が共存する唯一の点で**三重点**とよばれている。
(3) 1.0×10^5Pa では，0℃で**融解**(矢印 A)，100℃で**沸騰**(矢印 B)が起こる。
(4) 水の状態図では，融解曲線が右下がりで，その傾きが負である。したがって，0℃の氷(固体領域①)に一定温度で高い圧力を加えていくと，融解曲線を下から上に横切り，水(液体領域②)へと状態変化が起こる。

解答 (1) ① 固体　② 液体　③ 気体
(2) 三重点
(3) A：融解　B：沸騰
(4) 液体になる。

標準問題

必は重要な必須問題。時間のないときはここから取り組む。

必 143 □□ ◀物質の状態変化▶ 次の文の□□に適当な語句を入れよ。

分子性物質の固体では，分子間に¹□□がはたらいており，分子は定められた位置で振動・回転などの²□□を行っているが，分子相互の平均距離は変わらない。

固体の温度が上昇して³□□に達すると，分子は互いの位置を入れ替えることができるようになり，流動し始める。このような物質の状態は⁴□□とよばれ，このとき起こった現象は⁵□□とよばれる。

液体の表面付近で，比較的大きな⁶□□エネルギーをもつ分子は，互いにおよぼし合っている①に打ち勝って空間に飛び出す。この現象が⁷□□である。さらに温度が上昇して⁸□□に達すると，液体内部からも気泡が発生するようになる。この現象が⁹□□である。しかし，ドライアイスのように，固体から直接気体になるものもある。このような現象を¹⁰□□という。

必 144 □□ ◀状態変化とエネルギー▶ 図は，1.0×10^5 Pa の下で，ある固体物質 5.0 mol に毎分 10 kJ の割合で熱エネルギーを加えたときの温度変化を示す。次の問いに答えよ。

(1) 図の a, b の温度をそれぞれ何というか。
(2) AB，CD 間で起こる現象名と，AB，CD 間でのこの物質の状態を答えよ。
(3) この物質の融解熱，蒸発熱を求めよ。
(4) 一般に，蒸発熱の方が融解熱よりも大きい。この理由を簡単に説明せよ。

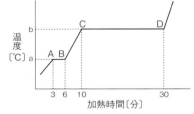

145 □□ ◀気体分子の速度分布▶ 次の文の□□に適当な語句，数値，記号を入れよ。ただし，1気圧(atm)を 1.0×10^5 Pa とし，④は有効数字2桁で答えよ。

一定温度でも，気体分子の速さには一定の幅があり，温度が¹□□ほど，速い分子の割合が大きくなる。右図は，異なる温度における一定容積中での気体分子の速度分布を表すが，最も高温で測定されたものは，曲線²□□である。

一方，気体の圧力は，分子が器壁に衝突するとき，単位³□□あたりにおよぼす力のことであり，水銀柱を用いて簡単に測定できる。たとえば，水銀柱の高さが 608 mm であるとき，気体の圧力は⁴□□Pa に等しい。

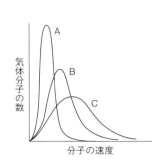

146 □□ ◀物質の三態▶　次の各文のうち，正しいものをすべて番号で選べ。
(1) 気体は，分子間の平均距離は大きいが，分子のもつエネルギーは小さい。
(2) 気体は，分子が空間を自由に運動をしている。
(3) 液体は，分子が不規則に配列している。
(4) 液体は，分子間の平均距離が小さく，分子が規則正しく配列している。
(5) 固体は，分子間の平均距離が小さく，分子間の相互作用が最も強い。
(6) 固体では，分子は一定の位置で静止している。
(7) 物質のもつエネルギーは，固体，液体，気体の順に大きくなっていく。
(8) どの物質でも，密度は，固体，液体，気体の順に小さくなっていく。
(9) 温度が一定ならば，圧力を変化させても，状態変化は起こらない。

147 □□ ◀蒸気圧の性質▶　ピストン付きの容器に少量の水を入れてしばらく放置したところ，水の一部が蒸発して気液平衡の状態になった。そこへ次の操作を行って平衡状態になったとき，水の蒸気圧および，空間を占める水分子の数はそれぞれどうなるか。下の(ア)～(ウ)より選べ。ただし，容器内には常に液体の水が存在するものとする。
(1) 体積を一定に保ち，ゆっくり温度を上げる。
(2) 温度を一定に保ち，ゆっくり体積を大きくする。
(3) 温度を一定に保ち，ゆっくり体積を小さくする。
　(ア) 増加する。　　　(イ) 減少する。　　　(ウ) 変化しない。

148 □□ ◀分子間力と沸点▶　次の(1)～(4)の各組合せの物質について，沸点の高い方を選べ。また，その理由として最も適するものを(a)～(c)から選べ。
原子量：H = 1.0, C = 12, O = 16, F = 19, S = 32, Cl = 35.5, Br = 80
(1) CH_4 と CCl_4　　　　(2) H_2O と H_2S
(3) HBr と HF　　　　　(4) F_2 と HCl
(理由) (a) 分子量が大きく，ファンデルワールス力が大きい。
　　　 (b) 分子の極性が大きく，ファンデルワールス力が大きい。
　　　 (c) 分子間にはたらく水素結合の影響が大きい。

149 □□ ◀水の特性▶　次の文中の□□に適当な語句を記入せよ。
　水の結晶では，水分子が①□□結合を形成し，1個の水分子は4個の水分子によって②□□状に取り囲まれている。氷の結晶は，液体の水に比べて隙間が③□□ので，水よりも密度が④□□。温度が上昇して氷が融解すると，①結合が部分的に切れて結晶がくずれ，体積が⑤□□する。一方，温度の上昇に伴って，水分子の熱運動が活発になり，体積が⑥□□する。この2つの相反する効果のために，水は4℃で密度が⑦□□の $1.0g/cm^3$ となる。
　水の融点・沸点は，他の16族の水素化合物に比べて著しく⑧□□い。

10 物質の状態変化 101

150 ◀正誤問題▶ 次の記述で，正しいものに○，誤っているものに×をつけよ。
(1) 密閉容器中で液体と気体が共存するとき，蒸発も凝縮も起こっていない。
(2) 平地よりも高山の上の方が，液体は低い温度で沸騰する。
(3) 一般に，同温度で蒸気圧の大きい物質ほど，沸点は高くなる。
(4) 同温度で比較したとき，分子間力の大きい物質ほど蒸気圧が小さくなる。
(5) 一定温度で液体と蒸気が平衡状態にある場合，同一物質の液体を加えると蒸気圧は大きくなる。
(6) 大気圧のもとで液体を加熱し続けると，沸騰後も液体の温度は上昇する。
(7) 室温，1.01×10^5 Pa の空気の入った容器に一定量の水を入れ，密閉してから加熱すると，容器内の水は 100 ℃ になると沸騰する。
(8) 液体が蒸発するときに外部から吸収する熱量は，その蒸気が凝縮するときに外部へ放出する熱量と等しい。
(9) 固体が融解すると，密度は必ず小さくなる。

151 ◀状態図▶ 右図は水の状態図を示している。次の問いに答えよ。
(1) 領域Ⅰ，Ⅱ，Ⅲの状態はそれぞれ何か。
(2) 曲線 OA，OB，OC をそれぞれ何というか。
(3) 点 P，Q の温度をそれぞれ何というか。
(4) 点 O では，水はどんな状態で存在するか。
(5) 次に述べた現象は，図中 a ～ e のどの状態変化に関連しているか。記号で1つずつ選べ。
　(ア) 氷水を入れたコップの外側表面に水滴がつく。
　(イ) 食品を凍らせたのち，真空中におくと水分が除かれ，乾燥状態になる。
　(ウ) 両端におもりをつけた糸や針金を氷の上に置くと，徐々に食いこんでいく。

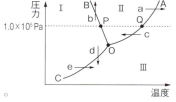

152 ◀気液の判定▶ 容積を任意に調節できる真空容器に，水，ベンゼンを 1mol ずつ入れた。蒸気圧曲線（右図）をもとに次の問いに答えよ。ただし，水とベンゼンは互いに溶け合わないものとする。
(1) 温度 70 ℃，容器内の圧力を 1.0×10^5 Pa になるように調節した。このとき，水およびベンゼンは次の(a)～(c)のいずれの状態で存在するか。
　(a) すべて気体として存在する。
　(b) 液体よりも気体として多く存在する。
　(c) 気体よりも液体として多く存在する。
(2) 容器内の圧力が 1.0×10^5 Pa のとき，容器内の物質がすべて気体として存在するためには，温度を約何 ℃ 以上にすればよいか。

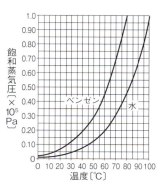

発展問題

153 □□ ◀蒸気圧▶ 20℃の室内で，一端を閉じた長さ1mのガラス管に水銀を満たして水銀槽に倒立させると，図1のようになった。このガラス管の下から，ある液体を少量注入すると，水銀柱の高さが670mmになり，水銀柱の上部に少量の液体が残っ

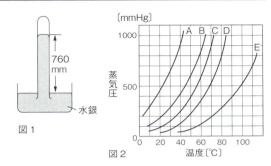

た。また，図2は，物質A～Eについて，蒸気圧と温度との関係を示す蒸気圧曲線である。次の問いに答えよ。

(1) 実験を行った室内の大気圧は何mmHgか。
(2) 注入した液体は，図2のA～Eのどれか。
(3) (2)の液体を注入した後，室温を30℃にすると，水銀柱の高さは約何mmになるか。ただし，水銀柱の上部にはまだ液体が残っていたとする。
(4) 注入した液体の沸点は，図2から約何℃か。

154 □□ ◀水素化合物の沸点▶ 次の文を読み，下の問いに答えよ。

右の図は，一部の典型元素の水素化合物の沸点を示したものである。一般に，①各族とも分子量が大きくなるにしたがって，沸点が高くなる傾向がみられる。ところが，第2周期元素の水素化合物には，この傾向からはずれ，異常に高い沸点を示すものがある。たとえば，16族の水素化合物の沸点は，$H_2Te > H_2Se > H_2S$ の順に直線的に低くなっているが，②H_2Oの沸点は期待される値より著しく高い。なお，図中には，③15族の第2周期元素の化合物は示されていない。

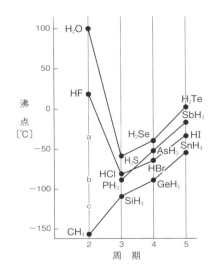

(1) 下線部①についてその理由を説明せよ。
(2) 下線部②についてその理由を説明せよ。
(3) 下線部③の化合物を化学式で示し，その沸点は図に示されたa，b，cいずれの点であるか記せ。

11 気体の法則

1 気体の法則

❶ **ボイルの法則** 一定温度では，一定量の気体の体積 V は，圧力 P に反比例する。 $P_1V_1 = P_2V_2$

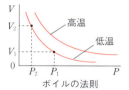
ボイルの法則

❷ **絶対温度** 絶対零度（-273℃）を原点とした温度。(→ p.7)
絶対温度を T [K]，セルシウス温度を t [℃] とすると，
T [K] $= t$ [℃] $+ 273$

❸ **シャルルの法則** 一定圧力では，一定量の気体の体積 V は，絶対温度 T に比例する。 $\dfrac{V_1}{T_1} = \dfrac{V_2}{T_2}$

❹ **ボイル・シャルルの法則** 一定量の気体の体積 V は，圧力 P に反比例し，絶対温度 T に比例する。

$$\dfrac{P_1V_1}{T_1} = \dfrac{P_2V_2}{T_2}$$

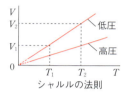
シャルルの法則

❺ **気体の状態方程式** 物質量 n [mol] の気体が，圧力 P [Pa]，絶対温度 T [K] で，体積 V [L] を占めるとき，次の関係が成り立つ。この比例定数を**気体定数 R** という。

$PV = nRT$ [*1]

*1) この式を使うとき，P，V，T の単位は，気体定数 R と同じ単位を用いなければならない。

❻ **気体定数 R** アボガドロの法則より，0℃ =273K，1.013×10^5Pa（**標準状態**）のとき，気体1molの体積は，どれも **22.4L** を占めるから，これを状態方程式に代入。

$$R = \dfrac{PV}{nT} = \dfrac{1.013 \times 10^5 \text{[Pa]} \times 22.4 \text{[L]}}{1 \text{[mol]} \times 273 \text{[K]}} \fallingdotseq 8.3 \times 10^3 \text{[Pa·L/(K·mol)]} \text{[*2]}$$

*2) 圧力の単位に [Pa]，体積の単位に [m³] を用いると，$R = 8.3$ [Pa·m³/(K·mol)] となる。

❼ **気体の分子量の求め方** 状態方程式を変形した次の式を用いる。

$PV = \dfrac{w}{M}RT \quad \begin{pmatrix} w：質量 \text{[g]} \\ M：分子量 \end{pmatrix} \Longrightarrow M = \dfrac{wRT}{PV}$

2 混合気体の全圧と分圧

❶ **全圧と分圧** 混合気体の示す圧力を**全圧 P**，混合気体中の各成分気体が，混合気体と同体積を占めるときの圧力を**分圧 P_A，P_B，…**という。

❷ **ドルトンの分圧の法則** 混合気体の全圧 P は，各成分気体の分圧 P_A，P_B，…の和に等しい。 $P = P_A + P_B + \cdots$

❸ **全圧と分圧の関係**
混合気体と，その成分気体 A，B に関して，それぞれ状態方程式を適用すると，
$PV = (n_A + n_B)RT$ ……①
$P_A V = n_A RT$ ……②　　　　　　$P_B V = n_B RT$ ……③

②÷③より，$\dfrac{P_A}{P_B} = \dfrac{n_A}{n_B}$　　　　∴ (分圧の比) = (物質量の比)

②÷①より，$P_A = P \times \dfrac{n_A}{n_A + n_B}$　　∴ (分圧) = (全圧) × (モル分率) [*3]

*3) 気体の全物質量に対する各成分気体の物質量の割合を，モル分率という。

❹ **水上捕集した気体**　水上捕集した気体は，飽和水蒸気を含む混合気体である。
捕集気体の分圧 p = 大気圧 P - 飽和水蒸気圧 P_{H_2O}

❺ **平均分子量**　混合気体を1種類の分子からなる気体とみなして求めた見かけの分子量。
混合気体 1mol の質量から単位〔g〕をとった数値。

例　空気〔$N_2 : O_2 = 4 : 1$(物質量の比)〕の平均分子量は，
$28.0 \times \dfrac{4}{5} + 32.0 \times \dfrac{1}{5} = 28.8$

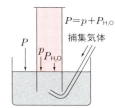
気体の水上捕集
容器内外の水面の高さを一致させておく。
(容器内の気体の全圧を大気圧にあわせるため)

3 理想気体と実在気体

❶ **理想気体**：気体の状態方程式に完全に従う仮想の気体。

分子に大きさ(体積)がない。
分子間力がはたらかない。

❷ **実在気体**：実際に存在する気体。状態方程式には完全には従わない。

分子に大きさ(体積)がある。
分子間力がはたらく。

高温ほど，分子間力の影響が小。
低圧ほど，分子間力・分子の体積の影響が小。
　→　実在気体は**高温・低圧**にするほど，理想気体に近づく。

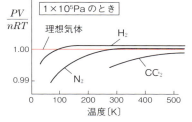
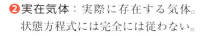

※実在気体は**低温・高圧**にするほど，理想気体からのずれが大きくなる。
※本書では，特にことわりがない場合，気体は理想気体として扱う。

確認&チェック

1 次の各文で述べている気体の法則名を書け。
(1) 一定圧力で，一定量の気体の体積は絶対温度に比例する。
(2) 一定温度で，一定量の気体の体積は圧力に反比例する。
(3) 一定量の気体の体積は，圧力に反比例し，絶対温度に比例する。
(4) 混合気体の全圧は，各成分気体の分圧の和に等しい。

2 次の文の□に適当な数値を記せ。
(1) 0℃は① □ K，300K は② □ ℃である。
(2) 標準状態とは，③ □ ℃，④ □ Pa のことである。
(3) $1.013×10^5$ Pa = 1 atm = ⑤ □ mmHg

3 次の文の□に適当な語句，数値を入れよ。
物質量 n [mol] の気体が圧力 P [Pa]，温度 T [K] のもとで体積 V [L] を占めるとき，$PV = nRT$ の関係が成り立つ。この式を気体の① □ という。定数 R を② □ といい，圧力の単位に [Pa]，体積の単位に [L] を用いた場合，$R =$ ③ □ [Pa・L/(K・mol)] となる。

4 次の記述に当てはまる化学用語を答えよ。
(1) 混合気体が示す圧力。
(2) 混合気体中の各成分気体が示す圧力。
(3) 混合気体を1種類の分子からなる気体とみなして求めた見かけの分子量。

5 次の文の□に適当な語句，記号を入れよ。
状態方程式に完全に従う仮想の気体を① □ という。一方，実際に存在する気体を② □ といい，状態方程式には完全には従わない。理想気体は，分子に大きさ(体積)がなく，③ □ がはたらかない。実在気体であっても，④ □ 温・⑤ □ 圧ほど理想気体に近づく。上図のa～cの各温度のうち，最も理想気体に近いふるまいを示しているのは⑥ □ である。

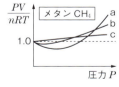

解答

1 (1) シャルルの法則
(2) ボイルの法則
(3) ボイル・シャルルの法則
(4) ドルトンの分圧の法則
→ p.104 ①

2 ① 273 ② 27
③ 0
④ $1.013 × 10^5$
⑤ 760
→ p.104 ①

3 ① 状態方程式
② 気体定数
③ $8.3 × 10^3$
→ p.104 ①

4 (1) 全圧
(2) 分圧
(3) 平均分子量
→ p.104 ②

5 ① 理想気体
② 実在気体
③ 分子間力
④ 高
⑤ 低
⑥ c
→ p.105 ③

例題 46　ボイル・シャルルの法則

(1) 0℃, 1.0×10^5 Pa で 91 L の気体(状態 A)を, 27℃, 2.0×10^5 Pa にすると体積は何 L (状態 B)になるか。

(2) 状態 B の気体を, 3.0×10^5 Pa で 80 L にするには温度を何℃にすればよいか。

考え方　気体の物質量は一定であるが, 温度, 圧力, 体積が変化しているので, いずれもボイル・シャルルの法則を適用する。

$$\frac{P_1 V_1}{T_1} = \frac{P_2 V_2}{T_2}$$

圧力 P と体積 V の単位は両辺で揃えればよいが, 温度 T は必ず, 絶対温度 T〔K〕= $273 + t$〔℃〕を用いること。

(1) $\dfrac{1.0 \times 10^5 \times 91}{273} = \dfrac{2.0 \times 10^5 \times V}{273 + 27}$

∴ $V = \dfrac{91 \times 1.0 \times 10^5 \times 300}{2.0 \times 10^5 \times 273}$

$= 50$ 〔L〕

(2) $\dfrac{2.0 \times 10^5 \times 5.0}{300} = \dfrac{3.0 \times 10^5 \times 80}{T}$

∴ $T = \dfrac{80 \times 3.0 \times 10^5 \times 300}{50 \times 2.0 \times 10^5}$

$= 720$ 〔K〕

$t = T - 273 = 720 - 273 = 447$ 〔℃〕

解答　(1) 50 L　(2) 447℃

例題 47　気体の圧力・温度・体積の関係

一定量の理想気体について, 次の(1)〜(4)の関係を表すグラフを下から記号で選べ。

(1) 温度一定で, 圧力(x)と体積(y)との関係
(2) 圧力一定で, 絶対温度(x)と体積(y)との関係
(3) 体積一定で, 絶対温度(x)と圧力(y)との関係
(4) 温度一定で, 圧力(x)と圧力と体積の積(y)との関係

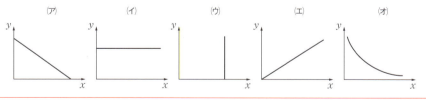

考え方　気体の状態方程式 $PV = nRT$ を変形した後, 各値の間の関係を求める。このとき, 変数以外の定数は, k としてまとめるとよい。

(1) $PV = nRT$ で, n, R, T が一定なので, $PV = k$ ⇒ P と V は反比例しており, ボイルの法則を表している。

(2) $PV = nRT$ で, n, R, P が一定なので $V = kT$ ⇒ V は T に比例しており, シャルルの法則を表している。

(3) $PV = nRT$ を変形すると, $P = \dfrac{nRT}{V}$ で, V, n, R が一定なので,
$P = kT$ ⇒ P は T に比例している。

(4) $PV = nRT$ で, n, R, T が一定なので, $PV = k$

∴ PV は P の値に関わらず, 常に一定。

解答　(1) (オ)　(2) (エ)　(3) (エ)　(4) (イ)

例題 48, 50, 51 では，気体定数 $R = 8.3 \times 10^3 \mathrm{Pa \cdot L/(K \cdot mol)}$ として計算せよ。

例題 48　気体の状態方程式

次の問いに答えよ。ただし，分子量は，$H_2 = 2.0$ とする。
(1) 27℃，$6.0 \times 10^4 \mathrm{Pa}$ で，0.20mol の気体の体積は何 L か。
(2) 水素 4.0g を 127℃ で 20L の容器に詰めると，圧力は何 Pa になるか。
(3) ある気体 2.0g を 27℃ で 2.0L の容器に入れたら，$5.0 \times 10^4 \mathrm{Pa}$ を示した。この気体の分子量を求めよ。

考え方 気体の物質量〔mol〕や質量〔g〕を求めるときは，まず，**気体の状態方程式 $PV = nRT$ の適用を考えよ**（ボイル・シャルルの法則は使えない）。

気体の状態方程式 $PV=nRT$ で気体定数 $R = 8.3 \times 10^3 \mathrm{[Pa \cdot L/(K \cdot mol)]}$ を使う場合，圧力は〔Pa〕，体積は〔L〕，温度は〔K〕（絶対温度）しか代入できない。

(1) $PV = nRT$ にそれぞれの値を代入する。
$6.0 \times 10^4 \times V = 0.20 \times 8.3 \times 10^3 \times (273 + 27)$
$V = \dfrac{0.20 \times 8.3 \times 10^3 \times 300}{6.0 \times 10^4} = 8.3 \mathrm{[L]}$

(2) $PV = \dfrac{w}{M}RT$ にそれぞれの値を代入する。

$P \times 20 = \dfrac{4.0}{2.0} \times 8.3 \times 10^3 \times (273 + 127)$

$P = \dfrac{4.0 \times 8.3 \times 10^3 \times 400}{20 \times 2.0}$
$= 3.32 \times 10^5 \fallingdotseq 3.3 \times 10^5 \mathrm{[Pa]}$

(3) $PV = \dfrac{w}{M}RT$ にそれぞれの値を代入する。

$5.0 \times 10^4 \times 2.0 = \dfrac{2.0}{M} \times 8.3 \times 10^3 \times 300$

$M = \dfrac{2.0 \times 8.3 \times 10^3 \times 300}{5.0 \times 10^4 \times 2.0}$

$= 49.8 \fallingdotseq 50$

解答 (1) 8.3L　(2) $3.3 \times 10^5 \mathrm{Pa}$　(3) 50

例題 49　混合気体の全圧と分圧

右図のように，27℃ において容器に封入した水素と窒素を，コックを開いて混合した。
(1) 水素と窒素の分圧はそれぞれ何 Pa か。
(2) 混合気体の全圧は何 Pa か。

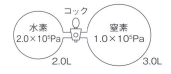

考え方 混合の前後で，各気体の物質量，温度は変化していない。変化しているのは，各気体の体積，圧力だけであるから，**ボイルの法則 $P_1V_1 = P_2V_2$ が適用できる。**

(1) 混合後の水素の分圧を P_{H_2}〔Pa〕，窒素の分圧を P_{N_2}〔Pa〕とする。
混合気体の体積は，$2.0 + 3.0 = 5.0$〔L〕
〔水素について〕
$2.0 \times 10^5 \times 2.0 = P_{H_2} \times 5.0$
∴　$P_{H_2} = 8.0 \times 10^4$〔Pa〕

〔窒素について〕
$1.0 \times 10^5 \times 3.0 = P_{N_2} \times 5.0$
∴　$P_{N_2} = 6.0 \times 10^4$〔Pa〕

(2) ドルトンの分圧の法則より，全圧 P は分圧 P_{H_2} と P_{N_2} の和に等しいから，
$P = P_{H_2} + P_{N_2} = 8.0 \times 10^4 + 6.0 \times 10^4$
$= 14 \times 10^4 = 1.4 \times 10^5$〔Pa〕

解答 (1) 水素の分圧：$8.0 \times 10^4 \mathrm{Pa}$
　　　　窒素の分圧：$6.0 \times 10^4 \mathrm{Pa}$
(2) $1.4 \times 10^5 \mathrm{Pa}$

例題 50 水蒸気を含む気体

ピストン付き容器に，27℃で0.010molの水とある量の窒素を入れ，気体の体積を3.0Lにしたら，容器内の圧力は6.3×10^4Paで，液体の水が存在していた。次の問いに答えよ。27℃の水の飽和蒸気圧を3.0×10^3Pa，窒素は水に溶けないものとする。

(1) 気体の体積が3.0Lのとき，窒素の分圧は何Paか。
(2) 気体の体積を2.0Lにしたとき，容器内の全圧は何Paか。
(3) 容器内の水をすべて蒸発させるには，気体の体積を何L以上にすればよいか。

考え方 窒素の圧力はボイルの法則に従って変化するが，水蒸気の圧力は水が共存している間は，空間の体積には無関係に，**飽和蒸気圧**(一定)であることに留意する。

(1) 液体の水が残っているので，水蒸気の分圧は27℃の飽和蒸気圧3.0×10^3Paである。
∴ $P_{N_2} = P - P_{H_2O}$
$= 6.3 \times 10^4 - 3.0 \times 10^3$
$= 6.0 \times 10^4$〔Pa〕

(2) ボイルの法則より，窒素の分圧P_{N_2}は，
$6.0 \times 10^4 \times 3.0 = P_{N_2} \times 2.0$
∴ $P_{N_2} = 9.0 \times 10^4$〔Pa〕

気体の体積が変化しても，液体の水が存在する限り，水蒸気の分圧は3.0×10^3Paのままである。よって，全圧は，
$9.0 \times 10^4 + 3.0 \times 10^3 = 9.3 \times 10^4$〔Pa〕

(3) 0.010molの水がちょうど蒸発したとき，水蒸気の分圧は3.0×10^3Paである。そのときの気体の体積Vは，気体の状態方程式$PV = nRT$から求められる。
$3.0 \times 10^3 \times V = 0.010 \times 8.3 \times 10^3 \times 300$
∴ $V = 8.3$〔L〕

解答 (1) 6.0×10^4Pa　(2) 9.3×10^4Pa
(3) 8.3L

例題 51 混合気体の燃焼

8.3Lの容器にメタン0.10molと酸素0.30molを入れた。この混合気体に点火して，メタンを完全に燃焼させた後，容器を27℃に保ったら，容器内の全圧は何Paになるか。ただし，27℃での飽和水蒸気圧は3.0×10^3Paとする。

考え方 化学反応式の量的関係を調べ，燃焼後にどの気体が何mol存在するかを考える。ただし，水蒸気の分圧は，液体の水が存在するかどうかを，飽和水蒸気圧との大小関係に基づいて調べる必要がある。

反応式　$CH_4 + 2O_2 \longrightarrow CO_2 + 2H_2O$
(反応前)　0.10　　0.30　　　0　　　0〔mol〕
(反応後)　　0　　　0.10　　0.10　　0.20〔mol〕

残ったO_2とCO_2の混合気体について，気体の状態方程式$PV = nRT$を適用すると，
$P \times 8.3 = (0.10 + 0.10) \times 8.3 \times 10^3 \times 300$
$P = 6.0 \times 10^4$〔Pa〕

水がすべて気体(水蒸気)として存在すると仮定すると，気体の状態方程式を適用して，
$P_{H_2O} = 6.0 \times 10^4$〔Pa〕

この値は，27℃における飽和水蒸気圧3.0×10^3Paを超えており，過剰な水蒸気は凝縮して，液体の水が存在する。(重要)

したがって，水蒸気の分圧は，27℃の飽和水蒸気圧の3.0×10^3Paと等しくなる。

よって，混合気体の全圧は，
$6.0 \times 10^4 + 3.0 \times 10^3 = 6.3 \times 10^4$〔Pa〕

解答 6.3×10^4Pa

問題155〜161で，必要な場合は，気体定数 $R = 8.3 \times 10^3 \mathrm{Pa \cdot L/(K \cdot mol)}$ として計算せよ。

標準問題

必は重要な必須問題。時間のないときはここから取り組む。

必 155 □□ ◀ボイル・シャルルの法則▶ 次の問いに答えよ。
(1) 27℃，$3.0 \times 10^5 \mathrm{Pa}$ で50Lを占める気体は，47℃，$2.0 \times 10^5 \mathrm{Pa}$ では何Lになるか。
(2) 27℃，$2.0 \times 10^5 \mathrm{Pa}$ で5.0Lを占める気体は，0℃，$1.0 \times 10^5 \mathrm{Pa}$ では何Lになるか。
(3) 27℃，$8.0 \times 10^4 \mathrm{Pa}$ の気体2.5Lを，圧力 $6.0 \times 10^4 \mathrm{Pa}$ で体積を4.0Lにするには，温度を何℃にすればよいか。

必 156 □□ ◀気体の分子量▶ 次の気体の分子量を有効数字2桁で求めよ。ただし，ここでは標準状態の圧力は $1.0 \times 10^5 \mathrm{Pa}$ とする。
(1) 標準状態での密度が0.76g/Lである気体。
(2) 27℃，$1.5 \times 10^5 \mathrm{Pa}$ で4.15Lを占める気体の質量が7.0gである気体。
(3) 酸素に対する比重が1.25である気体。（原子量：O = 16）

157 □□ ◀気体の比較▶ 次の(1)〜(3)の問いに当てはまる気体を，下から記号で選び，(a)＞(b)＞(c)＞(d)のように答えよ。（原子量：H = 1.0，C = 12，O = 16）
(1) 同温・同圧における体積の大きいもの順
(2) 同温・同圧における密度の大きいもの順
(3) 同温・同体積の容器に詰めたとき，圧力の高いもの順
　(a) 0℃，$2.0 \times 10^5 \mathrm{Pa}$ の水素1.0g
　(b) 4.0gのメタン
　(c) 27℃，$1.0 \times 10^5 \mathrm{Pa}$ の酸素10L
　(d) 127℃，$2.0 \times 10^5 \mathrm{Pa}$ の二酸化炭素5.0L

必 158 □□ ◀気体のグラフ▶ 1molの理想気体について，圧力 P，体積 V，絶対温度 T の正しい関係を表しているグラフを，下の①〜⑧のうちからすべて選べ。ただし，①〜④では $V_1 > V_2$，⑤，⑥では $T_2 > T_1$，⑦，⑧では $P_2 > P_1$ の関係を常に満たしているものとする。

159 ◀分圧と全圧▶ 右図のような連結容器の中央のコックを閉じ，容器 A に 4.0g のアルゴンを，容器 B には 8.4g の窒素を封入し，温度を 27℃ に保った。次の問いに，有効数字 2 桁で答えよ。(原子量：Ar = 40, N = 14)

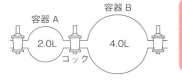

(1) 中央のコックを開き，容器内の気体が十分に混合したとき，混合気体の全圧および，窒素の分圧はそれぞれ何 Pa か。
(2) (1)のとき，混合気体の平均分子量はいくらになるか。
(3) 容器 B に窒素の代わりに水 0.20mol を入れ，(1)と同様にして 67℃ に放置すると，容器内の全圧は何 Pa になるか。ただし，67℃ の飽和水蒸気圧を 2.7×10^4 Pa とする。

160 ◀混合気体と全圧▶ 27℃ において，容積 3.0L の容器 A にヘリウム 0.40g を，容積 7.0L の容器 B には酸素が入れてある。容器 A と B を連結し，両気体を混合させたら，全圧が 7.6×10^4 Pa となった。次の問いに答えよ。(He = 4.0)
(1) 混合前の容器 A 内の圧力は，何 Pa か。
(2) 混合前の容器 B 内の圧力は，何 Pa か。
(3) 混合後の He と O_2 の分子数の比は，次のどれに近いか。
　 (a) 1：1　 (b) 1：2　 (c) 1：3　 (d) 1：4　 (e) 1：5　 (f) 1：6

161 ◀蒸気圧▶ 図のように，ピストン付き容器に 67℃ で 1.0g の揮発性液体が入っている(A)。温度を 67℃ に保ち，ピストンをゆっくり上げると，液体の一部が蒸発して気体を生じた(B)。さらにピストン

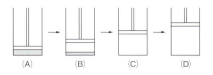

を上げると，容器の体積が 0.83L になったところで液体はすべて気体になった(C)。ここからさらにピストンを上げた(D)。次の問いに答えよ。
(1) (A)から(D)に変化させたとき，容器内の圧力 P と体積 V の関係はどのようになるか。下から記号で選べ。

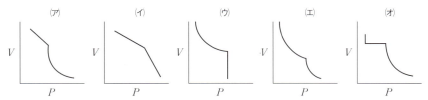

(2) (C)において，気体の圧力は 6.8×10^4 Pa であった。この液体の分子量はいくらか。
(3) (D)において，容器内の圧力は 2.0×10^4 Pa であった。このとき，容器の体積は何 L になるか。

問題162～167で，必要な場合は，気体定数 $R = 8.3 \times 10^3$ Pa·L/(K·mol) として計算せよ。

必 162 □□ ◀気体の水上捕集▶
水素を右図のように水上置換で捕集したら，27℃，9.7×10^4 Pa で，その体積は 0.54L であった。27℃における飽和水蒸気圧を 4.0×10^3 Pa として，次の問いに答えよ。

(1) 捕集した水素の物質量を求めよ。
(2) メスシリンダーの内外の水面を一致させてから，体積の測定を行うのはなぜか。その理由を簡単に説明せよ。

必 163 □□ ◀理想気体と実在気体▶
図は，0℃における3種類の実在気体と理想気体各1molについて，圧力 P に対する PV/RT の関係を示す。ここで，V は気体の体積，T は絶対温度，R は気体定数を示す。次の問いに答えよ。

(1) 図中の気体 A～D は，それぞれメタン，水素，アンモニア，理想気体のどの気体に該当するか。
(2) 実在気体のうち，図の圧力範囲で，最も圧縮されにくい気体を記号で示せ。
(3) 曲線 D が曲線 C よりも下側にあることの原因として，最も適当と思われるものを次から記号で選べ。
　(ア) 分子の大きさの差　(イ) 分子の極性の差　(ウ) 分子の質量の差
　(エ) 分子の原子数の差
(4) 100℃では，A，Cのグラフは0℃のときのグラフに比べて，それぞれ上方，下方のいずれにずれるか。

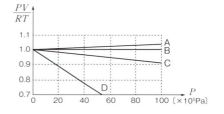

必 164 □□ ◀分子量の測定▶
次の文を読み，下の問いに答えよ。

アルミ箔と輪ゴム，フラスコの質量を測定すると，合計で153.2g だった。このフラスコに2.0gの揮発性の液体 A を入れ，その口をアルミ箔でおおい，輪ゴムで止めた。アルミ箔に針で小さな穴を開け，右図のように沸騰水(100℃)で加熱して液体を十分に蒸発させた。冷却後，フラスコの外側の水をよくふきとり，質量を測定すると154.7g だった。次に，このフラスコに水を満たし，その体積を測定したところ0.50L だった。実験時の大気圧は 1.0×10^5 Pa，室温での液体 A の蒸気圧は無視できるものとする。

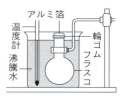

(1) この液体 A の分子量を，有効数字2桁で求めよ。
(2) フラスコ内の気体の温度が湯の温度より3℃低かった場合，フラスコ内の気体の温度が湯の温度と等しい場合と比較すると，分子量の測定値はどう変化するか。

112　第3編　物質の状態

165 □□ ◀気体の法則▶ 次図は，ある一定量の気体の圧力，体積，温度の関係を示したものである。図 A は，1.0×10^5 Pa における温度〔℃〕と体積〔L〕の関係を，図 B はある温度における圧力〔Pa〕と体積〔L〕の関係を示している。下の問いに答えよ。

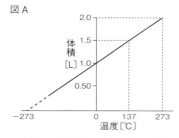
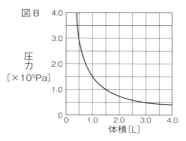

(1) 図 A，図 B の関係は，それぞれ何という法則を示しているか。
(2) 図 B に示した気体の温度は何℃か。
(3) 用いられた一定量の気体の物質量は何 mol か。

166 □□ ◀理想気体と実在気体▶ 図を参考にして，次の記述の中から正しいものをすべて選べ。

(1) 各気体とも，圧力が 0 に近づくと，理想気体として扱える。
(2) 4.5×10^7 Pa では，1mol の H_2 と 1mol の CH_4 の体積はほぼ等しい。
(3) 各気体はいずれも無極性分子であるが，CO_2 が最も理想気体に近い挙動をする。
(4) 各気体の体積は，同温・同圧の理想気体の体積より常に大きい。
(5) 6.0×10^7 Pa 以上では，各気体 1mol の体積は，いずれも $\dfrac{2.27 \times 10^6}{P}$〔L〕より小さくなる。
(6) 各気体の温度をどんどん下げていくと，ついにはその体積は 0 になる。

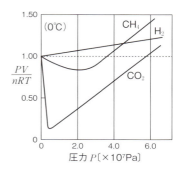

167 □□ ◀混合気体の燃焼▶ 容積 10L の密閉容器に，0.10mol のメタンと 0.40mol の酸素を入れ，完全燃焼させた。次の問いに答えよ。ただし，57℃での飽和水蒸気圧を 2.0×10^4 Pa，液体の体積や，液体への気体の溶解は無視できるものとする。
(1) 燃焼前，57℃における混合気体の全圧は何 Pa か。
(2) 燃焼後，57℃における混合気体の全圧は何 Pa か。
(3) (2)のとき，凝縮している水の物質量は何 mol か。

問題168～170で，必要な場合は，気体定数 $R = 8.3 \times 10^3$ Pa·L/(K·mol)として計算せよ。

発展問題

168 □□ ◀混合気体と蒸気圧▶

体積を任意に調節できる密閉容器内にヘリウム 0.70mol とメタノール 0.30mol を入れ，1.0×10^5 Pa，70℃に保った。右の蒸気圧曲線を利用して，次の問いに答えよ。

(1) この混合気体の全圧を 1.0×10^5 Pa に保ったまま，容器を徐々に冷却すると，液体のメタノールが生じはじめるのは約何℃か。

(2) この混合気体の体積を最初の状態に固定したまま，容器を徐々に冷却すると，液体のメタノールが生じはじめるのは約何℃か。

(3) 70℃に保ったまま，この混合気体をしだいに加圧していくと，液体のメタノールが生じはじめるのは何Paのときか。

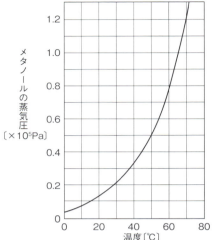

169 □□ ◀気体の温度と圧力▶ 容積 1.0L の 2 つのフラスコを図のように連結し，27℃で 1.5×10^5 Pa の空気をそれぞれに満たす。連結部分の体積と，フラスコの体積変化は無視できるものとして，次の問いに答えよ。

(1) コックを閉じ，A を 0℃，B を 100℃に保つと，それぞれのフラスコ内の圧力は何 Pa になるか。

(2) 次に，その温度を保ったままコックを開くと，それぞれのフラスコ内の圧力は何 Pa になるか。

170 □□ ◀飽和蒸気圧▶ 容積 2.0L の密閉容器に，0℃である量の空気と水を入れ，ゆっくり温度を上げると，容器内の気体の全圧は右図のように変化した。次の問いに答えよ。

(1) 容器内に入れた空気の物質量は何 mol か。

(2) 120℃における水の飽和蒸気圧は何 Pa か。

(3) 容器内に入れた水の物質量は何 mol か。

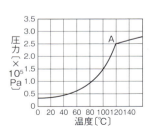

114 第 3 編 物質の状態

12 溶解と溶解度

1 物質の溶解

❶溶液　液体(溶媒)に他の物質(溶質)が溶けた均一な液体混合物。

溶質	電解質	水に溶けて電離する物質	NaCl，NaOH，HCl など
	非電解質	水に溶けて電離しない物質	$C_6H_{12}O_6$，C_2H_5OH など

❷水和(溶媒和)　溶質粒子が水(溶媒)分子で取り囲まれ安定化する現象。
❸溶解性の原則　極性の似たものどうしがよく溶け合う。

溶媒＼溶質	イオン結晶	極性分子	無極性分子
	NaCl	$C_6H_{12}O_6$	I_2
水(極性分子)	溶ける	溶ける	不溶
ヘキサン(無極性分子)	不溶	不溶	溶ける

(a) イオン結晶…イオンが静電気力で**水和**されて溶ける。
(b) 極性分子…分子が**水素結合**で水和されて溶ける。
(c) 無極性分子…分子が分子間力で**溶媒和**されて溶ける。

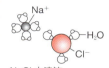

NaCl 水溶液
水溶液中のイオンの水和

2 固体の溶解度

❶溶解度　一定量の溶媒に溶けうる溶質の限度量。
❷飽和溶液　一定量の溶媒に溶質を溶解度まで溶かした溶液。
❸溶解平衡　飽和溶液では，(溶解する粒子数)＝(析出する粒子数)となり，見かけ上，溶解も析出も止まった状態にある。
❹固体の溶解度　溶媒100gに溶ける溶質の最大質量[g]の数値。
❺溶解度曲線　温度と溶解度の関係を表すグラフ。
一般に，固体の溶解度は，温度が高くなると大きくなる。
❻再結晶法　温度による溶解度の差を利用して，固体物質を精製する方法。
飽和溶液では，次式が成り立つ。

$$\frac{溶質の質量}{飽和溶液の質量} = \frac{S}{100 + S} \quad (Sは溶解度)$$

例　不純物を含む KNO_3 から純粋な KNO_3 の結晶を得る。

❼温度変化による溶質の析出量の求め方

$$\frac{溶質の析出量[g]}{高温での飽和溶液の質量[g]} = \frac{S_1 - S_2}{100 + S_1}$$

S_1：高温での溶解度
S_2：低温での溶解度

3 気体の溶解度

❶**気体の溶解度** 溶媒 1L に溶けることができる気体の物質量や質量，または，標準状態(0℃, 1.013×10^5 Pa)に換算した体積で表す。

❷**温度と気体の溶解度** 気体の溶解度は温度が高くなるほど，小さくなる。

❸**圧力と気体の溶解度** 次に述べるヘンリーの法則[*1]が成り立つ。

(i) 温度一定で，気体の溶解度(物質量，質量)は，その気体の圧力に比例する。

(ii) 温度一定で，気体の溶解度(体積)は，溶解した圧力の下では一定である。

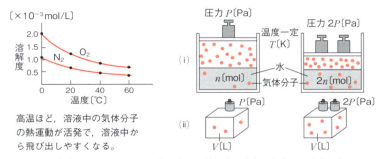

高温ほど，溶液中の気体分子の熱運動が活発で，溶液中から飛び出しやすくなる。

[*1) ヘンリーの法則は，HCl，NH_3 のような水への溶解度の大きい気体では成立しない。

4 溶液の濃度

❶**濃度** 溶液中に含まれる溶質の割合。次の3つの表し方がある

濃度	単位	定義	公式
質量パーセント濃度	%	溶液 100g 中に溶けている溶質の質量〔g〕	$\dfrac{溶質の質量}{溶液の質量} \times 100$
モル濃度	mol/L	溶液 1L 中に溶けている溶質の物質量〔mol〕	$\dfrac{溶質の物質量〔mol〕}{溶液の体積〔L〕}$
質量モル濃度	mol/kg	溶媒 1kg 中に溶けている溶質の物質量〔mol〕	$\dfrac{溶質の物質量〔mol〕}{溶媒の質量〔kg〕}$

質量パーセント濃度 日常生活で最もよく使われる。
モル濃度 化学分野で，温度の変化しない溶液全般で用いる。
質量モル濃度 化学分野で，温度の変化する沸点上昇，凝固点降下で用いる。

❷**質量パーセント濃度からモル濃度への変換**

濃度 w〔%〕の溶液の密度が d〔g/cm^3〕，そのモル濃度が C〔mol/L〕のとき，溶液 1L($= 1000$ mL $= 1000$ cm^3)あたりで考えると，

$$C〔mol/L〕 = \dfrac{1000〔cm^3〕 \times d〔g/cm^3〕 \times \dfrac{w}{100}}{M〔g/mol〕}$$

M：溶質のモル質量〔g/mol〕

確認&チェック

1 次の文の□□に適当な語句を入れよ。

液体に他の物質が溶ける現象を①□□といい,生じた均一な液体混合物を②□□という。このとき,物質を溶かす液体を③□□,その中に溶けた物質を④□□という。

水溶液中で,溶質粒子が水分子で取り囲まれ安定化する現象を⑤□□という。一般に,溶質粒子が溶媒分子で取り囲まれ安定化する現象を⑥□□という。

2 下表の溶媒と溶質の組合わせ①〜⑥で,溶質が溶媒に溶ける場合は○,溶けない場合は×をつけよ。

溶媒＼溶質	塩化ナトリウム	グルコース	ヨウ素
水(極性分子)	①	③	⑤
ヘキサン(無極性分子)	②	④	⑥

3 次の文の□□に適当な語句を入れよ。

温度一定で,一定量の溶媒に溶質を溶解度まで溶かした溶液を①□□という。溶媒②□□gに溶ける溶質の最大質量〔g〕の数値を,固体の溶解度という。一般に,固体の溶解度は温度が高くなるほど③□□なる。

4 右図を見て,次の問いに答えよ。
(1) 右図のグラフを何というか。
(2) 図中の物質のうち,再結晶法により,①最も精製しやすいもの,②最も精製しにくいものをそれぞれ記号で答えよ。

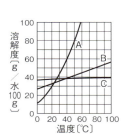

5 次の文の□□に適当な語句を入れよ。

気体の溶解度は,温度が高くなるほど①□□なる。温度一定で,気体の溶解度(物質量,質量)は,その気体の②□□に比例する。これを③□□の法則という。

6 0.20molの水酸化ナトリウムを水に溶かして0.50Lとした。この水溶液のモル濃度を求めよ。

解答

1
① 溶解
② 溶液
③ 溶媒
④ 溶質
⑤ 水和
⑥ 溶媒和
→ p.115 ①

2
① ○ ② ×
③ ○ ④ ×
⑤ × ⑥ ○
→ p.115 ①

3
① 飽和溶液
② 100
③ 大きく
→ p.115 ②

4 (1) 溶解度曲線
(2) ① A ② C
➡①溶解度の温度変化が最も大きいもの。
②溶解度の温度変化が最も小さいもの。
→ p.115 ②

5
① 小さく
② 圧力
③ ヘンリー
→ p.116 ③

6 0.40mol/L
➡ $\dfrac{0.20\text{mol}}{0.50\text{L}} = 0.40\text{[mol/L]}$
→ p.116 ④

例題 52 | 固体の溶解度

右図はホウ酸の溶解度曲線である。次の問いに答えよ。
(1) 10%のホウ酸水溶液 100g を 60℃にすると，飽和するまでにさらに何 g のホウ酸が溶解するか。
(2) 60℃のホウ酸の飽和溶液 100g を 20℃に冷却すると，何 g のホウ酸が析出するか。

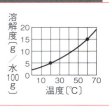

考え方 溶解量，析出量を求める問題では，各温度で $\dfrac{溶質}{溶媒}$, $\dfrac{溶質}{溶液}$ の質量比が一定であることを利用して解くとよい。

(1) **固体の溶解度**は，水 100g に溶質が何 g 溶けるかを数値で表したものだから，溶媒（水）の質量がわかれば，比例計算であと何 g の溶質が溶解できるかがわかる。

10%ホウ酸水溶液 100g は，ホウ酸 10g, 水 90g を含む。あと x[g] が溶けるとすると,

$\dfrac{溶質}{溶媒} = \dfrac{10+x}{90} = \dfrac{15}{100}$ ∴ $x = 3.5$[g]

(2) 60℃の飽和溶液 (100 + 15)g を 20℃に冷却すると，溶解度の差 (15 − 5)g の溶質が析出する。したがって，100g の飽和溶液から析出する結晶を x[g] とおくと,

$\dfrac{析出量}{溶液} = \dfrac{15-5}{100+15} = \dfrac{x}{100}$

∴ $x ≒ 8.69 ≒ 8.7$[g]

解答 (1) 3.5g (2) 8.7g

例題 53 | 溶液の濃度

水 200g にグルコース $C_6H_{12}O_6$(分子量 180) を 50g 溶かした溶液の密度は 1.1g/mL である。次の濃度をそれぞれ求めよ。
(1) 質量パーセント濃度
(2) モル濃度
(3) 質量モル濃度

考え方 濃度と密度を求める式を利用する。

$質量\%濃度 = \dfrac{溶質の質量[g]}{溶液の質量[g]} \times 100$

$モル濃度 = \dfrac{溶質の物質量[mol]}{溶液の体積[L]}$

$質量モル濃度 = \dfrac{溶質の物質量[mol]}{溶媒の質量[kg]}$

(1) $\dfrac{溶質}{溶液} = \dfrac{50}{200+50} \times 100 = 20$[%]

(2) モル濃度は，溶液の体積 1L (= 1000mL) を基準量として考えるとよい。この水溶液 1L (= 1000mL) の質量は，密度を用いて，1000mL × 1.1g/mL = 1100[g]

(1)より，この中に溶質が20%含まれるから，グルコース(溶質)の質量：1100 × 0.20 = 220[g]。グルコースの分子量が 180 より，モル質量は 180g/mol である。
グルコース 220g の物質量を求めると,

∴ $\dfrac{220}{180} ≒ 1.22 ≒ 1.2$[mol]

これが溶液 1L 中に含まれるから，1.2[mol/L]

(3) 質量モル濃度は，溶媒の質量 1kg (= 1000g) が基準量である。
(溶媒の質量) = (溶液の質量) − (溶質の質量)
= 1100 − 220 = 880[g]

∴ $\dfrac{1.22 \text{mol}}{0.88 \text{kg}} ≒ 1.38 ≒ 1.4$[mol/kg]

解答 (1) 20% (2) 1.2mol/L (3) 1.4mol/kg

例題 54 気体の溶解度

酸素は25℃，1.0×10^5 Paで，1Lの水に28mL(標準状態に換算した値)溶ける。
(1) 0℃，4.0×10^5 Paで，水1Lに溶ける酸素は何gか。（分子量：$O_2 = 32$）
(2) 0℃，4.0×10^5 Paで，水1Lに溶ける酸素は，0℃，4.0×10^5 Paでは何mLか。

考え方 ヘンリーの法則の2通りの表現方法。
① 溶解する気体の物質量は，圧力に比例する。
② 溶解する気体の体積は，溶解した圧力下では圧力に関係なく一定である。

(1) まず，体積を物質量に直した後，モル質量を用いて質量に変換する。
O_2の28mL(標準状態)の物質量は，
$$\frac{28}{22400} = 1.25 \times 10^{-3} \text{(mol)}$$
気体の溶解度(物質量)は圧力に比例するから，4.0×10^5 Paでの O_2 の溶解量は，
$1.25 \times 10^{-3} \times 4.0 = 5.0 \times 10^{-3}$ [mol]
$O_2 = 32$より，モル質量は32g/mol
∴ $5.0 \times 10^{-3} \times 32 = 0.16$ [g]

(2) 気体の溶解度(体積)は，溶解した圧力の下では圧力に関係なく一定であるから，1.0×10^5 Paで O_2 が28mL溶けるならば，4.0×10^5 Paでも O_2 は28mL溶ける。
注) 1.0×10^5 Paに換算すると112mLになる。

解答 (1) 0.16g (2) 28mL

例題 55 水和物の溶解度

硫酸銅(Ⅱ) $CuSO_4$ の水に対する溶解度は，20℃で20，80℃で60である。次の文の ☐ に適する数値を記入せよ。ただし，$H_2O = 18$，$CuSO_4 = 160$ とする。
80℃での硫酸銅(Ⅱ)の飽和溶液400gには，硫酸銅(Ⅱ)が①☐ g，溶媒の水が②☐ g含まれる。この溶液を20℃に冷却すると，結晶析出後に残った溶液は20℃の飽和溶液であるから，析出する硫酸銅(Ⅱ)五水和物の質量は③☐ gである。

考え方 結晶中にとり込まれた水を**水和水**という。$CuSO_4 \cdot 5H_2O$ のように水和水をもつ物質を**水和物**，$CuSO_4$ のように水和水をもたない物質を**無水物**という。水和物の溶解度も，水100gに溶ける無水物の質量[g]の数値で表す。

①，② 飽和溶液では，次の関係が成り立つ。
$$\frac{溶質}{溶液} = \frac{S}{100+S} \quad (S: 溶解度)$$
80℃の飽和溶液に溶けている溶質 x [g]は，
$$\frac{x}{400} = \frac{60}{100+60} \quad ∴ \quad x = 150 \text{(g)}$$
よって，溶媒(水)は，$400 - 150 = 250$ [g]

③ 水和物を構成する無水物と水和水の各質量は，水和物の質量を，無水物と水和水の式量にしたがって比例配分すればよい。

析出する $CuSO_4 \cdot 5H_2O$ を y [g]とすると，
無水物：$\dfrac{160}{250}y$ [g]
水和水：$\dfrac{90}{250}y$ [g]

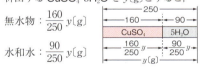

また，$CuSO_4$ の飽和溶液を冷却すると，$CuSO_4 \cdot 5H_2O$ が析出する。
さらに，結晶析出後に残った溶液は，必ずその温度での飽和溶液であるから，次式が成り立つ。

$$\frac{溶質}{溶液} = \frac{150 - \dfrac{160}{250}y}{400 - y} = \frac{20}{120}$$
∴ $y ≒ 176.0 ≒ 176$ [g]

解答 ① 150 ② 250 ③ 176

問題171～177で，必要な場合は，気体定数 $R = 8.3 \times 10^3 \mathrm{Pa \cdot L/(K \cdot mol)}$ として計算せよ。

標準問題

必は重要な必須問題。時間のないときはここから取り組む。

171 ◀物質の溶解▶ 次の文の□□に適当な語句を入れよ。

水分子は，水素原子が正，酸素原子が負に帯電した①□□分子である。そのため，NaClを水に溶かすと，Na^+ は水分子の②□□原子を，Cl^- は水分子の③□□原子を引きつける。一般に，溶液中では，溶質粒子が溶媒分子にとり囲まれて存在する。この現象を④□□といい，特に，溶媒が水分子の場合を⑤□□という。

グルコースを水に入れると，その⑥□□基が水分子と⑦□□結合によって⑤されることで溶ける。ヨウ素などの⑧□□分子は，水分子と⑤しないので，水に溶けない。しかし，ベンゼンやヘキサンなどにはよく溶ける。これは，⑧分子では分子間力によって④され，分子の⑨□□により互いに混じり合うためである。

必 172 ◀物質の溶解性▶ 次にあげた固体物質の溶解性について，該当するものを下の(A)～(D)から選べ。なお，ヘキサン C_6H_{14} は無極性の溶媒である。

(1) 塩化ナトリウム　NaCl
(2) ヨウ素　I_2
(3) グルコース　$C_6H_{12}O_6$
(4) 硝酸カリウム　KNO_3
(5) 硫酸バリウム　$BaSO_4$
(6) ナフタレン　$C_{10}H_8$
(7) エタノール　C_2H_5OH
(8) 塩化銀　AgCl

(A) 水には溶けやすいが，ヘキサンには溶けにくい。
(B) 水には溶けにくいが，ヘキサンには溶けやすい。
(C) 水にもヘキサンにも溶けやすい。
(D) 水にもヘキサンにも溶けにくい。

必 173 ◀固体の溶解度▶ 硝酸カリウム KNO_3 の溶解度曲線を利用して，次の問いに小数第1位まで答えよ。

(1) 40℃の飽和溶液120gの温度を60℃にすると，あと何gの KNO_3 が溶解できるか。
(2) 60℃の飽和溶液140gから水を完全に蒸発させると，何gの KNO_3 が析出するか。
(3) 40℃の飽和溶液120gを20℃まで冷却すると，何gの KNO_3 が析出するか。
(4) 40℃の飽和溶液120gから同温のまま水40gを蒸発させたのち，さらに20℃に冷却した。あわせて何gの KNO_3 が析出するか。

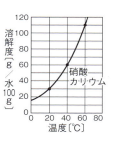

必 174 □□ ◀気体の溶解度▶　27℃で 1.0×10^5 Pa の酸素は，水 1.0L に 0.030L 溶ける。いま，27℃，6.0×10^5 Pa の酸素が水 1.0L に接している。次の問いに答えよ。
(1)　この水に溶けている酸素の質量は何 mg か。（分子量：$O_2 = 32$）
(2)　この水に溶けている酸素の体積は，27℃，6.0×10^5 Pa で何 L か。
(3)　この水に溶けている酸素の体積は，27℃，1.0×10^5 Pa で何 L か。

必 175 □□ ◀溶液の調製▶　硫酸銅(Ⅱ)五水和物 $CuSO_4 \cdot 5H_2O$ の結晶を用いて，1.0mol/L の硫酸銅(Ⅱ)水溶液をつくる方法として，正しいものを次から選べ。ただし，$CuSO_4 = 160$，$CuSO_4 \cdot 5H_2O = 250$ とする。
(ア)　$CuSO_4 \cdot 5H_2O$ 160g を水 840g に溶かす。
(イ)　$CuSO_4 \cdot 5H_2O$ 160g を水 1.0L に溶かす。
(ウ)　$CuSO_4 \cdot 5H_2O$ 160g を水に溶かして 1.0L とする。
(エ)　$CuSO_4 \cdot 5H_2O$ 250g を水 750g に溶かす。
(オ)　$CuSO_4 \cdot 5H_2O$ 250g を水 1.0L に溶かす。
(カ)　$CuSO_4 \cdot 5H_2O$ 250g を水に溶かして 1.0L とする。

176 □□ ◀溶解▶　次の文で，正しい記述には○，誤っている記述には×をつけよ。
(ア)　エタノールは，親水基と疎水基の両方をもつので，水にもヘキサンにも溶ける。
(イ)　硫酸バリウムが水に溶けにくいのは，イオン結合が非常に強いためである。
(ウ)　ナフタレンは分子結晶で，極性の大きな水によく溶ける。
(エ)　グルコースがヘキサンに溶けにくいのは，グルコース分子の間にはたらく分子間力の方が，グルコースとヘキサン分子の間にはたらく分子間力よりも強いからである。
(オ)　塩化ナトリウムが水に溶けると，Na^+ は水分子の水素原子側で水和される。
(カ)　ヨウ素は水にもヘキサンにも溶けにくい。

必 177 □□ ◀気体の溶解度▶　右表は，1.0×10^5 Pa のもとで，水 1.0L に溶ける気体の体積〔L〕を標準状態に換算した値で表したものである。次の問いに答えよ。（原子量：$N = 14$，$O = 16$）

温度〔℃〕	水素	窒素	酸素
a	0.016	0.011	0.021
b	0.018	0.015	0.031
c	0.021	0.023	0.049

(1)　表の温度 a，b，c は 0℃，20℃，50℃のいずれかを示している。0℃はどの記号か。
(2)　0℃，4.0×10^5 Pa の水素が水 20L に接しているとき，この水に溶けている水素の体積は 0℃，4.0×10^5 Pa で何 L か。
(3)　窒素と酸素の体積比が 2.0：3.0 である混合気体が，20℃，1.0×10^5 Pa で水に接しているとき，この水に溶けている窒素と酸素の質量比を，窒素を 1.0 として求めよ。

問題178〜181で，必要な場合は，気体定数 $R = 8.3 \times 10^3$ Pa·L/(K·mol)として計算せよ。

発展問題

178 □□ ◀シュウ酸水溶液の濃度▶ シュウ酸二水和物(COOH)$_2$·2H$_2$O 63g を水に溶かしてちょうど1Lとすると，密度が 1.02g/cm^3 の水溶液ができた。この水溶液について，次の(1)〜(3)の濃度を有効数字2桁で求めよ。ただし，式量を(COOH)$_2$ = 90，(COOH)$_2$·2H$_2$O = 126 とする。
(1) 質量パーセント濃度　(2) モル濃度　(3) 質量モル濃度

179 □□ ◀気体の溶解度▶ 次の問いに答えよ。(原子量：N = 14, O = 16)
(1) 20℃, 1.0×10^5 Pa の空気と接している水 10L には，窒素は何 g 溶けているか。空気の組成は N$_2$: O$_2$ = 4 : 1 (体積比)とする。
(2) 酸素が 0℃, 1.0×10^6 Pa で水 10L に接している。この状態から温度を 50℃ に上げ，酸素の圧力を 1.0×10^5 Pa にした。このとき水中から気体として発生する酸素の物質量は何 mol か。

1.0×10^5 Pa の気体の水に対する溶解度 [L/水1L](標準状態に換算した値)

温度[℃]	酸素	窒素
0	0.049	0.023
20	0.031	0.015
50	0.021	0.011

180 □□ ◀硫酸銅(Ⅱ)の溶解度▶ 硫酸銅(Ⅱ)(無水物) CuSO$_4$ の水に対する溶解度は，30℃で 25, 60℃で 40 である。次の問いに有効数字3桁で答えよ。(CuSO$_4$ = 160, H$_2$O = 18)
(1) 硫酸銅(Ⅱ)五水和物 CuSO$_4$·5H$_2$O 100g を完全に溶解させて 60℃ の飽和溶液をつくるには，何 g の水を加えればよいか。
(2) (1)でつくった 60℃ の飽和溶液 100g を，温度を 30℃ まで下げると，何 g の硫酸銅(Ⅱ)五水和物の結晶が析出するか。

181 □□ ◀ヘンリーの法則▶ 1.0×10^5 Pa の CO$_2$ の水への溶解度は，水 1.0L に対して，7℃で 8.3×10^{-2} mol，27℃で 4.5×10^{-2} mol である。ピストン付き容器を用いて，次の実験を行った。次の問いに答えよ。ただし，CO$_2$ に対してはヘンリーの法則が成立し，水の蒸気圧は無視できるものとする。

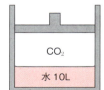

(1) この容器に水 10L と CO$_2$ を加え，温度を 7℃ に保ったところ，容器内の圧力が 2.0×10^5 Pa, 気体の体積が 15L であった。このとき容器内に存在する CO$_2$ の総物質量を求めよ。
(2) (1)の状態からピストンを動かし，温度 7℃ を保ちながら，気体の体積を 10L まで圧縮した。やがて溶解平衡に達するが，このとき容器内の気体の圧力は何 Pa か。
(3) この容器の温度を 27℃ に温め，気体の体積を 10L に保った。やがて溶解平衡に達するが，このとき容器内の気体の圧力は何 Pa か。

13 希薄溶液の性質

1 沸点上昇と凝固点降下

❶**蒸気圧降下** 不揮発性の物質を溶かした溶液の蒸気圧は，純溶媒の蒸気圧より低くなる。

❷**沸点上昇** 蒸気圧降下のため，溶液の沸点は純溶媒の沸点より高くなる。

❸**凝固点降下** 溶液の凝固点は純溶媒の凝固点より低くなる。　例 海水の凝固点：約 −1.8℃

❹**沸点上昇度と凝固点降下度と溶液の濃度の関係**
　希薄溶液の沸点上昇度 Δt_b [K]や凝固点降下度 Δt_f [K]は，溶質の種類に関係なく，溶液の質量モル濃度 m [mol/kg]に比例する。

$$\Delta t_b = k_b \cdot m \quad \begin{cases} k_b：モル沸点上昇 \\ k_f：モル凝固点降下 \end{cases} \begin{pmatrix} k_b, k_f は溶媒の種類 \\ によって決まる定数 \end{pmatrix}$$
$$\Delta t_f = k_f \cdot m$$

2 浸透圧

❶**半透膜** 水などの溶媒分子は通すが，比較的大きな溶質粒子は通さない膜。　例 セロハン膜

❷**浸透圧** 半透膜で溶液と溶媒を仕切ると，半透膜を通って，溶媒分子が溶液側へ移動する。この現象を溶媒の**浸透**という。通常，溶媒分子が溶液側へ移動するのを阻止するために，溶液側に加える圧力を，溶液の**浸透圧**という。

❸**ファントホッフの法則** 溶液の浸透圧 Π [Pa]は，モル濃度 C [mol/L]と絶対温度 T [K]に比例する。

$$\Pi = CRT$$
$$\Pi V = nRT$$
$$\Pi V = \frac{w}{M}RT$$

$\begin{pmatrix} R = 8.3 \times 10^3 \text{[Pa·L/(K·mol)]で,} \\ 気体定数と全く同じ値 \end{pmatrix}$

V：溶液の体積[L]，n：溶質の物質量[mol]，w：溶質の質量[g]，M：溶質のモル質量[g/mol]

3 電解質水溶液の取扱い

電解質水溶液では，溶質粒子が電離し，溶質粒子の数が増加する。
　例　塩化ナトリウム　$NaCl \longrightarrow Na^+ + Cl^-$（粒子数2倍）
　　　塩化カルシウム　$CaCl_2 \longrightarrow Ca^{2+} + 2Cl^-$（粒子数3倍）

それに応じて，沸点上昇度，凝固点降下度，浸透圧も非電解質に比べて大きくなる。

確認&チェック

1 右図のように，密閉容器のA側に純水，B側に高濃度のスクロース（ショ糖）水溶液を同じ高さまで入れる。この容器を室温で長く放置すると，水面の高さはどうなるか。正しいものを次から記号で選べ。

純水　スクロース水溶液

(ア) 変化なし　　(イ) B側が高くなる。
(ウ) A側が高くなる。　　(エ) A側・B側ともに低くなる。

2 次の(1)〜(3)で説明した現象を何というか。
(1) 水に不揮発性物質を溶かした溶液の蒸気圧は，純溶媒の蒸気圧よりも低くなる。
(2) 水に不揮発性物質を溶かした溶液の沸点は，純溶媒の沸点よりも高くなる。
(3) 溶液の凝固点は，純溶媒の凝固点よりも低くなる。

3 右図は，純溶媒と溶液の蒸気圧曲線を示す。なお，横軸は温度〔℃〕，縦軸は蒸気圧〔$\times 10^5$Pa〕を示す。次の問いに答えよ。

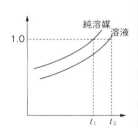

(1) 純溶媒の沸点は何℃か。
(2) 溶液の沸点は何℃か。
(3) 溶液の沸点上昇度は何Kか。

4 次の文の□□□に適当な語句を入れよ。

溶液と溶媒を，セロハン膜などの①□□□で仕切ると，溶媒分子は①を通って溶液側へ移動する。この現象を溶媒の②□□□という。溶媒分子が溶液側へ移動するのを阻止するためには，溶液側に圧力を加える必要がある。この圧力を溶液の③□□□という。
溶液の③は，モル濃度と絶対温度に比例する。これを④□□□の法則という。

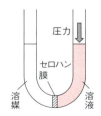

解答

1 (イ)
　➡純水の蒸気圧の方がスクロース水溶液の蒸気圧よりも高いため。
→p.123 ①

2 (1) 蒸気圧降下
(2) 沸点上昇
(3) 凝固点降下
→p.123 ①

3 (1) t_1 ℃
(2) t_2 ℃
(3) $(t_2 - t_1)$ K
→p.123 ①

4 ① 半透膜
② 浸透
③ 浸透圧
④ ファントホッフ
→p.123 ②

| 例題 56 | 沸点上昇と凝固点降下 | ■■ |

次の(ア)～(オ)の各物質 1g を，それぞれ 100g の水に溶かした溶液がある。この中で，沸点および凝固点が最も高いものはそれぞれ何か。化学式で答えよ。ただし，電解質は完全に電離しているものとする。原子量は，H = 1.0，C = 12，N = 14，O = 16，Na = 23，Cl = 35.5，K = 39，Ca = 40 とする。

(ア) グルコース($C_6H_{12}O_6$)　　(イ) 尿素 $CO(NH_2)_2$　　(ウ) 硝酸カリウム

(エ) 塩化カルシウム　　(オ) エタノール

考え方 沸点上昇や凝固点降下の大きさ(沸点上昇度，凝固点降下度)は，いずれも溶液の質量モル濃度に比例する。本問は，溶かした溶媒の質量が同じ 100g なので，溶質粒子の物質量の大小を比較すればよい。

ただし，電解質の場合は，電離によって生じたイオンの総質量で比較する必要がある。

〔電解質〕金属元素と非金属元素の化合物
　$NaCl$　KNO_3　Na_2SO_4　$CaCl_2$
〔非電解質〕非金属元素のみの化合物
　$C_6H_{12}O_6$　$C_{12}H_{22}O_{11}$　$CO(NH_2)_2$　C_2H_6O

$$KNO_3 \longrightarrow K^+ + NO_3^- \text{（粒子数 2 倍）}$$
$$CaCl_2 \longrightarrow Ca^{2+} + 2Cl^- \text{（粒子数 3 倍）}$$

分子量，および式量は，$C_6H_{12}O_6 = 180$，$CO(NH_2)_2 = 60$，$KNO_3 = 101$，

$CaCl_2 = 111$，$C_2H_6O = 46$ より，

(ア) $\dfrac{1}{180}$ mol　　(イ) $\dfrac{1}{60}$ mol

(ウ) $\dfrac{1}{101} \times 2 = \dfrac{1}{50.5}$ mol

(エ) $\dfrac{1}{111} \times 3 = \dfrac{1}{37}$ mol　　(オ) $\dfrac{1}{46}$ mol

∴ 溶質粒子の総物質量の最も多い(エ)の沸点上昇度が最も大きく，沸点は最も高い。

（ただし，エタノールだけは揮発性物質なので，沸点上昇は起こらないことに注意。）

∴ 溶質粒子の総物質量の最も少ない(ア)の凝固点降下度が最も小さく，凝固点は最も高い。

解 答 沸点：$CaCl_2$　凝固点：$C_6H_{12}O_6$

| 例題 57 | 凝固点降下 | ■■ |

水 100g にグルコース $C_6H_{12}O_6$(分子量 180)9.0g を溶かした溶液の凝固点は，水の凝固点に比べて 0.93K 低かった。これをもとにして次の問いに答えよ。

(1) 水 1kg に非電解質 1mol を溶かした溶液の凝固点降下度は何 K か。

(2) 水 100g に塩化ナトリウム 0.025mol 溶かした溶液の凝固点は何℃か。

考え方 (1) グルコース(ブドウ糖)水溶液の質量モル濃度は，$C_6H_{12}O_6 = 180g/mol$ より，

$$\dfrac{9.0g}{180g/mol} \div 0.10kg = 0.50 \text{〔mol/kg〕}$$

凝固点降下度は溶液の質量モル濃度に比例するから，1mol/kg 溶液の凝固点降下度を k_f(モル凝固点降下という)とおくと，

$0.50 : 0.93 = 1 : k_f$　　∴ $k_f = 1.86 \text{〔K〕}$

(2) 塩化ナトリウムは電解質で，水溶液中で次

のように電離し，溶質粒子数は 2 倍になる。

$$NaCl \longrightarrow Na^+ + Cl^-$$

Na^+ と Cl^- によるイオンの総質量モル濃度は，

$$\dfrac{0.025}{0.10} \times 2 = 0.50 \text{〔mol/kg〕}$$

$\Delta t = k_f \cdot m = 1.86 \times 0.50 = 0.93 \text{〔K〕}$

この溶液の凝固点は，

$0 - 0.93 = -0.93 \text{〔℃〕}$

解 答 (1) 1.86K　(2) -0.93℃

13　希薄溶液の性質　125

例題 58 　電解質の凝固点降下

右図のような装置により，100gの水に塩化バリウムBaCl₂ 2.08gを溶かした水溶液の凝固点を測定したところ－0.481℃であった。この水溶液中における塩化バリウムの電離度を求めよ。ただし，水のモル凝固点降下を1.85 K·kg/mol，原子量 Ba = 137，Cl = 35.5 とする。

考え方　溶かした電解質のうち，電離したものの割合を**電離度（α）**という。

$$\alpha = \frac{\text{電離した電解質の物質量}}{\text{溶かした電解質の全物質量}} \quad (0 < \alpha \leq 1)$$

いま，C [mol] のBaCl₂を水に溶かしたとき，電離度がαであるとすると，

$$\text{BaCl}_2 \rightleftarrows \text{Ba}^{2+} + 2\text{Cl}^-$$

（電離後）　$C - C\alpha$　　　$C\alpha$　　$2C\alpha$ [mol]

溶質粒子（分子，イオン）の総物質量は，
$C - C\alpha + C\alpha + 2C\alpha = C(1 + 2\alpha)$ mol

となり，BaCl₂の電離により溶質粒子数は $(1 + 2\alpha)$ 倍になる。BaCl₂水溶液の質量モル濃度は，BaCl₂ = 208 より，モル質量は 208 g/mol。

$$\frac{2.08}{208} \div 0.100 = 0.100 \text{ [mol/kg]}$$

$\Delta t_\mathrm{f} = k_\mathrm{f} \cdot m$ の式に各値を代入して，
$0.481 = 1.85 \times 0.100 \times (1 + 2\alpha)$
$1 + 2\alpha = 2.60$ 　∴　$\alpha = 0.800$

解答　0.800

例題 59 　溶液の浸透圧

右図のように，U字管をセロハン膜で仕切り，水とスクロース水溶液を等量ずつ入れて放置した。次の問いに答えよ。ただし，気体定数は $R = 8.3 \times 10^3$ Pa·L/(K·mol) とする。

(1) 液面A，Bの高さはそれぞれどう変化したか。
(2) 47℃，0.20 mol/Lのスクロース水溶液の浸透圧は何Paか。
(3) あるタンパク質0.50gを水に溶かして100mLにした水溶液がある。この水溶液の27℃での浸透圧が 3.0×10^2 Pa であった。このタンパク質の分子量を求めよ。

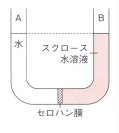

考え方　溶液の浸透圧 Π は，モル濃度 C と絶対温度 T に比例する（**ファントホッフの法則**）。
$\Pi = CRT$ 　$(R = 8.3 \times 10^3$ Pa·L/(K·mol)$)$
溶液の体積を V，溶質粒子の物質量を n とすると，$\Pi V = nRT$（気体の状態方程式と同じ式）が成り立つ。

(1) 溶液と溶媒を半透膜で隔てると，溶媒分子だけが半透膜を通れるので，溶媒分子が溶液側へ移動する。この現象を溶媒の**浸透**という。溶媒の浸透を防ぐために，溶液側に加える圧力を，溶液の**浸透圧**という。

(2) $\Pi V = nRT$ の公式を利用する。
注）単位は，Π は [Pa]，V は [L]，T は [K] を使う。
$\Pi \times 1.0 = 0.20 \times 8.3 \times 10^3 \times 320$
∴　$\Pi \fallingdotseq 5.31 \times 10^5 \fallingdotseq 5.3 \times 10^5$ [Pa]

(3) $\Pi V = \dfrac{w}{M} RT$ の公式を利用する。

$$3.0 \times 10^2 \times 0.10 = \frac{0.50}{M} \times 8.3 \times 10^3 \times 300$$

∴　$M = 4.15 \times 10^4 \fallingdotseq 4.2 \times 10^4$

解答　(1) Aの液面が下がり，Bの液面が上がる。
(2) 5.3×10^5 Pa 　(3) 4.2×10^4

問題 182～185 で，必要な場合は，気体定数 $R = 8.3 \times 10^3$ Pa·L/(K·mol) として計算せよ。

標準問題

必は重要な必須問題。時間のないときはここから取り組む。

必 182 □□ ◀溶液の沸点・凝固点▶ 次の水溶液について答えよ。ただし，水のモル沸点上昇を 0.52 K·kg/mol，水のモル凝固点降下を 1.85 K·kg/mol とし，電解質水溶液中での電解質の電離度は 1 とする。
(1) 尿素 $CO(NH_2)_2$（分子量 60）1.2 g を水 100 g に溶かした水溶液の沸点は何℃か。小数第 3 位まで求めよ。
(2) 0.20 mol/kg の塩化ナトリウム水溶液の凝固点は何℃か。小数第 2 位まで求めよ。

183 □□ ◀希薄溶液の性質▶ 次の(1)～(4)と最も関係が深い現象を，下の(ア)～(エ)から 1 つずつ選べ。
(1) 海水で濡れた水着は，真水で濡れた水着よりも乾きにくい。
(2) 道路に凍結防止剤（塩化カルシウム）をまいておくと，濡れた路面の水分が凍結しにくい。
(3) 野菜に食塩をまぶしておくと，自然に水が染み出してくる。
(4) 沸騰水に食塩を加えると，しばらくは沸騰が止まる。
　(ア) 沸点上昇　(イ) 凝固点降下　(ウ) 蒸気圧降下　(エ) 浸透圧

必 184 □□ ◀冷却曲線▶ 右図は，ある非電解質 1.0 g を水 50 g に溶かした水溶液を冷却したときの，冷却時間と温度の関係を示した冷却曲線である。次の問いに答えよ。
(1) 初めて結晶が析出するのは a～e のどの点か。
(2) この水溶液の凝固点は，ア～オのどの温度か。
(3) この水溶液の凝固点は -0.60℃ であった。この非電解質の分子量を有効数字 2 桁で求めよ。ただし，水のモル凝固点降下を 1.86 K·kg/mol とする。

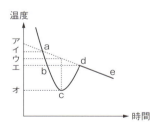

必 185 □□ ◀溶液の浸透圧▶ 次の問いに有効数字 2 桁で答えよ。ただし，電解質水溶液中では電解質は完全に電離しているものとする。
(1) 27℃ において，0.10 mol/L のグルコース水溶液の浸透圧は何 Pa か。
(2) 27℃ において，0.10 mol/L の塩化ナトリウム水溶液の浸透圧は何 Pa か。
(3) ある非電解質 2.0 g を水に溶かして 200 mL とした水溶液の浸透圧は，27℃ で 3.0×10^5 Pa であった。この物質の分子量を求めよ。

問題186〜191で，必要な場合は，気体定数 $R = 8.3 \times 10^3$ Pa·L/(K·mol)として計算せよ。

必 186 □□ ◀沸点上昇と凝固点降下▶

右図の⑦〜⑨は，いずれも質量モル濃度 0.10mol/kg のグルコース，塩化ナトリウム，塩化カルシウム水溶液の蒸気圧曲線である。次の問いに答えよ。

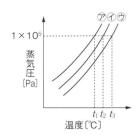

(1) 図の⑦〜⑨は，それぞれどの水溶液の蒸気圧曲線か。
(2) t_1 と t_2 の差が 0.052K のとき，t_3 の温度は何℃か。小数第2位まで求めよ。
(3) 図の⑦〜⑨の中で，最も凝固点の低いのはどれか。

187 □□ ◀浸透圧▶

断面積 1.0cm² の U 字管の，半透膜を介して左側にはある非電解質 6.0mg を純水に溶かして 100mL にした溶液を，右側には純水 100mL を入れた。27℃で放置すると，左右に 8.0cm の液面差が生じて平衡に達した。次の問いに有効数字2桁で答えよ。

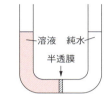

(1) 平衡に達したときの左側の溶液の濃度は何 g/L か。
(2) この非電解質の分子量を求めよ。ただし，水溶液の密度は水と同じ 1.0g/cm³ で，1.0Pa は溶液柱 0.10mm の示す圧力に等しいものとする。

必 188 □□ ◀凝固点降下の測定▶ 次の文を読み，下の問いに答えよ。

純水 50g を入れた試験管と，純水 50g に未知の物質 X 0.40g を溶かした水溶液を入れた試験管がある。これらを図1のような装置で撹拌しながら冷却し，一定時間毎に温度を測定したところ，図2のような冷却曲線が得られた。図2中の曲線 I は純水の冷却曲線，曲線 II は水溶液の冷却曲線を示す。

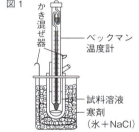

(1) 図中の $a_1 \sim a_2$ 間の状態を何というか。
(2) 曲線 I で結晶が析出し始めるのは $a_1 \sim a_2$ のどの点か。
(3) 曲線 I の $a_2 \sim a_3$ 間で温度が上昇する理由を述べよ。
(4) 曲線 I で $a_3 \sim a_4$ 間の温度が一定になっている理由を述べよ。
(5) 曲線 II で，d〜e 間の温度が一定にならずに，わずかずつ下がっている理由を述べよ。
(6) 水溶液の凝固点は，図2のア〜エのどの点か。
(7) (6)で測定された温度を −0.24℃として，非電解質 X の分子量を有効数字2桁で求めよ。ただし，水のモル凝固点降下を 1.86K·kg/mol とする。

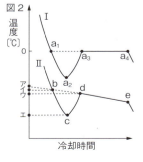

発展問題

189 ☐☐ ◀蒸気圧降下▶ 次の文を読み，下の問いに答えよ。

ビーカー A に塩化ナトリウム 2.34g，ビーカー B にグルコース 9.00g を入れ，それぞれ水 100g に溶かして図のような密閉容器に入れ放置した。次にコックを開くと水の移動が始まるので，安定な状態になるまで放置した。塩化ナトリウムの式量は 58.5，グルコースの分子量は 180 とする。

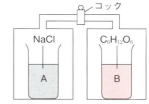

(1) 溶解直後の両液の質量モル濃度はそれぞれいくらか。
(2) 水の移動する方向は A → B か，B → A か。理由も記せ。
(3) 水の移動が止まったときのビーカー A 内の溶液の総質量は何 g か。小数第 2 位まで求めよ。

190 ☐☐ ◀浸透圧の測定▶ グルコース $C_6H_{12}O_6$ 360mg を含む 1.0L の水溶液の浸透圧を，27℃で右図のような装置を用いて測定した。次の問いに有効数字 2 桁で答えよ。ただし，水溶液の密度は 1.0g/cm³ とし，ガラス管は非常に細く，水溶液の濃度変化は無視できるものとする。(分子量：$C_6H_{12}O_6 = 180$)

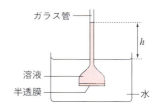

(1) この水溶液の浸透圧は何 Pa か。
(2) 図の液柱の高さ h は何 cm を示すか。ただし，1.0×10^5Pa = 76cmHg とし，水銀の密度は 13.5g/cm³ である。

191 ☐☐ ◀凝固点降下▶ 水のモル凝固点降下を 1.85K・kg/mol，ベンゼンのモル凝固点降下を 5.12K・kg/mol として，次の問いに答えよ。

(1) 水 30.0g に塩化カルシウム $CaCl_2$ を 0.333g 溶かした水溶液の凝固点は －0.520℃ であった。このとき，水溶液中での $CaCl_2$ の電離度を有効数字 2 桁まで求めよ。(式量：$CaCl_2 = 111$)
(2) 硫酸ナトリウム十水和物 $Na_2SO_4・10H_2O$ の 5.0g を水 100g に溶かした。この水溶液の凝固点を小数第 2 位まで求めよ。ただし，硫酸ナトリウムは，水溶液中で完全に電離しているものとする。(式量，分子量は $Na_2SO_4 = 142$，$H_2O = 18$)
(3) 酢酸 CH_3COOH は，ベンゼン中では 2 個の分子が水素結合によって 1 個の分子のようにふるまう二量体を形成する。いま，ベンゼン 50g に酢酸 1.2g を溶かした溶液の凝固点は 4.4℃ であった。このことから，ベンゼン溶液中での酢酸のみかけの分子量を整数値で求めよ。ただし，ベンゼンの凝固点は 5.5℃，酢酸の真の分子量を 60 とする。

14 コロイド

1 コロイドとは

❶ コロイド粒子　直径 10^{-9}〜10^{-7} m 程度の大きさの粒子。
❷ コロイド溶液　コロイド粒子(分散質)が，液体(分散媒)中に分散したもの。

分子コロイド	分子1個がコロイド粒子となる。	例 デンプン，タンパク質
会合コロイド	多数の分子が集合してコロイド粒子となる。	例 セッケン
分散コロイド	不溶性物質を分割してコロイド粒子とする。	例 金属，粘土

❸ ゾル　流動性のあるコロイド溶液。　ゲル　流動性のない半固体状のコロイド。

2 コロイド溶液の性質

チンダル現象	コロイド溶液に横から光を当てると，コロイド粒子が光を散乱し，光の進路が明るく輝いて見える。
ブラウン運動	コロイド粒子が分散媒(水)分子の熱運動によって，不規則に動く現象。限外顕微鏡(集光器をつけた顕微鏡)では光点の動きとして観察できる。
透析	コロイド溶液を半透膜の袋に入れて純水中に浸すと，小さな分子やイオンが膜を通って水中へ出ていき，コロイド溶液が精製される。
電気泳動	コロイド粒子は正または負に帯電しているので，コロイド溶液に直流電圧をかけると，コロイド粒子は一方の電極へ移動する。

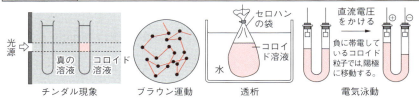

チンダル現象　　ブラウン運動　　透析　　電気泳動

3 疎水コロイドと親水コロイド

種類	疎水コロイド	親水コロイド
構成粒子	無機物質のコロイドに多い。 例 水酸化鉄(Ⅲ)，炭素，硫黄，粘土	有機化合物のコロイドに多い。 例 タンパク質，デンプン，セッケン
水和状態	水和している水分子が少ない。	多数の水分子が水和している。
安定性	同種の電荷の反発により安定。	水和により安定。
電解質を加える	少量加えると，電気的反発力を失い沈殿する(凝析)[*1]。	少量加えても沈殿しないが，多量に加えると水和水を失い沈殿する(塩析)。

※ 保護コロイド　疎水コロイドに少量の親水コロイド(保護コロイドという)を加えると，凝析しにくくなる。
例 インク中のアラビアゴム，墨汁中のにかわ

[*1] 疎水コロイドの凝析は，コロイド粒子と反対符号で，価数の大きいイオンほど有効にはたらく。

確認&チェック

1 次の記述に当てはまるコロイドを何というか。また，その物質例を下から記号で選べ。
(1) 分子1個がコロイド粒子の大きさをもつ。
(2) 多数の分子が集合してコロイド粒子となる。
(3) 不溶性の物質を分割してコロイド粒子とする。
　(ア) セッケン　　(イ) デンプン　　(ウ) 金属

2 次の文の□□□□に適する語句を入れよ。
直径$10^{-9} \sim 10^{-7}$m程度の大きさの粒子を^{①}□□□という。この粒子が液体中に分散したものを^{②}□□□という。一般に，分散しているコロイド粒子を^{③}□□□，分散させている物質を^{④}□□□という。
牛乳のように流動性のあるコロイドを^{⑤}□□□，ゼリーのような流動性のない半固体状のコロイドを^{⑥}□□□という。

3 次の記述に関係の深い化学用語を答えよ。
(1) コロイド粒子が不規則に動く現象。
(2) 直流電圧をかけると，コロイド粒子が一方の電極へ移動する現象。
(3) コロイド溶液に横から光を当てると，光の進路が輝いて見える現象。
(4) 半透膜を用いて，コロイド溶液を精製する操作。

4 次の記述に当てはまる化学用語を答えよ。
(1) 粘土のコロイドのように，水との親和力の小さいコロイド。
(2) タンパク質のコロイドのように，水との親和力の大きいコロイド。
(3) 少量の電解質を加えると，コロイド粒子が沈殿する現象。
(4) 少量の電解質では沈殿を生じないが，多量の電解質を加えると，コロイド粒子が沈殿する現象。

5 次の物質の水溶液を，A：疎水コロイド，B：親水コロイドに分類し，記号で答えよ。
(ア) デンプン　　(イ) タンパク質　　(ウ) 水酸化鉄(Ⅲ)
(エ) 硫黄　　(オ) 炭素　　(カ) セッケン

解答

1 (1) 分子コロイド，(イ)
(2) 会合コロイド，(ア)
(3) 分散コロイド，(ウ)
→ p.130 **1**

2 ① コロイド粒子
② コロイド溶液
③ 分散質
④ 分散媒
⑤ ゾル
⑥ ゲル
→ p.130 **1**

3 (1) ブラウン運動
(2) 電気泳動
(3) チンダル現象
(4) 透析
→ p.130 **2**

4 (1) 疎水コロイド
(2) 親水コロイド
(3) 凝析
(4) 塩析
→ p.130 **3**

5 (ア) B　(イ) B
(ウ) A　(エ) A
(オ) A　(カ) B
→ p.130 **3**

14 コロイド　131

例題 60 コロイド溶液

コロイド溶液について，次の文を読み，下の問いに答えよ。

塩化鉄(Ⅲ)水溶液を沸騰水に加えると，水酸化鉄(Ⅲ)のコロイド溶液が生じた。このコロイド溶液を半透膜のチューブに入れ，蒸留水中に浸しておくと，純度の高いコロイド溶液が得られる。この操作を（ ア ）という。このコロイド溶液をU字管に入れ，直流電圧をかけると，コロイド粒子は陰極側へ移動する。この現象を（ イ ）という。また，水酸化鉄(Ⅲ)のコロイドに少量の電解質を加えると沈殿が生じる。この現象を（ ウ ）といい，このような性質をもつコロイドを（ エ ）という。

コロイド溶液に横から光を当てると，光の通路が輝いて見える。この現象を（ オ ）という。これは，コロイド粒子が光を強く（ カ ）するために起こる。

一方，ゼラチンのコロイド溶液に少量の電解質を加えても沈殿を生じないが，多量に電解質を加えると沈殿が生じる。この現象を（ キ ）といい，このような性質をもつコロイドを（ ク ）という。

(1) 文中の（ ）に適当な語句を入れよ。　(2) 波線部の変化を化学反応式で記せ。
(3) 下線部の操作について，同じモル濃度の次の電解質水溶液のうち，最も少量で沈殿が生じるものを記号で選べ。
　(a) KNO_3　(b) Na_2SO_4　(c) $CaCl_2$　(d) $AlCl_3$

考え方 (1) コロイド溶液から，コロイド粒子以外の小さな分子やイオンを除き，コロイド溶液を精製する操作を**透析**という。

正に帯電した水酸化鉄(Ⅲ)のコロイド粒子は，直流電圧をかけると，陰極側へ移動する。このような現象を**電気泳動**という。

比較的大きなコロイド粒子は，可視光線をよく散乱するので，**チンダル現象**が見られる。

無機物の水酸化鉄(Ⅲ)などからなる**疎水コロイド**は，少量の電解質を加えると沈殿する（凝析）。一方，有機物のゼラチンなどからなる**親水コロイド**は，多量の電解質を加えないと沈殿しない（塩析）。

(2) 沸騰水に黄褐色の塩化鉄(Ⅲ)$FeCl_3$水溶液を加えると，加水分解反応が起こり，赤褐色の水酸化鉄(Ⅲ)$Fe(OH)_3$のコロイド溶液が生成する。

(3) 疎水コロイドの凝析には，コロイド粒子の電荷と反対の電荷をもち，その価数が大きいイオンほど有効である（少量で凝析が起こる）。$Fe(OH)_3$のコロイド粒子は陰極へ電気泳動したので，正の電荷をもつ正コロイドである。したがって，価数の大きい陰イオンを含む電解質を選べばよい。
　(a) NO_3^-　(b) SO_4^{2-}　(c) Cl^-
　(d) Cl^-

解答 (1) ア：透析　イ：電気泳動
　　ウ：凝析　エ：疎水コロイド
　　オ：チンダル現象　カ：散乱
　　キ：塩析　ク：親水コロイド
(2) $FeCl_3 + 3H_2O \longrightarrow Fe(OH)_3 + 3HCl$
(3) (b)

標準問題

必は重要な必須問題。時間のないときはここから取り組む。

必192 □□ ◀コロイドとその性質▶　次の文の□□□に適当な数値,語句を記入せよ。

コロイド粒子の直径は約①□□□～□□□cm の大きさで,ろ紙は通過できるが,セロハン膜などの②□□□は通過できない。この性質を利用して,コロイド溶液中に混じっている分子やイオンを除く方法を③□□□という。

一般に,コロイド溶液に横から強い光を当てると,光の進路が光って見える。この現象を④□□□という。また,水酸化鉄(Ⅲ)のコロイド溶液を限外顕微鏡で観察すると,光った粒子が不規則に運動しているのが確認できる。この運動を⑤□□□という。

硫黄のコロイド溶液に電極を入れ,直流電圧をかけると,コロイド粒子は陽極側へ移動した。このような現象を⑥□□□という。このことから,硫黄のコロイド粒子は⑦□□□に帯電していることがわかる。

水酸化鉄(Ⅲ)のコロイド溶液に少量の電解質溶液を加えると沈殿が生じる。この現象を⑧□□□といい,このようなコロイドを⑨□□□という。一方,ゼラチンのコロイド溶液に少量の電解質溶液を加えても沈殿を生じないが,多量に加えると沈殿が生じる。この現象を⑩□□□といい,このようなコロイドを⑪□□□という。

193 □□ ◀コロイド溶液の性質▶　次の記述のうち,正しいものには○,誤っているものには×をつけよ。

(1)　水酸化鉄(Ⅲ)のコロイド溶液をろ過しても,ろ紙の上には何も残らない。

(2)　卵白水溶液に少量の電解質を加えると凝析が起こる。

(3)　寒天水溶液を冷却したときにできる固化した状態をゲルという。

(4)　親水コロイドが凝析しにくいのは,水を強く吸着しているためである。

(5)　疎水コロイドを凝析するためには,コロイド粒子と同じ符号の電荷をもつ多価のイオンを含む塩類を用いると効率がよい。

(6)　セッケン水に横から光束を当てるとチンダル現象を示すが,これはコロイド粒子が光を強く吸収するためである。

(7)　ブラウン運動は水分子が熱運動によってコロイド粒子に衝突するために起こる。

(8)　疎水コロイドである炭素のコロイドに,にかわを加えたものが墨汁である。この墨汁に少量の電解質を加えると,容易に凝析が起こる。

(9)　粘土で濁った川の水を浄化するには,硫酸アルミニウムの方が硫酸ナトリウムよりも有効である。

(10)　金は本来は水に溶けないが,コロイド粒子の大きさに分割して水と混合すると,沈殿せずコロイド溶液となる。

14 コロイド　**133**

問題 194〜195 で，必要な場合は，気体定数 $R = 8.3 \times 10^3$ Pa·L/(K·mol) として計算せよ。

194 □□ ◀コロイドと日常生活▶ 次の各事象(1)〜(7)と関係の深い語句を下の(ア)〜(ケ)から選び，記号で答えよ。

(1) 長い年月の間には，河口に三角州が発達する。
(2) 煙突の一部に高い直流電圧をかけておくと，ばい煙を除去することができる。
(3) 寒天水溶液を冷蔵庫で冷やすと，軟らかく固まってしまう。
(4) 墨汁にはにかわが入っているため，沈殿が生じにくい。
(5) 映画館では，映写機の光の進路が明るく見える。
(6) 濃いセッケンの水溶液に飽和食塩水を加えると，セッケンが沈殿する。
(7) 血液中の老廃物を除去するのに，セルロースの中空糸が利用されている。

　(ア) 透析　　(イ) ゲル化　　(ウ) 凝析　　(エ) 塩析　　(オ) 吸着
　(カ) 電気泳動　(キ) 親水コロイド　(ク) 保護コロイド　(ケ) チンダル現象

必 195 □□ ◀コロイドの実験▶ 次の実験操作について，下の問いに答えよ。ただし，塩化鉄(Ⅲ) FeCl₃ の式量は 162.5 とする。

① つくりたての 45％塩化鉄(Ⅲ)水溶液 1g を沸騰水に加えて 100mL とした(右上図)。
② ①で得られた溶液をセロハン膜で包み，純水を入れたビーカーに浸した(右下図)。
③ 20分後，ビーカー内の水を 2本の試験管 A, B にとり，A には BTB 溶液，B には硝酸銀水溶液を加えた。
④ セロハン膜の中に残ったコロイド溶液を，2本の試験管 C, D にとる。<u>C に少量の硫酸ナトリウム水溶液を加えると沈殿を生じた</u>。一方，D にゼラチン水溶液を加えた後，C と同量の硫酸ナトリウム水溶液を加えたが，沈殿は生じなかった。

(1) 操作①で起こった変化を化学反応式で書け。
(2) 操作①で得られたコロイド溶液は何色か。
(3) 操作②を何というか。
(4) 操作③の試験管 A, B ではどんな変化が見られるか。また，その原因となったイオンをそれぞれイオン式で記せ。
(5) 操作④の下線部の現象を何というか。
(6) 操作④で，ゼラチンのようなはたらきをするコロイドを一般に何というか。
(7) 正に帯電したコロイド粒子からなるコロイド溶液を凝析させるのに，最も少ない物質量でよい電解質は次の(ア)〜(オ)のうちどれか。
　(ア) NaCl　(イ) AlCl₃　(ウ) Mg(NO₃)₂　(エ) Na₂SO₄　(オ) Na₃PO₄
(8) 生じた水酸化鉄(Ⅲ) Fe(OH)₃ のコロイド溶液の浸透圧を 27℃ で測定したところ，3.4×10^2 Pa であった。このコロイド粒子 1個には平均何個の鉄原子を含むか。

15 固体の構造

1 結晶格子

❶**結晶** 原子，分子，イオンなどの粒子が規則正しく配列した固体。
❷**結晶格子** 結晶中の粒子の三次元的な配列構造。
❸**単位格子** 結晶格子の最小の繰り返し単位。
❹**配位数** 1つの粒子に最も近接する他の粒子の数。
❺**結晶の種類** 構成粒子の種類と結合方法により4種類ある。
  ・金属結晶　・イオン結晶　・共有結合の結晶　・分子結晶

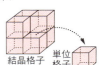

2 金属結晶

❶**金属結晶** 金属原子が金属結合によって規則正しく配列した結晶。
水銀（液体）を除いて，金属の単体は常温ではすべて固体（結晶）である。

単位格子の種類	体心立方格子	面心立方格子	六方最密構造
金属の結晶構造	$\frac{1}{8}$個, 1個	$\frac{1}{8}$個, $\frac{1}{2}$個	単位格子 $\frac{1}{12}$個, $\frac{1}{6}$個 合わせて1個
単位格子中の原子数	各頂点$\frac{1}{8}$個×8 +中心1個 =2個	各頂点$\frac{1}{8}$個×8 +各面$\frac{1}{2}$個×6 =4個	1個+$\frac{1}{6}$個×4 +$\frac{1}{12}$個×4 =2個
配位数	8個	12個	12個
金属の例	Na，K，Fe	Cu，Ag，Au，Ca，Al	Mg，Zn，Ti

面心立方格子と六方最密構造は，いずれも**最密構造**である。

❷**単位格子の一辺の長さ l と原子半径 r の関係**

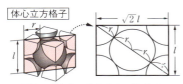

原子は立方体の対角線上で接する。
∴ $4r = \sqrt{3}\,l$

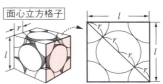

原子は面の対角線上で接する。
∴ $4r = \sqrt{2}\,l$

3 イオン結晶

❶**イオン結晶** 陽イオンと陰イオンがイオン結合によって規則正しく配列した結晶。

	塩化セシウム型	塩化ナトリウム型	硫化亜鉛(閃亜鉛鉱)型
単位格子	○ Cs⁺ ● Cl⁻	○ Na⁺ ● Cl⁻	○ Zn²⁺ ● S²⁻
単位格子中の粒子の数	Cs⁺:1個 Cl⁻: $\frac{1}{8} \times 8 = 1$個	Na⁺: $\frac{1}{4} \times 12 + 1 = 4$個 Cl⁻: $\frac{1}{8} \times 8 + \frac{1}{2} \times 6 = 4$個	Zn²⁺: $1 \times 4 = 4$個 S²⁻: $\frac{1}{8} \times 8 + \frac{1}{2} \times 6 = 4$個
配位数	8個	6個	4個

単位格子に含まれる陽イオンと陰イオンの数の比は組成式と一致する。

4 その他の結晶

❶**共有結合の結晶** すべての原子が共有結合によって規則正しく配列した結晶。

ダイヤモンド	黒鉛(グラファイト)*¹	二酸化ケイ素
C	C	C — Si

*1) 層どうしは分子間力で結びついている。
　黒鉛は,平面構造内を自由に動ける電子が存在し,電気をよく通す。

❷**分子結晶** 分子が分子間力によって規則正しく配列した結晶。

二酸化炭素 (ドライアイス)	ヨウ素	氷*²
CO₂	I₂	水素結合

*2) 氷は隙間の多い結晶のため,融解して液体の水になると,体積が減少する。

5 非晶質

❶**非晶質(アモルファス)** 粒子の配列が不規則な固体物質。
(性質)・一定の融点を示さない。
　　　・融解が徐々に進行する。
　　　・決まった外形を示さない。
　例　アモルファスシリコン,石英ガラス,

結晶

非晶質

確認&チェック

1 次の記述に当てはまる化学用語を答えよ。
(1) 物質を構成する粒子が規則正しく配列した固体。
(2) (1)をつくる粒子の三次元的な配列構造。
(3) (2)の最小の繰り返し単位。
(4) 1つの粒子に最も近接する他の粒子の数。

2 図は代表的な金属結晶の単位格子を示す。単位格子の名称を答えよ。また、各単位格子に該当する金属を下から記号で選べ。

(1) 　(2) 　(3)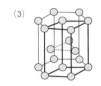

(ア) Mg, Zn　(イ) Cu, Ag, Al　(ウ) Na, K, Fe

3 右図のイオン結晶について答えよ。
(1) 単位格子中には、陽イオンと陰イオンは何個ずつ含まれているか。
(2) この結晶の配位数はいくらか。

4 右図は、いずれも炭素の単体の結晶構造を示す。
(1) A, Bの物質名を答えよ。
(2) 電気をよく通すのは、A, Bのうちどちらか。
(3) A, Bのような結晶を何というか。

5 次の記述のうち、結晶の性質にはA、非晶質（アモルファス）の性質にはBをつけよ。
(1) 粒子の配列に規則性がある。
(2) 一定の融点を示さない。
(3) 決まった外形を示す。
(4) 粒子の配列が不規則である。

解答

1 (1) 結晶
(2) 結晶格子
(3) 単位格子
(4) 配位数
→ p.135 [1]

2 (1) 面心立方格子, (イ)
(2) 体心立方格子, (ウ)
(3) 六方最密構造, (ア)
→ p.135 [2]

3 (1) 陽イオン1個
　　陰イオン1個
⇒ $\frac{1}{8} \times 8 = 1$〔個〕
(2) 8
→ p.136 [3]

4 (1) A：ダイヤモンド
　　B：黒鉛（グラファイト）
(2) B
(3) 共有結合の結晶
→ p.136 [4]

5 (1) A
(2) B
(3) A
(4) B
→ p.136 [5]

15 固体の構造

| 例題 61 | 金属結晶の構造 |

ある金属の結晶を X 線で調べたら，図のような単位格子をもち，一辺の長さが 4.06×10^{-8} cm であった。アボガドロ定数を 6.0×10^{23}/mol として，次の問いに答えよ。

(1) この単位格子を何というか。
(2) この単位格子中には何個の原子が含まれるか。
(3) この金属原子の半径は何 cm か。($\sqrt{2} = 1.41$，$\sqrt{3} = 1.73$)
(4) この金属の結晶の密度を 2.70 g/cm³ として，この金属の原子量を有効数字 3 桁で求めよ。($4.06^3 = 66.9$)

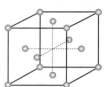

考え方 (1) 上記の金属結晶は，立方体の各頂点と各面の中心に原子が存在しているので，面心立方格子である。

(2)
面心立方格子
単位格子中に含まれる原子の割合は，
各頂点…$\frac{1}{8}$個 各面…$\frac{1}{2}$個

頂点は 8 つ，面は 6 つあるから，上記の単位格子中に含まれる原子の数は，

$\left(\frac{1}{8} \times 8\right) + \left(\frac{1}{2} \times 6\right) = 4$〔個〕

(3) 面心立方格子では，面の対角線（面対角線）上で原子が接している。単位格子の 1 辺の長さを a とすると，面の対角線の長さは $\sqrt{2}a$ で，この長さは原子半径 r の 4 倍に等しい。

∴ $\sqrt{2}a = 4r$

$r = \dfrac{\sqrt{2}a}{4} = \dfrac{1.41 \times 4.06 \times 10^{-8}}{4} \fallingdotseq 1.431 \times 10^{-8} \fallingdotseq 1.43 \times 10^{-8}$〔cm〕

(4) 単位格子の体積〔cm³〕× 結晶の密度〔g/cm³〕= 単位格子の質量〔g〕の関係を利用する。

(2)より，単位格子中には原子 4 個分が含まれるから，単位格子の質量を 4 で割れば，金属原子 1 個分の質量が求められる。

金属原子 1 個分の質量 = $\dfrac{\text{単位格子の質量}}{4} = \dfrac{(4.06 \times 10^{-8})^3 \times 2.70}{4}$〔g〕

金属原子 1 個分の質量〔g〕× アボガドロ定数〔/mol〕= 金属のモル質量〔g/mol〕

金属原子 1 個分の質量をアボガドロ定数倍したものがモル質量となる。原子量は，原子 1mol あたりの質量（モル質量）から単位〔g/mol〕を取った値に等しい。

$\dfrac{(4.06 \times 10^{-8})^3 \times 2.70}{4} \times 6.0 \times 10^{23} \fallingdotseq 27.09 \fallingdotseq 27.1$〔g/mol〕

解答 (1) 面心立方格子 (2) 4 個 (3) 1.43×10^{-8} cm (4) 27.1

例題 62 金属結晶の構造

右図は，ある金属の結晶構造を示し，単位格子の 1 辺の長さは 4.3×10^{-8} cm であった。アボガドロ定数を 6.0×10^{23}/mol として，次の問いに答えよ。

(1) この単位格子は何とよばれるか。
(2) この単位格子中には何個の原子が含まれるか。
(3) この金属原子の半径は何 cm か。（$\sqrt{2} = 1.41$，$\sqrt{3} = 1.73$）
(4) この金属の結晶の密度を 0.97 g/cm³ として，この金属の原子量を有効数字 2 桁で求めよ。（$4.3^3 = 79.5$）

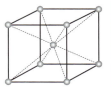

考え方 (1) 上記の金属結晶は，立方体の各頂点とその中心に原子が存在しているので，体心立方格子である。

(2)
体心立方格子
単位格子中に含まれる原子の割合は，
各頂点… $\dfrac{1}{8}$ 個　中心… 1 個

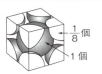

頂点は 8 つあるから，上記の単位格子中に含まれる原子の数は，

$$\left(\dfrac{1}{8} \times 8\right) + 1 = 2 \text{〔個〕}$$

(3) 体心立方格子では，立方体の対角線（体対角線）上で原子が接している。単位格子の 1 辺の長さを a とすると体対角線の長さは $\sqrt{3}a$ で，原子半径 r の 4 倍に等しい。

∴ $\sqrt{3}a = 4r$

$r = \dfrac{\sqrt{3}a}{4} = \dfrac{1.73 \times 4.3 \times 10^{-8}}{4} \fallingdotseq 1.85 \times 10^{-8} \fallingdotseq 1.9 \times 10^{-8}$ 〔cm〕

(4) 単位格子の体積〔cm³〕 × 結晶の密度〔g/cm³〕 = 単位格子の質量〔g〕の関係を利用する。

(2)より，単位格子中には原子 2 個分が含まれるから，単位格子の質量を 2 で割れば，金属原子 1 個分の質量が求められる。

金属原子 1 個分の質量 = $\dfrac{\text{単位格子の質量}}{2}$ = $\dfrac{(4.3 \times 10^{-8})^3 \times 0.97}{2}$ 〔g〕

金属原子 1 個分の質量〔g〕 × アボガドロ定数〔/mol〕 = 金属のモル質量〔g/mol〕

金属原子 1 個分の質量をアボガドロ定数倍したものがモル質量となる。原子量は，原子 1mol あたりの質量（モル質量）から単位〔g/mol〕を取った値に等しい。

$\dfrac{(4.3 \times 10^{-8})^3 \times 0.97}{2} \times 6.0 \times 10^{23} \fallingdotseq 23.1 \fallingdotseq 23$ 〔g/mol〕

解答 (1) 体心立方格子　(2) 2 個　(3) 1.9×10^{-8} cm　(4) 23

問題196〜203で，必要な場合は，アボガドロ定数を 6.0×10^{23}/mol として計算せよ。

練習問題

必は重要な必須問題。時間のないときはここから取り組む。

196 □□ ◀結晶の種類▶ 次の文の□□に適当な語句を入れよ。
(1) 金属原子が自由電子によって結合し，規則的に配列した結晶を¹□□という。
(2) 陽イオンと陰イオンが静電気的な引力で引き合う結合を²□□といい，②によってできた結晶を³□□という。
(3) 分子間にはたらく弱い引力を⁴□□という。多数の分子が④によって規則的に配列した結晶を⁵□□という。
(4) 多数の原子が共有結合だけで結びついてできた結晶を⁶□□という。

必 197 □□ ◀金属の結晶構造▶ ある金属の結晶は，図のような単位格子をもち，1辺の長さは，0.32nm である。次の問いに答えよ。
(1) この単位格子には，何個の原子が含まれるか。
(2) 1個の原子は何個の原子と接しているか。
(3) この金属原子の半径〔nm〕を有効数字2桁で求めよ。
ただし，$\sqrt{2} = 1.41$，$\sqrt{3} = 1.73$ とする。
(4) この金属の原子量を 51 とする。この金属の結晶の密度〔g/cm³〕を有効数字2桁で求めよ。ただし，$3.2^3 = 32.8$ とする。

必 198 □□ ◀金属の結晶構造▶ ある金属の結晶は，図のような単位格子をもつ。次の問いに答えよ。アボガドロ定数を N とする。
(1) この単位格子には，何個の原子が含まれるか。
(2) 1個の原子は，何個の原子と接しているか。
(3) この単位格子の一辺の長さを a〔cm〕とすると，この金属原子の半径は何 cm か。(根号は開かなくてよい)
(4) この金属の原子量を M として，この金属の結晶の密度〔g/cm³〕を求めよ。

必 199 □□ ◀イオン結晶▶ 図の塩化ナトリウムの結晶の単位格子について，次の問いに答えよ。

(1) 結晶中で，Na⁺は何個の Cl⁻ と接しているか。
(2) 結晶中で，Na⁺を最も近い距離で取り囲んでいる Na⁺の数は何個か。
(3) Cl⁻の半径は 1.7×10^{-8} cm であるとして，Na⁺の半径は何 cm か。
(4) この結晶の密度〔g/cm³〕を有効数字2桁で求めよ。
(NaCl の式量：58.5)

140 第3編 物質の状態

200 □□ ◀イオン結晶と組成式▶ 図は，陽イオン Cu^+ と陰イオン O^{2-} からできたイオン結晶の単位格子である。
(1) 単位格子に含まれる Cu^+ と O^{2-} の個数をそれぞれ求めよ。
(2) この化合物の組成式を求めよ。
(3) Cu^+ は何個の O^{2-} と，O^{2-} は何個の Cu^+ とそれぞれ近接しているか。

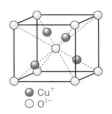

201 □□ ◀ヨウ素の結晶▶ ヨウ素の分子結晶の単位格子は右図のように直方体であり，ヨウ素分子は直方体の各頂点と，各面の中心に配置されている。ヨウ素の分子量を254として，次の問いに答えよ。なお，(2)と(3)は有効数字2桁で答えよ。
(1) この単位格子に含まれるヨウ素分子の数を求めよ。
(2) 単位格子の体積は何 cm^3 か。
(3) ヨウ素の結晶の密度は何 g/cm^3 か。

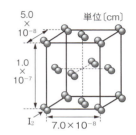

202 □□ ◀ダイヤモンド型結晶▶ ダイヤモンドを X 線で調べると，図のような単位格子をもち，1辺の長さが 3.6×10^{-8} cm であった。次の問いに答えよ。なお，(2)と(3)は有効数字2桁で答えよ。
(1) この単位格子に含まれる炭素原子は何個か。
(2) 炭素原子の中心間距離[cm]を求めよ。ただし，$\sqrt{2} = 1.41$，$\sqrt{3} = 1.73$ とする。
(3) ダイヤモンドの結晶の密度[g/cm^3]を求めよ。ただし，原子量は C = 12，$3.6^3 = 46.7$ とする。

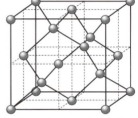

発展問題

203 □□ ◀六方最密構造▶ マグネシウムの結晶は，右図のような結晶構造をとっている。次の問いに答えよ。なお，(2)と(3)は有効数字3桁で答えよ。
(1) 右図の結晶格子に含まれるマグネシウム原子の数を求めよ。
(2) マグネシウムの結晶の結晶格子は，正六角柱で $a = 0.320$ nm，$c = 0.520$ nm であるとする。この結晶格子の体積[cm^3]を求めよ。（$\sqrt{2} = 1.41$，$\sqrt{3} = 1.73$）
(3) マグネシウムの結晶の密度[g/cm^3]を求めよ。（Mg の原子量：24.3）

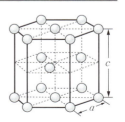

共通テストチャレンジ

204 □□ ◀気体の分子量の測定▶ 右図の装置を使って，水
への溶解度が無視できる気体の分子量を求める実験を行った。

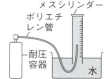

a 気体がつまった耐圧容器の質量を測定したら，w_1〔g〕であった。
b 耐圧容器から，ポリエチレン管を通じて気体をメスシリンダーにゆっくりと導き，内部の水面が水槽の水面より少し上まで下がったとき，気体の導入をやめた。メスシリンダーの目盛りを読んだら，気体の体積はV_1〔L〕であった。
c メスシリンダーを下に動かし，内部の水面を水槽の水面と一致させて目盛りを読んだら，気体の体積はV_2〔L〕であった。
d ポリエチレン管を外して耐圧容器の質量を測定したら，w_2〔g〕であった。実験中，大気圧はP〔Pa〕，気温と水温は常にT〔K〕であった。

水の飽和蒸気圧をp_w〔Pa〕，気体定数をR〔Pa·L/(mol·K)〕とするとき，気体の分子量を表す式として最も適当なものを，次の①～⑥のうちから一つ選べ。

① $\dfrac{RT(w_1-w_2)}{(P+p_w)V_1}$ ② $\dfrac{RT(w_1-w_2)}{PV_1}$ ③ $\dfrac{RT(w_1-w_2)}{(P-p_w)V_1}$

④ $\dfrac{RT(w_1-w_2)}{(P+p_w)V_2}$ ⑤ $\dfrac{RT(w_1-w_2)}{PV_2}$ ⑥ $\dfrac{RT(w_1-w_2)}{(P-p_w)V_2}$

205 □□ ◀水の蒸気圧と温度▶ 次の文章中の空欄 a ・ b に入れる数値の組合せとして最も適当なものを，下の①～⑥のうちから一つ選べ。

図は水の蒸気圧曲線を示す。ピストン付きの密閉容器に水0.020molと窒素0.020molを入れ，容器内の圧力を1.0×10^5Paに保ちながら110℃まで加熱して，水を完全に蒸発させた。この圧力を保ちながら温度を下げていったとき， a ℃で水が凝縮しはじめた。さらに温度を b ℃まで下げたとき，容器には0.025molの気体が残っていた。

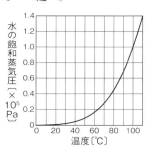

	①	②	③	④	⑤	⑥
a	100	100	100	82	82	82
b	85	65	55	85	65	55

206 ☐☐ ◀理想気体と実在気体▶ 右図は，物質量 n〔mol〕の水素，窒素，二酸化炭素について，一定温度 T〔K〕で，圧力 P〔Pa〕を変えながら，体積 V〔L〕を測定したときの，P と $\dfrac{PV}{nRT}$ の関係を表す。

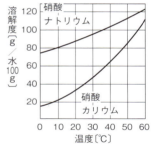

この図に関して，正しい記述を①～④から一つ選べ。
① A は水素，B は窒素，C は二酸化炭素のグラフである。
② 圧力が 5×10^7 Pa 以下のとき，C のグラフが下の方にずれるのは，おもに分子自身の大きさが原因である。
③ 圧力が 6×10^7 Pa 以上のとき，理想気体からのずれはさらに大きくなる。
④ 温度を T〔K〕よりも高くして，同様の関係を調べると，いずれの気体のグラフも理想気体のグラフからのずれは大きくなる。

207 ☐☐ ◀固体の溶解度▶ 硝酸ナトリウム 90g と硝酸カリウム 50g の混合物を，60℃ で 100g の水に溶かした。この水溶液に関する記述として誤りを含むものを，次の①～⑤のうちから一つ選べ。ただし，溶解度は他の塩が共存していても変わらないものとする。
① 硝酸カリウムが析出し始めるのは，約 32℃ である。
② 20℃ まで冷却すると，硝酸ナトリウムと硝酸カリウムの混合物が析出する。
③ 20℃ から 0℃ に冷却すると，硝酸カリウムの方が硝酸ナトリウムより析出量は多い。
④ 10℃ のとき，水溶液の質量パーセント濃度は硝酸カリウムの方が大きい。
⑤ 60℃ から 0℃ の間では，硝酸ナトリウムのみを析出させることはできない。

208 ☐☐ ◀イオン結晶▶ 図は，原子 A の陽イオン(●)と原子 B の陰イオン(○)からなる結晶の単位格子を示したものである。この単位格子は一辺の長さが a の立方体である。この結晶に関する記述として正しいものを，次の①～④のうちから一つ選べ。

●A の陽イオン
○B の陰イオン

① 陽イオンと陰イオンとの最短距離は $\sqrt{3}a$ である。
② 単位格子の一辺の長さ a は，A と B の原子量，アボガドロ定数だけから求まる。
③ 組成式は AB_2 である。
④ 陽イオンに隣接する陰イオンの数と，陰イオンに隣接する陽イオンの数は等しい。

16 化学反応と熱

1 反応熱

❶反応熱 物質が化学変化するとき，出入りする熱量。反応熱は，着目した物質 1mol あたりの熱量(単位 kJ/mol)で示す。

❷発熱反応と吸熱反応 熱を発生する反応を**発熱反応**，熱を吸収する反応を**吸熱反応**という。

❸熱量の求め方
熱量 Q[J]＝比熱 C[J/(g・K)]×質量 m[g]×温度変化 t[K]（1 K ＝1℃）

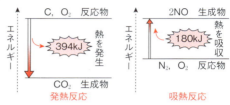

発熱反応　　　吸熱反応

2 熱化学方程式

❶熱化学方程式 化学反応式の右辺に反応熱を書き加え，両辺を等号(＝)で結んだ式。

〈書き方〉
- **着目する物質の係数を1にする。** 他の物質の係数は分数でも可。
- 反応熱に，発熱は＋，吸熱は－の符号をつける。
- 化学式には，(気)，(液)，(固)，aq などの状態を書き添える。
  ただし，状態が明らかなときは，省略してもよい。

例 水素 1mol が完全燃焼して，液体の水が生成するときの熱化学方程式。
$$H_2(気) + \frac{1}{2} O_2(気) = H_2O(液) + 286 kJ$$

❷反応熱の種類

反応熱	内容と例
燃焼熱	物質 1mol が完全燃焼するときの発熱量。 例 炭素の燃焼熱　C(黒鉛) + O_2(気) = CO_2(気) + 394kJ
生成熱	化合物 1mol が**その成分元素の単体**から生じるときの反応熱。 例 二酸化炭素の生成熱　C(黒鉛) + O_2(気) = CO_2(気) + 394kJ
溶解熱	物質 1mol が多量の水に溶解するときの反応熱。 例 塩化ナトリウムの溶解熱　NaCl(固) + aq = NaClaq － 3.9kJ
中和熱	酸と塩基の水溶液が中和し，水 1mol が生じるときの発熱量。 例 NaOHaq + HClaq = NaClaq + H_2O(液) + 56.5kJ

※状態変化などの物理変化も熱化学方程式で表せる。
例 水の蒸発熱：H_2O(液) = H_2O(気) － 41kJ
　　水の融解熱：H_2O(固) = H_2O(液) － 6.0kJ
　　炭素の昇華熱：C(黒鉛) = C(気) － 715kJ

※**燃焼熱の求め方**：鋼鉄製のボンベに一定量の試料と十分量の酸素を入れ，外部から電流を通じて点火する。試料を完全燃焼させて発生した熱量は，周囲の水の温度上昇から求められる(右図)。

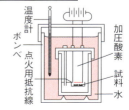

3 ヘスの法則(総熱量保存の法則)

❶ヘスの法則

物質の最初と最後の状態が決まれば,反応の経路に関係なく,出入りする熱量の総和は一定である。

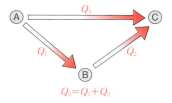

$Q_3 = Q_1 + Q_2$

❷ヘスの法則の利用　熱化学方程式中の化学式は,物質1molの保有するエネルギーも表す。熱化学方程式は,数学の方程式のように,移項したり,四則計算が可能であり,**既知の反応熱から実測困難な反応熱を計算で求めることができる**。
右図の例で,$Q_1 = 242$〔kJ〕,$Q_3 = 286$〔kJ〕とすれば,
$Q_2 = Q_3 - Q_1 = 44$〔kJ〕

$\begin{cases} H_2O(気) = H_2O(液) + 44kJ \\ H_2O(液) = H_2O(気) - 44kJ \end{cases}$

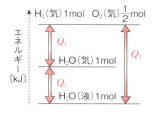

❸生成熱と反応熱　反応に関係する物質の生成熱がわかっている場合,単体の生成熱を0とすると,次の公式を利用して反応熱を求められる。

(反応熱)＝(生成物の生成熱の和)－(反応物の生成熱の和)

4 結合エネルギー

❶結合エネルギー　気体分子内の共有結合1molを切断するのに必要なエネルギー。ばらばらの原子から共有結合1molが形成されるときに放出されるエネルギー。絶対値で表す(単位はkJ/mol)。熱化学方程式で表すときは,符号をつけて示す。

H - H	432	O - H	463	N ≡ N	950
Cl - Cl	239	N - H	391	C = O	804
H - Cl	428	C - C	368	C = C	590
O = O	498	C - H	413	C ≡ C	810

❷結合エネルギーと反応熱　反応物が一度,原子状態に解離してから生成物ができるとすれば,反応熱は反応物の結合エネルギーと生成物の結合エネルギーから,次の公式を用いて求められる。

(反応熱)＝(生成物の結合エネルギーの和)
　　　　－(反応物の結合エネルギーの和)

ただし,この方法で反応熱が求まるのは,反応物と生成物がともに気体である場合に限る。右図の例では,$Q = (428 \times 2) - (432 + 239) = 185$〔kJ〕

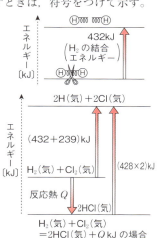

確認&チェック

1 次の文の □ に適当な語句，数値を入れよ。

物質が化学変化するとき，出入りする熱量を^1□といい，ふつう，着目した物質^2□あたりの熱量で示す。熱が発生する反応を^3□，熱を吸収する反応を^4□という。

また，化学反応式の右辺に^5□を書き加え，両辺を等号（＝）で結んだ式を^6□という。

2 下表の①～④に適当な反応熱の名称を記せ。

①	物質1molが多量の水に溶解するときの反応熱。
②	物質1molが完全燃焼するときの発熱量。
③	化合物1molが成分元素の単体から生じるときの反応熱。
④	酸・塩基の水溶液が反応し，水1molを生じるときの発熱量。

3 次の熱化学方程式について，{ }内で正しい方を選べ。

$$H_2 + \frac{1}{2}O_2 = H_2O(液) + 286kJ$$

(1) この反応は {(ア)発熱，(イ)吸熱} 反応である。
(2) この反応が進むと，周囲の温度は {(ア)上がる，(イ)下がる}。
(3) 物質のもつエネルギーは，{(ア)反応物，(イ)生成物} の方が大きい。
(4) 286kJ は，水素の {(ア)生成熱，(イ)燃焼熱} を表している。

4 次の文の □ に適当な語句を入れよ。

物質の^1□と最後の状態が決まれば，途中の反応経路に関係なく，出入りする熱量は一定である。これを^2□という。

5 右のエネルギー図を見て，次の問いに答えよ。

(1) 炭素1molが完全燃焼して二酸化炭素になるとき，何kJの熱が発生するか。
(2) 炭素1molが不完全燃焼して一酸化炭素になるとき，何kJの熱が発生するか。
(3) 図の x の値を求めよ。

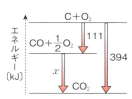

解答

1 ① 反応熱
② 1mol
③ 発熱反応
④ 吸熱反応
⑤ 反応熱
⑥ 熱化学方程式
→ p.144 [1]

2 ① 溶解熱
② 燃焼熱
③ 生成熱
④ 中和熱
→ p.144 [2]

3 (1) (ア)
(2) (ア)
(3) (ア)
(4) (イ)
→ p.145 [2]

4 ① 最初
② ヘスの法則
（総熱量保存の法則）
→ p.145 [3]

5 (1) 394kJ
(2) 111kJ
(3) 283kJ
➡ $x = 394 - 111 = 283$ [kJ]
→ p.145 [4]

例題 63　熱化学方程式

次の化学変化を，それぞれ熱化学方程式で示せ。
(1) 過酸化水素 H_2O_2 1mol が水と酸素に分解すると，176kJ の発熱がある。
(2) 一酸化窒素の生成熱は，-90kJ/mol である。
(3) 希硫酸と水酸化カリウム水溶液との中和熱は，56.5kJ/mol である。

考え方　熱化学方程式の書き方
① 基準となる物質の係数が1になるように，化学反応式を変形する。
② 反応熱は，発熱は＋，吸熱は－の符号をつけて右辺に書く。
③ 物質の状態を( )をつけて付記する。ただし，明らかな場合は省略してもよい。

(1)　$2H_2O_2 \longrightarrow 2H_2O + O_2$
　　H_2O_2 の係数が1になるように書き直し，反応熱を書き加え，両辺を等号(＝)で結ぶ。

　　$H_2O_2(液) = H_2O(液) + \frac{1}{2}O_2(気) + 176kJ$

(2) 一酸化窒素をつくる成分元素の単体は，窒素 N_2 と酸素 O_2 である。
　　$N_2 + O_2 \longrightarrow 2NO$
　　NO の係数を1とするため，両辺を2で割った反応式に，生成熱を書き加える。

　　$\frac{1}{2}N_2(気) + \frac{1}{2}O_2(気) = NO(気) - 90kJ$

(3)　$H_2SO_4 + 2KOH \longrightarrow K_2SO_4 + 2H_2O$
　　H_2O の係数が1になるように反応式を変形し，中和熱を書き加える。また，水溶液は化学式の右下に「aq」をつける。

　　$\frac{1}{2}H_2SO_4aq + KOHaq = \frac{1}{2}K_2SO_4aq + H_2O(液) + 56.5kJ$

解答　考え方を参照。

例題 64　溶解熱の測定

右図のような断熱容器に 20.0℃ の水を 100mL とり，固体の水酸化ナトリウム 1.00g を加えてすばやくかくはんし，完全に溶解したとき，水溶液の温度は 22.6℃ であった。この実験より，水酸化ナトリウムの水への溶解熱を求めよ。ただし，水の密度を $1.00g/cm^3$，水溶液の比熱を $4.20J/(g・K)$，NaOH の式量を 40.0 とする。

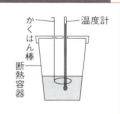

考え方　物質1gの温度を1K上昇させるのに必要な熱量を比熱(単位：J/(g・K))という。
水溶液の温度上昇から，発熱量を求める公式は，次の通りである。
　発熱量 Q [J] ＝ 比熱 C [J/(g・K)]
　　　　　　×質量 m [g]×温度変化 t [K]

水の密度($1.00g/cm^3$)より，水100mLの質量は100g。したがって，水溶液の質量は，100＋1.00＝101 [g]であることに留意する。
NaOH 1.00g を水 100mL に溶解したときの発熱量は，

　$4.20 × 101 × (22.6 - 20.0) ≒ 1103$ [J]

NaOH の溶解熱は，NaOH 1mol が多量の水に溶けたときの発熱量だから，NaOH 1mol (40.0g)あたりの発熱量に換算すると，

　$1103 × \frac{40.0}{1.00} = 44120 ≒ 44.12 × 10^3$ [J]

NaOH の溶解熱を熱化学方程式で表すと，
　NaOH(固) ＋ aq ＝ NaOHaq ＋ 44.1kJ

解答　44.1kJ/mol

例題 65　ヘスの法則の利用

炭素(黒鉛)C, 水素 H_2, エタン C_2H_6 の燃焼熱は，それぞれ 394kJ/mol, 286kJ/mol, 1560kJ/mol である。これらをもとに，エタンの生成熱を求めよ。

考え方　熱化学方程式はエネルギーに関する等式である。したがって，化学式を移項したり，四則計算をすることによって，既知の反応熱から未知の反応熱が求められる。
(1) 与えられた反応熱を熱化学方程式で表す。
(2) 目的の熱化学方程式には含まれない化学式を消去する(消去法)か，求める熱化学方程式中に含まれる化学式を集めるように，(1)の熱化学方程式を計算する(組立法)。

それぞれの熱化学方程式は，次の通り。

C(黒鉛) + O_2 = CO_2 + 394kJ ……… ①

$H_2 + \dfrac{1}{2} O_2$ = H_2O(液) + 286kJ ……… ②

$C_2H_6 + \dfrac{7}{2} O_2$ = $2CO_2 + 3H_2O$(液) + 1560kJ … ③

また，目的とする熱化学方程式は，次の通り。

2C(黒鉛) + $3H_2$ = C_2H_6 + QkJ ……… ④

本問のように，目的の式が比較的簡単な場合は，組立法で解くほうが便利である。①〜③を用いて，④を組み立てる。C(黒鉛) は①，H_2 は②，C_2H_6 は③のみに含まれる。

左辺の 2C(黒鉛) に着目して ──→ ①×2
左辺の $3H_2$ に着目して ──→ ②×3
左辺の C_2H_6 を右辺へ移項 ──→ ③×(−1)
∴　①式×2 + ②式×3 − ③式を計算する。
　　$Q = 394 × 2 + 286 × 3 − 1560 = 86$ 〔kJ〕

解答　86kJ/mol

(補足) 目的の熱化学方程式が複雑な場合は，消去法で解くほうが便利なことも多い。

例題 66　エネルギー図と反応熱

右のエネルギー図を見て，次の問いに答えよ。
(1) 図中の㋐, ㋑は，それぞれ何という反応熱を表しているか。
(2) 次の熱化学方程式の反応熱 Q の値を求めよ。
　　CO_2 + C(黒鉛) = 2CO + QkJ

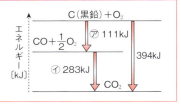

考え方　各物質の保有するエネルギーの相対的な大きさを図に表したものを，エネルギー図という。エネルギー図では，保有するエネルギーの大きい物質を上側に，小さい物質を下側に書く約束があるので，下向きへの反応が発熱反応，上向きへの反応が吸熱反応を表す。
(1) ㋐を熱化学方程式で表すと，次の通り。

　　C(黒鉛) + $\dfrac{1}{2} O_2$ = CO + 111kJ ……… ①

右辺の CO を基準物質と考えると，成分元素の単体(C, O_2)から CO をつくっており，㋐は生成熱を表す。

㋑を熱化学方程式で表すと，次の通り。

　　CO + $\dfrac{1}{2} O_2$ = CO_2 + 283kJ ……… ②

左辺の CO を基準物質と考えると，CO を完全燃焼させており，㋑は CO の燃焼熱を表す。

(2) ①, ②より，不要な O_2 を消去する。
①−②より，
　C(黒鉛) − CO = CO − CO_2 − 172kJ
整理して，CO_2+C(黒鉛) = 2CO − 172kJ

解答　(1) ㋐ CO の生成熱　㋑ CO の燃焼熱
　　　　(2) −172

例題 67　結合エネルギーと反応熱

H–H 結合，Cl–Cl 結合，H–Cl 結合の結合エネルギーは，それぞれ 432kJ/mol，239kJ/mol，428kJ/mol である。これより次の反応の反応熱 Q の値を求めよ。

$H_2(気) + Cl_2(気) = 2HCl(気) + Q kJ$ ……Ⓐ

考え方　与えられた結合エネルギーを，熱化学方程式で表す（符号が－になることに留意）。

$H_2(気) = 2H(気) - 432kJ$ …①
$Cl_2(気) = 2Cl(気) - 239kJ$ …②
$HCl(気) = H(気) + Cl(気) - 428kJ$ …③

Ⓐの $H_2(気)$ に着目 ⟹ ①はそのまま
Ⓐの $Cl_2(気)$ に着目 ⟹ ②はそのまま
Ⓐの 2HCl は③の左辺から移項する。
⟹ ③×(－2)

よって，反応熱 Q ＝ ① + ② － ③ × 2

$Q = -432 - 239 - (-428 \times 2) = 185 [kJ]$

[別解] 次の関係式を利用して，反応熱を求めることもできる。

（反応熱）＝（生成物の結合エネルギーの和）
　　　　　－（反応物の結合エネルギーの和）

ただし，この関係が成立するのは，反応物，生成物ともに気体の状態に限る。

∴ $Q = (428 \times 2) - (432 + 239)$
$= 185 [kJ]$

解答　185

例題 68　結合エネルギーと反応熱

水素分子の H–H の結合エネルギーを 432kJ/mol，酸素分子の O=O の結合エネルギーを 494kJ/mol，水分子の O–H の結合エネルギーを 459kJ/mol として，次の反応熱 Q の値を求めよ。

$H_2(気) + \frac{1}{2} O_2(気) = H_2O(気) + Q kJ$

考え方　結合エネルギーを使って反応熱を求める場合，**エネルギー図**を利用する方法がある。エネルギー図を書くときは，次のような順序で考えるとよい。

① 反応物（H_2，$\frac{1}{2} O_2$）をばらばらの原子に解離するには，反応物の結合エネルギーの和 $\left(432 + 494 \times \frac{1}{2}\right) kJ$ に相当するエネルギーが必要である。

② 生成物（H_2O(気)）をばらばらの原子に解離するには，生成物の結合エネルギーの和 $(459 \times 2) kJ$ に相当するエネルギーが必要である。

③ ①のエネルギーと②のエネルギーの差が反応熱 Q となる。

次のエネルギー図より，

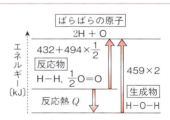

$432 + 494 \times \frac{1}{2} + Q = 459 \times 2$

∴ $Q = 239 [kJ]$

[別解] 次の関係式を利用しても，反応熱を求めることができる。

（反応熱）＝（生成物の結合エネルギーの和）
　　　　　－（反応物の結合エネルギーの和）

$Q = (459 \times 2) - \left(432 + 494 \times \frac{1}{2}\right) = 239 [kJ]$

解答　239

標準問題

必は重要な必須問題。時間のないときはここから取り組む。

209 □□ ◀反応熱の種類▶　次の熱化学方程式の種類を，下の選択肢から選び，記号で示せ。ただし，2つ以上あるときは，すべての記号を示せ。

(1)　$NaCl(固) + aq = NaClaq - 3.9kJ$

(2)　$H_2O(液) = H_2O(気) - 44kJ$

(3)　$C(黒鉛) + \frac{1}{2}O_2 = CO(気) + 111kJ$

(4)　$Al + \frac{3}{4}O_2 = \frac{1}{2}Al_2O_3 + 838kJ$

(5)　$H_2 + \frac{1}{2}O_2 = H_2O(液) + 286kJ$

(6)　$HClaq + NaOHaq = NaClaq + H_2O + 56kJ$

【選択肢】 ⎡ (ア)　燃焼熱　　(イ)　生成熱　　(ウ)　溶解熱　　(エ)　融解熱 ⎤
　　　　　⎣ (オ)　蒸発熱　　(カ)　中和熱 ⎦

必 210 □□ ◀熱化学方程式▶　次の各事項を熱化学方程式で示せ。

(1)　エチレン C_2H_4 0.10mol が完全燃焼すると，141kJ の熱が発生する。

(2)　メタノール CH_4O の生成熱は，+ 237kJ/mol である。

(3)　水酸化ナトリウム 0.10mol を多量の水に溶解すると，4.4kJ の熱が発生する。

(4)　$Cl - Cl$ 結合の結合エネルギーは 239kJ/mol である。

(5)　1mol/L 塩酸 0.5L と 0.5mol/L 水酸化ナトリウム水溶液 1L を混合すると，28kJ の熱が発生する。

(6)　炭素(黒鉛)の昇華熱は，715kJ/mol である。

(7)　メタン CH_4 分子の解離エネルギー[*1] は 1644kJ/mol である。

　　＊1)解離エネルギーは，気体分子中の各結合エネルギーの和に等しい。

必 211 □□ ◀熱化学方程式の利用▶　次の問いに答えよ。

(1)　メタノール CH_3OH の燃焼熱は 726kJ/mol である。メタノールの完全燃焼によって 100kJ の熱量を得るには何 g のメタノールが必要か。(分子量：CH_3OH = 32.0)

(2)　1.00mol/L 塩酸 500mL と 2.00mol/L 水酸化ナトリウム水溶液 500mL を混合すると，何 kJ の熱が発生するか。ただし，この反応の熱化学方程式は次の通りとする。

　　$HClaq + NaOHaq = NaClaq + H_2O(液) + 56.0kJ$

(3)　メタンとエタンの混合気体 112L(標準状態)を完全燃焼させたところ，5254kJ の発熱があった。この混合気体中のメタンの体積百分率〔%〕を求めよ。ただし，メタンの燃焼熱を 890kJ/mol，エタンの燃焼熱を 1560kJ/mol とする。

150　第4編　物質の変化と平衡

212 □□ ◀反応熱の意味▶ 反応熱に関する次の(ア)～(オ)から，正しいものを1つ選べ。

(ア) 化学反応において，反応熱は反応物のもつエネルギーと生成物のもつエネルギーの差として表される。反応物のもつエネルギーが生成物のもつエネルギーよりも大きいと吸熱反応となり，その逆の場合には，発熱反応となる。
(イ) 燃焼熱は物質1molが完全に燃焼するときの反応熱である。この反応には発熱反応と吸熱反応とがある。
(ウ) 物質1molがその成分元素の単体から生成するときの反応熱を生成熱という。この反応はすべて発熱反応である。
(エ) 物質1molを多量の溶媒に溶解するときに発生または吸収する熱量を溶解熱という。
(オ) 酸と塩基の水溶液が中和し，1molの水を生成するときの反応熱を中和熱という。強酸と強塩基による中和熱は，その種類によって異なった値になる。

213 □□ ◀反応熱▶ 次の熱化学方程式をもとに，下の記述のうち，誤っているものを選べ。

C(黒鉛) + O₂(気) = CO₂(気) + 394kJ ………①
CO(気) + $\frac{1}{2}$O₂(気) = CO₂(気) + 283kJ ………②
H₂O(液) = H₂O(気) − 44kJ …………………③
H₂(気) + $\frac{1}{2}$O₂(気) = H₂O(気) + 242kJ ………④

(ア) 0.50molの水を蒸発させると，22kJの熱量が発生する。
(イ) 液体の水の生成熱は286kJである。
(ウ) 一酸化炭素と水蒸気から二酸化炭素と水素が生成する反応熱は，41kJの吸熱である。
(エ) 炭素(黒鉛)の燃焼熱と二酸化炭素の生成熱は等しい。

214 □□ ◀結合エネルギーと反応熱▶ 塩素と水素から塩化水素を生じる反応の反応熱と，各結合の結合エネルギーとの関係を図に示す。表の値を用いて，下の問いに答えよ。

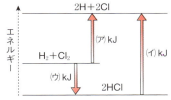

結合	結合エネルギー〔kJ/mol〕
H−H	432
H−Cl	428
Cl−Cl	239

(1) 図中の(ア)～(ウ)に当てはまる数値を求めよ。
(2) 塩化水素の生成熱は何kJ/molか。

215 ◀ヘスの法則▶ 次の熱化学方程式を用いて，エタン C_2H_6 の燃焼熱を求めよ。

$C(黒鉛) + O_2(気) = CO_2(気) + 394kJ$ ………①

$H_2(気) + \dfrac{1}{2}O_2(気) = H_2O(液) + 286kJ$ ………②

$2C(黒鉛) + 3H_2(気) = C_2H_6(気) + 84kJ$ ………③

216 ◀生成熱と反応熱▶ 次の熱化学方程式①～③を用いて，熱化学方程式④の反応熱 Q の値を求めよ。

$H_2 + \dfrac{1}{2}O_2 = H_2O(気) + 242kJ$ ………………①

$N_2 + O_2 = 2NO - 180kJ$ ……………………②

$N_2 + 3H_2 = 2NH_3 + 92kJ$ ……………………③

$4NH_3 + 5O_2 = 4NO + 6H_2O(気) + Q\,kJ$ ………④

217 ◀結合エネルギーと反応熱▶ 水素の H–H 結合，窒素の N≡N 結合の結合エネルギーは，それぞれ 432kJ/mol，および 958kJ/mol である。

アンモニア NH_3 の生成熱が 46kJ/mol であることから，アンモニアの N–H 結合の結合エネルギーを求めよ。

218 ◀反応熱の測定▶ 図1のような発泡ポリスチレン製の断熱容器を用いて，次の実験(a)，(b)を行った。なお，すべての水溶液の比熱を 4.20J/(g·K)，すべての水溶液の密度を 1.00g/mL，NaOH の式量を 40.0 として下の問いに答えよ。

(a) 純水 48.0g に NaOH の結晶 2.00g を加え，かくはんしながら液温を測定したら，図2のような結果となった。

(b) 1.00mol/L 塩酸 50.0mL に NaOH の結晶 2.00g を加え，(a)と同様に測定し，グラフを書いて真の最高温度を求めたら，液温は実験前に比べて 23.0K 上昇していることがわかった。

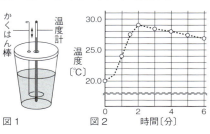

(1) 実験(a)で発生した熱量は何 kJ か。
(2) 水酸化ナトリウムの水への溶解熱を求め，これを熱化学方程式(式中の熱量の値は小数第1位まで)で示せ。
(3) 実験(b)の反応を熱化学方程式(式中の熱量の値は小数第1位まで)で示せ。
(4) ヘスの法則を用いて，塩酸と水酸化ナトリウム水溶液の中和熱を求めよ。

発展問題

219 □□ ◀結合エネルギーと反応熱▶　次の問いに答えよ。

(1) 次の熱化学方程式①，②と，H-H結合の結合エネルギー 432kJ/mol，C-H結合の結合エネルギー 413kJ/mol の値を用いて，エタン C_2H_6 分子中の C-C 結合の結合エネルギーを求めよ。

$$2C(黒鉛) + 3H_2 = C_2H_6 + 84kJ \quad \cdots\cdots①$$
$$C(黒鉛) = C(気) - 715kJ \quad \cdots\cdots\cdots②$$

(2) (1)の結果と，エチレン C_2H_4 分子中の C=C 結合の結合エネルギーが 590kJ/mol であることを用いて，次の反応における反応熱 Q の値を求めよ。

220 □□ ◀不完全燃焼▶　ベンゼン C_6H_6 1.0mol を空気中で不完全燃焼させたところ，すす(炭素)0.50mol，一酸化炭素 1.5mol，二酸化炭素 4.0mol，および水(液体)3.0mol が得られ，発熱量の合計は 2678kJ であった。また，一酸化炭素，二酸化炭素，および水(液体)の生成熱は，それぞれ 111kJ/mol，394kJ/mol，286kJ/mol として，次の問いに答えよ。

(1) この不完全燃焼による生成物に十分量の酸素を加えて完全燃焼させると，何 kJ の熱量が発生するか。

(2) ベンゼンの燃焼熱を表す熱化学方程式を示せ。

221 □□ ◀格子エネルギー▶　イオン結晶 1mol を分解して，それを構成するばらばらのイオンの状態にするのに必要なエネルギーを格子エネルギーという。格子エネルギーを直接測定することは困難なので，ヘスの法則を用いて間接的に求められる。

熱化学方程式
$Na(固) = Na(気) - 89kJ \quad \cdots\cdots$ (A)
$Cl_2(気) = 2Cl(気) - 244kJ \quad \cdots\cdots$ (B)
$Na(気) = Na^+(気) + e^- - 496kJ \quad \cdots\cdots$ (C)
$Cl(気) + e^- = Cl^-(気) + 349kJ \quad \cdots\cdots$ (D)
$Na(固) + \dfrac{1}{2}Cl_2(気) = NaCl(固) + 413kJ \quad \cdots\cdots$ (E)

(1) (A)〜(E)の熱化学方程式の反応熱が表す内容をそれぞれ簡潔に答えよ。

(2) 上表の熱化学方程式をもとにして，塩化ナトリウム NaCl(固)の格子エネルギー Q〔kJ/mol〕を求めよ。

16　化学反応と熱　153

17 電池

1 電池の原理

❶**電池** 酸化還元反応で放出される化学エネルギーを，電気エネルギーとして取り出す装置。→イオン化傾向の異なる2種類の金属 M_1, M_2（電極）を電解質水溶液（電解液）に浸すと，両電極間に電位差（電圧）を生じる。

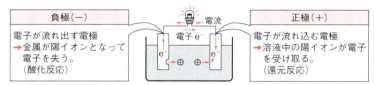

❷**電池の構成**
- イオン化傾向の大きい金属→**負極**
- イオン化傾向の小さい金属→**正極**

❸**電池式** 電池の構成を化学式で表したもの。
（−）負極活物質｜電解質aq｜正極活物質（＋）

❹**電池の起電力** 電池の両電極間に生じる電位差（電圧）。単位〔 V (ボルト) 〕
金属 M_1 と M_2 のイオン化傾向の差が大きいほど，起電力は大きくなる。

❺**負極活物質** 負極で電子を与える物質（還元剤）。
正極活物質 正極で電子を受け取る物質（酸化剤）。

❻**放電** 電池から電流を取り出すこと。起電力が徐々に低下する。
充電 放電の逆反応を起こし，起電力を回復させる操作。

2 電池の反応

❶**ダニエル電池** （−）Zn｜ZnSO₄aq｜CuSO₄aq｜Cu（＋）　起電力 1.1V
負極（−）：Zn ⟶ Zn^{2+} + 2e⁻
正極（＋）：Cu^{2+} + 2e⁻ ⟶ Cu
全体の反応：Zn + Cu^{2+} ⟶ Zn^{2+} + Cu
多孔質の素焼き板は，両液の混合を防ぎつつ，イオンを通過させて，両液を電気的に連絡させる役割をもつ。

❷**ボルタ電池** （−）Zn｜H₂SO₄aq｜Cu（＋）
放電すると，急激に起電力が低下する（電池の分極）。
このとき，正極付近に H_2O_2, $K_2Cr_2O_7$ などの酸化剤を加えると，起電力が一時的に回復する。

❸**一次電池** 充電できず使い切りの電池。　例 マンガン乾電池

❹**二次電池（蓄電池）** 充電して繰り返し使用できる電池。 **例** 鉛蓄電池
❺**鉛蓄電池** （−）Pb｜H$_2$SO$_4$aq｜PbO$_2$（＋） 起電力 2.0V
　負極（−）： Pb + SO$_4^{2-}$ ⟶ PbSO$_4$ + 2e$^-$
　正極（＋）： PbO$_2$ + SO$_4^{2-}$ + 4H$^+$ + 2e$^-$ ⟶ PbSO$_4$ + 2H$_2$O
　全体の反応： Pb + PbO$_2$ + 2H$_2$SO$_4$ $\underset{充電}{\overset{放電}{\rightleftarrows}}$ 2PbSO$_4$ + 2H$_2$O

　放電すると，両極の質量は増加し，希硫酸の濃度は減少する。
　充電すると，両極の質量は減少し，希硫酸の濃度は増加する。
❻**マンガン乾電池** （−）Zn｜ZnCl$_2$aq, NH$_4$Claq｜MnO$_2$・C（＋） 起電力 1.5V
　負極（−）： Zn ⟶ Zn^{2+} + 2e$^-$
　正極（＋）： MnO$_2$ + H$^+$ + e$^-$ ⟶ MnO(OH)[*1]　　＊1）酸化水酸化マンガン（Ⅲ）
　アルカリマンガン乾電池 電解液に KOHaq を用いたもの。電池容量が大きい。
❼**燃料電池** 燃料のもつ化学エネルギーを直接，電気エネルギーに変える装置。
　（−）H$_2$｜H$_3$PO$_4$aq｜O$_2$（＋） ［リン酸形］ 起電力 1.2V
　負極（−）： H$_2$ ⟶ 2H$^+$ + 2e$^-$
　正極（＋）： O$_2$ + 4H$^+$ + 4e$^-$ ⟶ 2H$_2$O　　｝負極活物質：H$_2$
　全体の反応： 2H$_2$ + O$_2$ ⟶ 2H$_2$O　　　　　　　　正極活物質：O$_2$
　（特徴）・電気エネルギーへの変換効率が大きい。
　　　　・生成物が水で，環境への負荷が少ない。

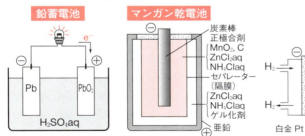
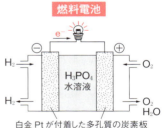

❼**その他の実用電池** ＊2）MHは，条件により水素を吸収・放出する水素吸蔵合金である。

	電池の名称	電池の構成			起電力
		負極活物質	電解質	正極活物質	〔V〕
一次電池	酸化銀電池	Zn	KOH	Ag$_2$O	1.55
	リチウム電池	Li	有機溶媒	MnO$_2$	3.0
	空気電池	Zn	KOH	O$_2$	1.3
二次電池	ニッケル・カドミウム電池	Cd	KOH	NiO(OH)[*3]	1.3
	ニッケル・水素電池	MH[*2]	KOH	NiO(OH)	1.3
	リチウムイオン電池	Liを含む黒鉛	有機溶媒	LiCoO$_2$[*4]	4.0

＊3）酸化水酸化ニッケル（Ⅲ）　　＊4）コバルト（Ⅲ）酸リチウム

確認＆チェック

1 次の文の ◻ に適当な語句を入れよ。

酸化還元反応で放出される化学エネルギーを，電気エネルギーとして取り出す装置を[1]◻という。イオン化傾向の異なる２種類の金属を電解質水溶液に浸すと，両電極間に電位差（電圧）を生じる。このとき，イオン化傾向の大きい方の金属が[2]◻極，小さい方の金属が[3]◻極となる。

電池の両電極間に生じる電位差（電圧）を，電池の[4]◻といい，２種類の金属のイオン化傾向の差が大きいほど[5]◻なる。また，電池の負極で電子を与える物質（還元剤）を[6]◻，正極で電子を受け取る物質（酸化剤）を[7]◻という。

電池から電流を取り出すことを[8]◻といい，[8]の逆反応を起こし，起電力を回復させる操作を[9]◻という。

2 右図に示した電池について答えよ。

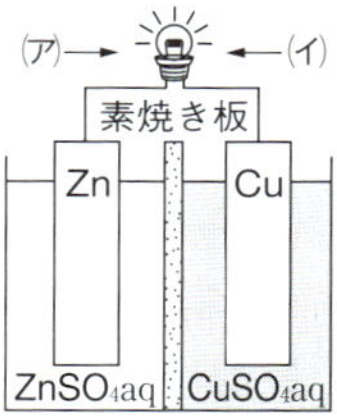

(1) この電池を何と言うか。

(2) この電池の起電力は何 V か。

(3) 負極，正極となる金属を，それぞれ元素記号で示せ。

(4) 電子の移動する方向を，(ア)，(イ)の記号で示せ。

(5) 電流の流れる方向を，(ア)，(イ)の記号で示せ。

3 次の文の ◻ に適当な語句を入れよ。

希硫酸に銅板と亜鉛板を浸した電池を[1]◻といい，銅板が[2]◻極，亜鉛板が[3]◻極となる。この電池を放電すると，急激に起電力が低下する。この現象を電池の[4]◻という。

4 次の(1)〜(4)の電池式で表される電池の名称を記せ。

(1) $(-)Zn \mid ZnCl_2aq, NH_4Claq \mid MnO_2 \cdot C(+)$

(2) $(-)Pb \mid H_2SO_4aq \mid PbO_2(+)$

(3) $(-)Zn \mid KOHaq \mid MnO_2 \cdot C(+)$

(4) $(-)H_2 \mid H_3PO_4aq \mid O_2(+)$

解答

1
① 電池
② 負
③ 正
④ 起電力
⑤ 大きく
⑥ 負極活物質
⑦ 正極活物質
⑧ 放電
⑨ 充電
→ p.154 1

2
(1) ダニエル電池
(2) 1.1 V
(3) 負極：Zn
   正極：Cu
(4) (ア)
(5) (イ)
→ p.154 2

3
① ボルタ電池
② 正
③ 負
④ 分極
→ p.154 2

4
(1) マンガン乾電池
(2) 鉛蓄電池
(3) アルカリマンガン乾電池
(4) 燃料電池
→ p.155 2

---

156 第４編 物質の変化と平衡

例題 69　ダニエル型電池

1mol/L の金属イオンの水溶液と，それと同種の金属を浸した電池(半電池)(a)〜(d)を用意し，このうち任意の2個を塩橋*(記号‖)でつなぐと，電池が形成された。次の問いに答えよ。

(a)(Zn, ZnSO₄aq)　(b)(Cu, CuSO₄aq)
(c)(Fe, FeSO₄aq)　(d)(Ag, AgNO₃aq)

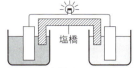
*塩橋　KCl水溶液をゼラチンで固めたもの。

例　(−)Zn｜ZnSO₄aq‖CuSO₄aq｜Cu(+)

(1) 起電力が最大になる電池の組合せを選び，その電池式を上の例にならって示せ。
(2) 塩橋の役割について簡単に述べよ。
(3) 極板の表面積を大きくすると，電池の起電力はどう変化するか。

考え方　ある金属とその塩の水溶液でつくられた電池を**半電池**という。2つの**半電池**を塩橋で接続すると，**ダニエル型電池**ができる。**このとき，イオン化傾向の大きい金属が負極，小さい金属が正極となり，電子は負極から正極へ，電流は正極から負極へと流れる。**

電池の起電力は，電極に用いた金属のイオン化傾向の差が大きいほど，大きくなる。

(1) イオン化傾向は，Zn > Fe > Cu > Ag の順なので，Zn の半電池と Ag の半電池を組み合わせた電池の起電力が最大となる。

(3) 極板の表面積を大きくすると，電池から流れ出す電流が強くなるだけであり，電池の起電力そのものは変化しない。

解答　(1)　(−)Zn｜ZnSO₄aq‖AgNO₃aq｜Ag(+)
(2)　2種の電解液の混合を防ぎつつ，両液を電気的に接続するはたらき。
(3)　変化しない。

例題 70　鉛蓄電池

次の文の[　]に適当な語句，数値を入れよ。(O = 16, S = 32, Pb = 207)

鉛蓄電池は，負極に鉛，正極に①[　]，電解液に②[　]を用いたもので，放電すると，負極・正極ともに③[　]が生成されるため，質量が増加する。例えば，放電により負極の鉛1molが反応したとき，負極板は④[　]g，正極板は⑤[　]g ずつ重くなる。また，鉛蓄電池に放電時とは逆向きに電流を流すと，逆反応が起こる。この操作を⑥[　]といい，⑥の可能な電池を⑦[　](蓄電池)という。

考え方　鉛蓄電池の構成は，次の通り。
(−)Pb｜H₂SO₄aq｜PbO₂(+)
放電時の反応は，
(−)Pb + SO₄²⁻ ⟶ PbSO₄ + 2e⁻
(+)PbO₂ + 4H⁺ + 2e⁻ + SO₄²⁻ ⟶ PbSO₄ + 2H₂O
両極の変化を1つにまとめると，
Pb + PbO₂ + 2H₂SO₄ $\xrightarrow{2e^-}$ 2PbSO₄ + 2H₂O
放電により，両極には水に不溶な PbSO₄ が極板に付着するため，質量が増加する。
放電の逆の反応を**充電**といい，充電が可能で繰り返し使用できる電池を**二次電池**，充電できない使い切りの電池を**一次電池**という。

④　Pb1mol(207g)が消費され，PbSO₄1mol(303g)が生成するので，質量は 303 − 207 = 96〔g〕重くなる。

⑤　PbO₂1mol(239g)が消費され，PbSO₄1mol(303g)が生成するので，質量は 303 − 239 = 64〔g〕重くなる。

解答　① 酸化鉛(Ⅳ)　② 希硫酸
③ 硫酸鉛(Ⅱ)　④ 96　⑤ 64　⑥ 充電　⑦ 二次電池

例題 71 | 燃料電池

次の文を読み，下の問いに答えよ。

燃料のもつ化学エネルギーを¹[　　]エネルギーではなく，直接，²[　　]エネルギーとして取り出すようにつくられた電池を³[　　]という。

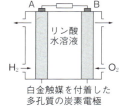
白金触媒を付着した多孔質の炭素電極

(1) 上の文の[　　]に適語を入れよ。
(2) 図の電池のA極，B極で起こるイオン反応式の[　　]に，適当な化学式と係数を入れよ。
　A：$H_2 \longrightarrow$ ⁴[　　] $+ 2e^-$
　B：$O_2 +$ ⁵[　　] $+ 4e^- \longrightarrow$ ⁶[　　]
(3) 電解液としてリン酸水溶液の代わりに水酸化カリウム水溶液を用いた場合，A極，B極で起こる反応をそれぞれ電子e^-を用いたイオン反応式で示せ。
(4) この電池を放電させたら，負極で0.20 molの水素が消費された。このとき取り出された電気量は何 C か。電子1 molのもつ電気量は$9.65×10^4$ C とする。
(5) この電池の特長を1つ答えよ。

考え方 (1) 水素などの燃料を酸素と反応(燃焼)させて熱エネルギーを得る代わりに，負極では酸化反応，正極では還元反応を起こすことによって，直接，電気エネルギーを取り出すようにつくられた電池を，**燃料電池**という。

本問で取り上げた燃料電池は，**負極活物質**(還元剤)に水素，**正極活物質**(酸化剤)に酸素，電解液にリン酸水溶液を用いたもので，この燃料電池の構成は次式で表される。

　$(-) H_2 | H_3PO_4 aq | O_2 (+)$

(2) 負極(A極)：H_2(還元剤)は電極に電子を放出してH^+となる。

　$H_2 \longrightarrow 2H^+ + 2e^-$

(炭素電極に付着させた白金触媒は，この反応を促進する。)

正極(B極)：O_2(酸化剤)は電極から電子を受け取り，まずO^{2-}となるが，直ちに溶液中のH^+と結合してH_2Oとなる。

　$O_2 + 4H^+ + 4e^- \longrightarrow 2H_2O$

(3) 負極(A極)：H_2は電極に電子を放出してH^+となるが，直ちに水溶液中のOH^-で中和されてH_2Oとなる。

　$H_2 + 2OH^- \longrightarrow 2H_2O + 2e^-$

正極(B極)：O_2は電極から電子を受け取り，まずO^{2-}となるが，直ちに水溶液中のH_2Oと反応して，OH^-が生成する。

　$O_2 + 4e^- + 2H_2O \longrightarrow 4OH^-$

(4) 負極での反応式　$H_2 \longrightarrow 2H^+ + 2e^-$
よりH_2 0.20 molが反応すると，電子0.40 mol分の電気量が取り出される。

　∴　$0.40 × 9.65 × 10^4 = 3.86 × 10^4$
　　　　　　　　　　　$≒ 3.9 × 10^4$ [C]

(5) 燃料電池の電気エネルギーへの変換効率は40〜45%で，火力発電の変換効率(30〜35%)に比べてかなり高い。

解答 (1) ① 熱　② 電気　③ 燃料電池
(2) ④ $2H^+$　⑤ $4H^+$　⑥ $2H_2O$
(3) 考え方を参照。
(4) $3.9 × 10^4$ C
(5) ・電気エネルギーへの変換効率が高い。
・生成物が水だけで，環境への負荷が少ない。
・燃料(水素)を供給する限り，いくらでも発電できる。(いずれか1つ)

標準問題

必は重要な必須問題。時間のないときはここから取り組む。

222 □□ ◀ボルタ電池▶ 次の文を読み，下の問いに答えよ。

右図のように希硫酸に亜鉛板と銅板を離して浸すと，最初，豆電球は明るく点灯し電圧計は 1.1V を示した。すぐに①豆電球は消え，このときの両極間の電圧は 0.4V であった。しかし，この電池に②過酸化水素水を加えると銅板付近の気泡は消え，再び豆電球が明るく点灯した。

(1) 豆電球が点灯しているとき，亜鉛板と銅板で起こる変化を，電子 e⁻ を用いた反応式で示せ。
(2) (1)のとき，電子の移動した向きと，電流の流れた向きを，図の a, b から選べ。
(3) 下線部①の現象名を答えよ。また，その理由について説明せよ。
(4) 下線部②で豆電球が再び明るく点灯した理由を述べよ。
(5) この電池で亜鉛板の代わりに鉄板を用いると，起電力はどう変化するか。

必 **223** □□ ◀ダニエル電池▶ 下図はダニエル電池の構造を示す。次の問いに答えよ。

(1) 負極，正極で起こる変化を，それぞれ電子 e⁻ を用いた反応式で示せ。
(2) 素焼き板を（ⅰ）左から右へ，（ⅱ）右から左へ移動する主なイオンは何か。それぞれイオン式で示せ。
(3) 図中の素焼き板の役割について簡単に述べよ。
(4) この電池の素焼き板をガラス板にとりかえると，起電力はどう変化するか。
(5) 電解液の濃度を次のように変えた場合，最も長時間電流が流れるものを A〜D のうちから1つ選べ。

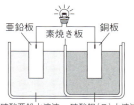

(各水溶液は 100mL とする)	A	B	C	D
硫酸亜鉛水溶液〔mol/L〕	1.0	0.5	0.5	2.0
硫酸銅(Ⅱ)水溶液〔mol/L〕	0.5	1.0	2.0	0.5

224 □□ ◀マンガン乾電池▶ 次の文の □ に適当な語句，（ ）に適当な化学式を入れよ。

マンガン乾電池は，負極活物質に①□，正極活物質に②□，電解液には③□などの水溶液に糊などのゲル化剤を加えて固めたものを用いてつくられた代表的な実用電池である。放電すると，負極では次のような反応が起こる。

$$Zn \longrightarrow Zn^{2+} + 2e^-$$

一方，正極では次のような反応が起こるとされている。

$$MnO_2 + e^- + H^+ \longrightarrow {}^{④}(\quad\quad)$$

17 電池 **159**

必225 □□ ◀鉛蓄電池▶ 次の文を読み，あとの問いに答えよ。

鉛蓄電池は密度約 1.2g/cm³ の希硫酸の中に，負極として灰色の①□□□，正極として褐色の②□□□を交互に浸したものである。

③(　　) + SO₄²⁻ ⟶ ④(　　) + 2e⁻

⑤(　　) + SO₄²⁻ + 4H⁺ + 2e⁻ ⟶ (　④　) + 2H₂O

放電するにつれて，両極ともしだいに白色の⑥□□□でおおわれ，電解液（希硫酸）の濃度も⑦□□□するので，起電力が低下する。

(1) 文中の□□□に適当な語句，(　　)に適当な化学式を入れよ。
(2) 放電により 1.0mol の電子が流れた場合，負極板・正極板の質量は放電前に比べてそれぞれ何 g ずつ増減したか。（原子量：Pb = 207, H = 1.0, O = 16, S = 32）
(3) 放電により 1.0mol の電子が流れた場合，放電前の希硫酸が 35%, 1.0kg であったとすると，放電後の希硫酸の濃度は何%になるか。
(4) 鉛蓄電池を充電する場合，外部電源の(−)極に鉛蓄電池の何極をつなげばよいか。

発展問題

226 □□ ◀燃料電池▶
下図は，白金を添加した多孔質の炭素電極，電解液にリン酸水溶液を用いた水素−酸素型の燃料電池の構造を示す。次の問いに答えよ。

(1) 負極・正極で起こる変化を，電子 e⁻ を用いた反応式で示せ。
(2) ある時間の放電により，負極で 1.12L（標準状態）の水素が消費された。このとき得られた電気量は何 C か。ただし，電子 1mol のもつ電気量を 9.65×10⁴ C とする。
(3) 放電時の平均電圧が 0.700V とすると，何 kJ の電気エネルギーが得られたか。ただし，電気エネルギー〔J〕= 電気量〔C〕×電圧〔V〕で表されるものとする。

227 □□ ◀濃淡電池▶
下図のように，電極の物質は同じであるが，溶液の濃度差だけではたらく電池を濃淡電池という。この電池について，次の問いに答えよ。

(1) A 槽，B 槽における変化を，それぞれイオン反応式で示せ。
(2) 電流計のところでは，電流はどの槽の電極から，どの槽の電極に向かって流れるか。
(3) B 槽に純水を加えると，起電力はどうなるか。
(4) A 槽を，0.1mol/L の AgNO₃ 水溶液中に銀板を電極として浸したものに取り替えると，電流の向きと起電力はどうなるか。

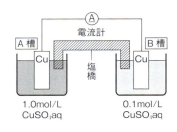

18 電気分解

1 電気分解

❶**電気分解** 電気エネルギーを用いて,電解質に化学変化を起こさせること。
→電解質の水溶液や融解液に電極を入れ,外部から直流電流を通じる。

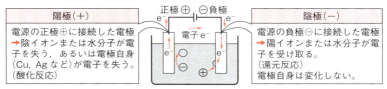

陽極(＋)	陰極(－)
電源の正極⊕に接続した電極 →陰イオンまたは水分子が電子を失う,あるいは電極自身(Cu,Agなど)が電子を失う。 (酸化反応)	電源の負極⊖に接続した電極 →陽イオンまたは水分子が電子を受け取る。 (還元反応) 電極自身は変化しない。

通常,電極には化学変化しにくい白金 Pt,炭素 C を用いる。

❷**水溶液の電気分解** 水溶液中に存在する電解質の電離で生じたイオンと,水分子自身の酸化還元反応の起こりやすさを考える。

陰極での反応 水溶液中の陽イオンまたは,水分子が電子を受け取る(還元反応)。

還元反応の起こりやすさ: Ag^+,Cu^{2+} ＞ H^+,H_2O ≫ Al^{3+}～Na^+,K^+
　　　　　　　　　　　　①還元されやすい　　　　　　　　　②還元されない

陽イオン	生成物	反応例
①イオン化傾向の小さい重金属イオン Cu^{2+},Ag^+など	金属が析出	$Cu^{2+} + 2e^- \longrightarrow Cu$ $Ag^+ + e^- \longrightarrow Ag$
②イオン化傾向の大きい軽金属イオン K^+,Ca^{2+},Na^+,Mg^{2+},Al^{3+}	H_2 が発生	$2H_2O + 2e^- \longrightarrow H_2 + 2OH^-$ (H^+ が多いとき)$2H^+ + 2e^- \longrightarrow H_2$

注)イオン化傾向が中程度の金属イオンの場合,濃度により,金属の析出と H_2 発生が起こる。

陽極での反応 水溶液中の陰イオンまたは,水分子が電子を放出する(酸化反応)。

酸化反応の起こりやすさ: I^-,Br^-,Cl^- ＞ OH^-,H_2O ≫ NO_3^-,SO_4^{2-}
　　　　　　　　　　　　①酸化されやすい　　　　　　　　　②酸化されない

(a) 電極に白金 Pt または炭素 C を用いたときの変化

陰イオン	生成物	反応例
①ハロゲン化物イオン Cl^-,Br^-,I^-(F$^-$除く)	ハロゲン単体 Cl_2 など	$2Cl^- \longrightarrow Cl_2 + 2e^-$
②SO_4^{2-},NO_3^- などの多原子イオン	O_2 が発生	$2H_2O \longrightarrow O_2 + 4H^+ + 4e^-$ (OH^- が多いとき)$4OH^- \longrightarrow 2H_2O + O_2 + 4e^-$

(b) 陽極に Cu,Ag などの金属を用いたときの変化

電極が酸化され,陽イオンとなって溶け出す。

　　例 陽極(Cu):$Cu \longrightarrow Cu^{2+} + 2e^-$

2 電気分解の量的関係

❶電気量 電気量 Q〔C〕＝電流 I〔A〕×時間 t〔秒〕で求める。
　1クーロン〔C〕　1A の電流が1秒(s)間流れたときの電気量。
　例　2A の電流を1分間流したときの電気量：2A × 60s ＝ 120C

❷ファラデー定数 F　電子1mol あたりの電気量の大きさ。$\boxed{F = 9.65 \times 10^4 〔C/mol〕}$
→電気量〔C〕と電子の物質量〔mol〕を変換する際に利用する。

❸ファラデーの電気分解の法則
(1) 各電極で変化する物質の量は，流れた**電気量**に比例する。
(2) 同じ電気量で変化するイオンの物質量は，その**イオンの価数**に反比例する。

　例　$CuSO_4$ 水溶液の電気分解（Pt 電極）で，電子が1.0mol 反応したとき，
　　（陰極）　$Cu^{2+} + 2e^- \longrightarrow Cu$ より，Cu が 0.50mol 析出する。
　　（陽極）　$2H_2O \longrightarrow O_2 + 4H^+ + 4e^-$ より，O_2 が 0.25mol 発生する。

3 電気分解の応用

❶水酸化ナトリウムの製造　炭素電極を用いて，飽和食塩水を電気分解すると，陽極では塩素 Cl_2，陰極では水素 H_2 と水酸化ナトリウム NaOH を生成する。高純度の NaOH を得るため，両電極間を陽イオン交換膜で仕切って電気分解を行う（**イオン交換膜法**）。

❷銅の精錬　黄銅鉱を溶鉱炉で還元して粗銅（Cu：約 99％）をつくる。粗銅を陽極，純銅（Cu：約 99.99％）を陰極として，硫酸酸性の硫酸銅（Ⅱ）水溶液を電気分解する（**電解精錬**）。粗銅中の不純物 Ag，Au などはそのまま陽極の下に沈殿する（**陽極泥**）。

❸アルミニウムの製錬　ボーキサイトから純粋な酸化アルミニウム（アルミナ）をつくる。これを氷晶石（融剤）とともに加熱融解し，炭素電極を用いて**溶融塩電解**（融解塩電解）すると，陰極にアルミニウムが析出する。（**ホール・エルー法**）

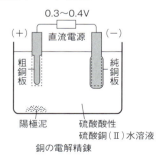
銅の電解精錬

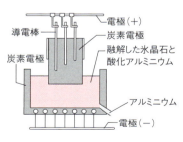
アルミニウムの溶融塩電解

確認&チェック

1 下図を参考に，次の文の□□□に適当な語句を入れよ。

電気エネルギーを用いて，電解質に化学変化を起こさせることを①□□□という。このとき，直流電源の負極⊖，正極⊕につないだ電極を，それぞれ②□□□，③□□□という。

陰極では，陽イオンが電子を受け取る④□□□反応が起こる。陽極では，陰イオンが電子を失う⑤□□□反応が起こる。

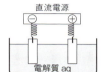

2 次のイオンを含む水溶液を炭素電極を用いて電気分解したとき，その生成物として適当なものを下から記号で選べ。
(1) Ag^+, Cu^{2+} を含む水溶液
(2) Al^{3+}, Na^+ を含む水溶液
(3) H^+ を多く含む酸性の水溶液
(4) Cl^-, Br^- を含む水溶液
(5) NO_3^-, SO_4^{2-} を含む水溶液
(6) OH^- を多く含む塩基性の水溶液

　(ア) H_2 が発生　　(イ) Cl_2, Br_2 が生成
　(ウ) O_2 が発生　　(エ) Ag, Cu が析出

3 次の文の□□□に適当な数値，語句を入れよ。

1クーロン〔C〕とは，1Aの電流が①□□□秒間流れたときの電気量である。電子1molあたりの電気量の大きさを②□□□といい，記号Fで表す。$F = 9.65 \times 10^4$ C/mol である。
(1) 各電極で変化する物質の量は，流れた③□□□に比例する。
(2) 同じ電気量で変化するイオンの物質量は，そのイオンの④□□□に反比例する。

4 次の(1)～(3)の電気分解を何というか。
(1) 両電極間を陽イオン交換膜で仕切り，NaCl水溶液を電気分解して，高純度のNaOHを製造する。
(2) 酸化アルミニウム（アルミナ）を氷晶石とともに加熱融解しながら電気分解して，Alを製造する。
(3) 粗銅を陽極，純銅を陰極とし，硫酸酸性の硫酸銅(Ⅱ)水溶液を電気分解して，Cuを精製する。

解答

1
① 電気分解
② 陰極
③ 陽極
④ 還元
⑤ 酸化
→ p.161 1

2
(1) (エ)
(2) (ア)
(3) (ア)
(4) (イ)
(5) (ウ)
(6) (ウ)
→ p.161 1

3
① 1
② ファラデー定数
③ 電気量
④ 価数
→ p.162 2

4
(1) イオン交換膜法
(2) 溶融塩電解（融解塩電解）
(3) 電解精錬
→ p.162 3

18 電気分解　163

例題 72　食塩水の電気分解

右図のような装置を用いて，2.0Aの電流を80分25秒間流して飽和食塩水の電気分解を行った。ファラデー定数 $F = 9.65 \times 10^4$ C/mol として，次の問いに答えよ。

(1) 陽極で発生する気体の物質量は何molか。
(2) 陰極付近で生成した水酸化ナトリウムの物質量は何molか。

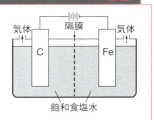

考え方　〈電気分解の計算のポイント〉
① 電気量[C]＝電流[A]×時間[秒] で求めた電気量[C]を，ファラデー定数を使って，**電子の物質量[mol]に変換する**。
② **各電極の反応式を書き，係数比を使って物質の変化量[mol]を求める**。

(1) 流れた電気量 Q は，
$Q = 2.0 \times (80 \times 60 + 25) = 9650$ [C]
ファラデー定数 $F = 9.65 \times 10^4$ C/mol より，反応した電子の物質量は，
$\dfrac{9650\,\text{C}}{9.65 \times 10^4\,\text{C/mol}} = 0.10$ [mol]

陽極では，陰イオン Cl^- が酸化される。
$2Cl^- \longrightarrow Cl_2 + 2e^-$
電子2molが反応すると，Cl_2 1molが発生するから，
Cl_2 の発生量は，$0.10 \times \dfrac{1}{2} = 0.050$ [mol]

(2) 陰極ではイオン化傾向の大きい Na^+ は還元されず，代わりに水分子が還元される。
$2H_2O + 2e^- \longrightarrow H_2 + 2OH^-$
電子2molが反応すると，H_2 1molが発生するとともに，OH^- 2molが生成するから，NaOHの生成量は0.10mol。

解答　(1) **0.050mol**　(2) **0.10mol**

例題 73　硫酸銅(Ⅱ)水溶液の電気分解

銅板を電極として，1.0mol/Lの硫酸銅(Ⅱ)水溶液500mLを，1.5Aの電流で1時間，電気分解を行った。次の問いに答えよ。

(1) 流れた電気量は何Cか。
(2) 電気分解後の硫酸銅(Ⅱ)水溶液は何mol/Lか。

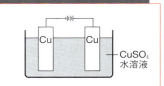

考え方　陽極が白金・炭素電極の場合は，陰イオンが酸化される。しかし，SO_4^{2-} は水溶液中では酸化されず，代わりに，水分子が酸化されて酸素が発生する。
$2H_2O \longrightarrow O_2 + 4H^+ + 4e^-$　一方，陽極が銅，銀などの場合は，極板自身が酸化される。また，陰極では，電極の種類によらず，イオン化傾向の小さい金属イオンが還元される。

(1) 電気量 Q[C]＝電流 I[A]×時間 t[秒] より，
$Q = 1.5 \times 3600 = 5.4 \times 10^3$ [C]

(2) 陽極が銅の場合，陰イオンの酸化は起こらず，銅電極が酸化されて溶解する。
$Cu \longrightarrow Cu^{2+} + 2e^-$ ……①
一方，陰極ではイオン化傾向の小さい Cu^{2+} が還元され，銅が析出する。
$Cu^{2+} + 2e^- \longrightarrow Cu$ ……②
①，②より，電子2molが反応すると，陽極で Cu^{2+} 1molが生成し，陰極で Cu^{2+} 1molが減少する。∴ Cu^{2+} の濃度は変化しない。

解答　(1) **5.4×10^3 C**　(2) **1.0mol/L**

問題 228〜231 で，必要な場合は，ファラデー定数 $F = 9.65 \times 10^4$ C/mol として計算せよ。

標準問題

必 は重要な必須問題。時間のないときはここから取り組む。

必 228 ◀電解生成物▶
下表の電解質水溶液と電極の組合せで電気分解を行った。(a)〜(h)に当てはまる生成物を化学式で示せ。

電解質	$CuSO_4$		$CuSO_4$		NaOH		NaCl	
電　極	(＋)白金	(－)白金	(＋)銅	(－)銅	(＋)炭素	(－)炭素	(＋)炭素	(－)鉄
生成物	(a)	(b)	(c)	(d)	(e)	(f)	(g)	(h)

必 229 ◀電気分解▶
右図の装置を用いて，1.00A の電流を 32 分 10 秒間流して電気分解を行った。次の問いに答えよ。（原子量 Cu = 63.5）

(1) 流れた電気量は何 C か。
(2) 陰極で析出した金属は何 g か。
(3) 陽極で発生した気体は，標準状態で何 L か。

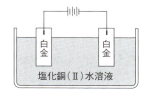

必 230 ◀陽イオン交換膜法▶
下図は，イオン交換膜法による塩化ナトリウム水溶液の電気分解を示している。2.00A の電流を 1 時間 36 分 30 秒流したとして，次の問いに答えよ。

(1) 図中の ［ A ］〜［ F ］に適する化学式を入れよ。
(2) 陰極での反応を電子 e^- を用いた反応式で示せ。
(3) 陽極で発生する気体は，標準状態で何 L か。ただし，気体の水への溶解・反応はないものとする。
(4) ［ F ］水溶液が 100L 生成したとすると，その濃度は何 mol/L か。

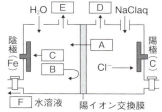

231 ◀アルミニウムの製錬▶
次の文の ［　　］に適当な語句を入れよ。

アルミニウムの鉱石は① ［　　］で，これを濃い水酸化ナトリウム水溶液に溶解させて不純物を除くと，純粋な② ［　　］（アルミナ）が得られる。

アルミニウムはイオン化傾向が大きく，Al^{3+} を含む水溶液の電気分解では Al の単体は得られない。そこで，②を高温で加熱した融解液を電気分解して Al の単体を得ている。このような電気分解を③ ［　　］という。しかし，②の融点は非常に高いので，④ ［　　］（主成分 Na_3AlF_6）の融解液に②を少しずつ加えながら，炭素電極を用いて約 960℃で電気分解を行う。このとき，陰極には融解状態の⑤ ［　　］が生成し，陽極には⑥ ［　　］などの気体が生成する。

問題 232〜238 で，必要な場合は，ファラデー定数 $F = 9.65 \times 10^4$ C/mol として計算せよ。

必 232 □□ ◀直列接続の電気分解▶

電解槽(a)には硝酸銀 $AgNO_3$ 水溶液，電解槽(b)には 0.500 mol/L の塩化銅(Ⅱ)水溶液を 200 mL ずつ入れ，64 分 20 秒間電気分解したら，(a)槽の陰極の質量が 2.16 g 増加した。次の問いに答えよ。($Cu = 63.5$，$Ag = 108$)

(1) この電気分解において，
　(i) 反応した電子の物質量を求めよ。
　(ii) 流れた平均電流〔A〕を求めよ。
(2) (a)槽・(b)槽で発生した気体の標準状態での体積は合計何 mL か。ただし，発生した気体は水に溶けないものとする。

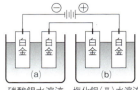

(3) この電気分解後，(b)槽の塩化銅(Ⅱ)水溶液の濃度は何 mol/L になったか。

必 233 □□ ◀銅の精錬▶ 次の各問いに答えよ。

銅の主要な鉱石は[1]□□□で，これにコークス，石灰石などを加えて溶鉱炉で加熱すると，酸化還元反応が起こり，純度が 99 % 程度の粗銅が得られる。さらに高純度の銅（純銅）を得るには，硫酸酸性の[2]□□□水溶液を電気分解すればよい。このとき，陽極の下にたまる金属の沈殿物を[3]□□□という。

(1) 上の文の□□□に適当な語句を入れよ。
(2) 陰極，陽極には，それぞれ粗銅と純銅のどちらを接続すればよいか。
(3) このようにして，純粋な銅を得る電気分解は何とよばれるか。
(4) 陽極，陰極での変化をそれぞれ，電子 e^- を用いた反応式で示せ。
(5) 不純物として亜鉛・金・銀・鉄・鉛を含んだ粗銅を電気分解したとき，③となって沈殿する金属をすべて元素記号で答えよ。
(6) 銀だけを不純物として含む粗銅を，1.0 A の電流で 96 分 30 秒間，電解精錬したところ，粗銅は 2.20 g 減少した。粗銅中に含まれる銀の質量は何 g か。（原子量は $Ag = 108$，$Cu = 64$）

発展問題

234 □□ ◀並列接続の電気分解▶

右図のように電解槽を連結し，1.00 A の電流で 16 分 5 秒間電気分解したところ，(a)槽の陰極が 0.648 g 増加した。次の問いに答えよ。ただし，原子量は $Ag = 108$，$\log_{10}2 = 0.30$，$\log_{10}3 = 0.48$ とする。

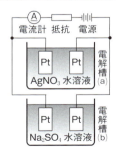

(1) 回路全体を流れた全電気量は何 C か。
(2) (a)槽を流れた電流の平均値は何 A か。
(3) (b)槽の両極で発生した気体は標準状態で何 mL か。
(4) (a)槽の電解液の体積が 100 mL あったとすれば，電気分解後の電解液の pH を小数第 1 位まで求めよ。

共通テストチャレンジ(1)

235 □□ ◀中和熱と溶解熱▶ 希硝酸と水酸化カリウム水溶液を混合して反応させると，生成した硝酸カリウム1molあたり56.4kJの熱が発生する。また，十分な量の希硝酸に固体の水酸化カリウムを溶解して反応させると，硝酸カリウム1molあたり114.0kJの熱が発生する。以上のことから，水酸化カリウムの水に対する溶解熱〔kJ/mol〕として最も適当な数値を，次の①〜⑥のうちから一つ選べ。

① −170.4　② −57.6　③ −1.2　④ 1.2　⑤ 57.6　⑥ 170.4

236 □□ ◀炭化水素の燃焼▶ 分子式 C_3H_n で表される気体を十分な量の酸素と混合して完全燃焼させたところ，二酸化炭素3.30gと水(液体)が生成し，48.0kJの熱が発生した。次の問い(a・b)に答えよ。(原子量：H = 1.0, C = 12, O = 16)

a. この気体の燃焼熱は何kJ/molか。最も適当な数値を，次の①〜⑤から一つ選べ。

① 640　② 960　③ 1280　④ 1920　⑤ 3840

b. この反応で生成した水の質量は0.900gであった。分子式中の n として最も適当な値を，次の①〜⑤から一つ選べ。

① 4　② 5　③ 6　④ 7　⑤ 8

237 □□ ◀ダニエル電池▶ 図に示すダニエル電池に関する次の記述①〜④について，正しいものをすべて選べ。原子量は Zn = 65.4, Cu = 63.5 とする。

① 正極では銅(Ⅱ)イオンが還元される。
② 正極と負極の質量の和は常に一定である。
③ 0.020molの亜鉛が反応したとき，発生する電気量の最大値は1930Cである。
④ この電池の亜鉛板と硫酸亜鉛水溶液を鉄板と硫酸鉄(Ⅱ)水溶液に代えると，電池の起電力は小さくなる。

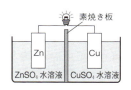

238 □□ ◀鉛蓄電池▶ 鉛蓄電池の構成は，下のように表される。この電池の両極を外部回路に接続し，1.0Aの一定電流で965秒間放電させた。あとの問い(a, b)に答えよ。ただし，原子量は O = 16, S = 32, Pb = 207 とする。

(−)Pb | H_2SO_4aq | PbO_2(+)

a. この放電による負極の質量の変化として最も適当なものを，次の①〜⑥から一つ選べ。
b. この放電による正極の質量の変化として最も適当なものを，次の①〜⑥から一つ選べ。

① 0.96g 増加　② 0.48g 増加　③ 0.32g 増加　④ 0.32g 減少
⑤ 1.0g 減少　⑥ 2.1g 減少

問題239〜241で，必要な場合は，ファラデー定数 $F = 9.65 \times 10^4$ C/mol として計算せよ。

239 ◀電気分解▶
図1に示す電気分解の装置に一定の電流を通じて，電極A〜Dで生成する物質の体積あるいは質量を測定した。図2と図3は，その結果をグラフに描いたものである。この結果に関する問い(a・b)に答えよ。
(原子量：Cu = 64，Ag = 108)

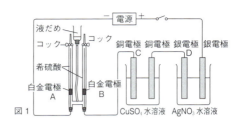
図1

a. 図2で実験結果を最も適切に示している直線を①〜⑤から一つ選べ。

b. 図3で実験結果を最も適切に示している直線を①〜⑤から一つ選べ。

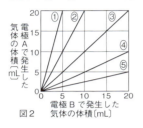
図2

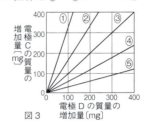
図3

240 ◀アルミニウムの溶融塩電解▶
アルミニウムの単体は，酸化アルミニウムの溶融塩電解によってつくられる。102gの酸化アルミニウムをすべてアルミニウムに変えるためには，9.65Aの電流を何秒間流す必要があるか。最も適当な数値を，次の①〜⑥のうちから一つ選べ。(原子量：O = 16，Al = 27)
① 1000　② 3000　③ 6000　④ 10000　⑤ 30000　⑥ 60000

241 ◀硫酸ナトリウム水溶液の電気分解▶
図に示すように，水素を燃料とする燃料電池と質量100gの銅板2枚を電極とする電気分解装置を接続して，0.50mol/L硫酸ナトリウム水溶液1.0Lの電気分解を行った。この実験において，燃料電池で消費された水素の標準状態における体積〔L〕と銅電極Aおよび銅電極Bの質量〔g〕の関係を示すグラフとして最も適当なものを，①〜⑤のうちからそれぞれ一つずつ選べ。ただし，消費された水素が放出した電子は，すべて電気分解に使われるものとする。
(原子量：Cu = 64)

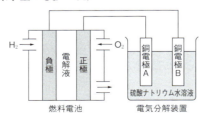

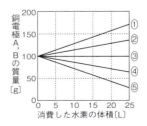

19 化学反応の速さ

1 反応速度

❶**反応速度の表し方** 単位時間あたりの，反応物の物質量(濃度)の減少量，または生成物の物質量(濃度)の増加量で表す。(単位) mol/s，mol/(L・s)，mol/(L・min) など。

例 $A + B \longrightarrow 2C$ の反応において，

Aの減少速度 $v_A = -\dfrac{\Delta[A]}{\Delta t}$ Bの減少速度 $v_B = -\dfrac{\Delta[B]}{\Delta t}$ Cの生成速度 $v_C = \dfrac{\Delta[C]}{\Delta t}$

$v_A : v_B : v_C = 1 : 1 : 2$

反応式の係数比は，その物質の反応速度の比を表す。

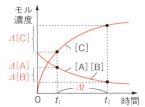

2 活性化エネルギーと触媒

❶**化学反応の起こり方** 化学反応は，一定以上のエネルギーをもつ分子どうしが衝突し，反応途中に**エネルギーの高い状態**(活性化状態)を経て進行する。

❷**活性化エネルギー** 反応物を活性化状態にするのに必要なエネルギー。単位〔kJ/mol〕

活性化エネルギー ┌ 小……反応速度は大きい。
　　　　　　　　 └ 大……反応速度は小さい。

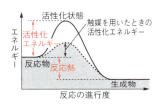

❸**触媒** それ自体は変化せず，反応速度を大きくする物質。反応熱は変化しない。

❹**反応速度と温度** 一般に，10K 上昇するごとに反応速度が 2～3 倍になる。

❺**反応速度式** 反応速度と反応物の濃度の関係式を表す式。この式の比例定数 k を**反応速度定数**(速度定数)といい，温度の変化と触媒の有無によって変化する。

$aA + bB \longrightarrow cC$ （a, b, c は係数）の反応において，

Cの生成速度は $v = k[A]^x[B]^y$ （$x + y$ を**反応の次数**という）

※反応の次数は実験によって決められ，必ずしも反応式の係数とは一致しない。

例 $2H_2O_2 \longrightarrow 2H_2O + O_2$ $v = k[H_2O_2]$ （一次反応）

3 反応速度を変える条件

(注)固体の表面積を大きくしたり，光を当てると反応速度が大きくなる反応もある。

条件	反応速度の変化	理　由
濃度 (圧力)	高濃度(気体では高圧)ほど大	反応する分子の衝突回数が増加するため(気体では単位体積あたりの分子の数が増加するため)。
温度	高温ほど大	活性化エネルギーを超えるエネルギーをもつ分子の割合が増加するため。
触媒	触媒を使うと大	活性化エネルギーの小さい別の反応経路を通って反応が進むため。 例 MnO_2，Pt，Fe_3O_4 など

確認&チェック

1 A ⟶ 2B の反応において,反応開始から Δt 秒間で,A の濃度は $\Delta [A]$,B の濃度は $\Delta [B]$ だけ変化した。次の問いに答えよ。
(1) A の減少速度 v_A を表す式を書け。
(2) B の生成速度 v_B を表す式を書け。
(3) v_A と v_B との関係を正しく表したものを下から選べ。
　(ア) $v_A = v_B$　(イ) $v_A = 2v_B$　(ウ) $2v_A = v_B$

2 図は,反応物の分子が衝突して生成物になるときのエネルギー変化を示す。
(1) 反応途中の状態 X を何というか。
(2) 反応物が状態 X になるのに必要なエネルギーを何というか。
(3) 反応物と生成物のエネルギーの差を何というか。

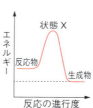

3 図は,ある温度における気体分子のエネルギー分布を示す。次の問いに答えよ。
(1) T_1,T_2 のうち,どちらが高温か。
(2) 温度が 10K 上昇すると,通常,反応速度は何倍になるか。次から選べ。
　(ア) 1〜2 倍　(イ) 2〜3 倍　(ウ) 4〜5 倍

4 反応 A+B ⟶ C において,C の生成速度 v が A および B のモル濃度 [A],[B] のそれぞれに比例するとき,$v = k$ [1]□□□ という関係が成り立つ。このような式を [2]□□□ といい,比例定数 k を [3]□□□ という。

5 次のように条件を変えると,反応速度はどう変化するか。下から記号で選べ。
(1) 反応物の濃度を大きくする。
(2) 温度を低くする。
(3) 触媒を加える。
(4) 気体の圧力を低くする。
　A. 速くなる　B. 遅くなる　C. 変化しない

解答

1
(1) $v_A = -\dfrac{\Delta [A]}{\Delta t}$
(2) $v_B = \dfrac{\Delta [B]}{\Delta t}$
(3) (ウ)
　➡ $v_A : v_B = 1:2$ より,$2v_A = v_B$
→ p.169 ①

2 (1) 活性化状態
(2) 活性化エネルギー
(3) 反応熱
→ p.169 ②

3 (1) T_2
(2) (イ)
→ p.169 ②

4 ① [A][B]
② 反応速度式
③ 反応速度定数（速度定数）
→ p.169 ②

5 (1) A
(2) B
(3) A
(4) B
→ p.169 ③

例題 74　反応速度式

水素とヨウ素を高温で反応させると，$H_2 + I_2 \longrightarrow 2HI$ のようにヨウ化水素が生成する。ヨウ化水素の生成速度 v は，水素の濃度 $[H_2]$ 〔mol/L〕とヨウ素の濃度 $[I_2]$ 〔mol/L〕のそれぞれに比例することがわかっている。次の問いに答えよ。

(1) ヨウ化水素の生成速度は，水素の減少速度の何倍か。
(2) ヨウ化水素の生成速度 v を $[H_2]$，$[I_2]$ および反応速度定数 k を用いて表せ。
(3) 反応容器の体積を半分にすると，ヨウ化水素の生成速度はもとの何倍になるか。

考え方 (1) 反応式より，H_2，I_2 各 1mol が減少すると，HI 2mol が生成する。H_2，I_2 の減少速度を v_{H_2}，v_{I_2}，HI の生成速度を v_{HI} とすると，$v_{H_2} : v_{I_2} : v_{HI} = 1 : 1 : 2$
(2) 問題文の 2～3 行目の記述より，
$v = k[H_2][I_2]$　とわかる。

このように，反応速度と反応物の濃度の関係を表す式を，**反応速度式**という。
(3) 体積を半分にすると，$[H_2]$，$[I_2]$ がそれぞれ 2 倍になる。温度一定なので k は変化せず，反応速度は $2 \times 2 = 4$〔倍〕になる。

解答 (1) 2倍　(2) $v = k[H_2][I_2]$　(3) 4倍

例題 75　過酸化水素の平均分解速度

過酸化水素の分解反応 $2H_2O_2 \longrightarrow 2H_2O + O_2$ において，過酸化水素のモル濃度と時間との関係を右図に示す。次の問いに答えよ。

(1) 反応開始後 4～8 分における過酸化水素の平均分解速度 $\bar{v}$ は何 mol/(L·s) か。また，この間の過酸化水素の平均濃度 $\overline{[H_2O_2]}$ は何 mol/L か。
(2) 過酸化水素の分解における反応速度式は，$v = k[H_2O_2]$ で表されることが判明している。(1)の結果より，反応速度定数 k〔/s〕の値を求めよ。

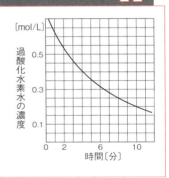

考え方 反応速度は，単位時間あたりの，**反応物の濃度の減少量**または，**生成物の濃度の増加量**で表される。
(1) 反応物が時刻 $t_1 \sim t_2$ の間に，濃度が $c_1 \sim c_2$ に変化したとき，この間の平均の反応速度は，$\bar{v} = -\dfrac{c_2 - c_1}{t_2 - t_1}$〔mol/(L·s)〕

グラフより，$[H_2O_2]$ は 4 分で 0.40mol/L，8 分で 0.25mol/L なので，
$\bar{v} = -\dfrac{0.25 - 0.40 \text{〔mol/L〕}}{(8-4) \times 60 \text{〔s〕}} = 6.25 \times 10^{-4}$
$\fallingdotseq 6.3 \times 10^{-4}$〔mol/(L·s)〕

平均の濃度は，各時刻の濃度を足して 2 で割ればよい。
$\overline{[H_2O_2]} = \dfrac{0.40 + 0.25}{2} = 0.325$
$\fallingdotseq 0.33$〔mol/L〕

(2) 反応速度式で，反応速度 v が反応物の濃度の何乗に比例するかは，実験で求まるもので，反応式の係数からは判断できない。
実験より，$v = k[H_2O_2]$ が判明しているので，この式に(1)のデータを代入すると，
$k = \dfrac{v}{[H_2O_2]} = \dfrac{6.25 \times 10^{-4}}{0.325} \fallingdotseq 1.9 \times 10^{-3}$〔/s〕

解答 (1) 6.3×10^{-4} mol/(L·s)，0.33mol/L
(2) 1.9×10^{-3}/s

例題 76 反応のエネルギー変化

H₂ + I₂ ⇌ 2HI の反応に関して，次の文の □ に適当な数値を記入せよ。

(1) 触媒を用いない場合，H₂ + I₂ ⟶ 2HI の反応の活性化エネルギーは¹□ kJ，反応熱は²□ kJ である。また，逆反応の 2HI ⟶ H₂ + I₂ の活性化エネルギーは³□ kJ である。

(2) 白金触媒を用いた場合，正反応の活性化エネルギーは⁴□ kJ，反応熱は⁵□ kJ，逆反応の活性化エネルギーは⁶□ kJ となる。

※正反応は右向きの反応，逆反応は左向きの反応を指す。

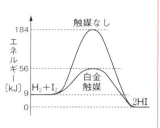

考え方 化学反応は，反応途中にエネルギーの高い中間状態(活性化状態)を経て進行する。反応物を活性化状態にするのに必要なエネルギーを，活性化エネルギーという。

(1) ①反応物と活性化状態とのエネルギー差，即ち，反応系から見た山の高さに相当するのが正反応の活性化エネルギーである。
184 − 9 = 175〔kJ〕

②反応物と生成物とのエネルギー差。本問は，反応系より生成系のエネルギーの方が小さいので，発熱反応である。9 − 0 = 9〔kJ〕

③生成系から見た山の高さに相当するエネルギーなので，184kJ となる。

(2) ④触媒を用いると，活性化エネルギーの小さい，別の反応経路を通って反応が進行する。反応系から見た山の高さは，
56 − 9 = 47〔kJ〕

⑤触媒を用いても，反応系と生成系のエネルギーは同じで，反応熱は変化しない。

⑥生成系から見た山の高さで，56kJ。

解答 ① 175 ② 9 ③ 184
④ 47 ⑤ 9 ⑥ 56

例題 77 反応速度式

過酸化水素水に酸化マンガン(Ⅳ)を加えると，2H₂O₂ ⟶ 2H₂O + O₂ の分解反応が起こった。反応開始 t 分後の H₂O₂ の濃度[H₂O₂]は 0.40mol/L で，このときの過酸化水素の分解速度は 0.035mol/(L・min)であった。過酸化水素の分解速度 v はその濃度[H₂O₂]に比例するものとして，次の問いに答えよ。

(1) 反応速度定数 k の値を求めよ。

(2) [H₂O₂] = 0.25mol/L のとき，過酸化水素の分解速度は何 mol/(L・min)か。

考え方 本問は，反応開始 t 分後の瞬間の反応速度 0.035mol/(L・min)と，そのときの濃度 0.40mol/L が与えられていることに留意する。

(1) 問題文より，H₂O₂ の分解速度 v は，H₂O₂ の濃度[H₂O₂]に比例するとあるので，反応速度定数を k とすると，この反応の反応速度式は $v = k$[H₂O₂]である。ここへ与えられた数値を代入すると，

$$k = \frac{v}{[H_2O_2]} = \frac{0.035}{0.40} = 0.0875 〔/min〕$$

(2) 反応物の濃度が変化しても，温度，触媒の条件が一定なら，k の値は変化しない。
$v = k$[H₂O₂]に数値を代入すると，
$v = 0.0875 × 0.25 ≒ 0.022〔mol/(L・min)〕$

解答 (1) $8.8 × 10^{-2}$/min
(2) $2.2 × 10^{-2}$mol/(L・min)

| 例題 78 | 五酸化二窒素の分解速度 | ■■ |

　五酸化二窒素 N_2O_5 を四塩化炭素（溶媒）に溶かして温めると，次式のように二酸化窒素 NO_2 と酸素 O_2 に分解したが，NO_2 は溶媒に溶け，O_2 だけが発生した。

$$2N_2O_5 \longrightarrow 4NO_2 + O_2$$

　下表は，45℃で五酸化二窒素を分解したときの実験結果である。五酸化二窒素の分解反応の反応速度式は $v = k[N_2O_5]$ で表されるものとして，次の問いに答えよ。

時間 t〔min〕	濃度$[N_2O_5]$〔mol/L〕	平均の濃度$\overline{[N_2O_5]}$〔mo/L〕	平均の反応速度$\overline{v}$〔mol/(L·min)〕	$\dfrac{\overline{v}}{\overline{[N_2O_5]}}$〔/min〕
0	5.32	5.11	(イ)	4.11×10^{-2}
2	4.90	(ア)	0.187	4.04×10^{-2}
5	4.34	3.94	0.160	(ウ)
10	3.54			

(1)　表の空欄(ア)〜(ウ)に適する数値を入れよ。

(2)　実験データより，反応速度定数 k の平均値を求めよ。

(3)　$t = 10\,min$ における N_2O_5 の分解速度と O_2 の生成速度をそれぞれ求めよ。

考え方　(1)　(ア)　平均の濃度は，各時間間隔の最初と最後の濃度の平均値となる。

$$\overline{[N_2O_5]} = \frac{4.90 + 4.34}{2} = 4.62〔mol/L〕$$

(イ)　平均の反応速度 $\overline{v}$ は，

$$\overline{v} = \frac{濃度の変化量}{反応時間} で求める。$$

$$\overline{v} = -\frac{\Delta[N_2O_5]}{\Delta t} = -\frac{4.90 - 5.32}{2 - 0}$$

$$= 0.210〔mol/(L·min)〕$$

(ウ)　反応速度式 $v = k[N_2O_5]$ より，

$$k = \frac{v}{[N_2O_5]}$$

　v に平均の反応速度 $\overline{v}$，$[N_2O_5]$ に平均の濃度 $\overline{[N_2O_5]}$ の値を代入する[*1]。

$$k = \frac{\overline{v}}{\overline{[N_2O_5]}} = \frac{0.160}{3.94} ≒ 4.06 \times 10^{-2}〔/min〕$$

　[*1]　実験により求まる反応速度はすべて平均の反応速度 $\overline{v}$ であるから，反応速度式を用いて k を求める場合，$[N_2O_5]$ も平均の濃度 $\overline{[N_2O_5]}$ を使わなければならないことに留意すること。

(2)　表の3つの反応速度定数の値を平均すると，

$$k = \frac{(4.11 + 4.04 + 4.06) \times 10^{-2}}{3}$$

$$= 4.07 \times 10^{-2}〔/min〕$$

　一般に，反応速度定数は，反応の種類と温度によって決まる定数である。

　〔参考〕　こうして求めた k の値が，各時間間隔において一定であるから，反応速度式は $v = k[N_2O_5]$ が成り立つことが示された。

(3)　(2)で求めた k の値を用いると，各時刻における瞬間の反応速度も求められる。

　$t = 10〔min〕$ における N_2O_5 の分解速度（瞬間の反応速度）v は，

$$v = 4.07 \times 10^{-2}〔/min〕 \times 3.54〔mol/L〕$$

$$= 1.44 \times 10^{-1}〔mol/(L·min)〕$$

　O_2 の生成速度 v' は，

$$v' = 1.44 \times 10^{-1} \times \frac{1}{2}$$

$$= 7.20 \times 10^{-2}〔mol/(L·min)〕$$

解答　(1)(ア) 4.62　(イ) 0.210
　　　(ウ) 4.06×10^{-2}
　(2) 4.07×10^{-2}/min
　(3) N_2O_5：$1.44 \times 10^{-1}\,mol/(L·min)$
　　　O_2：$7.20 \times 10^{-2}\,mol/(L·min)$

19　化学反応の速さ　173

標準問題

必は重要な必須問題。時間のないときはここから取り組む。

242 □□ ◀反応速度▶ 次の文の□□□に適当な語句を入れよ。

反応の速さは，単位時間あたりに減少する①□□□の濃度の変化量または，単位時間あたりに増加する②□□□の濃度の変化量によって比較できる。

反応物の③□□□が大きくなると，反応物どうしの④□□□回数が多くなり，反応速度は大きくなる。また，温度を高くしても，反応速度は⑤□□□なる。これは，温度が上昇すると，反応物の⑥□□□エネルギーが大きくなり，反応するのに必要となる⑦□□□以上のエネルギーをもつ分子の割合が多くなるからである。

また，固体が関係する反応では，固体の⑧□□□が大きいほど，反応速度は大きくなる。反応速度に影響を与える因子には，気体の⑨□□□のほかに，第三の物質，すなわち⑩□□□の影響がある。⑩は，反応の⑦を小さくすることで，反応速度を大きくするが，それ自体は反応により変化しない。

必 243 □□ ◀反応の速さ▶ 次の(1)〜(6)の内容に最も関係の深い語句を，下の語群から一つずつ重複なく選べ。

(1) 鉄は，塊状よりも粉末状の方がはやくさびる。

(2) 濃硝酸は，褐色のびんに入れて保存する。

(3) 過酸化水素水に少量の塩化鉄(Ⅲ)水溶液を加えると，酸素が激しく発生する。

(4) 同量の亜鉛に1mol/Lの塩酸と酢酸を加えると，塩酸の方が激しく水素を発生する。

(5) マッチは，空気中よりも酸素中の方が激しく燃焼する。

(6) 過酸化水素水は，なるべく冷蔵庫で保存する方がよい。

【語群】 圧力，濃度，触媒，温度，表面積，光

244 □□ ◀反応速度▶ 次の(1)〜(10)の記述内容について，正しいものには○，誤っているものには×をつけよ。

(1) 温度一定のとき，反応速度は反応物の濃度によらず，一定の値を示す。

(2) 温度一定の条件では，反応熱の等しい2つの反応の反応速度は等しい。

(3) 反応物どうしが衝突しても，必ず反応が起こるとは限らない。

(4) 反応速度とは，反応する分子の熱運動の速度である。

(5) 反応熱が大きいほど，反応速度は大きい。

(6) 活性化エネルギーが大きい反応ほど，反応速度は大きい。

(7) 一定体積で温度を上げると，反応速度は大きくなる。

(8) 一定温度で体積を大きくすると，反応速度は大きくなる。

(9) 一定体積中の反応では，時間の経過とともに反応速度は大きくなる。

(10) 一定体積中での反応では，反応物を添加すると反応速度は大きくなる。

174 第4編 物質の変化と平衡

必245 ◀過酸化水素の分解▶

過酸化水素の分解反応についての問いに答えよ。

0.50mol/L 過酸化水素水 1.0L に触媒を加え，温度20℃に保ったら，次式のように分解し，2分間に 0.060mol の酸素が発生した。　$2H_2O_2 \longrightarrow 2H_2O + O_2$

(1) この2分間における酸素の発生速度は，何 mol/s か。

(2) この2分間における過酸化水素の分解速度は，何 mol/(L・s) か。

(3) この反応が20℃で40分で完了したとすると，50℃では何分かかることになるか。ただし，この反応は温度が10K上昇するごとに，反応速度が2倍に増加するものとする。

必246 ◀反応速度式▶

$aA + bB \longrightarrow cC$ (a, b, c は係数)で表される反応がある。いま，AとBの濃度を変えて，Cの生成速度 v を求めたら，表の結果が得られた。次の問いに答えよ。

実験	[A]〔mol/L〕	[B]〔mol/L〕	v〔mol/(L・s)〕
1	0.30	1.20	3.6×10^{-2}
2	0.30	0.60	9.0×10^{-3}
3	0.60	0.60	1.8×10^{-2}

(1) この反応の反応速度式としてどれが適当か。次から記号で選べ。

(ア) $v = k[A][B]$　(イ) $v = k[A]^2[B]$　(ウ) $v = k[A][B]^2$　(エ) $v = k[A]^2[B]^2$

(2) 速度定数 k (単位も含む)を求めよ。

(3) [A] = 0.40mol/L，[B] = 0.80mol/L のとき，Cの生成速度は何 mol/(L・s) になるか。

(4) この反応は，温度を10K上げるごとに3倍ずつ速くなるとする。反応温度を-10℃から20℃にすると，Cの生成速度はもとの何倍になるか。

必247 ◀反応の速さ▶

3.0%過酸化水素水 10mL に酸化マンガン(Ⅳ)の粉末 0.50g を加えたとき，時間と気体の発生量との関係は，図のアのようであった。この実験を次の条件で行うと，そのグラフはどのようになるか。図中の記号で答えよ。

(1) 過酸化水素水の温度を10℃高くする。
(2) 粒状の酸化マンガン(Ⅳ)0.50g を用いる。
(3) 6.0%過酸化水素水 10mL を用いる。
(4) 1.5%過酸化水素水 10mL を用いる。
(5) 3.0%過酸化水素水 20mL を用いる。

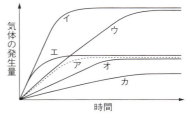

248 ◀触媒▶

次の記述のうち，正しいものには○，誤っているものには×をつけよ。

(1) 触媒は，その反応の反応熱を小さくする。
(2) 触媒は，正反応の速度を大きくし，逆反応の速度は変えない。
(3) 触媒は，それがあるときとないときでは，反応経路が異なっている。
(4) 触媒は，正・逆両反応とも，同じ値だけ活性化エネルギーを低下させる。
(5) 触媒は，反応の前後でそれ自身変化してしまうことがある。
(6) 触媒は，反応物の分子の運動エネルギーを増大させるはたらきがある。

249 □□ ◀反応の速さ▶ 図の曲線は,ある物質が異なる3つの温度で分解するときの反応物の濃度変化を表す。次の問いに答えよ。

(1) 反応開始1分後の分解反応の速さが,最も大きいのは(a)〜(c)のうちどれか。
(2) 反応物の濃度が0.5mol/Lになるまでの平均の分解速度は,(a)は(c)の何倍か。
(3) 曲線(d)は,曲線(a)〜(c)のどの温度と等しいか。
(4) 反応速度は,温度を高くすると大きくなる。その主な理由を次から一つ選べ。
  (ア) 分子間の衝突回数が増える。 (イ) 活性化エネルギーが大きくなる。
  (ウ) 反応経路が変わる。 (エ) 反応する可能性のある分子の数が増える。

発展問題

250 □□ ◀反応速度の式▶ 五酸化二窒素 N_2O_5 を四塩化炭素(溶媒)に溶かして45℃に温めたところ,次式のように分解した。なお,生成した二酸化窒素 NO_2 は溶媒に溶け,酸素だけが発生したものとする。

$$2N_2O_5 \longrightarrow 4NO_2 + O_2$$

発生した酸素の体積から N_2O_5 の分解速度 v [mol/(L·s)] を計算して,N_2O_5 の濃度と比較したら,表のような結果が得られた。次の問いに答えよ。

$[N_2O_5]$ [mol/L]	2.00	1.50	0.90
v [mol/(L·s)]	1.24×10^{-3}	9.30×10^{-4}	5.49×10^{-4}

(1) $v = k[N_2O_5]$ の式が成り立つことを,表の結果から説明せよ。
(2) 表の結果から,速度定数 k の平均値を求めよ。
(3) (2)の値を用いて,$[N_2O_5]$ が 1.00mol/L のときの N_2O_5 の分解速度を求めよ。
(4) (3)の場合,溶液の体積が 10.0L であれば,1分間で何 mol の酸素が発生するか。

251 □□ ◀アレニウスの式▶

五酸化二窒素 N_2O_5 の分解反応 $2N_2O_5 \longrightarrow 4NO_2 + O_2$ の反応速度式は $v = k[N_2O_5]$ で表されるが,この反応速度定数 k と絶対温度 T との間には次の関係式(アレニウスの式)が成り立つことが知られている。

$$k = A \cdot e^{-\frac{E}{RT}} \quad \begin{pmatrix} E:\text{活性化エネルギー},\ R:\text{気体定数} \\ A:\text{比例定数},\ e:\text{自然対数の底} \end{pmatrix}$$

いま,$T_1 = 300K$ から $T_2 = 310K$ になると,反応速度定数はちょうど2倍になった。これよりこの反応の活性化エネルギー[kJ/mol]を求めよ。ただし,$R = 8.3$ J/(K·mol),$\log_e 2 = 0.69$,この温度範囲においては,E と A は変化しないものとする。

20 化学平衡

1 可逆反応と化学平衡

❶**可逆反応** 正反応(右向きの反応)も逆反応(左向きの反応)も起こる反応。

❷**化学平衡** 可逆反応で,正反応と逆反応の速度が等しくなり,見かけ上,反応が停止したような状態を**化学平衡の状態(平衡状態)**という。

例 $H_2 + I_2 \underset{v_2}{\overset{v_1}{\rightleftarrows}} 2HI$ (平衡状態)$v_1 = v_2$

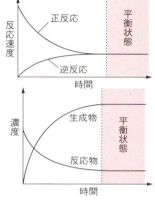

2 化学平衡の量的関係

❶**化学平衡の法則(質量作用の法則)** 可逆反応が平衡状態にあるとき,反応物と生成物の濃度の間には,次の関係式が成り立つ。

$$aA + bB \rightleftarrows xX + yY \quad (a, b, x, y:係数)$$

$$\frac{[X]^x[Y]^y}{[A]^a[B]^b} = K(一定) \quad \begin{pmatrix} [\ ]は各物質のモ \\ ル濃度を表す。\end{pmatrix}$$

この K を**平衡定数**[*1]といい,温度で決まる定数である。

[*1] 固体の関係した平衡では,[(固)]は常に一定なので,平衡定数の式には含めない。

❷**圧平衡定数** 気体間の反応で,各成分気体の分圧を用いて平衡定数を表したもの。

$$\frac{P_X^x \cdot P_Y^y}{P_A^a \cdot P_B^b} = K_P (一定)$$

この K_P を**圧平衡定数**といい,温度で決まる定数である。

K と K_P の関係は,気体の状態方程式より,$K = K_P \times (RT)^{(a+b)-(x+y)}$ である。

3 化学平衡の移動

❶**ルシャトリエの原理** 可逆反応が平衡状態にあるとき,濃度,圧力,温度などの条件を変えると,その影響を打ち消す(緩和する)方向へ平衡が移動し,新しい平衡状態となる。これを**ルシャトリエの原理**または**平衡移動の原理**という。

条件	平衡が移動する方向	例 $N_2 + 3H_2 = 2NH_3 + 92.2kJ$
濃度	反応物の濃度を増すと正反応の方向 生成物の濃度を増すと逆反応の方向 } に移動	N_2 や H_2 を加える ⇒右に移動 NH_3 を加える ⇒左に移動
圧力 (気体)	加圧すると気体分子数の減少する方向 減圧すると気体分子数の増加する方向 } に移動	加圧する ⇒右に移動 減圧する ⇒左に移動
温度	温度を上げると吸熱反応の方向 温度を下げると発熱反応の方向 } に移動	温度を上げる ⇒左に移動 温度を下げる ⇒右に移動

※気体の分子数が変わらない反応で,圧力を変えても平衡は移動しない。
※触媒を用いると,平衡に達するまでの時間は短縮されるが,平衡そのものは移動しない。
※気液平衡や溶解平衡など,物理変化を伴う平衡にもルシャトリエの原理は適用できる。

確認&チェック

1 次の文の□□□に適当な語句を入れよ。

(1) 化学反応において，右向きの反応を①□□□，左向きの反応を②□□□といい，正・逆いずれの方向にも進むことのできる反応を③□□□という。これに対して，一方向だけに進む反応を不可逆反応という。

(2) 可逆反応が一定時間が経過すると，正反応と逆反応の④□□□が等しくなり，見かけ上，反応が停止したような状態になる。この状態を⑤□□□という。

2 可逆反応 $H_2 + I_2 \rightleftharpoons 2HI$ が一定温度で平衡状態にある。このときの状態について正しい記述を次から選べ。

(1) H_2 と I_2 と HI の分子数の比が $1:1:2$ である。

(2) H_2 と I_2 の分子数の和と HI の分子数が等しい。

(3) 正反応と逆反応の速さは等しい。

(4) 正反応も逆反応も起こらず，反応が停止している。

3 次の文の□□□に適する語句を入れよ。

ある可逆反応 $aA + bB \rightleftharpoons cC + dD$（$a$, b, c, d は係数）が平衡状態にあるとき，

$$\frac{[C]^c[D]^d}{[A]^a[B]^b} = K（一定）$$の関係が成り立つ。この K を①□□□

といい，この式で表される関係を，②□□□の法則という。

4 次の可逆反応の平衡定数を表す式を書け。ただし，指定のない物質は，すべて気体とする。

(1) $H_2 + I_2 \rightleftharpoons 2HI$

(2) $2NO_2 \rightleftharpoons N_2O_4$

(3) $CO_2 + C（固） \rightleftharpoons 2CO$

5 可逆反応 $N_2 + 3H_2 = 2NH_3 + 92kJ$ が平衡状態にあるとき，次の条件を変化させると，平衡はどちら向きに移動するか。

① 温度を上げる。

② 圧力を高くする。

③ NH_3 を除く。

④ N_2 の濃度を上げる。

解答

1 ① 正反応

② 逆反応

③ 可逆反応

④ 速度（速さ）

⑤ 化学平衡の状態（平衡状態）

→ p.177 **1**

2 (3)

➡(1), (2) 平衡状態における各物質の分子数の比は，反応式の係数とは無関係である。

→ p.177 **1**

3 ① 平衡定数

② 化学平衡

→ p.177 **2**

4 (1) $K = \dfrac{[HI]^2}{[H_2][I_2]}$

(2) $K = \dfrac{[N_2O_4]}{[NO_2]^2}$

(3) $K = \dfrac{[CO]^2}{[CO_2]}$

➡平衡定数は，固体成分を除き，気体成分のみで表す。

→ p.177 **2**

5 ① 左 （吸熱方向）

② 右 （分子数が減少する方向）

③ 右 （NH_3 を生成する方向）

④ 右 （N_2 を減らす方向）

→ p.177 **3**

例題 79　平衡の移動

次の可逆反応が平衡状態にあるとき，①〜④の条件変化によって，それぞれ平衡はどう移動するか。「左」，「右」，「移動しない」で答えよ。

$2SO_2(気) + O_2(気) = 2SO_3(気) + 198kJ$

① 温度を上げる。　　② 体積を小さくする。
③ 触媒を加える。　　④ SO_3 を取り除く。

考え方　可逆反応が平衡状態にあるとき，反応の条件(濃度，圧力，温度)を変化させると，その変化を打ち消す(緩和する)方向へ平衡が移動する(**ルシャトリエの原理**)。

① 温度を上げると，吸熱反応の方向(左)へ平衡が移動する。
② 体積を小さくすると，圧力が大きくなる。そのため，圧力を減少させる方向，つまり気体分子の数が減少する方向(右)へ平衡が移動する。

(注意)　体積を小さくすると，体積が大きくなる方向，気体分子の数が増加する方向(左)へ平衡が移動すると考えてはいけない。平衡の移動は，粒子の数に関係する示量変数の**体積**ではなく，粒子の数に関係しない示強変数の**圧力**で考える必要がある。

③ 触媒を加えると，反応速度が増大するが，平衡に達した反応系では，何も変化はない。
④ 生成物の SO_3 を除くと，SO_3 の濃度が増加する方向(右)へ平衡が移動する。

解答　① 左　② 右　③ 移動しない　④ 右

例題 80　ルシャトリエの原理

気体 A と気体 B から気体 C が生成する反応は次式で表せる。

$aA + bB = cC + QkJ$　(a, b, c は係数)

この反応が平衡に達したとき，各温度，圧力でのCの体積百分率〔%〕を右図に示した。次の問いに答えよ。

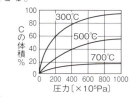

(1) 右向きの反応は，発熱反応か，吸熱反応か。
(2) 反応式の係数についての関係式で正しいのはどれか。
　(ア) $a + b = c$　　(イ) $a + b > c$　　(ウ) $a + b < c$
(3) この反応が全圧 500×10^5 Pa で平衡に達していた。温度一定で容器の体積を半分にして新しい平衡状態での全圧を P〔$\times 10^5$ Pa〕としたとき，正しい関係はどれか。
　(ア) $P = 500$　(イ) $500 < P < 1000$　(ウ) $P = 1000$　(エ) $1000 < P < 2000$

考え方　ルシャトリエの原理を利用する。
(1) グラフより，高温ほどCの体積%が減少している。ルシャトリエの原理より，高温になると，吸熱方向へ平衡が移動する。よって，Cの生成反応は発熱反応である。
(2) グラフより，高圧ほどCの体積%が増加している。ルシャトリエの原理より，高圧になると，気体分子の数が減少する方向へ平衡が移動する。よって，Cの生成反応は，気体分子の数が減少する反応である。係数については，$a + b > c$ である。
(3) 平衡移動が起こらなければ，ボイルの法則より，圧力は2倍の 1000×10^5 Pa になる。しかし，ルシャトリエの原理より，圧力を高くすると，圧力の増加を打ち消す(緩和する)方向へ平衡が移動し，圧力は 1000×10^5 Pa よりやや小さくなる。

解答　(1) 発熱反応　(2) …(イ)　(3) …(イ)

例題 81　反応速度と平衡

水素とヨウ素の混合物を密閉容器に入れ，450℃で反応させると，ヨウ化水素が生成し，やがて平衡に達する。　$H_2 + I_2 \overset{正反応}{\underset{逆反応}{\rightleftarrows}} 2HI$

反応開始後の正反応と逆反応の速さを正しく表した図を，次のア〜オから選べ。

考え方　正反応の速度式は $v_1 = k_1[H_2][I_2]$，逆反応の速度式は $v_2 = k_2[HI]^2$ で表される。
正反応…反応物の多い反応初期は，反応の速さは大きい。反応が進むにつれて，反応物質が少なくなり，反応の速さは小さくなる。
逆反応…反応初期は HI が存在せず，反応の速さは 0。反応が進むにつれて HI が生成してくるので，反応の速さは大きくなる。
平衡状態…正反応の速さ v_1 と逆反応の速さ v_2 が等しくなる(しかし，$v_1 = v_2 = 0$ ではない)。

解答　ア

例題 82　平衡定数と平衡の量的関係

700K に保った一定容積の容器に水素 1.0mol，ヨウ素 1.0mol を入れたら，次のように反応が起こり平衡に達した。
　　$H_2(気) + I_2(気) \rightleftarrows 2HI(気)$
また，ヨウ化水素 HI の生成量は図のように変化した。
(1)　700K でのこの反応の平衡定数を求めよ。
(2)　別の同じ容器に，ヨウ化水素を 2.0mol 入れ，700K に保った。平衡に達したとき，水素とヨウ素はそれぞれ何 mol ずつ存在しているか。

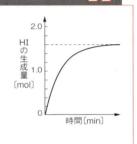

考え方　可逆反応 $aA + bB \rightleftarrows cC$ (a, b, c は係数)が平衡状態にあるとき，各物質の濃度の間には次の関係が成り立つ。この関係を**化学平衡の法則(質量作用の法則)**という。

$$\frac{[C]^c}{[A]^a[B]^b} = K (平衡定数という)$$

平衡定数を求めるときは，平衡時に存在する各物質の物質量を正確に把握し，それをモル濃度に変換してから，上式に代入すること。
(1)　グラフより，生成した HI が 1.6mol で一定になっているから，平衡時における各物質の物質量は次の通りである。

　　　　　　H_2 　　　+ 　　I_2 　　$\rightleftarrows$ 　　$2HI$
平衡時　(1.0 − 0.80)　(1.0 − 0.80)　　1.6 (mol)

反応容器の容積を V [L] として，平衡定数の式に上記の値を代入する。

$$K = \frac{[HI]^2}{[H_2][I_2]} = \frac{\left(\frac{1.6}{V}\right)^2}{\left(\frac{0.20}{V}\right)\left(\frac{0.20}{V}\right)} = 64$$

(2)　1.0mol ずつの H_2 と I_2 から反応が出発しても，2.0mol の HI から反応が出発しても，反応系に存在する H と I の物質量が同一ならば，同温では，同じ平衡状態に到達する。

解答　(1) 64　(2) H_2 : 0.20mol　I_2 : 0.20mol

例題 83	平衡定数の計算	■ ■

ある一定容積の反応容器に 2.0mol の水素と 1.5mol のヨウ素を入れ，一定温度に保つと，次の反応が平衡状態に達した。このとき，ヨウ化水素が 2.0mol 生成していた。次の問いに答えよ。（$\sqrt{2} = 1.4$，$\sqrt{3} = 1.7$，$\sqrt{5} = 2.2$，$\sqrt{7} = 2.6$）

$$H_2 + I_2 \rightleftarrows 2HI$$

(1) この反応の平衡定数を求めよ。

(2) 別の同じ容積の容器に水素 1.0mol とヨウ素 1.0mol を入れて，同じ温度に保つと，平衡に達した。このとき生成しているヨウ化水素は何 mol か。

(3) (2)の平衡混合物に，さらに水素 1.0mol を加えて放置した。平衡に達したとき，ヨウ化水素は何 mol 存在しているか。

考え方「可逆反応が平衡状態に達したとき，反応物の濃度の積と生成物の濃度の積の比は，温度が変わらなければ一定である」。これを化学平衡の法則という。

可逆反応 $aA + bB \rightleftarrows cC + dD$ が平衡状態にあるとき，

$$K = \frac{[C]^c[D]^d}{[A]^a[B]^b} \qquad K は平衡定数$$

[A]，[B]，[C]，[D]は平衡時の各物質のモル濃度，a, b, c, d は各物質の係数を表す。

(1) この反応によってヨウ化水素が 2.0mol 生成したので，反応した水素とヨウ素はそれぞれ 1.0mol である。平衡時の各物質の物質量は次のようになる。

	H_2	+	I_2	$\rightleftarrows$	2HI	
反応前	2.0		1.5		0	〔mol〕
変化量	-1.0		-1.0		$+2.0$	〔mol〕
平衡時	1.0		0.5		2.0	〔mol〕

反応容器の容積を V〔L〕とおき，H_2, I_2, HI のモル濃度を平衡定数の式に代入する。

$$K = \frac{[HI]^2}{[H_2][I_2]} = \frac{\left(\frac{2.0}{V}\right)^2}{\left(\frac{1.0}{V}\right)\left(\frac{0.5}{V}\right)} = \frac{2.0^2}{1.0 \times 0.5} = 8.0$$

（K の式の分母・分子がともに〔mol/L〕^{2} だから，平衡定数の単位はない。）

(2) 同じ温度だから，平衡定数 K の値も 8.0 で変化しない。H_2, I_2 がそれぞれ x〔mol〕ずつ反応したとすると，平衡時の各物質の物質量は次のようになる。

	H_2	+	I_2	$\rightleftarrows$	2HI	
反応前	1.0		1.0		0	〔mol〕
変化量	$-x$		$-x$		$+2x$	〔mol〕
平衡時	$1.0-x$		$1.0-x$		$2x$	〔mol〕

反応容器の容積を V〔L〕とおき，H_2, I_2, HI のモル濃度を平衡定数の式に代入する。

$$K = \frac{[HI]^2}{[H_2][I_2]} = \frac{\left(\frac{2x}{V}\right)^2}{\left(\frac{1.0-x}{V}\right)\left(\frac{1.0-x}{V}\right)}$$

$$= \frac{(2x)^2}{(1.0-x)^2} = 8.0$$

$0 < x < 1$ を考慮して両辺の平方根をとり，$\sqrt{2} = 1.4$ より，

$$\frac{2x}{1.0-x} = 2\sqrt{2} \qquad x ≒ 0.583〔mol〕$$

∴ HI：$2x = 2 \times 0.583 ≒ 1.16 ≒ 1.2$〔mol〕

(3) 最初に H_2 2.0mol，I_2 1.0mol から反応を開始したと考えればよい。H_2, I_2 がそれぞれ y〔mol〕ずつ反応したとすると，平衡時の H_2, I_2, HI のモル濃度を平衡定数の式に代入して，

$$K = \frac{[HI]^2}{[H_2][I_2]} = \frac{\left(\frac{2y}{V}\right)^2}{\frac{2.0-y}{V}\cdot\frac{1.0-y}{V}} = 8.0$$

整理して，$y^2 - 6y + 4 = 0$

$0 < y < 1$，$\sqrt{5} = 2.2$ より，

$y = 3 - \sqrt{5} = 0.80$〔mol〕

∴ HI：$2y = 2 \times 0.80 = 1.6$〔mol〕

解答 (1) 8.0 (2) 1.2mol (3) 1.6mol

20 化学平衡 181

標準問題

は重要な必須問題。時間のないときはここから取り組む。

必252 □□ ◀平衡の移動と温度・圧力▶ 次の可逆反応について、生成物の生成量と温度・圧力の関係を正しく表したグラフを、下から記号で選べ。ただし、$T_1 < T_2$ とする。
(1) $N_2(気) + O_2(気) = 2NO(気) - 181kJ$ (2) $N_2(気) + 3H_2(気) = 2NH_3(気) + 92kJ$
(3) $C(固) + CO_2(気) = 2CO(気) - 172kJ$

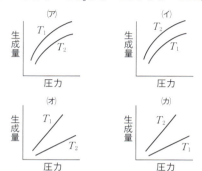
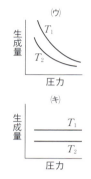
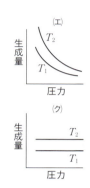

必253 □□ ◀平衡の移動▶ $C(固) + H_2O(気) = H_2(気) + CO(気) - 135kJ$ の反応が平衡に達している。次の(A)~(F)の操作を行った場合、平衡はどう移動するか。下の(ア)~(エ)から選べ。
(A) 圧力一定で、温度を上げる。   (B) 温度一定で、体積を小さくする。
(C) 温度・圧力ともに上げる。   (D) 温度・圧力一定で、触媒を加える。
(E) 温度・体積を一定に保ったまま、アルゴンを加える。
(F) 温度・圧力を一定に保ったまま、アルゴンを加える。

[(ア) 左へ移動   (イ) 右へ移動   (ウ) 移動しない。
  (エ) この条件では判断できない。]

必254 □□ ◀平衡定数▶ 酢酸とエタノールの混合物に少量の濃硫酸を加えて、ある一定の温度で反応させると、次式で示される反応が起こり、酢酸エチルが生成する。

$CH_3COOH + C_2H_5OH \rightleftharpoons CH_3COOC_2H_5 + H_2O$

いま、酢酸 1.0mol とエタノール 1.2mol を混合して 70℃ で反応させたところ、酢酸エチルが 0.80mol 生じて平衡状態になった。次の問いに答えよ。($\sqrt{2} = 1.4$)
(1) この反応の 70℃ における平衡定数はいくらか。
(2) 酢酸 2.0mol とエタノール 2.0mol を混合して 70℃ に保ち、平衡状態になったとき、酢酸エチルは何 mol 生成しているか。
(3) 酢酸 1.0mol、エタノール 1.0mol、水 2.0mol の混合物を反応させ、70℃ で平衡状態に達したとき、酢酸エチルは何 mol 生成しているか。

255 □□ ◀平衡移動の実験▶

常温では，二酸化窒素 NO_2 は，この 2 分子が結合した四酸化二窒素 N_2O_4 と次式で示すような平衡状態にある。

$2NO_2$（赤褐色） $\rightleftarrows$ N_2O_4（無色）

この混合気体を用いて行った次の実験について，下の問いに答えよ。

実験Ⅰ：混合気体を 2 本の試験管に入れ，図 1 のように連結した。この試験管をそれぞれ氷水および熱湯に浸して色の変化を観察したところ，高温側の色が濃くなった。

実験Ⅱ：図 2 のように混合気体を注射器に入れ，筒の先をゴム栓で押さえ，注射器を強く圧縮し，矢印の方向から気体の色を観察した。

実験Ⅲ：この混合気体を密閉容器に入れ，25℃，1.0×10^5 Pa でそれぞれの濃度を調べたら，NO_2 は 0.010 mol/L，N_2O_4 は 0.030 mol/L であった。

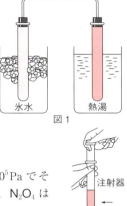

図1

図2

(1) 実験Ⅰより N_2O_4 の生成反応は，発熱反応，吸熱反応のどちらか。
(2) 実験Ⅱで，注射器を圧縮すると，混合気体の色はどのように変化するか。正しい記述を次のア～エから選べ。
　ア　圧縮した直後から赤褐色が濃くなる。
　イ　圧縮した直後から赤褐色がうすくなる。
　ウ　圧縮した直後は赤褐色が濃くなり，その後，赤褐色はうすくなる。
　エ　圧縮した直後は赤褐色がうすくなり，その後，赤褐色は濃くなる。
(3) 実験Ⅲの結果より，この反応の平衡定数を求めよ。

必 256 □□ ◀アンモニアの合成▶

下図は，体積比 1 : 3 の N_2 と H_2 の混合気体から出発し，$N_2 + 3H_2 \rightleftarrows 2NH_3$ の可逆反応が平衡に達したとき，全気体に対する NH_3 の体積百分率〔％〕を各温度ごとに示したものである。次の文の□□□に適当な語句・数値を記入せよ。

この反応が①□□□反応であることは，圧力を一定にして温度を②□□□と，NH_3 の体積百分率が増加することからわかる。また，温度を一定にして圧力を増加させると，平衡は気体の分子数が③□□□する方向へ移動している。よって，工業的に NH_3 を合成するには，温度は④□□□，圧力は⑤□□□の条件が有利であるが，④では⑥□□□が低下するので，実際には⑦□□□が使用される。また，400℃，5×10^7 Pa で平衡に達したとき，N_2 の体積百分率は⑧□□□％である。

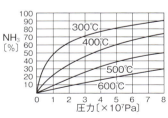

必257 ☐☐ ◀反応速度と平衡▶ 右図のグラフSはある温度,圧力で窒素と水素を反応させたときの,時間経過に伴うアンモニアの生成量の変化を示す。

$N_2 + 3H_2 = 2NH_3 + 92kJ$

いま,次の(1)〜(5)のように反応条件を変えたとき,予想されるグラフはa〜eのどれになるか。

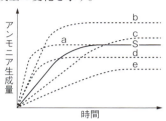

(1) 温度を上げる。
(2) 温度を下げる。
(3) 圧力を上げる。
(4) 圧力を下げる。
(5) 触媒を加える。

必258 ☐☐ ◀平衡定数▶ 水素0.70molとヨウ素1.00molを混ぜ,ある一定温度に保つと,すべて気体となり,ヨウ化水素が1.20mol生じて平衡状態となった。次の問いに答えよ。

(1) この温度における可逆反応 $H_2 + I_2 \rightleftarrows 2HI$ の平衡定数を求めよ。
(2) ヨウ化水素2.0molを同温度の同容器に保ち,平衡状態に達したとき,水素とヨウ素はそれぞれ何molずつ生成しているか。
(3) 同温度の同容器に水素,ヨウ素,ヨウ化水素を各1.0molずつ入れたとき,上式の反応はどちらの方向に進むか。平衡定数を用いて説明せよ。

259 ☐☐ ◀化学平衡▶ 正しい記述には○,誤っている記述には×をつけよ。

(1) 平衡定数Kが大きいことは,反応の活性化エネルギーが大きいことを表している。
(2) 温度を高くすると,平衡定数Kの値はつねに大きくなる。
(3) 圧力を高くすると,平衡定数Kの値は大きくなる。
(4) 平衡状態にあるときは,正反応,逆反応ともに反応の速さは0である。
(5) 平衡状態にあるとき,温度を上げると,正反応,逆反応の速さはともに速くなる。
(6) 反応物の初濃度を2倍にして反応させると,平衡定数Kの値は2倍になる。
(7) 平衡定数Kの値は,反応における触媒の有無とは関係しない。

260 ☐☐ ◀平衡定数▶ 四酸化二窒素と二酸化窒素の間には,次の化学平衡が成り立つ。 $N_2O_4 \rightleftarrows 2NO_2$ ……①

いま,5.0Lの容器にN_2O_4 1.0molを入れ,70℃に保ったとき,容器内にはN_2O_4が0.50mol存在していた。次の問いに答えよ。

(1) 70℃における①式の平衡定数を求めよ。
(2) 10Lの容器にN_2O_4 1.0molを入れて70℃に保ったとき,容器内には何molのN_2O_4が存在しているか。$\sqrt{2} = 1.41$, $\sqrt{5} = 2.23$とする。

問題261〜263で，必要な場合は，気体定数 $R = 8.3 \times 10^3 \mathrm{Pa \cdot L/(K \cdot mol)}$ として計算せよ。

発展問題

261 □□ ◀化学平衡と平衡定数▶ 窒素と水素からアンモニアを合成する反応の熱化学方程式は次の通りである。

$$N_2 + 3H_2 = 2NH_3 + 92kJ$$

容積可変の反応容器に3.0molの窒素と9.0molの水素を入れ，触媒の存在下で450℃，$4.0 \times 10^7 \mathrm{Pa}$ の条件で反応させたところ，平衡状態に達し，体積百分率で50%のアンモニアを含むようになった。気体はすべて理想気体であるとして次の問いに答えよ。

(1) 平衡状態での窒素，水素，アンモニアの物質量はそれぞれ何molか。
(2) 反応により発生した熱量は何kJか。
(3) 平衡状態での混合気体の体積は何Lか。
(4) この反応の平衡定数 K を求めよ。

262 □□ ◀固体を含む平衡▶ 下図のようなピストン付きの容器の中に，CO（気体）とCO₂（気体）と少量のC（固体）が入っていて，次式で示す平衡状態となっている。

$$\mathrm{CO_2(気) + C(固) \rightleftarrows 2CO(気)}$$

いま，この容器を $1.0 \times 10^5 \mathrm{Pa}$，327℃に保ったとき，平衡混合気体中のCOの体積百分率は40%で，容器内の気体の体積は1.0Lを示した。次の問いに答えよ。ただし，容器内でのC（固体）の体積は無視できるものとする。

(1) 容器内でのCOおよびCO₂の分圧を求め，この反応条件での圧平衡定数 K_P を求めよ。
(2) 容器内に存在するCOとCO₂の物質量をそれぞれ求め，この反応条件での濃度平衡定数 K_C を求めよ。

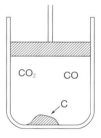

263 □□ ◀濃度平衡定数と圧平衡定数▶ ピストン付きの容器に1.0molの四酸化二窒素を入れ，容器内の温度を一定に保つと，一部が解離して二酸化窒素を生じ，次式で示す平衡状態に達した。次の問いに答えよ。

$$\mathrm{N_2O_4 \rightleftarrows 2NO_2}$$

(1) 容器の容積を10L，温度を47℃に保ち，平衡状態に達したとき，N₂O₄の解離度は0.20であった。これより，この反応の濃度平衡定数 K_C を求めよ。
(2) (1)の平衡状態における気体の全圧は何Paか。
(3) 47℃において，この反応の圧平衡定数 K_P を求めよ。
(4) 47℃において，ピストンを引き，容器の容積を100Lにした。平衡に達したとき，N₂O₄の解離度はいくらになるか。

21 電解質水溶液の平衡

1 電離平衡

①強電解質 水に溶けると完全に電離する物質。例 強酸, 強塩基など
弱電解質 水に溶けても一部しか電離しない物質。例 弱酸, 弱塩基など
②電離平衡 弱電解質を水に溶かすと, その一部が電離して, 平衡状態となる。この状態を電離平衡という。
③電離度 電解質が電離する割合を電離度(α)という。$0 < \alpha \leq 1$
④電離定数 電離平衡における平衡定数を電離定数といい, $[H_2O]$は定数と扱う。

例 酢酸水溶液のモル濃度 C[mol/L], 電離度 α とする。
$$CH_3COOH \rightleftarrows CH_3COO^- + H^+$$
$$C(1-\alpha) \qquad C\alpha \qquad C\alpha \text{[mol/L]}$$
$$K_a = \frac{[CH_3COO^-][H^+]}{[CH_3COOH]} = \frac{C\alpha^2}{1-\alpha} \cdots \text{ⓐ}$$
K_aを酸の電離定数という。

例 アンモニア水のモル濃度 C[mol/L], 電離度 α とする。
$$NH_3 + H_2O \rightleftarrows NH_4^+ + OH^-$$
$$C(1-\alpha) \quad \text{一定} \quad C\alpha \quad C\alpha \text{[mol/L]}$$
$$K_b = \frac{[NH_4^+][OH^-]}{[NH_3]} = \frac{C\alpha^2}{1-\alpha}$$
K_bを塩基の電離定数という。

⑤オストワルトの希釈律 弱酸の電離度 α は, 濃度 C が薄くなるほど大きくなる。弱酸の濃度が極端に薄くない限り, $\alpha \ll 1$ なので, $1-\alpha \fallingdotseq 1$ と近似できる。

ⓐ式は, $K_a = C\alpha^2$ これを解いて, $\alpha = \sqrt{\dfrac{K_a}{C}}$

⑥水素イオン濃度$[H^+]$と電離定数K_aの関係
$[H^+] = C \cdot \alpha$ だから, $[H^+] = \sqrt{C \cdot K_a}$
⇨この式を使うと, 弱酸水溶液のpHが求められる。

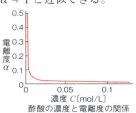
酢酸の濃度と電離度の関係

⑦多段階電離 2価以上の弱酸は, 段階的に電離する。

$H_2S \rightleftarrows H^+ + HS^- \quad K_1 = \dfrac{[H^+][HS^-]}{[H_2S]}$
$HS^- \rightleftarrows H^+ + S^{2-} \quad K_2 = \dfrac{[H^+][S^{2-}]}{[HS^-]}$

$K_1 \times K_2 = K_a$
K_a:H_2Sの電離定数

※一般に, 第二電離定数K_2の方が, 第一電離定数K_1よりかなり小さい。

2 水のイオン積とpH

①水のイオン積 温度一定のとき, 水溶液中の水素イオン濃度$[H^+]$と水酸化物イオン濃度$[OH^-]$の積は, 常に一定である。この値を**水のイオン積**K_wという。
$$\boxed{K_w = [H^+][OH^-] = 1.0 \times 10^{-14} \text{(mol/L)}^2 \quad (25℃)}$$
この関係は純水だけでなく, 酸性・中性・塩基性のいずれの水溶液でも成り立つ。

❷水素イオン指数 pH と，水酸化物イオン指数 pOH

| $[H^+] = 1 \times 10^{-n}$ mol/L | $\Leftrightarrow$ | $pH = n$ | $pH = -\log_{10}[H^+]$ |
| $[OH^-] = 1 \times 10^{-n}$ mol/L | $\Leftrightarrow$ | $pOH = n$ | $pOH = -\log_{10}[OH^-]$ |

$[H^+] \times [OH^-] = 1 \times 10^{-14}$ (mol/L)^2 $\Leftrightarrow$ $\boxed{pH + pOH = 14}$

3 塩の加水分解

❶**塩の加水分解** 塩から生じた弱酸のイオンや弱塩基のイオンが水と反応（加水分解）して，それぞれ塩基性や酸性を示す現象。

❷**強酸と強塩基からできた塩** 加水分解しない。電離するだけ。

❸**弱酸と強塩基からできた塩** 加水分解する。水溶液は塩基性を示す。

例 $CH_3COONa \longrightarrow CH_3COO^- + Na^+$

$CH_3COO^- + H_2O \rightleftarrows CH_3COOH + OH^-$

加水分解定数 $K_h = \dfrac{[CH_3COOH][OH^-] \times [H^+]}{[CH_3COO^-] \times [H^+]} = \dfrac{K_w}{K_a}$ ⇐（水のイオン積）
⇐（酢酸の電離定数）

❹**強酸と弱塩基からできた塩** 加水分解する。水溶液は酸性を示す。

例 $NH_4Cl \longrightarrow NH_4^+ + Cl^-$

$NH_4^+ + H_2O \rightleftarrows NH_3 + H_3O^+$ ［H_3O^+］を［H^+］と略記すると，

加水分解定数 $K_h = \dfrac{[NH_3][H^+] \times [OH^-]}{[NH_4^+] \times [OH^-]} = \dfrac{K_w}{K_b}$ ⇐（水のイオン積）
⇐（アンモニアの電離定数）

4 緩衝溶液

❶**緩衝溶液** 少量の強酸や強塩基を加えても，pH がほとんど変化しない溶液。弱酸とその塩，弱塩基とその塩の混合水溶液は，緩衝溶液となる。

例 酢酸と酢酸ナトリウムの混合水溶液 CH_3COOH と CH_3COO^- が多量に存在。
・酸を加える⇨ $CH_3COO^- + H^+ \longrightarrow CH_3COOH$ ⇨［H^+］はさほど増えない。
・塩基を加える⇨ $CH_3COOH + OH^- \longrightarrow CH_3COO^- + H_2O$ ⇨［OH^-］はさほど増えない。

5 溶解平衡と溶解度積

❶**溶解平衡** 飽和溶液中にその固体（結晶）が存在するとき，（溶解する粒子数）＝（析出する粒子数）となった状態（右図）。

❷**共通イオン効果** 電解質の水溶液に，電解質と同種のイオンを加えると，そのイオンが減少する方向に平衡が移動する。

❸**溶解度積** 水に難溶性の塩が溶解平衡の状態にあるとき，水溶液中の各イオンの濃度の積は，温度一定ならば，一定値（**溶解度積** K_{sp} という）をとる。

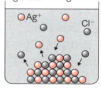

AgCl の溶解平衡

例 $AgCl(固) \rightleftarrows Ag^+ + Cl^-$ $K_{sp} = [Ag^+][Cl^-]$

$PbCl_2(固) \rightleftarrows Pb^{2+} + 2Cl^-$ $K_{sp} = [Pb^{2+}][Cl^-]^2$

・一般に，溶解度積 K_{sp} は，沈殿生成の判定に用いる。

$[M^+][X^-] > K_{sp}$ …沈殿を生じる。 $[M^+][X^-] \leq K_{sp}$ …沈殿を生じない。

確認&チェック

1 次の文の_____に適当な語句または化学式を入れよ。

弱電解質を水に溶かすと，その一部が電離して平衡状態となる。この状態を①_____という。

酢酸の場合：$CH_3COOH \rightleftarrows CH_3COO^- + H^+$

$$K_a = \frac{[CH_3COO^-][H^+]}{[CH_3COOH]} \cdots \cdots ①$$

①式で表される K_a を酸の②_____といい，温度によって決まる定数である。

2 次の電離平衡について，電離定数を表す式を書け。

(1) $H_2S \rightleftarrows H^+ + HS^-$

(2) $HS^- \rightleftarrows H^+ + S^{2-}$

(3) $NH_3 + H_2O \rightleftarrows NH_4^+ + OH^-$

3 次の文の_____に適当な語句または化学式を入れよ。

酢酸ナトリウムを水に溶かすと電離し，生じた酢酸イオンは，次式のように水と反応し，①_____性を示す。

$CH_3COO^- + H_2O \rightleftarrows$ ②_____ $+ OH^-$

このように，弱酸のイオンまたは弱塩基のイオンが水と反応して塩基性や酸性を示す現象を，塩の③_____という。

4 次の文の_____に適当な語句を入れよ。

弱酸とその塩または，①_____とその塩の混合水溶液では，少量の強酸・強塩基を加えても，pH はほとんど変化しない。このような溶液を②_____という。

5 次の文の_____に適当な語句を入れよ。

塩化銀 AgCl のような水に難溶性の塩が溶解平衡の状態にあるとき，温度一定ならば，$[Ag^+]$ と $[Cl^-]$ の積は一定となる。この一定値 K_{sp} を AgCl の①_____という。

一般に，$K_{sp} = [M^+][X^-]$ は，沈殿生成の判定に用いられる。

$[M^+][X^-] > K_{sp}$ ……沈殿を②_____

$[M^+][X^-] \leq K_{sp}$ ……沈殿を③_____

解答

1 ① 電離平衡

② 電離定数

→ p.186 [1]

2 (1) $K = \dfrac{[H^+][HS^-]}{[H_2S]}$

(2) $K = \dfrac{[H^+][S^{2-}]}{[HS^-]}$

(3) $K = \dfrac{[NH_4^+][OH^-]}{[NH_3]}$

➡ $[H_2O]$ は定数とみなして K に含める。

→ p.186 [1]

3 ① 塩基

② CH_3COOH

③ 加水分解

→ p.187 [3]

4 ① 弱塩基

② 緩衝溶液

→ p.187 [4]

5 ① 溶解度積

② 生じる

③ 生じない

→ p.187 [5]

---

188 第4編 物質の変化と平衡

例題 84	弱酸の水溶液の pH	■ ■

0.10mol/L 酢酸水溶液中の酢酸の電離度は 0.016 である。この酢酸水溶液の pH を小数第 1 位まで求めよ。ただし，$\log_{10}1.6 = 0.20$ とする。

考え方 酸性の強さは，<u>水素イオンのモル濃度(水素イオン濃度，記号$[H^+]$)の大小で表す</u>。弱酸である酢酸は，水中では，その一部が電離するだけである。いま，酢酸の濃度が C〔mol/L〕，その**電離度**(電離した割合)を α とすると，平衡時の各物質の濃度は次の通り。

(電離後)$CH_3COOH \rightleftharpoons CH_3COO^- + H^+$
〔mol/L〕　$C(1-\alpha)$　　　　$C\alpha$　　$C\alpha$

すなわち，$[H^+] = C \cdot \alpha$〔mol/L〕で表される。(なお，強酸の場合，$\alpha = 1$ と考えてよい。)

本問では，$C = 0.10$mol/L，$\alpha = 0.016$ より，

$[H^+] = 0.10 \times 0.016 = 1.6 \times 10^{-3}$〔mol/L〕

$[H^+]$は非常に小さく，そのままの値では取り扱いが不便である。そこで，$[H^+] = 10^{-n}$ の形で表し，10 の指数である$-n$の符号を変えた値nを，**水素イオン指数(pH)**という。

$[H^+] = 1 \times 10^{-n}$〔mol/L〕のとき　$pH = n$

数学では，$x = 10^n$ のとき，nをxの常用対数といい，$n = \log_{10}x$ と表す。

$[H^+] = 1.0 \times 10^{-n}$の場合，そのまま常用対数をとると，$-n$という負の値になるので，次式のように$[H^+]$の常用対数にマイナスをつけた値を pH と定義する。

$pH = -\log_{10}[H^+]$

〔対数の計算規則〕
$\log_{10}10 = 1$，$\log_{10}10^a = a$，$\log_{10}1 = 0$
$\log_{10}(a \times b) = \log_{10}a + \log_{10}b$
$\log_{10}(a \div b) = \log_{10}a - \log_{10}b$

$pH = -\log_{10}(1.6 \times 10^{-3})$
$\quad = -(\log_{10}1.6 + \log_{10}10^{-3})$
$\quad = -\log_{10}1.6 + 3 = 3 - 0.20 = 2.8$

解答 2.8

例題 85	酢酸の電離平衡	■ ■

弱酸である酢酸は，水溶液中で一部が電離し，次式のような電離平衡が成立する。また，酢酸の電離定数 K_a は 25℃で 2.8×10^{-5}mol/L である。

$CH_3COOH \rightleftharpoons CH_3COO^- + H^+$

(1) 0.070mol/L の酢酸の電離度 α を求めよ。

(2) 0.070mol/L の酢酸の pH を小数第 1 位まで求めよ。($\log_{10}2 = 0.30$，$\log_{10}7 = 0.85$)

考え方 弱酸の濃度と電離定数から，電離度や pH を求める頻出の重要問題である。よく練習して，完璧にマスターしておくこと。

(1) 酢酸の濃度を C〔mol/L〕，電離度を α とすると，平衡時の各物質の濃度は次の通り。

$CH_3COOH \rightleftharpoons CH_3COO^- + H^+$
$C(1-\alpha)$　　　　$C\alpha$　　　$C\alpha$〔mol/L〕

$\therefore K_a = \dfrac{[CH_3COO^-][H^+]}{[CH_3COOH]} = \dfrac{C\alpha \cdot C\alpha}{C(1-\alpha)} = \dfrac{C\alpha^2}{1-\alpha}$

$C \gg K_a$ のとき$\alpha \ll 1$とみなしてよく，$1-\alpha \fallingdotseq 1$ と近似できる。上式は $K_a = C\alpha^2$ となる。

$\therefore \alpha = \sqrt{\dfrac{K_a}{C}} = \sqrt{\dfrac{2.8 \times 10^{-5}}{7.0 \times 10^{-2}}} = 2.0 \times 10^{-2}$

(2) $[H^+] = C\alpha = C \times \sqrt{\dfrac{K_a}{C}} = \sqrt{C \cdot K_a}$ より，

$[H^+] = \sqrt{7.0 \times 10^{-2} \times 2.8 \times 10^{-5}} = \sqrt{196 \times 10^{-8}}$
$\quad = 1.4 \times 10^{-3}$〔mol/L〕

$pH = -\log_{10}[H^+]$ より，

$pH = -\log_{10}(14 \times 10^{-4})$
$\quad = -\log_{10}2 - \log_{10}7 - \log_{10}10^{-4}$
$\quad = 4 - \log_{10}2 - \log_{10}7 = 2.85 \fallingdotseq 2.9$

解答 (1) 2.0×10^{-2}　(2) 2.9

21 電解質水溶液の平衡　**189**

例題 86 | アンモニアの電離平衡 ■■

アンモニア水中では，次式のような電離平衡が成立している。

$$NH_3 + H_2O \rightleftarrows NH_4^+ + OH^-$$

アンモニアの電離定数 $K_b = 2.3 \times 10^{-5}$ mol/L として，0.23mol/L アンモニア水のpHを小数第1位まで求めよ。ただし，$\log_{10}2.3 = 0.36$ とする。

考え方 アンモニア水の濃度を C〔mol/L〕，電離度を α とすると，電離平衡時における各物質の濃度は次のようになる。

$$NH_3 + H_2O \rightleftarrows NH_4^+ + OH^-$$
$$C(1-\alpha) \quad \text{一定} \quad C\alpha \quad C\alpha \text{〔mol/L〕}$$

$$K_b = \frac{[NH_4^+][OH^-]}{[NH_3]} = \frac{C\alpha \cdot C\alpha}{C(1-\alpha)}$$

$C \gg K_b$ のとき，$\alpha \ll 1$ とみなしてよく，$1 - \alpha \fallingdotseq 1$ と近似できる。

$$K_b = C\alpha^2 \quad \therefore \quad \alpha = \sqrt{\frac{K_b}{C}}$$

$$[OH^-] = C\alpha = C \times \sqrt{\frac{K_b}{C}} = \sqrt{C \cdot K_b}$$

ここへ，$C = 0.23$，$K_b = 2.3 \times 10^{-5}$ を代入。

$$[OH^-] = \sqrt{0.23 \times 2.3 \times 10^{-5}}$$
$$= 2.3 \times 10^{-3}\text{〔mol/L〕}$$

水酸化物イオン指数 $pOH = -\log_{10}[OH^-]$ より，

$$pOH = -\log_{10}(2.3 \times 10^{-3})$$
$$= 3 - \log_{10}2.3 = 2.64$$

$pH + pOH = 14$ より，

$$pH = 14 - 2.64 = 11.36 \fallingdotseq 11.4$$

解答 11.4

例題 87 | 塩の加水分解 ■■

塩化アンモニウム NH_4Cl の水溶液では，電離によって生じたアンモニウムイオンの一部が次のように加水分解して，弱酸性を示す。

$$NH_4^+ + H_2O \rightleftarrows NH_3 + H_3O^+$$

0.50mol/L の塩化アンモニウム水溶液のpHを小数第1位まで求めよ。ただし，アンモニアの電離定数を $K_b = 2.0 \times 10^{-5}$ mol/L，$\log_{10}5 = 0.70$ とする。

考え方 NH_4^+ の加水分解では，次式の関係が成立する。この K_h を**加水分解定数**という。

$$K_h = \frac{[NH_3][H^+]}{[NH_4^+]} \cdots\cdots①$$

①の右辺の分母，分子に $[OH^-]$ を掛けて整理すると，K_h を K_b と K_w を含む式に変形できる。

$$K_h = \frac{[NH_3][H^+][OH^-]}{[NH_4^+][OH^-]} = \frac{K_w}{K_b}$$

$$= \frac{1.0 \times 10^{-14}}{2.0 \times 10^{-5}} = 5.0 \times 10^{-10}\text{〔mol/L〕}$$

最初の NH_4^+ の濃度を C〔mol/L〕とし，こ

のうち x〔mol/L〕だけ加水分解したとすると，

$$NH_4^+ + H_2O \rightleftarrows NH_3 + H_3O^+$$
$$(C-x) \quad \text{一定} \quad x \quad x\text{〔mol/L〕}$$

$\left(\begin{array}{l}K_h が小さいので，加水分解はわずかしか起\\ こらない。よって，C-x \fallingdotseq C と近似できる。\end{array}\right)$

①より，$K_h = \dfrac{x^2}{C}$ $\quad \therefore \quad x = \sqrt{C \cdot K_h}$

$$\therefore \quad [H^+] = \sqrt{0.50 \times 5.0 \times 10^{-10}} = \sqrt{25 \times 10^{-11}}$$
$$= 5.0 \times 10^{-\frac{11}{2}}\text{〔mol/L〕}$$

$$pH = -\log_{10}(5 \times 10^{-\frac{11}{2}}) = \frac{11}{2} - \log_{10}5 = 4.8$$

解答 4.8

190 第4編 物質の変化と平衡

| 例題 88 | 緩衝溶液の pH | ■■ |

0.10mol/L の酢酸水溶液 100mL に，0.20mol/L 酢酸ナトリウム水溶液 100mL を混合して緩衝溶液をつくった。この溶液の pH を小数第 1 位まで求めよ。ただし，酢酸の電離定数 $K_a = 2.8 \times 10^{-5}$ mol/L，$\log_{10}2 = 0.30$，$\log_{10}7 = 0.85$ とする。

考え方 $CH_3COOH \rightleftharpoons CH_3COO^- + H^+ \cdots$①
酢酸と酢酸ナトリウムの混合水溶液中でも，①式の電離平衡は成立している。これを利用して，緩衝溶液の pH を求める。

酢酸に酢酸ナトリウムを加えると，水溶液中には CH_3COO^- が増加する。すると，①式の平衡は大きく左へ移動して，酢酸の電離はかなり抑えられた状態になる。すなわち，酢酸の電離はほとんど無視してよい。

いま，a[mol]の酢酸と b[mol]の酢酸ナトリウムを水に溶かして 1L とした溶液の場合，
$[CH_3COOH] = a$[mol/L]…もとの酢酸の濃度
$[CH_3COO^-] = b$[mol/L]…酢酸ナトリウムの濃度
これらを酢酸の電離定数 K_a の式に代入す

れば，この緩衝溶液の pH が求まる。混合水溶液の体積は 200mL（もとの 2 倍）となっており，各濃度が $\frac{1}{2}$ となることに注意する。

$$[CH_3COOH] = 0.10 \times \frac{1}{2} = 0.050[mol/L]$$

$$[CH_3COO^-] = 0.20 \times \frac{1}{2} = 0.10[mol/L]$$

上記の値を，酢酸の電離定数 K_a の式に代入。
$$K_a = \frac{[CH_3COO^-][H^+]}{[CH_3COOH]} \Longrightarrow [H^+] = K_a \frac{[CH_3COOH]}{[CH_3COO^-]}$$
$$\therefore [H^+] = 2.8 \times 10^{-5} \times \frac{0.050}{0.10} = 1.4 \times 10^{-5}[mol/L]$$
$$pH = -\log_{10}(14 \times 10^{-6}) = 6 - \log_{10}2 - \log_{10}7$$
$$= 4.85 \fallingdotseq 4.9$$

解答 4.9

| 例題 89 | 溶解度積 | ■■ |

塩化銀の飽和水溶液中では，次式のような溶解平衡が成立しており，一定温度では Ag^+ と Cl^- の積は常に一定になる。この値を塩化銀の溶解度積 K_{sp} という。

$$AgCl(固) \rightleftharpoons Ag^+ + Cl^-$$

塩化銀の溶解度は，20℃の水1Lに対して1.1×10^{-5}molである。次の問いに答えよ。
(1) 塩化銀の 20℃ における溶解度積 K_{sp} を求めよ。
(2) 1.0×10^{-3}mol/L 硝酸銀水溶液 100mL に，1.0×10^{-3}mol/L 塩化ナトリウム水溶液 0.20mL を加えたとき，塩化銀の沈殿は生じるか。(1)の値を用いて判断せよ。

考え方 塩化銀の飽和水溶液では，わずかに溶けた Ag^+ と Cl^- と，溶けずに残っている AgCl(固)の間で溶解平衡の状態が成立し $[Ag^+][Cl^-] = K_{sp}(=$一定$)$ の関係がある。
(1) 溶けた AgCl 1.1×10^{-5}mol は，次のように完全に電離するので，

$$AgCl \longrightarrow Ag^+ + Cl^-$$
$$[Ag^+] = [Cl^-] = 1.1 \times 10^{-5}[mol/L]$$
$$[Ag^+][Cl^-] = (1.1 \times 10^{-5})^2 \fallingdotseq 1.2 \times 10^{-10}[(mol/L)^2]$$
(2) 混合直後の各イオン濃度の積と，溶解度

積 K_{sp} との大小関係を比較すればよい。
$[Ag^+][Cl^-] > K_{sp}$…沈殿を生じる。
$[Ag^+][Cl^-] \leq K_{sp}$…沈殿を生じない。

$$[Ag^+] = 1.0 \times 10^{-3} \times \frac{100}{100 + 0.20} \fallingdotseq 1.0 \times 10^{-3}[mol/L]$$

$$[Cl^-] = 1.0 \times 10^{-3} \times \frac{0.20}{100 + 0.20} \fallingdotseq 2.0 \times 10^{-6}[mol/L]$$

$$[Ag^+][Cl^-] = 2.0 \times 10^{-9} > K_{sp}(= 1.2 \times 10^{-10})$$
したがって，AgCl の沈殿は生じる。
解答 (1) $1.2 \times 10^{-10}[(mol/L)^2]$ (2) 生じる。

21 電解質水溶液の平衡 191

標準問題

必は重要な必須問題。時間のないときはここから取り組む。

264 □□ ◀電離平衡の移動▶ 酢酸水溶液中では，次のような電離平衡が成立している。

$$CH_3COOH \rightleftarrows CH_3COO^- + H^+$$

次の各物質を加えたとき，平衡はどちらに移動するか。

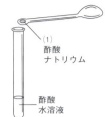

(1) 酢酸ナトリウム(固体)を加える。
(2) 塩化ナトリウム(固体)を加える。
(3) 水を加えて希釈する。
(4) 塩酸を加える。
(5) 水酸化ナトリウム(固体)を加える。

265 □□ ◀水溶液のpH▶ 次の各水溶液のpHを小数第1位まで求めよ。ただし，強酸，強塩基は完全に電離するものとし，$\log_{10}2 = 0.30$，$\log_{10}3 = 0.48$とする。

(1) 0.010molの水酸化バリウムを水に溶かして，500mLとした水溶液。
(2) 0.10mol/Lの塩酸150mLと，0.10mol/Lの水酸化ナトリウム水溶液100mLを混合した水溶液。
(3) 3.0×10^{-3}mol/Lの希硫酸。
(4) pH = 1.0の塩酸と，pH = 4.0の塩酸を100mLずつ混合した水溶液。

必266 □□ ◀弱酸の電離平衡▶ 酢酸は，水溶液中で次式のような電離平衡の状態にある。

$$CH_3COOH \rightleftarrows CH_3COO^- + H^+$$

(1) 0.040mol/Lの酢酸の電離度は0.026であることから，酢酸の電離定数K_aを求めよ。
(2) (1)で求めたK_aを用いて，0.010mol/Lの酢酸のpHを小数第1位まで求めよ。$\log_{10}2 = 0.30$，$\log_{10}3 = 0.48$とする。

必267 □□ ◀弱塩基の電離平衡▶ アンモニアは，水溶液中で次のような電離平衡の状態にある。下の問いに答えよ。

$$NH_3 + H_2O \rightleftarrows NH_4^+ + OH^-$$

(1) アンモニア水のモル濃度をC，電離定数をK_bとすると，アンモニア水における水酸化物イオン濃度[OH$^-$]を表す式は，次のうちどれか。ただし，電離度αは1よりはるかに小さいものとする。

(ア) $\sqrt{\dfrac{C}{K_b}}$　(イ) $C\sqrt{C \cdot K_b}$　(ウ) $\sqrt{\dfrac{K_b}{C}}$　(エ) $\sqrt{C \cdot K_b}$

(2) 0℃，1.0×10^5Paで，1.12Lのアンモニアを水に溶かして，250mLのアンモニア水をつくった。このアンモニア水のpHを小数第1位まで求めよ。ただし，アンモニアの電離定数$K_b = 1.8 \times 10^{-5}$mol/L，$\log_{10}2 = 0.30$，$\log_{10}3 = 0.48$とする。

268 □□ ◀温度と pH ▶　次の(ア)〜(ケ)のうち，正しいものをすべて記号で選べ。

(ア)　同一温度における弱酸の電離度は，濃度が変化してもほとんど 1 のまま変わらない。

(イ)　電離度の大きい酸と塩基を，それぞれ強酸，強塩基という。

(ウ)　2 価の弱酸において，第 1 段と第 2 段の電離度はほぼ等しい。

(エ)　1 価の弱酸のモル濃度を C，その電離度を α とすれば，この水溶液の水素イオン濃度は $C\alpha$ で示される。

(オ)　0.10mol/L の硫酸中の水素イオン濃度が 0.14mol/L のとき，硫酸の電離度は 1.4 である。

(カ)　pH = 2 の塩酸と pH = 12 の水酸化ナトリウム水溶液を等体積ずつ混合すると，その水溶液は pH = 7 となる。

(キ)　pH = 2 の塩酸を純水で 100 倍に希釈すると，その水溶液は pH = 4 になる。

(ク)　pH = 5 の塩酸を純水で 1000 倍に希釈すると，その水溶液は pH = 8 になる。

(ケ)　水溶液の pH は，常に $0 \leqq pH \leqq 14$ の範囲にある。

必 269 □□ ◀水素イオン濃度と pH ▶　次の問いに答えよ。$\sqrt{2}$ =1.4, $\sqrt{5}$ =2.2, $\log_{10}2$ = 0.30，$\log_{10}3$ = 0.48 とする。

(1)　pH = 9.7 の水酸化ナトリウム水溶液の水酸化物イオン濃度 $[OH^-]$ を示せ。

(2)　0.0800mol/L の塩酸 70.0mL と，0.0400mol/L の水酸化ナトリウム水溶液 130mL を混合した。混合後の水溶液の pH を小数第 1 位まで求めよ。

(3)　0.10mol/L 塩酸 10.0mL に，0.10mol/L 水酸化ナトリウム水溶液を何 mL 加えたとき，その混合水溶液の pH がちょうど 12 となるか。答えは小数第 1 位まで求めよ。

(4)　1.0×10^{7} mol/L 塩酸の pH を小数第 1 位まで求めよ。ただし，希薄な酸の水溶液では，水の電離で生じる水素イオンの濃度が無視できないことを考慮せよ。

270 □□ ◀硫化物の溶解平衡 ▶　Fe^{2+} と Cu^{2+} の濃度がいずれも 1.0×10^{-2} mol/L である混合水溶液に硫化水素 H_2S を十分に通じた。また，H_2S は水中で次のように電離する。

$$H_2S \rightleftharpoons H^+ + HS^- \cdots\cdots ① \qquad HS^- \rightleftharpoons H^+ + S^{2-} \cdots\cdots ②$$

①，②式の電離定数 K_1，K_2 はそれぞれ 1.0×10^{-7} mol/L，1.0×10^{-15} mol/L である。また，硫化鉄(Ⅱ)FeS と硫化銅(Ⅱ)CuS の溶解度積 K_{sp} はそれぞれ 1.0×10^{-16} (mol/L)²，6.0×10^{-30} (mol/L)² である。H_2S の飽和水溶液中での濃度を $[H_2S]$ = 1.0×10^{-1} mol/L として，次の問いに答えよ。

(1)　CuS のみを沈殿させることができる $[S^{2-}]$ の範囲を答えよ。

(2)　CuS のみを沈殿させるには，水溶液の pH をいくらより小さくすればよいか。

21　電解質水溶液の平衡　193

必 271 □□ ◀緩衝溶液▶　次の文の□□□に適する語句を入れよ。また，下の問いにも答えよ。酢酸の電離定数 $K_a = 2.8 \times 10^{-5}$ mol/L，$\log_{10}2 = 0.30$，$\log_{10}2.8 = 0.45$ とする。

酢酸は，水中でわずかに電離し，次のような電離平衡が成立する。

$$CH_3COOH \rightleftharpoons CH_3COO^- + H^+ \cdots\cdots(A)$$

酢酸ナトリウムは，水中でほとんど完全に電離している。

$$CH_3COONa \rightleftharpoons CH_3COO^- + Na^+ \cdots\cdots(B)$$

酢酸水溶液に酢酸ナトリウムを加えた混合水溶液をつくる。これに少量の酸を加えると，増加した H^+ が水溶液中に多量にある①□□□と結合するため，(A)式の平衡は②□□□方向に移動し，混合水溶液中の $[H^+]$ はほとんど変化しない。また，少量の塩基を加えると，増加した OH^- が水溶液中に多量にある③□□□と反応するため，混合水溶液中の $[OH^-]$ はほとんど変化しない。このような水溶液を④□□□という。

(1) 0.20mol/L 酢酸水溶液 100mL と 0.10mol/L 酢酸ナトリウム水溶液 100mL の混合水溶液の pH を小数第 1 位まで求めよ。

(2) (1)の水溶液に NaOH の結晶を 0.010mol 加えて溶解させた。この水溶液の pH を小数第 1 位まで求めよ。ただし，NaOH の溶解による溶液の体積変化はないものとする。

272 □□ ◀溶解度積▶　塩化銀は水溶液中で①式のように溶解平衡となり，②式の関係が成り立つ。水溶液の温度は 20℃ として，下の問いに答えよ。

$$AgCl(固) \rightleftharpoons Ag^+ + Cl^- \cdots\cdots①$$
$$[Ag^+][Cl^-] = 1.8 \times 10^{-10}\,(mol/L)^2 \cdots\cdots②$$

(1) 塩化銀の飽和水溶液中では，$[Ag^+]$ は何 mol/L になっているか。$\sqrt{1.8} = 1.3$ とする。

(2) 塩化銀の飽和水溶液 1.0L に塩化ナトリウムの結晶 0.010mol を溶かした。この水溶液中での $[Ag^+]$ は何 mol/L か。ただし，溶解による体積変化はないものとする。

(3) 1.0×10^{-3}mol/L の硝酸銀水溶液 10mL に，1.0×10^{-3}mol/L の塩化ナトリウム水溶液を少量ずつ加えた。何 mL 加えたとき，塩化銀の沈殿が生成し始めるか。ただし，加えた塩化ナトリウム水溶液による溶液の体積変化は無視してよい。

273 □□ ◀沈殿滴定▶　ある濃度の塩化ナトリウム水溶液 20mL に，指示薬として 1.0×10^{-1}mol/L クロム酸カリウム水溶液を 0.10mL 加えたのち，4.0×10^{-2}mol/L 硝酸銀水溶液を 5.0mL 加えたところ，クロム酸銀の赤褐色沈殿が生成し始めた。ただし，塩化銀の溶解度積 $K_{sp} = [Ag^+][Cl^-] = 2.0 \times 10^{-10}\,(mol/L)^2$，クロム酸銀の溶解度積 $K'_{sp} = [Ag^+]^2[CrO_4^{2-}] = 4.0 \times 10^{-12}\,(mol/L)^3$ とする。また，加えたクロム酸カリウム水溶液による溶液の体積変化は無視できるものとする。

(1) この塩化ナトリウム水溶液の濃度は何 mol/L か。

(2) クロム酸銀の沈殿が生成し始めたとき，溶液中の塩化物イオンの濃度は何 mol/L か。

発展問題

274 ◀中和滴定とpH▶ 0.10mol/Lの酢酸水溶液20mLをコニカルビーカーにとり，0.10mol/Lの水酸化ナトリウム水溶液で滴定したところ，下図に示すような中和滴定曲線が得られた。酢酸の電離定数を $K_a = 2.0 \times 10^{-5}$ mol/L, $\log_{10} 2 = 0.30$, $\log_{10} 3 = 0.48$ として，次の問いに答えよ。

(1) A 点でのpHを小数第1位まで求めよ。
(2) 図中の(ア)の範囲は，その前後に比べてpHの変化が小さい。その理由を簡単に述べよ。
(3) B 点では，初めの酢酸の半分だけが中和されている。この点のpHを小数第1位まで求めよ。
(4) C 点(酢酸ナトリウムの水溶液)のpHを小数第1位まで求めよ。

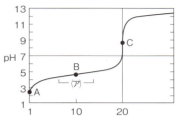

275 ◀多価の弱酸の電離平衡▶ 次の文の(　)に当てはまる数値を記入せよ。ただし，$\sqrt{2} = 1.4$, $\log_{10} 4.2 = 0.62$ とする。

二酸化炭素は，水に溶解すると炭酸になり，次のように2段階に電離する。

$H_2CO_3 \rightleftarrows H^+ + HCO_3^-$ …①　　$K_1 = 4.5 \times 10^{-7}$ mol/L
$HCO_3^- \rightleftarrows H^+ + CO_3^{2-}$ …②　　$K_2 = 4.3 \times 10^{-11}$ mol/L

ここで，K_1, K_2 は，それぞれ①式および②式における電離定数である。ある量の二酸化炭素が水に溶けて溶解平衡に達し，炭酸 H_2CO_3 の濃度が 4.0×10^{-3} mol/L になったとする。②式の第2段階の電離は，①式の第1段階に比較してきわめて小さいので，これを無視できるとすれば，水溶液中の水素イオン濃度は(　ア　)mol/L となるので，pHは(　イ　)となる。また，このときの炭酸イオンの濃度は(　ウ　)mol/L となる。

276 ◀溶解度積▶ 塩化鉛(Ⅱ)$PbCl_2$ は水にわずかに溶けて電離し，未溶解の固体と溶液中のイオンとの間に，次のような溶解平衡が成り立つ。

$PbCl_2(固) \rightleftarrows Pb^{2+} + 2Cl^-$

いま，15℃において，塩化鉛(Ⅱ)は，1Lの水に 3.0×10^{-3} mol 溶解するものとする。

(1) 15℃における塩化鉛(Ⅱ)の溶解度積 K_{sp} を求めよ。
(2) 15℃の 1.0×10^{-1} mol/Lの塩酸 1L 中には，塩化鉛(Ⅱ)は何 mol 溶解するか。ただし，溶解による溶液の体積変化は無視できるものとする。
(3) 15℃において，3.0×10^{-3} mol/L 酢酸鉛(Ⅱ)$(CH_3COO)_2Pb$ 水溶液 10mL に，1.0×10^{-1} mol/L 塩酸を少量ずつ加え続けた。塩酸を何 mL 加えたとき，ちょうど塩化鉛(Ⅱ)の沈殿が生成し始めるか。ただし，加えた塩酸の体積は少量であり，溶液の混合による体積変化は無視できるものとする。

共通テストチャレンジ(2)

277 □□ ◀反応の速さと物質量の変化▶ エチレン C_2H_4 0.8mol とヨウ化水素 HI 1.0mol の混合気体が反応して，ヨウ化エチル C_2H_5I を生成するときの物質量の時間変化を図に示す。この図に関する記述として誤りを含むものを，次の①〜⑤のうちから一つ選べ。

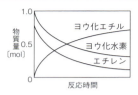

① 反応時間が同じ時点では，エチレンの物質量が減少する速さと，ヨウ化水素の物質量が減少する速さは等しい。
② 反応時間が同じ時点では，ヨウ化エチルの物質量が増加する速さと，ヨウ化水素の物質量が減少する速さは等しい。
③ ヨウ化エチルの物質量が増加する速さは，反応開始時が最も小さい。
④ 反応を初めてからある時間までに減少したヨウ化水素の物質量と，同じ時間内に増加したヨウ化エチルの物質量は等しい。
⑤ ヨウ化水素とエチレンの物質量の比は，反応が進むにつれて変化する。

278 □□ ◀アンモニアの合成▶ アンモニアは窒素と水素から，次の反応により合成される。

$$N_2 + 3H_2 \rightleftarrows 2NH_3 \quad (i)$$

鉄触媒の作用により，窒素 1mol と水素 3mol の混合気体を圧力一定に保って反応させると，時間とともにアンモニアの生成量が増加し，平衡状態に達する。

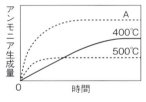

このアンモニアの生成量の時間変化を図の実線で示す。この図に関する記述として正しいものを，次の①〜④のうちから一つ選べ。
① アンモニアの生成反応は吸熱反応である。
② 反応式(i)の500℃における平衡定数は，400℃の値よりも小さい。
③ アンモニアの生成速度は，400℃でも500℃でも，時間とともに大きくなる。
④ 触媒の種類を変えて反応の速さを大きくした場合，400℃でのアンモニアの生成量は，図の破線Aで示される。

279 □□ ◀平衡定数▶ 次の(1), (2)に答えよ。
(1) 水素 1.0mol とヨウ素 1.0mol を密閉容器に入れ，ある温度に保ったところ，ヨウ化水素が 1.0mol 生じて平衡状態になった。この温度における次の反応の平衡定数はいくらか。最も適当な数値を，下の①〜⑤のうちから一つ選べ。

$$H_2(気) + I_2(気) \rightleftarrows 2HI(気)$$

① 1.0 ② 4.0 ③ 16 ④ 36 ⑤ 64

(2) 酢酸 1.5mol にエタノール 1.5mol を加え，硫酸の存在下で温度を 60℃ に保ったと

ころ，次の反応が起こって平衡状態に達した。このとき生成した酢酸エチルは何 mol か。最も適当な数値を，下の①〜⑤のうちから一つ選べ。ただし，この反応の 60℃における平衡定数の値は 4.0 であり，溶液の体積は一定であるものとする。

$$CH_3COOH + CH_3CH_2OH \rightleftharpoons CH_3COOCH_2CH_3 + H_2O$$

① 0.25　② 0.50　③ 1.0　④ 1.5　⑤ 2.0

280 □□ ◀緩衝溶液▶　次の文の　□□□　に当てはまるものを，下の①〜⑧のうちから一つずつ選べ。ただし，同じものを繰り返し選んでもよい。

アンモニア水では次の平衡が成り立っている。

$$NH_3 + H_2O \rightleftharpoons NH_4^+ + OH^-$$

これに塩化アンモニウムの結晶を加えると，水溶液中の　ア　の濃度が増えるので，ルシャトリエの原理に従って上式の平衡は　イ　に移動する。この混合水溶液に少量の酸が混入しても，溶液の pH はほとんど変わらない。これは，溶液中の　ウ　が H^+ と反応するためである。また，少量の塩基が溶けこんだ場合でも，水溶液中の　エ　が OH^- と反応するので，pH はほぼ一定に保たれる。このような性質をもった溶液を緩衝溶液という。

① 右　　　　② 左　　　　③ H^+　　　④ OH^-
⑤ Cl^-　　⑥ NH_4^+　　⑦ H_2O　　⑧ NH_3

281 □□ ◀硫化物の沈殿生成▶　硫化水素の水溶液がさまざまな pH 下で電離して生成する硫化物イオン S^{2-} の濃度は，電離の一段階目と二段階目をまとめた次の反応式の電離定数 K を考えることで求められる。

$$H_2S \rightleftharpoons 2H^+ + S^{2-} \quad K = 1.0 \times 10^{-21} \, (mol/L)^2$$

いま難溶性の塩の場合，各イオン濃度の係数乗の積が溶解度積 K_{sp} を超えると沈殿が生じる。いま，塩酸で pH を 3 に保ちながら，3 種類の金属イオンをそれぞれ $1.0 \times 10^{-4} mol/L$ ずつとなるように加えた。さらに，硫化水素を飽和させて，その濃度が 0.10mol/L になるようにしたとき，沈殿を生じる金属イオンとして最も適当なものを，下の①〜⑧のうちから一つ選べ。

ZnS の溶解度積　　$K_{sp} = [Zn^{2+}][S^{2-}]\ = 3.0 \times 10^{-25}\,(mol/L)^2$
FeS の溶解度積　　$K_{sp} = [Fe^{2+}][S^{2-}]\ = 1.6 \times 10^{-19}\,(mol/L)^2$
CuS の溶解度積　　$K_{sp} = [Cu^{2+}][S^{2-}]\ = 1.3 \times 10^{-36}\,(mol/L)^2$

① Zn^{2+} のみ　　　　② Fe^{2+} のみ　　　　③ Cu^{2+} のみ
④ Zn^{2+} と Fe^{2+}　　⑤ Zn^{2+} と Cu^{2+}　　⑥ Fe^{2+} と Cu^{2+}
⑦ すべてのイオンが沈殿する　　⑧ いずれのイオンも沈殿しない

第 4 編　共通テストチャレンジ(2)　**197**

22 非金属元素（その1）

1 周期表と元素の分類

単体の状態（常温）： ○液体　○気体　□固体　□分子結晶　□金属結晶　□共有結合の結晶

典型元素	遷移元素
金属元素と非金属元素。	すべて金属元素。
最外殻電子の数は族番号の1位の数と一致。（ただし，希ガス（貴ガス）を除く）	最外殻電子の数は2個，または1個。
同族元素の性質が類似。	同周期元素の性質も類似。
無色のイオン・化合物が多い。	有色のイオン・化合物が多い。
決まった酸化数を示す。	いろいろな酸化数を示す。

2 ハロゲン（17族）の単体と化合物

❶ハロゲン（17族）F・Cl・Br・I　価電子を7個もち，1価の陰イオンになりやすい。

単体・分子式	融点・沸点	状態・色	反応性	水素との反応性
フッ素 F_2	分子量↓大　融点・沸点↓高	気体・淡黄色	酸化作用↓大	冷暗所でも爆発的に反応。
塩素 Cl_2		気体・黄緑色		光により爆発的に反応。
臭素 Br_2		液体・赤褐色		高温にすると反応。
ヨウ素 I_2		固体・黒紫色		高温で一部が反応（平衡）。

❷塩素の実験室的製法

(a) 酸化マンガン（Ⅳ）（酸化剤）に濃塩酸を加えて加熱する。

$$MnO_2 + 4HCl \longrightarrow MnCl_2 + Cl_2 + 2H_2O$$
　　　　　　　　　　　　　　　　　（刺激臭）

(b) さらし粉に希塩酸を加える。

$CaCl(ClO)\cdot H_2O + 2HCl$
　　　　　$\longrightarrow CaCl_2 + Cl_2 + 2H_2O$

（性質）　水溶液（塩素水）中に，強い酸化作用のあるHClO（次亜塩素酸）を生じ，殺菌・漂白作用を示す。　　$Cl_2 + H_2O \rightleftharpoons HCl + HClO$

❸ハロゲン化水素　すべて無色・刺激臭の気体(有毒)で，水によく溶ける。

ハロゲン化水素	フッ化水素	塩化水素	臭化水素	ヨウ化水素
化学式(酸性)	HF(弱酸)	HCl(強酸)	HBr(強酸)	HI(強酸)
沸点[℃]	20 *1	-85	-67	-35
Ag塩(ハロゲン化銀)	AgF(可溶)	AgCl↓(白沈)	AgBr↓(淡黄沈)	AgI↓(黄沈)

*1) HF の分子間には，H—F⋯H のような**水素結合**が形成されるため，沸点が異常に高くなる。

(a) フッ化水素　HF
  (製法)　$CaF_2 + H_2SO_4 \xrightarrow{加熱} CaSO_4 + 2HF\uparrow$
  (性質)　ガラス(主成分 SiO_2)を溶かす。
  　　　$SiO_2 + 6HF(水溶液) \longrightarrow H_2SiF_6 + 2H_2O$
  　　　　　　　　　　　　　　ヘキサフルオロケイ酸

(b) 塩化水素　HCl
  (製法)　$NaCl + H_2SO_4 \xrightarrow{加熱} NaHSO_4 + HCl\uparrow$
  (検出)　アンモニアと反応し，白煙を生成。
  　　　$NH_3 + HCl \longrightarrow NH_4Cl$

フッ化水素の水素結合
HCl の製法

❸ 酸素・硫黄(16族)の単体と化合物

単体	同素体	酸素 O_2	無色・無臭の気体，支燃性	**製法** $2H_2O_2 \longrightarrow 2H_2O + O_2$
		オゾン O_3	淡青色・特異臭の気体，酸化作用強	**製法** $3O_2 \xrightarrow{放電} 2O_3$
	同素体	斜方硫黄	黄色・八面体の結晶	S_8 環状分子
		単斜硫黄	黄色・針状の結晶	S_8 環状分子
		ゴム状硫黄	暗褐色・無定形固体，弾性	S_x 鎖状分子
化合物		二酸化硫黄 SO_2	無色・刺激臭の有毒気体。弱酸性(亜硫酸)，還元性あり。	**製法** 銅に濃硫酸を加え加熱する。亜硫酸塩に希硫酸を加える。
		硫化水素 H_2S	無色・腐卵臭の有毒気体。弱酸性，強い還元性あり。	**製法** 硫化鉄(Ⅱ)に希塩酸，または希硫酸を加える。

S_8 環状分子　　　鎖状分子 S_x

❶硫酸の工業的製法　固体触媒を用いるので，**接触法**という。

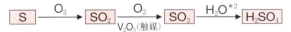

$S \xrightarrow{O_2} SO_2 \xrightarrow[V_2O_5(触媒)]{O_2} SO_3 \xrightarrow{H_2O *2} H_2SO_4$

*2) 三酸化硫黄 SO_3 を濃硫酸に吸収させて**発煙硫酸**とし，希硫酸で薄めて濃硫酸をつくる。

❷濃硫酸の性質　電離度は小さく，強酸性を示さない。
  (a) **不揮発性**：沸点が高い。
  (b) **吸湿性**：水分を吸収する。乾燥剤として使う。
  (c) **脱水作用**：有機化合物から H：O ＝ 2：1 の割合で奪う。
  (d) **酸化作用**：加熱時，銅・銀なども溶解する。
  (e) **溶解熱が大**。74.4kJ/mol。水に加えて希釈する。

❸希硫酸の性質　電離度は大きく，**強酸性**を示す。

希硫酸の調製法

確認&チェック

1 次の文のうち，典型元素に該当するものはA，遷移元素に該当するものはBと答えよ。
(1) 最外殻電子の数は，2個または1個である。
(2) 金属元素と非金属元素の両方が含まれる。
(3) 周期表の中央部に位置している。
(4) 最外殻電子の数は，族番号の1位の数と等しい。
(5) 化合物やイオンには有色のものが多い。
(6) 金属元素のみが含まれている。

2 ハロゲンの単体に関する下の表の空欄をうめよ。

	フッ素 F_2	塩素 Cl_2	臭素 Br_2	ヨウ素 I_2
色	①	②	④	⑥
状態(常温)	気体	③	⑤	⑦
水素との反応	冷暗所でも爆発的に反応	⑧ により爆発的に反応	⑨ にすると反応	高温で一部反応(平衡)

3 右図を参考に，次の文の □ に適当な語句を入れよ。
さらし粉に希塩酸を加えると，①□ が発生する。①は ②□ 臭のある有毒気体で，水に溶けると塩化水素と ③□ を生じるが，③には強い ④□ 作用がある。

4 次の文の □ に適当な語句，化学式を入れよ。
硫黄の単体には，3種類の ①□ が存在する。②□ は黄色の八面体の結晶で，③□ は黄色の針状の結晶であり，いずれも分子式は ④□ で表される。一方，⑤□ は弾性のある暗褐色の無定形固体で，結晶構造をもたない。

5 次の濃硫酸に関する文の □ に適当な語句を入れよ。
(1) 濃硫酸は有機化合物からH：O＝2：1の割合で奪う ①□ 作用がある。
(2) 濃硫酸は ②□ 性が強く，乾燥剤として用いる。
(3) 熱濃硫酸は ③□ 作用が強く，銅や銀をも溶解する。
(4) 濃硫酸は沸点の高い ④□ 性の酸である。
(5) 濃硫酸は ⑤□ 熱が大きく，水に加えて希釈する。

解答

1 (1) B
(2) A
(3) B
(4) A
(5) B
(6) B
→ p.198 ①

2 ① 淡黄色　② 黄緑色
③ 気体　④ 赤褐色
⑤ 液体　⑥ 黒紫色
⑦ 固体　⑧ 光
⑨ 高温
→ p.198 ②

3 ① 塩素
② 刺激
③ 次亜塩素酸
④ 酸化
→ p.198 ②

4 ① 同素体
② 斜方硫黄
③ 単斜硫黄
④ S_8
⑤ ゴム状硫黄
→ p.199 ③

5 ① 脱水
② 吸湿
③ 酸化
④ 不揮発
⑤ 溶解
→ p.199 ③

例題 90 | **元素の周期表** ■ ■

次の表の空欄を埋め，完成した周期表について，下の問いに元素記号で答えよ。

周期＼族	1	2	3	4	5	6	7	8	9	10	11	12	13	14	15	16	17	18
1	H																	He
2	Li	Be											B	C	N	O	F	Ne
3	Na	Mg											Al	Si	P	S	Cl	Ar
4	K	Ca	Sc	Ti	V	①	②	③	Co	Ni	④	⑤	Ga	Ge	As	Se	⑥	⑦

(1) 原子半径が最大の元素　　(2) イオン化エネルギーが最大の元素
(3) 原子番号が最小の遷移元素　　(4) 単体の融点が最高の典型元素

考え方 原子番号 1 ～ 20 番の元素と，上図の①～⑦は必ず覚える。他に，1 族，2 族，14 族，17 族，18 族は覚えておく必要がある。
(1) 原子半径は同周期では，アルカリ金属が最も大きく，原子番号が増加すると次第に減少する。ただし，希ガス（貴ガス）でやや増加する。周期表の左下（K）で最大。
(2) 安定な電子配置の希ガス（貴ガス）で大き

な値をとる。周期表の右上（He）で最大。
(3) 遷移元素は第 4 周期の 3 族（Sc）から 11 族（Cu）までの 9 元素。
(4) 14 族の（C，Si）の単体は，共有結合の結晶をつくり，融点がきわめて高い（ダイヤモンド：約 4400℃，ケイ素：1412℃）。

解答 ① Cr　② Mn　③ Fe　④ Cu　⑤ Zn
⑥ Br　⑦ Kr　(1) K　(2) He　(3) Sc　(4) C

例題 91 | **ハロゲンの性質** ■ ■

次の文の □ に適当な語句または数値を入れよ。

周期表の 17 族の元素は① □ とよばれ，その原子はいずれも最外殻に② □ 個の価電子をもつため，③ □ 価の陰イオンになりやすい。

単体は，④ □ 結合からなる⑤ □ 分子であり，融点・沸点は原子番号が増すにつれて⑥ □ くなる。常温でフッ素は淡黄色の⑦ □ 体，塩素は⑧ □ 色の⑨ □ 体で，臭素は⑩ □ 色の⑪ □ 体，ヨウ素は黒紫色の⑫ □ 体である。また，単体の化学的性質は，相手の物質から電子を奪う⑬ □ 作用があり，その強さは原子番号が増すにつれて⑭ □ くなる。

考え方 ハロゲン原子の価電子は 7 個で，いずれも 1 価の陰イオンになりやすい。

一般に，構造が類似した分子では，分子量が大きくなるほど，分子間力が強くなり，融点・沸点は高くなる（$F_2 < Cl_2 < Br_2 < I_2$）。

また，ハロゲンの単体 X_2 は相手の物質から電子を奪って，ハロゲン化物イオン X^- になりやすい。ハロゲン原子は，原子半径が小さいほど，電子を取りこむ作用（酸化作用）が強

い。したがって，**単体の反応性（酸化作用）は**，$F_2 > Cl_2 > Br_2 > I_2$ の順に小さくなる。

また，ハロゲンの単体はいずれも有毒であり，原子番号が増加するほど密度は大きくなり，また，色も濃くなる傾向がある。

解答 ① ハロゲン　② 7　③ 1　④ 共有
⑤ 二原子　⑥ 高　⑦ 気　⑧ 黄緑
⑨ 気　⑩ 赤褐　⑪ 液　⑫ 固
⑬ 酸化　⑭ 小さ（弱）

22 非金属元素（その1）　201

例題 92　塩素の製法

乾燥した塩素をつくる実験装置（支持具は省略）を見て、次の問いに答えよ。

(1) この実験において，酸化マンガン(Ⅳ)はどんなはたらきをしているか。
(2) 塩素を水で湿らせたヨウ化カリウムデンプン紙に当てると，何色に変化するか。
(3) この実験装置には不適切な点が3つある。それらを見つけ，正しい方法を記せ。

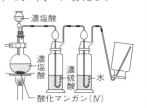

考え方　酸化マンガン(Ⅳ)に濃塩酸を加えて熱すると，酸化還元反応で塩素が発生する。
$MnO_2 + 4HCl \longrightarrow MnCl_2 + Cl_2 + 2H_2O$

(1) 上式で，Mnの酸化数は+4から+2へと減少したので，MnO_2は酸化剤である。
(2) 酸化力は$Cl_2 > I_2$なので，Cl_2はI^-から電子を奪い取ってヨウ素I_2が遊離し，さらにヨウ素デンプン反応で青紫色を示す。
(3) ①このまま滴下ろうとのコックを開くと，ろうとから気体が吹き出してくる。
②塩酸を加熱すると，塩素とともに塩化水素が発生する。まず，水に通して塩化水素を除き，次に濃硫酸に通して乾燥させる。
③塩素は水に溶け，空気より重い気体である。

解答　(1) 酸化剤　(2) 青紫色
(3) ・滴下ろうとの下端をフラスコの底近くまでつける。・洗気びんを水，濃硫酸の順につなぐ。・塩素は下方置換で捕集する。

例題 93　第3周期元素の酸化物

次の文を読み，第3周期元素の酸化物A～Eの化学式をそれぞれ示せ。

(a) Aは水に溶けないが，塩酸にも水酸化ナトリウム水溶液にも溶ける。
(b) Bは水と反応して，強塩基性の水酸化物を生成する。
(c) Cは+2の酸化数の元素を含み，水には溶けないが希塩酸には溶ける。
(d) Dはフッ化水素とは反応し，メタンと同じ分子構造をもつ気体を生じる。
(e) Eは最も高い酸化数の元素を含み，水に溶解すると強酸を生成する。

元素	Na	Mg	Al	Si	P	S	Cl
酸化物（酸化数）	Na_2O (+1)	MgO (+2)	Al_2O_3 (+3)	SiO_2 (+4)	P_4O_{10} (+5)	SO_3 (+6)	Cl_2O_7 (+7)
水酸化物，オキソ酸	NaOH 強 ←	$Mg(OH)_2$ 塩基性 → 弱	$Al(OH)_3$ 両性	弱 ← H_2SiO_3	酸性 H_3PO_4	H_2SO_4 →	強 $HClO_4$

考え方　(a) Aは，酸にも強塩基の水溶液にも溶けるので，両性酸化物のAl_2O_3である。
(b) 水と反応すると強塩基性の水酸化物を生成する元素は，アルカリ金属とアルカリ土類金属のみ。よって，BはNa_2Oである。
$Na_2O + H_2O \longrightarrow 2NaOH$
(c) 酸化数が+2の酸化物CはMgOのみ。MgOは塩基性酸化物で，酸には溶ける。
(d) SiO_2はフッ化水素により腐食される。
$SiO_2 + 4HF(気体) \rightarrow SiF_4 + 2H_2O$
SiF_4（四フッ化ケイ素）は，正四面体構造をもつ気体である。
(e) Eは最高の酸化数+7をもつCl_2O_7のみ。
$Cl_2O_7 + H_2O \longrightarrow 2HClO_4$（過塩素酸）

解答　A：Al_2O_3　B：Na_2O　C：MgO
D：SiO_2　E：Cl_2O_7

標準問題

必は重要な必須問題。時間のないときはここから取り組む。

必 282 □□ ◀塩素の製法▶ 次の文の□□に適当な語句を入れ，下の問いに答えよ。

塩素の製法には，ⓐ酸化マンガン(Ⅳ)に濃塩酸を加えて熱する方法がある。この反応では，酸化マンガン(Ⅳ)は①□□として作用する。右図は乾いた塩素をつくる装置であるが，器具 C，D に入れた液体はそれぞれ②□□，③□□の除去を目的としている。

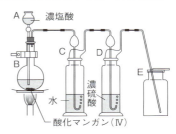

ⓑ塩素は水に溶け，その一部は水と反応して④□□と強い酸化作用のある⑤□□を生じ，殺菌・漂白作用を示す。また，ⓒヨウ化カリウム水溶液に塩素を通じると⑥□□色を呈する。塩素と水素の混合物に光を当てると爆発的に反応して⑦□□を生成する。

また，ⓓフッ素は水と激しく反応して酸素を発生するとともに，ⓔ生じた酸の水溶液は，ガラスの主成分である二酸化ケイ素を溶かす性質がある。

(1) 器具 A，B，C，E の名称を記せ。
(2) 下線部ⓐ〜ⓔに相当する化学反応式を示せ。
(3) E で捕集した塩素に加熱した銅線を入れた。生成物の化学式を示せ。
(4) 下線部ⓐで述べた製法以外の塩素の実験室的製法を，化学反応式で示せ。
(5) 水で湿らせた青色リトマス紙に塩素を触れさせると 2 段階に変色する。その過程を説明せよ。

283 □□ ◀酸素の製法▶ 過酸化水素水に少量の酸化マンガン(Ⅳ)を加えると，酸素が発生する。次の問いに答えよ。

(1) 右図の A，B に入れる物質名をそれぞれ記せ。
(2) この反応における酸化マンガン(Ⅳ)のはたらきを記せ。
(3) 酸素は，塩素酸カリウム $KClO_3$ と酸化マンガン(Ⅳ)の混合物を加熱しても得られる。$KClO_3$ 4.90g から，標準状態で最大何 L の酸素が得られるか。ただし，式量は $KClO_3 = 122.5$ とする。

(4) 次の酸化物と水の反応で生成するオキソ酸または水酸化物の化学式を示せ。
(ア) CaO   (イ) CO_2 (ウ) SO_2 (エ) SO_3

284 □□ ◀硫黄の同素体▶ 次の文の□□に適当な語句，化学式を入れよ。

硫黄の同素体のうち，常温・常圧で最も安定なものは黄色八面体状の①□□で，その分子式は②□□である。これを約 120℃に加熱して得られる黄色の液体を空気中で放冷すると，黄色針状の③□□が得られる。さらに，約 250℃に加熱して得られる暗褐色の液体を水中で急冷すると，④□□が得られる。

22 非金属元素(その1)   203

285 □□ ◀希ガス（貴ガス）▶　次の文の□□に適当な語句または数字を入れよ。

①□□は空気中に体積で約0.9%含まれ，白熱電球の封入ガスに用いる。

②□□は水素に次いで軽く，爆発の危険もないので，超伝導磁石の冷却剤や気球の充填ガスとして用いられる。②はあらゆる物質中で最も沸点が③□□。

④□□は低圧で放電させると，美しい赤色光を発するので，各種の広告灯などに使われる。これらの元素はいずれも周期表⑤□□族に属し，価電子の数はすべて⑥□□である。

286 □□ ◀オゾン▶　次の文の□□に適当な語句を入れよ。また，下の問いにも答えよ。

自然界のオゾンは，地上20～40km付近にある①□□に多く存在し，ここでは太陽から放射される強い②□□を吸収して，③□□からつくられる。なお，①は，太陽光中に含まれる②を吸収し，地上の生物を保護する役目を果たしている。

オゾンは，実験室では酸素中で④□□を行うか，強い⑤□□を当てると生成する。オゾンは特有の生臭いにおいのする⑥□□色の気体で有毒である。オゾンはO₂に分解しやすく，強い⑦□□作用を示し，飲料水の殺菌や消毒および繊維の漂白などに用いられる。オゾンは水で湿らせたヨウ化カリウムデンプン紙が⑧□□色に変わることで検出される。

〔問〕　下線部で起こる化学変化を化学反応式で表せ。

必287 □□ ◀硫化水素の製法と性質▶　次の文を読み，下の問いに答えよ。

ₐ鉄粉と硫黄を加熱すると黒褐色の①□□が生成する。ᵦ①を右図の装置に入れ希硫酸を注ぐと，②□□臭の気体が発生する。この気体を硝酸銀水溶液に通じると③□□が沈殿する。

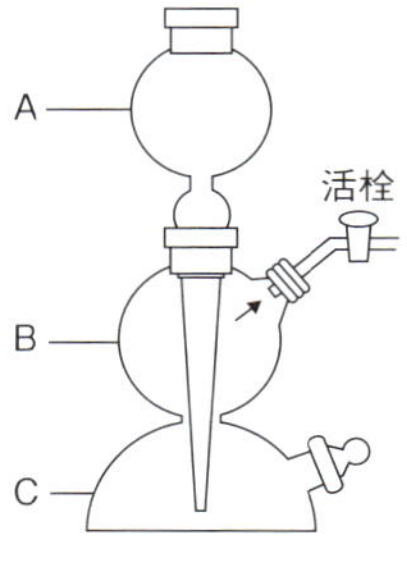

(1)　文中の①～③の□□に適当な語句を入れよ。

(2)　下線部ⓐ，ⓑを化学反応式で示せ。

(3)　図の装置名を記せ。また，生成物①は図のA～Cのどの部分へ入れたらよいか。

(4)　気体が発生している状態から図の活栓を閉じたとき，装置内で起こる現象を説明せよ。

(5)　硫化水素を発生させるのに，希硫酸のかわりに希硝酸を用いることできない。その理由を簡単に示せ。

(6)　発生した硫化水素の乾燥剤として適当なものを次からすべて選べ。

　(ア)　濃硫酸　　(イ)　十酸化四リン　　(ウ)　酸化カルシウム　　(エ)　塩化カルシウム

204　第5編　無機物質の性質と利用

288 □□ ◀ハロゲンの単体▶　次のうち正しい文には○，誤った文には×を記せ。

(1)　ハロゲンの単体の沸点は，$F_2 > Cl_2 > Br_2 > I_2$ である。

(2)　水素とハロゲンの単体との反応の起こりやすさは，$F_2 > Cl_2 > Br_2 > I_2$ である。

(3)　ハロゲンの単体 X_2 を水と反応させると，すべて HX と HXO が生成する。

(4)　ハロゲンの単体は，いずれも水によく溶解する。

(5)　ハロゲンの単体は，いずれも常温・常圧において有色である。

(6)　ハロゲンは，すべて単体として天然に存在する。

(7)　ハロゲンの単体は，すべて二原子分子であり，有毒なものと無毒なものとがある。

必**289** □□ ◀硫酸の製法▶　次の文を読んで，右図を参考にしながら，下の問いに答えよ。

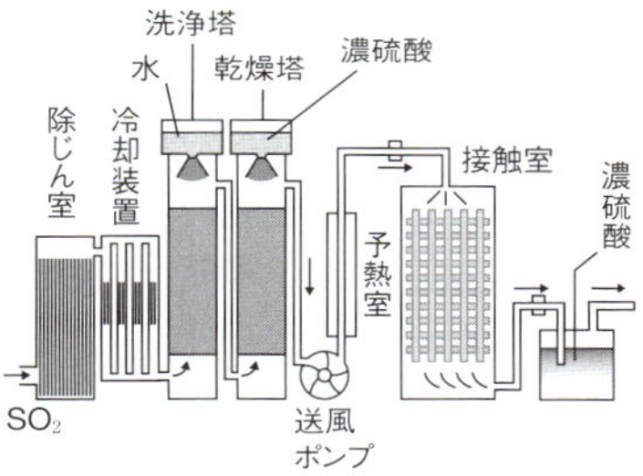

(a)　硫黄または⒜黄鉄鉱（FeS_2）を燃焼させると酸化鉄（Ⅲ）と二酸化硫黄が生成する。

(b)　⒝二酸化硫黄を空気中の酸素と反応させて，三酸化硫黄をつくる。

(c)　⒞三酸化硫黄を濃硫酸中の水分に吸収させて濃硫酸をつくる。

(1)　このような硫酸の工業的製法を何というか。

(2)　触媒を必要とする反応を(a)～(c)から選び，その触媒の化学式を示せ。

(3)　下線部⒜，⒝，⒞の変化を，それぞれ化学反応式で示せ。

(4)　三酸化硫黄は，直接水に吸収させずに，下線部⒞のように濃硫酸に吸収させる。その理由を述べよ。

(5)　理論上，硫黄 1.6kg から 98％硫酸は何 kg できるか。（H = 1.0，O = 16，S = 32）

(6)　三酸化硫黄を18mol/L 濃硫酸10mL に吸収後，冷水を加えて希釈した。この水溶液を2.0mol/L 水酸化ナトリウム水溶液で中和するのに200mL を要した。吸収させた三酸化硫黄の物質量を求めよ。

必**290** □□ ◀硫酸の性質▶　次の(1)～(6)の文に当てはまる硫酸の性質を，下の選択肢(ア)～(カ)からそれぞれ 1 つずつ選べ。

(1)　銅に濃硫酸を加えて加熱すると，二酸化硫黄が発生する。

(2)　スクロースに濃硫酸を滴下すると，炭素が遊離する。

(3)　亜鉛や鉄に希硫酸を加えると，水素が発生する。

(4)　塩化ナトリウムに濃硫酸を加えて加熱すると，塩化水素が発生する。

(5)　発生した気体を濃硫酸に通じると，乾燥した気体が得られる。

(6)　濃硫酸を水で希釈すると，液温が上昇した。

【選択肢】　(ア)　脱水作用　　　(イ)　強酸性　　　(ウ)　吸湿性

　　　　　　(エ)　酸化作用　　　(オ)　不揮発性　　(カ)　溶解熱

22 非金属元素（その1）　205

291 □□ ◀各族の性質▶　次の(1)～(4)の文は，元素の周期表の各族の性質について記したものである。それぞれ該当する族の番号と，文中の(ア)～(エ)に該当する元素の元素記号を答えよ。

(1)　非常に反応性に富み，炭酸塩は水に難溶である。多くは炎色反応を呈し，常温で水と反応して水素を発生するが，(ア)は炎色反応を示さず，熱水とは反応する。

(2)　単体はすべて有色で，陰イオンになりやすい。水素との化合物はすべて水によく溶け，多くは強酸であるが，(イ)の水素化合物は弱酸であり，ガラスを溶かす。

(3)　すべてイオン化傾向が水素より小さい金属である。(ウ)以外の金属結晶は特有の色を示すが，(ウ)は普通の金属結晶と同様の色を示し，その化合物は一般に光に対して不安定である。

(4)　すべて化学的にきわめて安定な電子配置をもつ。最外殻電子の数は，(エ)以外は8個であるが，(エ)は2個である。

292 □□ ◀第3周期元素の酸化物▶　下表は，第3周期の元素の最高の酸化数をもつ酸化物（最高酸化物）をまとめたものである。次の問いに答えよ。

族	1	2	13	14	15	16	17
酸化物	Na_2O	(a)	(b)	(c)	P_4O_{10}	SO_3	Cl_2O_7

(1)　表中の空欄(a)～(c)に当てはまる酸化物の化学式を記せ。

(2)　水と反応して強塩基性の水酸化物を生じる酸化物を1つ選び，その名称を記せ。また，その反応を化学反応式で示せ。

(3)　両性酸化物とよばれる酸化物を1つ選び，その名称を記せ。

(4)　水と反応して強酸性のオキソ酸を生じる酸化物が2つある。それらのオキソ酸の名称を記せ。

293 □□ ◀周期表と元素の推定▶　下の(1)～(6)の問いに該当する元素を，次の表中の(ア)～(サ)で示された元素の中から選び，それぞれ元素記号で答えよ。

周期\族	1	2	3	4	5	6	7	8	9	10	11	12	13	14	15	16	17	18
2	Li	Be											B	C	N	(ア)	(イ)	Ne
3	(ウ)	Mg											(エ)	Si	P	S	(オ)	Ar
4	(カ)	Ca	Sc	Ti	V	Cr	(キ)	(ク)	Co	Ni	(ケ)	(コ)	Ga	Ge	As	Se	(サ)	Kr

(1)　電気陰性度の最も大きい元素。

(2)　希塩酸とも水酸化ナトリウム水溶液ともよく反応する元素。（2つ）

(3)　イオン化エネルギーの最も小さい元素。

(4)　遷移元素は Sc からこの元素までである。

(5)　常温・常圧で単体が液体である元素。

(6)　単体の融点が最も低い金属元素。

206　第5編　無機物質の性質と利用

発展問題

294 ◀ハロゲン化水素▶
次の文を読み，下の問いに答えよ。

ⓐハロゲン化水素は無色・刺激臭の気体で，その水溶液はいずれも酸性を示し，その沸点は，ⓑある化合物を除いて分子量の増加にともなって高くなる。また，ハロゲン化物イオンを含む水溶液に硝酸銀水溶液を加えると，ⓒハロゲン化銀を生成する。

(1) 下線部ⓐのうち，弱酸のものは何か，化学式で示せ。
(2) 下線部ⓑの化合物を化学式で示し，その理由を簡単に示せ。
(3) あるハロゲン化カリウム水溶液に塩素を通じると褐色を呈し，デンプン水溶液を加えても色の変化はなかった。このハロゲン化カリウムは何か。化学式で答えよ。
(4) 下線部ⓒのうち，沈殿を生じないものを化学式で示せ。
(5) 右図の装置で気体が発生するときの化学反応式を示せ。
(6) 発生した気体を検出する方法を説明せよ。
(7) 水素との反応において，冷暗所でも爆発的に反応するハロゲンの単体と，高温で反応するが逆反応も起こってしまうハロゲンの単体をそれぞれ化学式で示せ。

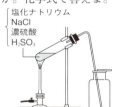
塩化ナトリウム NaCl
濃硫酸 H_2SO_4

295 ◀元素の周期表▶
第2～第4周期までの元素を A ～ D のグループに分け，周期表として示す。これを見て，下の問いに答えよ。

周期\族	1	2	3	4	5	6	7	8	9	10	11	12	13	14	15	16	17	18
2																		
3	A														D			
4						B							C					

(1) グループ A の元素の中で，炎色反応を示し，単体の融点が最も低い元素は何か。元素記号で示せ。
(2) グループ B の元素の最外殻電子が存在する電子殻の名称を記せ。
(3) グループ B の中のある元素は，+2, +3, +4, +6, +7 の酸化数をとり，酸化数 +4 の酸化物は黒色の粉末である。その酸化物を化学式で示せ。
(4) グループ B の元素の中で，有色の金属光沢をもち，希塩酸には溶けないが，希硝酸に溶けるものは何か。元素記号で示せ。
(5) グループ C の元素の中で，両性元素であり，トタンや黄銅の成分として使われているものは何か。元素記号で示せ。
(6) グループ D の元素の中で，地殻中での存在率が最も大きいものを元素記号で示せ。
(7) グループ D に属する14族元素の酸化物のうち，共有結合の結晶をつくるものはどれか。化学式で示せ。
(8) グループ D の元素の中で，その酸化物が酸性雨の主な原因となるものはどれか。2つ選び，元素記号で示せ。

23 非金属元素(その2)

1 窒素・リン(15族)の単体と化合物

❶ 窒素 N，リン P の単体

窒素 N_2	空気の主成分。無色・無臭の気体。常温では化学的に不活発。
リン P (同素体) 黄リン	淡黄色固体。猛毒	自然発火(水中保存)
リン P (同素体) 赤リン	暗赤色粉末，微毒	自然発火しない。

(反応)空気中で激しく白煙をあげて燃焼。 $4P + 5O_2 \longrightarrow P_4O_{10}$
十酸化四リン

窒素の化合物	アンモニア NH_3	無色・刺激臭の気体。水に溶け弱塩基性。HClと白煙生成。	塩化アンモニウムと水酸化カルシウムを加熱。 $2NH_4Cl + Ca(OH)_2 \longrightarrow CaCl_2 + 2NH_3 + 2H_2O$
	一酸化窒素 NO	無色・無臭の気体。水に難溶。酸素と反応して NO_2 になる。	銅に希硝酸を加える。 $3Cu + 8HNO_3 \longrightarrow 3Cu(NO_3)_2 + 2NO + 4H_2O$
	二酸化窒素 NO_2	赤褐色・刺激臭の有毒気体。水に溶け強酸性(硝酸生成)。	銅に濃硝酸を加える。 $Cu + 4HNO_3 \longrightarrow Cu(NO_3)_2 + 2NO_2 + 2H_2O$

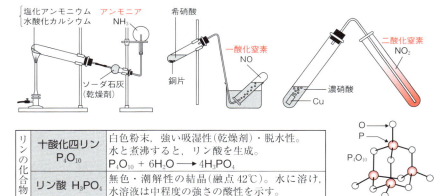

リンの化合物	十酸化四リン P_4O_{10}	白色粉末，強い吸湿性(乾燥剤)・脱水性。水と煮沸すると，リン酸を生成。 $P_4O_{10} + 6H_2O \longrightarrow 4H_3PO_4$
	リン酸 H_3PO_4	無色・潮解性の結晶(融点42℃)。水に溶け，水溶液は中程度の強さの酸性を示す。

❷ 硝酸の工業的製法　オストワルト法という。

加熱した白金網(触媒)で NH_3 を酸化して得る。

$NH_3 \xrightarrow[\text{ⓐ}]{O_2 \text{(Pt)}} NO \xrightarrow[\text{ⓑ}]{O_2} NO_2 \xrightarrow[\text{ⓒ}]{H_2O} HNO_3 + NO$

ⓐ $4NH_3 + 5O_2 \longrightarrow 4NO + 6H_2O$
ⓑ $2NO + O_2 \longrightarrow 2NO_2$
ⓒ $3NO_2 + H_2O \longrightarrow 2HNO_3 + NO$

NH_3 と空気の混合物を約800℃の白金触媒で酸化して NO とし，冷却して NO_2 とする。

(性質)(ⅰ) 無色・揮発性の強酸，光で分解しやすい(褐色びんで保存)。
(ⅱ) 強い酸化作用，ただし，Al，Fe，Ni は濃硝酸には不動態となり不溶。

2 炭素・ケイ素(14族)の単体と化合物

C_{60} の分子

炭素 C (同素体)	ダイヤモンド	無色・透明，硬度最大，電気伝導性なし。
	黒鉛	黒色，軟らかい，電気伝導性あり。
	無定形炭素	黒鉛の微結晶の集合体，多孔質，電気伝導性あり。
	フラーレン	球状の炭素分子，C_{60}，C_{70} など。
ケイ素 Si		金属光沢をもつ暗灰色の共有結合の結晶。半導体として利用。
化合物	二酸化炭素 CO_2	無色・無臭の気体。水溶液は弱酸性。石灰水を白濁し，CO_2 過剰で沈殿は溶解。 $CaCO_3 + 2HCl \longrightarrow CaCl_2 + CO_2 + H_2O$
	一酸化炭素 CO	無色・無臭の有毒気体。可燃性(青い炎)。水に不溶，高温では還元性あり。 ギ酸に濃硫酸を加え加熱。 $HCOOH \longrightarrow CO + H_2O$
	二酸化ケイ素 SiO_2	石英，水晶，ケイ砂の主成分。無色透明の固体。ガラスの原料。強塩基と反応 $SiO_2 + 2NaOH \xrightarrow{融解} Na_2SiO_3 + H_2O$

二酸化ケイ素の反応

$SiO_2 \xrightarrow[融解]{NaOH}$ ケイ酸ナトリウム Na_2SiO_3 $\xrightarrow[加熱]{水}$ 水ガラス(粘性大) $\xrightarrow{HCl}$ ケイ酸 H_2SiO_3 $\xrightarrow{乾燥}$ シリカゲル(乾燥剤)

3 気体の製法と性質

❶気体の発生装置 試薬が固体か液体か，加熱が必要か不要かで決める。

固体と固体　　加熱が必要…(A)の装置

固体と液体 { 加熱が必要な場合…(B)の装置(濃硫酸か濃塩酸を使う場合)
　　　　　　 加熱が不要の場合…(C)，(D)，(E)のいずれの装置でもよい。

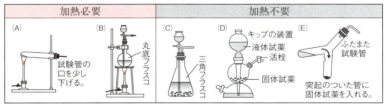

❷気体の捕集法 水に対する溶解性と，空気に対する比重で決める。

水に溶けにくい気体：H_2，O_2，NO，CO など …………………… 水上置換

水に溶ける気体 { 空気より軽い(分子量 < 29)：NH_3 のみ ………… 上方置換
　　　　　　　　空気より重い：HCl，Cl_2，NO_2 など …………… 下方置換

❸気体の乾燥剤 気体と反応しない乾燥剤を選択する。

酸性の乾燥剤	P_4O_{10}，濃硫酸	塩基性気体(NH_3)は吸収され，不適。H_2S は濃硫酸で酸化され，不適。
中性の乾燥剤	$CaCl_2$	$CaCl_2 \cdot 8NH_3$ をつくる(NH_3 は不適)。
塩基性の乾燥剤	CaO，ソーダ石灰	酸性気体(Cl_2，HCl，SO_2，NO_2 など)は吸収され，不適。

塩化カルシウム管　ガラスウール　ガラスウール

十酸化四リン管

23　非金属元素(その2)

確認&チェック

1 次の文の□に適する語句を入れよ。

リンの同素体のうち、①□は淡黄色の固体で猛毒である。空気中で自然発火するため、②□中に保存する。一方、③□は暗赤色の粉末で微毒であり、空気中で自然発火④□。

リンは空気中で激しく白煙をあげて燃焼し、⑤□を生成する。⑤を熱水と反応させると、⑥□を生成する。

2 次の文で、一酸化窒素に該当するものはA、二酸化窒素に該当するものはB、アンモニアに該当するものはCと記せ。
(1) 水に溶けにくい。
(2) 水に溶けて酸性を示す。
(3) 水に溶けて塩基性を示す。
(4) 銅と濃硝酸の反応で発生する。
(5) 銅と希硝酸の反応で発生する。
(6) 赤褐色、刺激臭のある気体で、有毒である。
(7) 無色の気体で、酸素と容易に反応して赤褐色になる。

3 次の文の□に適する語句を入れよ。

炭素の単体のうち図Aの結晶は①□で、非常に硬く、電気伝導性は②□。一方、図Bの結晶は

③□で、軟らかく、電気伝導性は④□。このほか、炭素の単体には、③の微結晶の集合体で多孔質な構造をもつ⑤□や、C_{60}、C_{70}など球状の炭素分子からなる⑥□もある。

4 次の文で、一酸化炭素に該当するものはA、二酸化炭素に該当するものはB、二酸化ケイ素に該当するものはCと記せ。
(1) 水に不溶な気体である。
(2) 水に溶けて弱酸性を示す。
(3) 無色・無臭の気体で、きわめて有毒である。
(4) 無色透明な固体で水に不溶である。
(5) 石灰水を白濁させる。
(6) 空気中では青い炎を出して燃焼する。

解答

1
① 黄リン
② 水
③ 赤リン
④ しない
⑤ 十酸化四リン
⑥ リン酸
→ p.208 [1]

2
(1) A
(2) B
(3) C
(4) B
(5) A
(6) B
(7) A
→ p.208 [1]

3
① ダイヤモンド
② ない
③ 黒鉛（グラファイト）
④ ある
⑤ 無定形炭素
⑥ フラーレン
→ p.209 [2]

4
(1) A
(2) B
(3) A
(4) C
(5) B
(6) A
→ p.209 [2]

例題 94 窒素の化合物 ■■□

次の文の□□□に適当な語句を入れ，下の問いに答えよ。

濃硝酸は無色，揮発性の液体で，強い①□□□性と②□□□作用を示す。イオン化傾向の小さな銅や銀とも反応し，③□□□が発生する。ただし，鉄やアルミニウムは濃硝酸とは全く反応しない。この状態を④□□□という。

(1) 濃硝酸は褐色びんで保存する。この理由を記せ。

(2) 文中の④は，どういう状態であるかを記せ。

(3) 銅と希硝酸を反応させたときの化学反応式を示せ。

考え方 濃硝酸，希硝酸は，ともに強い**酸性**と**酸化作用**を示し，イオン化傾向が小さな Cu，Ag をも溶かす。銅と濃硝酸が反応すると，二酸化窒素（赤褐色）が発生する。

$$Cu + 4HNO_3 \longrightarrow Cu(NO_3)_2 + 2NO_2\uparrow + 2H_2O$$

一方，銅と希硝酸の反応では，一酸化窒素（無色）が発生する。

(1) 濃硝酸は光が当たると次のように分解され，NO_2 の生成により淡黄色を帯びる。

$$4HNO_3 \xrightarrow{\text{光}} 4NO_2 + 2H_2O + O_2$$

(3) 銅と希硝酸が反応すると，一酸化窒素（無色）が発生する。

解答 ① 酸　② 酸化　③ 二酸化窒素
④ 不動態

(1) 光による濃硝酸の分解を防ぐため。

(2) 金属表面にち密な酸化物の被膜を生じ，それ以上反応が進まなくなった状態。

(3) $3Cu + 8HNO_3 \longrightarrow 3Cu(NO_3)_2 + 2NO + 4H_2O$

例題 95 気体の性質 ■■□

次の性質に該当する気体を下の語群から選び，それぞれ化学式で示せ。

(1) 無色・刺激臭の気体で，水にきわめて溶けやすく，水溶液は酸性を示す。

(2) 赤褐色・刺激臭の気体で，水に溶けて，水溶液は酸性を示す。

(3) 無色・無臭の気体で，空気に触れると直ちに赤褐色になる。

(4) 無色・腐卵臭の気体で，酢酸鉛(Ⅱ)水溶液に通じると黒色沈殿を生じる。

(5) 無色・刺激臭の気体で，水溶液に赤色リトマス紙を浸すと青変する。

(6) 無色・刺激臭の気体で，赤い花の色素を脱色する。

(7) 有色の気体で，水素との混合気体に光を当てると，爆発的に反応する。

【語群】
一酸化炭素　　塩素　　　　硫化水素　　　アンモニア
塩化水素　　　一酸化窒素　二酸化硫黄　　二酸化窒素

考え方 次の代表的な気体は覚えておく。

・水に不溶の気体…H_2・O_2・N_2・CO・NO
・水に非常に溶けやすい気体…HCl・NH_3・NO_2
・有色の気体…Cl_2・NO_2・O_3
・酸化力のある気体…Cl_2・NO_2・O_3
・還元力のある気体…H_2S・SO_2，CO（高温）

(1) 水に非常に溶けやすい酸性の気体は HCl と NO_2 で，無色なのは HCl。

(2) 赤褐色より NO_2。水に溶け硝酸を生成。

(3) $2NO + O_2 \rightarrow 2NO_2$（赤褐色）より NO。

(4) 腐卵臭は H_2S。$Pb^{2+} + S^{2-} \rightarrow PbS\downarrow$（黒）

(5) 水溶液が塩基性を示すのは NH_3 のみ。

(6) 無色の気体で漂白作用を示すのは SO_2。

(7) $H_2 + Cl_2 \xrightarrow{\text{光}} 2HCl$ より，Cl_2。

解答 (1) HCl　(2) NO_2　(3) NO
(4) H_2S　(5) NH_3　(6) SO_2　(7) Cl_2

23 非金属元素（その2）　**211**

例題 96 種々の炭素の同素体

次の文の□に適当な語句または数値を記入せよ。

炭素の同素体のうち，¹□は無色透明な結晶で，各炭素原子は隣接する²□個の原子と³□で結ばれた立体網目状構造をもつ。そのため，非常に硬く，電気伝導性は⁴□。

⁵□は黒色の結晶で，各炭素原子は隣接する⁶□個の原子と③で結ばれた平面層状構造をつくる。この平面構造は互いに⁷□で積み重なっているだけなので軟らかい。⑤の細かな粉末は，結晶状の外観を示さないので，⁸□とよばれ，印刷のインクやプリンターのトナーなどに利用される。

また，1985年には黒鉛にレーザーを照射してできた煤の中から⁹□とよばれる中空のかご状構造をもった炭素分子が発見された。この物質は電気伝導性は¹⁰□。1991年には黒鉛のシート一層分を円筒状に丸めた構造をもつ¹¹□が発見された。この物質は層の巻き方の違いによって電気伝導性が変わるという性質をもち，電子材料などへの応用が期待されている。2004年には¹²□とよばれる黒鉛のシート一層分が単離された。

考え方 **ダイヤモンド**は天然物質の中で最も硬く，各炭素原子は4個の価電子すべてを用いて共有結合でつながり，正四面体を基本単位とする**立体網目状構造**の結晶で，電気伝導性は示さない。

黒鉛(グラファイト)は，各炭素原子が3個の価電子を使って共有結合し，正六角形を基本単位とする**平面層状構造**を形成し，この構造が比較的弱い**分子間力**で積み重なったものである。残る1個の価電子は層内を自由に動くことができるので，黒鉛は電気伝導性を示す。

無定形炭素は黒鉛の微結晶の集合体で，多孔質で吸着力が大きい。活性炭も無定形炭素で，脱臭剤や脱色剤として利用される。

1985年，クロトー，スモーリーらによって発見されたC_{60}，C_{70}などの炭素の球状分子は**フラーレン**と総称される。フラーレンは面心立方格子からなる分子結晶をつくり，電気伝導性を示さない。しかし，K，Rbなどのアルカリ金属を添加してつくられたフラーレンは，19K以下で電気抵抗が0となる**超伝導**の性質を示し，注目されている。

1991年，日本の飯島澄男博士によって，黒鉛の平面構造を円筒状に丸めた構造をもつ**カーボンナノチューブ**が発見された。この物質は層の巻き方の違いによって，金属の性質を示すものや，半導体の性質を示すものなどがあり，電子部品などさまざまな分野への応用が期待されている。

2004年，ガイムとノボセロフらによって，黒鉛のシート一層分だけが単離され，**グラフェン**と命名された。

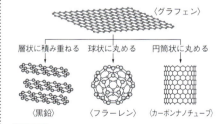

解答 ① ダイヤモンド ② 4 ③ 共有結合 ④ ない ⑤ 黒鉛(グラファイト) ⑥ 3 ⑦ 分子間力(ファンデルワールス力) ⑧ 無定形炭素 ⑨ フラーレン ⑩ ない ⑪ カーボンナノチューブ ⑫ グラフェン

標準問題

必は重要な必須問題。時間のないときはここから取り組む。

必 296 □□ ◀アンモニア▶　図のアンモニアの発生装置について，次の問いに答えよ。

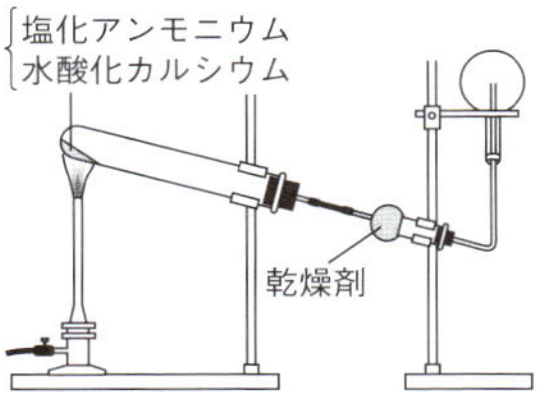

(1) この変化を化学反応式で示せ。

(2) この気体の捕集法を何というか。

(3) 試験管を図のように傾ける理由を示せ。

(4) アンモニアの乾燥剤として適切なものを選べ。

　(ア) ソーダ石灰　　　　(イ) 塩化カルシウム

　(ウ) 十酸化四リン　　　(エ) 濃硫酸

(5) アンモニアがフラスコに満たされたことを確認する方法を簡潔に示せ。

(6) 水酸化カルシウムの代わりに用いることができる物質を，次から選べ。

　(ア) HCl　　　(イ) $CaCl_2$　　　(ウ) H_2SO_4　　　(エ) NaOH

必 297 □□ ◀硝酸の製法▶　次の文の[　　　]に適当な語句を入れ，また，下の問いに答えよ。

(a) アンモニアと空気の混合気体を，加熱した白金網に触れさせると，[1][　　　]色の気体の[2][　　　]が生成する。

(b) ②は，さらに空気中の酸素と反応して，[3][　　　]色の気体の[4][　　　]になる。

(c) ④を温水と反応させると，[5][　　　]と②を生成するが，②は(b)と(c)の反応を繰り返すことで，すべて⑤に変えることができる。

(1) (a)，(b)，(c)を，それぞれ化学反応式で示せ。

(2) (a)，(b)，(c)を，1つにまとめた化学反応式で示せ。

(3) 上のような硝酸の工業的製法を何というか。

(4) アンモニア 1.7kg をすべて硝酸に変えたとすると，63% 硝酸が何 kg 得られることになるか。ただし，原子量は H = 1.0，N = 14，O = 16 とする。

298 □□ ◀二酸化炭素▶　次の文を読み，下の問いに答えよ。

　二酸化炭素は常温で無色・無臭の[1][　　　]であり，約 $5×10^6$ Pa に加圧すると，[2][　　　]して液体となる。この高圧の二酸化炭素をボンベの中から空気中に噴き出させると，急激な膨張のために温度が下がり，[3][　　　]する。これを押し固めたものが[4][　　　]であり，冷却剤に使用される。ⓐ二酸化炭素は水に溶け，弱酸性を示す。また，ⓑ二酸化炭素は水酸化ナトリウム水溶液に吸収される性質をもつ。近年，ⓒ大気中の二酸化炭素濃度は，人類の活動により増加しており，このことが，地球の[5][　　　]の一因であると考えられている。

(1) 文の①～⑤の[　　　]に適当な語句を入れよ。

(2) 下線部ⓐをイオン反応式，ⓑを化学反応式で示せ。

(3) 下線部ⓒの主な原因について2つ示せ。

5 - 23

23 非金属元素(その2)　213

299 □□ ◀炭素とその化合物▶　次の文の□□□に適当な語句を入れ，下の問い
に答えよ。

　炭素の単体には，性質の異なるいくつかの^①□□□が存在する。すなわち，電気を
導かない結晶状の^②□□□や，軟らかく電気をよく導く^③□□□のほか，木炭のよう
に結晶状の外観を示さない^④□□□がある。このほか，分子式 C_{60}，C_{70} などで表さ
れる球状の炭素分子は^⑤□□□とよばれる。

　$_ⓐ$炭素の安定な酸化物である^⑥□□□を石灰水に通じると，白色の沈殿を生じるが，
$_ⓑ$さらに過剰に通じるとこの沈殿は溶けて無色透明な溶液となる。石灰岩地帯で下線
ⓑの反応が起こると^⑦□□□が，この逆反応が起こると^⑧□□□などが形成される。

　炭素のもう1つの酸化物である$_ⓒ$^{⑨}□□□は，ギ酸を濃硫酸で脱水すると発生する
きわめて有毒な気体である。$_ⓓ$空気中で点火すると，青白い炎をあげて燃焼する。こ
のほか，⑨は高温では^⑩□□□性を示すので，鉄の製錬などに利用されている。

〔問〕　下線部ⓐ～ⓓを化学反応式で示せ。

300 □□ ◀気体の発生と捕集法▶　次の気体について，その気体を発生させる試薬
の組合せを[A]から，気体の発生装置を[B]から，発生させた気体の捕集装置を[C]から，
それぞれ1つずつ選んで，記号で記せ。

(1)　H_2S　　　(2)　NH_3　　　(3)　SO_2　　　(4)　Cl_2　　　(5)　H_2

(6)　NO_2　　　(7)　CO_2　　　(8)　CO　　　(9)　HCl　　　(10)　NO

[A]　(ア)　亜鉛と希硫酸　　　　　　　　　　(イ)　塩化アンモニウムと消石灰

　　　(ウ)　過酸化水素水と酸化マンガン(Ⅳ)　(エ)　塩化ナトリウムと濃硫酸

　　　(オ)　硫化鉄(Ⅱ)と希硫酸　　　　　　　(カ)　フッ化カルシウムと濃硫酸

　　　(キ)　ギ酸と濃硫酸　　　　　　　　　　(ク)　銅と希硝酸

　　　(ケ)　大理石と希塩酸　　　　　　　　　(コ)　酸化マンガン(Ⅳ)と濃塩酸

　　　(サ)　銅と濃硝酸　　　　　　　　　　　(シ)　銅と濃硫酸

[B]　(a)　　　　　　　　　　(b)　　　　　　　　　　(c)

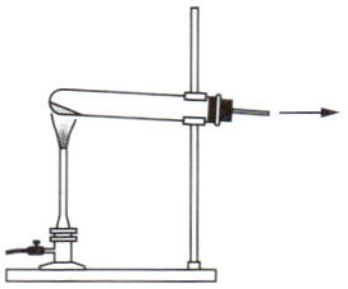

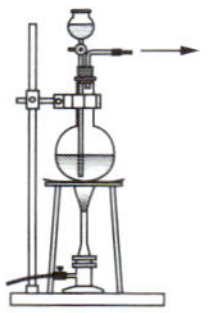

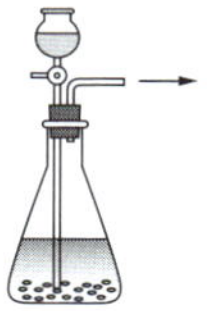

[C]　(d)　　　　　　　　　　(e)　　　　　　　　　　(f)

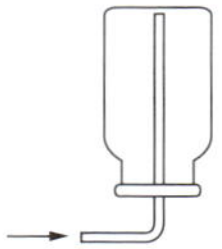

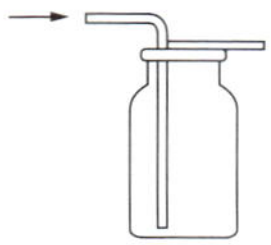

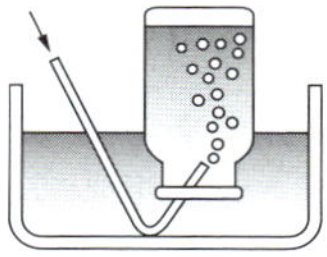

214　第5編　無機物質の性質と利用

301 □□ ◀リンとその化合物▶ 次の文の□□□に適当な語句を入れよ。

リンの単体には，代表的な 2 種の①□□□が存在する。分子式が P_4 の②□□□は，毒性が強く，空気中では自然発火するので③□□□中に保存する。一方，②を空気を絶って約 250℃ で長時間加熱してできる④□□□は，毒性は少なく，空気中で安定に存在する暗赤色の高分子で，⑤□□□の側薬などに用いる。

リンを空気中で燃焼させると，⑥□□□を生じる。⑥は吸湿性に富む白色の粉末で⑦□□□として用いる。⑥に水を加えて煮沸すると⑧□□□が得られる。

リン鉱石の主成分である⑨□□□は水に溶けないが，これに適量の硫酸を作用させると，水溶性の⑩□□□が生成し，リン酸肥料として用いられる。

302 □□ ◀ケイ素と化合物▶ 次の文の□□□に適当な語句を入れ，また，下の問いに答えよ。

ケイ素の単体は，炭素の単体の①□□□と同じ結晶構造をもつ②□□□の結晶である。高純度のものは③□□□として電子部品の材料に用いられる。

二酸化ケイ素は，天然に④□□□という鉱物として存在し，透明な単結晶のものを⑤□□□，砂状のものを⑥□□□という。高純度の二酸化ケイ素を繊維状に加工したものは⑦□□□とよばれ，光通信に利用されている。

<u>ⓐ二酸化ケイ素を水酸化ナトリウムの固体と強く熱するとガラス状の⑧□□□となる</u>。⑧の水溶液を長時間加熱すると⑨□□□とよばれる粘性の大きな液体が得られる。

<u>ⓑ⑨の水溶液に塩酸を加えると，白色ゲル状の⑩□□□が沈殿する</u>。⑩を水洗いし，加熱乾燥させると⑪□□□が得られる。⑪は多孔質で水分や，他の気体を吸着しやすいので⑫□□□などに用いられる。

(1) 下線部ⓐ，ⓑを化学反応式で示せ。
(2) ⑨の粘性が大きい理由を記せ。

発展問題

303 □□ ◀気体の精製▶ 次の A ～ E に示す混合気体中の不純物を除去したい。下の㋐～㋓の中から最も適した方法を 1 つずつ選べ。

混合気体	A	B	C	D	E
主成分	N_2	N_2	N_2	NH_3	Cl_2
不純物	CO_2	O_2	H_2	H_2O	H_2O

㋐ 熱した銅網の中を通す。

㋑ 濃硫酸の中を通す。

㋒ ソーダ石灰の中を通す。

㋓ 熱した酸化銅(Ⅱ)片の中を通したのち，塩化カルシウム管の中を通す。

24 典型金属元素

1 アルカリ金属　Hを除く1族元素　Li, Na, K, Rb, Cs, Fr の6元素

単体	原子は1個の価電子をもち，1価の陽イオンになる。銀白色の軟らかい軽金属で，低融点，密度小。 (a) 水や酸素と反応しやすく，石油中で保存する。 (b) 常温の水と激しく反応し，水素を発生する。 　　$2Na + 2H_2O \longrightarrow 2NaOH + H_2\uparrow$
化合物	水酸化ナトリウム NaOH	白色の固体で潮解性を示す。水溶液は強塩基性で皮膚・粘膜を侵す。CO_2 をよく吸収する。$2NaOH + CO_2 \longrightarrow Na_2CO_3 + H_2O$
	炭酸ナトリウム Na_2CO_3	白色粉末，$Na_2CO_3 \cdot 10H_2O$ は風解性を示し，一水和物になる。水溶液は加水分解して塩基性を示す。加熱しても分解しない。
	炭酸水素ナトリウム $NaHCO_3$	白色粉末，重曹（じゅうそう）ともいう。水溶液は加水分解して弱塩基性を示す。加熱すると分解し，CO_2 を発生する。

注）単体，化合物は炎色反応を示す。例 Li（赤），Na（黄），K（赤紫），Rb（深赤）

アンモニアソーダ法（ソルベー法）

Na_2CO_3 の工業的製法。飽和食塩水に NH_3 と CO_2 を通して，比較的水に溶けにくい $NaHCO_3$ を沈殿させ，これを熱分解して Na_2CO_3 をつくる。

（主反応）$NaCl + NH_3 + CO_2 + H_2O$
　　　　$\longrightarrow NaHCO_3 + NH_4Cl$
　　$2NaHCO_3 \longrightarrow Na_2CO_3 + H_2O + CO_2$

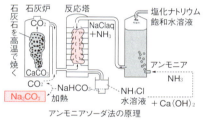

アンモニアソーダ法の原理

2 アルカリ土類金属　Be, Mgを除く2族元素　Ca, Sr, Ba, Ra の4元素

	マグネシウム Mg	アルカリ土類金属
電子配置	原子は2個の価電子をもち，2価の陽イオンになる。	
単体の特徴	銀白色の軽金属，低融点（1族よりやや高い）。	
反応性	Mg ＜ Ca ＜ Sr ＜ Ba	
水との反応（水酸化物）	熱水と反応（弱塩基）	冷水と反応（強塩基）
硫酸塩	水に可溶	水に不溶（沈殿）
炎色反応	なし	Ca（橙赤），Sr（紅），Ba（黄緑）

Caの化合物

炭酸カルシウム $CaCO_3$	石灰石，大理石の主成分，熱分解する。
酸化カルシウム CaO	生石灰，白色固体，吸湿性（乾燥剤）
水酸化カルシウム $Ca(OH)_2$	消石灰，白色粉末，飽和水溶液（石灰水）
硫酸カルシウム $CaSO_4$	$CaSO_4 \cdot 2H_2O \underset{固化}{\overset{加熱}{\rightleftharpoons}} CaSO_4 \cdot \frac{1}{2}H_2O + \frac{3}{2}H_2O$ セッコウ　　　　　焼きセッコウ

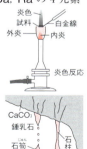

石灰石 $CaCO_3$ は，CO_2 を含む地下水に溶ける。
$CaCO_3 + CO_2 + H_2O$
$\underset{鍾乳石}{\overset{鍾乳洞}{\rightleftharpoons}} Ca(HCO_3)_2$

3 アルミニウムとその化合物

単体	原子は3個の価電子をもち，3価の陽イオンになる。 銀白色の軽金属，電気・熱の良導体，濃硝酸に不溶(不動態)。 **両性元素** 例 $2Al + 6HCl \longrightarrow 2AlCl_3 + 3H_2 \uparrow$ $2Al + 2NaOH + 6H_2O \longrightarrow 2Na[Al(OH)_4] + 3H_2 \uparrow$ テトラヒドロキシドアルミン酸ナトリウム 〔製法〕ボーキサイトを精製して得た Al_2O_3(アルミナ)を，氷晶石 Na_3AlF_6 の融解液に少しずつ加えて**溶融塩電解**する。

	酸化アルミニウム Al_2O_3	白色粉末，高融点。結晶は硬度大，ルビー(赤)やサファイア(青)で産出。 **両性酸化物**で，酸・強塩基の水溶液と反応し溶ける。
化合物	水酸化アルミニウム $Al(OH)_3$	(生成) $Al^{3+} + 3OH^- \rightarrow Al(OH)_3$ 白色ゲル状沈殿 **両性水酸化物**で，酸や過剰の NaOH 水溶液に可溶，過剰の NH_3 水に不溶。 $Al(OH)_3 + NaOH \longrightarrow Na[Al(OH)_4]$ (無色)
	ミョウバン	化学式は $AlK(SO_4)_2 \cdot 12H_2O$ 無色・正八面体の結晶。二種の塩が組み合わさった**複塩**で，水中では各成分イオンに分かれる。 $AlK(SO_4)_2 \cdot 12H_2O \longrightarrow Al^{3+} + K^+ + 2SO_4^{2-} + 12H_2O$

4 亜鉛とその化合物

単体	原子は2個の価電子をもち，2価の陽イオンになる。 青白色の重金属，低融点，トタン(Fe + Zn めっき)，黄銅(+ Cu 合金)。 **両性元素** 例 $Zn + 2NaOH + 2H_2O \longrightarrow Na_2[Zn(OH)_4] + H_2 \uparrow$ テトラヒドロキシド亜鉛(II)酸ナトリウム

	酸化亜鉛 ZnO	白色粉末，水に不溶。**両性酸化物**で，酸や強塩基と反応し溶ける。
化合物	水酸化亜鉛 $Zn(OH)_2$	(生成) $Zn^{2+} + 2OH^- \longrightarrow Zn(OH)_2$ 白色ゲル状沈殿 **両性水酸化物**で，酸や過剰の NaOH 水溶液に可溶，過剰の NH_3 水に可溶。 $Zn(OH)_2 + 2NaOH \longrightarrow Na_2[Zn(OH)_4]$ $Zn(OH)_2 + 4NH_3 \longrightarrow [Zn(NH_3)_4]^{2+} + 2OH^-$ テトラアンミン亜鉛(II)イオン

5 その他の典型元素とその化合物

水銀 (Hg)	12族，銀白色の重金属，常温で液体，蒸気は有毒，Hg の合金をアマルガムという。 Hg_2Cl_2 塩化水銀(I)は水に難溶。$HgCl_2$ 塩化水銀(II)は水に可溶，猛毒。
スズ (Sn)	14族，銀白色の重金属，低融点，**両性元素**，ブリキ(Fe + Sn めっき)，青銅(+Cu 合金)。 $SnCl_2$ 塩化スズ(II)は還元性が大($Sn^{2+} \rightarrow Sn^{4+} + 2e^-$)，無鉛はんだ(+Ag, Cu)。
鉛 (Pb)	14族，灰白色の重金属，密度大($11.4g/cm^3$)，軟らかい。 **両性元素**。放射線をよく遮蔽する。有毒。 水に不溶性の沈殿をつくりやすい。 $PbCl_2$(白)，$PbSO_4$(白)，PbS(黒)，$PbCrO_4$(黄)

24 典型金属元素 217

確認&チェック

1 次の文の□□に適当な語句を入れよ。

ナトリウム Na の単体は,軟らかい軽金属で,水や酸素と反応しやすいので,[1]□□中で保存する。Na は水と激しく反応し,[2]□□を発生する。

水酸化ナトリウム NaOH は白色の固体で空気中に放置すると水分を吸収して溶ける。この現象を[3]□□という。NaOH の水溶液は[4]□□性を示す。

2 次の文の││内より,正しい方を記号で示せ。

炭酸ナトリウム Na_2CO_3 は白色の粉末で,その水溶液は[1]│(ア)塩基性,(イ)弱塩基性│を示す。また,加熱した場合,分解[2]│(ア)する,(イ)しない│。炭酸水素ナトリウム $NaHCO_3$ は白色の粉末で,その水溶液は[3]│(ア)塩基性,(イ)弱塩基性│を示す。また,加熱した場合,分解[4]│(ア)する,(イ)しない│。

3 右図のように,ある化合物の水溶液を白金線につけて,バーナーの外炎に入れたら,特有の色が現れた。次の問いに答えよ。

(1) このような反応を何というか。
(2) 次の水溶液は何色の炎色を示すか。
　(ア) $MgCl_2$　(イ) $CaCl_2$
　(ウ) $SrCl_2$　(エ) $BaCl_2$

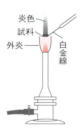

4 次の文に当てはまるカルシウム化合物の名称を書け。
(1) 石灰石や大理石として産出し,強熱すると分解する。
(2) 白色固体で,(1)の熱分解で生成し,吸湿性が強く乾燥剤に用いられる。
(3) 白色粉末で,飽和水溶液は石灰水とよばれる。

5 次の文のうち,Al に当てはまるものは A,Zn に当てはまるものは B,両方に当てはまるものは C と記せ。
(1) 塩酸にも水酸化ナトリウム水溶液にも溶ける。
(2) 水酸化物は,過剰のアンモニア水に溶ける。
(3) 酸化物の結晶は硬く,ルビーやサファイアとして産出する。
(4) 濃硝酸を加えても反応せず,不動態となる。

解答

1 ① 石油
② 水素
③ 潮解
④ 強塩基
→ p.216 １

2 ① (ア)
② (イ)
③ (イ)
④ (ア)
→ p.216 １

3 (1) 炎色反応
(2) (ア) 無色
　(イ) 橙赤色
　(ウ) 紅色
　(エ) 黄緑色
→ p.216 ２

4 (1) 炭酸カルシウム
(2) 酸化カルシウム
(3) 水酸化カルシウム
→ p.216 ２

5 (1) C
(2) B
(3) A
(4) A
→ p.217 ３, ４

例題 97 アルカリ金属

次の文の□に適当な語句を入れ，下の問いに答えよ。
　Naの単体は密度が水より①□な軟らかい軽金属である。ⓐNaは空気中の酸素と容易に反応し，ⓑ常温の水とも激しく反応するので②□中に保存される。

(1) 下線部ⓐ，ⓑの変化を化学反応式で示せ。
(2) Li，Na，Kの単体を，融点の低いものから順に示せ。
(3) Li，Na，Kの単体を，水との反応性が小さいものから順に示せ。
(4) Li，Na，Kの各元素の炎色反応の色を記せ。

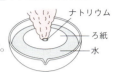

考え方 アルカリ金属の単体(Li，Na，K)が反応すると，1価の陽イオンになる。
酸化ナトリウム…Na₂O(Na⁺ : O²⁻ = 2 : 1)
水酸化ナトリウム…NaOH(Na⁺ : OH⁻ = 1 : 1)
(2) アルカリ金属の単体の融点は，原子番号が大きいものほど低くなる。これは原子番号が大きいほど，価電子がより外側の電子殻に存在し，原子半径が大きくなるため，相対的に金属結合が弱くなるからである。
K(63℃) < Na(98℃) < Li(181℃)
(3) アルカリ金属のイオン化エネルギーは，原子番号が大きくなるほど小さくなり，単体の反応性も大きくなる。Li < Na < K

解答 ① 小さ　② 石油
(1) ⓐ　$4Na + O_2 \longrightarrow 2Na_2O$
　　ⓑ　$2Na + 2H_2O \longrightarrow 2NaOH + H_2$
(2) K < Na < Li　(3) Li < Na < K
(4) Li…赤色，Na…黄色，K…赤紫色

例題 98 アンモニアソーダ法

下図は，炭酸ナトリウムを工業的に製造する工程を示す。下の問いに答えよ。

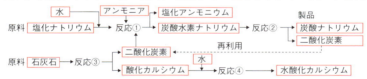

(1) 図中の反応①，②をそれぞれ化学反応式で示せ。
(2) アンモニアを回収して再利用する方法について説明せよ。

考え方 (1) 反応①：飽和食塩水にNH₃とCO₂を吹き込むと，水溶液中の4種のイオン(Na⁺，Cl⁻，NH₄⁺，HCO₃⁻)がつくる塩のうち溶解度の最も小さいNaHCO₃が沈殿することで，反応が右向きに進行する。
反応②：NaHCO₃は容易に熱分解し，目的の製品であるNa₂CO₃が得られる。
(反応②で発生するCO₂は反応①で再利用され，不足分(50%)は，石灰石の熱分解で補う。)
反応③：$CaCO_3 \longrightarrow CaO + CO_2$
(2) 反応③で生成した酸化カルシウムCaO(生石灰)を水と反応させて，水酸化カルシウムCa(OH)₂(消石灰)とする。
反応④：$CaO + H_2O \longrightarrow Ca(OH)_2$
反応⑤：$2NH_4Cl + Ca(OH)_2$
　　　$\xrightarrow{加熱} CaCl_2 + 2NH_3 + 2H_2O$

解答 (1) ① $NaCl + NH_3 + CO_2 + H_2O$
　　　　　　$\longrightarrow NaHCO_3 + NH_4Cl$
② $2NaHCO_3 \longrightarrow Na_2CO_3 + CO_2 + H_2O$
(2) 反応①で生成した塩化アンモニウムと反応④で生成した水酸化カルシウムの混合物を加熱する。

例題 99　2族元素

次の文の□□□に適当な語句を入れ，下の問いに答えよ。

周期表2族元素のうち，カルシウム，①□□□，②□□□の単体はいずれも常温の水と反応し，その水溶液は③□□□性を示す。また，これらの元素は特有の炎色反応を示し，カルシウムは④□□□色，①は紅色，②は⑤□□□色となる。したがって，これらの元素は⑥□□□と総称される。一方，ベリリウムや⑦□□□の単体はいずれも常温の水とは反応せず，炎色反応も示さないので，⑥には含めない。

〔問〕　カルシウムの単体と水との反応を化学反応式で記せ。

考え方　2族元素のうち，Ca，Sr，Ba，Raの4元素は特有の炎色反応を示す。また，単体は常温の水と反応し，水素を発生する。また，生成物の水酸化物が強塩基性を示す。これらの共通性から，上記の4元素はアルカリ土類金属とよばれる。

炎色反応は，Ca が橙赤色，Sr が紅色，Ba が黄緑色，Ra が桃色である。

2族元素のうち，Be，Mg は常温の水とは反応せず，炎色反応も示さないので，アルカリ土類金属には含めない。

〔問〕　イオン化傾向の大きい Ca は反応性が大きく，水を還元して水素を発生させる。一方，自身は酸化されて Ca^{2+} となる。

解答　① ストロンチウム　② バリウム
③ 強塩基　④ 橙赤　⑤ 黄緑
⑥ アルカリ土類金属　⑦ マグネシウム
〔問〕 $Ca + 2H_2O \longrightarrow Ca(OH)_2 + H_2$

例題 100　アルミナの精製（バイヤー法）

次の文の□□□に適当な語句を入れ，下線部を化学反応式で示せ。

アルミニウムの鉱石である$_a$①□□□を濃い水酸化ナトリウム水溶液とともに加熱すると，主成分の酸化アルミニウムは溶解するが，酸化鉄(Ⅲ)や二酸化ケイ素などの不純物は溶けずに沈殿する。この溶液を水でうすめると加水分解が起こり，②□□□の白色沈殿が生成する。$_b$この沈殿を約1200℃に加熱すると，アルミナともよばれる純粋な③□□□が得られる。

考え方　両性元素（Al，Zn，Sn，Pb）の単体，酸化物，水酸化物は，いずれも酸，強塩基の水溶液に溶ける。とくに，強塩基の水溶液に溶けるのは，次のようなヒドロキシド錯イオンを生成するためである。

$[Al(OH)_4]^-$，$[Zn(OH)_4]^{2-}$，
$[Sn(OH)_4]^{2-}$，$[Pb(OH)_4]^{2-}$

アルミニウムの主な鉱石は，ボーキサイト。

ⓐ　Al_2O_3 は両性酸化物なので，NaOH 水溶液に溶ける。

$Al_2O_3 + 2NaOH + 3H_2O \longrightarrow 2Na[Al(OH)_4]$
テトラヒドロキシドアルミン酸ナトリウム

さらに，強塩基性で安定な $Na[Al(OH)_4]$ に水を加えて反応溶液の pH を下げると，次式の平衡が左へ移動し，水酸化アルミニウム $Al(OH)_3$ の白色沈殿が生成する。

$Al(OH)_3 + NaOH \rightleftarrows Na[Al(OH)_4]$

ⓑ　$Al(OH)_3$ を加熱すると，脱水反応が起こる。

$2Al(OH)_3 \longrightarrow Al_2O_3 + 3H_2O$

解答　① ボーキサイト
② 水酸化アルミニウム
③ 酸化アルミニウム
化学反応式は，考え方を参照。

220　第5編　無機物質の性質と利用

標準問題

必は重要な必須問題。時間のないときはここから取り組む。

必304 □□ ◀ナトリウムとその化合物▶ 次の文の□□に適当な語句を入れよ。
　Na の単体は融点が① □□ く，軟らかい銀白色の金属で，イオン化傾向が② □□ い。Na の単体は化学的に活発で水と激しく反応して③ □□ を発生し，水溶液は④ □□ 性を示す。また，空気中で速やかに酸化されるので，⑤ □□ 中に保存する。
　NaOH の結晶は湿った空気中では水分を吸収して溶ける。この現象を⑥ □□ という。また，NaOH は空気中の CO_2 と反応してしだいに⑦ □□ に変化する。⑦の水溶液を濃縮すると，無色透明な $Na_2CO_3 \cdot 10H_2O$ の結晶が得られる。これを空気中に放置すると，しだいに⑧ □□ の一部を失って $Na_2CO_3 \cdot H_2O$ の白色の粉末となる。この現象を⑨ □□ という。

必305 □□ ◀アンモニアソーダ法▶ 次の文を読み，下の問いに答えよ。
　ⓐ塩化ナトリウムの飽和水溶液にアンモニアを十分に溶かし，さらに二酸化炭素を吹きこむと，溶解度の比較的小さな炭酸水素ナトリウムが沈殿する。ⓑこの沈殿を分解すると炭酸ナトリウムが得られる。そのとき発生した二酸化炭素は反応ⓐで再利用され，不足分は，ⓒ石灰石を分解して供給される。このとき得られた物質に水を加えて水酸化カルシウムとする。ⓓ反応ⓐで得られた塩化アンモニウムと水酸化カルシウムを反応させてアンモニアを回収する。
(1) この炭酸ナトリウムの工業的製法を何とよぶか。
(2) 下線部ⓐ～ⓓをそれぞれ化学反応式で示せ。
(3) 下線部ⓐ～ⓓの反応のうち，加熱しなければ進行しないものはどれか。
(4) 2.0t（トン）の炭酸ナトリウムをつくるためには，理論上，塩化ナトリウムは何 t 必要か。ただし，式量は NaCl = 58.5，Na_2CO_3 = 106 とする。

306 □□ ◀ナトリウムの化合物▶ 下図は4種類のナトリウム化合物の相互関係を示す。反応(a)～(i)には，下の(ア)～(カ)のどの実験操作を用いたらよいか。記号で示せ。

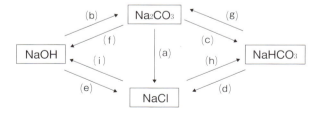

(ア) 水溶液に CO_2 および NH_3 を通じる。　(イ) 加熱する。
(ウ) 水溶液に CO_2 を通じる。　(エ) 塩酸を加える。
(オ) 水溶液を電気分解する。　(カ) 水溶液に $Ca(OH)_2$ を加える。

307 □□ ◀1族元素，2族元素▶ 次の(ア)〜(サ)の各項目の記述のうち，正しいものの記号をすべて示せ。

(ア) K，Li，Na が陽イオンになったとき，K^+は Ne と，Li^+は He と，Na^+は Ar と同じ電子配置をとる。

(イ) K は Li よりも激しく水と反応する。

(ウ) K，Li，Na の硫化物は，いずれも水に溶けにくい。

(エ) 金属 Na の結晶格子は体心立方格子であるが，金属 K の結晶格子は面心立方格子である。

(オ) K は Li よりも原子量が大きいので，K の融点は Li の融点より高い。

(カ) K^+，Li^+，Na^+のイオン半径は，$K^+ > Na^+ > Li^+$の順である。

(キ) Ba^{2+}，Ca^{2+}，Mg^{2+}のイオン半径は，それぞれ同周期のアルカリ金属イオンのイオン半径よりも小さい。

(ク) BaO，CaO は塩基性酸化物であるが，MgO は両性酸化物である。

(ケ) $BaSO_4$，$CaSO_4$，$MgSO_4$はいずれも水に溶けにくい。

(コ) CaO を炭素 C と強熱すると，CaO は還元されて Ca の単体が生成する。

(サ) $CaCl_2$，$MgCl_2$ はいずれも水に溶けやすく，なかでも $CaCl_2$ は吸湿性が強く，乾燥剤として用いられる。

必 308 □□ ◀ Mg と Ca の性質▶ 次の記述のうち，Mg だけに当てはまる性質には A，Ca だけに当てはまる性質には B，Mg と Ca に共通する性質には C と示せ。

(1) 2価の陽イオンになりやすい。　　(2) 炎色反応を示さない。

(3) 硫酸塩が水に溶けやすい。　　(4) 塩化物が水に溶けやすい。

(5) 炭酸塩は水に溶けにくいが，炭酸水素塩は水に溶ける。

(6) 常温で水と容易に反応する。

(7) 炭酸塩を加熱すると分解し，二酸化炭素を発生する。

(8) 水酸化物の水溶液は強い塩基性を示す。

309 □□ ◀2族の化合物▶ 次の化合物の性質をそれぞれ下から選び，記号で示せ。

(1) 酸化カルシウム　　　　　(2) 硫酸バリウム　　　　　(3) 塩化カルシウム

(4) 硫酸カルシウム二水和物　(5) 水酸化カルシウム　　　(6) 炭化カルシウム

(ア) 吸湿性が強く，乾燥剤として用いる。

(イ) 加熱後，水を加えて練ると膨張しながら固化する。

(ウ) 水に対する溶解度がきわめて小さく，白色顔料や X 線造影剤として用いる。

(エ) 吸湿性が強く，水と反応すると多量の熱を放出する。乾燥剤として用いる。

(オ) 水と激しく反応し，可燃性の気体アセチレンを発生する。

(カ) 水に少し溶けて塩基性を示し，二酸化炭素を通すと白濁する。

222　第5編　無機物質の性質と利用

310 ◀ Ca の化合物 ▶
カルシウム化合物の関係図を見て，次の問いに答えよ。
(1) (a)〜(e)の物質の化学式と名称を記せ。
(2) ①〜⑥の反応を化学反応式で示せ。
(3) 大理石に強酸を作用させて二酸化炭素を発生させる場合，希塩酸のかわりに希硫酸を用いるのは不適当である。その理由を記せ。

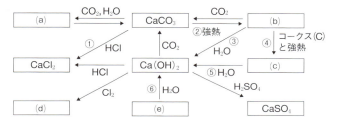

311 ◀ Al とその化合物 ▶
次の文の[　　]に適当な語句を入れ，下の問いにも答えよ。

アルミニウムは①[　　]と同様に両性元素であり，塩酸および(a)水酸化ナトリウム水溶液に②[　　]を発生しながら溶ける。酸化アルミニウムは③[　　]や④[　　]などの宝石の主成分であり，水には溶けないが，強酸および強塩基の水溶液にも溶ける。このような化合物を⑤[　　]という。また，アルミニウムは酸化されやすい。つまり⑥[　　]性が強く，(b)アルミニウムと酸化鉄(Ⅲ)の粉末の混合物に点火すると激しい反応が起こり，融解した鉄が得られる。この反応を⑦[　　]という。

硫酸アルミニウムと硫酸カリウムの混合水溶液を濃縮すると，⑧[　　]とよばれる正八面体状の結晶が得られ，⑧は水溶液中で各成分イオンに電離する。このような塩を⑨[　　]という。また，アルミニウムイオンを含む水溶液に水酸化ナトリウム水溶液を加えると，白色沈殿が生成する。(c)この白色沈殿に過剰に水酸化ナトリウム水溶液を加えると，溶解して無色の溶液となる。

(1) 下線部(a)〜(c)の反応を化学反応式で示せ。
(2) ⑧を水に溶かすと酸性を示す。この理由を示せ。

312 ◀ Zn の反応 ▶
下図は，亜鉛およびその化合物の反応系統図で，[　　]は固体，[　　]は溶液を示す。(a)〜(f)に該当する物質の化学式を示せ。

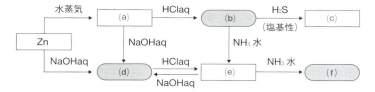

313 ◀Alの溶融塩電解▶

アルミニウムを製造するには、氷晶石の融解液に酸化アルミニウム（アルミナ）を少しずつ加えながら、炭素電極を用いて約1000℃で溶融塩電解を行う。このとき、陰極では融解状態のアルミニウムが、陽極では一酸化炭素や二酸化炭素が発生し、炭素電極が消耗する。次の各問いに答えよ。

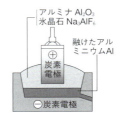

(1) 陰極，陽極での変化を電子 e^- を用いた反応式で示せ。
(2) この電気分解で氷晶石を用いるのはなぜか。
(3) Al^{3+} を含む水溶液の電気分解では，Al の単体は得られない。この理由を述べよ。
(4) アルミニウム 250g をつくるのに必要な電気量は何 C か。ただし，Al = 27.0，ファラデー定数 $F = 9.65 \times 10^4$ C/mol，この電気分解の電流効率を 80.0% とする。
  ＊電流効率とは，通じた電気量に対する電気分解に使われた電気量の割合をいう。

発展問題

314 ◀塩の推定▶ 次の文に該当する塩を(ア)～(ク)から1つずつ記号で選べ。

(a) 加熱すると分解し，気体を発生する。水溶液は黄色の炎色反応を示す。
(b) 水に溶けにくく，塩酸を加えると気体を発生する。
(c) 水に溶けて中性の水溶液になる。これに，塩化バリウム水溶液を加えると白色沈殿を生じる。
(d) 水溶液にアンモニア水を加えると白色沈殿を生じる。さらに過剰のアンモニア水を加えると，この沈殿は溶ける。
(e) 水溶液にアンモニア水を加えると白色沈殿を生じる。さらに過剰のアンモニア水を加えても，この沈殿は溶けない。

(ア) $Al(NO_3)_3$　(イ) $CaCl_2$　(ウ) $CaCO_3$　(エ) $CaSO_4$
(オ) Na_2CO_3　(カ) $NaHCO_3$　(キ) Na_2SO_4　(ク) $Zn(NO_3)_2$

315 ◀陽イオンの推定▶ 次の文を読み，A～Fの各水溶液に含まれているイオンを下の語群から選べ。

(1) 塩酸を加えると，A のみ沈殿を生じた。
(2) E は黄緑色，F は橙赤色の炎色反応を示し，他の溶液は炎色反応を示さなかった。
(3) 水酸化ナトリウム水溶液を加えると，A，B，C，D では沈殿が生じたが，E，F では変化が見られなかった。さらに，過剰の水酸化ナトリウム水溶液を加えると，A，B，C の沈殿は溶けたが，D の沈殿は溶けなかった。
(4) (3)で A，B，C，D に生じた沈殿に，過剰のアンモニア水を加えると，C の沈殿のみが溶けた。

【語群】[Ca^{2+}　Mg^{2+}　Zn^{2+}　Pb^{2+}　Ba^{2+}　Al^{3+}]

25 遷移金属元素

1 錯イオン

❶**錯イオン** 金属イオンに，非共有電子対をもつ分子や陰イオンが配位結合してできた多原子イオン。錯イオンにおいて，金属イオンに配位結合している分子や陰イオンを**配位子**といい，その数を**配位数**という。

(配位子の種類)NH_3：アンミン，H_2O：アクア，CN^-：シアニド，OH^-：ヒドロキシド
(錯イオンの例) [Fe(CN)$_6$]$^{4-}$ (名称)ヘキサシアニド鉄(Ⅱ)酸イオン
　　　　　　金属イオン┘　配位子┘　配位数(2：ジ，4：テトラ，6：ヘキサと読む)
(錯イオンの名称) 陽イオンでは「～イオン」，陰イオンでは「～酸イオン」とする。

錯イオンの立体構造は，金属イオンの種類と配位数によって決まる。

[Ag(NH$_3$)$_2$]$^+$
ジアンミン銀(Ⅰ)イオン
(直線形)

[Cu(NH$_3$)$_4$]$^{2+}$
テトラアンミン銅(Ⅱ)イオン
(正方形)

[Zn(NH$_3$)$_4$]$^{2+}$
テトラアンミン亜鉛(Ⅱ)イオン
(正四面体形)

[Fe(CN)$_6$]$^{3-}$
ヘキサシアニド鉄(Ⅲ)酸イオン
(正八面体形)

2 鉄とその化合物

単体	(製法)鉄鉱石(Fe_2O_3 など)を CO で還元。 $Fe_2O_3 \longrightarrow Fe_3O_4 \longrightarrow FeO \longrightarrow Fe$ (段階的還元) 主反応 $Fe_2O_3 + 3CO \longrightarrow 2Fe + 3CO_2$ **銑鉄**…溶鉱炉から取り出した鉄(C を約4%含む) **鋼**…炭素量を 2 ～ 0.02％に減らした強靭な鉄 **ステンレス鋼**…Fe と Cr，Ni との合金で，さびにくい。
化合物	鉄の化合物は，+2，+3 の酸化数をとる。空気中では +3 の方が安定。 Fe_2O_3：酸化鉄(Ⅲ)，赤褐色，赤鉄鉱。Fe_3O_4：四酸化三鉄，黒色，磁鉄鉱。 $FeSO_4・7H_2O$：硫酸鉄(Ⅱ)七水和物，淡緑色の結晶。Fe^{2+}はFe^{3+}に酸化されやすい。 $FeCl_3・6H_2O$：塩化鉄(Ⅲ)六水和物，黄褐色の結晶，潮解性が強い。 $K_4[Fe(CN)_6]$：ヘキサシアニド鉄(Ⅱ)酸カリウム，黄色結晶(水溶液は淡黄色)。 $K_3[Fe(CN)_6]$：ヘキサシアニド鉄(Ⅲ)酸カリウム，暗赤色結晶(水溶液は黄色)。

鉄イオンの反応	加える試薬	Fe^{2+}(淡緑色)	Fe^{3+}(黄褐色)
	NaOH	$Fe(OH)_2$↓(緑白色沈殿)	$Fe(OH)_3$↓(赤褐色沈殿)
	$K_4[Fe(CN)_6]$	青白色沈殿	濃青色沈殿(紺青)[*1]
	$K_3[Fe(CN)_6]$	濃青色沈殿(ターンブル青)[*1]	褐色溶液(酸性では緑色溶液)
	KSCN	変化なし	血赤色溶液

[*1] ターンブル青，紺青(ベルリン青)は，ともに $KFe[Fe(CN)_6]$ の同一組成をもつ物質。

3 銅とその化合物

単体	赤味のある金属光沢，電気・熱の良導体。湿った空気中で緑青 $CuCO_3 \cdot Cu(OH)_2$ をつくる。塩酸，希硫酸に溶けず，硝酸，熱濃硫酸に溶ける。$Cu + 2H_2SO_4(熱濃) \longrightarrow CuSO_4 + SO_2 + 2H_2O$ (製法)黄銅鉱 $CuFeS_2 \xrightarrow{溶鉱炉} 粗銅(Cu：99\%)$ 電解精錬で粗銅から純銅(Cu：99.99%)を得る(右図)。黄銅：銅と亜鉛(Zn)の合金，青銅：銅とスズ(Sn)の合金。		
化合物	CuO 酸化銅(Ⅱ)	黒色粉末，銅を空気中で加熱，強酸に溶ける。	
	Cu_2O 酸化銅(Ⅰ)	赤色粉末，CuO を1000℃以上で加熱，フェーリング反応で生成	
	$CuSO_4 \cdot 5H_2O$ 硫酸銅(Ⅱ)五水和物	$CuSO_4 \cdot 5H_2O \underset{水分}{\overset{150℃～}{\rightleftarrows}} CuSO_4$ 青色結晶　　　　　白色粉末	(この反応は，水分の検出に利用。)
Cu^{2+}	$Cu^{2+} \xrightarrow{NaOHaq} Cu(OH)_2 \downarrow \xrightarrow{NH_3水過剰} [Cu(NH_3)_4]^{2+}$ (テトラアンミン銅(Ⅱ)イオン) 青色　　　　　　青白色沈殿　　　　　　　　　深青色溶液		

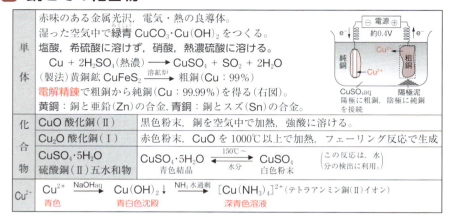

4 銀とその化合物

単体	銀白色の金属，電気・熱の最良導体，展性・延性に富む(Au に次ぐ)。塩酸，希硫酸に溶けず，硝酸，熱濃硫酸には溶ける。空気中では酸化されない。$Ag + 2HNO_3(濃) \longrightarrow AgNO_3 + H_2O + NO_2 \uparrow$ 銀の化合物は，常に+1の酸化数をとる。光で分解しやすい(感光性)。				
化合物	$AgNO_3$ 硝酸銀	無色の板状結晶。水に可溶，還元性物質と銀鏡をつくる。			
	AgX ハロゲン化銀 (光が当たると Ag を遊離し，黒くなる)	ハロゲン化銀	AgF	$AgCl$	$AgBr$	AgI
		水への溶解性	可溶	白色沈殿	淡黄色沈殿	黄色沈殿
		NH_3 水への溶解性	—	可溶	難溶	不溶
Ag^+	$Ag^+ \xrightarrow{NaOHaq} Ag_2O \downarrow \xrightarrow{NH_3水過剰} [Ag(NH_3)_2]^+$ (ジアンミン銀(Ⅰ)イオン) 無色　　　　　　褐色沈殿　　　　　　　無色溶液				

5 クロムとその化合物

単体	銀白色の金属，Ni との合金はニクロム，Fe，Ni との合金はステンレス鋼。塩酸，希硫酸には溶けるが，濃硝酸には不溶(不動態)，両性元素。
化合物	K_2CrO_4(黄色結晶) クロム酸カリウム　CrO_4^{2-}(黄色)は沈殿をつくりやすい。$Ag_2CrO_4 \downarrow$(赤褐)，$PbCrO_4 \downarrow$(黄)，$BaCrO_4 \downarrow$(黄)
	$K_2Cr_2O_7$(赤橙色結晶) 二クロム酸カリウム　$Cr_2O_7^{2-}$(赤橙色)は硫酸酸性条件で強い酸化剤となる。$Cr_2O_7^{2-} + 14H^+ + 6e^- \longrightarrow 2Cr^{3+} + 7H_2O$
イオンの反応	$2CrO_4^{2-} + 2H^+ \xrightarrow{酸性} Cr_2O_7^{2-} + H_2O$ (黄色)　　　　　　　　　　(赤橙色) $Cr_2O_7^{2-} + 2OH^- \xrightarrow{塩基性} 2CrO_4^{2-} + H_2O$ (赤橙色)　　　　　　　　　　(黄色)

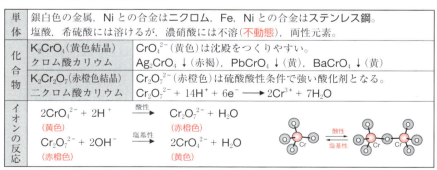

確認&チェック

1 次の錯イオンの立体構造を，下から記号で選べ。
(1) $[Ag(NH_3)_2]^+$　　　(2) $[Cu(NH_3)_4]^{2+}$
(3) $[Zn(NH_3)_4]^{2+}$　　(4) $[Fe(CN)_6]^{3-}$
　(ア)正方形　　(イ)正四面体形　　(ウ)直線形　　(エ)正八面体形

2 次の表中の（　　）に適する語句を下から選べ。

試薬	Fe^{2+}（淡緑色）	Fe^{3+}（黄褐色）
NaOHaq	①（　　　　　）	②（　　　　　）
$K_4[Fe(CN)_6]$aq	青白色沈殿	③（　　　　　）
$K_3[Fe(CN)_6]$aq	④（　　　　　）	褐色溶液
KSCNaq	⑤（　　　　　）	⑥（　　　　　）

　$\left[\begin{array}{l}\text{濃青色沈殿，赤褐色沈殿，変化なし}\\\text{緑白色沈殿，血赤色溶液}\end{array}\right]$

3 次の文の□□□に適する語句を入れよ。
　白色の光沢をもつ金属の①□□□は，空気中でも酸化されず，電気・熱の最良導体である。
　赤色の光沢をもつ金属の②□□□は，湿った空気中で③□□□とよばれる緑色のさびを生じる。この金属と亜鉛との合金を④□□□，この金属とスズとの合金を⑤□□□という。

4 次の図の□□□内に，適切な化学式を入れよ。

Cu^{2+} $\xrightarrow{\text{NaOHaq}}$ ①□□□ $\xrightarrow{\text{NH}_3\text{水過剰}}$ ②□□□

Ag^+ $\xrightarrow{\text{NaOHaq}}$ ③□□□ $\xrightarrow{\text{NH}_3\text{水過剰}}$ ④□□□

5 次の文の□□□に適当な語句を入れよ。
　クロム酸イオン CrO_4^{2-} は①□□□色を示し，Ag^+ と②□□□（赤褐色），Pb^{2+} とは③□□□（黄色）の沈殿をつくる。
　二クロム酸イオン $Cr_2O_7^{2-}$ は④□□□色を示し，酸性条件では強い⑤□□□剤として作用する。
　CrO_4^{2-} の水溶液を酸性にすると，溶液は⑥□□□色に変化し，$Cr_2O_7^{2-}$ の水溶液を塩基性にすると，溶液は⑦□□□色に変化する。

解答

1 (1) (ウ)
(2) (ア)
(3) (イ)
(4) (エ)
→ p.225 **1**

2 ① 緑白色沈殿
② 赤褐色沈殿
③ 濃青色沈殿
④ 濃青色沈殿
⑤ 変化なし
⑥ 血赤色溶液
→ p.225 **2**

3 ① 銀　② 銅
③ 緑青　④ 黄銅
⑤ 青銅
→ p.226 **3**，**4**

4 ① $Cu(OH)_2$
② $[Cu(NH_3)_4]^{2+}$
③ Ag_2O
④ $[Ag(NH_3)_2]^+$
→ p.226 **3**，**4**

5 ① 黄
② クロム酸銀
③ クロム酸鉛(Ⅱ)
④ 赤橙　⑤ 酸化
⑥ 赤橙　⑦ 黄
→ p.226 **5**

5
-
25

25 遷移金属元素　227

例題 101 | 鉄の製錬

溶鉱炉に鉄鉱石，①□□□，石灰石を入れ，下から熱風を送ると，ⓐ鉄鉱石(主成分 Fe_2O_3)は一酸化炭素によって②□□□され，鉄が得られる。この鉄を③□□□といい，炭素を約4%含み，硬くてもろい。③を転炉に移し酸素を吹き込むと，粘りが強く丈夫な④□□□となる。一方，溶鉱炉内では，ⓑ石灰石が熱分解した物質と鉄鉱石中の不純物(主成分 SiO_2)が反応して，⑤□□□とよばれる物質を生成する。

(1) 文の□□に適当な語句を入れよ。
(2) 下線部ⓐ，ⓑを化学反応式で示せ。

考え方 (1) 溶鉱炉から出てきた**銑鉄**はもろくて展性・延性に乏しいが，純鉄よりも融けやすく，加工しやすい。銑鉄を転炉(右図)に入れて酸素を吹き込み，P，Sなどの不純物を除き，炭素を約2%以下に減らすと粘りが強い**鋼**(スチール)となる。

(2) ⓐ コークスCが燃焼してできた CO_2 が高温のCに触れると，COが生成する。
代表的な鉄鉱石である赤鉄鉱の主成分は酸化鉄(III)で，一部は高温のCによっても還元されるが，大部分はCOによって次のように段階的にFeへと還元される。
$$Fe_2O_3 \longrightarrow Fe_3O_4 \longrightarrow FeO \longrightarrow Fe$$
ⓑ 石灰石は熱分解して CaO となり，これが鉄鉱石中の主な不純物である SiO_2 と反応して**スラグ**となる。スラグ(密度約 $3.5g/cm^3$)は，銑鉄(密度約 $7.0g/cm^3$)の上に浮かび，銑鉄の酸化を防止する。

解答 (1) ① コークス ② 還元 ③ 銑鉄
④ 鋼 ⑤ スラグ
(2) ⓐ $Fe_2O_3 + 3CO \longrightarrow 2Fe + 3CO_2$
ⓑ $CaO + SiO_2 \longrightarrow CaSiO_3$

例題 102 | 錯イオン

金属イオンに陰イオンや分子が①□□□結合して生じた多原子イオンを錯イオンといい，①結合したイオンや分子を②□□□，その数を③□□□という。また，④□□□元素のイオンは水溶液中で特徴的な色を示すものが多いが，この色はⓐ$[Cu(H_2O)_4]^{2+}$ や，ⓑ$[Fe(H_2O)_6]^{3+}$ のような⑤□□□錯イオンの存在による。

(1) 文中の□□に適当な語句を入れよ。
(2) 下線部ⓐ，ⓑの錯イオンの名称，立体構造をそれぞれ記せ。

考え方 (1) **錯イオン**の立体構造は，金属イオンの種類と，配位数によって決まる。
錯イオンの電荷は，金属イオンと配位子の電荷の和に等しい。
例 $Fe^{2+} + 6CN^- \longrightarrow [Fe(CN)_6]^{4-}$
遷移元素の多くは，有色の錯イオンをつくるが，例外的に銀の錯イオン$[Ag(NH_3)_2]^+$，$[Ag(CN)_2]^-$は無色である。
(2) 金属イオンに対して配位子は対称的な配置をとるので，配位数2の Ag^+ は直線形，配位数4の Zn^{2+} は正四面体形，配位数6の Fe^{2+}，Fe^{3+} は正八面体形。ただし，配位数4の Cu^{2+} は正方形である。

解答 (1) ① 配位 ② 配位子
③ 配位数 ④ 遷移 ⑤ アクア
(2) ⓐ テトラアクア銅(II)イオン
ⓑ ヘキサアクア鉄(III)イオン
ⓐ 正方形 ⓑ 正八面体形

例題 103　銅の単体 ■■□

次の文の □□□ に適当な語句，数字を入れよ。

(1) 銅の単体には，赤味を帯びた金属光沢があり，電気伝導性は¹□□□ に次いで大きく，展性・延性も金と銀に次いで大きい。銅は電気材料のほか，黄銅や青銅などの²□□□ の材料に用いられる。

(2) 銅の化合物には，銅の酸化数が＋2のほか³□□□ のものも存在する。銅を空気中で加熱すると，黒色の⁴□□□ を，1000℃以上では，赤色の⁵□□□ を生じる。また，銅を湿った空気中に放置すると，⁶□□□ とよばれる緑色のさびを生成する。

考え方 (1) 金属の電気伝導性は，銀が最大で，銅，金の順である。また，金属の展性・延性は，金が最大で，銀，銅の順である。**銅と亜鉛の合金を黄銅，銅とスズの合金を青銅，銅とニッケルの合金を白銅という。**

(2) 銅の化合物には，酸化物＋1と＋2のものがある。銅を空気中で加熱すると，酸化銅(Ⅱ)CuO(黒色)を生成するが，さらに1000℃以上に強熱すると熱分解が起こり，

酸化銅(Ⅰ)Cu₂O(赤色)となる。

$$2Cu + O_2 \longrightarrow 2CuO$$
$$4CuO \longrightarrow 2Cu_2O + O_2$$

銅を湿った空気中に放置すると，空気中の水分や CO_2 と徐々に反応して，化学式 $CuCO_3 \cdot Cu(OH)_2$ で表される<u>緑青</u>とよばれる青緑色のさびを生成する。

解答 ① 銀　② 合金　③ ＋1
④ 酸化銅(Ⅱ)　⑤ 酸化銅(Ⅰ)　⑥ 緑青

例題 104　遷移金属の推定 ■■□

次の文中の遷移金属 A，B，C の名称を記せ。また，下線部を化学反応式で表せ。

(1) 金属 A は，希塩酸には気体を発生して溶け，淡緑色の水溶液になる。<u>①この水溶液に塩素を通じると，黄褐色の水溶液になる。</u>

(2) 金属 B は，希硫酸には溶けないが，濃硝酸には気体を発生して溶ける。<u>②この水溶液に希塩酸を加えると，白色の沈殿を生じる。</u>

(3) 金属 C を空気中で加熱すると，黒色の化合物を生じる。<u>③この化合物に希硫酸を加えると，青色の水溶液が得られる。</u>

考え方 (1) Fe^{2+} を含む水溶液は淡緑色を示す。よって，金属 A は鉄 Fe。鉄は水素よりイオン化傾向が大きいので，希塩酸に溶けて水素を発生する。

$$Fe + 2HCl \longrightarrow FeCl_2 + H_2$$

淡緑色の Fe^{2+} は Cl_2 などの酸化剤によって酸化されて，黄褐色の Fe^{3+} に変化する。

(2) 希硫酸に溶けず濃硝酸に溶けるのは，水素よりイオン化傾向の小さい Cu か Ag。希塩酸で生じる白色沈殿は AgCl。よって，金属 B は銀 Ag。銀は濃硝酸に NO_2 を発生

して溶け，同時に $AgNO_3$ が生成する。

(3) Cu^{2+} を含む水溶液は青色を示す。よって，金属 C は銅 Cu。銅を空気中で熱すると，黒色の酸化銅(Ⅱ)CuO に変化する。これは塩基性酸化物なので，酸とは中和反応により溶解し，硫酸銅(Ⅱ)を生成する。

$$CuO + H_2SO_4 \longrightarrow CuSO_4 + H_2O$$

解答 A：鉄　B：銀　C：銅
① $2FeCl_2 + Cl_2 \rightarrow 2FeCl_3$
② $AgNO_3 + HCl \longrightarrow AgCl + HNO_3$
③ $CuO + H_2SO_4 \longrightarrow CuSO_4 + H_2O$

25 遷移金属元素　**229**

標準問題

必は重要な必須問題。時間のないときはここから取り組む。

必 316 ☐☐ ◀遷移元素の性質▶ 次の文のうち，遷移元素に該当する性質をすべて選べ。

(1) 化合物，イオンに有色のものが多い。

(2) 最外殻電子の数は族の番号と一致する。

(3) 金属がほとんどで非金属がわずかである。

(4) 錯イオンや合金をつくるものが多い。

(5) Fe^{2+}，Fe^{3+}のように2種類のイオンになったり，何種類かの酸化数をとる元素が多い。

(6) 単体の密度は一般に大きく，$4 \sim 5 g/cm^3$以上のものが多い。

必 317 ☐☐ ◀鉄とその化合物▶ 次の文の☐☐に適当な語句を入れ，下の問いにも答えよ。

鉄を湿った空気中に放置すると，赤褐色のさびを生じる。このさびの主成分は①☐☐という酸化物であり，鉄の酸化物には，鉄と高温の水蒸気との反応で生成する②☐☐のほか，空気中で不安定な③☐☐も存在する。

鉄は希硫酸と反応すると④☐☐を発生して溶ける。ⓐこの水溶液に水酸化ナトリウム水溶液を加えると，⑤☐☐の緑白色沈殿を生じる。ⓑ⑤に過酸化水素水を加えると，容易に⑥☐☐の赤褐色沈殿に変化する。鉄(Ⅱ)イオンを含む水溶液に⑦☐☐(化学式は $K_3[Fe(CN)_6]$)水溶液を加えると濃青色沈殿を生じる。一方，鉄(Ⅲ)イオンを含む水溶液に⑧☐☐(化学式は $K_4[Fe(CN)_6]$)水溶液を加えても濃青色沈殿を生じ，⑨☐☐(化学式は KSCN)水溶液を加えると血赤色を呈することで検出される。

(1) 下線部ⓐ，ⓑを化学反応式で示せ。

(2) 鉄の腐食を防ぐため，鉄にクロムやニッケルを混ぜた合金を何というか。

必 318 ☐☐ ◀銅とその化合物▶ 次の文の☐☐に適当な語句を入れ，下の問いにも答えよ。

銅は希硫酸とは反応しないが，ⓐ希硝酸とは反応して無色の気体である①☐☐を発生して溶ける。この水溶液に水酸化ナトリウム水溶液を加えると②☐☐の青白色沈殿を生じ，ⓑこの沈殿を加熱すると黒色の③☐☐となる。これを二つに分け，一方を1000℃以上に加熱すると赤色の④☐☐に変化する。③に希硫酸を加えて溶解し，濃縮したのち，室温で放置すると青色の⑤☐☐の結晶が析出する。ⓒ⑤の水溶液に水酸化ナトリウム水溶液を加えると⑥☐☐色の沈殿を生じるが，さらにⓓ過剰のアンモニア水を加えると⑦☐☐とよばれる錯イオンをつくって溶け，⑧☐☐色の溶液となる。また，⑤の水溶液に硫化水素を通じると⑨☐☐の黒色沈殿を生じる。

(1) 下線部ⓐ〜ⓓの変化を化学反応式で示せ。

(2) 銅を湿った空気中に放置しておくと生成する青緑色のさびの一般名を記せ。

(3) ⑤の結晶を150℃以上に加熱したとき，起こる変化について説明せよ。

230　第5編　無機物質の性質と利用

319 □□ ◀銀イオンの反応▶ 硝酸銀水溶液を出発物質とした反応系統図を示す。□には沈殿の化学式を，□□には生成する錯イオンの化学式を示せ。

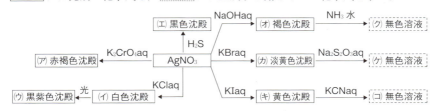

320 □□ ◀銅の製錬▶次の文を読み，あとの問いに答えよ。

銅の製錬では，主な鉱石である①□□とコークスや石灰石との混合物を溶鉱炉中で反応させると，粗銅（Cu：約99％）が得られる。この粗銅板を②□□極，純銅（Cu：99.99％）板を③□□極として，電解液に硫酸性の④□□水溶液を用い，0.4V程度の低電圧で電気分解を行う。このとき，粗銅中に含まれていた不純物のうち，銅よりイオン化傾向の⑤□□な金属は，イオンとなり溶液中へ溶け出す。一方，銅よりイオン化傾向の⑥□□な金属は，単体のまま沈殿する。この沈殿を⑦□□という。このようにして，粗銅から純銅を得る方法を，銅の⑧□□という。

(1) 文中の□に適当な語句を入れよ。
(2) 陽極，陰極で起こる主な反応を，電子を含むイオン反応式で示せ。
(3) 下線部で，低電圧で電気分解を行わなければならない理由を説明せよ。

321 □□ ◀金属と錯イオン▶ 次の文中のA～Dに該当する金属を元素記号で示せ。また，下線部ⓐ～ⓒの錯イオンの化学式，名称および立体構造を答えよ。

金属Aは水酸化ナトリウム水溶液と反応して水素を発生した。金属Aのイオンを含む水溶液にアンモニア水を加えると白色沈殿を生じ，さらにアンモニア水を加えると，この沈殿はⓐ錯イオンを生じて溶けた。

金属Bは塩酸に溶けないが，濃硝酸には溶けた。金属Bのイオンを含む水溶液にアンモニア水を加えると褐色沈殿を生じ，さらにアンモニア水を加えると，この沈殿はⓑ錯イオンを生じて溶けた。

金属Cは常温の水と反応して水素を発生した。金属Cのイオンを含む水溶液に炭酸ナトリウム水溶液を加えると白色沈殿を生じた。また，Cのイオンを含む水溶液にクロム酸カリウム水溶液を加えると，黄色沈殿を生じた。

金属Dは塩酸に溶けないが，熱濃硫酸には溶けた。金属Dのイオンを含む水溶液にアンモニア水を加えると青白色沈殿を生じ，さらにアンモニア水を加えると，この沈殿はⓒ錯イオンを生じて溶けた。

発展問題

322 ◀金属の推定▶ 次の性質を示すA～Fの金属を，語群から選び元素名で記せ。
(1) Aは希塩酸に不溶であるが，希硝酸には溶ける。空気中で加熱すると，黒色または赤色の酸化物になる。
(2) Bは空気中で加熱しても酸化されない。金属中で最も電気伝導度が大きい。
(3) Cは希塩酸には溶けにくいが，希硝酸には溶ける。Cのイオンを含む水溶液にアンモニア水を加えると白色沈殿を生じる。
(4) Dは有色の金属光沢をもち，濃塩酸や濃硝酸には不溶だが，王水には溶ける。
(5) Eは希硫酸には溶けるが，濃硝酸には不溶である。水中または湿った空気中では，次第に赤褐色の酸化物となる。
(6) Fは希塩酸には溶けるが，濃硝酸には不溶である。Fのイオンを含む水溶液に水酸化ナトリウム水溶液を加えると緑色沈殿を生じる。
【語群】［ Ag Au Cu Fe Pb Zn Pt Al Ni ］

323 ◀クロムの化合物▶ 次の文の□□□に適当な語句を入れ，下線部をイオン反応式で示せ。
　二クロム酸カリウムの水溶液は，$Cr_2O_7^{2-}$ に特有な①□□□色を呈するが，ⓐこの水溶液を塩基性にすると，$Cr_2O_7^{2-}$ は②□□□色の CrO_4^{2-} に変化する。
　CrO_4^{2-} は，Pb^{2+} と反応して黄色の沈殿③□□□を生じ，Ag^+ と反応して赤褐色の沈殿④□□□を生じる。また，ⓑ硫酸酸性の二クロム酸カリウム水溶液に過酸化水素水を加えると，⑤□□□を発生するとともに，水溶液は⑥□□□色に変化する。
　この水溶液に水酸化ナトリウム水溶液を加えると，暗緑色の⑦□□□が沈殿する。さらに，ⓒ過剰の水酸化ナトリウム水溶液を加えるとこの沈殿は溶解したが，過剰のアンモニア水を加えてもこの沈殿は溶解しなかった。

324 ◀錯イオンの立体構造▶ 次の文を読み，下の問いに答えよ。
　$CrCl_3 \cdot 6H_2O$ の組成式で表される錯塩A，B，Cがある。それぞれ 0.01mol を水に溶かして硝酸銀水溶液を十分加えたところ，Aからは 0.03mol，Bからは 0.01mol の塩化銀が沈殿したが，Cからは沈殿は生じなかった。
(1) 錯塩A，B，Cの示性式は，それぞれ次のどれに相当するか。記号で示せ。
　(ア) ［$Cr(H_2O)_6$］Cl_3
　(イ) ［$CrCl(H_2O)_5$］$Cl_2 \cdot H_2O$
　(ウ) ［$CrCl_2(H_2O)_4$］$Cl \cdot 2H_2O$
　(エ) ［$CrCl_3(H_2O)_3$］$\cdot 3H_2O$
(2) これらクロム Cr の錯イオンはすべて正八面体形（右図）の構造をもつとすれば，錯塩B，Cに含まれる錯イオンには，それぞれ配位子の立体配置の違いに基づく何種類の異性体が存在することになるか。

○ 中心金属イオン
● 配位子

26 金属イオンの分離と検出

1 金属イオンの沈殿反応

❶塩類の溶解性 塩類(イオン性物質)の水への溶解性は,次のように整理できる。

(a) アルカリ金属の塩,アンモニウム塩,硝酸塩,酢酸塩はどれも水によく溶ける。

(b) 強酸の塩(塩化物,硫酸塩)は水に溶けやすいものが多いが,例外もある。

  (i) 塩化物が水に不溶であるもの
  AgCl(白)…NH₃ 水に溶ける。光により分解しやすい。
  PbCl₂(白)…熱湯に溶ける。NH₃ 水には溶けない。

  (ii) 硫酸塩が水に不溶であるもの
  CaSO₄(白),SrSO₄(白),BaSO₄(白),PbSO₄(白) (強酸にも不溶)

(c) 水酸化物は水に溶けにくいものが多いが,例外的に,アルカリ金属,アルカリ土類金属の水酸化物は水に可溶。水酸化物の沈殿のうち,

  (i) 両性水酸化物のように,過剰の NaOH 水溶液に溶解するもの
  $Al(OH)_3 \longrightarrow [Al(OH)_4]^-$, $Zn(OH)_2 \longrightarrow [Zn(OH)_4]^{2-}$
  $Pb(OH)_2 \longrightarrow [Pb(OH)_4]^{2-}$

  (ii) 過剰の NH₃ 水に対して,アンミン錯イオンをつくって溶解するもの
  Ag_2O *¹ $\longrightarrow [Ag(NH_3)_2]^+$, $Cu(OH)_2 \longrightarrow [Cu(NH_3)_4]^{2+}$
  $Zn(OH)_2 \longrightarrow [Zn(NH_3)_4]^{2+}$

  *1) AgOH は不安定で,常温でも分解し,酸化銀 Ag₂O として沈殿する。

(d) 炭酸塩は水に溶けにくいものが多いが,例外的に,アルカリ金属の炭酸塩だけが水に可溶。したがって,アルカリ土類金属のイオンは通常,炭酸塩として沈殿させる。(なお,炭酸塩は硫酸塩と異なり,強酸に可溶である。)
  CaCO₃(白),SrCO₃(白),BaCO₃(白)

(e) いかなる試薬とも沈殿をつくらないアルカリ金属は,炎色反応で検出する。

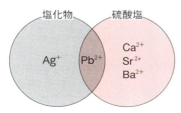
〔強酸の塩で沈殿するイオン〕

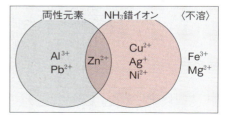
〔水酸化物の溶解性〕

上図で,異なる円に2種の金属イオンが属するように試薬の種類を選べば,それぞれを沈殿とろ液に分離することができる。

❷ **H₂Sによる硫化物の沈殿** 金属の硫化物は，水溶液のpHにより，沈殿するものと，沈殿しないものに分けられる。

酸性，中性，塩基性のいずれでも沈殿	$Cu^{2+} \longrightarrow CuS$(黒色)　$Ag^+ \longrightarrow Ag_2S$(黒色)　$Pb^{2+} \longrightarrow PbS$(黒色)　$Cd^{2+} \longrightarrow CdS$(黄色)
中性，塩基性のときに沈殿	$Fe^{2+} \longrightarrow FeS$(黒色)　$Zn^{2+} \longrightarrow ZnS$(白色)　$Ni^{2+} \longrightarrow NiS$(黒色) 注)$Fe^{3+}$は還元されて$Fe^{2+}$となり，FeSとして沈殿。
沈殿を生じない (炎色反応で確認)	Li^+(赤色)　Na^+(黄色)　K^+(赤紫色)　Ca^{2+}(橙赤色) Sr^{2+}(深赤色)　Ba^{2+}(黄緑色)　注( )内は炎色反応を示す。

硫化水素の電離平衡　$H_2S \rightleftharpoons 2H^+ + S^{2-}$ で考えると，

・酸性では平衡が左に偏る(S^{2-}の濃度小)　$\longrightarrow$　硫化物の沈殿ができにくい。
　溶解度積K_{sp}のきわめて小さなCuS，Ag_2S，PbSのみが沈殿する。
・塩基性では平衡が右へ偏る(S^{2-}の濃度大)　$\longrightarrow$　硫化物の沈殿ができやすい。
　溶解度積K_{sp}の比較的大きなFeS，ZnSなども沈殿する。
　(溶解度のきわめて大きなNa_2S，K_2S，CaSなどは，いかなる条件でも沈殿しない。)

2 金属イオンの系統分離

多くの金属イオンの混合水溶液に**特定の試薬**(H_2Sなど)**を加えて，性質の類似した金属イオンのグループに分類する**。分離した沈殿を溶解したのち，さらに細かく分析する。この操作を**金属イオンの系統分離**という。

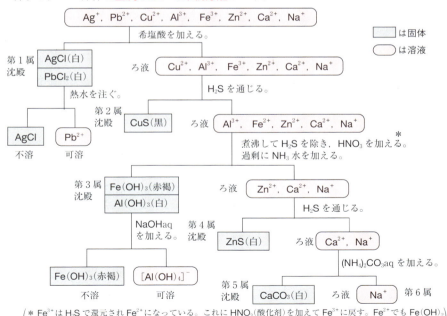

(＊ Fe^{3+}はH_2Sで還元されFe^{2+}になっている。これにHNO_3(酸化剤)を加えてFe^{3+}に戻す。Fe^{2+}でも$Fe(OH)_2$が沈殿するが，$Fe(OH)_3$の方が水酸化物としての溶解度が小さく，沈殿しやすい。)

確認&チェック

1 下の金属イオンのうち，(1)～(4)に該当するものをすべて選べ。
(1) 希塩酸を加えると，白色沈殿を生じる。
(2) 希硫酸を加えると，白色沈殿を生じる。
(3) 希塩酸・希硫酸いずれとも白色沈殿をつくる。
(4) 希塩酸，希硫酸いずれとも沈殿をつくらない。
　(ア) Cu^{2+}　(イ) Ba^{2+}　(ウ) Ag^+　(エ) Pb^{2+}

2 下の水酸化物のうち，(1)～(4)に該当するものをすべて選べ。
(1) 過剰の NaOH 水溶液に溶ける。
(2) 過剰の NH_3 水に溶ける。
(3) 過剰の NaOH 水溶液，過剰の NH_3 水いずれにも溶ける。
(4) 過剰の NaOH 水溶液，NH_3 水いずれにも溶けない。
　(ア) $Zn(OH)_2$　(イ) $Fe(OH)_3$　(ウ) $Cu(OH)_2$　(エ) $Al(OH)_3$

3 下の金属イオンを含む水溶液に硫化水素を通じた。(1)～(3)に該当するものすべてを示せ。
(1) 酸性，中性，塩基性のいずれの場合も，硫化物が沈殿する。
(2) 酸性では沈殿を生じないが，中性，塩基性では硫化物が沈殿する。
(3) 酸性，中性，塩基性のいずれの場合も，硫化物が沈殿しない。
　(ア) Cu^{2+}　(イ) Ca^{2+}　(ウ) Pb^{2+}　(エ) Zn^{2+}

4 Fe^{3+}，Ag^+，Cu^{2+} の混合水溶液から，下図のように各イオンを沈殿として分離した。下の問いに答えよ。
(1) 沈殿 A の化学式と色を示せ。
(2) 沈殿 B の化学式と色を示せ。
(3) ろ液 c の色を記せ。

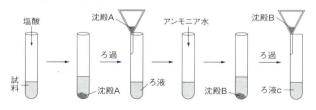

解答

1
(1) (ウ), (エ)
(2) (イ), (エ)
(3) (エ)
(4) (ア)
→ p.233 ①

2
(1) (ア), (エ)
(2) (ア), (ウ)
(3) (ア)
(4) (イ)
→ p.233 ①

3
(1) (ア), (ウ)
(2) (エ)
(3) (イ)
→ p.234 ①

4
(1) AgCl, 白色
(2) $Fe(OH)_3$, 赤褐色
(3) 深青色
　➡ $[Cu(NH_3)_4]^{2+}$ の存在による。
→ p.234 ②

26 金属イオンの分離と検出　**235**

例題 105　金属イオンの反応

次の(1)〜(5)に該当するイオンを下からすべて選べ。
(1) 水溶液が有色であるイオン。
(2) 塩酸を加えたとき，沈殿を生じるイオン。
(3) 希硫酸を加えたとき，沈殿を生じるイオン。
(4) 酸性条件で硫化水素を通じたとき，沈殿を生じるイオン。
(5) 酸性条件では硫化水素を通じても沈殿を生じないが，中性・塩基性条件で硫化水素を通じると，沈殿を生じるイオン。

〔 Ag^+，Ba^{2+}，Cu^{2+}，Fe^{2+}，Na^+，Pb^{2+}，Zn^{2+} 〕

考え方　(1) 典型元素のイオン(Ba^{2+}，Na^+，Pb^{2+}，Zn^{2+})は無色だが，Ag^+を除く遷移元素のイオン(Cu^{2+}，Fe^{2+})は有色である。
(2) 塩酸を加えたとき，AgClとPbCl₂が沈殿する。よって，塩酸を加えて沈殿するイオンは，Ag^+とPb^{2+}。
(3) 希硫酸を加えたときに沈殿するのは，CaSO₄，BaSO₄，PbSO₄である。よって，硫酸を加えて沈殿するイオンは，Ba^{2+}とPb^{2+}。

(4) 酸性条件でも硫化物が沈殿するのは，Snよりもイオン化傾向の小さいイオン(Ag^+，Cu^{2+}，Pb^{2+}など)である。
(5) 酸性条件では硫化物が沈殿しないが，中性・塩基性条件で硫化物が沈殿するのは，イオン化傾向が中程度のイオン(Fe^{2+}，Zn^{2+}など)である。

解答　(1) Cu^{2+}，Fe^{2+}　(2) Ag^+，Pb^{2+}
(3) Ba^{2+}，Pb^{2+}
(4) Ag^+，Cu^{2+}，Pb^{2+}　(5) Fe^{2+}，Zn^{2+}

例題 106　金属イオンの系統分離

3種類の金属イオンを含む混合水溶液がある。これに図のような操作①〜③を順に行った。

図中の操作①，②，③によって生じた沈殿A，B，Cの化学式をそれぞれ答えよ。

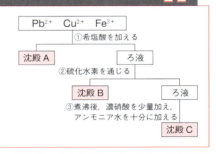

考え方　金属イオンの混合水溶液に特定の試薬を加え，原則として，イオン化傾向の小さい金属イオンから大きい金属イオンの順序で，各金属イオンを沈殿として分離する操作を，**金属イオンの系統分離**という。

操作①では，HClを加えており，白色の塩化鉛(II)PbCl₂が沈殿する。

操作②では，酸性条件でH₂Sを通じており，黒色の硫化銅(II)CuSが沈殿する。

操作②でH₂Sを通じると，H₂Sの還元作用によって，Fe^{3+}はFe^{2+}へと還元されてしまう。Fe^{2+}はFe^{3+}に比べて水酸化物が沈殿しにくいので，操作③では，煮沸してH₂Sを除いたのち，酸化剤である濃硝酸を加えてFe^{2+}を酸化し，Fe^{3+}に戻す必要がある。さらに，NH₃水を十分に加えて生じる沈殿Cは，赤褐色の水酸化鉄(III)Fe(OH)₃である。

解答　A：PbCl₂　B：CuS　C：Fe(OH)₃

例題 107　金属イオンの分離

次の2種類の金属イオンを含む混合溶液から，下線をつけたイオンだけを沈殿させる試薬名を下の(ア)～(オ)からすべて選べ。また，生じた沈殿の化学式を示せ。

(1) $\underline{Ag^+}$, Fe^{3+}　　(2) Ag^+, $\underline{Fe^{3+}}$　　(3) $\underline{Cu^{2+}}$, Ba^{2+}
(4) Cu^{2+}, $\underline{Ba^{2+}}$　　(5) $\underline{Al^{3+}}$, Zn^{2+}　　(6) Al^{3+}, $\underline{Zn^{2+}}$

(ア) 希塩酸　　(イ) 希硫酸　　(ウ) 水酸化ナトリウム水溶液(過剰)
(エ) アンモニア水(過剰)　　(オ) 硫化ナトリウム水溶液

考え方　金属イオンと各試薬との沈殿反応の有無を調べる表を書くとわかりやすい。

水溶液	HCl	H_2SO_4	NaOH	NH_3	Na_2S
(1) Ag^+	○		○	*	○
(2) Fe^{3+}			○	○	○
(3) Cu^{2+}			○	*	○
(4) Ba^{2+}		○			
(5) Al^{3+}			*	○	○
(6) Zn^{2+}			*	*	○

○は沈殿生成　*は錯イオン生成

硫化ナトリウム Na_2S は，塩基性条件で硫化水素 H_2S ガスを通じるのと同じ効果がある。
　表をよく見て，□や□のように，一方が沈殿し，他方は沈殿をつくらない試薬をそれぞれ選択する。

解答　(1)…(ア), AgCl　(2)…(エ), $Fe(OH)_3$
(3)…(ウ), $Cu(OH)_2$　(オ), CuS
(4)…(イ), $BaSO_4$
(5)…(エ), $Al(OH)_3$　(6)…(オ), ZnS

例題 108　金属イオンの系統分離

右図のような操作で，5種類の金属イオンを含む水溶液から各イオンを分離した。次の問いに答えよ。
(1) 沈殿A～Dの化学式を示せ。
(2) ろ液Eに分離される錯イオンを化学式で示せ。
(3) ろ液Fに含まれる金属イオンを確認する方法を示せ。

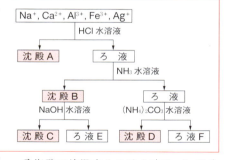

考え方　金属イオンの混合水溶液に，次の1～5の試薬を順に加えて生じる沈殿をろ別し，第1～第6のグループに分離する操作を，**金属イオンの系統分離**という。

属	試薬	イオン	沈殿
1	HCl	Ag^+, Pb^{2+}	塩化物:白色沈殿
2	H_2S(酸性)	Cu^{2+}, Cd^{2+}, Hg^{2+}	硫化物:CdS黄, 他は黒
3	NH_3水	Fe^{3+}, Al^{3+}	水酸化物:$Fe(OH)_3$赤褐, $Al(OH)_3$白
4	H_2S(塩基性)	Zn^{2+}, Ni^{2+}	硫化物:ZnS白, 他は黒
5	$(NH_4)_2CO_3$	Ca^{2+}, Ba^{2+}	炭酸塩:白色沈殿
6	沈殿しない	Na^+, K^+	炎色反応:Na^+黄, K^+赤紫

希塩酸で沈殿するのは Ag^+ で，AgCl を生成する。残る4種類の金属イオンのうち，NH_3 水で沈殿するのは，Al^{3+} と Fe^{3+} で，それぞれ $Al(OH)_3$, $Fe(OH)_3$ を生成する。そのうち，$Al(OH)_3$ は過剰の NaOH 水溶液に錯イオン $[Al(OH)_4]^-$ を生成して溶解する。
　Na^+ と Ca^{2+} のうち，$(NH_4)_2CO_3$ 水溶液で沈殿するのは Ca^{2+} で，$CaCO_3$ を生成する。

解答　(1) A: AgCl　B: $Fe(OH)_3$ と $Al(OH)_3$
C: $Fe(OH)_3$　D: $CaCO_3$　(2) $[Al(OH)_4]^-$
(3) 炎色反応の黄色によって Na^+ を確認する。

26　金属イオンの分離と検出

標準問題 必は重要な必須問題。時間のないときはここから取り組む。

必 **325** □□ ◀金属イオンの反応▶ 次の〔 〕内の金属イオンのうち，下の(1)～(7)の内容に該当するものを（ ）の中の数だけ選べ。

〔Cu^{2+}，Fe^{3+}，Zn^{2+}，Ag^+，Ba^{2+}，Pb^{2+}，Mg^{2+}〕

(1) 有色のイオンである。（2つ）　　(2) 塩酸によって沈殿する。（2つ）

(3) 硫酸によって沈殿する。（2つ）　　(4) 酸性条件で硫化物が沈殿する。（3つ）

(5) いかなる条件下でも，硫化物が沈殿しない。（2つ）

(6) 水酸化ナトリウム水溶液を加えると沈殿を生じ，その過剰に溶ける。（2つ）

(7) アンモニア水によって沈殿を生じ，その過剰に溶ける。（3つ）

必 **326** □□ ◀金属イオンの分離▶ A 群の水溶液から下線をつけたイオンだけを沈殿として分離したい。それぞれ適切な方法を B 群から 1 つ記号で選べ。また，生成した沈殿の化学式を示せ。

〔A群〕(1) Cu^{2+}，Fe^{3+}，$\underline{Ag^+}$　　(2) Al^{3+}，$\underline{Fe^{3+}}$，Zn^{2+}　　(3) Ba^{2+}，$\underline{K^+}$，Na^+

(4) Fe^{3+}，Cu^{2+}，$\underline{Zn^{2+}}$　　(5) Ag^+，$\underline{Ca^{2+}}$，Fe^{3+}

〔B群〕(ア) 希硫酸を加える。　　(イ) 希塩酸を加える。

(ウ) アンモニア水を加えて塩基性としたのち，硫化水素を通じる。

(エ) 希塩酸を加えて酸性としたのち，硫化水素を通じる。

(オ) 過剰の水酸化ナトリウム水溶液を加える。

(カ) 過剰のアンモニア水を加える。

327 □□ ◀金属イオンの推定▶ 次の(1)～(4)の文は下の(ア)～(カ)のどの水溶液について述べたものか。重複しないように，適切なものを 1 つずつ選べ。また，文中の □□□□ に適当な化学式を入れよ。

(1) 有色の溶液で，アンモニア水を加えると青白色沈殿[1]□□□□を生じるが，過剰に加えると沈殿は溶けて深青色の溶液[2]□□□□になる。

(2) 塩化バリウム溶液を加えると白色沈殿[3]□□□□を生じる。また，水酸化ナトリウム水溶液を加えると白色沈殿[4]□□□□を生じるが，過剰に加えると沈殿は溶けて無色の溶液[5]□□□□になる。

(3) アンモニア水や水酸化ナトリウム水溶液を加えると赤褐色沈殿[6]□□□□を生じる。この沈殿はアンモニア水を過剰に加えても溶けない。

(4) 希塩酸を加えると白色沈殿[7]□□□□を生じ，温めるとその沈殿は溶解する。また，水酸化ナトリウム水溶液を加えると白色沈殿[8]□□□□を生じ，過剰に加えると沈殿は溶けて無色の溶液となる。

(ア) $AgNO_3$　　(イ) $CuSO_4$　　(ウ) $ZnCl_2$

(エ) $Al_2(SO_4)_3$　　(オ) $FeCl_3$　　(カ) $(CH_3COO)_2Pb$

238 第5編　無機物質の性質と利用

328 □□ ◀金属イオンの推定▶　次の実験(a)〜(d)より，A〜Dに含まれる金属イオンの種類を下の語群から選べ。
(a) 炎色反応を調べると，Bは青緑色，Dは黄色であった。
(b) 希硝酸で酸性にしたのち硫化水素を通じると，B，Cは黒色の沈殿を生じたが，A，Dは沈殿を生じなかった。
(c) 水酸化ナトリウム水溶液を加えるとA，B，Cは沈殿を生じたが，Dは生じなかった。過剰の水酸化ナトリウム水溶液を加えると，Aから生じた沈殿のみ溶解した。
(d) 塩化カリウム水溶液を少量加えると，Cのみが白色の沈殿を生じた。
【語群】［ Na^+　Mg^{2+}　Fe^{2+}　Cu^{2+}　Ca^{2+}　Al^{3+}　Ag^+ ］

329 □□ ◀金属イオンの系統分離▶　硝酸ナトリウム，硝酸カルシウム，硝酸鉄(Ⅲ)，硝酸銅(Ⅱ)および硝酸銀を含む混合水溶液を，図の操作に従って，各金属イオンを分離した。次の問いに答えよ。

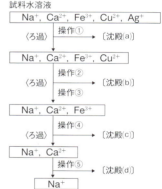

(1) ①〜⑤に対応する操作を，次の(ア)〜(オ)から選べ。
　(ア) アンモニア水を十分に加える。
　(イ) 煮沸する。冷却後，濃硝酸を少量加える。
　(ウ) 希塩酸を加える。
　(エ) 硫化水素を通じる。
　(オ) 炭酸アンモニウム水溶液を加える。
(2) 沈殿(a)にアンモニア水を加えると，沈殿は溶解した。このとき生じる陽イオンの名称を記せ。
(3) 沈殿(b)，(c)，(d)の化学式をそれぞれ示せ。

330 □□ ◀金属塩の推定▶　次の文を読んで，A〜Eは(ア)〜(キ)のいずれの水溶液であるかを推定せよ。ただし，同じものは2回以上使用しないこととする。
(1) A，Bに水酸化ナトリウム水溶液を加えると白色沈殿ができるが，過剰の水酸化ナトリウム水溶液を加えると溶けて無色の溶液になる。
(2) A，Bにアンモニア水を加えるとどちらも白色沈殿ができるが，過剰のアンモニア水を加えるとAは溶けないが，Bは溶ける。
(3) C，Eに水酸化ナトリウム水溶液，アンモニア水を加えるとどちらも有色の沈殿ができ，これらは過剰の水酸化ナトリウム水溶液，アンモニア水にも溶けない。
(4) C，Eに希塩酸を加えて硫化水素を通じたら，Eだけから黒色沈殿ができた。
(5) A，B，Dに塩化バリウム水溶液を加えるといずれも白色沈殿ができる。これらにアンモニア水を加えるとDにできた沈殿だけが溶ける。
　(ア) KCl　　(イ) $Pb(NO_3)_2$　　(ウ) $FeCl_3$　　(エ) $ZnSO_4$
　(オ) Na_2SO_4　(カ) $AgNO_3$　　(キ) $HgCl_2$

発展問題

331 □□ ◀金属イオンの系統分離▶ Ag^+, Al^{3+}, Ba^{2+}, Cu^{2+}, Pb^{2+}, Zn^{2+}, Fe^{3+}, Na^+ の金属イオンを含む硝酸塩水溶液を，下図の要領で各イオンに分離した。次の問いに答えよ。

(1) 沈殿 C, E, G, H, J, K の化学式を示せ。ただし，H には 2 種類の化合物を含む。

(2) ろ液 L に最も多く含まれる金属イオンのイオン式と，そのイオンの確認法を説明せよ。

(3) ろ液 F に対する操作で，まず煮沸する理由を説明せよ。

(4) ろ液 F に対する操作で，希硝酸を加える理由を説明せよ。

(5) 沈殿 C に過剰にアンモニア水を加えた。この反応を化学反応式で示せ。

(6) 沈殿 H に水酸化ナトリウム水溶液を加えたところ，一方の化合物は溶解した。この反応を化学反応式で示せ。

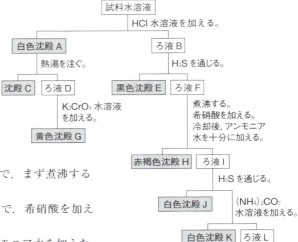

332 □□ ◀陰イオンの推定▶ A～F 水溶液には Cl^-, I^-, CrO_4^{2-}, NO_3^-, SO_4^{2-}, CO_3^{2-} のいずれか 1 種類が約 1mol/L の濃度で含まれている。下の問いに答えよ。

(a) A～F の水溶液を少量ずつ取り 1mol/L 塩化バリウム水溶液を加えたところ，B, E には白色沈殿，D には黄色沈殿が生じ，A, C, F では変化が見られなかった。

(b) (a)で B, E から生じた沈殿をろ別し，2mol/L 塩酸を加えたところ，B から生じた沈殿は気体を発生して溶けたが，E から生じた沈殿は変化が見られなかった。

(c) D の水溶液を少量取り，硫酸を加えると溶液の色は黄色から橙赤色に変化した。

(d) A, C, D, F の水溶液を少量ずつとり，1mol/L 硝酸銀水溶液を加えたところ，A, C, D に沈殿が見られた。

(e) (d)で A, C から生じた沈殿に，2mol/L アンモニア水を過剰に加えると，A から生じた沈殿は溶けたが，C から生じた沈殿は溶けなかった。

(1) A～F に含まれている陰イオンのイオン式を示せ。

(2) (a)で B, D, E から生じた沈殿の化学式と色を示せ。

(3) (d)で A, C, D から生じた沈殿の化学式と色を示せ。

化　学

27 無機物質と人間生活

1 金属の分類と製錬・利用

❶軽金属　密度が $4 \sim 5\,\mathrm{g/cm^3}$ 以下の金属。　例 Al，Ti，Mg など。

❷重金属　密度が $4 \sim 5\,\mathrm{g/cm^3}$ より大きい金属。　例 Fe，Cu，Ag など多数。

❸卑金属　空気中で容易にさびる金属。　例 Fe，Pb，Zn など。

❹貴金属　空気中で安定でさびない金属。　例 Au，Ag，Pt など。

❺金属の製錬　金属の化合物（鉱石）から金属の単体を取り出す操作。

❻鉄の製錬　鉄鉱石（Fe_2O_3 など）を CO などで還元してつくる。

❼銅の精錬　粗銅（Cu：99%）を電気分解により純銅（Cu：99.99%）にする（電解精錬）。

❽アルミニウムの製錬　酸化アルミニウムを氷晶石（融剤）とともに溶融塩電解する。

❾金属の利用例　鉄（Fe）　機械的強度大，生産量第 1 位　例 建造物，機械材料

　　金（Au）　展性・延性が最大，電気・熱の伝導性大　例 装飾品，電子機器の配線

　　白金（Pt）　イオン化傾向小，触媒作用が大　例 電気分解の電極，工業用触媒

　　銅（Cu）　電気・熱の伝導性大　例 電線，硬貨（合金の形），熱交換器

　　アルミニウム（Al）　軽くて加工しやすい，生産量第 2 位　例 飲料缶，窓枠（サッシ）

　　チタン（Ti）　軽量，強度大，耐食性大　例 眼鏡フレーム，人工関節

　　水銀（Hg）　常温で液体の金属，蒸気は有毒　例 圧力計，温度計，蛍光灯

　　銀（Ag）　電気，熱の伝導性最大　例 鏡，写真材料，太陽電池

　　鉛（Pb）　軟らかく密度大，低融点　例 鉛蓄電池，放射線遮蔽材料

　　タングステン（W）　硬く，融点が最高　例 電球のフィラメント，切削工具

2 金属の腐食とその防止

❶腐食　金属が酸素や水と徐々に反応し，変質・劣化する現象。

　　さび　金属表面に生じる腐食生成物。主成分は酸化物で，塩類があるとさびやすい。

❷さびの防止　**めっき**　金属表面をさびにくい他の金属の薄膜でおおう。

　　トタン　亜鉛めっき鋼板。　例 建築材料　　**ブリキ**　スズめっき鋼板。　例 缶詰の缶

　　アルマイト　アルミニウムの表面に人工的に酸化被膜をつけたもの。

❸合金　2 種以上の金属を混合し，融解させたもの。優れた性質をもつものが多い。

名称	成分	特徴	名称	成分	特徴
黄（おう）銅	Cu，Zn	美しい，加工性大	ジュラルミン	Al，Cu，Mg	軽くて丈夫
青（せい）銅	Cu，Sn	硬い，さびにくい	易融（いゆう）合金	Pb，Sn，Bi，Cd	融点が非常に低い
白（はく）銅	Cu，Ni	美しい，加工性大	アルニコ磁性体	Fe，Al，Ni，Co	強い磁性をもつ
ステンレス鋼	Fe，Cr，Ni	さびにくい	形状記憶合金	Ni，Ti	変形しても，もとの形に戻る
ニクロム	Ni，Cr	電気抵抗が大	水素吸蔵合金	La，Ni など	水素を安全に貯蔵
無鉛はんだ	Sn，Ag，Cu	融点が低い	超伝導合金	Sn，Nb など	低温で電気抵抗が 0

27　無機物質と人間生活　241

3 セラミックス

①セラミックス 金属以外の無機物質を高温で加熱して得られた固体。
陶磁器，ガラス，セメントなどがあり，セラミックスをつくる工業を窯業という。

②陶磁器 粘土などを高温で焼き固めたもので，次の3種類がある。

種類	原料	焼成温度	吸水性	強度	打音	用途
土器	粘土	比較的低温	大	劣る	濁音	れんが，瓦，植木鉢
陶器	粘土，石英	比較的高温	小	中間	やや濁音	食器，タイル，衛生器具
磁器	粘土，石英，長石	高温	なし	優れる	金属音	高級食器，碍子(がいし)

陶磁器の製造 成形→乾燥→素焼き(約700℃)→本焼き(約1300℃，釉薬*1をかける)

*1) 釉薬 うわ薬ともいい，石英，長石，粘土，石灰石などの粉末を水で練って泥状にしたもの。

焼結 高温では，粘土の微粒子が少し融け，接着しあい固化する。

粘土 ⇒ 素焼き・土器 ⇒ 陶器 ⇒ 磁器

③ガラス ガラスは**非晶質**で，一定の融点をもたず，ある温度(軟化点)で軟化する。

名称	ソーダ石灰ガラス	鉛ガラス	ホウケイ酸ガラス	石英ガラス
主原料	ケイ砂(SiO_2) 炭酸ナトリウム(Na_2CO_3) 石灰石($CaCO_3$)	ケイ砂(SiO_2) 炭酸ナトリウム(Na_2CO_3) 酸化鉛(Ⅱ)(PbO)	ケイ砂(SiO_2) ホウ砂($Na_2B_4O_7$)	ケイ石(SiO_2)
用途	最も多量に使用 窓ガラス，ビン	光学レンズ X線遮蔽ガラス	耐熱容器 理化学器具	プリズム 光ファイバー

④セメント 建築材料に用いる**ポルトランドセメント**は，石灰石，粘土などを高温で焼成後，生じた塊(クリンカー)を粉砕し，セッコウ($CaSO_4 \cdot 2H_2O$)を加えたもの。
コンクリート セメント，砂，砂利の混合物。水と練ると固化する。

⑤ファインセラミックス 高純度の材料を用い，厳密に制御して焼き固めた製品。

成分	特徴	用途
窒化ケイ素 炭化ケイ素 Si_3N_4, SiC	硬い。耐熱性，耐摩耗性が大。	自動車エンジン，ガスタービン
ヒドロキシアパタイト $Ca_5(PO_4)_3OH$	生体との適合性に優れる。	人工骨，人工関節，人工歯根
アルミナ 窒化アルミニウム Al_2O_3, AlN	電気絶縁性，放熱性がよい。	集積回路(LSI)の放熱基板
シリカ 酸化ゲルマニウム SiO_2, GeO_2	透明で光をよく透過する。	光ファイバー
アルミナ ジルコニア Al_2O_3, ZrO_2	超硬度，耐久性が大。	ハサミ，切削工具
チタン酸ジルコン酸鉛(Ⅱ) $Pb[Zr, Ti]O_2$	圧力により電圧を生じる。	ガスコンロなどの圧電素子
チタン酸バリウム $BaTiO_3$	温度が変わると，電気抵抗が変化。	温度センサー(サーミスター)
チタン酸鉛(Ⅱ) $PbTiO_3$	赤外線を当てると電圧が発生。	赤外線センサー

確認&チェック

1 次の文の［　　］に適当な語句を入れよ。

金属の化合物から金属の単体を取り出す操作を，金属の①［　　］という。例えば，鉄は鉄鉱石を一酸化炭素などで②［　　］してつくる。また，粗銅（Cu：99%）を電気分解すると純銅（Cu：99.99%）が得られる。この操作を③［　　］という。アルミニウムは，酸化アルミニウムを氷晶石とともに④［　　］してつくられる。

2 次の記述に該当する金属を下から選び，元素記号で書け。
(1) 機械的強度が大きく，生産量は金属中で第1位である。
(2) 軽金属で加工しやすい。生産量は金属中で第2位である。
(3) イオン化傾向が小さく，微粉末では触媒作用が大きい。
(4) 電気・熱をよく伝え，電線や合金の材料として用いる。
(5) イオン化傾向が最小で，展性・延性が最大である。
(6) 電気・熱を最もよく伝え，鏡，写真材料にも用いる。
　　　　　　［銅，銀，鉄，白金，アルミニウム，金］

3 次のうち，正しい記述には○，誤った記述には×をつけよ。
(1) 鉄は，乾燥した空気中ではさびにくい。
(2) ステンレス鋼は，表面にさび止めのめっきが施してある。
(3) 青銅は，銅にスズを加えてつくられた合金である。

4 次の文の［　　］に適当な語句を入れよ。

金属以外の無機物質を高温に熱してつくられるものを，窯業製品または①［　　］という。代表的なものとして，コンクリートとして用いる②［　　］，窓や光学材料などに用いる③［　　］，タイルや食器などに用いる④［　　］がある。

5 次の記述に当てはまるセラミックスは何か。
(1) 主原料はケイ砂で，無色透明で割れやすい。
(2) 主原料は石灰石で，水を加えて練ると固化する。
(3) 主原料は粘土で，原料，焼成温度の違いにより，土器，陶器，磁器に区別されている。
(4) 高純度の材料を厳密に制御して焼き固めた製品である。

解答

1
① 製錬
② 還元
③ 電解精錬
④ 溶融塩電解
　（融解塩電解）
→ p.241 **1**

2
(1) Fe
(2) Al
(3) Pt
(4) Cu
(5) Au
(6) Ag
→ p.241 **1**

3
(1) ○　(2) ×
　➡ステンレス鋼は，
　　合金の一種である。
(3) ○
→ p.241 **2**

4
① セラミックス
② セメント
③ ガラス
④ 陶磁器
→ p.242 **3**

5
(1) ガラス
(2) セメント
(3) 陶磁器
(4) ファインセラミックス
→ p.242 **3**

27　無機物質と人間生活　　**243**

例題 109　金属の腐食　　■□

次の文の□□□□に適当な語句を入れよ。

金属のさびは、金属が空気中の①□□□□や水分などと反応することで生じ、このとき、金属原子は②□□□□の状態になっている。海岸近くでは③□□□□の影響により、大気汚染地域では、④□□□□や窒素酸化物の影響でさびが生じやすい。

赤褐色の鉄のさびは内部まで進行するが、⑤□□□□とよばれる緑色の銅のさびは、内部までは進行しない。

一般に、金属はイオン化傾向の⑥□□□□ものほどさびやすいが、アルミニウムの場合、表面にできた酸化被膜によって内部が保護される。このような状態を⑦□□□□という。

考え方　鉄の赤さびは、鉄の酸化→水の還元→水酸化鉄(Ⅱ)の生成→水酸化鉄(Ⅲ)の生成→水酸化鉄(Ⅲ)の部分脱水を経て、内部まで進む。

$$4Fe + 2H_2O + 3O_2 \longrightarrow 4FeO(OH)$$

鉄以外の多くの金属も、水、酸素、塩類などの共存により腐食が進行する。

鉄の黒さびは、鉄に高温の水蒸気を当てると生成し、ち密で内部を保護するはたらきがある。

$$3Fe + 4H_2O \rightleftharpoons Fe_3O_4 + 4H_2$$

銅の緑さびは、緑青とよばれ、その組成は炭酸水酸化銅(Ⅱ)$CuCO_3 \cdot Cu(OH)_2$で表される。緑青は、水に不溶で密着性がよいので、内部を保護するはたらきがある。

アルミニウムは、その表面に自然に薄くてち密な酸化被膜を生じ、内部を保護している。このような状態を不動態という。

解答　① 酸素　② 陽イオン　③ 塩類
④ 硫黄酸化物　⑤ 緑青　⑥ 大きい　⑦ 不動態

例題 110　ケイ素の化合物　　■□

二酸化ケイ素は、一般に酸とは反応しないが、①□□□□酸とは特異的に反応する。一方、②水酸化ナトリウムとともに加熱すると②□□□□を生成する。これに塩酸を加えて得られる沈殿を加熱・乾燥したものが③□□□□である。また、高純度の二酸化ケイ素を原料につくられた石英ガラスを繊維化した④□□□□は光通信に用いられる。

(1) 上の文の□□□□に適当な語句を入れよ。

(2) 下線部Ⓐ、Ⓑの変化を、化学反応式で表せ。

考え方　二酸化ケイ素 SiO_2 は酸性酸化物に分類され、水とは直接反応しないが、強塩基と加熱すると徐々に中和反応して、ケイ酸ナトリウム Na_2SiO_3 という塩を生成する。この塩は長い鎖状のケイ酸イオン SiO_3^{2-} を含み、水と長く熱すると粘性の大きな水ガラスになる。これに塩酸を加えると、白色ゲル状のケイ酸 H_2SiO_3 を生じる。ケイ酸は多数の−OHをもつ高分子で、加熱すると分子鎖間で脱水が起こり、不規則な網目構造をもつシリカゲル $SiO_2 \cdot nH_2O (0<n<1)$ になる。

高純度の SiO_2 を原料にした石英ガラス繊維が光ファイバーで、光通信などに利用されている。

光は密度の境界で全反射される。

$$\underset{\text{ケイ酸ナトリウム}}{\begin{array}{c} O^-Na^+ \ O^-Na^+ \\ | \quad\quad | \\ -O-Si-O-Si-O- \\ | \quad\quad | \\ O^-Na^+ \ O^-Na^+ \end{array}} \xrightarrow{HCl} \underset{\text{ケイ酸}}{\begin{array}{c} OH \quad OH \\ | \quad\quad | \\ -O-Si-O-Si-O- \\ | \quad\quad | \\ OH \quad OH \end{array}}$$

解答　(1)① フッ化水素　② ケイ酸ナトリウム
③ シリカゲル　④ 光ファイバー
(2)Ⓐ $SiO_2 + 6HF \longrightarrow H_2SiF_6 + 2H_2O$
Ⓑ $SiO_2 + 2NaOH \rightarrow Na_2SiO_3 + H_2O$

標準問題

必は重要な必須問題。時間のないときはここから取り組む。

333 □□ ◀金属の利用▶　次の文の□□□に適当な語句を入れよ。

　古代ローマ時代には，金，銀，スズ，鉛，銅，水銀，鉄などの金属が知られ，利用されていた。現在は，①□□□，②□□□，③□□□の順に多く利用されている。

　金属は，④□□□の伝導性がよいため，電線などに多く用いられる。また，⑤□□□の伝導性がよいため，調理器具にも用いられる。また，金属は他の金属と混合すると，優れた性質をもつ⑥□□□をつくることができる。密度が $4 \sim 5g/cm^3$ 以下の金属を⑦□□□，密度が $4 \sim 5g/cm^3$ より大きい金属を⑧□□□という。また，空気中で容易にさびる金属を⑨□□□，容易にさびない金属を⑩□□□という。

334 □□ ◀金属の製錬▶　次の文の□□□に適当な語句を，下から選んで記号で答えよ。

　貴金属の①□□□や②□□□などは，単体として産出するのでそのまま利用できる。一方，他の多くの重金属は，③□□□や④□□□などの化合物として産出するので，これらの化合物から金属の単体を取り出す必要がある。この操作を金属の⑤□□□という。このとき，金属の化合物に熱や⑥□□□のエネルギーを与えて，金属に結合している原子を奪い取る⑦□□□反応が利用されている。

　人類が最初に取り出した金属は⑧□□□であったが，軟らかくてそのまま利用することはできなかった。やがて，⑧とスズとの合金である⑨□□□が広く利用されるようになったが，当時，高温を得る技術がなかったので，⑩□□□の利用はかなり遅れた。また 19 世紀末になって，電気分解を利用することによって初めて⑪□□□が取り出され，利用されるようになった。

【語群】
ア．銅　　イ．金　　ウ．鉄　　エ．白金　　オ．アルミニウム
カ．製錬　キ．電気　ク．酸化　ケ．還元　コ．黄銅　サ．青銅
シ．酸化物　ス．硫化物　セ．塩化物

必335 □□ ◀ガラスの種類▶　次のガラスについて，その原料を〔A 群〕から，特徴や用途を〔B 群〕からそれぞれ 1 つずつ選べ。

(1)　ソーダ石灰ガラス　　　　(2)　ホウケイ酸ガラス

(3)　鉛ガラス　　　　　　　　(4)　石英ガラス

〔A 群〕(ア)　ケイ砂，炭酸ナトリウム，酸化鉛（Ⅱ）　　(イ)　ケイ砂
　　　　(ウ)　ケイ砂，炭酸ナトリウム，石灰石　　　　(エ)　ケイ砂，ホウ砂

〔B 群〕(a)　窓ガラスや飲料水のビンなど多くの製品に使われる。
　　　　(b)　光の屈折率が大きく，光学レンズの他，装飾用ガラスにも使われる。
　　　　(c)　熱・薬品に対して安定で，耐熱容器，理化学器具などに使われる。
　　　　(d)　耐熱性がきわめて大きく，純粋なものは光ファイバーとして使われる。

27　無機物質と人間生活　　245

336 □□ ◀合金▶ 次の合金の成分元素を〔A群〕より，特徴と用途を〔B群〕より選べ。

(1) 青銅 　　(2) 黄銅 　　(3) ステンレス鋼 　　(4) ニクロム

(5) 無鉛はんだ 　　(6) 白銅 　　(7) ジュラルミン 　　(8) 超伝導合金

(9) 水素吸蔵合金 　(10) 形状記憶合金 　(11) アルニコ磁性体

〔A群〕(ア) Ni，Cr 　　　　　(イ) Cu，Sn 　　　　　(ウ) Fe，Cr，Ni

(エ) Cu，Zn 　　　　　(オ) Sn，Ag，Cu 　　　　(カ) Cu，Ni

(キ) Sn，Nb 　　　　　(ク) Al，Cu，Mg 　　　　(ケ) La，Ni

(コ) Al，Ni，Co，Fe 　(サ) Ni，Ti

〔B群〕(a) 黄色，加工性大－楽器 　　　　　　(b) 電気抵抗が大－電熱線

(c) 硬い，さびにくい－鐘，銅像 　　　　(d) さびにくい－台所用品，食器

(e) 融点が低い－電気部品の接合材料 　　(f) 白色の光沢－貨幣，熱交換器

(g) 軽量で強度大－航空機の構造材料 　　(h) 保磁力が強い－永久磁石

(i) 高温(低温)時の形状を記憶－歯列矯正，ロボット

(j) 水素を安全に貯蔵する－蓄電池の電極，水素を燃料とする自動車

(k) 低温で電気抵抗が0になる－強力磁石，医療機器(MRI)

337 □□ ◀陶磁器の種類▶ 下表は，陶磁器の特徴を示したものである。空欄に適当な語句を，右の語群から選び記号で答えよ。

	土器	陶器	磁器
原料	粘土のみ	良質の粘土＋石英	良質の粘土＋石英・長石
焼成温度〔℃〕	①	②	③
吸水性	④	⑤	⑥
打音のようす	⑦	⑧	⑨
釉薬の有無	なし	有り	有り
用途	⑩	⑪	⑫

【語群】(ア) 1100～1250 　　(イ) 約700

(ウ) 1300～1450 　　(エ) 大きい

(オ) なし 　　(カ) 小さい

(キ) 金属音 　　(ク) やや濁音

(ケ) 濁音 　　(コ) 植木鉢，瓦

(サ) 衛生器具・食器

(シ) 高級食器・美術品

338 □□ ◀ガラス▶ 次の文のうち，正しいものには○，誤っているものには×をつけよ。

(1) 二酸化ケイ素 SiO_2 の結晶は正四面体を単位とした構造をしているが，石英ガラスはこの結晶構造がある程度乱れ，不規則になったものである。

(2) ガラスは，主原料であるケイ砂に加える物質を変えることにより，硬さ，耐熱性，耐薬品性も異なってくる。

(3) ガラスはアルカリには比較的弱いが，いかなる酸にも溶けない。

(4) ガラスには重金属イオンが入ると，それぞれ特有の色に着色した色ガラスができる。例えば，酸化コバルト(Ⅱ)を混合すると青色になる。

(5) ガラスは，ケイ素原子や酸素原子などが規則正しく配列した結晶であり，一定の融点を示す。

246 第5編 無機物質の性質と利用

必 339 □□ ◀金属の利用▶　次の文と関係のある金属を下の語群から選び，元素記号で答えよ。

(1)　電気抵抗が小さく電線として用いるほか，スズとの合金は昔から利用されてきた。

(2)　金属単体として産出し，装飾品のほか，高価なので蓄財の対象となる。

(3)　日本では，古くから「たたら吹き」とよばれる方法でつくられていた。

(4)　融点が比較的低く，乾電池の電極のほかめっきや合金の材料として利用される。

(5)　軽金属の代表で，現在，金属中，世界第2位の生産量をあげている。

(6)　金属のうち，これだけが常温で液体で，他の多くの金属と合金をつくる。

(7)　融点がきわめて高く，白熱電球や電子管のフィラメントに用いられる。

(8)　電気伝導度が最大で，装飾品のほか電子材料，太陽電池などに利用されている。

(9)　融点が高く丈夫な軽金属で，合金の材料として最近，使用量が増加している。

(10)　軟らかい重金属で，二次電池の電極のほか，放射線の遮蔽材として利用される。

【語群】 ［ アルミニウム　　鉄　　銅　　金　　水銀
　　　　　 亜鉛　　銀　　チタン　　タングステン　　鉛 ］

340 □□ ◀金属の表面処理▶　次の項目に該当するものを，下から記号で選べ。

(1)　トタン　　　　　(2)　ブリキ　　　　　(3)　ペイント

(4)　アルマイト　　　(5)　クロムめっき　　(6)　ステンレス鋼

(ア)　硬くて美しい光沢を保つため，水道の蛇口などに使われる。

(イ)　顔料を混ぜた合成樹脂などで，被膜をつけたもの。

(ウ)　傷がついても鉄はさびず，屋根板にも使われる。

(エ)　アルミ製品の表面に，ち密で厚い酸化被膜をつけたもの。

(オ)　缶詰の缶に使われるが，傷がつくと鉄はさびやすくなる。

(カ)　鉄に，クロム，ニッケルを混ぜて，さびにくくした合金。

341 □□ ◀セラミックス▶　次の文で，正しいものには○，誤っているものには×をつけよ。

(1)　セラミックスの中には，金属並みの電気伝導性をもつものがある。

(2)　セラミックスには，金属元素を含むものはない。

(3)　セラミックスの原料には，豊富で安価なものが多い。

(4)　セラミックスには，熱に強く，腐食しないものが多い。

(5)　ソーダ石灰ガラスの原料は，ケイ砂，炭酸ナトリウム，炭酸カルシウムである。

(6)　ガラスの中で，最も多く使われているのは石英ガラスである。

(7)　コンクリートは，セメントに水，砂を加えて固めたもので，酸・アルカリに強い。

(8)　陶磁器の色やガラスの着色には，種々の金属の酸化物などが用いられる。

(9)　人工骨や人工歯には，ある種のファインセラミックスが使われている。

27　無機物質と人間生活　247

共通テストチャレンジ

342 □□ ◀硫黄の化合物▶ ふたまた試験管のAに希硫酸,Bに硫化鉄(Ⅱ)を入れ,試験管を傾けることにより,硫化水素を発生させた。この実験に関する記述として誤りを含むものを,下の①〜⑥のうちから二つ選べ。

① 実験装置は,換気のよい場所に設置する。
② 希硫酸は,純水に濃硫酸を加えて調製する。
③ 発生した気体は,上方置換によって捕集する。
④ 発生した気体を酢酸鉛(Ⅱ)水溶液に通じると,沈殿が生じる。
⑤ 希硫酸の代わりに希塩酸を用いても,硫化水素が発生する。
⑥ 希硫酸の代わりに水酸化ナトリウム水溶液を用いても,同じ気体が発生する。

343 □□ ◀硝酸の合成▶ 硝酸の合成法(オストワルト法)に関する次の問いに答えよ。

(1) 白金触媒を使って,1000molのアンモニアを空気中の酸素と反応させて一酸化窒素にした。この反応に必要な酸素の物質量は何molか。最も適当な数値を,次の①〜⑤から一つ選べ。
① 1000 ② 1250 ③ 1500 ④ 1750 ⑤ 2000

(2) 1000molのアンモニアを完全に硝酸に変換したとき,得られる63%の硝酸(分子量:63)の質量は何kgか。最も適当な数値を,次の①〜⑥から一つ選べ。
① 63 ② 75 ③ 100 ④ 126 ⑤ 150 ⑥ 200

344 □□ ◀気体の精製▶ Aの気体に,Bの気体が少量含まれた混合気体がある。この混合気体をCの水溶液に通して,できるだけBの気体を含まないAの気体を得たい。Cの水溶液として不適当なものを,①〜⑤から一つ選べ。

	A	B	C
①	二酸化炭素	塩化水素	炭酸水素ナトリウム水溶液
②	水素	アンモニア	希硫酸
③	酸素	二酸化硫黄	硫酸酸性の過マンガン酸カリウム水溶液
④	塩化水素	硫化水素	硝酸銀水溶液
⑤	窒素	二酸化炭素	石灰水

345 □□ ◀気体の性質▶ 次の記述a〜dにおける気体ア〜エの化学式として正しい組合せを,右の①〜⑤から一つ選べ。

a 気体アとウを混合すると,白煙が生じる。
b 気体イの同素体は,大気上層で紫外線を吸収する。
c 気体ウとエは,水に溶けると酸性を示す。
d 気体エは腐卵臭があり,水溶液中で還元性を示す。

	ア	イ	ウ	エ
①	H_2S	N_2	HCl	NH_3
②	HCl	O_2	NH_3	H_2S
③	NH_3	N_2	HCl	H_2S
④	NH_3	O_2	HCl	H_2S
⑤	H_2S	O_2	HCl	NH_3

346 □□ ◀ナトリウムの化合物▶　炭酸ナトリウム Na_2CO_3 と炭酸水素ナトリウム $NaHCO_3$ に関する記述として誤っているものを，次の①〜⑤のうちから一つ選べ。

① $NaHCO_3$ は，$NaCl$ 飽和水溶液に NH_3 を十分に溶かし，さらに CO_2 を通じると得られる。

② $NaHCO_3$ を加熱すると，Na_2CO_3 が得られる。

③ Na_2CO_3 水溶液に $CaCl_2$ 水溶液を加えると，白色沈殿が生じる。

④ Na_2CO_3 水溶液は塩基性を示すが，$NaHCO_3$ 水溶液は弱酸性を示す。

⑤ いずれも塩酸と反応して気体を発生する。

347 □□ ◀銅の質量▶　銀と銅の合金 240mg を硝酸に完全に溶かし，塩化ナトリウム水溶液を加えると，白色沈殿を生じた。塩化ナトリウム水溶液を新たに沈殿が生じなくなるまで加えると，生じた沈殿の質量は 287mg であった。この合金 240mg 中の銅の質量は何 mg か。最も適当な数値を一つ選べ。（$Ag = 108$，$Cl = 35.5$）

① 12　　② 24　　③ 36　　④ 72　　⑤ 120

348 □□ ◀遷移元素の化合物▶　次の記述の下線部に誤りを含むものを一つ選べ。

① 過マンガン酸カリウム水溶液は，<u>マンガン（Ⅱ）イオン</u>に基づく赤紫色を示す。

② 硫酸銅（Ⅱ）水溶液に水酸化ナトリウム水溶液を加えると，<u>水酸化銅（Ⅱ）の青白色</u>沈殿が生じる。

③ 硫酸銅（Ⅱ）五水和物を約 250℃に加熱すると，白色の<u>硫酸銅（Ⅱ）無水塩</u>が生成する。

④ クロム酸カリウム水溶液に硝酸鉛（Ⅱ）水溶液を加えると，<u>クロム酸鉛（Ⅱ）の黄色</u>沈殿が生じる。

⑤ 硝酸銀水溶液に水酸化ナトリウム水溶液を加えると，<u>酸化銀</u>の褐色沈殿が生じる。

349 □□ ◀金属イオンの分離▶　金属イオン Al^{3+}，Zn^{2+}，Ba^{2+} を含む塩酸酸性の水溶液がある。図に示した操作に従って，試薬 a 〜 c をそれぞれ過剰に加えて Al^{3+}，Zn^{2+}，Ba^{2+} の順序で各イオンを沈殿として分離したい。試薬 a 〜 c の組合せとして最も適当なものを，下の①〜⑥のうちから一つ選べ。

	試薬 a	試薬 b	試薬 c
①	アンモニア水	硫化水素	水酸化ナトリウム水溶液
②	アンモニア水	硫化水素	炭酸アンモニウム水溶液
③	アンモニア水	炭酸アンモニウム水溶液	水酸化ナトリウム水溶液
④	硫化水素	アンモニア水	炭酸アンモニウム水溶液
⑤	硫化水素	アンモニア水	水酸化ナトリウム水溶液
⑥	硫化水素	炭酸アンモニウム水溶液	水酸化ナトリウム水溶液

化　学

28 有機化合物の特徴と構造

1 有機化合物の特徴

炭素原子を骨格とした化合物を有機化合物という。（CO_2, $CaCO_3$, KCN などを除く）

(a) 炭素原子が共有結合で次々とつながり，鎖状や環状の構造をとる。

(b) 構成元素の種類は少ない（C，H，O，N，S など）が，化合物の種類は多い。

(c) ほとんどが分子性物質で，融点・沸点が低く，可燃性のものが多い。

(d) 極性の小さい分子が多く，水に溶けにくく，有機溶媒に溶けやすい。

2 有機化合物の分類

❶炭素骨格による分類　炭素と水素だけからなる化合物を炭化水素という。

分類	飽和炭化水素 （炭素間の結合がすべて単結合）	不飽和炭化水素 （炭素間に二重結合や三重結合を含む）
鎖式炭化水素	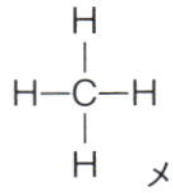 メタン 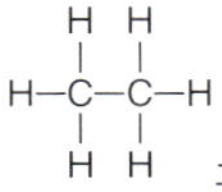　　エタン	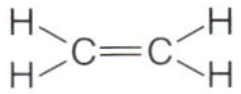 エチレン 　　アセチレン
環式炭化水素	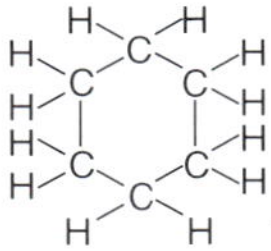 シクロヘキサン	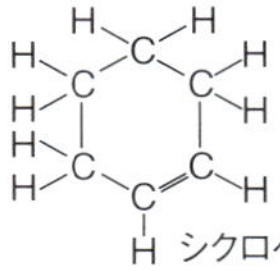 シクロヘキセン 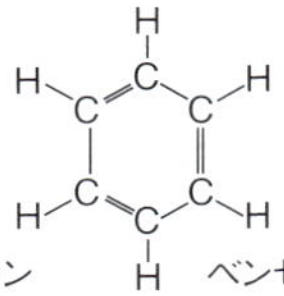　　ベンゼン

❷炭化水素基　炭化水素から H 原子がとれた原子団（基）を炭化水素基（記号R−）という。特に，鎖式飽和炭化水素（アルカン）から H 原子1個がとれた基をアルキル基という。

	名称	化学式	名称	化学式
アルキル基	メチル基	CH_3-	ビニル基	$CH_2=CH-$
	エチル基	C_2H_5-	メチレン基	$-CH_2-$
	プロピル基	C_3H_7-	フェニル基	C_6H_5-

❸官能基による分類　有機化合物の特性を表す原子団を官能基という。

官能基	官能基の名称	一般名	例		性質
−OH	ヒドロキシ基	アルコール	メタノール	CH_3OH	中性
		フェノール類	フェノール	C_6H_5OH	弱酸性
−CHO	アルデヒド(ホルミル)基	アルデヒド	ホルムアルデヒド	$HCHO$	還元性
＞CO	ケトン(カルボニル)基	ケトン	アセトン	CH_3COCH_3	中性
−COOH	カルボキシ基	カルボン酸	酢酸	CH_3COOH	弱酸性
−NH₂	アミノ基	アミン	アニリン	$C_6H_5NH_2$	弱塩基性
−NO₂	ニトロ基	ニトロ化合物	ニトロベンゼン	$C_6H_5NO_2$	中性
−SO₃H	スルホ基	スルホン酸	ベンゼンスルホン酸	$C_6H_5SO_3H$	強酸性
−O−	エーテル結合	エーテル	ジエチルエーテル	$C_2H_5OC_2H_5$	中性
−COO−	エステル結合	エステル	酢酸エチル	$CH_3COOC_2H_5$	中性

250　第6編　有機化合物の性質と利用

❹**有機化合物の表し方** 分子式以外に，次の化学式をよく用いる。
・**示性式** 分子式から官能基だけを抜き出して表した化学式。
・**構造式** 分子内の原子間の結合を価標(−)を用いて表した化学式。

❸ 有機化合物の構造決定

※元素分析によって求められた組成式を実験式ともいう。

❶**元素分析** 試料中の成分元素の質量と割合を求める操作。

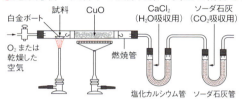

・一定質量の試料を燃焼管に入れ，完全燃焼させる。
・酸化銅(Ⅱ)CuOは，試料を完全燃焼させるために加える。
・燃焼管には，先にCaCl₂管，次にソーダ石灰管をつなぐ。

Cの質量：CO_2の質量 × $\dfrac{Cの原子量(12)}{CO_2の分子量(44)}$　Hの質量：H_2Oの質量 × $\dfrac{2Hの原子量(2.0)}{H_2Oの分子量(18)}$

酸素Oの質量は，(試料の質量)−(他のすべての元素の質量の和)で求める。

❷**組成式の決定** 各元素の質量を原子量で割り，各元素の原子数の比を求める。

$$C : H : O\text{(原子数の比)} = \dfrac{Cの質量}{12} : \dfrac{Hの質量}{1.0} : \dfrac{Oの質量}{16} = x : y : z$$

組成式は $C_xH_yO_z$

❸**分子式の決定** 分子式は組成式を整数倍したものだから，
$(C_xH_yO_z) \times n = $ 分子量 の関係から，整数 n を求める。分子式は $C_{nx}H_{ny}O_{nz}$

❹**構造式の決定** 試料の化学的性質に基づき，官能基の種類や数を決定する。

❹ 異性体
分子式は同じであるが，構造や性質の異なる化合物を**異性体**という。

❶**構造異性体** 原子の結合の仕方，つまり構造式が異なる異性体。

(a) 炭素骨格の違い　　(b) 官能基の種類の違い　　(c) 官能基の位置の違い

CH₃—CH₂—CH₂—CH₃　　CH₃—CH₂—OH　　　CH₃—CH₂—CH₂—OH
CH₃—CH—CH₃　　　　　CH₃—O—CH₃　　　　CH₃—CH—CH₃
　　　CH₃　　　　　　　　　　　　　　　　　　　　OH

❷**立体異性体** 構造式では区別できず，各原子(団)の立体配置が異なる異性体。

(a) **シス-トランス異性体**(幾何異性体)　　(b) **鏡像異性体**(光学異性体)

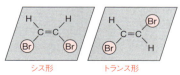

シス形　　トランス形
二重結合をはさんだ原子(団)の結合位置が異なる。
(二重結合が自由に回転できないために生じる。)

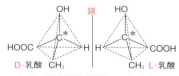

D-乳酸　　　　L-乳酸
中心の**不斉炭素原子** * に結合する4つの原子(団)の立体配置が異なる。

確認&チェック

1 次の物質のうち，有機化合物であるものをすべて選べ。
(ア) CH₄　　(イ) CO₂　　(ウ) CO(NH₂)₂
(エ) CaCO₃　(オ) CH₃COOH　(カ) KCN

2 有機化合物の官能基(下線)をまとめた次の表を完成させよ。

有機化合物	下線部の官能基名	官能基をもつ化合物の一般名
C₂H₅OH	①	②
CH₃CHO	③	④
CH₃OCH₃	⑤	⑥
CH₃COOH	⑦	⑧
CH₃COCH₃	⑨	⑩
C₆H₅NO₂	⑪	⑫
C₆H₅SO₃H	⑬	⑭
C₆H₅NH₂	⑮	⑯

3 C, H, O からなる有機化合物を，図のような装置で分析した。次の問いに答えよ。

(1) 試料中の成分元素の質量と割合を求める操作を何というか。
(2) 塩化カルシウム管で吸収される物質名を記せ。
(3) ソーダ石灰管で吸収される物質名を記せ。
(4) 燃焼管中に CuO を入れる目的は何か。

4 ある有機化合物を4つの方法で表した。次の問いに答えよ。

(a) H-C(H)(H)-C(=O)-O-H
(b) CH₃COOH
(c) C₂H₄O₂
(d) CH₂O

(1) (a)のように，原子間の結合を価標で表した化学式を何というか。
(2) (b)のように，官能基を区別して表した化学式を何というか。
(3) (c)のように，分子を構成する原子の種類と数を表した化学式を何というか。
(4) (d)のように，成分元素の原子の数の割合を最も簡単な整数比で表した化学式を何というか。

解答

1 (ア), (ウ), (オ)
→ p.250 [1]

2
① ヒドロキシ基
② アルコール
③ アルデヒド基(ホルミル基)
④ アルデヒド
⑤ エーテル結合
⑥ エーテル
⑦ カルボキシ基
⑧ カルボン酸
⑨ ケトン基(カルボニル基)
⑩ ケトン
⑪ ニトロ基
⑫ ニトロ化合物
⑬ スルホ基
⑭ スルホン酸
⑮ アミノ基
⑯ アミン
→ p.250 [2]

3
(1) 元素分析
(2) 水
(3) 二酸化炭素
(4) 試料を完全燃焼させるため。
→ p.251 [3]

4
(1) 構造式
(2) 示性式
(3) 分子式
(4) 組成式(実験式)
→ p.251 [2], [3]

第6編　有機化合物の性質と利用

例題 111 官能基

メタン CH_4 の水素原子1個を，次の原子団(基)で置き換えた各化合物に含まれる官能基の名称と，その官能基をもつ化合物の一般名をそれぞれ記せ。
(a) $-OH$ (b) $-COOH$ (c) $-CHO$ (d) $-OCH_3$ (e) $-COCH_3$
(f) $-NO_2$ (g) $-NH_2$ (h) $-SO_3H$ (i) $-COOC_2H_5$

考え方 メタンから水素原子1個をとり去るとメチル基$-CH_3$となる。メチル基にそれぞれの基を結合させた化合物を書いてみる。
　有機化合物の特性を表す原子団を**官能基**という。**炭化水素**(炭素と水素のみからなる化合物)以外の有機化合物は，官能基の種類ごとにいくつかのグループに分類される。また，同じ官能基をもち，共通の一般式で表される化合物を**同族体**といい，化学的性質が類似している。

解答
(a) ヒドロキシ基，アルコール
(b) カルボキシ基，カルボン酸
(c) アルデヒド基(ホルミル基)，アルデヒド
(d) エーテル結合，エーテル
(e) ケトン基(カルボニル基)，ケトン
(f) ニトロ基，ニトロ化合物
(g) アミノ基，アミン
(h) スルホ基，スルホン酸
(i) エステル結合，エステル

例題 112 元素分析

C，H，Oからなる有機化合物 40.0mg を完全燃焼させたところ，CO_2 58.7mg と H_2O 24.3mg を生じた。また，この物質の分子量は別の方法によって180と求められている。次の問いに答えよ。原子量 H = 1.0，C = 12，O = 16 とする。
(1) この有機化合物の組成式(実験式)を示せ。
(2) この有機化合物の分子式を示せ。

考え方 〈有機化合物の構造決定の方法〉

化合物を構成する原子の数を最も簡単な整数比で表した式が**組成式**，分子を構成する原子の種類と数を表した式が**分子式**である。
〈組成式(実験式)の求め方〉
　C，H，Oのみからなる有機化合物の場合，まず，CO_2，H_2Oの質量から，この有機化合物 40.0mg 中に含まれるC原子とH原子の質量を求め，残りをO原子の質量とする。
(酸素は，試料中と燃焼のために供給されたO_2および酸化剤CuOに由来するものがあり，試料中のO原子の質量だけを特定できないため。)

Cの質量：$58.7 \times \dfrac{C}{CO_2} = 58.7 \times \dfrac{12}{44} ≒ 16.0 \text{[mg]}$

Hの質量：$24.3 \times \dfrac{2H}{H_2O} = 24.3 \times \dfrac{2.0}{18} ≒ 2.70 \text{[mg]}$

Oの質量：$40.0 - (16.0 + 2.70) = 21.3 \text{[mg]}$

各元素の質量を原子量で割ると，物質量の比，つまり**各原子数の比**が求まる。

$C : H : O = \dfrac{16.0}{12} : \dfrac{2.70}{1.0} : \dfrac{21.3}{16}$ (原子数の比)

$= 1.33 : 2.70 : 1.33 ≒ 1 : 2 : 1$

∴ 組成式は CH_2O　組成式の式量は30。
〈分子式の求め方〉
　分子式は組成式を整数倍したものだから，分子式を$(CH_2O)_n$(nは整数)とおくと，分子量は組成式の式量の整数倍になるから，
　$30n = 180$　∴ $n = 6$
したがって，分子式は $C_6H_{12}O_6$

解答 (1) CH_2O　(2) $C_6H_{12}O_6$

例題 113 　構造異性体 ■■

分子式が C_5H_{12}，C_6H_{14} の化合物には，それぞれ何種類の構造異性体があるか。

考え方 異性体のうち，原子のつながり方，つまり，構造式の異なる化合物を**構造異性体**という。

〈構造異性体の書き方〉
① C 原子の並び方(炭素骨格)だけで構造の違いを区別する。
② 最後に，C 原子の価標が 4 本になるように，H 原子をまわりにつけ加える。

炭素骨格のうち，最も長い炭素鎖を**主鎖**，短い炭素鎖で枝にあたる部分を**側鎖**という。

① C_5H_{12}
(ⅰ) まず，直鎖状のものを書く。

  C－C－C－C－C

(ⅱ) 主鎖の炭素数が 4 とし，側鎖を両端以外の炭素につける。

C－C－C－C （単結合は自由に回転できるので，C－C－C⌒C は，直鎖(ⅰ)と同じ。）
　　 |
　　 C

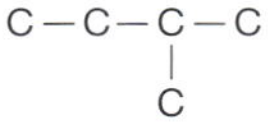

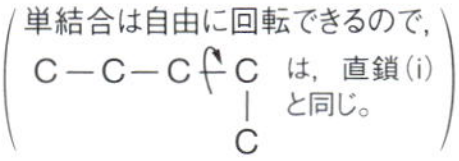

すなわち，両端の炭素につけた側鎖は無意味である。

(ⅲ) 主鎖の炭素数を 3 とし，側鎖 2 つを両端以外の炭素につける。

　　　 C
　　　 |
C－C－C
　　　 |
　　　 C

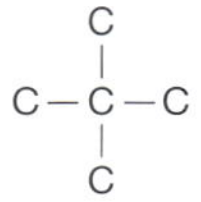

計 3 種類

② C_6H_{14}
(ⅰ) 直鎖状　　C－C－C－C－C－C
(ⅱ) 主鎖の炭素数 5 つ，側鎖 1 つ

C－C－C－C－C　　C－C－C－C－C
　　 |　　　　　　　　　 |
　　 C　　　　　　　　　 C

(ⅲ) 主鎖の炭素数 4 つ，側鎖 2 つ

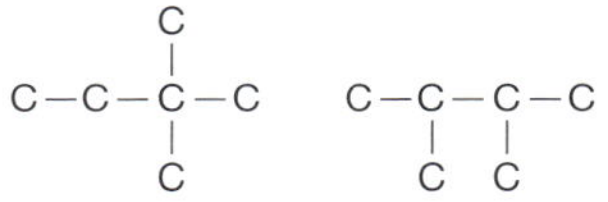

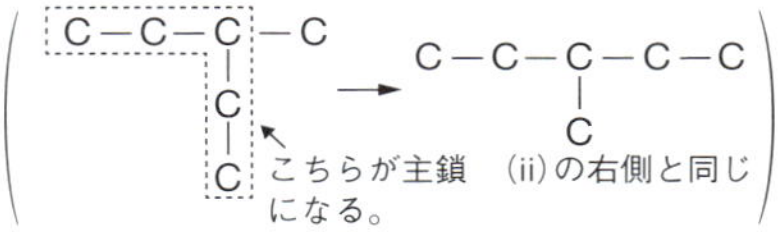

　　　 C
　　　 |
C－C－C－C　　　C－C－C－C
　　　 |　　　　　　 |　 |
　　　 C　　　　　　 C　 C

　(　C－C－C－C　　→　　C－C－C－C－C　)
　(　　　　|　　　　　　　　　　　|　　)
　(　　　　C　　　　　　　　　　　C　　)
　(　　　　|　　　　　　　　　　　　　　)
　(　　　　C ←こちらが主鎖 (ⅱ)の右側と同じになる。)

すなわち，両端から x 番目の炭素には，炭素数が $(x-1)$ 個の側鎖しかつけられない。

計 5 種類

解答 C_5H_{12}…3 種類　C_6H_{14}…5 種類

例題 114 　構造異性体 ■■

分子式が C_7H_{16} の化合物の構造異性体をすべて示せ(炭素骨格だけでよい)。

考え方 (ⅰ) 主鎖の炭素数 7 つ，側鎖なし
C－C－C－C－C－C－C
(ⅱ) 主鎖の炭素数 6 つ，側鎖 1 つ 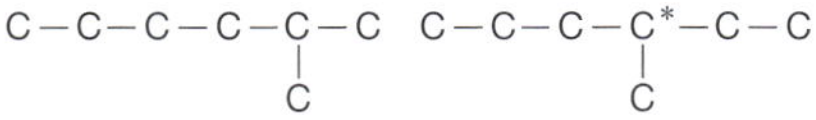
C－C－C－C－C　　C－C－C－C*－C－C
　　 |　　　　　　　　　　　 |
　　 C　　　　　　　　　　　 C
(ⅲ) 主鎖の炭素数 5 つ，側鎖 2 つ(1 つ)

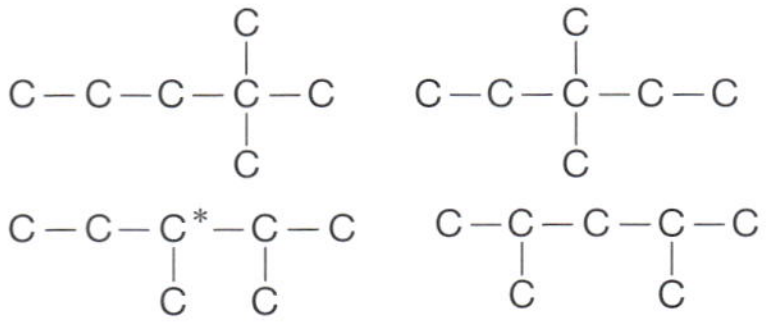

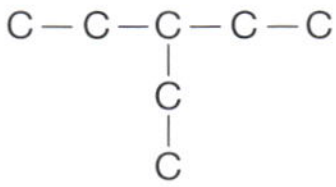

　　　 C　　　　　　　　　 C
　　　 |　　　　　　　　　 |
C－C－C－C－C　　C－C－C－C－C
　　　 |　　　　　　　　 |
　　　 C　　　　　　　　 C

　　　 C
　　　 |
C－C－C*－C－C
　　　 |
　　　 C

C－C－C－C－C
　　　 |
　　　 C
　　　 |
　　　 C

(ⅳ) 主鎖の炭素数 4 つ，側鎖 3 つ

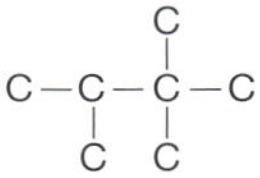

　　　 C
　　　 |
C－C－C－C
　 |　 |
　 C　 C

計 9 種類

　ただし，C*は，4 種類の異なる原子・原子団が結合した**不斉炭素原子**である。
　一般に，不斉炭素原子をもつ化合物には，原子・原子団の立体配置が異なる，互いに実像と鏡像の関係にある 1 対の**鏡像異性体**が存在する。

解答 考え方を参照。

254 第 6 編　有機化合物の性質と利用

標準問題　　必は重要な必須問題。時間のないときはここから取り組む。

必350 □□ ◀有機化合物の特徴▶　次の(ア)〜(キ)のうち，有機化合物の一般的な特徴を述べているものをすべて選べ。

(ア)　成分元素の種類が多いため，その化合物の種類も多い。

(イ)　水に溶けにくく，有機溶媒に溶けやすいものが多い。

(ウ)　融点が高く，熱や光に対して安定なものが多い。

(エ)　常温で固体の物質が多く，溶液中では電離してイオンを生じやすい。

(オ)　加熱しても，分解したり，燃焼したりはしない。

(カ)　分子性物質が多く，一般に反応の速さが小さい。

(キ)　炭素原子が共有結合で結びつき，分子量の大きい化合物もつくる。

351 □□ ◀異性体▶　次の文の□□□に当てはまる適当な語句を，下の(ア)〜(カ)から選べ。

　分子式が同じで性質の異なる化合物を異性体という。異性体には，原子どうしの結合の順序，つまり構造式が異なる① □□□ と，構造式では区別できないが，原子・原子団の立体配置が異なる② □□□ がある。①には，炭素骨格の違いのほか，③ □□□ の種類やその位置の違いによるものなどがある。②はさらに 2 種類に分けられる。例えば，二重結合をもつ化合物には④ □□□ が存在する場合がある。また，分子内に 1 個の不斉炭素原子をもつ化合物は必ず 1 組の⑤ □□□ が存在する。⑤どうしは互いに重ね合わすことができず，鏡に映したときの実像と鏡像の関係にある。⑤どうしは物理的・化学的性質は同じであるが，⑥ □□□ の方向が互いに逆である。

(ア)　立体異性体　　　(イ)　構造異性体　　　(ウ)　シス－トランス異性体

(エ)　鏡像異性体　　　(オ)　旋光性　　　(カ)　官能基

352 □□ ◀異性体の区別▶　次の各組の中で，2 つの構造式が同一の化合物を表しているものには A を，異性体であるものには B を記せ。

(1)
$$
\begin{array}{c}
\underset{\underset{Cl}{|}}{\overset{\overset{H}{|}}{H-C-Cl}}
\quad
\underset{\underset{Cl}{|}}{\overset{\overset{Cl}{|}}{H-C-H}}
\end{array}
$$

(2)
$$
\underset{\underset{H}{|}\ \underset{H}{|}\ \underset{H}{|}\ \underset{H}{|}}{\overset{\overset{H}{|}\ \overset{H}{|}\ \overset{H}{|}\ \overset{H}{|}}{H-C-C-C-C-H}}
\qquad
\underset{\underset{H}{|}\ \underset{\underset{\underset{H}{|}}{\overset{H}{|}}{\overset{H}{C}}}{\ }\ \underset{H}{|}}{\overset{\overset{H}{|}\ \overset{H}{|}\ \overset{H}{|}}{H-C-C-C-H}}
$$

(3)
$$
\underset{\underset{H}{|}\ \ \underset{H}{|}}{\overset{\overset{H}{|}\ \ \overset{H}{|}}{H-C-O-C-H}}
\qquad
\underset{\underset{H}{|}\ \underset{H}{|}}{\overset{\overset{H}{|}\ \overset{H}{|}}{H-C-C-O-H}}
$$

(4)
$$
\underset{\underset{H}{|}\ \underset{H}{|}\ \underset{H}{|}}{\overset{\overset{H}{|}\ \overset{H}{|}\ \overset{H}{|}}{Cl-C-C-C-H}}
\qquad
\underset{\underset{H}{|}\ \underset{Cl}{|}\ \underset{H}{|}}{\overset{\overset{H}{|}\ \overset{H}{|}\ \overset{H}{|}}{H-C-C-C-H}}
$$

(5)
$$
\underset{\underset{CH_3}{|}}{CH_3-CH-CH_2-CH_3}
\qquad
\underset{\underset{CH_3}{|}}{CH_3-CH_2-CH-CH_3}
$$

(6)
$$
\underset{H}{\overset{H}{>}}C=C\underset{Cl}{\overset{CH_3}{<}}
\qquad
\underset{H}{\overset{H}{>}}C=C\underset{CH_3}{\overset{Cl}{<}}
$$

(7)
$$
\underset{\underset{\underset{CH_3}{|}}{\overset{CH_2}{|}}}{CH_3-CH_2-CH-CH_3}
\qquad
\underset{\underset{\underset{CH_3}{|}}{\overset{CH_2}{|}}}{CH_3-CH_2-CH-CH_2-CH_3}
$$

28　有機化合物の特徴と構造　255

353 ◀成分元素の検出▶ 次の操作で検出できる元素を元素記号で答えよ。
(1) ソーダ石灰と加熱し，発生した気体に濃塩酸を近づけると白煙を生じた。
(2) 酸化銅(Ⅱ)とよく混合して加熱し，発生した気体を石灰水に通じると白濁した。
(3) 黒く焼いた銅線につけてバーナーで加熱すると，炎は青緑色を呈した。
(4) 金属 Na と加熱融解後，酢酸鉛(Ⅱ)水溶液を加えると黒色沈殿が生成した。
(5) 完全燃焼後，生成物を塩化コバルト(Ⅱ)紙につけると青色から淡赤色になった。

必354 ◀元素分析(質量百分率)▶ ある有機化合物 A を元素分析したら，質量百分率で炭素 60.0%，水素 13.3%，酸素 26.7% であった。また，A の分子量を測定したら，60 であった。次の問いに答えよ。(原子量は H = 1.0，C = 12，O = 16)
(1) 化合物 A の組成式と分子式をそれぞれ示せ。
(2) 化合物 A の考えられる構造式をすべて示せ。

必355 ◀元素分析▶ 炭素，水素，酸素からなる化合物 X の 45mg を下図の白金皿に入れ，完全燃焼させた。その結果，吸収管 A は 27mg，吸収管 B は 66mg の質量増加があった。また，化合物 X は 1 価の酸で，その 0.27g を中和するのに 0.10mol/L 水酸化ナトリウム水溶液 45mL を要した。次の問いに答えよ。(H = 1.0，C = 12，O = 16)

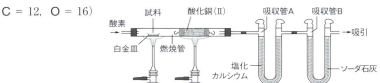

(1) 燃焼管の中の酸化銅(Ⅱ)のはたらきについて述べよ。
(2) 吸収管 A は吸収管 B よりも先につながなければならない。その理由を述べよ。
(3) 化合物 X の組成式と分子式を示せ。

発展問題

356 ◀元素分析▶ 炭素，水素，窒素，酸素からなる有機化合物 X36.2mg を前問(355)の図の装置で完全燃焼させたら，水 22.5mg と二酸化炭素 55.0mg を生じた。また，

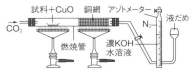

X36.2mg を右図の装置で完全燃焼させ，試料中の窒素成分をすべて窒素ガスに変化させたら，標準状態に換算して 6.96mL であった。また，X の分子量は 116 であった。次の問いに答えよ。原子量は H = 1.0，C = 12，N = 14，O = 16 とする。
(1) 有機化合物 X の組成式を示せ。
(2) 有機化合物 X の分子式を示せ。

29 脂肪族炭化水素

1 炭化水素の分類

〈一般式〉

炭化水素
- 鎖式炭化水素（脂肪族炭化水素）
  - 飽和炭化水素 —— アルカン（単結合のみ）　C_nH_{2n+2}
  - 不飽和炭化水素
    - アルケン（二重結合1個）　C_nH_{2n}
    - アルキン（三重結合1個）　C_nH_{2n-2}
- 環式炭化水素
  - 飽和炭化水素 —— シクロアルカン*1　C_nH_{2n}
  - 不飽和炭化水素
    - シクロアルケン（二重結合1個）*1　C_nH_{2n-2}
    - 芳香族炭化水素（ベンゼン環をもつ）

*1) 芳香族炭化水素を除く環式炭化水素を脂環式炭化水素という。

❶ **同族体** 共通の一般式で表され，分子式が CH_2 ずつ異なる一群の化合物。一般に，同族体では，分子量が大きくなるほど，融点・沸点は高くなる。

2 飽和炭化水素

❶ **アルカン** 単結合のみからなる鎖式の飽和炭化水素。一般式 C_nH_{2n+2}

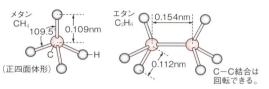

名称	分子式	状態
メタン	CH_4	気体
エタン	C_2H_6	気体
プロパン	C_3H_8	気体
ブタン	C_4H_{10}	気体
ペンタン	C_5H_{12}	液体
ヘキサン	C_6H_{14}	液体

炭素数が増加すると，融点・沸点が高くなる。
炭素数が4以上で，構造異性体が存在する。

例 C_4H_{10}（2種），C_5H_{12}（3種），C_6H_{14}（5種）

（メタンの製法）酢酸ナトリウムにソーダ石灰を加えて加熱。

$CH_3COONa + NaOH \longrightarrow CH_4\uparrow + Na_2CO_3$

（性質）化学的に安定。光存在下でハロゲンと置換反応を行う。
　　　置換反応とは，原子が他の原子（団）と置き換わる反応。

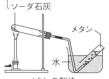
メタンの製法

❷ **シクロアルカン** 環式の飽和炭化水素。C_nH_{2n}（$n \geq 3$），性質はアルカンに類似。

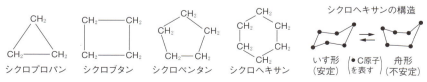

3 不飽和炭化水素

❶アルケン 炭素間二重結合を1個もつ鎖式の不飽和炭化水素。一般式 C_nH_{2n}
シクロアルカンと構造異性体の関係にある。

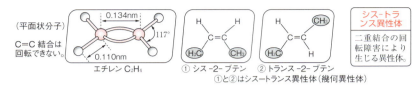

(エチレンの製法) エタノールと濃硫酸の混合物を約170℃に加熱する。

$$CH_3CH_2OH \xrightarrow[170℃]{(H_2SO_4)} CH_2=CH_2 + H_2O$$

(性質) ・**付加反応** 二重結合が切れ,他の原子が結合する。
・**付加重合** 多数のアルケン分子が結合し,高分子になる。
・**酸化反応** $KMnO_4$ 水溶液を脱色する。(二重結合の開裂)
・**臭素水(赤褐色)の脱色**は,不飽和結合の検出に利用。

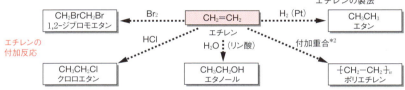

*2) 付加重合において,反応物を**単量体(モノマー)**,生成物を**重合体(ポリマー)**という。

❷アルキン 炭素間三重結合を1個もつ鎖式の不飽和炭化水素。一般式 C_nH_{2n-2}
アルカジエン(二重結合を2個もった炭化水素),シクロアルケン($n \geq 3$)と構造異性体の関係にある。

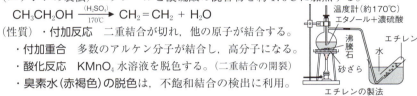

(アセチレンの製法) 炭化カルシウム(カーバイド)に水を加える。

$$CaC_2 + 2H_2O \longrightarrow Ca(OH)_2 + CH \equiv CH$$

(性質) アルケンと同様に,**付加反応,重合反応**を行う。

・$3CH \equiv CH \xrightarrow[500℃]{赤熱鉄管}$ ベンゼン(3分子重合)

・アンモニア性硝酸銀溶液で銀アセチリドの白色沈殿を生成。

$$HC \equiv CH + 2[Ag(NH_3)_2]^+ \longrightarrow AgC \equiv CAg \downarrow + 2NH_3 + 2NH_4^+$$

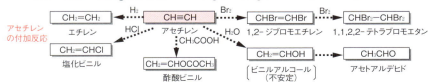

4 炭化水素の命名法について

❶直鎖状のアルカン

$C_1 \sim C_4$ は慣用名。C_5 以上はギリシャ語（*ラテン語）の数詞の語尾を -ane に変える。

n	1	2	3	4	5	6	7	8	9	10
分子式	CH_4	C_2H_6	C_3H_8	C_4H_{10}	C_5H_{12}	C_6H_{14}	C_7H_{16}	C_8H_{18}	C_9H_{20}	$C_{10}H_{22}$
名称	メタン	エタン	プロパン	ブタン	ペンタン	ヘキサン	ヘプタン	オクタン	ノナン	デカン
数詞	mono	di	tri	tetra	penta	hexa	hepta	octa	nona*	deca

アルキル基の名称はアルカンの語尾 -ane を -yl に変える。アルキル基は一般式 $C_nH_{2n+1}-$ で表される。

> 例 CH_3- メチル基，C_2H_5- エチル基，CH_3CH_2CH- プロピル基

❷枝分かれのあるアルカン・ハロゲン置換体

(a) 分子鎖で最長の炭素鎖を**主鎖**，枝分かれの炭素鎖を**側鎖**という。

(b) 主鎖の炭化水素の炭素数に対応した炭化水素の名称をつけ，その前に側鎖のアルキル基名をつける。側鎖の位置は，主鎖の端の炭素原子からつけた位置番号（なるべく小さい数）で示す。なお，位置番号と名称の間はハイフン（−）でつなぐ。

(c) 同じ置換基が複数あるときは，数詞を置換基の前につける。

（側鎖，置換基の例）

メチル CH_3-，エチル C_2H_5-，フルオロ F−，クロロ Cl−，ブロモ Br−，ヨード I−

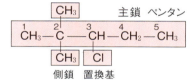

主鎖 ペンタン　　2-クロロ-2,3-ジメチルペンタン

側鎖　置換基

（側鎖にアルキル基，置換基にハロゲンをもつ化合物では，両者をアルファベット順に並べる（数詞は考慮しない）。）

❸アルケン，アルキン

(a) 二重結合，三重結合を含む最長の炭素鎖（主鎖）の炭素数に対応するアルカンの語尾 -ane を，アルケンの場合は -ene に変え，アルキンの場合は -yne に変える。

(b) 二重結合，三重結合の位置も，主鎖の端からつけた位置番号（なるべく小さい数）で示す。

(c) 二重結合が2個，3個あるときは，語尾 -ene を -diene，-triene などに変える。

2-メチル-1-ブテン　　　　　4-メチル-2-ペンテン

（側鎖よりも二重結合により小さな位置番号を与える。）

❹環式化合物

対応するアルカン，アルケンの名称の前に，接頭語 (cyclo) をつける。

確認&チェック

1 次の文の □ に適当な語句，分子式を入れよ。

鎖式の飽和炭化水素を①□といい，一般式は②□で表される。室温での状態は，$n=1～4$ のものは③□体，$n=5～16$ のものは④□体，$n=17$ 以上のものは固体である。

また，環式の飽和炭化水素を⑤□といい，一般式は⑥□（$n \geq 3$）で表され，性質は⑦□とよく似ている。

炭素間二重結合を1個もつ鎖式の不飽和炭化水素を⑧□といい，一般式は⑨□で表される。また，炭素間三重結合を1個もつ鎖式の不飽和炭化水素を⑩□といい，一般式は⑪□で表される。

2 次の炭化水素基の名称をそれぞれ記せ。
(a) CH_3- 　　(b) CH_3CH_2-
(c) $CH_3CH_2CH_2-$ 　　(d) $CH_2=CH-$
(e) C_6H_5- 　　(f) $-CH_2-$

3 メタンと塩素の混合気体に光を当てると，次式に示すように，H原子とCl原子の置換反応が順次進行した。次の□に適する物質の示性式と名称をそれぞれ入れよ。

$CH_4 \longrightarrow$ ①□ $\longrightarrow$ ②□ $\longrightarrow$ ③□ $\longrightarrow CCl_4$

4 エチレンの付加反応について，□に適する化合物の示性式を入れよ。（　）は触媒を示す。

①□ $\xleftarrow{Br_2}$ $\boxed{CH_2=CH_2}$ $\xrightarrow[(Pt)]{H_2}$ ②□

5 アセチレンを図のような方法でつくり，捕集した。次の問いに答えよ。
(1) この反応を化学反応式で示せ。
(2) アセチレンを臭素水に通じたときの変化について述べよ。

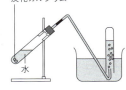

解答

1 ① アルカン
② C_nH_{2n+2}
③ 気　④ 液
⑤ シクロアルカン
⑥ C_nH_{2n}
⑦ アルカン
⑧ アルケン
⑨ C_nH_{2n}
⑩ アルキン
⑪ C_nH_{2n-2}
→ p.257 [1]

2 (a) メチル基
(b) エチル基
(c) プロピル基
(d) ビニル基
(e) フェニル基
(f) メチレン基
→ p.250 [2]，259 [4]

3 ① CH_3Cl クロロメタン
② CH_2Cl_2 ジクロロメタン
③ $CHCl_3$ トリクロロメタン
→ p.257 [2]

4 ① CH_2BrCH_2Br
② CH_3CH_3
→ p.258 [3]

5 (1) $CaC_2 + 2H_2O$
$\longrightarrow C_2H_2 + Ca(OH)_2$
(2) 臭素の赤褐色が消える。
→ p.258 [3]

例題 115　メタン・エチレン・アセチレン

次の(A)〜(C)の化合物を発生させるための試薬と装置および捕集法を下図，語群から選べ。また，下の問に答えよ。

(A) メタン　(B) エチレン　(C) アセチレン

〈試薬〉①炭化カルシウムと水
　　　　②酢酸ナトリウムと水酸化ナトリウム
　　　　③エタノールと濃硫酸

〈捕集法〉(ア)水上置換　(イ)上方置換
　　　　　(ウ)下方置換　(エ)どれでもよい

〈装置〉

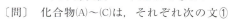

ⓐ　　ⓑ　　ⓒ

〔問〕化合物(A)〜(C)は，それぞれ次の文①〜③のいずれに当てはまるか。

① 完全燃焼させると，高温の炎が得られる。
② 光を当てると臭素とゆっくりと置換反応を起こし，臭素の赤褐色が消える。
③ 臭素と速やかに付加反応を起こし，臭素の赤褐色が消える。

考え方　(A) メタンは，CH_3COONa と $NaOH$（いずれも固体）の混合物を加熱して発生させる。固体どうしの加熱では，試験管の口を少し下げ，試験管が割れないようにする。

(B) エチレンは，エタノールと濃硫酸の混合物を，温度（約170℃）に注意しながら加熱すると得られる。

(C) アセチレンは炭化カルシウム CaC_2（固体）に水を加えて発生させる。加熱は不要である。
いずれの気体も，水上置換で捕集する。

〔問〕① アセチレンは燃焼熱が大きいので，完全燃焼させると，高温（約3000℃）の炎（**酸素アセチレン炎**）が得られる。

② メタン（アルカン）は，**光の存在下で臭素とゆっくりと置換反応を起こし，臭素の赤褐色が消える**。

③ エチレン（アルケン）は，**臭素と速やかに付加反応を起こし，臭素の赤褐色が消える**。

解答　(A)…②, ⓐ, (ア)　(B)…③, ⓒ, (ア)
(C)…①, ⓑ, (ア)　　〔問〕(A)②　(B)③　(C)①

例題 116　炭化水素の分子式

ある炭化水素の気体 1.0 L を完全燃焼させるのに，同温・同圧で 6.0 L の酸素を必要とした。この炭化水素の分子式を示せ。

考え方　炭化水素の分子式を C_xH_y とおく。完全燃焼するときの化学反応式は，

$$C_xH_y + \left(x + \frac{y}{4}\right)O_2 \longrightarrow xCO_2 + \frac{y}{2}H_2O$$

化学反応式の係数比は，反応する気体の体積比に等しいので，炭化水素 1.0 L の完全燃焼には $\left(x + \frac{y}{4}\right)$ L の O_2 が必要である。

$x + \dfrac{y}{4} = 6.0$ （このままでは解けない。）

変形して　$4x + y = 24$　x, y は**整数**だから，

$x = 1$ のとき $y = 20$ （H が多すぎる）
$x = 2$ のとき $y = 16$ （H が多すぎる）
$x = 3$ のとき $y = 12$ （H が多すぎる）
$x = 4$ のとき $y = 8$ 　（適する）
$x = 5$ のとき $y = 4$ 　（C_5H_4 は液体なので不適）

$\begin{pmatrix} 飽和炭化水素の一般式 C_nH_{2n+2} より \\ 水素原子の数は最大でも y \leq 2x+2 \end{pmatrix}$

解答　C_4H_8

例題 117 | 異性体

分子式 C_4H_8 の化合物に存在する異性体をすべて構造式で示せ。ただし，立体異性体をもつものについては，立体構造がわかるように示せ。

考え方 炭化水素の異性体は次の順に考える。

① 飽和炭化水素(アルカン)に比べて不足する H 原子の数の $\frac{1}{2}$ を，その化合物の**不飽和度**という。不飽和度がわかると，炭化水素の大まかなグループが予測できる。

一般式	不飽和度	例
C_nH_{2n+2}	0	アルカン
C_nH_{2n}	1	アルケン，シクロアルカン
C_nH_{2n-2}	2	アルキン，アルカジエン，シクロアルケン など

② 炭素骨格の形を考える。直鎖か分枝か。
③ 二重結合などの数，位置を考える。
　(シス-トランス異性体の存在に注意する)
④ 不斉炭素原子があれば鏡像異性体がある。
⑤ 環式化合物は，$n \geq 3$ のとき存在する。

C_4H_8 は一般式 C_nH_{2n} で表せるので，ア**ルケン**(i)～(iii)と，**シクロアルカン**(iv), (v)の構造異性体がある。

(i) $CH_2=CH-CH_2-CH_3$　(ii) $CH_3-CH=CH-CH_3$
　　　1-ブテン　　　　　　　　　2-ブテン

(iii) $CH_2=C-CH_3$
　　　　　|
　　　　 CH_3
　　　2-メチルプロペン

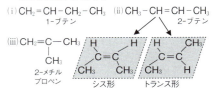
シス形　　トランス形

ただし，(ii) 2-ブテンには，**シス-トランス異性体**が存在する。

環式化合物は $n \geq 3$，つまり，環をつくる C 原子が 3 個以上について考えればよい。

(iv) CH_2-CH_2　(v) CH_2
　　　|　　　|　　　　　／　＼
　　　CH_2-CH_2　　　$CH_2-CH-CH_3$

解答 考え方を参照。

例題 118 | エチレンの反応

エチレンの反応経路図の □ に適する化合物の示性式を入れよ。

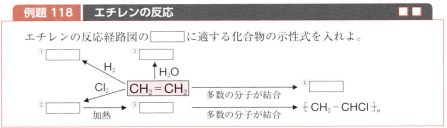

考え方 エチレンの二重結合は，結合力の強い結合(**σ結合**)とやや弱い結合(**π結合**)からなり，エチレンに反応性の高い物質を作用させると，弱い方の π 結合が切れて単結合になる。このとき，各炭素原子に他の原子(原子団)が新たに結合する。この反応を**付加反応**という。

① エチレンに水素が付加すると，**エタン**が生成する(右図)。(Pt触媒下で)

② $CH_2=CH_2 + Cl_2 \longrightarrow CH_2Cl-CH_2Cl$

③ $CH_2=CH_2 + H_2O \xrightarrow{(H_3PO_4)} CH_3CH_2OH$
　　　　　　　　　　　　　　　　エタノール

④ エチレン分子どうしが，付加反応によって次々に結びつく反応を**付加重合**といい，高分子の**ポリエチレン**が生成する。

⑤ 現在，塩化ビニルは，工業的には，次のような**脱離反応(脱 HCl)** でつくられる。

$CH_2Cl-CH_2Cl \xrightarrow{加熱} CH_2=CHCl + HCl$
1,2-ジクロロエタン　　　　塩化ビニル

解答 ① CH_3CH_3　② CH_2ClCH_2Cl
　　　③ CH_3CH_2OH　④ $+CH_2-CH_2+_n$
　　　⑤ $CH_2=CHCl$

標準問題

357 ◀炭化水素の分類▶ 次の文の[ ]に適する語句，数を入れよ。

炭化水素は炭素骨格の形や構造に基づいて分類される。炭素間がすべて単結合からなるものを①[ ]，炭素間に二重結合や三重結合を含むものを②[ ]という。また，炭素骨格が鎖状のものを③[ ]，環状のものを④[ ]という。以上の分類を組み合わせて，鎖式の飽和炭化水素を⑤[ ]といい，二重結合を1個もつ鎖式の不飽和炭化水素を⑥[ ]，三重結合を1個もつ鎖式の不飽和炭化水素を⑦[ ]という。
また，環式の飽和炭化水素を⑧[ ]，二重結合を1個もつ環式の不飽和炭化水素を⑨[ ]という。いずれも環を構成する炭素原子の数は⑩[ ]以上である。

二重結合している2個の炭素原子とそれに直結する4個の原子は⑪[ ]上にあり，三重結合している2個の炭素原子とそれに直結する2個の原子は⑫[ ]上にある。

358 ◀メタンの反応▶ メタンと塩素の混合気体に光(紫外線)を当てると，メタンの水素原子は塩素原子によって置換され，A，B，C，Dの順に塩素化される。この塩素置換体A，B，C，Dの化学式と名称をそれぞれ記せ。

$CH_4 \xrightarrow[光]{Cl_2} [A] \xrightarrow[光]{Cl_2} [B] \xrightarrow[光]{Cl_2} [C] \xrightarrow[光]{Cl_2} [D]$

359 ◀アセチレンの反応▶ 下図はアセチレンの反応系統図である。[ ]に適する化合物の示性式と名称を入れよ。

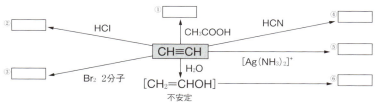

360 ◀炭化水素の構造▶ 次の(1)〜(5)に該当する化合物を，下からすべて選べ。
(1) すべての原子が一直線上にはないが，常に同一平面上にある。
(2) 付加反応より置換反応を起こしやすい。
(3) 置換反応より付加反応を起こしやすい。
(4) 常温・常圧で液体である。
(5) 硫酸酸性の$KMnO_4$水溶液で酸化される。
(ア) エチレン (イ) アセチレン (ウ) エタン (エ) プロペン (オ) シクロヘキサン

361 □□ ◀異性体▶　次の分子式で示される化合物の異性体は全部で何種類あるか。

(1)　$C_2H_2Cl_2$

(2)　C_5H_{10}（鎖式化合物）

(3)　C_5H_{10}（環式化合物）

必362 □□ ◀ C_4H_8 の異性体▶　分子式 C_4H_8 の化合物には，A，B，C，D，E の 5 種類の構造異性体がある。次の文を読み，それぞれの構造式を示せ。

(1)　A，B，C に臭素の四塩化炭素溶液を加えると，臭素の赤褐色が消失した。

(2)　D，E に臭素の四塩化炭素溶液を加えても変化はなかった。

(3)　A と B に水素を十分に付加させると，同一のアルカンになった。

(4)　B にはシス−トランス異性体がある。

(5)　E には炭素間の結合に枝分かれ構造をもつ。

363 □□ ◀アルケンの構造▶　アルケン A，B の臭素付加生成物の分子量は，もとの約 3.8 倍である。A，B をそれぞれ白金を触媒として水素を付加させると，いずれも同一のアルカン C を生じた。また，A，B のうち，B には一対のシス-トランス異性体が存在する。A，B をそれぞれ臭素と反応させると，A からは D，B からは E が得られた。次の問いに答えよ。ただし，原子量は H = 1.0，C = 12，Br = 80 とする。

(1)　A，B，C の構造式と名称をそれぞれ示せ。

(2)　D，E について考えられる立体異性体には，それぞれ何種類あるか。

364 □□ ◀アルケンの構造決定▶　次の文を読み，A，B，C の構造式を示せ。

(a)　ある鎖式の不飽和炭化水素 A，B，C の各 1mol を完全燃焼させるのに，いずれも 7.5mol の酸素を必要とした。

(b)　A，B，C 各 1mol に対して，Ni 触媒下でいずれも 1mol の水素が付加し，A，B は E に，C は F に変化した。また，F は直鎖の飽和炭化水素である。

(c)　A，B，C を硫酸酸性の過マンガン酸カリウムと反応させると，A からは CO_2 とケトンが，B からはカルボン酸と CO_2 が，C からはカルボン酸のみがそれぞれ生成した。

　　ただし，アルケンを硫酸酸性の $KMnO_4$ 水溶液と反応させると，次式のように二重結合が酸化・開裂して，カルボン酸あるいはケトンが得られる。$R_1 = H$ の場合は，さらに酸化されて CO_2 になる。

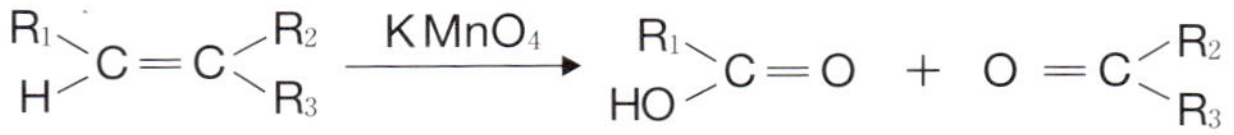

$$\begin{array}{c} R_1 \\ H \end{array} \!\! C = C \!\! \begin{array}{c} R_2 \\ R_3 \end{array} \xrightarrow{\;KMnO_4\;} \begin{array}{c} R_1 \\ HO \end{array} \!\! C = O \; + \; O = C \!\! \begin{array}{c} R_2 \\ R_3 \end{array}$$

264　第 6 編　有機化合物の性質と利用

発展問題

365 □□ ◀オゾン分解▶　炭化水素 A, B, C および D は, いずれも CH_2 の組成式をもち, 互いに構造異性体である。A, B, C および D の各 2.1g と臭素を暗所で完全に反応させると, いずれの場合も, 4.0g の臭素が消費された。

アルケンに酸化剤のオゾンを作用させて適当な条件で分解すると, 次式に示すようにアルデヒドまたはケトンが得られる。この反応はオゾン分解とよばれ, アルケンの構造決定に用いられる。

$$\begin{matrix} R_1 \\ R_2 \end{matrix} C=C \begin{matrix} R_3 \\ R_4 \end{matrix} \xrightarrow{\text{オゾン分解}} \begin{matrix} R_1 \\ R_2 \end{matrix} C=O + O=C \begin{matrix} R_3 \\ R_4 \end{matrix}$$

（R_1, R_2, R_3, R_4はアルキル基または水素原子）

A, B および C をオゾン分解すると, A からはアセトアルデヒドとケトンが, B からは1種類のケトンのみが, C からは1種類のアルデヒドのみが得られた。また, D をオゾン分解すると, ホルムアルデヒドと対称的な構造をもつケトンが得られた。

(1) 炭化水素 A ～ D の分子式を求めよ。原子量を $H=1.0$, $C=12$, $Br=80$ とする。

(2) 炭化水素 A ～ D の構造式をそれぞれ記せ。

(3) A ～ D のうち, シス‒トランス異性体をもつものを記号で選べ。

366 □□ ◀トランス付加▶　次の文を読んで, 下の問いに答えよ。

アルケンには水素 H_2 や臭素 Br_2 が付加反応することが知られているが, その反応形式は異なる。すなわち, アルケンに白金 Pt やニッケル Ni の金属触媒の存在下で水素を反応させると, 2つの水素原子はアルケンの二重結合に対して同じ側から付加する（これをシス付加という）。一方, アルケンに対する臭素の付加反応の場合, 2つの臭素原子がそれぞれアルケンの二重結合に対して反対側から付加する（これをトランス付加という）。下図では, C 原子を紙面上に置いたとき, ── は紙面上にある結合, ◀ は紙面の手前側に向かう結合, ⫴ は紙面奥側に向かう結合を示す。

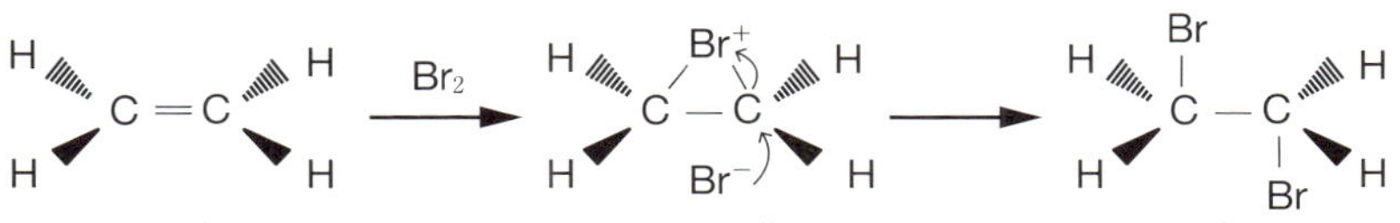

反応物　　　　　　　　　　反応中間体　　　　　　　　　　生成物

〔問〕シス‒2‒ブテンとトランス‒2‒ブテンをそれぞれ臭素と反応させた。それぞれについて考えられる生成物の立体異性体の構造式を上図の例にならってすべて記せ。

29　脂肪族炭化水素　265

30 アルコールとカルボニル化合物

1 アルコール

脂肪族炭化水素の H 原子をヒドロキシ基 –OH で置換した化合物。R–OH

❶アルコールの分類

ヒドロキシ基の数による分類		–OH が結合した C 原子がもつ R の数による分類	
1価アルコール (–OH 1個)	CH_3OH メタノール	第一級アルコール $R-CH_2-OH$	CH_3-OH　CH_3-CH_2-OH メタノール　エタノール
2価アルコール (–OH 2個)	CH_2-OH | CH_2-OH エチレングリコール	第二級アルコール $\begin{matrix}R_1\\R_2\end{matrix}\!\!>\!\!CH-OH$	$\begin{matrix}CH_3\\CH_3\end{matrix}\!\!>\!\!CH-OH$ 2-プロパノール
3価アルコール (–OH 3個)	CH_2-OH | $CH-OH$ | CH_2-OH グリセリン	第三級アルコール $\begin{matrix}R_1\\R_2-C-OH\\R_3\end{matrix}$	CH_3 | CH_3-C-OH | CH_3 2-メチル-2-プロパノール

注)炭素原子の数の少ないものを低級アルコール,多いものを高級アルコールという。

❷物理的性質
(a)炭素数1〜3のものは水に可溶,炭素数4以上で水に難溶。(水素結合で水和し溶ける)

(b)分子間に水素結合を形成し,同程度の分子量の炭化水素に比べ,沸点が高い。水溶液は中性。

エタノールと水の水素結合

❸化学的性質

(a)置換反応　金属 Na と反応し,水素を発生。

$2C_2H_5OH + 2Na \longrightarrow 2C_2H_5ONa + H_2$
　　　　　　　　　　　　ナトリウムエトキシド(塩)

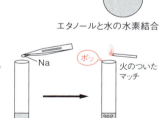

エタノールと Na との反応

(b)脱水反応　濃硫酸との加熱によって脱水される。
反応温度により,生成物が異なる。

$2C_2H_5OH \xrightarrow[130〜140℃]{(H_2SO_4)} C_2H_5OC_2H_5 + H_2O$
　　　　　　　　　　　　ジエチルエーテル

$C_2H_5OH \xrightarrow[160〜170℃]{(H_2SO_4)} CH_2=CH_2 + H_2O$
　　　　　　　　　　　エチレン

(c)酸化反応　硫酸酸性の二クロム酸カリウム $K_2Cr_2O_7$(酸化剤)で酸化。

・$R-CH_2-OH \xrightarrow[-H_2O]{(O)} R-CHO \xrightarrow{(O)} R-COOH$
　第一級アルコール　　　　アルデヒド　　　カルボン酸

・$\begin{matrix}R_1\\R_2\end{matrix}\!\!>\!\!CH-OH \xrightarrow[-H_2O]{(O)} \begin{matrix}R_1\\R_2\end{matrix}\!\!>\!\!C=O$　・第三級アルコールは,酸化されにくい。
　第二級アルコール　　　　ケトン

2 エーテル

エーテル結合 −O− をもつ化合物を**エーテル**という。
- 炭素数の同じ1価アルコールとは構造異性体。
- 融点・沸点は，1価アルコールより著しく低い（水素結合が形成されないため）。
- 金属ナトリウム Na とは**反応しない**。
- ジエチルエーテル（沸点 34℃）は揮発性の液体で，**水に難溶**。有機溶媒として利用される。引火性，麻酔性がある。

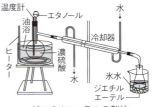
ジエチルエーテルの製法

3 アルデヒドとケトン

アルデヒド，ケトンはカルボニル基 >C=O をもち，**カルボニル化合物**という。

❶ アルデヒド

構造	アルデヒド基（ホルミル基） −CHO をもつ。
製法	第一級アルコールの酸化
性質	容易に酸化され，還元性を示す。銀鏡反応を示し，フェーリング液を還元する。
例	HCHO　ホルムアルデヒド CH₃CHO　アセトアルデヒド

CH₃OH + CuO ⟶ HCHO + Cu + H₂O
約40%水溶液はホルマリンとよばれる。
ホルムアルデヒドの製法

(a) **銀鏡反応**　アンモニア性硝酸銀溶液[Ag(NH₃)₂]⁺ 中の Ag⁺ を還元し，銀 Ag が析出する。

(b) **フェーリング液の還元**　フェーリング液中の Cu²⁺ を還元し，酸化銅(Ⅰ) Cu₂O の赤色沈殿を生成する。

低級のアルデヒドは，沸点が比較的低く，水に溶けやすい。

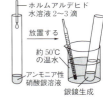
銀鏡生成

❷ ケトン

構造	ケトン基（カルボニル基） >C=O をもつ。
製法	第二級アルコールの酸化
性質	酸化されにくく，還元性はなし。
例	CH₃COCH₃　アセトン（芳香臭あり）

❸ ヨードホルム反応

アセトン CH₃COCH₃ にヨウ素 I₂ と NaOH 水溶液を加えて温めると，特異臭のあるヨードホルム CHI₃ の黄色沈殿を生成。この反応が**ヨードホルム反応**。

CH₃−C−R(H)　または，CH₃−CH−R(H)
　　∥　　　　　　　　　　　　|
　　O　　　　　　　　　　　　OH

の構造をもつ化合物（アセトン，アセトアルデヒド，エタノール，2-プロパノールなど）でヨードホルム反応が陽性。

CH₃COCH₃ + 3I₂ + 4NaOH
　⟶ CH₃COONa + CHI₃↓ + 3NaI + 3H₂O

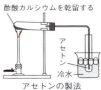
アセトンの製法

ヨードホルム反応

確認&チェック

1 次のアルコールは第何級アルコールに分類されるか。また,各アルコールの名称も答えよ。

(1) $CH_3-CH_2-CH_2-OH$

(2) $CH_3-CH-CH_3$
       $|$
       OH

(3) $CH_3-\overset{\overset{\displaystyle CH_3}{|}}{\underset{\underset{\displaystyle OH}{|}}{C}}-CH_3$

2 次の反応で生成する有機化合物の名称を答えよ。
(1) エタノールを金属ナトリウムと反応させた。
(2) エタノールと濃硫酸を約130℃に加熱した。
(3) エタノールと濃硫酸を約170℃に加熱した。
(4) 第二級アルコールを硫酸酸性の $K_2Cr_2O_7$ で酸化した。

3 次の記述のうち,ジエチルエーテル $C_2H_5OC_2H_5$ に当てはまるものを記号で選べ。
(1) 金属Naと反応する。 (2) 金属Naと反応しない。
(3) 常温で気体である。 (4) 常温で液体である。
(5) 水に可溶である。 (6) 水に難溶である。

4 次の文の ☐ に適当な語句を入れよ。

アルデヒドは,酸化されてカルボン酸に変化しやすい。つまり,① ☐ 性をもつ化合物である。

ホルムアルデヒドの水溶液をアンモニア性硝酸銀溶液に加えて温めると,試験管の内壁に② ☐ が析出する。この反応を③ ☐ という。

ホルムアルデヒドの水溶液をフェーリング液に加えて加熱すると,④ ☐ (Cu_2O) の⑤ ☐ 色の沈殿を生じる。この反応をフェーリング液の還元という。

アセトンにヨウ素 I_2 と NaOH 水溶液を加えて温めると,特異臭のある黄色沈殿を生成した。この反応を⑥ ☐ という。

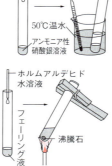

解答

1
(1) 第一級アルコール
  1-プロパノール
(2) 第二級アルコール
  2-プロパノール
(3) 第三級アルコール
  2-メチル-2-プロパノール
→ p.266 ①

2
(1) ナトリウムエトキシド
(2) ジエチルエーテル
(3) エチレン
(4) ケトン
→ p.266 ①

3 (2), (4), (6)
→ p.267 ②

4
① 還元
② 銀
③ 銀鏡反応
④ 酸化銅(Ⅰ)
⑤ 赤
⑥ ヨードホルム反応
→ p.267 ③

268 第6編 有機化合物の性質と利用

例題 119　エタノールの反応

次の文の □ に適当な語句を入れよ。
エタノールに金属ナトリウムを加えると，水素を発生して，①□ を生じる。エタノールを二クロム酸カリウムの硫酸酸性溶液によって穏やかに酸化すると②□ になり，さらに，②を酸化すると③□ を生成する。また，エタノールに濃硫酸を加えて約130℃に加熱すると④□ を生じ，約170℃に加熱すると⑤□ を生成する。

考え方　工業用のエタノールは，エチレンを原料としてリン酸を触媒に用いた水の付加反応でつくられる。

$CH_2 = CH_2 + H_2O \longrightarrow CH_3CH_2OH$

飲料用のエタノールは，デンプンを原料としたグルコースのアルコール発酵でつくられる。

$C_6H_{12}O_6 \longrightarrow 2C_2H_5OH + 2CO_2$

アルコールは金属 Na と置換反応を行う。

$2C_2H_5OH + 2Na \longrightarrow 2C_2H_5ONa + H_2$
　　　　　　　　　　　　ナトリウムエトキシド(塩)

この反応は，$-OH$ の検出に用いられる。
エタノールを $K_2Cr_2O_7$(酸化剤)で穏やかに酸化するとアセトアルデヒド CH_3CHO を生じ，さらに酸化すると酢酸 CH_3COOH になる。

（$KMnO_4$ や HNO_3 などの酸化剤を使うと，エタノールは一気に酢酸まで酸化される。）

エタノールの濃硫酸による脱水反応では，
(i) 130～140℃では，主に**分子間脱水**が起こり，**ジエチルエーテル**が生成する。
(ii) 160～170℃では，主に**分子内脱水**が起こり，**エチレン**が生成する。

解答　① ナトリウムエトキシド
② アセトアルデヒド　③ 酢酸
④ ジエチルエーテル　⑤ エチレン

例題 120　エタノール

エタノールに関して述べた次の(ア)～(エ)のうち，誤っているものをすべて選べ。
(ア) エタノールを濃硫酸とともに 130～140℃に加熱すると，エチレンが生成する。
(イ) エタノールにヨウ素と水酸化ナトリウム水溶液を加えて加熱すると，黄色のヨードホルムの沈殿が生成する。
(ウ) エタノールは疎水性を示すエチル基をもつが，水と任意の割合に溶けあう。
(エ) エタノールのヒドロキシ基の水素原子は，水素イオンとして電離するので，その水溶液は弱い酸性を示す。

考え方　(ア) エタノールの濃硫酸による脱水反応では，温度によって生成物の種類が変わることに留意する。
130～140℃では**ジエチルエーテル**が生成し，160～170℃では**エチレン**が生成する。
(イ) エタノールは，$CH_3CH(OH)-$ の部分構造をもつので，ヨウ素と水酸化ナトリウム水溶液とともに加熱すると，ヨードホルム CHI_3 の黄色沈殿が生成する。この反応を，**ヨードホルム反応**という。
(ウ) 低級アルコール($C_1 \sim C_3$)は，親水基のヒドロキシ基$-OH$ の存在によって，水とは無制限に溶けあう。
(エ) アルコールのヒドロキシ基の電離度は水よりもかなり小さく，中性の物質である。

解答　(ア), (エ)

例題 121 C₃H₈O の異性体 ■■

次の文で示される有機化合物 A 〜 F を，それぞれ示性式で示せ。

分子式 C_3H_8O で示される有機化合物 A，B，C がある。A と B は金属ナトリウムと反応して水素を発生するが，C は反応しない。また，硫酸酸性の二クロム酸カリウム水溶液と加熱すると，A からは D が，B からは E が得られる。D は，フェーリング液を還元して赤色沈殿を生じたが，E は生成しなかった。D をさらに酸化すると F を生じたが，E はこれ以上酸化されなかった。

考え方 分子式 C_3H_8O は，一般式 $C_nH_{2n+2}O$ に該当するので，アルコールかエーテル。

(i)
$CH_3-CH_2-CH_2-OH$
1-プロパノール

(ii)
$\overset{\displaystyle OH}{\underset{|}{CH_3-CH-CH_3}}$
2-プロパノール

(iii)
$CH_3-O-CH_2-CH_3$
エチルメチルエーテル

アルコールは Na と反応して H_2 を発生するが，エーテルは Na とは反応しない。よって，C はエーテルの(iii)である。

第一級アルコールを酸化すると，還元性を示すアルデヒドを生成する。よって，A は第一級アルコールの(i)である。

$CH_3CH_2CH_2OH$
A 1-プロパノール
$\xrightarrow{(O)} CH_3CH_2CHO \xrightarrow{(O)} CH_3CH_2COOH$
D プロピオンアルデヒド   F プロピオン酸

第二級アルコールを酸化すると，還元性を示さないケトンを生成する。よって，B は第二級アルコールの(ii)である。

$CH_3CH(OH)CH_3 \xrightarrow{(O)} CH_3COCH_3$
B 2-プロパノール   E アセトン

解答 A：$CH_3(CH_2)_2OH$ B：$CH_3CH(OH)CH_3$
C：$CH_3OCH_2CH_3$ D：CH_3CH_2CHO
E：CH_3COCH_3 F：CH_3CH_2COOH

例題 122 脂肪族化合物の性質 ■■

次の(1)〜(5)の性質に当てはまる化合物を，下の(ア)〜(オ)からすべて選べ。

(1) アンモニア性硝酸銀溶液を加えて温めると，銀が析出する。
(2) 水によく溶け，その水溶液は酸性を示す。
(3) 金属ナトリウムと反応して，水素を発生する。
(4) 水に溶けにくく，引火性のある揮発性の物質で，麻酔性がある。
(5) ヨウ素と水酸化ナトリウム水溶液を加えて温めると，黄色沈殿が生成する。

(ア) エタノール (イ) アセトアルデヒド (ウ) 酢酸
(エ) アセトン (オ) ジエチルエーテル

考え方 親水基の $-OH$，$-COOH$，$-CHO$，$-NH_2$ などをもち，炭素数の少ない低級の有機化合物は，水に可溶である。

(1) アルデヒド(ホルミル)基をもつ化合物は還元性を示し，銀鏡反応が陽性である。
(2) カルボキシ基 $-COOH$ をもつ化合物は，弱酸性を示す。
(3) ヒドロキシ基 $-OH$ をもつ化合物は，金属 Na と反応し，水素を発生する。ただし，ア

ルコールだけでなく，カルボン酸にも $-OH$ があり，激しく Na と反応する。
(4) 水に溶けにくく，引火性，揮発性，麻酔性をもつ物質は，ジエチルエーテルである。
(5) CH_3CO-R(または H)，$CH_3CH(OH)$ $-R$(または H)の部分構造をもつ化合物は，ヨードホルム反応を示す。

解答 (1)…(イ) (2)…(ウ) (3)…(ア)，(ウ)
(4)…(オ) (5)…(ア)，(イ)，(エ)

270　第6編　有機化合物の性質と利用

標準問題

必は重要な必須問題。時間のないときはここから取り組む。

必 367 □□ ◀エタノールの反応▶ 下図は，エタノールを中心とした反応系統図である。下の問いに答えよ。ただし，図中の→の矢印は，その先にある物質を生成する化学反応を表す矢印である。

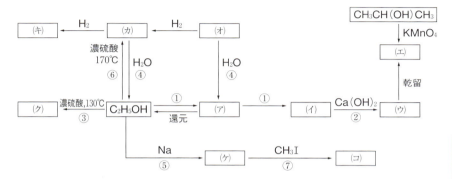

(1) 図中の□□に適当な有機化合物の示性式を入れよ。
(2) ①〜⑤に最も適する反応名を，次の(ア)〜(カ)から選べ。
　(ア) 酸化　(イ) 中和　(ウ) 還元　(エ) 縮合　(オ) 置換　(カ) 付加
(3) ③，⑥，⑦の反応を化学反応式で示せ。
(4) 一般式 $C_nH_{2n+1}OH$ で表される飽和1価アルコール A 3.70 g に，十分量のナトリウムを加えると，標準状態で 0.560 L の水素が発生した。考えられるアルコール A の示性式をすべて示せ。（原子量は H = 1.0, C = 12, O = 16, Na = 23）

368 □□ ◀ホルムアルデヒドの生成▶ 次の文の□□に適当な語句を入れよ。

らせん状に巻いた銅線を赤熱してから空気に触れさせて表面を黒色の①□□にし，熱いうちにメタノール蒸気に触れさせる。この操作を数回繰り返すと，刺激臭をもつ②□□が発生する。

②の水溶液にフェーリング液を加えて煮沸すると，③□□の赤色沈殿を生じる。

また，②の水溶液にアンモニア性硝酸銀溶液を加えて温めると，銀イオンが還元されて銀が析出する。この反応を④□□という。

④では，銀のほかに②が酸化されて⑤□□という化合物も生成する。⑤は一般のカルボン酸とは異なり，⑥□□基をもつために還元性を示す。

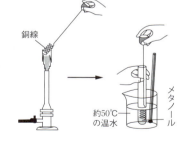

369 □□ ◀ジエチルエーテルの生成▶ 次の文を読み，あとの問いに答えよ。

下図の装置で，濃硫酸を130℃に加熱しながらエタノールを徐々に加えて反応させたところ，化合物A，BおよびCの混合物が留出した。この留出液に酸化カルシウムを加えると，Aだけがすべて反応し，除去された。

次に，この混合物を100℃以下で蒸留後，留出液に金属ナトリウムを加えると，Bだけが気体を発生しながら反応した。また，この留出液を再び蒸留すると，純粋なCが留出した。

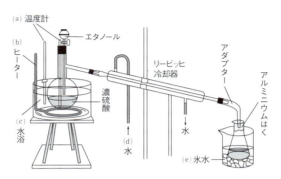

(1) 図中の(a)〜(e)のうち，不適切な点があるものをすべて記号で答えよ。
(2) Aの化学式とB，Cの示性式を示せ。
(3) BとCに関する次の文を読み，正しいものを2つ選べ。
　(ア) CはBより沸点が低く，その蒸気は空気より重い。
　(イ) BとCはともに水と任意の割合で溶けあう。
　(ウ) 酸化剤によって，Bは酸化されるが，Cは酸化されにくい。
　(エ) Cに水酸化ナトリウム水溶液を加えて加熱すると，Bを生じる。

370 □□ ◀ $C_4H_{10}O$ の異性体▶ 次の文を読み，あとの問いに答えよ。

分子式 $C_4H_{10}O$ でヒドロキシ基をもつ化合物は，A，B，C，Dの4種類の構造異性体が存在する。A，Bを銅を触媒として酸化すると，それぞれE，Fが生じる。

E，Fはアンモニア性硝酸銀溶液を還元して銀を析出する。また，Aの沸点はBよりも高く，Cには鏡像異性体が存在する。このCを酸化するとGを生成する。また，Dは4種類の構造異性体A，B，C，Dの中で，最も酸化されにくい。

(1) 化合物A〜Dの構造式をそれぞれ示せ。
(2) 化合物Aの沸点は同じ分子量をもつアルカンに比べて高い。その理由を述べよ。
(3) 化合物A〜Gのうち，ヨードホルム反応が陽性であるものをすべて選べ。
(4) 分子式 $C_4H_{10}O$ で表される化合物のうち，金属ナトリウムと反応しないものをすべて示性式で示せ。

371 □□ ◀カルボニル化合物▶　分子式が $C_5H_{10}O$ で示されるカルボニル化合物について，次の問いに答えよ。
(1)　(a)アルデヒド，(b)ケトンの構造異性体は，それぞれ何種類ずつあるか。
(2)　(a)のうち，鏡像異性体が存在するものの構造式を示せ。
(3)　(b)のうち，ヨードホルム反応を示すものの構造式を示せ。
(4)　1-ペンタノールを酸化して得られる2種類の化合物を，それぞれ構造式で示せ。

発展問題

372 □□ ◀ C_3H_6O の異性体▶　次の文を読み，下の問いに答えよ。
(a)　有機化合物 A，B，C，D はいずれも分子式が C_3H_6O の鎖式化合物である。
(b)　A と B は臭素水を脱色する。また，ニッケル触媒を用いて水素化反応を行うと，A からは E が生成し，B からは F が生成した。E と F はともに分子量は同じであるが，E の沸点は分子間で水素結合を形成するために F の沸点より高かった。
(c)　C は二クロム酸カリウムの希硫酸溶液で容易に酸化され，カルボン酸 G となった。また，E を酸化すると C を経て G を生成した。
(d)　D は酸化を受けなかったが，ヨウ素と水酸化ナトリウム水溶液を加えて温めたところ，特有の臭いのある黄色結晶が析出した。
(1)　化合物 A，B，C，D の構造式を書け。
(2)　分子式 C_3H_6O の環式化合物について，考えられる異性体は全部で何種類あるか。

373 □□ ◀ $C_5H_{12}O$ の異性体▶　分子式が $C_5H_{12}O$ の化合物 A，B，C，D，E，F，G，H がある。化合物 A〜H について述べた文(a)〜(g)を読み，下の問いに答えよ。
(a)　A〜H は，いずれも金属ナトリウムと反応して水素を発生した。
(b)　A〜H を二クロム酸カリウムの硫酸酸性溶液を用いて酸化すると，A〜D は銀鏡反応が陽性な化合物へ酸化され，E〜G は銀鏡反応が陰性な化合物へと酸化された。しかし，H はこの条件では酸化されなかった。
(c)　E，G は，ヨウ素と水酸化ナトリウム水溶液と加熱すると，黄色沈殿を生成した。
(d)　B，E，G には鏡像異性体が存在する。
(e)　濃硫酸を用いた脱水反応により，G から生じるアルケンにはシス-トランス異性体は存在しなかった。
(f)　D に対して濃硫酸を用いた脱水反応を行っても，アルケンは生成しなかった。
(g)　A と F をそれぞれ濃硫酸で脱水して得られるアルケンに水素を付加すると，いずれも同一の生成物が得られた。
(1)　化合物 A〜H の構造式をそれぞれ示せ。
(2)　分子式 $C_5H_{12}O$ をもつ有機化合物のうち，金属ナトリウムと反応しない異性体は全部で何種類あるか。

30　アルコールとカルボニル化合物　**273**

31 カルボン酸・エステルと油脂

1 カルボン酸

①カルボン酸 カルボキシ基 －COOH をもつ化合物。R－COOH
鎖式の炭化水素基をもつ1価カルボン酸を，特に脂肪酸という。

	1価カルボン酸(－COOH 1つ)	2価カルボン酸(－COOH 2つ)
飽和カルボン酸 (C＝C 結合なし)	CH_3COOH　C_2H_5COOH 酢酸　　　プロピオン酸	$(COOH)_2$　シュウ酸　還元性あり $(CH_2-COOH)_2$　コハク酸
不飽和カルボン酸 (C＝C 結合あり)	H\C＝C/H　　H\C＝C/CH₃ H/　　\COOH　H/　　\COOH アクリル酸　　　メタクリル酸	H\C＝C/H　　H\C＝C/COOH COOH　COOH　COOH　H マレイン酸(シス形)　フマル酸(トランス形) 脱水しやすい。　　脱水しにくい。

(性質)・低級カルボン酸は，刺激臭のある無色の液体。(高級になると固体)
・低級カルボン酸は水によく溶け，弱酸性を示す。(高級になると水に不溶)
・炭酸より強い酸で，炭酸塩，炭酸水素塩を分解し CO_2 を発生(－COOHの検出)。

②主なカルボン酸

ギ酸 HCOOH	脂肪酸の中では最も強い酸性。 アルデヒド基をもち，還元性あり。	アルデヒド基　　　　　　　　カルボキシ基 (ホルミル基)　H－C－OH 　　　　　　　　‖ 　　　　　　　　O
酢酸 CH_3COOH	純粋なものは，冬期に氷結するので，氷酢酸(融点17℃)ともいう。 脱水縮合すると，無水酢酸(酸無水物)を生成する。(酸無水物は，加水分解すると，もとの酸に戻る。) $2CH_3COOH \longrightarrow (CH_3CO)_2O + H_2O$	
乳酸 $CH_3\overset{*}{C}HCOOH$ | OH $(C_3H_6O_3)$	－OH をもつカルボン酸をヒドロキシ酸という。 不斉炭素原子 C*(4個の異なる原子(団)と結合した炭素原子)をもつ化合物には，1対の鏡像異性体(光学異性体)が存在する。	HOOC　　鏡　　COOH 　＼　　｜　　／ 　　C　　｜　　C H₃C／｜＼H　H／｜＼CH₃ 　　OH　　　　OH 乳酸の鏡像異性体

2 エステル

①エステル カルボン酸とアルコールの混合物に，濃硫酸(触媒)を加えて加熱すると，脱水縮合(エステル化)が起こり，エステルが生成する。

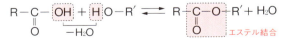

氷酢酸
エタノール
H_2SO_4(少量)
沸騰石　温湯

酢酸エチル
水

酢酸エチル(エステル)の合成

(性質)・水に難溶。低級のエステルは芳香のある液体。
・構造異性体であるカルボン酸よりも沸点が低い(水素結合が形成されないため)。

274　第6編　有機化合物の性質と利用

❷**無機酸エステル** オキソ酸（硫酸，硝酸など）もアルコールとエステルをつくる。

例 $C_3H_5(OH)_3 + 3HNO_3 \longrightarrow C_3H_5(ONO_2)_3 + 3H_2O$
　　　グリセリン　　　　　　　　　　ニトログリセリン（硝酸エステル。ニトロ化合物ではない）

❸**エステルの加水分解** エステルに希酸（触媒）を加えて加熱すると，酸とアルコールに加水分解する。一方，塩基を用いたエステルの加水分解を**けん化**という。

$R-COO-R' + NaOH \xrightarrow{けん化} R-COONa + R'-OH$
　　　　　　　　　　　　　　　　（カルボン酸塩）　（アルコール）

3 油脂

❶**油脂** 高級脂肪酸とグリセリン（3価アルコール）とのエステル。

（構造）
$CH_2-OCO-R_1$
$CH-OCO-R_2$
$CH_2-OCO-R_3$
（R_1, R_2, R_3は炭化水素基）

飽和脂肪酸	不飽和脂肪酸
$C_{15}H_{31}COOH$ パルミチン酸	$C_{17}H_{33}COOH$ (1)オレイン酸
	$C_{17}H_{31}COOH$ (2)リノール酸
$C_{17}H_{35}COOH$ ステアリン酸	$C_{17}H_{29}COOH$ (3)リノレン酸

油脂を構成する主な高級脂肪酸　（C=C結合の数）

（分類）
脂肪（常温で固体）　飽和脂肪酸が多い。　　　　　　　　　　例 アマニ油
脂肪油（常温で液体）┬**乾性油**（不飽和脂肪酸が多い，空気中で固化しやすい）
　　　　　　　　　　└**不乾性油**（不飽和脂肪酸が少ない，空気中で固化しにくい）
　　　　　　　　　　　　　　　　　　　　　　　　　　　　　　└例 オリーブ油

※脂肪油に Ni 触媒を用いて H_2 を付加させ，固体状にした油脂を**硬化油**という。

4 セッケンと合成洗剤

❶**セッケン** 高級脂肪酸のアルカリ金属の塩。油脂のけん化でつくる。

$C_3H_5(OCOR)_3 + 3NaOH \longrightarrow 3RCOONa（セッケン） + C_3H_5(OH)_3$

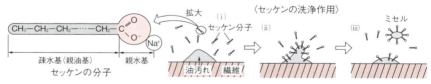

〈セッケンの洗浄作用〉

(ⅰ)油をセッケン水に入れて振り混ぜると，(ⅱ)セッケン分子は疎水基を油滴側に向けて取り囲み，(ⅲ)のような安定なコロイド粒子（**ミセル**）として，水溶液中に分散させる（**乳化作用**）。

❷**合成洗剤** 高級アルコールの硫酸エステル塩など。セッケンよりも洗浄力が大きい。

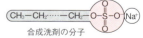

合成洗剤の分子

洗剤	化学式	水溶液	強酸を加える	硬水（Ca^{2+}, Mg^{2+}を含む水）中
セッケン	$R-COO^-Na^+$	弱塩基性	$R-COOH$ が遊離（洗浄力を失う）	沈殿を生じ，洗浄力低下
合成洗剤	$R-O-SO_3^-Na^+$ $R-⌬-SO_3^-Na^+$	中性	変化なし	沈殿せず，洗浄力は変化なし

確認&チェック

1 次の有機化合物の名称をそれぞれ記せ。
(1) HCOOH　(2) CH₃COOH　(3) (COOH)₂
(4) CH₃CO\\O / CH₃CO/
(5) H\\C=C/H / HOOC   COOH
(6) H\\C=C/COOH / HOOC   H

2 次の性質をもつ有機化合物を下から記号で選べ。
(1) 還元性をもつ1価カルボン酸
(2) 還元性をもつ2価カルボン酸
(3) 酢酸2分子が脱水縮合してできた物質
(4) 水を含まない純粋な酢酸
(5) 分子式 $C_3H_6O_3$ で不斉炭素原子をもつヒドロキシ酸
　(ア) 氷酢酸　(イ) 無水酢酸　(ウ) 乳酸
　(エ) ギ酸　(オ) シュウ酸　(カ) プロピオン酸

3 右図のように，エタノールと氷酢酸の混合物に少量の濃硫酸を加えて温めたら，果実臭のある物質Aが生成した。
(1) 物質Aの示性式と名称を記せ。
(2) この反応名を何というか。
(3) 濃硫酸の役割を答えよ。
(4) 反応生成物に冷水を加えた。物質Aは上層，下層どちらに分離されるか。

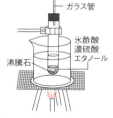

4 次の文の□に適当な語句を入れよ。
油脂は高級脂肪酸と¹□とのエステルであり，常温で固体のものを²□，液体のものを³□という。アマニ油のように，空気中で固化しやすい油脂を⁴□，オリーブ油のように，空気中で固化しにくい油脂を⁵□という。

5 次の文の□に適語を入れ，｛｝から適当な記号を選べ。
セッケン水に油を加えて振り混ぜると，油滴は¹□というコロイド粒子となり水中に分散する。この現象をセッケンの²□作用という。
セッケンの水溶液は³｛(ア) 中性　(イ) 弱塩基性｝を示す。

解答

1 (1) ギ酸　(2) 酢酸
(3) シュウ酸
(4) 無水酢酸
(5) マレイン酸
(6) フマル酸
→ p.274 ①

2 (1) (エ)
(2) (オ)
(3) (イ)
(4) (ア)
(5) (ウ)
→ p.274 ①

3 (1) CH₃COOC₂H₅
　　酢酸エチル
(2) エステル化
　　(脱水縮合)
(3) 触媒
(4) 上層
　→エステルは水に溶けにくく，水よりも軽い物質である。
→ p.274 ②

4 ① グリセリン
② 脂肪
③ 脂肪油
④ 乾性油
⑤ 不乾性油
→ p.275 ③

5 ① ミセル
② 乳化
③ (イ)
→ p.275 ④

276　第6編　有機化合物の性質と利用

例題 123　カルボン酸　■■□

次の記述に当てはまる A 〜 E の物質を，下から記号で選べ。
(1)　A，B，C は脂肪酸で，A は還元性を示すが，B，C は還元性を示さない。
　　C は分子中にヒドロキシ基をもち，1 対の鏡像異性体をもつ。
(2)　D，E は 2 価カルボン酸で，互いにシス - トランス異性体である。加熱すると，
　　D は容易に酸無水物に変化するが，E は酸無水物に変化しにくい。

$$\begin{bmatrix} (ア)\ \ フマル酸 & (イ)\ \ シュウ酸 & (ウ)\ \ ギ酸 \\ (エ)\ \ マレイン酸 & (オ)\ \ 酢酸 & (カ)\ \ 乳酸 \end{bmatrix}$$

考え方　(ア)〜(カ)の示性式，構造式は次の通り。

(ア)
$$\underset{HOOC}{\overset{H}{\diagdown}}C=C\underset{H}{\overset{COOH}{\diagup}}$$

(イ)
$$\begin{matrix} COOH \\ | \\ COOH \end{matrix}$$

(ウ)　$HCOOH$

(エ)
$$\underset{HOOC}{\overset{H}{\diagdown}}C=C\underset{COOH}{\overset{H}{\diagup}}$$

(オ)　CH_3COOH

(カ)
$$CH_3-\overset{*}{C}H-COOH$$
$$\quad\quad\ |$$
$$\quad\quad OH$$

(1)　ギ酸 $HCOOH$ もシュウ酸 $(COOH)_2$ も還元性を示すが，脂肪酸（鎖式 1 価カルボン酸）に該当するのは，ギ酸である（→ A）。分子中にヒドロキシ基 $-OH$ をもつカルボン酸をヒドロキシ酸といい，乳酸が該当する（→ C）。また，乳酸は不斉炭素原子 * をもつので，1 対の鏡像異性体をもつ。したがって，脂肪酸 B は酢酸である。

(2)　分子式 $C_4H_4O_4$ のマレイン酸とフマル酸は互いにシス - トランス異性体の関係にある。シス形のマレイン酸は $-COOH$ どうしが近い位置にあり，加熱すると約 160℃ で脱水して無水マレイン酸（酸無水物）になる（→ D）。トランス形のフマル酸は $-COOH$ どうしが離れた位置にあり，脱水しにくい（→ E）。

解答　A：(ウ)　B：(オ)　C：(カ)　D：(エ)　E：(ア)

例題 124　エステルの構造決定　■■□

分子式 $C_3H_6O_2$ をもつエステル A，B を水酸化ナトリウム水溶液とともに加熱すると，A からは C の塩と D が，B からは E の塩と F がそれぞれ得られた。C は銀鏡反応を示したが，E は示さなかった。また，D を酸化すると，E が生成した。これより，エステル A，B の示性式をそれぞれ答えよ。

考え方　エステルは，NaOH 水溶液と温めると加水分解され，カルボン酸 Na（塩）とアルコールを生じる。この反応をけん化という。
　エステルは $R-COO-R'$ で表されるから，分子式 $C_3H_6O_2$ から $-COO-$ を引くと，$R+R'=C_2H_6$ が得られる。これを R と R' にふり分ければ，エステルの示性式が下のように得られる。

	R	R'	示性式	名称
(i)	$H-$	C_2H_5-	$H-COO-C_2H_5$	ギ酸エチル
(ii)	CH_3-	CH_3-	$CH_3-COO-CH_3$	酢酸メチル

注）アルコール側の $R'=H$ のときは，エステルではなく，カルボン酸であることに注意する。
　エステル A の加水分解生成物のカルボン酸 C は，還元性を示すのでギ酸である。
　∴　A は(i)のギ酸エチル $HCOOC_2H_5$
　エステル A の加水分解生成物 D はエタノール，これを酸化すると，酢酸 E が生成する。
　∴　B は(ii)の酢酸メチル CH_3COOCH_3
　エステル B は加水分解されて，酢酸 E の塩とメタノール F が生成する。

解答　A：$HCOOC_2H_5$　B：CH_3COOCH_3

31　カルボン酸・エステルと油脂　277

例題 125　エステルの合成・加水分解

次の実験について，下の問いに答えよ。

試験管に⒜氷酢酸 2mL とエタノール 3mL を入れ，よく振って混合したのち，少量の①濃硫酸と沸騰石を入れて，右図のように水浴でしばらく加熱した。反応後，試験管を放冷してから，約 10mL の②冷水を加えてよく混合して静置すると，内容物は上下二層に分かれ，上層は甘い果実のような香りがした。

⒝上層の液体約 1mL を試験管にとり，3mol/L の水酸化ナトリウム水溶液 5mL を加え，ゴム栓をして激しく振り混ぜたところ，内容物は一層となった。冷却後，③希塩酸を加えて酸性にしたところ，酢酸の刺激臭がした。

(1) 下線部⒜，⒝の変化を，化学反応式で示せ。
(2) 上図のガラス管は，どんな役割をしているのか述べよ。
(3) 波線部①で，濃硫酸を加えた理由を述べよ。
(4) 波線部②で，冷水を加えた理由を述べよ。
(5) 波線部③の現象が起こった理由を述べよ。

⒜の反応

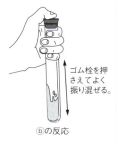
⒝の反応

考え方　(1) 氷酢酸(純粋な酢酸)とエタノールの混合物に，触媒として少量の濃硫酸を加えて加熱すると，脱水縮合が起こり，酢酸エチルと水を生じる。
　この反応を**エステル化**という。

⒜ $CH_3CO\underline{-OH}+\underline{H}-O-C_2H_5$
　　　　　　$\overset{-H_2O}{\rightleftarrows}$ $CH_3COOC_2H_5 + H_2O$

　一方，酢酸エチルに希塩酸を加えて加熱すると，上式の逆反応(**エステルの加水分解**)が起こる。とくに，エステルの塩基による加水分解を**けん化**という。

⒝ $CH_3COOC_2H_5 + NaOH$
　　　　　　$\longrightarrow CH_3COONa + C_2H_5OH$

(2) 試験管やフラスコで揮発性の有機化合物を加熱する際，内容物が蒸発して失われないように，**還流冷却器**(ガラス管，リービッヒ冷却器など)を取りつける。

(3) エステル化の反応速度はそれほど大きくないので，反応速度を大きくするための**触媒**として，濃硫酸を使用する。

(4) エステル化は代表的な可逆反応で，反応は完全には進行せず，生成物のエステルと水の他に，未反応の酢酸やエタノールの混合物が得られる。ここへ冷水を多量に加えると，反応溶液から，水に溶けやすい酢酸とエタノールが下の水層に移るので，結局，水に溶けにくく水より軽いエステルは上層に分離されることになる。

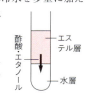

(5) $\underset{(弱酸の塩)}{CH_3COONa} + \underset{(強酸)}{HCl}$
　　　　　　$\longrightarrow \underset{(弱酸)}{CH_3COOH} + \underset{(強酸の塩)}{NaCl}$

解答　(1) 考え方を参照。
(2) 試験管の内容物が蒸発して失われないようにするため。
(3) エステル化の触媒として作用させるため。
(4) 溶液中に含まれる未反応の酢酸とエタノールを水に溶かして除くため。
(5) 強酸を加えると，弱酸の塩が分解され，弱酸の酢酸が遊離したため。

例題 126 | 油脂の計算

(1) ある油脂 1.00g をけん化するのに，水酸化ナトリウム 136mg を要した。この油脂の分子量を求めよ。(式量：NaOH = 40.0)

(2) (1)の油脂 100g にヨウ素 86.3g が付加した。この油脂はただ 1 種類の脂肪酸のみからなるとして，この脂肪酸中に含まれる C＝C 結合は何個か。(I_2 = 254)

考え方 〈油脂の計算のポイント〉
① けん化に要する NaOH の物質量から，油脂の分子量が求まる。
② 付加する I_2 の物質量から，油脂の不飽和度(C＝C 結合の数)が決まる。

(1) $C_3H_5(OCOR)_3 + 3NaOH$
$\xrightarrow{けん化} C_3H_5(OH)_3 + 3RCOONa$
より，油脂 1mol のけん化には，NaOH 3mol が必要。油脂の分子量を M とすると，

$$\frac{1.00}{M} \times 3 = \frac{0.136}{40.0} \quad \therefore M \fallingdotseq 882.3 \fallingdotseq 882$$

(2) この油脂を構成する脂肪酸 1 分子のもつ C＝C 結合の数を x 個とすると，油脂 1 分子ではこの 3 倍の $3x$ 個含まれる。さらに，

$$\mathord{>}C=C\mathord{<} + I_2 \longrightarrow -\underset{\underset{I}{|}}{\overset{\overset{I}{|}}{C}}-\underset{\underset{I}{|}}{\overset{\overset{I}{|}}{C}}- \text{ より,}$$

C＝C 結合 1mol には，I_2 1mol が付加する。

$$\frac{100}{882} \times 3x = \frac{86.3}{254} \quad \therefore x \fallingdotseq 1$$

解答 (1) 882 (2) 1 個

例題 127 | セッケンの性質

次の文の ☐ に適当な語句を入れよ。
セッケンは，① ☐ 性の炭化水素基と② ☐ 性の－COONa の構造をもち，水溶液中では炭化水素基を③ ☐ 側に向けて集合し④ ☐ とよばれるコロイド粒子を形成する。また，繊維に付着した油汚れは，この④の中に取り込まれて水中に分散する。このような作用をセッケンの⑤ ☐ という。セッケンの洗浄力は Ca^{2+} や Mg^{2+} を多く含む⑥ ☐ 中では，水に不溶性の塩を生じて低下する。

考え方 セッケンは脂肪酸(RCOOH)と強塩基(NaOH)からなる塩で，R－COONa で表される。炭化水素基 R－の部分は無極性で**疎水性(親油性)**を示す。一方，－COO⁻ の部分は負電荷をもち，**親水性**を示す。

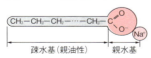

セッケン分子は，水溶液中では，疎水基を内側に向け，親水基を外側に向けて球状のコロイド粒子(ミセル)となる。

繊維に付着した油汚れは，このミセルの内部に取り込まれるようになり，水中に分散される。このような作用をセッケンの**乳化作用**という。

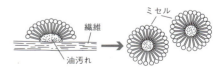

また，硬水中でセッケンを使用すると，Ca^{2+} や Mg^{2+} と水に不溶性の塩をつくり，セッケンは洗浄能力を失う。

解答 ① 疎水(親油) ② 親水 ③ 内
④ ミセル ⑤ 乳化作用 ⑥ 硬水

標準問題

374 □□ ◀酢酸の誘導体▶ 次の(a)〜(e)の反応で生成する有機化合物 A 〜 E について，下の問いに答えよ。

(a) 酢酸亜鉛を触媒として，アセチレンに酢酸を作用させると，A を生じる。
(b) 酢酸に Ca(OH)$_2$ を作用させると，B を生じる。
(c) 空気を絶って B を加熱すると，C を生じる。
(d) 酢酸に強力な脱水剤を加えて熱すると，D を生じる。
(e) 濃硫酸を触媒として，酢酸にエタノールを作用させると，E を生じる。

(1) 化合物 A 〜 E の示性式をそれぞれ示せ。
(2) (a)〜(e)の反応の名称を，次の語群から選べ。同じものを繰り返し用いてよい。
【語群】[酸化　還元　付加　置換　中和　重合　縮合　熱分解]
(3) その性質が下の①〜⑤に当てはまるものを，化合物 A 〜 E から，重複なく選べ。
① 芳香のある無色の液体で，水にもエタノールにもよく溶ける。
② エステルで，加水分解すると生成物の1つとして酢酸を生じる。
③ 付加重合して長い鎖状の高分子となる。
④ 水より重い液体で，水と徐々に反応して酢酸を生じる。
⑤ 白色の固体で，水によく溶け弱塩基性を示す。

375 □□ ◀エステルの合成実験▶ 丸底フラスコにエタノール 0.150 mol と酢酸 0.100 mol を入れ，よく混合したものに，ⓐ濃硫酸 1mL を振り混ぜて冷却しながら徐々に加えた。リービッヒ冷却器を取り付け，ⓑ水浴中で混合物を穏やかに 10 分間沸騰させた。反応液を冷やした後，ⓒ分液ろうとに移して飽和炭酸水素ナトリウム水溶液を加え，注意して振り混ぜた。下層液を流し，ⓓ残りの液を 50.0% 塩化カルシウム水溶液とよく振り混ぜた。下層液を流し，ⓔ残りの液を三角フラスコに移し，無水塩化カルシウムの固体を少量加えて一晩放置した。塩化カルシウムをろ過して除き，ろ液を蒸留して沸点 75 〜 79℃で留出する部分を集めると，エステル 5.30g が得られた。次の問いに答えよ。

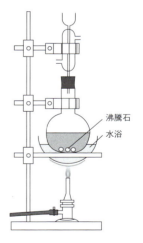

(1) 下線部ⓑの変化を化学反応式で示せ。また，この反応での濃硫酸のはたらきを述べよ。
(2) この実験でのリービッヒ冷却器のはたらきを述べよ。
(3) 下線部ⓐ，ⓒ，ⓓ，ⓔの操作を行う理由をそれぞれ述べよ。
(4) この反応の収率 [%] を小数第 1 位まで求めよ。ただし，収率とは，理論的に予想される生成物の質量に対する，実際に得られた生成物の質量の割合をいう。

必 376 □□ ◀エステルの構造決定▶　次の文を読み，化合物 A，B，C，D の構造式と化合物名をそれぞれ答えよ。

分子式 $C_4H_8O_2$ で示される 4 種類のカルボン酸エステル A，B，C，D がある。それぞれを水酸化ナトリウム水溶液を用いてけん化し，対応するカルボン酸のナトリウム塩とアルコールを得た。カルボン酸のナトリウム塩については，いずれも希硫酸を用いてカルボン酸を遊離させた後，過マンガン酸カリウム水溶液を滴下すると，A と D から得られたカルボン酸だけが赤紫色を脱色した。

一方，得られたアルコールの沸点は，相当するエステルに対して B < C < A < D の順であり，ヨードホルム反応は A と C から得られたアルコールのみ陽性であった。

377 □□ ◀セッケンと合成洗剤▶　次の文の □□ に適当な語句を入れよ。

セッケンは① □□ を水酸化ナトリウム水溶液などで② □□ して得られる高級脂肪酸のアルカリ金属塩の総称である。セッケン分子は，炭化水素基のような③ □□ 基と，イオンの部分からなる④ □□ 基の部分でできている。セッケン分子が一定濃度以上になると，③基を内側に，④基を外側に向けたコロイド粒子をつくる。これを⑤ □□ という。また，セッケン水は水よりも⑥ □□ が小さく，繊維などの細かな隙間に浸透しやすい。このような作用を示す物質を，一般に⑦ □□ という。

水と脂肪油とは混ざらないが，セッケン水に脂肪油を加えて振り混ぜると，セッケン分子は，④基を外側に，③基を油滴側に向けてとり囲み，やがて，油滴を細かく分割して水溶液中に分散させる。このような作用をセッケンの⑧ □□ といい，できたコロイド溶液を⑨ □□ という。

セッケンの水溶液は加水分解して⑩ □□ 性を示し，絹や⑪ □□ などの動物性繊維を傷めたり，Mg^{2+} や Ca^{2+} を多く含む⑫ □□ 中で使用すると，水に⑬ □□ の塩を生じ，洗浄力が低下する。一方，合成洗剤では親水基の部分が $-OSO_3Na$ や，$-SO_3Na$ のため，水溶液は⑭ □□ 性であり，⑫中で使用しても沈殿をつくらず，その洗浄力は低下しない。

必 378 □□ ◀油脂の構造▶　ある油脂 A 30.0g を完全にけん化するのに，水酸化カリウム 7.00g を要した。けん化後，塩酸を加えてエーテル抽出を行ったところ，飽和脂肪酸 B と不飽和脂肪酸 C が 2：1 の物質量比で含まれていた。また，油脂 A 100g に対して，ヨウ素 35.3g が付加した。一方，B の 0.520g をエタノールに溶かして，0.100mol/L の水酸化カリウム水溶液で中和したところ，26.0mL を要した。次の問いに答えよ。ただし，原子量は H = 1.0，C = 12，O = 16，K = 39，I = 127 とする。

(1)　油脂 A の分子量を求めよ。
(2)　脂肪酸 B，C の示性式をそれぞれ示せ。
(3)　油脂 A の可能な構造式をすべて示せ。
(4)　油脂 A 100g に完全に水素を付加するには，標準状態の水素が何 L 必要か。

31　カルボン酸・エステルと油脂　281

発展問題

379 □□ ◀カルボン酸の構造決定▶　次の文を読み，化合物 A〜E の構造式を示せ。
　リンゴに含まれるリンゴ酸 $HOOCCH(OH)CH_2COOH$ を少量の濃硫酸とともに加熱すると，分子内脱水反応が起こって，同一の分子式 $C_4H_4O_4$ で表される 3 種の化合物 A，B，C が得られた。A，B，C のそれぞれに臭素水を加えると，A，B は臭素水を脱色したが，C は脱色しなかった。また，A，B を穏やかに加熱したところ，A は分子式 $C_4H_2O_3$ の D に変化したが，B は変化しなかった。また，A，B に白金触媒を使って水素を反応させると，同一の化合物 E を生成した。

380 □□ ◀油脂の反応▶　次の文を読み，あとの問いに答えよ。
　3 種類の脂肪酸のみからなる純粋な油脂 A がある。A 1mol を加水分解すると，グリセリン 1mol と，リノレン酸，ステアリン酸，および脂肪酸 X が各 1mol ずつ生成した。また，A 1mol に白金触媒の存在下で十分量の水素を作用させると，5mol の水素を消費して固体状の油脂 B に変化した。
　次に，油脂 B 1mol に水酸化ナトリウム水溶液を加えて熱したところ，3mol のステアリン酸ナトリウムを生成した。
(1)　グリセリンに濃硫酸と濃硝酸の混合物を作用させた。生成物の名称を記せ。
(2)　油脂 B 100g を完全にけん化するのに，NaOH（式量：40）は何 g 必要か。
(3)　脂肪酸 X を示性式で示せ。
(4)　油脂 A の構造異性体として考えられるものをすべて構造式で示せ。

381 □□ ◀エステルの構造決定▶　次の文を読み，あとの問いに答えよ。
　炭素，水素，酸素からなる有機化合物 A の分子量は 228 で，その 114mg を完全燃焼させたら，二酸化炭素 264mg と，水 90.0mg を生じた。
　次に，A を水酸化ナトリウム水溶液に加えて，長時間煮沸した後，冷却した。これにエーテルを加えてよく振り，静置したら，2 層に分離した。このうち，エーテル層からはいずれも分子式が $C_4H_{10}O$ である化合物 B と C が得られた。また，水層を酸性にしたところ化合物 D が析出した。
　B と C をそれぞれ二クロム酸カリウムの硫酸酸性水溶液を用いて酸化したところ，B は酸化されて銀鏡反応が陽性の化合物を生成したが，C は酸化されなかった。また，B と C を濃硫酸で脱水すると，いずれも同一のアルケンが生成した。
　一方，D を 160℃ に加熱しても何も変化は起こらなかったが，D のシス‐トランス異性体である E を 160℃ に加熱すると，容易に脱水反応が起こった。
(1)　化合物 A の分子式を示せ。原子量は H = 1.0，C = 12，O = 16 とする。
(2)　化合物 B，C，D，E の名称と，化合物 A の構造式をそれぞれ記せ。

282　第 6 編　有機化合物の性質と利用

32 芳香族化合物①

1 芳香族炭化水素

❶ベンゼン C_6H_6 の構造 正六角形の平面状分子で、炭素原子間の結合は単結合と二重結合の中間状態にある。

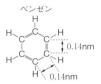

❷芳香族炭化水素 ベンゼン環をもつ炭化水素。
無色で独特の匂いをもつ液体や固体。有毒。
水に溶けにくい。

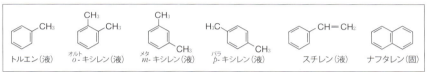

トルエン(液)　o-キシレン(液)　m-キシレン(液)　p-キシレン(液)　スチレン(液)　ナフタレン(固)

❸ベンゼンの反応

・置換反応が起こりやすい。

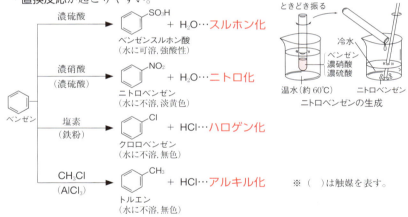

ニトロベンゼンの生成
※( )は触媒を表す。

・特別な条件下では、付加反応も起こる。

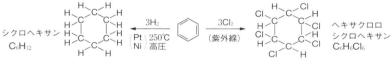

❹酸化反応 ベンゼン環は酸化されにくいが、ベンゼン環に結合した炭化水素基(側鎖)は、その炭素数に関係なく、酸化されると**カルボキシ基 -COOH** になる。

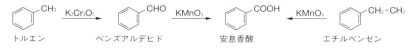

トルエン　　ベンズアルデヒド　　安息香酸　　エチルベンゼン

化　学

❷ フェノール類

❶フェノール類　ベンゼン環にヒドロキシ基 $-OH$ が直結した化合物。
　塩化鉄(Ⅲ)$FeCl_3$ 水溶液を加えると，青～赤紫色を呈する(検出)。

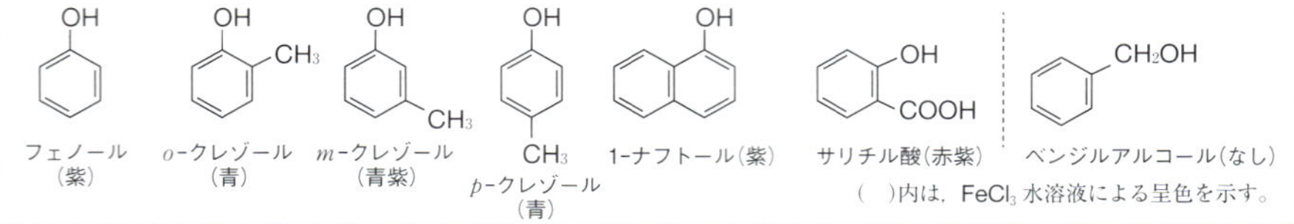

フェノール (紫)	o-クレゾール (青)	m-クレゾール (青紫)	p-クレゾール (青)	1-ナフトール(紫)	サリチル酸(赤紫)	ベンジルアルコール(なし)

( )内は，$FeCl_3$ 水溶液による呈色を示す。

❷フェノール C_6H_5OH　特有の匂いのある無色の結晶(融点41℃)。
　水に少し溶け，**弱酸性**を示す。酸の強さは，**炭酸 H_2CO_3 ＞フェノール類**である。
　NaOH 水溶液と反応し，水溶性の塩(ナトリウムフェノキシド)を生成して溶ける。

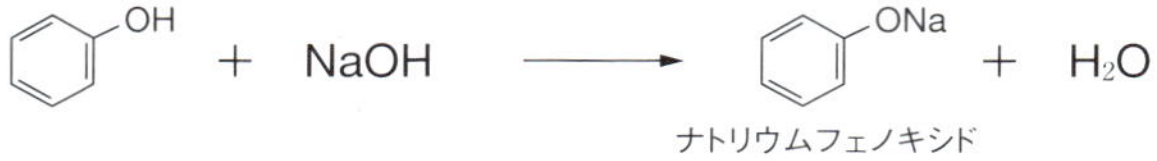

（フェノール） $+$ NaOH $\longrightarrow$ （ナトリウムフェノキシド） $+$ H_2O

・ナトリウムフェノキシドの水溶液に CO_2 を通じると，フェノールが遊離する。

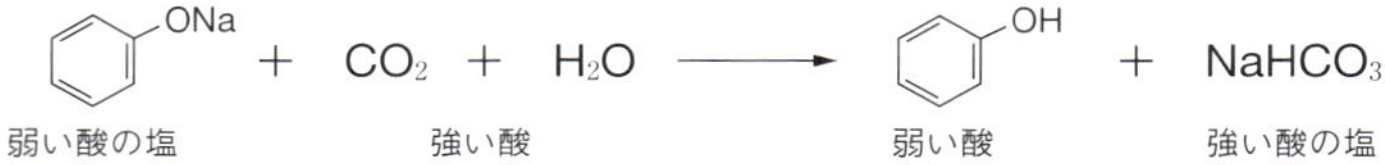

（ONa）弱い酸の塩 $+$ CO_2 $+$ H_2O $\longrightarrow$ （OH）弱い酸 $+$ $NaHCO_3$ 強い酸の塩

強い酸

・無水酢酸と反応し，エステルを生成する(酢酸とは反応しにくい)。

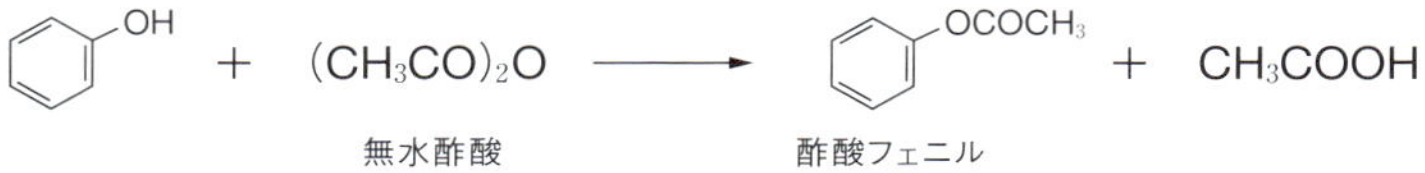

（OH） $+$ $(CH_3CO)_2O$ $\longrightarrow$ （OCOCH₃）酢酸フェニル $+$ CH_3COOH

無水酢酸

（反応）　ベンゼンよりも反応性に富み，*o-*，*p-*位で置換反応が起こりやすい。

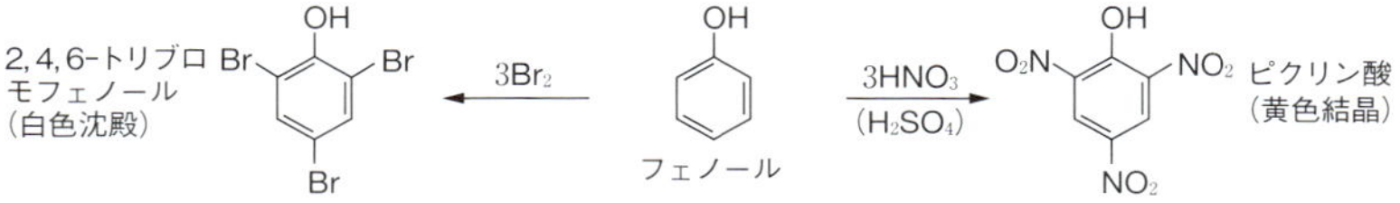

2,4,6-トリブロモフェノール (白色沈殿) $\xleftarrow{3Br_2}$ フェノール $\xrightarrow[(H_2SO_4)]{3HNO_3}$ ピクリン酸 (黄色結晶)

（製法）　(a)フェノールの工業的製法を**クメン法**という。

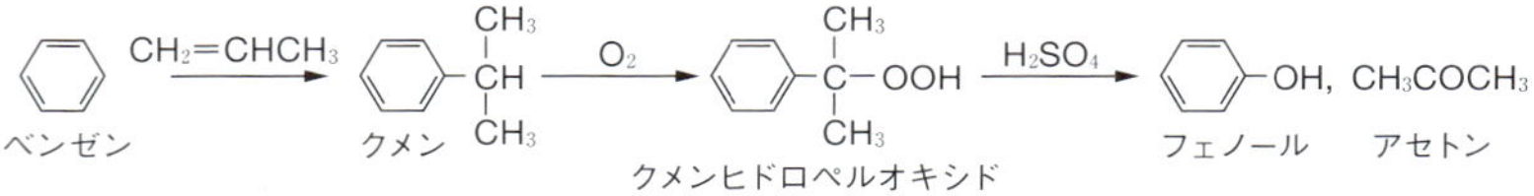

ベンゼン $\xrightarrow{CH_2=CHCH_3}$ クメン $\xrightarrow{O_2}$ クメンヒドロペルオキシド $\xrightarrow{H_2SO_4}$ フェノール，CH_3COCH_3 アセトン

(b)その他の製法

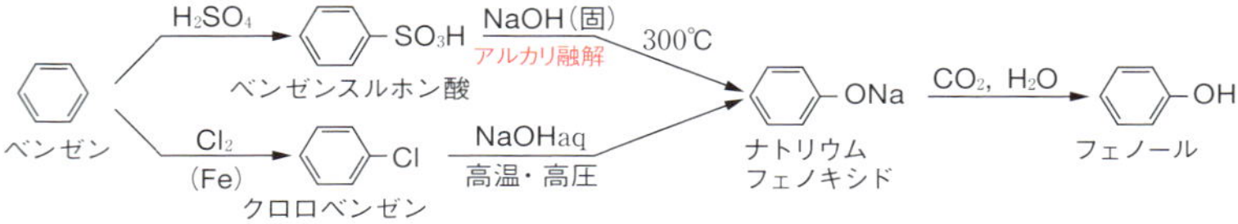

ベンゼン $\xrightarrow{H_2SO_4}$ ベンゼンスルホン酸($-SO_3H$) $\xrightarrow[アルカリ融解]{NaOH(固) \ 300℃}$ ナトリウムフェノキシド($-ONa$) $\xrightarrow{CO_2, H_2O}$ フェノール($-OH$)

ベンゼン $\xrightarrow[(Fe)]{Cl_2}$ クロロベンゼン($-Cl$) $\xrightarrow[高温・高圧]{NaOHaq}$ ナトリウムフェノキシド

284　第6編　有機化合物の性質と利用

確認＆チェック

解答

1 次の芳香族炭化水素の名称を記せ。

(1)  (ベンゼン環)

(2) 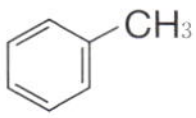 (ベンゼン環-CH₃)

(3) 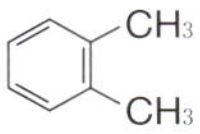 (ベンゼン環-CH₃, CH₃)

(4) 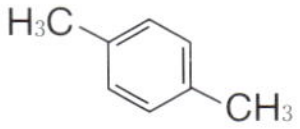 H₃C-(ベンゼン環)-CH₃

(5) 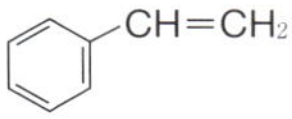 (ベンゼン環-CH=CH₂)

(6) 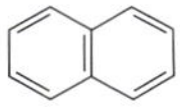 (ナフタレン構造)

2 次の芳香族化合物の名称を記せ。

(1) 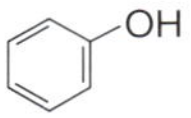 (ベンゼン環-OH)

(2) 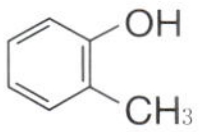 (ベンゼン環-OH, CH₃)

(3) 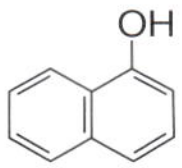 (ナフタレン-OH)

(4) 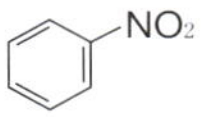 (ベンゼン環-NO₂)

(5) 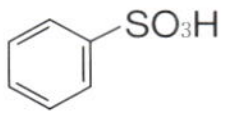 (ベンゼン環-SO₃H)

(6) 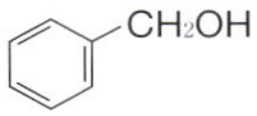 (ベンゼン環-CH₂OH)

3 次の反応で生成する有機化合物の名称を記せ。また，それぞれの反応名を下の(ア)〜(オ)から選べ。

(1) ベンゼンに濃硝酸と濃硫酸の混合物を作用させる。

(2) ベンゼンに濃硫酸を作用させる。

(3) 鉄粉を触媒として，ベンゼンに塩素を作用させる。

(4) 白金を触媒として，ベンゼンに高圧の水素を作用させる。

(5) トルエンに過マンガン酸カリウムを作用させる。

 (ア) ハロゲン化   (イ) 付加反応   (ウ) 酸化反応

 (エ) ニトロ化   (オ) スルホン化

4 次の文の□□□に適当な語句を入れよ。

ベンゼン環にヒドロキシ基が直接結合した化合物を①□□□といい，水溶液は②□□□性を示す。

例えば，フェノールは NaOH 水溶液と反応して，③□□□とよばれる水溶性の塩を生成する。③の水溶液に CO_2 を十分に通じると，④□□□が遊離する。また，フェノールに⑤□□□水溶液を加えると，紫色に呈色する。

フェノールの工業的製法を⑥□□□という。

1
(1) ベンゼン
(2) トルエン
(3) o-キシレン
(4) p-キシレン
(5) スチレン
(6) ナフタレン
→ p.283 **1**

2
(1) フェノール
(2) o-クレゾール
(3) 1-ナフトール
(4) ニトロベンゼン
(5) ベンゼンスルホン酸
(6) ベンジルアルコール
→ p.283 **1**, 284 **2**

3
(1) ニトロベンゼン, (エ)
(2) ベンゼンスルホン酸, (オ)
(3) クロロベンゼン, (ア)
(4) シクロヘキサン, (イ)
(5) 安息香酸, (ウ)
→ p.283 **1**

4
① フェノール類
② 弱酸
③ ナトリウムフェノキシド
④ フェノール
⑤ 塩化鉄(Ⅲ)
⑥ クメン法
→ p.284 **2**

6 – 32

32 芳香族化合物① 285

例題 128　芳香族化合物の性質

次の文に相当する化合物を1つずつ下から重複なく記号で選び，名称も答えよ。
(1) 水に可溶の固体で，水溶液は強い酸性を示す。
(2) 水には不溶の淡黄色の液体で，水よりも密度が大きい。
(3) 水には不溶の液体で金属Naとも反応しない。強く酸化すると安息香酸になる。
(4) 水にもNaOH水溶液にも溶けない。金属Naとは反応して水素を発生する。
(5) 水に少量しか溶けないが，NaOH水溶液にはよく溶ける。
(6) 芳香をもつ無色の液体で，容易に酸化されて安息香酸になる。

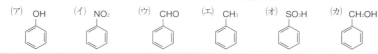

考え方
(1) スルホ基 $-SO_3H$ は電離度が大きい。ベンゼンスルホン酸 $C_6H_5SO_3H$ は水に可溶で，水溶液は強酸性を示す。
(2) 淡黄色の原因は，ニトロ基 $-NO_2$ にある。ニトロベンゼン $C_6H_5NO_2$ は水に不溶の油状の液体で，水よりも密度が大きい($1.2g/cm^3$)。
(3) トルエン $C_6H_5CH_3$ の側鎖 $-CH_3$ を強く酸化するとカルボキシ基 $-COOH$ となり，安息香酸 C_6H_5COOH を生成する。
(4) NaOH水溶液に溶けない中性物質には，(イ), (ウ), (エ), (カ)が該当するが，金属Naと反応するのは，$-OH$ をもつ(カ)だけである。
(5) NaOH水溶液に溶けるのは酸性物質の(ア), (オ)が該当するが，水に少量しか溶けないのは弱酸であるフェノール(ア)である。
(6) アルデヒド基 $-CHO$ は酸化されやすく，容易に $-COOH$ に変化する。

解答
(1)…(オ) ベンゼンスルホン酸
(2)…(イ) ニトロベンゼン
(3)…(エ) トルエン
(4)…(カ) ベンジルアルコール
(5)…(ア) フェノール
(6)…(ウ) ベンズアルデヒド

例題 129　構造異性体の数

次の各化合物のベンゼン環の水素原子1個を塩素原子で置換した場合，何種類の構造異性体が生じるか。その数を示せ。
(1) o-キシレン　　(2) m-キシレン　　(3) p-キシレン　　(4) ナフタレン

考え方　ベンゼン環は正六角形の構造なので異性体を考える際は，どこに対称面があるのかによく注意して，重複しないように数える。ベンゼンの二置換体には，オルト(o-)，メタ(m-)，パラ(p-)の3種類の構造異性体がある。

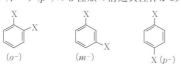

図(1)〜(4)の→はCl原子の置換位置を，----は対称面を，①，②はそれぞれ等価な炭素原子を示す。

(①位を$α$位,
②位を$β$位ともいう。)

解答　(1) 2　(2) 3　(3) 1　(4) 2

例題 130　芳香族炭化水素の特徴

次の(1)～(4)のうち，ベンゼン C_6H_6 とシクロヘキサン C_6H_{12} の両方に当てはまるときは A を，ベンゼンだけに当てはまるときは B を，シクロヘキサンだけに該当するときは C を記せ。
(1) 分子内のすべての原子が，同一平面上にある。
(2) 分子内の炭素原子間の結合距離，結合角はすべて等しい。
(3) 水素原子1個をヒドロキシ基で置換した化合物は，中性の物質である。
(4) 鉄を触媒として塩素を作用させると，置換反応が起こる。

考え方 (1) C_6H_6 は正六角形の平面状構造を，C_6H_{12} ではいす形の立体構造をとる。

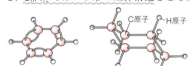

(2)

	C-C 結合距離	結合角
C_6H_6	0.140nm	120°
C_6H_{12}	0.154nm	109.5°

結合距離，結合角ともに等しい。

(3) C_6H_5OH はフェノールで**弱酸性**を示すが，$C_6H_{11}OH$ はシクロヘキサノールという芳香族のアルコールで中性物質である。
(4) C_6H_6 に鉄を触媒として塩素を作用させると，置換反応が起こりクロロベンゼンが生成する。C_6H_{12} は飽和炭化水素で，鉄触媒を用いても塩素と置換反応はしない（塩素が置換反応するには，光（紫外線）を照射する必要がある）。

解答　(1) B　(2) A　(3) C　(4) B

例題 131　フェノールの性質

次の文の□□□に適当な物質名を入れよ。
　フェノールは水に少量しか溶けないが，水酸化ナトリウム水溶液には[1]□□□となって溶ける。この水溶液に CO_2 を通じるとフェノールが遊離する。これはフェノールが[2]□□□よりも弱い酸であるためである。また，フェノールは[3]□□□水溶液によって紫色を呈し，臭素水を十分に加えると[4]□□□の白色沈殿を生じる。

考え方　フェノール類は，ごく弱い酸としての性質を示す。
① フェノールは水酸化ナトリウム水溶液と反応して，ナトリウムフェノキシドを生じ溶ける。
$C_6H_5OH + NaOH \longrightarrow C_6H_5ONa + H_2O$
② この水溶液に二酸化炭素を十分に通じると，炭酸よりも弱い酸のフェノールが遊離し，炭酸水素ナトリウム（塩）を生成する。

　　ONa　　　　　　　　　　　　OH
　　│　+ CO_2 + H_2O　⟶　　　│　　+ NaHCO_3

③ フェノール類に塩化鉄(III)水溶液を加えると青～赤紫色の呈色反応を示す。
④ フェノールは，o 位，p 位の反応性が高く置換反応しやすい。フェノールは触媒なしで臭素と置換反応し，2,4,6-トリブロモフェノールの白色沈殿を生成する（ベンゼンの臭素化には触媒が必要である）。

　　OH　　　　　　　　　OH
　　│　　　　　　　　Br─│─Br
　　│　+ 3Br_2 ⟶　　　│　　+ 3HBr
　　　　　　　　　　　　│
　　　　　　　　　　　　Br

解答　① ナトリウムフェノキシド
② 炭酸（二酸化炭素）　③ 塩化鉄(III)
④ 2,4,6-トリブロモフェノール

標準問題 必は重要な必須問題。時間のないときはここから取り組む。

必 **382** □□ ◀ベンゼンの反応▶ 次の文の[　　]に適当な語句または数値を入れよ。また，下線部ⓐ〜ⓓの反応の化学反応式をそれぞれ記せ。

ⓐベンゼンに鉄粉または塩化鉄(Ⅲ)を触媒として塩素を作用させると，¹[　　]が生成する。ⓑベンゼンに濃硫酸を加えて加熱すると²[　　]が生成する。

また，ⓒベンゼンに濃硝酸と濃硫酸の混合物を作用させると，³[　　]が生成する。ベンゼンに塩化アルミニウムを触媒としてクロロメタンを作用させると⁴[　　]が生成するが，このとき同時に，2個のメチル基が置換した⁵[　　]も生成する。

⑤には，ベンゼン環に結合する置換基の位置の違いによる⁶[　　]種類の異性体が存在し，これらは別の芳香族炭化水素である⁷[　　]と異性体の関係にある。⑦の脱水素反応により，⁸[　　]が合成され，⑧に臭素の四塩化炭素溶液を反応させると，容易に脱色が起こる。

また，ベンゼンにニッケルを触媒として水素を高温・高圧下で反応させると⁹[　　]が生成し，ⓓベンゼンに紫外線を当てながら塩素を作用させると¹⁰[　　]が生成する。

必 **383** □□ ◀エタノールとフェノール▶ 次に示す性質の中で，エタノールに関するものには E，フェノールに関するものには P，両方に関するものには○をつけよ。

(a) 金属ナトリウムと反応して，水素を発生する。
(b) 水溶液中でわずかに電離して，弱酸性を示す。
(c) 水酸化ナトリウム水溶液と中和反応し，塩をつくる。
(d) 塩化鉄(Ⅲ)水溶液を加えると，紫色に呈色する。
(e) 水と任意の割合で溶け合う。
(f) 強く酸化するとカルボン酸になる。
(g) 無水酢酸によりエステルを生成する。
(h) 濃い溶液は皮膚を激しく侵す。

必 **384** □□ ◀フェノールの製法▶ フェノールの合成の流れを図に示す。図中の A〜D に当てはまる化合物の構造式と名称を答えよ。また，(1)の工業的製法，および(2)のⓔの操作はそれぞれ何とよばれるか。

(1) 〔ベンゼン〕 —プロペン→ [A] —O_2→ 〔C_6H_5–C(CH₃)₂–O–O–H〕 —H_2SO_4→ 〔C_6H_5–OH〕 + [B]（脂肪族化合物）

(2) 〔ベンゼン〕 —H_2SO_4／中和→ [C] —NaOHaq→ 〔C_6H_5–SO_3Na〕 —NaOH／融解 (ⓔ)→ [D] —H^+→ 〔C_6H_5–OH〕

288 第6編　有機化合物の性質と利用

385 □□ ◀環式炭化水素▶ (a)シクロヘキサン，(b)シクロヘキセン，(c)ベンゼンを各1mLずつ試験管に取り，下記の実験を行った。次の問いに答えよ。

(1) 光が当たらない条件下で，(a)～(c)に臭素の四塩化炭素溶液2滴を加え振り混ぜた。反応が起こったものはどれか。また，その変化の様子について述べよ。

(2) (a)～(c)に硫酸酸性の $KMnO_4$ 水溶液2滴を加えて振り混ぜた。反応が起こったものについて，観察される変化の様子について述べよ。

(3) (a)～(c)に濃硫酸と濃硝酸の混合液1mL加えて約60℃に加熱した。反応が起こったものはどれか。また，その反応式を構造式を用いて示せ。

発展問題

386 □□ ◀芳香族炭化水素▶ 次の文を読み，下の問いに答えよ。

分子式が C_8H_{10} で表される芳香族炭化水素 A，B，C，D を $KMnO_4$ で酸化すると，A からは安息香酸が得られ，B，C，D からは分子式 $C_8H_6O_4$ の芳香族ジカルボン酸 B′，C′，D′ がそれぞれ得られた。B′ を加熱すると容易に脱水反応が起こり，分子式が $C_8H_4O_3$ の化合物 E に変化した。また，B′，C′，D′ のベンゼン環の水素原子1個を臭素原子で置換した化合物には，それぞれ2種，1種，3種の異性体が存在した。

(1) A，B，C，D，E の構造式をそれぞれ記せ。

(2) 化合物 E は，分子式 $C_{10}H_8$ の芳香族炭化水素を酸化バナジウム（Ⅴ）の触媒下で空気酸化しても得られる。この変化を構造式を用いた化学反応式で示せ。

387 □□ ◀芳香族化合物▶ 炭素，水素，酸素からなる分子量108の芳香族化合物 A～C について述べた次の(a)～(e)を読み，下の問いに答えよ。ただし，原子量は H＝1.0，C＝12，O＝16とする。

(a) A～C はどれも完全燃焼により，二酸化炭素と水を物質量比7：4で生じる。

(b) 常温で液体の A と B に，それぞれ金属 Na の小片を加えると，A は水素を発生するが，B は金属 Na と反応しない。

(c) NaOH 水溶液に対して，C はよく溶けるが，A は溶けない。

(d) A を硫酸酸性 $K_2Cr_2O_7$ 水溶液と反応させるとカルボン酸 D が得られる。この化合物 D は，トルエンを酸化しても生成する。

(e) C を無水酢酸でアセチル化した化合物を酸化した後，酸触媒を用いて加水分解すると，医薬品の原料となる物質が得られる。

(1) A，B，C を表す分子式を示せ。

(2) A，B，C，D の構造式をそれぞれ示せ。

33 芳香族化合物②

1 芳香族カルボン酸

❶ **芳香族カルボン酸** ベンゼン環の−Hを−COOHで置換した化合物。

❷ **安息香酸** C_6H_5COOH トルエンの酸化で得られる。無色の結晶。食品の防腐剤。

トルエン →(+O, 酸化)→ 安息香酸 →(C_2H_5OH, エステル化)→ 安息香酸エチル

（性質）・水に少し溶け，**弱酸性**を示す（炭酸 H_2CO_3 より強い酸）。
・炭酸水素ナトリウム水溶液に溶け，CO_2 を発生する（−COOHの検出）。

$C_6H_5COOH + NaHCO_3 \longrightarrow C_6H_5COONa + H_2O + CO_2\uparrow$

❸ **フタル酸とテレフタル酸** o-キシレンと p-キシレンの酸化で得られる。無色の結晶。

o-キシレン →(+O, 酸化)→ フタル酸 →(加熱)→ 無水フタル酸 ←(O_2, V_2O_5)← ナフタレン

p-キシレン →(+O, 酸化)→ テレフタル酸 →($HO(CH_2)_2OH$, 縮合重合)→ ポリエチレンテレフタラート(PET)

❹ **サリチル酸** 無色の結晶。フェノールとカルボン酸の両方の性質を示す。
塩化鉄(Ⅲ)水溶液で**赤紫色**を示す。

（製法）ナトリウムフェノキシドに高温・高圧下で CO_2 を作用させる。

ナトリウムフェノキシド →(CO_2, 高温・高圧)→ サリチル酸ナトリウム →(HCl)→ サリチル酸

（反応）無水酢酸(酢酸)，メタノールと反応し，2種類のエステルを生成する。

アセチルサリチル酸 ←($(CH_3CO)_2O$, アセチル化)← サリチル酸 →(CH_3OH, エステル化)→ サリチル酸メチル

名称	アセチルサリチル酸	サリチル酸	サリチル酸メチル
$FeCl_3$ aq	呈色しない	赤紫色	赤紫色
$NaHCO_3$ aq	溶解する	溶解する	溶解しない
用途	解熱鎮痛剤	医薬品の原料	消炎鎮痛剤

2 芳香族アミン

❶アニリン $C_6H_5NH_2$ ニトロベンゼンを Sn または Fe と塩酸で還元。$C_6H_5NO_2 + 6(H) \longrightarrow C_6H_5NH_2 + 2H_2O$

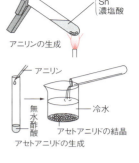

アニリンの生成

アセトアニリドの生成
アセトアニリドの結晶

(性質) (a) 水に難溶の液体,弱塩基性で塩酸に溶ける。
$C_6H_5NH_2 + HCl \longrightarrow C_6H_5NH_3Cl$ (アニリン塩酸塩)
(b) 酸化されやすい。さらし粉水溶液で赤紫色に呈色。
(c) 硫酸酸性の $K_2Cr_2O_7$ で, アニリンブラックを生成。
(d) 無水酢酸と反応し,アセトアニリドを生成する。

❷ジアゾ化 アニリンを, 低温で塩酸と亜硝酸ナトリウム $NaNO_2$ と反応させる。

*1) 塩化ベンゼンジアゾニウムは不安定な物質で,加温するとフェノールと N_2 に分解する。

❸カップリング ジアゾニウム塩をフェノール類,芳香族アミンなどと反応させる。

3 芳香族化合物の分離

一般に,芳香族化合物は極性が小さく,エーテルなどの有機溶媒に溶けやすい。そこで,酸,塩基との中和反応で水溶性の塩にすれば,他の有機化合物と分離できる。

溶媒	溶ける有機化合物
ジエチルエーテル	ほとんどの有機化合物
塩酸	アミン
$NaHCO_3$ 水溶液	カルボン酸
$NaOH$ 水溶液	カルボン酸,フェノール類

〈酸の強さ〉
塩酸,硫酸 > カルボン酸 > 炭酸 > フェノール類
(弱酸の塩) + (強酸) → (強酸の塩) + (弱酸) の関係を利用する。

〈芳香族化合物の分離の例〉

確認＆チェック

1 次の芳香族化合物の名称を答えよ。

2 サリチル酸の反応について，次の問いに答えよ。

(1) 化合物 A，B の名称を記せ。
(2) ①，②の反応名を答えよ。
(3) 塩化鉄(Ⅲ)水溶液で呈色しないのは，A，B のどちらか。
(4) 消炎鎮痛剤に用いられるのは，A，B のどちらか。
(5) $NaHCO_3$ 水溶液に溶けるのは，A，B のどちらか。

3 次の文の□に適する語句を入れよ。

アニリン $C_6H_5NH_2$ は水に難溶な液体だが，①□性の物質であり，希塩酸にはよく溶ける。また，酸化されやすく，②□水溶液を加えると赤紫色に呈色することで検出される。

アニリンを硫酸酸性の $K_2Cr_2O_7$ 水溶液で酸化すると③□とよばれる黒色物質を生成する。また，アニリンを無水酢酸と反応させると，④□とよばれる白色結晶を生成する。

4 次の文の□に適する語句を入れよ。

アニリンを，低温で塩酸と亜硝酸ナトリウム $NaNO_2$ 水溶液と反応させると，①□を生成する(右図)。この反応を②□という。また，①にナトリウムフェノキシドの水溶液を加えると，橙赤色の③□を生成する。この反応を④□という。

解答

1 (1) 安息香酸
(2) フタル酸
(3) イソフタル酸
(4) テレフタル酸
(5) サリチル酸
(6) アニリン
→ p.290 [1]，291 [2]

2 (1) A アセチルサリチル酸
B サリチル酸メチル
(2) ① アセチル化
② エステル化
(3) A
(4) B
(5) A
→ p.290 [1]，291 [2]

3 ① 塩基
② さらし粉
③ アニリンブラック
④ アセトアニリド
→ p.291 [2]

4 ① 塩化ベンゼンジアゾニウム
② ジアゾ化
③ p-ヒドロキシアゾベンゼン
(p-フェニルアゾフェノール)
④ カップリング
→ p.291 [2]

例題 132　サリチル酸の合成と反応

次の反応系統図について，下の問いに答えよ。

ONa －(CO₂, 高温・高圧)→ A －(HCl)→ (OH, COOH) －(CH₃OH, (a))→ B

(1) 化合物 A，B の構造式および，(a)の反応名を記せ。
(2) サリチル酸と無水酢酸の反応で生成する芳香族化合物の構造式と反応名を記せ。

考え方　(1) ナトリウムフェノキシドの固体に高温・高圧下で二酸化炭素を反応させると，**サリチル酸ナトリウム**(A)が生成する(コルベ・シュミットの反応)。これに強酸を加えると，**サリチル酸**が遊離する。

サリチル酸をメタノールと反応させると，そのカルボキシ基が**エステル化**(a)されて，**サリチル酸メチル**(B)が生成する。

(OH, COOH) + CH₃OH ⟶ (OH, COOCH₃) + H₂O

(2) サリチル酸を無水酢酸と反応させると，そのヒドロキシ基が**アセチル化**されて，**アセチルサリチル酸**が生成する。

(OH, COOH) + (CH₃CO)₂O ⟶ (OCOCH₃, COOH) + CH₃COOH

解答　(1) A (OH, COONa)　B (OH, COOCH₃)
(a) エステル化
(2) (OCOCH₃, COOH)　アセチル化

例題 133　芳香族化合物の分離

4 種類の芳香族化合物トルエン，アニリン，フェノール，安息香酸を溶解したエーテル溶液がある。右図の順序にしたがって，①〜③の操作を行い，各成分を分離した。

(A)〜(D)の各層にはどの化合物がどんな形で含まれているか。その構造式を示せ。

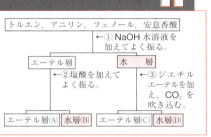

考え方　水に不溶性の芳香族化合物でも，酸，塩基と中和して塩(イオン)にすると，水に可溶となる。逆に，塩の状態からもとの分子に戻すには，(弱酸の塩)＋(強酸)→(強酸の塩)＋(弱酸)の反応を利用する。

このように，芳香族化合物の分離には，酸・塩基の強弱の違いが巧みに利用される。

〔酸の強さ〕
塩酸＞カルボン酸＞炭酸＞フェノール類

① 酸性物質のフェノール，安息香酸がともに塩をつくって水に溶け，水層へ移る。

② 塩基性物質のアニリンが塩をつくって水に溶け，水層(B)へ移る。

③ 水層に CO₂ を吹きこむと，炭酸より弱い酸であるフェノールが遊離し，エーテル層(C)へ移る。安息香酸 Na は水層(D)にとどまる。中性物質のトルエンは，酸・塩基とは塩をつくらず，エーテル層(A)に存在する。

解答　(A) (⌬-CH₃)　(B) (⌬-NH₃⁺Cl⁻)
(C) (⌬-OH)　(D) (⌬-COO⁻Na⁺)

例題 134　サリチル酸メチルの合成

次の文を読み，下の問いに答えよ。

① ㋐乾いた試験管にサリチル酸 1.0g をとり，メタノール 4mL を加えて溶かした。これをよく振りながら濃硫酸を 0.5mL 加え，さらに沸騰石を入れた。右図のように㋑40cm ガラス管をつけたコルク栓をし，試験管を穏やかに 20 分間加熱した。

② 試験管を冷却後，㋒内容物を飽和炭酸水素ナトリウム水溶液を入れたビーカーに注ぐと，油状物質が得られた。

(1) ①で起こった変化を，構造式を用いた化学反応式で表せ。
(2) 下線部㋐で，乾いた試験管を使う理由を述べよ。
(3) 下線部㋑，㋒の実験操作を行う理由を述べよ。

ガラス管

考え方 エステル化は典型的な可逆反応で，平衡状態となる。反応液はサリチル酸，メタノール，エステル，水の混合物となり，ここからエステルだけを取り出す操作が必要となる。

(1)

(2) もし水が存在すると，上式の平衡が左へ移動して，エステルの生成量は減少する。

(3) (イ) この装置を還流冷却器といい，通常，ガラス管ではなくリービッヒ冷却器を用いる。

(ウ) 未反応のサリチル酸は炭酸より強い -COOH をもち，NaHCO₃ と反応しサリチル酸ナトリウム（塩）となり水層へ移動する。

解答 (1) 考え方を参照。 (2) エステル化の平衡をできるだけ右方向に移動させるため。
(3)(イ) 蒸気を凝縮させて，試験管に戻すため。
(ウ) サリチル酸をナトリウム塩に変えて，水層へ分離するため。

例題 135　アニリン

次の文の □ に適する語句を入れよ。
アニリンは水に溶けにくい油状の液体であるが，希塩酸を加えると，中和されて①□ に変化し，水に溶けるようになる。アニリンは，ニトロベンゼンをスズと濃塩酸によって②□ することで得られる。アニリンに無水酢酸を作用させると，③□ が生成する。この反応は④□ とよばれる。

考え方 弱塩基性のアニリン $C_6H_5NH_2$ は水に溶けにくいが，希塩酸と中和してアニリン塩酸塩 $C_6H_5NH_3Cl$ にすると，水に溶ける。

$C_6H_5NH_2 + HCl \longrightarrow C_6H_5NH_3Cl$

ニトロベンゼンをスズと濃塩酸で還元してアニリンを生成する反応式は次の通りである。
（酸性条件のため，アニリン塩酸塩が生成する）
$2C_6H_5NO_2 + 3Sn + 14HCl$
$\longrightarrow 2C_6H_5NH_3Cl + 3SnCl_4 + 4H_2O$

アニリンに無水酢酸を加えると，アミド結合（-NHCO-）をもつアセトアニリドを生成する。
この反応は，アニリンの -NH₂ の -H をアセチル基 CH_3CO- で置換していることから，アセチル化とよばれる。

$C_6H_5NH_2 + (CH_3CO)_2O$
$\longrightarrow C_6H_5NHCOCH_3 + CH_3COOH$

解答 ① アニリン塩酸塩　② 還元
③ アセトアニリド　④ アセチル化

標準問題

必は重要な必須問題。時間のないときはここから取り組む。

必388 □□ ◀サリチル酸▶ 次の文を読み，下の問いに答えよ。

フェノールに水酸化ナトリウム水溶液を加えると，A が生成する。また，A の水溶液に常温・常圧で二酸化炭素を通じると B を生成する。

A の結晶と高温・高圧の二酸化炭素を反応させると C を生成し，この水溶液に希塩酸を加えて酸性にすると D が得られる。

D に無水酢酸を反応させるとエステル E が生成する。D に濃硫酸を触媒としてメタノールを反応させるとエステル F が生成する。

(1) A ～ F の構造式をそれぞれ答えよ。

(2) D，E，F のうち，(i)酸性の最も強いもの，(ii)酸性の最も弱いものを記号で示せ。

(3) B に濃硝酸と濃硫酸の混合物を反応させた。生成物の名称を答えよ。

(4) B の水溶液に臭素水を加えたら白色沈殿を生じた。この物質の構造式を答えよ。

389 □□ ◀アニリンの合成▶ A ～ E の各実験操作について，下の問いに答えよ。

A：ニトロベンゼンを入れた試験管に固体の[1]□□□□と液体の[2]□□□□を入れた。

B：液体中の油滴がなくなるまで，約 60℃ で穏やかに加熱した。

C：反応終了後，固体を残して溶液を三角フラスコに移し，その溶液を十分に冷却しながら[3]□□□□水溶液を少しずつ加えていくと，はじめに白色沈殿が生じたが，やがて沈殿が消失するとともに油滴が遊離した。

D：冷却後フラスコにジエチルエーテルを加え，よく振って静置し二層に分離させた。

E：生成物に無水酢酸を反応させた後，冷水に注ぐと白色結晶[4]□□□□が析出した。

(1) 文中の□□□□に適当な物質名を記せ。

(2) 操作 B，C の油滴は何か。それぞれ名称を記せ。

(3) 操作 C で起こる変化を 3 つの化学反応式で示せ。

(4) 操作 D で，アニリンが含まれているのは上層と下層のどちらか。

(5) アニリンが合成されていることの確認方法を記せ。

(6) 操作 E で起こる変化を化学反応式で示せ。

必390 □□ ◀アゾ染料の合成▶ 次の文中の芳香族化合物 A ～ D の構造式を記せ。

(1) ベンゼンに濃硝酸と濃硫酸を加えて加熱し，化合物 A を合成した。

(2) 化合物 A にスズと濃塩酸を加えて加熱した後，水酸化ナトリウム水溶液を加えると，化合物 B が得られた。

(3) 化合物 B に塩酸を加え，氷冷しながら，亜硝酸ナトリウム水溶液を加えると，化合物 C が得られた。

(4) 化合物 C の水溶液にナトリウムフェノキシドの水溶液を加えると，アゾ染料 D が生じた。

33 芳香族化合物② 295

必 **391** □□ ◀アスピリンの合成▶ 次の文を読んで，下の問いに答えよ。

① (ア)乾いた試験管にサリチル酸 1.0g をとり，無水酢酸 2mL を加えた。よく振り混ぜながら，濃硫酸を数滴加えたのち，試験管を 60℃ の温水に 10 分間浸した。

② 試験管を温水から取り出し流水で冷やしたのち，(イ)水 15mL を加えガラス棒でよくかき混ぜると結晶が析出した。この結晶をろ過してよく乾燥すると，0.95g 得られた。

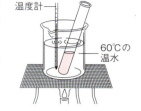

(1) 下線部(ア)で乾いた試験管を用いる理由を記せ。
(2) 下線部(イ)の操作は，何の目的で行うのか。
(3) この実験で起こった変化を，構造式を用いた反応式で書け。
(4) この反応の収率〔%〕を整数で求めよ。（原子量：H = 1.0，C = 12，O = 16）
収率〔%〕= $\frac{実際の生成量}{理論的な生成量}$ × 100 である。

必 **392** □□ ◀有機化合物の分離▶ 図示する操作により，5種類の有機化合物のジエチルエーテル混合溶液をそれぞれ分離した。下の問いに答えよ。

```
┌─────────────────────────────────────────┐
│ アニリン，サリチル酸，ニトロベンゼン，フェノール，トルエン │
└─────────────────────────────────────────┘
       操作1：5%炭酸水素ナトリウム水溶液と振り混ぜた。
 ┌───┐ ┌─────┐
 │水層Ⅰ│ │エーテル層Ⅰ│
 └───┘ └─────┘
         操作2：2mol/L 水酸化ナトリウム水溶液と振り混ぜた。
   ┌───┐ ┌─────┐
   │水層Ⅱ│ │エーテル層Ⅱ│
   └───┘ └─────┘
           操作3：A □ と振り混ぜた。
     ┌───┐ ┌─────┐
     │水層Ⅲ│ │エーテル層Ⅲ│
     └───┘ └─────┘
             操作4：蒸留する。
       ┌───┐
       │残留物│
       └───┘
```

(1) 上図の操作3のA□に適する試薬を次の(ア)〜(オ)から選べ。
　(ア) 10%塩化ナトリウム水溶液　(イ) 10%酢酸ナトリウム水溶液　(ウ) 2mol/L 塩酸
　(エ) 2mol/L 炭酸水素ナトリウム水溶液　(オ) 0.1mol/L 水酸化ナトリウム水溶液
(2) 水層Ⅰ，Ⅱ，Ⅲに溶解している有機化合物の各溶液中での構造式をそれぞれ示せ。
(3) 次の文の□に適切な構造式を入れよ。
　　水層Ⅰに希塩酸を十分に加えると白色の①□が析出した。水層Ⅱに二酸化炭素を十分に通じると②□が得られた。水層Ⅲに水酸化ナトリウム水溶液を十分に加えると③□が得られた。エーテル層Ⅲを蒸留すると，油状の④□が容器中に残った。

393 □□ ◀医薬品の合成▶ 抗菌剤として使用されるプロントジルは，次の図のような操作によって合成される。下の問いに答えよ。

(1) 化合物 A ～ D の構造式をそれぞれ書け。
(2) 操作Ⅰ～Ⅲに当てはまる記述を次から選び，記号で答えよ。
　(ア) 無水酢酸を加えて加熱する。　　(イ) 希塩酸を加えて温める。
　(ウ) 濃アンモニア水を加える。　　　(エ) 水酸化ナトリウム水溶液を加える。
　(オ) スズと濃塩酸を加えて温め，その後，水酸化ナトリウム水溶液で中和する。
　(カ) 塩酸酸性で，氷冷しながら亜硝酸ナトリウム水溶液を加える。
(3) 上図の①～③の反応名を答えよ。

394 □□ ◀芳香族カルボン酸▶ 次の文を読み，化合物 A ～ F の構造式を示せ。

分子式 $C_9H_8O_2$ の芳香族化合物 A，B，C に炭酸水素ナトリウム水溶液を加えると，いずれも気体を発生しながら溶解した。また，過マンガン酸カリウム水溶液で酸化すると，A からは分子式 $C_7H_6O_2$ の化合物 D が，B と C からはそれぞれ分子式 $C_8H_6O_4$ の化合物 E，F が得られた。D はトルエンを過マンガン酸カリウムで酸化して得られる化合物と同一であった。E を加熱すると，容易に1分子の水を失った化合物を生成したが，F は加熱しても変化しなかった。ただし，C のベンゼン環の水素原子1つを臭素原子で置換した化合物は，2種類存在する。

395 □□ ◀芳香族エステル▶ 分子式が $C_9H_8O_2$ で表される芳香族エステル A，B，C について下の問いに答えよ。なお，A，B，C はいずれもベンゼンの一置換体である。
　(a) A，B，C を加水分解したのち，水溶液から分離が容易な芳香族化合物のみを分離，精製した。その結果，A からは D，B からは E，C からは F が得られた。
　(b) D は水酸化ナトリウム水溶液とは反応しなかったが，金属ナトリウムとは反応して水素を発生した。また，D を過マンガン酸カリウム水溶液で酸化すると，芳香族カルボン酸 F になった。
　(c) E は炭酸水素ナトリウム水溶液とは反応しなかったが，水酸化ナトリウム水溶液とは塩をつくって溶けた。
(1) 化合物 A ～ F の構造式を示せ。
(2) A ～ F のうち，塩化鉄(Ⅲ)水溶液と呈色反応するものはどれか。すべて記号で選べ。
(3) 化合物 E に濃硝酸と濃硫酸の混合物を作用させたとき，得られる生成物の構造式と名称をそれぞれ記せ。

発展問題

396 □□ ◀芳香族カルボニル化合物▶　次の文を読み，下の問いに答えよ。

　分子式 C_8H_8O の芳香族化合物のうち，カルボニル基をもつ5種類の構造異性体を A，B，C，D，E とする。A，B，C は空気中で酸化されやすく，それぞれ酸性の F，G，H となる。これらは $KMnO_4$ でさらに酸化すると，いずれも分子式 $C_8H_6O_4$ の化合物となる。F の酸化生成物は加熱すると容易に酸無水物となり，G の酸化生成物は合成繊維の原料の1つとなる。D はフェーリング液を還元するが，E は還元しない。D，E を触媒を用いて水素で還元すると，それぞれ同じ官能基をもつ I，J となる。J には鏡像異性体が存在するが，I には存在しない。

(1)　化合物 A，B，C，D，E の構造式を書け。

(2)　F，G，H は同じ官能基をもつ固体の化合物である。G の構造式を書き，G の融点が F，H よりもかなり高い理由を答えよ。

397 □□ ◀芳香族アミド▶　次の(a)～(f)の文を読み，下の問いに答えよ。

(a)　化合物 A は，炭素，水素，窒素，酸素を含み，分子量は 300 以下で，その元素組成は，C が 79.98%，H が 6.69%，N が 6.22% であった。

(b)　化合物 A を 6.0mol/L 塩酸中で数時間加熱還流してから，反応溶液を分液ろうとに移し，エーテルを加えてよく振り混ぜた後，エーテル層 I と水層 II を分離した。

(c)　エーテル層 I からエーテルを留去すると，芳香族化合物 B が得られた。

(d)　水層 II に水酸化ナトリウム水溶液を加えると，芳香族化合物 C が遊離した。

(e)　化合物 C には，ベンゼン環に直接結合する水素原子は4個あり，このうち1個を塩素原子に置き換えると，2種類の異性体が生成する。

(f)　化合物 B を $KMnO_4$ 水溶液中で加熱還流して得られた化合物を，230℃ に加熱すると，昇華性のある化合物 D に変化した。

(1)　化合物 A の分子式を示せ。（原子量は H = 1.0，C = 12，N = 14，O = 16）

(2)　化合物 A，B，C，D の構造式をそれぞれ示せ。

398 □□ ◀芳香族エステル▶　次の文を読み，化合物 A ～ E の構造式を示せ。

　酸性の有機化合物 A の元素組成は，C：53.8%，H：5.1%，O：41.1% であり，その分子量は 130 以上 170 以下である。A には2個の炭素間二重結合が含まれ，臭素と容易に反応して B に変化した。A に水酸化ナトリウム水溶液を加えて加熱したところ加水分解され，C のナトリウム塩と中性物質の D を生成した。C の分子量は 116 であり，加熱すると容易に酸無水物 E に変化した。一方，D に金属ナトリウムを加えても気体は発生せず，フェーリング液を加えて加熱しても赤色沈殿は生成しなかった。

298　第6編　有機化合物の性質と利用

34 有機化合物と人間生活

1 食品の成分

❶ **三大栄養素** 糖類（炭水化物），タンパク質，脂質（油脂）。
  糖類（炭水化物） 生物の活動の主要なエネルギー源。 例 穀類，果物，いも類
  タンパク質 生物体の組織を構成。エネルギー源にもなる。 例 肉，魚，卵，大豆
  脂質（油脂） 効率のよいエネルギー源，体温の保持。 例 油，バター
❷ **五大栄養素** 糖類（炭水化物），タンパク質，脂質，ビタミン，無機塩類。
  ビタミン 微量で，体内での生命活動（代謝）を調節する。体内では合成不可。
  無機塩類 骨や歯の構成成分。体液の濃度（浸透圧）やpHを調節する。
❸ **食品の保存** 乾燥，脱水，冷凍・冷蔵，塩蔵・糖蔵，真空パックなど。
  食品添加物 保存料，酸化防止剤，着色料，甘味料，増粘剤，pH調整剤など。

2 染料

❶ **染着** 色素がイオン結合，水素結合，配位結合，分子間力により繊維と結びつく。
❷ **染料** 水に可溶で，繊維に染着できる色素。
❸ **顔料** 水に不溶で，繊維に染着できない色素。
❹ **天然染料** 植物，動物，鉱物などから得られる染料。
  例 アリザリン（赤）－茜の根，インジゴ（青）－藍の葉，
  カルタミン（赤）－紅花の花，貝紫（紫）－アクキ貝，
  ケルメス（赤）－エンジ虫，シコニン（紫）－紫の根。

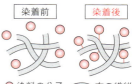

❺ **合成染料** 石油，石炭などから合成された染料。例 アニリンブラック（黒），オレンジⅡ（赤橙）
❻ **染色法による染料の分類**

種類	特徴
直接染料	繊維の非晶質の部分に入り，分子間力で染着する。
酸性・塩基性染料	染料分子中の酸性や塩基性の官能基が，繊維中の塩基性，酸性の部分とイオン結合で染着する。
建染染料[*1]	水に不溶の染料を化学変化させて水に可溶とし，染着後，化学処理してもとの色素を再生させる。
媒染染料	最初に金属塩に繊維を浸した後，染料を加える。金属イオンと色素が配位結合などで染着する。
分散染料	水に不溶の染料だが，界面活性剤（分散剤）を使って，微粒子状に分散させて染着する。

例 アリザリン（媒染染料）

オレンジⅡ（酸性染料）

*1）インジゴは水に不溶なので，塩基性で還元し，水に可溶な化合物にして繊維に吸着させた後，空気酸化により繊維中にインジゴを再生させて染色する。この方法を**建染法**という。

インジゴ（青色）　　ロイコインジゴ（淡黄色）

3 医薬品

❶医薬品 病気の診断，治療，予防などに使われる物質の総称。
(a)**生薬** 天然物をそのまま，あるいは粉末にして病気の治療に用いる。
  例 キナの皮(キニーネ)，ケシの実の汁(モルヒネ)，コカの葉(コカイン)，茶の葉(カフェイン)
(b)**対症療法薬** 病気の症状を緩和し，自然治癒を促すための薬。
(c)**化学療法薬** 病気の根本原因を取り除き，病気を治療する薬。
(d)**その他の薬** 保健薬(健康の増進)，診断薬(病気の検査)など。
(e)**ワクチン** 病気の予防のためにあらかじめ接種する，弱毒化した病原体や死菌など。
❷感染症 体内への微生物等の侵入・増殖で起こる。
❸主作用(薬効) 薬が細胞膜の受容体と結合して起こる。医薬品が本来もっている有効な作用。
❹副作用 医薬品が示す望ましくない作用。

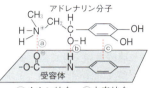

ⓐイオン結合 ⓑ水素結合
ⓒファンデルワールス力

4 さまざまな医薬品

(a)**アスピリン**(アセチルサリチル酸) 解熱・鎮痛剤，リウマチの治療薬にも利用。サリチル酸をアセチル化して酸性を弱め，胃腸障害の副作用を軽減した薬。
(b)**フェナセチン** アセトアニリドの血液に対する副作用を軽減した薬。
(c)**サルバルサン** ヒ素(As)を含み，最初の化学療法薬として梅毒の治療に用いた。
(d)**サルファ剤** 細菌と結合するアゾ染料の一種(プロントジル)の誘導体。
スルファニルアミドを基本骨格とする抗菌作用のある薬を**サルファ剤**という。
(e)**抗生物質**[1] 微生物が生産し，他の微生物の繁殖を阻止するはたらきをもつ物質。
  例 **ペニシリン**(アオカビからフレミングが発見，細菌の細胞壁合成を阻害)
    ストレプトマイシン(放線菌からワックスマンが発見，細菌のタンパク質合成を阻害)
  [1]抗生物質等の多用により，これらに強い抵抗性をもつ病原菌(**耐性菌**)が出現している。
(f)**抗ウイルス剤** ウイルスの増殖を抑える医薬品。 例 インフルエンザ治療薬
(g)**抗ガン剤** ガンの増殖を抑制する。 例 シスプラチン，ブレオマイシンなど

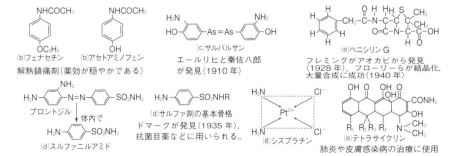

5 セッケン・合成洗剤

❶**セッケン(石鹸)** 油脂のけん化でつくられた高級脂肪酸のアルカリ金属の塩。
$C_3H_5(OCOR)_3 + 3NaOH \xrightarrow{けん化} 3RCOONa + C_3H_5(OH)_3$

❷**界面活性剤** 親水基と疎水基の両方をもち、水と油をなじませるはたらきをもつ。

❸**乳化作用** 一定濃度(約0.2%)以上のセッケン水では、セッケン分子はコロイド粒子(ミセル)をつくる。このセッケン水に油を加えて撹拌すると、油滴はセッケンのミセルにとり込まれ、水中に分散される。この作用を乳化作用という。

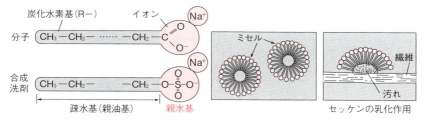

❹**合成洗剤** 石油などを原料に合成された界面活性剤。
 (a) 高級アルコール系　高級アルコールの硫酸エステル塩。　例 $RCH_2OSO_3^-Na^+$
 (b) 石油系　アルキルベンゼンのスルホン酸塩。　例 $RC_6H_4SO_3^-Na^+$

洗剤	水溶液の液性	強酸を加える	硬水(Ca^{2+}, Mg^{2+})中	微生物による分解
セッケン	加水分解する。弱塩基性	脂肪酸の遊離。洗浄力低下。	沈殿を生じる。洗浄力低下。	分解しやすい。
合成洗剤	加水分解しない。中性	変化なし。洗浄力変わらず。	沈殿を生じない。洗浄力変わらず。	分解しにくい。

❺**界面活性剤の種類**

	分類	親水性部分	特徴	用途
イオン系	陰イオン界面活性剤	$-COO^-Na^+$	硬水では使えない(セッケン)。	身体洗浄用洗剤
		$-OSO_3^-Na^+$ $-SO_3^-Na^+$	硬水でも使える(合成洗剤)。	シャンプー、衣料・台所用洗剤
	陽イオン界面活性剤	$-N^+(CH_3)_3Cl^-$	殺菌力あり、負電荷を打ち消す。	殺菌消毒剤、リンス、柔軟剤
	両イオン界面活性剤	$-N^+-(CH_3)_2$ CH_2-COO^-	酸性でも塩基性でも作用する。	工業用洗剤、帯電防止剤
非イオン系	非イオン界面活性剤	$-(O-CH_2CH_2)_n-OH$	水中でイオン化しない。	液体洗剤、乳化剤

❻**洗浄補助剤(ビルダー)**
 (a) ゼオライト　水を軟化するはたらき。
 (b) 炭酸ナトリウム　遊離脂肪酸を中和する。
 (c) カルボキシメチルセルロース　汚れの再付着防止。
 (d) 酵素　タンパク質分解酵素(プロテアーゼ)や脂肪分解酵素(リパーゼ)などを配合。

ゼオライト
中心部でCa^{2+}と$2Na^+$のイオン交換を行う。

酵素がタンパク質の汚れをとり込み、分解する。

確認&チェック

1 次にあげた食品の栄養素を，それぞれ何というか。
(1) 効率のよいエネルギー源で，体温の維持に役立つ。
(2) 骨や歯などを構成し，体液の浸透圧やpHを調節する。
(3) 生物の活動の主要なエネルギー源となる。
(4) 微量で，体内での代謝を調節する。体内で合成不可。
(5) 生物体の組織を構成する。エネルギー源にもなる。

2 次の表の□□□に適する語句を下の語群から記号で選べ。

	原料	生産量	価格	染料の例(2つ)
天然染料	①	③	⑤	⑦
合成染料	②	④	⑥	⑧

【語群】［ア．高い　イ．安い　ウ．多い　エ．少ない
　　　　オ．石炭・石油　カ．植物・動物　キ．アリザリン
　　　　ク．インジゴ　ケ．アニリンブラック　コ．オレンジⅡ］

3 次の記述に当てはまる化学用語を答えよ。
(1) 病気の根本原因を取り除き，病気を治療する薬。
(2) 病気の症状を緩和し，自然治癒を促す薬。
(3) 医薬品が本来もっている有効な作用。
(4) 医薬品が示す望ましくない作用。
(5) 病気の予防のために接種する，弱毒化した病原体など。

4 右図は，ある薬が細胞膜にある受容体と結合しているようすを示したものである。図中の ⓐ，ⓑ，ⓒ で表す結合の種類を何というか。

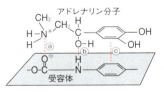

5 次の記述で，セッケンのみに該当するものはA，合成洗剤のみに該当するものはB，両方に該当するものはCと記せ。
(1) 塩化カルシウム水溶液を加えると，白い沈殿を生じた。
(2) フェノールフタレイン溶液を加えると，淡赤色になった。
(3) 海水と混ぜて振ると，よく泡立った。
(4) 希塩酸を加えたが，何も変化は起こらなかった。
(5) 油を加えて振ると，白く濁り均一な溶液になった。

解答

1 (1) 脂質(油脂)
(2) 無機塩類
(3) 糖類(炭水化物)
(4) ビタミン
(5) タンパク質
→ (1), (3), (5)をあわせて三大栄養素という。
→ p.299 1

2 ① カ　② オ
③ エ　④ ウ
⑤ ア　⑥ イ
⑦ キ，ク
⑧ ケ，コ
→ p.299 2

3 ① 化学療法薬
② 対症療法薬
③ 主作用(薬効)
④ 副作用
⑤ ワクチン
→ p.300 3

4 ⓐ イオン結合
ⓑ 水素結合
ⓒ ファンデルワールス力
→ p.300 3

5 (1) A
(2) A
(3) B
(4) B
(5) C
→ p.301 5

例題 136　医薬品の種類

次の文の□□□□に適当な語句を入れよ。

病気の治療などに使われる物質を医薬品という。医薬品を製法で分類すると，天然物をそのまま，あるいは粉末化して用いる^①□□□□と，天然物から得られる有効成分などを化学反応でつくった合成薬に分けられる。前者の例として，各種の漢方薬があり，後者の例として，ヤナギの樹皮に含まれる有効成分を参考につくられた解熱鎮痛剤の^②□□□□がある。

医薬品を使用目的で分類すると，①や②のように病気の症状を緩和するための^③□□□□や，病気の根本原因を取り除き，病気を治療するための^④□□□□などがある。④には，スルファニルアミド（$-SO_2NH-$）の基本骨格をもつ^⑤□□□□のほか，アオカビから発見された^⑥□□□□や，土壌中の細菌から発見されたストレプトマイシンを代表とする^⑦□□□□があり，ともに感染症の治療に用いられている。

考え方　天然物（植物・動物・鉱物など）を粉末化したものが**生薬**として利用される。合成薬のひとつに，ヤナギの樹皮から抽出された**サリチル酸**の$-OH$を無水酢酸でアセチル化して得られる**アセチルサリチル酸**があげられる。これは，現在でも解熱鎮痛剤として利用されている。

医薬品には，アセチルサリチル酸（アスピリン$^®$）のように，病気に伴う症状を緩和するための**対症療法薬**や，病気の根本原因を取り除いて病気を治療するための**化学療法薬**がある。化学療法薬のうち，スルファニルアミドの基本骨格をもつ薬を**サルファ剤**という。一方，アオカビから発見された**ペニシリン**のように，微生物が生産し，他の微生物の繁殖を阻止する薬を**抗生物質**という。

解答　① 生薬　② アセチルサリチル酸
③ 対症療法薬　④ 化学療法薬
⑤ サルファ剤　⑥ ペニシリン
⑦ 抗生物質

例題 137　染料の種類

次の文の□□□□に適当な語句を入れよ。

植物繊維をよく染める染料として，次の3種類が知られている。^{①}□□□□染料の代表が藍（インジゴ）で，色調が美しく色落ちしにくい。また，^{②}□□□□染料は，金属塩の水溶液で処理した後，色素を発色させる。^{③}□□□□染料は，染料の水溶液に繊維を浸して染めるので，染色処理は簡単であるが，洗濯によって比較的色落ちしやすい。

考え方　①　**インジゴ**は，アルカリ性で還元すると水溶性となる。これに繊維を浸してから空気に曝すと，空気酸化が起こり，インジゴが再生して染着する。この方法で染色する染料を**建染染料**という。
②　あらかじめAl^{3+}，Cr^{3+}，Fe^{3+}などの媒染剤の水溶液に繊維を浸した後，染料水溶液に浸すと，金属イオンと染料分子が配位結合によって染着する。この方法で染色する染料を**媒染染料**という。
③　**直接染料**は，水に溶けて繊維中の非晶質の部分に入り込み，主に，分子間力によって染着する。

解答　① 建染　② 媒染　③ 直接

34　有機化合物と人間生活　**303**

標準問題

必は重要な必須問題。時間のないときはここから取り組む。

必399 □□ ◀染料の種類▶　次の記述に当てはまる染料の種類を，下の語群から記号で選べ。

(1)　水に不溶性の染料を化学処理して水溶性の化合物に変え，繊維に浸み込ませた後，別の化学処理により，繊維上でもとの染料を再生させる。

(2)　染料分子中の酸性の官能基と，繊維の塩基性の部分とが化学的に結合する。

(3)　染料分子中の塩基性の官能基と，繊維の酸性の部分とが化学的に結合する。

(4)　水に溶けやすい染料で，色素が繊維中に入り込み，分子間力で染着する。

(5)　Cr^{3+}，Al^{3+}，Fe^{3+} などのイオンを含む水溶液に浸した後，染料の水溶液に浸して染色する。金属イオンが仲立ちとなって，繊維と染料分子を結合させる。

(6)　水に溶けない染料を，界面活性剤を使って，繊維と染料分子を結合させる。

(7)　繊維中の官能基の部分と，染料分子が互いに共有結合を形成して染着する。

【語群】　ア．直接染料　　　イ．間接染料　　　ウ．酸性染料
　　　　　エ．媒染染料　　　オ．分散染料　　　カ．建染染料
　　　　　キ．反応性染料　　ク．中性染料　　　ケ．塩基性染料

必400 □□ ◀染料と染色▶　次の文を読んで，下の問いに答えよ。

　古くから，藍の葉から得られる①□□□□や茜の根から得られる②□□□□，サボテンに寄生するコチニール虫から得られるコチニールなどの色素が染料として使用されてきた。1856 年，イギリスのパーキンが，アニリンの酸化によって③□□□□という紫色の染料を合成して以来，人工的に合成された染料が盛んに使用されるようになった。

(1)　文中の□□□□に当てはまる色素の名称を記せ。

(2)　①は水に不溶性であるため，建染法とよばれる染色方法が用いられる。建染法を，「酸化反応」，「還元反応」という言葉を用いて説明せよ。

(3)　染料が繊維に強く結びつくのは，どのようなことが要因になっているか記せ。

401 □□ ◀医薬品など▶　次の記述に最も関係のある語句を記せ。

(1)　医薬品の作用のうち，本来の目的にかなう有効なはたらきのこと。

(2)　医薬品の作用のうち，生体に有害なはたらきのこと。

(3)　動物に備わっている，異物が体内に侵入するのを防いだり，侵入した異物を排除したりするしくみ。

(4)　病気を予防するため，予め接種しておく弱毒化した病原体や死菌などのこと。

(5)　抗生物質を多用するとき現れる，抗生物質に抵抗性をもつ病原菌のこと。

(6)　病気の根本原因を取り除き，病気を治療する医薬品のこと。

(7)　病気に伴う不快な症状を緩和するための医薬品のこと。

402 □□ ◀医薬品の歴史▶ 次の記述に該当する人物を下から記号で選べ。
(1) アゾ染料の一種のプロントジルから,最初のサルファ剤を発見した。
(2) 米ぬかの中から,脚気の予防に必要な成分として,ビタミン B_1 を発見した。
(3) アオカビから,最初の抗生物質であるペニシリンを発見した。
(4) 天然痘を予防するため,はじめてワクチン療法を実用化した。
(5) 土壌細菌から,抗生物質のストレプトマイシンを発見した。
(6) 鏡像異性体のうちの一方だけを合成する不斉合成法を開発した。
　(ア) パスツール　　(イ) ジェンナー　　(ウ) ドマーク　　(エ) フレミング
　(オ) エールリヒ　　(カ) 鈴木梅太郎　　(キ) ワックスマン　(ク) 野依良治

403 □□ ◀界面活性剤▶ 次図の①〜④の洗剤分子について,該当するものを下から選び,記号で答えよ。

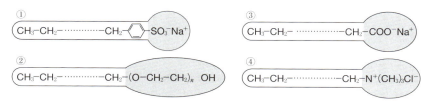

(ア) 陽イオン界面活性剤。洗浄力は大きくないが,殺菌力が強い。
(イ) 陰イオン界面活性剤。硬水中でも洗浄力は失わず,生分解性はやや小さい。
(ウ) 非イオン界面活性剤。生体に対する作用が小さく,液体洗剤に使用される。
(エ) 陰イオン界面活性剤。硬水中では洗浄力を失うが,生分解性は大きい。

404 □□ ◀セッケンと合成洗剤▶ 次の文で,正しいものには○,誤っているものには×をつけよ。
(1) セッケンも合成洗剤も,動植物性の油脂からつくられる。
(2) 合成洗剤として用いられるアルキルベンゼンスルホン酸ナトリウムの水溶液に,フェノールフタレインを加えると赤く着色する。
(3) 合成洗剤は,合成繊維の洗浄に適しているが,天然繊維の洗浄には適さない。
(4) 多くの合成洗剤に添加されている酵素は,タンパク質を分解するはたらきをもつ。
(5) セッケンは Na^+ と水に不溶性の塩をつくるため,海水では泡立ちが悪い。
(6) セッケン,合成洗剤はともに,分子内に親水基と親油基の2つの部分をもつ。
(7) 合成洗剤には,界面活性剤のほかに,洗浄効果を高める補助剤(ビルダー)が含まれている。
(8) セッケンや合成洗剤は,親油性の部分が衣類についた油と結びつき,油汚れを落とす。

共通テストチャレンジ

405 □□ ◀異性体▶ 次の記述 a ～ d 中の[____]に当てはまる数を，下の①～⑥のうちから一つずつ選べ。

a. 分子式 C_5H_{12} で示される化合物のすべての異性体の数は[____]である。

b. 分子式 C_3H_5Br で示され，二重結合を一つもつ化合物のすべての異性体の数は[____]である。

c. プロパンの水素原子 2 個を塩素原子 2 個で置き換えた化合物のすべての異性体の数は[____]である。

d. 分子式 C_4H_9Cl で示される化合物のすべての異性体の数は[____]である。

① 1　　② 2　　③ 3　　④ 4　　⑤ 5　　⑥ 6

406 □□ ◀炭化水素の燃焼▶ 次の条件 a ～ c をすべて満たす炭化水素がある。この炭化水素 1.0mol を完全燃焼させたとき，消費される酸素の物質量は何 mol か。最も適当な数値を，下の①～⑥のうちから一つ選べ。

a. 一つの環からなる脂環式炭化水素である。

b. 二重結合を二つもち，残りはすべて単結合である。

c. 水素原子の数は炭素原子の数より 4 個多い。

① 3.0　　② 5.5　　③ 6.0　　④ 8.5　　⑤ 11　　⑥ 14

407 □□ ◀不飽和炭化水素の推定▶ 不飽和炭化水素に関する次のア～ウの条件をすべて満たすものを，下の①～⑤のうちから一つ選べ。（原子量は H = 1.0，C = 12）

ア．分子を構成するすべての炭素原子が一つの同じ平面上にある。

イ．白金触媒を用いて水素化すると，枝分かれの炭素鎖をもつ飽和炭化水素となる。

ウ．1.0mol/L の臭素の四塩化炭素溶液 10mL に，この炭化水素を加えていくと，0.56g を加えたところで溶液の赤褐色が消失する。

① $CH_3CH = CH_2$　　② $CH_2 = C(CH_3)_2$　　③ $CH_2 = CHCH_2CH_3$
④ $CH_3CH = CHCH_3$　　⑤ $(CH_3)_2C = CHCH_3$

408 □□ ◀エステル化▶ 濃硫酸を触媒として，1-ブタノール 14.8g をカルボン酸（$C_nH_{2n+1}COOH$）と次の化学反応式に従って完全に反応させたところ，エステル 31.6g が生じた。化学式中の n として正しいものを，下の①～⑥から一つ選べ。ただし，原子量は H = 1.0，C = 12，O = 16 とする。

$$C_nH_{2n+1}COOH + CH_3(CH_2)_3OH \longrightarrow C_nH_{2n+1}COO(CH_2)_3CH_3 + H_2O$$

① 1　　② 2　　③ 3　　④ 4　　⑤ 5　　⑥ 6

409 □□ ◀不飽和アルコールの反応▶　示性式 C_mH_nOH で表される1価の鎖式不飽和アルコール（三重結合を含まない）42gをナトリウムと完全に反応させたところ，水素0.25molが発生した。このアルコール21gに，触媒の存在下で水素を付加させたところ，すべてが飽和アルコールに変化した。このとき消費された水素は標準状態で何Lか。最も適当な数値を，次の①～⑥のうちから一つ選べ。原子量は，H = 1.0, C = 12, O = 16 とする。
① 2.8　② 5.6　③ 11　④ 22　⑤ 34　⑥ 45

410 □□ ◀けん化と付加▶　ある量の鎖式不飽和脂肪酸のメチルエステル A を完全にけん化するには，5.00mol/L の水酸化ナトリウム水溶液 20.0mL が必要であった。また，同量の A を飽和脂肪酸メチルエステルに変えるには，水素 6.72L（標準状態）を必要とした。A の化学式として最も適当なものを，次の①～⑥のうちから一つ選べ。
① $C_{15}H_{29}COOCH_3$　② $C_{15}H_{31}COOCH_3$　③ $C_{17}H_{29}COOCH_3$
④ $C_{17}H_{31}COOCH_3$　⑤ $C_{19}H_{31}COOCH_3$　⑥ $C_{19}H_{39}COOCH_3$

411 □□ ◀収率▶　ベンゼン（分子量78）を濃硫酸と濃硝酸でニトロ化し，ニトロベンゼン（分子量123）を得た。さらに，スズと塩酸で還元してアニリン（分子量93）を得た。ニトロ化反応と還元反応の収率は，それぞれ80％と70％であった。ベンゼン39gから得られるアニリンは何gか。最も適当な数値を，下の①～⑥のうちから一つ選べ。

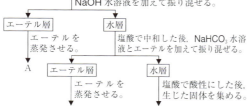

① 26　② 33　③ 37　④ 47　⑤ 68　⑥ 86

412 □□ ◀芳香族化合物の分離▶　アニリン，サリチル酸，フェノールの混合物のジエチルエーテル溶液がある。各成分を下の操作により分離した。A～Cに当てはまる化合物の組合せとして最も適当なものを，下の①～⑥のうちから一つ選べ。

	A	B	C
①	アニリン	サリチル酸	フェノール
②	アニリン	フェノール	サリチル酸
③	フェノール	サリチル酸	アニリン
④	フェノール	アニリン	サリチル酸
⑤	サリチル酸	フェノール	アニリン
⑥	サリチル酸	アニリン	フェノール

アニリン，サリチル酸，フェノールの混合物のジエチルエーテル溶液
　↓ NaOH 水溶液を加えて振り混ぜる。
エーテル層　　　水層
　↓エーテルを　　↓塩酸で中和した後，NaHCO₃水
　蒸発させる。　溶液とエーテルを加えて振り混ぜる。
　A　　　　　エーテル層　　水層
　　　　　　　↓エーテルを　↓塩酸で酸性にした後，
　　　　　　　蒸発させる。　生じた固体を集める。
　　　　　　　B　　　　　　　C

化　学

35 糖類（炭水化物）

1 単糖類

❶**糖類（炭水化物）**　分子式が $C_m(H_2O)_n$（$m \geqq 3$）で表され，複数の $-OH$ をもつ物質。

❷**単糖類** $C_6H_{12}O_6$　これ以上，加水分解されない糖類の最小単位。
　無色の結晶で甘味がある。$-OH$ を多くもつため，水によく溶ける。
　五炭糖（ペントース）　炭素数 5 の単糖。分子式は $C_5H_{10}O_5$　**例** リボース
　六炭糖（ヘキソース）　炭素数 6 の単糖。分子式は $C_6H_{12}O_6$　**例** グルコース

グルコース（ブドウ糖）	動・植物体内に広く分布。	すべて還元性あり。
フルクトース（果糖）	果実，蜂蜜などに含まれ，最も甘味が強い。	（フェーリング液の還元）
ガラクトース	寒天に含まれるガラクタンの構成単糖。	銀鏡反応が陽性
マンノース	こんにゃくに含まれるマンナンの構成単糖。	

❸**グルコース**　普通の結晶は α 型。水溶液中で次の 3 種類の異性体が平衡状態にある。
　グルコース水溶液の還元性は，**鎖状構造に含まれるアルデヒド基**（ホルミル基）による。

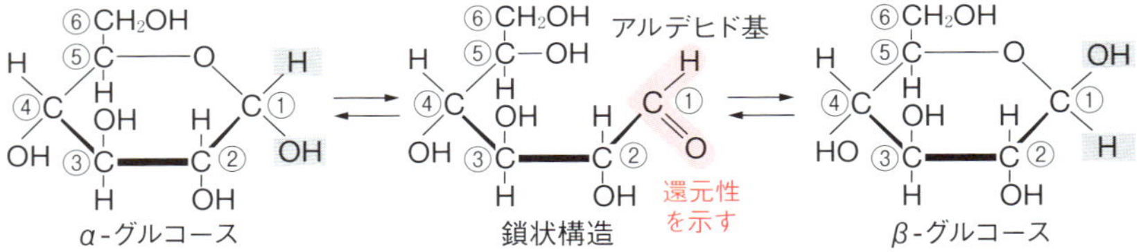

α-グルコース　　　　　　　鎖状構造　　　　　　　β-グルコース

※ グルコースの C 原子を区別するため，$-CHO$ 基を 1 位（上図の①）として右回りに順に番号をつける。
　6 位の $-CH_2OH$ を環の上側に置いたとき，1 位の $-OH$ が下側にあるのを α 型，上側にあるのを β 型という。

❹**フルクトース**　水溶液中では，六員環（α 型，β 型），五員環（α 型，β 型），鎖状構造の 5 種類の異性体が平衡状態にある。フルクトース水溶液が還元性を示すのは，**鎖状構造に含まれるヒドロキシケトン基**（$-COCH_2OH$）による。

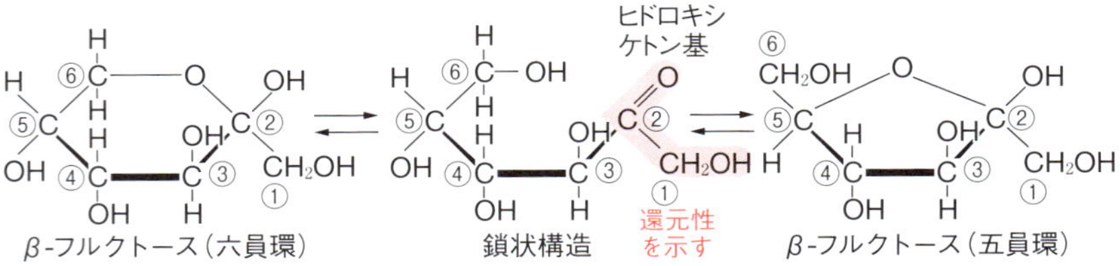

β-フルクトース（六員環）　　　鎖状構造　　　　　β-フルクトース（五員環）

※ 鎖状構造にアルデヒド基（ホルミル基）をもつ単糖類を**アルドース**，ケトン基をもつ単糖類を**ケトース**という。
　グルコース，ガラクトース，マンノースはアルドースで，フルクトースはケトースに属している。

❺**アルコール発酵**　単糖類は酵母菌のもつ酵素群**チマーゼ**の作用でエタノールと二酸化炭素を生成する。　$C_6H_{12}O_6 \longrightarrow 2C_2H_5OH + 2CO_2$

308　第 7 編　高分子化合物の性質と利用

2 二糖類・多糖類

❶二糖類 $C_{12}H_{22}O_{11}$ 単糖2分子が脱水縮合した糖類。

名称	還元性	構成単糖	加水分解酵素	所在
マルトース(麦芽糖)	あり	グルコース	マルターゼ	水あめ
スクロース(ショ糖)	なし	グルコース, フルクトース	スクラーゼ	サトウキビ
ラクトース(乳糖)	あり	グルコース, ガラクトース	ラクターゼ	乳汁
セロビオース	あり	グルコース	セロビアーゼ	マツの葉

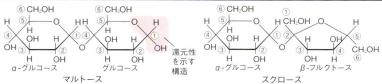

※**転化糖** スクロースの加水分解で得られるグルコースとフルクトースの混合物で、還元性を示す。蜂蜜は、花の蜜(スクロース)がミツバチの酵素(スクラーゼ)によって加水分解されて生じた天然の転化糖である。スクロースの加水分解では、旋光性が右旋性から左旋性へと変化するので、特に転化という。
※スクロースは、α-グルコースの①の-OH, β-フルクトースの②の-OHのいずれも還元性を示す部分どうしで脱水縮合しており、水溶液中でも開環できず、鎖式構造をとれないので**還元性は示さない**。

❷多糖類 $(C_6H_{10}O_5)_n$ 多数の単糖が縮合重合した糖類。どれも還元性なし。

(a)**デンプン** α-グルコースの縮合重合体で、**らせん構造**をとる。

アミロース	直鎖状構造(1,4結合のみ)	温水に可溶	ヨウ素デンプン反応で濃青色に呈色
アミロペクチン	枝分かれ構造(1,4と1,6結合)	温水に不溶	ヨウ素デンプン反応で赤紫色に呈色

(b)**グリコーゲン** 動物デンプンともいい、アミロペクチンよりさらに枝分かれが多い。水に可溶。ヨウ素デンプン反応で赤褐色に呈色。

※デンプンのらせん構造にI_3^-などが入り込むことで呈色する(ヨウ素デンプン反応)。らせんの長さが長い場合は濃青色であるが、次第に短くなると、赤紫色→赤褐色→無色に変化する。

(c)**セルロース** β-グルコースの縮合重合体で、**直線状構造**をとる。
植物の細胞壁の主成分。レーヨン、綿火薬の原料。示性式は$[C_6H_7O_2(OH)_3]_n$。熱水にも溶けない。ヨウ素デンプン反応を示さない。ヒトは消化できない。

❸糖類の加水分解反応 $(C_6H_{10}O_5)_n + nH_2O \longrightarrow nC_6H_{12}O_6$

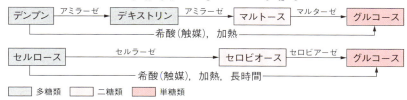

確認＆チェック

1 次の文の　　　に適当な語句を入れよ。

単糖類は，これ以上加水分解されない糖の最小単位で，六炭糖（ヘキソース）の分子式は^①　　　で表され，分子中に^②　　　基を多くもつため，水によく溶け甘味がある。また，単糖類の水溶液はすべて還元性を示し，^{③}　　　反応を示したり，^{④}　　　液を還元したりする。

2 次の記述に当てはまる化学用語を答えよ。
(1) 多数の単糖が縮合重合した糖類。
(2) (1)のうち，α-グルコースが縮合重合したもの。
(3) (1)のうち，β-グルコースが縮合重合したもの。

3 下表の空欄①〜⑥に適する糖類の名称を記せ。⑦〜⑨は適する物質を下から記号で選べ。

種類		名称	構成単糖	存在
二糖類	①		グルコース，フルクトース	⑦
	②		グルコース，ガラクトース	⑧
	③		グルコース，グルコース	⑨
多糖類	④		α-グルコース	穀類，いも
	⑤		β-グルコース	細胞壁
	⑥		α-グルコース	肝臓，筋肉

〔(ア) 水あめ　　(イ) 牛乳　　(ウ) サトウキビ　　(エ) 血液〕

4 次の糖類を，①単糖類，②二糖類，③多糖類に分類せよ。
(ア) グルコース　　　　(イ) デンプン
(ウ) マルトース　　　　(エ) スクロース
(オ) セルロース　　　　(カ) フルクトース
(キ) ラクトース　　　　(ク) ガラクトース

5 次の各問いに答えよ。
(1) 温水に可溶なデンプンの成分を何というか。
(2) 温水に不溶なデンプンの成分を何というか。
(3) デンプンにヨウ素溶液（ヨウ素ヨウ化カリウム水溶液）を加えると青紫色を示す反応を何というか。
(4) デンプンを酵素アミラーゼで加水分解して得られる二糖類を何というか。

解答

1 ① $C_6H_{12}O_6$
② ヒドロキシ
③ 銀鏡
④ フェーリング
→ p.308 **1**

2 (1) 多糖類
(2) デンプン
(3) セルロース
→ p.309 **2**

3 ① スクロース（ショ糖）
② ラクトース（乳糖）
③ マルトース（麦芽糖）
④ デンプン
⑤ セルロース
⑥ グリコーゲン
⑦ (ウ) ⑧ (イ) ⑨ (ア)
➡血液中に含まれる糖はグルコースである。
→ p.309 **2**

4 ① (ア)，(カ)，(ク)
② (ウ)，(エ)，(キ)
③ (イ)，(オ)
→ p.308 **1**，309 **2**

5 (1) アミロース
(2) アミロペクチン
(3) ヨウ素デンプン反応
(4) マルトース
→ p.309 **2**

310 第7編　高分子化合物の性質と利用

例題 138 **糖類の判別**

次の(1)～(5)の実験結果より，A～Fに相当する糖類を下から記号で選べ。
(1) A，B，Cはフェーリング液を還元したが，Dは還元しなかった。
(2) Dを希酸と加熱したら，A，Cの等モル混合物となった。
(3) Bを希酸と加熱したら，Aだけが得られた。
(4) E，Fは冷水に溶けないが，Eは温水に溶け，Fは熱水にも溶けなかった。
(5) Eの水溶液にヨウ素ヨウ化カリウム水溶液を加えると青紫色になった。

(ア) スクロース(ショ糖)	(イ) フルクトース(果糖)
(ウ) セルロース	(エ) グルコース(ブドウ糖)
(オ) マルトース(麦芽糖)	(カ) デンプン

考え方 糖類は**還元性**の有無で区別される。
単糖類…すべて還元性を示す。
二糖類…スクロース以外は還元性を示す。
多糖類…すべて還元性を示さない(非還元性)。
(1)，(2)より，還元性を示すA，B，Cは単糖類か，スクロース以外の二糖類である。
　Dは非還元性の二糖類の**スクロース**。加水分解で得られたA，Cはともに単糖類。よって，Bは二糖類の**マルトース**。

(3)より，Bのマルトースを加水分解して得られるAは**グルコース**。よって，Cはフルクトース。
(4)，(5)より，E，Fは多糖類だが，温水に溶けるEは**デンプン**。熱水にも溶けないFは**セルロース**である。
　デンプンEは，**ヨウ素デンプン反応**を示す。

解答 A…(エ) B…(オ) C…(イ)
　　　　D…(ア) E…(カ) F…(ウ)

例題 139 **単糖類の構造**

次の文の□□□に適する語句，〔　　〕に適する化学式を入れ，下の問いに答えよ。
　グルコースのように，分子式①〔　　　〕で表され，それ以上加水分解されない糖を②□□□という。グルコースの水溶液中では，α-グルコース(Ⅰ)が鎖状構造の(Ⅱ)を経て(Ⅲ)となり，これらが平衡状態となっている。
(1) 右図の(Ⅲ)の構造式を(Ⅰ)にならって記せ。
(2) グルコースの水溶液が還元性を示す理由を説明せよ。

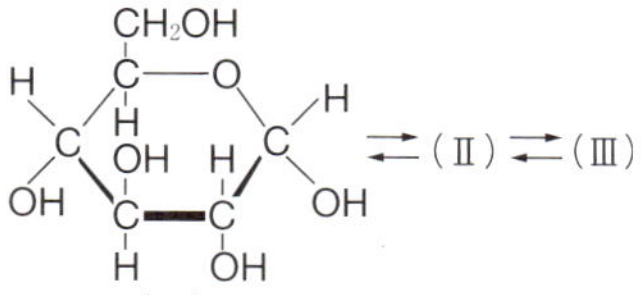

考え方 (1) α-グルコースを水に溶かすと，その一部は開環し，最終的にはα型：β型：鎖状構造≒1：2：少量 の平衡混合物となる。α-グルコースとβ-グルコースは，1位の炭素原子に結合する−Hと−OHの立体配置が異なる**立体異性体**である。
(2) グルコースの鎖状構造には**アルデヒド基**が存在するため，グルコースの水溶液は還元性を示す。すなわち，アンモニア性硝酸銀溶液を還元して銀を析出させたり(**銀鏡反応**)，フェーリング液を還元して酸化銅(Ⅰ)Cu_2Oの赤色沈殿を生成させる。

解答 ① $C_6H_{12}O_6$ ② 単糖類
(1) p.308のβ-グルコースの構造式を参照。
(2) 鎖状構造の中にアルデヒド基(ホルミル基)が存在するため。

35 糖類(炭水化物) **311**

例題 140　スクロースの構造

右のスクロースの構造式を参考にして、次の問いに答えよ。
(1) スクロースが加水分解したとき、生じる単糖類の名称をそれぞれ記せ。
(2) スクロースの水溶液が還元性を示さない理由を説明せよ。

考え方　(1) スクロース(ショ糖)は、単糖類 2 分子が脱水縮合した二糖類で、左側の六員環構造が α-グルコースに、右側の五員環構造が β-フルクトースに由来する。
(2) α-グルコースは、水溶液中で開環して鎖状構造となり、①(1 位)の炭素がアルデヒド基として存在するので還元性を示す。

β-フルクトースも水溶液中で開環して鎖状構造となり、②(2 位)の炭素がヒドロキシケトン基として存在するので還元性を示す。

スクロースは、α-グルコースの①(1 位)の −OH と、β-フルクトースの②(2 位)の −OH の間で脱水縮合した二糖である。

解答　(1) グルコース、フルクトース
(2) スクロースは、α-グルコースの 1 位の −OH と β-フルクトースの 2 位の −OH という還元性を示す部分どうしで縮合しており、水溶液中で開環できず、鎖状構造がとれないため。

例題 141　デンプンの加水分解

デンプン 32.4g を希塩酸と加熱して、完全にグルコースまで加水分解した。次の問いに答えよ。(原子量は H = 1.0, C = 12, O = 16)
(1) この加水分解で得られたグルコースの質量は何 g か。
(2) このグルコースをアルコール発酵して得られるエタノールは、理論上何 g か。

考え方　高分子化合物の計算のポイント
① まず、反応式をきちんと書く。
② 反応物と生成物の物質量の関係を正しく理解する(n も省略せずに考えること)。

(1) デンプンの加水分解の反応式は、
$(C_6H_{10}O_5)_n + nH_2O \longrightarrow nC_6H_{12}O_6$
反応式の係数比より、デンプン 1mol から、グルコース n[mol]が生成する。
デンプン、グルコースの分子量は、
$(C_6H_{10}O_5)_n = 162n$, $C_6H_{12}O_6 = 180$ より、得られるグルコースを x[g]とおくと、
$\dfrac{32.4}{162n} \times n = \dfrac{x}{180}$　∴　$x = 36.0$[g]

この高分子化合物の量的計算では、物質量は、n 倍になるが、分子量は $\dfrac{1}{n}$ になるので、結局、n の値がいくらであっても、分母・分子で消去されてしまう。

(2) アルコール発酵の反応式は、
$C_6H_{12}O_6 \longrightarrow 2C_2H_5OH + 2CO_2$
グルコース 1mol からエタノール 2mol が生成する。分子量は、$C_2H_5OH = 46.0$ より、生成するエタノールを y[g]とおくと、
$\dfrac{36.0}{180} \times 2 = \dfrac{y}{46.0}$　∴　$y = 18.4$[g]

解答　(1) 36.0g　(2) 18.4g

例題 142　デンプンの性質

次の文の　　　　に適当な語句を入れよ。

デンプンは植物の光合成でつくられ，通常，直鎖状の構造をもつ①　　　　と，枝分かれ構造をもつ②　　　　からなる。①は，ヨウ素デンプン反応は③　　　　色を示すが，②では④　　　　色を示す。また，デンプンに酵素⑤　　　　を作用させると，デキストリンを経て⑥　　　　を生じる。

考え方　デンプンの成分のうち，直鎖状の構造をもつものを**アミロース**といい，温水に溶ける。一方，枝分かれ構造をもつものを**アミロペクチン**といい，温水にも溶けない。

ヨウ素デンプン反応は，デンプンの1本のらせんが長い場合は濃青色に呈色し，らせんが短くなると，しだいに赤紫色→赤褐色→無色へと変化する。

アミロース
（1本のらせんが長い）

アミロペクチン
（1本のらせんが短い）

ヨウ素デンプン反応は，加熱するとデンプンのらせん構造からI_3^-などが離れるために青色が消え，冷やすともとの青色を示す。

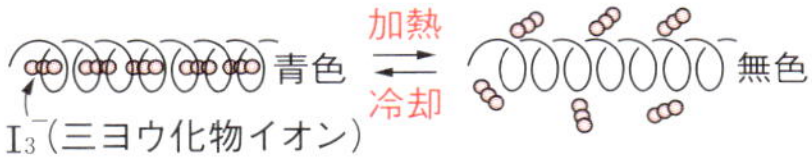

加熱
青色　⇄　無色
冷却
I_3^-（三ヨウ化物イオン）

アミロースに酵素アミラーゼを作用させると，最終的にマルトースに加水分解される。

アミロペクチンにアミラーゼを作用させると，完全にはマルトースまで分解されず，その枝分かれ部分がデキストリンとして残る。

解答　① アミロース　② アミロペクチン
③ 濃青　④ 赤紫　⑤ アミラーゼ
⑥ マルトース

例題 143　多糖類

次の文の　　　　に適当な語句を入れよ。

デンプンは多数の①　　　　が脱水縮合した高分子で，分子内の②　　　　により③　　　　構造をとるので，ヨウ素溶液により呈色する。一方，セルロースは多数の④　　　　が脱水縮合した高分子で，分子間の②により⑤　　　　構造をとるので，ヨウ素溶液により呈色しない。セルロースは植物細胞の細胞壁の主成分をなす。

考え方　デンプンはα-グルコースの縮合重合体で，1,4結合のみからなる直鎖状構造のアミロースと，1,4結合のほかに1,6結合をもち，枝分かれ構造のアミロペクチンからなる。

デンプンの水溶液にヨウ素溶液を加えると，そのらせん構造の中にI_3^-（三ヨウ化物イオン）などが取りこまれる。ヨウ素とデンプン分子の間で電荷移動が起こって呈色する。

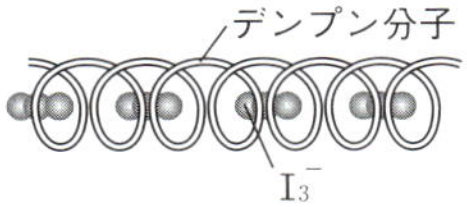

デンプン分子

I_3^-

セルロースはβ-グルコースの縮合重合体で，直線状構造をしており，ヨウ素溶液により呈色反応しない。また，平行に並んだ分子間では，多数の水素結合が形成され，強い繊維状の物質となる。

セルロースが熱水にも溶けないのは，分子間に多くの水素結合が形成されて，結晶化しているためである。

解答　① α-グルコース　② 水素結合
③ らせん　④ β-グルコース
⑤ 直線状

35 糖類（炭水化物）　313

標準問題

必は重要な必須問題。時間のないときはここから取り組む。

必413 □□ ◀単糖類と二糖類▶　次の文を読み，下の問いに答えよ。

　グルコースやフルクトースのように，分子式が^ア〔　　〕で表され，それ以上加水分解されない糖類を^イ□□□といい，いずれも水に溶けやすく甘味をもつ。グルコースの水溶液中には，α型，β型のほかに，^{ウ}□□□基をもつ鎖状構造が存在する。一方，フルクトースは最も甘味の強い糖で，グルコースとは^エ□□□異性体の関係にある。水溶液中には，α型，β型のほかに，^{オ}□□□基をもつ鎖状構造が存在するため，還元性を示す。

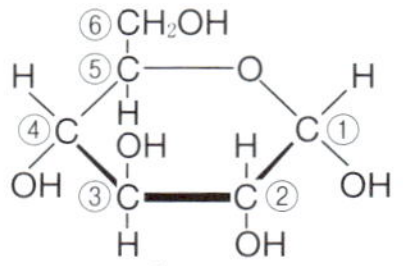

α-グルコース

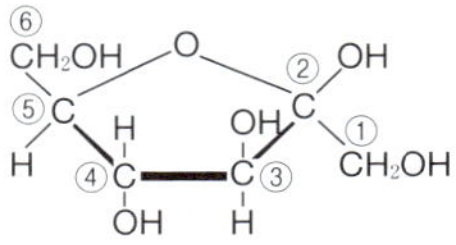

β-フルクトース

　マルトースやスクロースのように分子式が^カ〔　　〕で表され，加水分解で単糖2分子を生じる糖類を^キ□□□という。マルトースは2分子のα-グルコースが縮合した構造を，スクロースはα-グルコースとβ-フルクトースが縮合した構造をもつ。スクロースの水溶液は還元性を^ク□□□が，希酸や酵素^ケ□□□で加水分解すると，^{コ}□□□とよばれる単糖の混合物が得られ，還元性を^サ□□□。

(1)　上の文の□□□に適する語句を，〔　　〕には適する化学式を記入せよ。

(2)　マルトースとスクロースの構造式を，右上の構造式にならって記せ。

(3)　スクロース2.4gを完全に加水分解して得られた単糖の混合物に，フェーリング液を十分に加えて熱すると，何gの赤色沈殿が生じるか。ただし，単糖1molから酸化銅(Ⅰ)1molが生成するものとし，原子量は $H = 1.0$，$C = 12$，$O = 16$，$Cu = 63.5$ とする。

必414 □□ ◀多糖類▶　次の文の□□□に適当な語句，または化学式を入れ，下の問いに答えよ。原子量は $H = 1.0$，$C = 12$，$O = 16$ とする。

　デンプンは，多数の^①□□□が縮合重合した構造をもつ高分子化合物で，分子内の水素結合により^②□□□状の構造をとり，その水溶液にヨウ素ヨウ化カリウム水溶液を加えると青紫色になる。この呈色反応を^③□□□という。

　デンプンは，一般に，直鎖状構造で温水に可溶な^④□□□と，枝分かれ構造をもち温水に不溶な^⑤□□□の混合物であるが，モチ米のように⑤のみからなるデンプンもある。

　デンプンを希酸を触媒として加水分解すると，^{⑥}□□□を生成するが，酵素アミラーゼを用いて加水分解すると^⑦□□□を経て，マルトースが生成する。

　なお，動物体内にも⑤と似た構造をもつ多糖が存在し，これを^⑧□□□という。

　一方，セルロースは，多数の^⑨□□□が縮合重合した構造をもつ高分子化合物で，分子間の水素結合により^⑩□□□状の構造をとり，熱水にも溶けず，ヨウ素とも呈色反応をしない。セルロースを酵素^⑪□□□を用いて加水分解すると，二糖類の^⑫□□□が生成し，さらに酵素^⑬□□□がはたらくと，最終的に^⑭□□□が生成する。

〔問〕　デンプン9.0gを希硫酸で完全に加水分解すると何gのグルコースが生じるか。

415 □□ ◀糖類の分類▶ (1)～(4)の結果から，A～Hに該当する糖類を下の語群から選べ。

(1) A～Fはいずれも常温の水によく溶けたが，G，Hは溶けなかった。そこで，温水を加えたところ，Gは溶けたがHは不溶であった。

(2) D，G，Hを除き，いずれもフェーリング液を還元し，赤色沈殿を生成した。

(3) Dを希酸と煮沸したらAとCの等量混合物が得られた。同様に，Eを希酸と煮沸したらAとFの等量混合物が得られた。

(4) Bを希酸と煮沸したらAのみが得られた。

【語群】
| フルクトース | スクロース | グルコース | ガラクトース |
| マルトース | セルロース | ラクトース | デンプン |

416 □□ ◀糖類▶ 次の(1)～(8)の記述のうち，正しいものをすべて選べ。

(1) グルコースとフルクトースは還元性を示し，鎖状構造はアルデヒド基をもつ。

(2) スクロースは，グルコースとフルクトースが脱水縮合した構造で還元性を示す。

(3) グルコースは環状構造でも鎖状構造でも，同数のヒドロキシ基をもつ。

(4) グルコース1分子が完全にアルコール発酵すると，エタノール2分子を生じる。

(5) セルロースを希硫酸で加水分解すると，マルトースを経てグルコースを生じる。

(6) グルコースとフルクトースは，互いに立体異性体の関係にある。

(7) 酸を触媒としてデンプンを加水分解すると α-グルコースのみが得られ，セルロースを同様に加水分解すると β-グルコースのみが得られる。

(8) セルロースに濃硝酸と濃硫酸の混合物を反応させたものは，ニトロ化合物である。

必 417 □□ ◀単糖類の構造▶ 次の文を読み，あとの各問いに答えよ。

糖類のうち，それ以上加水分解されないものを①(　　)という。①は分子中に多くの②(　　)基をもち，水に溶けやすく，甘みがある。グルコースは③(　　)ともよばれ，結晶中では下図のA，Bのような環状構造をとる。水溶液中では④(　　)基をもつ鎖状構造も存在するため，フェーリング液を還元し，化学式⑤(　　)の赤色沈殿を生成する。グルコースに酵母菌を加えると，酵素群チマーゼによって⑥(　　)と二酸化炭素に分解される。この過程を⑦(　　)という。フルクトースは⑧(　　)ともよばれ，最も甘味が強く，グルコースの⑨(　　)異性体である。

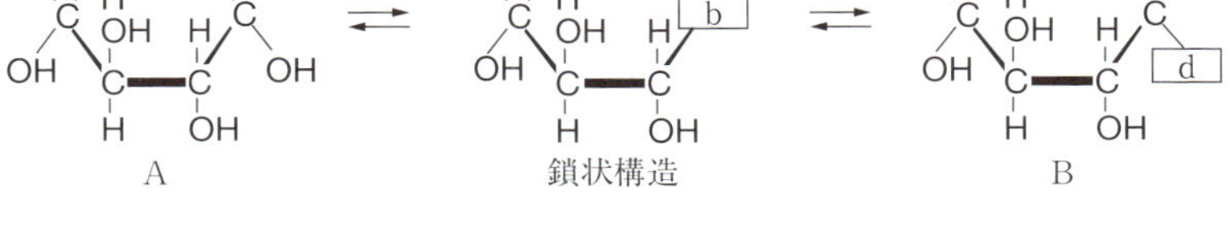

35 糖類（炭水化物） 315

(1) 文中の( )に適する語句や化学式を入れよ。
(2) 図中のA, Bの物質名と, □□□ に適する構造を答えよ。
(3) 構造Aのグルコースには，不斉炭素原子がいくつあるか。
(4) フルクトースの還元性の原因となる構造を次の(ア)～(オ)から選び，記号で答えよ。
(ア) −CH₂OH　　(イ) −OH　　(ウ) −CHO　　(エ) −COOH　　(オ) −COCH₂OH

発展問題

418 □□ ◀デンプンの構造▶　次の文の □□□ に適する数値(整数)を入れよ。原子量は H = 1.0, C = 12, O = 16 とする。

ある植物の種子から得た分子量 4.05×10^5 のデンプンがある。このデンプンは① □□□ 個のグルコースが脱水縮合したものである。

このデンプンの −OH にメチル基を導入(メチル化)して，すべて −CH₃O としたのち，希硫酸で加水分解すると，次のA～Cの化合物が得られた。

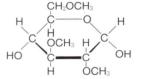
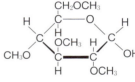

A：分子式 C₉H₁₈O₆　　B：分子式 C₈H₁₆O₆　　C：分子式 C₁₀H₂₀O₆

いま，このデンプン 2.430g を完全にメチル化し加水分解すると，A が 3.064g，B は 0.125g，C は 0.142g 生じた。

この結果から，A, B, C の分子数の比は，② □□□ : 1 : 1 となる。したがって，このデンプンではグルコース③ □□□ 分子あたり1個の割合で枝分かれがあり，このデンプン1分子中には④ □□□ か所の枝分かれが存在していることになる。

419 □□ ◀二糖類の異性体▶　次の文の □□□ に適する数値(整数)を入れよ。

二糖類は，単糖2分子がグリコシド結合でつながった構造をもつ。ただし，グリコシド結合とは，一方の単糖の1位の −OH と他方の単糖の −OH との間で脱水縮合してできたエーテル結合(C−O−C)のことである。

いま，2つの六員環構造のグルコース分子がグリコシド結合でつながった二糖分子Aの異性体について考えよう。ただし，六員環構造のグルコースには，α型，β型の2種類の立体異性体が存在することを考慮するものとする。二糖分子Aのうち，水溶液が還元性を示さないものはア □□□ 種類あり，水溶液が還元性を示すものはイ □□□ 種類ある。また，二糖分子Aの水溶液が平衡状態になったとき，同じ組成の平衡混合物になるものはまとめて1種類とみなすとすると，二糖分子Aの水溶液はウ □□□ 種類存在することになる。

化　学

36 アミノ酸とタンパク質，核酸

1 アミノ酸

❶α-アミノ酸　$R-CH(NH_2)-COOH$　同一の炭素原子にアミノ基$-NH_2$とカルボキシ基$-COOH$が結合した化合物。タンパク質は約20種のα-アミノ酸で構成される。

(a)グリシン以外は，不斉炭素原子をもち，鏡像異性体が存在。

(b)**ニンヒドリン反応**　ニンヒドリン溶液と加熱すると，紫色に呈色。

(c)酸・塩基とも反応する**両性化合物**で，結晶中では分子内塩をつくり，双性イオンの形で存在する。

(d)比較的融点が高く，水に溶けやすく，有機溶媒に溶けにくい。

名称	側鎖(R)	等電点
グリシン	$-H$	6.0
アラニン	$-CH_3$	6.0
セリン	$-CH_2-OH$	5.7
システイン	$-CH_2-SH$	5.1
リシン	$-CH_2-CH_2-CH_2-CH_2-NH_2$	9.7
アスパラギン酸	$-CH_2-COOH$	2.8
グルタミン酸	$-CH_2-CH_2-COOH$	3.2
メチオニン	$-CH_2-CH_2-S-CH_3$	5.7
フェニルアラニン	$-CH_2\bigcirc$	5.5
チロシン	$-CH_2\bigcirc-OH$	5.7

□中性アミノ酸　▨酸性アミノ酸　▨塩基性アミノ酸

(e)水溶液の pH により，その電荷の状態が次のように変化し，平衡状態にある。

$$\underset{\substack{\text{陽イオン}\\\text{(酸性溶液中)}}}{H_3N^+-\overset{R}{\underset{}{CH}}-COOH} \underset{H^+}{\overset{OH^-}{\rightleftarrows}} \underset{\substack{\text{双性イオン}\\\text{(等電点)}}}{H_3N^+-\overset{R}{\underset{}{CH}}-COO^-} \underset{H^+}{\overset{OH^-}{\rightleftarrows}} \underset{\substack{\text{陰イオン}\\\text{(塩基性溶液中)}}}{H_2N-\overset{R}{\underset{}{CH}}-COO^-}$$

※中性アミノ酸を水に溶かすと，双性イオンの濃度が最も大きくなる。その水溶液を酸性にすると上記の平衡が左に移動して陽イオンが多くなり，塩基性にすると平衡が右へ移動して陰イオンが多くなる。

(f)**等電点**　アミノ酸の電荷が全体として 0 になる pH の値。このとき，電気泳動をしてもアミノ酸は移動しない。等電点の違いで，各アミノ酸が分離できる。

❷ペプチド　複数のアミノ酸が**ペプチド結合**($-CONH-$)でつながった化合物。

$$H-\overset{R}{\underset{H}{N}}-\overset{O}{\underset{H}{C}}-\boxed{OH + H}-\overset{R'}{\underset{H}{N}}-\overset{O}{\underset{H}{C}}-OH \xrightarrow{-H_2O} H-\overset{R}{\underset{H}{N}}-\overset{O}{\underset{H}{C}}-\boxed{\overset{O}{C}-\overset{}{\underset{H}{N}}}-\overset{R'}{\underset{H}{C}}-\overset{O}{\underset{H}{C}}-OH + H_2O$$

脱水縮合

※アミノ酸2個のものを**ジペプチド**，3個のものを**トリペプチド**，多数のものを**ポリペプチド**という。ポリペプチドのうち構成アミノ酸の数が数十個以上で，特有の機能をもつものを**タンパク質**とよぶ。

2 タンパク質

❶タンパク質　多数の α-アミノ酸が**ペプチド結合**によってつながった高分子化合物（ポリペプチド）。

❷タンパク質の構造　タンパク質の二次構造以上を**高次構造**という。

(a)タンパク質の種類は，基本的にアミノ酸の配列順序（一次構造）で決まる。

36 アミノ酸とタンパク質，核酸　**317**

(b) ペプチド結合の部分ではたらく**水素結合**により、らせん状(**α-ヘリックス**)構造や、波板状(**β-シート**)構造などの規則正しい部分構造(**二次構造**)ができる。
(c) 側鎖(R−)の間にはたらく種々の相互作用や、**ジスルフィド結合**(S−S)などによりポリペプチド鎖が折りたたまれて、特定の立体構造(**三次構造**)ができる。
(d) 三次構造がいくつか集まって(**四次構造**)、まとまったはたらきをする場合がある。

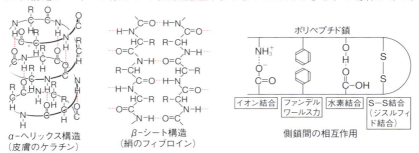

α-ヘリックス構造　　β-シート構造　　側鎖間の相互作用
(皮膚のケラチン)　　(絹のフィブロイン)

❸ **タンパク質の変性**　熱、強酸、強塩基、有機溶媒、重金属イオン(Cu^{2+}, Pb^{2+}, Hg^{2+}など)によってタンパク質の高次構造が壊れ、タンパク質が凝固・沈殿する現象。タンパク質は、通常、約60℃〜70℃で変性する。一度、変性したタンパク質をもとに戻すことは難しい。

❹ **塩析**　タンパク質は**親水コロイド**なので、その水溶液に多量の電解質を加えると、水和水が奪われて沈殿する。もとの状態に戻すことは可能。

❺ **タンパク質の分類**　アミノ酸だけからなる**単純タンパク質**といい、アミノ酸以外に糖、リン酸、色素、核酸などを含むものを**複合タンパク質**という。このほか、分子の形が球状をした**球状タンパク質**、繊維状をした**繊維状タンパク質**に分けられる。

単純タンパク質	球状	アルブミン	水に可溶。卵白・血清アルブミンなど。
		グロブリン	水に不溶。食塩水に可溶。卵白・血清グロブリンなど。
		グルテリン	水に不溶。酸・アルカリに可溶。小麦など。
	繊維状	ケラチン	毛髪、爪など。動物体の保護の役割。
		コラーゲン	軟骨、腱、皮膚など。動物体の組織の結合。
		フィブロイン	絹糸、クモの糸。

複合タンパク質	糖タンパク質	糖が結合したもの。ムチン(だ液)
	リンタンパク質	リン酸が結合したもの。カゼイン(牛乳)
	色素タンパク質	色素が結合したもの。ヘモグロビン(血液)
	核タンパク質	核酸が結合したもの。ヒストン(細胞の核)
	リポタンパク質	脂質が結合したもの。LDL、HDL[1](血液中)

*1) LDL…低密度リポタンパク質、HDL…高密度リポタンパク質

❻ タンパク質の呈色反応

呈色反応	操作方法	呈色	原因
ビウレット反応	NaOHaq を加えたのち,少量の CuSO₄aq を加える。	赤紫色	Cu^{2+} がペプチド結合と錯イオンを形成
キサントプロテイン反応	濃 HNO₃ を加え加熱する。冷却後,NH₃水を加える。	黄色 橙黄色	ベンゼン環に対するニトロ化
硫黄反応	NaOH(固)と加熱後,(CH₃COO)₂Pbaq を加える。	黒色 (PbS)	硫黄との反応(含硫アミノ酸の検出)
ニンヒドリン反応	ニンヒドリン aq を加え,加熱。	紫色	遊離 NH₂ 基の反応

3 酵素

❶ **酵素** 生体内でつくられる**触媒作用**をもつ物質。主成分は**タンパク質**。

※酵素(生体触媒)に対して,Pt や MnO₂ のような触媒を**無機触媒**という。

❷ **基質特異性** 酵素が,それぞれ決まった物質(基質)にだけ作用する性質。

例 酵素アミラーゼは,デンプンを分解するが,セルロースは分解できない。
⇒酵素のはたらきは,酵素の中のある特定の部分(**活性部位**)で行われるため。

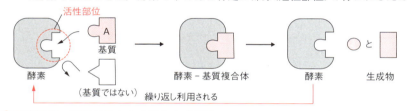

❸ **最適温度** 酵素が最もよくはたらく温度。

多くの酵素の最適温度は,35℃~40℃。

高温(60℃~)では,酵素ははたらきを失う(**失活**)。
⇒酵素のタンパク質が熱により**変性**するため。

❹ **最適 pH** 酵素が最もよくはたらく pH。

多くの酵素の最適 pH は,中性(pH = 7)付近。
⇒酸性,塩基性が強くなると,タンパク質が変性する。

例外 ペプシン(胃液 pH ≒ 2),トリプシン(膵液 pH ≒ 8)

❺ **補酵素** 酵素のはたらきに必要な成分を**補助因子**という。このうち酵素のはたらきを調節する低分子の有機化合物を**補酵素**といい,熱に比較的強い。

例 脱水素酵素の補酵素 NAD,NADP,ビタミン B 群など。

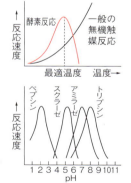

❻ **酵素の種類** 基質の種類ごとに,3000 種類以上の酵素が存在する(ヒトの場合)。

種類	はたらき	種類	はたらき
加水分解酵素	基質に水を加えて分解する。	合成酵素	単量体から重合体をつくる。
酸化還元酵素	基質を酸化・還元する。	転移酵素	基質から基を別の分子に移動する。
脱離酵素	基質から基や分子を取り去る。	異性化酵素	基質中の原子の配列を変える。

36 アミノ酸とタンパク質,核酸

化学

4 核酸

❶ **核酸** 生物の遺伝情報を担い，遺伝現象の重要な役割をもつ高分子化合物。

❷ **ヌクレオチド** リン酸，糖，塩基各1分子が結合した化合物を**ヌクレオチド**という。核酸は，多数のヌクレオチドが，糖とリン酸の部分で脱水縮合してできた鎖状の高分子化合物（**ポリヌクレオチド**）である。

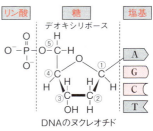

DNAのヌクレオチド
②の下側のHがOHにかわった糖がリボースである。

❸ **DNA デオキシリボ核酸** 主に核に存在する。遺伝子の本体で，2本鎖の構造をもつ。

❹ **RNA リボ核酸** 核と細胞質の両方に存在。タンパク質の合成に関与し，主に1本鎖の構造をもつ。

	DNA	RNA
糖	デオキシリボース($C_5H_{10}O_4$)	リボース($C_5H_{10}O_5$)
塩基	アデニン(A)，チミン(T) グアニン(G)，シトシン(C)	アデニン(A)，ウラシル(U) グアニン(G)，シトシン(C)
分子量	$10^6 \sim 10^8$	$10^4 \sim 10^6$
はたらき	遺伝情報の保持，複製など。	遺伝情報の転写，翻訳など。

❺ **DNAの二重らせん構造**

(a) **シャルガフの法則** DNAの塩基組成を調べると，どの生物でも，AとT，GとCの割合はほぼ等しい(1949年)。

生物＼塩基	A	G	C	T
ヒト	30.9	19.9	19.8	29.4
酵母菌	31.3	18.7	17.1	32.9
大腸菌	24.7	26.0	25.7	23.6
バッタ	29.3	20.5	20.7	29.3

（単位：モル％）

(b) **DNAのX線回折像** ウィルキンスとフランクリンは，DNAがらせん構造をもつことを示唆するX線回折像の撮影に成功した(1952年)。

(c) **二重らせん構造** ワトソンとクリックは，2本のDNAのヌクレオチド鎖が，AとT，GとCという相補的な塩基どうしの水素結合によって結ばれ，分子全体が大きならせんを描いているモデルを発表した(1953年)。このような構造を，**DNAの二重らせん構造**という。

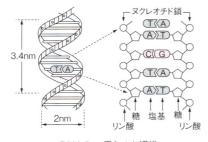

DNAの二重らせん構造

※各塩基どうしが水素結合をつくる相手は，AとT，GとCに決まっている。この関係を**相補性**という。

A, T, G, Cの塩基配列が全生物に共通する遺伝情報として利用されている。

(d) **DNAの複製** 細胞分裂の前には，DNAの2本鎖が部分的にほどけて1本鎖となり，各鎖が鋳型となってもとの2本鎖DNAと全く同じDNA鎖がつくられる。

確認&チェック

1 次の問いに答えよ。
(1) 不斉炭素原子をもたない α-アミノ酸は何か。
(2) タンパク質を構成する α-アミノ酸は何種類あるか。
(3) 結晶中では，アミノ酸はどんな形で存在しているか。
(4) 側鎖(-R)に-COOHをもつアミノ酸を何というか。
(5) 側鎖(-R)に-NH$_2$をもつアミノ酸を何というか。

2 タンパク質は，次の(A)～(D)のような構造に分けられる。下の問いに答えよ。

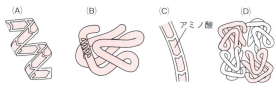

(1) それぞれのタンパク質の構造を，何構造というか。
(2) 高次構造に該当しないものは，(A)～(D)のうちどれか。
(3) 血液中のヘモグロビンの構造は，(A)～(D)のうちどれか。

3 タンパク質の水溶液に次の操作を行うと何色を呈するか。
(1) NaOH水溶液を加え，硫酸銅(Ⅱ)水溶液を少量加える。
(2) 濃硝酸を加えて加熱する。
(3) NaOH(固)を加えて熱し，酢酸鉛(Ⅱ)水溶液を加える。
(4) ニンヒドリン水溶液を加えて加熱する。

4 酵素について次の問いに答えよ。
(1) 酵素が最もよくはたらく温度を何というか。
(2) 酵素が最もよくはたらくpHを何というか。
(3) 酵素が決まった基質にだけ作用する性質を何というか。
(4) 酵素の主成分は何という物質か。

5 核酸について次の問いに答えよ。
(1) 核酸を構成するリン酸・糖・塩基が結合した物質を何というか。
(2) 遺伝子の本体としてはたらく核酸を何というか。
(3) タンパク質の合成に関与する核酸を何というか。
(4) DNAの立体構造は，一般に何とよばれているか。

解答

1 (1) グリシン
(2) 20種類
(3) 双性イオン
(4) 酸性アミノ酸
(5) 塩基性アミノ酸
→ p.317 ①

2 (1)(A) 二次構造
(B) 三次構造
(C) 一次構造
(D) 四次構造
(2) (C) (3) (D)
➡ヘモグロビンは，4つの三次構造(サブユニット)が集まってできている。
→ p.317 ②

3 (1) 赤紫色
(2) 黄色
(3) 黒色
(4) 紫色
→ p.319 ②

4 (1) 最適温度
(2) 最適pH
(3) 基質特異性
(4) タンパク質
→ p.319 ③

5 (1) ヌクレオチド
(2) DNA
(3) RNA
(4) 二重らせん構造
→ p.320 ④

36 アミノ酸とタンパク質，核酸

例題 144　**アミノ酸**

次の文を読み，あとの各問いに答えよ。

α-アミノ酸は，分子中の同じ炭素原子に酸性の^{①}□□□□基と塩基性の^{②}□□□□基が結合した構造をもち，酸・塩基の両方の性質を示す^{③}□□□□化合物である。アミノ酸は結晶中では$_{(A)}{}^{④}$□□□□イオンとして存在するが，$_{(B)}$酸性の水溶液，$_{(C)}$塩基性の水溶液ではそれぞれ異なるイオンとして存在する。

例
```
      H
      |
R − C − COOH
      |
      NH₂
```

(1) 上の文の□□□□に適当な語句を入れよ。

(2) 下線部(A)，(B)，(C)の各イオンの構造式を(例)にならって示せ。

考え方 (1) アミノ酸は分子中に酸性の$-COOH$と，塩基性の$-NH_2$の両方をもつので，**両性化合物**である。アミノ酸は，結晶中では，$-COOH$から$-NH_2$へH^+が移って分子内塩をつくり，双性イオンとして存在する。そのため，有機物でありながら，イオン結晶のように融点が高く，水に溶けやすく，有機溶媒に溶けにくい。

(2) α-アミノ酸の水溶液では，その pH に応じて，次のように電荷の状態が変化し，3種類のイオンが平衡状態にある。

陽イオン		双性イオン		陰イオン
R−CHCOOH	$\underset{H^+}{\overset{OH^-}{\rightleftharpoons}}$	R−CHCOO⁻	$\underset{H^+}{\overset{OH^-}{\rightleftharpoons}}$	R−CHCOO⁻
$\quad$NH₃⁺		$\quad$NH₃⁺		$\quad$NH₂

双性イオンは強酸性水溶液中ではH^+を受け取って陽イオンになり，強塩基性水溶液中ではH^+を放出して陰イオンとなる。中性水溶液中では主に双性イオンとして存在する（中性アミノ酸の場合）。

解答　① カルボキシ　② アミノ　③ 両性　④ 双性

(A)
```
      H
      |
R − C − COO⁻
      |
      NH₃⁺
```
(B)
```
      H
      |
R − C − COOH
      |
      NH₃⁺
```
(C)
```
      H
      |
R − C − COO⁻
      |
      NH₂
```

例題 145　**ジペプチド**

分子量が 200 以下のあるジペプチドを加水分解して，α-アミノ酸 A，B を単離したところ，アミノ酸 A には鏡像異性体が存在しなかった。また，アミノ酸 B を元素分析したところ，その 0.178g から標準状態で 22.4mL の窒素 N_2 が発生した。これよりアミノ酸 A，B の示性式と名称をそれぞれ記せ。（H = 1.0, C = 12, N = 14, O = 16）

考え方 2分子のアミノ酸が脱水縮合してできた化合物をジペプチドという。

(i) 鏡像異性体が存在しないα-アミノ酸 A は，側鎖（R−）がH−である**グリシン**である。

(ii) アミノ酸 B から発生したN_2の物質量は，

$$\frac{22.4}{22400} = 1.00 \times 10^{-3}\,[mol]$$

α-アミノ酸 B 1分子に$-NH_2$を1個含むと，アミノ酸 1mol からN_2 0.5mol が発生する。アミノ酸 B の分子量をMとおくと，

$$\frac{0.178}{M} \times \frac{1}{2} = 1.00 \times 10^{-3} \quad \therefore \quad M = 89.0$$

アミノ酸 B が$-NH_2$を2個含むとする

と分子量は 178 となり，アミノ酸 A のグリシン（分子量 75）からなるジペプチドの分子量は，178 + 75 − 18 = 235 となり，題意に反する。よって，アミノ酸 B の分子量は 89 である。

α-アミノ酸の一般式は，下記の通りで，共通部分の分子量
```
R − CH − COOH
       |
       NH₂  (74)
```
は 74 である。よって，側鎖（R−）の分子量は 89 − 74 = 15 となり，メチル基（CH_3-）が該当する。したがって，アミノ酸 B はアラニンである。

解答　A：$CH_2(NH_2)COOH$，グリシン
B：$CH_3CH(NH_2)COOH$，アラニン

322　第7編　高分子化合物の性質と利用

| 例題 146 | タンパク質の呈色反応 |

次の文の[____]に適当な語句を入れよ。

(1) タンパク質の水溶液に濃硝酸を加えて加熱すると[①____]色の沈殿を生じた。冷却後,アンモニア水を加えて塩基性にすると[②____]色を呈した。この反応を[③____]という。

(2) タンパク質の水溶液に水酸化ナトリウム水溶液を加えた後,少量の硫酸銅(Ⅱ)水溶液を加えたら[④____]色を呈した。この反応を[⑤____]という。

(3) タンパク質の水溶液に水酸化ナトリウム(固体)を加えて加熱後,酢酸鉛(Ⅱ)水溶液を加えて[⑥____]色の沈殿を生じた場合,試料中の[⑦____]元素が検出される。

考え方 (1) タンパク質に濃硝酸を加えて加熱すると,次第にベンゼン環に対するニトロ化が進行して黄色に変化する。冷却後,アンモニア水を加えて溶液を塩基性にすると呈色が強くなり,橙黄色を示す。この反応は,**キサントプロテイン反応**とよばれる。

(2) この反応は**ビウレット反応**とよばれ,ペプチド結合($-CONH-$)の部分が Cu^{2+} と配位結合して錯イオンを生じることによって,赤紫色に呈色する。

2個以上のペプチド結合をもつ化合物(トリペプチド以上)であれば呈色する。

(3) タンパク質中の硫黄 S が,強塩基によって分解されて生じた S^{2-} が Pb^{2+} と反応して,硫化鉛(Ⅱ)PbS の黒色沈殿を生成する(硫黄反応)。この反応では,タンパク質中の硫黄元素(S)が検出できる。

解答 ① 黄 ② 橙黄
③ キサントプロテイン反応 ④ 赤紫
⑤ ビウレット反応 ⑥ 黒 ⑦ 硫黄

7-36

| 例題 147 | 酵素の性質 |

次の文の[____]に適当な語句を入れよ。また,下の問いにも答えよ。

生体内でつくられる触媒作用をもつ物質を[①____]といい,化学反応の[②____]を低下させることで,反応速度を増大させる。酵素が作用する物質を[③____]といい,酵素は特定の③にしか作用しない。これを酵素の[④____]という。酵素は,無機触媒とは異なり,高温ではそのはたらきを失う。酵素が最もよくはたらく温度を[⑤____]といい,一般に 35 ～ 40℃である。また,酵素が最もよくはたらく pH を[⑥____]という。酵素の主成分は[⑦____]であるが,その作用には[⑧____]という低分子の有機物が必要なものもある。

〔問〕 下線部の現象を何というか。また,このような現象が起こる理由を書け。

考え方 生体内でつくられる触媒作用をもつ物質を**酵素**といい,その主成分はタンパク質である。酵素のはたらきは,酵素の特定の部分(活性部位)で行われ,その構造に合致する物質(基質)とのみ反応できる。この性質を酵素の**基質特異性**という。

酵素には,その触媒作用に低分子の有機物(補酵素)や金属等を必要とするものもある。

※ビタミン B_1, B_2, B_6 などは補酵素としてはたらく。

酵素はタンパク質でできているため,高温や,強酸性,強塩基性では,不可逆的にその立体構造が変化し(変性),はたらきを失う(失活)。

解答 ① 酵素 ② 活性化エネルギー ③ 基質
④ 基質特異性 ⑤ 最適温度
⑥ 最適 pH ⑦ タンパク質 ⑧ 補酵素
〔問〕現象:失活 理由:酵素をつくるタンパク質が,熱によって変性するため。

36 アミノ酸とタンパク質,核酸 323

標準問題

420 ◀アミノ酸▶ 次の文の□□に適当な語句を入れ、下の問いに答えよ。

タンパク質を加水分解すると、約[1]□□種類のα-アミノ酸が生じる。α-アミノ酸は、[2]□□以外はすべて不斉炭素原子をもち、[3]□□が存在する。なお、タンパク質を構成するのは、すべて[4]□□型のα-アミノ酸である。α-アミノ酸は、一般式 R−CH(NH₂)COOH で表され、酸と塩基の両方の性質を示す[5]□□化合物である。そのため、結晶内で分子内塩をつくり、[6]□□として存在する。アミノ酸が水に可溶で、融点[7]□□ものが多いのは、この理由による。中性アミノ酸は、一般に,(A)酸性水溶液中では[8]□□イオン、(B)中性に近い水溶液中では[9]□□イオン、(C)塩基性水溶液中では[10]□□イオンとして存在する。また、アミノ酸がほぼ⑨のみで占められ、溶液全体の電荷が0になるときのpHを、そのアミノ酸の[11]□□という。
〔問〕 下線部(A), (B), (C)の各イオンの構造式を、α-アミノ酸の一般式にならって記せ。

421 ◀アミノ酸の分離▶ 次の文を読み、下の問いに答えよ。

α-アミノ酸の水溶液は、特定のpHにおいて双性イオンの状態になる。このとき、正、負の電荷がつりあい、全体としての電荷が0になる。このときのpHをα-アミノ酸の[1]□□といい、アラニンは6.0、グルタミン酸は3.2、リシンは9.7である。

アラニン、グルタミン酸、およびリシンが等物質量ずつ含まれている pH = 6.0 の水溶液がある。この混合水溶液の1滴を細長いろ紙の中央部に塗布した後、pH = 6.0 の緩衝液で湿らせ、左下図のような[2]□□装置にかけた。直流電圧を一定時間加えた後、ろ紙を乾燥し、これに[3]□□試薬を噴霧した。このろ紙をドライヤーで熱した結果、右下図のような3個の[4]□□色のスポット a, b, c が観察された。

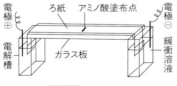 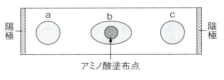

(1) 文中の□□に適切な語句を入れよ。
(2) スポット a～c は、文中の3つのアミノ酸の中のどれに由来するか答えよ。

422 ◀ペプチド▶ 2種類のα-アミノ酸 X, Y が複数個結合したペプチドがある。X は分子量が最小のα-アミノ酸で、Y は2番目に小さな分子量をもつα-アミノ酸である。このペプチド 32.2g を完全に加水分解すると、X が 22.5g、Y が 17.8g 生じた。次の問いに答えよ。(原子量は H = 1.0, C = 12, N = 14, O = 16)

(1) このペプチドを構成するα-アミノ酸 X と Y の名称をそれぞれ答えよ。
(2) このペプチドの分子量はいくらか。整数で答えよ。

必423 □□ ◀ペプチド▶　次の問いに答えよ。（原子量：H = 1.0，C = 12，O = 16）

(1) 分子量 3.7×10^4 のポリペプチドを加水分解すると，グリシンとアラニンが物質量比 2：1 の割合で生じた。このポリペプチド 1 分子中に含まれるペプチド結合の数を有効数字 2 桁で求めよ。

(2) グリシン 1 分子とアラニン 2 分子が縮合してできた鎖状のトリペプチドがある。この構造異性体は何種類あるか。

(3) グリシンとアラニンおよびフェニルアラニン各 1 分子が縮合してできた鎖状のトリペプチドがある。この構造異性体は何種類あるか。

424 □□ ◀トリペプチド▶　次の文を読み，下の問いに答えよ。原子量は H = 1.0，C = 12，N = 14，O = 16，S = 32 とする。

あるタンパク質を部分的に加水分解したところ，天然に存在する α–アミノ酸 A，B，C からなる鎖状のトリペプチドを単離した。α–アミノ酸 A は旋光性を示さなかったが，B，C は旋光性を示した。B の分子式は $C_9H_{11}NO_2$ で，キサントプロテイン反応を示した。

また，C の元素分析を行ったところ，C：29.8%，H：5.8%，N：11.6%，O：26.4% で，残りは S で，メチル基をもたず，分子量は 121 であった。

(1) α–アミノ酸 A，B，C を，それぞれ構造式で書け。

(2) トリペプチド X には，何種類の異性体が考えられるか。ただし，鏡像異性体の存在を考慮するものとする。

425 □□ ◀アミノ酸の電離平衡▶　次の文を読み，下の問いに答えよ。

グリシン水溶液中では，2 種のイオン A^+ および C^- と，双性イオン B との間に，次に示す平衡関係がある。ただし，$\log_{10}2 = 0.30$，$\log_{10}3 = 0.48$ とする。

$$\underset{A^+}{H_3N^+ - CH_2 - COOH} \underset{}{\overset{K_1}{\rightleftarrows}} \underset{B}{H_3N^+ - CH_2 - COO^-} + H^+ \quad \cdots\cdots ①$$

$$\underset{B}{H_3N^+ - CH_2 - COO^-} \overset{K_2}{\rightleftarrows} \underset{C^-}{H_2N - CH_2 - COO^-} + H^+ \quad \cdots\cdots ②$$

ここで，①，②式の電離定数は，$K_1 = 5.0 \times 10^{-3}$ mol/L，$K_2 = 2.0 \times 10^{-10}$ mol/L とする。

(1) グリシン水溶液に塩酸を加えて，pH を 3.5 に調整した。このとき，$\dfrac{[A^+]}{[C^-]}$ の濃度比はいくらになるか。

(2) $[A^+] = [C^-]$ となるとき，グリシン水溶液のもつ電荷は全体として 0 になる。このときの pH を小数第 1 位まで求めよ。

(3) 0.10 mol/L のグリシン水溶液 10 mL に，0.10 mol/L 水酸化ナトリウム水溶液 6.0 mL 加えた。この混合水溶液の pH を小数第 1 位まで求めよ。

必426 □□ ◀タンパク質の性質▶ 次の(1)〜(5)の反応，現象名を書け。また，文中の
□□□に最も適する色を，下の語群から選び記号で答えよ。

(1) タンパク質の水溶液に濃硝酸を加えて加熱すると □(ア)□ 色になる。さらにアン
モニア水を加えて塩基性にすると □(イ)□ 色になる。

(2) タンパク質の水溶液に水酸化ナトリウム水溶液を加えてから，少量の硫酸銅(Ⅱ)
水溶液を加えると □(ウ)□ 色になる。

(3) 卵白は無色透明だが，加熱すると □(エ)□ 色の沈殿に変化する。

(4) タンパク質やアミノ酸の水溶液にニンヒドリン溶液を加えて加熱すると， □(オ)□
色になる。

(5) タンパク質の水溶液に濃い水酸化ナトリウム水溶液を加えて加熱した後，酢酸鉛
(Ⅱ)水溶液を加えると □(カ)□ 色の沈殿を生じる。

【語群】
(a) 白　　　(b) 黒　　　(c) 黄　　　(d) 青
(e) 赤紫　　(f) 橙黄　　(g) 緑　　　(h) 紫

必427 □□ ◀タンパク質の構造▶ 次の文の□□□に適当な語句を入れ，下の問い
に答えよ。

a. タンパク質は多数のアミノ酸が ¹□□□ 結合で連結したポリペプチドからできて
いる。ポリペプチド鎖中のアミノ酸の配列順序をタンパク質の ²□□□ という。

b. タンパク質では，同じポリペプチド鎖内のペプチド結合の部分で，〉C＝O···H−N〈の
ように ³□□□ 結合が形成され，らせん状の ⁴□□□ 構造をつくったり，隣り合う
ポリペプチド鎖間で③結合が形成され，波板状の ⁵□□□ 構造をつくったりする。
このような部分構造をタンパク質の ⁶□□□ という。

c. さらに，ポリペプチド鎖は，一定の位置で，ジスルフィド結合(S−S 結合)をつ
くったり，側鎖(R−)間の相互作用によって折りたたまれ，特有の立体構造をつく
る。このような構造をタンパク質の ⁷□□□ という。

d. タンパク質が複数の⑦からなるとき，その全体をタンパク質の ⁸□□□ という。

(1) 下線部の相互作用の具体的な例を 2 つ答えよ。

(2) ジスルフィド結合を形成するアミノ酸の名称を書け。

(3) 次の A 〜 F のはたらきをもつタンパク質を，(ア)〜(キ)から重複なく選べ。

A　生体組織の構成成分　　　B　酵素　　　C　物質の輸送
D　生体防御　　　E　筋収縮　　　F　酸素の運搬
(ア) コラーゲン　　(イ) ヘモグロビン　　(ウ) アクチン　　(エ) ペプシン
(オ) アルブミン　　(カ) ケラチン　　(キ) 免疫グロブリン

428 □□ ◀タンパク質▶ 次の文で，正しいものには○，誤っているものには×をつけよ。

(1) すべてのタンパク質は，酵素としての機能をもつ。

(2) すべてのタンパク質は，加水分解すると α−アミノ酸だけを生じる。

326 第 7 編　高分子化合物の性質と利用

(3) すべてのタンパク質は，折りたたまれた球状の構造をとっている。

(4) タンパク質の変性は，タンパク質をつくるペプチド結合が切断されて起こる。

(5) タンパク質に含まれている硫黄は，水酸化ナトリウム水溶液を加えて加熱した後，酢酸鉛(Ⅱ)水溶液を加えると，黒色沈殿を生じることで検出できる。

(6) タンパク質の水溶液は，すべてビウレット反応を示す。

(7) タンパク質の水溶液は，すべてキサントプロテイン反応を示す。

(8) 熱によるタンパク質の変性は，アミノ酸の配列順序が変わるために起こる。

(9) 水に溶けたタンパク質はコロイド溶液であり，多量に無機塩類を加えると塩析が起こり沈殿が生じる。

(10) タンパク質に窒素が含まれていることは，タンパク質の水溶液に水酸化ナトリウムと少量の酢酸鉛(Ⅱ)水溶液を加えて加熱すると，色が変化することで検出する。

(11) 生命を維持するために生体内で合成されるアミノ酸を，必須アミノ酸という。

必429 □□ ◀ペプチドの構造決定▶　次の文を読み，下の問いに答えよ。

(A) ペプチドXは，一端にα-アミノ基(N末端)，他端にα-カルボキシ基(C末端)をもち，直鎖状であった。

(B) ペプチドXは，右表のアミノ酸5個からなる。

(C) N末端は酸性アミノ酸で，C末端は不斉炭素原子をもたないアミノ酸であった。

アミノ酸	略号
グリシン	Gly
グルタミン酸	Glu
システイン	Cys
チロシン	Tyr
リシン	Lys

(D) 塩基性アミノ酸のカルボキシ基側のペプチド結合のみを加水分解する酵素を作用させると，ペプチドⅠ，Ⅱが得られた。

(E) ペプチドⅠ，Ⅱのうち，Ⅱだけがビウレット反応を示した。

(F) 水酸化ナトリウム水溶液を加えて加熱し，酢酸鉛(Ⅱ)水溶液を加えたらペプチドⅠのみに黒色沈殿を生じた。

(G) 右表のアミノ酸の1つは，適当な条件下で酸化すると，二量体構造をもつアミノ酸に変化した。

(H) 濃硝酸を加えて加熱後，塩基性にすると，ペプチドⅡのみが橙黄色を示した。

(1) 下線部の反応で，新たに形成された化学結合の名称を記せ。

(2) ペプチドXのアミノ酸配列をN末端から略号で記せ。

(3) ペプチドⅡを完全に加水分解して得られたアミノ酸の酸性水溶液を，pH2.5の緩衝液中で電気泳動を行った。

　(a) 最も移動速度の大きいアミノ酸の名称を記せ。

　(b) そのアミノ酸は陽極・陰極どちらの方向に移動するか。

430 □□ ◀タンパク質の種類▶ 次の表の空欄に適する語句を，語群から記号で選べ。

単純タンパク質		複合タンパク質	
[①　　] 卵白，血液		ムチン	[⑥　　]
ケラチン 毛髪，[②　　]		カゼイン	[⑦　　]
[③　　] 絹糸		ヘモグロビン	[⑧　　]
グルテリン 米，[④　　]		ヒストン	[⑨　　]
[⑤　　] 皮膚，軟骨		ミオグロビン	筋肉

【語群】ア．血液　イ．爪
　　　　ウ．だ液　エ．牛乳
　　　　オ．小麦　カ．コラーゲン
　　　　キ．核　　ク．アルブミン
　　　　ケ．フィブロイン

431 □□ ◀タンパク質の定量▶ 大豆中のタンパク質の質量百分率を求めるため，次の実験を行った。大豆1.0gを分解して，タンパク質中の窒素をすべてアンモニアに変え，発生したアンモニアを0.050mol/Lの硫酸50mLに吸収させた。残っている硫酸を0.050mol/Lの水酸化ナトリウム水溶液で中和滴定したところ30mLを要した。この結果に基づいて，次の問いに答えよ。（原子量は H = 1.0，N = 14）

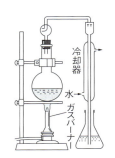

(1) 発生したアンモニアの物質量は何 mol か。
(2) 大豆のタンパク質が16％の窒素Nを含むものとすれば，もとの大豆中にはタンパク質は何％含まれていたか。発生したアンモニアの質量から求めよ。

必**432** □□ ◀酵素の性質▶ 次の文の□□に適当な語句を入れよ。
　酵素は，生物が生命活動を営むために行う種々の化学反応（①□□□という）を促進させるが，自身は変化を受けない一種の②□□□である。酵素は③□□□を主成分としているため，ある温度以上になると④□□□して失活する。酵素の反応に最も適した温度を⑤□□□といい，通常35～40℃で活性が最大となる。
　また，酵素は酸やアルカリの影響を受けやすく，各酵素が最もよくはたらくpHを⑥□□□という。多くの酵素は，pHが7付近で最もよくはたらくが，胃液に含まれる⑦□□□はpHが2付近で，膵液に含まれる⑧□□□はpHが8～9付近で活性が最大になる。1つの酵素は，特定の物質である⑨□□□にだけ作用する。この性質を酵素の⑩□□□という。

433 □□ ◀酵素の種類▶ 次の酵素の基質をA群，生成物をB群から記号で選べ。
(1) アミラーゼ　(2) スクラーゼ　(3) マルターゼ　(4) セルラーゼ
(5) ラクターゼ　(6) リパーゼ　(7) トリプシン　(8) カタラーゼ
[A群]　(ア)マルトース　(イ)スクロース　(ウ)セルロース　(エ)デンプン
　　　　(オ)ラクトース　(カ)タンパク質　(キ)脂肪　　　(ク)過酸化水素
[B群]　(a)グルコース　(b)フルクトース　(c)ガラクトース　(d)マルトース
　　　　(e)セロビオース　(f)モノグリセリド　(g)ポリペプチド　(h)脂肪酸
　　　　(i)ATP　　　(j)水　　(k)エタノール　(l)アミノ酸　(m)酸素

434 □□ ◀核酸▶ 次の記述のうち，DNA のみに該当するものは A，RNA のみに該当するものは B，両方に該当するものは C，両方に該当しないものは D と記せ。
(1) 塩基と糖およびリン酸からなる高分子化合物からできている。
(2) 構成塩基は，アデニン，グアニン，シトシン，チミンの 4 種である。
(3) 構成する糖は，デオキシリボース $C_5H_{10}O_4$ である。
(4) 多くは 1 本鎖の構造である。
(5) 核と細胞質の両方に存在する。
(6) C，H，O の 3 種類の元素からできている。

必**435** □□ ◀DNA の構造▶ 図は，DNA の構造を示す模式図である。次の問いに答えよ。
(1) DNA の正式名称を何というか。
(2) 図 2 の波線で囲んだ部分を何というか。
(3) 図 1 のような DNA の構造を何というか。また，この構造を初めて提唱した 2 人の人物名を答えよ。
(4) 図 2 の a〜d の各名称を答えよ。
(5) 図 2 に示した点線---を何結合というか。
(6) DNA の成分中で，A（アデニン）の占める割合が 27.5〔mol%〕であったとき，C（シトシン）の占める mol% を求めよ。

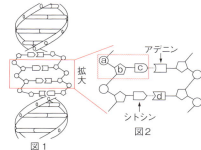
図 1　図 2

(7) DNA を構成する元素には，炭素，水素，酸素の他にあと 2 種類ある。その元素名を答えよ。
(8) DNA の二重らせん 1 回転には塩基対 10 個を含み，その長さは 3.4nm である。30 億個の塩基対をもつヒトの DNA の二重らせんの長さは何 m になるか。

436 □□ ◀核酸の塩基対▶ DNA 中ではシトシンとグアニンは右図のように塩基対を形成する（---は水素結合，R はデオキシリボース部分を示す）。
　ある塩基 A と 3 本の水素結合を形成する塩基は，①，②，③のどれか。また，形成される水素結合の様子を図のシトシン-グアニン塩基対にならって書け。

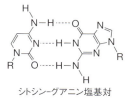
シトシン-グアニン塩基対

発展問題

437 □□ ◀ジペプチド▶　次の文の □ に当てはまる数値を答えよ。

　天然に存在する2種類のα-アミノ酸からなる分子量が204のジペプチドAがある。このAをエタノールを用いてエステル化すると分子量が56増え，無水酢酸を用いてアセチル化すると分子量が42増えた。また，Aをアセチル化した化合物はビウレット反応を示した。したがって，Aには1分子あたりアミノ基が[1] □ 個，カルボキシ基が[2] □ 個含まれている。また，上に述べた性質を満たすAの異性体には，鏡像異性体も含めて全部で[3] □ 種類考えられる。

438 □□ ◀合成甘味料，アスパルテーム▶　次の文を読み，下の問いに答えよ。H = 1.0, C = 12, N = 14, O = 16とする。

　スクロースの約180倍の甘味を有する合成甘味料Aは，ジペプチドのエステルであり，分子量は294である。Aの元素組成を調べたところ，炭素57.1%，水素6.2%，窒素9.5%，酸素27.2%の結果が得られた。

　酸を触媒に用いてAを加水分解すると，化合物B，Cおよびメタノールが得られた。B，Cはともに天然に存在するα-アミノ酸である。一方，酵素を用いてAを加水分解すると，化合物B，Dが得られ，Dの分子式は$C_{10}H_{13}NO_2$であった。化合物Bの水溶液は弱酸性を示し，化合物Cはメチル基をもたず，キサントプロテイン反応が陽性であった。また，Aはβ-アミノ酸としての構造をもつことがわかった。

　(注)下線部は，「α-アミノ酸としての構造をもたない」と考えてもよい。

(1)　合成甘味料Aの分子式を記せ。　(2)　α-アミノ酸BおよびCの構造式を記せ。

(3)　合成甘味料Aの構造式を記せ。

439 □□ ◀ペプチドの構造▶　ペプチドAのアミノ酸配列をN末端から略号で表せ。

① ペプチドAは，構成する各アミノ酸のα-アミノ基（N末端という）とα-カルボキシ基（C末端という）が脱水縮合したもので，一端にα-アミノ基，他端にα-カルボキシ基をもつ。

② ペプチドAは，右表に示したアミノ酸7個からなる。

③ ペプチドAのC末端は酸性アミノ酸で，N末端は不斉炭素原子をもたないアミノ酸である。

④ 塩基性アミノ酸のカルボキシ基側のペプチド結合のみを加水分解する酵素をペプチドAに作用させると，ペプチドB，Cおよびグルタミン酸が生成した。

アミノ酸	略号
グリシン	Gly
アラニン	Ala
グルタミン酸	Glu
セリン	Ser
リシン	Lys
ロイシン	Leu

⑤ ペプチドB，Cのうち，Bだけがビウレット反応を示した。

⑥ ペプチドBを2つのペプチドに部分的に加水分解すると，一方はリシンとロイシン，他方はアラニンとグリシンからなることがわかった。

330　第7編　高分子化合物の性質と利用

37 プラスチック・ゴム

1 合成高分子化合物

❶ **高分子化合物（高分子）** 分子量が 10000 以上の化合物。

❷ **合成高分子化合物** 分子量の小さな**単量体（モノマー）**を重合させると、**重合体（ポリマー）**が得られる。重合体をつくる単量体の数を、**重合度**といい、n で表す。

付加重合	C=C 結合をもつ単量体が二重結合を開きながら重合する。
縮合重合	単量体どうしの間で水などの簡単な分子がとれながら重合する。

共重合 2種類以上の単量体が重合すること。

開環重合 環状構造の単量体が、環を開きながら重合すること。

❸ **合成高分子化合物の性質**
(1) 分子量が一定でない。
(2) 明確な融点を示さない。
(3) 溶媒に溶けにくく、電気を導かない。
(4) 結晶領域と非結晶領域を合わせもつ。

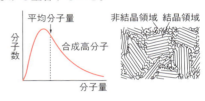

2 プラスチック（合成樹脂）

❶ **合成樹脂** 合成繊維、合成ゴム以外の合成高分子で、成型・加工が可能なもの。

熱可塑性樹脂	加熱すると軟化し、冷やすと硬くなる性質（熱可塑性）をもつ。**鎖状構造**の高分子。	付加重合で得られるすべての高分子。2個の官能基をもつ単量体（2官能性モノマー）どうしが縮合重合して得られる高分子。
熱硬化性樹脂	加熱すると硬くなり、再び軟化しない性質（熱硬化性）をもつ。**立体網目状構造**の高分子。	3個の官能基をもつ単量体（3官能性モノマー）以上が付加縮合して得られる高分子。

❷ **付加重合で得られる合成樹脂**（付加重合体）

性質	名称	単量体	重合反応の形式	X の化学式
熱可塑性	ポリエチレン	エチレン	$n\,\mathrm{C{=}C} \longrightarrow [\mathrm{C{-}C}]_n$ (H, H, X)	$-\mathrm{H}$
	ポリ塩化ビニル	塩化ビニル		$-\mathrm{Cl}$
	ポリプロピレン	プロピレン		$-\mathrm{CH_3}$
	ポリスチレン	スチレン		$-\mathrm{C_6H_5}$
	ポリ酢酸ビニル	酢酸ビニル		$-\mathrm{OCOCH_3}$
	ポリアクリロニトリル	アクリロニトリル		$-\mathrm{CN}$

※ メタクリル酸メチル $\mathrm{CH_2{=}C(CH_3)COOCH_3}$ を付加重合させたメタクリル樹脂や、塩化ビニリデン $\mathrm{CH_2{=}CCl_2}$ を付加重合させたポリ塩化ビニリデンもある。

※ テトラフルオロエチレン $\mathrm{CF_2{=}CF_2}$ を付加重合させたポリテトラフルオロエチレン（テフロン®）は、耐熱性、耐薬品性が大きく、摩擦係数が小さい。

❸ 縮合重合で得られる合成樹脂（縮合重合体）

性質	名称(一般名)	単量体	重合体	用途
熱可塑性	ナイロン66（ポリアミド）	アジピン酸, ヘキサメチレンジアミン	$[-C(=O)-(CH_2)_4-C(=O)-N(H)-(CH_2)_6-N(H)-]_n$	合成繊維としても利用される。
熱可塑性	ポリエチレンテレフタラート（ポリエステル, PET）	テレフタル酸, エチレングリコール	$[-C(=O)-C_6H_4-C(=O)-O-(CH_2)_2-O-]_n$	
熱可塑性	ポリカーボネート	ビスフェノール, ホスゲン	$[-O-C_6H_4-C(CH_3)_2-C_6H_4-O-C(=O)-]_n$	ヘルメット, CD基盤など

❹ 付加縮合で得られる合成樹脂（付加縮合体）

単量体の付加反応と縮合反応を繰り返して進む重合（付加縮合）で生成する。
単量体の一方にホルムアルデヒド HCHO を用いたものが多い。

性質	名称	単量体	重合体	特性	用途
熱硬化性	フェノール樹脂（ベークライト）	C_6H_5OH, HCHO	…フェノール-CH_2-フェノール-CH_2…（構造式）	耐熱性, 電気絶縁性, 耐薬品性	配電盤, ソケット
熱硬化性	尿素樹脂（ユリア樹脂）	$CO(NH_2)_2$, HCHO	…CH_2-N-C(=O)-N-CH_2-N-C(=O)-N-CH_2…（構造式）	接着性, 透明, 着色性, 電気絶縁性	合板の接着剤, 成形品
熱硬化性	メラミン樹脂	$C_3N_3(NH_2)_3$, HCHO	（トリアジン環とNH-CH_2-架橋の構造式）	耐久性, 耐熱性, 高強度, 光沢大	化粧板, 塗料, 木材の接着剤

※このほか，熱硬化性樹脂には，無水フタル酸とグリセリンの縮合重合で得られる**グリプタル樹脂**もある。

3 ゴム

❶ **天然ゴム（生ゴム）** 熱分解するとイソプレン $CH_2=CH-C(CH_3)=CH_2$ が得られる。
イソプレンが付加重合した $[CH_2-CH=C(CH_3)-CH_2]_n$ の構造（**シス形**）をもつ。

❷ 加硫 天然ゴムに硫黄（数％）を加えて加熱すると，S原子による**架橋構造**が生じ，弾性，耐久性が増す。硫黄を多量（数十％）に反応させると，黒色の**エボナイト**になる。

生ゴムの分子
加硫されたゴム

❸ **合成ゴム** ブタジエン系の化合物の付加重合でつくる。

名称（略称）	単量体	重合体	重合反応	特徴
ブタジエンゴム	ブタジエン	$[CH_2-CH=CH-CH_2]_n$	付加重合	気体不透過性
クロロプレンゴム	クロロプレン	$[CH_2-CH=CCl-CH_2]_n$	付加重合	耐熱性
スチレン-ブタジエンゴム（SBR）	スチレン, ブタジエン	$[(CH_2-CH=CH-CH_2)_x(CH-CH_2)_y]_n$ (C_6H_5側鎖)	共重合	耐摩耗性
アクリロニトリル-ブタジエンゴム（NBR）	アクリロニトリル, ブタジエン	$[(CH_2-CH=CH-CH_2)_x(CH-CH_2)_y]_n$ (CN側鎖)	共重合	耐油性

確認&チェック

1 次の文の□に適当な語句を入れよ。

合成高分子化合物は，分子量の小さな①□を重合させると，②□が得られる。

高分子化合物をつくる重合反応には，二重結合を開きながら重合する③□と，水などの簡単な分子がとれて重合する④□がある。さらに，2種類以上の単量体が重合する⑤□と，環状構造の単量体が環を開きながら重合する⑥□もある。

2 次の構造をもつプラスチックの名称を答えよ。

(1) ﹈CH₂−CH₂﹈ₙ　(2) ﹈CH₂−CH(Cl)﹈ₙ　(3) ﹈CH₂−CH(C₆H₅)﹈ₙ

(4) ﹈CH₂−CH(CH₃)﹈ₙ　(5) ﹈CH₂−CH(CN)﹈ₙ　(6) ﹈CH₂−CH(OCOCH₃)﹈ₙ

3 次の記述の中で，熱可塑性樹脂の特徴にはA，熱硬化性樹脂の特徴にはBをつけよ。

(1) 加熱すると軟化する。
(2) 加熱しても軟化しない。
(3) 図Xの構造をもつ。
(4) 図Yの構造をもつ。

図X　　　図Y

4 次のプラスチックのうち，熱可塑性樹脂にはA，熱硬化性樹脂にはBをつけよ。

(1) ポリエチレン　　(2) ポリスチレン
(3) フェノール樹脂　(4) 尿素樹脂
(5) ポリ塩化ビニル　(6) メラミン樹脂

5 天然ゴム(生ゴム)について，次の問いに答えよ。

(1) 天然ゴムを熱分解して得られる炭化水素の名称を記せ。
(2) 天然ゴムの弾性を高めるために行う操作を何というか。
(3) 下記の反応式で，（ ）に適する構造式を記せ。

$n\text{CH}_2=\text{CH}-\underset{\underset{\text{CH}_3}{|}}{\text{C}}=\text{CH}_2 \longrightarrow (\quad)$

解答

1
① 単量体(モノマー)
② 重合体(ポリマー)
③ 付加重合
④ 縮合重合
⑤ 共重合
⑥ 開環重合
→ p.331 ①

2
(1) ポリエチレン
(2) ポリ塩化ビニル
(3) ポリスチレン
(4) ポリプロピレン
(5) ポリアクリロニトリル
(6) ポリ酢酸ビニル
→ p.331 ②

3
(1) A
(2) B
(3) A
(4) B
→ p.331 ②

4
(1) A　(2) A
(3) B　(4) B
(5) A　(6) B
→ p.331 ②

5
(1) イソプレン
(2) 加硫
(3)

﹈CH₂−CH=C(CH₃)−CH₂﹈ₙ

→ p.332 ③

37 プラスチック・ゴム　333

例題 148 | 合成高分子化合物の構造

次の(a)〜(e)の合成高分子化合物の単位構造を参考にして，下の問いに答えよ。

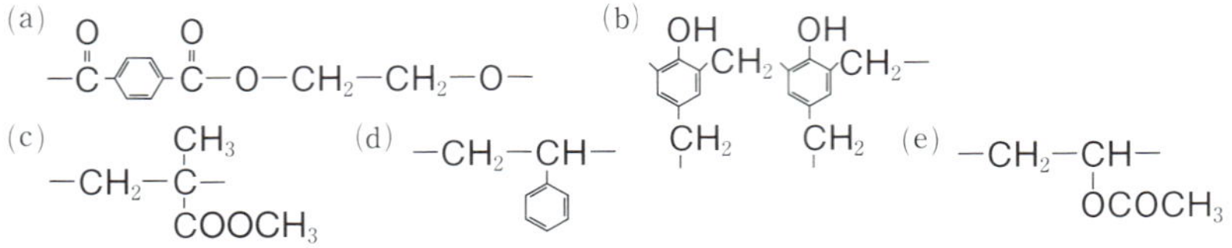

(a)

$$-\overset{O}{\underset{\parallel}{C}}-\!\!\!\bigcirc\!\!\!-\overset{O}{\underset{\parallel}{C}}-O-CH_2-CH_2-O-$$

(b)

$$-\underset{CH_2}{\overset{OH}{\bigcirc}}\ \underset{CH_2}{\overset{OH}{\bigcirc}}-$$

(c)

$$-CH_2-\overset{CH_3}{\underset{COOCH_3}{\overset{|}{\underset{|}{C}}}}-$$

(d)

$$-CH_2-\underset{\bigcirc}{\overset{|}{CH}}-$$

(e)

$$-CH_2-\underset{OCOCH_3}{\overset{|}{CH}}-$$

(1) 各高分子化合物の名称を記せ。また，その原料物質を下からすべて選べ。

酢酸ビニル　　ホルムアルデヒド　　メタクリル酸メチル
スチレン　　テレフタル酸　　フェノール　　エチレングリコール

(2) (a)〜(e)の中で，熱硬化性樹脂を，すべて記号で選べ。

考え方　(1) (a) テレフタル酸とエチレングリコールの縮合重合で得られる**ポリエチレンテレフタラート**である。

(b) フェノールとホルムアルデヒドの付加縮合で得られる**フェノール樹脂**である。

(c) メタクリル酸メチルの付加重合で得られる**ポリメタクリル酸メチル**である。

(d) スチレンの付加重合で得られる**ポリスチレン**である。

(e) 酢酸ビニルの付加重合で得られる**ポリ酢酸ビニル**である。

(2) **直鎖状構造をもつ高分子が熱可塑性，立体網目状構造をもつ高分子が熱硬化性**を示す。問題の単位構造から明らかなように，フェノール樹脂だけが立体網目状構造をもつので，**熱硬化性樹脂**である。

解答　(1) 考え方の太字の部分を参照。
(2) (b)

例題 149 | 天然ゴム

次の文の　□□□　に適当な語句を入れよ。

天然ゴムは炭化水素の[1]□□□を単量体とする高分子で，図のような構造をもち，−Xの部分は[2]□□□基である。通常，これに適量の[3]□□□を加え加熱すると，弾力性・耐久性のあるゴムになる。この操作を[4]□□□という。

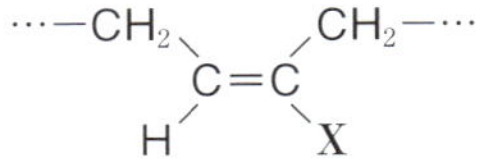

$$\cdots-CH_2\!\!\diagdown\qquad CH_2-\cdots$$
$$\underset{H}{\diagup}C=C\underset{X}{\diagdown}$$

考え方　天然ゴム（生ゴム）は，炭化水素のイソプレン C_5H_8 が付加重合してできたシス形のポリイソプレンである。

イソプレンの付加重合では，分子の両端の1位と4位の炭素原子で付加重合するので，中央の2位と3位の炭素原子間に新たに二重結合が生じる。

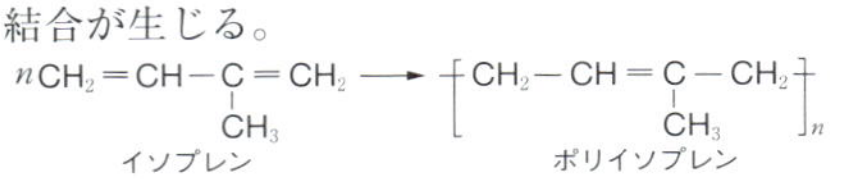

$$n CH_2\!=\!CH\!-\!\underset{CH_3}{\overset{|}{C}}\!=\!CH_2 \longrightarrow \left[CH_2\!-\!CH\!=\!\underset{CH_3}{\overset{|}{C}}\!-\!CH_2\right]_n$$
$$\text{イソプレン}\qquad\qquad\text{ポリイソプレン}$$

天然ゴム（生ゴム）に硫黄（数%）を加えて加熱する操作を加硫という。この操作により，ゴム分子内の C=C 結合に S 原子が付加して−S−，−S−S− などの**架橋構造**ができ，鎖状構造であったポリイソプレンが立体網目状構造となる。そのため，化学的にも安定になり，弾性・耐久性も大きくなる。

日常，使用されている天然ゴムは，みな加硫されたゴム（弾性ゴム）である。

解答　① イソプレン　② メチル
③ 硫黄　④ 加硫

334　第7編　高分子化合物の性質と利用

例題 150 合成ゴム

次の文の □□□ に適当な語句を入れよ。

合成ゴムには，図の X の部分が，Cl である[①]□□□を付加重合させた[②]□□□がある。

$$\cdots -CH_2 \quad\quad CH_2-\cdots$$
$$\quad\quad C=C$$
$$\quad H \quad\quad X$$

また，ブタジエンとスチレンを共重合してつくられた[③]□□□や，ブタジエンとアクリロニトリルを共重合してつくられた[④]□□□もある。

考え方 天然ゴム(生ゴム)は，イソプレンC_5H_8を単量体とする高分子で，$\{CH_2-CH=C(CH_3)-CH_2\}_n$のような構造をもつ。一方，イソプレンとよく似た構造をもつ単量体を付加重合させて，合成ゴムがつくられる。X＝Clである単量体はクロロプレンで，その重合体がポリクロロプレン(クロロプレンゴム)である。

$$n\,CH_2=CH-CCl=CH_2 \longrightarrow \{CH_2-CH-CCl-CH_2\}_n$$

合成ゴムには，2種類以上の単量体を重合させる共重合でつくられるものもある。

スチレンとブタジエンの共重合体は，スチレン－ブタジエンゴム(SBR)である。

$$\{CH_2-CH=CH-CH_2\}_x\{CH-CH_2\}_y{}_n$$
（ベンゼン環）

アクリロニトリルとブタジエンの共重合体は，アクリロニトリル－ブタジエンゴム(NBR)である。

$$\{CH_2-CH=CH-CH_2\}_x\{CH-CH_2\}_y$$
$$\quad\quad\quad\quad\quad\quad\quad CN$$

解答 ① クロロプレン ② クロロプレンゴム
③ スチレン－ブタジエンゴム(SBR)
④ アクリロニトリル－ブタジエンゴム(NBR)

例題 151 共重合体の構成

ブタジエン 50g とアクリロニトリル 15g を混合し，密閉容器で適当な条件の下で共重合させた。反応後，未重合の単量体を除くと，45g の高分子化合物が得られ，この中の窒素含有率は 6.5%であった。次の問いに答えよ。（H＝1.0, C＝12, N＝14）

(1) この高分子化合物中の，ブタジエンとアクリロニトリルの物質量の比を $m:1$ としたとき，m の値を整数で求めよ。

(2) はじめに与えられたアクリロニトリルの何%が反応したか。

考え方 ブタジエンとアクリロニトリルの示性式は，それぞれ $CH_2=CH-CH=CH_2$，$CH_2=CHCN$ で，互いに共重合させると，アクリロニトリル－ブタジエンゴム(NBR)が得られる。

(1) 共重合体の構成単位は，次のようである。

$$\cdots\{CH_2-CH=CH-CH_2\}_m\{CH_2-CH\}_1\cdots$$
$$\quad\quad\quad\quad\quad\quad\quad\quad\quad\quad\quad\quad CN$$
（分子量54）（分子量53）

このゴムの窒素含有率が 6.5%なので，

$$\frac{14}{54m+53}\times 100 = 6.5 \quad \therefore \quad m \fallingdotseq 3$$

(2) 共重合体のブタジエン：アクリロニトリル ＝ 3:1(物質量比)だから，反応した単量体の物質量比もそれぞれ 3:1 である。

反応したブタジエンを x〔g〕，アクリロニトリルを y〔g〕とすると，

$$\begin{cases} \dfrac{x}{54} : \dfrac{y}{53} = 3 : 1 \\ x + y = 45 \end{cases}$$

これを解いて，$x \fallingdotseq 34$〔g〕，$y \fallingdotseq 11$〔g〕

$\therefore$ 反応した割合〔%〕：$\dfrac{11}{15}\times 100 \fallingdotseq 73$〔%〕

解答 (1) 3 (2) 73%

37 プラスチック・ゴム 335

標準問題

440 ◀合成樹脂の構造と性質▶ 次の文の ☐ に適当な語句を入れよ。

合成高分子のうち，合成繊維と合成ゴム以外のものを，①☐ または合成樹脂といい，ポリエチレン，ポリ塩化ビニルなどは，②☐ 結合をもつ単量体の③☐ とよばれる重合反応で合成される。それらは④☐ 構造をもつ高分子で，加熱すると軟らかくなり，冷やすと硬くなる性質をもつので，⑤☐ とよばれる。

一方，フェノール樹脂や尿素樹脂などは，単量体の⑥☐ とよばれる重合反応で合成される。それらは⑦☐ 構造をもつ高分子で，加熱しても軟らかくならず，加熱によって，さらに⑦構造が発達して硬くなる性質をもつので，⑧☐ とよばれる。

必 441 ◀合成高分子▶ 次の(a)～(f)の構造をもつ合成高分子について答えよ。

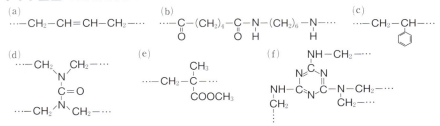

(1) それぞれの合成高分子の名称を記せ。
(2) それぞれの合成高分子の原料となる単量体の名称を記せ。
(3) 次の(ア)～(カ)の記述に関係の深い合成高分子を，上の(a)～(f)から1つずつ選べ。
　(ア) 熱可塑性樹脂で，発泡させたものは断熱材に使用される。
　(イ) 硫黄を加えて加熱すると，適度な弾性をもつゴムになる。
　(ウ) ポリアミドともよばれ，合成繊維としての利用が多い。
　(エ) 熱硬化性樹脂で，家庭用品，電気器具などに使用される。
　(オ) 透明な有機ガラスとして，プラスチックレンズに使用される。
　(カ) 熱硬化性樹脂で，耐熱性に優れ，化粧板や食器などに使用される。

442 ◀プラスチックの特徴▶ プラスチックの一般的な特徴として，正しいものをすべて記号で選べ。
　(ア) 電気絶縁性があり，熱に対して比較的弱い。
　(イ) 酸や塩基(アルカリ)に対して，侵されやすい。
　(ウ) 成型・加工しやすいが，着色は困難である。
　(エ) 金属よりも軽量で，かつ，機械的強度は大きい。
　(オ) 腐食しにくく，微生物により分解されにくい。

443 □□ ◀合成高分子の特徴▶　次の文のうち，正しいものをすべて記号で選べ。

(1) 合成高分子は，構成単位の低分子化合物が分子間力で集まったものである。

(2) 合成高分子の分子量は，一定の分布(幅)をもち，平均分子量で表される。

(3) 合成高分子には，一定の融点を示すものは少ない。

(4) すべての合成高分子は，加熱によって軟らかくなる性質をもつ。

(5) 合成高分子は，分子が規則正しく配列して，結晶をつくっている。

(6) 合成高分子は，加熱すると液体を経て気体に変化するものが多い。

(7) 合成高分子の中には溶媒に溶け，接着剤や塗料として用いられるものもある。

必444 □□ ◀高分子化合物▶　次の高分子化合物について，[A群]よりその原料となる単量体を，[B群]よりその高分子化合物に該当する記述を，それぞれ記号で選べ。

(1) フェノール樹脂　　　(2) ポリ塩化ビニル　　　(3) 尿素樹脂

(4) ポリブタジエン　　　(5) ナイロン6　　　(6) ポリアクリロニトリル

(7) ポリエチレンテレフタラート　(8) ポリ酢酸ビニル

[A群]　ア．ホルムアルデヒド　　　イ．1,3-ブタジエン　　　ウ．アジピン酸
　　　エ．フェノール　　　オ．テレフタル酸　　　カ．アクリロニトリル
　　　キ．尿素　　　ク．カプロラクタム　　　ケ．エチレングリコール
　　　コ．塩化ビニル　　　サ．酢酸ビニル

[B群]　a．ポリエステルとよばれ，衣料や飲料容器に広く用いられる。
　　　b．熱硬化性樹脂で，アミノ樹脂に分類されている。
　　　c．付加重合で得られるが，分子中に二重結合をもち弾性がある。
　　　d．熱可塑性樹脂で燃えにくく，可塑剤の量により軟質と硬質のものがある。
　　　e．付加重合で得られ，分子中にシアノ基-CNをもつ。
　　　f．開環重合で得られるポリアミドで，樹脂だけでなく繊維にも利用される。
　　　g．熱可塑性樹脂で軟化点が低く，樹脂よりも塗料，接着剤の用途が多い。
　　　h．熱硬化性樹脂で電気絶縁性に優れ，電子基板や電気部品に用いる。

445 □□ ◀重合体▶　次の記述に該当する重合体を，すべて下の語群から記号で選べ。

(1) 縮合重合で合成される。

(2) 分子内にエステル結合をもつ。

(3) ペット(PET)ボトルとして多く利用される。

(4) エボナイトの合成原料となる。

(5) 分子構造中に窒素を含んでいる。

【語群】　ア．ポリエチレン　　　イ．ナイロン66　　　ウ．ポリスチレン
　　　エ．ポリ酢酸ビニル　　　オ．ポリエチレンテレフタラート
　　　カ．ポリイソプレン　　　キ．ポリアクリロニトリル

37 プラスチック・ゴム　337

必 446 □□ ◀天然ゴム▶　次の文の□□□に適当な語句または構造式を記せ。

　ゴムの木の幹に傷をつけると①□□□とよばれる乳白色の樹液が得られる。これに②□□□などを加えると凝固し，得られる沈殿を乾燥させたものを③□□□という。

　③を空気を遮断して加熱すると，その単量体である④□□□が得られ，その構造式は⑤□□□である。したがって，③は④が⑥□□□重合してできた高分子化合物であり，その構造式は⑦□□□である。

　③に数％の硫黄を加えて加熱すると，弾力性・耐久性のあるゴムになる。これは，硫黄 S 原子が鎖状のゴム分子の間に⑧□□□構造をつくるためであり，この操作を⑨□□□という。また，③に数十％の硫黄を加えて加熱すると，黒色で硬いプラスチック状の⑩□□□が得られる。

447 □□ ◀プラスチックの種類▶　次の文に当てはまるプラスチックを記号で選べ。
(1) 電気絶縁性が高く，ベークライトともよばれる。
(2) 軟質から硬質まであり，家庭用品などに最も多量に使用される。
(3) 塩素を含み難燃性であるが，燃焼させると有毒なガスを発生する。
(4) 有機ガラスともよばれ，透明でかつ強度がある。
(5) 耐熱性，耐久性，耐薬品性に富み，硬度が大きい。
(6) 耐熱性，撥水性，耐薬品性に富み，テフロンとよばれている。
　　ア．ポリ塩化ビニル　　　イ．メラミン樹脂　　　ウ．ポリエチレン
　　エ．フェノール樹脂　　　オ．フッ素樹脂　　　　カ．メタクリル樹脂

448 □□ ◀ポリエチレンの構造▶　次の文の□□□に適する語句を下の(ア)〜(サ)から選んで記号で答えよ。また，下の問いにも答えよ。

　ポリエチレンなどの高分子の固体には，高分子鎖が規則正しく配列した結晶領域と不規則に配列した非結晶領域が混在する。エチレンを $1.0 \times 10^8 \sim 2.5 \times 10^8$ Pa，$150 \sim 300$℃で付加重合させて得られる⑥低密度ポリエチレンは，①□□□構造を多く含む。一方，触媒を用いて $1.0 \times 10^5 \sim 5.0 \times 10^6$ Pa，$60 \sim 80$℃で付加重合させて得られる⑥高密度ポリエチレンは，②□□□構造を多く含む。ⓐとⓑの分子間力を比較すると，③□□□ポリエチレンの方が強い。また，高密度ポリエチレンは低密度ポリエチレンに比べて④□□□，軟化点が⑤□□□，透明度が⑥□□□などの特徴をもつ。

　　(ア) 直鎖状　　(イ) 枝分かれ　　(ウ) 分子内　　(エ) 分子間　　(オ) 高密度
　　(カ) 低密度　　(キ) やわらかい　　(ク) かたい　　(ケ) 高い　　(コ) 低い
〔問〕　下線部ⓐ，ⓑの分子構造として，それぞれふさわしい図を下から記号で選べ。

338　第 7 編　高分子化合物の性質と利用

発展問題

449 □□ ◀フェノール樹脂▶ フェノール樹脂の合成法には，酸を触媒としてフェノールとホルムアルデヒドを反応させる方法がある。ただし，フェノールの o, p-位は反応が起こりやすいが，m-位は反応が起こらないものとする。

(1) 最初にフェノールとホルムアルデヒドとの反応(反応 1)が起こる。反応 1 で生成が予想される化合物 A(分子式：$C_7H_8O_2$)の構造式を書け。

(2) 続いて，化合物 A と別のフェノールとの反応(反応 2)が起こる。反応 2 で生成が予想される化合物 B(分子式：$C_{13}H_{12}O_2$)の構造式を書け。

(3) フェノール 94g とホルムアルデヒド 45g とを過不足なく完全に重合したとする。このとき生成するフェノール樹脂は理論上何 g か。ただし，他の物質は何も加えないものとする。原子量：$H = 1.0$，$C = 12$，$N = 14$，$O = 16$

450 □□ ◀天然・合成ゴム▶ 次の文を読み，下の問いに答えよ。原子量は $H = 1.0$，$C = 12$，$N = 14$ とする。

天然ゴム(生ゴム)は①(　　　)が付加重合してできた高分子で，ⓐ空気中に放置すると次第に弾性を失い劣化する。そこで，天然ゴムに硫黄を 3 ～ 8%加えて加熱処理すると弾性ゴムが得られる。この操作を②(　　　)という。

代表的な合成ゴムの原料であるⓑブタジエンは，2 分子のアセチレンから得られるビニルアセチレンに特別な触媒を用いて水素を作用させてつくる。このブタジエンを付加重合させるとポリブタジエンが得られる。ポリブタジエンには，天然ゴムと同じようなゴム弾性を示す③□□□と，ゴム弾性に乏しい④□□□のシス－トランス異性体が存在する。このほか，スチレンとブタジエンを共重合させると⑤(　　　)という合成ゴムが得られる。また，アクリロニトリルとブタジエンを共重合させると⑥(　　　)とよばれる合成ゴムが得られる。

(1) 上の文の□□□に適切な構造式を，(　　　)には適する物質名・語句を記せ。

(2) 天然ゴムが，下線部ⓐのようになる理由を説明せよ。

(3) 下線部ⓑの反応式(2 つ)を記せ。

(4) スチレンとブタジエンが 1 : 4 の物質量比で合成された合成ゴム(⑤)4.0g に，触媒存在下で水素を完全に反応させると，標準状態で何 L(有効数字 2 桁)の水素が消費されるか。

(5) 窒素を8.75%(質量百分率)含む合成ゴム(⑥)を10kgつくるには,計算上,何kg(有効数字 2 桁)のブタジエンが必要か。

37 プラスチック・ゴム　339

38 繊維・機能性高分子

1 合成繊維

❶ 付加重合で得られる合成繊維

ポリビニル系	アクリル繊維	アクリロニトリル, アクリル酸メチル	$\mathrm{-[CH_2-CH]_m\!-\![CH_2-CH]_n\!-}$ CN　　　COOCH$_3$	セーター, 毛布
	ビニロン*1	酢酸ビニル, ホルムアルデヒド	$\mathrm{-[CH_2-CH-CH_2-CH-CH_2-CH]_n\!-}$ O—CH$_2$—O　　　OH	漁網, ロープ

*1) ビニロンの製法

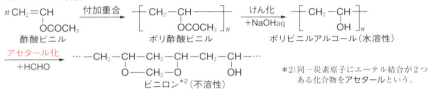

*2) 同一炭素原子にエーテル結合が2つある化合物をアセタールという。

❷ 縮合重合で得られる合成繊維

ナイロン66	アジピン酸, ヘキサメチレンジアミン	$\mathrm{-C-(CH_2)_4-C-N-(CH_2)_6-N-}$ ‖O　　　‖O H　　　H (アミド結合)	ポリアミド系	くつ下, ストッキング
ポリエチレンテレフタラート	テレフタル酸, エチレングリコール	$\mathrm{-C-\!\langle\!\!\bigcirc\!\!\rangle\!-C-O-(CH_2)_2-O-}$ ‖O　　　‖O (エステル結合)	ポリエステル系	ワイシャツ, ペットボトル
アラミド繊維 (ケブラー®)	テレフタル酸ジクロリド, p-フェニレンジアミン	$\mathrm{-C-\!\langle\!\!\bigcirc\!\!\rangle\!-C-N-\!\langle\!\!\bigcirc\!\!\rangle\!-N-}$ ‖O　　　‖O H　　　　　H (アミド結合)	ポリアミド系	消防服, スポーツ用品

❸ 開環重合で得られる合成繊維

ナイロン6	カプロラクタム $\begin{bmatrix}(CH_2)_5\\CONH\end{bmatrix}$	$\mathrm{-[C-(CH_2)_5-N-]_n}$ ‖O　　　H (アミド結合)	ポリアミド系	歯ブラシ, タイヤコード

❹ 合成繊維の特徴

ナイロン　絹に似た感触をもち, 丈夫で耐久性があり耐薬品性が大。吸湿性は小さい。
ポリエステル　非常に丈夫で, しわになりにくい。吸湿性に乏しく, 乾燥が速い。
アクリル繊維　羊毛に似た感触をもち, 保温性, 弾力性に富む。吸湿性は小さい。
ビニロン　綿に似た性質をもち, 耐摩耗性や耐薬品性が大。適度な吸湿性をもつ。

❺ ナイロン66の製法

アジピン酸ジクロリド $\mathrm{ClCO-(CH_2)_4-COCl}$ のシクロヘキサン溶液を, ヘキサメチレンジアミン $\mathrm{H_2N-(CH_2)_6-NH_2}$ の NaOH 水溶液に静かに加える。境界面に生成した薄膜がナイロン66 $\mathrm{-[CO-(CH_2)_4-CONH-(CH_2)_6-NH]_n\!-}$ である。

2 天然繊維

❶ **綿** ワタの種子の表面の毛(約 3cm)を利用。**セルロース**が主成分。
扁平で，天然のねじれ「撚り」があり，紡糸しやすい。摩擦にも強い。
内部に中空部分(ルーメン)があり，吸湿性も大きい。水に濡れると強くなる。

❷ **羊毛** 羊の体毛を繊維として利用。タンパク質の**ケラチン**が主成分。
システインを多く含み，ジスルフィド結合($S-S$)で架橋結合をしている。
表面に鱗状の表皮(キューティクル)をもち，撥水性，吸湿性，保温性，弾力性が大。

❸ **絹** カイコガの繭の繊維(約 1500m)を利用。タンパク質の**フィブロイン**が主成分。
生糸の表面を被うにかわ質のセリシン(タンパク質)を除いて，絹糸をつくる。
繊維の表面はなめらかで，しなやかで美しい光沢をもつ。光に弱く黄ばみやすい。

❹ **各繊維の燃え方と酸・塩基に対する強さ**

綿	速やかに燃え，紙が燃える弱いにおい。	比較的酸に弱い。	比較的塩基に強い。
絹	縮みながら徐々に燃え，毛髪や爪が燃えるときの強いにおい。	比較的酸に強い。	塩基に弱い。
羊毛			塩基に非常に弱い。

3 再生繊維

❶ **レーヨン** セルロース系の**再生繊維**。セルロースの$-OH$には変化なし。
綿に似た吸湿性をもつが，光沢があり，水に濡れると弱く，しわになりやすい。

❷ **銅アンモニアレーヨン(キュプラ)** コットンリンター[*1]を**シュワイツァー試薬**[*2]に溶かしたものを，希硫酸中へ噴出させてセルロースを再生したもの。

[*1] コットンリンター 綿の種子毛(リント)に付着しているごく短い繊維。
[*2] シュワイツァー試薬 $Cu(OH)_2$を濃NH_3水に溶かした溶液。$[Cu(NH_3)_4](OH)_2$が主成分。

❸ **ビスコースレーヨン** 木材パルプを原料として，次の工程でつくる。

4 半合成繊維

❶ **アセテート繊維** セルロースの$-OH$の一部を無水酢酸でアセチル化したものが**トリアセチルセルロース**で，アセトンに溶けない。そこで，水を加えて加水分解してできる**ジアセチルセルロース**をアセトンに溶かした溶液を温かい空気中に噴出させて，紡糸後，乾燥してアセトンを蒸発させると，**アセテート繊維**が得られる。
アセテート繊維は，適度な吸湿性があり絹に似た光沢がある。
天然繊維の官能基の一部を変化させてつくられた繊維を**半合成繊維**という。

セルロース $(C_6H_{10}O_5)_n$ ―無水酢酸/アセチル化→ トリアセチルセルロース $[C_6H_7O_2(OCOCH_3)_3]_n$ ―H_2O/加水分解→ ジアセチルセルロース $[C_6H_7O_2(OH)(OCOCH_3)_2]_n$

5 機能性高分子

❶イオン交換樹脂 溶液中のイオンを別のイオンと交換する作用をもつ合成樹脂。
合成法 スチレンと p-ジビニルベンゼンの共重合体に,適当な官能基を導入する。

(a) **陽イオン交換樹脂**
酸性のスルホ基やカルボキシ基をもち H^+ と陽イオンが交換される。

(b) **陰イオン交換樹脂**
塩基性のトリメチルアンモニウム基をもち OH^- と陰イオンが交換される。

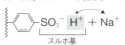

※イオン交換反応は可逆反応なので,(a)を強酸,(b)を強塩基で洗うと,もとの状態に再生できる。

❷導電性高分子 金属並みの電気伝導性をもった高分子。
アセチレンの付加重合体の**ポリアセチレン**(トランス形)にハロゲンを少量注入したもの。コンデンサー,ポリマー電池などに利用。

$$n\text{CH} \equiv \text{CH} \longrightarrow -[\text{CH}=\text{CH}]_n- \text{ ポリアセチレン}$$

❸感光性高分子 光の作用により物理・化学的変化を生じる高分子。
光が当たると,熱可塑性の鎖状高分子から熱硬化性の立体網目状高分子に変化し,溶媒に不溶となる。印刷用凸版,プリント配線,金属加工などに利用。

❹高吸水性高分子 吸水力が強く,樹脂中に多量の水を保持できる高分子。

$$n\text{CH}_2=\text{CH}(\text{COONa}) \longrightarrow -[\text{CH}_2-\text{CH}(\text{COONa})]_n- \text{ ポリアクリル酸ナトリウム}$$

ポリアクリル酸ナトリウムは水に溶けずに,多量の水を吸収して膨らむ。紙おむつ,生理用品,土壌保水剤などに利用。

乾燥した固体状態では,分子鎖がからみ合っている。
吸水すると,$-\text{COONa}$ の部分が $-\text{COO}^-$ と Na^+ に電離する。
$-\text{COO}^-$ どうしの静電気的な反発力で網目が拡大する。

❺生分解性高分子 生体内や微生物などによって分解されやすい高分子。
ポリグリコール酸 $-[\text{O}-\text{CH}_2-\text{CO}]_n-$ やポリ乳酸 $-[\text{O}-\text{CH}(\text{CH}_3)-\text{CO}]_n-$ など外科手術用の縫合糸,釣り糸,リサイクル用食品容器などに利用。

6 プラスチックのリサイクル(再生利用)

❶マテリアルリサイクル 製品を融かしてもう一度製品として利用する。
❷ケミカルリサイクル 原料物質(単量体)まで分解し,再び材料を合成して利用する。
❸サーマルリサイクル 燃焼させて発生する熱エネルギーを利用する。

確認&チェック

解答

1 次の単量体からつくられる合成繊維を,下から記号で選べ。

(1) アジピン酸とヘキサメチレンジアミン

(2) テレフタル酸とエチレングリコール

(3) 酢酸ビニルとホルムアルデヒド

(4) カプロラクタム

(5) テレフタル酸ジクロリドと p-フェニレンジアミン

【語群】 (ア)アラミド繊維 (イ)ナイロン6 (ウ)ナイロン66
(エ)ポリエチレンテレフタラート (オ)ビニロン

1
(1) (ウ)
(2) (エ)
(3) (オ)
(4) (イ)
(5) (ア)
→ p.340 **1**

2 次の記述に当てはまる合成繊維の名称を答えよ。

(1) 羊毛に似た感触があり,保温性,弾力性に富む。

(2) 絹に似た光沢があり丈夫で,耐久性がある。

(3) 吸湿性に乏しく,しわになりにくい。乾燥が速い。

(4) 綿に似た性質をもち,耐摩耗性が大。吸湿性がある。

2
(1) アクリル繊維
(2) ナイロン
(3) ポリエステル
(4) ビニロン
→ p.340 **1**

3 次の記述に当てはまる再生・半合成繊維の名称を答えよ。

(1) セルロースを NaOHaq と CS_2 に溶かしてつくる。

(2) セルロースをシュワイツァー試薬に溶かしてつくる。

(3) ジアセチルセルロースをアセトンに溶かしてつくる。

3
(1) ビスコースレーヨン
(2) 銅アンモニアレーヨン
(キュプラ)
(3) アセテート繊維
→ p.341 **3**, **4**

4 次の記述に該当する繊維の一般名を答えよ。また,それぞれの繊維の例を下から記号で選べ。

(1) 植物や動物などからつくられた繊維。

(2) 天然繊維を適当な溶媒に溶かしてから再生させた繊維。

(3) 石油などを原料として,化学的な方法でつくられた繊維。

(4) 天然繊維の官能基の一部を変化させてつくられた繊維。

(ア)ナイロン (イ)絹 (ウ)アセテート繊維 (エ)レーヨン

4
(1) 天然繊維, (イ)
(2) 再生繊維, (エ)
(3) 合成繊維, (ア)
(4) 半合成繊維, (ウ)
→ p.340 **1**
p.341 **2**~**4**

5 次の文の □ に適当な語句を入れよ。

(1) 陽イオン交換樹脂は,スルホ基のような①□性の官能基をもち,②□を電離し,他の陽イオンと交換する。

(2) 陰イオン交換樹脂は,トリメチルアンモニウム基 $-N(CH_3)_3OH$ のような③□性の官能基をもち,④□を電離し,他の陰イオンと交換する。

5
① 酸
② 水素イオン
③ 塩基
④ 水酸化物イオン
→ p.342 **5**

7–38

38 繊維・機能性高分子 343

例題 152　ポリエステルの重合度

　テレフタル酸とエチレングリコールの縮合重合で得られたポリエチレンテレフタラート 1.64g を，0.020mol/L 水酸化カリウム水溶液で滴定したら，1.3mL 必要であった。得られたポリエステルは，1 分子あたり 1 個のカルボキシ基を末端にもつものとして次の問いに答えよ。ただし，H = 1.0，C = 12，O = 16 とする。

(1)　このポリエステルの分子量を求めよ。

(2)　このポリエステルの重合度を求めよ。

(3)　このポリエステル 1 分子中には，何個のエステル結合を含むか。

考え方　(1)　ポリエチレンテレフタラート（ポリエステル）の合成の反応式は次の通り。

$$n\text{HOOC}-\bigcirc-\text{COOH} + n\text{HO}-(\text{CH}_2)_2-\text{OH} \longrightarrow$$
$$\text{HO}\underbrace{[\text{OC}-\bigcirc-\text{COO}-(\text{CH}_2)_2-\text{O}]}_{\text{分子量 }192n}{}_n\text{H} + (2n-1)\text{H}_2\text{O}$$

　このポリエステルの分子量を M とおくと，ポリエステルは 1 価の酸としてはたらくので，

$$\frac{1.64}{M} \times 1 = 0.020 \times \frac{1.3}{1000}$$

$$M \fallingdotseq 6.30 \times 10^4 \fallingdotseq 6.3 \times 10^4$$

(2)　このポリエステルの分子量は $192n + 18$ であるが，分子量が大きいので，$192n \gg 18$。よって，分子量は $192n$ と考えてよい。

$$192n = 6.30 \times 10^4 \quad \therefore \ n \fallingdotseq 328 \fallingdotseq 3.3 \times 10^2$$

(3)　このポリエステル 1 分子中に含まれるエステル結合の数は，縮合重合でとれた水分子の数 $(2n - 1)$ 個と等しい。

$$2 \times 328 - 1 = 655 \fallingdotseq 6.6 \times 10^2 〔個〕$$

解答　(1) 6.3×10^4　(2) 3.3×10^2
　　　　(3) 6.6×10^2 個

例題 153　セルロース

(1)　セルロースを構成している単糖類は何か。その名称を記せ。

(2)　セルロースのもつ官能基がわかるように，その示性式を書け。

(3)　次の(a)～(c)の各操作により生成する物質の示性式を書け。

　(a)　セルロースをシュワイツァー試薬に溶かし，これを希硫酸中に噴出させる。

　(b)　セルロースに十分量の無水酢酸を作用させる。

　(c)　セルロースに濃硝酸と濃硫酸の混合溶液を作用させる。

考え方　(1)　セルロースは，β-グルコースがその向きを逆転しながら縮合重合した高分子で，直線状の構造をもつ。

(2)　セルロースの分子式は $(\text{C}_6\text{H}_{10}\text{O}_5)_n$ であるが，分子中に 3 個の $-\text{OH}$ が存在するので，示性式では $[\text{C}_6\text{H}_7\text{O}_2(\text{OH})_3]_n$ と表す。

(3)　(a)　セルロースは熱水にも不溶だが，濃アンモニア水に Cu(OH)_2 を溶かしたシュワイツァー試薬 $[\text{Cu(NH}_3)_4](\text{OH})_2$ に溶ける。これを希硫酸中に押し出すと，もとのセルロースが再生する。これを銅アンモニアレーヨン（キュプラ）という。

(b)　セルロースに無水酢酸（主薬），氷酢酸（溶媒），濃硫酸（触媒）を作用させると，セルロース中の $-\text{OH}$ すべてがアセチル化され，トリアセチルセルロースができる。

(c)　セルロースに濃硝酸（主薬），濃硫酸（触媒）を作用させるとトリニトロセルロースが得られ，綿火薬に用いられる。

解答　(1) β-グルコース　(2) $[\text{C}_6\text{H}_7\text{O}_2(\text{OH})_3]_n$
(3)(a) $[\text{C}_6\text{H}_7\text{O}_2(\text{OH})_3]_n$　(b) $[\text{C}_6\text{H}_7\text{O}_2(\text{OCOCH}_3)_3]_n$
　(c) $[\text{C}_6\text{H}_7\text{O}_2(\text{ONO}_2)_3]_n$

344　第 7 編　高分子化合物の性質と利用

例題 154 | ビニロン

ビニロンは，水溶性のポリビニルアルコールを①□□□□で処理して不溶化したもので，この操作を②□□□□という。ポリビニルアルコールはビニルアルコールの付加重合体としての構造をもつが，実際には，単量体の酢酸ビニルを③□□□□した後，塩基の水溶液で④□□□□してつくる。次の問いに答えよ。（H＝1.0，C＝12，O＝16）

(1) 上の文の□□□□に適当な語句を入れよ。

(2) 酢酸ビニル 10g から理論的に何 g のポリビニルアルコールが得られるか。

考え方 (1) ポリビニルアルコールは，分子中に多数の親水基をもち，水に溶けやすい。そこで，ポリビニルアルコールに HCHO を加えて，−OH どうしをメチレン基 −CH₂− で結びつけ，疎水性の構造に変えたものがビニロンである。この操作をアセタール化という。

ポリビニルアルコールが，ビニルアルコールの付加重合で合成されないのは，ビニルアルコールが不安定で，すぐに安定な異性体のアセトアルデヒドに変化するためである。CH₂＝CH → CH₃−C−H
  | |
  OH   O

したがって，ポリビニルアルコールは，ポリ酢酸ビニルの強塩基 NaOH の水溶液

による加水分解（けん化）でつくる。

$$nCH_2=CH \longrightarrow \left[CH_2-CH\right]_n \longrightarrow \left[CH_2-CH\right]_n$$
$$\quad\quad |OCOCH_3 \quad\quad |OCOCH_3 \quad\quad\quad |OH$$

(2) 酢酸ビニル（分子量 86）n〔mol〕から，ポリビニルアルコール（分子量 44n）1mol が得られる。

$$\therefore \quad \frac{10}{86} \times \frac{1}{n} \times 44n \fallingdotseq 5.1 〔g〕$$

高分子の生成反応では，物質量が $\frac{1}{n}$ になるが，分子量は n 倍になるので，結局，n は消去され，n の値は質量計算には影響を与えない。

解答 (1) ① ホルムアルデヒド ② アセタール化
③ 付加重合 ④ けん化（加水分解）
(2) 5.1g

例題 155 | イオン交換樹脂

陽イオン交換樹脂（R−SO₃H）を詰めたカラムがある。これに 0.20mol/L 食塩水 10mL を流した後，十分に水洗したところ，100mL の流出液が得られた。

(1) 上記のイオン交換反応により，流出した水素イオンの物質量は何 mol か。

(2) 流出液 100mL を 0.10mol/L 水酸化ナトリウム水溶液で中和すると，何 mL 必要か。

考え方 陽イオン交換樹脂は，架橋構造をもつポリスチレンの一部をスルホン化して，−SO₃H を導入したもので，樹脂中の H⁺ と溶液中の陽イオンが交換される。

(1) 流した陽イオンが 1 価の場合，Na⁺：H⁺ ＝ 1：1 の割合で交換される点に注目して，反応式を書けばよい。

R−SO₃H + NaCl ⟶ R−SO₃Na + HCl

反応式の係数比より，加えた NaCl と流出した HCl の物質量は等しい。

よって，流出した H⁺ の物質量は，

$$0.20 \times \frac{10}{1000} = 2.0 \times 10^{-3} 〔mol〕$$

(2) イオン交換のあと，樹脂を水洗するのは，交換された H⁺ を完全に集めるためである。流出した HCl を中和するのに必要な NaOH 水溶液を x〔mL〕とすると，

$$2.0 \times 10^{-3} = 0.10 \times \frac{x}{1000} \quad \therefore \quad x = 20 〔mL〕$$

解答 (1) 2.0×10^{-3} mol (2) 20mL

38 繊維・機能性高分子 345

標準問題

必 は重要な必須問題。時間のないときはここから取り組む。

必 451 □□ ◀繊維の種類▶ 次の文の □□ に適当な語句を入れよ。

繊維には，天然繊維と化学繊維があり，化学繊維はさらに，再生繊維，半合成繊維，^{①}□□ に分類される。

天然繊維のうち，綿や麻の主成分は^②□□，羊毛や絹の主成分は^③□□である。

セルロースからつくられる再生繊維を^④□□という。水酸化銅(Ⅱ)を濃アンモニア水に溶かした溶液を^⑤□□といい，⑤にセルロースを溶解し，希硫酸中に押し出して繊維としたものを^⑥□□という。一方，木材パルプを水酸化ナトリウム水溶液と二硫化炭素 CS_2 と反応させると^⑦□□とよばれる粘性のある液体になる。これを希硫酸中に押し出して繊維としたものを^⑧□□といい，膜状に加工したものを^⑨□□という。

半合成繊維の^⑩□□は，木材パルプを^⑪□□でアセチル化した後，部分的に加水分解し，アセトン溶液にしてから繊維としたものである。

必 452 □□ ◀合成繊維▶ 次の文を読み，下の問いに答えよ。

絹に似た合成繊維の$_①$ナイロン66は □(ア)□ とヘキサメチレンジアミンの □(イ)□ 重合で合成され，$_②$ナイロン6はカプロラクタムの □(ウ)□ 重合で合成される。一方，ポリエステル系合成繊維の$_③$ポリエチレンテレフタラートは分子中に □(エ)□ 結合をもち，テレフタル酸と □(オ)□ を □(イ)□ 重合させて合成される。羊毛に似た風合いをもつアクリル繊維には，$_④$アクリロニトリルが □(カ)□ 重合したもののほか，アクリロニトリルに塩化ビニルなどを混合したものを □(キ)□ 重合させたものもある。また，高強度で，耐熱性に優れた$_⑤$アラミド繊維は，テレフタル酸ジクロリドと p-フェニレンジアミンを □(ク)□ 重合させて得られる。

(1) 上の文の □□ に適当な語句，化合物名を入れよ。

(2) 下線部①～⑤の化合物の構造式を示せ。高分子の末端の構造は考慮しなくてよい。

(3) ナイロンが引っ張り力に強い繊維である理由を，分子構造から説明せよ。

(4) 分子量 2.0×10^5 のナイロン66の1分子中には，何個のアミド結合が存在するか。ただし，高分子の末端の構造は考慮しなくてよい。また，原子量を $H=1.0$，$C=12$，$N=14$，$O=16$ とする。

453 □□ ◀プラスチックのリサイクル▶ 次にあげた廃棄プラスチックのリサイクルの方法をそれぞれ何というか。

(1) 燃焼させて，発生した熱エネルギーを発電や冷暖房などに再利用する。

(2) 加熱して融かし，再び成形してプラスチックとして再利用する。

(3) 原料に熱や圧力を加えて，もとの単量体に戻して，それから新しいプラスチックをつくり再利用する。

346 第7編 高分子化合物の性質と利用

454 ◀繊維の区別▶ 次の記述に最もよく当てはまる繊維を,下の語群から1つずつ記号で選べ。

(1) 撥水性,保温性に優れ,吸湿性が最も大きい天然繊維。
(2) 摩擦や引っ張りに強く,絹に似た構造をもつ合成繊維。
(3) 美しい光沢をもつ天然繊維で,光に弱く黄ばみやすい。
(4) 吸湿性に富み,水に濡れるとかえって強くなる天然繊維。
(5) 吸湿性がなく,乾きが速くしわになりにくい。生産量が最大の合成繊維。
(6) 木材パルプを原料とした化学繊維で,吸湿性は高いが水に濡れると弱くなる。
(7) 羊毛のような感触と風合いをもつ合成繊維で,高温処理すると炭素繊維が得られる。
(8) 綿に似た性質をもち,適度な吸湿性をもつ国産初の合成繊維。
(9) 軽量で引っ張りに強く,電気の良導体で,無機繊維に属する。
(10) 非常に高い弾性と強度,および耐熱性をもつ合成繊維。

【語群】　ア．綿　　　　　　イ．絹　　　　　　ウ．羊毛
　　　　　エ．ポリエステル　オ．アクリル繊維　カ．ナイロン
　　　　　キ．ビニロン　　　ク．レーヨン　　　ケ．アラミド繊維
　　　　　コ．炭素繊維

455 ◀アクリル繊維▶
アクリロニトリルとアクリル酸メチルを共重合して得られる共重合体(アクリル繊維)がある。この共重合体の平均重合度を500,平均分子量を29800としたとき,この共重合体中のアクリロニトリルとアクリル酸メチルの物質量の比を整数比で求めよ。原子量は H = 1.0, C = 12, N = 14, O = 16 とする。

456 ◀共重合体▶
スチレン $C_6H_5CH=CH_2$ 8.32g に p-ジビニルベンゼン $C_6H_4(CH=CH_2)_2$ を1.30g 加えて,過不足なく完全に共重合させたところ,平均分子量が 8.0×10^4 の高分子化合物(右図)を得た。次の問いに答えよ。(原子量は H = 1.0, C = 12, S = 32)

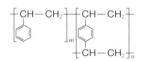

スチレン：p-ジビニルベンゼン $=m:n$(物質量比)の共重合体

(1) この共重合体のスチレンと p-ジビニルベンゼンの物質量比を整数比で表せ。
(2) この共重合体1分子中に含まれるスチレン単位の数はいくつか。有効数字2桁で答えよ。
(3) この共重合体50g をスルホン化すると,何g の陽イオン交換樹脂が得られるか。有効数字2桁で答えよ。ただし,スチレン単位のベンゼン環にのみ1個のスルホ基が結合するものとする。

457 ◀機能性高分子▶ 次の(1)〜(5)に該当する機能性高分子の名称を記せ。
(1) 自身の質量の数百倍以上の水を吸収・保存する高分子。
(2) 金属並みの電気伝導性をもつ高分子。
(3) 体内や微生物によって分解されやすい高分子。
(4) 光が当たると硬化し，不溶化する高分子。
(5) 光の透過性に優れ，有機ガラスとしても用いられる高分子。

458 ◀ナイロン66の合成▶ 次の実験について，下の問いに答えよ。
〔1〕ビーカーに有機溶媒A約30mLを入れ，アジピン酸ジクロリド0.010molを完全に溶かした。
〔2〕別のビーカーに約50mLの水をとり，NaOH 0.80gと化合物B 0.010molを完全に溶かした。
〔3〕〔1〕の溶液に〔2〕の溶液をゆっくり加えると，2種の溶液の境界面にナイロン66の薄膜が生成した。
(1) 有機溶媒Aとして適当なものを，下から記号で選べ。
   ア．アセトン　　イ．ジクロロメタン　　ウ．ジエチルエーテル
(2) 化合物Bの名称を記せ。
(3) この反応の反応式を記せ。
(4) アジピン酸ジクロリドの70%が反応したとき，ナイロン66は何g生成するか。
   （原子量：H = 1.0，C = 12，N = 14，O = 16）

459 ◀イオン交換樹脂▶ 次の文の□に適当な語句を入れ，下の問いに答えよ。
①□に少量の p-ジビニルベンゼンを混合して②□重合させると，三次元網目構造をもつ水に不溶性の合成樹脂（樹脂Aとする）が得られる。

樹脂Aに濃硫酸を作用させて，③□基をつけたものは，水溶液中の④□を捕捉し，同時に，水素イオンを放出できる。このような樹脂を⑤□という。一方，樹脂Aに $-CH_2-N(CH_3)_3OH$ のような基をつけたものは，水溶液中の⑥□を捕捉し，同時に，水酸化物イオンを放出できる。このような樹脂を⑦□という。
(1) ⑤を円筒に詰め，塩化ナトリウム水溶液を通したとき，流出する液体は何か。
(2) ⑤を使用してその機能がなくなったとき，その機能を回復する方法を述べよ。
(3) ⑤と⑦の混合物を円筒に詰め，食塩水を通したとき，流出する液体は何か。
(4) 十分量の⑤を詰めたガラス管に濃度不明の塩化カルシウム水溶液10mLを通じ，次いでこの樹脂を純水で洗い，流出液と水溶液を合わせたものを，0.10mol/Lの水酸化ナトリウム水溶液で滴定したら40mLを要した。この塩化カルシウム水溶液のモル濃度を求めよ。

発展問題

460 □□ ◀ビニロン▶　次の文の[　　]に適当な語句を入れ，下の問いに答えよ。

わが国で開発されたビニロンは，まず，酢酸ビニルを①[　　]させてポリ酢酸ビニルとした後，水酸化ナトリウム水溶液を作用させて，②[　　]すると，ポリビニルアルコール(PVA)が得られる。PVA は水に溶けやすいので，そのままでは繊維にならない。そこで，飽和硫酸ナトリウム水溶液中で紡糸した後，③[　　]水溶液で処理する。この際，PVA 分子鎖中で隣接する④[　　]基の一部が互いに反応して，メチレン基($-CH_2-$)で結ばれ，疎水性の環状構造ができる。この操作を⑤[　　]という。

(1) ビニロンが吸湿性をもつ理由を説明せよ。

(2) ポリビニルアルコール分子中のヒドロキシ基の 30% をホルムアルデヒドと反応させたビニロンをつくりたい。このとき，ポリビニルアルコール 100kg から得られるビニロンの質量〔kg〕を有効数字 3 桁で求めよ。($H = 1.0$，$C = 12$，$O = 16$)

461 □□ ◀アセチルセルロース▶　次の文を読み，下の問いに答えよ。ただし，原子量を $H = 1.0$，$C = 12$，$O = 16$ とする。

セルロースを無水酢酸と氷酢酸，少量の濃硫酸と反応させると，セルロース中のすべての $-OH$ がアセチル化され，トリアセチルセルロースになる。トリアセチルセルロースを穏やかに加水分解すると，アセトンに可溶なアセチルセルロースが得られる。

(1) セルロースが無水酢酸と反応して，トリアセチルセルロースが生成する変化を，化学反応式で記せ。

(2) セルロース 324g を完全にアセチル化するには，無水酢酸が何 g 必要か。

(3) トリアセチルセルロース 576g を加水分解したとき，アセトンに可溶なアセチルセルロースが 508g 得られた。この化合物は，はじめのセルロース中のヒドロキシ基の何%がアセチル化されたものか。

462 □□ ◀生分解性高分子▶　右に示した高分子 I は，自然界で加水分解反応を受けやすい生分解性高分子の一種であり，トウモロコシなどを原料として製造される。この高分子 I について，次の問いに答えよ。ただし，原子量を $H = 1.0$，$C = 12$，$O = 16$ とする。

$$\left[O-\underset{\underset{H}{|}}{\overset{\overset{CH_3}{|}}{C}}-\underset{\underset{O}{\|}}{C} \right]_n$$

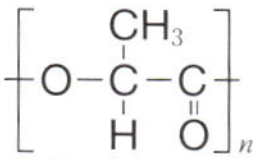

高分子 I の
構造式

(1) 高分子 I を水酸化ナトリウム水溶液で十分にけん化した。このとき生成する化合物 A の構造式を示せ。

(2) 化合物 A の水溶液を希塩酸で酸性にしたとき生成する化合物 B の名称を記せ。

(3) 化合物 B に少量の濃硫酸を加えて加熱すると，2 分子の化合物 B から 2 分子の水が失われて，1 分子の環状化合物 C が生成する。化合物 C の構造式を示せ。

(4) 化合物 C には，何種類の立体異性体が存在するか。鏡像異性体も区別せよ。

(5) 分子量 1.8×10^5 の高分子 I は，何分子の化合物 B からできているか。

38　繊維・機能性高分子　349

共通テストチャレンジ

463 □□ ◀糖類▶ 糖類に関する記述として正しいものを，次の①～⑦のうちから二つ選べ。
① グルコースとフルクトースの水溶液は還元性を示し，その鎖状構造はアルデヒド基をもつ。
② スクロースは，グルコースとフルクトースが脱水縮合した構造をもち，還元性を示す。
③ グルコースは，環状構造でも鎖状構造でも，同じ数のヒドロキシ基をもつ。
④ グルコースを完全にアルコール発酵させると，グルコース1分子からエタノール3分子が生じる。
⑤ セルロースを加水分解すると，マルトースを経て，グルコースを生じる。
⑥ グリコーゲンは動物のエネルギー貯蔵物質で，動物体内でグルコースから合成される。
⑦ アミロースは，α-グルコースが枝分かれ状に結合した構造をもつ。

464 □□ ◀アミノ酸とタンパク質▶ タンパク質およびアミノ酸に関する記述として正しいものを，次の①～⑦のうちから二つ選べ。
① タンパク質は，加熱すると凝固するが，冷却すれば再びもとに戻る。
② タンパク質に水酸化ナトリウム水溶液と硫酸銅(Ⅱ)水溶液を加えると，黒色になる。
③ タンパク質に濃硝酸を加えて加熱すると黄色になる。
④ タンパク質は多数のアミノ酸がペプチド結合でつながった高分子化合物である。
⑤ タンパク質中のα-ヘリックスやβ-シートなどの構造は，三次構造とよばれる。
⑥ α-アミノ酸は同一の炭素原子にアミノ基とカルボキシ基が結合しており，すべて不斉炭素原子をもつ。
⑦ タンパク質を構成する天然のアミノ酸が含む元素は，H, C, N, O だけである。

465 □□ ◀シクロデキストリン▶

複数のグルコース分子がグリコシド結合を結成して環状構造になったものをシクロデキストリンという。図に示すシクロデキストリン0.10molを完全に加水分解するとグルコースのみが得られた。このとき反応した水は何gか。最も適当な数値を，次の①～⑥のうちから1つ選べ。（原子量：H = 1.0, C = 12, O = 16）
① 1.8 ② 3.6 ③ 5.4
④ 7.2 ⑤ 9.0 ⑥ 10.8

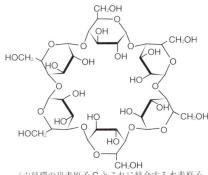

（六員環の炭素原子Cとこれに結合する水素原子Hは省略してある）

466 □□ ◀エステル結合の数▶　ポリエチレンテレフタラートはエチレングリコール HOCH$_2$CH$_2$OH とテレフタル酸 HOOC–⬡–COOH との縮合重合によって合成される。あるポリエチレンテレフタラートの分子量を測定したところ 2.0×10^5 であった。このポリエチレンテレフタラート 1 分子には，何個のエステル結合が含まれるか。最も適当な数値を，次の①〜⑥のうちから一つ選べ。（H = 1.0，C = 12，O = 16）
① 1×10^3　　② 2×10^3　　③ 1×10^4　　④ 2×10^4　　⑤ 1×10^5　　⑥ 2×10^5

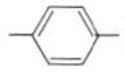

467 □□ ◀陽イオン交換樹脂▶　陽イオン交換樹脂に関する記述として正しいものを，次の①〜⑤のうちから一つ選べ。
① 陽イオン交換樹脂は，p-ジビニルベンゼンとスチレンの共重合体をニトロ化することで得られる。
② 陽イオン交換樹脂は，上から水酸化ナトリウム水溶液を通じると，下からは純水が出てくる。
③ 陽イオン交換樹脂に塩酸を通じると，樹脂の質量は増加する。
④ 食塩水に陽イオン交換樹脂を浸すと，pH が大きくなる。
⑤ 使い終わった陽イオン交換樹脂は，強塩基を通じることで再生できる。

468 □□ ◀ゴム▶　次の(1), (2)の問いに答えよ。
(1) 天然ゴムに関する記述として正しいものを，次の①〜④のうちから一つ選べ。
　① ベンゼン環をもつ。　　　　　② 炭素原子間の二重結合をもつ。
　③ 単量体の分子式は C$_4$H$_6$ である。　　④ 不斉炭素原子をもつ。
(2) NBR（アクリロニトリル–ブタジエンゴム）は，アクリロニトリル（分子量 53）とブタジエン（分子量 54）を共重合させて得られる。ある NBR の窒素の含有率（質量百分率）を測定すると，6.5 % であった。この NBR を合成するのに用いたアクリロニトリルとブタジエンの物質量の比を $1 : x$ としたとき，x に当てはまる最も適当な数値を，次の①〜⑤のうちから一つ選べ。
　① 1　　　② 2　　　③ 3　　　④ 4　　　⑤ 5

469 □□ ◀ビニロンの合成▶　図のようにポリビニルアルコール（繰り返し単位 ⨎CHOH–CH$_2$⨏の式量 44）をホルムアルデヒド水溶液で処理すると，–OH の一部がアセタール化されて，ビニロンが得られる。–OH の 50 % がアセタール化される場合，ポリビニルアルコール 88 g から得られるビニロンは何 g か。最も適当な数値を，①〜⑥のうちから一つ選べ。 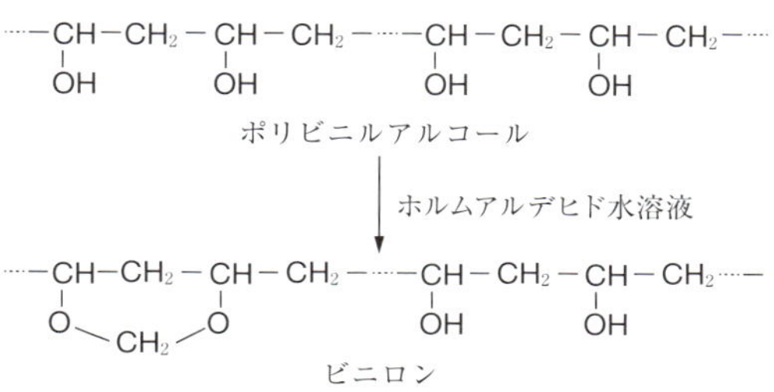
① 91　　　② 94　　　③ 96　　　④ 98　　　⑤ 100　　　⑥ 102

```
＊装丁　　（株）志岐デザイン事務所（岡崎善保）
＊本文デザイン　島田淳一　江口正文
＊組版・図表作成　（株）群企画
＊編集協力　（株）群企画
```

大学入学共通テスト・理系大学受験
化学の新標準演習 改訂版
2020年2月1日　第1刷発行

著　者　　卜　部　吉　庸
発行者　　株式会社　三　省　堂
　　　　　　　代表者　北　口　克　彦
印刷者　　三省堂印刷株式会社
発行所　　株式会社　三　省　堂
〒101-8371　東京都千代田区神田三崎町二丁目22番14号
電話　編集(03)3230-9411
　　　営業(03)3230-9412
https://www.sanseido.co.jp/

©Yoshinobu Urabe 2020　　　Printed in Japan

〈改訂化学の新標準演習・352 + 256pp.〉

落丁本・乱丁本はお取り替えいたします。ISBN978-4-385-26101-0

```
本書を無断で複写複製することは、著作権法上の例外を除き、
禁じられています。また、本書を請負業者等の第三者に依頼
してスキャン等によってデジタル化することは、たとえ個人
や家庭内の利用であっても一切認められておりません。
```

[2] 原子量概数，基本定数，単位の関係

原子量概数

水 素	H	…… 1.0	アルゴン	Ar	……	40
ヘリウム	He	…… 4.0	カリウム	K	……	39
リチウム	Li	…… 7.0	カルシウム	Ca	……	40
炭 素	C	…… 12	クロム	Cr	……	52
窒 素	N	…… 14	マンガン	Mn	……	55
酸 素	O	…… 16	鉄	Fe	……	56
フッ素	F	…… 19	ニッケル	Ni	……	59
ネオン	Ne	…… 20	銅	Cu	……	63.5
ナトリウム	Na	…… 23	亜 鉛	Zn	……	65.4
マグネシウム	Mg	…… 24	臭 素	Br	……	80
アルミニウム	Al	…… 27	銀	Ag	……	108
ケイ素	Si	…… 28	スズ	Sn	……	119
リン	P	…… 31	ヨウ素	I	……	127
硫 黄	S	…… 32	バリウム	Ba	……	137
塩 素	Cl	…… 35.5	鉛	Pb	……	207

基本定数

アボガドロ定数 $N_A = 6.02 \times 10^{23}$〔/mol〕

モル体積 標準状態(0℃，1013hPa)の**気体** 22.4〔L/mol〕

水のイオン積 $K_w = 1.0 \times 10^{-14}$〔mol/L〕^{2}

ファラデー定数 $F = 9.65 \times 10^4$〔C/mol〕

気体定数 $R = 8.31 \times 10^3$〔Pa・L/(K・mol)〕$= 8.31$〔J/(K・mol)〕

　　　　　　体積の単位に〔m^3〕**を用いると** 8.31〔Pa・m^3/(K・mol)〕

単位の関係

長さ 1nm(ナノメートル)$= 10^{-7}$cm $= 10^{-9}$m

圧力 1013hPa(ヘクトパスカル)$= 1.013 \times 10^5$Pa(パスカル)

　　　　　　　　　　　　　　$= 1$atm $= 1$気圧 $= 760$mmHg

熱量 1cal $= 4.18$J(ジュール)，1J $= 0.24$cal

[3] 指数の意味とその計算方法

　化学では，非常に大きな数や小さな数を扱うことが多いが，このような数を簡単かつ正確に表す方法を考えてみよう。

指数の意味

　ある数を繰り返し掛けることを**累乗**といい，$10000(=10 \times 10 \times 10 \times 10)$ は，1 に 10 を 4 回掛けた数と考え，1×10^4 とかく。一般に，ある数 A に 10 を n 回掛けた数を $A \times 10^n$ と表し，n を 10 の**指数**という。

　一方，$0.001(=1 \div 10 \div 10 \div 10)$ は，1 を 10 で 3 回割った数と考え 1×10^{-3} とかく。一般に，ある数 A を 10 で n 回割った数を $A \times 10^{-n}$ と表す。このように，大きな数や小さな数は 10 の累乗を使って表すと便利である。

指数の表し方

　すべての数は，$A \times 10^n$，すなわち，測定値 A と位取りを表す 10^n との積の形で表せる。ただし，$A = 1$ のときは，単に 10^n と表してもよい。

例　$600000 = 6 \times 10^5$　　$0.0002 = 2 \times 10^{-4}$

指数の計算規則

(1)　$10^0 = 1$

(2)　$10^a \times 10^b = 10^{a+b}$　　**例**　$10^4 \times 10^2 = 10^{4+2} = 10^6$

(3)　$10^a \div 10^b = 10^{a-b}$　　**例**　$10^6 \div 10^4 = 10^{6-4} = 10^2$

(4)　$(10^a)^b = 10^{ab}$　　　　**例**　$(10^3)^4 = 10^{3 \times 4} = 10^{12}$

　指数で表された数 $A \times 10^m$ と $B \times 10^n$ どうしの計算は，A と B の部分および，10^m と 10^n の部分に分けて行えばよい。

例　$(3.0 \times 10^{-3}) \times (5.0 \times 10^7) = (3.0 \times 5.0) \times 10^{-3+7}$
$$= 15 \times 10^4 = 1.5 \times 10^5$$

　15×10^4 と 1.5×10^5 は全く同じ値であるが，$A \times 10^n$ の形で数を表す場合，A は $1 \leqq A < 10$ にする約束があるので，1.5×10^5 と表す方がよい。

例　$(3.0 \times 10^5) \div (6.0 \times 10^{-3}) = \left(\dfrac{3.0}{6.0} \right) \times 10^{5-(-3)}$
$$= 0.50 \times 10^8 = 5.0 \times 10^7$$

大学入学共通テスト・理系大学　受験

化学の新標準演習 改訂版

化学基礎収録

【解答・解説集】

三省堂

解答・解説集の使い方

　この小冊子は，本冊にある標準問題・発展問題と共通テストチャレンジの解答・解説集です。

　それぞれの問題を解くための解答と解説を書いたものですが，ただ単に解き方を解説するだけでなく，それを解くための背景となる既習事項のほか，内容は高度だが知っておきたい諸知識などについても丁寧に説明しています。それぞれの問題で完結するように解説したので，同様の説明が重複して出てくるところがありますが，理解の再確認のために読むようにしてください。

【解答・解説集で用いた記号など】

覚えておきたい語句や重要な化合物名などは，**太字**

解説文中の特に注意すべき事項には，**波のアンダーライン**

特に重要で理解しておきたい事項には，**紙面の地のグレー**

解説に関連した補足事項は，**参考の囲み**

標準問題・発展問題の問題番号は，**黒の数字**

共通テストチャレンジの問題番号は，**白い数字**

また，「∴」は「**ゆえに**」と読み，**結果など**を示します。

　各ページの中央上には，そのページで解答・解説が始まる問題番号が示してあります。問題の解答・解説を探すときに利用して下さい。

CONTENTS

化学基礎

第1編　物質の構成

1-1　物質の成分と元素 …………………… 2

1-2　原子の構造と周期表 …………… 8

1-3　化学結合① ………………………… 16

1-4　化学結合② ………………………… 21

1　共通テストチャレンジ …………… 25

第2編　物質の変化

2-5　物質量と濃度 ……………………… 28

2-6　化学反応式と量的関係 ………… 35

2-7　酸と塩基 …………………………… 41

2-8　中和反応と塩 ……………………… 46

2-9　酸化還元反応 ……………………… 53

2　共通テストチャレンジ …………… 61

化　学

第3編　物質の状態

3-10　物質の状態変化 ………………… 63

3-11　気体の法則 ……………………… 68

3-12　溶解と溶解度 …………………… 75

3-13　希薄溶液の性質 ………………… 81

3-14　コロイド ………………………… 87

3-15　固体の構造 ……………………… 90

3　共通テストチャレンジ …………… 93

第4編　物質の変化と平衡

4-16　化学反応と熱 …………………… 95

4-17　電池 …………………………… 101

4-18　電気分解 ……………………… 105

4　共通テストチャレンジ(1) ………… 110

4-19　化学反応の速さ ……………… 112

4-20　化学平衡 ……………………… 118

4-21　電解質水溶液の平衡 ………… 123

4　共通テストチャレンジ(2) ……… 132

第5編　無機物質の性質と利用

5-22　非金属元素(その1) ………… 135

5-23　非金属元素(その2) ………… 143

5-24　典型金属元素 ………………… 148

5-25　遷移金属元素 ………………… 155

5-26　金属イオンの分離と検出 …… 160

5-27　無機物質と人間生活 ………… 164

5　共通テストチャレンジ ………… 168

第6編　有機化合物の性質と利用

6-28　有機化合物の特徴と構造 …… 171

6-29　脂肪族炭化水素 ……………… 174

6-30　アルコールとカルボニル化合物 … 183

6-31　カルボン酸・エステルと油脂 … 189

6-32　芳香族化合物① ……………… 197

6-33　芳香族化合物② ……………… 202

6-34　有機化合物と人間生活 ……… 212

6　共通テストチャレンジ ………… 215

第7編　高分子化合物の性質と利用

7-35　糖類(炭水化物) ……………… 218

7-36　アミノ酸とタンパク質, 核酸… 223

7-37　プラスチック・ゴム ………… 235

7-38　繊維・機能性高分子 ………… 241

7　共通テストチャレンジ ………… 249

1 物質の成分と元素

1 [解説] **混合物**は，2種類以上の物質が混じり合った物質で，1つの化学式では表せない。一方，**純物質**は，分離・精製などによって得られた1種類の物質であり，1つの化学式で表せる。また，自然界に存在する多くの物質は混合物であることから判断してもよい。

(1) ドライアイスは，**二酸化炭素（CO_2）**の固体で純物質である。
(2) 牛乳は，水にタンパク質・脂肪・糖類などが溶け込んだ混合物である。
(3) 都市ガスは，メタン（CH_4）を主成分とし，他の**炭化水素**（炭素と水素の化合物）として，エタン（C_2H_6）なども少量含む混合物である。
(4) 水銀（Hg）は，常温で唯一の液体の金属で，純物質である。
(5) ブドウ糖（$C_6H_{12}O_6$）ともよばれ，植物の光合成により二酸化炭素と水からつくられる純物質である。

> [参考] 市販のグラニュー糖や氷砂糖は，純粋なスクロース（ショ糖）の結晶で，化学式は $C_{12}H_{22}O_{11}$ である。

(6) 通常，硫酸といえば，水を含まない100%硫酸を指し，純物質である。化学式は H_2SO_4 と表される。

> [参考] 市販の濃硫酸は濃度96%で，4%の水が含まれ，厳密には混合物である。

(7) 空気は，体積で窒素(78%)，酸素(21%)，アルゴン(0.9%)，二酸化炭素(0.04%)などを含む混合物である。
(8) 青銅は銅 Cu とスズ Sn をいろいろな割合で含んだ合金で，混合物である。青銅は十円硬貨や銅像，鐘などさまざまな方面に利用されている。

> [参考] 五円硬貨は銅と亜鉛 Zn の合金（**黄銅**）。五十円硬貨，百円硬貨は銅とニッケル Ni の合金（**白銅**）でできている。一般に，2種類以上の金属を融かしてできる**合金**は混合物に分類される。

(9) 食塩ともよばれる純物質。化学式は NaCl である。
(10) アンモニア水はアンモニアの水溶液である。一般に，**溶液は混合物**と考えてよい。
(11) 塩素は黄緑色で強い刺激臭のある有毒な気体で，純物質である。化学式は Cl_2 と表される。黄色のボンベで市販され，水道水の殺菌などに利用される。

> 純物質のうち，1種類の元素記号だけを含めば**単体**，2種類以上の元素記号を含めば**化合物**と判断できる。

[解答] 混合物…(2), (3), (7), (8), (10)
単体…(4), (11)　化合物…(1), (5), (6), (9)

2 [解説] 混合物から純物質を取り出す操作を**分離**といい，分離した物質から不純物を取り除き，物質の純度を高める操作を**精製**という。一般に，分離と精製は同時に行われることが多い。

(1) 混合物の分離は，ろ過や蒸留などの**物理的方法**（物理変化を利用した方法）によって行う。**混合物**は物理的方法によって各成分物質に分離できるが，**純物質**は物理的方法では別の物質に分けることはできない。
(2), (3) 純物質のうち，電気分解や熱分解などの**化学的方法**（化学変化を利用した方法）によって，2種類以上の成分に分けられるものが**化合物**，化学的方法によって分けられないものが**単体**である。

以上より，1種類の元素(成分)からなる物質が**単体**，2種類以上の元素(成分)からなる物質が**化合物**といえる。

(4) **混合物**は，成分物質の割合(組成)を任意に変えることができ，それに伴って物理的・化学的性質は変化する。例えば，食塩水を加熱すると，水の蒸発に

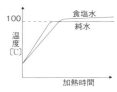

より，しだいにその濃度が大きくなり，沸点も高くなる。
(5) 純物質とは異なり，混合物は一定の性質(融点，沸点，密度など)を示さない。
(6) 純物質の固体が融解しはじめる温度(**融点**)と，純物質の液体が凝固しはじめる温度(**凝固点**)は等しいが，混合物では等しくならない。それは融解，凝固に伴って，混合物に含まれる成分物質の割合(組成)が変化するためである。

[解答] (1) A (2) B (3) C (4) A (5) A (6) A

3 [解説] (1) 硫黄の粉末を試験管に入れ，穏やかに120℃くらいまで加熱し，黄色の液体をつくる。これを，乾いたろ紙上に流し込み，空気中で放冷すると，黄色で針状の**単斜硫黄**(図 b)の結晶が得られる。
(2) 硫黄の融解液をさらに250℃くらいまで加熱し，生じた暗褐色の液体を，冷水に流し込んで急冷すると，暗褐色でやや弾性のある**ゴム状硫黄**(図 a)が得られる。

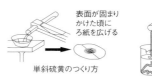

単斜硫黄のつくり方　　ゴム状硫黄のつくり方

(3) 硫黄の粉末を二硫化炭素 CS_2 という有機溶媒に溶かし,その溶液を蒸発皿に移し,CS_2 を蒸発させると,黄色八面体状の**斜方硫黄**(図c)の結晶が析出する。

単斜硫黄もゴム状硫黄も,常温で一週間ほど放置すると,徐々に斜方硫黄に変化する。これは,**常温では斜方硫黄が最も安定である**ためである。

参考 同素体は,反応の起こりやすさなどの化学的性質のほか,融点・沸点・密度などの物理的性質も異なる。同素体には,酸素 O_2 とオゾン O_3 のように,分子を構成する原子の数が異なるもの,ダイヤモンドと黒鉛のように,原子の結合の仕方が異なるものの他,斜方硫黄と単斜硫黄のように,結晶の構造が異なるものなどがある。

解答 (a) **ゴム状硫黄** (b) **単斜硫黄** (c) **斜方硫黄**
(1) (b) (2) (a) (3) (c)

4 **解説** ヨウ素 I_2 は水には溶けにくいが,ヨウ化カリウム KI 水溶液には三ヨウ化物イオン I_3^- となってよく溶ける($I_2+I^- \rightarrow I_3^-$(褐色))。この褐色の溶液を**ヨウ素溶液**という。

ヨウ素溶液からヨウ素だけを取り出すには,ヨウ素をよく溶かし,水には溶けない性質をもつ適当な有機溶媒を選ぶ。これに適する有機溶媒としては,石油からつくられたヘキサンや石油ベンジンなどがある。

(1) ヨウ素溶液とヘキサンをよく混合するために,**分液ろうと**とよばれるガラス器具が使われる。

(2)

ヨウ素溶液とヘキサンを分液ろうとに入れてよく振り混ぜて静置すると,ヘキサン(密度 $0.66g/cm^3$)は,水(密度 $1.0g/cm^3$)の上部に分離する。なお,ヘキサンは無色の液体であるが,ヨウ素を溶解すると,紫色を示す(これがヨウ素分子 I_2 の色である)。

このように,適当な溶媒を用いて,混合物中の特定の物質だけを溶かし出して分離する方法を**抽出**と

いう。抽出後,下層(ヨウ化カリウム水溶液)は分液ろうとのコックを開けて下から流出させる。その後,上層(ヨウ素を溶かしたヘキサン)を分液ろうとの上方の口からとり出す。

(3)(ア) 原油は,各種の炭化水素(炭素と水素の化合物)の混合物で,沸点の違いを利用して,ガソリン・灯油・軽油・重油などの各成分に分離される(**分留**)。

〔原油の分留〕

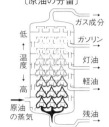

(イ) 大豆の中に含まれる油脂は,水よりも有機溶媒に溶けやすい。そこで,ヘキサンを用いた**抽出**によって大豆油を取り出す。

(ウ) 海水の**蒸発**で食塩がつくられる。

(エ) 鉄鉱石から酸素を取り除く方法(**還元**)で,鉄を取り出す。これは,化学変化を利用して,化合物から単体を取り出す方法である。

解答 (1) **分液ろうと** (2) **抽出** (3) (イ)

5 **解説** (1) 不揮発性物質(塩化ナトリウム)と,揮発性物質(水)の混合物を加熱すると,揮発性物質の水だけが蒸発し,あとに塩化ナトリウムの結晶が残る(右図)。この操作を**蒸発**という。

(2) 塩化ナトリウム水溶液から水だけをとり出す場合は,塩化ナトリウム水溶液を加熱し,蒸発した水蒸気を冷却すればよい。この操作を**蒸留**という。

液体と固体の混合物(溶液)から,液体をとり出す場合には**蒸留**が適しており,固体をとり出す場合には**蒸発**が適している(ただし,蒸発では得られた固体の純度は高くならない)。

(3) 液体空気をゆっくりと温めると,沸点の低い窒素($-196℃$)が先に多く蒸発し,あとに酸素($-183℃$)が多く残る。これを繰り返すことで,窒素と酸素を分離することができる。この操作を**分留**(分別蒸留)という。

(4) 石灰水は,水酸化カルシウムの水溶液のことで無色透明である。しかし,空気中の二酸化炭素と徐々に反応して,炭酸カルシウムの白色沈殿(固体)をつくり白濁する。したがって,白濁した石灰水を**ろ過**してこの沈殿を除けば,無色透明な石灰水が得られる。

(5) 不純物を含む硝酸カリウムの結晶を,温水に溶かして水溶液をつくる。これを冷却すると,純粋な硝

酸カリウムの結晶だけが得られる(不純物は,少量のため冷却しても飽和に達せず,溶液中に残る)。このように,温度による溶解度の差を利用して,固体物質を精製する方法を**再結晶**という。

(6) すりつぶした植物の緑葉に,温めたアルコールを加えよくかき混ぜると,葉の細胞中に含まれていたクロロフィルがアルコール中へ溶け出す。このように,溶媒に対する溶解性の違いを利用して,特定の物質を分離する方法を**抽出**という。茶葉に熱湯を加えてお茶(飲料)を入れるのは,熱水による抽出の例である。

(7) 黒インクの中には,赤,黄,青などさまざまな色素が含まれる。これを,細長いろ紙の一端につけ,適当な展開液(アルコール・酢酸・水の混合溶液など)に浸すと,各色素の溶媒への溶解性,ろ紙への吸着力の違いに応じて,異なる位置に分離される。例えば,溶媒への溶解度が大きく,ろ紙への吸着力の小さい色素は上方に分離される。一方,溶媒への溶解度が小さく,ろ紙への吸着力の大きい色素は下方に分離される。このような操作を**クロマトグラフィー**といい,特に,ろ紙を用いる場合を**ペーパークロマトグラフィー**という。

解答 (1)…(オ) (2)…(カ) (3)…(ア) (4)…(イ)
(5)…(エ) (6)…(キ) (7)…(ウ)

---

6 [解説] (2) 液体中に混じっている不溶性の固体物質(砂)は,**ろ過**によって分離できる。

(4) ろ過における留意点は次の通り。
① 図のように,四つ折りにしたろ紙を円錐状に開き,ろうとに当てる。次に,ろ紙に少量の純水を注ぎ,ろうとに密着させる。
② 液体は,飛び散らないように**ガラス棒**に伝わらせてゆっくりと注ぐ(ガラス棒は,ろ紙が三重になったところ(図の灰色の部分)に軽く当てるようにする)。
③ ろ紙上に注ぐ液体の量は,ろ紙の高さの8分目より多くならないようにする。
④ ろうとの先端はビーカーの内壁につける。これは,ろ液がはねるのを防ぐためと,ろ液が絶え間なくビーカーの器壁を流れ落ちるようになり,ろ

過速度を大きくできるためである。
⑤ ビーカー内の不溶物が沈殿したのち,上澄み液の部分からろ過し始めると,効率的にろ液が出てくる。

(5) ろ過では,液体に溶けない程度の大きさの沈殿粒子は分離できるが,液体に溶けた溶質粒子は分離できない。

ろ紙の目の大きさは10^{-6}m程度であり,食塩水の成分(Na^+,Cl^-は10^{-9}m程度),牛乳の成分(タンパク質や脂肪は10^{-8}m程度)はろ紙の隙間より小さいので,素通りする。一方,沈殿粒子の大きさは10^{-5}~10^{-3}m程度なので,ろ紙の目を通り抜けることはできず,ろ過によって分離することができる。

解答 (1)(a) ろうと (b) ろうと台
(2) ろ過 (3) ろ液
(4)・ガラス棒を使用し,液体をガラス棒に伝わらせながら,静かに流し込む。
・ろ紙がろうとから浮いているので,ろ紙をろうとに密着させておく。
・ろうとの先端をビーカーの内壁につけておく。
(5)…(ア),(ウ)

---

7 [解説] (ア) 同素体は単体にしか存在しない。〔○〕

[参考] 同素体の存在する元素には,スコップ(S, C, O, P)がよく知られているが,ヒ素As,セレンSe,アンチモンSb,スズSnなどの元素にも同素体が存在する。例えば,As(灰色ヒ素,黄色ヒ素,黒色ヒ素),Se(金属セレン,無定形セレン),Sb(金属アンチモン,黄色アンチモン),Sn(白色スズ,灰色スズ)などが知られている。これらは金属元素と非金属元素の境界付近に位置する元素である。全元素を調べると,同素体をもたない元素の方が圧倒的に多い。

(イ) 酸素O_2やオゾンO_3のように,気体の状態で存在する同素体もある。〔×〕

(ウ) 黄リン(融点44℃)と赤リン(融点590℃)は,融点のような物理的性質だけでなく,自然発火の性質などの化学的性質も異なる。〔×〕

P_4 黄リン 有毒 自然発火する。(発火点35℃)
P 赤リン 微毒 自然発火しない。(発火点260℃)

(エ) 同素体は,性質の異なる別の物質であるから,酸素とオゾンを混ぜ合わせたものは混合物になる。〔×〕

[参考] **氷を含む0℃の水は混合物か純物質か?**
氷と水は状態(固体と液体)が異なるだけで,水H_2Oという同じ物質である。よって,純物質である。

(オ) 酸素 O_2(融点 −218℃，沸点 −183℃)，オゾン O_3(融点 −193℃，沸点 −111℃)のように，同素体は互いに別の物質だから，その性質は同じではない。〔×〕

(カ) 水 H_2O と過酸化水素 H_2O_2 は化合物なので，同素体ではない。〔×〕

(キ) ふつうの硫黄(斜方硫黄)は，$1.01×10^5$ Pa (1気圧)では，95.6℃以上に長時間放置すると単斜硫黄に徐々に変化する。また，常温・常圧では，単斜硫黄はゆっくりと斜方硫黄へ変化する。〔○〕

(ク) ダイヤモンドと黒鉛(グラファイト)はいずれも炭素の同素体で，完全燃焼させると，ともに二酸化炭素になる。ただし，空気中では黒鉛は 500～600℃ 以上で燃焼するが，ダイヤモンドは 800℃ 以上でないと燃焼しない。〔○〕

| 参考 | **ダイヤモンドと黒鉛の性質の違い** |

ダイヤモンドは非常に硬い物質であるのに対して，黒鉛は軟らかい。このような性質の違いは，**炭素原子の結合の仕方の違い**による。
ダイヤモンドでは，炭素原子が正四面体状に強く結びついて立体網目状構造をしており，きわめて硬い。一方，**黒鉛**では炭素原子が正六角形状に結びついてできた平面層状構造をしており，これらは弱い力で引き合い，積み重なっているため軟らかい。すなわち，炭素の同素体では，炭素原子の結合の仕方が異なっている。

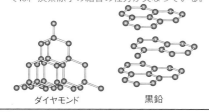

ダイヤモンド　　　黒鉛

解答 (ア), (キ), (ク)

8 **解説** 沈殿反応，炎色反応など各元素に特有な反応を利用して，物質中の成分元素が検出できる。

化学反応などにより，溶液中に生じた不溶性の固体物質を**沈殿**といい，溶液中に沈殿が生じる反応を**沈殿反応**という。

ある元素を含む物質の水溶液をガスバーナーの外炎の中に入れると，その元素に特有な色が現れることがある。この現象を**炎色反応**という。
なお，白金線は濃塩酸でよく洗浄し，炎色反応を示さないことを確認してから用いること。

元素名と元素記号		炎色反応の色
リチウム	Li	赤
ナトリウム	Na	黄
カリウム	K	赤紫
カルシウム	Ca	橙赤
バリウム	Ba	黄緑
ストロンチウム	Sr	紅(深赤)
銅	Cu	青緑

(1) 黄色の炎色反応を示す元素は，ナトリウム Na。

(2) 橙赤色の炎色反応を示す元素は，カルシウム Ca。

(3) 生じた白色沈殿は塩化銀 AgCl である。

$$Ag^+ + Cl^- \longrightarrow AgCl$$

Ag^+ は硝酸銀水溶液から供給され，Cl^- は食塩水から供給されたものである。よって，食塩水中に含まれる元素として，塩素 Cl が検出される。

(4) 石灰水を白濁させる気体は二酸化炭素である。二酸化炭素には，炭素 C と酸素 O の2種の元素が含まれる。
二酸化炭素中の炭素 C はスクロースに由来するが，酸素 O は酸化銅(Ⅱ)，空気中の酸素，スクロースのどれに由来するかは明らかではない。よってこの実験からは，酸素 O がスクロースの成分元素であるかどうかは確認されたことにはならない。
また，酸化銅(Ⅱ)はスクロースを完全燃焼させるために加えてある。

(5) 硫酸銅(Ⅱ)無水塩 $CuSO_4$ は水分を吸収して，硫酸銅(Ⅱ)五水和物 $CuSO_4·5H_2O$ になる性質がある。

$$CuSO_4 + 5H_2O \longrightarrow CuSO_4·5H_2O$$
(白色)　　　　　　　　　(青色)

したがって，硫酸銅(Ⅱ)無水塩の青色への変化から，この液体は水であり，スクロース中に含まれる元素として水素 H が検出される。

スクロースと酸化銅(Ⅱ)の混合物を左図のように加熱すると，試験管口付近に液体(水)がたまってくる。

解答 (1) Na (2) Ca (3) Cl (4) C (5) H

9 **解説** (1) 物質の状態は，温度と圧力によって，固体，液体，気体の間で変化する。この3つの状態を**物質の三態**という。また，三態間での変化を**状態変化**という。

固体の状態では，物質は粒子間の引力で集合しており，粒子は決まった位置で振動しているだけである。そのため，形も体積も変化しにくい。

液体の状態では，粒子間の引力で粒子が集合しているが，粒子は熱運動により，あちこちに移動する

6　　1-1　物質の成分と元素

10〜11

ことができる。そのため，形は変化しやすい(**流動性**という)が，粒子間の引力が強いために，体積はほぼ一定である。

　気体の状態では，粒子間の引力はほとんどはたらかず，粒子は激しく空間を飛びまわっているので，圧縮されやすく，形も体積も変化しやすい。

　物質の三態変化での状態変化には，それぞれ固有の名称があるので，必ず覚えておく必要がある。

> **参考**　**気化と液化について**
> 　広義の意味では，気化とは気体になることであり，「液体→気体」と「固体→気体」の両方に用い，また，液化とは液体になることであり，「固体→液体」と「気体→液体」の両方に用いられることもある。
> 　したがって，誤解をまねかないよう，状態変化の名称には，気化や液化という用語はなるべく用いない方がよい。

(2)　物質に熱エネルギーを加えると，物質の構成粒子の**熱運動**が激しくなる。それにともない，物質の状態は，固体→液体→気体と変化する。

　したがって，熱運動が最も激しく行われている状態は気体である。

(3)　(a)　通常の物質では，液体が固体になると体積が減少する。しかし，水は例外的な性質をもち，水(液体)が凝固して氷(固体)になると，体積が約10%も増加する。したがって，冬季には屋外の水道管が水の凝固によって破裂することがある。

　(b)　洗濯物に含まれていた水(液体)が**蒸発**して水蒸気(気体)となり，空気中へ拡散していく。

　(c)　空気中の水蒸気(気体)がコップの冷水で冷やされて**凝縮**し，水(液体)となる。

　(d)　ナフタレンの固体が直接気体に変化し(**昇華**)，空気中に拡散していく。

　(e)　チョコレートは純物質ではないので融点は一定ではないが，気温が高くなると次第に軟らかくなり，やがて**融解**する。

　(f)　水分を含んだ食品を凍らせ，真空に近い減圧状態で氷だけを**昇華**させて水蒸気の形で取り除く方法を**フリーズドライ**(凍結乾燥)法といい，インスタントコーヒーやカップラーメンなど，加工食品の製造に利用される。

(4)　粒子の熱運動の激しさの度合いを表した温度が**絶対温度**であり，単位には**ケルビン**(記号：K)を用いる。水の凝固点(0℃)と沸点(100℃)の間を100等分して，1℃の温度差を定めた温度が**セルシウス温度**である。一方，粒子の熱運動が完全に停止すると考えられる最低温度を**絶対零度**という。この絶対零度(−273℃)を原点とし，セルシウス温度と同じ目盛り間

隔になるように定めた温度が**絶対温度**である。したがって，絶対温度 T とセルシウス温度 t との間には，

$T(\mathrm{K}) = t(℃) + 273$ の関係が成り立つ。

$T = 27 + 273 = 300(\mathrm{K})$

$t = 373 - 273 = 100(℃)$

解答　(1) ア：融解　イ：凝固　ウ：蒸発
　　　　　　エ：凝縮　オ：昇華　カ：昇華
(2) 気体
(3)(a) イ　(b) ウ　(c) エ　(d) カ　(e) ア　(f) カ
(4) 300K，100℃

10　**解説**　(1)　固体が直接気体になったり，気体が直接固体になる状態変化をどちらも**昇華**という。ヨウ素は黒紫色の結晶であるが，昇華しやすい性質(**昇華性**)をもち，加熱すると液体にならずに直接，紫色の気体になる。これを冷却すると再び固体になるので，**昇華法**によって不純物を除く(精製)することができる(ガラス片は昇華しない)。

(2)　不純物を含んだヨウ素を，昇華法を利用して純粋なヨウ素に精製するには，通常は加熱により混合物からヨウ素だけを昇華させる。そしてその気体を，冷たい水を入れたフラスコなどに触れさせて冷却することによって，ヨウ素の気体を固体に昇華させる。したがって，加熱器具と冷水が入ったフラスコのある②の装置が適切である。

> **参考**　ヨウ素を穏やかに加熱すると，融点(114℃)に達する前に，直接，昇華して気体となる。一方，ヨウ素を急激に加熱すると，融点に達し，液体となってから蒸発して気体となる。したがって，ヨウ素の昇華を観察するには，ガスバーナーで急激に加熱するのではなく，砂皿を使って間接的に穏やかに加熱する必要がある。

解答　(1) 昇華法　(2) ②

11　**解説**　単体と元素は同じ名称でよばれるため，しばしば混同されて使用される。**単体**は実在する具体的な物質を指し，**元素**は物質を構成する成分(要素)を指す。すなわち，元素は物質を構成する最小の粒子である**原子**の種類を表す名称として用いられる。

　したがって，実際に，具体的な物質やその性質が思い浮かべば「単体名」として使用され，具体的な性質が思い浮かばなければ「元素名」として使用されている。また，語句の前に「成分として」という語をつけて，文意が通じれば「元素名」と判断できる。

(1)　実在する気体の酸素ではなく，物質の成分の種類(元素)としての酸素を指している。

(2)　空気中に存在する気体の酸素(単体)を指している。

(3)　二酸化炭素は CO_2 で表される気体で，炭素と酸

素という2つの成分(元素)からなる化合物である。
(4) 一定量の水に溶けた気体の酸素(単体)を指している。
(5) 人体の質量の60%が気体の酸素とは考えられない。水，タンパク質，脂肪など，酸素という成分の種類(元素)を含む化合物として存在している。

解答 (1) B (2) A (3) B (4) A (5) B

12
解説 (1), (2) 物質を加熱すると，粒子の熱運動が激しくなり，温度が上昇する。しかし，グラフ中には温度が変化していない区間が2か所ある。この区間では**状態変化**が起こっている。

最初のBC間では，固体から液体への状態変化(**融解**)が起こっており，その温度 a は水の**融点**である。2番目のDE間では，液体から気体への状態変化(**沸騰**)が起こっており，その温度 b は水の**沸点**である。

(3) BC間では融解が進行中で，固体と液体が共存している。DE間では沸騰が進行中で，液体と気体が共存している。

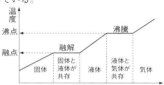

(4) 物質を加熱すると温度が上がるが，これは粒子の熱運動の運動エネルギーが大きくなるからである。一方，物質が状態変化するときは温度は一定に保たれる。それは，融解のときは，加えられた熱エネルギーが構成粒子間の結合を弱め，粒子の規則的な配列を崩すのに用いられるからである。また，沸騰のときは，加えられた熱エネルギーが粒子間の結合を切り，粒子をばらばらにするのに用いられるからである。一般に，融解に必要なエネルギーよりも沸騰に必要なエネルギーの方が大きい。

(5) 純物質では，融解中や沸騰中の温度は一定である。しかし，不純物を含んでいると，融解している間や，沸騰している間に温度は徐々に上昇していく。

解答 (1) a…融点　b…沸点
(2) ア…融解　イ…沸騰
(3) AB間…固体　BC間…固体と液体
　　CD間…液体　DE間…液体と気体
　　EF間…気体
(4) **加えられた熱エネルギーが固体から液体への状態変化，または，液体から気体への状態変化に使われるためである。**
(5) **融点や沸点において温度が一定なので，純物質である。**

13
解説 蒸留装置では，フラスコ内の液量，温度計の位置，沸騰石の有無，冷却器に流す冷却水の方向などに注意する。

(1) 溶液に溶けている物質(**溶質**)と溶かしている液体(**溶媒**)を分離して，溶媒を取り出すには，**蒸留**が適している。

(3) 冷却水はリービッヒ冷却器の下方から入れ，上方から出すように流すと，冷却器内に冷却水が満たされて冷却効果が大きくなる。逆方向に水を流すと，冷却器内に冷却水がたまらず，冷却効果が非常に悪くなる。

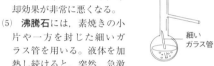
(冷却水を逆に流した場合)

(5) **沸騰石**には，素焼きの小片や一方を封じた細いガラス管を用いる。液体を加熱し続けると，突然，急激な沸騰が起こり，液体がふき出すことがある。この現象を**突沸**といい，これを防ぐために，沸騰石を加えてから液体を加熱するとよい(加熱している途中から沸騰石を加えてはいけない)。

沸騰石は多孔質で，小孔の中に空気を含んでいる。この空気が，液体が沸騰するときのきっかけをつくるので，突沸を防ぎながら穏やかに沸騰を続けることができる。

(6) ・温度計は，蒸気の温度が正しく測れるように，温度の測定部(球部)を枝付きフラスコの枝元に置く(正確に測定したいのは，沸騰している液体混合物の温度ではなく，冷却器に導かれる蒸気の温度である。その温度が分離したいと思う目的物質の沸点と一致している間に得られる留出物だけを受器に集めるとよい)。

・液量があまり多くなると，液面と枝の部分までの距離が短くなり，沸騰の際に生じた溶液のしぶき(飛沫)が枝の部分へ入り，受器にたまる液体に不純物が混入する恐れがある。

・アダプターと受器である三角フラスコとの間はゴム栓などで密閉せず，開放状態にしておく。ただし，ゴミが入らないように，脱脂綿を軽くつめるか，アルミ箔をかぶせておく方がよい。

参考 受器(三角フラスコ)に密栓をしない理由
　密栓をすると，加熱とともに蒸留装置内の圧力が高くなって，目的物が沸騰する温度も変わってしまう。また，装置全体が加圧状態となると，蒸留中に接続部がはずれたり，器具が破損することもあり，危険である。

(7) エタノールのような可燃性の液体を蒸留するときは，**湯浴**などを用いて，間接的に穏やかに加熱するようにする。可燃性の液体を直火で加熱すると，火災を引き起こす危険性がある。

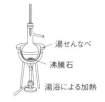
湯せんなべ
沸騰石
湯浴による加熱

参考　その他の蒸留の際の注意事項
1) 初留(最初に留出したもの)は捨てる。
2) 沸騰石は，毎回，新しいものを使う。
3) 沸点が100℃以上の液体を蒸留するときは，湯浴ではなく，油を入れた**油浴**を用いる。
4) 有機溶媒を蒸留するときは，ゴム栓ではなくコルク栓を用いる。
5) 金網を敷いて，フラスコ内の溶液が均一に加熱されるようにする。

解答 (1) 蒸留
(2) (ア) 枝付きフラスコ
　(イ) ガスバーナー　(ウ) リービッヒ冷却器
　(エ) アダプター　(オ) 三角フラスコ
(3) ②
(4) a…空気の量　b…ガスの量
(5) 突沸(急激に起こる激しい沸騰)を防ぐため。
(6) ・温度計の球部の位置をフラスコの枝元部分に置く。
　・フラスコ内の液量は，半分以下にする。
　・三角フラスコ(受器)の口は，脱脂綿などを軽くつめるか，アルミ箔をかぶせる。
(7) 直火ではなく，湯浴や電熱ヒーターなどを用いて間接的に加熱する。

2　原子の構造と周期表

14 解説　原子は，中心部に存在する正の電荷をもつ**原子核**と，その周囲に分布する負の電荷をもついくつかの**電子**からなる。原子核は，さらに，正の電荷をもつ**陽子**と，電荷をもたない**中性子**から構成される(水素原子 $_1^1H$ の原子核だけは陽子のみからなる)。

陽子と中性子の質量はほぼ等しい(中性子の方がわずかに重い)が，電子の質量は陽子や中性子の質量の約 1/1840 と非常に小さいので，原子の質量は，ほぼ原子核の質量に等しいといえる。

また，各元素の原子では，陽子の数は決まっており，この数をその原子の**原子番号**といい，原子の種類を区別するのに使われる。一方，原子核中の陽子の数と中性子の数の和をその原子の**質量数**といい，原子の質量を比較する目安として使われる。

解答　① 原子核　② 電子　③ 陽子　④ 中性子
　　　⑤ 原子番号　⑥ 質量数

原子番号1～20までの元素名と元素記号は，次のようにして完全に覚えておかなければならない。原子番号と元素記号は，指を折りながら，次のような文とともに覚えていけばよい。

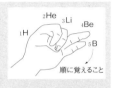
順に覚えること

リーベ＝ドイツ語で love の意味
シップス＝ship's　クラーク＝船長の名前

水	兵	リー	ベ	ぼ	く	の	船
H	He	Li	Be	B	C	N	O	F	Ne
なな	まがり	シッ	プ	ス	クラー	ク	か
Na	Mg	Al	Si	P	S	Cl	Ar	K	Ca

15 解説　(1) 陽子の数(＝電子の数)は等しいが，中性子の数の異なる原子を互いに**同位体**という。
質量の異なる分子の種類は，同位体の組合せで考えればよい。自然界の塩素原子には，^{35}Cl，^{37}Cl の2種類の同位体があり，この中から2個選ぶ組合せは，$^{35}Cl \cdot ^{35}Cl$，$^{35}Cl \cdot ^{37}Cl$，$^{37}Cl \cdot ^{37}Cl$ の3種類が考えられる。
(2) $^{35}Cl \cdot ^{35}Cl$，$^{35}Cl \cdot ^{37}Cl$，$^{37}Cl \cdot ^{37}Cl$ の各分子の存在割合は，各同位体の存在比の積となる。ただし，$^{35}Cl \cdot ^{37}Cl$ からなる塩素分子については，$^{35}Cl \cdot ^{37}Cl$ と $^{37}Cl \cdot ^{35}Cl$ の2通りあるので，

$$\left(\frac{3}{4} \times \frac{1}{4}\right) \times 2 = \frac{6}{16} \Rightarrow 37.5\%$$

16 ～ 18

1-2 原子の構造と周期表 9

（別解） $^{35}Cl_2$ の占める割合は，$\left(\dfrac{3}{4} \times \dfrac{3}{4}\right) = \dfrac{9}{16}$

$^{37}Cl_2$ の占める割合は，$\left(\dfrac{1}{4} \times \dfrac{1}{4}\right) = \dfrac{1}{16}$

∴ $^{35}Cl \cdot {}^{37}Cl$ の占める割合は，全体の割合が1なので，

$$1 - \left(\dfrac{9}{16} + \dfrac{1}{16}\right) = \dfrac{6}{16} \Rightarrow 37.5\%$$

解答 ⑴ **3 種類** ⑵ **37.5%**

16 解説 ⑴ 元素記号の左下の数は**原子番号**（陽子の数）を示し，左上の数字は**質量数**（陽子の数＋中性子の数）を示す。

電気的に中性な原子では，**陽子の数＝電子の数**だから，左下の数字は電子の数も表している。

⑵ (b)と(c)のように，原子番号が等しく質量数の異なる原子を，互いに**同位体**という。同位体は，同じ元素の原子なので，化学的性質は等しい。

⑶ **中性子の数＝質量数−原子番号**で求められる。

各原子の中性子の数は，
- (a) $14 - 6 = 8$ 個　(b) $17 - 8 = 9$ 個
- (c) $16 - 8 = 8$ 個　(d) $24 - 12 = 12$ 個
- (e) $20 - 10 = 10$ 個

⑷ **最外殻電子の数＝電子の数−内殻電子の数**で求められる。

第2周期（Li～Ne）の原子のとき，

最外殻電子の数＝電子の数−2（K 殻）

第3周期（Na～Ar）の原子のとき，

最外殻電子の数＝電子の数−10（K 殻，L 殻）

よって，最外殻電子の数は，
- (a) $6 - 2 = 4$ 個　(b), (c) $8 - 2 = 6$ 個
- (d) $12 - 10 = 2$ 個　(e) $10 - 2 = 8$ 個

希ガス（貴ガス）以外の原子では，最外殻電子の数＝価電子の数である。しかし，最外殻電子の数に関係なく，**希ガス（貴ガス）**（He，Ne，Ar，Kr，…）の原子は，価電子の数はすべて0個であることに留意する。

よって，価電子の数は，
- (a) 4　(b), (c) 6　(d) 2　(e) 0

参考 **最外殻電子と価電子**

各**電子殻**に入る電子の最大数は，原子核に近い方から $n = 1$, 2, 3…とすると，n 番目の電子殻には最大 $2n^2$ 個と決まっている。最も外側の電子殻（**最外殻**）に入っている電子を**最外殻電子**という。最外殻電子のうち，原子どうしの結びつき（化学結合）に重要な役割をするものを，とくに**価電子**という。希ガス（貴ガス）の原子（He，Ne，Ar，Kr…）以外の原子の場合，最外殻電子はすべて価電子となる。

解答 ⑴ (b)，(c) ⑵ **同位体（アイソトープ）**
⑶ (a)，(c) ⑷ **最外殻電子…(d)　価電子…(e)**

17 解説 ロシアの化学者**メンデレーエフ**は，1869 年，当時発見されていた 63 種類の元素を**原子量**（原子の相対質量）の順に配列して**元素の周期律**を発見し，周期表の原型となるものを発表した。しかし，その後の研究によると，元素を原子番号の順に並べた方がその周期性がより良好に現れることから，改良が加えられた。現在，元素の化学的性質の周期的変化は，原子番号の増加に伴う価電子の数の周期的な変化と関係が深いことが明らかになっている。

現在の周期表は，1 族～ 18 族，第 1 周期～第 7 周期で構成されており，第 1 周期には 2 元素，第 2，3 周期には 8 元素，第 4 周期には 18 元素が含まれる。

第 1 ～第 3 周期の元素は，電子が最外殻へと配置される**典型元素**で，原子番号の増加とともに価電子の数が変化し，元素の化学的性質も規則的に変化する。一方，第 4 周期以降では，典型元素に加えて**遷移元素**が現れる。遷移元素では，最外殻ではなく内殻へ電子が配置されるため，価電子の数は 2 個（または 1 個）で変化せず，原子番号が増加しても，元素の化学的性質はあまり変化しない。

解答 ① **メンデレーエフ**　② **周期律**　③ **原子番号**
④ **周期**　⑤ **族**　⑥ **18**　⑦ **7**　⑧ **2**　⑨ **8**
⑩ **典型**　⑪ **遷移**

18 解説 価電子の数が1, 2, 3個の原子は，それぞれ価電子を1, 2, 3個放出して，1価，2価，3価の陽イオンとなる。一方，価電子の数が6個の原子は，電子を2個取り入れて2価の陰イオンに，価電子が7個の原子は電子を1個取り入れて1価の陰イオンになる。すなわち，単原子イオンの電子配置は，すべてHe，Ne，Ar，Kr などの安定な**希ガス型**の電子配置をとっている。

- (a) Al(K2, L8, M3) $\Rightarrow$ Al^{3+}(K2, L8)
- (b) Cl(K2, L8, M7) $\Rightarrow$ Cl^{-}(K2, L8, M8)
- (c) Ca(K2, L8, M8, N2) $\Rightarrow$ Ca^{2+}(K2, L8, M8)

カルシウム $_{20}Ca$ では，電子の数が 20 であり，K 殻に 2 個，L 殻に 8 個，M 殻に 10 個入ることができるはずであるが，実際には M 殻に 8 個入ると電子配置は安定（**オクテット**）となり，残る 2 個の電子はさらに外側の N 殻に配置される。

- (d) O(K2, L6) $\Rightarrow$ O^{2-}(K2, L8)
- (e) Br(K2, L8, M18, N7) $\Rightarrow$ Br^{-}(K2, L8, M18, N8)

参考 **カルシウム $_{20}Ca$ の電子配置について**

電子殻は，K 殻，L 殻，M 殻…からなり，それぞれに入ることのできる電子の最大数は

2，8，18個…であることを学んだ。

各電子殻を調べてみると，さらに小さな**電子軌道**(オービタル)が集まってきている。第4周期以降の原子では，必ずしも電子殻の内側から順に電子が入るわけではない。

例えば，$_{20}$Caの電子配置は，K殻2個，L殻8個，M殻10個ではなく，K殻2個，L殻8個，M殻8個，N殻2個となる理由を考えてみよう。

電子殻を構成する電子軌道は，その形状によって**s軌道**(球形)，**p軌道**(亜鈴形)，**d軌道**(四ツ葉形)…と区別される。さらに，K殻($n=1$)にはs軌道1つ，L殻($n=2$)にはs軌道1つとp軌道3つ，M殻($n=3$)にはs軌道1つ，p軌道3つ，d軌道5つがそれぞれ存在する。各電子軌道は，所属する電子殻を区別する数(n)を前につけて，1s軌道，2p軌道…のように表す。また，各電子軌道のエネルギー準位は次のような関係にある。

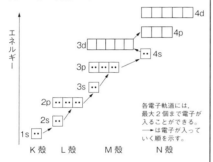

上図をみると，M殻の3d軌道よりもN殻の4s軌道の方がエネルギー準位が少し低い。このため，$_{20}$Ca原子の場合，K殻に2個，L殻に8個の電子が入り，さらに，M殻の3s軌道に2個，3p軌道に6個の電子が入り，Arと同じ電子配置(オクテット)となる。残る2個の電子は，エネルギー準位の高い内側のM殻の3d軌道ではなく，エネルギー準位の低い外側のN殻の4s軌道に入ることになるのである。

解答 (1)(a) Al^{3+}，アルミニウムイオン
(b) Cl$^-$，塩化物イオン
(c) Ca^{2+}，カルシウムイオン
(d) O^{2-}，酸化物イオン
(e) Br$^-$，臭化物イオン
(2)(a) Ne (b) Ar (c) Ar (d) Ne (e) Kr

19 **解説** 電子の総数は原子番号に等しいので，(ア)は$_2$He，(イ)は$_3$Li，(ウ)は$_9$F，(エ)は$_{12}$Mg，(オ)は$_{16}$S，(カ)は$_{17}$Clである。

各原子の**価電子**の数は，(ア)～(カ)の電子配置の図の最も外側の電子殻(**最外殻**)の電子の数を読み取ればよい。ただし，希ガス(貴ガス)(He，Ne，Ar…)の原子の価電子の数は0個となる。
(ア) Heは希ガスなので0個 (イ) Liは1個
(ウ) Fは7個 (エ) Mgは2個
(オ) Sは6個 (カ) Clは7個

(1) 価電子を1個もつLiは，電子1個を放出して1価の陽イオンになりやすい。
(2) 価電子を6個もつSは，電子2個を受け取り2価の陰イオンになりやすい。
(3) 希ガスの電子配置(最外殻電子が，Heは2個，Ne，Ar，Kr，…はすべて8個)はきわめて安定で，他の原子と結合しにくい。
(4) ネオンNeは最外殻のL殻が閉殻である。よって，(エ)のMgの価電子2個が放出されて生じたマグネシウムイオンMg^{2+}は，ネオンの電子配置と同じである。
(5) 典型元素の同族元素は，価電子の数が等しい。よって，価電子の数が7個であるFとClが**同族元素**である。
(6) 元素記号のまわりに最外殻電子を点・で表した化学式を**電子式**という。

参考 **原子の電子式の書き方**
各原子の**電子式**は，次の規則に従って書く。
① 元素記号の上下左右に4つの場所を考える。
② 電子はできるだけ分散する方が安定になるので，4個目までの電子は，別々の場所へ入れる(すべて**不対電子**：となる)。
③ 5個目からの電子は，すでに1個入った場所のいずれかに入れる(**電子対**：をつくるようにする)。
〔注意〕O原子の価電子の数は6個，電子式では電子対が2組，不対電子が2個ある。したがって，·Ö·または:Ö·のどちらで表してもよいが，:Ö:のように電子対が3組あるように表してはいけない。また，Heには電子軌道が1つしかないので，2個の電子は不対電子2個ではなく，電子対：として表すこと。

H·　　　　　　　　　　　　　　He:
Li· ·Be· ·B· ·Ċ· ·Ṅ· ·Ö· :F̈: :Në:
Na· ·Mg· ·Al· ·Si· ·P̈· ·S̈· :C̈l: :Är:
K· ·Ca·

解答 (1) Li (2) S (3) He (4) Mg (5) FとCl
(6)(ア) He: (イ) Li· (ウ) :F̈· (エ) ·Mg· (オ) ·S̈· (カ) :C̈l·

20 **解説** **イオン式**(イオンを表す化学式)の書き方と読み方は次の通りである。

〈イオン式の書き方〉
イオン式は、元素記号の右上にイオンの価数と電荷の符号（＋，−）をつけて表した化学式で、価数の1は省略する。
〈イオン式の読み方〉
単原子イオンの場合、陽イオンは元素名に「イオン」をつける。陰イオンは元素名の語尾を「化物イオン」に変える。
Fe^{2+}, Fe^{3+}のように、同じ元素で価数の異なるイオンの場合は、元素名のあとの（　）内に価数をローマ数字のⅠ，Ⅱ，Ⅲ，…で書く。例えば、
　　Fe^{2+} 鉄（Ⅱ）イオン　Fe^{3+} 鉄（Ⅲ）イオン
多原子イオンは、それぞれに固有の名称が用いられており、これは覚えるしかない。
　NH_4^+　アンモニウムイオン　　OH^-　水酸化物イオン
　NO_3^-　硝酸イオン　　　　　　CO_3^{2-}　炭酸イオン
　SO_4^{2-}　硫酸イオン　　　　　　PO_4^{3-}　リン酸イオン

どのイオンも重要なものばかりである。イオン式、名称は完全に覚えてしまうことが必要である。
解答　⑴ **アルミニウムイオン**　⑵ **塩化物イオン**
　　　　⑶ **カルシウムイオン**　　⑷ **炭酸イオン**
　　　　⑸ **硝酸イオン**　　　　　⑹ **カリウムイオン**
　　　　⑺ **酸化物イオン**　　　　⑻ **水酸化物イオン**
　　　　⑼ **硫酸イオン**　　　　　⑽ **リン酸イオン**
　　　　⑾ **アンモニウムイオン**　⑿ **硫化物イオン**
　　　　⒀ Na^+　⒁ Al^{3+}　⒂ Cl^-　⒃ O^{2-}
　　　　⒄ NH_4^+　⒅ S^{2-}　⒆ OH^-　⒇ SO_4^{2-}
　　　　(21) NO_3^-　(22) CO_3^{2-}　(23) Fe^{3+}　(24) PO_4^{3-}

21　**解説**　①，②　原子から電子1個を取り去って1価の陽イオンにするのに必要な最小のエネルギーを、その原子の**イオン化エネルギー**といい、**イオン化エネルギーが小さいほど、その原子は陽イオンになりやすいことを示す。**
③　**希ガス（貴ガス）**（$_2He$, $_{10}Ne$, $_{18}Ar$）は、電子配置が安定で、いずれも陽イオンになりにくい。つまり、イオン化エネルギーは非常に大きい。
④　**アルカリ金属**（$_3Li$, $_{11}Na$, $_{19}K$）は、価電子の数が1個で、いずれも1価の陽イオンになりやすい。つまり、イオン化エネルギーは小さい。
⑤　同周期の原子では、原子番号が大きくなるほど原子核の正電荷が大きくなり、原子核が電子を引きつける力が強くなるので、イオン化エネルギーは大きくなる。
⑥　同族の原子では、原子番号が大きくなるほど、原子半径が大きくなり、原子核が電子を引きつける力が弱くなるので、イオン化エネルギーは小さくなる。

⑦　原子が電子を1個取り入れて1価の陰イオンになるときは、イオン化エネルギーの場合とは逆に、エネルギーが放出される。このエネルギーをその原子の**電子親和力**という。
⑧　電子親和力が大きいほど、その原子は陰イオンになりやすいといえる。下図を見ると、フッ素F，塩素Clなどのハロゲン元素の電子親和力が大きく、これらの原子は陰イオンになりやすいことがわかる。

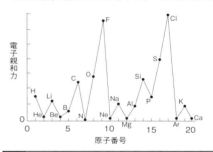

参考　**イオン化エネルギーの周期性について**
①同周期の原子では原子番号が増加するほど大きくなる。これは、同周期の原子では、最外殻が同じであり、原子番号の増加に伴って、原子核の正電荷が増加し、原子核が最外殻電子を引きつける力が強くなるためである。
②同族の原子では、原子番号が増加するほど小さくなる。これは、同族の原子では、原子番号の増加に伴って最外殻がより外側に移り、原子半径が増大して、原子核が最外殻電子を引きつける力が弱くなるためである。
　よく考えると、同族の原子では、原子番号が増加すると原子核の正電荷が増加する。しかし、最外殻が外側へ移っても、最外殻電子が受ける原子核の正味の正電荷（**有効核電荷**という）は、内殻にある電子の負電荷によって遮蔽されるので、ほとんど変わらない。例えば、$_3Li$では、K殻（2個）は閉殻であり、原子核の正電荷＋3のうち＋2相当分は遮蔽されているため、最外殻電子にはたらく原子核の正電荷は＋1とみなせる。$_{11}Na$ではK殻（2個），L殻（8個）はともに閉殻であり、原子核の正電荷＋11のうち、＋10相当分は遮蔽されているため、最外殻電子にはたらく原子核の正電荷は＋1とみなせる。したがって、Li, Na, K…の有効核電荷はいずれも＋1で等しいから、原子半径が大きくなるほど、原子核が最外殻電子を引きつける力が弱くなり、イオン化エネルギーは小さくなる。

解答　① **イオン化エネルギー**　② **小さい**
　　　　③ **希ガス（貴ガス）**　④ **アルカリ金属**　⑤ **増加**
　　　　⑥ **減少**　⑦ **電子親和力**　⑧ **大きい**

22

[解説] (1) 水素は，H⁺という陽イオンになるが，単体H₂が電気の絶縁体である

など，金属としての性質を示さないので，非金属元素に分類される。典型元素だけで考えると，金属元素と非金属元素の境界線は上図の通り。非金属元素は，水素Hを除いて，周期表の右上側に位置している(金属元素は，周期表の左下側に位置している)。
(2) 周期表では，**左下の元素ほど陽性が強く，右上の元素ほど陰性が強い**(18族元素を除く)。
(3) **希ガスの電子配置はきわめて安定**で，通常，他の元素と化合物をつくらない(他の原子と結合しない)。
(4) 周期表の第4周期以降に登場する3～11族の元素ⓔを**遷移元素**といい，すべて金属元素に属する。ⓑは1族元素のうち，Hを除いた**アルカリ金属**である。ⓓは2族元素のうち，Be，Mgを除いた**アルカリ土類金属**，ⓗは**ハロゲン**，ⓘは**希ガス(貴ガス)**である。

[解答] (1) ⓐ, ⓖ, ⓗ, ⓘ
(2) ①…ⓑ ②…ⓗ (3) ⓘ
(4) ⓑ **アルカリ金属** ⓓ **アルカリ土類金属**
ⓔ **遷移元素** ⓗ **ハロゲン**
ⓘ **希ガス(貴ガス)**

23

[解説] 第3周期の元素は，次の8元素である。
Na, Mg, Al, Si, P, S, Cl, Ar
(1) 炭素は第2周期の14族元素。第3周期の14族元素はケイ素Siで，原子番号は14である。
(2) **単原子分子**とは，1つの原子がそのまま分子となったもので，電子配置が安定な希ガスが該当する。第3周期の希ガスはアルゴン₁₈Arである。
(3) 常温で単体が気体なのは，ハロゲンのCl₂と希ガスのArのみ。他の単体はすべて固体である。
　第1～第3周期の元素で，常温で単体が気体のものは，H₂, N₂, O₂, O₃, F₂, Cl₂, He, Ne, Arである。
(4) 第3周期で価電子の数が3個の原子は，K(2)L(8)M(3)の電子配置をもつアルミニウムAlである。
(5) **イオン化エネルギー**は，原子1個から電子を取り去り，1価の陽イオンにするのに必要な最小のエネルギーである。このエネルギーが小さいほど陽イオンになりやすい。周期表では，左下にある原子ほど，イオン化エネルギーが小さく，陽性が強い。第3周期の原子ではNaが最小である。

[解答] (1) **14** (2) **18** (3) **2個** (4) **アルミニウム**
(5) **Na**

24

[解説] (ア) 電子1個の質量は，原子核ではなく陽子または中性子1個の質量の約 $\frac{1}{1840}$ である。〔×〕
(イ) 希ガスの最外殻電子は，Heだけが2個，他はすべて8個で，その電子配置は安定である。〔○〕
(ウ) 同一周期の原子では，最外殻電子が多いほど，イオン化エネルギーは大きくなり，陽イオンになりにくくなる。〔×〕
(エ) 同位体の存在からわかるように，陽子の数と中性子の数は必ずしも同数ではない。なお，原子番号が小さい原子では，陽子の数≒中性子の数であるが，原子番号が大きい原子では，陽子の数＜中性子の数となる。〔×〕
(オ) 陽子の数は，各元素の原子によって固有のものであり，**原子番号**と等しい。すなわち，原子の種類は陽子の数，つまり，原子番号によって決まる。〔○〕
(カ) 希ガス以外の原子では，最外殻電子がすべて価電子となる。一方，**希ガスの原子では，最外殻電子の数に関係なく，価電子の数は0個である**。〔×〕

[解答] (イ), (オ)

25

[解説] **同位体**とは，陽子の数は等しく，同種の原子であるが，中性子の数が異なる原子のことである。
(ア) ¹⁴₆Cと¹⁴₇Nのように，質量数が等しくても原子番号が異なれば異種の原子であり，同位体ではない。〔×〕
(イ) 質量数も原子番号も等しければ，全く同じ原子である。〔×〕
(ウ) ¹⁶₈Oと¹⁸₈Oのように，原子番号が同じで質量数の異なる原子が同位体である。〔○〕
(エ) 質量数も原子番号も異なれば，全く別の原子である。〔×〕
(オ) 原子の化学的性質は，原子核のまわりに存在する電子，とくに最外殻電子によって決まる。したがって，同位体は電子の数が等しいので，化学的性質は同じである。〔○〕
(カ) ほとんどの同位体は放射能(α線，β線，γ線などの放射線を出す性質)をもたない**安定同位体**であるが，³₁H，¹⁴₆Cなどのように放射線を出して別の原子に変化していく**放射性同位体**もある。〔○〕
(キ) 地球上では，各元素の同位体は完全に混合しており，その存在する割合(存在比)は場所に関係なく，ほぼ一定である。〔○〕
(ク) 多くの元素には同位体が存在するが，F，Na，Al，Pなどのように，天然に同位体が存在しない元素もある。〔×〕

26〜28

参考　放射線の種類とはたらき

放射線には，α線（^{4}He の原子核の流れ），β線（電子の流れ），γ線（短波長の電磁波）などがあり，α線を放つと，原子番号が2小さく質量数が4小さい原子になる。β線を放つと原子番号が1大きく質量数が同じ原子になる。すなわち，原子の種類の変換が起こる。どの放射線も生物にとって有害であるから，放射性同位体の取り扱いには，十分な注意が必要である。下図は，α線，β線，γ線の物質に対する透過力の違いを表したものである。α線は透過力は小さいが，2価の正電荷を帯び，質量も大きいので，衝突した相手の物質を電離させて破壊する力は最も大きい。生物に対する影響は，同じエネルギーあたりで比較した場合，β線，γ線を1（基準）とすると，α線はその20倍もある。

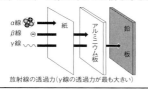

放射線の透過力（γ線の透過力が最も大きい）

解答　(ウ)，(オ)，(カ)，(キ)

26
解説　周期表では，左下の元素ほど陽性が大，右上の元素ほど陰性は大（希ガス（貴ガス）を除く）。

(ア) 1族のアルカリ金属元素では，原子番号が大きいほど原子半径は大きく，電子を放出しやすいので，陽イオンになりやすい。〔○〕

(イ) 17族のハロゲン元素では，原子番号が小さいほど原子半径は小さく，電子を取り込みやすいので，陰イオンになりやすい。〔×〕

(ウ) 原子番号4(Be)は第2周期である。第2，第3周期ともに8個の元素を含むので，原子番号に8を足すと，次の周期の同族元素の原子番号になる。

4+8=12
12+8=20

よって，原子番号4(Be)，12(Mg)，20(Ca)が同族元素となる。〔×〕

(エ) 15族元素は典型元素なので，族番号の一の位の数5が価電子の数に等しい。〔○〕

(オ) 問題文の記述は，遷移元素の特徴である。
一方，典型元素では，原子番号が増加すると価電子の数が変化するので，周期表で縦に並んだ元素（同族元素）どうしの化学的性質がよく似ている。〔×〕

解答　(ア) ○　(イ) ×　(ウ) ×　(エ) ○　(オ) ×

27
解説　各元素（原子）の化学的性質は，価電子数によって決まるから，原子番号1〜20までの原子の電子配置，とくに，最外殻電子を点・で表した**電子式**は，完全に書けるようになっておくこと。

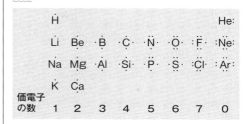

(1) 価電子の数は，上の通りである。
(ア) 1個　(イ) 4個　(ウ) 1個　(エ) 3個　(オ) 6個　(カ) 7個

(2) Li$^+$は He 型，C はふつうイオンにならない。Na$^+$は Ne 型，Al^{3+}は Ne 型，S^{2-}は Ar 型，Cl$^-$は Ar 型の電子配置をもつ。

(3) 原子では，**陽子の数＝電子の数**であるが，陽イオンになると，その価数の分だけ電子の数は減る。
電子の数は $_{13}$Al は13個，Al^{3+}では 13−3=10個になる。

(4) 周期表では，左下にある原子ほど陽性が大，つまり，イオン化エネルギーは小さい。
Li と C は第2周期，Na，Al，S，Cl は第3周期，このうち周期表で最も左下にある原子は Na である。

(5) イオン半径は，He 型＜Ne 型＜Ar 型の順になる。同じ電子配置のイオンの場合，原子番号が大きいほど，原子核の正電荷が大きくなり，より強く電子を引きつけるので，イオン半径は小さくなる。
Ar 型の電子配置をもつ S^{2-}と Cl$^-$の大きさを比べると，S^{2-}＞Cl$^-$である。

Ar 型の電子配置をもつイオンの大きさ

解答　(1) (ア)と(ウ)　(2) He 型…(ア)，Ar 型…(オ)，(カ)
(3) **10個**　(4) (ウ)　(5) (オ)

28
解説　(ア) 原子の質量は，原子番号とともに増加するだけで，**周期性は示さない**。

(イ) イオン化エネルギーは，アルカリ金属（1族）から希ガス（18族）に向けてしだいに大きくなる周期性を示す。

(ウ) 原子半径は，同一周期では，周期表の左側の原子ほど大きく右側の原子ほど小さくなる（希ガスは除く）。また，同族では，周期表の下にいくほど大きくなる。

(エ) 典型元素の価電子の数は，族番号の一の位の数に等しい（ただし，希ガスの価電子の数は0個）。

図(1)は，原子番号2(He)，10(Ne)，18(Ar)の希ガスの値が0で，原子番号2～9，10～17，18～20の間では，規則的な変化が繰り返されているので，**価電子の数**を表す。

図(2)は，原子番号2，10，18の希ガスで大きい値をとり，原子番号3，11，19のアルカリ金属で小さい値をとる。このような周期性を示すのは，**イオン化エネルギー**である。

図(3)は原子番号3，11，19のアルカリ金属の原子で数値が大きく，同一周期では原子番号が増加するにつれて，徐々に小さくなっている。このような周期性を示すのは，**原子半径**である。

> 参考 **原子半径の周期性について**
> 原子の大きさ(半径)の決め方には，次の3種類がある。
> (1) 金属原子の大きさ 金属原子が金属結合(本冊 p.35)をつくったとき，その原子間距離の1/2 を**金属結合半径**という。
> (2) 非金属原子の大きさ 非金属原子が共有結合(本冊 p.27)で分子をつくったとき，その結合距離の1/2 を**共有結合半径**という。一方，分子どうしが接触したとき，その原子間距離の1/2 を**ファンデルワールス半径**という。どの原子においても，結合状態での原子半径の方が非結合状態の原子半径よりも小さな値になる。
>
>
>
> 典型元素の原子半径を調べると，次のような関係がある。
> (A)周期表で下へいくほど，原子半径は大きくなる。これは，最も外側の電子殻が大きくなるからである。
> (B)周期表で右へいくほど，原子半径は小さくなる。これは，原子核の正電荷が増えて，電子がより強く原子核に引きつけられるためである。
> (C)どの周期でも，希ガス(貴ガス)で原子半径が最も大きくなる。これは，次の理由による。希ガス以外の原子では，ファンデルワールス半径より小さな値をもつ金属結合半径や共有結合半径で，原子半径を表している。一方，希ガスの原子は共有結合を形成しないので，共有結合半径は求められず，その代わりに，より大きな値をもつファンデルワールス半径で原子半径を表しているためである。

解答 (1)(エ)　(2)(イ)　(3)(ウ)

---

29 解説 (ア) 一般に，陽子の数＝中性子の数ではなく，原子番号が大きい原子では陽子の数＜中性子の数となる。〔×〕
(イ) 陽子の数＝質量数－中性子の数より，
12－6＝6，13－7＝6，14－8＝6
すべて陽子の数が6で，同じ元素Cである。〔○〕
(ウ) 電子の質量は，陽子，中性子の質量に比べて$\frac{1}{1840}$ほどしかなく，原子の質量はほぼ原子核の質量が占めると考えてよい。〔○〕
(エ) Heだけは最外殻電子が2個である。〔×〕
(オ) M殻の電子の最大収容数は18個である(ただし，最外殻に電子が8個入った状態(オクテット)の電子配置も安定である)。〔×〕
(カ) イオン化エネルギーが大きいほど，陽イオンになりにくい。〔×〕
(キ) Na^+ は Ne 型，Li^+ は He 型，K^+ は Ar 型なので，イオン半径は $Li^+<Na^+<K^+$ の順である。〔×〕

> 参考 **希ガス(貴ガス)の電子配置について**
> 希ガス(貴ガス)の原子の電子配置をみると，Heの最外殻電子は2個，Ne，Ar，Kr，Xe，Rnの最外殻電子はいずれも8個である。HeのK殻やNeのL殻のように，最大数の電子が収容された電子殻を**閉殻**という。最外殻が閉殻になると，電子配置は安定化する。
> また，Ar，Kr，Xe，Rnのように，最外殻に8個の電子をもつ原子の電子殻(**オクテット**という)も閉殻と同様に安定である。これは，電子は2個で対(ペア)をつくると安定な状態になる性質があるためである。すなわち，希ガスの原子の最外殻電子はすべて電子対となって存在しているため，その電子配置はきわめて安定である。

解答 (イ), (ウ)

30 解説 (1) 電子の数はいずれも10個で，最外電子殻は同じL殻であるが，原子核の正電荷は，$_8O<_9F<_{11}Na<_{12}Mg$ である。原子核の正電荷が大きいほど，まわりの電子をより強く引きつけるので，**イオン半径は小さくなる**。**32** 解説 (ア)参照。
(2) 同族元素の単原子イオンでは，周期の番号の大きいものほど，より外側の電子殻に電子が配置されているため，イオン半径が大きくなる。
32 解説 (ア)参照。

解答 (1) 原子番号が大きくなると，原子核の正電荷が大きくなり，電子がより強く原子核に引きつけられるため。
(2) K^+ (理由)周期の番号が大きくなるほど，より外側の電子殻に電子が配置されるため。

31 〔解説〕 **同位体**とは，陽子の数が同じで中性子の数の異なる原子どうしをいう。

(1) 自然界に安定に存在する水素原子には，^1H, ^2H（重水素）の2種類があり，この中から2個選ぶ組合せは，
(i)（^1H, ^1H） (ii)（^1H, ^2H） (iii)（^2H, ^2H）
の3通りある。また，酸素原子の同位体には，^{16}O, ^{17}O, ^{18}O の3種類あるので，(i), (ii), (iii) のそれぞれに ^{16}O, ^{17}O, ^{18}O を組み合わせていく。
同位体の違いで区別すると，$3×3=9$ 種類の水分子が存在する。

(2) 水分子の質量は，構成する水素原子と酸素原子の質量数の和で比較することができる。
質量数の和が $18 \Rightarrow$ $^1H - ^{16}O - ^1H$
質量数の和が $19 \Rightarrow$ $^1H - ^{16}O - ^2H$, $^1H - ^{17}O - ^1H$
質量数の和が $20 \Rightarrow$ $^2H - ^{16}O - ^2H$, $^1H - ^{17}O - ^2H$, $^1H - ^{18}O - ^1H$
質量数の和が $21 \Rightarrow$ $^2H - ^{17}O - ^2H$, $^1H - ^{18}O - ^2H$
質量数の和が $22 \Rightarrow$ $^2H - ^{18}O - ^2H$
これより，質量の異なる水分子は5種類存在することになる。

〔解答〕 (1) **9種類** (2) **5種類**

32 〔解説〕 (ア) 同じ周期の原子では，原子番号が大きくなるほど，原子核の正電荷が大きくなり，原子核からの電子に対する静電気的な引力が強くなるので，原子半径は小さくなる。〔×〕

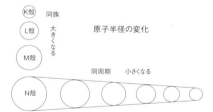

（同族の場合，原子番号が増すほど，最外殻がK殻,L殻,M殻,…とより外側の電子殻に電子が配置されるので，原子半径は大きくなる。）

(イ) 電子配置が同じ陽イオンでは，イオンの価数が大きいほど，原子核の正電荷が大きくなり，原子核からの静電気的な引力が強くなり，電子が原子核に強く引きつけられるので，イオン半径は小さくなる。〔○〕
例 $Na^+ > Mg^{2+} > Al^{3+}$

(ウ) 電子配置が同じ陰イオンでは，イオンの価数が大きいほど，原子核の正電荷が小さくなり，原子核からの電子を引きつける静電気的な引力が弱くなるので，イオン半径は大きくなる。〔○〕
例 $O^{2-} > F^-$

(エ) 原子が陽イオンになると，最外殻に電子がなくなり，1つ内側の電子殻が新たに最外殻となるので，イオン半径は小さくなる。〔○〕

(オ) 原子が陰イオンになっても最外殻は変わらないが，もとの電子と新たに入った電子が静電気的に反発しあうため，イオン半径は少し大きくなる。〔×〕

〔解答〕 **(ア), (オ)**

33 〔解説〕 (1) 原子核が不安定で，放射線（α線，β線，γ線など）を放出しながら別の原子に変わっていく（壊変する）同位体を，**放射性同位体**（ラジオアイソトープ）という。

(2) $^{14}_{6}C$ の原子核は不安定で，原子核中の1個の中性子が陽子と電子に分裂し，この電子がβ線として放射される（**β壊変**）。その結果，質量数は変わらず陽子の数（原子番号）が1増える。
$$^{14}_{6}C \xrightarrow{β壊変} ^{14}_{7}N + e^-$$

(3) 放射性同位体がもとの量の $\dfrac{1}{2}$ になるまでの時間を**半減期**といい，温度・圧力などの外部条件の影響を受けず，各放射性同位体に固有な値となる。
$^{14}_{6}C$ は太陽からの宇宙線によって大気中で生成され続けており，大気中の $^{12}_{6}C$ と $^{13}_{6}C$ の総和に対する $^{14}_{6}C$ の割合は $1.2×10^{-12}$ で一定である。しかし，その生物が死ぬと，外界からの $^{14}_{6}C$ の供給が止まるので，$^{14}_{6}C$ はβ線（電子の流れ）を放射しながら半減期5700年かかって $^{14}_{7}N$ に変化していく。したがって，木片中の $^{14}_{6}C$ の割合と大気中の $^{14}_{6}C$ の割合を比較すれば，その生物の死後の経過年数が推定できる。

$$\dfrac{木片中の ^{14}_{6}C \text{の割合}}{大気中の ^{14}_{6}C \text{の割合}} = \dfrac{7.5×10^{-14}}{1.2×10^{-12}} = 6.25×10^{-2}$$
$$= \dfrac{6.25}{100} = \dfrac{1}{16} = \left(\dfrac{1}{2}\right)^4$$

$^{14}_{6}C$ の割合は5700年でもとの $\dfrac{1}{2}$ に，さらに5700年でもとの $\dfrac{1}{4}$ …と減少する。つまり，木片中の $^{14}_{6}C$ の割合が大気中の $\dfrac{1}{16} = \left(\dfrac{1}{2}\right)^4$ に減少するには，$^{14}_{6}C$ の半減期の4倍，つまり，$5700×4=22800$ 年の時間を要することになる。

〔解答〕 (1) **放射性同位体（ラジオアイソトープ）**
(2) $^{14}_{7}N$
(3) $2.28×10^4$ **年前**

16　1-3　化学結合①

3 化学結合①

34 [解説]　金属元素の Na 原子は，価電子を1個放出してナトリウムイオン Na^+ になり，非金属元素の Cl 原子は，その電子1個を受け取って塩化物イオン Cl^- になる。このように，陽イオンと陰イオンの間にはたらく**静電気力（クーロン力）**によって引き合う結合を**イオン結合**という。

$$Na \overset{移動}{\frown} \ddot{\underset{\cdot\cdot}{Cl}} \cdot \longrightarrow Na^+ \cdots\cdot : \ddot{\underset{\cdot\cdot}{Cl}} :^-$$
イオン結合

　一方，非金属元素の Cl 原子どうしが結合することもある。Cl 原子の電子式 $:\!\ddot{\underset{\cdot\cdot}{Cl}}\!\cdot$ でわかるように，6個の価電子は電子対をつくっているが，1個だけは対をつくらず**不対電子**として存在する。2個の Cl 原子がそれぞれの不対電子を出し合って電子対をつくり，それを互いに共有することで生じる結合を**共有結合**という。

　このとき，2個の Cl 原子に共有されている電子対を**共有電子対**といい，最初から電子対になっていて，2原子間で共有されていない電子対を**非共有電子対**という。

$$:\!\ddot{Cl}\!\cdot\ \cdot\!\ddot{Cl}\!: \longrightarrow :\!\ddot{Cl}\!:\!\ddot{Cl}\!: \quad \begin{array}{l}\text{共有電子対}\\[2pt]\text{非共有電子対}\end{array}$$

　分子中での各原子の結合のようすを**価標**とよばれる線（−）で表した化学式を**構造式**という。構造式では，1組の共有電子対（:）を1本の価標（−）で表す約束がある。
　H−H，Cl−Cl のように，1本の価標で結ばれた共有結合を**単結合**といい，O＝O，N≡N のように，2本，3本の価標で結ばれた共有結合をそれぞれ**二重結合**，**三重結合**という。なお，構造式は，分子中の原子の結合を平面的に示したもので，必ずしも実際の分子の形を正確に表すものではない。また，原子1個のもつ価標の数を，その原子の**原子価**という。原子価はその原子のもつ不対電子の数にも等しい。

参考　どうして四重結合は存在しないのか

　H−H は単結合，O＝O は二重結合，N≡N は三重結合で結合した分子で実在するが，C≡C の四重結合は存在せず，炭素分子 C_2 も存在しないのはなぜだろうか。
　実は，共有結合はイオン結合や金属結合などとは異なり，決まった方向でのみ結合する性質，つまり，**方向性**をもった結合なのである。すなわち，単結合は，共有結合をつくる2原子間を結ぶ方向（この方向を x 軸とする）で結合している。また，二重結合は，x 軸方向とこれに直交する y 軸方向でも結合している。さらに，三重結合は x 軸，y 軸，z 軸の3つの方向軸で結合している。

　したがって，四重結合をつくるにはもう1つの方向軸が必要となるが，私たちの暮らす三次元空間には3つの方向軸しか存在しないので，共有結合は三重結合まではつくることが可能であるが，四重結合はつくることはできないのである。

[解答]　① Na　② Na^+　③ Cl　④ Cl^-　⑤ **クーロン**
⑥ **イオン結合**　⑦ 6　⑧ 1　⑨ **不対電子**
⑩ **共有結合**　⑪ **共有電子対**
⑫ **非共有電子対**　⑬ **価標**　⑭ **構造式**
⑮ **原子価**

---

35 [解説]　塩化ナトリウム NaCl のように多数の陽イオンと陰イオンがイオン結合によって規則的に配列した結晶を**イオン結晶**という。イオン結晶では，Na^+ と Cl^- が交互に規則的に並んでいるだけで，分子に相当する単位粒子がない。これは，銅のような**金属結晶**やダイヤモンドのような**共有結合の結晶**でも同様である。こうした物質では分子式の代わりに，物質を構成する原子や原子団の数の比を最も簡単な整数比で表した**組成式**を用いて表す。組成式は分子の存在しない物質を化学式で表すときに用いる。

〈イオンからなる物質の組成式の書き方〉
① 陽イオンと陰イオンの電荷が等しくなるような比（割合）を考える。例えば，陽イオンと陰イオンの価数の比が2：1であれば，$Ca^{2+}：NO_3^-＝1：2$ の個数の比で結合する。
② 陽イオンを先に，陰イオンを後に電荷を省略して書き，その個数の比を右下に書く（数字の1は省略）。
　《注》 多原子イオンが2個以上のときは（ ）でくくり，右下にその数を書く。
　$Ca^{2+}(NO_3^-)_2 \Rightarrow Ca(NO_3)_2$
(1)　① Na^+ と S^{2-} の価数の比は1：2だから，結合する個数の比は，$Na^+：S^{2-}＝2：1$ である。
　② Mg^{2+} と NO_3^- の価数の比は2：1だから，Mg^{2+} と NO_3^- は1：2の個数の比で結合する。
　③ Al^{3+} と SO_4^{2-} の価数の比は3：2だから，Al^{3+} と SO_4^{2-} は2：3の個数の比で結合する。
　④ Ca^{2+} と PO_4^{3-} の価数の比は2：3だから，Ca^{2+} と PO_4^{3-} は3：2の個数の比で結合する。

〈イオンからなる物質の組成式の読み方〉
① 組成式 AB は，B（陰性部分）→ A（陽性部分）と逆に読む。すなわち，右側の陰イオンの「物イオン」をとって読み，次に，左側の陽イオンの「イオン」をとって読む。
② Cu，Fe のように2種類以上の価数をもつ原子は，原子名のあとに，2価の場合は（Ⅱ）を，3価の場合は（Ⅲ）のように，ローマ数字で区別する。

[解答]　(1) ① Na_2S　② $Mg(NO_3)_2$

③ $Al_2(SO_4)_3$ ④ $Ca_3(PO_4)_2$
(2) ① 酸化カルシウム ② 塩化亜鉛
③ 水酸化鉄(Ⅱ) ④ 水酸化鉄(Ⅲ)
⑤ 炭酸ナトリウム

36 [解説] H_2, O_2, CO_2, H_2O のように，<u>分子を構成している物質は，分子を構成する原子の種類とその数をはっきり示した**分子式**で表す</u>。本問に取り上げたような代表的な分子の分子式や名称は確実に覚えておく必要がある。

〈分子式の書き方・読み方〉
① 元素は次の順に書き，その個数を右下に書く。
　　Si, C, P, N, H, S, Cl, O, F
② 右側の元素名から"素"をとって"化"をつけ，左側の元素名を続けて読む。同じ元素からなる複数の化合物がある場合，原子の数を漢字で区別する(「一」も省略しない)。
　　(例)CO ⇒ 一酸化炭素　CO_2⇒二酸化炭素
③ 分子からなる物質には，古くからの慣用名が使われていることが多く，これらは覚えるしかない。
④ **オキソ酸**(酸素を含む酸)で，酸素原子の多少は，基準となる化合物に次の接頭語をつけて表す。
　　過…1つ多い　　亜…1つ少ない
　　次亜…2つ少ない
　　(例)H_2SO_4⇒硫酸，H_2SO_3⇒亜硫酸
　　　　HClO ⇒次亜塩素酸
　　　　$HClO_2$ ⇒亜塩素酸
　　　　$HClO_3$ ⇒塩素酸
　　　　$HClO_4$ ⇒過塩素酸

[解答] (1) 一酸化窒素 (2) 二酸化窒素
(3) 四酸化二窒素 (4) 二酸化硫黄
(5) 過酸化水素 (6) 十酸化四リン
(7) 硝酸 (8) 硫酸
(9) エタン (10) プロパン (11) メタノール
(12) エタノール (13) 次亜塩素酸
(14) 亜塩素酸 (15) 塩素酸 (16) 過塩素酸

37 [解説] ダイヤモンドと黒鉛(グラファイト)は炭素の**同素体**で，性質が大きく異なる。これは，炭素原子の共有結合の仕方に違いがあるためである。
　ダイヤモンドは，純粋なものは無色透明の結晶であり，電気伝導度は小さく，電気の絶縁体である(ただし，熱伝導率はきわめて大きい)。天然物の中では最も硬く，宝石のほか，ガラスカッター，削岩機などに利用される。
　黒鉛は，黒色の層状構造をもつ結晶であり，電気伝導度は大きく電気の良導体で，電池や電気分解の電極

などに利用される。また，軟らかく，減摩剤，鉛筆の芯などに利用される。
　いずれも融点は非常に高く，酸・塩基などの薬品にも安定で侵されないが，空気中で加熱すると燃焼して二酸化炭素となる。

[解答] ① 硬い ② 軟らかい ③ 非常に高い
④ 非常に高い ⑤ 絶縁体 ⑥ 良導体
⑦ 透明 ⑧ 不透明

38 [解説] (1) イオン結合は，金属元素と非金属元素の間で形成される。したがって，金属元素と非金属元素の化合物である $CuCl_2$, KI, $Al_2(SO_4)_3$ を選べばよい。

N_2	Cu Cl_2	C_2 H_6	C O_2	K I
非	金 非	非 非	非 非	金 非

I_2	Al_2 $(SO_4)_3$	Si O_2	
非	金 非	非 非	(金：金属元素 非：非金属元素)

(2) ① イオン結晶は多数の陽イオンと陰イオンが結合したものであり，分子が集まっているわけではない。また，イオン結晶は硬いが，強い力を加えると特定の方向に割れやすい(**へき開性**という)。〔×〕
② アンモニア分子と水素イオンが**配位結合**をして，アンモニウムイオンを生じる。〔×〕
③ イオン結晶の固体では，イオンが動くことができないので，電気を通さない。〔×〕
④ イオン結晶を融解させて直流電圧をかけると，陽イオンは陰極に，陰イオンは陽極に移動する。〔○〕
⑤ イオン結合は，陽イオンと陰イオンの電荷の積が大きいほど強くなる。また，両イオン間の距離が小さいほど強くなる。〔○〕
　陽イオンと陰イオンの間にはたらく**静電気力**(**クーロン力**)f は，各イオンの電荷を q_1, q_2, イオン間の距離を r, 比例定数を k とすると，次式で表される(**クーロンの法則**)。

$$f = k \cdot \frac{q_1 \cdot q_2}{r^2}$$

[解答] (1) $CuCl_2$, KI, $Al_2(SO_4)_3$
(2)…④, ⑤

39 [解説] ダイヤモンドと黒鉛は炭素 C の同素体であり，ともに共有結合だけでできた**共有結合の結晶**に分類される。
　ダイヤモンドは各炭素原子が4個の価電子すべてを共有結合に使って，**正四面体**を基本単位とした**立体網目状構造**をもつ結晶である。これらの炭素原子は強い共有結合だけで結合しているので，硬くて融点も非常に高い。また，炭素原子の価電子がすべて共有結合に使われているので，電気を通さない。

黒鉛（グラファイト）は各炭素原子が3個の価電子を共有結合に使って，**正六角形**を基本単位とした**平面層状構造**をつくり，さらにこの平面どうしが積み重なってできた結晶である。しかし，この平面どうしは弱い**分子間力**で引き合っているだけなので，黒鉛はすべりやすく軟らかい。また，各炭素原子に残った1個の価電子は平面層状構造の中を自由に動くことができるので，電気をよく通す。

参考 1985年，クロトー，スモーリーらによって発見された C_{60}，C_{70} などの球状の炭素分子は，建築家バックミンスター・フラーの設計したドーム状建築物にちなんで，**フラーレン**と名づけられた。
1991年，飯島澄男博士によって，黒鉛の平面構造が筒状に丸まった構造をもつ**カーボンナノチューブ**が発見され，同質量で比較すると，鋼鉄の約20倍もの引っ張り強さがあり，銀よりも電気伝導度が高く，ダイヤモンドよりも熱伝導率が高いなど，その特異な性質に注目が集まっている。

フラーレン(C_{60})

カーボンナノチューブ

解答 ① 同素体　② 4　③ 正四面体
④ 通さない　⑤ 3　⑥ 正六角形　⑦ 1
⑧ 通す

40 **解説** 2個の原子が不対電子を出し合って電子対をつくり，これを共有することで生じた結合が**共有結合**である。これに対して，一方の原子の**非共有電子対**を他方の原子や陽イオンに提供し，これを共有することで生じた結合が**配位結合**である。共有結合と配位結合は，結合のでき方が異なるだけで，生じた結合は全く同じ性質をもち，区別することができない。

アンモニア分子 NH_3 の N 原子の非共有電子対が水素イオン H^+ に提供されると，アンモニウムイオン NH_4^+ を生じる。

```
      ┌─非共有電子対
  H   │                    ┌ H  ┐+
  ‥   │           H        │ ‥  │     アンモニウム
H:N:   + ○─H+ → H:N:H     イオン
  ‥                         │ ‥  │     (正四面体形)
  H       空軌道          └  H  ┘
```

同様に，水分子 H_2O の O 原子の非共有電子対が水素イオン H^+ に提供されると，オキソニウムイオン H_3O^+ を生成する。

```
      ┌─非共有電子対
  ‥   │                    ┌ ‥  ┐+
H:O:   + ○─H+ → H:O:H     オキソニウム
  H       空軌道            │ H  │     イオン
                           └     ┘     (三角錐形)
```

解答 ① 塩化アンモニウム　② 非共有電子対
③ 水素イオン　④ 配位結合
⑤ できない　⑥ 正四面体
⑦ オキソニウムイオン　⑧ 三角錐

41 **解説** 原子では，電子の数＝陽子の数＝原子番号の関係が成り立つので，電子の数から原子番号がわかる。

(a)は $_6C$　(b)は $_{10}Ne$　(c)は $_{12}Mg$　(d)は $_{17}Cl$

(1) **単原子分子**として存在するのは，安定な電子配置をもつ希ガス（貴ガス）の(b) Ne である。

(2) **共有結合の結晶**は，共有結合のみによって形成された結晶である。(a)の C の単体であるダイヤモンドや黒鉛は，共有結合の結晶の代表的な物質である。

(3) **金属結晶**は金属原子どうしでつくられる金属結合によって形成された結晶である。この中で金属元素は(c)の Mg である。

(4) (c)の Mg は金属元素，(d)の Cl は非金属元素である。一般に，金属元素の原子が陽イオン，非金属元素の原子が陰イオンとなり，**イオン結合**を形成する。Mg は2価の陽イオン Mg^{2+}，Cl は1価の陰イオン Cl^- となるので，生成する化合物の組成式は $MgCl_2$ となる。

(5) (a)の C 原子も O 原子も非金属元素の原子である。非金属元素の原子どうしでは，互いに不対電子を出し合って共有電子対をつくり，**共有結合**によって分子を形成する。C 原子は不対電子を4個もち，O 原子は不対電子を2個もつので，C 原子1個と O 原子2個が共有結合すると，二酸化炭素 CO_2 分子をつくる。

解答 (1)…(b)　(2)…(a)　(3)…(c)
(4) **イオン結合**，$MgCl_2$
(5) **共有結合**，CO_2

42 **解説** 分子中の各原子の結合のようすを価標（－）を用いて表した化学式が**構造式**である。各原子の**原子価**（下表に示す）に過不足がないように，価標を組み合わせると構造式を書くことができる。このとき，原子価の多い原子を中心に置き，その周囲に原子価の少ない原子を並べていくとよい。

最下段は各族の原子価を表す。

1族	14族	15族	16族	17族
H-	-C-	-N-	-O-	F-
	-Si-	-P-	-S-	Cl-
1	4	3	2	1

(ア)　N≡ + ≡N ⟶ N≡N 　（窒素）

(イ)　H- + Cl- ⟶ H-Cl 　（塩化水素）

(ウ)　-O- + 2H- ⟶ H-O-H 　（水）

(エ)　-N- + 3H- ⟶ H-N-H 　（アンモニア）
　　　　　　　　　　　　│
　　　　　　　　　　　　H

(オ)　-C- + 4H- ⟶ H-C-H 　（メタン）
　　　│　　　　　　　│
　　　　　　　　　　　H

(カ)　=C= + 2O= ⟶ O=C=O 　（二酸化炭素）

参考　分子の構造式の書き方

(1)　酸素原子Oは2価なので，(i)−O−（単結合2本），(ii)O=（二重結合1本）の2通りの結合方法がある。

(i)の例　−O− + 2H− ⟶ H−O−H（水）

(ii)の例　O= + =O ⟶ O=O（酸素）

(2)　窒素原子Nは3価なので，(i)−N−（単結合3本），(ii)=N−（二重結合1本，単結合1本），(iii) N≡（三重結合1本）の3通りの結合方法がある。

(i)の例　−N− + 3H ⟶ H−N−H（アンモニア）
　　　　　　　　　　　　　│
　　　　　　　　　　　　　H

(ii)の例　=N− +O= +Cl− ⟶ O=N−Cl（塩化ニトロシル）

(iii)の例　N≡ + ≡N ⟶ N≡N（窒素）

(3)　炭素原子Cは4価なので，(i)−C−（単結合4本）
　　　　　　　　　　　　　　　　│

(ii) >C=　（二重結合1本，単結合2本）

(iii) =C=　（二重結合2本）

(iv) −C≡　（三重結合1本，単結合1本）

の4通りの結合方法がある。

(i)の例　−C− + 4H− ⟶ H−C−H（メタン）
　　　　　│　　　　　　　　│
　　　　　　　　　　　　　　H

(ii)の例　2>C= + 4H− ⟶ H>C=C<H（エチレン）

(iii)の例　=C= + 2O ⟶ O=C=O（二酸化炭素）

(iv)の例　2−C≡ + 2H− ⟶ H−C≡C−H（アセチレン）

　　　　　−C≡ + H− + N≡ ⟶ H−C≡N（シアン化水素）

元素記号の周りに最外殻電子を点・で表した化学式が**電子式**である。電子式は次のような要領で書く。

①構造式の価標1本（−）を共有電子対1組（:）で表す。

②構造式では省略されていた非共有電子対を書き加える，すなわち，分子をつくったとき，各原子は安定な希ガス型の電子配置をとる。したがって，分子の電子式を書くときは，各原子の周囲に8個の電子（H原子だけは2個の電子）になるように，非共有電子対：を書き加えておく。

　　〔構造式〕　　　　〔途中〕　　　　　〔電子式〕

(ア)　N≡N ⟶ N::N ⟶ ⊡N::N⊡

(イ)　H−Cl ⟶ H:Cl ⟶ H:Cl⊡

(ウ)　H−O−H ⟶ H:O:H ⟶ H:O:H

(エ)　H−N−H ⟶ H:N:H ⟶ H:N:H
　　　　　│　　　　　　　　　　　　　
　　　　　H　　　　　　　H　　　　　　H

(オ)　H−C−H ⟶ H:C:H 　（: 共有電子対）
　　　　　│　　　　　　　　　　（⊡ 非共有電子対）
　　　　　H　　　　　　　H

(カ)　O=C=O ⟶ O::C::O ⟶ ⊡O::C::O⊡

(1)　代表的な分子の立体構造は覚えておく必要がある。中心原子が何個の原子と結合しているかによって，分子の立体構造（形）が決まる。

　　⎧ ⊡CH₄ 　4個の原子 → **正四面体形**
　　⎪ ⊡N⊡H₃ 　3個の原子 → **三角錐形**
　　⎨　　　　　　　　　　（非共有電子対あり）
　　⎪ BH₃ 　3個の原子 → **正三角形**
　　⎩　　　　　　　　　　（非共有電子対なし）
　　⎧ H:O:H 　2個の原子 → **折れ線形**
　　⎨　　　　　　　　　　（非共有電子対あり）
　　⎪ ⊡CO₂ 　2個の原子 → **直線形**
　　⎩　　　　　　　　　　（非共有電子対なし）

(2)　構造式において，価標1本からなる共有結合を**単結合**，価標2本からなる共有結合を**二重結合**，価標3本からなる共有結合を**三重結合**という。

(3)　電子式を書いて，共有電子対や非共有電子対の数を判断する。

(4)　H^+と配位結合が可能な分子は，非共有電子対をもつ(ア)，(イ)，(ウ)，(エ)，(カ)。しかし，実際に配位結合が形成されるのは，生じたイオンが安定に存在できる(ウ)，(エ)に限られる。

$$\left[\begin{matrix} \ \ \ \ \\ H:O:H \\ H \end{matrix} \right]^+ \qquad \left[\begin{matrix} H \\ H:N:H \\ H \end{matrix} \right]^+$$

オキソニウムイオン　　　アンモニウムイオン

参考　分子の形と電子対反発則

　分子に含まれる共有電子対や非共有電子対は，負の電荷をもっており，これらは互いに反発し，遠ざかろうとする。分子の形は，このような電子対の反発を考えることによって説明される。このような考え方を**電子対反発則**といい，1939年，槌田龍太郎博士によって初めて提唱された。例えば，メタン分子 CH_4 では，炭素原子 C のまわりに4組の共有電子対があり，これらの電子対は互いに反発し合う。電子対が，C を中心（重心）として正四面体の頂点方向に位置するとき，その反発力は最小となる。したがって，メタン分子は**正四面体形**となる。同様に，アンモニア分子 NH_3 には，3組

20　1-3　化学結合①

の共有電子対と1組の非共有電子対があり，これら4つの電子対が互いに反発し合い，四面体の頂点方向に位置する。したがって，アンモニア分子の窒素原子と水素原子の配置は，**三角錐形**となる。同様に，水分子 H_2O には，2組の共有電子対と2組の非共有電子対があり，これら4つの電子対が互いに反発し合い，四面体の頂点方向に位置する。したがって，水分子の酸素原子と水素原子の配置は，**折れ線形**となる。

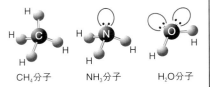

CH₄分子　　NH₃分子　　H₂O分子

また，二酸化炭素分子 CO_2 のように，二重結合をもつ分子の場合，二重結合をひとまとめとして考える。二酸化炭素分子では，Cのまわりに二重結合が2組あり，これらの反発を考えると，二酸化炭素分子は**直線形**になると予想できる。

電子の反発の大きさには，次のような関係がある。非共有電子対どうし＞非共有電子対と共有電子対＞共有電子対どうし　したがって，メタンの結合角(∠HCH = 109.5°)に比べて，アンモニアの結合角(∠HNH = 106.7°)はやや小さく，水の結合角(∠HOH = 104.5°)はさらに小さくなっている。

解答
① N≡N　② H−Cl　③ H−O−H
④ H−N−H　⑤ H−C−H　⑥ O=C=O
　　｜　　　　｜
　　H　　　　H

⑦ :N::N:　⑧ H:C̈l:　⑨ H:Ö:H
⑩ H:N:H　⑪ H:C:H　⑫ :O::C::O:
　　｜　　　　｜
　　H　　　　H

(1) (ア) (a)　(イ) (a)　(ウ) (b)
　　(エ) (c)　(オ) (d)　(カ) (a)
(2) (カ)　(3) ⓐ (イ)　ⓑ (カ)
(4) (ウ), (エ)

43 **解説** (ア) NH_3 は，N原子を頂点とする三角錐形の分子である。〔×〕
(イ) 正しい記述である。〔○〕
(ウ) NH_3 分子は1組の非共有電子対をもつが，NH_4^+ には非共有電子対はなく，メタンと同じ正四面体形の構造をもつ。〔×〕

H:N:H + H⁺　→　[H:N:H]⁺　アンモニウムイオン
　｜　　　　　　　｜
　H　空軌道　　　H
　　非共有電子対

(エ) 電子の総数は，原子番号(＝陽子の数)の総和から求める。ただし，イオンの場合は，電子の数の増減に注意する必要がある。
　陽イオンの場合は電子を失っているので，(原子の原子番号の総和)−(価数)＝(電子の数)となる。
　陰イオンの場合は電子を受け取っているので，(原子の原子番号の総和)＋(価数)＝(電子の数)となる。
　NH_4^+ ⇒ 7＋4−1＝10(個)
　OH^- ⇒ 8＋1＋1＝10(個)　〔○〕
(オ) NH_4^+ の中には4本のN−H結合が存在するが，そのうち3本は共有結合であり1本は配位結合でできたものである。しかし，4本のN−H結合は，結合距離，結合の強さなど全く等しく，区別することはできない。〔×〕

解答　(イ), (エ)

44 **解説** (1) 1，2，3本の価標で結ばれた共有結合を，それぞれ**単結合**，**二重結合**，**三重結合**という。まず，(ア)～(キ)の各分子を構造式で表すには，各原子の**原子価**を覚えておく必要があり，これを過不足なく満たすように**構造式を書けば**よい。

原子	H− F− Cl−	−O− −S−	−N− −P− ｜　　｜	−C− −Si− ｜　　｜
原子価	1価	2価	3価	4価

(ア) H− ＋ F−　→　H−F　(フッ化水素)
(イ) N≡ ＋ ≡N　→　N≡N　(窒素)
(ウ) 2H− ＋ −S−　→　H−S−H　(硫化水素)
(エ) 2S= ＋ =C=　→　S=C=S　(二硫化炭素)
(オ) 4H− ＋ −Si−　→　H−Si−H　(シラン)
　　　　　　　　　　　　　　｜
　　　　　　　　　　　　　　H
(カ) 3H− ＋ −P−　→　H−P−H　(ホスフィン)
　　　　　　　　　　　　　　｜
　　　　　　　　　　　　　　H
(キ) ホウ素B原子は，3個の価電子をもち，原子価は3である。
　　3H− ＋ −B−　→　H−B−H　(ボラン)

(a) 二重結合を含む分子は，(エ)の CS_2 である。
(b) 三重結合を含む分子は，(イ)の N_2 である。
(2) 非共有電子対の数を調べるには，**電子式**を書く必要がある。

構造式を電子式に変換する方法
① 価標1本(−)を共有電子対1組(:)に直す。
　価標2本(=)を共有電子対2組(::)に直す。
　価標3本(≡)を共有電子対3組(⫶)に直す。
② 分子を構成する各原子は希ガス型の電子配置をとっているので，各原子の周囲に8個(H原子は2個)の電子が存在するように，構造式では省略されていた非共有電子対:を書き加える。

　　〔構造式〕　　　〔途中〕　　　〔電子式〕
(ア) H−F　　→　H:F　　→　H:F̈:
(イ) N≡N　　→　N⫶N　　→　:N⫶N:
(ウ) H−S−H　→　H:S:H　→　H:S̈:H
(エ) S=C=S　→　S::C::S　→　:S̈::C::S̈:
(オ) H−Si−H（H上下）→ H:Si:H → H:Si:H（共有電子対，非共有電子対）
(カ) H−P−H（H上）→ H:P:H → H:P̈:H
(キ) H−B−H（H上）→ H:B:H → H:B:H

分子を構成する各原子は希ガス型の電子配置をとっているが，ホウ素B原子は例外で，その周囲には6個の電子しか存在せず，希ガス型の電子配置をとっていない。したがって，ホウ素B原子に非共有電子対:を書き加えてはいけない。

(a) 非共有電子対が最多の分子は(エ)の CS_2 で4組。
(b) 非共有電子対が0個の分子は(オ)の SiH_4 と，(キ)の BH_3 である。
(3) 分子の形については，**42** 解説 参照。
(ア) HF は HCl と同じ**直線形**の分子。
(イ) N_2 は H_2，O_2 と同じ**直線形**の分子
(ウ) H_2S は H_2O と同じ**折れ線形**の分子。
(エ) CS_2 は CO_2 と同じ**直線形**の分子。
(オ) SiH_4 は CH_4 と同じ**正四面体形**の分子。
(カ) PH_3 は NH_3 と同じ**三角錐形**の分子。
(キ) BH_3 分子の中心原子の B には非共有電子対は存在せず，3組の共有電子対が正三角形の頂点方向に伸びており，**正三角形**の分子となる。

解答　(1)(a)…(エ)　(b)…(イ)
　　　　(2)(a)…(エ)　(b)…(オ), (キ)
　　　　(3)(a)…(オ)　(b)…(カ)　(c)…(ウ)
　　　　　(d)…(キ)　(e)…(ア), (イ), (エ)

4　化学結合②

45 解説　原子が共有電子対を引きつける強さを数値で表したものを**電気陰性度**という。
　周期表において，左下の元素ほど電気陰性度は小さく(陽性大)なり，右上の元素ほど電気陰性度は大きく(陰性大)なる。ただし，希ガス(貴ガス)を除く。電気陰性度は全元素中では，**フッ素Fが最大**である。

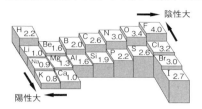

　共有結合をした2原子間では，共有電子対が電気陰性度の大きい方の原子に引きつけられ，電荷の偏り(極性)を生じる。これを**結合の極性**という。一般に，2原子間の電気陰性度の差が大きいほど，結合の極性も大きくなる。
　また，電気陰性度の差が大きくなるほど，その結合はイオン結合の性質(**イオン結合性**)が強くなり，共有結合の性質(**共有結合性**)は弱くなる。一方，電気陰性度の差が小さくなるほど，その結合は共有結合性が強くなり，イオン結合性は弱くなる。一般に，電気陰性度の差が2.0を超えると，その結合はイオン結合とみなしてよい。
　分子全体にみられる電荷の偏りを**分子の極性**という。例えば，同種の原子からなる二原子分子では，結合に極性がないので，分子全体でも**無極性分子**となる。一方，異種の原子からなる二原子分子は，結合の極性と分子の極性が一致して，すべて**極性分子**となる。しかし，異種の原子からなる多原子分子では，極性分子になる場合と，無極性分子になる場合とがある。この違いには，分子の立体構造(形)が影響する。すなわち，メタン(正四面体形)や二酸化炭素(直線形)では，分子全体では，各結合の極性が打ち消し合って**無極性分子**になる。しかし，水(折れ線形)やアンモニア(三角錐形)では，分子全体では各結合の極性が打ち消し合わずに**極性分子**となることに留意したい。

〔問〕　各結合を構成する原子の電気陰性度の差が大きいほど，**結合の極性**も大きい。各結合を構成する原子の電気陰性度の差は，次の通りである。
(ア) O−H ⇒ 3.4−2.2=1.2
(イ) N−H ⇒ 3.0−2.2=0.8
(ウ) F−H ⇒ 4.0−2.2=1.8
(エ) F−F ⇒ 0

22　1-4　化学結合②

46 〜 48

したがって，(ウ)の F−H が最も電気陰性度の差が大きく，結合の極性が最も大きい。

解答 ① 共有電子対　② 大き　③ フッ素
　　　④ 大き　⑤ 負　⑥ 正　⑦ 極性
　　　⑧ 共有　⑨ イオン　⑩ 立体構造(形)
　　　⑪ 極性分子　⑫ 無極性分子
〔問〕(ウ)

46 解説 同種の原子からなる共有結合では，2つの原子が共有電子対を引きつける強さは同じであり，**結合に極性はない**。一方，異種の原子からなる共有結合では，2つの原子の共有電子対を引きつける強さは異なり，**結合に極性が生じる**。塩化水素分子 HCl では，H−Cl 結合に極性があり，結合の極性と分子の極性が一致して，分子全体として極性をもつ**極性分子**となる。

メタン分子 CH_4 では，C−H 結合に極性があるが，正四面体形なので，4つの C−H 結合の極性は互いに打ち消し合い，分子全体として極性をもたない**無極性分子**となる。

アンモニア分子 NH_3 では，N−H 結合に極性があり，分子が三角錐形であるため，3つの N−H 結合の極性は打ち消し合うことなく，分子全体として極性をもつ**極性分子**となる。

水分子 H_2O では，O−H 結合に極性があり，分子が折れ線形であるため，2つの O−H 結合の極性は打ち消し合うことなく，分子全体として極性をもつ**極性分子**となる。

二酸化炭素分子 CO_2 では，C=O 結合に極性があるが，分子が直線形であり，2つの C=O 結合の極性は，大きさが等しく逆向きなので，互いに打ち消し合い，分子全体として極性をもたない**無極性分子**となる。

解答 ① 極性分子　② 正四面体
　　　③ 無極性分子　④ 三角錐
　　　⑤ 極性分子　⑥ 折れ線
　　　⑦ 極性分子　⑧ 極性
　　　⑨ 直線　⑩ 無極性分子

47 解説 分子の極性は，結合の極性の有無と分子の形から判断できる。

二原子分子はすべて直線形であり，同種の原子からなるものは**無極性分子**，異種の原子からなるものは**極性分子**となる。

多原子分子では，分子の形から判断できる。(ア)〜(カ)の分子の極性は図のようになる。

CH_4 や CO_2 のように，中心原子が非共有電子対をもたない多原子分子では，分子全体で結合の極性は打ち消し合って**無極性分子**になる。一方，NH_3，H_2S の

ように中心原子に非共有電子対が残った多原子分子では，結合の極性は完全には打ち消し合わず，**極性分子**になる。

(ア) F_2(直線形) 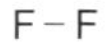
F−F
無極性分子

(イ) HF(直線形) 
H−F
極性分子

(ウ) CO_2(直線形) 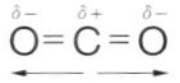
O=C=O
無極性分子

(エ) H_2S(折れ線形) 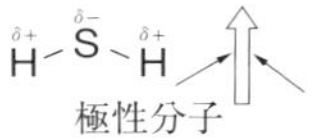
H−S−H
極性分子

(オ) NH_3(三角錐形) 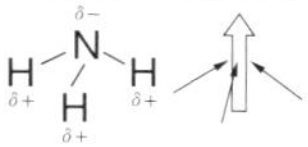
H−N−H H
極性分子

(カ) CH_4(正四面体形) 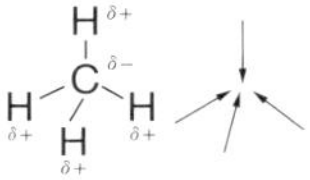
H−C−H H H
無極性分子

解答 極性分子　…(イ)，(エ)，(オ)
　　　無極性分子…(ア)，(ウ)，(カ)

48 解説 (1) 分子どうしが**分子間力**で集まってできた結晶を**分子結晶**という。分子間力が弱いため，分子結晶は融点が低く，軟らかいものが多い。また，分子は電荷をもたない粒子なので，分子からなる物質は，固体，液体，気体のどの状態でも電気伝導性を示さない。

(2) 分子をつくらず，原子どうしが共有結合だけで結びついてできた結晶を**共有結合の結晶**という。共有結合の結合力はとても強いので，共有結合の結晶の融点は非常に高く，きわめて硬いものが多い。

(3) 陽イオンと陰イオン間の**静電気力(クーロン力)**による結合を**イオン結合**という。陽イオンと陰イオンが規則的に配列してできた結晶を**イオン結晶**という。イオン結合は強い結合であり，イオン結晶は硬い。しかし，強い力を加えて各イオンの位置が少しずれただけでも，同種のイオンどうしが接近して反発し合い，結晶が特定の面で割れてしまう性質(**へき開性**)がある。

イオン結晶は，固体状態ではイオンが動けないので電気を導かないが，融解液や水溶液にすると，イオンが動けるようになり，電気伝導性を示す。

(4) 金属原子から放出された価電子は**自由電子**となる。一方，規則正しく配列した金属原子の間を自由電子が動き回ることで生じる結合を**金属結合**といい，金属結合により生じた結晶を**金属結晶**という。金属結晶では，自由電子が金属原子の間を動くことで電気や熱をよく伝えたり，展性・延性に富み，独

特な金属光沢を示す。

[解答] ① 分子間力 ② 軟らか ③ 低
④ 共有結合 ⑤ 硬 ⑥ 高
⑦ イオン結合 ⑧ 硬 ⑨ 高
⑩ 不導体（絶縁体） ⑪ 良導体
⑫ 金属結合 ⑬ 良導体
⑭ 金属光沢

49 [解説] 金属原子は価電子を放出しやすい性質をもつ。このため，金属原子が集合した金属の単体では，価電子は特定の原子に所属することなく，金属中を自由に動き回ることができるようになる。このような電子を**自由電子**といい，自由電子による金属原子間の結合を**金属結合**という。金属が電気・熱を導くのは，自由電子の移動によって電気や熱エネルギーが運ばれるからである。また，金属には，**展性**（薄く広げて箔状にできる性質）や**延性**（長く延ばして線状にできる性質）がある。これは，金属結合には，共有結合のような方向性がないので，原子相互の位置が多少ずれても，自由電子がすぐに移動して，以前と同じ金属結合を回復できるからである（下図）。

展性・延性の最も大きな金属は金で，1gで約0.52m²の大きさの箔に，約3200mの線にすることができる。

金属の展性と延性

〔問〕金属結合の強さは，金属1原子あたりの自由電子の数で比較できる。金属1原子あたりの自由電子の数は，Naは1個，Mgは2個，Alは3個だから，金属結合の強さ，つまり，金属の単体の融点はこの順に高くなると考えられる。

[参考] **金属結合の強さと単体の密度**
　金属1原子あたりの自由電子の数が同数である場合，原子半径が小さいほど，1原子あたりの自由電子の密度が大きくなり，金属結合は強くなる。
　（例）アルカリ金属の場合，金属1原子あたりの自由電子の数はいずれも1個で等しいが，原子半径は，Li(0.152nm)<Na(0.186nm)<K(0.231nm)であるから，1原子あたりの自由電子の密度は，Li＞Na＞Kの順となり，単体の融点はLi(181℃)＞Na(98℃)＞K(64℃)の順となる。

[解答] ① **自由電子** ② **金属結合** ③ **電気**
④ **展性** ⑤ **延性** ⑥ **自由電子**
〔問〕Na，Mg，Al

50 [解説] (1) 常温・常圧で液体の金属は水銀だけで，その蒸気は有毒である。
(2) 銀は，金属中で最も電気・熱の伝導性が大きい。
(3) 銅は電気伝導性が銀に次いで大きく，電線などに多く利用される。
(4) アルミニウムは軽くて，さびにくい。電気・熱の伝導性も銀・銅・金に次いで大きい。
(5) 鉄は生産量が最大の金属で，用途は幅広い。
[解答] (1) Hg (2) Ag (3) Cu (4) Al (5) Fe

51 [解説] 原子，イオン間のおもな**化学結合**は，次の3種類である。
● **イオン結合**…金属元素と非金属元素
● **共有結合**…非金属元素どうし
● **金属結合**…金属元素どうし
① イオン結合によってイオン結晶ができる。〔○〕
② 共有結合の結晶は水に溶けにくい。〔×〕
③ 黒鉛は金属ではなく，共有結合の結晶に分類されるが，結晶中を自由に動き回ることのできる電子が存在するため電気伝導性を示す。〔×〕
④ 分子間力は弱いので，分子結晶の融点は低い。〔×〕
⑤ 自由電子が金属原子を互いに結びつけている金属結合には，方向性がないので，金属は展性・延性を示す。〔○〕
[解答] ①，⑤

52 [解説] (1) **イオン結晶**は，陽イオンと陰イオンからなり，これらの静電気的な引力（クーロン力）による**イオン結合**で構成される。結晶状態では，イオンが固定されているため電気を導かないが，水溶液や融解して液体の状態にすると，イオンが移動できるようになり，電気をよく導くようになる。金属元素と非金属元素の化合物を選ぶ。
(2) **共有結合の結晶**は，原子が共有結合によって次々に結合してできた結晶で，非常に融点が高く，硬いものが多い。14族のCやSiの単体とSiの化合物を選ぶ。
(3) **分子結晶**は，分子間力（ファンデルワールス力）によって分子が集合してできた結晶で，融点が低く，昇華性を示すものが多い。(2)を除く非金属元素の単体と化合物を選ぶ。
(4) **金属結晶**は，自由電子による結合で，構成粒子は，陽イオンに近い状態にある金属原子である。金属には金属光沢，電気・熱の伝導性，展性・延性に富むなどの特徴がある。
　D群の物質を化学式に直し，金属元素，非金属元素の区別がつけば，ほぼ結晶の種類は推定できる。
　一般に，金属元素と非金属元素との結合はイオン

結合，非金属元素どうしの結合は共有結合と考えてよい。

(a) I₂ (b) FeCl₃ (c) Na (d) KBr
 非   金非   金   金非
(e) Fe (f) SiC (g) CO₂ (h) C   (金：金属
 金   非非   非非   非   非：非金属)

(f)の炭化ケイ素SiCはカーボランダムともいわれ，共有結合の結晶できわめて硬く，研磨剤・耐熱材などに用いる。

参考 〈物質の融点をおおよそ比較する基準〉
1. 結合の強さ
共有結合＞イオン結合・金属結合＞分子間力
2. イオン結晶の場合（クーロン力）
価数大＞価数小
イオン半径小＞イオン半径大
3. 分子結晶の場合（分子間にはたらく力）
水素結合＞分子間力（ファンデルワールス力）
極性分子＞無極性分子（分子量の似た分子）
分子量大＞分子量小（構造の似た分子）
4. 金属結晶の場合（金属結合）
自由電子の数多い＞自由電子の数少ない
原子半径小＞原子半径大

[解答] (1) (エ)，(カ)，(サ)，(b)，(d)
(2) (ア)，(キ)，(ケ)，(f)，(h)
(3) (イ)，(ク)，(シ)，(a)，(g)
(4) (ウ)，(オ)，(コ)，(c)，(e)

53 [解説] (1) ダイヤモンドは，C原子のみが**共有結合**だけで結びついた**共有結合の結晶**である。
(2) CO_2の固体（ドライアイス）は，C原子とO原子が**共有結合**で分子をつくり，さらに，**分子間力**（ファンデルワールス力）で集合してできた**分子結晶**である。
(3) マグネシウムは，Mg原子が金属結合で結びついた**金属結晶**である。
(4) 二酸化ケイ素SiO_2は，Si原子とO原子が交互に共有結合だけで結びついた**共有結合の結晶**である。
(5) 塩化銅(Ⅱ)は，銅(Ⅱ)イオンCu^{2+}と，塩化物イオンCl^-が**イオン結合**で結びついた**イオン結晶**である。
(6) 塩化アンモニウムは，アンモニウムイオンNH_4^+とCl^-がイオン結合で結びついたイオン結晶である。また，NH_4^+は，共有結合でできたNH_3分子がH^+と**配位結合**してできたものである。
(7) 希ガス（貴ガス）のアルゴンArは単原子分子で，その固体は**分子間力**（ファンデルワールス力）だけで集合し，**分子結晶**をつくる。

[解答] (1) (ウ) (2) (ウ)，(オ) (3) (ア) (4) (ウ)
(5) (イ) (6) (イ)，(ウ)，(エ) (7) (オ)

54 [解説] (1) 原子が共有電子対を引きつける強さを数値で表したものを，**電気陰性度**という。電気陰性度は，18族の希ガス（貴ガス）を除き，同一周期では原子番号の大きい原子ほど大きく，同族元素の原子では原子番号が小さいものほど大きい。したがって，周期表では，電気陰性度は，右上の元素ほど大きく，左下の元素ほど小さくなる。

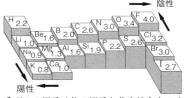

(2) 希ガスの原子は他の原子と共有結合をつくらないので，共有電子対が存在せず，電気陰性度が求められていない。
(3) 電気陰性度の差が大きい原子どうしの結合ほど，イオン結合性が強くなる。なお，電気陰性度の差は，周期表の左下に位置する**陽性（金属性）**の強い原子と，周期表の右上に位置する**陰性（非金属性）**の強い原子（希ガスを除く）との組合せのとき最大となる。よって，イオン結合性の最も強い物質は**NaF**であり，共有結合性の最も強い物質は，電気陰性度の差がないO_2である。

参考 **共有結合のイオン結合性について**
A−B結合の極性が大きいほど，イオン結合性が大きい（共有結合性は小さい）。逆に，A−B結合の極性が小さいほど，イオン結合性は小さい（共有結合性は大きい）。
いま，元素A，Bの電気陰性度の差を横軸，結合A−Bのイオン結合性の割合[%]を縦軸にとってグラフに表すと下図のようになる。グラフからわかるように，電気陰性度の差が1.7のとき，その結合のイオン結合性は50%となる。したがって，電気陰性度の差が2.0以上では，その結合はイオン結合であると見なしてよい。

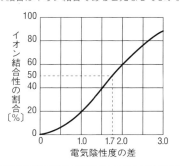

(4) 分子の形は，CH₃Cl(四面体形)，H₂S(折れ線形)，F₂(直線形)，CS₂(直線形)，NH₃(三角錐形)である。二硫化炭素 CS₂ は，二酸化炭素 CO₂ と同じ直線形の S＝C＝S の構造をしているため，無極性分子である。

クロロメタン CH₃Cl は，メタン CH₄(正四面体形)の H 1 個が Cl に置き換わっている化合物なので，四面体形ではあるが，正電荷と負電荷の中心が一致せず，極性分子となる。

→ は結合の極性，
⇒ は分子の極性 を示す

極性分子

[解答] (1) 最大…フッ素　最小…ナトリウム
(2) 18 族元素
(理由)希ガスの原子は他の原子と結合をつくらないため。
(3) ①フッ化ナトリウム　② 酸素
(4) フッ素，二硫化炭素

共通テストチャレンジ

55 [解説] a) 1 つの化学式で表せる物質が**純物質**である。また，化学式(物質を元素記号を使って表した式)を書いたとき，1 種類の元素(元素記号)を含めば**単体**，2 種類以上の元素(元素記号)を含めば**化合物**と判断できる。①〜⑤を化学式で書くと，
① Ar　② O₃　③ C　④ Mn　⑤ CH₄
よって，いずれも純物質であり，単体でない物質，すなわち化合物は⑤のメタンである。
b) **同素体**は，互いに性質の異なる単体であり，化合物には存在しない。同素体の存在する代表的な元素には S, C, O, P がある。
③の鉛 Pb と亜鉛 Zn は単体であるが，異なる元素であるから同素体ではない。その他はすべて同素体の組合せである。

[解答] a) ⑤　b) ③

56 [解説] ① ヨウ素を加熱すると，容易に**昇華**するが，ヨウ化カリウムは加熱しても昇華しないので，ヨウ素だけを分離することができる。〔○〕
② 食塩水は塩化ナトリウム水溶液であり，塩化ナトリウムは水を**蒸発**させて除けば得られる。電気分解すると塩素と水酸化ナトリウムとなり不適。〔×〕
③ 空気を加圧・冷却して液体にしてから蒸発させると，沸点が低い方の窒素が先に，次いで酸素が別々に得られる。このように，混合物を構成する物質の沸点の違いにより，複数の成分に分離するのが**分留**である。〔○〕
④ ペーパークロマトグラフィーなどの**クロマトグラフィー**では，ろ紙などへの吸着力と溶媒への溶解性の違いにより，複数の物質を同時に分離することが可能である。〔○〕
⑤ ヘキサンなどの有機溶媒は，有機化合物を溶かしやすいので，大豆中の油脂成分をヘキサンに溶かし出して分離する**抽出**に用いられる。〔○〕

[解答] ②

57 [解説] 図の(a)〜(d)はイオンではなく原子なので，**電子の数＝陽子の数＝原子番号**となる。
したがって，(a)は ₇N，(b)は ₉F，(c)は ₁₀Ne，(d)は ₁₁Na
① (a)，(b)，(c)は電子殻が 2 つあるので，第 2 周期の元素である。〔○〕
② (a)の窒素原子の価電子は 5 個であり，その電子式は ·N· で表され，不対電子が 3 個と電子対が 1 組存在する。原子間で共有されるのは不対電子なので，3 個ある。〔×〕
③ (b)の F 原子は価電子が 7 個で，電子 1 個を取り

込んで1価の陰イオンになりやすい。〔○〕
④ (c)のNeは希ガス(貴ガス)の原子であり、価電子の数は0個で最も少ない。〔○〕
⑤ イオン化エネルギーは、周期表で左下に位置する原子ほど小さい傾向がある。(a)～(d)の中で、周期表で最も左下側に位置するのは(d)のNaである。〔○〕

解答 ②

58 解説 a) 中性子の数は(**質量数−原子番号**)で求められる。( )内に中性子の数を示す。
① $^{35}_{17}Cl$ (18)　② $^{37}_{17}Cl$ (20)　③ $^{40}_{18}Ar$ (22)
④ $^{39}_{19}K$ (20)　⑤ $^{40}_{20}Ca$ (20)

b) **イオン化エネルギー**は原子から電子1個を取り去るのに必要な最小のエネルギーのことだから、同位体の種類とは関係がない。したがって、^1_1H と ^2_1H のイオン化エネルギーは同じだから1:1である。

c) **イオン化エネルギー**は、希ガス元素のHeが非常に大きく、アルカリ金属元素のLiのような陽性の強い元素は非常に小さい。水素Hは中間程度である。

解答 a)①　b)③　c)①

59 解説 共有電子対や非共有電子対を数えるには、まず、**分子の電子式**を書く必要があるが、その準備として、まず、**原子の電子式**を書く。

H· 　　　　　　　　　　　He:
Li· 　Be· 　·B· 　·C· 　·N: 　·O: 　:F: 　:Ne:

不対電子どうしで電子対をつくり、共有結合が形成される。このような電子対が**共有電子対**となる。最初から対をつくっていた電子は**非共有電子対**となる。

a) ① H:F: → H:F: 　共有……1組 非共有…3組
② H:N:H (with H below) → H:N:H 　共有……3組 非共有…1組
③ H:O:O:H → H:O:H 　共有……2組 非共有…2組
④ H:C:H (with H above and below) → H:C:H 　共有……4組 非共有…0組
⑤ :N::N: → :N::N: 　共有……3組 非共有…2組

b) ① H:Cl: → H:Cl: 　共有……1組 非共有…3組
② H:O:H⁺ (with H below) → [H:O:H]⁺ 　共有……3組 非共有…1組

オキソニウムイオン H_3O^+は、H_2OのOの非共有電子対2組のうちの1組がH^+に提供されて共有電子対が生成したもので、この結合を**配位結合**という。
③ :O::C::O: → :O::C::O: 　共有……4組 非共有…4組
④ a)の④と同じ

解答 a)①　b)④

60 解説 a) 各原子のもつ価標の数(**原子価**)を過不足なく満たすように、各分子の**構造式**を書くと、次のようになる。
① N≡N⇒価標の数は3
② F−F⇒価標の数は1
③ H−C−H (with H above and below) ⇒価標の数は4
④ H−S−H⇒価標の数は2
⑤ O=O⇒価標の数は2

b) 構造式と分子の形を知っておく必要がある。主な分子の形は覚えておくこと。
① 単結合・折れ線形 H~O~H
② 二重結合・直線形 O=C=O
③ 単結合・三角錐形 H−N (with N, H, H)
④ 単結合と三重結合・直線形 H−C≡C−H
⑤ 単結合と二重結合・長方形 H₂C=CH₂

解答 a)③　b)②

61 解説 塩化ナトリウム $NaCl$ の結晶は、金属元素と非金属元素の化合物で**イオン結晶**である。したがって、Na^+とCl^-間にはたらく静電気的な引力による結合で、**イオン結合**である。

ダイヤモンドCの結晶は、14族の非金属元素の単体で、**共有結合の結晶**である。結晶内にはたらく力は、**共有結合**のみであり、その他の力ははたらいていない。

ヨウ素 I_2 の結晶は、非金属元素の単体で**分子結晶**である。したがって、I_2分子間にはたらく比較的弱い引力は、**分子間力**(ファンデルワールス力)である。また、2個のI原子からI_2分子をつくるのに**共有結合**がはたらいている。

:I: + ·I: → :I:I:

解答 ③

62 [解説] 化学結合には，次の3種類がある。

a) 金属元素どうしの結合➡**金属結合**

非金属元素どうしの結合➡**共有結合**

金属元素と非金属元素の結合➡**イオン結合**

① $\underline{NaCl}$ ② $\underline{Si}$ ③ $\underline{Cl_2}$ ④ $\underline{C\ O_2}$ ⑤ $\underline{C_2\ H_2}$
　金 非　　　非　　　非　　　非 非　　　非 非

①の $NaCl$ は金属元素と非金属元素からなり，イオン結合でできた物質。他はすべて非金属元素のみからなり，共有結合でできた物質である。

b) 固体から直接気体になる現象や，逆に，気体から固体になる現象を**昇華**という。ヨウ素 I_2，二酸化炭素（ドライアイス）CO_2，ナフタレン $C_{10}H_8$ などの分子結晶がこれに該当する。

c) 分子の総電子数は，原子番号の総和に等しい。

CH_4 の総電子数は，$6+(1×4)=10$〔個〕である。

① $CO \Rightarrow 6+8=14$〔個〕
② $NO \Rightarrow 7+8=15$〔個〕
③ $HCl \Rightarrow 1+17=18$〔個〕
④ $H_2O \Rightarrow (1×2)+8=10$〔個〕
⑤ $O_2 \Rightarrow 8×2=16$〔個〕

d) ①～⑤の分子の電子式は次のようになる。

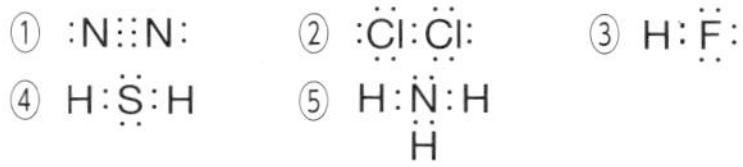

① $:N::N:$ 　　② $:\overset{..}{C}l:\overset{..}{C}l:$ 　　③ $H:\overset{..}{F}:$

④ $H:\overset{..}{S}:H$ 　　⑤ $H:\overset{..}{N}:H$
　　　　　　　　　　　　　　H

④の H_2S が，共有電子対と非共有電子対を2組ずつもつ。

解答 a)① b)③ c)④ d)④

5 物質量と濃度

63 〔解説〕 原子1個の質量はきわめて小さく,そのまま扱うのは不便である。そこで,質量数12の炭素原子 ^{12}C の質量をちょうど12と定め,これと他の原子の質量を比較することで,他の原子の**相対質量**が求められる。原子の相対質量は比の値なので,単位はつけない。

天然に存在する多くの元素には,質量の異なる同位体が一定の割合(存在比)で存在する。このような同位体が存在する元素では,

^{12}C原子1個と^{1}H原子12個がちょうどつり合うとき,^{1}H原子の相対質量は1.0と求められる。
原子の相対質量の意味

各同位体の相対質量に存在比をかけて求めた平均値を,その**元素の原子量**という。

(1) 同位体の存在する元素の原子量は,各同位体の相対質量と存在比から求めた平均値で表す。

ホウ素Bの各同位体の相対質量は与えられていないが,題意より,相対質量=質量数なので,質量数をもとに計算する。

ホウ素の原子量 $= 10 \times \dfrac{20.0}{100} + 11 \times \dfrac{80.0}{100} = 10.8$

すなわち,天然のホウ素原子は,すべて相対質量が10.8のホウ素原子のみからなるとして扱うことができる(右図)。

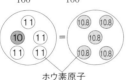

ホウ素原子

(2) 質量数と相対質量の両方が与えられているときは,相対質量を使って計算するほうが,より正確な元素の原子量を求めることができる。

^{35}Cl の存在比を x〔%〕とすると,^{37}Cl の存在比は $(100-x)$〔%〕となる。

$34.97 \times \dfrac{x}{100} + 36.97 \times \dfrac{100-x}{100} = 35.45$

∴ $x = 76.0$〔%〕

〔解答〕 (1) **10.8** (2) ^{35}Cl…**76.0%** ^{37}Cl…**24.0%**

64 〔解説〕 (ア) 現在,原子の相対質量を求めるとき,基準となる原子は,質量数12の炭素原子 ^{12}C であり,その質量を12としている。〔○〕

(イ) 原子の相対質量は,^{12}C 原子を基準として,他の原子の質量を比較した数値なので,単位はつけない。〔○〕

(ウ) 例えば,炭素のように,2種の同位体 ^{12}C(98.9%),^{13}C(1.1%)があり(他にごく微量の ^{14}C がある),一方の同位体の存在比が圧倒的に大きい場合,炭素の原子量は存在比の多い方の ^{12}C の相対質量の12に

きわめて近い値(12.01)になるが,全く同じ値にはならない。〔×〕

(エ) 1961年以前は,原子量の基準は,自然界に存在するすべての酸素原子の相対質量の平均値を16としてきたが,1961年からは ^{12}C 原子の相対質量を12とすることに変更された。〔×〕

(オ) 同位体が存在しなければ,原子の相対質量が元素の原子量と等しくなる。しかし,原子の相対質量と質量数の値はよく似ているが,厳密には一致しないので,原子の相対質量も整数にならない。したがって,同位体が存在しなくても,原子量は整数にならない。〔×〕

> **参考** 一般に,原子核の質量は,これを構成する陽子と中性子の質量の和より小さい。この質量の差を**質量欠損**という。陽子と中性子が集まって原子核を構成するときにはエネルギーが必要で,そのエネルギーは原子核の質量欠損によってまかなわれている。すなわち,質量数の大きな原子核ほど,相対質量と質量数との差は大きくなる。

〔解答〕 (ア),(イ)

65 〔解説〕 物質を構成する粒子1molあたりの質量を**モル質量**という。具体的には,物質を構成する粒子が原子・分子・イオンの場合には,それぞれ原子量・分子量・式量に単位〔g/mol〕をつけたものに等しい。

① H_2O:$1.0 \times 2 + 16 = 18$ ⇒ 18〔g/mol〕
② CO_2:$12 + 16 \times 2 = 44$ ⇒ 44〔g/mol〕
③ HNO_3:$1.0 + 14 + 16 \times 3 = 63$ ⇒ 63〔g/mol〕
④ SO_4^{2-}:$32 + 16 \times 4 = 96$ ⇒ 96〔g/mol〕

電子の質量は,きわめて小さいので無視できる。したがって,イオンの式量は,イオンを構成する原子の原子量の総和と等しくなる。

〔解答〕 ① **18g/mol** ② **44g/mol** ③ **63g/mol** ④ **96g/mol**

66 〔解説〕 **アボガドロ数**は,^{12}C 原子の集団12g中に含まれる ^{12}C 原子の数で定義され,6.0×10^{23} 個である。

6.0×10^{23} 個の同一粒子の集団を **1mol** という。

mol(モル)を単位として表した物質の量を**物質量**という。国際単位系では,すべての物理量*は,7種の基本単位および,その積・商で表される。物質量〔mol〕は,基本単位の1つに数えられている。

1molあたりの粒子の数を**アボガドロ定数** N_A といい,6.0×10^{23}/mol である。

物質1molあたりの質量を**モル質量**といい,原子・分子・イオンの場合,それぞれ原子量・分子量・式量に

単位〔g/mol〕をつけたものに等しい。気体1molあたりの体積を**モル体積**といい，**標準状態**（0℃，$1.013×10^5$ Pa）において，気体の種類を問わず**22.4L/mol**である。
＊物理量とは，単位をもつ量のことである。

解答 ① 12　② **アボガドロ数**　③ **1mol**
　　　 ④ **物質量**　⑤ **アボガドロ定数**
　　　 ⑥ **モル質量**　⑦ **原子量**　⑧ **分子量**
　　　 ⑨ **式量**　⑩ **標準状態**　⑪ **22.4**

参考　アボガドロ数の基準の変更

これまでアボガドロ数は，「^{12}C原子12gに含まれる原子の数」と定義されていた。1kgの基準となるキログラム原器は原器であっても，長い年月の間に質量のわずかの変動がみられる。したがって，厳密には，アボガドロ数も質量の基準の変動の影響を受けることになる。そこで，2019年5月から，質量の基準の変動の影響を受けないように，これまでの定義値から精密な実験で求められた実験値へと変更された。すなわち，正確に $6.02214076 × 10^{23}$ 個の粒子を含む集団を**物質量1mol**と定義し，物質量1mol中に含まれる粒子の数 $6.02214076 × 10^{23}$ が**アボガドロ数**となった。したがって，^{12}C原子12gに含まれる原子の数は，これまではアボガドロ数と完全に一致したが，これからはアボガドロ数とほぼ等しいということになる。なお，本書は教科書に記述されている従来通りのアボガドロ数の定義に従って，解答・解説している。

67 **解説**　**物質量〔mol〕**がわかると，粒子の数，質量，気体の体積へは，容易に変換することができる。物質量〔mol〕の計算をする際には，次の関係をよく頭に入れておく必要がある。

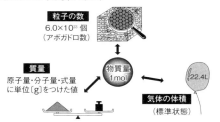

① 物質1molあたりの質量を**モル質量**といい，原子量・分子量・式量に単位〔g/mol〕をつけたものに等しい。

二酸化炭素の分子量は，$CO_2 = 12 + 16 × 2 = 44$ より，CO_2のモル質量は44g/mol。よって，CO_2 1.1gの物質量は，$\dfrac{1.1g}{44g/mol} = 0.025$〔mol〕

② 気体1molあたりの体積を**モル体積**といい，標準状態では22.4L/molである。

CO_2 0.025molの標準状態での体積は，
$0.025mol × 22.4L/mol = 0.56$〔L〕

③ 物質1molあたりの粒子の数を**アボガドロ定数** N_A といい，$N_A = 6.0×10^{23}$/molである。

CO_2分子0.025mol中に含まれる分子の数は，
$0.025mol × 6.0×10^{23}$/mol
$= 0.15×10^{23} = 1.5×10^{22}$ 個

④ CO_2 1分子中には，C原子1個，O原子2個の合計3個の原子が含まれる。

 = ばらばらにすると: 　○C原子　●O原子

原子の総数＝$1.5×10^{22} × 3 = 4.5×10^{22}$ 個

解答 ① 0.025　② 0.56　③ $1.5×10^{22}$
　　　 ④ $4.5×10^{22}$

68 **解説**　原子，分子，イオン1molあたりの質量を**モル質量**とよび，原子量，分子量，式量に単位〔g/mol〕をつけて表す。たとえば，メタンの分子量は，$CH_4 = 16$なので，メタン1molあたりの質量は16gという代わりに，メタンのモル質量は16g/molと表す。

同様に，物質1mol中に含まれる粒子の数 $6.0×10^{23}$ を**アボガドロ数**という代わりに，物質1molあたりの粒子の数を**アボガドロ定数**といい，$6.0×10^{23}$/molと表す。

さらに，気体1molの体積（標準状態）は**22.4L**であるという代わりに，標準状態における気体1molあたりの体積を**モル体積**といい，22.4L/molと表す。

モル質量，アボガドロ定数，モル体積を使うと，物質量〔mol〕の計算において，両辺の単位は必ず一致する。したがって，単位に注目すれば，自分の立てた計算式が正しいか否かを即座に判断できるので，結果的に計算間違いを減らすことができる。

$$物質量〔mol〕 = \dfrac{粒子の数}{アボガドロ定数〔/mol〕} = \dfrac{物質の質量〔g〕}{モル質量〔g/mol〕}$$

$$= \dfrac{気体の体積（標準状態）〔L〕}{気体のモル体積〔L/mol〕}$$

(1) 物質量 = $\dfrac{粒子の数}{アボガドロ定数}$ より，

$\dfrac{2.4×10^{24}}{6.0×10^{23}/mol} = 4.0$〔mol〕

(2) 塩化水素の分子量はHCl＝36.5より，HClのモル質量は36.5g/molである。

物質量 = $\dfrac{物質の質量}{モル質量}$ より，

$\dfrac{7.3g}{36.5g/mol} = 0.20$〔mol〕

(3) 物質量＝$\dfrac{\text{気体の体積(標準状態)}}{\text{気体のモル体積(標準状態)}}$ より，

$\dfrac{11.2L}{22.4L/mol}=0.500\text{[mol]}$

(4) 粒子の数＝物質量×アボガドロ定数 より，
2.0mol×6.0×10²³/mol＝1.2×10²⁴ 個

(5) 酸素の原子量は，O＝16 より，O 原子のモル質量は 16g/mol である。
物質の質量＝物質量×モル質量 より，
1.5mol×16g/mol＝24[g]

(6) 気体の体積(標準状態)＝物質量×気体のモル体積 より，
0.25mol×22.4L/mol＝5.6[L]

解答 (1) 4.0mol (2) 0.20mol (3) 0.500mol
(4) 1.2×10²⁴ 個 (5) 24g (6) 5.6L

69 **解説** 「質量」⇔「粒子の数」⇔「気体の体積」の間で相互に物理量を変換するときは，いったん，物質量に直してから行うとよい。

(1) $\dfrac{1.5\times10^{23}}{6.0\times10^{23}/mol}=0.25\text{mol}$ であり，

分子量 O₂＝32 より，モル質量は 32g/mol。
∴ 0.25mol×32g/mol＝8.0[g]

(2) 分子量 CH₄＝16 より，モル質量は 16g/mol。
$\dfrac{3.2g}{16g/mol}=0.20\text{mol}$ だから，

0.20mol×22.4L/mol＝4.48≒4.5[L]

(3) $\dfrac{5.6L}{22.4L/mol}=0.25\text{mol}$ だから，

0.25mol×6.0×10²³/mol＝1.5×10²³ 個

(4) $\dfrac{2.8L}{22.4L/mol}=0.125\text{[mol]}$ であり，

分子量 CO₂＝44 より，モル質量は 44g/mol。
∴ 0.125mol×44g/mol＝5.5[g]

解答 (1) 8.0g (2) 4.5L (3) 1.5×10²³ 個
(4) 5.5g

70 **解説** 「質量」⇔「粒子の数」⇔「気体の体積」の間で相互に物理量を変換するときは，いったん，物質量を経由してから行うとよい。

(1) 粒子の数 $\xrightarrow{\div(6.0\times10^{23})}$ 物質量 $\xrightarrow{\times22.4}$ 気体の体積
　　　　　　　　　　　　　　　　　(標準状態)

O₂ の物質量＝$\dfrac{1.2\times10^{23}}{6.0\times10^{23}/mol}=0.20\text{[mol]}$

O₂ の体積＝0.20mol×22.4L/mol＝4.48≒4.5[L]

(2) 窒素の分子量 N₂＝28 より，モル質量は 28g/mol。
酸素の分子量 O₂＝32 より，モル質量は 32g/mol。

質量 $\xrightarrow{\div\text{モル質量}}$ 物質量 $\xrightarrow{\times(6.0\times10^{23})}$ 分子数

N₂ の物質量＝$\dfrac{8.4g}{28g/mol}=0.30\text{[mol]}$

O₂ の物質量＝$\dfrac{6.4g}{32g/mol}=0.20\text{[mol]}$

合計　0.30＋0.20＝0.50[mol]

分子数：0.50mol×6.0×10²³/mol＝3.0×10²³ 個

(3) 物質量 $\xrightarrow{\times\text{モル質量}}$ 質量，物質量 $\xrightarrow{\times22.4}$ 気体の体積
　　　　　　　　　　　　　　　　　　　　　(標準状態)

塩化水素の分子量 HCl＝36.5 より，モル質量は 36.5g/mol である。
HCl の質量＝0.20mol×36.5g/mol＝7.3[g]
HCl の体積＝0.20mol×22.4L/mol＝4.48
　　　　　　　≒4.5[L]

解答 ① 4.5 ② 3.0×10²³ ③ 7.3 ④ 4.5

71 **解説** (1) アボガドロの法則より，同温・同圧で同体積の気体中には同数の分子が含まれる。よって，体積の比で 4：1 ということは，分子数の比も 4：1，つまり，物質量の比も 4：1 と考えてよい。

(2) 「空気の分子」というものは存在しない。混合気体を1種類の純粋な気体分子からなると考えた場合，この仮想分子の見かけの分子量を**平均分子量**という。アボガドロの法則より，同温・同圧・同体積の気体中には同数の分子を含むから，

体積の比＝分子数の比＝物質量の比

が成り立つ。
上記の関係より，空気 1mol 中には，窒素 0.8mol，酸素 0.2mol を含むから，空気 1mol の質量を求め，その単位[g]をとると，空気の平均分子量が求まる。
28×0.8＋32×0.2＝28.8[g] ⟹ 28.8

(3) 気体は，同温・同圧では，同体積中に同数の分子を含むから，気体の密度の比は分子量の比と等しくなる。空気より軽い(密度が小さい)気体の分子量は空気の平均分子量の 28.8 より小さく，空気より重い(密度が大きい)気体の分子量は空気の平均分子量の 28.8 より大きい。

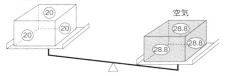

(ア)〜(エ)の各気体の分子量は次の通りである。
(ア)　NH₃＝14＋1.0×3＝17
(イ)　C₃H₈＝12×3＋1.0×8＝44
(ウ)　NO₂＝14＋16×2＝46

(エ) $CH_4 = 12 + 1.0 \times 4 = 16$

解答 (1) **4 : 1** (2) **28.8** (3) **(ア), (エ)**

> **参考** ガスもれ警報器
> 都市ガスの主成分のメタンCH_4(分子量16)は，空気(平均分子量28.8)よりも軽いので，もれたガスは部屋の上方に集まる。一方，LPガスの主成分のプロパンC_3H_8(分子量44)は，空気よりも重いので，もれたガスは部屋の下方に集まる。このため，ガスもれ警報器は，都市ガスを使用している場合は部屋の天井近くに，LPガスを使用している場合は，部屋の床近くにとりつけられている。

72 [解説] (1) 気体の密度は，体積1Lあたりの質量で表される。また，気体1molの質量は，分子量に〔g〕をつけたものに等しい。したがって，気体1mol(22.4L)あたりの質量を求め，単位〔g〕をとると，気体の分子量が求まる。

$1.96g/L \times 22.4L ≒ 43.90〔g〕 \Rightarrow 43.9$

(2) アボガドロの法則より，気体は同温・同圧で同体積中に同数の分子を含むから，結局，気体の密度の比は，気体の分子量の比を表すことになる。

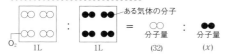

$1 : 2.22 = 32 : x$ ∴ $x ≒ 71.04 ≒ 71.0$

(3) (2)で述べたように，気体の密度の比は気体の分子量の比に等しいから，分子量の大小を比較すればよい。

(a) $CO_2 = 12 + 16 \times 2 = 44$
(b) $CH_4 = 12 + 1.0 \times 4 = 16$
(c) $O_2 = 16 \times 2 = 32$
(d) $HCl = 1.0 + 35.5 = 36.5$

∴ CH_4, O_2, HCl, CO_2の順に密度が大きくなる。

解答 (1) **43.9** (2) **71.0**
(3) CH_4, O_2, HCl, CO_2

73 [解説] (1) $Ca(OH)_2$の式量は$40+(16+1.0)\times 2 = 74$より，そのモル質量は74g/molである。

物質量〔mol〕×モル質量〔g/mol〕=物質の質量〔g〕
より，求める$Ca(OH)_2$の質量は，
$0.20mol \times 74g/mol = 14.8 ≒ 15〔g〕$

(2) 物質量〔mol〕= $\dfrac{物質の質量〔g〕}{モル質量〔g/mol〕}$ より，

求める$Ca(OH)_2$の物質量は，
$\dfrac{37g}{74g/mol} = 0.50〔mol〕$

(3) $Ca(OH)_2$1粒子には，Ca^{2+}1個とOH^-2個が含まれるから，$Ca(OH)_2$1mol中には，Ca^{2+}1molとOH^-2mol，つまり全部で3molのイオンが存在する。$Ca(OH)_2$0.50mol中のイオンの総物質量は，
$0.50mol \times 3 = 1.5〔mol〕$

粒子の数＝物質量〔mol〕×アボガドロ定数〔/mol〕
より，イオンの総数は，
$1.5mol \times 6.0 \times 10^{23}/mol = 9.0 \times 10^{23}$ 個

解答 (1) **15g** (2) **0.50mol** (3) **9.0×10^{23} 個**

> **参考** 有効数字とその計算方法
> ①有効数字とは
> 化学の計算問題に出てくる数字のほとんどは，各種の計量器で求めた測定値である。私たちが，物体の長さや質量を測定する際，普通，最小目盛りの$\dfrac{1}{10}$までを目分量で読みとる。例えば，測定値の52.4mLのうち，末位の4という数は目分量で読みとったため，他の数に比べて多少不確実であるが，3や5とするよりも真の値に近い。
> したがって，測定値の52.4という数は，すべて意味ある数と考えられ，このような，測定値のうちで信頼できる数字を有効数字という。なお，52.4という数は，有効数字3桁である。有効数字の桁数が多くなるほど，その測定値の精度は高くなる。
> ②有効数字の表し方
> 有効数字の桁数をはっきりさせたいときは，$A \times 10^n$の形，つまり，有効数字A($1 \leq A < 10$)と，位どりを表す10^nの積で表すとよい。
> 　120　→　1.20×10^2 (有効数字3桁)
> 　0.012　→　1.2×10^{-2}(有効数字2桁)
> このように，有効数字を考えるときは，数字の0の扱いに注意する。つまり，0.012の0は位どりを示すだけなので有効数字とみなされないが，120のように，末位の0は有効数字とみなされることに留意したい。もし，計算結果が120gと出た場合，問題に「有効数字2桁で答えよ」とあれば，1.2×10^2gと答えなければならない。
> ③加法・減法の計算
> 測定値の加・減算では，四捨五入などにより，有効数字の末位の高い方にそろえてから計算する。
> 　例　$36.54 + 2.8 = 36.5 + 2.8 = 39.3$
> ④乗法・除法の計算
> 有効数字3桁の数と2桁の数のかけ算では，答えの有効数字は，桁数の少ない方の2桁までとなる。一般的に，多くの測定値の乗・除算では，有効数字の桁数の最小のものより1桁多くとって計算し，最後に答を出すときに，四捨五入して，最小の桁に合わせるとよい。
> 　例　$4.26 \times 0.82 ≒ 3.49$　（答）3.5
> 　　　$4.26 \div 0.82 ≒ 5.19$　（答）5.2

⑤有効数字の例外
「水1mol」のように問題に与えられた数値や，「0℃，1気圧」のように確定した数値などは，有効数字1桁と考えずに，1.00…であるとして，これらの数値は，有効数字の考えから除外して計算する。

問題文に有効数字3桁，3桁，2桁，2桁の数値が並んでいる場合，答は最小の桁数の有効数字2桁まで答えればよい。ただし，有効数字の桁数について指示のある問題では，その指示に従って計算しなければならないことはいうまでもない。

74 〔解説〕 モル濃度〔mol/L〕は，溶液1L 中に含まれる溶質の物質量〔mol〕で表される濃度である。モル濃度を求めるには，まず，溶質の物質量を求め，最後に，溶液の体積が1L になるよう換算すれば，モル濃度が求められる。

$$モル濃度〔mol/L〕= \frac{溶質の物質量〔mol〕}{溶液の体積〔L〕}$$

(1) 分子量は $C_6H_{12}O_6 = 180$ より，そのモル質量は180g/mol である。
グルコース9.0g の物質量は，
$$\frac{9.0g}{180g/mol} = 0.050〔mol〕$$
これが水溶液200mL 中に存在するので，
$$モル濃度 = \frac{0.050mol}{0.200L} = 0.25〔mol/L〕$$

(2) **溶質の物質量〔mol〕＝モル濃度〔mol/L〕×溶液の体積〔L〕**より，C〔mol/L〕の水溶液 v〔mL〕中に含まれる溶質の物質量は，
$$C〔mol/L〕× \frac{v}{1000}〔L〕 である。$$
したがって，0.25mol/L の NaOH 水溶液200mL 中に含まれる NaOH の物質量は，
$$0.25mol/L × \frac{200}{1000}L = 0.050〔mol〕$$
NaOH の式量は 40 で，モル質量は 40g/mol。
NaOH 0.050mol の質量は，
$0.050mol × 40g/mol = 2.0〔g〕$ となる。

(3) 0.16mol/L の硫酸水溶液100mL，0.24mol/L の硫酸水溶液300mL に含まれる硫酸の物質量はそれぞれ次のようになる。
$$0.16mol/L × \frac{100}{1000}L = 0.016〔mol〕$$
$$0.24mol/L × \frac{300}{1000}L = 0.072〔mol〕$$
混合後の水溶液の体積は400mL なので，混合水溶液のモル濃度は，次のように求められる。

$$\frac{(0.016 + 0.072)mol}{0.400L} = 0.22〔mol/L〕$$

〔解答〕 (1) **0.25mol/L**
(2) **0.050mol，2.0g**
(3) **0.22mol/L**

75 〔解説〕 (1) 0.200mol/L NaCl 水溶液100mL 中に含まれる NaCl の物質量は，
溶質の物質量＝モル濃度×溶液の体積〔L〕より，
$$0.200mol/L × \frac{100}{1000}L = 0.0200〔mol〕$$
塩化ナトリウムの式量は NaCl = 58.5 より，モル質量は58.5g/mol である。
よって，NaCl 0.0200mol の質量は，
$0.0200mol × 58.5g/mol = 1.17〔g〕$

(2) 天秤で正確に質量をはかり取った NaCl（溶質）を，直接メスフラスコに入れ，水を加えて溶かしてはいけない。まず，別のビーカーにメスフラスコの容量の半分程度の純水を入れ，正確に質量をはかった溶質を加えて完全に溶かす。次に，つくった溶液をすべてメスフラスコに移す。しかし，ビーカーの内壁やガラス棒には少量の溶質が付着しているので，少量の純水で洗い，その洗液もメスフラスコに加える。最後に，ピペットでメスフラスコの標線まで純水を加え，栓をしてよく振り混ぜ，均一な濃度の溶液にすればよい。

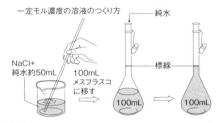
一定モル濃度の溶液のつくり方

〔解答〕 (1) **1.17g** (2) (イ) → (ウ) → (オ) → (ア) → (エ)

76 〔解説〕 正確なモル濃度の水溶液を調製するには，まず適切な量の溶質を純水に溶かし，その溶液をメスフラスコに移す。このとき，ビーカー内を純水で洗い，その洗液もメスフラスコに移す。次に，メスフラスコの標線まで純水を加えて所定の体積にする。
硫酸銅(Ⅱ)五水和物 $CuSO_4·5H_2O$ のような水和水をもつ物質を水に溶かしたときは，硫酸銅(Ⅱ)無水物 $CuSO_4$ が溶質となる。したがって，0.10mol/L の硫酸銅(Ⅱ)水溶液1.0L をつくるには，硫酸銅(Ⅱ)無水物 $CuSO_4$ を $0.10mol/L × 1.0L = 0.10〔mol〕$ 用意する必要がある。

本問では，硫酸銅（Ⅱ）五水和物 $CuSO_4 \cdot 5H_2O$ を用いて，硫酸銅（Ⅱ）水溶液をつくる方法が問われている。

硫酸銅（Ⅱ）五水和物 $CuSO_4 \cdot 5H_2O$ の結晶 1mol 中には，硫酸銅（Ⅱ）無水物 $CuSO_4$ も 1mol 含まれているので，目的の水溶液をつくるには，0.10mol の $CuSO_4$ を用意する代わりに，$CuSO_4 \cdot 5H_2O$ を 0.10mol を使用してもよい。

式量が $CuSO_4 \cdot 5H_2O = 250$ より，モル質量は 250g/mol だから，$CuSO_4 \cdot 5H_2O$ 0.10mol の質量は，0.10mol× 250g/mol ＝25〔g〕

① $CuSO_4 \cdot 5H_2O$ の結晶は，16g ではなく 25g 必要である。〔×〕

② $CuSO_4 \cdot 5H_2O$ の結晶 25g を水 1.0L に溶かしたとき，得られた水溶液の体積は 1.0L ではない（実際には，1.0L よりもわずかに体積は増加する）。したがって，正確な 0.10mol/L $CuSO_4$ 水溶液はつくれない。〔×〕

③ $CuSO_4 \cdot 5H_2O$ の結晶 25g を水に溶かしたのち，全体の体積を 1.0L とすることで，正確な 0.10mol/L $CuSO_4$ 水溶液が得られる。〔○〕

④ 溶質と溶媒の質量の合計を 1000g としても水溶液の密度が必ずしも 1.0g/cm^3 ではないので，1000g の水溶液の体積が 1000mL であるとは限らない。したがって，正確な 0.10mol/L $CuSO_4$ 水溶液はつくれない。〔×〕

解答 ③

77 〔解説〕

質量パーセント濃度とモル濃度の変換のしかた

　質量パーセント濃度は，溶液の質量が決められていないので，いくらで考えても構わないが，**モル濃度**は，溶液の体積が 1L（＝1000cm^3）と決められている。以上より，2つの濃度の相互変換では，いずれも，**溶液 1L あたりで考える**とよい。なお，質量パーセント濃度は溶液の質量が基準となっているが，モル濃度は溶液の体積が基準になっているので，溶液の密度〔g/cm^3〕を使うことも忘れないこと。

(1) **溶液 1L（＝1000cm^3）あたりで考える**と，

溶液の質量 ＝ 1000cm^3×1.20g/cm^3＝1200〔g〕

　NaOH の式量は 40.0 で，そのモル質量は 40.0 g/mol より，

NaOH（溶質）の物質量 ＝ 6.00mol×40.0g/mol＝240〔g〕

∴ 質量パーセント濃度

$$= \frac{溶質}{溶液} \times 100 = \frac{240}{1200} \times 100 = 20.0 〔\%〕$$

(2) **溶液 1L（1000cm^3）あたりで考える**と，

希硫酸の質量 ＝ 1000cm^3×1.14g/cm^3＝1140〔g〕

この中に 20.0% の硫酸（溶質）を含む。

純硫酸の質量 ＝ 1140×0.200＝228〔g〕

また，硫酸の分子量は $H_2SO_4 = 98.0$ で，モル質量は 98.0g/mol だから，

$$硫酸の物質量 = \frac{228g}{98.0g/mol} ≒ 2.326 ≒ 2.33 〔mol〕$$

よって，希硫酸のモル濃度は 2.33mol/L。

解答 (1) **20.0%** (2) **2.33mol/L**

78 〔解説〕

物質を構成する原子の種類と割合を最も簡単な整数比で表した化学式が**組成式**である。組成式を決定するには，構成する原子数の比が必要となるが，結局，各原子の物質量の比を求めればよい。

$$\frac{A の質量〔g〕}{A のモル質量〔g/mol〕} : \frac{B の質量〔g〕}{B のモル質量〔g/mol〕} = x : y$$

とすると，組成式は A_xB_y となる。

(1) この金属原子の原子量を M とおき，金属原子 X と酸素原子 O の物質量の比が 3：4 になればよい。

$$X : O = \frac{4.2}{M} : \frac{5.8 - 4.2}{16} = 3 : 4$$
（原子数の比）

これを解いて，$M = 56$

(2) この化合物の組成式を，A_xB_y とおき，各元素の原子数の比を求めればよい。B の原子量を M_B とおくと，A の原子量は $3.5M_B$ となる。

　また，化合物が 100g あるとすると，元素 A の質量は 70g，元素 B の質量は 30g となる。

$$A : B = \frac{70}{3.5M_B} : \frac{30}{M_B} = x : y$$
（原子数の比）

$$∴ x : y = 2 : 3$$

よって，この化合物の組成式は A_2B_3（ᄀ）となる。

解答 (1) **56** (2) **(ᄀ)**

79 〔解説〕

モル濃度は，溶液 1L 中に溶けている溶質の物質量〔mol〕で表した濃度であり，溶液の体積が 1L と決められているから，質量パーセント濃度とモル濃度を相互に変換するときは，**溶液 1L（＝1000cm^3）あたりで考える**とよい。

　また，溶液の体積と質量を変換するには，溶液の**密度**〔g/cm^3〕が必要であり，溶質の物質量と質量を変換するには，溶質の**モル質量**〔g/mol〕も必要となる。

(1) 濃硫酸 1L（＝1000cm^3）の質量は，密度が 1.84g/cm^3 だから，1.84×10^3g になる。この中に含まれる硫酸の質量は，質量パーセント濃度が 96.0% だから，1.84×10^3×0.960g である。硫酸 H_2SO_4 の分子量が 98.0 なので，そのモル質量は 98.0g/mol である。

$$H_2SO_4 の物質量 = \frac{1.84 \times 10^3 \times 0.960g}{98.0g/mol} ≒ 18.0 〔mol〕$$

よって，濃硫酸のモル濃度は 18.0mol/L。

(2) 溶液を水で希釈しても，溶質である硫酸の物質量は

変化しないから,濃硫酸がx〔mL〕必要であるとすると,

$$18.0 \times \frac{x}{1000} = 3.00 \times \frac{500}{1000}$$

∴ $x ≒ 83.3$〔mL〕

(3) メスシリンダーで計量した濃硫酸は,直接メスフラスコの中で溶かさず,別のビーカーに入れたメスフラスコの容量の半分程度の水(本問では約250mL)に少しずつ加えて溶かす。このときかなりの発熱があるのでしばらく放冷する。やがて,溶液の温度が室温と等しくなったら,つくった溶液および,ビーカーやガラス棒を少量の純水で洗った洗液をすべて500mL用のメスフラスコに入れ,標線まで純水を加え,栓をしてよく振り混ぜる。

[解答] (1) **18.0mol/L** (2) **83.3mL**

(3) ① メスシリンダーで濃硫酸83.3mLをはかる。
② ビーカーに約250mLの純水をとり,①ではかった濃硫酸を少しずつ攪拌(かくはん)しながら加える。
③ 溶液の温度が室温と等しくなったら,②の溶液を500mLのメスフラスコに移す。このとき,ビーカーやガラス棒などを洗った洗液も一緒に加え,さらに標線まで純水を加えて栓をしてよく振り混ぜる。

[参考] **一定モル濃度の溶液のつくり方**

NaClのように,水に溶けても,発熱量や吸熱量の小さい物質ならば,右図のように,メスフラスコの中で直接溶かしても差しつかえない。しかし,NaOH, H₂SO₄, KNO₃ などは,発熱量や吸熱量の大きい物質は,必ず,別の容器で溶かした溶液を室温になるまで放冷したのち,メスフラスコの中にビーカーやガラス棒を少量の純水で洗った洗液も含めて加え,所定体積になるまで純水を加えるという方法をとらなければならない。

溶質 水 メスフラスコ

80 [解説] (1) 物質1molの質量は,原子量,分子量などに単位〔g〕をつけたものである。なお,原子量の基準がもとの2倍になると,他のすべての原子量,分子量も2倍となる。その2倍になった分子量に〔g/mol〕をつけたものが,本問での1molあたりの質量になる。したがって,酸素1molあたりの質量は従来の値の2倍になる。

(2) 1molあたりの質量を12g/molから24g/molに変更しても,¹²C原子1個の質量そのものは変化していないから,本問でのアボガドロ定数は,従来の値の2倍になる。

(3) (1)より,従来のO₂のモル質量は32g/molだが,

本問の基準でのO₂のモル質量は64g/molとなる。
よって,O₂ 32gの物質量は,従来は1molであったが,本問では0.5molになる。

(4) 気体の密度〔g/L〕 = $\frac{気体の質量〔g〕}{気体の体積(標準状態)〔L〕}$ であり,質量,体積は原子量や物質量〔mol〕の基準とは無関係に決められた量なので,密度は変化しない。

(5) アボガドロ定数が2倍になると,標準状態における気体1molの占める体積(**モル体積**)も従来の値の2倍となる。これは,気体1分子が空間で占める体積そのものが変化しないからである。よって,標準状態で気体1.0Lの物質量はもとの$\frac{1}{2}$倍になる。

[参考] **原子量・物質量の基準の変更**

物質量の基準を¹²C=12g/molから¹²C=24g/molに変更すると,

・モル質量〔g/mol〕,アボガドロ定数〔/mol〕,気体のモル体積〔L/mol〕のように,分母にmolの単位をもつ物理量は,もとの2倍になる。

・物質量〔mol〕のように,分子にmolの単位をもつ量は,もとの$\frac{1}{2}$倍になる。

・密度〔g/L〕,分子の質量〔g〕のように,分母・分子のいずれにもmolの単位をもたない物理量は,変化しない。

[解答] (1) **2倍** (2) **2倍** (3) $\frac{1}{2}$**倍**
(4) **変化なし** (5) $\frac{1}{2}$**倍**

81 [解説] 滴下したステアリン酸の物質量にアボガドロ定数をかけると,単分子膜中のステアリン酸分子の数がわかる。そこで,単分子膜中のステアリン酸分子の数を実験で測定できれば,アボガドロ定数を求めることができる。

(1) ステアリン酸の分子量 C₁₇H₃₅COOH = 284 より,そのモル質量は284g/molである。
 溶液100mL中のステアリン酸の物質量は,
$\frac{0.0284}{284}$ mol であるが,実際に滴下したのは0.250mL
だから,滴下したステアリン酸の物質量は,
$\frac{0.0284}{284}$ mol $\times \frac{0.250\text{mL}}{100\text{mL}} = 2.50 \times 10^{-7}$〔mol〕

(2) ステアリン酸(C₁₇H₃₅COOH)は,分子中に**疎水基**(水となじみにくい部分)と**親水基**(水となじみやすい部分)を合わせもつ。ステアリン酸のヘキサン溶液を水面上に滴下すると,ステアリン酸分子は親水基を水中に向け,疎水基を空気中に向けて,水面上に一層に並ぶ性質がある。この状態の膜を**単分子膜**

という。単分子膜の面積 S をステアリン酸 1 分子が水面上で占める面積（断面積）s で割れば，単分子膜を構成するステアリン酸の分子の数が求まる。

$$\text{分子の数} = \frac{340}{2.20 \times 10^{-15}} \fallingdotseq 1.545 \times 10^{17} \fallingdotseq 1.55 \times 10^{17} \text{個}$$

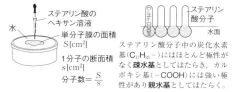

(3) 以上より，2.50×10^{-7} mol のステアリン酸の分子の数が 1.545×10^{17} 個だから，ステアリン酸 1 mol の中に含まれる分子の数，つまり，この実験で求められるアボガドロ定数を N_A〔/mol〕とすると，
$$2.50 \times 10^{-7} \text{mol} \times N_A \text{/mol} = 1.545 \times 10^{17}$$
$$\therefore \ N_A \fallingdotseq 6.18 \times 10^{23} \text{〔/mol〕}$$

解答 (1) 2.50×10^{-7} mol (2) 1.55×10^{17} 個
(3) 6.18×10^{23} /mol

6 化学反応式と量的関係

82 **解説** 化学変化を化学式を用いて表した式を**化学反応式**という。化学反応式においては，左辺と右辺で各原子の数が等しくなるように，それぞれの化学式の前に**係数**をつける必要がある。係数は最も簡単な整数比となるようにする。多くの化学反応式の係数は，以下に説明する**目算法**でつけるとよい。

> ① 最も複雑な（多くの種類の原子を含む）物質の係数を1とおいて，これをもとに他の物質の係数を決める。
> ② 両辺に登場する回数の少ない原子の数から，順に係数を合わせるほうがよい。
> ③ 両辺に登場する回数の多い原子の数は，最後に合わせるほうがよい。
> ④ 分数でもかまわないから，すべての係数を決める。最後に，分数の係数の分母を払い，最も簡単な整数とする。

連立方程式を解いて係数を求める**未定係数法**は，大変時間がかかるので，特別な場合を除いて，なるべく用いないほうがよい。

(1) $AlCl_3$ の係数を1とおくと，Al の係数は1，HCl の係数は3。左辺の H 原子は3個なので，H_2 の係数は $\frac{3}{2}$。全体を2倍して分母を払う。

(2) P_4O_{10} の係数を1とおく。P の係数は4，O_2 の係数は5となる。

(3) C_4H_{10} の係数を1とおくと，CO_2 の係数は4。H_2O の係数は5。右辺の O 原子は13個なので，O_2 の係数は $\frac{13}{2}$。全体を2倍して分母を払う。

(4) Fe_2O_3 の係数を1とおくと，FeS_2 の係数は2。左辺の S 原子は4個なので，SO_2 の係数は4。右辺の O 原子の数は11個なので，O_2 の係数は $\frac{11}{2}$。全体を2倍して分母を払う。

(5) MnO_2 の係数を1とおくと，$MnCl_2$ の係数は1，H_2O の係数は2。右辺の H 原子は4個なので，HCl の係数は4。左辺の Cl 原子は4個である。ただし，$MnCl_2$ には Cl 原子を2個含むので，Cl_2 の係数は1。

解答 (1) 2, 6, 2, 3 (2) 4, 5, 1
(3) 2, 13, 8, 10 (4) 4, 11, 2, 8
(5) 1, 4, 1, 1, 2

83 **解説** 化学反応式を書くには，まず，**反応物**を左辺に，**生成物**を右辺にそれぞれ**化学式**で書き，両辺を ⟶ で結ぶ。問題文にはすべての物質が書かれているとは限らないので十分注意すること。特に，燃焼における酸素，反応で生成する水などは省略されることが多い。また，反応式には，気体発生の記号 ↑ や，

沈殿生成の記号↓などがつけられることがあるが，必ずしも書く必要はない。

(1) エタンの燃焼には，酸素 O_2 が必要である。C_2H_6 の係数を1とおく。CO_2 の係数は2，H_2O の係数は3。右辺のO原子の数は7個なので，O_2 の係数は $\frac{7}{2}$。全体を2倍して分母を払う。

(2) メタノールの燃焼にも，酸素 O_2 が必要である。CH_4O の係数を1とおく。CO_2 の係数は1，H_2O の係数は2。右辺のO原子の数は4個である。ただし，CH_4O にはO原子を1個含むので，あとO原子3個が必要である。O_2 の係数は $\frac{3}{2}$。全体を2倍して分母を払う。

(3) 酸化マンガン(IV) MnO_2 は**触媒**(自身は変化せず化学反応を促進する物質)である。また，過酸化水素水の水は溶媒の水である。いずれもこの反応では変化しないので反応式中には書かない。
　過酸化水素の分解反応では，酸素 O_2 のほかに水 H_2O も生成することに留意する。H_2O_2 の係数を1とおく。H_2O の係数は1，O_2 の係数は $\frac{1}{2}$。全体を2倍して分母を払う。

(4) Al_2O_3 の係数を1とおく。Al の係数は2，O_2 の係数は $\frac{3}{2}$。全体を2倍して分母を払う。

(5) 生成物は炭酸カルシウム $CaCO_3$ のほかに，水 H_2O が省略されていることに注意すること。

(6) NaOH の係数を1とおく。Na の係数は1。O原子の数に注目して，H_2O の係数も1。左辺のH原子の数は2個なので，H_2 の係数は $\frac{1}{2}$。全体を2倍して分母を払う。

解答
(1) $2C_2H_6 + 7O_2 \longrightarrow 4CO_2 + 6H_2O$
(2) $2CH_4O + 3O_2 \longrightarrow 2CO_2 + 4H_2O$
(3) $2H_2O_2 \longrightarrow 2H_2O + O_2$
(4) $4Al + 3O_2 \longrightarrow 2Al_2O_3$
(5) $Ca(OH)_2 + CO_2 \longrightarrow CaCO_3 + H_2O$
(6) $2Na + 2H_2O \longrightarrow 2NaOH + H_2$

84 [解説] 反応に関係したイオンだけで表した反応式を，**イオン反応式**という。イオン反応式も化学反応式と同様に，目算法で係数を決定する。ただし，イオン反応式では両辺の原子の数だけでなく，電荷も等しくなることに留意する。したがって，係数を決定したのち，両辺の電荷の総和が等しくなっているかを確認する必要がある。

(1) 左辺の電荷は+1，右辺の電荷は+2でつり合っていない。電荷を合わせるため，左辺の Ag^+ の係数を2とすると，右辺の Ag の係数は2となる。
　$2Ag^+ + Cu \longrightarrow 2Ag + Cu^{2+}$

(2) 左辺の電荷は+1，右辺の電荷は+3でつり合っていない。電荷を合わせるため，左辺の H^+ の係数を3とすると，右辺の H_2 の係数は $\frac{3}{2}$ となる。全体を2倍して分母を払う。
　$2Al + 6H^+ \longrightarrow 2Al^{3+} + 3H_2$

(3) 左辺の電荷は+5，右辺の電荷は+6でつり合っていない。この反応では，Fe は Fe^{3+} から Fe^{2+} へ電荷が1減少しているのに対して，Sn は Sn^{2+} から Sn^{4+} へ電荷が2増加している。
　(電荷の増加量)＝(電荷の減少量)になるには，Sn^{2+} に対して Fe^{3+} が2倍量必要である。
　$2Fe^{3+} + Sn^{2+} \longrightarrow 2Fe^{2+} + Sn^{4+}$

(4) H_2O_2 の係数を1とおく。H_2O の係数は2，右辺のH原子の数は4個なので，左辺の H^+ の係数は2と決まる。これで原子の数は等しくなったが，まだ電荷はつり合っていない。
　Fe^{2+} と Fe^{3+} の係数を x とおくと，
　$xFe^{2+} + H_2O_2 + 2H^+ \longrightarrow xFe^{3+} + 2H_2O$
　電荷のつり合いより，
　$2x + 2 = 3x$　∴　$x = 2$
　$2Fe^{2+} + H_2O_2 + 2H^+ \longrightarrow 2Fe^{3+} + 2H_2O$

解答 (1) 2, 1, 2, 1　(2) 2, 6, 2, 3
　　　　(3) 2, 1, 2, 1　(4) 2, 1, 2, 2, 2

85 [解説] 化学変化の前後では，物質の質量の総和は変化しない。これを**質量保存の法則**(発見者：ラボアジエ)という。例えば，水素2.0gと酸素16gがちょうど反応して，水18gを生成する。

同一の化合物を構成する成分元素の質量比は常に一定である。これを**定比例の法則**(発見者：プルースト)という。例えば，水素の燃焼で生じた水も，海水の蒸留で得られた水も，成分元素の水素と酸素の質量比は，常に1：8である。

元素A，Bからなる2種類以上の化合物において，一定質量のAと化合するBの質量は，それらの化合物間では，簡単な整数比をなす。これを**倍数比例の法則**(発見者：ドルトン)という。例えば，一酸化炭素と二酸化炭素で比べると，一定質量の炭素(12gとする)と化合している酸素の質量は，16gと32gであるから，その質量比は1：2という整数比をなしている。

気体どうしの反応では，反応に関係する気体の体積比は，同温・同圧では簡単な整数比をなす。これを，**気体反応の法則**(発見者：ゲーリュサック)という。例えば，水素2体積と酸素1体積が反応すると，水蒸気

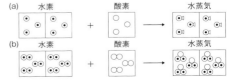

2体積を生じる。同体積中に同数の原子または，複合原子を含むと考えると，図(a)のように，酸素原子を分割しないと実験事実を説明することはできず，これはドルトンの**原子説**と矛盾する。

　ドルトンは，異種の原子は結合して複合原子をつくるが，同種の原子は結合しないと考えていた。しかし，**アボガドロ**は，すべての気体は同種・異種を問わず，いくつかの原子が結合した分子という粒子からできているという**分子説**を提唱した。

　アボガドロの分子説により，水素も酸素も2原子が結合して1分子をつくるとすれば，図(b)のように気体反応の法則とドルトンの原子説とを矛盾なく説明できる。

解答　① 質量保存の法則　② 定比例の法則
　　　③ ドルトン　④ 原子説　⑤ 倍数比例の法則
　　　⑥ 気体反応の法則　⑦ アボガドロ
　　　⑧ 分子説

86　解説　まず，化学反応式を正しく書き，(係数の比)＝(物質量の比)の関係から，反応物と生成物の物質量〔mol〕に関する比例式を立てる。

(1), (2)　$C_3H_8 + 5O_2 \longrightarrow 3CO_2 + 4H_2O$
　　　　　1mol　　5mol　　　3mol　　4mol

　プロパンの分子量 $C_3H_8 = 44$ より，モル質量は 44g/mol である。プロパン 4.4g の物質量は，

$$\frac{4.4g}{44g/mol} = 0.10〔mol〕$$

　$C_3H_8 : CO_2 = 1 : 3$(物質量の比)で反応するので，プロパン 0.10mol から，CO_2 が 0.30mol 生成する。標準状態において，気体 1mol あたりの体積(**モル体積**)は，22.4L/mol より，発生する CO_2 の体積(標準状態)は，

$$0.30mol \times 22.4L/mol = 6.72 \fallingdotseq 6.7〔L〕$$

(3)　$C_3H_8 : H_2O = 1 : 4$(物質量の比)で反応するので，プロパン 0.10mol から，H_2O が 0.40mol 生成する。水の分子量 $H_2O = 18$ より，モル質量は 18g/mol だから，生成する水の質量 ＝ 0.40mol×18g/mol＝7.2〔g〕

(4)　$C_3H_8 : O_2 = 1 : 5$(物質量の比)で反応するから，プロパン 0.10mol を完全燃焼するのに必要な O_2 の物質量は 0.50mol であり，その体積(標準状態)は，
　　　$0.50mol \times 22.4L/mol = 11.2 \fallingdotseq 11〔L〕$

解答　(1)$C_3H_8 + 5O_2 \longrightarrow 3CO_2 + 4H_2O$
　　　(2)**6.7L**　(3)**7.2g**　(4)**11L**

87　解説　(1) 酸化マンガン(Ⅳ)は触媒なので，化学反応式には書かない。

$$2KClO_3 \longrightarrow 2KCl + 3O_2 \uparrow$$
　　　2mol　　　　2mol　　3mol

反応式の係数比より，$KClO_3$ 2mol から O_2 3mol

が発生する。よって，$KClO_3$ 0.20mol から発生する O_2 は 0.30mol である。酸素の分子量は $O_2 = 32$ より，モル質量は 32g/mol である。
　　発生する O_2 の質量＝32g/mol×0.30mol＝9.6〔g〕

(2)　反応式の係数比より，$KClO_3 : O_2 = 2 : 3$(物質量比)で反応するから，O_2 0.60mol を発生させるのに必要な $KClO_3$ の物質量は，

$$0.60 \times \frac{2}{3} mol = 0.40〔mol〕$$

塩素酸カリウムの式量は $KClO_3 = 122.5$ より，モル質量は 122.5g/mol である。必要な $KClO_3$ の質量は，
　　　$0.40mol \times 122.5g/mol = 49〔g〕$

解答　(1)**9.6g**　(2)**49g**

88　解説　このときの反応式は，次の通りである。
$$2CO + O_2 \longrightarrow 2CO_2$$
　　2mol　1mol　　　2mol

気体どうしの反応では，次の関係が成り立つ。
　　　(係数の比)＝(物質量の比)＝(体積の比)

したがって，気体どうしの反応の場合，物質量の代わりに体積の変化量で量的計算を行うことができる。

(1)　CO 5.6L と過不足なく反応する O_2 は 2.8L であり，CO_2 は 5.6L 生成する。

(2)　反応後に残った気体は，未反応の O_2 の 2.8L と生成した CO_2 5.6L である。
　　　2.8＋5.6＝8.4〔L〕

(3)　気体のモル体積(標準状態)は 22.4L/mol より，生成した CO_2 5.6L の物質量は，

$$\frac{5.6L}{22.4L/mol} = 0.25〔mol〕$$

　分子量は $CO_2 = 44$ より，モル質量は 44g/mol。発生した CO_2 の質量は，
　　　$0.25mol \times 44g/mol = 11〔g〕$

解答　(1)**2.8L**　(2)**8.4L**　(3)**11g**

89　解説　メタン CH_4 もプロパン C_3H_8 も炭素と水素からなる化合物なので，完全燃焼させると二酸化炭素 CO_2 と水 H_2O を生じる。
$$CH_4 + 2O_2 \longrightarrow CO_2 + 2H_2O$$
$$C_3H_8 + 5O_2 \longrightarrow 3CO_2 + 4H_2O$$

(1)　混合気体の燃焼によって生じた CO_2 および H_2O(モル質量 18g/mol)の物質量は，発生した CO_2 が 0.56L，生じた H_2O が 0.72g であることから，それぞれ次のようになる。

$$CO_2 : \frac{0.56L}{22.4L/mol} = 2.5 \times 10^{-2}〔mol〕$$

$$H_2O : \frac{0.72g}{18g/mol} = 4.0 \times 10^{-2}〔mol〕$$

混合気体中に含まれるメタンの物質量をx[mol], プロパンの物質量をy[mol]とすると, CO_2およびH_2Oの生成量について, 次式が成立する。
$CO_2 : x + 3y = 2.5 \times 10^{-2}$ ……①
$H_2O : 2x + 4y = 4.0 \times 10^{-2}$ ……②
①, ②から,
$x = 1.0 \times 10^{-2}$[mol]　$y = 5.0 \times 10^{-3}$[mol]
したがって, 混合気体中に含まれるメタンとプロパンの物質量の比は,
メタン：プロパン $= 1.0 \times 10^{-2} : 5.0 \times 10^{-3} = 2 : 1$

(2) 反応式の係数比より, メタンx[mol]の燃焼に必要な酸素の物質量は$2x$[mol], プロパンy[mol]の燃焼に必要な酸素の物質量は$5y$[mol]である。したがって, 混合気体の燃焼で消費された酸素の物質量は$2x + 5y$[mol]となる。
$2x + 5y = 2 \times 1.0 \times 10^{-2} + 5 \times 5.0 \times 10^{-3}$
$= 4.5 \times 10^{-2}$[mol]
したがって, 標準状態での酸素の体積は,
22.4L/mol $\times (4.5 \times 10^{-2})$mol $= 1.008 ≒ 1.0$[L]

[解答] (1) **メタン：プロパン $= 2 : 1$**
(2) **1.0L**

90 [解説] 化学反応式が与えられていない問題では, まず, 化学反応式を正しく書き, (**係数の比**)＝(**物質量の比**)の関係を導くことが必要である。
この反応の化学反応式は, 次式の通りである。
$CaCO_3 + 2HCl \longrightarrow CaCl_2 + CO_2 + H_2O$
　1mol　　2mol　　　1mol　　1mol　1mol

(1) 気体のモル体積は22.4L/mol(標準状態)より, CO_2 2.80Lの物質量は,
$\dfrac{2.80\text{L}}{22.4\text{L/mol}} = 0.125$[mol]

(2) 反応式の係数比より, $CaCO_3$ 1molからCO_2 1molが生成するから, 反応した$CaCO_3$の物質量もCO_2の物質量と同じ0.125molである。炭酸カルシウムの式量は$CaCO_3 = 100$より, モル質量は100g/molである。
よって, 反応した$CaCO_3$の質量は,
0.125mol $\times 100$g/mol $= 12.5$[g]
大理石の純度は, $\dfrac{12.5}{15.0} \times 100 ≒ 83.33 ≒ 83.3$[%]

[解答] (1) **0.125mol**　(2) **83.3%**

91 [解説] 反応物のうち一方だけの量が与えられている場合は, 他方は十分な量があると考えて解く。しかし, 本問のように, 反応物の両方の量が与えられている場合は, 通常, 過不足のある問題と考えてよい。すなわち, 反応物に過不足があるときは, 生成物の

物質量は, 完全に反応する方の反応物の物質量によって決定される。
(1) $Zn + 2HCl \longrightarrow ZnCl_2 + H_2 \uparrow$
　1mol　2mol　　　1mol　　1mol
亜鉛の原子量$Zn = 65.4$より, モル質量は65.4g/mol。
Znの物質量 $= \dfrac{6.54\text{g}}{65.4\text{g/mol}} = 0.100$[mol]
HClの物質量 $= 2.00$mol/L $\times \dfrac{150}{1000}$L $= 0.300$[mol]
$Zn : HCl = 1 : 2$(物質量比)で反応するから, 与えられたZnとHClの物質量を比べると, Znが不足する。したがって, 発生するH_2の物質量は, Znの物質量で決まり, 0.100molとなる。
H_2の体積 $= 0.100$mol $\times 22.4$L/mol $= 2.24$[L]
(2) 残ったHClの物質量は,
$0.300 - (0.100 \times 2) = 0.100$[mol]
このHClと過不足なく反応するZnの物質量は, この半分の0.0500molである。
原子量$Zn = 65.4$より, モル質量は65.4g/mol。
Znの質量 $= 0.0500$mol $\times 65.4$g/mol $= 3.27$[g]

[解答] (1) **2.24L**　(2) **3.27g**

92 [解説] (1) 問題の図から, 次のようなことがわかる。

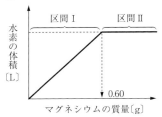

区間Ⅰ：Mgの質量が増加すると, H_2の発生量も増加している(反応物はMgの方が不足している)。
区間Ⅱ：Mgの質量が増加しても, H_2の発生量は一定である(反応物はHClの方が不足している)。
すなわち, グラフの屈曲点がMgとHClが過不足なく(ちょうど)反応した点を示す。

(2) 反応式　$Mg + 2HCl \longrightarrow MgCl_2 + H_2$
反応式の係数比より,
(反応したMgの物質量) ＝ (発生したH_2の物質量)
Mgの原子量は24で, モル質量は24g/molだから, 反応したMgの物質量は,
$\dfrac{0.60\text{g}}{24\text{g/mol}} = 2.5 \times 10^{-2}$[mol]
よって, 発生するH_2の体積(標準状態)は
2.5×10^{-2}mol $\times 22.4$L/mol $= 0.56$[L]

(3) 反応式の係数比より，Mg：HCl＝1：2（物質量比）で反応する。
グラフの屈曲点において，ちょうど反応した Mg $2.5×10^{-2}$ mol に対して，過不足なく反応した HCl の物質量は，

$$2.5×10^{-2} \text{mol}×2＝5.0×10^{-2} \text{[mol]}$$

求める塩酸の濃度を x [mol/L] とおくと，

<u>モル濃度[mol/L]×溶液の体積[L]
　　＝溶質の物質量[mol]</u>　の関係より，

$$x \text{mol/L}×\frac{50}{1000}\text{L}＝5.0×10^{-2} \text{mol}$$

$$∴ \quad x＝1.0 \text{[mol/L]}$$

解答 (1) **0.60g** (2) **0.56L** (3) **1.0mol/L**

93 **解説** 硝酸銀と希塩酸との化学反応式は次式で表される。

$$\underset{\text{1mol}}{\text{AgNO}_3} ＋ \underset{\text{1mol}}{\text{HCl}} ⟶ \underset{\text{1mol}}{\text{AgCl}↓} ＋ \underset{\text{1mol}}{\text{HNO}_3}$$

(1) 本問のように，反応物の量がそれぞれ与えられているときは，過不足のある問題とみてよい。すなわち，各反応物の物質量を比較しなければならない。

AgNO₃：$0.10\text{mol/L}×\frac{50}{1000}\text{L}＝5.0×10^{-3}$ [mol] ⇒ 不足

HCl：$0.15\text{mol/L}×\frac{50}{1000}\text{L}＝7.5×10^{-3}$ [mol] ⇒ 余る

反応物のうち，不足する方の物質量によって，生成物の物質量が決定される。

AgNO₃ の物質量の方が少ないので，AgNO₃ がすべて反応し，生成する AgCl の物質量は，AgNO₃ の物質量と同じ $5.0×10^{-3}$ mol である。

AgCl の式量は143.5より，モル質量は143.5g/mol。生成する AgCl の質量は，

$$5.0×10^{-3}\text{mol}×143.5\text{g/mol}≒0.717≒0.72 \text{[g]}$$

(2) 最初に加えた塩化物イオンの物質量が $7.5×10^{-3}$ mol で，このうち $5.0×10^{-3}$ mol は沈殿したので，残る $2.5×10^{-3}$ mol が混合溶液100mL中に含まれる。
塩化物イオンのモル濃度 [Cl⁻] は，

$$\frac{2.5×10^{-3}\text{mol}}{0.100\text{L}}＝2.5×10^{-2} \text{[mol/L]}$$

解答 (1) **0.72g** (2) **2.5×10⁻²mol/L**

94 **解説** 混合気体の燃焼において，生成物の水蒸気（水）は塩化カルシウム（乾燥剤）に，酸性の気体である二酸化炭素は強塩基のソーダ石灰（CaO＋NaOH の混合物）にそれぞれ吸収させる。それぞれの気体の体積の減少量（または質量の増加量）から，もとの混合気体の体積百分率を知ることができる。混合気体の燃焼装置は次図の通りである。

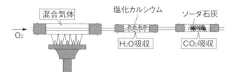

混合気体中のプロパン C_3H_8 の体積を x [mL]，酸素 O_2 の体積を y [mL] とする。

$$C_3H_8 ＋ 5O_2 ⟶ 3CO_2 ＋ 4H_2O \text{(気)}$$

（燃焼前）　x　　　y　　　　0　　　　0　[mL]
（燃焼後）　0　　$(y-5x)$　　$3x$　　　$4x$　[mL]

燃焼で生じた水蒸気は，塩化カルシウムにすべて吸収される。水蒸気が吸収されたあとの気体の体積が45mLである。

燃焼で生じた CO_2 は，ソーダ石灰に吸収され，このときの体積の減少量より，CO_2 の体積は 45－15＝30 [mL] である。

$$3x＝30 \quad ……①$$

最後に残ったのは未反応の O_2 で，15mLであるから，

$$y-5x＝15 \quad ……②$$

①，②より，$x＝10$ [mL]，$y＝65$ [mL]

解答 **プロパン：10mL　酸素：65mL**

95 **解説** (1) <u>気体どうしの反応では，反応式の係数比＝体積比</u>の関係が成り立つから，体積の増減量だけで量的関係を調べることができる。

エタンとプロパンの燃焼の反応式は，

$$\begin{cases} 2C_2H_6 ＋ 7O_2 ⟶ 4CO_2 ＋ 6H_2O \\ \quad 2：7\text{（体積比）} \\ C_3H_8 ＋ 5O_2 ⟶ 3CO_2 ＋ 4H_2O \\ \quad 1：5\text{（体積比）} \end{cases}$$

混合気体中のエタンを x [L]，プロパンを y [L] とする。

$$x＋y＝1.0 \quad ……①$$

反応式の係数比より，燃焼に必要な O_2 の体積は

$$\frac{7}{2}x＋5y＝4.4 \quad ……②$$

①，②より，$x＝0.4$ [L]，$y＝0.6$ [L]
よって，$x：y＝2：3$

(2) 選択肢(ア)〜(ウ)の金属は，水素の発生の際にすべて2価の陽イオンとなるから，この金属の元素記号をMとして，塩酸との反応式を書くと，

$$M ＋ 2HCl ⟶ MCl_2 ＋ H_2$$

すなわち，M 1mol から H_2 1mol が発生する。
この金属の原子量を x とおくと，モル質量は x [g/mol] だから，

$$\underset{\text{(金属Mの物質量)}}{\frac{4.0\text{g}}{x\text{g/mol}}} ＝ \underset{\text{(H}_2\text{の物質量)}}{\frac{1.6\text{L}}{22.4\text{L/mol}}}$$

$$∴ \quad x＝56$$

40　2-6　化学反応式と量的関係

96 ～ 98

したがって，Fe となる。

解答 (1) エタン：プロパン＝**2：3**　　(2)(**ウ**)

96 解説

① 反応式　$Mg + H_2SO_4 \longrightarrow MgSO_4 + H_2$
　　　　　1mol　1mol　　　　　1mol　　1mol

$Mg : H_2SO_4 = 1 : 1$（物質量比）で反応する。

Mg の原子量は 24 より，モル質量は 24g/mol。

$Mg \ 0.12g \ の物質量 = \dfrac{0.12g}{24g/mol} = 0.0050〔mol〕$

　　よって，Mg 0.0050mol と過不足なく反応する H_2SO_4 も 0.0050mol である。

1.0mol/L 希硫酸 20mL 中の硫酸の物質量は，

$1.0 \times \dfrac{20}{1000} = 2.0 \times 10^{-2}〔mol〕$で，Mg の物質量の 4

倍あるので，Mg は全部溶解する。　　〔○〕

② 上記の反応式より，Mg 1mol（24g）から，H_2 1mol が発生する。

　　よって，Mg 0.0050mol から発生する H_2 も 0.0050 mol で，その体積（0℃，1.013×10^5Pa）は，

$0.0050mol \times 22400mL/mol = 112〔mL〕$

　　20℃では，H_2 の体積はやや膨張して 112mL より大きくなる。よって，100mL のメスシリンダーでは体積は正確に測れない。　〔○〕

③ ③の意見文には，純粋な H_2 を集める方法が述べてある。しかし，本問は，発生する H_2 の体積を測定するのが目的である。最初は空気の混じった水素が発生してくる。しかし，実験終了後，ふたまた試験管内に H_2 が満たされているので，体積に関しては，ふたまた試験管内の空気と水素が置換されたことになる。結局，メスシリンダーで測定された気体の体積は，発生した H_2 の体積と等しくなる。　〔×〕

解答 ①**○**　②**○**　③**×**

97 解説

本問のように，2 種類の反応物の両方に量が与えられている場合は，反応物に過不足があると考えて解く必要がある。

このとき，生成物の物質量は完全に反応する（不足する）方の反応物の物質量によって決まる。（重要）

(1) $2H_2 + O_2 \longrightarrow 2H_2O$

水素の分子量 $H_2 = 2.0$ より，モル質量は 2.0g/mol，酸素の分子量 $O_2 = 32$ より，モル質量は 32g/mol。

$H_2 \ の物質量 = \dfrac{0.40g}{2.0g/mol} = 0.200〔mol〕$

$O_2 \ の物質量 = \dfrac{4.0g}{32g/mol} = 0.125〔mol〕$

単に数字だけを比較すると，O_2 の方が少ないが，

$H_2 : O_2 = 2 : 1$（物質量比）で反応することを考慮すると，H_2 0.200mol に対して，O_2 は 0.100mol あれば十分である。よって，不足するのは H_2 の方である。
反応後に残る O_2 の物質量は，

$0.125 - 0.100 = 0.025〔mol〕$

O_2 のモル質量が 32g/mol より，その質量は，

$32g/mol \times 0.025mol = 0.80〔g〕$

(2) 生成する H_2O の物質量は，完全に反応した H_2 の物質量と等しく，0.200mol である。
　　H_2O のモル質量は 18g/mol より，その質量は，

$18g/mol \times 0.200mol = 3.6〔g〕$

解答 (1)**酸素，0.80g**　(2)**3.6g**

98 解説

反応物質（S）と最終生成物（H_2SO_4）の量的関係だけが問われているから，中間生成物（SO_2，SO_3）を省略して考えると，計算が楽になる。このとき，反応物質中の特定の原子（S）に着目して，物質量の変化を調べていくとよい。

(1) 与式に上から順に①，②，③と番号をつける。
中間生成物の SO_2，SO_3 を消去するため，
①×2＋②＋③×2 を計算する。

(2) $S \left[\xrightarrow{O_2} SO_2 \xrightarrow{\frac{1}{2}O_2}_{（途中省略）} SO_3 \xrightarrow{H_2O} \right] H_2SO_4$

　　S 1mol から H_2SO_4 1mol が生成する。S のモル質量は 32g/mol，H_2SO_4 のモル質量は 98g/mol より，生成した 98% 硫酸を x〔kg〕とおくと，

$\underset{（Sの物質量）}{\dfrac{16 \times 10^3}{32}} = \underset{（H_2SO_4の物質量）}{\dfrac{x \times 10^3 \times 0.98}{98}}$　　∴ $x = 50〔kg〕$

(3) (1)の反応式の係数比より，S 2mol からは H_2SO_4 2mol が生成し，そのためには O_2 3mol が必要である。必要な O_2 の物質量は，

$\dfrac{16 \times 10^3}{32} \times \dfrac{3}{2} = 750〔mol〕$

必要な O_2 の体積（標準状態）は，

$750 \times 22.4 ≒ 1.68 \times 10^4 ≒ 1.7 \times 10^4〔L〕$

解答 (1)$2S + 3O_2 + 2H_2O \longrightarrow 2H_2SO_4$
　　　(2)**50kg**　(3)**1.7×10^4L**

99 ~ 102

2-7 酸と塩基　41

7 酸と塩基

99 [解説] 酸の水溶液が示す共通の性質を**酸性**，塩基の水溶液が示す共通の性質を**塩基性**という。なお，水に溶けやすい塩基を**アルカリ**，その水溶液の示す性質を**アルカリ性**ともいう。

酸性	・薄い水溶液は酸味がある。 ・BTB 溶液を黄色に変える。 ・青色リトマス紙を赤色に変える。 ・多くの金属と反応して水素を発生する。 ・塩基性を打ち消す。
塩基性	・薄い水溶液は苦味がある。 ・BTB 溶液を青色に変える。 ・手につけるとぬるぬるする。 ・赤色リトマス紙を青色に変える。 ・フェノールフタレイン溶液を赤色に変える。 ・酸性を打ち消す。

[解答] (1) B　(2) A　(3) A　(4) B　(5) B
　　　 (6) A　(7) A　(8) B

100 [解説] **アレニウス**(スウェーデン)は，1887年，酸・塩基の水溶液が電気伝導性を示すことから，水溶液中では酸・塩基がイオンに電離していると考え，「**酸**とは，水に溶けて水素イオン H^+ を生じる物質，**塩基**とは，水に溶けて水酸化物イオン OH^- を生じる物質である。」と定義した。この定義は，水溶液中での酸・塩基の反応を考えるには便利であったが，水に不溶性の物質や非水溶液中での酸・塩基の反応を説明することはできなかった。そこで**ブレンステッド**(デンマーク)と**ローリー**(イギリス)は，1923 年「**酸**とは相手に水素イオン H^+ を与える物質，**塩基**とは相手から水素イオン H^+ を受け取る物質である。」と定義した。

この定義によると，塩化水素 HCl とアンモニア NH_3 が気体どうしで直接反応し，塩化アンモニウム NH_4Cl の白煙を生じる反応は，次のように酸・塩基の反応として説明できる。

$$\overset{\displaystyle \overset{H^+}{\frown}}{HCl \ + \ NH_3} \longrightarrow NH_4Cl$$

H^+ を与えている HCl が酸，H^+ を受け取っている NH_3 が塩基としてはたらく。

アレニウスの定義による水素イオン H^+ とは，**オキソニウムイオン** H_3O^+ のことであり，ブレンステッド・ローリーの定義による水素イオン H^+ とは，陽子(プロトン)そのものである点が異なる。一般に，H_3O^+ は単に H^+ と略記することが多いので，混同しないよう

にする必要がある。

[解答] ① **水素イオン**　② **水酸化物イオン**
　　　 ③ **水素イオン**　④ **水素イオン**　⑤ **酸**
　　　 ⑥ **塩基**　⑦ **オキソニウム**
　　　 ⑧ **陽子(プロトン)**

101 [解説] (a), (b), (c)　**アレニウスの定義**によると，NH_3 は分子内に OH を含まないが，水と反応して OH^- を生じるので塩基である。一方，H_2O は酸とも塩基とも定義されない中性の物質である。

(d), (e), (f)　**ブレンステッド・ローリーの定義**によると，

$$\overset{\displaystyle \overset{H^+}{\frown}}{NH_3 \ + \ H_2O} \ \rightleftharpoons \ \overset{\displaystyle \overset{H^+}{\frown}}{NH_4^+ \ + \ OH^-}$$
$$\underset{塩基}{\ } \ \ \underset{酸}{\ } \qquad\qquad \underset{酸}{\ } \ \ \underset{塩基}{\ }$$

NH_3，OH^- は H^+ を受け取るので塩基であり，H_2O，NH_4^+ は H^+ を放出するので酸である。

ブレンステッド・ローリーの定義によると，H_2O のように，アレニウスの定義では酸でも塩基でもなかった物質が，酸，塩基のはたらきをすることがわかる。また，酸・塩基のはたらきは相対的なもので，相手次第で，酸としてはたらいたり，塩基としてはたらいたりすることがわかる。

[解答] (c), (e)

> [参考]　$Fe(OH)_3$ のような水に不溶性の水酸化物は，アレニウスの定義では塩基に分類できなかった。しかし，ブレンステッド・ローリーの定義によると，$Fe(OH)_3$ は酸から H^+ を受け取り中和されることから，塩基として分類できるようになった。
> $$Fe(OH)_3 + 3HCl \longrightarrow FeCl_3 + 3H_2O$$

102 [解説] 水溶液中でほぼ完全に電離している酸・塩基を，**強酸・強塩基**という。一方，水溶液中で一部しか電離していない酸・塩基を，**弱酸・弱塩基**という。

強酸	塩酸 HCl　硝酸 HNO_3 硫酸 H_2SO_4
弱酸	酢酸 CH_3COOH 硫化水素 H_2S，炭酸 H_2CO_3 シュウ酸 $(COOH)_2$
強塩基	水酸化ナトリウム NaOH 水酸化カリウム KOH 水酸化カルシウム $Ca(OH)_2$ 水酸化バリウム $Ba(OH)_2$
弱塩基	アンモニア NH_3 水酸化銅(II) $Cu(OH)_2$ 水酸化アルミニウム $Al(OH)_3$ 水酸化鉄(III) $Fe(OH)_3$

42　2-7　酸と塩基

103 〜 104

酸・塩基の強弱は重要であるから，完全に覚えておく必要がある。なお，リン酸 H_3PO_4 は中程度の酸性を示すが，分類上は弱酸である。

解答 (1) 塩酸（塩化水素），A　(2) 硝酸，A
(3) 水酸化カリウム，B　(4) 硫酸，A
(5) 酢酸，a　(6) 水酸化バリウム，B
(7) 水酸化カルシウム，B
(8) アンモニア，b　(9) リン酸，a
(10) シュウ酸，a　(11) 水酸化銅(Ⅱ)，b
(12) 炭酸，a

103 **解説** (1), (3) 酸1分子から放出できる H^+ の数を**酸の価数**という。塩基1分子（1化学式）から放出できる OH^- の数または，塩基1分子が受け取る H^+ の数を**塩基の価数**という。酸や塩基を化学式で正しく書くと，その価数がわかる。ただし，酢酸とアンモニアは注意が必要である。

酢酸 CH_3COOH には4個の H があるが，4価の酸ではない。酸の性質を示すのは，カルボキシ基 -COOH の H だけなので，1価の酸である。

アンモニア NH_3 は OH を含まないが，水と反応すると OH^- 1個を生じるので，1価の塩基である。

$$NH_3 + H_2O \rightleftarrows NH_4{}^+ + OH^-$$

また，NH_3 1分子は H^+ 1個を受け取って $NH_4{}^+$ になるので，1価の塩基であるともいえる。

$$NH_3 + H^+ \longrightarrow NH_4{}^+$$

(2), (4) 酸・塩基の強弱は，水溶液中における酸・塩基の電離する割合（**電離度**：記号 α）の大小で分類する。

$$電離度 \alpha = \frac{電離した酸・塩基の物質量〔mol〕}{溶解した酸・塩基の物質量〔mol〕}$$

水に溶かした酸・塩基が全く電離しないときは電離度は0，完全に電離したときは電離度は1とする。したがって，普通，電離度は，$0 < \alpha \leqq 1$ の値をとる。

・電離度が1に近い酸・塩基を**強酸・強塩基**という。
・電離度が1より著しく小さい酸・塩基を**弱酸・弱塩基**という。

繰り返しになるが，酸・塩基の強弱は重要なので，完全に覚えておくこと。

強酸	塩酸 HCl，硝酸 HNO_3 硫酸 H_2SO_4
強塩基	水酸化ナトリウム　$NaOH$ 水酸化カリウム　KOH 水酸化カルシウム　$Ca(OH)_2$ 水酸化バリウム　$Ba(OH)_2$

これ以外の酸・塩基は，弱酸・弱塩基と考えてよい。

参考　金属イオンと水酸化物イオン OH^- との化合物を**水酸化物**という。水酸化物は代表的な塩基である。水酸化物の塩基性の強弱は，水への溶解性をもとに，次のように分類される。一般には，水に溶けやすい水酸化物は，OH^- を多く放出するので**強塩基**，水に溶けにくい水酸化物は，OH^- をあまり放出しないので**弱塩基**と分類されている。強塩基は，アルカリ金属(Li, Na, K,…)の水酸化物とアルカリ土類金属(Ca, Sr, Ba,…)の水酸化物だけであり，これら以外の金属の水酸化物はすべて弱塩基である。

解答 (1)(ア) HCl，1価　(イ) H_2SO_4，2価
(ウ) HNO_3，1価　(エ) H_2CO_3，2価　(オ) H_3PO_4，3価
(カ) CH_3COOH，1価
(キ) $(COOH)_2$ または $H_2C_2O_4$，2価
(ク) H_2S，2価
(2) (a)…(ア), (イ), (ウ)　(b)…(エ), (オ), (カ), (キ), (ク)
(3)(ケ) $NaOH$，1価　(コ) $Ba(OH)_2$，2価　(サ) NH_3，1価
(シ) $Ca(OH)_2$，2価　(ス) $Al(OH)_3$，3価
(セ) $Cu(OH)_2$，2価
(4) (a)…(ケ), (コ), (シ)　(b)…(サ), (ス), (セ)

104 **解説** 純水は，わずかに電気伝導性を示す。これは水分子の一部が次のように電離しているからである。

$$H_2O \rightleftarrows H^+ + OH^-$$

純水では，水素イオン濃度 $[H^+]$ と水酸化物イオン濃度 $[OH^-]$ は等しく，25℃では，

$$[H^+] = [OH^-] = 1.0 \times 10^{-7}〔mol/L〕である。$$

これより，

$$[H^+] \times [OH^-] = 1.0 \times 10^{-14}(mol/L)^2 = K_w(25℃)$$

の関係が成り立つ。この K_w を**水のイオン積**という。上記の関係は，純水だけでなく酸・塩基の水溶液を含めて，すべての水溶液で成り立つ。例えば，$[H^+]$ が10倍になれば $[OH^-]$ は1/10倍になり，$[OH^-]$ が10倍になれば，$[H^+]$ は1/10倍になる。すなわち，水溶液中では $[H^+]$ と $[OH^-]$ は反比例の関係にある。この関係を使うと，$[H^+]$ と $[OH^-]$ の相互変換が可能となる。したがって，水溶液の酸性・塩基性の程度は，$[H^+]$ だけで表すことができる。

中性では　　$[H^+] = [OH^-] = 1.0 \times 10^{-7}〔mol/L〕$
酸性では　　$[H^+] > 1.0 \times 10^{-7}〔mol/L〕 > [OH^-]$
塩基性では　$[OH^-] > 1.0 \times 10^{-7}〔mol/L〕 > [H^+]$

ここで重要なのは，酸の水溶液であっても，H^+ だけが存在するのではなく，わずかの OH^-（水の電離で生じたもの）が存在することである。塩基についても，同様の関係が成り立つ。

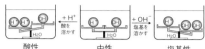

水溶液の酸性や塩基性の強弱は，いずれも水素イオン濃度[H⁺]の大小で比較できるが，[H⁺]は非常に小さな値であり，かつ，広範囲にわたって変化するので，次のように定められた **pH(水素イオン指数)** を用いて酸性・塩基性の強弱が表される。

$$[H^+] = 1.0 \times 10^{-a} \text{mol/L のとき，pH} = a$$

中性の水溶液では，$[H^+] = 1.0 \times 10^{-7}$ mol/L より pH は 7 である。酸性の水溶液は pH が 7 よりも小さく，その値が小さくなるほど酸性は強くなる。一方，塩基性の水溶液は pH が 7 よりも大きく，その値が大きくなるほど塩基性は強くなる。

解答 ① 1.0×10^{-7} ② 1.0×10^{-14} ③ 大き ④ 小さ ⑤ pH ⑥ 小さく ⑦ 大きい

105 **解説** 水溶液中の水素イオン濃度[H⁺]を求め，[H⁺]=1.0×10^{-a}mol/L ⇒ pH=a の関係を用いて pH を計算する。塩基の水溶液の場合，最初に求められるのは水酸化物イオン濃度[OH⁻]であるから，これを**水のイオン積** $K_w = [H^+][OH^-] = 1.0 \times 10^{-14}$(mol/L)² の関係式から[H⁺]に変換した後に，pH を計算するようにする。

(1) **水素イオン濃度[H⁺]=酸の濃度** C **×価数×電離度** α の関係を利用する。
酢酸は1価の弱酸である。C[mol/L]の酢酸の電離度を α とすると，
$[H^+] = C\alpha = 0.10 \times 1 \times 0.010 = 1.0 \times 10^{-3}$[mol/L]
よって，pH = 3.0

(2) **水酸化物イオン濃度[OH⁻]=塩基の濃度** C' **×価数×電離度** α' の関係を利用する。
水酸化ナトリウムは1価の強塩基だから，電離度は1である。
$[OH^-] = 0.010 \times 1 \times 1 = 1.0 \times 10^{-2}$[mol/L]
水のイオン積の公式より，
$[H^+][OH^-] = 1.0 \times 10^{-14}$(mol/L)² = K_w
$[H^+] = \dfrac{K_w}{[OH^-]} = \dfrac{1.0 \times 10^{-14}}{1.0 \times 10^{-2}} = 1.0 \times 10^{-12}$[mol/L]
よって，pH = 12.0

参考 **塩基の水溶液の pH の求め方**
塩基の水溶液の pH を求めるのに，**水酸化物イオン指数 pOH** を用いる方法がある。
$[OH^-] = 1.0 \times 10^{-n}$ のとき，pOH = n
水のイオン積 $[H^+][OH^-] = 1.0 \times 10^{-14}$ より，両辺の常用対数をとり，−1をかけると

$\log_{10}[H^+][OH^-] = \log_{10} 10^{-14}$
$\log_{10}[H^+] + \log_{10}[OH^-] = -14$
$-\log_{10}[H^+] - \log_{10}[OH^-] = 14$
pH + pOH = 14
この関係を知っていると，より簡単に pOH から pH を求めることができる。

(3) 酸・塩基の混合溶液の pH を求めるときは，液性を見極めることが大切である。酸性ならば，[H⁺]を求めるとすぐに pH が求まる。塩基性ならば，[OH⁻]を求め，K_w を使って[H⁺]に直してから pH を求める。
HCl の物質量と NaOH の物質量の比較から，混合溶液は酸性であることがわかる。
残った H⁺ の物質量は，
$0.010 \times \dfrac{55}{1000} - 0.010 \times \dfrac{45}{1000} = 1.0 \times 10^{-4}$[mol]
これが混合溶液 55+45=100[mL]中に含まれるので，モル濃度にするには溶液1L あたりに換算することが必要である。
$[H^+] = \dfrac{1.0 \times 10^{-4} \text{mol}}{0.10 \text{L}} = 1.0 \times 10^{-3}$[mol/L]
よって，pH = 3.0

(4) HCl の物質量と NaOH の物質量の比較から，混合溶液は塩基性であることがわかる。残った OH⁻ の物質量は，
$0.30 \times \dfrac{10}{1000} - 0.10 \times \dfrac{10}{1000} = 2.0 \times 10^{-3}$[mol]
これが混合溶液 10+10=20[mL]中に含まれるので，モル濃度にするには溶液1L あたりに換算することが必要である。
$[OH^-] = \dfrac{2.0 \times 10^{-3} \text{mol}}{0.020 \text{L}} = 1.0 \times 10^{-1}$[mol/L]
$K_w = [H^+][OH^-] = 1.0 \times 10^{-14}$(mol/L)² より，
$[H^+] = \dfrac{1.0 \times 10^{-14}}{1.0 \times 10^{-1}} = 1.0 \times 10^{-13}$[mol/L]
よって，pH = 13.0

(5) 硫酸は2価の強酸で，題意より，完全に電離するので，電離度は1と考える。
$H_2SO_4 \longrightarrow 2H^+ + SO_4^{2-}$
一般に，[H⁺]=(酸の濃度)×(価数)×(電離度)の関係を利用すると，
$[H^+] = \underset{\text{酸の濃度}}{5.0 \times 10^{-3}} \times \underset{\text{価数}}{2} \times \underset{\text{電離度}}{1} = 1.0 \times 10^{-2}$[mol/L]
よって，pH = 2.0

解答 (1) 3.0 (2) 12.0 (3) 3.0 (4) 13.0 (5) 2.0

106 **解説** ① pH が3の塩酸は，
$[H^+] = 1 \times 10^{-3}$[mol/L]

44 2-7 酸と塩基

107 〜 108

これを水で100倍にうすめたので，塩酸の濃度は$\frac{1}{100}$倍になる。また，塩酸は1価の強酸なので，濃度にかかわらず，電離度は1である。

$$\therefore\ [\mathrm{H^+}]=1\times10^{-3}\times\frac{1}{100}\times1=1\times10^{-5}\,[\mathrm{mol/L}]$$

よって，pH＝5

② pHが12の水酸化ナトリウム水溶液は，

$[\mathrm{H^+}]=1\times10^{-12}\,[\mathrm{mol/L}]$

$K_\mathrm{w}=[\mathrm{H^+}][\mathrm{OH^-}]=1\times10^{-14}\,[\mathrm{mol/L}]^2$より，

$[\mathrm{OH^-}]=1\times10^{-2}\,[\mathrm{mol/L}]$

水で100倍にうすめたので，水酸化ナトリウム水溶液の濃度も$\frac{1}{100}$倍になる。また，水酸化ナトリウムは1価の強塩基なので，濃度にかかわらず，電離度は1である。

$$[\mathrm{OH^-}]=1\times10^{-2}\times\frac{1}{100}\times1=1\times10^{-4}\,[\mathrm{mol/L}]$$

$$\therefore\ [\mathrm{H^+}]=\frac{1\times10^{-14}}{1\times10^{-4}}=1\times10^{-10}\,[\mathrm{mol/L}]$$

よって，pH＝10

強酸の水溶液を水でうすめると，濃度が$\frac{1}{10}$になるごとにpHは1ずつ大きくなる。例えば，pH＝2の塩酸を水で10倍にうすめるとpHは3になる。

強塩基の水溶液を水でうすめると，濃度が$\frac{1}{10}$になるごとにpHは1ずつ小さくなる。例えば，pH＝12の水酸化ナトリウム水溶液を水で10倍にうすめると，pHは11になる。

③ 酸を水でうすめる場合，最終的にpHは中性の7に限りなく近づく。しかし，酸をいくら水でうすめても，中性の7を超えて塩基性になることはない。この場合，pHは約7と考えてよい。

（同様に，塩基をいくら水でうすめても，中性の7を超えて酸性になることはない。）

解答 ① **5** ② **10** ③ **7**

107 **解説** (1) 酸1分子から放出しうる$\mathrm{H^+}$の数を**酸の価数**という。塩基1分子（1化学式）から放出しうる$\mathrm{OH^-}$の数を**塩基の価数**という。例えば，2価の酸1分子は，$\mathrm{H^+}$を2個放出することができる。

酸・塩基の強弱は，水溶液中における酸・塩基の電離する程度（**電離度**）の大小で決まる。酸・塩基の価数と酸・塩基の強弱とは全く関係がない。〔×〕

(2) $\mathrm{H_2SO_4}$，$\mathrm{HNO_3}$など酸素原子を含む**オキソ酸**のほかに，HClなどの酸素原子を含まない**水素酸**もある。〔×〕

(3) 塩化水素HClの水溶液を**塩酸**という。水に溶けたHClはすべて電離するので，塩酸は強酸である。

〔○〕

(4) アレニウスの定義によると，$\mathrm{NH_3}$は分子中に$\mathrm{OH^-}$をもたないが，水に溶けるとその一部が次のように反応して$\mathrm{OH^-}$を生じるので，塩基である。〔×〕

$$\mathrm{NH_3+H_2O \rightleftharpoons NH_4^+ + OH^-}$$

(5) ブレンステッド・ローリーの定義によると，水に不溶性の$\mathrm{Fe(OH)_3}$，$\mathrm{Al(OH)_3}$，$\mathrm{Cu(OH)_2}$などの水酸化物も，酸と反応して$\mathrm{H^+}$を受け取り，酸の性質を打ち消すはたらきがあるので**塩基**である。〔×〕

(6) 酢酸$\mathrm{CH_3COOH}$のような有機酸では，分子中には全く電離しないHが多く存在するので，H原子の数が酸の価数とはならない。例えば，$\mathrm{CH_3COOH}$は，1分子中にH原子を4個含むが，$\mathrm{H^+}$を放出することができるのはCOOHの部分のHだけなので，1価の酸である。〔×〕

(7) アルコール$\mathrm{C_2H_5OH}$のように，OHをもつが全く電離しないものは，酸でも塩基でもない。〔×〕

(8) 塩酸は1価の強酸なので，$[\mathrm{H^+}]=0.1\,\mathrm{mol/L}$となり，pHはほぼ1である。硫酸は2価の強酸なので，$[\mathrm{H^+}]$は$0.1\,\mathrm{mol/L}$よりも大きくなり，pHは1よりも小さくなる。〔×〕

参考 水もアルコールもごくわずかに電離し，$\mathrm{H^+}$を生じている。一般に，水の電離度（$\alpha=1.8\times10^{-9}$）よりも電離度の小さいアルコールなどは，中性物質として扱われる。

解答 (3)

108 **解説** (1) 弱酸である酢酸は，水に溶けてもその一部が電離するだけで，大部分は分子の状態にある。このように，電離が完全に進行していない状態を**電離平衡**といい，記号$\rightleftharpoons$で表す。

$C\,[\mathrm{mol/L}]$の酢酸水溶液の電離度がα（$0<\alpha\leqq1$）であったとすると，各溶質の濃度は次の通りである。

$$\begin{array}{ccc}
\mathrm{CH_3COOH} & \rightleftharpoons & \mathrm{CH_3COO^-} + \mathrm{H^+} \quad\cdots\cdots① \\
C(1-\alpha) & & C\alpha \qquad C\alpha\,[\mathrm{mol/L}]
\end{array}$$

電離していない割合　　　　電離した割合

水素イオン濃度$[\mathrm{H^+}]$を10の累乗で表し，その指数だけをとり出し，符号を逆にした数値を，**水素イオン指数pH**という。すなわち，

$[\mathrm{H^+}]=1.0\times10^{-n}\,\mathrm{mol/L}$のとき $\mathrm{pH}=n$

pH＝4とは，$[\mathrm{H^+}]=1.0\times10^{-4}\,[\mathrm{mol/L}]$の水溶液のことである。

①より，$[\mathrm{H^+}]=C\alpha\,[\mathrm{mol/L}]$へ数値を代入して，

$$1.0\times10^{-4}=5.0\times10^{-4}\times\alpha$$

$$\therefore\ \alpha=0.20$$

(2) $\mathrm{M(OH)_2}$の水溶液が電離平衡の状態にあるとき各溶質の濃度は次の通りである。

109 ～ 110

2-7 酸と塩基　45

$$M(OH)_2 \rightleftharpoons M^{2+} + 2OH^-$$

$$(5.0\times10^{-2}-4.0\times10^{-2}) \quad\quad 4.0\times10^{-2} \quad 8.0\times10^{-2}\text{(mol/L)}$$

　　係数比より，OH^- が 8.0×10^{-2}mol/L 生じたということは，$M(OH)_2$ はその半分の 4.0×10^{-2}mol/L 分だけ電離したということである。

　　電離度とは，水に溶解した $M(OH)_2$ のうち，電離した $M(OH)_2$ の割合をいうので，

$$\alpha = \frac{4.0\times10^{-2}}{5.0\times10^{-2}} = 0.80$$

（**注意**）　電離した OH^- で電離度を計算しないこと！

$$\frac{8.0\times10^{-2}}{5.0\times10^{-2}} = 1.6 \text{ となる。}（\alpha \geqq 1 \text{ となり不適}）$$

解答 (1) **0.20**　(2) **0.80**

109 **解説**　強酸は，濃度によらず電離度は 1 と考えてよいが，弱酸は，濃度によって電離度が変化することに注意せよ(問題の図参照)。

(1) 0.010mol/L の酢酸(価数は 1)の電離度は，グラフから 0.05 である。

　　$[H^+] =$ 酸の濃度 C×価数×電離度 α

$$[H^+] = C\alpha = 0.010\times1\times0.05$$
$$= 5.0\times10^{-4}\text{(mol/L)}$$

(2) 0.050mol/L の酢酸の電離度は，グラフから 0.02。

$$[H^+] = C\alpha = 0.050\times0.02$$
$$= 1.0\times10^{-3}\text{(mol/L)}$$

$$[OH^-] = \frac{K_w}{[H^+]} = \frac{1.0\times10^{-14}}{1.0\times10^{-3}}$$
$$= 1.0\times10^{-11}\text{(mol/L)}$$

$$\therefore\ \frac{[H^+]}{[OH^-]} = \frac{1.0\times10^{-3}}{1.0\times10^{-11}}$$
$$= 1.0\times10^{8}\text{(倍)}$$

(3) 0.10mol/L の酢酸の電離度は，グラフから 0.01 である。したがって，

$$[H^+] = C\alpha = 0.10\times0.01 = 1\times10^{-3}\text{(mol/L)}$$

　　0.01mol/L の酢酸の電離度は，グラフから 0.05 である。したがって，

$$[H^+] = C\alpha = 0.01\times0.05 = 5\times10^{-4}\text{(mol/L)}$$

よって，$\dfrac{5\times10^{-4}}{1\times10^{-3}} = \dfrac{1}{2}$

解答 (1) **5.0×10^{-4}mol/L**

　　　(2) **1.0×10^{8} 倍**

　　　(3) **$\dfrac{1}{2}$**

110 **解説**　硫酸は 2 価の強酸であり，その電離は 2 段階で進行する。

$$H_2SO_4 \longrightarrow HSO_4^- + H^+ \quad (第一電離)$$
$$HSO_4^- \rightleftharpoons SO_4^{2-} + H^+ \quad (第二電離)$$

C(mol/L)の硫酸水溶液について，まず 1 段階目は

完全に電離するので，その変化は濃度 C を用いて次のように表される。

$$H_2SO_4 \longrightarrow HSO_4^- + H^+$$

電離前	C	0	0	(mol/L)
電離後	0	C	C	(mol/L)

2 段階目の電離度が α_2 なので，HSO_4^- の第二電離の電離平衡は次のように表される。

$$HSO_4^- \rightleftharpoons SO_4^{2-} + H^+$$

電離前	C	0	C	(mol/L)
変化量	$-C\alpha_2$	$+C\alpha_2$	$+C\alpha_2$	(mol/L)
電離後	$C(1-\alpha_2)$	$C\alpha_2$	$C+C\alpha_2$	(mol/L)

したがって，$[H^+] = C(1+\alpha_2)$(mol/L)となる。

2 価以上の酸を**多価の酸**といい，段階的に電離が起こる。

　一般に，多段階の電離が起こる場合，1 段階目の電離(第一電離)の電離度が最も大きく，2 段階目の電離(第二電離)以降はかなり小さくなる。

解答 **④**

> **参考**　**リン酸 H_3PO_4 の段階的電離について**
>
> $$H_3PO_4 \rightleftharpoons H^+ + H_2PO_4^- \quad (第一電離)$$
> $$H_2PO_4^- \rightleftharpoons H^+ + HPO_4^{2-} \quad (第二電離)$$
> $$HPO_4^{2-} \rightleftharpoons H^+ + PO_4^{3-} \quad (第三電離)$$
>
> 　第一電離では，電気的に中性な H_3PO_4 分子からの H^+ の電離である。第二電離では，1 価の陰イオン $H_2PO_4^-$ の負電荷の影響を受けるので，H^+ の電離は抑制されることになる。第三電離では，2 価の陰イオン HPO_4^{2-} の負電荷の影響を強く受けるので，H^+ の電離はさらに抑制されることになる。したがって，リン酸の電離度は，第一電離>第二電離>第三電離の順に小さくなると考えられる。

46   2-8　中和反応と塩

111～112

8 中和反応と塩

111 [解説] 酸と塩基が過不足なく中和した点を**中和点**といい，その条件は次の通りである。

　(酸の出すH⁺の物質量)＝(塩基の出すOH⁻の物質量)
または，

　(価数×酸の物質量)＝(価数×塩基の物質量)

したがって，価数が同じ塩酸 HCl と酢酸 CH₃COOH では，中和に必要な塩基の量は等しいが，2価の硫酸 H₂SO₄ では，中和に2倍量の塩基を必要とする。

酸・塩基がともに水溶液の場合は，

　(酸の価数×酸のモル濃度×体積(L))
　　　　　＝(塩基の価数×塩基のモル濃度×体積(L))

例えば，濃度 C(mol/L)，体積 v(mL)の a 価の酸と，濃度 C'(mol/L)，体積 v'(mL)の b 価の塩基がちょうど中和する条件は，

$$a \times C \times \frac{v}{1000} = b \times C' \times \frac{v'}{1000}$$

　　　　　または，$a \times C \times v = b \times C' \times v'$

重要なことは，中和の量的関係には，酸・塩基の強弱は全く影響しないことである。なぜなら，弱酸・弱塩基は電離度が小さいため，電離している H⁺や OH⁻の量はわずかであるが，中和反応により H⁺や OH⁻が消費されると，弱酸・弱塩基の電離が進み，最終的には最初に存在したすべての弱酸・弱塩基が中和されたとき，中和が終了するからである。

(1) 希硫酸の濃度を x(mol/L)とおくと，H₂SO₄ は 2 価の酸，NaOH は 1 価の塩基だから，

中和の公式 $a \times C \times \dfrac{v}{1000} = b \times C' \times \dfrac{v'}{1000}$ より

$$2 \times x \times \frac{10.0}{1000} = 1 \times 0.500 \times \frac{12.0}{1000}$$

　　∴　$x = 0.300$(mol/L)

(2) 酸の水溶液と塩基(固体)を中和させる場合，

　(酸の価数×酸のモル濃度×酸の体積)
　　　　　＝(塩基の価数×塩基の物質量)

の関係を利用する。

HCl は 1 価の酸，Ca(OH)₂ は 2 価の塩基より，必要な塩基の体積を x(mL)とすると，

$$1 \times 1.0 \times \frac{x}{1000} = 2 \times 0.020$$

　　∴　$x = 40$(mL)

(3) 過剰の酸の水溶液に塩基の試料(気体または固体)を完全に反応させ，残った酸を別の塩基の水溶液でもう一度滴定することを**逆滴定**という。

　通常は，酸・塩基の水溶液を用いて中和滴定が行われるが，酸・塩基のうち一方が気体あるいは固体のときには，逆滴定が行われることが多い。結局，

本問の逆滴定では，1種類の酸に 2 種類の塩基が中和したことになる。

　吸収させたアンモニアの物質量を x(mol)とする。

H₂SO₄ は 2 価の酸，NH₃ と NaOH は 1 価の塩基だから，中和点では，次の関係が成立する。

　(酸の出した H⁺の総物質量)
　　　＝(塩基の出した OH⁻の総物質量)

$$2 \times 0.500 \times \frac{200}{1000} = x + 1 \times 1.00 \times \frac{42.0}{1000}$$

　　∴　$x = 1.58 \times 10^{-1}$(mol)

[解答] (1) **0.300mol/L**　　(2) **40mL**
　　　　(3) **1.58×10^{-1}mol**

112 [解説] (1)，(2)　**ホールピペット**：中央部に膨らみのあるピペット(ゴムなし)で，一定体積の液体をはかりとるために使う器具。

コニカルビーカー：口が細くなったビーカーで，中に入れた液体を振り混ぜてもこぼれにくい中和の反応容器。

メスフラスコ：細長い首をもつ平底フラスコで一定濃度の溶液(**標準溶液**)をつくったり，溶液を正確に希釈するのに使う器具。

ビュレット：コックの付いた細長い目盛り付きのガラス管で，任意の液体の滴下量をはかるために使う器具。

(3)　**ホールピペットやビュレット**は，内部が水でぬれたままで使用すると，中に入れた溶液が薄まってしまうので，これから使用する溶液で器具の内部を数回洗う操作(**共洗い**)をしてから使用する必要がある。

　コニカルビーカーの場合，ここへ一定濃度の溶液を一定体積はかりとって入れる。すなわち，中和反応に関係する酸や塩基の物質量はすでに決まっている。そのため，容器内が純水でぬれていてもこれから行う中和滴定には影響はない。

　また，決まった濃度の溶液を調製するために利用する**メスフラスコ**では，決まった量の溶質をはかり取って加えるので，容器内が純水でぬれていてもさしつかえない。

(4)　コニカルビーカーだけは加熱乾燥してもよいが，これ以外の正確な目盛りが刻んであるビュレットや，標線が刻んであるホールピペットやメスフラスコは，加熱乾燥してはいけない。これは，ガラスは加熱すると膨張し，冷却するとき収縮するが，これを繰り返すと，ガラスが変形して，所定の体積を示さなくなるからである。

参考　**中和滴定(共洗いをしなかった場合)**
　①ホールピペットの内部を純水で洗浄し，その

113 〜 114

まま用いると，ホールピペットに入れた溶液の濃度が小さくなるため，中和滴定の滴定値は真の値より少し小さくなる。

②ビュレットの内部を純水で洗浄し，そのまま用いると，ビュレットに入れた溶液の濃度が小さくなるため，中和滴定の滴定値は真の値より少し大きくなる。

解答 (1) A：**ホールピペット**
B：**コニカルビーカー**
C：**メスフラスコ**
D：**ビュレット**
(2) A：ⓤ　B：ⓔ　C：ⓐ　D：ⓘ
(3) A：ⓒ　B：ⓐ　C：ⓐ　D：ⓒ
(4) **B　理由：ガラス器具に目盛りや標線を刻んでいないから。**

113 **解説** (1) 中和反応における酸・塩基の量的関係を利用して，濃度既知の酸（または塩基）の溶液（**標準溶液**）を用いて，濃度不明の塩基（または酸）の溶液の濃度を求める操作を**中和滴定**という。

(2) 中和点付近では，弱酸性→弱塩基性となり，フェノールフタレインは無色→薄赤色に変化する。

(3) 酢酸は弱酸，水酸化ナトリウムは強塩基なので，生成した塩の酢酸ナトリウム CH_3COONa の水溶液は塩基性を示すため，中和点は塩基性側に偏る。したがって，変色域が酸性側にあるメチルオレンジでは正確な中和点をみつけることはできず，塩基性側に変色域をもつフェノールフタレインを指示薬として用いる必要がある。

(4) 薄める前の食酢中の酢酸の濃度を x〔mol/L〕とすると，酢酸は1価の酸，水酸化ナトリウムも1価の塩基なので，中和の公式より，

$$a \times C \times \frac{v}{1000} = b \times C' \times \frac{v'}{1000}$$

$$1 \times \frac{x}{10} \times \frac{10.0}{1000} = 1 \times 0.100 \times \frac{7.20}{1000}$$

$$\therefore \quad x = 0.720 \text{mol/L}$$

解答 (1) **中和滴定**
(2) **無色→薄赤色**
(3) **弱酸と強塩基の中和滴定では，中和点が塩基性側に偏るから。**
(4) **0.720mol/L**

114 **解説** (1) 酸と塩基の中和反応で，水とともに生成する物質を**塩**という。塩は，塩基由来の陽イオンと酸由来の陰イオンがイオン結合してできた物質である。

塩の化学式中に，酸のHや塩基のOHがいずれ

も残っていないものを**正塩**，酸のHが残っているものを**酸性塩**，塩基のOHが残っているものを**塩基性塩**という。この分類は，塩の組成に基づく形式的なもので，あとで述べる塩の水溶液の性質（液性）とは無関係である。

(a) KCl 塩化カリウム，(d) Na_2CO_3 炭酸ナトリウム，(e) $Ba(NO_3)_2$ 硝酸バリウム，(f) $Al_2(SO_4)_3$ 硫酸アルミニウムには，酸のHも塩基のOHも残っていないので正塩である。(b) $(NH_4)_2SO_4$ 硫酸アンモニウムにはHがあるが，このHは酸に由来しない（塩基に由来する）ので，正塩に分類される。

(c) $MgCl(OH)$ 塩化水酸化マグネシウムには，塩基のOHが残っているので塩基性塩である。

(g) $NaHCO_3$ 炭酸水素ナトリウム，(h) $NaHSO_4$ 硫酸水素ナトリウムには，酸のHが残っているので酸性塩である。

(2) 塩の液性は，その塩がつくるもとになった酸，塩基の強弱によって次のように分類される。

・**強酸と強塩基の正塩**は中性
・**弱酸と強塩基の正塩**は弱塩基性
・**強酸と弱塩基の正塩**は弱酸性
ただし，**強酸と強塩基の酸性塩**は酸性

まず，塩を陽イオンと陰イオンに分ける。次に，その陰イオンに H^+ を加えると酸の化学式に，陽イオンに OH^- を加えると塩基の化学式に戻すことができる。

(a) $KCl \longrightarrow K^+ + Cl^-$
Cl^- に H^+ を加えると，HCl（強酸）
K^+ に OH^- を加えると，KOH（強塩基）
よって，KCl の水溶液は中性。

(b) $(NH_4)_2SO_4 \longrightarrow 2NH_4^+ + SO_4^{2-}$
SO_4^{2-} に $2H^+$ を加えると，H_2SO_4（強酸）
NH_4^+ に OH^- を加えると，NH_3（弱塩基）$+ H_2O$
よって，$(NH_4)_2SO_4$ の水溶液は酸性。

(c) 塩基性塩である。

(d) $Na_2CO_3 \longrightarrow 2Na^+ + CO_3^{2-}$
CO_3^{2-} に $2H^+$ を加えると，H_2CO_3（弱酸）
Na^+ に OH^- を加えると，$NaOH$（強塩基）
よって，Na_2CO_3 の水溶液は塩基性。

(e) $Ba(NO_3)_2 \longrightarrow Ba^{2+} + 2NO_3^-$
NO_3^- に H^+ を加えると，HNO_3（強酸）
Ba^{2+} に $2OH^-$ を加えると，$Ba(OH)_2$（強塩基）
よって，$Ba(NO_3)_2$ の水溶液は中性。

(f) $Al_2(SO_4)_3 \longrightarrow 2Al^{3+} + 3SO_4^{2-}$
SO_4^{2-} に $2H^+$ を加えると，H_2SO_4（強酸）
Al^{3+} に $3OH^-$ を加えると，$Al(OH)_3$（弱塩基）
よって，$Al_2(SO_4)_3$ の水溶液は酸性。

48　2-8　中和反応と塩

(g)　NaHCO$_3$ は，弱酸の炭酸 H$_2$CO$_3$ と強塩基
NaOH から生じた酸性塩である。水溶液中では
NaHCO$_3 \longrightarrow$ Na$^+$＋HCO$_3^-$ のように電離して
HCO$_3^-$ を生じるが，HCO$_3^-$ は弱酸由来のイオン
であるため，さらに電離して H$^+$ を生じることな
く，水と反応(加水分解)して，OH$^-$ を生じるので，
NaHCO$_3$ の水溶液は塩基性を示す。
$$HCO_3^- + H_2O \rightleftarrows H_2CO_3 + OH^-$$
(h)　NaHSO$_4$ は，強酸の硫酸 H$_2$SO$_4$ と強塩基の
NaOH から生じた酸性塩である。水溶液中では，
NaHSO$_4 \longrightarrow$ Na$^+$＋HSO$_4^-$ のように電離して
HSO$_4^-$ を生じるが，HSO$_4^-$ は強酸由来のイオン
であるため，さらに電離して H$^+$ を生じるので，
NaHSO$_4$ の水溶液は酸性を示す。
$$HSO_4^- \longrightarrow H^+ + SO_4^{2-}$$

参考　**炭酸水素ナトリウム NaHCO$_3$ の液性について**
　NaHCO$_3$ は水に溶けると，Na$^+$ と HCO$_3^-$
に電離する。二酸化炭素が水に溶けて生じた炭
酸 H$_2$CO$_3$ は 2 価の酸で，2 段階に電離する。
$$H_2CO_3 \rightleftarrows H^+ + HCO_3^- \quad \cdots\cdots\cdots ①$$
$$HCO_3^- \rightleftarrows H^+ + CO_3^{2-} \quad \cdots\cdots\cdots ②$$
　炭酸は弱酸であるため，①の第一電離は起こ
りにくく，電離平衡はかなり左辺に偏ってい
る。②の第二電離はもっと起こりにくく，ほぼ
無視してよい。したがって，炭酸水素イオン
HCO$_3^-$ は H$^+$ を放出して CO$_3^{2-}$ になるより
も，H$^+$ を受け取って H$_2$CO$_3$ に戻りやすいの
である。すなわち，HCO$_3^-$ は H$_2$O から H$^+$
を受け取る塩基としてのはたらきをするので，
NaHCO$_3$ 水溶液は塩基性を示す。
$$HCO_3^- + H_2O \rightleftarrows H_2CO_3 + OH^-$$
硫酸水素ナトリウム NaHSO$_4$ の液性について
　NaHSO$_4$ は水に溶けると，Na$^+$ と HSO$_4^-$
に電離する。硫酸 H$_2$SO$_4$ は 2 価の酸で，2 段
階に電離する。
$$H_2SO_4 \longrightarrow H^+ + HSO_4^- \quad \cdots\cdots\cdots ③$$
$$HSO_4^- \rightleftarrows H^+ + SO_4^{2-} \quad \cdots\cdots\cdots ④$$
　硫酸は強酸であるため，③の第一電離は起こ
りやすく，電離平衡はほとんど右辺に偏ってい
る。④の第二電離もかなり起こりやすい。した
がって，硫酸水素イオン HSO$_4^-$ は H$^+$ を放
出して SO$_4^{2-}$ になりやすく，逆に，H$^+$ を受け取
って H$_2$SO$_4$ には戻りにくいのである。すなわ
ち，HSO$_4^-$ は H$^+$ を放出する酸としてのはたら
きをするので，NaHSO$_4$ 水溶液は酸性を示す。
Na$_3$PO$_4$，Na$_2$HPO$_4$，NaH$_2$PO$_4$ の液性
　Na$_3$PO$_4$，Na$_2$HPO$_4$，NaH$_2$PO$_4$ のように，
同じ強塩基と弱酸との塩の液性を比較する
と Na$_3$PO$_4$ は塩基性，Na$_2$HPO$_4$ は弱塩基性，
NaH$_2$PO$_4$ は弱酸性を示す。一般に，弱酸と強
塩基からなる酸性塩では H 原子が多くなるほ
ど，塩基性が弱まり，酸性が強まる傾向を示す。

解答　(1)①(a)，(b)，(d)，(e)，(f)
　　　②(g)，(h)　③(c)
(2)(a)…N　(b)…A　(d)…B
(e)…N　(f)…A　(g)…B
(h)…A

115　解説　酢酸ナトリウム(塩)を水に溶かすと，
ほぼ完全に電離する。
$$CH_3COONa \longrightarrow CH_3COO^- + Na^+$$
　このうち，弱酸の陰イオンである CH$_3$COO$^-$ の一
部は，水分子から H$^+$ を受け取り，弱酸の分子である
CH$_3$COOH に戻る。その際，水溶液中には OH$^-$ が残
るので，CH$_3$COONa 水溶液は弱い塩基性を示す。
$$CH_3COO^- + H_2O \rightleftarrows CH_3COOH + OH^-$$
　一方，弱塩基の陽イオンである NH$_4^+$ の一部は，弱
塩基の分子である NH$_3$ に戻る。その際，水分子に H$^+$
を与えて H$_3$O$^+$ を生じるので，水溶液は弱い酸性を示す。
$$NH_4Cl \longrightarrow NH_4^+ + Cl^-$$
$$NH_4^+ + H_2O \rightleftarrows H_3O^+ + NH_3$$
　このような現象を塩の**加水分解**といい，弱酸と強塩
基からなる塩や，強酸と弱塩基からなる塩の水溶液で
みられる。

〔問〕　一般に，化学式中に H も OH も含まない正塩の
　　　水溶液の液性は，その塩を構成する酸・塩基の強弱
　　　から判断できる。
(1)　CH$_3$COOK $\longrightarrow$ CH$_3$COO$^-$ + K$^+$
　　CH$_3$COO$^-$ に H$^+$ を加えると，CH$_3$COOH(弱酸)
　　K$^+$ に OH$^-$ を加えると，KOH(強塩基)
　　よって，CH$_3$COOK の水溶液は塩基性。
(2)　Na$_2$S $\longrightarrow$ 2Na$^+$ + S^{2-}
　　S^{2-} に 2H$^+$ を加えると，H$_2$S(弱酸)
　　Na$^+$ に OH$^-$ を加えると，NaOH(強塩基)
　　よって，Na$_2$S の水溶液は塩基性。
(3)　CuCl$_2$ $\longrightarrow$ Cu^{2+} + 2Cl$^-$
　　Cl$^-$ に H$^+$ を加えると，HCl(強酸)
　　Cu^{2+} に 2OH$^-$ を加えると，Cu(OH)$_2$(弱塩基)
　　よって，CuCl$_2$ の水溶液は酸性。

解答　① CH$_3$COO$^-$　② Na$^+$　③ CH$_3$COOH
④ OH$^-$　⑤ 塩基　⑥ 加水分解
〔問〕(1)塩基性　(2)塩基性　(3)酸性

参考　**pH の測定方法**
　pH メーターは，ガラス電極内外の[H$^+$]の
差に応じて発生した電圧から pH を求める装置
で，小数第 1 位まで正確に pH を測定できる。
　一方，**万能 pH 試験紙**は，複数の pH 指示薬
をろ紙に染み込ませて乾燥させたもので，水溶
液に浸したものと標準変色表を比較すること
で，およその pH を求めることができる。

116 [解説]
中和滴定にともなう反応溶液のpHの変化を表すグラフを**滴定曲線**という。中和滴定に用いた酸・塩基の強弱は, 滴定開始時のpH, 中和点のpH, 滴定終了時のpHの値から判断する。中和滴定において, 中和点の付近では反応溶液のpHが急激に変化する。一般にpHが急激に変化する範囲を**pHジャンプ**といい, 通常, その中点が**中和点**とみなされる。一般に, pHジャンプは中和点の許容範囲としてみなされ, 中和滴定では使用する指示薬の**変色域**(色の変わるpHの範囲)がpHジャンプの範囲に含まれているものを選択しなければならない。

[A]
(a) 滴定開始時のpHが1に近いことから強酸のHClと, 滴定終了時のpHが約10まで達しているだけなので弱塩基のNH₃の組合せ。また, 強酸と弱塩基の中和滴定では, 中和点は酸性側に偏る。
(b) 滴定開始時のpHが3に近いことから弱酸のCH₃COOHと, 滴定終了時のpHが約10まで達しているだけなので弱塩基のNH₃の組合せ。弱酸と弱塩基の中和滴定では, pHジャンプはほとんど見られない。
(c) 滴定開始時のpHが3に近いので弱酸のCH₃COOHと, 滴定終了時のpHが13近くに達しているので強塩基のNaOHの組合せ。弱酸と強塩基の中和滴定では, 中和点は塩基性側に偏る。
(d) 滴定開始時のpHが1に近いので強酸のHClと, 滴定終了時のpHが13近くに達しているので強塩基のNaOHの組合せ。強酸と強塩基の中和滴定では, pHジャンプが非常に広く, 中和点は中性(pH=7)である。

[B]
(a) 中和点が酸性側にあるので, 酸性側に変色域をもつ指示薬のメチルオレンジを用いる。
(b) pHジャンプがほとんどみられず, 適当な指示薬はない(反応溶液の電気伝導度の変化で, 中和点を知る以外に方法はない)。
(c) 中和点が塩基性側にあるので, 塩基性側に変色域をもつ指示薬のフェノールフタレインを用いる。
(d) pHジャンプが非常に広いので, メチルオレンジ, フェノールフタレインのどちらの指示薬も使用できる(通常は, 色の変化が識別しやすいフェノールフタレインを用いることが多い)。

[解答] (a)…(ア), (オ) (b)…(ウ), (ク)
(c)…(イ), (カ) (d)…(エ), (キ)

参考　pH指示薬(酸塩基指示薬)
pHの変化によって変色する色素をpH指示薬(指示薬)という。指示薬がpHの変化によって変色するのは, pHによって分子の構造の一部が変化することによる。また, pHがもとに戻ると, 分子の構造がもとに戻る(可逆的である)ため, 色ももとに戻る。

分子の構造の変化の起こるpHの範囲が指示薬の**変色域**である。メチルオレンジMOの変色域は3.1～4.4, ブロモチモールブルーBTBの変色域は6.0～7.6, フェノールフタレインPPの変色域は8.0～9.8で, いずれも中和滴定の指示薬として用いられる。

一方, リトマスの変色域は4.5～8.3と広く, 変色があまり鋭敏ではないので, 中和滴定の指示薬には用いない。

117 [解説]
(1), (2) ①**メスフラスコ**は一定濃度の溶液(**標準溶液**)をつくる器具。正確にはかった溶質をメスフラスコの容量の約半量の純水で溶かしてから, メスフラスコに移し, 標線に示した所定の体積になるまで純水を加える。シュウ酸の物質量は天秤ですでに決定されているので, 使用前に純水で洗い, ぬれたまま用いてもよい。
②**ホールピペット**は一定体積の溶液をはかりとる器具。
③**コニカルビーカー**の代わりに三角フラスコを用いてもよい。コニカルビーカーでは, これから加える溶液中の酸や塩基の物質量がすでに決定されているので, 使用前に純水でぬれていても差し支えない。
④**ビュレット**は滴下した溶液の体積をはかる器具。

②と④は, いずれも, 溶質の物質量が未決定であるから, 内壁が水でぬれていると溶液の濃度が変わってしまい, 滴定結果に誤差が生じる。したがって, これから使用する溶液で内部を2～3回洗う操作(**共洗い**)が必要となる。

ホールピペットに, これから使用する
溶液を半分ほど入れ, 水平になるように手に持って,
数回, 回転させる。
ホールピペットの共洗い

(3) 弱酸(シュウ酸)と強塩基(水酸化ナトリウム)の中和滴定では, 中和点は生じた塩(シュウ酸ナトリウム)の加水分解により, 弱塩基性を示す。したがって, 塩基性側に変色域をもつ指示薬のフェノールフタレインを使用する必要がある。

(4) シュウ酸二水和物の式量が, (COOH)₂・2H₂O=126より, モル質量は126g/mol。
シュウ酸二水和物3.15gの物質量は,

$$\frac{3.15\text{g}}{126\text{g/mol}} = 0.0250 \text{[mol]}$$

シュウ酸二水和物は, 水に溶けると次式のように

50 2-8 中和反応と塩

無水物(溶質)と水和水(溶媒)に分かれる。

$$(COOH)_2 \cdot 2H_2O \longrightarrow (COOH)_2 + 2H_2O$$
$$\underset{1mol}{} \qquad \underset{1mol}{} \qquad \underset{2mol}{}$$

上式の係数比より，$(COOH)_2 \cdot 2H_2O$ 1mol 中には，$(COOH)_2$ 1mol が含まれる。つまり，シュウ酸二水和物の物質量と，シュウ酸無水物(溶質)の物質量はともに 0.0250mol で等しく，これが溶液 500mL 中に含まれるから，シュウ酸水溶液のモル濃度は，

$$\frac{0.0250mol}{0.500L} = 0.0500 [mol/L]$$

(5) シュウ酸は 2 価の酸，NaOH は 1 価の塩基である。NaOH 水溶液の濃度を $x[mol/L]$ とおくと，中和の公式より，

$$a \times C \times \frac{v}{1000} = b \times C' \times \frac{v'}{1000}$$

$$2 \times 0.0500 \times \frac{20.0}{1000} = 1 \times x \times \frac{19.6}{1000}$$

$$\therefore \quad x \fallingdotseq 0.1020 \fallingdotseq 0.102 [mol/L]$$

(6) NaOH の結晶には空気中の水分を吸収して溶ける性質(**潮解性**)があり，正確な質量をはかりにくい。また，NaOH(強塩基)は空気中の CO_2(酸性酸化物)を吸収して炭酸ナトリウム Na_2CO_3(塩)に変化するので，不純物を含む可能性も高い。また，水溶液をつくって保存していると，次第に濃度が低下してしまう。したがって，使用直前に，シュウ酸の標準溶液などによって中和滴定し，正確な濃度を求めておく必要がある。

(7) 希釈した食酢中の酢酸濃度を $y[mol/L]$ とおくと，中和の公式より，

$$1 \times y \times \frac{20.0}{1000} = 1 \times 0.102 \times \frac{15.0}{1000}$$

$$\therefore \quad y = 0.0765 [mol/L]$$

もとの食酢中の酢酸濃度はこの 10 倍の濃度なので，0.765mol/L である。

質量パーセント濃度とモル濃度の変換は，溶液 1L ($= 1000cm^3$)あたりで考えるとよい。食酢 1L ($= 1000cm^3$)には，CH_3COOH(分子量 60.0)が 0.765mol 含まれるから，質量パーセント濃度は，

$$\frac{溶質の質量}{溶液の質量} \times 100 = \frac{60.0 \times 0.765}{1000 \times 1.02} \times 100 = 4.50 [\%]$$

解答 (1) ① **メスフラスコ，D**
　　　 ② **ホールピペット，C**
　　　 ③ **コニカルビーカー，F**
　　　 ④ **ビュレット，E**
　　 (2) ①〔ア〕 ②〔ウ〕 ③〔ア〕 ④〔ウ〕
　　 (3) **シュウ酸(弱酸)と水酸化ナトリウム(強塩基)の中和滴定では，中和点が塩基性側に偏る。このため，塩基性側に変色域をも**

つ指示薬のフェノールフタレインを用いる必要があるから。

(4) **0.0500mol/L**
(5) **0.102mol/L**
(6) **NaOH には潮解性があり，空気中の二酸化炭素を吸収するので，正確な濃度の水溶液が調製しにくいから。**
(7) **4.50%**

> **参考** ガラス器具の洗い方について(再掲)
> **ホールピペット，ビュレット**…内壁が水でぬれていると溶液がうすまり，正確に体積をはかったとしても，これからはかり取ろうとする溶質の物質量が変化してしまう。したがって，これから使用する溶液で内部を洗ってから使用する。
> **メスフラスコ**…あとから純水を加えるので，正確にはかった溶質を加えさえすれば，内壁が水でぬれていても差し支えない。
> **コニカルビーカー**…反応容器であり，酸と塩基の物質量はホールピペットとビュレットですでに決定されているので，内部が水でぬれていても滴定結果には影響を与えない。

118 〔解説〕 塩酸の濃度を $x[mol/L]$ とすると，中和点での NaOH 水溶液の滴定値が 25mL だから，中和の公式 $a \times C \times \dfrac{v}{1000} = b \times C' \times \dfrac{v'}{1000}$ より，

$$1 \times x \times \frac{50}{1000} = 1 \times 0.20 \times \frac{25}{1000}$$

$$\therefore \quad x = 0.10 [mol/L]$$

塩酸は 1 価の強酸で，電離度は 1 であるから，

$$[H^+] = C\alpha = 0.10 \times 1 = 1.0 \times 10^{-1} [mol/L]$$

　　　よって，pH = 1.0
　点 A の pH は 1.0 である。
　点 B は，強酸と強塩基の中和滴定における中和点で，このとき NaCl 水溶液となり，中性の pH7.0 である。
　中和点 B 以降は，塩基性の水溶液となる。
　混合水溶液に含まれる OH^- の物質量は，中和点以降に加えた NaOH 水溶液の物質量と等しく，点 C において，混合水溶液の体積は $50 + 100 = 150 [mL]$ となる。
　NaOH は 1 価の強塩基で，電離度は 1 であるから，

$$[OH^-] = \left(0.20 \times \frac{75}{1000}\right) \times \frac{1000}{150} = 0.10 [mol/L]$$

$K_w = [H^+][OH^-] = 1.0 \times 10^{-14} (mol/L)^2$ より，

$$[H^+] = \frac{1.0 \times 10^{-14}}{1.0 \times 10^{-1}} = 1.0 \times 10^{-13} [mol/L]$$

　点 C の pH は，$-\log_{10}(1.0 \times 10^{-13}) = 13.0$ を示す。

解答 点 A：**1.0** 点 B：**7.0** 点 C：**13.0**

119 〜 120

2-8 中和反応と塩　51

119 〔解説〕　(1)　下図より CO_2 と中和した $Ba(OH)_2$

加えた $Ba(OH)_2$ の物質量
CO_2 と反応した $Ba(OH)_2$ の物質量
残った $Ba(OH)_2$ の物質量

の物質量は，最初に加えた $Ba(OH)_2$ の全物質量から，中和後に残った $Ba(OH)_2$ の物質量を差し引いたものである。

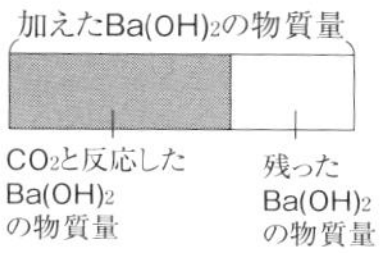

$Ba(OH)_2$ は 2 価の塩基，HCl は 1 価の酸なので，酸と塩基の水溶液を中和させたときの量的関係は，次の関係を利用する。

酸の価数×酸のモル濃度×酸の体積
**　　　　＝塩基の価数×塩基の物質量**

残った $Ba(OH)_2$ の物質量を x〔mol〕とおくと，

$1 \times 0.010 \times \dfrac{8.0}{1000} = 2 \times x \times \dfrac{10.0}{100}$（100mL のうち 10mL だけを滴定に使ったから）

$\therefore \quad x = 4.0 \times 10^{-4}$〔mol〕

はじめに加えた $Ba(OH)_2$ の物質量は，

$0.020 \times \dfrac{100}{1000} = 2.0 \times 10^{-3}$〔mol〕

したがって，CO_2 と反応した $Ba(OH)_2$ の物質量は，

$2.0 \times 10^{-3} - 4.0 \times 10^{-4} = 1.6 \times 10^{-3}$〔mol〕

(2)　水酸化バリウムと二酸化炭素(酸性気体)は，次式のように中和反応を行う。

$Ba(OH)_2 + CO_2 \longrightarrow BaCO_3 \downarrow + H_2O$ ……①

①の係数比より，中和反応した $Ba(OH)_2$ と CO_2 の物質量は等しいから，反応した CO_2 の物質量も 1.6×10^{-3}mol である。その体積(標準状態)を求めると，

1.6×10^{-3}mol $\times 22.4$L/mol $= 0.0358$〔L〕

$\therefore \quad CO_2$ の体積％ : $\dfrac{0.0358}{1.00} \times 100 = 3.58 \fallingdotseq 3.6$〔％〕

〔解答〕　(1) 1.6×10^{-3}mol　(2) **3.6%**

120 〔解説〕　水酸化ナトリウムの固体を空気中に放置すると，まず，空気中の水分を吸収して水溶液となる。この現象を**潮解**という。この $NaOH$ 水溶液は空気中の CO_2(酸性気体)をよく吸収して炭酸ナトリウム Na_2CO_3 となるので，表面が白色を帯びてくる。一般に，水酸化ナトリウムの固体の表面には空気中の CO_2 との中和反応で生じた Na_2CO_3 が少し付着していると考えられる。

(1)，(2)　Na_2CO_3 を含む $NaOH$ 水溶液を塩酸で中和滴定すると，まず，強塩基である $NaOH$ と Na_2CO_3 の両方が中和され，$NaCl$ と $NaHCO_3$ が生成する(**第一中和点**)。

$NaOH + HCl \longrightarrow NaCl + H_2O$ ………………①

$Na_2CO_3 + HCl \longrightarrow NaHCO_3 + NaCl$ ………②

第一中和点は $NaHCO_3$ の加水分解により pH8 程度の弱塩基性になるので，指示薬のフェノールフタレインは赤色→無色になる。

続いて，同じ塩酸で滴定していくと，弱塩基である $NaHCO_3$ が中和され，$NaCl$ と $H_2O + CO_2$ が生成する(**第二中和点**)。

$NaHCO_3 + HCl \longrightarrow NaCl + CO_2 + H_2O$ ………③

第二中和点は生じた $H_2O + CO_2(H_2CO_3$，炭酸) により pH4 程度の弱酸性になるので，指示薬のメチルオレンジは黄色→赤色になる。

(3)　試料溶液 10.0mL 中の $NaOH$ および Na_2CO_3 をそれぞれ x〔mol〕，y〔mol〕とおくと，第一中和点までに，$NaOH$ と Na_2CO_3 の両方が中和される。

$x + y = 0.100 \times \dfrac{18.6}{1000}$ ……Ⓐ

第一中和点から第二中和点までは，$NaHCO_3$ の中和だけが起こるが，②の係数比を比べると，$NaHCO_3$ と Na_2CO_3 の物質量は等しいから，

$y = 0.100 \times \dfrac{3.00}{1000}$ ……Ⓑ

Ⓐ，Ⓑより，

$x = \dfrac{1.56}{1000}$〔mol〕，$y = \dfrac{0.300}{1000}$〔mol〕

モル質量は，$NaOH = 40.0$〔g/mol〕，$Na_2CO_3 = 106$〔g/mol〕より，

もとの水溶液 100mL 中の $NaOH$ の質量は，

$\dfrac{1.56}{1000}$ mol $\times 10 \times 40.0$g/mol $= 0.624$〔g〕

（溶液量を 100mL にするため）

もとの水溶液 100mL 中の Na_2CO_3 の質量は，

$\dfrac{0.300}{1000}$ mol $\times 10 \times 106$g/mol $= 0.318$〔g〕

（溶液量を 100mL にするため）

〔解答〕　(1) ⓐ**赤色→無色**　ⓑ**黄色→赤色**

(2)(ⅰ) $NaOH + HCl \longrightarrow NaCl + H_2O$

$\qquad Na_2CO_3 + HCl \longrightarrow NaHCO_3 + NaCl$

(ⅱ) $NaHCO_3 + HCl \longrightarrow NaCl + CO_2 + H_2O$

(3) $NaOH : $**0.624g**　$Na_2CO_3 : $**0.318g**

参考　**Na_2CO_3 の二段階中和について**

　Na_2CO_3 水溶液と塩酸の滴定曲線を見ると，2 か所で pH が急変し，2 つの中和点が存在する。これは，Na_2CO_3 と HCl の中和反応が連続的に進行するのではなく，次のように二段階で進行することを示す。

$Na_2CO_3 + HCl \longrightarrow NaHCO_3 + NaCl$

$NaHCO_3 + HCl \longrightarrow NaCl + H_2O + CO_2$

すなわち，CO_3^{2-} は HCO_3^- よりも H^+ を受け取る力が強い。つまり，ブレンステッド・ローリーの定義に従うと，CO_3^{2-} は強塩基で，HCO_3^- は弱塩基である。したがって，CO_3^{2-} が H^+ を受け取る中和反応(②式)が先に起こり，その終了を示す点が**第一中和点**である。続いて，

HCO₃⁻ が H⁺ を受け取る中和反応(③式)が起こり，その終了を示す点が**第二中和点**である。

121 [解説] 電解質水溶液の電気伝導度は，温度一定のとき，溶解中のイオンの総濃度と各イオンの移動速度に比例する。

(1) 初め，溶液中には H⁺ と SO₄²⁻ がある。ここへ，Ba(OH)₂(Ba²⁺ および OH⁻)を加えると，Ba²⁺ が SO₄²⁻ と反応して BaSO₄ の沈殿が生じ，H⁺ が OH⁻ と反応して H₂O ができる。このように溶液中のイオンが減少するので，電流値は減少する。中和点以降は，加えた Ba²⁺ および OH⁻ がそのまま溶液中に残るので，電流値が増加する。

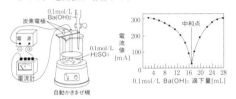

BaSO₄ のように水に不溶性の塩が生じる場合，中和点での電流値はほとんど0に近くなる。

(2) 初め，溶液中には H⁺ と Cl⁻ がある。ここへ水酸化ナトリウム水溶液(Na⁺ および OH⁻)を加えると，H⁺ が OH⁻ と反応して H₂O ができる。このとき，H⁺ は減少するが，Na⁺ が増加するので，イオンの総量は変わらない。したがって，電流値はほぼ一定値を示すはずである。しかし，H⁺ と Na⁺ の水溶液中での移動速度を比べると，H⁺ の方が Na⁺ よりもかなり大きい。すなわち，H⁺ は他の陽イオンに比べて電気伝導度が大きいのである。したがって，中和点に達するまでは，H⁺ が減少することで電流値が減少するが，中和点では NaCl 水溶液となり，電流値は0にはならない。中和点以降は，加えた Na⁺ と OH⁻ が溶液中にそのまま残るので，電流値が増加する。なお，Na⁺ と OH⁻ の水溶液中での移動速度を比べると，OH⁻ の方が Na⁺ よりもかなり大きい。

(3) 初め，酢酸は大部分が酢酸分子のまま溶けているので，電流値は小さい。ここへ水酸化ナトリウム水溶液(Na⁺ および OH⁻)を加えると，酢酸ナトリウムと水が生じる。中和点以前は，酢酸ナトリウムは水溶液中でほぼ完全に電離して CH₃COO⁻ と Na⁺ に分かれるので，電流値はしだいに増加する。中和点以降は，CH₃COO⁻ が生じる代わりに OH⁻ が溶液中に残り，電流値が増加する。しかし，CH₃COO⁻ と OH⁻ の水溶液中での移動速度を比べると，OH⁻ の方が CH₃COO⁻ よりも大きい。すなわち，OH⁻ は他の陰イオンに比べて電気伝導度が大きいのである。したがって，中和点以降は OH⁻ が増加するので，電流値の増加は中和点以前よりも大きくなる。

[解答] (1)…(イ) (2)…(オ) (3)…(エ)

[参考] **水溶液中での H⁺ と OH⁻ の移動速度**
水溶液中での H⁺ と OH⁻ の移動は，他のイオンとは異なり，隣接する水分子との**水素結合**を利用した**電荷移動(H⁺リレー)**の形で行われるため，H⁺ と OH⁻ の移動速度は他のイオンに比べてかなり大きくなる。

H—O⁺—H⋯O—H⋯O—H (⋯は水素結合を示す)
 | | |
 H   H   H

酸性の水溶液中では，H⁺ は H₃O⁺ として存在する。左端の H₃O⁺ から H⁺ が隣の H₂O 分子に移動すると，左端の H₃O⁺ は H₂O に，中央の H₂O は H₃O⁺ になる。これが繰り返されることで，短時間に H₃O⁺ が水中を移動することができる。

O—H⋯O—H⋯O—H⋯O
| | | |
H   H   H   H

塩基性の水溶液中では，OH⁻ が存在する。左端の OH⁻ に隣の H₂O 分子から H⁺ が移動すると，左端の OH⁻ は H₂O に，中央の H₂O は OH⁻ になる。これが繰り返されることで，短時間に OH⁻ が水中を移動することができる。

2-9 酸化還元反応　53

9 酸化還元反応

122 〔解説〕　酸化と還元は，酸素原子，水素原子，電子の授受または，酸化数の増減などで定義される。

　ある物質が酸素原子を受け取ると**酸化された**といい，逆に，酸素原子を失うと**還元された**という（酸化と還元は，「酸化された」というふうに受身的に表現するのが通例である）。一般に，酸素原子を失う物質があれば，必ず，酸素原子を受け取る物質があるので，酸化と還元は常に同時に起こり，一方だけが起こることはない。

　ある物質が水素原子を受け取ると**還元された**といい，逆に，水素原子を失うと**酸化された**という。

　また，ある物質中の原子，イオンが電子を失ったとき，その原子，イオンまたは，その物質は**酸化された**といい，ある物質中の原子，イオンが電子を受け取ったとき，その原子，イオンまたは，その物質は**還元された**という。

　酸化還元反応を理解しやすくするため，原子やイオンがどの程度，酸化されているか，すなわち，原子やイオンの酸化の程度を表す数値が決められた。この数値を**酸化数**という。ある原子が酸化も還元もされていないとき，酸化数は0とする。ある原子が電子をn個失うと，酸化数はnだけ増加し，$+n$となり，電子をn個受け取ると，酸化数はnだけ減少し，$-n$となる。つまり，ある物質中で，着目した原子の酸化数が増加したとき，その原子（または，その原子を含む物質）は**酸化された**という。一方，着目した原子の酸化数が減少したとき，その原子（または，その原子を含む物質）は**還元された**という。

〔解答〕　① **酸化**　② **酸化物**　③ **還元**　④ **還元**
　　　　　⑤ **酸化**　⑥ **酸化**　⑦ **還元**　⑧ **酸化**
　　　　　⑨ **還元**

123 〔解説〕　イオンからなる物質では，電子の授受がはっきりしているが，分子からなる物質では，電子の授受がはっきりしない。そこで，**酸化数**は次のような規則で決められている。酸化数は原子1個あたりの数値で表し，必ず，整数でなければならない。また，$+$，$-$の符号を忘れずにつけること。±1，±2，…のように算用数字の他に，$\pm\mathrm{I}$，$\pm\mathrm{II}$，…のようにローマ数字が使われることもある。

〈酸化数の決め方〉
① **単体中の原子の酸化数はすべて 0 とする。**
② **単原子イオンの酸化数は，イオンの電荷と等しい。**
③ **化合物中の酸素原子の酸化数は-2，水素原子の酸化数は$+1$。** また，アルカリ金属の酸化

数は$+1$とする。
　　ただし，過酸化物（$-\mathrm{O}-\mathrm{O}-$結合を含む化合物）中の酸素原子の酸化数は-1とする。
④ **化合物では，原子の酸化数の総和は 0 とする。**
⑤ **多原子イオンの酸化数の総和は，イオンの電荷と等しい。**

(1)　$\mathrm{O_3}$は単体なので，O原子の酸化数は0。

(2)　化合物では，Hの酸化数は$+1$，Oの酸化数は-2であり，各原子の酸化数の総和は0になる。
　　$\mathrm{H_2S}$のSの酸化数をxとおくと，
　　$(+1)\times2+x=0$　　$x=-2$

(3)　$\mathrm{N_2O_5}$のNの酸化数をxとおくと，
　　$x\times2+(-2)\times5=0$　　$x=+5$

(4)　$\mathrm{MnO_2}$のMnの酸化数をxとおくと，
　　$x+(-2)\times2=0$　　$x=+4$

(5)　単原子イオン$\mathrm{Ca^{2+}}$の酸化数は，イオンの電荷に等しい，$+2$。

(6)　多原子イオンは，原子の酸化数の総和がイオンの電荷に等しい。
　　$\mathrm{SO_4^{2-}}$のSの酸化数をxとおくと，
　　$x+(-2)\times4=-2$　　$x=+6$

(7)　化合物中のアルカリ金属Kの酸化数は常に$+1$であるから，$\mathrm{KMnO_4}$のMnの酸化数をxとおくと，
　　$+1+x+(-2)\times4=0$　　$x=+7$

（別解）　イオンからなる物質は，電離したとして，イオンに分けて考えれば酸化数を求めやすい。
　　$\mathrm{KMnO_4}\longrightarrow\mathrm{K^+}+\mathrm{MnO_4^-}$
　　$\mathrm{MnO_4^-}$のMnの酸化数をxとおくと，
　　$x+(-2)\times4=-1$　　$x=+7$

(8)　$\mathrm{K_2Cr_2O_7}$のCrの酸化数をxとおくと，
　　化合物中のKの酸化数は常に$+1$だから，
　　$(+1)\times2+2x+(-2)\times7=0$　　$x=+6$

（別解）　イオンに分けて考えると，
　　$\mathrm{K_2Cr_2O_7}\longrightarrow2\mathrm{K^+}+\mathrm{Cr_2O_7^{2-}}$
　　$\mathrm{Cr_2O_7^{2-}}$のCrの酸化数をxとおくと，
　　$2x+(-2)\times7=-2$　　$x=+6$

〔解答〕　(1) **0**　　(2) **-2**　　(3) **$+5$**
　　　　　(4) **$+4$**　　(5) **$+2$**　　(6) **$+6$**
　　　　　(7) **$+7$**　　(8) **$+6$**

参考　**酸化数について**
　　酸化還元反応において，イオンからなる物質，分子からなる物質を問わず，着目した物質が酸化されたのか，還元されたのかを区別できるように考案された概念が，**酸化数**である。
　① イオンからなる物質では，単原子イオンはその電荷を酸化数とし，多原子イオンは，酸化数の総和がその電荷と等しいとする。

② 分子からなる物質では，同種の原子が結合した**単体中の原子の酸化数をすべて0**とする。一方，異種の原子が結合した化合物の場合，共有電子対を電気陰性度の大きい原子にすべて所属させたときの，各原子が持つ形式的な電荷をその原子の酸化数とする。このようにして化合物中の原子の酸化数を求めるのは大変面倒である。そこで，通常，化合物中では，基準として**H原子の酸化数を＋1，O原子の酸化数を－2**と決め，それに基づいて他の原子の酸化数を，酸化数の総和が0になるように決める。

酸化還元反応において，原子の酸化数が増加したとき，その原子(または，その原子を含む物質)は酸化された，逆に，原子の酸化数が減少したとき，その原子(または，その原子を含む物質)は還元されたと判断できるので，酸化，還元を区別するのに非常に便利な概念である。

124 [解説] 反応前後の各原子の酸化数を比較し，酸化数が増加した原子および，その原子を含む物質は**酸化された**と判断する。また，酸化数が減少した原子および，その原子を含む物質は**還元された**と判断する。

以上のように，酸化数の変化がみられた反応は**酸化還元反応**であるが，酸化数の変化がみられない反応は酸化還元反応ではない異種の化学反応である。酸・塩基による中和反応や，イオンどうしが反応する沈殿反応などが，問題として登場することが多い。

一般に，化合物から単体，単体から化合物が生成する反応は，酸化還元反応といえる(ただし，(5)は化合物から化合物が生成する反応であるが，例外的に酸化還元反応である)。

各反応での下線部の原子の酸化数の変化は次の通り。

(1) Fe₂O₃ + 3CO ⟶ 2Fe + 3CO₂
    (+3)   (0)

(2) H₂SO₃ + 2NaOH ⟶ Na₂SO₃ + 2H₂O
    (+4)   (+4)
    (この反応は，酸化数が変化していないので，酸化還元反応ではなく，中和反応である。)

(3) MnO₂ + 4HCl ⟶ MnCl₂ + Cl₂ + 2H₂O
    (+4)   (+2)

(4) NH₃ + 2O₂ ⟶ HNO₃ + H₂O
    (−3)   (+5)

(5) SnCl₂ + 2FeCl₃ ⟶ SnCl₄ + 2FeCl₂
    (+2)   (+4)

[解答] (1), +3 → 0 (3), +4 → +2
      (4), −3 → +5 (5), +2 → +4

125 [解説] (ア) ある物質が電子を受け取ると，還元されたといえる。〔○〕
(イ) 酸化還元反応で電子の授受が起これば，それにともなって，酸化数が変化する。〔○〕
(ウ) 相手の物質に電子を与えて，自身が酸化された物質が**還元剤**であり，逆に，相手の物質から電子を奪って，自身が還元された物質が**酸化剤**である。〔×〕
(エ) 原子がとり得る酸化数の範囲は，各原子ごとに決まっている。ある原子がとり得る上限の酸化数を**最高酸化数**，下限の酸化数を**最低酸化数**という。一般に，最高酸化数をとる化合物は，反応によって，酸化数が減少することはあっても増加することはないので，酸化剤としてのみはたらく。一方，最低酸化数をとる化合物は，反応によって，酸化数が増加することはあっても減少することはないので，還元剤としてのみはたらく。

中間段階の酸化数をとる化合物では，反応する相手物質次第で，酸化剤，還元剤のいずれにもはたらくことがある。〔○〕

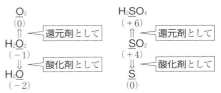

例えば，過酸化水素 H₂O₂ は，ヨウ化カリウム KI と反応するときには酸化剤としてはたらき，過マンガン酸カリウム KMnO₄ と反応するときには還元剤としてはたらく。

二酸化硫黄 SO₂ は，過酸化水素 H₂O₂ と反応するときには還元剤としてはたらき，硫化水素 H₂S と反応するときは酸化剤としてはたらく。

(オ) 例えば，銅と塩素が反応して塩化銅(Ⅱ)が生成する反応は，電子の授受だけをともなう酸化還元反応である。〔×〕

```
          還元
        ┌─────┐
       Cu + Cl₂ ⟶ Cu Cl₂
       (0) (0)    (+2)(−1)
        └─────┘
          酸化
```

(カ) 強い酸化剤とは，より多くの電子を受け取る物質ではなく，電子を取り込む力の強い物質である。

例えば，濃硝酸が酸化剤としてはたらくと，1分子あたり1個の電子を受け取る。

HNO₃ + H⁺ + e⁻ ⟶ NO₂ + H₂O

希硝酸が酸化剤としてはたらくと，1分子あたり3個の電子を受け取る。

HNO₃ + 3H⁺ + 3e⁻ ⟶ NO + 2H₂O

酸化剤として電子を取り込む力は，希硝酸よりも濃硝酸の方が強く，1分子あたりで受け取る電子の

数の多少とは関係がない。〔×〕

(キ) アルカリ金属は容易に電子を放出し，相手を還元する力が高い。よって，強力な還元剤である。〔×〕

(ク) 酸化還元反応では，授受した電子の数は等しいので，

(酸化数の増加量)＝(酸化数の減少量)

の関係は常に成り立つが，(酸化数の増加した原子の数)と(酸化数の減少した原子の数)は必ずしも等しくない。〔×〕

解答 (ア)，(イ)，(エ)

126 **解説** **酸化剤**とは相手の物質を酸化するはたらきをもつ物質で，自身は還元されやすい性質をもつ。一般に，高い酸化数をもつ原子を含む物質といえる。

例 $KMnO_4$，$K_2Cr_2O_7$，HNO_3(熱濃硫酸)，Cl_2

還元剤とは相手を還元するはたらきをもつ物質で，自身は酸化されやすい性質をもつ。一般に，低い酸化数をもつ原子を含む物質といえる。

例 H_2S，$SnCl_2$，$FeSO_4$，$(COOH)_2$ など

中間段階の酸化数をもつ物質は，相手の物質により酸化剤，還元剤いずれにもはたらくことがある。**129** **解説** 参照。

例 H_2O_2，SO_2 など

〔問〕各物質の酸化数の変化を調べると，

(1) $\underset{(0)}{Cl_2} \longrightarrow \underset{(-1)}{2Cl^-}$ (2) $\underset{(+7)}{MnO_4^-} \longrightarrow \underset{(+2)}{Mn^{2+}}$

(3) $\underset{(+3)}{(COOH)_2} \longrightarrow \underset{(+4)}{2CO_2}$ (4) $\underset{(-2)}{H_2S} \longrightarrow \underset{(0)}{S}$

(5) $\underset{(+2)}{Fe^{2+}} \longrightarrow \underset{(+3)}{Fe^{3+}}$ (6) $\underset{(+5)}{HNO_3} \longrightarrow \underset{(+4)}{NO_2}$

酸化数の減少した物質(1)，(2)，(6)が酸化剤である。酸化数の増加した物質(3)，(4)，(5)が還元剤である。

解答 ① 酸化 ② 還元 ③ 酸化剤 ④ 還元
⑤ 酸化 ⑥ 還元剤

〔問〕
(1) O (2) O (3) R (4) R (5) R (6) O

参考 **酸化剤と還元剤について**

$KMnO_4$，$K_2Cr_2O_7$，HNO_3，H_2SO_4 では，
$\underset{(+7)}{\quad}$ $\underset{(+6)}{\quad}$ $\underset{(+5)}{\quad}$ $\underset{(+6)}{\quad}$

下線部の原子はいずれも高い酸化数をもち，相手の物質から電子を奪って低い酸化数をもつ安定な物質に変化するので，酸化剤としてはたらく。一方，Cl_2 の Cl の酸化数は 0 で，さほど高い酸化数とはいえない。しかし，Cl 原子のとり得る酸化数では，Cl^- の酸化数−1 が最も安定である。したがって，Cl_2 は相手の物質から電子を奪って Cl^- に変化しやすく，酸化剤としてはたらくことになる。

$\underset{(-2)}{H_2S}$，$\underset{(+2)}{SnCl_2}$，$\underset{(+2)}{FeSO_4}$，$\underset{(+3)}{(COOH)_2}$

下線部の原子のうち，低い酸化数をもつのは H_2S だけであり，相手の物質に電子を与えて酸化数 0 の単体の S に変化するので，還元剤としてはたらく。

スズイオンには，Sn^{2+} と Sn^{4+} があり，空気中では Sn^{4+} の方が安定である。同様に，鉄イオンにも，Fe^{2+} と Fe^{3+} があり，空気中では Fe^{3+} の方が安定である。したがって，Sn^{2+} は相手の物質に電子を与えて Sn^{4+} に，Fe^{2+} は相手の物質に電子を与えて Fe^{3+} にそれぞれ変化しやすいので，還元剤としてはたらくことになる。

$(COOH)_2$ 中の C 原子の酸化数＋3 は，C 原子のとり得る酸化数の中ではかなり高い。それにも関わらず，シュウ酸はどうして還元剤としてはたらくのだろうか。シュウ酸水溶液を穏やかに加熱すると，分解して CO_2(C の酸化数＋4)に変化しやすい性質がある。このとき，相手の物質に電子を与えることができ，還元剤としてはたらくことになる。

127 **解説** 金属(単体)が水溶液中で電子を放出して，陽イオンになろうとする性質を，**金属のイオン化傾向**という。代表的な金属をイオン化傾向の大きいものから順に並べたものを**イオン化列**という。イオン化傾向の大きい金属ほど酸化されやすく，相手の物質に対する還元力(反応性)が大きいので，より穏やかな反応条件でも反応が進行する。一方，イオン化傾向が小さい金属ほど酸化されにくく，相手の物質に対する還元力(反応性)が小さいので，より激しい反応条件を与えないと反応は進行しない。

イオン化傾向の大きな Li～Na は乾いた空気中でもすみやかに内部まで酸化される。続く Mg～Cu は空気中に放置すると，表面から徐々に酸化され，酸化物の被膜を生じる。イオン化傾向の小さな Ag～Au は空気中に放置しても酸化されない。

イオン化列で Li～Na は常温の水，Mg は熱水，Al ～Fe は高温の水蒸気とそれぞれ反応して H_2 を発生する。Ni～は，水とはいかなる条件でも反応しない。

水素 H_2 よりもイオン化傾向の大きな Li ～ Pb は，塩酸や希硫酸と反応して H_2 を発生する。しかし，水素 H_2 よりもイオン化傾向の小さな Cu～Ag は塩酸や希硫酸とは反応せず，酸化力のある硝酸や熱濃硫酸によって酸化され，溶解する。これらの反応は金属と NO_3^-，SO_4^{2-} との酸化還元反応であるから H_2 は発生せず，希硝酸では NO，濃硝酸では NO_2，熱濃硫酸では SO_2 がそれぞれ発生する。イオン化傾向の特に小さい Pt，Au はきわめて強力な酸化作用をもつ**王水**(濃硝酸：濃塩酸＝1：3)によって酸化され，溶解する。

ただし，Pb は H_2 よりもイオン化傾向が大きいが，塩酸，希硫酸には溶けない。これは，水に不溶性の $PbCl_2$，$PbSO_4$ が金属の表面を覆い，それ以上反応するのを妨げるからである。

128〜129

解答 ①イ ②ウ ③キ ④カ ⑤ク
⑥ア ⑦エ ⑧オ

128 解説 金属が水溶液中で陽イオンとなって溶け出す性質を**金属のイオン化傾向**といい，その大きいものから順に並べたものが**イオン列**である。本問では，イオン列の簡単な表をつくるとわかりやすい。

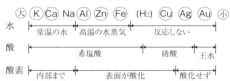

(1) 常温の水と反応するのはイオン化傾向が特に大きい K〜Na ⇒ K, Ca
(2) 希塩酸と反応するのは H_2 よりイオン化傾向大（ただし，K, Ca は題意より除く）⇒ Al, Zn, Fe
(3) 希塩酸と反応しないのは H_2 よりイオン化傾向が小（Au は濃硝酸にも不溶なので除く）⇒ Cu, Ag
(4) 濃硝酸と反応しないのは，イオン化傾向が特に小さい Au，および，**不動態**をつくる Al, Fe ⇒ Au, Al, Fe
 Al, Fe, Ni を濃硝酸に浸すと，表面だけがわずかに反応してち密な酸化物の被膜を生じ，それ以上反応しなくなる。この状態を**不動態**という。
(5) Cu よりイオン化傾向が小のもの ⇒ Ag, Au
(6) 王水にしか溶けないのは，イオン化傾向が特に小さい Pt, Au ⇒ Au

解答 (1) K, Ca (2) Al, Zn, Fe (3) Cu, Ag
 (4) Au, Al, Fe (5) Ag, Au (6) Au

参考 **イオン列の覚え方**
リッチ(に) 貸(そう) か な
Li   K Ca   Na
ま あ あ て に す な
Mg Al Zn Fe Ni Sn Pb
ひ ど す ぎ(る) 借 金
(H_2) Cu Hg Ag Pt Au

129 解説 酸化還元反応は複雑な反応が多く，いきなり酸化還元反応式を作ることは難しい。そこで酸化剤，還元剤のはたらきを示すイオン反応式（**半反応式**）をつくり，それらを組み合わせることによって，酸化還元反応式を作ることができる。

〈酸化還元反応式の作り方〉
① 酸化剤，還元剤のはたらきを示すイオン反応式（**半反応式**）を書く。
② 2つの半反応式を整数倍して電子 e^- の数を合わせてから両式を足し合わせて，1つの**イオン反応**式をつくる。
③ 反応に直接関係せず省略されていたイオンを両辺に補い，**酸化還元反応式**を完成させる。

〈酸化剤・還元剤の半反応式の作り方〉
① 酸化剤(還元剤)を左辺に，生成物を右辺に書く。
② 酸素原子 O の数を，**水 H_2O** で合わせる。
③ 水素原子 H の数を，**水素イオン H^+** で合わせる。
④ 両辺の電荷は，電子 e^- で合わせる。

ⓐ 二酸化硫黄は，水溶液中で硫酸イオンに変化しやすく，通常は**還元剤**として作用する。
  $SO_2 \longrightarrow SO_4^{2-}$
・O 原子の数を合わせるため左辺に $2H_2O$ を足す。
  $SO_2 + 2H_2O \longrightarrow SO_4^{2-}$
・H 原子の数を合わせるため右辺に $4H^+$ を足す。
  $SO_2 + 2H_2O \longrightarrow SO_4^{2-} + 4H^+$
・電荷を合わせるため右辺に $2e^-$ を足す。
  $SO_2 + 2H_2O \longrightarrow SO_4^{2-} + 4H^+ + 2e^-$ ……①
一方，ヨウ素(褐色)は還元されて，ヨウ化物イオン(無色)に変化しやすく，**酸化剤**として作用する。
  $I_2 + 2e^- \longrightarrow 2I^-$ ……②
①+②より $2e^-$ を消去して，イオン反応式にする。
  $SO_2 + 2H_2O + I_2 \longrightarrow SO_4^{2-} + 2I^- + 4H^+$
右辺を整理して，化学反応式にする。
  $SO_2 + 2H_2O + I_2 \longrightarrow H_2SO_4 + 2HI$

ⓑ 二酸化硫黄は，強力な還元剤である硫化水素と反応するときは，**酸化剤**としてはたらき，H_2S の放出した電子を受け取り硫黄の単体(黄白色)になる。
  $SO_2 \longrightarrow S$
・O 原子の数を合わせるため右辺に $2H_2O$ を足す。
  $SO_2 \longrightarrow S + 2H_2O$
・H 原子の数を合わせるため左辺に $4H^+$ を足す。
  $SO_2 + 4H^+ \longrightarrow S + 2H_2O$
・電荷を合わせるため左辺に $4e^-$ を足す。
  $SO_2 + 4H^+ + 4e^- \longrightarrow S + 2H_2O$ …③
一方，硫化水素は**還元剤**としてはたらき，容易に酸化され，硫黄の単体(黄白色)になる。
  $H_2S \longrightarrow S$
・H 原子の数を合わせるため右辺に $2H^+$ を足す。
  $H_2S \longrightarrow S + 2H^+$
・電荷を合わせるため右辺に $2e^-$ を足す。
  $H_2S \longrightarrow S + 2H^+ + 2e^-$ ……④
 ③+④×2 より，$4e^-$ を消去すると，化学反応式となる。
  $SO_2 + 2H_2S \longrightarrow 3S + 2H_2O$

解答 ① 酸化剤 ② 還元剤 ③ 酸化剤
 ⓐ $SO_2 + 2H_2O + I_2 \longrightarrow H_2SO_4 + 2HI$

2-9 酸化還元反応　57

130 ～ 132

（b）$SO_2 + 2H_2S \longrightarrow 3S + 2H_2O$

130 〔解説〕 前問で述べた手順に従って，半反応式，イオン反応式，化学反応式をつくる。

(1) 過酸化水素 H_2O_2 は，過マンガン酸カリウム $KMnO_4$ のような強力な酸化剤に対しては，**還元剤として**はたらく。これは例外的な反応である。通常，H_2O_2 は酸化剤として相手から電子を奪い，水 H_2O になる。

$$H_2O_2 \longrightarrow H_2O$$

・O 原子の数を合わせるため，右辺に H_2O を加える。

$$H_2O_2 \longrightarrow 2H_2O$$

・H 原子の数を合わせるため，左辺に $2H^+$ を加える。

$$H_2O_2 + 2H^+ \longrightarrow 2H_2O$$

・電荷を合わせるため，左辺に $2e^-$ を加える。

$$H_2O_2 + 2H^+ + 2e^- \longrightarrow 2H_2O \ \cdots\cdots①$$

一方，還元剤のヨウ化カリウム KI の I^-（無色）は，酸化されやすく，ヨウ素 I_2（褐色）になる。

$$2I^- \longrightarrow I_2 + 2e^- \cdots\cdots②$$

①＋②より，$2e^-$ を消去すると，イオン反応式になる。

$$H_2O_2 + 2H^+ + 2I^- \longrightarrow I_2 + 2H_2O$$

省略されていたイオン $2K^+$ と SO_4^{2-} を両辺に補うと，化学反応式になる。

$$H_2O_2 + H_2SO_4 + 2KI \longrightarrow I_2 + 2H_2O + K_2SO_4$$

(2) 代表的な酸化剤の $K_2Cr_2O_7$ の $Cr_2O_7^{2-}$（赤橙色）は，酸性条件では，相手から電子を奪い，Cr^{3+}（暗緑色）に変化する。

$$Cr_2O_7^{2-} \longrightarrow Cr^{3+}$$

・Cr 原子の数を合わせるため，右辺に $2Cr^{3+}$ を加える。

$$Cr_2O_7^{2-} \longrightarrow 2Cr^{3+}$$

・O 原子の数を合わせるため，右辺に $7H_2O$ を加える。

$$Cr_2O_7^{2-} \longrightarrow 2Cr^{3+} + 7H_2O$$

・H 原子の数を合わせるため，左辺に $14H^+$ を加える。

$$Cr_2O_7^{2-} + 14H^+ \longrightarrow 2Cr^{3+} + 7H_2O$$

・電荷を合わせるため，左辺に $6e^-$ を加える。

$$Cr_2O_7^{2-} + 14H^+ + 6e^- \longrightarrow 2Cr^{3+} + 7H_2O \cdots①$$

一方，還元剤の硫酸鉄（Ⅱ）$FeSO_4$ の Fe^{2+}（淡緑色）は，酸化されやすく，Fe^{3+}（黄褐色）になる。

$$Fe^{2+} \longrightarrow Fe^{3+} + e^- \cdots\cdots②$$

①＋②×6 より，$6e^-$ を消去すると，イオン反応式になる。

$$Cr_2O_7^{2-} + 6Fe^{2+} + 14H^+ \longrightarrow 2Cr^{3+} + 6Fe^{3+} + 7H_2O$$

省略されていた $2K^+$，$13SO_4^{2-}$ を両辺に補うと，化学反応式になる。

$$K_2Cr_2O_7 + 6FeSO_4 + 7H_2SO_4 \longrightarrow Cr_2(SO_4)_3 + 3Fe_2(SO_4)_3 + 7H_2O + K_2SO_4$$

〔解答〕 **イオン反応式，化学反応式の順に示す。**

(1) $H_2O_2 + 2H^+ + 2I^- \longrightarrow I_2 + 2H_2O$

$H_2O_2 + H_2SO_4 + 2KI \longrightarrow I_2 + 2H_2O + K_2SO_4$

(2) $Cr_2O_7^{2-} + 6Fe^{2+} + 14H^+ \longrightarrow 2Cr^{3+} + 6Fe^{3+} + 7H_2O$

$K_2Cr_2O_7 + 6FeSO_4 + 7H_2SO_4$
$\longrightarrow Cr_2(SO_4)_3 + 3Fe_2(SO_4)_3 + 7H_2O + K_2SO_4$

131 〔解説〕 酸化剤と還元剤を混合すると，電子の授受，つまり酸化還元反応が起こる。いま，酸化剤 A と還元剤 B を混合したとする。酸化剤 A は相手から電子を奪って還元され，別の物質（還元剤 C）となる。一方，還元剤 B は相手に電子を与えて酸化され，別の物質（酸化剤 D）となる。

　　酸化剤 A ＋ 還元剤 B ⇄ 還元剤 C ＋ 酸化剤 D

　左辺と右辺にある酸化剤を比較したとき，左辺の酸化剤 A のはたらき（酸化力）が強ければ，反応は右向きに進む。一方，右辺の酸化剤 D のはたらき（酸化力）が強ければ，反応は左向きに進むことになる。このように，反応の進んだ方向によって酸化剤 A，D の酸化剤としてのはたらきの強さがわかる（還元剤 B，C のはたらきの強さについても同様である）。

(a) $2KI + \boxed{Br_2} \longrightarrow 2KBr + \boxed{I_2}$

　　反応が右へ進んだので，$Br_2 > I_2$　　　……①

(b) $\boxed{I_2} + H_2S \longrightarrow 2HI + \boxed{S}$

　　反応が右へ進んだので，$I_2 > S$　　　……②

(c) $2KBr + \boxed{Cl_2} \longrightarrow 2KCl + \boxed{Br_2}$

　　反応が右へ進んだので，$Cl_2 > Br_2$　……③

①，②，③をまとめて，$Cl_2 > Br_2 > I_2 > S$

参考　**酸化剤のはたらきの強さの判定**

　通常，酸化剤としてはたらく物質 A，B で，ある反応においては，A は酸化剤としてはたらいたが，B は還元剤としてはたらいた場合，酸化剤としてのはたらきの強さは A ＞ B であると判断できる。

例　$2\boxed{KMnO_4} + 5\boxed{H_2O_2} + 3H_2SO_4 \longrightarrow 2MnSO_4 + 5O_2 + 8H_2O + K_2SO_4$

　左辺にある 2 つの物質を比較し，$KMnO_4$ が酸化剤，H_2O_2 が還元剤としてはたらいているので，酸化剤としての強さは，$KMnO_4 > H_2O_2$ となる。

〔解答〕 $Cl_2 > Br_2 > I_2 > S$

132 〔解説〕 (1) 酸化還元反応は，酸性の水溶液中で行われることが多い。このとき，水溶液で効率よく酸性にするには，強酸を加えるのがよい。代表的な強酸のうち，塩酸 HCl は $KMnO_4$（酸化剤）に対して還元剤として作用し，Cl_2 に酸化されてしまう。また，硝酸 HNO_3 は酸化剤として $(COOH)_2$ を酸化してしまうので，いずれも $KMnO_4$，$(COOH)_2$ との酸化還元反応の定量関係を崩し，正確な滴定結果が得られない。

一方，硫酸 H_2SO_4 は水溶液中では酸化剤としても還元剤としても作用しない。したがって，酸化剤と還元剤の量的関係を調べる酸化還元滴定では，希硫酸を用いて水溶液を酸性にする。

(2) シュウ酸は温度を上げると(約70℃)，生成した CO_2 が空気中へ拡散しやすくなり，比較的速やかに酸化還元反応が進行するようになる。

(3) 当量点以前では $MnO_4^- \longrightarrow Mn^{2+}$ の反応によって MnO_4^- の赤紫色がすぐに消えるが，当量点になると，MnO_4^- の色が消えなくなり薄い赤紫色に着色する。このように，**$KMnO_4$ の色の変化を利用した酸化還元滴定**を**過マンガン酸塩滴定**という。

(4) $MnO_4^- + 8H^+ + 5e^- \longrightarrow Mn^{2+} + 4H_2O$ ……①
 $(COOH)_2 \longrightarrow 2CO_2 + 2H^+ + 2e^-$ ……②
①×2+②×5 より，$10e^-$ を消去すると，次のイオン反応式になる。
 $2MnO_4^- + 5(COOH)_2 + 6H^+$
  $\longrightarrow 2Mn^{2+} + 10CO_2 + 8H_2O$
上式に，省略されていた $2K^+$，$3SO_4^{2-}$ を両辺に補うと，解答に示した化学反応式になる。

(5) (4)の反応式の係数比より，$KMnO_4$ と $(COOH)_2$ は，2：5の物質量比で過不足なく反応する。
$KMnO_4$ の濃度を x[mol/L]として，
$$\left(x \times \frac{9.8}{1000}\right):\left(5.0 \times 10^{-2} \times \frac{20}{1000}\right) = 2:5$$
∴ $x \fallingdotseq 4.08 \times 10^{-2} \fallingdotseq 4.1 \times 10^{-2}$[mol/L]

別解 酸化剤・還元剤の半反応式の電子 e^- の係数から，酸化剤と還元剤の量的関係を導くことができる。
$MnO_4^- + 8H^+ + 5e^- \longrightarrow Mn^{2+} + 4H_2O$ ……①
$(COOH)_2 \longrightarrow 2CO_2 + 2H^+ + 2e^-$ ……②
①より，MnO_4^- 1molは e^- 5molを受け取り，②から $(COOH)_2$ 1molは e^- 2molを放出することがわかる。
酸化還元反応の終点では，次の関係が成り立つ。
(酸化剤が受け取る e^- の物質量)
 ＝(還元剤が放出する e^- の物質量)
$$x \times \frac{9.8}{1000} \times 5 = 5.0 \times 10^{-2} \times \frac{20}{1000} \times 2$$
 $x \fallingdotseq 4.08 \times 10^{-2} \fallingdotseq 4.1 \times 10^{-2}$[mol/L]

解答 (1) 塩酸は酸化されやすく，硝酸は酸化作用があるので，酸化還元滴定における酸化剤と還元剤の酸化還元反応の定量関係に狂いが生じるため。
(2) シュウ酸の場合，常温では酸化還元反応がゆっくりとしか進まないので，温度を上げて反応を速めるため。
(3) 無色 → 薄い赤紫色
(4) $2KMnO_4 + 5(COOH)_2 + 3H_2SO_4$
 $\longrightarrow 2MnSO_4 + 10CO_2 + K_2SO_4$

(5) 4.1×10^{-2} mol/L

133 [解説] イオン化列でLi〜Naは常温の水，Mgは熱水，Al〜Feは高温の水蒸気とそれぞれ反応して H_2 を発生する。Ni〜は水とはいかなる条件でも反応しない。
　水素 H_2 よりもイオン化傾向の大きいLi〜Pbは，希塩酸や希硫酸とは反応して H_2 を発生する。ただし，H_2 よりもイオン化傾向の大きいPbは，希塩酸，希硫酸に溶けそうだが，実際は，その表面に不溶性の $PbCl_2$，$PbSO_4$ を生じるため，Pbの溶解はすぐに停止してしまう。水素 H_2 よりもイオン化傾向の小さな Cu〜Ag は希塩酸，希硫酸とは反応せず，酸化力のある硝酸や熱濃硫酸により酸化されて溶解する。これらの反応は金属と NO_3^-，SO_4^{2-} との酸化還元反応であるから，H_2 は発生せず，希硝酸では NO，濃硝酸では NO_2，熱濃硫酸では SO_2 がそれぞれ発生する。Pt，Auは強力な酸化作用をもつ王水にのみ酸化されて溶解する。
　イオン化列から金属の種類を推定する問題では，まず，与えられた金属をイオン化列の順に並べてみるとよい。それぞれに A〜G のどれが当てはまるかを考える方が楽に解ける。
(a) Cはイオン化傾向が最大 ⇒ Na
(b) A，D，Fは水素よりイオン化傾向が(大)
 ⇒ Fe，Sn，Zn
 B，E，Gは水素よりイオン化傾向が(小)
 ⇒ Cu，Ag，Pt
 Eは希硝酸にも溶けず，イオン化傾向が最小 ⇒ Pt
(c) 金属イオンと他の金属との反応では，イオン化傾向の大きいほうがイオンに，イオン化傾向の小さいほうが単体に戻る。よって，B，Gのイオン化傾向は，
 G>B ∴ G ⇒ Cu　B ⇒ Ag
(d) 2種類の金属の接触部分では，図のような小規模な電池(**局部電池**)が形成される。このとき，イオン化傾向の大きい方の金属は単独で存在するよりも一層腐食しやすくなる。

Aが腐食しやすいので，
イオン化傾向は
A > D

Aが腐食しにくいので，
イオン化傾向は
F > A

∴ イオン化傾向は　F > A > D
∴ F ⇒ Zn　A ⇒ Fe　D ⇒ Sn

参考　**トタンとブリキの違い**
　鉄板の表面に，鉄 Fe よりイオン化傾向の小さいスズ Sn をメッキした**ブリキ**では，表面に傷がついて内部が露出すると，内部の鉄はメッキしない鉄よりさびやすくなる。
　一方，鉄板の表面に鉄 Fe よりイオン化傾向の大きい亜鉛 Zn をメッキした**トタン**では，表

2-9 酸化還元反応 59

134 ～ 135

面に傷がついても，亜鉛が先に溶解し，生じた
電子が鉄に供給されるため，内部の鉄はメッキ
しない鉄よりさびにくい。

解答 A：Fe　　B：Ag　　C：Na　　D：Sn
E：Pt　　F：Zn　　G：Cu

134 **解説** (1) 〔実験1〕では，過酸化水素 H_2O_2
は**酸化剤**としてはたらき，還元剤のヨウ化カリウムと
反応してヨウ素 I_2 を生成する。

$$H_2O_2 + 2H^+ + 2e^- \longrightarrow 2H_2O \quad \cdots\cdots①$$
$$2I^- \longrightarrow I_2 + 2e^- \quad \cdots\cdots\cdots\cdots\cdots②$$

①＋②より，$2e^-$ を消去するとイオン反応式になる。

$$H_2O_2 + 2H^+ + 2I^- \longrightarrow 2H_2O + I_2 \quad \cdots\cdots③$$

(2) 〔実験1〕では，まず過剰の KI 水溶液に酸化剤を
加えて I_2 を遊離させ($2I^- \longrightarrow I_2 + 2e^-$)，〔実験2〕で
は，この I_2 をチオ硫酸ナトリウム $Na_2S_2O_3$ で還元し
て($I_2 + 2e^- \longrightarrow 2I^-$)，もとの I^- に戻している。

③のイオン反応式より，<u>H_2O_2 1mol から I_2 1mol
が生成する</u>ことがわかる。

$$I_2 + 2Na_2S_2O_3 \longrightarrow 2NaI + Na_2S_4O_6 \cdots\cdots④$$

④の反応式の係数比より，<u>I_2 1mol に対して
$Na_2S_2O_3$ 2mol が反応する</u>ことがわかる。

（この反応式は難しいので，必ず問題に与えてある。自分でこ
の反応式を書く必要はない。）

④より，滴定に要した $Na_2S_2O_3$ の物質量の半分
が I_2 の物質量と等しく，③より，I_2 の物質量は
H_2O_2 の物質量とも等しいので，過酸化水素水の濃
度を x〔mol/L〕とおくと，

$$\underbrace{\left(0.0800 \times \frac{37.5}{1000}\right)}_{Na_2S_2O_3 \text{の物質量}} \times \frac{1}{2} = \underbrace{x \times \frac{100}{1000}}_{H_2O_2 \text{の物質量}}$$

$$\therefore \quad x = 0.0150 \text{〔mol/L〕}$$

(3) 酸化剤の H_2O_2 と還元剤の $Na_2S_2O_3$ はいずれも無
色のため，直接反応させたのでは終点を見つけられ
ない。そこで，H_2O_2（酸化剤）と KI（還元剤）を反応
させてヨウ素 I_2 を遊離させる。この I_2（酸化剤）を
$Na_2S_2O_3$（還元剤）によって滴定するのである。この
滴定を続けていくとヨウ素の色（褐色）がうすくな
り，終点を判別しにくくなる。そこで，指示薬とし
てデンプン水溶液を加えると，微量のヨウ素でもは
っきり青紫色を呈する（**ヨウ素デンプン反応**）ので，
滴定の終点が判別しやすくなる。ヨウ素 I_2 を含む
水溶液に指示薬としてデンプン水溶液を加えると，
水溶液は青紫色を呈する。これをチオ硫酸ナトリウ
ム水溶液で滴定すると，反応溶液中にヨウ素が残っ
ている間は水溶液は青紫色を示すが，ヨウ素がすべ
て反応した時点で水溶液が無色となる。これがこの
滴定の終点となる。このようにデンプンを指示薬と

して，ヨウ素（酸化剤）をチオ硫酸ナトリウム（還元
剤）で定量する酸化還元滴定を**ヨウ素滴定**という。

解答 (1) $H_2O_2 + 2H^+ + 2I^- \longrightarrow 2H_2O + I_2$
(2) **0.0150mol/L**
(3) **指示薬にデンプンを用い，溶液の青紫色
が消えたときを滴定の終点とする。**

参考 ━━━ 身の回りの酸化剤・還元剤 ━━━

酸化剤　うがい薬に使われるポビドンヨード
は，ヨウ素 I_2 の穏やかな酸化力を利用した殺
菌剤として知られている。

$$I_2 + 2e^- \longrightarrow 2I^-$$

ヨウ素は水に溶けにくいので，アルコール溶
液（ヨードチンキ）として消毒薬に使用されて
きたが，皮膚，粘膜への刺激が強かった。そこ
で，刺激性の少ないポビドンヨード（水溶性の
ヨウ素複合体）が開発された。ポビドンヨード
は，外科手術の際の消毒薬など広範囲に利用さ
れている。

還元剤　緑茶は時間が経つと次第に酸化され，
色や風味が悪くなる。これを防ぐために，緑茶
飲料の中にはビタミンCが少量添加されている。
ビタミンC（アスコルビン酸）は新鮮な果実，
野菜などに多く含まれ，欠乏すると，貧血，皮
下出血，免疫力の低下などが起こり，**壊血病**を
発症する。比較的強い還元剤であり，他の食品
成分と一緒にあるときは，自身が先に酸化され
ることにより，食品成分の酸化を防ぐはたらき
をする。このため，ビタミンCは緑茶飲料だ
けでなく，多くの食品の酸化防止剤として使用
されている。
ビタミンCは糖類の酸化生成物の一種で，
C＝C 結合にヒドロキシ基 －OH が2個結合し
た構造（エンジオール）をもつ。この構造は O_2
や Br_2，I_2 などのハロゲンにより容易に酸化さ
れ，ケトン基を2個持つ構造（ジケトン）に変
化しやすい。このため，ビタミンCは比較的
強い還元作用を示す。

L- アスコルビン酸　　　　L- デヒドロアスコルビン酸
（還元型）　　　　　　　　（酸化型）

135 **解説** (1) 試料水に含まれる有機物（還元性
物質）は，$KMnO_4$ 水溶液と加熱すると酸化・分解
される。

加えた $KMnO_4$（mol）

有機物と反応した $KMnO_4$（mol）	有機物と反応しなかった $KMnO_4$（mol）

60   2-9 酸化還元反応

図より，有機物と反応した$KMnO_4$(mol)は，加えた$KMnO_4$(mol)から有機物と反応しなかった$KMnO_4$(mol)を差し引いて求められる。

反応後に残った$KMnO_4$の物質量x[mol]は，シュウ酸との反応式の係数比から求められる。

$$MnO_4^- + 8H^+ + 5e^- \longrightarrow Mn^{2+} + 4H_2O \cdots\cdots ①$$
$$(COOH)_2 \longrightarrow 2CO_2 + 2H^+ + 2e^- \quad \cdots\cdots ②$$

①×2+②×5より，電子e^-を消去すると，
$$2MnO_4^- + 5(COOH)_2 + 6H^+ \longrightarrow$$
$$2Mn^{2+} + 10CO_2 + 8H_2O \quad \cdots\cdots ③$$

③式より，シュウ酸5molとMnO_4^-2molがちょうど反応するから，③式で，反応したMnO_4^-の物質量は，シュウ酸の物質量の$\frac{2}{5}$倍に相当する。

よって，有機物と反応した$KMnO_4$の物質量は，

$$\underbrace{5.0 \times 10^{-3} \text{mol/L} \times \frac{10}{1000}\text{L}}_{\text{最初に加えた}KMnO_4(\text{mol})} - \underbrace{4.0 \times 10^{-3}\text{mol/L} \times \frac{25}{1000}\text{L} \times \frac{2}{5}}_{\text{有機物と反応しなかった}KMnO_4(\text{mol})}$$
$$= 1.0 \times 10^{-5} \text{[mol]}$$

(2) MnO_4^-とO_2の酸化剤のはたらきを示す半反応式の電子e^-の係数に着目すると，

$$MnO_4^- + 8H^+ + 5e^- \longrightarrow Mn^{2+} + 4H_2O \cdots\cdots ①$$
$$O_2 + 2H_2O^+ + 4e^- \longrightarrow 4OH^- \quad \cdots\cdots ④$$

$KMnO_4$ 1 molが受け取る電子e^-は5molであり，この作用をO_2が行うとすると，O_2 1 molが受け取る電子e^-は4molなので，必要なO_2の物質量は$\frac{5}{4}$molとなる。つまり，酸化剤のはたらきとして，$KMnO_4$ 1 molがO_2 $\frac{5}{4}$molに相当することになる。

よって，試料水 100mL 中の有機物と反応した$KMnO_4$の物質量は(1)より 1.0×10^{-5}molであり，これに相当するO_2の質量[mg]を求めると，
$$1.0 \times 10^{-5}\text{mol} \times \frac{5}{4} \times 32\text{g/mol} \times 10^3 = 0.40 \text{[mg]}$$

COD は，試料水 1L あたりに換算して，
$$0.40\text{mg} \times \frac{1000}{100} = 4.0 \text{[mg]}$$

[解答] (1) **1.0×10^{-5}mol** (2) **4.0 mg/L**

参考 **COD（化学的酸素要求量）**

河川や湖沼などの淡水の COD は，本問のように，直接，$KMnO_4$ 水溶液と煮沸して酸化・分解して求めても構わない。しかし，海水や海水の混じった汽水中の COD を求める場合，試料水の Cl^- は MnO_4^- と煮沸すれば酸化されてしまうので，MnO_4^- の消費量が増加し，COD の値が大きくなってしまう。そこで，あらかじめ試料水に $AgNO_3$ 水溶液を加えて，Cl^- を AgCl として除去しておく前処理が必要となる。なお，COD の値が大きいほど，その水には有機物等の還元性物質が多く含まれていることになり，その水は汚れていることを示す。

COD	水の汚れの程度
0～2	きれいな水
2～5	少し汚れた水（魚がすめる水）
5～10	比較的汚れた水（魚がすめない水）
10～	かなり汚れた水

136 〜 139

2 共通テストチャレンジ　61

共通テストチャレンジ

136 〔解説〕　空気は，窒素 N_2（分子量 28）と酸素 O_2（分子量 32）の体積比が 4：1 の混合気体である。空気の平均分子量は，

$$28 \times \frac{4}{5} + 32 \times \frac{1}{5} \fallingdotseq 28.8$$

アボガドロの法則から，「同温・同圧のもとで，同体積の気体は，気体の種類に関係なく同数の分子を含む」ので，標準状態における同体積の空気と別の気体との質量の比は，分子量の比と一致する。

標準状態で同体積の別の気体の質量が空気の質量の $\frac{0.58}{0.29} = 2.0$〔倍〕なので，この気体の分子量も空気の平均分子量の 2.0 倍になる。このことから，この気体の分子量は，$28.8 \times 2.0 = 57.6 \fallingdotseq 58$ である。

①〜⑤の各気体の分子量は，次の通りである。

①　$Ar = 40$　　② $Xe = 131$
③　$C_3H_8 = 12 \times 3 + 1.0 \times 8 = 44$
④　$C_4H_{10} = 12 \times 4 + 1.0 \times 10 = 58$
⑤　$CO_2 = 12 \times 1 + 16 \times 2 = 44$

したがって，この気体はブタン C_4H_{10} である。

〔解答〕　④

137 〔解説〕　水和物を加熱して無水物にする反応は
$$MCl_2 \cdot 2H_2O \longrightarrow MCl_2 + 2H_2O$$
金属 M の原子量を x とすると $MCl_2 \cdot 2H_2O$ の式量は
$$x + (35.5 \times 2) + (18 \times 2) = x + 107$$
MCl_2 の式量は，$x + 71$ である。$MCl_2 \cdot 2H_2O$ と MCl_2 の式量の比と質量の比は等しいから，
$$x + 107 : x + 71 = 294 : 222$$
これを解くと，$x = 40$

（別解）　$MCl_2 \cdot 2H_2O \longrightarrow MCl_2 + 2H_2O$
物質量　　　 1mol　　　　 1mol　　 2mol
$MCl_2 \cdot 2H_2O$ と MCl_2 の物質量は等しいから，
$$\frac{0.294g}{(x + 107)g/mol} = \frac{0.222g}{(x + 71)g/mol}$$

〔解答〕　②

138 〔解説〕　炭酸水素ナトリウム $NaHCO_3$ を塩酸 HCl に加えると，次のように反応する。
$$NaHCO_3 + HCl \longrightarrow NaCl + H_2O + CO_2$$
図の実線で示される直線 A では，$NaHCO_3$ の質量が約 2.1g までは加えた $NaHCO_3$ のすべてが反応し，HCl が残る。加えた $NaHCO_3$ が 2.1g のとき，$NaHCO_3$ と HCl が過不足なく反応している。さらに，$NaHCO_3$ が 2.1g よりも多いときには，HCl がすべて反応し，$NaHCO_3$ が残ることになるので，発生する

CO_2 の質量は一定である。

(1)　①　直線 A の範囲では，化学反応式の係数から，加えた $NaHCO_3$ の物質量と発生した CO_2 の物質量が等しいことがわかる。また，加えた $NaHCO_3$ の質量を x〔g〕，発生した CO_2 の質量を y〔g〕とすると，

$$\frac{x}{NaHCO_3 \text{の式量}} = \frac{y}{CO_2 \text{の分子量}} \text{より，}$$

$$y = \frac{CO_2 \text{の分子量}}{NaHCO_3 \text{の式量}} x$$

となる。〔○〕

②　直線 A の範囲では，$NaHCO_3$ はすべて反応するので，未反応の $NaHCO_3$ はない。〔×〕

③　各ビーカー中の塩酸の体積を 2 倍にしても，直線 A の傾きは変化しない。〔×〕

④　各ビーカーの中の塩酸の濃度を 2 倍にしても，直線 A の傾きは変化しない。〔×〕

塩酸の体積や濃度をそれぞれ 2 倍にすると，含まれる HCl の物質量も 2 倍になるから，ちょうど反応する $NaHCO_3$ の質量も 2 倍となるまで，直線 A は延長されることになり，発生する CO_2 の質量も 2 倍になる。したがってグラフの屈曲点は，$(x, y) = (4.2, 2.2)$ となる。しかし，反応する $NaHCO_3$ と発生する CO_2 の物質量の比は 1：1 であり，その質量の比は（$NaHCO_3$ の式量）：（CO_2 の分子量）= 84：44 のまま変化しないから，直線 A の傾きは変化しない。

(2)　図から，過不足なく反応する $NaHCO_3$（式量 84）の質量は 2.1g である。化学反応式から，$NaHCO_3$1mol は，HCl1mol と過不足なく反応する。この $NaHCO_3$ 2.1g が塩酸 50mL とちょうど反応するので，塩酸の濃度を x〔mol/L〕とすると，

$$x \times \frac{50}{1000} = \frac{2.1}{84}$$
（HCl の物質量）　（$NaHCO_3$ の物質量）

$$\therefore \quad x = 0.50 \text{〔mol/L〕}$$

〔解答〕　(1) ①　(2) ②

139 〔解説〕　a の滴定曲線は，pH が 3 付近から始まり，pH が 13 近くに達している。また，中和点は塩基性側に偏っている。したがって，弱酸を強塩基で滴定したものである。この組合せの中では弱酸は，酢酸のみである。

b の滴定曲線は，pH が 1 付近から始まり，pH が 13 近くに達している。また，中和点はほぼ中性の pH7 付近にある。したがって，強酸を強塩基で滴定したものである。

この組合せの中では強酸は，塩酸と硫酸がある。a と b では同じ 0.10mol/L の酸であるのに，中和点にな

62　2　共通テストチャレンジ

140 〜 142

る塩基水溶液の滴定量が2倍の値になっていることから，bは2価の硫酸であることがわかる。

なお，2価の酸でも H_2S や，H_2CO_3 のような弱酸を塩基水溶液で滴定するときは，第一電離の終了を示す第一中和点と，第二電離の終了を示す第二中和点のように，pHの急激に変わる中和点が2か所現れる。しかし，H_2SO_4 のような強酸では，もともと全ての水素イオンが電離しているので，pHが急激に変わる中和点は1か所になる。

(解答)　⑥

140 (解説)　(1)　① $HCl + NH_3 \longrightarrow NH_4Cl$

HCl と NH_3 が過不足なく反応して，NH_4Cl 水溶液となる。NH_4Cl は強酸と弱塩基からなる正塩なので，水溶液は酸性を示す。

② $HCl + NaOH \longrightarrow NaCl + H_2O$

HCl と $NaOH$ が過不足なく反応して，$NaCl$ 水溶液となる。$NaCl$ は強酸と強塩基からなる正塩なので，水溶液は中性を示す。

③ $2HCl + Ba(OH)_2 \longrightarrow BaCl_2 + 2H_2O$

体積比1：1で混合したので $Ba(OH)_2$ が残る。したがって，反応後の溶液は塩基性を示す。

④ $H_2SO_4 + Ca(OH)_2 \longrightarrow CaSO_4 + 2H_2O$

H_2SO_4 と $Ca(OH)_2$ が過不足なく反応して，$CaSO_4$ が沈殿する。上澄み液は中性である。

⑤ $CH_3COOH + KOH \longrightarrow CH_3COOK + H_2O$

CH_3COOH と KOH が過不足なく反応して，CH_3COOK 水溶液となる。CH_3COOK は弱酸と強塩基からなる正塩なので，水溶液は塩基性を示す。

したがって，水溶液が酸性を示すのは①である。

(2)　pH1.0の水溶液は $[H^+] = 1 \times 10^{-1}$mol/L であり，塩酸 HCl は強酸なので，電離度は1.0である。したがって，塩酸の濃度は0.10mol/Lである。

1価の強酸（塩酸 HCl）と1価の強塩基（水酸化ナトリウム $NaOH$ 水溶液）の中和反応であるから，HCl と $NaOH$ は等しい物質量で反応する。

HCl：0.10mol/L$\times\dfrac{100}{1000}$L$= 1.0 \times 10^{-2}$〔mol〕

$NaOH$：0.010mol/L$\times\dfrac{900}{1000}$L$= 9.0 \times 10^{-3}$〔mol〕

したがって，$NaOH$ はすべて中和され，HCl だけが 1.0×10^{-3}mol 残ることになる。また，混合溶液の体積は $(100 + 900)$mL $= 1$L なので，水素イオン濃度 $[H^+]$ も 1.0×10^{-3}mol/L となる。

したがって，水溶液のpHは3である。

(解答)　(1)①　(2)③

141 (解説)　① 酸化剤は，相手を酸化し，自身は還元される。〔○〕

② 過酸化水素は，通常は酸化剤としてはたらくが，過マンガン酸カリウムのような強力な酸化剤に対しては還元剤としてはたらく。〔○〕

（酸化剤）　$H_2O_2 + 2H^+ + 2e^- \longrightarrow 2H_2O$

（還元剤）　$H_2O_2 \longrightarrow O_2 + 2H^+ + 2e^-$

③ 過マンガン酸カリウムは，硫酸酸性水溶液中で酸化剤としてはたらく。

$MnO_4^- + 8H^+ + 5e^- \longrightarrow Mn^{2+} + 4H_2O$　…①

一方，過酸化水素は，還元剤としてはたらく。

$H_2O_2 \longrightarrow O_2 + 2H^+ + 2e^-$　…②

①$\times 2 +$②$\times 5$ から，$10e^-$ を消去すると，次のイオン反応式が得られる。

$2MnO_4^- + 6H^+ + 5H_2O_2$
　　　　$\longrightarrow 2Mn^{2+} + 5O_2 + 8H_2O$　…③

③から，2mol の MnO_4^- が5mol の H_2O_2 と反応しているので，過マンガン酸カリウム1molは，過酸化水素2.5molと過不足なく反応する。〔×〕

④ カルシウムに水を加えると，次の反応が起こる。

$\underset{(0)}{Ca} + 2H_2O \longrightarrow \underset{(+2)}{Ca(OH)_2} + H_2$

Ca の酸化数は0から+2へ増加するので，Ca は酸化されている。〔○〕

(解答)　③

142 (解説)　MnO_4^- および $Cr_2O_7^{2-}$ は，酸性水溶液中で次のように酸化剤として反応する。

$MnO_4^- + 8H^+ + 5e^- \longrightarrow Mn^{2+} + 4H_2O$　…①

$Cr_2O_7^{2-} + 14H^+ + 6e^- \longrightarrow 2Cr^{3+} + 7H_2O$　…②

一方，Sn^{2+} は，次のように還元剤として反応する。

$Sn^{2+} \longrightarrow Sn^{4+} + 2e^-$ …③

酸化還元反応では，酸化剤が受け取る電子の物質量と還元剤が与える電子の物質量が等しいとき，過不足なく反応が進行する。

$SnCl_2$ 水溶液の濃度を x〔mol/L〕とすると，

$\underset{\text{($KMnO_4$ が受け取る e^- の物質量)}}{0.10 \times \dfrac{30}{1000} \times 5} = \underset{\text{($SnCl_2$ が与える e^- の物質量)}}{x \times \dfrac{100}{1000} \times 2}$

$\therefore\ x = 0.075$〔mol/L〕

②と③から，必要な $K_2Cr_2O_7$ 水溶液の体積を y〔mL〕とすると，次式が成り立つ。

$\underset{\text{($K_2Cr_2O_7$ が受け取る e^- の物質量)}}{0.10 \times \dfrac{y}{1000} \times 6} = \underset{\text{($SnCl_2$ が与える e^- の物質量)}}{0.075 \times \dfrac{100}{1000} \times 2}$

$\therefore\ y = 25$〔mL〕

したがって，必要な $K_2Cr_2O_7$ 水溶液の体積は25mLである。

(解答)　③

10 物質の状態変化

143 [解説] 物質には，固体・液体・気体の3つの状態が存在する。これらを**物質の三態**という。物質の三態間での変化を**状態変化**という。

固体は，形・体積が一定で，固体中の分子は定位置を中心に，振動・回転などの**熱運動**を行っている。

液体は，体積は一定であるが，形は変化できる。つまり，**流動性**をもつ。液体中の分子は，互いに移動することはできるが，分子間には，固体のときとほぼ同程度の引力(**分子間力**)がはたらいている。

気体は，体積と形が決まっておらず，気体中の分子は空間を自由に運動しており，分子間力はほとんどはたらいていない。

物質の状態変化は，温度・圧力を変えることによって起こる。例えば，氷に熱エネルギーを加えていく場合，融点に達すると，水分子は互いに移動することができるようになり，液体となる。この現象が**融解**であり，このときの温度を**融点**という。液体では，液面付近にあって，一定以上の運動エネルギーをもった分子は，分子間力に打ち勝って，液面から空間へ飛び出す。この現象が**蒸発**である。さらに加熱を続けると，液体内部からも気泡が発生して，蒸発が起こるようになる。この現象を**沸騰**といい，このときの温度を**沸点**という。

また，物質の中には，ヨウ素，ナフタレン，ドライアイスのように，固体から直接気体になる(**昇華**)性質をもつ物質もある。

ヨウ素の昇華

[解答] ① 分子間力 ② 熱運動 ③ 融点
④ 液体 ⑤ 融解 ⑥ 運動 ⑦ 蒸発
⑧ 沸点 ⑨ 沸騰 ⑩ 昇華

144 [解説] (1) aは固体が融解して液体となる温度(**融点**)である。bは液体が沸騰して気体となる温度(**沸点**)である。

(2) 固体を加熱すると温度が上昇し，図中のA点で融解が始まる。AB間は温度が一定の状態が続き，固体と液体が共存した状態にある。B点になるとすべて液体となり，再び温度が上昇しはじめるが，C点で沸騰が始まると再び温度が一定となり，CD間では液体と気体が共存した状態にある。AB間，CD間で加えた熱エネルギーは，分子の運動エネルギーの増加のためではなく，状態変化のため(すなわち，分子間の平均距離を大きくして，分子間の位置エネルギーを増大させるため)に使われるので，加熱しているにも関わらず，温度が一定に保たれる。

(3) 固体を加熱したとき，粒子の配列がくずれて液体になる現象を**融解**といい，固体1molを液体にするのに必要な熱量を**融解熱**という。

AB間で加えた熱量は，$(6 - 3) \times 10 = 30$ [kJ]
融解熱は物質1molあたりで表すから，

$$\frac{30 \text{kJ}}{5.0 \text{mol}} = 6.0 \text{[kJ/mol]}$$

液体1molを気体にするのに必要な熱量を**蒸発熱**という。

CD間で加えた熱量は，
$(30 - 10) \times 10 = 200$ [kJ]
蒸発熱も物質1molあたりで表すから

$$\frac{200 \text{kJ}}{5.0 \text{mol}} = 40 \text{[kJ/mol]}$$

(4) 融点において，融解により吸収される熱量(融解熱)よりも，沸点において，蒸発により吸収される熱量(蒸発熱)の方が数倍も大きい。それは，融解の際には粒子間にはたらく結合の一部を切断するだけでよいが，蒸発の際には粒子間にはたらくすべての結合を切断しなければならないためである。

[解答] (1) a…**融点**，b…**沸点**
(2) AB間…**融解**，固体と液体
　　CD間…**沸騰**，液体と気体
(3) 融解熱：**6.0kJ/mol**
　　蒸発熱：**40kJ/mol**
(4) **粒子間の結合の一部を切断して粒子どうしの配列をくずすためのエネルギーよりも，粒子間の結合をすべて切断して分子どうしを引き離すためのエネルギーの方がずっと大きいから。**

145 [解説] ①，② 気体分子は，いろいろな方向にいろいろな速さで運動している。この運動は，**熱運動**とよばれ，そのため，気体は自然に広がり，均一に混合していく(**拡散**)。

気体分子は，同じ温度でもすべてが同じ運動エネルギーをもっているのではなく，右図のような一定の速度

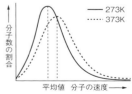

分布(**マクスウェル・ボルツマン分布**)を示す。

温度が高くなると，大きな運動エネルギーをもつ分子の割合が増加する。その結果，気体分子の運動エネルギーの総和は大きくなる。

③ **気体の圧力**は，気体分子が器壁に衝突してはねかえされるときに，器壁におよぼす単位面積あたりの

力で示される。1m² の面積に 1N(ニュートン)の力がはたらくときの圧力を 1Pa(パスカル)という。
④ 水銀柱 760mm に相当する圧力が 1 気圧(atm)と決められている。
すなわち、1atm = 760mmHg
水銀柱 608mm に相当する圧力(= 608mmHg)は、
$\frac{608\text{mmHg}}{760\text{mmHg}} = 0.80 = 8.0 \times 10^{-1}$ [atm]
また、1atm = 1.0×10^5Pa の関係を使うと、
$8.0 \times 10^{-1} \times 1.0 \times 10^5 = 8.0 \times 10^4$ [Pa]

解答 ① 高い ② C ③ 面積
④ 8.0×10^4

146 解説 (1) 物質の三態のうち、気体は分子間の平均距離および、分子のもつエネルギーが最も大きい。〔×〕
(2) 気体は、分子の熱運動が活発であり、空間を自由に動き回っている。〔○〕
(3) 液体は、固体よりもゆるやかに結合しており、分子相互の移動が可能で、流動性をもつ。ミクロに見たときの分子の配列は不規則である。〔○〕
(4) 液体の分子間距離は、一般に、固体よりもやや大きい。分子の配列は固体のような規則的なものではない。〔×〕
(5) 固体は分子間の平均距離が最も小さく、分子間力が最も強くはたらいている。〔○〕
(6) 固体の熱運動は、物質の三態の中では最もゆるやかであるが静止しているわけではなく、定位置を中心とした振動・回転などが行われている。〔×〕
(7) 物質のもつエネルギーは、状態によって異なり、同じ物質では、固体<液体<気体 の順に大きくなる。〔○〕
(8) 多くの物質では、固体、液体、気体の順に密度は小さくなる。しかし、水、ゲルマニウム Ge、ビスマス Bi などは例外で、固体が隙間の多い結晶構造をしているため、液体の方が密度がやや大きくなる。〔×〕

氷の結晶中の水分子の配置

約 10%減少
液体の水の水分子の配置

(9) 物質の状態は、温度だけでなく、圧力を変えても変化する。例えば、気体をある一定の温度(**臨界温度**、**151** の 2 つ目の 参考 を参照)以下で圧縮すると、凝縮して液体になる。この性質を利用して、プロパン(沸点 -45℃)を加圧下で凝縮させ、ボンベに詰めて輸送する。また、0℃の氷を加圧すると、体積が

減少する方向、つまり融解が起こって、液体の水に変化させることができる。このため、スケートで氷の上を滑ることが可能となる。〔×〕

解答 (2), (3), (5), (7)

147 解説 真空にした容器に水を入れ放置しておくと、水分子は蒸発と凝縮を繰り返しながら、やがて**気液平衡**の状態となる。このとき蒸気の示す圧力を**飽和蒸気圧(蒸気圧)**という。

気液平衡では、単位時間あたり、蒸発する水分子の数と、凝縮する水分子の数が等しくなる。蒸発も凝縮も起こっていないように見えるが、実際には、蒸発と凝縮は等しい速さで起こっている。

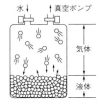

(1) 温度を上げると、液体の蒸発が進み、蒸気圧も大きくなり、空間を占める水分子の数も増加する。
(2) 蒸気圧は温度だけで決まり、容器の大きさには関係せず、温度一定ならば、必ず一定の値をとる。体積を大きくすると、一時的に蒸気圧は低くなるが、さらに液体の蒸発が進んで、やがて蒸気圧は一定となる。ただし、体積が大きくなった分だけ、空間を占める水分子の数は増えている。
(3) 体積を小さくすると、一時的に蒸気圧は高くなる。しかし、過剰な蒸気の凝縮が進み、やがて蒸気圧は一定となる。ただし、体積が小さくなった分だけ、空間を占める水分子の数は減少している。

参考 **蒸気圧の性質**
① 一定温度では、空間の体積、他の気体の存在、液体の量などによらず、一定の値をとる。
② 高温ほど、大きくなる。
③ 分子間力が小さい物質ほど、蒸気圧は大きい。分子間力が大きい物質ほど、蒸気圧は小さい。

解答 (1) 蒸気圧:(ア), 分子数:(ア)
(2) 蒸気圧:(ウ), 分子数:(ア)
(3) 蒸気圧:(ウ), 分子数:(イ)

148 解説 (1) どちらも正四面体形の**無極性分子**であり、分子間にはファンデルワールス力だけがはたらく。分子量は CH_4(16), CCl_4(154) であり、分子量の大きい CCl_4 の方がファンデルワールス力が強くはたらき、沸点も高くなる。
(2) どちらも 16 族元素の水素化合物で、折れ線形の**極性分子**である。分子間には分子の極性に基づくファンデルワールス力もはたらくが、H_2O 分子間には、O-H…O のような水素結合がはたらくため、

沸点はかなり高くなる。
(3) どちらも17族元素の水素化合物で，**極性分子**である。分子量はHBr(81)の方がHF(20)よりも大きいが，HF分子間には，F-H…Fのような水素結合がはたらくため，沸点はかなり高くなる。
(4) 分子量は，F₂(38)とHCl(36.5)はほぼ同じだが，F₂は**無極性分子**であるのに対してHClは**極性分子**である。極性分子では無極性分子に比べて静電気的な引力に基づくファンデルワールス力が強くはたらく。したがって，HClの方が沸点が高くなる。

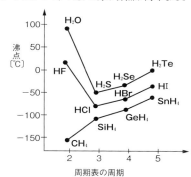

解答 (1) CCl₄, (a) (2) H₂O, (c)
(3) HF, (c) (4) HCl, (b)

149
解説 氷は，1個の水分子が4個の水分子と強い方向性をもった**水素結合**によって結合してできた**分子結晶**である。このとき，水分子のO原子だけに着目す

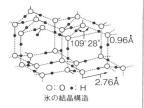
氷の結晶構造

ると，その結合角(∠OOO)はすべて109.5°となり，**正四面体構造**をとっている。このため，氷の結晶の配位数は4となり，配位数12の最密充填構造の面心立方格子などと比べるとかなり隙間の多い結晶となる。氷が融解すると，水素結合の一部が切れ，自由になった水分子がその隙間に入り込むので，氷のときより体積は約10%減少する。
　0℃より水の温度を上げると，分子間の水素結合が切れて体積が減少する効果と，分子の熱運動が活発となり，体積が増加する効果が同時に進行する。0～4℃の間では前者の影響の方が大きく，4℃以上になると後者の影響が大きくなる。この相反する効果の兼ね合いにより，水は4℃で密度が最大の1.0g/cm³になる。
　水は，分子間に**水素結合**が形成されているため，分

子量が小さいにも関わらず，他の16族の水素化合物(H₂S, H₂Se, H₂Teなど)に比べて，融点・沸点が著しく高い。

参考　**水の特異的な性質について**
　水は融点・沸点が高いだけでなく，**融解熱，蒸発熱，表面張力**(分子間力により生じる液体の表面積をできるだけ小さくしようとする力)も，他の液体に比べて大きな値をもつ。
　また，水分子間にはたらく水素結合は，融解により氷がすべて液体になっても，部分的な氷の構造(**クラスター構造**)として，かなり(70～80%)残っている。液体の水を加熱する場合，この水素結合を切りながら温度が上昇していくので，水の**比熱**は他の液体に比べて特に大きな値となる。このため，水は地球の気候を穏やかにしたり，生物の体温の急激な変化を防ぐなど，生物が地球上に暮らしやすい環境をつくり出している。例えば，氷は水よりも密度が

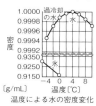
温度による水の密度変化

小さいので，池の水は表面から凍り始め，底近くには密度の大きい4℃の水が常に存在する。また，氷は熱を伝えにくい性質(断熱性)が高いので，ある程度以上の深さの池や湖であれば，どんなに寒くなっても水底までは凍らず，水中の魚は生き続けることができる。もし，水が普

通の物質のように固体の方が密度が高かったら，冬，表面でできた氷は次第に底へ沈んでいき，表面に残された最後の水が凍るとき，水中の生物はすべて凍死してしまうであろう。

解答 ① 水素　② 正四面体　③ 大きい
④ 小さい　⑤ 減少　⑥ 増加
⑦ 最大　⑧ 高

150
解説 (1) 密閉容器中で，液体と気体(蒸気)が共存している状態を**気液平衡**といい，このとき単位時間あたり，(蒸発する分子の数)＝(凝縮する分子の数)で，蒸発と凝縮は等しい速さで起こっている。〔×〕
(2) 液体の沸騰は，(液体の蒸気圧)＝(外圧)になると起こる。したがって，外圧の低い高山の上の方では，平地よりも低い温度で液体が沸騰する。〔○〕
(3) 同温度で蒸気圧の大きい物質ほど蒸発しやすく，より低い温度で沸騰する。〔×〕
(4) 同温度では，分子間力の大きい物質ほど蒸発しに

くくなるので，蒸気圧は小さくなる。〔○〕
(5) 気液平衡にあるとき，温度が一定ならば，液体を加えても，蒸気圧は変化しない。〔×〕
(6) 沸騰が起こると，液体の温度は一定に保たれる。これは，加えた熱エネルギーが液体の温度上昇ではなく，状態変化(液体→気体)のために使われるからである。〔×〕
(7) 開放容器で水を加熱すると，100℃で蒸気圧が 1.01×10^5 Pa となり沸騰が起こる。しかし，空気と水の入った密閉容器を加熱した場合，水蒸気の圧力は100℃で 1.01×10^5 Pa に達するが，これに空気の圧力を加えた容器全体の圧力は 1.01×10^5 Pa をはるかに超えてしまうので，100℃になっても水は沸騰しない。〔×〕
(8) 同じ純物質では，液体が蒸発するときに吸収する熱量(**蒸発熱**)と，気体が凝縮するときに放出する熱量(**凝縮熱**)とは等しい。〔○〕
(9) 普通の物質では，固体の密度は液体の密度より大きいが，水は例外で，固体の密度は液体の密度より小さい。したがって，普通の物質の固体が融解すると密度は小さくなるが，水が融解すると密度は大きくなる。〔×〕

解答 (1) × (2) ○ (3) × (4) ○ (5) ×
(6) × (7) × (8) ○ (9) ×

151 **解説** 純粋な物質の状態は，温度と圧力だけによって決まる。物質が温度や圧力によってどんな状態をとるかを表した図を**状態図**という。
(1) 一般に，低温側に固体，高温側に気体の領域が存在するが，はっきりと領域を区別するには次のように考える。水は 1.0×10^5 Pa の下で加熱すると，0℃で氷→水へ，100℃で水から水蒸気へと変化する。ゆえに，Ⅰ が固体，Ⅱ が液体，Ⅲ が気体である。
(2) 曲線 OB 上では固体と液体の共存が可能で，圧力による融点の変化を示すので**融解曲線**，曲線 OA 上では液体と気体の共存が可能で，温度による蒸気圧の変化を示すので**蒸気圧曲線**，曲線 OC 上では固体と気体が共存でき，温度による昇華圧の変化を示すので**昇華圧曲線**という。
(3) 点 P は，1.0×10^5 Pa で固体→液体の状態変化が起こる温度を表すので，水の融点である。点 Q は，1.0×10^5 Pa で液体→気体の状態変化が起こる温度を表すので，水の沸点である。
(4) 点 O は水の**三重点**とよばれ，固体の氷と液体の水と気体の水蒸気が安定に共存している状態である。
なお，水の三重点は，0.01℃，610Pa で，温度の定点として利用されている。
(5) (ア) 空気中の水蒸気(気体)が，コップの冷水で冷

やされて**凝縮**し，水滴(液体)となる。
(イ) 温度一定で，固体を減圧すると気体になる。この状態変化は**昇華**である。
(ウ) 温度一定で，固体を加圧すると液体になる。この状態変化は**融解**である。

氷は水分子が水素結合によって正四面体状に結合してできた，隙間の多い結晶である。氷が融解して水になると，その隙間に水分子が入り込むので体積が減少する。よって，氷に強い圧力をかけると，氷は体積の減少する方向への状態変化，つまり，融解が起こり，液体の水になる。この水が潤滑剤となり氷の上をスケートですべることができる。しかし，圧力がなくなると直ちにもとの氷に戻る(**復氷**という)。

参考 **氷の圧力による融解と復氷**

右図のように，0℃に保った室内で，おもりをつけた糸で，氷に強い圧力をかけると，糸の下方では氷が融解し，糸が食い
込む。しかし，糸が通り過ぎた上方では，おもりによる圧力がなくなるので，水は再び凝固する(復氷)。したがって，氷は切断されることなく，糸だけが上方から下方へ通り抜けていく。
また，氷河は自身の重力によって生じる圧力でその底部の氷の一部が融け，ゆっくりとすべるように移動する。

参考 **臨界点と超臨界流体について**

状態図において，物質の温度と圧力を高めていくと，ある温度・圧力(**臨界点**)で蒸気圧曲線は途切れてしまう。この温度・圧力を**臨界点**といい，臨界点以上の温度・圧力になると，液体と気体の区別がなくなり，いくら圧力を高めても液体にすることが困難となる。この状態(**超臨界状態**)にある物質を**超臨界流体**という。超臨界流体は，気体のような低粘性・高拡散性と，液体のような高溶解性をあわせもつ。例えば，CO_2 の超臨界流体は，コーヒー豆からのカフェインの抽出や，植物などからの香料や薬効成分の抽出などに実用化されている。

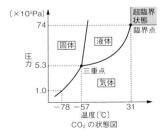
CO_2 の状態図

152〜153

3-10 物質の状態変化

二酸化炭素 CO_2 の三重点は 1.0×10^5 Pa よりも大きい。したがって，1.0×10^5 Pa では，CO_2 の固体は液体になることなく直接気体に変化する（**昇華**）。なお，1.0×10^5 Pa で CO_2 が昇華する温度（**昇華点**）は約 -78 °C である。

[解答] (1) Ⅰ：固体　Ⅱ：液体　Ⅲ：気体
(2) OA：蒸気圧曲線　OB：融解曲線
　　OC：昇華圧曲線
(3) P：融点　Q：沸点
(4) 氷と水と水蒸気が共存している。
(5) (ア) **c**　(イ) **d**　(ウ) **b**

152 [解説] 一般に，容器内に液体が存在するか否か（気液の判定）は，次のような要領で行う。

> ある液体がすべて気体で存在するとして求めた蒸気の圧力を P，その温度におけるその液体の飽和蒸気圧を P_V とすると，
> ① $P > P_V$ のとき，容器内に液体が存在し，その蒸気の圧力は P_V と等しくなる。
> ② $P \leq P_V$ のとき，容器内に液体は存在せず，その蒸気の圧力は P と等しくなる。

(1) 容器内で，水・ベンゼンがどちらも気体であると仮定する。容器内には水・ベンゼンが 1mol ずつ入っており，容器内の圧力は 1.0×10^5 Pa に調節されているから，水蒸気の圧力とベンゼン蒸気の圧力は 1:1 で，ともに 5.0×10^4 Pa になる。この水蒸気の圧力 5.0×10^4 Pa （計算値）は，70°C の水の飽和水蒸気圧 3.0×10^4 Pa を超えており，一部が凝縮して液体となる。よって，真の水蒸気の圧力は 3.0×10^4 Pa である。一方，容器内の圧力は 1.0×10^5 Pa に保たれているから，真のベンゼン蒸気の圧力は，$1.0 \times 10^5 - 3.0 \times 10^4 = 7.0 \times 10^4$ [Pa] である。この圧力 7.0×10^4 Pa（計算値）は，70°C のベンゼンの飽和蒸気圧 7.0×10^4 Pa とちょうど等しいのでベンゼンはすべて気体として存在する。…(a)

70°C で，水がすべて気体で存在するならば，ベンゼン蒸気の圧力と同じ 5.0×10^4 Pa を示すはずだが，実際には，3.0×10^4 Pa を示している。よって，容器内の水が水蒸気として存在する割合は，

$$\frac{3.0 \times 10^4}{5.0 \times 10^4} \times 100 = 60 [\%]$$

水は液体よりも気体として多く存在する。…(b)

(2) 水・ベンゼンがどちらも気体であるとして求めた水蒸気の圧力，ベンゼン蒸気の圧力は，(1)より，ともに 5.0×10^4 Pa である。ベンゼンの蒸気圧曲線より，ベンゼンの飽和蒸気圧が 5.0×10^4 Pa になる温度は約 62°C である。よって，62°C 以上では，ベンゼンはすべて気体として存在する。水の蒸気圧曲線より，水の飽和蒸気圧が 5.0×10^4 Pa になる温度は約 82°C である。よって，82°C 以上では水はすべて気体として存在する。

したがって，水・ベンゼンがすべて気体として存在するには，82°C 以上にすればよい。

[解答] (1) 水…(b), ベンゼン…(a)
(2) 82°C 以上

153 [解説] (1) 右の図のように，一端を閉じたガラス管に水銀を満たして水銀槽に倒立させると，水銀柱は 760mm の高さとなり，上端部は真空となる。この真空を**トリチェリーの真空**という。水銀槽の水銀面において，ガラス管内部の圧力と外部の圧力はつり合っているので，このとき，水銀柱による圧力 760mmHg と大気圧の大きさは等しい。

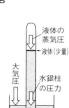

(2) ガラス管の下からある液体を注入すると，液体の一部が蒸発して，ガラス管の上端部を満たす。そのため蒸気圧が生じ，水銀柱が押し下げられる。水銀槽の水銀面において，ガラス管内部の圧力と大気圧がつり合っているので，

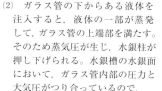

（液体の蒸気圧）＋（水銀柱による圧力）＝（大気圧）

したがって，注入された液体の蒸気圧は，
760 − 670 = 90 [mmHg]
図2より，20°C で蒸気圧が 90mmHg となる物質はCである。

(3) 図2より，物質Cの30°Cにおける蒸気圧は約 150mmHg なので，水銀柱の高さは，760 − 150 = 610 [mm] となる。

(4) 外圧が表示されていないときの液体の沸点は，蒸気圧が大気圧（＝760mmHg）になるときの温度を指す。
図2より，物質Cの蒸気圧が 760mmHg となる温度は約 65°C。

[参考] 蒸気圧曲線

図2のような温度と（飽和）蒸気圧の関係を表した曲線を**蒸気圧曲線**という。液体の蒸気圧（密閉容器中で液体とその蒸気が共存するときの圧力）は温度とともに大きくなり，外圧（大気圧）と等しくなると，液体内部からも蒸発が起こる。この現象を**沸騰**といい，このときの温度を**沸点**という。液体の沸騰は，（液体の蒸気圧）＝（外圧（大気圧））のときに起こる。

68　3-11　気体の法則

154 〜 156

解答　(1) 760mmHg　(2) C　(3) 約610mm
(4) 約65℃

154 解説　(1)　構造の似た分子どうしでは，分子量が大きいほど，沸点は高くなる。14族の水素化合物 CH_4, SiH_4, GeH_4, SnH_4 は，いずれも正四面体形の無極性分子である。この順に分子量が大きくなるので，分子間にはたらくファンデルワールス力も強くなり，沸点も高くなる。

(2)　一般に，水素化合物の融点・沸点は分子量が大きいほど高くなる。これは，分子量が大きいほど，分子間力（ファンデルワールス力）が強くはたらくためである。しかし，H_2O, HF, NH_3 などは他の同族の水素化合物に比べて異常に高い沸点を示す。これは，電気陰性度が大きく負に帯電した原子（F, O, N）が，隣接する他の分子中の正に帯電した水素原子 H を静電気的に引きつけるためである。このような結合を**水素結合**といい，通常，H−F…H−F のように…で示される。

(3)　NH_3 分子間にも，負に帯電した N 原子と，他の分子中の正に帯電した H 原子の間に H−N…H−N のような水素結合が形成されるので，同族の水素化合物の PH_3（ホスフィン）よりも高い沸点のa点を示す。

参考　**水素結合とは**
HF, H_2O, NH_3 の各分子中に含まれる H−F，H−O，H−N の結合の極性は特に大きいため，隣り合った分子どうしでは，電気陰性度が大きく負に帯電した原子（F, O, N）が，正に帯電した H 原子を間にはさむように静電気的な引力による**水素結合**を生じる。
水素結合はファンデルワールス力に比べて結合力がかなり強いだけでなく，ファンデルワールス力とは異なり強い方向性があり，電気陰性度の大きな原子（F, O, N）の非共有電子対と他の分子の水素原子が一直線上に並ぶとき，その結合力が最大となる。つまり，水素結合は，方向性のない静電気的な引力と方向性のある共有結合が入り混じった独特な結合といえる。

解答　(1)　**構造の似た分子では，分子量が大きくなるほど，分子間力が強くはたらくため。**
(2)　**分子どうしが水素結合で引き合っているため，分子どうしを引き離して気体にするのに，より大きな熱エネルギーを必要とするため。**
(3)　NH_3, a

11　気体の法則

155 解説
気体の温度，圧力，体積の関係は**ボイル・シャルルの法則**を利用して求める。温度の単位には，必ず絶対温度〔K〕を用いること。
$$T〔K〕 = t〔℃〕 + 273$$
また，圧力は，Pa か mmHg，体積は，L か mL のどちらを用いてもよいが，両辺を同じ単位で統一すること。

求める値を(1)，(2)は x，(3)では t とする。
(1)　ボイル・シャルルの法則
$\dfrac{P_1 V_1}{T_1} = \dfrac{P_2 V_2}{T_2}$ を利用する。

$$\frac{3.0 \times 10^5 \times 50}{273 + 27} = \frac{2.0 \times 10^5 \times x}{273 + 47}$$
$$x = \frac{3.0 \times 10^5 \times 50 \times 320}{2.0 \times 10^5 \times 300} = 80〔L〕$$

(2)
$$\frac{2.0 \times 10^5 \times 5.0}{273 + 27} = \frac{1.0 \times 10^5 \times x}{273}$$
$$x = \frac{2.0 \times 10^5 \times 5.0 \times 273}{1.0 \times 10^5 \times 300} = 9.1〔L〕$$

(3)
$$\frac{8.0 \times 10^4 \times 2.5}{273 + 27} = \frac{6.0 \times 10^4 \times 4.0}{t + 273}$$
$$t + 273 = \frac{6.0 \times 10^4 \times 4.0 \times 300}{8.0 \times 10^4 \times 2.5}$$
$$t + 273 = 360 \quad \therefore \quad t = 87〔℃〕$$

解答　(1) **80L**　(2) **9.1L**　(3) **87℃**

156 解説　(1)　**標準状態で気体 1mol の体積は**22.4L なので，この気体 1mol の質量は，
$$0.76 \times 22.4 ≒ 17.0 ≒ 17〔g〕。$$
気体 1mol の質量は，分子量に〔g〕をつけたものに等しいから，分子量は 17。

〈別解〉気体の状態方程式 $PV = \dfrac{w}{M}RT$ を利用する。

$$M = \left(\frac{w}{V}\right)\frac{RT}{P} = 0.76 \times \frac{8.3 \times 10^3 \times 273}{1.0 \times 10^5} ≒ 17.2 ≒ 17$$

(2)　気体の状態方程式　$PV = \dfrac{w}{M}RT$ を利用する。

$$M = \frac{wRT}{PV} = \frac{7.0 \times 8.3 \times 10^3 \times 300}{1.5 \times 10^5 \times 4.15} = 28$$

(3)　気体は，同温・同圧で同数の分子を含む（**アボガドロの法則**）から，同体積あたりの気体の質量の比（**比重**）は，気体分子 1 個の相対質量（**分子量**）の比と等しい。
O_2 の分子量は 32 なので，この気体の分子量は，
$$32 \times 1.25 = 40$$

157〜159

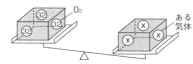

解答 (1) **17** (2) **28** (3) **40**

157 解説 気体の状態方程式を変形して考える。

(1) $PV = nRT \longrightarrow V = \dfrac{nRT}{P}$

条件より，P，T および R は一定なので，これらを k にまとめると，$V = kn$

気体の体積 V は物質量 n に比例する。

よって，各気体の物質量 n を比較すればよい。
モル質量は，H_2：2.0g/mol，CH_4：16g/mol より，

(a) $\dfrac{1.0}{2.0} = 0.50 \text{[mol]}$ (b) $\dfrac{4.0}{16} = 0.25 \text{[mol]}$

(c) $n = \dfrac{PV}{RT} = \dfrac{1.0 \times 10^5 \times 10}{8.3 \times 10^3 \times 300} ≒ 0.40 \text{[mol]}$

(d) $n = \dfrac{PV}{RT} = \dfrac{2.0 \times 10^5 \times 5.0}{8.3 \times 10^3 \times 400} ≒ 0.30 \text{[mol]}$

∴ (a)＞(c)＞(d)＞(b)

(2) 気体の密度を d [g/L] とおくと，

$PV = \dfrac{w}{M}RT \longrightarrow d = \dfrac{w}{V} = \dfrac{PM}{RT}$

条件より，P，T および R は一定なので，これらを k にまとめると，$d = kM$

気体の密度 d は分子量 M に比例する。

よって，各気体の分子量 M を比較すればよい。

(a) H_2＝2.0 (b) CH_4＝16 (c) O_2＝32
(d) CO_2＝44

∴ (d)＞(c)＞(b)＞(a)

(3) $PV = nRT \longrightarrow P = \dfrac{nRT}{V}$

条件より，V，T および R は一定なので，これらを k にまとめると，$P = kn$

気体の圧力 P は物質量 n に比例する。

結果は，(1)と同じになる。

解答 (1) (a)＞(c)＞(d)＞(b)
(2) (d)＞(c)＞(b)＞(a)
(3) (a)＞(c)＞(d)＞(b)

158 解説 グラフの問題も，気体 1mol の状態方程式 $PV = RT$ を変形し，一定値をとるものをすべて k でまとめると，関係がわかりやすくなる。

①〜④……V が一定のとき，P と T の関係は，

$PV = RT \longrightarrow P = kT$

∴ 圧力 P は絶対温度 T に比例する。

この関係を満たすのは，③，④であるが，題意より，$V_1 > V_2$ なので，P と V は反比例するから，$P_1 < P_2$ でなければならない。よって，V_2 の直線が上位にくる④が正解。

⑤，⑥……T が一定のとき，P と V の関係は，

$PV = RT \longrightarrow PV = k$

∴ 圧力 P は体積 V に反比例する。

この関係を満たす⑤，⑥のうち，題意より，$T_2 > T_1$ なので，T_2 の曲線が上位にくる⑥が正解。

⑦，⑧……P が一定のとき，V と T の関係は，

$PV = RT \longrightarrow V = kT$

∴ 体積 V は絶対温度 T に比例する。

この関係を満たす⑦，⑧のうち，題意より，$P_2 > P_1$ なので，P と V は反比例するから，$V_2 < V_1$ でなければならない。よって，P_1 の直線が上位にくる⑦が正解。

解答 ④，⑥，⑦

159 解説 (1) 容器 A，B 内の Ar と N_2 の物質量を求めると，分子量は Ar＝40，N_2＝28より，

Ar：$\dfrac{4.0}{40} = 0.10 \text{[mol]}$

N_2：$\dfrac{8.4}{28} = 0.30 \text{[mol]}$

混合後の気体の全圧を P [Pa] とおき，気体の状態方程式 $PV = nRT$ を適用する。

$P \times 6.0 = (0.10 + 0.30) \times 8.3 \times 10^3 \times 300$

$P = \dfrac{0.40 \times 8.3 \times 10^3 \times 300}{6.0}$

$= 1.66 \times 10^5 ≒ 1.7 \times 10^5 \text{[Pa]}$

窒素の分圧＝全圧×窒素のモル分率 より，

$\left(\text{窒素のモル分率} = \dfrac{\text{窒素の物質量}}{\text{気体の全物質量}}\right)$

$P_{N_2} = 1.66 \times 10^5 \times \dfrac{0.30}{0.10 + 0.30}$

$= 1.24 \times 10^5 ≒ 1.2 \times 10^5 \text{[Pa]}$

〈別解〉気体の状態方程式は，混合気体についても適用できるし，その成分気体についても適用できる。必要に応じて，使い分けるとよい。

混合気体中の窒素に対し，$PV = nRT$ を適用すると，窒素の分圧 P_{N_2} が求まる。

$P_{N_2} \times 6.0 = 0.30 \times 8.3 \times 10^3 \times 300$

$P_{N_2} = \dfrac{0.30 \times 8.3 \times 10^3 \times 300}{6.0}$

$= 1.24 \times 10^5 ≒ 1.2 \times 10^5 \text{[Pa]}$

(2) 混合気体の**平均分子量**（見かけの分子量）は，混合気体 1mol の質量を求め，その単位 [g] を除いた数値に等しい。

160～161

混合気体 0.40mol の質量が，8.4 + 4.0 = 12.4〔g〕だから，その 1.0mol の質量は，

$12.4 \times \dfrac{1.0}{0.40} = 31$〔g〕 ∴ 平均分子量は 31

〈別解〉混合気体の平均分子量を $\overline{M}$ とおくと，混合気体について，$PV = \dfrac{w}{M}RT$ を適用して，

$1.66 \times 10^5 \times 6.0 = \dfrac{12.4}{\overline{M}} \times 8.3 \times 10^3 \times 300$

$\overline{M} = \dfrac{12.4 \times 8.3 \times 10^3 \times 300}{1.66 \times 10^5 \times 6.0} = 31$

(3) Ar 0.10mol が 67℃で示す圧力を P とすると，

$P \times 6.0 = 0.10 \times 8.3 \times 10^3 \times 340$

$P = \dfrac{0.10 \times 8.3 \times 10^3 \times 340}{6.0}$

$≒ 4.70 \times 10^4 ≒ 4.7 \times 10^4$〔Pa〕

同様に，H₂O 0.20mol がすべて気体であるとしたとき 67℃で示す圧力は，Ar の分圧の 2 倍の 9.4 × 10⁴Pa である。この値は，67℃での飽和水蒸気圧 2.7 × 10⁴Pa より大きいので，液体の水が存在する。よって，真の水蒸気の分圧は，67℃の飽和水蒸気圧である 2.7 × 10⁴Pa を示す。

∴ 全圧は，4.7 × 10⁴ + 2.7 × 10⁴ = 7.4 × 10⁴〔Pa〕

普通の気体と水蒸気が混合した気体の場合，水蒸気とそれ以外の気体に分け，別々に圧力を計算すること。

水蒸気は，液体の水が存在するか否かで，その圧力が変わってくるので，下記のように，常に，飽和蒸気圧との比較検討を行い，正しい値を見つける習慣をつけておく必要がある。

容器内に液体が存在するか否か(気液の判定)

まず，液体がすべて気体であるとして求めた蒸気の圧力(仮の圧力)を P，その温度における液体の飽和蒸気圧を P_V とすると，次の関係が成り立つ。

$P > P_V$ のとき，液体が存在する。
蒸気の圧力は P_V と等しい。
$P \leqq P_V$ のとき，液体は存在しない。
蒸気の圧力は，P と等しい。

液体が存在する　　　　液体が存在しない

$P>P_V$ のとき飽和蒸気圧を超えた分の蒸気が凝縮し圧力は P_V となる。

$P<P_V$ のとき蒸気が不飽和で凝縮せず圧力は P となる。

解答 (1) 全圧：1.7×10^5Pa
　　　窒素の分圧：1.2×10^5Pa
　　(2) 31　(3) 7.4×10^4Pa

160 〔解説〕 (1) ヘリウムに対して，気体の状態方程式を適用する。分子量は He = 4.0 より，

$P \times 3.0 = \dfrac{0.40}{4.0} \times 8.3 \times 10^3 \times 300$

∴ $P = 8.3 \times 10^4$〔Pa〕

(2) 混合後，ヘリウムの分圧を P_{He} とおくと，ボイルの法則 $P_1V_1 = P_2V_2$ より，

$8.3 \times 10^4 \times 3.0 = P_{He} \times (3.0 + 7.0)$

∴ $P_{He} = 2.49 \times 10^4 ≒ 2.5 \times 10^4$〔Pa〕

よって，混合後の酸素の分圧は，

$7.6 \times 10^4 - 2.49 \times 10^4 = 5.11 \times 10^4$
$≒ 5.1 \times 10^4$〔Pa〕

混合前の酸素の圧力を P_{O_2} とおくと，ボイルの法則 $P_1V_1 = P_2V_2$ より，

$P_{O_2} \times 7.0 = 5.11 \times 10^4 \times 10.0$

∴ $P_{O_2} = 7.3 \times 10^4$〔Pa〕

(3) 一定体積の気体では，

(分圧比)＝(物質量比)＝(分子数比) が成り立つ。
He と O₂ の分圧比は，$2.49 \times 10^4 : 5.11 \times 10^4 ≒ 1 : 2$

解答 (1) 8.3×10^4Pa　(2) 7.3×10^4Pa　(3) (b)

161 〔解説〕 (1) (A)～(B)までは，液体が残っているので，気体の体積 V が増加しても，容器内の蒸気の圧力 P は 67℃の飽和蒸気圧を保ち，一定である。

(C)で，液体がすべて気体になると，その後は気体の体積 V を大きくすると，ボイルの法則に従って圧力 P は変化する。P と V は反比例するから，双曲線のグラフになる。したがって，(ウ)。

(2) (C)において，容器内の液体がすべて気体となったので，蒸気に対して気体の状態方程式を適用して，

$PV = \dfrac{w}{M}RT$ より，

$6.8 \times 10^4 \times 0.83 = \dfrac{1.0}{M} \times 8.3 \times 10^3 \times 340$

$M = \dfrac{1.0 \times 8.3 \times 10^3 \times 340}{6.8 \times 10^4 \times 0.83} = 50$

(3) (C)から(D)への変化には，ボイルの法則 $P_1V_1 = P_2V_2$ を適用して，

$6.8 \times 10^4 \times 0.83 = 2.0 \times 10^4 \times V$

$$\therefore V = \frac{6.8 \times 10^4 \times 0.83}{2.0 \times 10^4} \fallingdotseq 2.82 \fallingdotseq 2.8 [L]$$

解答 (1)(ウ) (2) 50 (3) **2.8 L**

162 [解説] **水上捕集**した気体中には，必ず，飽和の水蒸気が含まれていることに留意する。
(1) 水上捕集した気体は，集めた気体と水蒸気の混合気体となり，その全圧が大気圧とつり合う。容器内では，水の気液平衡が成り立つから，水蒸気の分圧は，27℃の飽和水蒸気圧の 4.0×10^3 Pa と等しい。

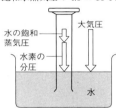

(水素の分圧)＝(大気圧)－(飽和水蒸気圧)より，
$P_{H_2} = 9.7 \times 10^4 - 4.0 \times 10^3 = 9.3 \times 10^4$ [Pa]
H_2 について，$PV = nRT$ を適用して，
$9.3 \times 10^4 \times 0.54 = n \times 8.3 \times 10^3 \times 300$
$$n = \frac{9.3 \times 10^4 \times 0.54}{8.3 \times 10^3 \times 300}$$
$\fallingdotseq 2.01 \times 10^{-2} \fallingdotseq 2.0 \times 10^{-2}$ [mol]

(2) メスシリンダー内の気体の圧力は，直接測定できない。メスシリンダー内外の水面の高さを一致させると，メスシリンダー内部の気体の圧力を大気圧に等しく合わせることができる。

[参考] **メスシリンダー内の水面が高い場合**
圧力のつり合いは，**大気圧＝捕集した気体の分圧＋飽和水蒸気圧＋水柱の圧力**となり，捕集した気体の分圧は，水柱の圧力分だけ真の値よりも小さく測定されてしまうことになる。

解答 (1) **2.0×10^{-2} mol**
(2) **メスシリンダー内の気体の圧力を，大気圧に合わせるため。**

163 [解説] 分子間力がはたらかず，分子自身の体積(大きさ)が0と仮想した気体を**理想気体**といい，気体の状態方程式は厳密に当てはまる。一方，現実に存在する気体を**実在気体**といい，分子間力がはたらき，分子自身が固有の体積をもつため，気体の状態方程式は厳密に当てはまらない。しかし，実在気体であっても，分子自身の体積が0とみなせる**低圧**や，分子間力の影響が小さくなる**高温**では，理想気体に近い性質を示すようになる。

実在気体では，NH_3 のような極性分子よりも，CH_4 のような無極性分子，さらに H_2 や希ガス(貴ガス)(He, Ne など)のような分子量の小さい無極性分子の方が理想気体により近い挙動を示す。

(1) 1molの理想気体では $PV = RT$ が成り立つから，圧力に関係なく，常に $\frac{PV}{RT} = 1.0$ が成り立つ。よって，Bのグラフが理想気体である。分子間力は分子量の大きい気体ほど強く，極性分子の NH_3 ではさらに強くなり，理想気体のグラフBからより離れるのでD。3種の実在気体中では，無極性分子で分子量が最小の H_2 が理想気体に最も近い挙動をするのでA。残るCが H_2 よりも分子量の大きな無極性分子のメタン CH_4 である。

(2) 理想気体ならば，$\frac{PV}{RT}$ は常に1.0である。

$\frac{PV}{RT} > 1$ となるのは，分子自身の体積の影響が大きいためであり，実在気体の体積は理想気体の体積より大きな値を示す。つまり，圧縮されにくいことを示す。

(3) $\frac{PV}{RT} < 1$ となるのは，分子間力の影響が大きいためである。分子間力の大きさを決める要素としては，分子量と分子の極性があげられる。無極性分子の CH_4 (分子量16)，極性分子の NH_3 (分子量17)では，分子量にはほとんど差がないので，分子間力の大きさには**極性の有無**が大きく影響している。

(4) 実在気体であっても，分子自身の体積の影響が小さくなる低圧や，分子間力の影響が小さくなる高温では理想気体に近い挙動を示す。よって，高温にすると，Aの曲線は下方へ，Cの曲線は上方へずれ，いずれも理想気体の直線Bに近づく。

解答 (1) A：**水素** B：**理想気体** C：**メタン**
    D：**アンモニア**
(2) **A** (3) (イ) (4) A：**下方** C：**上方**

164〜166

164 [解説] (1) フラスコを満たしていた蒸気の質量 w がわかれば，気体の状態方程式 $PV = \dfrac{w}{M}RT$ より，P，V，T を測定することで，蒸気の分子量 M が求められる。

　2.0gの液体Aを加熱すると，Aが蒸発し，フラスコ内の空気をゆっくりと押し出しながら，やがて，フラスコ内は完全に蒸気で満たされる（余分な蒸気は，空気中へ追い出される）。

　実験後，フラスコを冷却すると圧力が下がるので，フラスコ内へ実験前と同量の空気が入り込む。一方，蒸気Aはフラスコ外へ出ていかずに，そのまま凝縮する。よって，実験前と実験後のフラスコの質量の差 154.7 − 153.2 = 1.5〔g〕が，100℃でフラスコを満たしていた蒸気の質量に等しい。また，アルミ箔に穴が開いているので，フラスコ内の蒸気の圧力は大気圧に等しい。また，湯浴の温度が100℃なので，フラスコ内の蒸気の温度も100℃と考えてよい。

蒸気の質量は，$(b-a)$〔g〕で表される

100℃でフラスコ内の蒸気A（分子量 M）について，気体の状態方程式 $PV = \dfrac{w}{M}RT$ を適用すると，

$1.0 \times 10^5 \times 0.50 = \dfrac{1.5}{M} \times 8.3 \times 10^3 \times 373$

$M = \dfrac{1.5 \times 8.3 \times 10^3 \times 373}{1.0 \times 10^5 \times 0.50}$

$\fallingdotseq 92.8 \fallingdotseq 93$

(2) $M = \dfrac{wRT}{PV}$ で，T が小さくなると，分子量 M の測定値は，(1)に比べて小さな値となる。

> **参考** **液体の蒸気圧を考慮する場合**
> 　実際には，最後にフラスコを冷却したとき，室温の飽和蒸気圧分だけ蒸気Aが容器中に残り，その蒸気圧分の空気は外から入れない。したがって，質量 w の測定値は，この空気の質量分だけ真の値 w' よりも小さくなってしまう。
> 　例えば，室温での液体Aの飽和蒸気圧を 1.0×10^4 Pa，空気の密度を 1.2g/L とすると，蒸気Aによって排除された空気の質量は，
> 　$0.50 \times \dfrac{1.0 \times 10^4}{1.0 \times 10^5} \times 1.2 \fallingdotseq 0.060$〔g〕
> 　$w' = 1.5 + 0.060 \fallingdotseq 1.560$〔g〕
> 　この w' を使って分子量を計算すると，$M \fallingdotseq 96.5 \fallingdotseq 97$ となる。

[解答] (1) **93** (2) **小さくなる**。

165 [解説] (1) 図Aのグラフは，気体の体積 V が絶対温度 T に比例する**シャルルの法則**，図Bのグラフは，気体の体積 V と圧力 P が反比例する**ボイルの法則**を表す。

(2) 図Aは，1.0×10^5 Pa での測定値なので，図Bでは，これと同じ圧力において，気体の体積がいくらであるかを読みとり，図Aに戻って，その体積を示す温度を読みとる。

　図Bで，1.0×10^5 Pa のとき，気体の体積は 1.5L である。このときの温度を図Aで読みとると，137℃となる。

(3) 図Aより，1.0×10^5 Pa，137℃ で 1.5L を占める気体の物質量を n とすると，$PV = nRT$ より，

$1.0 \times 10^5 \times 1.5 = n \times 8.3 \times 10^3 \times 410$

$n = \dfrac{1.0 \times 10^5 \times 1.5}{8.3 \times 10^3 \times 410}$

$\fallingdotseq 4.41 \times 10^{-2} \fallingdotseq 4.4 \times 10^{-2}$〔mol〕

[解答] (1) A：**シャルルの法則**　B：**ボイルの法則**
(2) **137℃**　(3) **4.4×10^{-2} mol**

166 [解説] (1) 各気体とも，$P = 0$ 付近では $\dfrac{PV}{nRT} = 1.00 \longrightarrow PV = nRT$ が成り立つ。〔○〕

(2) $P = 4.5 \times 10^7$ Pa のときの H_2 と CH_4 の $\dfrac{PV}{nRT}$ の値はほぼ等しい。このとき，$\dfrac{V}{n}$ が等しくなるが，どちらも同じ1molなので，体積もほぼ等しくなる。〔○〕

(3) 各気体はいずれも無極性分子であるが，分子量は，CO_2 (44)，CH_4 (16)，H_2 (2)。分子量の最も小さい H_2 が，$\dfrac{PV}{nRT} = 1.00$ を示す理想気体に最も近いふるまいをする。〔×〕

(4) 実在気体の体積 V' が，理想気体の体積 V よりも小さいときは，$\dfrac{PV}{nRT}$ のグラフは 1.00 より下側へずれ，大きいときは，$\dfrac{PV}{nRT}$ のグラフは 1.00 より上側へずれる。〔×〕

(5) 6.0×10^7 Pa 以上では，いずれの気体も $\dfrac{PV}{nRT} > 1.00$ である。これを変形して，$PV > nRT \longrightarrow V > \dfrac{nRT}{P}$

$R = 8.3 \times 10^3$ Pa・L/(K・mol)，$T = 273$ K，$n = 1$ mol を代入すると，$V > \dfrac{2.27 \times 10^6}{P}$ 〔×〕

(6) 理想気体の温度を下げていくと，シャルルの法則

167 ～ 168

に従い，0K では気体の体積は0になる。しかし，各気体は実在気体であるから，その温度を下げていくと，0K になるまでに，凝縮・凝固が起こり，体積は0にはならない。〔×〕

解答 (1)，(2)

参考 理想気体からの実在気体のズレを考える

1molの気体（温度一定）について，理想気体では $PV = RT$ が完全に成立するので，$\dfrac{PV}{RT}$ の値は常に1となる。この $\dfrac{PV}{RT}$ を**圧縮率因子**（記号 Z）といい，実在気体の理想気体からのズレを表す指標としてよく用いられる。

多くの実在気体では，P を大きくすると，Z は1からいったん減少し，再び増加する。これは，実在気体を圧縮すると，分子どうしが接近するために，分子間力の影響によって，$V_{実在}$ が $V_{理想}$ よりも減少してしまうためである。さらに実在気体を圧縮すると，分子間は接近しすぎるため，分子自身の体積の影響，すなわち分子の表面に存在する電子雲の反発などによって，$V_{実在}$ が $V_{理想}$ よりも減少しにくくなるためである。また，H_2 や He のように，分子量が小さな無極性分子では，分子間力の影響がかなり小さく，分子自身の体積の影響だけがあらわれるため，Z は1からいったん減少することなく，1から少しずつ増加するのみである。

---

167 **解説** (1) 混合気体に気体の状態方程式を適用すると，

$P \times 10 = (0.10 + 0.40) \times 8.3 \times 10^3 \times 330$
∴ $P \fallingdotseq 1.36 \times 10^5 \fallingdotseq 1.4 \times 10^5 〔Pa〕$

(2) メタンが完全燃焼するときの量的関係は，

$$CH_4 + 2O_2 \longrightarrow CO_2 + 2H_2O$$

燃焼前	0.10	0.40	0 0〔mol〕
（反応量）	(−0.10)	(−0.20)	(+0.10) (+0.20)〔mol〕
燃焼後	0	0.20	0.10 0.20〔mol〕

燃焼後の O_2，CO_2 の分圧を P_{O_2}，P_{CO_2} として，各成分気体に気体の状態方程式を適用して，

$P_{O_2} \times 10 = 0.20 \times 8.3 \times 10^3 \times 330$
$P_{O_2} \fallingdotseq 5.47 \times 10^4 〔Pa〕$
$P_{CO_2} \times 10 = 0.10 \times 8.3 \times 10^3 \times 330$
$P_{CO_2} \fallingdotseq 2.73 \times 10^4 〔Pa〕$

H_2O については，液体が存在するか否かの判定（**気液の判定**）を次のように行う。

気液の判定

液体がすべて気体であるとして，気体の状態方程式を利用して，圧力 P を求める。その温度での液体の飽和蒸気圧を P_V とする。

① $P > P_V$ のとき，液体が存在する。
蒸気の圧力は P_V と等しい。

---

② $P \leqq P_V$ のとき，すべて気体のみ。
蒸気の圧力は P と等しい。

H_2O 0.20mol がすべて気体であるとすると，その圧力が P_{O_2} と同じで $5.47 \times 10^4 Pa$ である。

この値は，57℃の水の飽和蒸気圧 $2.0 \times 10^4 Pa$ を超えているので，液体の水が存在する。

∴ 真の水蒸気の分圧は，$2.0 \times 10^4 〔Pa〕$
よって，全圧 $P = P_{O_2} + P_{CO_2} + P_{H_2O}$ より，
$P = 5.47 \times 10^4 + 2.73 \times 10^4 + 2.0 \times 10^4$
$= 1.02 \times 10^5 \fallingdotseq 1.0 \times 10^5 〔Pa〕$

(3) 蒸発している水の物質量を $n〔mol〕$ とおくと，気体の状態方程式を適用して

$2.0 \times 10^4 \times 10 = n \times 8.3 \times 10^3 \times 330$

$n = \dfrac{2.0 \times 10^4 \times 10}{8.3 \times 10^3 \times 330}$

$\fallingdotseq 0.0730〔mol〕$

よって，凝縮している水の物質量は
$0.20 - 0.0730 = 0.127 \fallingdotseq 0.13〔mol〕$

解答 (1) **1.4 × 10⁵Pa** (2) **1.0 × 10⁵Pa**
(3) **0.13mol**

---

168 **解説** (1) 「混合気体を冷却すると液体のメタノールが生じた」との記述より，70℃では，メタノールはすべて気体として存在すると判断できる。

分圧＝全圧×モル分率より，メタノールの分圧は，

$$1.0 \times 10^5 \times \dfrac{0.30}{0.70 + 0.30} = 3.0 \times 10^4 〔Pa〕$$

混合気体の全圧を $1.0 \times 10^5 Pa$ に保った**定圧条件**で冷却すると，メタノールの液体が生じるまでは，メタノールの分圧は $3.0 \times 10^4 Pa$ に保たれる。メタノールの液体が生じるのは，メタノールの分圧（＝ $3.0 \times 10^4 Pa$）がメタノールの飽和蒸気圧と等しくなるときである。この温度をグラフで読み取ると，約37℃となる。

(2) 混合気体の体積を一定に保った**定積条件**で冷却すると，混合気体の圧力は絶対温度に比例して減少する（メタノールの分圧も絶対温度に比例して減少する）。

例えば，20℃でメタノールがすべて気体として存在するときの圧力を $x〔Pa〕$ とすると，

シャルルの法則 $\dfrac{P_1}{T_1} = \dfrac{P_2}{T_2}$ より，

$$\dfrac{3.0 \times 10^4}{343} = \dfrac{x}{293}$$

∴ $x \fallingdotseq 2.56 \times 10^4 \fallingdotseq 2.6 \times 10^4 〔Pa〕$

（70℃，$3.0 \times 10^4 Pa$）と（20℃，$2.6 \times 10^4 Pa$）の2点を結ぶ直線と，メタノールの蒸気圧曲線との交点の温度を読み取ると，約32℃。したがって，この温

度以下でメタノールの液体が生じる。

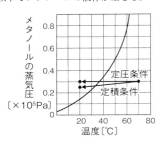

(3) 温度が70℃でのメタノールの飽和蒸気圧は，グラフより 1.2×10^5 Pa だから，加圧によりメタノールの液体の生じる混合気体の全圧を P [Pa] とすると，**全圧×メタノールのモル分率＝メタノールの分圧**より，

$$P \times \frac{0.30}{0.70 + 0.30} = 1.2 \times 10^5$$

∴ $P = 4.0 \times 10^5$ [Pa]

【解答】 (1) 約37℃　(2) 約32℃
　　　　(3) 4.0×10^5 Pa

169 【解説】 (1) 容器 A，B の気体について，**ボイル・シャルルの法則**を適用すると，

$$\frac{P_1 V_1}{T_1} = \frac{P_2 V_2}{T_2}$$

A : $\dfrac{1.5 \times 10^5 \times 1.0}{300} = \dfrac{P_\mathrm{A} \times 1.0}{273}$

∴ $P_\mathrm{A} ≒ 1.36 \times 10^5 ≒ 1.4 \times 10^5$ [Pa]

B : $\dfrac{1.5 \times 10^5 \times 1.0}{300} = \dfrac{P_\mathrm{B} \times 1.0}{373}$

∴ $P_\mathrm{B} ≒ 1.86 \times 10^5 ≒ 1.9 \times 10^5$ [Pa]

(2) 気体分子の移動がない状態では，(1)のように高温側 B は低温側 A より圧力が高いが，コックを開けると，B から A への気体分子の移動が起こり，A と B の圧力は等しくなり平衡状態となる。この平衡状態での圧力を P [Pa] とする。
　容器 A，B 内に存在する気体の物質量を，それぞれ n_A，n_B [mol] とし，各容器ごとに，気体の状態方程式 $PV = nRT$ を適用すると，
　容器 A : $P \times 1.0 = n_\mathrm{A} \times R \times 273$
　容器 B : $P \times 1.0 = n_\mathrm{B} \times R \times 373$

∴ $n_\mathrm{A} = \dfrac{P}{273R}$ [mol]，$n_\mathrm{B} = \dfrac{P}{373R}$ [mol]

最初に加えた気体の物質量を n [mol] とすると，
$1.5 \times 10^5 \times 2.0 = n \times R \times 300$

∴ $n = \dfrac{3.0 \times 10^5}{300R} = \dfrac{1.0 \times 10^3}{R}$ [mol]

B から A への気体分子の移動があっても，

(A 内の気体の物質量)＋(B 内の気体の物質量)
＝(最初に加えた気体の物質量)の関係は成立する。

よって，$\dfrac{P}{273R} + \dfrac{P}{373R} = \dfrac{1.0 \times 10^3}{R}$

分母を払って整理すると，
$373P + 273P = 273 \times 373 \times 1.0 \times 10^3$

∴ $P ≒ 1.57 \times 10^5 ≒ 1.6 \times 10^5$ [Pa]

【解答】 (1) A : 1.4×10^5 Pa　B : 1.9×10^5 Pa
　　　　(2) A，B ともに，1.6×10^5 Pa

170 【解説】 グラフが曲線から直線へと変化する A 点(120℃，2.5×10^5 Pa)で，水はすべて水蒸気へと変化する。しかし，120℃での水の飽和蒸気圧が不明なので，この点では，空気の物質量や質量を求めることはできないことに留意する。

(1) 120℃で液体の水が消失するから，100℃では液体の水が存在する。また，100℃のとき，水の飽和蒸気圧は 1.0×10^5 Pa である(これは明らかなので，条件として記載がなくても使用してよい)。よって，
100℃での空気の分圧は
$1.5 \times 10^5 - 1.0 \times 10^5 = 5.0 \times 10^4$ [Pa]

空気の物質量を n [mol] として，気体の状態方程式を適用すると，
$5.0 \times 10^4 \times 2.0 = n \times 8.3 \times 10^3 \times 373$

∴ $n ≒ 3.23 \times 10^{-2} ≒ 3.2 \times 10^{-2}$ [mol]

(2) 120℃における空気の分圧を P [Pa] として，ボイル・シャルルの法則より

$$\frac{5.0 \times 10^4 \times 2.0}{373} = \frac{P \times 2.0}{393}$$

∴ $P ≒ 5.26 \times 10^4$ [Pa]

よって，水蒸気の分圧は，
$2.5 \times 10^5 - 5.26 \times 10^4 ≒ 1.97 \times 10^5$
　　　　　　　　　　　　　　≒ 2.0×10^5 [Pa]

(3) グラフが120℃以上で直線になっているので，水は120℃ですべて水蒸気になっている。このとき容器内の水蒸気の物質量を x [mol] とおき，気体の状態方程式 $PV = nRT$ を適用して，
$1.97 \times 10^5 \times 2.0 = x \times 8.3 \times 10^3 \times 393$

∴ $x ≒ 1.20 \times 10^{-1} ≒ 1.2 \times 10^{-1}$ [mol]

【解答】 (1) 3.2×10^{-2} mol　(2) 2.0×10^5 Pa
　　　　(3) 1.2×10^{-1} mol

12 溶解と溶解度

171 [解説] 溶液中では，溶質粒子は何個かの溶媒分子にとり囲まれて存在する。この状態を**溶媒和**といい，このとき，溶質粒子と溶媒分子の間には，静電気力，水素結合あるいは，分子間力などの結合が形成され安定化している。特に，溶媒分子が水分子の場合を**水和**という。水は極性分子であり，H原子がいくらか＋，O原子がいくらか－の電荷を帯びているから，陽イオンにはO原子を向け，陰イオンにはH原子を向けて水和する。

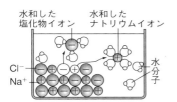

一般に，NaClのようなイオン結晶は水に溶けやすい。また，グルコース $C_6H_{12}O_6$ などの極性分子は，分子中に親水性のヒドロキシ基 －OH を多くもつので，**水素結合**によって水和されて水によく溶ける。

一方，ヨウ素 I_2 などの**無極性分子**は，水分子との結合力が弱いので，水などの極性溶媒には溶けにくいが，ヘキサンやベンゼンなどの無極性の溶媒には溶けやすい。無極性分子では，分子間に弱い分子間力がはたらくだけなので，溶質の分子はやがて分子間力によって溶媒和され，分子の熱運動によってしだいに溶媒中に拡散していく。

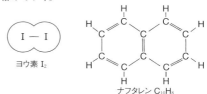

[解答] ① 極性　② 酸素　③ 水素　④ 溶媒和
　　　⑤ 水和　⑥ ヒドロキシ　⑦ 水素
　　　⑧ 無極性　⑨ 熱運動

172 [解説] (1), (4)　一般的なイオン結晶（NaClやKNO₃など）は水に溶けやすい。各イオンは静電気力（クーロン力）によって水和され，やがて水和イオン（右上図）となって水（極性溶媒）に溶けていく。

(2), (6)　ヨウ素 I_2 やナフタレン $C_{10}H_8$ は無極性分子なので水和は起こらないが，各分子は分子間力（ファンデルワールス力）によって溶媒和され，やがて分子の熱運動によってヘキサンなどの無極性溶媒に溶けてゆく。

(3)　グルコース分子には，親水基のヒドロキシ基 －OH が多く存在する。この部分に**水素結合**による水和が起こるので，水によく溶ける。

(5)　イオン結晶であっても，イオン間の結合力が強い場合（$CaCO_3$ や $BaSO_4$ など）は，各イオンに水和が起こっても結晶を崩すことはできないので水に溶けにくい。もちろん，ヘキサンなどの無極性溶媒が溶媒和しても，結晶を崩すことができないので，ヘキサンにも溶けない。

(7)　エタノール分子は，親水基と疎水基を両方もつ。また，分子全体に占める親水基と疎水基の影響はほぼ等しいので，親水基に水和が起これば水に溶け，疎水基に溶媒和が起これば，ヘキサンにも溶ける。

$$\underset{(エチル基)}{疎水基} \underset{}{CH_3-CH_2}-\underset{}{O^{\delta-}-H^{\delta+}} \underset{(ヒドロキシ基)}{親水基}$$

(8)　イオン結晶であっても，AgClのようにAgとClの電気陰性度の差が小さい場合，イオン結合性が小さく，代わりに共有結合性が大きくなる（**54** 参照）ので，各イオンに水和が起こっても，結晶を崩すことができない。よって，$BaSO_4$ と同様に，水にもヘキサンにも溶けない。

	Na	Cl	Ag	Cl
電気陰性度	0.9	3.2	1.9	3.2
(差)	2.3		1.3	
	イオン結合性大		共有結合性大	

以上をまとめると，次の(A)～(D)のようになる。

(A)　**水には溶けるが，ヘキサンには溶けにくい物質**には，グルコースのように，親水基の影響が強い極性分子や，NaCl, KClのような一般的なイオン結晶などがある。

76 3-12 溶解と溶解度

(B) **水には溶けにくいが，ヘキサンには溶けやすい物質**は，ヨウ素やナフタレンのような無極性分子で，親水基をもたず，疎水基の影響の強い場合などが該当する。
(C) **水にもヘキサンにも溶ける物質**は，エタノールのように，親水基と疎水基を両方もつ分子で，両基の影響がほぼ等しい場合などが該当する。
(D) **水にもヘキサンにも溶けない物質**は，硫酸バリウムのように，イオン間の結合力の強いイオン結晶や，塩化銀のようにイオン結合に共有結合性を含む場合などが該当する。

[解答] (1) (A)　(2) (B)　(3) (A)　(4) (A)
　　　 (5) (D)　(6) (B)　(7) (C)　(8) (D)

[参考] **物質の溶解性**
「極性の似たものどうしはよく溶け合う。」と表現されるように，物質の溶けやすさは，主に極性の大小で決まるが，分子の形や大きさが似ているほど溶けやすい傾向がある。これらは，いずれも溶質粒子が**溶媒和**されることが，物質の溶解にとってきわめて重要であることを示唆している。

極性分子と極性溶媒は静電気力(クーロン力)によって積極的に溶け合う。

極性分子どうしで強く引き合うので無極性溶媒は溶け合わない。

無極性分子と無極性溶媒は分子間力(ファンデルワールス力)によって消極的に溶け合う。

極性溶媒どうしで強く引き合うので無極性分子と極性溶媒は溶け合わない。

173 [解説] **固体の溶解度**は，溶媒(水)100gに溶ける溶質の最大質量[g]の数値で表したものである。したがって，溶媒(水)の量がわかれば，比例計算で，何gの溶質が溶解するか，析出するかが計算できる。
飽和溶液では，次の2つの関係式が成り立つ。

$$\frac{溶質の質量}{溶媒の質量} = \frac{S}{100}　(Sは溶解度)$$

$$\frac{溶質の質量}{溶液の質量} = \frac{S}{100+S}$$

どちらで式を立てているかをよく確認し，左辺と右辺で混乱の起こらないように注意すること。

(1) 40℃の飽和溶液120gに溶けているKNO_3をx[g]とすると，

173〜174

$$\frac{溶質量}{溶液量} = \frac{60}{100+60} = \frac{x}{120}　∴ x = 45[g]$$

∴ 溶媒量(水) = 120 − 45 = 75[g]

60℃の水75gには，$110 \times \frac{75}{100} = 82.5$[g]の溶質が溶けるので，あと，82.5 − 45 = 37.5[g]溶ける。

(2) 60℃の飽和溶液140gに溶けているKNO_3をx[g]とすると，

$$\frac{溶質量}{溶液量} = \frac{110}{100+110} = \frac{x}{140}$$

∴ $x = 73.33 ≒ 73.3$[g]

したがって，溶媒の水を完全に蒸発させると，73.3gのKNO_3が析出する。

(3) 40℃の飽和溶液を20℃に冷却すると，溶液100 + 60 = 160[g]あたりについて，溶解度の差 60 − 30 = 30[g]の結晶が析出する。120gの飽和溶液からx[g]の結晶が析出するとしたら，

$$\frac{析出量}{溶液量} = \frac{60-30}{160} = \frac{x}{120}　∴ x = 22.5[g]$$

(4) 40℃の飽和溶液120gから水40gを蒸発させると，まず，40gの水に溶けていたKNO_3が析出する。

$$60 \times \frac{40}{100} = 24[g]$$

残った溶液量は，120 − 40 − 24 = 56[g]
残った溶液56gを20℃に冷却したとき，y[g]の結晶が析出するとして，

$$\frac{析出量}{溶液量} = \frac{60-30}{160} = \frac{y}{56}　∴ y = 10.5[g]$$

よって，析出量の合計：24 + 10.5 = 34.5[g]
〈別解〉 40℃の飽和溶液120gには，(1)より溶質45gが含まれ，濃縮・冷却により合計z[g]の結晶が析出するとすると，結晶析出後の上澄み液は，20℃の飽和溶液となるから，

$$\frac{溶質量}{溶液量} = \frac{45-z}{120-40-z} = \frac{30}{130}　∴ z = 34.5[g]$$

[解答] (1) 37.5g　(2) 73.3g
　　　 (3) 22.5g　(4) 34.5g

174 [解説] (1) **気体の溶解度**は，ふつう，気体の圧力が1.0×10^5Paのとき，水1Lに溶ける気体の体積を，標準状態に換算した値で表すことが多い。
　本問は，標準状態に換算して…という文言がないので，この0.030Lは，27℃，1.0×10^5Paでの気体の体積と考えるべきである。
　27℃の水1Lに溶ける1.0×10^5Paの酸素の質量をw[g]とすると，

気体の状態方程式　$PV = \frac{w}{M}RT$ より，

175〜176

$1.0 \times 10^5 \times 0.030 = \dfrac{w}{32} \times 8.3 \times 10^3 \times 300$

∴ $w ≒ 0.0385$〔g〕⟹ 38.5〔mg〕

ヘンリーの法則より，<u>一定量の液体に溶ける気体の物質量（質量）は，その気体の圧力に比例する。</u>

溶解する O_2 の質量は，6.0×10^5 Pa のときは，1.0×10^5 Pa のときの6倍になる。

∴ $38.5 \times 6.0 = 231 ≒ 2.3 \times 10^2$〔mg〕

(2) ヘンリーの法則より，<u>一定量の液体に溶ける気体の体積は，溶解した圧力の下では，圧力に関係なく一定である。</u>

溶解した圧力（6.0×10^5 Pa）のもとで，溶けた O_2 の体積は，ボイルの法則から $\dfrac{1}{6}$ になるので，結局，1.0×10^5 Pa で溶けた O_2 の体積と同じ 0.030L を示す。

(3) 6.0×10^5 Pa で溶けた 0.030L の O_2 を，1.0×10^5 Pa での体積（x〔L〕とする）で表すと，

ボイルの法則 $P_1V_1 = P_2V_2$ より，

$6.0 \times 10^5 \times 0.030 = 1.0 \times 10^5 \times x$

∴ $x = 0.18$〔L〕

【解答】 (1) **2.3 × 10² mg**
(2) **0.030L** (3) **0.18L**

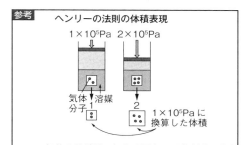

参考 ヘンリーの法則の体積表現

気体の体積は，加える圧力に反比例する（ボイルの法則）。よって，<u>一定量の液体に溶ける気体の体積は，溶解した圧力の下で測定すれば，常に一定となる。</u>ただし，溶解した気体を，ある特定の圧力（通常，1×10^5 Pa など）に換算した体積で表せば，やはり圧力に比例する。

175 〔解説〕 1.0mol/L $CuSO_4$ 水溶液とは，本来，溶液1.0L 中に，$CuSO_4$（無水物）1mol（= 160g）が溶けている溶液のことである。

本問では，$CuSO_4$（無水物）ではなく，$CuSO_4$・$5H_2O$ の結晶を用いて，1.0mol/L $CuSO_4$ 水溶液をつくる方法が問われている。

$CuSO_4$・$5H_2O$ ⟶ $CuSO_4$ + $5H_2O$
　1mol　　　　 1mol　　 5mol

上記の反応式からわかるように，$CuSO_4$・$5H_2O$ の結晶 1mol 中には $CuSO_4$（無水物）が 1mol 含まれているから，$CuSO_4$（無水物）1mol を用いる代わりに，$CuSO_4$・$5H_2O$ 1mol を用いても，1.0mol/L $CuSO_4$ 水溶液をつくることができる。

(ア)〜(ウ) $CuSO_4$・$5H_2O$ の式量は 250 なので $CuSO_4$・$5H_2O$ 1mol の質量は 250g である。

$CuSO_4$・$5H_2O$ 160g では 1mol に足りないので，いずれも不適。

(エ) $CuSO_4$・$5H_2O$ 250g（= 1mol）を水 750g に溶かすと，溶液の質量は 1000g になるが，溶液の密度は 1.0g/cm³ であるとは限らないので，溶液の体積がちょうど 1.0L になるとは限らない。不適。

(オ) $CuSO_4$・$5H_2O$ 250g（= 1mol）を水 1.0L に溶かしても，得られた溶液の体積は 1.0L ではない。不適。<u>一般に，溶媒に溶質が溶けると，溶液の体積変化が起こることに留意する。</u>

(カ) $CuSO_4$・$5H_2O$ 250g（= 1mol）を水に溶かしたのち，全体の体積を 1.0L に調整することで，正確な 1.0mol/L $CuSO_4$ 水溶液 1.0L が得られる。

【解答】 **(カ)**

176 〔解説〕 (ア) エタノールは，親水基のヒドロキシ基 −OH と，疎水基のエチル基 −C_2H_5 の両方をもつので，水にもヘキサンなどの有機溶媒にも溶ける。アルコールは，一般に炭化水素基の炭素数が多くなる（C_4 以上）と，分子全体に占める疎水基の影響が強くなり，水に溶けにくくなる。 〔○〕

(イ) 硫酸バリウム $BaSO_4$ は，Ba^{2+} と SO_4^{2-} からなるイオン結晶で，価数の大きい陽イオンと陰イオン間にはたらくクーロン力が強いため，水和が起こっても結晶を崩すことはできず，水には溶けない。 〔○〕

(ウ) ナフタレンのような無極性分子は，ヘキサンなどの無極性溶媒には，分子間力によって溶媒和されてよく溶けるが，水などの極性溶媒には，水和が起こらないので溶けにくい。 〔×〕

(エ) グルコース $C_6H_{12}O_6$ は，ヒドロキシ基 −OH どうしで，比較的強い**水素結合**によって分子結晶をつくっている。一方，グルコース（極性分子）とヘキサン（無極性分子）の間には弱い**ファンデルワールス力**しかはたらかない。そのため，グルコースにヘキサンが溶媒和しても，結晶を崩すことができず，グルコースはヘキサンに溶けにくい。 〔○〕

(オ) Na^+ は，水分子の負の電荷を帯びた O 原子側で水和される。 〔×〕

(カ) ヨウ素(無極性分子)は，水(極性溶媒)にはほとんど溶けないが，ヘキサン(無極性溶媒)にはよく溶ける。これは，ヨウ素分子がヘキサンによって溶媒和されるからである。〔×〕

解答 (ア)○ (イ)○ (ウ)× (エ)○ (オ)× (カ)×

177 解説

(1) **気体の溶解度**は，温度が低いほど大きく，温度が高いほど小さくなる。これは，温度が高くなると，溶液中の気体分子の熱運動が活発になり，溶液中から外へ飛び出しやすくなるためである。よって，a…50℃，b…20℃，c…0℃

(2) 水素は，0℃，1.0×10^5Pa のとき，水 1.0L に 0.021L 溶けるから，水 20L に対して，$0.021 \times 20 = 0.42$〔L〕溶ける。

ヘンリーの法則によると，温度一定では，
① 気体の溶解度(質量，物質量)は，気体の圧力に比例する。
② 気体の溶解度(体積)は，溶解した圧力の下では，一定である。

本問では，ヘンリーの法則の②が適用できる。水 20L に 4.0×10^5Pa の水素が接しているとき，水に溶けた水素の体積を，溶解した圧力(= 4.0×10^5Pa)の下で測定すれば，ボイルの法則から，体積が $\frac{1}{4}$ になるので，結局，1.0×10^5Pa で溶解した気体の体積と同じ 0.42L になる。

(3) **混合気体の溶解度**は，**各成分気体の分圧に比例する**から，まず，N_2とO_2の分圧を求める。

(分圧)＝(全圧)×(モル分率) より，

$P_{N_2} = 1.0 \times 10^5 \times \dfrac{2.0}{2.0 + 3.0} = 0.40 \times 10^5$〔Pa〕

$P_{O_2} = 1.0 \times 10^5 \times \dfrac{3.0}{2.0 + 3.0} = 0.60 \times 10^5$〔Pa〕

水が 1.0L あるとすると，20℃では，N_2，O_2 はそれぞれ 0.015L，0.031L(標準状態に換算した値)溶ける。したがって，水 1.0L に溶けた N_2とO_2の質量比は，モル質量が $N_2 = 28$g/mol，$O_2 = 32$g/mol より，

$N_2 : O_2$
$= \dfrac{0.015}{22.4} \times \dfrac{0.40 \times 10^5}{1.0 \times 10^5} \times 28 : \dfrac{0.031}{22.4} \times \dfrac{0.60 \times 10^5}{1.0 \times 10^5} \times 32$
$\fallingdotseq 1.0 : 3.5$

解答 (1) c (2) **0.42L** (3) **1.0 : 3.5**

178 解説

水和水をもつ物質(**水和物**)を水に溶解すると，**水和水は溶媒に加わる**ので，溶媒の量は多くなる。つまり，溶液中においても溶質であるのは，**水和物から水和水を除いた無水物**だけである。

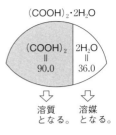

水和物中の無水物と水和水の質量は，その式量にしたがって比例配分すればよい。

(1) 式量は，$(COOH)_2 \cdot 2H_2O = 126$，$(COOH)_2 = 90$
シュウ酸二水和物$(COOH)_2 \cdot 2H_2O$ 63g 中のシュウ酸(無水物)$(COOH)_2$ の質量は，

$63 \times \dfrac{90}{126} = 45$〔g〕

質量パーセント濃度は次式で求められる。

$\therefore \dfrac{溶質の質量}{溶液の質量} = \dfrac{45}{1000 \times 1.02} \times 100$
$\fallingdotseq 4.41 \fallingdotseq 4.4$〔％〕

(2) 溶液 1L 中に含まれる溶質(無水物)の物質量で表した濃度が**モル濃度**となる。

$(COOH)_2 \cdot 2H_2O \longrightarrow (COOH)_2 + 2H_2O$
    1mol   1mol   2mol

係数比 1:1 より，シュウ酸二水和物の物質量とシュウ酸(無水物)の物質量は等しい。

シュウ酸二水和物 63g の物質量は，$(COOH)_2 \cdot 2H_2O$ のモル質量が 126g/mol より，

$\therefore \dfrac{63}{126} = 0.50$〔mol〕

これが溶液 1L 中に含まれるから，モル濃度は 0.50mol/L。

(3) 溶媒 1kg(= 1000g) 中に含まれる溶質の物質量で表した濃度が**質量モル濃度**である。
質量モル濃度を求めるときは，必ず，溶媒の質量を求める必要がある。

(溶媒の質量)＝(溶液の質量)－(溶質の質量)
$= 1020 - 45 = 975$〔g〕

質量モル濃度 ＝ $\dfrac{溶質の物質量(mol)}{溶媒の質量(kg)}$

$= \dfrac{0.500}{\frac{975}{1000}} \fallingdotseq 0.512 \fallingdotseq 0.51$〔mol/kg〕

解答 (1) **4.4％** (2) **0.50mol/L**
(3) **0.51mol/kg**

179

[解説] (1) 混合気体の場合，着目した気体の溶解度(物質量，質量)は，その気体の分圧に比例する。
空気中の N_2 の分圧は，

$$1.0 \times 10^5 \times \frac{4}{5} = 0.80 \times 10^5 \text{[Pa]}$$

表より，20℃，1.0×10^5Pa で N_2 は，水 1L に $\frac{0.015}{22.4}$ mol 溶ける。

よって，水 10L で N_2 の分圧 0.80×10^5Pa では，

$$\frac{0.015}{22.4} \times 10 \times \frac{0.80 \times 10^5}{1.0 \times 10^5} \fallingdotseq 5.35 \times 10^{-3} \text{[mol]} 溶ける。$$

モル質量 $N_2 = 28$g/mol より，その質量は，
$5.35 \times 10^{-3} \times 28 \fallingdotseq 0.149 \fallingdotseq 0.15$ [g]

(2) 0℃，1.0×10^5Pa で O_2 は，水 1L に $\frac{0.049}{22.4}$ mol 溶ける。水 10L で 1.0×10^6Pa では，O_2 は，

$$\frac{0.049}{22.4} \times 10 \times \frac{1.0 \times 10^6}{1.0 \times 10^5} = \frac{4.9}{22.4} \text{[mol]} 溶ける。$$

一方，50℃，1.0×10^5Pa で O_2 は水 1L に $\frac{0.021}{22.4}$ mol 溶ける。

水 10L で 1.0×10^5Pa では，O_2 は，

$$\frac{0.021}{22.4} \times 10 \times \frac{1.0 \times 10^5}{1.0 \times 10^5} = \frac{0.21}{22.4} \text{[mol]} 溶ける。$$

よって，溶解できずに気体として発生する O_2 は，

$$\frac{4.9}{22.4} - \frac{0.21}{22.4} = \frac{4.69}{22.4} \fallingdotseq 0.209 \fallingdotseq 0.21 \text{[mol]}$$

[解答] (1) **0.15g** (2) **0.21mol**

[参考] 潜水病について
潜水で呼吸に用いるボンベには 150～200 気圧の圧縮空気が充填されていて，レギュレーターという装置によって，周囲の水圧と同圧の空気が吸えるように調節されている。
水中では 10m 潜るごとに水圧が 1 気圧ずつ増すので，水深 40m では約 5 気圧の空気(1気圧の O_2 と 4 気圧の N_2)を吸うことになる。高圧状態では，ヘンリーの法則によって血液中への空気の溶解度が増加する。このうち O_2 は体内で消費されるが，N_2 は体内で消費されないので，長時間潜水していると血液中にかなり蓄積されてしまう。
潜水後，急激に浮上すると，環境圧の低下により血液中に溶けていた N_2 が気泡となって遊離し，この気泡が毛細血管を閉塞して血流を妨害するので，種々の運動障害や知覚障害などを伴う**潜水病**(減圧症)が現れる。
この潜水病を防ぐために，浮上に時間をかけて圧力変化を緩やかにすること，特に，深い水中での潜水の場合には，圧縮空気の代わりに He(N_2 よりも溶解度が小さい)と O_2 の混合気体を呼吸に用いるなどの対策が必要となる。

180

[解説] 水和水を含む水和物の結晶を水に溶かしたとき，水和水は溶媒に加わるので，溶質は無水物だけとなることに留意する。

(1) 式量が $CuSO_4 \cdot 5H_2O = 250$，$CuSO_4 = 160$ より，$CuSO_4 \cdot 5H_2O$ 100g 中の無水物と水和水の質量は，その式量にしたがって比例配分すればよい。

無水物 $CuSO_4$: $100 \times \frac{160}{250} = 64$ [g]

水和水 $5H_2O$: $100 - 64 = 36$ [g]

加える水を x [g] とすると，60℃の飽和溶液になるための条件は，

$$\frac{溶質の質量}{溶媒の質量} = \frac{64}{x + 36} = \frac{40}{100}$$

∴ $x = 124$ [g]

(2) 60℃の飽和溶液 100g 中の $CuSO_4$ を y [g] とおく。

$$\frac{溶質の質量}{溶液の質量} = \frac{40}{100 + 40} = \frac{y}{100}$$

∴ $y \fallingdotseq 28.57 \fallingdotseq 28.6$ [g]

水の質量：$100 - 28.57 = 71.43 \fallingdotseq 71.4$ [g]

$CuSO_4$ の飽和溶液を冷却すると，析出する結晶には溶媒の一部が水和水としてとり込まれ，五水和物 $CuSO_4 \cdot 5H_2O$ の結晶として析出する。
このため，結晶の析出により，溶媒である水の質量が減少することに留意する。

析出する $CuSO_4 \cdot 5H_2O$ の結晶を x [g] とおくと，その中の無水物と水和水の質量は，

無水物：$\frac{CuSO_4}{CuSO_4 \cdot 5H_2O} \times x = \frac{160}{250} x$ [g]

水和水：$\frac{5H_2O}{CuSO_4 \cdot 5H_2O} \times x = \frac{90}{250} x$ [g]

結局，結晶析出後の上澄み液は 30℃における飽和溶液であるから，

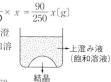

$$\frac{溶質の質量}{溶媒の質量} = \frac{28.6 - \frac{160}{250}x}{71.4 - \frac{90}{250}x} = \frac{25}{100}$$

∴ $x \fallingdotseq 19.54 \fallingdotseq 19.5$ [g]

〈別解〉

$$\frac{溶質の質量}{溶液の質量} = \frac{28.6 - \frac{160}{250}x}{100 - x} = \frac{25}{125}$$

∴ $x \fallingdotseq 19.54 \fallingdotseq 19.5$ [g]

[解答] (1) **124g** (2) **19.5g**

181 〔解説〕 容器に封入したCO_2 は，水溶液中（液相）と空間（気相）のいずれかに存在する。液相の CO_2 の物質量はヘンリーの法則から，気相の CO_2 の物質量は気体の状態方程式から求められる。

(1) 7℃，$1.0 \times 10^5\,Pa$ において，CO_2 は水 1L に $8.3 \times 10^{-2}\,mol$ 溶ける。7℃，$2.0 \times 10^5\,Pa$ で水 10L に溶ける CO_2 の物質量は，

$$8.3 \times 10^{-2} \times 10 \times \frac{2.0 \times 10^5}{1.0 \times 10^5} = 1.66\,[mol]$$

気相中の CO_2 の物質量は，$PV = nRT$ より，

$$n = \frac{PV}{RT} = \frac{2.0 \times 10^5 \times 15}{8.3 \times 10^3 \times 280} \fallingdotseq 1.29\,[mol]$$

CO_2 の総物質量：$1.66 + 1.29 = 2.95 \fallingdotseq 3.0\,[mol]$

(2) ピストンを動かすと，気相と液相に存在する CO_2 の物質量はそれぞれ変化するが，その物質量の総和は，最初に加えた CO_2 の物質量と等しい。

溶解平衡に達したときの容器内の CO_2 の圧力を $P\,[Pa]$ とする。

気相に存在する CO_2：

$$n = \frac{P \times 10}{8.3 \times 10^3 \times 280} \fallingdotseq 4.30 \times 10^{-6}P\,[mol]$$

液相に存在する CO_2：

$$8.3 \times 10^{-2} \times 10 \times \frac{P}{1.0 \times 10^5} = 8.30 \times 10^{-6}P\,[mol]$$

（気相に存在する CO_2 の物質量）＋（液相に存在する CO_2 の物質量）＝（封入した CO_2 の物質量） より，

$$4.30 \times 10^{-6}P + 8.30 \times 10^{-6}P = 2.95$$
$$\therefore\quad P \fallingdotseq 2.26 \times 10^5 \fallingdotseq 2.3 \times 10^5\,[Pa]$$

(3) 溶解平衡に達したときの容器内の CO_2 の圧力を $P'\,[Pa]$ とする。

気相に存在する CO_2：

$$n = \frac{P' \times 10}{8.3 \times 10^3 \times 300} \fallingdotseq 4.01 \times 10^{-6}P'\,[mol]$$

液相に存在する CO_2：

$$4.5 \times 10^{-2} \times 10 \times \frac{P'}{1.0 \times 10^5} = 4.50 \times 10^{-6}P'\,[mol]$$

$$4.01 \times 10^{-6}P' + 4.50 \times 10^{-6}P' = 2.95$$
$$\therefore\quad P' \fallingdotseq 3.46 \times 10^5 \fallingdotseq 3.5 \times 10^5\,[Pa]$$

参考 **密閉容器での気体の溶解量の取り扱い**

水の入った開放容器に大気中の窒素が溶ける場合，窒素は大量にあるから，いくら水に溶けても窒素の分圧は変化しない。

一方，水の入った密閉容器に一定量の気体を封入し，その溶解量を考える場合，気体が水に溶解すると，気体の分圧は次第に減少する。したがって，気体の溶解量は最初に与えられた分圧ではなく，最終的には，もうこれ以上溶けることができなくなった状態（**溶解平衡**）での気体の分圧に比例することになる。

ところで，この溶解平衡時の気体の分圧は直接測定することが難しいので，次のような**物質収支の関係式**を使うことによって間接的に求めることができる。

$$\begin{pmatrix}\text{封入した気体} \\ \text{の物質量}\end{pmatrix} =$$

$$\begin{pmatrix}\text{気相に存在する} \\ \text{気体の物質量}\end{pmatrix} + \begin{pmatrix}\text{液相に溶解した} \\ \text{気体の物質量}\end{pmatrix}$$

こうして求めた溶解平衡に達したときの気体の分圧をもとにして，液相や気相に存在する気体の物質量を求めることができる。

〔解答〕 (1) **3.0mol** (2) **2.3 × 10⁵Pa**
(3) **3.5 × 10⁵Pa**

182～185

3-13 希薄溶液の性質　81

13 希薄溶液の性質

182 [解説]　水に不揮発性物質を溶かした溶液の蒸気圧は純溶媒の蒸気圧よりも低くなる(**蒸気圧降下**)。溶液の蒸気圧降下により, 溶液の沸点は純溶媒の沸点よりも高くなる(**沸点上昇**)。

　また, 溶液の凝固点は純溶媒の凝固点よりも低くなる(**凝固点降下**)。これは, 溶液では溶質粒子の割合が増えるほど, 相対的に溶媒分子の割合が減少し, 溶媒分子の凝固が起こりにくくなるためである(溶液を冷却しても, 凝固するのは溶媒分子だけであることに留意せよ)。

　溶液と純溶媒との沸点の差を**沸点上昇度**, 溶液と純溶媒との凝固点の差を**凝固点降下度**という。濃度のうすい溶液(**希薄溶液**)の場合, 溶液の沸点上昇度, 凝固点降下度 Δt は, 溶質の種類に関係なく, いずれも溶液の質量モル濃度 m に比例する。

　　$\Delta t = k_b \cdot m$　　$\Delta t = k_f \cdot m$

　上の式の比例定数 k_b, k_f をそれぞれ**モル沸点上昇**, **モル凝固点降下**といい, 溶液の質量モル濃度が1mol/kgのときの沸点上昇度, 凝固点降下度を表す。どちらも各溶媒に固有の定数である。また, 同じ溶媒でも, k_b と k_f の値は異なるので, 混同しないように注意したい。

　沸点上昇度や凝固点降下度のように, **温度差**の単位には温度の単位の[℃]ではなく, 絶対温度と同じ[K]を用いることにも注意してほしい。

(1) まず, 尿素水溶液の質量モル濃度 m を求める。

$$m = \frac{\dfrac{1.2}{60}}{0.10} = 0.20 [\text{mol/kg}]$$

　水のモル沸点上昇を k_b, 沸点上昇度を Δt_b とすると, $\Delta t = k_b \cdot m$
　　$\Delta t_b = 0.52 \times 0.20 = 0.104 [\text{K}]$
　水の沸点は100℃だから, この水溶液の沸点は,
　　$100 + 0.104 = 100.104 [℃]$

(2) $NaCl \longrightarrow Na^+ + Cl^-$ のように電離し, 溶質粒子の数は電離前の2倍になる。よって, 0.20mol/kgのNaCl水溶液は, 0.40mol/kgの非電解質水溶液と同じ凝固点降下度を示す。

　水のモル凝固点降下を k_f, 凝固点降下度を Δt_f とすると, $\Delta t_f = k_f \cdot m$
　　$\Delta t_f = 1.85 \times 0.40 = 0.74 [\text{K}]$
　水の凝固点は0℃だから, NaCl水溶液の凝固点は,
　　$0 - 0.74 = -0.74 [℃]$

[解答]　(1) **100.104℃**　(2) **−0.74℃**

---

183 [解説]　(1) 海水(溶液)は真水(純溶媒)に比べて, **蒸気圧降下**により, 水の蒸発速度が遅くなっている。したがって, 海水でぬれた水着は真水でぬれた水着よりも乾きにくい。

(2) 溶液の**凝固点降下**により, 水の凝固点(0℃)以下になっても, ぬれた路面の水分が凍結しにくくなる。塩化カルシウムが凍結防止剤に使われるのは, $CaCl_2 \longrightarrow Ca^{2+} + 2Cl^-$ のように電離して, 粒子数が3倍となり, 凝固点降下がより大きく現れるからである。

(3) 「青菜に塩」の現象は, 野菜に食塩をまぶしておくと, 野菜の表面にできた濃い食塩水(溶液)の**浸透圧**によって, 野菜の細胞内の水分が奪われるために起こる。

(4) 溶液の**沸点上昇**により, 水の沸点(100℃)になっても沸騰は起こらない(沸騰水に食塩を入れるとしばらく沸騰が止む)。さらに加熱すると, 食塩水の沸点(100℃以上)に達して沸騰が起こり始める。

[解答]　(1) (ウ)　(2) (イ)　(3) (エ)　(4) (ア)

---

184 [解説]　(1) 溶媒や溶液を冷却するとき, 凝固点以下の温度になっても凝固しないで液体状態を保つことがある(図の a ～ c)。この不安定な状態を**過冷却**という。過冷却の状態で, 小さなほこりや振動などによって結晶核ができると, 凝固が一気に進み, 温度は凝固点付近まで急激に上昇する。

　c 点まで温度が下がると, 水溶液中に小さな氷の結晶核が生成し, これを中心に急激に凝固が始まる。

(2) 溶液を冷却すると溶媒だけが凝固していく。水溶液を冷却した場合, 氷が析出するにつれて, 残った水溶液の濃度が大きくなるので, 凝固点降下が大きくなり, 凝固点は降下していき, グラフは右下がりの直線となる。

　したがって, 過冷却が起こらなかったとしたときの理想的な**溶液の凝固点**(溶液中から溶媒が凝固し始める温度)は, 冷却曲線の後半の直線部分を左に延長した(外挿した)ものと, 前半の冷却曲線との交点のaである。このa点の温度を正しく読み取ると, その温度はイである。

(3) 凝固点降下度は, 溶液の質量モル濃度に比例する。$\Delta t_f = k_f \cdot m$ より,
　　求める非電解質の分子量を M とおくと,

$$0.60 = 1.86 \times \frac{\dfrac{1.0}{M}}{0.050} \quad \therefore \ M = 62.0 \fallingdotseq 62$$

[解答]　(1) c　(2) イ　(3) 62

---

185 [解説]　希薄溶液の浸透圧 $\Pi [\text{Pa}]$ は, 溶液の体積 $V[\text{L}]$, 絶対温度 $T[\text{K}]$, 溶質の物質量 $n[\text{mol}]$ を

用いると，$\Pi V = nRT$ となる（**ファントホッフの法則**）。この式で，R は**気体定数**と等しく，$R = 8.3 \times 10^3$〔Pa・L/(mol・K)〕である。

また，溶液のモル濃度 $C = \dfrac{n}{V}$〔mol/L〕を用いると $\Pi = CRT$ となる。

(1) グルコース $C_6H_{12}O_6$ は非電解質で，水中でも溶質粒子の数は変化しない。

ファントホッフの法則 $\Pi = CRT$ を用いる。

$\Pi = 0.10 \times 8.3 \times 10^3 \times 300$
$= 2.49 \times 10^5 \doteqdot 2.5 \times 10^5$〔Pa〕

(2) 塩化ナトリウム $NaCl$ は電解質で，水中で Na^+ と Cl^- に電離するので，溶質粒子の数が2倍となり，溶液の浸透圧も，同濃度の非電解質水溶液の2倍になる。

$2.49 \times 10^5 \times 2 = 4.98 \times 10^5 \doteqdot 5.0 \times 10^5$〔Pa〕

(3) ファントホッフの法則 $\Pi V = \dfrac{w}{M} RT$ を用いる。

この非電解質の分子量を M とおくと，

$3.0 \times 10^5 \times 0.20 = \dfrac{2.0}{M} \times 8.3 \times 10^3 \times 300$

∴ $M = 83$

解答 (1) 2.5×10^5 Pa (2) 5.0×10^5 Pa
(3) 83

186 **解説** 次のことを覚えておくこと。

蒸気圧降下，沸点上昇度，凝固点降下度は，いずれも溶質粒子の**質量モル濃度**に比例する。ただし，溶質が電解質の場合，電離によって生じた全溶質粒子の質量モル濃度に比例する。

溶質が電解質の場合の取り扱い：1molの電解質が電離して i〔mol〕のイオンになったとすると，溶質粒子数は i 倍になるため，沸点上昇度・凝固点降下度は，同じ質量モル濃度の非電解質の水溶液の i 倍になる。同様に，浸透圧の場合も同じモル濃度の非電解質の水溶液の i 倍になる。

(1) グルコースは非電解質だが，塩化ナトリウムと塩化カルシウムは電解質で，とくに指示のない限り，完全に電離するものとして解けばよい。

$NaCl \longrightarrow Na^+ + Cl^-$
$CaCl_2 \longrightarrow Ca^{2+} + 2Cl^-$

上のように完全に電離すると，$NaCl$, $CaCl_2$ の溶質粒子の数はそれぞれ電離前の2倍，3倍になる。よって，同温（例えば t_1）で，最も蒸気圧の高い⑦がグルコース，最も低い⑨が塩化カルシウム，その中間の⑦が塩化ナトリウムの水溶液となる。

(2) 沸点上昇度も全溶質粒子の質量モル濃度に比例する。

0.10mol/kg と 0.20mol/kg の水溶液の沸点の差が

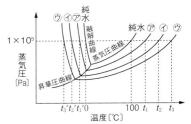

$(t_1, t_2, t_3$ は溶液⑦, ⑦, ⑨の沸点を，t_1', t_2', t_3' は溶液⑦, ⑦, ⑨の凝固点を示す$)$

0.052K あるから，純水と 0.30mol/kg の水溶液との沸点の差は，

$0.052 \times 3 = 0.156$〔K〕

水の沸点は100℃だから，

$t_3 = 100 + 0.156 = 100.156 \doteqdot 100.16$〔℃〕

(3) (2)の図の通り，全溶質粒子の質量モル濃度の最も大きい⑨の凝固点が最も低くなる。

解答 (1) ⑦ グルコース
⑦ 塩化ナトリウム
⑨ 塩化カルシウム
(2) 100.16℃ (3) ⑨

187 **解説** 溶液と溶媒を半透膜で仕切ると，どんな現象が起こるか考えてみよう。

単位時間あたりに，溶媒側（左）から溶液側（右）へ移動できる溶媒分子を仮に10個とすると，溶液側（右）から溶媒側（左）へ移動できる溶媒分子は10個より少ない個数（例えば，8個）に減少するはずである。この結果をミクロに見れば，単位時間あたりに，溶媒側から溶液側へ溶媒分子が2個ずつ移動することになる。これが溶媒の**浸透**にほかならない。つまり，半透膜を通過できるのは溶媒分子だけであるから，その濃度の大きい溶媒側から，その濃度の小さい溶液側へと溶媒分子が移動していくのは，ごく当然のことである。また，溶媒の浸透を防ぐためには，溶液側にある圧力を加えればよい。この圧力が最初に与えられた溶液の**浸透圧**に等しくなる。

(1) 濃度の異なる水溶液を半透膜で仕切って放置しておくと，濃度の小さい水溶液中の水分子が半透膜を通って濃度の大きい水溶液中に**浸透**する（右図）。

液面差が 8.0cm にな

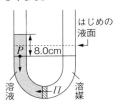

ったということは，溶液側の液面が 4.0cm 上がり，溶媒側の液面が 4.0cm 下がったことを示す。
　平衡に達したとき，溶液中に浸透した水は 4.0cm × 1.0cm² = 4.0cm³ で，6.0mg の溶質が 104.0mL の溶液中に溶けていることになる。

$$6.0 \times 10^{-3} \times \frac{1000}{104.0} \fallingdotseq 5.76 \times 10^{-2} \fallingdotseq 5.8 \times 10^{-2} \text{〔g/L〕}$$

(2)　水が半透膜を通って溶液中へ浸透しようとする圧力(**浸透圧**)Π と 8.0cm の溶液柱の圧力 P がつり合う。80mm の溶液柱に相当する圧力は，題意より，

$$\frac{80}{0.10} = 8.0 \times 10^2 \text{〔Pa〕}$$

$\Pi = 8.0 \times 10^2$ Pa, $V = 0.104$L, $w = 6.0 \times 10^{-3}$g, $T = 300$K を $\Pi V = \frac{w}{M}RT$(ファントホッフの法則) に代入して，

$$8.0 \times 10^2 \times 0.104 = \frac{6.0 \times 10^{-3}}{M} \times 8.3 \times 10^3 \times 300$$

∴ $M \fallingdotseq 179.5 \fallingdotseq 180$

〈別解〉(1)で求めた溶液の濃度 0.058g/L を用いてもよい。この場合は，$V = 1.0$L, $w = 0.058$g を上式に代入すればよい。

[解答] (1) **5.8×10^{-2}g/L** (2) **1.8×10^2**

188 [解説]　溶液などの温度が下がるようすを時間経過とともに表したグラフを**冷却曲線**といい，溶液の凝固点の測定に利用される。温度変化を正確に測定するには，0.01K の最小目盛りをもつ**ベックマン温度計**(右図)を用いる。

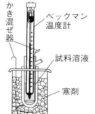

(1), (2)　純水を冷却すると，本来の凝固点(a_1点)になっても結晶は析出せず，さらに低温になってはじめて結晶が析出する(a_2点)。凝固点以下でありながら液体状態を保っている不安定な状態($a_1 \sim a_2$点)を**過冷却**という。

(3)　a_2点まで温度が下がると，液体中に小さな氷の結晶核が生成し始め，これを中心に一気に凝固が起こる。このとき，多量の凝固熱の発生により，一時的に温度が上がる($a_2 \sim a_3$点)。その後，温度は一定の凝固点を保ったまま水の凝固が続く($a_3 \sim a_4$点)。すべて氷になると，凝固熱の発生は止み，再び，温度が下がり始める(a_4点〜)。

(4)　純溶媒が凝固するときは，凝固が終了するまでは，凝固熱による発熱量と寒剤による吸熱量がつり合っているので，温度が一定に保たれる。

(5)　溶液の場合，飽和溶液に達するまでは，溶液中の

溶媒だけが凝固するので，残りの溶液の濃度はしだいに大きくなる。それとともに凝固点降下も大きくなり，残った溶液の凝固点が低下していくので，グラフは右下がりになる。

(6)　過冷却が起こらなかったとしたときの理想的な**溶液の凝固点**(溶液中から溶媒が凝固し始める温度)は，冷却曲線の後半の直線部分(d〜e点)を左に延長して前半の曲線との交点のb点である。このb点の温度を正しく読み取ると，その温度は**イ**である。

(7)　凝固点降下度は，溶液の質量モル濃度に比例する。
$\Delta t = k_f \cdot m$ より，
求める非電解質の分子量を M とおくと

$$0.24 = 1.86 \times \frac{\frac{0.40}{M}}{0.050} \quad \therefore \quad M = 62$$

[解答] (1) **過冷却** (2) **a_2**
(3) **a_2 から急激に凝固が始まり，多量の凝固熱が発生して，冷却によって奪われる熱を上回ったため。**
(4) **凝固熱による発熱量と寒剤による吸熱量がつり合っているから。**
(5) **溶媒の水だけが凝固するので，溶液の濃度がしだいに大きくなり，凝固点が下がるから。**
(6) **イ** (7) **62**

| 参考 | 純溶媒と溶液の冷却曲線について |

　純溶媒を冷却すると，凝固点を示す a_1 点に達しても凝固は起こらず，液体の状態を保ったまま温度が下がっていく。この状態を**過冷却**という。過冷却は不安定な状態であって，何かの刺激が与えられれば，急激に凝固が進行することがある。一般に，粒子の配列が乱雑な状態にある液体から，規則的な状態にある固体になるためには，結晶核が必要である。a_1 点では十分な結晶核が生成していないため凝固は起こらないが，さらに a_2 点まで温度が下がると，液体中に微小な結晶核が多く生成し，それを中心に急激に凝固が始まる。

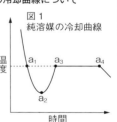

図1
純溶媒の冷却曲線

　このとき，ごく短時間ではあるが，多量に発生した熱(凝固熱)によって，冷却しているにもかかわらず，温度が上昇する。

　その後，$a_3 \sim a_4$ 点までは，凝固熱による発熱量と寒剤(氷と NaCl の混合物)による吸熱量がつり合うように凝固が進行するので，一定の温度(純溶媒の凝固点)が保たれる。すべての液

3-13 希薄溶液の性質

189～190

体が固体となったa_4点以降は，凝固熱の発生は止むので，再び温度は一定の割合で低下していく。

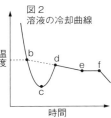
図2 溶液の冷却曲線

溶液を冷却した場合，b点からd点までは純溶媒の冷却曲線とほぼ同じであるが，d点以降では，純溶媒のように一定温度を保ち続けるのではなく，温度は徐々に低下していく点が異なる。これは，溶液を凝固点以下に冷却した場合，優先的に結晶として析出するのは溶媒だけであり，溶質は析出しないためである。したがって，残った溶液の濃度は上昇して，凝固点降下が大きくなり，溶液の凝固点が低下するのである。

溶液の凝固点とは，過冷却が起こらず，溶液中からはじめて溶媒の結晶が析出し始める温度のことだから，冷却曲線のd～e点の直線部分を左に延長して(外挿して)求めた交点bの温度が溶液の凝固点となる。

また，d点以降は溶液の濃度が一定の割合で増大していくが，やがて飽和溶液となったe点以降は，溶媒と溶質が一緒に析出するようになる。このとき析出した溶媒と溶質の混合物を**共晶**といい，これ以降は，溶液の濃度は一定となり，凝固点降下も起こらず，温度(**共晶点**という)も一定となる。残った溶液がすべて共晶となって析出し，すべて固体となったf点以降は，温度は一定の割合で低下し始める。

溶液の凝固の進行（モデル図）

189 [解説] 溶媒に不揮発性物質(スクロースやNaClなど)を溶かすと，純溶媒よりも蒸気圧が降下する。この現象を蒸気圧降下という。

(1) 質量モル濃度 = $\dfrac{溶質の物質量(mol)}{溶媒の質量(kg)}$ より，

NaCl： $\dfrac{\frac{2.34}{58.5}}{0.100} = 0.400$ [mol/kg]

$C_6H_{12}O_6$： $\dfrac{\frac{9.00}{180}}{0.100} = 0.500$ [mol/kg]

(2) グルコースは非電解質なので，B液中の全溶質粒子の質量モル濃度は0.500mol/kgのままである。一方，塩化ナトリウムは電解質であり，水溶液中では，

$NaCl \longrightarrow Na^+ + Cl^-$

とほぼ完全に電離するので，A液中の全溶質粒子の質量モル濃度は，

$0.400 \times 2 = 0.800$ [mol/kg]

になる。蒸気圧降下は，全溶質粒子の質量モル濃度に比例するので，A液の方が蒸気圧降下が大きくなる。

すなわち，B側では，凝縮する水分子より蒸発する水分子の数が多く，蒸発が進む。一方，A側では，蒸発する水分子より凝縮する水分子の数が多く，凝縮が進む。したがって，B側からA側への水の移動が起こる。これは，両液の蒸気圧が等しくなるまで，すなわち，両液の全溶質粒子の質量モル濃度が等しくなるまで続く。

(3) B側よりA側にx[g]の水が水蒸気の形で移動したとすると，両液の全溶質粒子の質量モル濃度が等しくなったとき，水の移動は止まる。

$$\dfrac{\frac{2.34}{58.5} \times 2}{\frac{100+x}{1000}} = \dfrac{\frac{9.00}{180}}{\frac{100-x}{1000}}$$

∴ $x ≒ 23.076$ [g]

A液の総質量は，

$100 + 2.34 + 23.076 = 125.416 ≒ 125.42$ [g]

[解答] (1) NaCl：**0.400mol/kg**
$C_6H_{12}O_6$：**0.500mol/kg**
(2) **B → A**
(理由) A液の方がB液よりも蒸気圧降下が大きく，水蒸気圧の高いB液側から水蒸気圧の低いA液側へ水が移動するため。
(3) **125.42g**

190 [解説] (1) 希薄溶液の浸透圧Πは，モル濃度Cと絶対温度Tに比例する。

$\Pi = CRT$ (R：気体定数)

このほか，気体の状態方程式と同じ$\Pi V = nRT$の関係も成り立つ(**ファントホッフの法則**)。

グルコース$C_6H_{12}O_6$の分子量：$M = 180$
溶質の質量$w = 360$mg $= 0.360$g を代入して，

$\Pi \times 1.0 = \dfrac{0.360}{180} \times 8.3 \times 10^3 \times 300$

∴ $\Pi ≒ 4.98 \times 10^3 ≒ 5.0 \times 10^3$ [Pa]

(2) 溶液の**浸透圧**は，半透膜を通って，溶媒分子が溶液中へ浸透しようとする圧力のことである。右図の装置を使うと，ガラス管に生じた液柱に相当する圧力で溶液の浸透

2つの力がつり合うと水の浸透が止まる

を測定することができる。
　溶液の浸透圧の計算値は，パスカル(Pa)単位で表されているが，溶液の浸透圧の実験で測定されるのは，上図のような液柱の高さhである。そこで，パスカル[Pa]→水銀柱[cmHg]→液柱[cm]の順で単位を変換する。
　$1.0 \times 10^5 Pa = 76 cmHg$ より，
(1)で求めた$\varPi = 4.98 \times 10^3$[Pa]を水銀柱[cmHg]に変換すると

$$\frac{4.98 \times 10^3}{1.0 \times 10^5} \times 76 \text{[cmHg]}$$

圧力[g/cm²] = 溶液の密度[g/cm³] × 高さ[cm] より
上記の水銀柱の圧力に相当する液柱の高さをx[cm]とおくと

$$\underbrace{\frac{4.98 \times 10^3 \times 76}{1.0 \times 10^5}}_{水銀柱の圧力} \times \underbrace{13.5}_{\substack{水銀の\\密度}} = x \times \underbrace{1.0}_{\substack{水溶液の\\密度}}$$
　　　　　　　　　　　　液柱の
　　　　　　　　　　　　高さ

∴ $x \fallingdotseq 51.0 \fallingdotseq 51$[cm]

解答 (1) **5.0 × 10³Pa**　(2) **51cm**

参考 逆浸透の利用
　溶液と溶媒を半透膜で仕切ると，溶媒が溶液側へ浸透し，溶液側の液面が高くなる。このとき生じた表面差に相当する圧力は，平衡に達したときの溶液の浸透圧に等しくなる。いま，溶液側にその溶液の浸透圧よりも大きい圧力を加えると，溶液中の溶媒分子だけが半透膜を通って溶媒側へと移動する。この現象は，通常の溶媒分子の浸透とは逆向きに移動するので，**逆浸透**という。また，これを利用した物質の分離・精製法を**逆浸透法**という。
　この方法を利用して，乾燥地帯や離島，長距離航路の船舶などでは，海水の淡水化が進められている。

191 [解説] (1) CaCl₂水溶液の質量モル濃度mは

$$m = \frac{\dfrac{0.333}{111}}{\dfrac{30.0}{1000}} = 0.100 \text{[mol/kg]}$$

CaCl₂が水溶液中で完全に電離(電離度1)したとすると，溶質粒子数は3倍に増加する。

$$CaCl_2 \longrightarrow Ca^{2+} + 2Cl^-$$

(したがって，0.100mol/kgのCaCl₂水溶液は，0.300mol/kgの非電解質水溶液と同じ凝固点降下を示すことになる。)

これを$\Delta t = k_\mathrm{f} \cdot m$の式に代入すると，予想される凝固点降下度$\Delta t'$は次のようになる。
　$\Delta t' = 1.85 \times 0.300 = 0.555$[K]
　実際のCaCl₂水溶液の凝固点降下度は$\Delta t = 0.520$

[K]であるから，CaCl₂は完全には電離していない。そこで，CaCl₂の電離度を$\alpha(0<\alpha<1)$とおくと，CaCl₂水溶液中での各粒子の質量モル濃度は次のようになる。

$$CaCl_2 \overset{\alpha}{\rightleftarrows} Ca^{2+} + 2Cl^-$$
　$0.100(1-\alpha)$　0.100α　0.200α　[mol/kg]

全溶質粒子の質量モル濃度の合計は，
$0.100(1-\alpha) + 0.100\alpha + 0.200\alpha = 0.100(1+2\alpha)$[mol/kg]
これを$\Delta t = k_\mathrm{f} \cdot m$の式に代入すると，
　$0.520 = 1.85 \times 0.100(1+2\alpha)$
　∴ $\alpha \fallingdotseq 0.905 \fallingdotseq 0.91$

参考 **電解質の電離度が1より小さい理由**
　希薄なNaCl水溶液では，Na⁺とCl⁻はほとんど出合うことなく自由に動くことができる。しかし，濃度が大きくなると，Na⁺とCl⁻は接近することが多くなり，互いに静電気力で引き合うため，自由に動くことができなくなる。このため，見かけ上，粒子の数が減少した状態になり，NaClの電離度が1よりも小さくなるという結果が得られる。また，NaCl以外の電解質では，構成イオンの電荷が大きくなると，陽イオンと陰イオンの間には静電気力が強くなり，濃度が比較的薄くても電解質の電離度が1より小さくなる現象がみられる。

希薄な水溶液　　濃厚な水溶液

(2) 硫酸ナトリウム十水和物Na₂SO₄·10H₂O(式量322)5.0g中に含まれるNa₂SO₄とH₂Oの質量は，その式量，分子量を用いて比例配分すればよい。

Na₂SO₄(式量142)：$5.0 \times \dfrac{142}{322} \fallingdotseq 2.20$[g]

10H₂O(分子量18)：$5.0 \times \dfrac{180}{322} \fallingdotseq 2.79$[g]

Na₂SO₄·10H₂O 5.0gを水100gに溶かすと，**水和水の2.79gは溶媒の水に加わる**ので，溶媒(水)の質量は，$100 + 2.79 = 102.79$[g] $\fallingdotseq 102.8$[g] $= 0.1028$[kg]
一方，Na₂SO₄ $\longrightarrow$ 2Na⁺ + SO₄²⁻
と完全に電離するので，溶質粒子数は電離前の3倍になる。したがって，$\Delta t_\mathrm{f} = k_\mathrm{f} \cdot m$より，

$$\Delta t = 1.85 \times \frac{\dfrac{2.20}{142} \times 3}{0.1028} \fallingdotseq 0.836 \fallingdotseq 0.84 \text{[K]}$$

水の凝固点は0℃なので，この水溶液の凝固点は，

$0 - 0.84 = -0.84 [℃]$

このように,溶質が Na_2SO_4 のような電解質の場合,水溶液中で電離し,溶質粒子が増える。よって,Δt_f を考えるとき,電離して増加した全溶質粒子の物質量を考慮して凝固点降下を考える必要がある。

(3) 酢酸 CH_3COOH は,水のような極性溶媒に溶けたときは,①式のようにその一部が電離する。

$$CH_3COOH \rightleftarrows CH_3COO^- + H^+ \cdots ①$$

したがって,酢酸の水溶液の凝固点降下度からその分子量を求めると,酢酸の真の分子量の 60 に近い値が得られる。

一方,酢酸が,ベンゼン C_6H_6 のような無極性溶媒に溶けたときは,極性の強い $-COOH$ どうしが水素結合によって結びつき(=**会合**という),大部分が**二量体**を形成する(②式)。

$$H_3C-C\begin{matrix}O\cdots\cdots H-O\\O-H\cdots\cdots O\end{matrix}C-CH_3 \quad \left(\begin{matrix}\cdots\cdots は\\ 水素結合 \end{matrix}\right)$$

$$2CH_3COOH \rightleftarrows (CH_3COOH)_2 \cdots ②$$

ベンゼン溶液中での酢酸のみかけの分子量を M とおくと,酢酸のベンゼン溶液の質量モル濃度 m は,

$$m = \frac{\frac{1.2}{M}}{\frac{50}{1000}} = \frac{24}{M} [mol/kg]$$

この溶液の凝固点降下度 $\Delta t = 5.5 - 4.4 = 1.1 [K]$ より,これらを $\Delta t = k_f \cdot m$ の式に代入すると,

$$1.1 = 5.12 \times \frac{24}{M} \quad \therefore \quad M ≒ 111.7 ≒ 112$$

酢酸の真の分子量は 60 であるから,ベンゼン溶液中では,酢酸分子の大部分が会合して二量体を形成していることがわかる。

解答 (1) **0.91** (2) **−0.84℃** (3) **112**

参考　凝固点降下の利用

自動車のラジエーター(冷却器)の内部には,エンジンを冷却するための冷却水が流れている。この水が冬季に凍結したら,エンジンを冷却する効果がなくなり,エンジンは過熱状態になり走行できなくなる。また,水の凝固による体積膨張でラジエーターを破損してしまう恐れもある。

このような事態を防ぐために,特に寒冷地では冬季に冷却水に不凍液(エチレングリコール)を加える。エチレングリコールは水によく溶け,沸点が高く蒸発により失われにくく,塩類のように金属に対する腐食性がないので,凝固点降下によって冷却水の凍結を防ぐ効果が大きい。

例えば,エチレングリコールの濃度が 35%では,水溶液の凝固点は約 −20℃,50%では約 −40℃まで下げることができるので,各地の冬季の最低気温に合わせて濃度をうまく調節しながら利用されている。

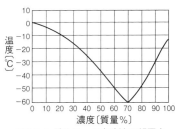

エチレングリコール水溶液の凝固点

また,冬季に道路が凍結すると,車輌の通行に支障をきたし,事故の原因にもなる。このような事態を避けるために,塩化カルシウムの凝固点降下が利用される。それは,$CaCl_2$ が安価な工業生産物であり,完全に電離すると粒子数が 3 倍になり,凝固点降下の効果が大きいためである。降雪前に $CaCl_2$ が路面上に散布されていれば,降雪があっても $CaCl_2$ 水溶液が生じ,水よりも凝固点が下がるため,水で濡れた路面は凍結しにくくなる。

さらに,降雪後に $CaCl_2$ を散布した場合も,$CaCl_2$ は潮解性が強く,周囲から水を吸収して溶ける。このとき溶解熱が発熱(約 82kJ/mol)のため,氷の一部を融解させることができるので,融雪剤として路面の凍結防止に効果を発揮する。

14 コロイド

192 [解説] **コロイド粒子**の大きさは，$10^{-7} \sim 10^{-5}$ cm，$10^{-9} \sim 10^{-7}$ m，$1 \sim 100$ nm などと表現される。

コロイド粒子が物質中に均一に分散している状態，あるいはこの状態にある物質を**コロイド**という。

コロイドには，1) 気体中にコロイド粒子が分散している霧・煙など，2) 液体中にコロイド粒子が分散している泡・乳濁液（液体）・懸濁液（固体）など，3) 固体中にコロイド粒子が分散している軽石・シリカゲル・色ガラスなどがある。

コロイド粒子はセロハンのような**半透膜**を通り抜けることができないが，小さい分子やイオンは半透膜を通過できる。このことを利用して，不純物のイオンなどを含むコロイド溶液から，コロイド粒子以外の小さい分子やイオンを取り除くことができる。この操作を**透析**という。

普通の分子・イオンに比べて大きなコロイド粒子は，可視光線をよく散乱させる。そのため，コロイド溶液にレーザー光線などの強い光を当てると，光の通路が輝いて見える。このような現象を**チンダル現象**という。

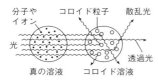

コロイド粒子を**限外顕微鏡**（チンダル現象を利用して，コロイド粒子の存在が観察できる顕微鏡）で見ると，光点が不規則に動く**ブラウン運動**が観察できる。これは，コロイド粒子の周囲にある水分子が不規則にコロイド粒子に衝突するために起こる（コロイド粒子自身の動きによるものではない）。

コロイド粒子は正または負に帯電している。例えば，水酸化鉄(Ⅲ)のコロイドは正に帯電しているので，直流電圧をかけると，コロイド粒子は陰極側へと移動する。このように，正または負に帯電したコロイド粒子が一方の電極に向かって動く現象を**電気泳動**という。

水酸化鉄(Ⅲ)のコロイドのように，水との親和力の小さいコロイドを**疎水コロイド**といい，少量の電解質を加えると沈殿する。このような現象を**凝析**という。一方，ゼラチンのコロイドのように，水との親和力の大きいコロイドを**親水コロイド**といい，少量の電解質を加えても沈殿しないが，多量の電解質を加えると沈殿する。この現象を**塩析**という。

[解答] ① $10^{-7} \sim 10^{-5}$ ② 半透膜 ③ 透析
④ チンダル現象 ⑤ ブラウン運動
⑥ 電気泳動 ⑦ 負 ⑧ 凝析
⑨ 疎水コロイド ⑩ 塩析
⑪ 親水コロイド

> [参考] **疎水コロイドと親水コロイド**
> 水和している水分子は少なく，コロイド粒子のもつ電荷の反発により安定化しているコロイドが**疎水コロイド**で，無機物のコロイドに多く見られる。一方，多数の水分子がコロイド粒子に水和することにより安定化しているコロイドが**親水コロイド**で，有機物のコロイドに多く見られる。
>
>
>
> 疎水コロイド　　　　　親水コロイド
> 金属，水酸化鉄(Ⅲ)，　ゼラチン，寒天，豆乳，
> 炭素，硫黄，粘土など　デンプン，にかわなど

193 [解説] (1) コロイド粒子は半透膜は通れないが，ろ紙の目よりも小さいので，ろ紙を通り抜けることができる。〔○〕

(2) 卵白（主成分はタンパク質）の水溶液は**親水コロイド**である。親水コロイドは水和により安定している。少量の電解質では凝析は起こらないが，多量の電解質を加えると，水和水を失い，凝集して沈殿が生じる（**塩析**）。〔×〕

(3) 流動性をもったコロイド溶液を**ゾル**，流動性を失い固化した状態を**ゲル**という。ゲルは，コロイド粒子が網目状につながり，その中に水が閉じ込められた状態にある。豆腐，寒天，こんにゃく，ゼリーなどがその例である。〔○〕

(4) 親水コロイドはその表面に親水基を多くもち，水和水を引きつけていることで安定化している。少量の電解質を加えただけでは，この水和水を奪うことができないので，凝析は起こらない。〔○〕

(5) 疎水コロイドの**凝析**には，反対符号で価数の大きいイオンを含む塩類が有効である。〔×〕

(6) **チンダル現象**は，コロイド粒子が光を吸収するためではなく，光を散乱するために起こる。〔×〕

(7) コロイド粒子が不規則に動く現象を**ブラウン運動**といい，これは分散媒の水分子がコロイド粒子に不規則に衝突することによって起こる見かけの現象である。〔○〕

(8) にかわの主成分はタンパク質で，親水コロイドである。にかわが炭素のコロイド（疎水コロイド）に対して**保護**コロイドとしてはたらくので，墨汁に少量の電解質を加えただけでは沈殿しない。〔×〕

(9) 粘土のコロイドは負の電荷をもつ**疎水コロイド**なので，これを凝析するには，正電荷をもつ陽イオンで，価数の小さい Na^+ より価数の大きい Al^{3+} の方が有効である。〔○〕

88 3-14 コロイド

194〜195

(10) 金属のような不溶性物質を分割して，コロイド粒子の大きさにしたものを**分散コロイド**という。一方，デンプンのように，分子1個でできたコロイドを**分子コロイド**，セッケンのように，多くの分子が分子間力によって集合(会合という)してできたコロイドを**会合コロイド**という。〔○〕

参考　金のコロイド溶液のつくり方

右図のような装置で金を電極としてアーク放電(高電流による火花を伴わない放電)を行うと，高熱のため金がいったん蒸気となり，直ちに水で冷却され，金のコロイド溶液(赤紫色)ができる。電極の種類を変えると，銀や白金のコロイド溶液も，この方法でつくることができる。

解答　(1) ○　(2) ×　(3) ○　(4) ○　(5) ×
　　　　(6) ×　(7) ○　(8) ×　(9) ○　(10) ○

194 解説

(1) 川の水に含まれる粘土のコロイドは，水との親和力の小さい**疎水コロイド**であり，海水中の各種のイオンによって**凝析**され，河口に沈殿し，長い年月によって三角州をつくる。

(2) ばい煙は，大気中に種々の固体物質が分散した**分散コロイド**で，正または負に帯電している。したがって，煙突の内部に直流電圧をかけて**電気泳動**を行うと，ばい煙を一方の電極に集めることができる。

(3) 比較的濃厚(3〜5%)なゼラチンやデンプンの水溶液は，高温では流動性をもつゾルの状態であるが，冷却すると，内部に水を含んだまま網目状につながり合って流動性を失う。この状態を**ゲル**といい，豆腐，寒天，こんにゃく，温泉卵などがその例である。

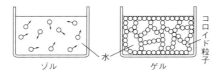

ゾル　　　水　　　ゲル　　　コロイド粒子

(4) 炭素のコロイドは，水との親和力の小さい**疎水コロイド**で凝析しやすい。しかし，親水コロイドであるにかわを加えておくと，その保護作用により凝析しにくくなる。このようなはたらきをする親水コロイドを，特に**保護コロイド**という。墨汁は，親水コロイドであるにかわを保護コロイドとした炭素のコロイド溶液である。

(5) 空気中に浮遊している塵や水滴に光が当たると，その表面で光が散乱されて光の進路が明るく光って見える(**チンダル現象**)。普通の分子・イオンに比べて大きなコロイド粒子は，可視光線をよく散乱させる。そのため，コロイド溶液にレーザー光線などの強い光を当てると，光の通路が輝いて見える。

(6) セッケンの水溶液は，多数(正確には数十〜百個程度)のセッケン分子が会合してできた会合コロイドである。その表面には多くの水分子が水和しており，**親水コロイド**に分類される。セッケンの水溶液に飽和食塩水を加えると，NaClの電離で生じたNa^+やCl^-に対して水分子が強く水和するため，これまでセッケンのコロイド粒子に弱く水和していた水分子が奪われる(脱水効果)。さらに，コロイド粒子の表面の電荷が加えた塩類の反対電荷で中和される(中和効果)などによって，セッケンの水への溶解度が低下し，沈殿する。この現象を**塩析**という。

(7) コロイド溶液中に小さな分子やイオンが含まれている場合，半透膜で純水と接した状態にしておくと，コロイド溶液中から小さな分子やイオンを除くことができる。この操作を**透析**という。血液は，赤血球や白血球などのほかに，タンパク質などのコロイド粒子，グルコース，各種の金属イオンなどを含む複雑なコロイド溶液である。腎臓の機能が低下した場合，血液中から不要な成分だけを取り除く人為的な透析(人工透析)を行う必要がある。

解答　(1)…(ウ)　(2)…(カ)　(3)…(イ)　(4)…(ク)
　　　　(5)…(ケ)　(6)…(エ)　(7)…(ア)

参考　人工透析

血液中の不要成分(尿素，尿酸など)を人為的に取り除く**人工透析**の原理は次の通りである。
　セルロースの半透膜でできた中空糸(細い筒状の糸)に血液をゆっくり通し，その外側に血液に必要な成分を含んだ透析液を，ゆっくり逆方向に流す。すると，血液中の必要成分(塩類，グルコースなど)は，半透膜の内外で濃度差がないので拡散しにくいが，不要成分は濃度差により膜外へゆっくりと拡散していく。数時間後には，血液中から不要成分だけが除かれて，血液はきれいに浄化されることになる。

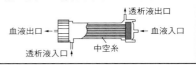

　　　　　　　　　　　透析液出口
血液出口　　　　　　　　　　　血液入口
　　　　透析液入口　　中空糸

195 解説

(1),(2) 塩化鉄(Ⅲ)を沸騰水と反応させると，水酸化鉄(Ⅲ)のコロイド溶液が生じる。この反応は塩の加水分解で，常温ではわずかしか進行しないが，高温では反応が急激に進み，赤褐色の$Fe(OH)_3$のコロイド粒子が生成する。

$$FeCl_3 + 3H_2O \longrightarrow Fe(OH)_3 + 3HCl$$

(3) 操作①でつくった溶液中には，$Fe(OH)_3$ のコロイド粒子と H^+ と Cl^- とが含まれる。これをセロハン袋(半透膜)に入れて純水に浸すと，H^+ と Cl^- だけが純水中に出ていき，袋の中には $Fe(OH)_3$ のコロイド粒子だけを含んだ溶液が得られる。このようにしてコロイド溶液中の不純物を除く(精製)する操作を，**透析**という。

(4) BTB溶液は酸塩基指示薬の1つで，酸性側で黄色，塩基性側で青色を示す。試験管Aでは，透析により純水中へ H^+ が出てきたので，BTB溶液が酸性側の黄色を示す。試験管Bでは，$Ag^+ + Cl^- \longrightarrow AgCl$ より，塩化銀の白色沈殿を生成するが，Cl^- が少量のときは白濁する程度である。

(5) **疎水コロイド**は，電気的な反発力によって安定化している。疎水コロイドに少量の電解質を加えると，帯電したコロイド粒子には反対符号のイオンが吸着されるため，コロイド粒子間にはたらいていた電気的反発力が失われて沈殿する(**凝析**)。

(6) 水酸化鉄(Ⅲ)のコロイドは疎水コロイドなので，少量の電解質によって凝析が起こる。しかし，あらかじめゼラチン水溶液を加えておくと，少量の電解質を加えても凝析は起こらない。それは疎水コロイドに少量の親水コロイドを加えておくと，疎水コロイドは親水コロイドに包まれて凝析しにくくなるためである。このようなはたらきをする親水コロイドを，特に**保護コロイド**という。

(7) 疎水コロイドを凝析させる能力(**凝析力**)は，コロイド粒子の電荷と反対符号で，その価数が大きいイオンほど強くなる(**シュルツ・ハーディの法則**)。
　一般に，負の電荷をもつコロイド粒子(**負コロイド**)に対しては，
$$Na^+, K^+ < Mg^{2+}, Ca^{2+} < Al^{3+}$$
の順に凝析力が大きくなる。また，正の電荷をもつコロイド粒子(**正コロイド**)に対しては，
$$Cl^-, NO_3^- < SO_4^{2-} < PO_4^{3-}$$
の順に凝析力が大きくなる。
　(ア)〜(オ)の電解質のうち，価数の大きい陰イオンを含む塩の(オ)を選べばよい。

　(ア) Na^+, Cl^-　(イ) Al^{3+}, Cl^-　(ウ) Mg^{2+}, NO_3^-
　(エ) Na^+, SO_4^{2-}　(オ) Na^+, PO_4^{3-}

(8) コロイド1粒子あたりのFe原子の数は
$$\frac{Fe 原子〔mol〕}{コロイド粒子〔mol〕}$$ で求められる。
　$FeCl_3$ のモル質量は162.5g/mol だから，加えた Fe^{3+} の物質量は，
$$\frac{1 \times 0.45}{162.5} \fallingdotseq 2.76 \times 10^{-3} 〔mol〕$$

コロイド粒子の物質量を n とすると，浸透圧の公式 $\mathit{\Pi} V = nRT$ より，
$$3.4 \times 10^2 \times 0.10 = n \times 8.3 \times 10^3 \times 300$$
$$n \fallingdotseq 1.36 \times 10^{-5} 〔mol〕$$
$$\therefore \frac{2.76 \times 10^{-3}}{1.36 \times 10^{-5}} \fallingdotseq 2.02 \times 10^2 \fallingdotseq 2.0 \times 10^2 〔個〕$$

解答　(1) $FeCl_3 + 3H_2O \longrightarrow Fe(OH)_3 + 3HCl$
　(2) **赤褐色**　(3) **透析**
　(4) A：**黄色を示す，H^+**
　　　B：**白濁する，Cl^-**
　(5) **凝析**　(6) **保護コロイド**
　(7) (オ)　(8) **2.0×10^2 個**

参考　**$Fe(OH)_3$ コロイドに対する凝析力について**
　一般に，正の電荷をもつコロイド粒子(**正コロイド**)に対する凝析力は，価数の大きい陰イオンほど有効である。
$$Cl^-, NO_3^- < SO_4^{2-} < PO_4^{3-}$$
　しかし，正コロイドである水酸化鉄(Ⅲ)$Fe(OH)_3$ コロイドの場合，上記の一般原則は当てはまらないので注意が必要である。
　$FeCl_3 + 3H_2O \longrightarrow Fe(OH)_3 + 3HCl$　の反応でつくられた $Fe(OH)_3$ コロイド溶液の場合，透析を繰り返しても，コロイド溶液中には多量の H^+ を含み，強酸性(pH＝1〜2)を示す。
　これに0.1mol/L Na_3PO_4 aqと Na_2SO_4 aqをそれぞれ滴下していくと，予想に反して，Na_3PO_4 の凝析力は Na_2SO_4 の凝析力よりも小さいという結果が得られる。これは，$Fe(OH)_3$ コロイド溶液が強酸性のため，弱酸由来の PO_4^{3-} は液中から H^+ を受け取り，HPO_4^{2-} や $H_2PO_4^-$ などに変化し，その価数が小さくなり，凝析力も小さくなったためと考えられる(強酸由来の SO_4^{2-} は H^+ を受け取らないので，強酸性条件でも価数は変化せず，凝析力は低下しなかったと考えられる)。

参考　**疎水コロイドの凝析力(DLVOの理論)**
　疎水コロイドを凝析させるときに加える電解質は，コロイド粒子と反対符号の電荷をもち，しかも価数の大きいものほど有効である(つまり，より少量で凝析させることができる)。そして，イオンの価数が1価→2価→3価になると，凝析力は1倍→2倍→3倍ではなく，1倍→数十倍→数百倍と強くなる。この関係を**シュルツ・ハーディの法則**という。一般にコロイド粒子の周りには反対符号のイオンがとり巻き，**電気二重層**を形成している。電解質を加える前は，電気二重層が大きく広がっている(次ページの上図)。電解質を加えると，コロイド粒子をとり巻く反対符号のイオンが，コロイド粒子に強く押しつけられ，電気二重層の厚さが減少する(次ページの下図)。
　したがって，コロイド粒子どうしがより接近

できるようになり，コロイド粒子間にはたらく引力（分子間力）が強くはたらき，コロイド粒子引力（分子間力）が強くはたらき，コロイド粒子が凝集・沈殿するようになると考えられる。
このような考え方を，発見者4名の頭文字をとって**DLVO**の**理論**という。

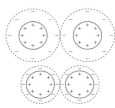

参考　木綿豆腐と絹ごし豆腐の違い

豆腐は豆乳に凝固剤を加えてつくられるが，その外観や食感などにより，木綿豆腐と絹ごし豆腐に分けられる。**木綿豆腐**は豆乳に苦汁$MgCl_2$や$CaSO_4$などを加えて凝集させ，さらに木綿布に包んで水分を減らしながら固めたもので，その表面に布目が見られる。
一方，**絹ごし豆腐**は濃厚な豆乳にグルコノラクトン$C_6H_9O_6$などの強力な凝固剤を加えて，水分を減らさずにそのまま固めたもので，きめが細かく，その表面には布目は見られない。なお，2種類の豆腐中の主な栄養成分量（100gあたりの平均値）は次の通りであり，水分を減らした木綿豆腐の方が栄養価は少し高くなる。

	エネルギー	水分	タンパク質	脂質	Ca
木綿豆腐	77kcal	85.1g	7.6g	4.2g	0.12g
絹ごし豆腐	59kcal	88.5g	5.8g	3.0g	0.09g

15 固体の構造

196 〔解説〕(1) **金属結晶**は，金属原子が金属結合によってできた結晶である。陽イオンに近い状態にある金属原子が自由電子によって結びつけられている結合が**金属結合**である。
(2) **イオン結晶**は，陽イオンと陰イオンが静電気的な引力（クーロン力）による**イオン結合**によってできた結晶である。
(3) **分子結晶**は，分子が**分子間力（ファンデルワールス力）**によって集合してできた結晶である。
(4) **共有結合の結晶**は，多数の原子が共有結合のみによって次々に結合してできた結晶である。

〔解答〕　① 金属結晶　② イオン結合　③ イオン結晶
④ 分子間力（ファンデルワールス力）
⑤ 分子結晶　⑥ 共有結合の結晶

197 〔解説〕(1)　この金属結晶の単位格子は，**体心立方格子**である。単位格子にある各頂点の原子は$\frac{1}{8}$個分ずつ，立方体の中心の原子は1個分が含まれる。したがって，単位格子中に含まれる原子の数は，
$\frac{1}{8} \times 8 + 1 = 2$〔個〕

(2)　結晶中で1つの粒子の周囲にある最も近接する他の粒子の数を**配位数**という。体心立方格子の立方体の中心の原子に着目すると，立方体の各頂点の原子8個と近接しており，配位数は8である。

(3)　体心立方格子では右図のように，単位格子の立方体の対角線上で原子が接している。単位格子の1辺の長さをaとすると，三平方の定理より体対角線の長さは$\sqrt{3}\,a$で，この長さは原子半径rの4倍に等しい。

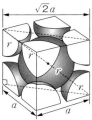

$4r = \sqrt{3}\,a$
∴ $r = \frac{\sqrt{3}\,a}{4} = \frac{1.73 \times 0.32}{4} ≒ 0.138 ≒ 0.14$〔nm〕

(4)　この原子1molあたりの質量は51gだから，
原子1個あたりの質量は，$\frac{51}{6.0 \times 10^{23}}$〔g〕

単位格子中には，この原子が2個分含まれるので，
$0.32\text{nm} = 0.32 \times 10^{-9}\text{m}$
$= 3.2 \times 10^{-8}\text{cm}$ より，

密度 $= \frac{\text{単位格子の質量}}{\text{単位格子の体積}} = \frac{\frac{51}{6.0 \times 10^{23}} \times 2}{(3.2 \times 10^{-8})^3}$
$≒ 5.18 ≒ 5.2$〔g/cm³〕

198～199

解答 (1) **2個** (2) **8個**
(3) **0.14nm** (4) **5.2g/cm³**

198 解説 (1) この金属結晶の単位格子は，**面心立方格子**である。単位格子の各頂点の原子は $\frac{1}{8}$ 個分ずつ，面の中心の原子は $\frac{1}{2}$ 個分ずつ含まれる。

したがって，単位格子中に含まれる原子の数は，
$$\frac{1}{8} \times 8 + \frac{1}{2} \times 6 = 4 \text{〔個〕}$$

(2) 面心立方格子の単位格子を右図のように2つつなぎ，その中央にある●の原子に着目すると，●の12個の原子と近接していることがわかる。

(3) 面心立方格子では右図のように，単位格子の面の対角線上で原子が接している。単位格子の1辺の長さを a とすると，三平方の定理より面対角線の長さは $\sqrt{2}a$ で，この長さは原子半径 r の4倍に等しい。

$$4r = \sqrt{2}a \quad \therefore \quad r = \frac{\sqrt{2}a}{4}$$

(4) この金属の原子量が M だから，この原子1mol あたりの質量は M〔g〕。

原子1個あたりの質量は，$\frac{M}{N}$〔g〕。

単位格子中には，この原子が4個分含まれるので，

$$密度 = \frac{単位格子の質量}{単位格子の体積} = \frac{\frac{M}{N} \times 4}{a^3} = \frac{4M}{a^3 N} \text{〔g/cm}^3\text{〕}$$

解答 (1) **4個** (2) **12個** (3) $\frac{\sqrt{2}a}{4}$ **cm**
(4) $\frac{4M}{a^3 N}$ **g/cm³**

参考 **金属結晶の配位数**

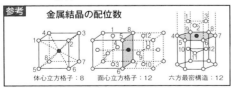

体心立方格子：8　　面心立方格子：12　　六方最密構造：12

199 解説 NaClの結晶では，Na⁺とCl⁻はそれぞれ**面心立方格子**の配列をとっている。
(1) 結晶格子において，1個の粒子をとり囲む最も近接する他の粒子の数を**配位数**という。イオン結晶では，あるイオンをとり囲む反対符号のイオンの数が配位数になる。

単位格子の中心のNa⁺に着目すると，その上下，左右，前後に合計6個のCl⁻がある。

(2) 中心のNa⁺は，その周りに合計12個のNa⁺でとり囲まれている（これは配位数ではない）。

(3) 問題文の単位格子を実際のイオンの大きさと同じ大きさの比の球で表すと，右図のようになる。

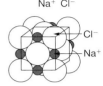

Na⁺とCl⁻は，単位格子の各辺上で接している。
単位格子の長さと，各イオン半径との関係は，
(Na⁺の半径×2) + (Cl⁻の半径×2) = (一辺の長さ)
(Na⁺の半径×2) + (1.7×10⁻⁸×2) = 5.6×10⁻⁸
∴ Na⁺の半径 = 1.1 × 10⁻⁸〔cm〕

(4) 単位格子中のNa⁺とCl⁻は，いずれも面心立方子の配列をしている。

Na⁺：$\frac{1}{4}$(辺上) × 12 + 1(中心) = 4〔個〕

Cl⁻：$\frac{1}{8}$(頂点) × 8 + $\frac{1}{2}$(面心) × 6 = 4〔個〕

∴ 単位格子中には，NaClの粒子を4個分含む。
NaClの粒子1個分の質量は，NaCl 1molの質量が58.5gだから，$\frac{58.5}{6.0 \times 10^{23}}$〔g〕に等しい。

$$密度 = \frac{単位格子の質量}{単位格子の体積} = \frac{\frac{58.5}{6.0 \times 10^{23}} \times 4}{(5.6 \times 10^{-8})^3}$$

$$\fallingdotseq 2.22 \fallingdotseq 2.2 \text{〔g/cm}^3\text{〕}$$

解答 (1) **6個** (2) **12個** (3) **1.1×10⁻⁸cm**
(4) **2.2g/cm³**

参考 **イオン結合の強さ**
イオン結晶の結合力は，陽イオンと陰イオンとの間の**静電気力（クーロン力）**の大きさで決まる。クーロン力 f は，次式で表される。

$$f = \frac{k \times q^+ \times q^-}{(r^+ + r^-)^2}$$

$\begin{pmatrix} q^+, q^- は各イオンの電荷 \\ r^+, r^- は各イオンの半径 \\ k はクーロンの法則の定数 \end{pmatrix}$

電荷が同じ陽イオンと陰イオンの場合，イオン半径が，Na⁺ < K⁺ < Rb⁺ の順に大きくなると，クーロン力は，NaCl > KCl > RbCl の順に弱くなり，この順に融点が低くなる。
CaO(Ca²⁺とO²⁻)は，NaCl(Na⁺とCl⁻)よりも，イオンの価数がそれぞれ2倍なので，

クーロン力はかなり強くなる。したがって，CaO(融点2572℃)はNaCl(融点801℃)に比べてかなり融点が高い。

200 [解説] (1) Cu^+は単位格子中に$1 \times 4 = 4$〔個〕含まれる。
O^{2-}は，各頂点に8個，中心に1個存在するので，$\frac{1}{8} \times 8 + 1 = 2$〔個〕含まれる。

(2) 単位格子中にCu^+が4個とO^{2-}が2個含まれるので，両イオンの個数の比は，
$Cu^+ : O^{2-} = 4 : 2 = 2 : 1$　組成式はCu_2Oとなる。

(3) Cu^+は対角線上にあるO^{2-} 2個と近接している。立方体の中心にあるO^{2-}はその周囲にあるCu^+ 4個と近接している。

[解答] (1) Cu^+ : **4個**　O^{2-} : **2個**　(2) **Cu_2O**
(3) Cu^+ : **2個**　O^{2-} : **4個**

[参考] **イオン結晶の配位数について**
NaCl結晶の場合，Na^+は6個のCl^-で取り囲まれているので，Na^+の配位数は6である。一方，Cl^-も6個のNa^+で取り囲まれているのでCl^-の配位数も6である。本問のCu_2O結晶の場合，Cu^+は2個のO^{2-}で取り囲まれているのでCu^+の配位数は2である。一方，O^{2-}は4個のCu^+で取り囲まれているのでO^{2-}の配位数は4である。このようにAB型のイオン結晶では，陽イオンAの配位数と陰イオンBの配位数はそれぞれ等しいが，A_nB型やAB_n型のイオン結晶では，陽イオンAの配位数と陰イオンBの配位数は異なるので注意が必要である。

201 [解説] (1) ヨウ素分子は，単位格子の頂点8か所と，面の中心6か所に位置している。
単位格子中に含まれるI_2分子の数は，
$\frac{1}{8} \times 8 + \frac{1}{2} \times 6 = 4$〔個〕

(2) 直方体の体積＝(縦)×(横)×(高さ)より，
$5.0 \times 10^{-8} \times 7.0 \times 10^{-8} \times 1.0 \times 10^{-7}$
$= 3.5 \times 10^{-22}$〔cm^3〕

(3) 分子量が$I_2 = 254$より，モル質量は254g/mol。
I_2分子1個の質量は，$\frac{254}{6.0 \times 10^{23}}$〔g〕
単位格子中にはI_2分子が4個含まれるから，
密度＝$\frac{単位格子の質量}{単位格子の体積} = \frac{\frac{254}{6.0 \times 10^{23}} \times 4}{3.5 \times 10^{-22}}$
$\fallingdotseq 4.83 \fallingdotseq 4.8$〔$g/cm^3$〕

[解答] (1) **4個**　(2) **$3.5 \times 10^{-22} cm^3$**
(3) **$4.8 g/cm^3$**

202 [解説] (1) 単位格子の一辺の長さをaとおく。ダイヤモンドにおける炭素原子は，単位格子の各頂点と各面の中心，および，一辺$\frac{a}{2}$の小立方体の中心を1つおきに占めている。したがって，単位格子中に含まれる炭素原子の数は，
$\frac{1}{8}$(頂点)$\times 8 + \frac{1}{2}$(各面)$\times 6 + 4$(中心)$= 8$〔個〕

(2) 小立方体の中心に位置する炭素原子は，その頂点に位置する4つの炭素原子と共有結合している。

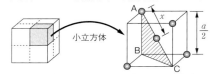

上図の斜線で示す△ABCを考えると，炭素原子の中心間距離をx〔cm〕として，
$AB = \frac{a}{2}$，$BC = \sqrt{\left(\frac{a}{2}\right)^2 + \left(\frac{a}{2}\right)^2} = \frac{\sqrt{2}a}{2}$，$AC = 2x$
△ABCについて三平方の定理より，
$(2x)^2 = \left(\frac{a}{2}\right)^2 + \left(\frac{\sqrt{2}a}{2}\right)^2$
$x = \frac{\sqrt{3}a}{4} = \frac{1.73 \times 3.6 \times 10^{-8}}{4} \fallingdotseq 1.55 \times 10^{-8}$〔cm〕

(3) C原子1個の質量は，$\frac{12}{6.0 \times 10^{23}}$〔g〕
単位格子中にはC原子を8個含むから，
密度＝$\frac{単位格子の質量}{単位格子の体積} = \frac{\frac{12}{6.0 \times 10^{23}} \times 8}{(3.6 \times 10^{-8})^3}$
$\fallingdotseq 3.42 \fallingdotseq 3.4$〔$g/cm^3$〕

[解答] (1) **8個**　(2) **$1.6 \times 10^{-8} cm$**　(3) **$3.4 g/cm^3$**

[参考] **充填率とは**
単位格子の体積に対する原子(球)の体積の割合を**充填率**という。単位格子の一辺の長さをa，原子半径をrとすると，
① 面心立方格子では，
$\frac{\frac{4}{3}\pi r^3 \times 4}{a^3} \times 100$〔％〕　$r = \frac{\sqrt{2}}{4}a$より，
充填率は，$\frac{\sqrt{2}\pi}{6} \times 100 \to \underline{74.0\%}$
② 体心立方格子では，
$\frac{\frac{4}{3}\pi r^3 \times 2}{a^3} \times 100$〔％〕　$r = \frac{\sqrt{3}}{4}a$より，
充填率は，$\frac{\sqrt{3}\pi}{8} \times 100 \to \underline{68.0\%}$
③ 六方最密構造の充填率も面心立方格子と同じ$\underline{74.0\%}$である。

203 〔解説〕(1) マグネシウムの結晶は，**六方最密構造**であり，図に示された正六角柱の各頂点の原子は $\frac{1}{6}$ 個分ずつ，正六角柱の上・下面の中心の原子は $\frac{1}{2}$ 個分ずつ，さらに，内部に3個の原子が含まれる。正六角柱の結晶格子に含まれる原子の数は，

$$\frac{1}{6}(頂点) \times 12 + \frac{1}{2}(面心) \times 2 + 3(内部) = 6 〔個〕$$

(2) 六方最密構造の底面の正六角形は，右図の一辺 a の正三角形を6つ合わせたものである。

したがって，正六角形の底面積 S は，

$$S = \frac{1}{2}\left(a \times \frac{\sqrt{3}}{2}a\right) \times 6 = \frac{3\sqrt{3}a^2}{2} 〔nm^2〕$$

よって，正六角柱の体積 V は，

$$V = \frac{3\sqrt{3}a^2}{2} \times c = \frac{3\sqrt{3}a^2c}{2} 〔nm^3〕$$

ここへ $a = 0.320$nm $= 3.20 \times 10^{-8}$cm
$c = 0.520$nm $= 5.20 \times 10^{-8}$cm を代入

$$V = \frac{3 \times 1.73 \times (3.20 \times 10^{-8})^2 \times (5.20 \times 10^{-8})}{2}$$

$$\fallingdotseq 1.381 \times 10^{-22} \fallingdotseq 1.38 \times 10^{-22} 〔cm^3〕$$

(3) Mgのモル質量は24.3g/molであるから，

Mg原子1個の質量は，$\frac{24.3}{6.0 \times 10^{23}}$ 〔g〕

この結晶格子中にMg原子6個分を含むから，

$$結晶の密度 = \frac{結晶格子の質量}{結晶格子の体積} = \frac{\frac{24.3}{6.0 \times 10^{23}} \times 6}{1.381 \times 10^{-22}}$$

$$\fallingdotseq 1.760 \fallingdotseq 1.76 〔g/cm^3〕$$

〔解答〕(1) **6個** (2) **1.38 × 10⁻²² cm³**
(3) **1.76g/cm³**

共通テストチャレンジ

204 〔解説〕 水上置換で捕集した気体は，水蒸気が飽和しているため，水蒸気との混合気体として考える。この際，捕集した容器の内側と外側の水面の高さを一致させると，大気圧と容器内の気体の圧力が等しくなる。

容器内の全圧＝大気圧

水槽の水面と容器内の水面が一致しているため，容器内の気体の圧力と大気圧とが等しい。

したがって，捕集した気体の分圧を p 〔Pa〕，飽和水蒸気圧を p_w 〔Pa〕，大気圧を P 〔Pa〕とすると，

$p + p_w = P$ より，$p = P - p_w$ 〔Pa〕

ボンベから取り出した気体の質量は $(w_1 - w_2)$ 〔g〕となる。なお，気体の質量を $(w_2 - w_1)$ 〔g〕とすると，負の値となるので不適である。気体の体積は水面の高さが一致していない状態の V_1 〔L〕ではなく，水面の高さを一致させた状態の V_2 〔L〕を用いる。これらを気体の状態方程式に代入すると

$$PV = \frac{w}{M}RT \Longrightarrow M = \frac{wRT}{PV}$$

分子量 M は，$M = \frac{RT(w_1 - w_2)}{(P - p_w)V_2}$

〔解答〕 ⑥

205 〔解説〕 a．1.0×10^5Paにおいて，窒素は0～110℃の間で常に気体であると考えられるが，水は条件次第で凝縮して，気液平衡になることがある。110℃のときは，窒素も水もすべて気体である。
また，混合気体中の各成分分気体において，**分圧の比＝物質量の比**であるから，

窒素の分圧 P_{N_2}：水蒸気の分圧 P_{H_2O}
＝窒素の物質量 n_{N_2}：水蒸気の物質量 n_{H_2O}
＝ 0.020mol：0.020mol ＝ 1：1

$$P_{H_2O} = 1.0 \times 10^5 \times \frac{1}{1+1} = 5.0 \times 10^4 〔Pa〕$$

この圧力のまま温度を下げ，5.0×10^4Paが水の飽和蒸気圧となる温度で凝縮し始める。グラフより，その温度は約82℃。

b．0.025molの気体のうち，窒素(0.020mol)は常に気体なので，水蒸気は0.005molとわかる。

窒素の分圧 P_{N_2}：水蒸気の分圧 P_{H_2O}
＝ n_{N_2}：n_{H_2O} ＝ 0.020：0.005 ＝ 4：1

$$P_{H_2O} = 1.0 \times 10^5 \times \frac{1}{4+1} = 2.0 \times 10^4 〔Pa〕$$

水の飽和蒸気圧が 2.0×10^4Paとなる温度は，グ

グラフより約65℃である。
数値の組合せとして最も適当なものは⑤となる。
解答 ⑤

206 [解説] 理想気体では, 状態方程式 $PV = nRT$ (P…圧力, V…体積, n…物質量, R…気体定数, T…絶対温度)が完全に成り立つので, 常に $\frac{PV}{nRT} = 1$ となる。なお, $\frac{PV}{nRT} = Z$ は**圧縮率因子**とよばれ, 実在気体の理想気体からのずれを表す指標として用いられる。これに対して実在気体は, 分子間力がはたらくことと, 分子自身の体積がゼロでないことから, 圧力の変化にともなって $\frac{PV}{nRT}$ の値が変化する。

① 一般に分子量が小さいほど分子間力が弱いため, 理想気体に近くなる。分子量は, 水素 H_2(2), 窒素 N_2(28), 二酸化炭素(44)であるから, 分子量の最も小さい H_2 が理想気体に近く, 分子量の最も大きい CO_2 が理想気体から最も外れる。
したがって, $\frac{PV}{nRT}$ の値が1に最も近いBが水素, 1から最も遠いCが二酸化炭素, その中間のAが窒素である。〔×〕

② P, n, R, T の値は, すべての気体について同じなので, $\frac{PV}{nRT}$ の値が理想気体に比べて小さいのは, V が小さいからである。つまり, 圧力が 5×10^7 Pa 以下のとき, 二酸化炭素は理想気体よりも体積が小さい。これは分子間力によって二酸化炭素分子が引きあうことによる体積の減少分が, 分子自身の体積による体積の増加分を上回るためである。〔×〕

③ どんな気体でも圧力を高くしていくと, 理想気体からのずれは大きくなる。これは, 分子自身に体積があるため, 圧力がかなり大きい場合, それ以上圧力を大きくしても体積はきわめて減りにくくなるためである。したがって, 圧力が大きいほど理想気体からのずれは大きくなる。〔○〕

④ 一般に, どんな気体でも温度が高いほど分子の熱運動が激しくなり, 分子間力の影響が小さくなるため, 理想気体により近くなる。したがって, 温度が T〔K〕よりも高くした場合, いずれの気体のグラフも理想気体のグラフからのずれは小さくなる。〔×〕
解答 ③

207 [解説] ① 水 100g に硝酸カリウム KNO_3 が 50g まで溶ける温度は, グラフよりおよそ32℃である。これ以下の温度に冷却すれば KNO_3 が析出する。〔○〕

② 硝酸ナトリウム $NaNO_3$ が水 100g に 90g まで溶ける温度は, グラフよりおよそ23℃である。
これ以下の温度に冷却すると $NaNO_3$ が析出する。①より硝酸カリウムは32℃以下の温度で析出するから, 20℃では $NaNO_3$ と KNO_3 の両方が析出する。〔○〕

③ ②より, 20℃では $NaNO_3$ と KNO_3 の両方が飽和している。20℃ → 0℃ にしたときの $NaNO_3$ の析出量は, グラフよりおよそ 87 − 74 = 13〔g〕, KNO_3 の析出量は, およそ 32 − 14 = 18〔g〕であるから, KNO_3 の析出量の方が多い。〔○〕

④ 10℃でも $NaNO_3$ と KNO_3 の両方が飽和している。グラフより $NaNO_3$ は 80g, KNO_3 は 22g 溶けていることから, 質量パーセント濃度は $NaNO_3$ の方が大きい。〔×〕
$NaNO_3$: $\frac{80}{100 + 80} \times 100 \fallingdotseq 44.4$〔%〕
KNO_3 : $\frac{22}{100 + 22} \times 100 \fallingdotseq 18.0$〔%〕

⑤ ①, ②より KNO_3 は32℃以下で, $NaNO_3$ は23℃以下で析出するので, 32℃〜23℃までは KNO_3 のみを析出させることはできるが, 60℃〜0℃の範囲で $NaNO_3$ のみを析出させることはできない。〔○〕
解答 ④

208 [解説] ① 陽イオンと陰イオンの最短距離は下図の「$r^+ + r^-$」に相当し, $\frac{\sqrt{3}a}{2}$ である。〔×〕

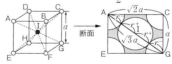

② 単位格子の質量に対して, 次式が成り立つ。
単位格子の体積〔cm³〕×密度〔g/cm³〕
$= \frac{\text{モル質量〔g/mol〕}}{\text{アボガドロ定数〔/mol〕}} \times$ **単位格子あたりの粒子数**
単位格子の一辺の長さ a を求めるには, 単位格子の体積が必要であり, AとBの原子量(モル質量)とアボガドロ定数に加えて, 結晶の密度も必要である。〔×〕

③ 原子Aの陽イオンの数 : 1(中心)×1 = 1(個)
原子Bの陰イオンの数 : $\frac{1}{8}$(頂点)×8 = 1 個
したがって, 組成式はABとなる。〔×〕

④ 図より, Aの陽イオン●1個に対してBの陰イオン○は8個が接している。同様に, Bの陰イオン○1個に対して, Aの陽イオン●8個と接している。〔○〕
解答 ④

第4編　物質の変化と平衡　　　　　　　　　　　　　　　　　　　　　　4-16　化学反応と熱　　95

16　化学反応と熱

209 [解説]

熱化学方程式は，物質の変化を表す化学反応式の右辺に反応熱を書き加え，両辺を等号（＝）で結んだ式である。物質の状態を書くのを原則とするが，状態が明らかなときは，省略してよい。水の場合は，常温では気体と液体のいずれの状態でも存在しうるので，必ず明記する必要がある。また，物質の状態変化を表す熱化学方程式では，必ず物質の状態を書く。同素体の存在する物質（単体）の場合も，C（黒鉛），C（ダイヤモンド）のように，その種類を区別すること。

各**反応熱**は着目した物質1molあたりの値で表す約束があるので，熱化学方程式では，その物質の係数が1となるようにする。すなわち，反応熱の種類を区別するには，熱化学方程式中で係数が1の物質に着目すればよい。

反応熱	内容
燃焼熱	物質1molが完全燃焼するときに発生する熱量。正の値を示す。
生成熱	物質1molがその**成分元素の単体**から生成するとき出入りする熱量。正・負の値あり。
中和熱	酸と塩基の水溶液の中和で水1molを生じるとき発生する熱量。正の値を示す。
溶解熱	物質1molが多量の水に溶解するとき出入りする熱量。正・負の値あり。

(1)　NaClが多量の水に溶解するときの**溶解熱**。
(2)　水の**蒸発熱**（吸熱であることに注意）。
(3)　左辺のCに着目すれば燃焼熱，右辺のCOに着目すれば**生成熱**となる。しかし，燃焼熱は物質の完全燃焼における発熱量だから，本問のような不完全燃焼のときは，燃焼熱とはいわない。
(4)　左辺のAlに着目して，Alの**燃焼熱**。
(5)　左辺のH_2に着目すれば**燃焼熱**，右辺のH_2O（液）に着目すれば**生成熱**。どちらにも該当する。
(6)　酸と塩基の水溶液が中和して，水H_2O1molが生成しているから，**中和熱**。

(注意)　燃焼熱，生成熱などの反応熱の単位は，〔kJ/mol〕であるが，熱化学方程式の右辺につける熱量の単位は〔kJ〕である。これは，熱化学方程式では，着目する物質の係数を1にして，その物質が1molあることを示しているからであり，反応熱に，「1molあたり」を表す "kJ/mol" をつけてはいけない。間違わないように！

[解答]　(1)…(ウ)　　(2)…(オ)　　(3)…(イ)　　(4)…(ア)
　　　　(5)…(ア)，(イ)　　(6)…(カ)

210 [解説]

(1)　エチレン1molあたりでは，141×10＝1410〔kJ〕の発熱となる。エチレンC_2H_4の完全燃焼では，CO_2とH_2O（液）が生成する。また，

エチレンの燃焼熱だから，左辺のC_2H_4の係数を1にする。
(2)　メタノールCH_4Oをつくるのに必要な単体は，C（黒鉛），H_2，O_2である。メタノールの生成熱だから，右辺のCH_4Oの係数を1にする。
(3)　NaOH（固）1molあたりでは，$4.4 \times 10 = 44$〔kJ〕の発熱がある。多量の水はaq，NaOHaqのように化学式の後ろにつけたaqはその水溶液を表す。
(4)　気体分子中の共有結合1molを切断して，ばらばらの原子にするのに必要なエネルギーを，その結合の**結合エネルギー**という。ただし，結合エネルギーの値を表すときは，通常，符号をつけずに絶対値で表す。しかし，熱化学方程式で表すときは，次のように符号をつける必要がある。
　・結合を切断するとき……吸熱反応（－）
　・結合が生成されるとき……発熱反応（＋）
　　　Cl_2（気）＝2Cl（気）－239kJ
　　　2Cl（気）＝Cl_2（気）＋239kJ
(5)　**中和熱**は，酸・塩基の水溶液が中和して，H_2O1molが生成するときの反応熱である。
　　　HCl：$1 \times 0.5 = 0.5$〔mol〕
　　　NaOH：$0.5 \times 1 = 0.5$〔mol〕
　　中和により水が0.5mol生成する。よって，生成する水1molあたりに換算すると，$28 \times 2 = 56$〔kJ〕
(6)　状態変化も熱化学方程式で表すことができる。そのうち，**融解熱**（固体→液体），**蒸発熱**（液体→気体），**昇華熱**（固体→気体）は，いずれも吸熱（－）変化であることに注意する。
(7)　気体分子中にあるすべての共有結合を切断して，ばらばらの原子にするのに必要なエネルギーを，その分子の**解離エネルギー**といい，その気体分子中にある各結合の結合エネルギーの和と等しい。

CH_4分子1mol中にはC－H結合が4mol含まれるから，C－H結合1molあたりの結合エネルギーの平均値はメタンの解離エネルギー1644kJ/molから，$1644 \div 4 = 411$kJ/molとなり，これがC－H結合の結合エネルギーとなる。

[解答]
(1) $C_2H_4 + 3O_2 = 2CO_2 + 2H_2O$（液）＋1410kJ
(2) C（黒鉛）＋$2H_2$＋$\frac{1}{2}O_2 = CH_4O$（液）＋237kJ
(3) NaOH（固）＋aq＝NaOHaq＋44kJ
(4) Cl_2（気）＝2Cl（気）－239kJ
(5) HClaq＋NaOHaq＝NaClaq＋H_2O＋56kJ
(6) C（黒鉛）＝C（気）－715kJ
(7) CH_4（気）＝C（気）＋4H（気）－1644kJ

211 〔解説〕 (1) 必要なメタノールの質量を x〔g〕とおく。
メタノールのモル質量は $CH_3OH = 32.0$ g/mol。
メタノール 1mol の完全燃焼で，726kJ の発熱があるから，

$$\frac{x}{32.0} \times 726 = 100 \text{〔kJ〕}$$

∴ $x ≒ 4.407 ≒ 4.41$〔g〕

(2) HCl と NaOH の物質量を比較する。少ない方が限定条件となり，生成物 H_2O の物質量を決定する。

HCl : $1.00 \times \dfrac{500}{1000} = 0.500$〔mol〕

NaOH : $2.00 \times \dfrac{500}{1000} = 1.00$〔mol〕

少ない方の HCl がすべてなくなるまで中和反応が起こり，生成する H_2O は 0.500mol である。NaOH の一部は反応せずに残る。

$0.500 \times 56.0 = 28.0$〔kJ〕

(3) 混合気体 112L（標準状態）の物質量は，5.00mol である。混合気体中のメタンを x〔mol〕，エタンを y〔mol〕とおくと，
物質量について，$x + y = 5.00 \cdots$ ①
発熱量について，$890x + 1560y = 5254 \cdots$ ②
①，②より，
$x = 3.80$〔mol〕，$y = 1.20$〔mol〕
気体では（物質量比）＝（体積比）より，
メタンの体積％ = $\dfrac{3.80}{5.00} \times 100 = 76.0$〔％〕

〔解答〕 (1) **4.41g** (2) **28.0kJ** (3) **76.0％**

212 〔解説〕 化学反応で出入りする熱量を**反応熱**という。反応熱は 25℃，1.013×10^5Pa において，着目する物質 1mol あたりの熱量で示され，その単位には，**キロジュール毎モル（記号 kJ/mol）**が用いられる。
物質はその種類や状態に応じて，決まったエネルギーをもつ。したがって，物質の種類や状態が変化すると，もっているエネルギーの量が変化し，その過不足が反応熱となって現れることになる。
化学反応において，反応物のもつエネルギーの総和が生成物のもつエネルギーの総和よりも大きいときは，その差に相当する熱が放出される。このような反応を**発熱反応**という。一方，反応物のもつエネルギーの総和が生成物のもつエネルギーの総和よりも小さいときは，その差に相当する熱が吸収される。このような反応を**吸熱反応**という。

発熱反応　　　　吸熱反応

(ア) 反応物のもつエネルギーが生成物のもつエネルギーよりも大きい場合，反応の進行によって熱が発生する（**発熱反応**）。この逆の場合は，**吸熱反応**となる。〔×〕

(イ) 燃焼はすべて発熱反応であり，燃焼熱はすべて正の値である。〔×〕

(ウ) 生成熱には，発熱反応によるものと吸熱反応によるものの場合がある。〔×〕

(エ) 物質 1mol を多量の溶媒（普通，水 200mol 程度）に溶解したときの熱量を，溶解熱としている。〔○〕

(オ) 中和反応の本質は，$H^+ + OH^- \longrightarrow H_2O$ であるから，<u>強酸と強塩基による中和熱</u>は，その種類によらずほぼ一定の値となる。〔×〕
ただし，弱酸と強塩基または強酸と弱塩基による中和熱は，弱酸（弱塩基）の電離に必要な熱量（吸熱）が加わるので，強酸と強塩基による中和熱よりもいくらか小さくなる。

〔解答〕 **(エ)**

213 〔解説〕 (ア) ③式より，水 1mol(18g) の蒸発には 44kJ が必要だから，水 0.50mol では，22kJ が必要（吸熱）である。〔×〕

(イ) ④式で不要な H_2O（気）を，③式を使って消去する。④−③より，

H_2（気）$+ \dfrac{1}{2} O_2$（気）$= H_2O$（液）$+ 286$kJ 〔○〕

(ウ) 求める熱化学方程式は，
$CO + H_2O$（気）$= CO_2 + H_2 + Q$ kJ
CO, CO_2 を含む②式と，H_2, H_2O（気）を含む④式を使う。
②−④より，不要な O_2 を消去すると，
$Q = 283 - 242 = 41$〔kJ〕〔×〕

(エ) ①式の 394kJ は，左辺の C に着目すれば C（黒鉛）の燃焼熱であり，右辺の CO_2 に着目すれば，CO_2 の生成熱と考えられる。〔○〕

〔解答〕 **(ア)，(ウ)**

214 〔解説〕 各物質の保有する相対的なエネルギーの大きさを表した図を**エネルギー図**という。保有する

4-16 化学反応と熱

215〜216

エネルギーの大きい物質を上位に，小さい物質を下位に書く。したがって，下向きへの反応が**発熱反応**，上向きへの反応が**吸熱反応**となる。

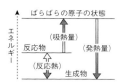

結合エネルギーを使って反応熱を求めるときは，反応の途中に，反応物質がばらばらの原子の状態に解離した中間状態を経由して，結合の組み換えが起こり，生成物に変化すると考える。このような反応経路をとって反応が進行した場合のエネルギー図を書き，エネルギーの吸収量と発生量を調べ，その過不足が求める反応熱となる。

反応物→原子の状態では，反応物の結合エネルギーの総和分の吸熱(−)があり，原子の状態→生成物では，生成物の結合エネルギーの総和分の発熱(+)がある。したがって，次の関係が成り立つ。

(反応熱)＝(生成物の結合エネルギーの総和)
　　　　−(反応物の結合エネルギーの総和)

(1) (ア) 1molのH_2と1molのCl_2をそれぞれ原子の状態に解離するために必要なエネルギーの和である。H−H結合とCl−Cl結合の結合エネルギーの和であるから，432 + 239 = 671〔kJ〕

(イ) 2molのHClを原子の状態に解離するために必要なエネルギー。H−Cl結合の結合エネルギーの2倍であるから，428 × 2 = 856〔kJ〕

(ウ) H_2，Cl_2 各1molからHCl 2molを生成するときの反応熱は，856 − 671 = 185〔kJ〕

(2) 塩化水素の生成熱は，次の熱化学方程式で表される。

$$\frac{1}{2}H_2(気) + \frac{1}{2}Cl_2(気) = HCl(気) + Q \text{ kJ}$$

(1)の(ウ)より，$Q = 185 \times \frac{1}{2} = 92.5$〔kJ〕

したがって，**HClの生成熱は92.5〔kJ/mol〕**

解答 (1)(ア) **671** (イ) **856** (ウ) **185**
　　　(2) **92.5kJ/mol**

215 〔解説〕 問題に，熱化学方程式が与えられている場合，その計算は次のように行う。

① 求めたい反応熱をx〔kJ/mol〕として，熱化学方程式で表す。
② 与えられた熱化学方程式の中から，①に必要な物質を選び出す。
③ それらを組み合わせて，求める熱化学方程式を組み立てる。(**組立法**)

エタンの燃焼熱をx〔kJ/mol〕とおくと，その熱化学方程式は次の通りである。

$$C_2H_6(気) + \frac{7}{2}O_2(気) = $$
$$2CO_2(気) + 3H_2O(液) + x \text{ kJ} \quad \cdots ④$$

④式の右辺の$2CO_2$(気)に着目 → ① × 2
④式の右辺の$3H_2O$(液)に着目 → ② × 3
④式の左辺のC_2H_6(気)に着目 → ③ × (−1)

(C_2H_6は③式の左辺にあるが，④式では右辺に移項しなければならない。このとき符号が逆になることを考慮して，③式を(−1)倍しておく。)

したがって，① × 2 + ② × 3 − ③ より，
$x = 394 × 2 + 286 × 3 − 84$
$= 1562$〔kJ〕

解答 **1562kJ/mol**

216 〔解説〕 物質の最初と最後の状態が決まれば，反応の経路に関係なく，出入りする熱量の総和は一定である。これを**ヘスの法則**という。

熱化学方程式はエネルギーに関する等式であり，数学の方程式と同様に，四則計算を行うことができる。このことに対して，実験的な裏付けを与えているものが，ヘスの法則である。実際には熱化学方程式を計算することによって，実験では求めることのできないさまざまな反応熱が求められている。

求める熱化学方程式は，次の通りである。
$4NH_3 + 5O_2 = 4NO + 6H_2O$(気) + Q kJ　…④
④式の右辺の$6H_2O$(気)に着目 → ① × 6
④式の右辺の$4NO$に着目 → ② × 2
④式の左辺の$4NH_3$に着目 → ③ × (−2)

($2NH_3$は③式の右辺にあるが，④式では左辺に移項して$4NH_3$にしなければならない。したがって，③式は(−2)倍しておく。)

∴ ① × 6 + ② × 2 − ③ × 2 より，
$Q = 242 × 6 + (−180) × 2 − 92 × 2$
$= 908$〔kJ〕

〈別解〉 ①式より，H_2O(気)の生成熱は242kJ/mlである。

② ÷ 2 より，$\frac{1}{2}N_2 + \frac{1}{2}O_2 = NO − 90$kJ

∴ NOの生成熱は−90kJ/molである。

③ ÷ 2 より，$\frac{1}{2}N_2 + \frac{3}{2}H_2 = NH_3 + 46$kJ

∴ NH_3の生成熱は46kJ/molである。

これで，④式の構成物質の生成熱がすべて求まったので，次の公式を使うと簡単に反応熱が求まる。

(反応熱)＝(生成物の生成熱の和)
　　　　−(反応物の生成熱の和)
　　　(ただし，単体の生成熱は0とする)

∴ $Q = (\underbrace{−90}_{\text{NOの生成熱}} × 4 + \underbrace{242}_{\text{H_2Oの生成熱}} × 6) − (\underbrace{46}_{\text{NH_3の生成熱}} × 4 + 0)$

98 4-16 化学反応と熱

217～218

= 908〔kJ〕

解答 908

217 [解説] アンモニアのN-H結合の結合エネルギーをx〔kJ/mol〕とおく。

結合エネルギーを使って反応熱を求める問題では,反応物をばらばらの原子に解離した状態を経由して,生成物に変化すると仮定して,**エネルギー図を書く**とわかりやすい。

NH_3をつくるのに必要な単体は,N_2とH_2である。
NH_3の生成熱だから,右辺のNH_3の係数を1にする。

$\frac{1}{2}N_2 + \frac{3}{2}H_2 = NH_3 + 46kJ$ ………①

本問では,NH_3の生成熱を表す熱化学方程式①をもとにエネルギー図を次に表す。ここでxはN-H結合の結合エネルギーである。

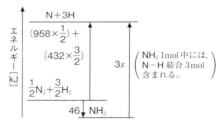

エネルギー図より,

$958 \times \frac{1}{2} + 432 \times \frac{3}{2} + 46 = 3x$

∴ $x = 391$〔kJ/mol〕

〈別解〉

(反応熱)＝(生成物の結合エネルギーの和)
　　　　－(反応物の結合エネルギーの和)

の関係式を利用する方法もある。
①にこの関係式を適用して,

$46 = 3x - \left(958 \times \frac{1}{2} + 432 \times \frac{3}{2}\right)$

∴ $x = 391$〔kJ/mol〕

解答 **391kJ/mol**

218 [解説] (1) 次図のA点で$NaOH$の水への溶解を開始し,B点で溶解が完了した。$NaOH$(固)をすべて水に溶解するには少し時間がかかる。この実験では断熱容器を用いているが,発生した熱の一部は一定の割合で外部へ逃げていく。したがって,B点以降,液温がすこしずつ低下していく。

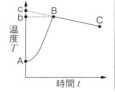

B点の温度(29.0℃)は測定中での溶液の最高温度であるが,真の最高温度ではない。なぜなら,B点ではすでに周囲への放冷が始まっているからである。$NaOH$の水への溶解が瞬時に終了し,周囲に全く熱が逃げなければ,もっと温度は上昇したはずである。そこで,真の最高温度は,周囲への放冷を示す直線BCを反応開始時(　＝0)まで延長して(**外挿**という)求められ,グラフからc点の温度(30.0℃)と求められる。
温度変化：$\Delta T = 30.0 - 20.0 = 10.0$〔K〕

発熱量(J)＝比熱〔J/(g·K)〕×質量〔g〕×温度変化〔K〕

$Q = 4.20 \times (48.0 + 2.00) \times 10.0 = 2100$〔J〕
　$\Longrightarrow 2.10$〔kJ〕

(2) 式量：$NaOH = 40.0$ より,モル質量は40.0g/mol。
溶解した$NaOH$の物質量は,

$\frac{2.00}{40.0} = 0.0500$〔mol〕

(1)での発熱量を$NaOH$1.00molあたりに換算して,

$2.10 \times \frac{1.00}{0.0500} = 42.0$〔kJ〕

(3) 実験(b)の発熱量は,

$Q = 4.20 \times (50.0 + 2.00) \times 23.0 = 5023$〔J〕
　$\Longrightarrow 5.023$〔kJ〕

加えたHClの物質量は,

$1.00 \times \frac{50.0}{1000} = 0.0500$〔mol〕

溶かした$NaOH$の物質量も0.0500molであるから,両者は完全に中和する。

(3)の発熱量をH_2O1.00molあたりに換算すると,

$5.023 \times \frac{1.00}{0.0500} = 100.46 \fallingdotseq 100.5$〔kJ〕

(4) 物質の最初の状態と最後の状態が決まれば,途中の反応経路には関係なく,出入りする熱量の総和は一定である。これを**ヘスの法則**という。**解答**の(3)式から(2)式を引き,$NaOH$(aq)を消去すると,

$HClaq + NaOHaq = NaClaq + H_2O + 58.5kJ$

解答 (1) **2.10kJ**
(2) **$NaOH$(固)＋aq＝$NaOH$aq＋42.0kJ**
(3) **$NaOH$(固)＋HClaq**
　　＝$NaCl$aq＋H_2O＋100.5kJ
(4) **58.5kJ/mol**

参考 　**熱量の計算での注意点**
$NaOH$の水への溶解熱を求める問題で,溶媒(水)の量が質量ではなく,体積で与えられた場合は注意が必要である。
〔問〕 水50mLに$NaOH$(固)2.0gを加えてよくかき混ぜたら,10Kの温度上昇があ

った。発熱量は何 J か。ただし，すべて
の水溶液の比熱を 4.2J/(g・K)，密度を
1.0g/mL とし，溶解による溶液の体積変
化はないものとする。
〔解〕 題意より，水 50mL に NaOH2.0g を
加えても溶液の体積は 50mL のままであ
り，溶液の密度が 1.0g/mL より，溶液の
質量は 50g であることに留意する。
(本問では，下線のただし書きがあるので，
溶液の質量は 50 + 2.0 = 52g ではない)
∴ 発熱量：$4.2 × 50 × 10 = 2100$〔J〕

219 [解説] 結合エネルギーを使った問題では，反応の途中に反応物がすべてばらばらの原子となった中間状態を仮定したエネルギー図を書くとわかりやすい。
(1) ①のエタンの生成熱を表す熱化学方程式をもとに**エネルギー図**を書き，途中にばらばらの原子状態を仮定する。

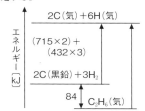

エタン C_2H_6 分子中のすべての結合エネルギーの和(**解離エネルギー**という)は，エネルギー図より，
$715 × 2 + 432 × 3 + 84 = 2810$〔kJ〕
次図のように，エタン分子中の C-C 結合の結合エネルギーを x〔kJ/mol〕とおくと，

```
       H  H  ── 413kJ/mol
       |  |
    H─ C─ C ─H
       |  |
       H  H  ── x[kJ/mol]とおく
```

$x + 413 × 6 = 2810$ ∴ $x = 332$〔kJ/mol〕

(2) 結合エネルギーを使って反応熱を求める場合，次の公式を用いてよい(ただし，分子間に相互作用が生じていないと考えられる反応物・生成物が，気体の状態にある場合に限る)。

(反応熱)＝(生成物の結合エネルギーの和)
**　　　　−(反応物の結合エネルギーの和)**

求める熱化学方程式に各結合エネルギーを書き入れると，次図となる。

```
  H     H
   \   /
    C = C      +  H─H
   /   \         432
  H     H
     413
     590

  =  H─C─C─H  + Q[kJ]
       | |
       H H
```

(1)より 2810kJ

したがって，反応熱 Q は
$Q = 2810 − (413 × 4 + 590 + 432)$
$= 136$〔kJ〕

[解答] (1) **332kJ/mol** (2) **136**

参考　ダイヤモンドと黒鉛の炭素間の結合エネルギー

炭素の同素体であるダイヤモンドと黒鉛の炭素間の結合の結合エネルギーは次のように求められる。

まず，ダイヤモンドと黒鉛中の共有結合をすべて切断するのに必要なエネルギーはダイヤモンド，黒鉛の昇華熱とよばれ，次の熱化学方程式で表される。
C(ダイヤモンド)＝C(気) − 716kJ
C(黒鉛)＝C(気) − 718kJ

ダイヤモンド中の C 原子は，他の 4 個の C 原子と共有結合して立体網目状構造を形成している。
1 個の C 原子は 4 本の C-C 結合で囲まれているが，各 C-C 結合は 2 個の C 原子に共有されており，ダイヤモンド 1mol 中に存在する C-C 結合は 2mol である。よって，ダイヤモンドの C-C 結合の結合エネルギーは
$\dfrac{716}{2} = 358$kJ/mol

ダイヤモンド

黒鉛中の C 原子は，他の 3 個の C 原子と共有結合して平面層状構造を形成している。
1 個の C 原子は 3 本の C-C 結合で囲まれているが各 C-C 結合は 2 個の C 原子に共有されており，黒鉛 1mol 中に存在する C-C 結合は 1.5mol である。よって，黒鉛の C-C 結合の結合エネルギーは，
$\dfrac{718}{1.5} = 479$kJ/mol

黒鉛

であり，この値は，ベンゼン C_6H_6 の C-C 結合の結合エネルギーとほぼ等しく，1.5 重結合に相当する。

220〜221

220 〔解説〕 (1) 本問でベンゼンの不完全燃焼の反応式は，次のように表せる。

$$C_6H_6 + \frac{25}{4}O_2 \longrightarrow \frac{1}{2}C + \frac{3}{2}CO + 4CO_2 + 3H_2O(液)$$

不完全燃焼の生成物のうち，C の $\frac{1}{2}$mol と CO の $\frac{3}{2}$mol は酸素を十分に与えると，再び，完全燃焼が起こる。CO，CO_2，H_2O(液)の生成熱が与えられているので，その熱化学方程式はそれぞれ

$$\begin{cases} C + \frac{1}{2}O_2 = CO + 111kJ & \cdots\cdots① \\ C + O_2 = CO_2 + 394kJ & \cdots\cdots② \\ H_2 + \frac{1}{2}O_2 = H_2O(液) + 286kJ & \cdots\cdots③ \end{cases}$$

②−①より，CO の燃焼熱を求めると，

$$CO + \frac{1}{2}O_2 = CO_2 + 283kJ$$

したがって，不完全燃焼の生成物を全て完全燃焼させたときの発熱量は

$$\left(394 \times \frac{1}{2}\right) + \left(283 \times \frac{3}{2}\right) = 621.5 ≒ 622〔kJ〕$$

(2) ヘスの法則より，ベンゼンを完全燃焼させたときの発熱量は，最初にベンゼンを不完全燃焼させたときの発熱量2678kJと，不完全燃焼の生成物を再び完全燃焼したときの発熱量との和に等しいから，

$$2678 + 621.5 = 3299.5 ≒ 3300〔kJ〕$$

∴ $C_6H_6 + \frac{15}{2}O_2 = 6CO_2 + 3H_2O(液) + 3300kJ$

〔解答〕 (1) **622kJ**

(2) $C_6H_6 + \frac{15}{2}O_2 = 6CO_2 + 3H_2O(液) + 3300kJ$

221 〔解説〕 イオン結晶を加熱して，ばらばらのイオンの状態（**プラズマ**という）にするには，10^5〜10^6K 程度の超高温が必要であり，通常，**イオン結晶をばらばらの構成イオンに解離するのに必要なエネルギー（格子エネルギーという）を直接測定する**ことは困難である。そこで，ヘスの法則を用いて，イオン結晶の格子エネルギーに関係するさまざまな反応熱のデータを計算することによって，間接的に格子エネルギーを求めるという方法がとられる。

(1) (A)は，Na(固) → Na(気)の状態変化に伴う反応熱で，Na の**昇華熱**を表す。この変化は吸熱(−)で，エネルギー図では上向きの矢印で表す。

(B)は，Cl_2分子中の Cl − Cl 結合を切断するのに必要なエネルギーで，Cl − Cl 結合の**結合エネルギー**を表す。この変化も吸熱(−)である。

(C)は，Na 原子から電子1個を取り去り，1価の陽イオンにするのに必要なエネルギーで，Na の**イオン化エネルギー**を表す。この変化も吸熱(−)である。

(D)は，Cl 原子が電子1個を受け取り，1価の陰イオンになるとき放出されるエネルギーで，Cl の**電子親和力**を表す。この変化は発熱(+)であり，エネルギー図では下向きの矢印で表す。

(E)は NaCl(固)1molを，その成分元素の単体である Na(固)と $\frac{1}{2}Cl_2$(気)からつくるときの反応熱で，NaCl の**生成熱**を表す。この変化は，Na(固)と $\frac{1}{2}Cl_2$(気)からみれば発熱(+)であるが，NaCl(固)からみれば吸熱(−)であるから，エネルギー図では上向きの矢印で表す。

(2) 以上，(A)〜(E)をエネルギー図で表すと次の通り。

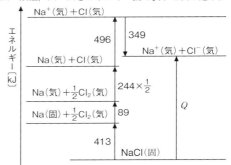

求める NaCl 結晶の格子エネルギーを Q〔kJ/mol〕とすると，その熱化学方程式は次式で表される。

$$NaCl(固) = Na^+(気) + Cl^-(気) − QkJ \quad (Q > 0)$$

（エネルギー図で上向きの矢印がついているので，熱化学方程式では吸熱(−)である。）

$$Q = 89 + \left(244 \times \frac{1}{2}\right) + 496 − 349 + 413$$
$$= 771〔kJ〕$$

（エネルギー図を使って，NaCl の格子エネルギーを求めるときは，(A)〜(E)の反応熱はその符号を考慮せずに，その数値だけで計算すればよい。なぜなら，エネルギー図では，上向き，下向きの矢印で発熱，吸熱が区別されているからである。
しかし，熱化学方程式を使って計算する場合は，その符号をきちんと考慮する必要があることは言うまでもない。）

〔解答〕 (1) (A) **Na の昇華熱**
(B) **Cl − Cl 結合の結合エネルギー**
(C) **Na のイオン化エネルギー**
(D) **Cl の電子親和力**
(E) **NaCl の生成熱**

(2) **771kJ/mol**

17 電池

222 [解説] 酸化還元反応を利用して電気エネルギーを取り出す装置を**電池**という。電池では，酸化反応と還元反応を別々の場所で行わせ，その間を導線で結び，電子の流れを電流として取り出している。

2種類の金属板を電解質の水溶液に浸し，2つの金属板を導線でつなぐと，イオン化傾向の大きな金属は酸化され，陽イオンとなって溶け出す。このとき生じた電子は導線を通ってイオン化傾向の小さな金属へ移動する。一般に，電子の出入りに用いる金属などを**電極**という。酸化反応が起こり，導線へ電子が流れ出す電極を**負極**，還元反応が起こり，導線から電子が流れ込む電極を**正極**という。また，両電極間に生じる電位差(電圧)を，電池の**起電力**という。

電池の場合，負極で電子を放出している物質(還元剤)を**負極活物質**，正極で電子を受け取っている物質(酸化剤)を**正極活物質**という。

なお，電池から電流を取り出すことを**放電**という。放電の逆反応を起こし，電池の起電力を回復させる操作を**充電**という。

電池の構成を化学式で表したものを**電池式**といい，ボルタ電池の電池式は，次の通りである。

(−) Zn | H₂SO₄aq | Cu (+)

このとき，負極活物質は Zn であるが，正極活物質は Cu ではなく H⁺ である。

(1) 亜鉛のイオン化傾向は水素より大きいので，Zn が酸化されて溶け出し，極板に電子を残すので負極となる。一方，銅のイオン化傾向は水素より小さいので自身は変化しないが，亜鉛板から流れ込んできた電子によって，H⁺が還元されてH₂を発生する。
(2) 電子は負極の亜鉛板から正極の銅板へと流れる。この逆方向が電流の方向と定義されている。
(3) ボルタ電池の起電力は約1Vであるが，発生したH₂が銅板上をおおい，2H⁺ + 2e⁻ ⟶ H₂ の反応が起こりにくくなるので，すぐに起電力が低下する。この現象を**電池の分極**という。
(4) 電池の分極を防ぐには，電解液に H₂O₂，K₂Cr₂O₇ などの酸化剤を加えるとよい。この現象は，従来，酸化剤を加えると，正極表面の H₂ を酸化して H₂O に変えるため，起電力が回復すると説明されてきた。しかし，K₂Cr₂O₇ などを加えると，一時的に，もとのボルタ電池の起電力を上回る電圧が測定される。このことから，現在では，加えた酸化剤が正極活物質となり，亜鉛(負極活物質)とともに新たな電池が形成されるためと説明されている。
(5) 正極と負極に用いる金属のイオン化傾向の差が大きいほど，電池の起電力は大きくなる。ボルタ電池

の Zn板をFe 板に変えると，Cuとのイオン化傾向の差が小さくなり，電池の起電力は低下する。

[解答] (1) 亜鉛板：Zn ⟶ Zn²⁺ + 2e⁻
　　　　銅板：2H⁺ + 2e⁻ ⟶ H₂
(2) 電子：a　電流：b
(3) 電池の分極
　(理由)発生した水素が銅板上に付着し，H⁺の還元反応が起こりにくくなるため。
(4) 加えた酸化剤が正極活物質となり，負極活物質の亜鉛とともに新しい電池が形成されるため。
(5) 小さくなる。

223 [解説] (1) 2種類の金属を電解質水溶液に浸し，両電極を導線でつなぐと**電池**ができる。このとき，イオン化傾向の大きい金属が負極，イオン化傾向の小さい金属が正極になる。電池の場合，負極では**酸化反応**が，正極では**還元反応**が起こる。

ダニエル電池の電池式は，
(−) Zn | ZnSO₄aq | CuSO₄aq | Cu (+)
と表される。ダニエル電池では，イオン化傾向の大きい ZnがZn²⁺となって溶け出す**酸化反応**が起こる。生じた電子は導線を通って銅板に達する。イオン化傾向の小さい CuはCu²⁺となって溶け出すことはなく，電解液中の Cu²⁺が電子を受け取り，Cuとなって析出する**還元反応**が起こる。

すなわち，**負極活物質**(還元剤)は電子を放出したZn，**正極活物質**(酸化剤)は電子を受け取ったCu²⁺である。
(2) 放電すると，負極液では[Zn²⁺]>[SO₄²⁻]となり，正極液では[Cu²⁺]<[SO₄²⁻]となる。各電解液中の陽・陰イオンの電荷のアンバランスを解消するため，素焼板の細孔を通って(i) Zn²⁺が左から右へ，(ii) SO₄²⁻が右から左へ移動して，両極液の電気的中性が保たれる。

参考　**塩橋のはたらき**
素焼板(隔膜)の代わりに，KCl，KNO₃ などの電極反応に関係しない電解質の濃厚水溶液を寒天やゼラチンなどで固めたもの(**塩橋**)が使われることがある。塩橋は記号(‖)で表す。
負極(左)側では，陽イオン Zn²⁺が増加するので，塩橋から Cl⁻が流入する。正極(右)側では，陽イオン Cu²⁺が減少するので，塩橋から K⁺が流入する。これで2つの半電池が電気的に接続されたことになる。

(3) 素焼板の細孔内をイオンが移動できるので，電

内にも電気回路が形成され，電流が流れる。その結果，外部回路にも電流が流れる。

(4) ガラス板は水やイオンを通さないので，電池内での電気回路が遮断される。その結果，外部回路への電流は流れなくなる。

参考 ダニエル電池で素焼き板(隔膜)を取り除くとどうなるだろうか。
正極側の電解液に含まれていた Cu^{2+} が負極側へ拡散してくる。そして，負極の亜鉛板上で次式のような酸化還元反応が起こってしまう。
$$Zn + Cu^{2+} \longrightarrow Zn^{2+} + Cu$$
したがって，外部回路への電子の移動がなくなり，電流が流れなくなる。

(5) この電池全体の反応式は，次のようになる。
$$Zn + Cu^{2+} \rightleftharpoons Zn^{2+} + Cu$$
この電池を放電すると，Zn^{2+}の濃度は高くなり，Cu^{2+}の濃度は低くなる。したがって，この電池をできるだけ長時間使用するには，Zn^{2+}の濃度を低く，Cu^{2+}の濃度を高くしておくのがよい。

[解答] (1) 負極：$Zn \longrightarrow Zn^{2+} + 2e^-$
　　　正極：$Cu^{2+} + 2e^- \longrightarrow Cu$
(2) (i) Zn^{2+}　(ii) SO_4^{2-}
(3) 両方の電解液の混合を防ぎつつ，電池内にも電気回路を形成するはたらき。
(4) 0 になる
(5) C

224 [解説] マンガン
乾電池は，亜鉛の筒を負極，炭素棒と酸化マンガン(Ⅳ)を正極，塩化亜鉛および塩化アンモニウムの水溶液を電解液とし，次の**電池式**で表される。

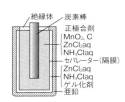

$(-)Zn | ZnCl_2aq, NH_4Claq | MnO_2 \cdot C(+)$　(1.5V)
電子を放出する還元剤としての役割をしている物質が亜鉛で，**負極活物質**とよばれる。
一方，正極に使われている炭素棒は，化学変化しないので正極活物質ではない。電子を受け取る酸化剤としての役割を果たしている物質は酸化マンガン(Ⅳ)で，**正極活物質**とよばれる。
負極では，電極の Zn がイオン化して Zn^{2+} となり電子を放出する。
$$Zn \longrightarrow Zn^{2+} + 2e^-$$
正極では，負極から導線を通ってきた電子と溶液中を移動してきた H^+ が，MnO_2 と次式のように反応して，酸化水酸化マンガン(Ⅲ)が生成する。
$$MnO_2 + H^+ + e^- \longrightarrow MnO(OH)$$

こうして，正極での H_2 の発生が防止され，**電池の分極**は起こらないようになっている(乾電池内の反応は，とても複雑で，よくわかっていないことも多い)。
電池は，自発的に起こる酸化還元反応によって放出される化学エネルギーを，熱ではなく電気エネルギーとしてとり出す装置であり，その反応はいずれも発熱反応である。

[解答] ① 亜鉛　② 酸化マンガン(Ⅳ)
③ 塩化亜鉛(または塩化アンモニウム)
④ MnO(OH)

参考 マンガン乾電池について
従来のマンガン乾電池の電解質では NH_4Cl が多く含まれていたが，現在のマンガン乾電池には $ZnCl_2$ が多く加えられており，NH_4Cl を全く含まないものもある。この塩化亜鉛型のマンガン乾電池では，(1)液漏れが少ない，(2)電池の容量が大きい，という特長がある。
現在のマンガン乾電池を放電すると，各電極では次のような反応が起こる。
負極では亜鉛がイオン化して亜鉛イオンとなり，さらに電解液の $ZnCl_2$ や H_2O と次式のように反応する。
$$4Zn \longrightarrow 4Zn^{2+} + 8e^- \cdots\cdots①$$
$$4Zn^{2+} + ZnCl_2 + 8H_2O$$
$$\longrightarrow ZnCl_2 \cdot 4Zn(OH)_2 + 8H^+ \cdots\cdots②$$
このとき，水に溶けにくい塩基性塩($ZnCl_2 \cdot 4Zn(OH)_2$)が生成する。
正極では，MnO_2 が負極から移動してきた電子と H^+ を受け取り，酸化水酸化マンガン(Ⅲ)$MnO(OH)$に変化する。
$$8MnO_2 + 8e^- + 8H^+$$
$$\longrightarrow 8MnO(OH) \cdots\cdots③$$
②式の反応では，H_2O が消費されるので液漏れがしにくくなっている。また，水に対する溶解度(25℃，水100g)は，NH_4Cl が39.3g，$ZnCl_2$ が432g で $ZnCl_2$ の方が圧倒的に大きいので，電解液の濃度を大きくすることによって，電池の容量は従来のマンガン乾電池に比べて 40 〜 50％増大した。

225 [解説] (1) **鉛蓄電池**の電池式は，
$(-)Pb | H_2SO_4aq | PbO_2(+)$　(起電力2.0V)
鉛蓄電池を放電すると，負極では Pb が酸化されて Pb^{2+} に，正極では酸化鉛(Ⅳ)PbO_2 が還元されて Pb^{2+} になるが，いずれも直ちに液中の SO_4^{2-} と反応し，極板表面に水に不溶性の硫酸鉛(Ⅱ)$PbSO_4$ となり付着する。放電

を続けると，電解液中のH_2SO_4が消費され，H_2Oが生成するので，電解液の濃度(密度)は減少する。鉛蓄電池を放電したときの，負極(−)，正極(+)での反応は次式の通りである。

(−) $Pb + SO_4^{2-} \longrightarrow PbSO_4 + 2e^-$ ………㋐

(+) $PbO_2 + SO_4^{2-} + 4H^+ + 2e^-$
$\longrightarrow PbSO_4 + 2H_2O$………㋑

(2) ㋐より電子 2mol が流れると，負極では，
 $Pb : 1mol(207g) \longrightarrow PbSO_4 : 1mol(303g)$
の変化が起こり，$303 − 207 = 96[g]$ が増加するので，電子 1mol では，この$\frac{1}{2}$の 48g が増加する。

㋑より電子 2mol が流れると，正極では，
 $PbO_2 : 1mol(239g) \longrightarrow PbSO_4 : 1mol(303g)$
の変化が起こり，$303 − 239 = 64[g]$ が増加するので，電子 1mol では，この$\frac{1}{2}$の 32g が増加する。

(3) 電解液の濃度変化は，㋐，㋑ばらばらではわかりにくいので，1つにまとめた化学反応式で考える。
 ㋐＋㋑より，
 $Pb + PbO_2 + 2H_2SO_4 \xrightarrow{2e^-} 2PbSO_4 + 2H_2O$…㋒
 ㋒より，電子 1mol が流れると，H_2SO_4(溶質) 1mol(98g) が消費され，H_2O(溶媒) 1mol(18g) が生成する。

放電後の希硫酸の質量パーセント濃度は，
$\frac{溶質量}{溶液量} = \frac{(1000 \times 0.35) - 98}{1000 - 98 + 18} \times 100 \fallingdotseq 27.3 \fallingdotseq 27[\%]$

参考 鉛蓄電池は起電力が 1.8V 以下になると充電ができなくなるので，それまでに充電する必要がある。また，希硫酸の濃度よりも密度の方が測定しやすいので，密度を測定し，充電すべきかどうかを判断する。

(4) 放電時には鉛蓄電池の負極から電子を外部回路へ取り出していたので，充電時には外部電源の負極から鉛蓄電池の負極へ電子を送り込む必要がある。したがって，外部電源の(−)極を鉛蓄電池の負極(−)に接続すればよい。このとき，放電時の逆反応が起こり，電極はもとへ戻り，起電力が回復する。充電により，負極(−)では，$PbSO_4$ が還元されて Pb に戻る。正極(+)では，$PbSO_4$ が酸化されて PbO_2 に戻る。

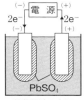
鉛蓄電池の充電

$2PbSO_4 + 2H_2O \xrightarrow{2e^-} Pb + PbO_2 + 2H_2SO_4$

鉛蓄電池のように，充電が可能で，繰り返し使用できる電池を**二次電池**という。乾電池のように，充電が不可能で，繰り返し使用できない電池を**一次電池**という。

解答 (1) ① 鉛 ② 酸化鉛(Ⅳ)（二酸化鉛）
 ③ Pb ④ $PbSO_4$ ⑤ PbO_2
 ⑥ 硫酸鉛(Ⅱ) ⑦ 減少
(2) 負極：**48g 増加** 正極：**32g 増加**
(3) **27%** (4) **負極**

226 [解説] (1) 水素−酸素型の**燃料電池**は，水素の燃焼にともなって発生するエネルギーを熱エネルギーとして得る代わりに，直接，電気エネルギーを取り出すようにつくられた電池である。燃料電池には，電解液に KOH 水溶液を用いたアルカリ形(次の**参考**を参照)と，リン酸水溶液を用いたリン酸形とがある。

〈リン酸形の場合〉
H_2(還元剤)は，電子 e^- を放出して H^+ になる。
 (−) $H_2 \longrightarrow 2H^+ + 2e^-$ ………①
電子は導線を通って正極に達し，O_2(酸化剤)に受け取られる。その際，電解液中を移動してきた H^+ が一緒に反応し，水が生成する。
 (+) $O_2 + 4H^+ + 4e^- \longrightarrow 2H_2O$………②
①×2＋②で，電子 e^- を消去すると，
 $2H_2 + O_2 \xrightarrow{4e^-} 2H_2O$ ………③

参考 アルカリ形燃料電池の場合
 H_2 は電子を放出して H^+ になるが，直ちに液中の OH^- で中和され，水が生成する。
 (−) $H_2 + 2OH^- \longrightarrow 2H_2O + 2e^-$ …④
電子は導線を通って正極に達し，O_2(酸化剤)に受け取られる。その際，電解液中の H_2O が一緒に反応し，OH^- が再生される。
 (+) $O_2 + 4e^- + 2H_2O \longrightarrow 4OH^-$ …⑤
④×2＋⑤より，電子 e^- を消去すると，
 $2H_2 + O_2 \xrightarrow{4e^-} 2H_2O$ ………⑥
 このアルカリ形の燃料電池は，アメリカの有人宇宙船アポロ号やスペースシャトルの電源として用いられた。また，発電によって生じた水は乗務員の飲料水としても使われた。

(2) 水素 1.12L(標準状態)の物質量は，
 $\frac{1.12}{22.4} = 0.0500[mol]$

③式より，H_2 が 1mol 反応すれば，電子 2mol の移動が起こるから，
 反応した電子の物質量：$0.0500 \times 2 = 0.100[mol]$
電子 1mol のもつ電気量は $9.65 \times 10^4 C$ であるから，放電により得られた電気量は，
 $0.100 \times 9.65 \times 10^4 = 9.65 \times 10^3[C]$

(3) 問題文に与えられている次の関係を利用する。
 電気エネルギー[J]＝電気量[C]×電圧[V]

104 4-17 電池

放電によって得られた電気エネルギーは,

$9.65 \times 10^3 C \times 0.700V$

$= 6.755 \times 10^3 ≒ 6.76 \times 10^3 (J) \Longrightarrow 6.76 (kJ)$

なお, H_2 0.0500mol の燃焼で生じる発熱量は,

$286 \times 0.0500 = 14.3 (kJ)$ なので,

この燃料電池によって電気エネルギーに変換された
エネルギーの割合(**エネルギー変換効率**)は,

$\frac{6.76}{14.3} \times 100 ≒ 47\%$ である。

[解答] (1) 負極:$H_2 \longrightarrow 2H^+ + 2e^-$

正極:$O_2 + 4e^- + 4H^+ \longrightarrow 2H_2O$

(2) $9.65 \times 10^3 C$ (3) $6.76kJ$

[参考] **電池のエネルギー変換効率とは**

　燃料のもつ化学エネルギーを熱エネルギー→
運動エネルギー→電気エネルギーと変換してい
く火力発電に比べて, **燃料電池**では, 燃料のも
つ化学エネルギーを直接電気エネルギーに変換
している。使用した化学エネルギーのうち, 電
気エネルギーに変換された割合を**エネルギー変
換効率**といい, 火力発電では 30 ～ 35%であ
るのに対して, 燃料電池では 40 ～ 45%と高
く, 発電の際に出る排熱を利用することで, エ
ネルギーの利用効率は 80%近くに達する。

227 [解説] ある金属(電極)と同種の金属イオン
(電解質)水溶液で構成された電池を**半電池**という。異
種の半電池を塩橋で接続した電池の場合, 一定の起電
力が発生する。一方, 同種の半電池を塩橋で接続した
電池の場合, 起電力は生じないが, 電解液にわずかで
も濃度差があれば, 微小な起電力を生じる。このよう
に, 電解液の濃度差によってはたらく電池を**濃淡電池**
という。

(1) 電解液の濃度の大きい A 槽では, 銅(Ⅱ)イオン
は金属として析出しやすく, 次の反応が起こる。

$Cu^{2+} + 2e^- \longrightarrow Cu$

電解液の濃度の小さい B 槽では, 銅はイオンと
なって溶解しやすく, 次の反応が起こる。

$Cu \longrightarrow Cu^{2+} + 2e^-$

(2) A 槽と B 槽を導線でつなぐと, B 槽で生じた電
子が A 槽へ流れ込む。電流は電子の流れと逆向き
と定義されているから, A 槽から B 槽へ電流は流
れる。よって, A 槽が正極, B 槽が負極となる。

(3) B 槽の濃度を薄めると, A 槽との間の濃度差が大
きくなり, 起電力もわずかに大きくなる。

(4) イオン化傾向が $Cu > Ag$ だから,

$(-)Cu | CuSO_4aq ‖ AgNO_3aq | Ag(+)$

の電池が形成される。A 槽では, いままでの

$Cu^{2+} + 2e^- \longrightarrow Cu$　に代わって,

$Ag^+ + e^- \longrightarrow Ag$

の反応が起こるようになる。ともに, 還元反応で,
電流の向きは変わらないが, Cu^{2+} よりも Ag^+ の方
が電子を受け取る力が強いので, 起電力は大きくな
る。濃淡電池は, 電解液の濃度差が原因となって成
立している電池であるから, 両液の濃度が同じにな
るまで電流が流れる。

[解答] (1) A 槽:$Cu^{2+} + 2e^- \longrightarrow Cu$

B 槽:$Cu \longrightarrow Cu^{2+} + 2e^-$

(2) **A 槽から B 槽へ**

(3) **大きくなる。**

(4) **電流の向きは変わらず, 起電力は大きく
なる。**

[参考] **濃淡電池の起電力について**

　2 種類の金属 A, B とそれぞれ A^{n+}, B^{n+} を
含む水溶液からなる半電池を塩橋で接続した
とき, A^{n+}, B^{n+} のモル濃度を $[A^{n+}]$, $[B^{n+}]$ と
すると, A, B 両電極間の電位差(起電力)E は,
次の**ネルンストの式**で求められる。

$$E = E° - \frac{0.059}{n} \log_{10} \frac{[B^{n+}]}{[A^{n+}]} \begin{pmatrix} A^{n+} が正極側 \\ B^{n+} が負極側 \\ とする。 \end{pmatrix}$$

$\begin{pmatrix} ただし, E° は A, B 電極の標準電極電位 \\ の差, n はイオンの価数の変化量を表す。 \end{pmatrix}$

　例えば, $(-)Cu | 0.1mol/L CuSO_4aq ‖$
$1mol/L CuSO_4aq | Cu(+)$ の場合。

両電極とも Cu で同種の金属だから $E° = 0$
負極側 $[B^{n+}] = 0.1mol/L$, 正極側 $[A^{n+}] =$
$1mol/L$ を代入すると,

$$E = 0 - \frac{0.059}{2} \log_{10} \frac{0.1}{1}$$

$$= 0 - \frac{0.059}{2} \log_{10} 10^{-1}$$

$$= 0.0295 ≒ 0.030 (V)$$

同様に, $(-)Ag | 0.1mol/L AgNO_3aq ‖$
$1mol/L AgNO_3aq | Ag(+)$ の場合,

$$E = 0 - \frac{0.059}{1} \log_{10} 10^{-1} = 0.059 (V)$$

[参考] **リチウムイオン電池について**

　リチウムイオン電池の負極活物質には, 多孔
質の黒鉛(C), 正極活物質にはコバルト(Ⅲ)酸
リチウム($LiCoO_2$)が用いられ, その間をセパ
レーターと呼ばれる微細な穴の開いたポリエ
チレンの薄膜で仕切り, 電解液にはエチレン
カーボネート($(CH_2O)_2CO$)などの有機溶媒に
$LiClO_4$ などの電解質を加えて電気伝導性を高
めたものが使用されている。

　正極の $LiCoO_2$ は, 次ページの図のように,
O^{2-} と $Co^{3+}(Co^{4+})$ が層状構造をとり, その間
に Li^+ が収容された化合物である。

充電時の正極では，LiCoO₂ の層状構造から Li⁺ が出ていき，Co³⁺ が Co⁴⁺ に酸化される。負鉛では黒鉛が還元されると，Li⁺ が黒鉛の層状構造の中に収容される。

放電時の負極では，黒鉛が酸化されると，Li⁺ が黒鉛の層状構造から出ていく。正極では，Li⁺ が LiCoO₂ の層状構造に収容され，Co⁴⁺ が Co³⁺ へ還元される。

（負極）C₆＋Li⁺＋e⁻ ⇌(充電/放電) LiC₆ *¹

（正極）LiCoO₂ ⇌(充電/放電) 0.5Li⁺＋0.5e⁻＋Li₀.₅CoO₂ *²

*1）黒鉛の層状構造には，C原子6個あたり最大1個のLi⁺が収容されるので，LiC₆と表す。
*2）CoO₂の層状構造は，Li⁺が半分以上出ていくと不安定になるので，Li₀.₅CoO₂まで充電する。

この電池の起電力は約 4V で Ni-H 電池や Ni-Cd 電池に比べて大きな起電力と電池容量をもつことから，携帯電話，ノートパソコンなどの電子機器をはじめ，電気自動車，ハイブリッド自動車向けの二次電池として活用されている。2019 年，リチウムイオン電池の負極活物質の開発に貢献した吉野彰博士がノーベル化学賞を受賞した。

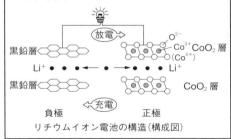

リチウムイオン電池の構造（構成図）

18 電気分解

228 [解説] 水溶液の電気分解の各電極での反応は，次の順序で考える。

・電極の種類の確認…Pt, C 以外の金属（Cu や Ag など）を陽極に使うと，極板の溶解が起こる。
　（例）Cu ⟶ Cu²⁺ ＋ 2e⁻
　（ただし，陰極に何を使っても極板は溶解しない。）

・反応しやすいイオンの確認
　陰極…陽イオンが電子を受け取る（**還元反応**）。
　イオン化傾向の小さい Ag⁺，Cu²⁺ から反応する。
　（例）Ag⁺ ＋ e⁻ ⟶ Ag
　イオン化傾向の大きい K⁺，Na⁺，Ca²⁺，Al³⁺ などは還元されず，代わりに水分子 H₂O（酸性条件では H⁺）が還元され H₂ を発生する。
　（例）2H₂O ＋ 2e⁻ ⟶ H₂ ＋ 2OH⁻
　　　　2H⁺ ＋ 2e⁻ ⟶ H₂

　陽極…陰イオンが電子を放出する（**酸化反応**）。
　ハロゲン化物イオン（Cl⁻，Br⁻，I⁻ など。F⁻ 除く）は酸化されやすい。
　（例）2Cl⁻ ⟶ Cl₂ ＋ 2e⁻
　SO₄²⁻，NO₃⁻ などのオキソ酸のイオンは水溶液中で安定で，酸化されない。代わりに水分子（塩基性条件では OH⁻）が酸化されて O₂ が発生する。
　（例）2H₂O ⟶ O₂ ＋ 4H⁺ ＋ 4e⁻
　　　　4OH⁻ ⟶ 2H₂O ＋ O₂ ＋ 4e⁻

(a), (b) CuSO₄ の電離
CuSO₄ ⟶ Cu²⁺ ＋ SO₄²⁻
白金電極は溶解しない。陽極では，SO₄²⁻ は酸化されずに，代わりに H₂O が酸化される。
（＋）2H₂O ⟶ O₂ ＋ 4e⁻ ＋ 4H⁺
陽極では H⁺ が生成し，反応しなかった SO₄²⁻ とともに水溶液中に H₂SO₄ ができる。
陰極では，Cu²⁺ が還元される。
（－）Cu²⁺ ＋ 2e⁻ ⟶ Cu

(c), (d) **電極が Cu の場合，陽極では銅自身が酸化されて溶解し，陰イオンは反応しない。**
（＋）Cu ⟶ Cu²⁺ ＋ 2e⁻
陰極では，Cu²⁺ が還元される。
（－）Cu²⁺ ＋ 2e⁻ ⟶ Cu

(e), (f) NaOH の電離
NaOH ⟶ Na⁺ ＋ OH⁻
陽極では，OH⁻ が酸化される。
（＋）4OH⁻ ⟶ 2H₂O ＋ O₂ ＋ 4e⁻ …………①
陰極では，Na⁺ は還元されないので，代わりに H₂O が還元される。
（－）2H₂O ＋ 2e⁻ ⟶ H₂ ＋ 2OH⁻ …………②
①＋②×2 より，2H₂O ⟶ 2H₂ ＋ O₂

106   4-18 電気分解

229 〜 230

結局，NaOH は変化せず，水の電気分解となる。

(g)，(h) NaCl の電離

$$NaCl \longrightarrow Na^+ + Cl^-$$

炭素電極は溶解しない。陽極では Cl^- が酸化される。

$$(+)2Cl^- \longrightarrow Cl_2 + 2e^-$$

陰極では Na^+ は還元されないので，代わりに H_2O が還元される。

$$(-)2H_2O + 2e^- \longrightarrow H_2 + 2OH^-$$

陰極では OH^- が生成し，反応しなかった Na^+ とともに水溶液中に NaOH ができる。

解答 (a)O_2，(H_2SO_4) (b)Cu (c)Cu^{2+} (d)Cu
(e)O_2 (f)H_2 (g)Cl_2 (h)H_2，(NaOH)

参考 電気分解における陰極での還元反応

イオン化傾向の小さい Ag^+，Cu^{2+} はどんなに低濃度でも金属として析出する。一方，イオン化傾向の大きい Na^+〜Al^{3+} などは，どんなに高濃度でも決して金属として析出せず，代わりに H_2 が発生する。しかし，イオン化傾向が中程度の Ni^{2+} や Zn^{2+} などでは，金属イオンの濃度が小さくなると水素の発生が優勢となり，逆に金属イオンの濃度が大きくなると金属の析出が優勢となるなど，金属の析出と H_2 の発生が競合することがある。

$$Zn^{2+} + 2e^- \longrightarrow Zn \text{ (Zn^{2+} が高濃度，高電流では，}$$
$$2H^+ + 2e^- \longrightarrow H_2 \text{ Zn の析出が優勢となる。)}$$

(電気分解に使われた総電気量)
＝(Zn の析出分の電気量)＋(H_2 発生分の電気量)
の関係が成り立ち，**234** のように，並列回路のときと同様の計算をすればよい。

---

229 **解説** 電気分解の計算方法は次の通り。

① 電気分解に使われた電気量を計算する。
電気量 $Q(C)＝電流\ I(A)×時間\ t(s)$
② **ファラデー定数 $F = 9.65 \times 10^4 C/mol$ を用いて，電子の物質量を求める。**
③ **各電極反応式の係数比から，反応した電子の物質量と生成物の物質量の比を確認する。**

(1) $Q = It = 1.00 \times (32 \times 60 + 10)$
$$= 1930 = 1.93 \times 10^3(C)$$

(2) **ファラデー定数 $F = 9.65 \times 10^4 C/mol$ より，** 電気分解に要した電子の物質量は，

$$\frac{1.93 \times 10^3}{9.65 \times 10^4} = 0.0200(\text{mol})$$

陰極では，$Cu^{2+} + 2e^- \longrightarrow Cu$ より，
2mol の電子が流れると，Cu 1mol が析出する。
モル質量は $Cu = 63.5g/mol$ より，Cu の析出量，

$$0.0200 \times \frac{1}{2} \times 63.5 = 0.635(g)$$

(3) 陽極では $2Cl^- \longrightarrow Cl_2 + 2e^-$ より，
2mol の電子が流れると，Cl_2 1mol が発生する。
発生した Cl_2 の体積(標準状態)は，

$$0.0200 \times \frac{1}{2} \times 22.4 = 0.224(L)$$

解答 (1)$1.93 \times 10^3 C$ (2)$0.635g$ (3)$0.224L$

---

230 **解説** (1)，(2) 塩化ナトリウム NaCl の水溶液を電気分解すると，次の反応が起こる。

陽極：$2Cl^- \longrightarrow Cl_2 + 2e^-$ ·········①
陰極：$2H_2O + 2e^- \longrightarrow H_2 + 2OH^-$ ·········②

陽極付近では塩化物イオン Cl^- が消費されるため，ナトリウムイオン Na^+ が余り，正電荷が過剰となる。

一方，陰極付近では水酸化物イオン OH^- が生じるため，負電荷が過剰となる。

電荷のつり合いを保つために，イオンが溶液中を移動することになるが，中央に設置した**陽イオン交換膜**が陽イオンだけを選択的に通すため，Na^+ が陽極側から陰極側に移動する。よって，電気分解を進めると，陰極側では Na^+ と OH^- が増加するので，結果的に水酸化ナトリウム NaOH が生じることになる。

A． 陽極側から陰極側へと陽イオン交換膜を通過できる Na^+
B． 陰極側で生成し，陽イオン交換膜を通過できない OH^-
C． 陰極で電子を受け取る H_2O
D． 陽極で発生する気体 Cl_2
E． 陰極で発生する気体 H_2
F． 陰極で生成する NaOH

(3) 反応した電子 e^- の物質量は，

$$\frac{2.00 \times (96 \times 60 + 30)}{9.65 \times 10^4} = 0.120(\text{mol})$$

①式から，2mol の e^- が反応すると 1mol の Cl_2 が発生するので，Cl_2 の標準状態での体積は，

$$0.120 \times \frac{1}{2} \times 22.4 = 1.344 \fallingdotseq 1.34(L)$$

(4) ②式から，2mol の e^- が反応すると 2mol の OH^- が生成する。このとき，2mol の Na^+ が陰極側に移動してくるので，結果的に 2mol の NaOH が生成する。

(3)より，反応した電子は 0.120mol なので，生じた NaOH も 0.120mol である。これが 100L の溶液に含まれているので，そのモル濃度は，

$$\frac{0.120}{100} = 1.20 \times 10^{-3}(\text{mol/L})$$

解答 (1)A…Na^+ B…OH^- C…H_2O D…Cl_2

231～232

E…H_2 F…NaOH
(2) $2H_2O + 2e^- \longrightarrow H_2 + 2OH^-$ (3) **1.34L**
(4) **1.20×10^{-3}mol/L**

231 [解説] アルミニウムの原料鉱石は，**ボーキサイト**($Al_2O_3 \cdot nH_2O$)である。これに濃 NaOH 水溶液を加えると，両性酸化物(本冊 p.72 参照)の Al_2O_3 はテトラヒドロキシドアルミン酸ナトリウム Na[Al(OH)$_4$]となり溶解するが，不純物の Fe_2O_3，SiO_2 などは不溶性の沈殿となる。

$Al_2O_3 + 2NaOH + 3H_2O \longrightarrow 2Na[Al(OH)_4]$

この水溶液に適量の水を加えて加水分解すると，水酸化アルミニウムが沈殿する。

$Na[Al(OH)_4] \longrightarrow Al(OH)_3 + NaOH$

水酸化アルミニウムを加熱すると，純粋な酸化アルミニウム(**アルミナ**)が得られる。

$2Al(OH)_3 \longrightarrow Al_2O_3 + 3H_2O$

Alはイオン化傾向が大きいため，Al^{3+} を含む水溶液を電気分解すると，Al^{3+} は還元されずに，代わりにH_2O が還元されてH_2が発生するだけである。

$2H_2O + 2e^- \longrightarrow H_2 + 2OH^-$

そこで，Al_2O_3 を無水状態で，つまり Al_2O_3 の融解液を電気分解することで Al の単体を得ている。

Al_2O_3 は非常に融点が高い(2054℃)ので，**氷晶石** Na_3AlF_6(融点 1010℃)の融解液に少しずつ加える方法で融点を下げ，約 960℃ で電気分解を行う(ホール・エルー法)。このような電気分解を**溶融塩電解(融解塩電解)**という。このとき，氷晶石は全く電気分解されず，Al_2O_3 の融点を下げる役割をしている。

Al_2O_3とNa_3AlF_6 の融解液では，次のように電離している。

$\begin{cases} Al_2O_3 \longrightarrow 2Al^{3+} + 3O^{2-} \\ Na_3AlF_6 \longrightarrow 3Na^+ + Al^{3+} + 6F^- \end{cases}$

陰極では，イオン化傾向の大きい Na^+ は還元されないが，イオン化傾向が Na よりもやや小さい Al^{3+} が還元される。

$Al^{3+} + 3e^- \longrightarrow Al$

陽極では，フッ化物イオン F^- は酸化されないので，代わりに酸化物イオン O^{2-} が酸化されて酸素 O_2 が発生するはずである。実際には電解槽内が高温のため，電極の炭素 C が酸化物イオン O^{2-} と反応して，一酸化炭素 CO や二酸化炭素 CO_2 が発生する(高温ほど，C(黒鉛) + CO_2 = 2CO − 172kJ の平衡が右に移動するため，CO の割合が増加する)。

$C + O^{2-} \longrightarrow CO + 2e^-$
$C + 2O^{2-} \longrightarrow CO_2 + 4e^-$

(このとき発生する多量の熱は電解槽を高温に保つのに利用される。)

解答 ① **ボーキサイト** ② **酸化アルミニウム**
③ **溶融塩電解(融解塩電解)**
④ **氷晶石** ⑤ **アルミニウム**
⑥ **二酸化炭素(または一酸化炭素)**

参考 加えた電気エネルギーに対して，電気分解に使われたエネルギーの割合を**電流効率**という。通常の水溶液の電気分解での電流効率は約 95 %であるが，融解塩の電気分解は水溶液の電気分解に比べて電気抵抗が大きいため，発熱量が大きくなり，電流効率が下がる。アルミニウムの溶融塩電解では，炉内の温度を維持するのにも多量の電気エネルギーが使われる。

232 [解説] **229**とは逆の計算が求められている。
① 各電極反応式の係数比から，生成物の物質量と反応した電子の物質量の比を確認する。
② **ファラデー定数 $F = 9.65 \times 10^4$C/mol** を用いて，電気量を求める。
③ **電気量 Q(C) = 電流 I(A) × 時間 t(s)** を用いて，電気分解に使われた電流値を計算する。
2 つの電解槽を直列に接続した場合，回路に流れる電流はどこでも等しいので，

電解槽(a)に流れた電気量 = 電解槽(b)に流れた電気量

(1) (a)槽の陰極では，$Ag^+ + e^- \longrightarrow Ag$より，電子1mol が流れると Ag1mol が析出する。
モル質量は，Ag = 108g/mol より，

析出した Ag の物質量：$\dfrac{2.16}{108} = 0.0200$〔mol〕

反応した電子の物質量も 0.0200mol である。
ファラデー定数 $F = 9.65 \times 10^4$C/mol より，
電気量は，$0.0200 \times 9.65 \times 10^4 = 1.93 \times 10^3$〔C〕
流れた平均電流を x〔A〕とすると，
電気量〔C〕= 電流〔A〕× 時間〔s〕より，
$1.93 \times 10^3 = x \times (64 \times 60 + 20)$
∴ $x = 0.500$〔A〕

(2) (a)槽の陽極では，NO_3^- は酸化されず，代わりに H_2O が酸化される。

$2H_2O \longrightarrow O_2 + 4H^+ + 4e^-$より，
電子 4mol が反応すると，$O_2$1mol が発生する。
発生する O_2 の体積(標準状態)は，

$0.0200 \times \dfrac{1}{4} \times 22.4 \times 10^3 = 112$〔mL〕

(b)槽の陽極では，Cl^- が酸化される。

$2Cl^- \longrightarrow Cl_2 + 2e^-$より，
電子 2mol が反応すると，$Cl_2$1mol が発生する，
発生する Cl_2 の体積(標準状態)は，

$0.0200 \times \dfrac{1}{2} \times 22.4 \times 10^3 = 224$〔mL〕

両電解槽あわせて，112 + 224 = 336〔mL〕
(3) 電気分解前，溶液中に存在した Cu^{2+} の物質量は，
$0.500 \times \dfrac{200}{1000} = 0.100$〔mol〕である。

(b)槽の陰極では，$Cu^{2+} + 2e^- \longrightarrow Cu$ より，電子2molが反応するとCu1molが析出するから，析出したCuの物質量は，

$0.0200 \times \dfrac{1}{2} = 0.0100$〔mol〕

よって，残った溶液中に含まれる Cu^{2+} の物質量は，
$0.100 - 0.0100 = 0.0900$〔mol〕
これが溶液200mL中に含まれるから，

$[Cu^{2+}] = 0.0900 \times \dfrac{1000}{200} = 0.450$〔mol/L〕

解答 (1)(i) **0.0200mol** (ii) **0.500A**
(2) **336mL** (3) **0.450mol/L**

参考 問題に，電解液の濃度と体積が明示されているときは要注意！　特に，$CuSO_4$aqの場合，陰極では，最初はCuが析出するが，Cu^{2+}がすべてなくなると，H_2が発生しはじめる。このような電極反応の途中変更が隠されている場合がある。

233 [解説] (1)～(3) 銅の主要な鉱石の**黄銅鉱** $CuFeS_2$ にコークスC，石灰石 $CaCO_3$ などを加え，右図のような溶鉱炉の中で加熱すると，イオン化傾向が Fe > Cu なので，酸化されやすい成分であるFeSが先に酸化されてFeOになる。これは，石灰石や鉱石中の SiO_2 と化合して，$FeSiO_3$ や $CaSiO_3$ などの化合物をつくり，密度の比較的小さな鍰(からみ)となって上方に浮く。残る酸化されにくい成分である CuS は次のように還元されて，密度の比較的大きな鍰 Cu_2S となって下に沈む。

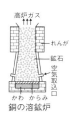
銅の溶鉱炉

$2CuS + O_2 \longrightarrow Cu_2S + SO_2$

この鍰の部分を転炉に入れて，熱した空気を吹き込むと，次のような反応が起こり，純度99%程度の**粗銅**が生成する。

$Cu_2S + O_2 \longrightarrow 2Cu + SO_2$

銅を電気材料として使うためには，粗銅から不純物を除き，純度99.99%の純銅を得る必要がある。

一般に，電気分解を利用して，不純物を含む金属から純粋な金属を取り出す操作を**電解精錬**という。銅の電解精錬では，電解液に硫酸酸性の $CuSO_4$ 水溶液(硫酸を加えて，電気伝導性を大きくする)を用い，粗銅を陽極，純銅を陰極として約0.4Vの低電圧で電気分解を行う。

(4) 陽極では銅が酸化されて，銅(Ⅱ)イオンとなり溶解する。
$Cu \longrightarrow Cu^{2+} + 2e^-$
一方，陰極では銅(Ⅱ)イオンが還元されて，銅が析出する。
$Cu^{2+} + 2e^- \longrightarrow Cu$

(5) 粗銅中の不純物のうち，銅よりもイオン化傾向の大きい Zn や Fe はイオン化するが，低電圧のため陽極に析出することはなく，溶液中に残る。したがって，陰極には Cu だけが析出する。一方，銅よりもイオン化傾向の小さい Ag や Au はイオン化せず，単体のまま陽極の下に沈殿する(**陽極泥**)。ただし，鉛 Pb だけは，いったん Pb^{2+} となって溶解するが，直ちに溶液中の SO_4^{2-} と結合して $PbSO_4$ となり，陽極泥と一緒に沈殿することに留意すること。

(6) 反応した電子の物質量は，
$\dfrac{1.0 \times (96 \times 60 + 30)〔C〕}{9.65 \times 10^4〔C/mol〕} = 0.0600$〔mol〕

陽極では，電子2molが反応すると，Cu1molが溶解する。このときの溶解したCuの質量は，

$0.0600 \times \dfrac{1}{2} \times 64 = 1.92$〔g〕

粗銅に含まれる銀の質量は，
$2.20 - 1.92 = 0.28$〔g〕

解答 (1)① **黄銅鉱**　② **硫酸銅(Ⅱ)**　③ **陽極泥**
(2) 陰極…**純銅**　陽極…**粗銅**
(3) **電解精錬**
(4) 陽極：$Cu \longrightarrow Cu^{2+} + 2e^-$
　陰極：$Cu^{2+} + 2e^- \longrightarrow Cu$
(5) **Ag，Au，Pb**　(6) **0.28g**

234 [解説] 電解槽を並列に接続すると，電源から出た全電流 I が，(a)槽には i_a，(b)槽には i_b と分かれて流れるから，$I = i_a + i_b$ より次の関係が成立する。

各電解槽を並列に接続した場合，全電気量 Q は各電解槽に流れた電気量 Q_a と Q_b の和に等しい。
$Q = Q_a + Q_b + \cdots$

並列回路での電気分解では，各電解槽に流れた電気量を求めることが先決である。

(1) 電源から流れ出た全電気量は，
$1.00 \times (16 \times 60 + 5) = 965$〔C〕

(2) (a)槽を流れた電気量は，陰極での Ag の析出量か

ら求まる．
(−) $Ag^+ + e^- \longrightarrow Ag$ より，
析出したAgの物質量：$\dfrac{0.648}{108} = 0.00600$ [mol]
電子1molでAg 1mol (108g) が析出するから，電子の物質量も 0.00600 [mol]．
ファラデー定数 $F = 9.65 \times 10^4$ C/mol より，
流れた電流を x [A] とおくと，
$x \times (16 \times 60 + 5) = 0.00600 \times 9.65 \times 10^4$
$x = 0.600$ [A]

(3) **電解槽(b)を流れた電気量**
　　＝全電気量−電解槽(a)を流れた電気量
(a)槽を流れた電気量は，
$0.00600 \times 9.65 \times 10^4 = 579$ [C]
回路全体を流れた全電気量は，(1)より 965C なので，(b)槽を流れた電気量は，
$965 - 579 = 386$ [C]
(b)槽の陰極では，Na^+ は還元されず，代わりに H_2O が還元される．陽極でも，SO_4^{2-} は酸化されず，代わりに H_2O が酸化される．結局，電解質の Na_2SO_4 は変化せず，水の電気分解が起こることになる．
$2H_2O \xrightarrow{4e^-} 2H_2 + O_2$
電子4molが反応すると，H_2 2mol，O_2 1mol 合わせて3molの気体が発生する．
(b)槽を流れた電子の物質量は，
$\dfrac{386}{9.65 \times 10^4} = 0.00400$ [mol]
両極で発生した気体の標準状態での体積は，
$0.00400 \times \dfrac{3}{4} \times 22.4 \times 10^3 = 67.2$ [mL]

(4) (a)槽の陽極では，NO_3^- は酸化されずに，代わりに H_2O が酸化される．
$2H_2O \longrightarrow O_2 + 4H^+ + 4e^-$
電子4molが反応すると，H^+ も4mol生成する．
(a)槽へは0.00600molの電子が流れたので，生成した H^+ の物質量も 0.00600mol．これが溶液100mL中に含まれるから，
$[H^+] = 0.00600 \times \dfrac{1000}{100} = 6.00 \times 10^{-2}$ [mol/L]
$pH = -\log_{10}[H^+] = -\log_{10}(2 \times 3 \times 10^{-2})$
　　$= 2 - \log_{10}2 - \log_{10}3 = 2 - 0.30 - 0.48$
　　$= 1.22 \fallingdotseq 1.2$

[解答] (1) 9.65×10^2 C　(2) **0.600A**
　　　(3) **67.2mL**　(4) **1.2**

参考　電解槽の接続方法と電気量の関係
直列接続の場合

どの電解槽にも，同じ大きさの電流が同じ時間だけ流れるから各電解槽を流れる電気量はすべて，等しい．
$$Q_A = Q_B$$

並列接続の場合

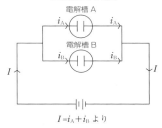

$I = i_A + i_B$ より
回路全体を流れる全電気量は，各電解槽を流れる電気量の和に等しい．
$$Q = Q_A + Q_B$$

110　4　共通テストチャレンジ⑴

235～238

共通テストチャレンジ⑴

235 [解説]　希硝酸と水酸化カリウム水溶液の反応は，次の熱化学方程式で表される。

$HNO_3aq + KOHaq = KNO_3aq + H_2O + 56.4kJ$ …………①

希硝酸と固体の水酸化カリウムの反応は，次の熱化学方程式で表される。

$HNO_3aq + KOH(固) = KNO_3aq + H_2O + 114.0kJ$……②

水酸化カリウムの水への溶解熱をx〔kJ/mol〕とすると，その熱化学方程式は次のようになる。

$KOH(固) + aq = KOHaq + x$ kJ

②－①から，$x = 114.0 - 56.4 = 57.6$〔kJ〕

[解答]　⑤

236 [解説]　C_3H_n の完全燃焼を表す化学反応式は，次のように表される。

$C_3H_n + \left(3 + \dfrac{n}{4}\right)O_2 \longrightarrow 3CO_2 + \dfrac{n}{2}H_2O$ …………①

a.　①から，1mol の C_3H_n の完全燃焼で，3mol の CO_2 が発生することがわかる。この反応では，3.30g の二酸化炭素が生成したので，C_3H_n の物質量は，

$$\dfrac{3.30}{44} \times \dfrac{1}{3} = 0.0250〔mol〕$$

0.0250mol の C_3H_n の完全燃焼で 48.0kJ の熱が発生したので，C_3H_n の燃焼熱は，

$$48.0 \times \dfrac{1}{0.0250} = 1920〔kJ/mol〕$$

b.　①から，0.0250mol の C_3H_n の完全燃焼で，水が

$0.0250 \times \dfrac{n}{2}$〔mol〕生成する。これが 0.900g の水の物質量に等しいので，次式が成り立つ。

$0.0250 \times \dfrac{n}{2} = \dfrac{0.900}{18}$　∴　$n = 4$

(別解)　生成した二酸化炭素の質量 3.30g と水の質量 0.900g から，炭素原子の質量と水素原子の質量を求めると，

C原子：$3.30 \times \dfrac{12}{44} = 0.900〔g〕$

H原子：$0.900 \times \dfrac{2.0}{18} = 0.100〔g〕$

これらを各原子量で割ると，原子数の比が求められる。

$C : H = \dfrac{0.900}{12} : \dfrac{0.100}{1.0} = 0.0750 : 0.100 = 3 : 4$

したがって，組成式も分子式も C_3H_4 となる。

[解答]　a. ④　b. ①

237 [解説]　ダニエル電池の電池式は，

$(-)Zn | ZnSO_4aq | CuSO_4aq | Cu(+)$　で表される。

負極，正極における反応式は，次の通りである。

負極：$Zn \longrightarrow Zn^{2+} + 2e^-$

正極：$Cu^{2+} + 2e^- \longrightarrow Cu$

① 正極では銅(Ⅱ)イオンが還元され，銅が析出する。〔○〕

② 負極で溶解する Zn の物質量と正極で析出する Cu の物質量は等しい。しかし，Zn と Cu のモル質量はそれぞれ異なるので，負極・正極での質量変化は次のように異なる。

2mol の電子が流れたとすると，正極では 1mol の Cu(モル質量 63.5g/mol)が析出し，63.5g 増加する。一方，負極では 1mol の Zn(モル質量 65.4g/mol)が溶け出し，65.4g 減少する。よって，正極と負極の質量の和は一定ではない。〔×〕

③ 1mol の亜鉛が反応するとき，発生する電気量は，$9.65 \times 10^4 \times 2$〔C〕である。よって，0.020mol の亜鉛が反応したとき，発生する電気量は，

$9.65 \times 10^4 \times 2 \times 0.020 = 3860$〔C〕である。〔×〕

④ 電池の起電力は電極に使う金属板どうしのイオン化傾向の差が大きいほど，大きくなる。金属のイオン化傾向は，Zn > Fe >……> Cu の順だから，Zn と Cu のイオン化傾向の差よりも Fe と Cu のイオン化傾向の差の方が小さいので，新しい電池の起電力は小さくなる。〔○〕

[解答]　①，④

238 [解説]　**鉛蓄電池**は，負極に鉛 Pb，正極に酸化鉛(Ⅳ)PbO_2，電解液に希硫酸 H_2SO_4 を用いた二次電池であり，車のバッテリーとして広く用いられる。

$(-)Pb | H_2SO_4aq | PbO_2(+)$　起電力 2.0V

a.　鉛蓄電池を放電すると，負極では次の反応が起こる。

$Pb + SO_4^{2-} \longrightarrow PbSO_4 + 2e^-$

2mol の電子が流れると Pb1mol から $PbSO_4$1mol が生成し，SO_4(式量 96)1mol 分の質量 96g が増加する。

1.0A の一定電流を 965 秒流したときに流れた電気量は，$1.0 \times 965 = 965$〔C〕であり，流れた電子の物質量は，ファラデー定数 $F = 9.65 \times 10^4$C/mol より，

$$\dfrac{965}{9.65 \times 10^4} = 0.010〔mol〕$$

よって，この放電による負極の質量増加量は，

$$96 \times 0.010 \times \dfrac{1}{2} = 0.48〔g〕$$

b.　鉛蓄電池を放電すると正極では次の反応が起こる。

$PbO_2 + 4H^+ + 2e^- + SO_4^{2-} \longrightarrow PbSO_4 + 2H_2O$

2mol の電子が流れると，$PbO_2$1mol から $PbSO_4$ 1mol が生成し，SO_2(式量 64)1mol 分の質量 64g が増加する。よって，この放電による正極の質量

増加量は，$64 \times 0.010 \times \dfrac{1}{2} = 0.32〔g〕$

【解答】 a. ② 　b. ③

239 【解説】 a. 希硫酸 H_2SO_4 の電気分解において，電極 A（陰極）では，水素イオン H^+ が電子を受け取る還元反応が起こる。

$2H^+ + 2e^- \longrightarrow H_2$

電極 B（陽極）では，硫酸イオン SO_4^{2-} は安定で酸化されない。代わりに，水 H_2O 分子が酸化される。

$2H_2O \longrightarrow O_2 + 4H^+ + 4e^-$

よって，反応した電子 1mol に対して電極 A では H_2 が 0.50mol，電極 B では O_2 が 0.25mol 発生する。同温・同圧では，（物質量の比）＝（気体の体積の比）なので，

$\dfrac{（電極 A で発生した H_2 の体積）}{（電極 B で発生した O_2 の体積）} = \dfrac{0.50}{0.25} = 2$

これを示しているグラフは②。

b. 電極 C（陰極）での反応：$Cu^{2+} + 2e^- \longrightarrow Cu$

電極 D（陰極）での反応：$Ag^+ + e^- \longrightarrow Ag$

よって，反応した電子 1mol に対して，電極 C では銅が 0.5mol 析出し，電極 D では銀が 1mol 析出する。$Cu = 64$，$Ag = 108$ より，

（電極 C の質量の増加量）：（電極 D の質量の増加量）
$= 64 \times 0.5 : 108 ≒ 1 : 3.4$

これを示しているグラフは⑤となる。

【解答】 a. ② 　b. ⑤

240 【解説】 アルミニウムは，炭素電極を用いて，酸化アルミニウム Al_2O_3（アルミナ）を氷晶石 Na_3AlF_6 に少しずつ加えながら，融解状態で電気分解することによって製造される（**溶融塩電解**）。

〔電離式〕 $Al_2O_3 \longrightarrow 2Al^{3+} + 3O^{2-}$ ……①

（陰極） $Al^{3+} + 3e^- \longrightarrow Al$ 　……②

（陽極） $C + O^{2-} \longrightarrow CO + 2e^-$

$C + 2O^{2-} \longrightarrow CO_2 + 4e^-$

①式より，Al_2O_3 1mol から Al^{3+} 2mol が生成し，②式より，Al^{3+} 1mol から Al 1mol をつくるには，電子 e^- は 3mol 必要である。

よって，Al_2O_3（式量 102）1mol から Al（原子量 27）2mol をつくるためには，$3 \times 2 = 6$mol の電子が必要である。したがって，Al_2O_3 102g をすべて Al に変えるのに必要な電気量は，

$\dfrac{102}{102} \times 6 \times 9.65 \times 10^4〔C〕$

また，求める時間を $t〔s〕$ とすると，電気量〔C〕＝電流〔A〕×時間〔s〕より，

$6 \times 9.65 \times 10^4 = 9.65 \times t$

$\therefore \quad t = 60000〔s〕$

【解答】 ⑥

241 【解説】 代表的な**燃料電池**は，負極に水素，正極に酸素，電解液にリン酸水溶液を用いたものである。

この電池の各電極における変化は，次の通りである。

負極：$H_2 \longrightarrow 2H^+ + 2e^-$ ……………………①

正極：$O_2 + 4H^+ + 4e^- \longrightarrow 2H_2O$ …………②

銅電極 A は正極とつながっているので陽極となる。Cu が酸化されて Cu^{2+} となって溶解するので，質量は減少する。

〔電極 A〕$Cu \rightarrow Cu^{2+} + 2e^-$ ………………③

①より，e^- 2mol が流れると，H_2 1mol を消費する。③より，銅電極 A に e^- 2mol が流れると，Cu 1mol が溶解する。以上より，燃料電池で H_2 1mol（標準状態で 22.4L）を消費すると，電極 A では Cu 1mol（64g）が溶解する。すなわち，消費した水素の体積 22.4L では，電極 A の質量は $100 - 64 = 36〔g〕$ となる。これを満たすグラフは⑤である。

銅電極 B は負極とつながっているので陰極となる。Na^+ はイオン化傾向が大きく還元されずに，代わりに水分子 H_2O が還元される。

〔電極 B〕$2H_2O + 2e^- \longrightarrow H_2 + 2OH^-$ …………④

④式より，e^- 2mol が流れると，H_2 1mol が発生する。以上より，燃料電池で H_2 1mol（標準状態で 22.4L）を消費しても電極 B では H_2 1mol が発生するだけで，電極 B の質量は変化しない。これを満たすグラフは③である。

【解答】 銅電極 A…⑤ 　銅電極 B…③

19 化学反応の速さ

242 [解説] 反応の速さ(**反応速度**)は、単位時間あたりの反応物または、生成物の変化量で表される。その反応が一定体積中で進む場合には、単位時間あたりの反応物の濃度の減少量または、生成物の濃度の増加量で表される。

反応速度を変える条件には、反応物の濃度、温度などの条件がある。反応物の**濃度**を大きくすると、反応物どうしの衝突回数が増加するので、反応速度が大きくなる。

一般に、化学反応が起こるには、反応物の粒子どうしが衝突する必要があるが、すべての衝突で結合の組み換えが起こるわけではない。化学反応は、ある一定以上のエネルギーをもつ粒子どうしが衝突し、途中にエネルギーの高い中間状態(**活性状態**)を経て進行する。活性化状態にある分子の複合体を**活性錯体**という。反応物から活性錯体1molを生じるのに必要なエネルギーをその反応の**活性化エネルギー**といい、単位は[kJ/mol]である。活性化エネルギーはその反応が起こるのに必要な最小のエネルギーを意味し、各反応ごとに固有の値をとる。一般的には次の関係がある。

活性化エネルギー小…反応速度は大きい
活性化エネルギー大…反応速度は小さい

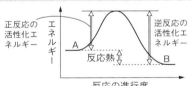

固体の関与する反応では、固体を粉末にするとその**表面積**が大きくなり、反応できる粒子の数が増加するので、反応物どうしの衝突回数も増加して、反応速度は大きくなる。気体どうしの反応では、**圧力**を高くすると反応物の濃度が大きくなるので、反応物どうしの衝突回数が増加し、反応速度は大きくなる。

触媒を使うと、活性化エネルギーの小さい別の経路で反応が進むようになり、反応速度が大きくなる。

[参考] **高温ほど反応速度が大きくなる理由**
温度が高くなると分子やイオンの熱運動の速度は大きくなり、衝突回数が増すから反応速度が大きくなると考えがちである。しかし、10Kの温度上昇で衝突回数の増加の割合は2〜3%にすぎず、反応速度が2〜3倍になることは説明できない。

そこで、気体分子の平均速度をv、分子量をM、絶対温度をTとすると、気体分子の平均運動エネルギー$\frac{1}{2}mv^2$は絶対温度に比例するから、

$$\frac{1}{2}Mv^2 = kT \quad \therefore v = \sqrt{\frac{2kT}{M}}$$

同種の気体分子ならばMは一定なので、$\sqrt{\frac{2k}{M}}$をk'とまとめると、$v = k'\sqrt{T}$となる。

よって、気体分子の平均速度vは$\sqrt{T}$に比例する。例えば、0℃ → 10℃と温度が10K上がる場合、気体分子の熱運動の平均速度は、$\sqrt{\frac{283}{273}}=1.02$(倍)になるだけである。温度が高くなると、上図で示すように、気体分子のもつ運動エネルギーの分布曲線が高エネルギー側へとずれる。すると、活性化エネルギーを上回る分子の割合が急激に増加し、反応速度が大きくなると考えることができる。

[解答] ① 反応物 ② 生成物 ③ 濃度 ④ 衝突
⑤ 大きく ⑥ 運動 ⑦ 活性化エネルギー
⑧ 表面積 ⑨ 圧力 ⑩ 触媒

243 [解説] (1) 固体の関与する反応では、固体を塊状から粉末にすると、その**表面積**が大きくなり、これまで固体内部で反応できなかった粒子が固体表面に現れ、反応できるようになる。したがって、酸素分子との衝突回数が増すので、反応速度が大きくなる。

(2) 硝酸は光や熱の作用で分解反応が促進される。
$$4HNO_3 \longrightarrow 4NO_2 + O_2 + 2H_2O$$
そのため、硝酸は褐色びん中で光をさえぎって保存する。このように光によって促進される反応を**光化学反応**といい、塩化銀の分解反応なども知られている。
$$2AgCl \xrightarrow{光} 2Ag + Cl_2$$

(3) 過酸化水素水の分解反応には、ふつう、固体触媒のMnO_2が使われるが、Fe^{3+}のような金属イオンも**触媒**としてはたらく。

[参考] **触媒の種類**
過酸化水素水に加えたFe^{3+}のように、反応物と触媒が均一に混じり合ってはたらく触媒を**均一触媒**という。多くの化学反応で使われる酸・塩基触媒(H^+やOH^-)や、酵素(生体触媒)などもこれに属する。

一方、MnO_2、Pt、V_2O_5のような固体の触媒は、反応物と均一に混じり合わずに、触媒表面付近ではたらくので、**不均一触媒**という。たとえば、白金触媒を用いて、$H_2 + I_2 \longrightarrow 2HI$の反応を行った場合、一般には、触媒表面への反

244～245　4-19 化学反応の速さ

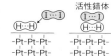

応物の吸着→活性錯体の形成→表面反応の進行→生成物の離脱という過程を経て，触媒反応が進行すると考えられている。

(4) 塩酸は強酸，酢酸は弱酸なので，同じモル濃度の水溶液でも塩酸の方が酢酸に比べて水素イオン濃度が大きい。酸の水素イオン濃度が大きいほど，金属との反応は激しくなる。

(5) 空気の約20％（体積％）が酸素である。反応物（気体）の分圧（すなわち濃度）が高い方が反応速度は大きくなる。「濃度」は(4)で使ったので，ここは「圧力」を選ぶ。

(6) $2H_2O_2 \longrightarrow 2H_2O + O_2$
この分解反応は温度が低いほど遅くなるので，過酸化水素水は低温で保存する。

解答 (1) 表面積　(2) 光　(3) 触媒　(4) 濃度
(5) 圧力　(6) 温度

244 [解説]
(1) 反応物の濃度が大きいほど，単位時間あたりの反応物どうしの衝突回数が多くなり，反応速度も大きくなる。〔×〕
(2) 反応熱が等しくても，活性化エネルギーが小さければ反応速度は大きくなり，活性化エネルギーが大きければ反応速度は小さくなる。つまり，反応熱の大小と，反応速度の大小は関係しない。〔×〕
(3) 反応が起こるためには，反応物どうしが**活性化エネルギー**以上のエネルギーによって衝突する必要があり，活性化エネルギーよりも小さなエネルギーをもつ反応物どうしが衝突した場合は，反応は起こらない。〔○〕
(4) 分子の熱運動の激しさを表す尺度は，絶対温度である。〔×〕
(5) (2)で述べたように，反応熱の大小と反応速度の大小は関係がない。〔×〕
(6) 活性化エネルギーが大きくなると，反応を起こすのに必要なエネルギーをもった分子の数が減少するため，活性化エネルギーが大きい反応ほど反応速度は小さくなる。〔×〕
(7) 体積一定で温度を上昇させると，活性化エネルギーを超えるエネルギーをもつ分子の割合が増加するため，反応速度が大きくなる。〔○〕
(8) 温度一定で，体積を大きくすると，反応物の濃度は小さくなり，反応速度は小さくなる。〔×〕
(9) 時間経過とともに，反応物の濃度が小さくなり，反応速度は小さくなる。〔×〕

(10) 体積一定で反応物を添加すると，反応物の濃度が大きくなり，反応物どうしの衝突回数が増加するため，反応速度が大きくなる。〔○〕

解答 (1) ×　(2) ×　(3) ○　(4) ×　(5) ×
(6) ×　(7) ○　(8) ×　(9) ×　(10) ○

245 [解説]
反応速度には，**瞬間の反応速度**と**平均の反応速度**があり，実験で測定できるのは各反応時間Δt内における平均の反応速度である。また，反応速度の表し方には，次の4通りがある。

(i) $\dfrac{\text{反応物の濃度の減少量}}{\text{反応時間}}$　(ii) $\dfrac{\text{生成物の濃度の増加量}}{\text{反応時間}}$

これらは，反応物・生成物が溶液の場合に用いられ，単位は〔mol/(L·s)〕か〔mol/(L·min)〕である。

(iii) $\dfrac{\text{反応物の減少量}}{\text{反応時間}}$　(iv) $\dfrac{\text{生成物の増加量}}{\text{反応時間}}$

これらは，反応物・生成物が気体，固体の場合に用いられ，単位は〔mol/s〕か〔mol/min〕である。

過酸化水素水H_2O_2は溶液なので，H_2O_2の分解速度は(i)で，O_2は気体なので，O_2の発生速度は(iv)で表される。

なお，(i)，(iii)のマイナスは，反応速度を常に正の値で表すためにつけてある。

(1) 上の(iv)にデータを代入して，
$$\bar{v} = \dfrac{0.060 - 0}{(2-0) \times 60} = 5.0 \times 10^{-4} \text{〔mol/s〕}$$

(2) $2H_2O_2 \longrightarrow 2H_2O + O_2$ より，H_2O_2 2molが反応すると，O_2 1molが発生するから，2分後の過酸化水素水の濃度は，
$$\dfrac{0.50 - 0.060 \times 2}{1.0} = 0.38 \text{〔mol/L〕}$$
上の(i)にデータを代入して，
$$\bar{v} = -\dfrac{0.38 - 0.50}{(2-0) \times 60} = 1.0 \times 10^{-3} \text{〔mol/(L·s)〕}$$

反応速度は，どの物質を基準にするかによって異なるので，注意が必要である。H_2O_2の分解速度を$v_{H_2O_2}$，H_2Oの生成速度をv_{H_2O}，O_2の生成速度をv_{O_2}とすると，**反応速度の比＝反応式の係数の比**より，次の関係が成り立つ。
$$v_{H_2O_2} : v_{H_2O} : v_{O_2} = 2 : 2 : 1$$

(3) 温度が10K上昇するごとに，反応速度が2倍になるから，温度が30K上昇すると反応速度は，$2 \times 2 \times 2 = 8$〔倍〕になる。よって，反応に要する時間は，もとの$\dfrac{1}{8}$になる。　∴ $40 \times \dfrac{1}{8} = 5$〔分〕

解答 (1) 5.0×10^{-4} mol/s
(2) 1.0×10^{-3} mol/(L·s)
(3) 5分

246 〔解説〕

反応物の濃度と反応速度の関係を示した式を**反応速度式**といい，**反応速度定数**をkとすると，一般に，$v = k[A]^x[B]^y$で表される。xとyは，**反応の次数**とよばれ，この反応は，$[A]$に対してx次，$[B]$に対してy次，あわせて$(x + y)$次の反応という。

このx, yの値は，反応式の係数から自動的に決まるものではなく，実験データの解析によって決められる。

反応開始直後の反応物 A の濃度$[A]$だけを変化させたとき，全体の反応速度vがどのように変化するかを調べれば，反応速度式における$[A]$の次数xが求められる。

(1) 実験 2, 3 の結果より，$[B]$が一定で，$[A]$だけを 2 倍にすると，vは 2 倍になる。
 ∴ vは$[A]$に比例する。
 実験 1, 2 の結果より，$[A]$が一定で，$[B]$だけを 2 倍にすると，vは 4 倍になる。
 ∴ vは$[B]^2$に比例する。
 以上をまとめると，この反応の反応速度式は，
 $v = k[A][B]^2$

(2) 反応速度式が決まると，実験 1, 2, 3 の任意のデータを用いて，kを求めることができる。
 $3.6 \times 10^{-2} \text{mol}/(\text{L·s})$
 $= k \times 0.30 \text{mol/L} \times 1.20^2 \text{mol}^2/\text{L}^2$
 ∴ $k ≒ 8.33 \times 10^{-2} ≒ 8.3 \times 10^{-2} [\text{L}^2/(\text{mol}^2·\text{s})]$

(3) このkの値と，$[A] = 0.40 \text{mol/L}$，$[B] = 0.80 \text{mol/L}$を，反応速度式に代入すると，
 $v = 8.33 \times 10^{-2} \times 0.40 \times 0.80^2$
 $≒ 2.13 \times 10^{-2} ≒ 2.1 \times 10^{-2} [\text{mol}/(\text{L·s})]$

(4) 温度が 30K 上昇したので，反応速度は，
 $3 \times 3 \times 3 = 27$〔倍〕になる。

参考 反応速度式と反応の次数

反応が起こるとき，反応速度は反応物の粒子の衝突する回数に比例する。したがって，反応速度vは，衝突する反応物の粒子のモル濃度に依存する。しかし，化学反応式は最終的な結果のみを記したものであり，実際の反応は左辺の粒子が係数で示された数だけ同時に衝突して反応が起こるような単純なものではない。そのため，反応速度が反応物のモル濃度の何乗(反応の次数)に比例するかは，必ずしも化学反応式の係数とは一致せず，実験的に求められるものである。

反応物 ●→●● 生成物　反応物自身が分解するような反応は 1 次反応である。

●●＋●● →←●● 同時に，反応物の 2 分子が衝突して起こるのは 2 次反応である。

例えば，五酸化二窒素 N_2O_5 の分解反応式は次式で表される。
 $2N_2O_5 \longrightarrow 4NO_2 + O_2$
 N_2O_5 の分解速度vを実験で調べると，$v =$ $k[N_2O_5]^2$ ではなく，$v = k[N_2O_5]$ であり，反応式の係数と反応速度式の次数が一致しない。この理由を考えてみよう。実は，N_2O_5 の分解反応は，次のような 3 つの**素反応**(1 段階で起こる反応)から成り立っている。
 $N_2O_5 \longrightarrow N_2O_3 + O_2 \cdots$①
  $v_1 = k_1[N_2O_5]$ (遅い)
 $N_2O_3 \longrightarrow NO + NO_2 \cdots$②
  $v_2 = k_2[N_2O_3]$ (速い)
 $N_2O_5 + NO \longrightarrow 3NO_2 \cdots$③
  $v_3 = k_3[N_2O_5][NO]$ (速い)

①の素反応が最も遅く，①の素反応が起これば，②，③の素反応は直ちに進むので，全体の反応速度は①の素反応の反応速度で決まる。このように，いくつかの素反応を経て進む反応を**多段階反応(複合反応)**といい，その各素反応の中で最も遅いものを**律速段階**という。

多段階反応では，全体の反応速度は律速段階の素反応(上の①)の反応速度によって決まる。

参考 $H_2 + I_2 \longrightarrow 2HI$ の反応機構について

水素分子 H_2 とヨウ素分子 I_2 が衝突して，ヨウ化水素分子 HI ができる反応は，ボーデンシュタイン(ドイツ)らの研究により，600K 以下では，次の図のように進行するということが明らかにされた。

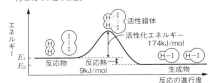

その後，この反応の活性化エネルギーを広い温度領域で求めてみると，温度によってその値がかなり異なることがわかり，特に，600K 以上ではヨウ素原子(ラジカル)，水素原子(ラジカル)が関与し，次のような多段階反応が主要な役割を果たしていることが明らかになった。
 $I_2 \rightleftharpoons 2I$
 $I + H_2 \longrightarrow HI + H$
 $H + I_2 \longrightarrow HI + I$

この事実は，反応のしくみが必ずしも一通りではなく，反応条件によっては，異なった反応のしくみで進行することを示している。

〔解答〕 (1) (ウ)　(2) $8.3 \times 10^{-2} \text{L}^2/(\text{mol}^2·\text{s})$
 (3) $2.1 \times 10^{-2} \text{mol}/(\text{L·s})$　(4) 27 倍

247 〔解説〕 反応速度を大きくする条件
① 温度を高くする。
② 反応物の濃度を大きくする。
③ 触媒を加える。
④ 固体の表面積を大きくする。

248～249

⑤ 気体の圧力を大きくする。

本問では，反応速度は，単位時間あたりの気体の発生量で表されているが，このグラフの傾きが大きいほど反応速度は大きいことを示す。

(1) 温度を高くすると，反応速度が大きくなる。グラフの傾きはアより大きくなるが，O_2 の発生量には変化がない。…エ

(2) 固体は，粉末より粒状の方が表面積が小さく，反応速度は小さくなる。グラフの傾きは小さくなるが，O_2 の発生量には変化がない。…オ

(3) 反応物の濃度を大きくすると，反応速度が大きくなる。グラフの傾きは大きくなり，O_2 の発生量も 2 倍になる。…イ

(4) 反応物の濃度を小さくすると，反応速度は小さくなる。グラフの傾きは小さくなり，O_2 の発生量は $\frac{1}{2}$ になる。…カ

(5) 反応物の濃度が変わらないので，反応速度は一定である。グラフの傾きは同じであるが，O_2 の発生量は 2 倍になる。…ウ

参考 均一触媒反応と不均一触媒反応の反応速度について

(5)について，次のような質問を受けたことがある。「3%過酸化水素水が，10mL のときの単位時間あたりの O_2 発生量を V [L] とすると，20mL のときは $2V$ [L] になるはずなので，(5)のグラフの傾きはもとの点線のグラフの傾きよりも大きくなるのではないか？」

本問では，MnO_2(固)という **不均一触媒** を使用している点が重要である。過酸化水素の分解反応は，この触媒表面でしか起こらない。そのため，3%過酸化水素水を 10mL から 20mL に増やしても，触媒の表面積が一定なので，単位時間あたりの酸素の発生量も変わらない。したがって，(5)のグラフの傾きは，もとの点線のグラフの傾きと同じになる。

ただし，$FeCl_3$ 水溶液のような **均一触媒** を使用した場合には，反応速度が変化しうる。このとき，過酸化水素の分解反応は溶液全体で起こるから，3%過酸化水素水を 10mL から 20mL に増やすと，単位時間あたりの酸素の発生量も多くなるはずである。したがって，(5)のグラフの傾きは，もとの点線のグラフの傾きよりも少し大きくなると考えられる。

解答 (1) エ (2) オ (3) イ (4) カ (5) ウ

248 解説

(1), (3) 触媒を加えると，活性化エネルギーの値が小さな，別の反応経路で反応が進行するようになるので，反応速度が大きくなる。

なお，反応物のエネルギーと生成物のエネルギーの差が反応熱であるから，反応熱の値は触媒を加えても変わらない。

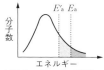

E_a: 活性化エネルギー（触媒なし）
E'_a: 活性化エネルギー（触媒あり）

(2), (4) 一般に，化学反応は正反応も逆反応も同じ活性化状態を経て進行するとは限らないが，ここでは正反応と逆反応が同じ活性化状態を経て進行する反応のみを考えることにする。触媒は，触媒がない場合に比べて，活性化エネルギーを同じ値ずつ減少させるので，正反応の速さ，逆反応の速さのどちらも速くする。

(5) 触媒は，反応の途中では変化しているように見えても，反応後は再びもとの物質に戻っており，変化はみられない。

(6) 加熱しない限り，反応物の分子の運動エネルギーを大きくすることはできない。

解答 (1) × (2) × (3) ○ (4) ○
(5) × (6) ×

249 解説

平均の分解速度 $\bar{v}$ は，曲線上にとった 2 点を結ぶ線分の傾きで表される（右図）。この傾きが大きいほど，平均の分解速度は大きい。

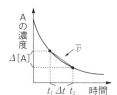

また，瞬間の分解速度 v は，曲線上の 1 点に引いた接線の傾きで表され，この傾きが大きいほど，瞬間の分解速度は大きい。

(1) 反応開始から 1 分間を考えた場合，2 点の傾きが最も大きいのは(c)である。

(2) 初めの濃度 1.0mol/L が $\frac{1}{2}$ の 0.5mol/L になる時間を比較すると，(a)は 3 分，(c)は 1 分である。反応時間と反応速度は反比例の関係にあるから，(a)の分解速度は(c)の分解速度の $\frac{1}{3}$ 倍である。

(3) (d)の初めの濃度は(a), (b), (c)の $\frac{1}{2}$ であるが，(d)の濃度が $\frac{1}{2}$ になる時間は 1 分後であるから，(c)と(d)の反応速度は等しく，(c)と(d)は同一温度と考えられる。

(4) 高温になるほど，反応する分子のエネルギー分布曲線が高エネルギー方向にずれ，活性化エネルギーを上回るエネルギーをもった分子の割合が増すた

116　4-19　化学反応の速さ

250〜251

め，反応速度が大きくなる。(**242** 参考 を参照)

解答 (1)…(c)　(2)$\dfrac{1}{3}$倍　(3)…(c)　(4)…(エ)

参考 **反応速度定数 k の意味と温度依存性**

A $\longrightarrow$ B の反応速度を v，反応物 A の濃度を[A]とすれば，両者の関係は次の反応速度式で表せる。

$v = k[A]^x$　(k:反応速度定数　x:反応の次数)

一般に，反応速度は反応物の濃度，温度，触媒等の影響を受けるが，上式によれば，v に対する反応物の濃度の影響は[A]^x の中に，残る温度と触媒等の影響は k の中に含まれる。すなわち，k と絶対温度 T と活性化エネルギー E_a との関係は，次の**アレニウスの式**で表される。

$k = Ae^{-\frac{E_a}{RT}}$　(R：気体定数　A：頻度因子)

上式の自然対数をとると，

$\log_e k = -\dfrac{E_a}{RT} + \log_e A$

$\log_e x = 2.3\log_{10} x$ の関係から，これを常用対数に変換すると，

$2.3\log_{10} k = -\dfrac{E_a}{RT} + 2.3\log_{10} A$

$\therefore \log_{10} k = -\dfrac{E_a}{2.3RT} + \log_{10} A$

例えば，反応温度が27℃から47℃になると，反応速度が10倍になる反応の活性化エネルギーを求めると，

$\log_{10} k = -\dfrac{E_a}{2.3R \times 300} + \log_{10} A$　…①

$\log_{10}(10k) = -\dfrac{E_a}{2.3R \times 320} + \log_{10} A$　…②

②−①より，

$\log_{10}(10k) - \log_{10} k = \dfrac{E_a}{2.3R \times 300} - \dfrac{E_a}{2.3R \times 320}$

$\log_{10} 10 = \dfrac{E_a}{2.3R}\left(\dfrac{1}{300} - \dfrac{1}{320}\right)$

$R = 8.3$(J/K・mol)を代入して，

$1 = \dfrac{E_a}{2.3 \times 8.3}\left(\dfrac{320-300}{300 \times 320}\right)$

$\therefore E_a \fallingdotseq 91.6 \times 10^3$(J/mol)

$\Rightarrow 91.6$(kJ/mol)

250 解説 通常は，反応物の濃度の時間変化が与えられているので，各時間間隔ごとに，**平均の反応速度 $\bar{v}$** と反応物の**平均の濃度 C** から，反応速度定数 k の値が求められる。本問では，ある時刻における**瞬間の反応速度 v** と，その時刻での**反応物の濃度 C** が与えられているので，このデータを使っても k が求められる。

まず，五酸化二窒素 N_2O_5 の分解反応が一次反応

$v = kC$ であると仮定して，$k = \dfrac{v}{C}$ を求め，これが一定値になれば，この仮定は正しかったことになる。

k が一定にならなければ，c の次数(x)を変え，$\dfrac{v}{c^x}$ が一定となる x を求めるほかはない。

(1) $v = k[N_2O_5]$ が成り立つと仮定すると，

$k = \dfrac{v}{[N_2O_5]}$ ここへ各データを代入する。

(i) $\dfrac{1.24 \times 10^{-3}}{2.00} = 6.200 \times 10^{-4}$(/s)

(ii) $\dfrac{9.30 \times 10^{-4}}{1.50} = 6.200 \times 10^{-4}$(/s)

(iii) $\dfrac{5.49 \times 10^{-4}}{0.90} = 6.100 \times 10^{-4}$(/s)

k の値がほぼ一致したので，$v = k[N_2O_5]$ であるとした仮定は正しかったことになる。

(2) $\dfrac{6.200 \times 10^{-4} + 6.200 \times 10^{-4} + 6.100 \times 10^{-4}}{3}$

$\fallingdotseq 6.166 \times 10^{-4} \fallingdotseq 6.17 \times 10^{-4}$(/s)

(3) $v = k[N_2O_5]$ に，$k = 6.166 \times 10^{-4}$(/s)と，$[N_2O_5]$ $= 1.00$(mol/L)を代入する。

$v = 6.166 \times 10^{-4} \times 1.00 \fallingdotseq 6.17 \times 10^{-4}$(mol/(L・s))

(4) 1分間，10.0L で分解する N_2O_5 の物質量は，

$6.166 \times 10^{-4} \times 10.0 \times 60 \fallingdotseq 3.699 \times 10^{-1}$(mol)

反応式の係数比より，N_2O_5 2mol から O_2 1mol が発生するから，発生した O_2 の物質量は，

$\dfrac{3.699 \times 10^{-1}}{2} \fallingdotseq 0.1849 \fallingdotseq 0.185$(mol)

解答 (1) 解説の網掛け部分を参照
(2) **6.17×10^{-4}/s**
(3) **6.17×10^{-4}mol/(L・s)**　(4) **0.185mol**

251 解説 2つの温度 T_1，T_2 における反応速度定数を k_1，k_2 とする。アレニウスの式より，

$k_1 = A \cdot e^{-\frac{E}{RT_1}}$　……①

$k_2 = A \cdot e^{-\frac{E}{RT_2}}$　……②

両辺の自然対数をとると，

$\log_e k_1 = \log_e A - \dfrac{E}{RT_1}$　……①′

$\log_e k_2 = \log_e A - \dfrac{E}{RT_2}$　……②′

$\dfrac{②′}{①′}$より $\log_e \dfrac{k_2}{k_1} = \left(\log_e A - \dfrac{E}{RT_2}\right) - \left(\log_e A - \dfrac{E}{RT_1}\right)$

$= \dfrac{E}{R}\left(\dfrac{1}{T_1} - \dfrac{1}{T_2}\right) = \dfrac{E}{R}\left(\dfrac{T_2 - T_1}{T_1 \cdot T_2}\right)$

題意の $k_2 = 2k_1$ より,

$$\log_e 2 = \frac{E}{8.3}\left(\frac{310-300}{300 \times 310}\right)$$

$$0.69 = \frac{E}{8.3} \times \frac{10}{93000}$$

∴ $E \fallingdotseq 53261\text{J/mol} \fallingdotseq 53.3\text{kJ/mol}$

解答 **53.3kJ/mol**

参考 アレニウスの式について

反応速度と温度の関係について,アレニウス(スウェーデン)は,1889年,反応速度定数 k と絶対温度 T の間に次の関係が成り立つことを発見した。この式を**アレニウスの式**という。

$$k = A \cdot e^{-\frac{E}{RT}} \quad \cdots\cdots ①$$

①式の両辺の自然対数をとると,②式が得られる。

$$\log_e k = -\frac{E}{RT} + \log_e A \quad \cdots\cdots ②$$

②式より,$\log_e k$ は $\frac{1}{T}$ に比例することがわかり,x 軸に $\frac{1}{T}$,y 軸に $\log_e k$ をプロットすると,そのグラフの傾き $-\frac{E}{R}$ から活性化エネルギー E,$\frac{1}{T}$ →0に外挿した y 軸の値(y切片)から頻度因子 A(単位時間あたりの反応分子間の衝突回数を表す因子)が求められる。

参考 反応の進行と反応経路図の関係

反応の進行とエネルギー変化の様子を示した図を**反応経路図**という。反応経路図において,反応の途中にある山の高さ(**活性化エネルギー**)と,反応物と生成物とのエネルギーの差(**反応熱**)の大きさに着目すれば,反応の進行をある程度予想することができる。次のような4種類の反応経路図で表される反応について,その反応の進行の様子を予想してみよう。

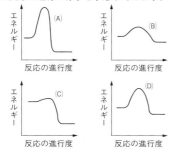

図(A)…活性化エネルギーがかなり大きく,反応速度はかなり小さい。反応熱が大きいので,いったん反応が進行し始めると,反応は完全に進むと予想される。**例** 物質の燃焼など

図(B)…活性化エネルギーがかなり小さいので反応速度は大きい。しかし,反応熱が小さいので,反応は完全には進まないと予想される。**例** カルボン酸とアルコールのエステル化反応など

図(C)…活性化エネルギーが小さいので,反応速度はきわめて大きい。反応熱も大きいので,反応は完全に進むと予想される。**例** イオンの沈殿反応,酸と塩基の中和

図(D)…活性化エネルギーがやや大きいので,反応速度はやや小さい。反応熱がそれほど大きくないので,反応は完全には進まないと予想される。**例** アンモニアの生成反応など

参考 化学反応の進む方向は

一般に,高い所にある物体が低い所へ向かって自然に転がるように,エネルギーが減少する方向へ向かう発熱反応は起こりやすい。なぜなら,自然界には,エネルギーの高い状態は不安定で,エネルギーを放出して,(1)エネルギーの低い安定な状態に移ろうとする傾向があるためである。

一方,多くの固体物質の水への溶解は,吸熱反応であるにもかかわらず進行する。自然界には,(2)粒子の散らばり具合い(**エントロピー**という)が大きくなろうとする傾向がある。これは,エントロピーの大きい状態の方が実現する確率が大きいためである。

化学変化の進行方向には,**エネルギーとエントロピー**の2つの要因があり,その兼ね合いにより変化の方向が決まる。(1),(2)の要因の両方を満たすときは,その変化は自発的に進行し,(1),(2)の要因のいずれかのみを満たすときは平衡状態に,(1),(2)の要因をともに満たさないときは,その変化は自発的に進行しないことが多い。

なお,系のエントロピーは単位〔J/(K·mol)〕で表され,構成粒子の物質量と絶対温度に依存する。一方,系のエネルギーは単位〔kJ/mol〕で表され,構成粒子の物質量だけに依存し,絶対温度の影響を受けない。したがって,低温ほどエネルギーの要因による推進力の方が大きく,高温ほどエントロピーの要因による推進力が大きくなる傾向がある。

118　4-20　化学平衡

252 ～ 254

20 化学平衡

252 [解説]　可逆反応が平衡状態にあるとき,温度・圧力・濃度などの条件を変化させると,その変化の影響を打ち消す(緩和する)方向へ平衡が移動する。これを,**ルシャトリエの原理**という。ルシャトリエの原理を用いて,平衡移動の向きを考えさせる問題は必出であるから,完璧に理解しておくこと。

(1)　NO の生成は気体の分子数が変化しない反応なので,圧力を変えても,NO の生成量は変化しない。これに該当するのは,(キ),(ク)。
　　また,NO の生成は吸熱反応なので,温度の高い T_2 の方がその生成量は増す。したがって,T_1 よりも T_2 の方が上位にある(ク)が適する。

(2)　NH$_3$ の生成は気体の分子数が減少する反応なので,圧力を高くした方がその生成量は増す。これに該当するのは,(ア),(イ),(オ),(カ)。
　　また,NH$_3$ の生成は発熱反応なので,温度の低い T_1 の方がその生成量は増す。
　　したがって T_2 よりも T_1 の方が上位にある(ア),(オ)が該当する。ただし,(オ)は圧力を高くすると,NH$_3$ の生成量がいくらでも増えるので,不適である。よって,(ア)が適する。

(3)　炭素 C(固体)の濃度は一定であるから,平衡の移動を考えるときは,これを除外して考えなければならない。CO の生成は気体の分子数が増加する反応なので,圧力は低い方がその生成量は増す。
　　これに該当するのは,(ウ),(エ)。また,CO の生成は吸熱反応なので,温度の高い T_2 の方がその生成量は増す。したがって T_1 よりも T_2 の方が上位にある(エ)が適する。

[解答]　(1)…(ク)　(2)…(ア)　(3)…(エ)

253 [解説]　(A)　温度を上げると,その温度上昇を打ち消す(緩和する)吸熱反応の方向(右向き)へ平衡が移動する。

(B)　体積を小さくすると,ボイルの法則より,気体の圧力は増加する。この圧力増加の影響を打ち消す(緩和する)方向,つまり,気体の分子数が減少する方向(左方向)へ平衡が移動する。なお,**固体の炭素**は,常に濃度・圧力(きわめて小さい昇華圧が存在するが,これを無視して考える)は一定とみて,平衡の移動を考えるときは,これを除外して考えること。

参考　**ルシャトリエの原理の適用(その1)**
　　気体の体積を小さくすると,その体積減少の影響を緩和する方向,つまり,気体の分子数を増加させる方向(右方向)へ平衡が移動すると考えてはいけない。体積,質量などは,反応

系の粒子の数に比例する**示量変数**とよばれる。一方,温度,濃度,圧力などは,反応系の粒子の数によらない**示強変数**とよばれる。ルシャトリエの原理は,厳密には示強変数を変化させた場合にしか成立しない。したがって,「体積の減少」は,「圧力の増加」と読みかえて,ルシャトリエの原理を適用しなければならない。

(C)　ルシャトリエの原理を適用すると,(A)で温度を上げると右向き,(B)で圧力を上げると左向きに移動するという結果となる。本問では,温度の影響が圧力の影響よりも大きければ右向き,その逆ならば左向きへ平衡が移動することになる。この問題文の条件だけでは,温度・圧力のどちらの影響が大きいのかが不明で,平衡の移動の向きは判断できない。

(D)　触媒を加えると,(正反応,逆反応とも)反応速度は大きくなるが,平衡の移動には関係しない。

参考　**C(固)を加えた場合の平衡移動**
　　C(固)を少量加えた場合,C(固)の濃度増加を緩和する方向(右向き)に平衡が移動するようにみえる。しかし,固体と気体が関係する平衡では,固体は必要な最少量が存在していればよく,C(固)の濃度は常に一定で,いくら加えても,その濃度は増加しない。よって,平衡は移動しない。

(E)　体積一定でアルゴン(希ガス)を加える。→「圧力が増す」→「気体分子の数が減少する方向(左向き)に平衡が移動する」と考えてはいけない。圧力の変化で平衡が移動するのは,平衡に関係する気体の分圧が変化したときだけである。
　　アルゴンを加えても,体積は一定なので,平衡に関係する気体の圧力(分圧)は変化しない。よって,平衡は移動しない。

(F)　圧力一定になるようにアルゴンを加えていくと,混合気体の体積が増大する。よって,平衡に関係する気体の圧力(分圧)が減少し,その圧力減少を打ち消す(緩和する)方向,気体の分子数が増加する方向(右向き)へ平衡が移動する。

[解答]　(A)…(イ)　(B)…(ア)　(C)…(エ)
　　　　(D)…(ウ)　(E)…(ウ)　(F)…(イ)

254 [解説]　ある可逆反応 $aA + bB \rightleftarrows xX + yY$ (a, b, x, y は係数)が平衡状態にあるとき,各物質の濃度の間には次式が成り立つ。

$$\frac{[\mathrm{X}]^x[\mathrm{Y}]^y}{[\mathrm{A}]^a[\mathrm{B}]^b} = K(一定)$$

この関係を**化学平衡の法則(質量作用の法則)**といい,K を**平衡定数**という。温度が一定であれば,初めの各物質の濃度に関係なく,K は一定の値をとる。

255～256

(1) CH₃COOH + C₂H₅OH ⇌ CH₃COOC₂H₅ + H₂O
反応前　1.0　　　　1.2　　　　　　0　　　　　　0〔mol〕
平衡時 (1.0−0.80)　(1.2−0.80)　　　0.80　　　　0.80〔mol〕

反応容器の容積を V〔L〕とすると，

$$K = \frac{[CH_3COOC_2H_5][H_2O]}{[CH_3COOH][C_2H_5OH]}$$

$$= \frac{\left(\frac{0.80}{V}\right)^2}{\left(\frac{0.20}{V}\right)\left(\frac{0.40}{V}\right)} = 8.0$$

(**注意**) 平衡定数の式には，必ず，平衡状態にある物質のモル濃度を代入する習慣をつけておく。物質量をそのまま代入しないよう十分に注意したい。なぜなら，H₂+I₂⇌2HI のように，両辺の係数和が等しい場合，平衡定数では，反応容器の容積 V の項が消去されるので問題はないが，2NO₂⇌N₂O₄ のように，両辺の係数和が等しくない場合，平衡定数には，容積 V の項が消去されずに残り，誤った答が得られることになるので，十分に留意すること。

(2) 酢酸エチルが x〔mol〕生成して平衡に達したとき，
CH₃COOH + C₂H₅OH ⇌ CH₃COOC₂H₅ + H₂O
平衡時　(2.0−x)　　(2.0−x)　　　　x　　　　x〔mol〕

平衡定数 K は，$\dfrac{\left(\dfrac{x}{V}\right)^2}{\left(\dfrac{2.0-x}{V}\right)^2} = 8.0$

左辺が完全平方式なので，両辺の平方根をとる。

$\dfrac{x}{2.0-x} = 2\sqrt{2}$（負号は捨てる）

∴ $x ≒ 1.47 ≒ 1.5$〔mol〕

(3) 与えられたのは酢酸，エタノール，水であり，酢酸エチルだけは与えられていないので，平衡は必ず右向きに移動する。酢酸エチルが x〔mol〕生成して平衡に達したとすると，
CH₃COOH + C₂H₅OH ⇌ CH₃COOC₂H₅ + H₂O
平衡時　(1.0−x)　(1.0−x)　　　x　　　(2.0+x)
　　　　　　　　　　　　　　　　　　　　　　〔mol〕

$K = \dfrac{\left(\dfrac{x}{V}\right)\left(\dfrac{2.0+x}{V}\right)}{\left(\dfrac{1.0-x}{V}\right)^2} = 8.0$

$7x^2 − 18x + 8 = 0$　∴ $(x−2)(7x−4) = 0$

$0 < x < 1$ より，$x = \dfrac{4}{7} ≒ 0.571 ≒ 0.57$〔mol〕

解答 (1) **8.0**　(2) **1.5mol**　(3) **0.57mol**

255 〔**解説**〕 **ルシャトリエの原理**をもとに，平衡が移動する向きを考える。
　NO₂ は赤褐色，N₂O₄ は無色の気体であるので，これらの気体の平衡混合物が，NO₂ 側（左向き）に移動すれば褐色が濃くなり，N₂O₄ 側（右向き）に移動すれば褐色が薄くなる。
2NO₂（赤褐色）⇌ N₂O₄（無色）

(1) ルシャトリエの原理から，温度を上げると，吸熱反応の向きに平衡が移動する。実験1の結果，高温側の試験管の色が濃くなったことから，高温にすると，NO₂ が増加する向きに平衡が移動することがわかる。このため，NO₂ が生成する向きが吸熱反応である。したがって，NO₂ から N₂O₄ を生成する反応は，発熱反応である。

(2) 圧縮した瞬間は，体積が小さくなるので，NO₂ も N₂O₄ も同じ割合で濃度が大きくなり，混合気体の色が濃くなる。その後，圧縮によって圧力が大きくなったので，気体分子の数が減少する向き（右向き）に平衡が移動し，気体の色はやや薄くなる。しかし，平衡の移動は，外部条件の変化をやわらげるが，もとの状態にまでは戻らないことに留意したい。

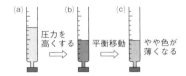

| 参考 | **ルシャトリエの原理の適用（その2）** |

　2NO₂ = N₂O₄ + 57kJ の可逆反応に対してルシャトリエの原理を適用するとき，温度が上がると平衡は吸熱方向（左方向）に移動する。一方，加熱によって圧力が増加すると，平衡は気体の分子数が減少する方向（右方向）へ移動するという相反する結果が予想される。しかし，実際には，左方向へ平衡が移動したので，温度上昇の影響がそれに伴って生じる圧力増加の影響を上回っていたことになる。
　一般に，加熱による温度上昇という外部条件の変化に対してルシャトリエの原理を適用するのはよいが，加熱に伴って生じた圧力の増加という内部条件の変化に対して，ルシャトリエの原理を適用すると，誤った結論が得られてしまうので，注意が必要である。

(3) 平衡時の各物質のモル濃度は，
　[NO₂] = 0.010〔mol/L〕，[N₂O₄] = 0.030〔mol/L〕

$K = \dfrac{[N_2O_4]}{[NO_2]^2} = \dfrac{0.030}{0.010^2} = 300$〔L/mol〕

解答 (1) **発熱反応**　(2) **ウ**　(3) **3.0 × 10²L/mol**

256 〔**解説**〕 グラフから，低温ほど NH₃ の生成率が大きい。ルシャトリエの原理より，低温にすると平衡は発熱方向へ移動するから，NH₃ の生成反応は発熱反応とわかる。

また，グラフより，高圧にするとNH₃の生成率が大きいことから，平衡は気体の分子数が減少する方向へ移行する。ルシャトリエの原理によると，NH₃の生成に関しては，低温・高圧の条件が有利なように思われる。しかし，低温(400℃)前後では反応速度が小さく，なかなか平衡に到達しない。一方，高温(600℃～)では短時間に平衡に達するが，NH₃の生成率がかなり小さくなる。そこで，平衡に不利にならない500℃前後の温度を設定し，反応速度の低下を補うため，四酸化三鉄Fe₃O₄などの触媒を用いる。さらに，生じた平衡混合気体を冷却してNH₃だけを液化させて反応系から除き，残った原料気体を循環させ，再び反応を繰り返すことで，NH₃をより効率的に製造している。この方法を**ハーバー・ボッシュ法**という。

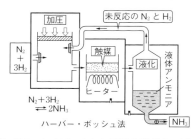
ハーバー・ボッシュ法

⑧ N₂ 1mol, H₂ 3mol から反応を開始し，NH₃ が $2x$〔mol〕生成して平衡に達したとする。

$$N_2 + 3H_2 \rightleftharpoons 2NH_3$$
反応前 1mol   3mol   0   合計
平衡時 $(1-x)$ $(3-3x)$ $2x$ $(4-2x)$〔mol〕

グラフより，400℃，5×10^7Pa で NH₃ の体積百分率は60％である。圧力一定では，**気体の(体積比)=(物質量比)**の関係が成り立つから，

$$\frac{2x}{4-2x} \times 100 = 60 \quad \therefore \quad x = 0.75 \text{〔mol〕}$$

よって，平衡時の混合気体中の N₂ の体積百分率は，

$$\therefore \quad N_2 : \frac{1-x}{4-2x} \times 100 = \frac{1-0.75}{4-1.5} \times 100 = 10 \text{〔％〕}$$

【解答】 ① 発熱 ② 下げる
③ 減少 ④ 低温 ⑤ 高圧
⑥ 反応速度 ⑦ 触媒 ⑧ **10**

257 【解説】 反応条件の変化による平衡の移動と反応速度の変化を同時に考えさせる問題である。グラフが横軸に平行になったとき，この反応は平衡に達したことを示す。また，平衡になるまでのグラフの傾きは，反応速度の大きさを表す。
反応条件の変化に伴う反応速度の変化と，平衡の移動は区別して考える必要がある。

(1) 反応速度が増加するので，早く平衡に達するが，平衡が左へ移動するので，NH₃の生成量は減少する。
(2) 反応速度が減少し，平衡に達する時間が長くなる。平衡は右へ移動するので，NH₃の生成量は増加する。
(3) 反応速度は増加し，早く平衡に達する。平衡も右へ移動するので，NH₃の生成量は増加する。
(4) 反応速度が減少し，平衡に達する時間が長くなる。平衡が左へ移動するので，NH₃の生成量は減少する。
(5) 反応速度は増加し，早く平衡に達する。平衡は移動しないので，NH₃の生成量は変化しない。

【解答】 (1) **d** (2) **c** (3) **b** (4) **e** (5) **a**

258 【解説】 (1) HI が 1.20mol 生成したので，H₂, I₂ はそれぞれ 0.60mol ずつ反応したことがわかる。
平衡時の各気体の物質量は，

$$H_2 + I_2 \rightleftharpoons 2HI$$
平衡時 $(0.70-0.60)$ $(1.00-0.60)$ 1.20〔mol〕

反応容器の容積を V〔L〕とすると，

$$K = \frac{[HI]^2}{[H_2][I_2]} = \frac{\left(\frac{1.20}{V}\right)^2}{\left(\frac{0.10}{V}\right)\left(\frac{0.40}{V}\right)} = 36$$

【参考】 **平衡定数の導き方**
H₂ + I₂ ⇌ 2HI の可逆反応の場合，
正反応の反応速度 $v_1 = k_1[H_2][I_2]$
逆反応の反応速度 $v_2 = k_2[HI]^2$ で表される。
平衡状態では，$v_1 = v_2$ となるから，
$k_1[H_2][I_2] = k_2[HI]^2$ …①
①式を左辺にモル濃度，右辺に速度定数をまとめて整理すると，

$$\frac{[HI]^2}{[H_2][I_2]} = \frac{k_1}{k_2} = K(一定) \cdots ②$$

この K をこの反応の**平衡定数**といい，温度によってのみ変化する。また，②式で表される関係を**化学平衡の法則**という。

(2) 生成する H₂, I₂ をそれぞれ x〔mol〕とすると，

$$2HI \rightleftharpoons H_2 + I_2$$
平衡時 $(2.0-2x)$ x x〔mol〕

この反応の平衡定数 $\frac{1}{K}$ は次式で表される。

$$\frac{1}{K} = \frac{[H_2][I_2]}{[HI]^2} \quad (逆反応の平衡定数は，もとの正反応の平衡定数Kとは逆数の関係にあり，\frac{1}{36}である。)$$

$$\frac{\left(\frac{x}{V}\right)^2}{\left(\frac{2.0-2x}{V}\right)^2} = \frac{1}{36}$$

左辺が完全平方式より，両辺の平方根をとると，

$$\frac{x}{2.0 - 2x} = \frac{1}{6} \quad \text{(負号は捨てる)}$$

$$2.0 - 2x = 6x \quad \therefore \quad x = 0.25 \text{[mol]}$$

(3) 各物質の任意の濃度を平衡定数の式に代入して得られた計算値を K', 真の平衡定数を K とすると, 平衡の移動する方向を次のように判断できる。

$K' < K$ のとき, 正反応が進み, 平衡が右へ移動。

$K' = K$ のとき, 平衡状態で平衡は移動しない。

$K' > K$ のとき, 逆反応が進み, 平衡が左へ移動。

[解答] (1) **36** (2) H_2 : **0.25mol** I_2 : **0.25mol**
(3) **与えられた数値を平衡定数の式に代入すると,**

$$K = \frac{[HI]^2}{[H_2][I_2]} = \frac{(1.0)^2}{(1.0)(1.0)} = 1.0$$

この値は, 真の平衡定数の 36 より小さいので, この値が大きくなる右方向へ反応が進み, 新たな平衡状態となる。

259 [解説] (1) 平衡定数 K が大きいということは, 平衡に達したとき, 生成物の割合が大きいことを示し, 反応速度が大きいこととは全く無関係である。活性化エネルギーは反応速度に関係し, 一般に, 活性化エネルギーが大きい反応ほど, 反応速度は小さいといえる。 〔×〕

(2) 温度を変えると, 平衡定数 K の値は変化する。吸熱反応の場合, 温度を高くすると, 平衡は右へ移動し, 生成物の割合が多くなるので, 平衡定数は大きくなる。

逆に, 発熱反応の場合は, 温度を高くすると, 平衡は左へ移動し, 生成物の割合が少なくなるので, 平衡定数は小さくなる。 〔×〕

(3) 平衡定数 K の値は, 温度によってのみ変化し, 濃度, 圧力, 触媒の有無など, 他の条件の変化によっては変化しない。 〔×〕

(4) 平衡状態では, (正反応の速さ)＝(逆反応の速さ) となり, 各物質の濃度が一定に保たれ, 反応が止まったように見えているだけであって, すべての反応が完全に停止しているわけではない。 〔×〕

(5) 温度を上げると, 正反応の速さと逆反応の速さはともに大きくなるが, 平衡状態では, (正反応の速さ)＝(逆反応の速さ)が成り立つ。 〔○〕

(6) 温度が一定ならば, 反応物の濃度によらず平衡定数 K は常に一定である。 〔×〕

(7) 触媒を使っても, 平衡は移動せず, 平衡定数 K の値は変わらない。 〔○〕

[解答] (1) × (2) × (3) × (4) × (5) ○ (6) ×
(7) ○

260 [解説] (1) 平衡時の各気体の物質量を求めると,

	N_2O_4	$\rightleftharpoons$	$2NO_2$	
反応前	1.0		0	[mol]
変化量	-0.50		$+1.0$	[mol]
平衡時	0.50		1.0	[mol]

これを平衡定数の式に代入する。

$$K = \frac{[NO_2]^2}{[N_2O_4]} = \frac{\left(\dfrac{1.0}{5.0}\right)^2}{\dfrac{0.5}{5.0}}$$

$$= \frac{1}{5.0 \times 0.5} = 0.40 \text{[mol/L]}$$

(注意) $H_2 + I_2 \rightleftharpoons 2HI$ の平衡のように, 両辺の係数和が等しい場合, 平衡定数の式に各物質のモル濃度 $\frac{n}{V}$ で代入しても, 反応容器の体積 V の項が分母・分子で消去されるので, モル濃度の代わりに物質量をそのまま代入しても平衡定数 K の値は同じである。一方, $N_2O_4 \rightleftharpoons 2NO_2$ の平衡のように両辺の係数和が等しくない場合, 平衡定数の式に各物質のモル濃度 $\frac{n}{V}$ を代入したとき, V の項が分母・分子で消去されずに残るので, 必ず, モル濃度で代入する必要がある。

(2) N_2O_4 1.0 mol のうち, x[mol]が反応して平衡状態になったとする。平衡時の各気体の物質量は,

	N_2O_4	$\rightleftharpoons$	$2NO_2$	
反応前	1.0		0	[mol]
変化量	$-x$		$+2x$	[mol]
平衡時	$1.0 - x$		$2x$	[mol]

これを平衡定数の式に代入する。(1)と同温なので, 平衡定数 $K = 0.40$ で変化しない。

$$K = \frac{[NO_2]^2}{[N_2O_4]} = \frac{\left(\dfrac{2x}{10}\right)^2}{\left(\dfrac{1.0-x}{10}\right)} = 0.40$$

$$\frac{4x^2}{10(1.0-x)} = 0.40$$

$$x^2 + x - 1 = 0$$

$$x = \frac{-1 \mp \sqrt{5}}{2}$$

$0 < x < 1.0$ より, $x = 0.615$ [mol]

よって, 容器内に存在する N_2O_4 の物質量は,

$$1.0 - 0.615 = 0.385 \fallingdotseq 0.39 \text{ [mol]}$$

[解答] (1) **0.40 mol/L** (2) **0.39mol**

261 [解説] (1) NH_3 が x[mol]生成して平衡状態に達したとすると,

	N_2	$+$	$3H_2$	$\rightleftharpoons$	$2NH_3$	
平衡時	$3.0-x$		$9.0-3x$		$2x$	[mol]

全物質量 : $3.0 - x + 9.0 - 3x + 2x = (12.0 - 2x)$[mol]

圧力一定では, 気体の(**体積比**)＝(**物質量比**)より,

122　4-20　化学平衡

262〜263

$$\frac{2x}{12.0-2x} \times 100 = 50 \quad \therefore \quad x = 2.0 (mol)$$

よって，平衡時の各気体の物質量は，

N₂：3.0 − 2.0 = 1.0(mol)

H₂：9.0 − 3 × 2.0 = 3.0(mol)

NH₃：2 × 2.0 = 4.0(mol)

(2) 熱化学方程式より，NH_3 2mol が生成すると，92kJ の発熱がある。NH_3 が 4.0mol 生成したので，

$$92 \times \frac{4.0}{2} = 184 \fallingdotseq 1.8 \times 10^2 (kJ)$$

(3) 平衡状態の混合気体に $PV = nRT$ を適用して，

$$4.0 \times 10^7 \times V = 8.0 \times 8.3 \times 10^3 \times 723$$

$$\therefore \quad V \fallingdotseq 1.20 \fallingdotseq 1.2 (L)$$

(4)
$$K = \frac{\left(\dfrac{4.0}{1.20}\right)^2}{\left(\dfrac{1.0}{1.20}\right)\left(\dfrac{3.0}{1.20}\right)^3} = \frac{4.0^2 \times 1.20^2}{1.0 \times 3.0^3}$$

$$\fallingdotseq 0.853 \fallingdotseq 0.85 ((L/mol)^2)$$

$\left(\begin{array}{l}\text{両辺の係数和が等しくないときは，平衡定数では体積 } V \text{ の}\\ \text{項は消去されずに残ることに留意せよ。}\end{array}\right)$

解答 (1) N₂：**1.0mol** H₂：**3.0mol** NH₃：**4.0mol**

(2) **1.8×10²kJ** (3) **1.2L**

(4) **0.85(L/mol)²**

262 解説 (1) 全圧が 1.0×10^5 Pa で，CO の体積百分率が40%，C(固)の体積は無視できるので，残る60%が CO_2 の体積百分率である。よって，

CO の分圧：4.0×10^4 Pa

CO_2 の分圧：6.0×10^4 Pa

モル濃度の代わりに気体の分圧で表した平衡定数を，**圧平衡定数 K_P** という。

$aA + bB \rightleftharpoons cC + dD$ （a, b, c, d は係数）

平衡時の各気体の分圧を P_A, P_B, P_C, P_D とすると，

$$K_P = \frac{P_C^c \cdot P_D^d}{P_A^a \cdot P_B^b}$$ が成り立つ。

本問の反応においても，固体成分 C(固)の圧力は非常に小さく，かつ，一定とみなせるので圧平衡定数 K_P の式には含めないこと。

$$K_P = \frac{(P_{CO})^2}{P_{CO_2}} = \frac{(4.0 \times 10^4)^2}{6.0 \times 10^4} \fallingdotseq 2.66 \times 10^4$$

$$\fallingdotseq 2.7 \times 10^4 (Pa)$$

(2) 圧平衡定数 K_P に対し，モル濃度で表した平衡定数を，**濃度平衡定数 K_C** または単に**平衡定数 K** という。容器内に存在する CO，CO_2 の物質量をそれぞれ n，n' とおくと，気体の状態方程式 $PV = nRT$ より，

$$4.0 \times 10^4 \times 1.0 = n \times 8.3 \times 10^3 \times 900$$

$$\therefore \quad n \fallingdotseq 5.35 \times 10^{-3} (mol)$$

$$6.0 \times 10^4 \times 1.0 = n' \times 8.3 \times 10^3 \times 900$$

$$\therefore \quad n' \fallingdotseq 8.03 \times 10^{-3} (mol)$$

$$K = K_C = \frac{[CO]^2}{[CO_2]} = \frac{\left(\dfrac{5.35 \times 10^{-3}}{1.0}\right)^2}{\left(\dfrac{8.03 \times 10^{-3}}{1.0}\right)}$$

$$\fallingdotseq 3.56 \times 10^{-3} \fallingdotseq 3.6 \times 10^{-3} (mol/L)$$

参考 K_P と K_C の関係

気体の状態方程式を用いて K_P と K_C を互いに変換することができる。すなわち，

$$P_{CO} = \frac{n_{CO}}{V}RT = [CO]RT$$

$$P_{CO_2} = \frac{n_{CO_2}}{V}RT = [CO_2]RT$$

$$K_P = \frac{(P_{CO})^2}{P_{CO_2}} = \frac{[CO]^2(RT)^2}{[CO_2](RT)} = K_C RT$$

$$\therefore \quad K_C = \frac{K_P}{RT} = \frac{2.66 \times 10^4}{8.3 \times 10^3 \times 900}$$

$$\fallingdotseq 3.56 \times 10^{-3} (mol/L)$$

解答 (1) CO の分圧：**4.0×10⁴Pa**

CO_2 の分圧：**6.0×10⁴Pa**

圧平衡定数：**2.7×10⁴Pa**

(2) **3.6×10⁻³mol/L**

263 解説 (1) ある物質が可逆的に分解することを**解離**といい，物質がどの程度，解離したかを示す割合を**解離度**という。

例えば，C(mol) の N_2O_4 の一部が解離し，その解離度を α とすると，

$$N_2O_4 \rightleftharpoons 2NO_2$$

平衡時　$C(1-\alpha)$　　$2C\alpha$ 　(mol)

全物質量：$C(1-\alpha) + 2C\alpha = C(1+\alpha)$(mol)

N_2O_4 の解離度が 0.20 だから，

平衡時の N_2O_4：$1.0 \times (1-0.20) = 0.80$(mol)

平衡時の NO_2：$2 \times 1.0 \times 0.20 = 0.40$(mol)

反応容器の容積は 10L だから，

$$K = \frac{[NO_2]^2}{[N_2O_4]} = \frac{\left(\dfrac{0.40}{10}\right)^2}{\left(\dfrac{0.80}{10}\right)} = 2.0 \times 10^{-2} (mol/L)$$

(2) 気体の状態方程式 $PV = nRT$ より，

$$P \times 10 = (0.80 + 0.40) \times 8.3 \times 10^3 \times 320$$

$$\therefore \quad P \fallingdotseq 3.18 \times 10^5 \fallingdotseq 3.2 \times 10^5 (Pa)$$

(3) 平衡時の N_2O_4 と NO_2 の物質量比は，(1)より，

$N_2O_4 : NO_2 = 0.80 : 0.40 = 2 : 1$ だから，

$$K_P = \frac{(P_{NO_2})^2}{P_{N_2O_4}} = \frac{\left(3.18 \times 10^5 \times \dfrac{1}{3}\right)^2}{\left(3.18 \times 10^5 \times \dfrac{2}{3}\right)} = 5.3 \times 10^4 (Pa)$$

〈別解〉 $K_\mathrm{P} = K_\mathrm{C}RT = 2.0 \times 10^{-2} \times 8.3 \times 10^3 \times 320$
$\qquad \fallingdotseq 5.31 \times 10^4 \fallingdotseq 5.3 \times 10^4 [\mathrm{Pa}]$

(4) 新しい平衡状態での $\mathrm{N_2O_4}$ の解離度を α とすると，
（最初，$\mathrm{N_2O_4}$ は 1mol あったとする）

$$\mathrm{N_2O_4} \rightleftarrows 2\mathrm{NO_2}$$
平衡時　$(1-\alpha)$　　2α　　計：$(1+\alpha)$ mol

$$K = \frac{\left(\dfrac{2\alpha}{100}\right)^2}{\left(\dfrac{1-\alpha}{100}\right)} = \frac{4\alpha^2}{(1-\alpha) \times 100} = 2.0 \times 10^{-2}$$

∴ $2\alpha^2 + \alpha - 1 = 0$ 　$(2\alpha-1)(\alpha+1) = 0$
$\alpha > 0$ より，$\alpha = 0.50$

解答 (1) 2.0×10^{-2} mol/L　(2) 3.2×10^5 Pa
(3) 5.3×10^4 Pa　(4) 0.50

21 電解質水溶液の平衡

264 [解説] 一般に，弱酸・弱塩基などの弱電解質の水溶液中では，その一部が電離し，未電離の電解質と電離によって生じたイオンとの間で平衡状態となる。このような平衡を**電離平衡**という。この電離平衡についても，**ルシャトリエの原理**を利用して，平衡移動の方向を知ることができる。このとき，共通イオンと水の存在に注意しなければならない。

(1) 酢酸ナトリウムを加えると，電離して $\mathrm{Na^+}$ と $\mathrm{CH_3COO^-}$ が生じ，水溶液中の $\mathrm{CH_3COO^-}$ が増加する。この $\mathrm{CH_3COO^-}$ を減少させる方向（左方向）に平衡が移動する。

このように，電離平衡に関係するイオンを含む電解質を加えると，平衡移動が起こり，電解質の電離度や溶解度などが減少する。この現象を**共通イオン効果**という。

(2) NaCl を加えると，電離して $\mathrm{Na^+}$ と $\mathrm{Cl^-}$ を生じるが，いずれも酢酸の電離平衡に関係しないので，平衡は移動しない。

(3) $\mathrm{CH_3COOH} \rightleftarrows \mathrm{CH_3COO^-} + \mathrm{H^+}$ において，$\mathrm{H^+}$ は実際にはオキソニウムイオン $\mathrm{H_3O^+}$ を表しているので，正しい電離式は次の通りである。

$$\mathrm{CH_3COOH} + \mathrm{H_2O} \rightleftarrows \mathrm{CH_3COO^-} + \mathrm{H_3O^+}$$

よって，水を加えると，$\mathrm{H_2O}$ を減少させる方向（右方向）へ平衡は移動する。すなわち，酢酸（弱酸）は，水で薄めるほど，電離度は大きくなる。これは，弱酸分子に対して水分子が多くなる（溶液が薄くなる）と，弱酸分子と水分子の衝突回数が増え，弱酸分子から $\mathrm{H^+}$ が放出されやすくなるためと考えられる。

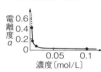

参考 **酢酸を水で薄めたときの電離平衡の移動**
酢酸を水で 10 倍に薄めた瞬間を考えると，$[\mathrm{CH_3COOH}]$，$[\mathrm{CH_3COO^-}]$，$[\mathrm{H^+}]$ がいずれも $\dfrac{1}{10}$ になる。これを電離定数の式 $\dfrac{[\mathrm{CH_3COO^-}][\mathrm{H^+}]}{[\mathrm{CH_3COOH}]}$ に代入すると，計算値は K_a の $\dfrac{1}{10}$ となる。これが真の電離定数 K_a に等しくなるためには，$[\mathrm{CH_3COOH}]$ が減り，$[\mathrm{CH_3COO^-}]$ と $[\mathrm{H^+}]$ が増える方向，つまり右向きに平衡が移動する必要がある。

(4) 塩酸 HCl を加えると，共通イオンである $\mathrm{H^+}$ が増加する。この $\mathrm{H^+}$ の増加を緩和するために，平衡は左に移動する。

(5) 水酸化ナトリウム NaOH の固体を加えると，水

124　4-21　電解質水溶液の平衡

265〜266

溶液に溶けて電離する。このとき生じた OH^- が H^+ と中和するために，H^+ が減少する。この H^+ の減少を緩和するために，平衡は右に移動する。

解答　(1) 左　(2) 移動しない。　(3) 右　(4) 左　(5) 右

265 **解説**　酸の水溶液の場合，水素イオン濃度$[H^+]$ を求め，$pH = -\log[H^+]$ の公式を用いて pH を計算する。塩基の水溶液の場合，最初に求まるのは**水酸化物イオン濃度$[OH^-]$** であるから，これを，**水のイオン積 $K_w = [H^+][OH^-] = 1.0 \times 10^{-14}$** の関係から$[H^+]$ に直した後に，pH を計算する。

(1) $Ba(OH)_2$ 水溶液のモル濃度は，$500mL = 0.50L$ で，

$$\frac{0.010}{0.50} = 0.020 \,[mol/L]$$

水酸化バリウムは2価の強塩基だから，電離度は1.0
$[OH^-]$＝塩基の濃度×価数×電離度より，

$[OH^-] = 0.020 \times 2 \times 1.0 = 4.0 \times 10^{-2}\,[mol/L]$

水のイオン積の公式より，

$$[H^+] = \frac{K_w}{[OH^-]} = \frac{1.0 \times 10^{-14}}{4.0 \times 10^{-2}} = \frac{10^{-12}}{2^2}\,[mol/L]$$

$$pH = -\log_{10}\left(\frac{10^{-12}}{2^2}\right) = 12 + 2\log_{10}2 = 12.6$$

参考　**対数の計算規則**
〔1〕$\log_{10}10 = 1$, $\log_{10}10^a = a$,
　　　$\log_{10}1 = 0$
〔2〕$\log_{10}(a \times b) = \log_{10}a + \log_{10}b$
〔3〕$\log_{10}(a \div b) = \log_{10}a - \log_{10}b$

〈**別解**〉　塩基の水溶液の pH を求めるのに，**水酸化物イオン指数 pOH** を用いる方法がある。
$[OH^-] = 1.0 \times 10^{-n} mol/L$ のとき，$pOH = n$，
つまり，$pOH = -\log_{10}[OH^-]$
水のイオン積$[H^+][OH^-] = 1.0 \times 10^{-14}\,(mol/L)^2$ より，両辺の常用対数をとり，さらに -1 をかけると，

$\log_{10}[H^+][OH^-] = \log_{10}10^{-14}$
$\log_{10}[H^+] + \log_{10}[OH^-] = -14$
$-(\log_{10}[H^+] + \log_{10}[OH^-]) = 14$
∴　$pH + pOH = 14$

この関係から，簡単に pH を求めることができる。
$pOH = -\log_{10}(2^2 \times 10^{-2}) = -2\log_{10}2 + 2 = 1.4$
$pH + pOH = 14$ より，$pH = 14 - 1.4 = 12.6$

(2) 混合水溶液の pH を求めるときは，液性を見極めることが大切である。酸性ならば，$[H^+]$ を求めると，すぐに pH が求まる。塩基性ならば，$[OH^-]$ を求め K_w を使って$[H^+]$ に直してから pH を求める。

酸の出すH^+：$0.10 \times \dfrac{150}{1000} = \dfrac{15}{1000}\,[mol]$　…①

塩基の出すOH^-：$0.10 \times \dfrac{100}{1000} = \dfrac{10}{1000}\,[mol]$　…②

①＞②より，混合水溶液は酸性を示す。

①－②より，残ったH^+ の物質量を求めると，

$$H^+：\frac{15}{1000} - \frac{10}{1000} = \frac{5.0}{1000}\,[mol]$$

これが混合水溶液 $150 + 100 = 250\,[mL]$ 中に含まれるから，モル濃度にするには，溶液1Lあたりに換算する。

$[H^+] = \dfrac{5.0}{1000} \times \dfrac{1000}{250} = 2.0 \times 10^{-2}\,[mol/L]$

$pH = -\log_{10}(2.0 \times 10^{-2}) = -\log_{10}2 + 2 = 1.7$

(3) **硫酸は2価の強酸だから，電離度は1.0。**
$[H^+]＝酸の濃度×価数×電離度$より，
$[H^+] = 3.0 \times 10^{-3} \times 2 \times 1.0 = 6.0 \times 10^{-3}\,[mol/L]$
$pH = -\log_{10}(6.0 \times 10^{-3}) = -\log_{10}(2 \times 3 \times 10^{-3})$
　　　$= -\log_{10}2 - \log_{10}3 + 3 = 2.22 \fallingdotseq 2.2$

(4) $pH = 1.0$ の塩酸は，$[H^+] = 1.0 \times 10^{-1}\,[mol/L]$
$pH = 4.0$ の塩酸は，$[H^+] = 1.0 \times 10^{-4}\,[mol/L]$
混合溶液中での H^+ の物質量は，

$1.0 \times 10^{-1} \times \dfrac{100}{1000} + \underbrace{1.0 \times 10^{-4} \times \dfrac{100}{1000}}_{（無視できるほど小）} \fallingdotseq \dfrac{10}{1000}\,[mol]$

これが混合溶液 $200mL$ 中に含まれるから，モル濃度にするには，溶液1Lあたりに換算する。

$[H^+] = \dfrac{10}{1000} \times \dfrac{1000}{200} = \dfrac{10^{-1}}{2}\,[mol/L]$

$pH = -\log_{10}\left(\dfrac{10^{-1}}{2}\right) = 1 + \log_{10}2 = 1.3$

参考　$pH = 4.0$ の塩酸は，$pH = 1.0$ の塩酸に比べてかなり薄いため，$pH = 1.0$ の塩酸に同量の純水を加えた場合とほとんど同じ結果となる。つまり，混合溶液の体積が増加した分だけ，塩酸の濃度が薄くなったと考えることができる。

解答　(1) **12.6**　(2) **1.7**　(3) **2.2**　(4) **1.3**

266 **解説**　酢酸水溶液の電離平衡において，電離度と電離定数の関係は次のようになる。

(1) 濃度 $C\,[mol/L]$ の酢酸の電離度を α とおくと，平衡時の各成分の濃度は，次のようになる。

$$\begin{array}{cccc} & CH_3COOH & \rightleftharpoons & CH_3COO^- + H^+ \\ 平衡時 & C(1-\alpha) & & C\alpha \qquad C\alpha \quad [mol/L] \end{array}$$

∴ $K_a = \dfrac{[CH_3COO^-][H^+]}{[CH_3COOH]}$

　　　$= \dfrac{C\alpha \cdot C\alpha}{C(1-\alpha)} = \dfrac{C\alpha^2}{1-\alpha}$

酢酸水溶液の濃度がよほど薄くない限り $\alpha \ll 1$ なので，$1 - \alpha \fallingdotseq 1$ と近似できる。

267〜268

$$\therefore\ K_a = C\alpha^2\quad \alpha = \sqrt{\frac{K_a}{C}} \quad \cdots\cdots ①$$

$$[\text{H}^+] = C\alpha = C \times \sqrt{\frac{K_a}{C}} = \sqrt{CK_a} \quad \cdots\cdots ②$$

以上の式の誘導はきわめて重要であるから，何度も練習をしておくこと。

①式に，$C = 0.040\text{mol/L}$, $\alpha = 0.026$ を代入。
$$K_a = C\alpha^2 = 0.040 \times (2.6 \times 10^{-2})^2$$
$$\fallingdotseq 2.70 \times 10^{-5} \fallingdotseq 2.7 \times 10^{-5} [\text{mol/L}]$$

(2) ②式に $C = 0.010\text{mol/L}$, $K_a = 2.70 \times 10^{-5}\text{mol/L}$ を代入して，
$$[\text{H}^+] = \sqrt{0.010 \times 2.70 \times 10^{-5}} = \sqrt{27 \times 10^{-8}}\ [\text{mol/L}]$$
$$\text{pH} = -\log_{10}(3^{\frac{3}{2}} \times 10^{-4}) = -\frac{3}{2}\log_{10}3 + 4$$
$$= 3.28 \fallingdotseq 3.3$$

解答 (1) $2.7 \times 10^{-5}\text{mol/L}$ (2) **3.3**

267 [解説] アンモニア水の電離平衡において，電離度と電離定数の関係は次のようになる。

(1) アンモニア水の濃度を $C[\text{mol/L}]$, 電離度を α とすると，水溶液中の各成分の濃度は次のようになる。

$$\text{NH}_3 + \text{H}_2\text{O} \rightleftarrows \text{NH}_4^+ + \text{OH}^-$$
平衡時　$C(1-\alpha)$　　　　$C\alpha$　　$C\alpha$　[mol/L]

したがって，アンモニアの電離定数 K_b は次のように表される。
$$K_b = \frac{[\text{NH}_4^+][\text{OH}^-]}{[\text{NH}_3]} = \frac{C\alpha \times C\alpha}{C(1-\alpha)} = \frac{C\alpha^2}{1-\alpha}$$

アンモニア水の濃度がよほど薄くない限り $\alpha \ll 1$ なので，$1 - \alpha \fallingdotseq 1$ と近似できる。

$$\therefore\ K_b = C\alpha^2,\quad \alpha = \sqrt{\frac{K_b}{C}}$$

$$\therefore\ [\text{OH}^-] = C\alpha = C \times \sqrt{\frac{K_b}{C}} = \sqrt{CK_b}$$

参考　NH_3 の電離定数 K_b を表す場合，$[\text{H}_2\text{O}]$ は K_b に含まれることに注意する。
$$\text{NH}_3 + \text{H}_2\text{O} \rightleftarrows \text{NH}_4^+ + \text{OH}^-$$
の電離平衡において，化学平衡の法則により，
$$\frac{[\text{NH}_4^+][\text{OH}^-]}{[\text{NH}_3][\text{H}_2\text{O}]} = K (一定)$$

$[\text{H}_2\text{O}]$ はアンモニア水中における水のモル濃度であるが，NH_3 の電離のために消費される分は非常に少ないので，$[\text{H}_2\text{O}] = $ 一定と考えてよい。$K[\text{H}_2\text{O}]$ を K_b とおくと，NH_3 の電離定数は次式のようになる。
$$K_b = \frac{[\text{NH}_4^+][\text{OH}^-]}{[\text{NH}_3]}$$

(2) アンモニア水のモル濃度 C は，

$$C = \frac{\frac{1.12}{22.4}\text{mol}}{0.250\text{L}} = 0.20 [\text{mol/L}]$$

$$[\text{OH}^-] = C\alpha = C\sqrt{\frac{K_b}{C}} = \sqrt{CK_b}$$

上式へ，各数値を代入して，
$$[\text{OH}^-] = \sqrt{0.20 \times 1.8 \times 10^{-5}} = \sqrt{36 \times 10^{-7}}$$
$$= 6.0 \times 10^{-\frac{7}{2}} [\text{mol/L}]$$
$$\text{pOH} = -\log_{10}(2 \times 3 \times 10^{-\frac{7}{2}}) = -\log_{10}2 - \log_{10}3 + \frac{7}{2}$$
$$= 2.72$$

pH + pOH = 14 より，
pH = 14 - 2.72 = 11.28 ≒ 11.3

解答 (1) (エ) (2) **11.3**

268 [解説] (ア) 強酸の電離度は，その濃度の大小によらずほぼ1で変わらない。しかし，弱酸の電離度は，酸の濃度が低くなるほど大きくなる（下図参照）。この関係を式で表すと，

$$\alpha = \sqrt{\frac{K_a}{C}}\quad \begin{pmatrix} C: 弱酸の濃度 \\ K_a: 電離定数 \end{pmatrix}$$

この関係を，**オストワルトの希釈律**という。

K_a は酸の種類と温度によって決まり，酸の濃度によらない定数で，**酸の電離定数**とよばれる。

$C \to$ 小 になるほど，$\alpha \to$ 大 となる。　〔×〕

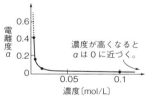

酢酸の濃度と電離度の関係

(イ) 電離度が大きく，その値が1に近い酸・塩基が強酸・強塩基である。　〔○〕

(ウ) 多価の弱酸の電離では，1段目より2段目……になるほど電離度は小さくなる。これは，第一電離が中性分子からの H^+ の電離であるのに対し，第二電離は陰イオンからの H^+ の電離のため，静電気的な引力がはたらき電離しにくくなるためである。〔×〕

(エ) $C[\text{mol/L}]$ の酢酸の電離度を α とすると，
$$\text{CH}_3\text{COOH} \rightleftarrows \text{CH}_3\text{COO}^- + \text{H}^+$$
平衡時　$C(1-\alpha)$　　　$C\alpha$　　$C\alpha$　[mol/L]

したがって，$[\text{H}^+] = C\alpha [\text{mol/L}]$　〔○〕

(オ) $\text{H}_2\text{SO}_4 \rightleftarrows 2\text{H}^+ + \text{SO}_4^{2-}$ と電離する。
係数比は $\text{H}_2\text{SO}_4 : \text{H}^+ = 1 : 2$ より，
$[\text{H}^+] = 0.14\text{mol/L}$ ということは，電離した $[\text{H}_2\text{SO}_4]$ は 0.070mol/L である。

$$\text{電離度 } \alpha = \frac{\text{電離した } H_2SO_4 \text{ の濃度〔mol/L〕}}{\text{溶解した } H_2SO_4 \text{ の濃度〔mol/L〕}}$$

$$\alpha = \frac{0.070}{0.10} = 0.70 \quad 〔×〕$$

(カ) pH = 2 は, $[H^+] = 1.0 \times 10^{-2}$ mol/L である。一方, pH = 12 は, $[H^+] = 1.0 \times 10^{-12}$ mol/L, すなわち,

$$[OH^-] = \frac{K_w}{[H^+]} = \frac{1.0 \times 10^{-14}}{1.0 \times 10^{-12}} = 1.0 \times 10^{-2} 〔mol/L〕$$

である。よって, 濃度・価数の等しい強酸と強塩基の水溶液を等体積ずつ混合すると, 完全に中和し, pH = 7(中性)の水溶液になる。〔○〕

(キ) pH = 2 の塩酸の$[H^+]$は 1.0×10^{-2} mol/L である。これを水で 100 倍に薄めると$[H^+]$は 1.0×10^{-4} mol/L になる。したがって, 薄めた塩酸の水溶液の pH は,
　　pH = $-\log_{10}(1.0 \times 10^{-4})$ = 4 である。〔○〕
(このように, 強酸を水で 10 倍に薄めるごとに, pH は 1 ずつ大きくなる。)

(ク) pH = 5 の塩酸の$[H^+]$は 1.0×10^{-5} mol/L である。これを水で 1000 倍に薄めると, $[H^+]$は 1.0×10^{-8} mol/L になり, pH = 8 になるように思える。
　しかし, 酸の濃度がきわめて低くなると, 水の電離による H^+ の影響が無視できなくなる。
　つまり, 水の電離により生じた H^+ により, 水溶液の**pHは純水の7に限りなく近づくだけ**である(酸をいくら水で薄めても, pH が 7 を超えて塩基性になることはない。下図参照)。〔×〕

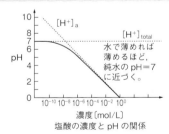

塩酸の濃度と pH の関係

(ケ) 水溶液の pH は, 通常, 0 ≦ pH ≦ 14 の範囲で使用される。しかし, 10 mol/L の塩酸の pH を求めてみると, pH = $-\log_{10}10^1$ = -1 となる。
　10 mol/L の NaOH 水溶液の場合,
　　pOH = $-\log_{10}10^1$ = -1
　pH + pOH = 14 より, pH = 14 - (-1) = 15 となり, 濃厚な酸, 塩基の水溶液では, pH の値が上記の範囲を超えてしまうことがある。〔×〕

解答 (イ), (エ), (カ), (キ)

269 [解説] (1) pH から$[H^+]$を求めるときは, $[H^+] = 10^{-pH}$ としたのち, 指数部分を整数と小数部分に分解して計算すればよい。
　$[H^+] = 1.0 \times 10^{-pH}$ より,
　$[H^+] = 1.0 \times 10^{-9.7}$〔mol/L〕とおける。
　$[H^+] = 1.0 \times 10^{-10+0.30} = 1.0 \times 10^{-10} \times 10^{0.30}$
　$10^{0.30} = x$ とおき, 両辺の常用対数をとると,
　　$\log_{10}10^{0.30} = \log_{10}x$
　　$0.30 = \log_{10}x$ よって $x = 2.0$
　∴ $[H^+] = 2.0 \times 10^{-10}$〔mol/L〕

$$[OH^-] = \frac{K_w}{[H^+]} = \frac{1.0 \times 10^{-14}}{2.0 \times 10^{-10}}$$
$$= 0.50 \times 10^{-4} = 5.0 \times 10^{-5} 〔mol/L〕$$

(2) H^+ の物質量と OH^- の物質量の過不足を調べ, その多い方のモル濃度から pH を求めていく。

H^+ の物質量: $0.0800 \times \dfrac{70.0}{1000} = \dfrac{5.60}{1000}$〔mol〕

OH^- の物質量: $0.0400 \times \dfrac{130}{1000} = \dfrac{5.20}{1000}$〔mol〕

H^+ の方が $\dfrac{0.40}{1000}$ mol だけ過剰で, これが混合した溶液 200 mL 中に含まれる。モル濃度にするには, 溶液 1 L あたりに換算する。

$$[H^+] = \frac{0.40}{1000} \times \frac{1000}{200} = 2.0 \times 10^{-3}〔mol/L〕$$

よって, pH = $-\log_{10}(2.0 \times 10^{-3})$
　　　　　= $-(\log_{10}2.0 \times \log_{10}10^{-3})$
　　　　　= $-\log_{10}2 + 3 = -0.30 + 3 = 2.7$

(3) 混合溶液は pH = 12(塩基性)なので, 加えた酸の H^+ はすべて中和され, 塩基の OH^- が過剰になっている。NaOH 水溶液を x〔mL〕加えたとすると,

H^+ の物質量: $0.10 \times \dfrac{10.0}{1000} = \dfrac{1.0}{1000}$〔mol〕

OH^- の物質量: $0.10 \times \dfrac{x}{1000} = \dfrac{0.10x}{1000}$〔mol〕

残った OH^-: $\left(\dfrac{0.10x}{1000} - \dfrac{1.0}{1000}\right)$〔mol〕

これが, 混合溶液$(10 + x)$〔mL〕中に含まれる。モル濃度にするには, 溶液 1 L あたりに換算する。

$$[OH^-] = \left(\frac{0.10x - 1.0}{1000}\right) \times \frac{1000}{10 + x}$$
$$= \frac{0.10x - 1.0}{10 + x}〔mol/L〕$$

pH = 12 は, $[H^+] = 1.0 \times 10^{-12}$ mol/L
水のイオン積より, $[OH^-] = 1.0 \times 10^{-2}$ mol/L。
よって, $\dfrac{0.10x - 1.0}{10 + x} = 1.0 \times 10^{-2}$

これを解くと, $x ≒ 12.22 ≒ 12.2$〔mL〕

4-21 電解質水溶液の平衡　127

(4) きわめて薄い酸の水溶液では，酸の電離で生じたH^+とともに，水の電離で生じたH^+の存在もあわせて考えなければならない。これは，酸の濃度がきわめて薄くなると，水の電離平衡 $H_2O \rightleftarrows H^+ + OH^-$ が右へ移動して，酸の電離で生じたH^+に比べて水の電離で生じたH^+の方が多くなるからである。したがって，全水素イオン濃度$[H^+]_{total}$は，HClの電離で生じた$[H^+]_a = 1.0 \times 10^{-7}$〔mol/L〕と，水の電離で生じた$[H^+]_{H_2O} = x$〔mol/L〕の和である。

$$H_2O \rightleftarrows H^+ + OH^-$$
$$\text{一定} \quad x \quad x \text{〔mol/L〕}$$

$$[H^+]_{total} = (1.0 \times 10^{-7} + x) \text{〔mol/L〕}$$

一方，水酸化物イオンは，水の電離で生じたものだけである。

$$[OH^-]_{H_2O} = x \text{〔mol/L〕}$$

これを，水のイオン積$[H^+][OH^-] = 1.0 \times 10^{-14}$へ代入すると，

$$(1.0 \times 10^{-7} + x) \times x = 1.0 \times 10^{-14}$$
$$x^2 + 10^{-7}x - 10^{-14} = 0$$

$x > 0$を考慮すると，解の公式より，

$$x = \frac{-10^{-7} + \sqrt{10^{-14} + 4 \times 10^{-14}}}{2}$$
$$= \frac{-10^{-7} + \sqrt{5 \times 10^{-14}}}{2}$$
$$= \frac{-10^{-7} + 2.2 \times 10^{-7}}{2} = 0.6 \times 10^{-7}$$

よって，$[H^+]_{total} = 1.0 \times 10^{-7} + 0.6 \times 10^{-7}$
$$= 1.6 \times 10^{-7} = 16 \times 10^{-8} \text{〔mol/L〕}$$

$$pH = -\log_{10}(2^4 \times 10^{-8})$$
$$= 8 - 4\log_{10}2 = 6.8$$

解答 (1) 5.0×10^{-5}mol/L
(2) **2.7** (3) **12.2mL** (4) **6.8**

---

270 **解説** 硫化水素の電離平衡は次式で表される。

$$H_2S \rightleftarrows 2H^+ + S^{2-} \cdots\cdots ①$$

酸性が強くなると，①式の平衡は左へ移動して$[S^{2-}]$は小さくなる。

塩基性が強くなると，①式の平衡は右へ移動して$[S^{2-}]$は大きくなる。

CuSの溶解度積は，FeSの溶解度積に比べてかなり小さいので，$[S^{2-}]$の小さい酸性溶液中でも，CuSのK_{sp}を$[Cu^{2+}][S^{2-}]$の値が上回り，CuSの沈殿を生じる。しかし，$[Fe^{2+}][S^{2-}]$の値はFeSのK_{sp}に達せず，FeSは沈殿しない。（次の**参考**を参照）

溶液のpHを上げていくと，$[S^{2-}]$が次第に大きくなる。すると，$[Fe^{2+}][S^{2-}]$の値がFeSのK_{sp}を上回り，FeSの沈殿を生じるようになる。このように，2種類以上の金属イオンを溶解度の小さいものから順

に，別々の沈殿として分離する操作を**分別沈殿**という。

> **参考** **溶解度積 K_{sp} について**
>
> 硫化物（MS）のように，水に難溶性の塩が水中で飽和状態にあるとき，沈殿とわずかに電離したイオンの間に，$MS(固) \rightleftarrows M^{2+} + S^{2-}$のような**溶解平衡**が成立し，その平衡定数は次式で表される。
>
> $$K = \frac{[M^{2+}][S^{2-}]}{[MS(固)]}$$
>
> ただし，$[MS(固)]$のように，固体の濃度は常に一定とみなせるので，これをKにまとめると，
>
> $$[M^{2+}][S^{2-}] = K_{sp}$$
>
> このK_{sp}を塩MSの**溶解度積**といい，水に溶けにくい塩ほど小さな値をとる。
>
> ある難溶性の塩が水中で沈殿するかどうかは，各イオンの濃度の積が溶解度積より大きいか小さいかで判断できる。すなわち，
>
> $[M^{2+}][S^{2-}] > K_{sp}$……沈殿を生じる。
> $[M^{2+}][S^{2-}] \leqq K_{sp}$……沈殿を生じない。

(1) FeSが沈殿するための$[S^{2-}]$をx〔mol/L〕とおく。

$$[Fe^{2+}][S^{2-}] = 1.0 \times 10^{-2} \times x > 1.0 \times 10^{-16}$$
$$\therefore \quad x > 1.0 \times 10^{-14} \text{〔mol/L〕}$$

CuSが沈殿するための$[S^{2-}]$をy〔mol/L〕とおく。

$$[Cu^{2+}][S^{2-}] = 1.0 \times 10^{-2} \times y > 6.0 \times 10^{-30}$$
$$\therefore \quad y > 6.0 \times 10^{-28} \text{〔mol/L〕}$$

よって，CuSが沈殿し，FeSが沈殿しないための$[S^{2-}]$は，

$$6.0 \times 10^{-28}\text{mol/L} < [S^{2-}] \leqq 1.0 \times 10^{-14}\text{mol/L}$$

(2) FeSが沈殿しないためには，

$[S^{2-}] \leqq 1.0 \times 10^{-14}$mol/L　であればよい。ここで，

$$K_1 = \frac{[H^+][HS^-]}{[H_2S]} \cdots ③ \qquad K_2 = \frac{[H^+][S^{2-}]}{[HS^-]} \cdots ④$$

③，④式からK_1，K_2，$[S^{2-}]$，$[H^+]$の関係は，③×④より，

$$K_1 \cdot K_2 = \frac{[H^+]^2[S^{2-}]}{[H_2S]} = 1.0 \times 10^{-22} \text{〔(mol/L)}^2\text{〕}$$

$[H_2S] = 1.0 \times 10^{-1}$mol/L，　$[S^{2-}] = 1.0 \times 10^{-14}$mol/L
$K_1 \cdot K_2$の値を代入して，

$$[H^+]^2 = \frac{K_1 \cdot K_2 \cdot [H_2S]}{[S^{2-}]} = \frac{1.0 \times 10^{-22} \times 1.0 \times 10^{-1}}{1.0 \times 10^{-14}}$$
$$= 1.0 \times 10^{-9} \text{〔(mol/L)}^2\text{〕}$$
$$\therefore \quad [H^+] = \sqrt{1.0 \times 10^{-9}} = 1.0 \times 10^{-\frac{9}{2}} \text{〔mol/L〕}$$
$$pH = -\log_{10}(1.0 \times 10^{-\frac{9}{2}}) = 4.5$$

FeSが沈殿しないためには，pH≦4.5であればよい。

解答 (1) 6.0×10^{-28}mol/L$< [S^{2-}] \leqq 1.0 \times 10^{-14}$mol/L
(2) **4.5 以下**

271

[解説] 酢酸 CH₃COOH の水溶液中では、次式の電離平衡が成立している。

$$CH_3COOH \rightleftarrows CH_3COO^- + H^+ \cdots\cdots (A)$$

一方、酢酸ナトリウム CH₃COONa は、水溶液中で次式のように完全に電離する。

$$CH_3COONa \longrightarrow CH_3COO^- + Na^+ \cdots\cdots (B)$$

この結果、酢酸と酢酸ナトリウムの混合水溶液では、水溶液中の[CH₃COO⁻]が増加し、酢酸の電離平衡は左へ移動する。そのため、水溶液中の[H⁺]が減少し、pH は酢酸だけのときよりも少し大きくなる。

この混合水溶液中には、CH₃COOH と CH₃COO⁻ がともに多量に存在している。

この水溶液に少量の酸を加えても、(A)式の平衡が左方向に移動し、加えた H⁺ の大部分が消費されるので、水溶液中の[H⁺]はあまり増えない。

この水溶液に少量の塩基を加えても、次式の中和反応が起こって、加えた OH⁻ の大部分が消費されるので、水溶液中の[OH⁻]はあまり増えない。

$$CH_3COOH + OH^- \longrightarrow CH_3COO^- + H_2O$$

このように、少量の酸や塩基を加えても、その影響が緩和されて、水溶液の pH がほぼ一定に保たれるはたらきを**緩衝作用**といい、このようなはたらきをもつ水溶液を**緩衝溶液**という。

また、純水を加えても、$\dfrac{[CH_3COO^-]}{[CH_3COOH]}$ の比は変わらないので、水溶液中の[H⁺]も一定である。

(1) CH₃COOH と CH₃COONa の混合水溶液中でも、酢酸の電離平衡は成立している。(重要)

$$CH_3COOH \rightleftarrows CH_3COO^- + H^+ \cdots\cdots (A)$$

$$K_a = \dfrac{[CH_3COO^-][H^+]}{[CH_3COOH]}$$

この水溶液中に酢酸ナトリウムを溶かすと、酢酸ナトリウムは完全電離する。

$$CH_3COONa \longrightarrow CH_3COO^- + Na^+ \cdots\cdots (B)$$

水溶液中の CH₃COO⁻ が増すので、(A)式の平衡は左に移動する。このとき、酢酸の電離平衡はかなり左に偏っているから、緩衝溶液中の[CH₃COOH]は、溶かした CH₃COOH の濃度に等しく、[CH₃COO⁻]は、酢酸の電離による増加分を無視して、溶かした CH₃COONa の濃度に等しいとみなしてよい。

両溶液の等量ずつの混合により、溶液の体積が2倍となり、各濃度はそれぞれもとの $\dfrac{1}{2}$ となる。

$$[CH_3COOH] = 0.20 \times \dfrac{1}{2} = 0.10 \,[mol/L]$$

$$[CH_3COO^-] = 0.10 \times \dfrac{1}{2} = 0.050 \,[mol/L]$$

これらの値を酢酸の電離定数を変形した式に代入すると、

$$[H^+] = K_a \dfrac{[CH_3COOH]}{[CH_3COO^-]} = 2.8 \times 10^{-5} \times \dfrac{0.10}{0.050}$$

$$= 5.6 \times 10^{-5} \,[mol/L]$$

pH = $-\log_{10}[H^+]$ より、

pH = $-\log_{10}(2.8 \times 2 \times 10^{-5})$
= $-\log_{10}2.8 - \log_{10}2 + 5 = 4.25 \fallingdotseq 4.3$

(2) (1)の混合溶液に NaOH を加えると、次式のような中和反応が起こる。

$$CH_3COOH + OH^- \longrightarrow CH_3COO^- + H_2O$$

(CH₃COOH 0.010mol が消費され、CH₃COO⁻ が0.010mol 生成する。)

よって、中和反応後の[CH₃COOH]と[CH₃COO⁻]は次のようになる。

$$[CH_3COOH] = \dfrac{0.020 - 0.010}{0.20} = 0.050 \,[mol/L]$$

$$[CH_3COO^-] = \dfrac{0.010 + 0.010}{0.20} = 0.10 \,[mol/L]$$

これらの値を酢酸の電離定数を変形した式に代入すると、

$$[H^+] = K_a \dfrac{[CH_3COOH]}{[CH_3COO^-]} = 2.8 \times 10^{-5} \times \dfrac{0.050}{0.10}$$

$$= 1.4 \times 10^{-5} \,[mol/L]$$

pH = $-\log_{10}[H^+]$ より、

pH = $-\log_{10}(2.8 \times \dfrac{1}{2} \times 10^{-5}) = -\log_{10}(2.8 \times 2^{-1} \times 10^{-5})$

$= -\log_{10}2.8 + \log_{10}2 + 5 = 4.85 \fallingdotseq 4.9$

[解答] ① 酢酸イオン ② 左 ③ 酢酸分子
④ 緩衝溶液(緩衝液)
(1) **4.3** (2) **4.9**

272

[解説] AgCl の沈殿を含む飽和水溶液中では、

$$AgCl(固) \rightleftarrows Ag^+ + Cl^-$$

のような**溶解平衡**が成立する。

(1) 水1L に AgCl が x[mol] 溶解したとすると、

$$AgCl(固) \rightleftarrows Ag^+ + Cl^- \cdots\cdots ①$$

平衡時　一定　　x　　x 〔mol/L〕

AgCl の飽和水溶液中では、溶解度積 K_{sp} は一定だから、

$$K_{sp} = [Ag^+][Cl^-] = x^2 = 1.8 \times 10^{-10}$$

$$\therefore \quad x = \sqrt{1.8 \times 10^{-10}} = 1.3 \times 10^{-5} \,[mol/L]$$

(2) AgCl の飽和水溶液に NaCl の結晶を溶かすと、電離して Cl⁻ を生じる。その**共通イオン効果**で、①の溶解平衡は左に移動し、水溶液中の[Ag⁺]はいくらか減少する。しかし、AgCl の飽和水溶液中では、K_{sp} は常に一定に保たれる。

このとき、AgCl(固)が y[mol/L] だけ電離して溶

273～274   4-21　電解質水溶液の平衡　129

解平衡に達したとすると，$[Ag^+] = y\,[mol/L]$である
が，$[Cl^-] = (0.010 + y)\,[mol/L]$であることに留意
する。これを溶解度積 $K_{sp} = [Ag^+][Cl^-]$ の式に代入
すると，

$$K_{sp} = [Ag^+][Cl^-] = y \times (0.010 + y) = 1.8 \times 10^{-10}$$

$y \ll 0.010$ なので，$0.010 + y \fallingdotseq 0.010$ と近似できる。

$0.010y = 1.8 \times 10^{-10}$

　　∴　$y = 1.8 \times 10^{-8}\,[mol/L]$

(3)　$[Ag^+][Cl^-] > K_{sp}$ となると，AgCl の沈殿が生成
する。NaCl 水溶液を $x\,[mL]$ 加えたとき，沈殿が生
成しはじめたとする。沈殿生成直前の各イオンの濃
度は，

$$[Ag^+] = 1.0 \times 10^{-3} \times \frac{10}{10+x}\,[mol/L]$$

$$[Cl^-] = 1.0 \times 10^{-3} \times \frac{x}{10+x}\,[mol/L]$$

$$[Ag^+][Cl^-] = \frac{1.0 \times 10^{-5}x}{(10+x)^2} = 1.8 \times 10^{-10}$$

題意より，$10 + x \fallingdotseq 10$ と近似できるから，

$1.0 \times 10^{-5}x = 1.8 \times 10^{-8}$

　　∴　$x = 1.8 \times 10^{-3}\,[mL]$

解答　(1) **1.3×10^{-5}mol/L**
　　　　(2) **1.8×10^{-8}mol/L**
　　　　(3) **1.8×10^{-3}mL**

273 **解説**　塩化物イオン Cl^- を含む水溶液に少量
のクロム酸カリウム K_2CrO_4 水溶液を指示薬として加
えておく。ここへ，硝酸銀 $AgNO_3$ 標準溶液を滴下す
ると，まず，溶解度の小さな塩化銀 AgCl の白色沈殿
が生成し始める。さらに滴定を続けると AgCl の沈殿
生成がほとんど終了した時点で，溶解度のやや大きい
クロム酸銀 Ag_2CrO_4 の赤褐色沈殿が生成し始める。
そこで，この点をこの滴定の終点とする。このように，
CrO_4^{2-} を指示薬とした $AgNO_3$ 水溶液による Cl^- の
定量（沈殿滴定）を**モール法**という。

(1)　NaCl 水溶液の濃度を C mol/L とおく。

イオン反応式　$Ag^+ + Cl^- \longrightarrow AgCl$ より，

反応する Ag^+ と Cl^- の物質量は等しいので，次式が
成り立つ。

$$C \times \frac{20}{1000} = 4.0 \times 10^{-2} \times \frac{5.0}{1000}$$

$$C = 1.0 \times 10^{-2}\,[mol/L]$$

(2)　Ag_2CrO_4 の沈殿が生成し始めたとき，AgCl の沈
殿が既に生成しており，それぞれ次式のように溶解
度積 K_{sp} の関係を満たしている。

$$K_{sp} = [Ag^+][Cl^-] = 2.0 \times 10^{-10}\,(mol/L)^2 \cdots ①$$

$$K'_{sp} = [Ag^+]^2[CrO_4^{2-}] = 4.0 \times 10^{-12}\,(mol/L)^3 \cdots ②$$

水溶液中の CrO_4^{2-} の濃度は，

$$[CrO_4^{2-}] = \left(1.0 \times 10^{-1} \times \frac{0.10}{1000}\right) \times \frac{1000}{25}$$

$$= 4.0 \times 10^{-2}\,[mol/L]$$

これを②式に代入すると，

$$[Ag^+]^2 = \frac{4.0 \times 10^{-12}}{4.0 \times 10^{-4}} = 1.0 \times 10^{-8}\,[(mol/L)^2]$$

　　∴　$[Ag^+] = 1.0 \times 10^{-4}\,[mol/L]$

これを①式へ代入すると，

$$[Cl^-] = \frac{2.0 \times 10^{-10}}{1.0 \times 10^{-4}} = 2.0 \times 10^{-6}\,[mol/L]$$

滴定前の $[Cl^-]$ は 1.0×10^{-2}mol/L であったが，滴
定後には $[Cl^-]$ は 2.0×10^{-6}mol/L になったから，

$[Cl^-]$ は滴定前に比べて $\dfrac{2.0 \times 10^{-6}}{1.0 \times 10^{-2}} = 2.0 \times 10^{-4}$ に

減少している。したがって，Ag_2CrO_4 が沈殿し始
めたとき，AgCl はほぼ完全に沈殿し終わったとみ
なしてよく，K_2CrO_4 を指示薬として使用できるこ
とがわかる。

解答　(1) **1.0×10^{-2}mol/L**
　　　　(2) **2.0×10^{-6}mol/L**

274 **解説**　(1)　滴定開始前の A 点の pH は，0.10
mol/L 酢酸水溶液の pH である。

$$CH_3COOH \rightleftharpoons CH_3COO^- + H^+$$

平衡時　　$C-x$　　　　x　　　x　[mol/L]

弱酸の濃度 C があまり薄くないとき（$C \gg K_a$），
$C \gg x$ より，$C - x \fallingdotseq C$ と近似できる。

$$K_a = \frac{x^2}{C-x} \fallingdotseq \frac{x^2}{C}$$

　　∴　$x = [H^+] = \sqrt{CK_a}$

$C = 0.10$，$K_a = 2.0 \times 10^{-5}$ を代入して，

$$[H^+] = \sqrt{0.10 \cdot 2.0 \times 10^{-5}} = \sqrt{2.0 \times 10^{-6}}\,[mol/L]$$

$$pH = -\log_{10}\left(2^{\frac{1}{2}} \times 10^{-3}\right)$$

$$= -\frac{1}{2}\log_{10}2 + 3 = -\frac{1}{2} \times 0.30 + 3 = 2.85 \fallingdotseq 2.9$$

参考　　**かなり薄い弱酸の $[H^+]$ の求め方**

　一般に，$C \gg K_a$ でないとき，$1 - a \fallingdotseq 1$ の
近似は使えなくなる。したがって，次の二次方
程式を解いて電離度 a を求める必要がある。

$$K_a = \frac{Ca^2}{1-a} \quad \text{よって，} \quad Ca^2 + K_aa - K_a = 0$$

例　$C = 1.0 \times 10^{-4}$mol/L の酢酸（$K_a = 2.0$
$\times 10^{-5}$（mol/L））の水素イオン濃度 $[H^+]$ は，

$10^{-4}a^2 + 2 \times 10^{-5}a - 2 \times 10^{-5} = 0$

$5a^2 + a - 1 = 0$

$0 < a \leqq 1$ だから，

$$a = \frac{-1 + \sqrt{21}}{10} \quad \therefore \quad a \fallingdotseq 0.36$$

$$[H^+] = Ca = 1.0 \times 10^{-4} \times 0.36$$

$$= 3.6 \times 10^{-5}\,[mol/L]$$

130　4-21　電解質水溶液の平衡

(2) (ア)の範囲は，中和滴定の途中(中間点)で，未反応の CH_3COOH と，中和反応で生じた CH_3COONa との混合溶液(緩衝溶液)になっている。

　　この溶液に少量の OH^- を加えても，次の反応で OH^- が消費されるので，pH はあまり変化しない。
$$CH_3COOH + OH^- \longrightarrow CH_3COO^- + H_2O$$

(3) 中和されずに残っている酢酸のモル濃度は，
$$\left(0.10 \times \frac{20}{1000} - 0.10 \times \frac{10}{1000}\right) \times \frac{1000}{30} = \frac{1}{30}\,[mol/L]$$
生じた酢酸ナトリウムのモル濃度は，
$$\left(0.10 \times \frac{10}{1000}\right) \times \frac{1000}{30} = \frac{1}{30}\,[mol/L]$$
B 点(緩衝溶液中)でも，酢酸の電離平衡が成り立つので，$[H^+] = K_a \dfrac{[CH_3COOH]}{[CH_3COO^-]}$

$$[H^+] = 2.0 \times 10^{-5} \times \frac{\dfrac{1}{30}}{\dfrac{1}{30}} = 2.0 \times 10^{-5}\,[mol/L]$$

$$pH = -\log_{10}(2.0 \times 10^{-5}) = -\log_{10}2 + 5 = 4.7$$

(4) C 点は中和点で，酢酸ナトリウムの水溶液である。

　　その濃度は，$\dfrac{0.10}{2} = 0.050\,[mol/L]$

　　C 点での酢酸ナトリウムの濃度を $C\,[mol/L]$，次式が平衡に達したときの $[OH^-]$ を $y\,[mol/L]$ とする。

　　酢酸イオンは次のように加水分解を行う。
$$CH_3COO^- + H_2O \rightleftarrows CH_3COOH + OH^-$$
平衡時　$(C-y)$　　一定　　　y　　y　$[mol/L]$

　　この加水分解の平衡定数を**加水分解定数** K_h といい，次式で表される。
$$K_h = \frac{[CH_3COOH][OH^-]}{[CH_3COO^-]}$$

　　この式の分母・分子に $[H^+]$ をかけて整理し，酢酸の電離定数を K_a，水のイオン積を K_w とすると，
$$K_h = \frac{[CH_3COOH][OH^-][H^+]}{[CH_3COO^-][H^+]} = \frac{K_w}{K_a}$$

　　通常，加水分解はわずかしか起こらないから，$C \gg y$ より，$C - y \fallingdotseq C$ と近似できる。

$$K_h = \frac{y^2}{C-y} \fallingdotseq \frac{y^2}{C} = \frac{K_w}{K_a}$$

$$y = [OH^-] = \sqrt{\frac{CK_w}{K_a}} = \sqrt{\frac{0.050 \times 1.0 \times 10^{-14}}{2.0 \times 10^{-5}}}$$
$$= \sqrt{25 \times 10^{-12}} = 5.0 \times 10^{-6}\,[mol/L]$$

$$[H^+] = \frac{K_w}{[OH^-]} = \frac{1.0 \times 10^{-14}}{5.0 \times 10^{-6}} = 2.0 \times 10^{-9}\,[mol/L]$$

$$\therefore\ pH = -\log_{10}(2.0 \times 10^{-9}) = -\log_{10}2 + 9 = 8.7$$

解答 (1) **2.9**

(2) **未反応の酢酸(弱酸)と，中和反応で生じた酢酸ナトリウム(弱酸の塩)により，緩衝溶液となっているから。**

(3) **4.7** (4) **8.7**

参考　　**塩の加水分解について**

　弱酸と強塩基の塩の水溶液は塩基性，強酸と弱塩基の塩の水溶液は酸性を示す理由を考えよう。

酢酸ナトリウム CH_3COONa 水溶液の場合

　水溶液中に存在する CH_3COO^- と Na^+ のうち，CH_3COO^- は弱酸の酢酸が H^+ を放出して生じたものであり，ブレンステッド・ローリーの塩基としてはたらく。すなわち，CH_3COO^- は水分子から H^+ を受け取り CH_3COOH に戻ろうとする。その結果，水溶液中に OH^- が生成して塩基性を示すことになる。
$$CH_3COO^- + H_2O \rightleftarrows CH_3COOH + OH^-$$

塩化アンモニウム NH_4Cl 水溶液の場合

　水溶液中に存在する NH_4^+ と Cl^- のうち，NH_4^+ は弱塩基のアンモニアが H^+ を受け取って生じたものであり，ブレンステッド・ローリーの酸としてはたらく。すなわち，NH_4^+ は水分子に H^+ を与えて NH_3 に戻ろうとする。その結果，水溶液中に H_3O^+ が生成して酸性を示すことになる。
$$NH_4^+ + H_2O \rightleftarrows NH_3 + H_3O^+$$

　このように，塩の電離で生じた弱酸の陰イオンや弱塩基の陽イオンは，それぞれ水分子と反応して，もとの弱酸の分子や弱塩基の分子に戻ろうとする。この現象を**塩の加水分解**という。上述のように，弱酸の陰イオンはブレンステッド・ローリーの塩基としてはたらくため，その水溶液は塩基性を示し，弱塩基の陽イオンはブレンステッド・ローリーの酸としてはたらくため，その水溶液は酸性を示す。

---

275 **解説** (ア) 炭酸 H_2CO_3 の第 1 段階の電離定数 K_1，第 2 段階の電離定数 K_2 は，それぞれ次のように表される。

$$K_1 = \frac{[HCO_3^-][H^+]}{[H_2CO_3]} = 4.5 \times 10^{-7}\,[mol/L]$$

$$K_2 = \frac{[CO_3^{2-}][H^+]}{[HCO_3^-]} = 4.3 \times 10^{-11}\,[mol/L]$$

炭酸 H_2CO_3 のような 2 価の弱酸では，第 2 段階の電離は，第 1 段階の電離に比較してきわめて小さいので，これを無視して第 1 段階の電離だけで水素イオン濃度，および pH を求めればよい。

　多価の酸の電離では，第 1 段階より第 2 段階，……，になるほど電離度は小さくなる。これは，第 1 段階の電離が中性分子からの H^+ の電離であるのに対し，第 2 段階の電離は陰イオンからの H^+ の電

離のため，静電気的な引力がはたらき，電離しにくくなるためである。別の見方をすれば，第1段階の電離によって生じたH^+によって，第2段階の電離がより強く抑えられるためでもある。

生じた$[H^+]$をx[mol/L]とすれば，$[HCO_3^-]$もx[mol/L]となる。また，$[H_2CO_3]$は$(4.0 \times 10^{-3} - x)$[mol/L]であるが，xは4.0×10^{-3}に比べて小さいので，$[H_2CO_3] = 4.0 \times 10^{-3}$[mol/L]とみなせる。

$$K_1 = \frac{x^2}{4.0 \times 10^{-3}} = 4.5 \times 10^{-7}$$
$$x^2 = 18 \times 10^{-10}$$
$$\therefore \quad x = 3\sqrt{2} \times 10^{-5} = 4.2 \times 10^{-5}\text{[mol/L]}$$

(イ) $pH = -\log_{10}[H^+] = -\log_{10}(4.2 \times 10^{-5})$
$\qquad = 5 - 0.62 = 4.38 \fallingdotseq 4.4$

(ウ) $[CO_3^{2-}]$は，H_2CO_3の第1段階と第2段階の電離をまとめた電離定数Kから求められる。

$$H_2CO_3 \rightleftharpoons 2H^+ + CO_3^{2-}$$
$$K = \frac{[H^+]^2[CO_3^{2-}]}{[H_2CO_3]}$$

この式は，次のように変形できる。

$$K = \frac{[H^+][HCO_3^-]}{[H_2CO_3]} \times \frac{[H^+][CO_3^{2-}]}{[HCO_3^-]} = K_1 \times K_2$$

$$\therefore \quad [CO_3^{2-}] = \frac{[H_2CO_3] \times K_1 \times K_2}{[H^+]^2}$$

$$= \frac{4.0 \times 10^{-3} \times 4.5 \times 10^{-7} \times 4.3 \times 10^{-11}}{(4.2 \times 10^{-5})^2}$$

$$\fallingdotseq 4.38 \times 10^{-11} \fallingdotseq 4.4 \times 10^{-11}\text{[mol/L]}$$

> **参考** 二段階の電離平衡からなる多段階電離では，各段階をまとめた電離定数Kは，各段階の電離定数の積に等しくなる。
> $$K = K_1 \times K_2$$

解答 (ア) 4.2×10^{-5}　(イ) 4.4
　　　　(ウ) 4.4×10^{-11}

276 **[解説]** (1) 塩化鉛(Ⅱ)$PbCl_2$の溶解平衡は，次式で表される。

$$PbCl_2(固) \rightleftharpoons Pb^{2+} + 2Cl^-$$

ここで，$PbCl_2$は1Lの水に3.0×10^{-3}mol溶解するので，飽和水溶液中の$PbCl_2$の濃度は，3.0×10^{-3}mol/Lとなる。したがって，$[Pb^{2+}]$や$[Cl^-]$は，次のようになる。

$$[Pb^{2+}] = 3.0 \times 10^{-3}\text{[mol/L]}$$
$$[Cl^-] = 2 \times 3.0 \times 10^{-3} = 6.0 \times 10^{-3}\text{[mol/L]}$$

$PbCl_2$の溶解度積は，$K_{sp} = [Pb^{2+}][Cl^-]^2$で表される。したがって，

$$K_{sp} = 3.0 \times 10^{-3} \times (6.0 \times 10^{-3})^2$$
$$= 1.08 \times 10^{-7} \fallingdotseq 1.1 \times 10^{-7}\text{[(mol/L)}^3]$$

(2) HClは強酸で完全電離するから，
$$[H^+] = [Cl^-] = 1.0 \times 10^{-1}\text{mol/L}$$

ここへ$PbCl_2$がx[mol]溶け，溶解平衡に達したとすると，$[Pb^{2+}] = x$[mol/L]であるが，
$$[Cl^-] = (1.0 \times 10^{-1} + 2x)\text{[mol/L]}$$
になることに留意する。

共通イオンCl^-を含んだ水溶液中でも，
$[Pb^{2+}][Cl^-]^2 = K_{sp}$の関係式は成立する。（重要）
よって，$x(1.0 \times 10^{-1} + 2x)^2 = 1.08 \times 10^{-7}$
（xは非常に小さい値なので，$1.0 \times 10^{-1} + 2x$
$\fallingdotseq 1.0 \times 10^{-1}$で近似できる。）
$$\therefore \quad 1.0 \times 10^{-2}x = 1.08 \times 10^{-7}$$
$$x = 1.08 \times 10^{-5} \fallingdotseq 1.1 \times 10^{-5}\text{[mol]}$$

(3) 酢酸鉛(Ⅱ)は水中で次のように完全電離する。
$$(CH_3COO)_2Pb \longrightarrow Pb^{2+} + 2CH_3COO^-$$
塩酸x[mL]を加えたとき沈殿が生じ始め，そのときの水溶液中のPb^{2+}の濃度は，

$$[Pb^{2+}] = 3.0 \times 10^{-3} \times \frac{10}{10+x}\text{[mol/L]} \quad \cdots\cdots①$$

題意より，塩酸(少量)を加えたときの溶液の体積変化は無視できるので，$10+x \fallingdotseq 10$[mL]と近似できる。

①より，$[Pb^{2+}] = 3.0 \times 10^{-3}$[mol/L]
加えた塩酸も水中で次のように完全電離する。
$$HCl \longrightarrow H^+ + Cl^-$$
塩酸x[mL]加えたとき沈殿が生じ始め，そのときの水溶液中のCl^-濃度は，

$$[Cl^-] = 1.0 \times 10^{-1} \times \frac{x}{10+x}\text{[mol/L]} \quad \cdots\cdots②$$

題意より，塩酸(少量)を加えたときの溶液の体積変化は無視できるので，$10+x \fallingdotseq 10$[mL]と近似できる。

②より，$[Cl^-] = 1.0 \times 10^{-1} \times \dfrac{x}{10}$
$$= 1.0 \times 10^{-2}x\text{[mol/L]}$$

$PbCl_2$の沈殿が生成し始めたとき，
$[Pb^{2+}][Cl^-]^2 = K_{sp}$　が成り立つ。よって，
$[Pb^{2+}][Cl^-]^2 = 3.0 \times 10^{-3} \times (1.0 \times 10^{-2}x)^2 = 1.08 \times 10^{-7}$
$$3.0 \times 10^{-7}x^2 = 1.08 \times 10^{-7}$$
$$x^2 = \frac{1.08 \times 10^{-7}}{3.0 \times 10^{-7}} = 0.36$$
$$\therefore \quad x = 0.60\text{[mL]}$$

解答 (1) 1.1×10^{-7}(mol/L)³
　　　　(2) 1.1×10^{-5}mol　(3) 0.60mL

> **参考** **分別沈殿法の応用**
> 溶解度積K_{sp}の小さい塩ほど，溶液中に存在しうるイオン濃度が小さい。つまり，溶解平衡$MX(固) \rightleftharpoons M^+ + X^-$は大きく左に偏っており，その塩は沈殿しやすいことを示す。例えば，$AgCl$の$K_{sp} > AgBr$の$K_{sp} > AgI$のK_{sp}

132　4　共通テストチャレンジ⑵

277 ～ 278

であるから，Cl^-，Br^-，I^-が等物質量ずつ含まれている溶液にAg^+を少しずつ加えていくと，まずAgI，次に$AgBr$，最後に$AgCl$という具合に，溶解度積の小さいものから順に沈殿してくる。このように，2種以上の金属イオンを，溶解度積の小さいものから順に別々の沈殿として分離する方法を**分別沈殿法**という。

共通テストチャレンジ⑵

277［解説］反応速度は単位時間あたりの濃度，または物質量の変化量で表され，必ず正の値で表す。

$$反応速度 = \frac{反応物の濃度（物質量）の減少量}{反応時間}$$

$$反応速度 = \frac{生成物の濃度（物質量）の増加量}{反応時間}$$

この反応の化学反応式は，

$$C_2H_4 \ + \ HI \ \longrightarrow \ C_2H_5I$$
エチレン　ヨウ化水素　ヨウ化エチル

① 化学反応式の係数比から，エチレンとヨウ化水素は同じ物質量ずつ反応する。したがって，エチレンの物質量が減少する速さと，ヨウ化水素の物質量が減少する速さは常に等しい。〔○〕

② 化学反応式の係数比から，反応するヨウ化水素の物質量と生成するヨウ化エチルの物質量は等しい。したがって，ヨウ化エチルの物質量が増加する速さと，ヨウ化水素の物質量が減少する速さは常に等しい。〔○〕

③ 反応速度は単位時間あたりの濃度（物質量）の変化で表される。したがって，図のグラフの傾きが反応速度に相当する。ヨウ化エチルのグラフの傾きが最も大きいのは反応開始時であり，反応速度は反応開始時が最も大きい。〔×〕

④ 化学反応式の係数比から，反応するヨウ化水素の物質量と生成するヨウ化エチルの物質量は等しい。したがって，同じ時間内に減少したヨウ化水素の物質量と，増加したヨウ化エチルの物質量は等しい。〔○〕

⑤ 最初に存在したヨウ化水素の物質量とエチレンの物質量が異なるので，反応が進むにつれて，両者の物質量の比は異なってくる。〔○〕

［解答］③

278［解説］① 図より，温度を高くすると（400℃→500℃），平衡状態におけるNH_3の生成量は減少する。これは，温度を高くすると，平衡が左へ移動したことを示す。ルシャトリエの原理により，温度を高くすると，平衡は吸熱方向に移動するから，左向きが吸熱方向であることがわかる。よってNH_3の生成反応（右向き）は発熱反応である。〔×〕

② この反応における平衡定数Kは，

$$K = \frac{[NH_3]^2}{[N_2][H_2]^3}$$

図より，温度が上がると平衡時におけるアンモニアの生成量が減少する。したがって，温度が上がると平衡定数Kは小さくなる。〔○〕

③ アンモニアの生成速度は、一定時間内における反応物の変化量で表される。時間が進むにつれて反応物の N_2 や H_2 の物質量は小さくなるので、アンモニアの生成速度は時間とともに小さくなる。〔×〕
④ 触媒を加えると反応経路が変わり、活性化エネルギーが小さくなるので、反応速度は大きくなる。しかし、触媒は平衡の移動には関係しないので、400℃のときより反応初期の傾きが大きくなり、最終的な NH_3 の生成量は400℃と変わらず、図の太線で表される。〔×〕

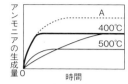

[解答] ②

279 [解説] (1) 平衡状態における H_2(気), I_2(気), HI(気) の各物質量は、以下のようになる。

	H_2(気)	$+$	I_2(気)	$\rightleftarrows$	$2HI$(気)
初め	1.0mol		1.0mol		0mol
変化量	-0.5		-0.5		$+1.0$
平衡時	0.5mol		0.5mol		1.0mol

この反応の平衡定数 K は、次式で表される。
$$K = \frac{[HI]^2}{[H_2][I_2]}$$

反応容器の容積を V[L] とすると、平衡状態における各物質の濃度は $[H_2]=[I_2]=\dfrac{0.5}{V}$ mol/L, $[HI]=\dfrac{1.0}{V}$ mol/L

よって、$K = \dfrac{\left(\dfrac{1.0}{V}\right)^2}{\left(\dfrac{0.5}{V}\right)\left(\dfrac{0.5}{V}\right)} = 4.0$

(2) 平衡状態において、反応物の濃度の積を分母、生成物の濃度の積を分子として求めた値を、**平衡定数**という。

$aA + bB \rightleftarrows pP + qQ \ (a, b, p, q \text{ は係数})$

上記の反応が平衡状態にあるとき、それぞれのモル濃度を $[A], [B], [P], [Q]$ とすると次の関係が成り立つ。

$$K = \frac{[P]^p[Q]^q}{[A]^a[B]^b}$$

平衡状態で生成した酢酸エチルを x[mol] とすると、このときの各物質の物質量は次のように表される。

	CH_3COOH	$+$	CH_3CH_2OH	$\rightleftarrows$	$CH_3COOCH_2CH_3$	$+$	H_2O
初め	1.5		1.5		0		0
変化量	$-x$		$-x$		$+x$		$+x$
平衡	$1.5-x$		$1.5-x$		x		x

(単位 mol)

反応溶液の体積を V[L] とおくと、平衡定数 K は次式で表される。

$$K = \frac{[CH_3COOCH_2CH_3][H_2O]}{[CH_3COOH][CH_3CH_2OH]}$$

$$= \frac{\left(\dfrac{x}{V}\right)\left(\dfrac{x}{V}\right)}{\left(\dfrac{1.5-x}{V}\right)\left(\dfrac{1.5-x}{V}\right)} = \left(\dfrac{x}{1.5-x}\right)^2 = 4.0$$

両辺の平方根をとると、$0 < x < 1.5$ より、

$\dfrac{x}{1.5-x} = 2.0$ ∴ $x = 1.0$[mol]

[解答] (1) ② (2) ③

280 [解説] 弱酸(弱塩基)とその塩から構成される水溶液は**緩衝溶液**である。その中に少量の酸や塩基が混入しても、pH の値を一定に保つはたらき(**緩衝作用**)がある。アンモニア-塩化アンモニウムの緩衝溶液では、アンモニアは弱塩基で、水溶液中ではその一部が電離して、電離平衡の状態にある。

$NH_3 + H_2O \rightleftarrows NH_4^+ + OH^- \cdots$(1)

一方、塩化アンモニウムは塩であり、水溶液中では完全に電離する。

$NH_4Cl \longrightarrow NH_4^+ + Cl^-$

こうして、NH_3 と NH_4^+ が水溶液中に多量に存在する水溶液ができる。

アンモニア NH_3 水に NH_4Cl を加えると、水溶液中では NH_4^+ の濃度が増える。すると、ルシャトリエの原理により、(1)の平衡は NH_4^+ の濃度を減らす方向、つまり左方向へ移動する。

・この混合溶液に少量の酸 H^+ を混合すると、
 $NH_3 + H^+ \longrightarrow NH_4^+$
上記の反応が起こり、加えた H^+ が消費されるので混合水溶液の pH はほとんど変化しない。

・この混合溶液に少量の塩基 OH^- を混合すると
 $NH_4^+ + OH^- \longrightarrow NH_3 + H_2O$
上記の反応が起こり、加えた OH^- が消費されるので混合水溶液の pH はほとんど変化しない。

[解答] ア:⑥ イ:② ウ:⑧ エ:⑥

281 [解説] 硫化水素の電離平衡の式は次の通り。
 一段階目:$H_2S \rightleftarrows H^+ + HS^-$
 二段階目:$HS^- \rightleftarrows H^+ + S^{2-}$
 両式をまとめると
 $H_2S \rightleftarrows 2H^+ + S^{2-}$
が得られるが、このときの平衡定数は、
$$K = \frac{[H^+]^2[S^{2-}]}{[H_2S]}$$
であり、$K_1 \times K_2$ により求められる。

134　4　共通テストチャレンジ(2)

$$K_1K_2 = \frac{[H^+][HS^-]}{[H_2S]} \times \frac{[H^+][S^{2-}]}{[HS^-]}$$

$$= \frac{[H^+]^2[S^{2-}]}{[H_2S]} = K$$

難溶性塩 A_mB_n について，溶液を混合した瞬間の各イオンのモル濃度の積とその塩の溶解度積 K_{sp} との大小関係から，沈殿が生成するかどうかを判断できる。

$[A^{n+}]^m[B^{m-}]^n > K_{sp} \longrightarrow$ 沈殿が生成する。
$[A^{n+}]^m[B^{m-}]^n \leqq K_{sp} \longrightarrow$ 沈殿が生成しない。

水溶液中の金属イオンの濃度は，$[Zn^{2+}]=[Fe^{2+}]$ $=[Cu^{2+}] = 1.0 \times 10^{-4}mol/L$ であるから，水溶液中の $[S^{2-}]$ を求め，次に各イオン濃度の積を計算して，その値がそれぞれの溶解度積を超えているかどうかを調べればよい。

$$K = \frac{[H^+]^2[S^{2-}]}{[H_2S]} \quad \text{において}$$

・pH3 より，$[H^+] = 1.0 \times 10^{-3}mol/L$
・題意より，$[H_2S] = 0.10mol/L$
・$K = 1.0 \times 10^{-21}(mol/L)^2$

したがって，

$$K = \frac{(1.0 \times 10^{-3})^2 \times [S^{2-}]}{0.10} = 1.0 \times 10^{-21}$$

∴　$[S^{2-}] = 1.0 \times 10^{-16}[mol/L]$

一方，ここで加えた金属イオン M^{2+} は，いずれも 2 価のイオンであり，イオン積はすべて $[M^{2+}][S^{2-}]$ と表される。$[M^{2+}] = 1.0 \times 10^{-4}[mol/L]$ より，

$[M^{2+}][S^{2-}] = (1.0 \times 10^{-4}) \times (1.0 \times 10^{-16})$
$= 1.0 \times 10^{-20}[(mol/L)^2]$

この値がそれぞれの溶解度積を超えている Zn^{2+} と Cu^{2+} は硫化物となり沈殿するが，この値が溶解度積を超えていない Fe^{2+} は硫化物として沈殿しない。

解答　⑤

22 非金属元素（その1）

282 [解説] ①〜⑦ 本実験では，濃塩酸に酸化マンガン(Ⅳ)のような比較的穏やかな酸化剤を作用させているので，加熱すれば塩素が発生するが，加熱を止めると塩素の発生はすぐに止まる。しかし，濃塩酸に過マンガン酸カリウムのような強力な酸化剤を作用させた場合，常温でも塩素が発生するが，反応が始まると塩素の発生は止められない（そのため，塩素の発生実験には適さない）。

濃塩酸を加熱しているため，この反応では発生するCl_2に，塩化水素HClが混じる。塩化水素は塩素よりも水に溶けやすいので，まず，<u>洗気びんCの水に通してHClを吸収させる</u>。次に，<u>洗気びんDの濃硫酸に通してH_2Oを除去し，乾燥させる</u>。

なお，塩素は水に少し溶け，また空気より重いので，<u>下方置換</u>で捕集する。

次亜塩素酸HClOの酸性はかなり弱いが，次式のように反応して，強い酸化作用があるので，殺菌・漂白作用を示す。

$HClO + H^+ + 2e^- \longrightarrow Cl^- + H_2O$

ハロゲンの単体の酸化力は，$F_2 > Cl_2 > Br_2 > I_2$である。Cl_2はBr^-やI^-から電子を奪ってBr_2やI_2を遊離させる。

$2I^- + Cl_2 \longrightarrow I_2 + 2Cl^-$

遊離したI_2は次式のように過剰のKI水溶液に溶け，<u>三ヨウ化物イオンI_3^-</u>を生じて褐色を呈する。

$I_2 + I^- \rightleftarrows I_3^-$

生成したI_2が多くなると，KI水溶液に溶けきれなくなり，黒紫色のヨウ素が沈殿してくる。

(2) ⓑ 塩素は水に少し溶け，その一部が水と反応し塩化水素HClと**次亜塩素酸**HClOを生成する。

$Cl_2 + H_2O \rightleftarrows HCl + HClO$

ⓓ ハロゲンの単体のうち，フッ素F_2の酸化力が最も大きく，水とも激しく反応して酸素を発生する。酸化力のやや弱いCl_2では，この反応は起こらない。

$2H_2O \longrightarrow O_2\uparrow + 4e^- + 4H^+$
$+)\ 2F_2 + 4e^- \longrightarrow 4F^-$
――――――――――――――――
$2F_2 + 2H_2O \longrightarrow 4HF + O_2$

この反応では，強力な酸化剤であるF_2が，水から電子を奪ってO_2を発生させている。

ⓔ SiO_2とフッ化水素（気体）との反応は次の通り。

$SiO_2 + 4HF \longrightarrow SiF_4\uparrow + 2H_2O$

しかし，HFの水溶液（フッ化水素酸）との反応では，SiF_4（四フッ化ケイ素）は引き続いて2分子のHFと反応して，ヘキサフルオロケイ酸H_2SiF_6を生成する。

$SiO_2 + 6HF \longrightarrow H_2SiF_6 + 2H_2O$

(3) $Cu + Cl_2 \longrightarrow CuCl_2$

この反応により，褐色の塩化銅(Ⅱ)が生成する。

参考 無水状態の塩化銅(Ⅱ)$CuCl_2$は褐色であるが，水を加えると，$[Cu(H_2O)_4]^{2+}$を生じて青色の水溶液になる。

(4) さらし粉$CaCl(ClO)\cdot H_2O$に希塩酸を加えると，成分中の次亜塩素酸イオン（酸化剤）が，塩化水素を酸化して塩素が発生する（加熱は不要である）。

(5) $Cl_2 + H_2O \rightleftarrows HCl + HClO$

まず，上式の反応で生じた塩化水素HClは強い酸性を示し，青色リトマス紙は赤色になる。その後，次亜塩素酸HClOの酸化作用が現れ，リトマス紙の赤色は漂白されて白色になる。

[解答] ① 酸化剤 ② 塩化水素 ③ 水蒸気（水）
④ 塩化水素 ⑤ 次亜塩素酸 ⑥ 褐
⑦ 塩化水素
(1) A：滴下ろうと B：丸底フラスコ
　　C：洗気びん E：集気びん
(2) ⓐ $MnO_2 + 4HCl \longrightarrow MnCl_2 + Cl_2 + 2H_2O$
　　ⓑ $Cl_2 + H_2O \rightleftarrows HCl + HClO$
　　ⓒ $2KI + Cl_2 \longrightarrow 2KCl + I_2$
　　ⓓ $2F_2 + 2H_2O \longrightarrow 4HF + O_2$
　　ⓔ $SiO_2 + 6HF \longrightarrow H_2SiF_6 + 2H_2O$
(3) $CuCl_2$
(4) $CaCl(ClO)\cdot H_2O + 2HCl$
　　　　　$\longrightarrow CaCl_2 + Cl_2 + 2H_2O$
(5) **塩素が水に溶けると，まず，生じた塩化水素の酸性によってリトマス紙は赤色になる。その後，次亜塩素酸の酸化作用によってリトマス紙は漂白されて白色になる。**

283 [解説] (1) 過酸化水素水の分解反応は次式で表される。

$2H_2O_2 \longrightarrow 2H_2O + O_2$

ふたまた試験管の突起のない方へ液体試薬の過酸化水素水を，突起のある方へ固体試薬の酸化マンガン

284〜285

(Ⅳ)MnO₂を入れておく。これは，反応後に固体と液体を分離するとき，固体が液体の方へ落ちないようにするためである。

(2) MnO₂のように，自身は変化せず，反応速度を大きくするはたらきをもつ物質を**触媒**という。反応式中には書かないこと。

(3) 反応式は 2KClO₃ ⟶ 2KCl + 3O₂
この反応でも MnO₂ は触媒として作用している。

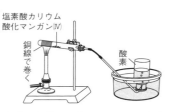

反応式の係数比より，KClO₃2mol から O₂3mol が発生する。
KClO₃ = 122.5 より，モル質量は 122.5g/mol。
発生する酸素の体積(標準状態)は，
$\frac{4.90}{122.5} \times \frac{3}{2} \times 22.4 = 1.334 \fallingdotseq 1.33 [L]$

(4) 金属元素の酸化物である**塩基性酸化物**が水と反応すると**水酸化物**を生じ，水溶液は塩基性を示す。一方，非金属元素の酸化物である**酸性酸化物**が水と反応すると**オキソ酸**を生じ，水溶液は酸性を示す。

[参考] 水酸化物とオキソ酸の関係について

いずれも中心原子 X に OH が結合している。
X−O−H ⇄ X⁺ + OH⁻ (水酸化物)
　　　　⇄ XO⁻ + H⁺ (オキソ酸)

中心原子の陽性が大きい場合，X−O 間の電子対は O の方へ強く引きつけられ，水の作用でこの結合が切れ，OH⁻ を生じる。
中心原子の陰性が大きい場合，X−O 間の結合は切れず，代わりに，O−H 間の電子対が O のほうへ強く引きつけられ，水の作用でこの結合が切れ，H⁺ を生じる。
亜硫酸 H₂SO₃ と硫酸 H₂SO₄ のように，同じ中心原子からなるオキソ酸では，結合する O 原子の数が多くなるほど，その酸性は強くなる。
また，ケイ酸 H₂SiO₃，リン酸 H₃PO₄，硫酸 H₂SO₄ のように中心原子が異なるオキソ酸では，中心原子の陰性(電気陰性度)がこの順に大きくなるので，その酸性は強くなる。

[解答] (1) A：酸化マンガン(Ⅳ)　B：過酸化水素水
(2) 触媒としてはたらいている。
(3) **1.33L**
(4) (ア)Ca(OH)₂　(イ)H₂CO₃　(ウ)H₂SO₃

(エ)H₂SO₄

284 [解説] 硫黄の粉末を二硫化炭素 CS₂ という溶媒に溶かし，蒸発皿に移し，風通しのよいところで CS₂ を蒸発させると，黄色八面体状の**斜方硫黄**の結晶が析出する。
硫黄の粉末を試験管に入れ，穏やかに約120℃まで加熱し，黄色の液体をつくる。これを空気中で放冷すると，黄色針状の**単斜硫黄**の結晶が得られる。
硫黄の融解液を250℃くらいまで加熱し，生じた暗褐色の液体を，水中に流し込み急冷すると，暗褐色でやや弾性のある**ゴム状硫黄**が得られる。

斜方硫黄 S₈	単斜硫黄 S₈	ゴム状硫黄 Sₓ
105°	105°	
黄色，八面体結晶	黄色，針状結晶	暗褐色，無定形固体
融点113℃	融点119℃	融点不定

[解答] ① 斜方硫黄　② S₈
③ 単斜硫黄　④ ゴム状硫黄

285 [解説] 空気中での希ガス(貴ガス)の存在割合は，アルゴン Ar が圧倒的に多く(0.93%)，他の希ガスはごく少量である。希ガスはすべて**単原子分子**として存在し，分子量が大きくなるほど，つまり，He＜Ne＜Ar＜Kr＜Xe の順に沸点は高くなる。
ヘリウム He(分子量4，沸点−269℃)は，水素 H₂(分子量2，沸点−253℃)よりも分子量は大きいが，沸点はあらゆる物質中で最も低い。一般に，分子量の大きい物質ほど分子間力が大きくなるが，ヘリウムは球形をしているため，水素より分子間力が小さく沸点が低い。
ヘリウムは軽くて不燃性なので気球用の浮揚ガスや，液体ヘリウムは超伝導磁石*の冷却剤などに用いられる。ネオン Ne は低圧放電すると美しい赤色を出すのでネオンサインに，アルゴンは電球のフィラメントの蒸発を防ぐための封入ガスとして用いる。なお，クリプトンやキセノンは，電球の封入ガスやストロボなどに用いられる。

(タングステン)フィラメント

〔参考〕ヘリウムの融点は −272℃ (2.6 × 10⁶Pa) であるが，2.5 × 10⁶Pa 以下では絶対零度(−273℃)でも固体とならず，液体状態を示し，容器の壁を昇るなどの**超流動**とよばれる性質を示す。
　* ある温度(Tc)以下になると，電気抵抗が0になる現象を**超伝導**という。超伝導を利用すると，強力な電磁石をつくることができる。超伝導磁石はリニアモーターカーや医療機器 MRI (核磁気共鳴画像診断装置)などに利用されている。

希ガス(貴ガス)は周期表の18族元素で，最外殻電

子は He は 2 個, 他はすべて 8 個であるが, 他の原子と結合したり化合物をつくらないので, **価電子数は 0** である。

解答 ① アルゴン ② ヘリウム ③ 低い
④ ネオン ⑤ 18 ⑥ 0

286 **解説** 成層圏(地上約 10 ～ 50km の範囲)上部では, 太陽から放射される強い紫外線を吸収して, 酸素の一部がオゾンになり, 地上 20 ～ 40km 付近にオゾンを 3×10^{-4}% 程度含む層(**オゾン層**)を形成している。
このオゾン層は, 生物に有害な紫外線のほとんどを吸収し, 地上の生物を保護するはたらきをもつ。
オゾン O_3 は, 酸素中で**無声放電**(火花や音をともなわない静かな放電)を行うか, 酸素に強い紫外線を当てると生成する。
オゾン O_3 は, 魚の腐ったような生臭いにおいのする淡青色の気体で, 有毒である。酸性条件では①式のように反応して強い**酸化作用**を示し, 飲料水の殺菌や消毒, および繊維の漂白などに利用される。

オゾン発生器のしくみ
オゾン発生器では, ガラスを隔てた電極間に, 誘導コイルで発生させた高電圧をかけて無声放電を行うことができる。

$O_3 + 2H^+ + 2e^- \longrightarrow O_2 + H_2O$ ……①

〔問〕 オゾンは, 水で湿らせた**ヨウ化カリウムデンプン紙の青変**により検出される。この反応では, まず, オゾンが中性条件で酸化剤としてはたらき, ヨウ化カリウム KI を酸化してヨウ素 I_2 を遊離させる。このヨウ素がヨウ素デンプン反応を起こして, 青色を呈する。
中性条件では, H^+ の濃度はきわめて小さいので, ①式のように左辺に H^+ を残しておくのは適切ではない。そこで, ①式を H_2O が反応した形に改めるため, 両辺に $2OH^-$ を加えて整理すると, 次の②式が得られる。

$O_3 + H_2O + 2e^- \longrightarrow O_2 + 2OH^-$ ……②

ヨウ化カリウム KI が還元剤としてはたらくと,

$2I^- \longrightarrow I_2 + 2e^-$ ……③

②+③より, e^- を消去する。

$O_3 + H_2O + 2I^- \longrightarrow I_2 + O_2 + 2OH^-$ ……④

④式の両辺に, $2K^+$ を加えて式を整理すると,

$O_3 + H_2O + 2KI \longrightarrow I_2 + O_2 + 2KOH$

解答 ① オゾン層 ② 紫外線 ③ 酸素
④ (無声)放電 ⑤ 紫外線 ⑥ 淡青
⑦ 酸化 ⑧ 青
〔問〕 $O_3 + H_2O + 2KI \longrightarrow I_2 + O_2 + 2KOH$

参考 **オゾン層の破壊について**
冷蔵庫やエアコンの冷媒, 半導体の洗浄剤などに使われていた**フロン**(クロロフルオロカーボンとよばれ, 炭化水素の H をハロゲンで置換した化合物の総称)は, およそ十数年かかって対流圏(地表～ 10km の範囲)を拡散して成層圏まで達し, そこで太陽の強い紫外線を受けて分解し, 生じた塩素原子 Cl がオゾン分子 O_3 を連鎖的に破壊することが明らかになった。

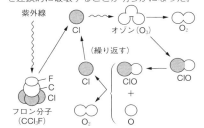

オゾン層が破壊されると, 地上に到達する紫外線量が増加する。これにより, 皮膚がんや視力障害, 動物の免疫機能の低下, 植物やプランクトンの生育阻害などへの影響が心配されている。

287 **解説** (2) ⓐ 鉄と硫黄が反応して硫化鉄(Ⅱ)を生成する反応は, 次のような酸化還元反応である。

$\underset{(0)}{Fe} + \underset{(0)}{S} \longrightarrow \underset{(+2)}{Fe}\underset{(-2)}{S} (= Fe^{2+}S^{2-})$
　　　　　　還元
　　酸化

ⓑ $\underset{弱酸の塩}{FeS} + \underset{強酸}{H_2SO_4} \longrightarrow \underset{強酸の塩}{FeSO_4} + \underset{弱酸}{H_2S}$

の反応で, 希硫酸の代わりに希塩酸も用いられる。

(3) **キップの装置**は, 固体と液体の試薬を反応させて気体を発生させる装置として用いる(加熱を要する反応には使えない)。活栓(コック)の開閉により, 気体の発生量が自由に調節できて便利である。図のBに粒状の固体試薬(粉末ではBとCの隙間から下へ落ちてしまうので不可)を入れ, Aの約半分の高さまで液体試薬を入れる。Cには排気口の栓があるだけである。

(4) 活栓を開けると, Aにたまっていた希硫酸がCを経てBに達する。こうして, 硫化鉄(Ⅱ)と希硫酸とが接触し, 気体が発生し始める。発生した気体は, 活栓付きのガラス管を通って外へ出て行く。
活栓を閉じると, Bに気体がたまり, その圧力で希硫酸がCを経てAまで押し上げられ, 希硫酸と硫化鉄(Ⅱ)とが分離される。このため, 気体の発生

138　5-22　非金属元素(その1)

288～289

は停止する。

(5) 希硝酸には酸化力があるため，硫化水素は酸化されて単体の硫黄を遊離してしまうので不適である。

$$HNO_3 + 3e^- + 3H^+ \longrightarrow NO + 2H_2O \cdots\cdots①$$
$$H_2S \longrightarrow S + 2H^+ + 2e^- \cdots\cdots②$$

①×2＋②×3より，

$$3H_2S + 2HNO_3 \longrightarrow 3S + 2NO + 4H_2O$$

(6) 硫化水素は酸性の気体なので，塩基性の乾燥剤である酸化カルシウムとは中和して吸収されるので不適。また，硫化水素は還元性が強いため，酸化力を有する濃硫酸とは酸化還元反応を起こし，吸収されてしまうので不適。したがって，硫化水素と反応しない酸性の乾燥剤である十酸化四リンと，中性の乾燥剤である塩化カルシウムは使用可能である。

解答 (1)① 硫化鉄(Ⅱ)　② 腐卵
　　　　③ 硫化銀
(2)ⓐ　Fe + S ⟶ FeS
　　ⓑ　FeS + H_2SO_4 ⟶ FeSO_4 + H_2S
(3) 名称…**キップの装置**　装置…B
(4) **発生した気体の圧力により，B内の希硫酸の液面がCへ押し下げられ，固体と液体の接触が断たれ，気体の発生が止まる。**
(5) **硫化水素が希硝酸によって酸化されてしまうから。**
(6)(イ)，(エ)

288 **解説** (1) 構造の類似した分子では，<u>分子量が大きいほど，分子間力が強くなり，融点・沸点は高くなる</u>。$F_2 < Cl_2 < Br_2 < I_2$ の順。〔×〕

(2) ハロゲンの単体は，原子番号の小さいものほど，電子をとり込む力(**酸化力**)が大きく，$I_2 < Br_2 < Cl_2 < F_2$ の順に反応性が大きくなる。〔○〕

(3) $X_2 + H_2O \rightleftarrows HX + HXO$ の反応を起こすハロゲン X_2 は，Cl_2 と Br_2 のみである。〔×〕

(4) F_2 は水と激しく反応して O_2 を発生する。Cl_2，Br_2 は水に少し溶ける。また，I_2 は水にほとんど溶けない。〔×〕

(5) ハロゲンの単体は，F_2(淡黄色)，Cl_2(黄緑色)，Br_2(赤褐色)，I_2(黒紫色)のように，いずれも有色で，分子量が増すほど色が濃くなる。〔○〕

(6) ハロゲンの単体は，相手の物質から電子を奪う力(**酸化作用**)が強く，天然にはすべて化合物として存在し，単体として存在するものはない。〔×〕

(7) ハロゲンの単体は，いずれも酸化作用があり，程度の差はあるが人体に有毒である。〔×〕

解答 (1)×　(2)○　(3)×　(4)×　(5)○　(6)×
(7)×

289 **解説** (1) 反応途中，SO_2 から SO_3 をつくる過程で，固体触媒の接触作用を利用することから，**接触法**とよばれる。

(2)～(4) ⓐ　$FeS_2 + O_2 \longrightarrow Fe_2O_3 + SO_2$

登場回数の少ない原子の数から係数を決めていく。(Fe…2回，S…2回，O…3回)

Fe 原子の数を合わせる。Fe_2O_3 の係数を1とおくと，FeS_2 の係数は2。

S 原子の数を合わせる。FeS_2 の係数が2なので，SO_2 の係数は4。

O 原子の数を合わせる。右辺の O 原子は11個なので，O_2 の係数は $\dfrac{11}{2}$。

全体を2倍して分母を払うと，

$$4FeS_2 + 11O_2 \longrightarrow 2Fe_2O_3 + 8SO_2$$

ⓑ　$2SO_2 + O_2 \longrightarrow 2SO_3$

この反応は，実際は可逆反応(左，右いずれにも進む反応)で最も進行しにくい。そこで，反応速度を大きくする目的で，触媒として，五酸化二バナジウム(酸化バナジウム(Ⅴ))V_2O_5 を利用する。

ⓒ　SO_3 を直接水に吸収させようとすると，激しく発熱して硫酸が霧状となり，発煙してしまう。硫酸の霧は粒子が大きいため，容易に水に溶けない。そこで，水分の少ない濃硫酸にゆっくりと SO_3 を吸収させて**発煙硫酸**をつくり，必要に応じて希硫酸で薄めて所定の濃度の濃硫酸をつくる。

$$SO_3 + H_2SO_4 \longrightarrow H_2S_2O_7 (発煙硫酸)$$
$$H_2S_2O_7 + H_2O \longrightarrow 2H_2SO_4$$

(5) $S \rightarrow SO_2 \rightarrow SO_3 \rightarrow H_2SO_4$ と段階的に反応していくが，最終的には，**S1mol から $H_2SO_4$1mol が生成する**(このような段階的な反応の場合，中間生成物を省略し，反応物と生成物の量的関係だけに着目すればよい)。

モル質量は，$S = 32g/mol$，$H_2SO_4 = 98g/mol$ より，生成する98%硫酸を x〔kg〕とすると，

$$\frac{1.6 \times 10^3}{32} = \frac{x \times 10^3 \times 0.98}{98} \qquad \therefore \quad x = 5.0〔kg〕$$

(6) 濃硫酸に吸収させた SO_3 を x〔mol〕とおく。

$$SO_3 + H_2O \longrightarrow H_2SO_4 \quad より，生成する H_2SO_4$$

も x〔mol〕である。これと 18mol/L 濃硫酸 10mL 中の H_2SO_4 が，NaOH 水溶液と中和する。

H_2SO_4 は2価の酸，NaOH は1価の塩基より，

$$\left(x + 18 \times \frac{10}{1000}\right) \times 2 = \left(2.0 \times \frac{200}{1000}\right) \times 1$$

$$x = 2.0 \times 10^{-2}〔mol〕$$

解答 (1)**接触法**
(2)(b)，V_2O_5

290〜291

(3) ⓐ $4FeS_2 + 11O_2 \longrightarrow 2Fe_2O_3 + 8SO_2$
ⓑ $2SO_2 + O_2 \longrightarrow 2SO_3$
ⓒ $SO_3 + H_2O \longrightarrow H_2SO_4$

(4) 三酸化硫黄を直接水に吸収させると，激しい発熱によって，硫酸が霧状となり，水への吸収が悪くなるから．

(5) 5.0kg　(6) 2.0×10^{-2} mol

290 〔解説〕濃硫酸と希硫酸とでは，性質が大きく異なる．その違いを十分理解しておくこと．

〔濃硫酸の性質〕

①**不揮発性の酸**である……揮発性の酸 HCl の塩 NaCl に，不揮発性の濃硫酸 H_2SO_4 を加えて加熱すると，不揮発性の酸の塩 $NaHSO_4$ を生じ，揮発性の酸 HCl が遊離する．
　　$NaCl + H_2SO_4$
　　　$\longrightarrow NaHSO_4 + HCl\uparrow$

②**吸湿性**がある……水分を吸収する力が強く，固体，気体の乾燥剤に利用される（右図）．

③**脱水作用**がある……有機化合物中から，H と O を 2:1 の割合で奪う．例えば，スクロースに濃硫酸を滴下すると，次の反応が起こって，**炭素 C が遊離**する．
　　$C_{12}H_{22}O_{11} \xrightarrow{H_2SO_4} 12C + 11H_2O$

スクロースに濃硫酸を滴下し，しばらくすると，激しく反応して，黒色の炭素が遊離する．

④**溶解熱が大きい**…水に溶解すると，多量の発熱がみられる．⟹濃硫酸を水で希釈するときは，水に濃硫酸を少しずつ加える必要がある．

濃硫酸に水を加えると，多量の溶解熱が発生するため水が激しく沸騰し，硫酸が周囲に発散して危険である．多量の水の中へ濃硫酸を少しずつ加えていくと，水の沸騰は起こらず，安全に希硫酸をつくることができる．

⑤**酸化作用**がある……熱濃硫酸は酸化力が強く，希塩酸や希硫酸に溶けない Cu や Ag も溶かして SO_2 を発生する．

$Cu + 2H_2SO_4 \longrightarrow CuSO_4 + 2H_2O + SO_2\uparrow$

〔希硫酸の性質〕

①強酸性を示す．
②金属と反応して水素を発生する．
　　$Zn + H_2SO_4 \longrightarrow ZnSO_4 + H_2\uparrow$

〔解答〕(1)…(エ)　(2)…(ア)　(3)…(イ)
　　　　(4)…(オ)　(5)…(ウ)　(6)…(カ)

291 〔解説〕(1) 炎色反応を示す元素は，1族，2族元素が多い．1族のアルカリ金属元素の炭酸塩は水に溶けやすいが，2族元素の炭酸塩は水に溶けにくい．よって，**2族元素**が該当する．

2族元素のうち，アルカリ土類金属（Ca, Sr, Ba, Ra）は，いずれも常温の水と反応して水素を発生するが，Mg は常温の水とは反応せず，熱水とは反応するので，(ア)は Mg が該当する（Be は熱水とも反応せず，高温の水蒸気とは反応するので，該当しない）．

(2) 陰イオンになりやすく，単体がすべて有色であることから，**17族元素（ハロゲン）**が該当する．

F_2（淡黄色・気体），Cl_2（黄緑色・気体），Br_2（赤褐色・液体），I_2（黒紫色・固体）のように，分子量が大きくなるほど融点・沸点が高くなり，その色も濃くなる．

ハロゲンと水素の化合物（ハロゲン化水素）は，いずれも無色・刺激臭の気体で，水によく溶け酸性を示す．このうちフッ化水素 HF だけが弱酸であり，他の塩化水素 HCl，臭化水素 HBr，ヨウ化水素 HI はいずれも強酸である．

また，フッ化水素の水溶液（フッ化水素酸）には，ガラスを溶かすという他の酸にはみられない特異な性質がある．

よって，(イ)は F が該当する．

(3) 多くの金属は銀白色の金属光沢を示すが，例外的に Cu は赤色，Au は黄色という有色の金属光沢を示す．銅 Cu，金 Au は銀 Ag とともに**11族元素**に属する．11族元素のうち，Ag の化合物は光によって分解しやすい性質（**感光性**）があるので，褐色びんで保存しなければならない．よって(ウ)は Ag が該当する．

(4) 電子が最大数の電子で満たされた状態（**閉殻**）と，M殻以上の電子殻に8個の電子が入った状態（**オクテット**）は，いずれも化学的にきわめて安定な電子配置である．

よって，**18族元素（希ガス，貴ガス）**が該当する．希ガスの価電子の数はすべて0個であるが，最外殻電子の数を調べると，He だけが2個で，残り（Ne, Ar, Kr, Xe, Rn）はすべて8個である．よって，

140 5-22 非金属元素(その1)

292 ～ 293

(エ)は He が該当する。

解答 (1) **2** (2) **17** (3) **11** (4) **18**
(ア) **Mg** (イ) **F** (ウ) **Ag** (エ) **He**

292 解説 (1) 周期表の第3周期に属する1, 2,
13 ～ 17 族の元素の最高酸化数, 最高酸化物, その
酸化物の性質の周期的変化は, 下表の通りである。

族	1	2	13	14	15	16	17
元素	Na	Mg	Al	Si	P	S	Cl
最高酸化数	+1	+2	+3	+4	+5	+6	+7
酸化物	Na_2O	MgO	Al_2O_3	SiO_2	P_4O_{10}	SO_3	Cl_2O_7
酸性・塩基性	強塩基性	弱塩基性	両性	弱酸性	酸性	強酸性	強酸性

第3周期では,族番号とともに最高酸化数は, +1,
+2……+7 と増加し, 1, 2族の酸化物は塩基性酸
化物, 13族の Al_2O_3 は両性酸化物, 14 ～ 17族の酸
化物は酸性酸化物である。

(2) 酸と反応する酸化物を**塩基性酸化物**という。塩基
性酸化物が水と反応すると, **水酸化物**を生じる。塩
基性酸化物の Na_2O, MgOのうち, 水と直接反応し
て強塩基をつくるのは, アルカリ金属とアルカリ土
類金属の酸化物で, 第3周期では Na_2O のみである。
酸化ナトリウム Na_2O は塩基性酸化物で, 水に溶
けて強塩基性を示す。
$$Na_2O + H_2O \longrightarrow 2NaOH$$

(3) 酸とも強塩基とも反応する酸化物を**両性酸化物**と
いい, 両性元素の酸化物 Al_2O_3 が該当する。
酸化アルミニウムは水に溶けないが, 酸の水溶液
にも, 強塩基の水溶液にも塩を生じて溶ける。
$$Al_2O_3 + 6HCl \longrightarrow 2AlCl_3 + 3H_2O$$
$$Al_2O_3 + 2NaOH + 3H_2O \longrightarrow 2Na[Al(OH)_4]$$
テトラヒドロキシドアルミン酸ナトリウム
両性酸化物には, ZnO, SnO, PbO もある。

(4) 塩基と反応する酸化物を**酸性酸化物**という。酸
性酸化物が水と反応すると, **オキソ酸**(酸素を含む
酸)を生じる。オキソ酸は, 中心原子を X とすると,
一般式 $XO_m(OH)_n$ で表される。X が同種の原子の
場合, 酸素の数 m が多いほど強酸であり, X の酸
化数が大きくなるほど強酸になる。
X の酸化数が +6 の硫酸 H_2SO_4 と +7 の過塩素
酸 $HClO_4$ はいずれも強酸である。

(X の酸化数が +5 のリン酸 H_3PO_4 は中程度の強さの酸で, 弱酸に分類されている。)

硫黄の酸化物には, 二酸化硫黄 SO_2 と三酸化硫
黄 SO_3 があり, これらの水溶液はいずれも酸性を
示す。
$$SO_2 + H_2O \longrightarrow H_2SO_3 (亜硫酸, 弱酸)$$

$$SO_3 + H_2O \longrightarrow H_2SO_4 (硫酸, 強酸)$$

塩素の酸化物には, 酸化数 +1, +3, +5, +7
のものがある。

$$\underset{(+1)}{Cl_2O} + H_2O \longrightarrow \underset{(+1)}{2HClO} \quad 次亜塩素酸(弱酸)$$

$$\underset{(+3)}{Cl_2O_3} + H_2O \longrightarrow \underset{(+3)}{2HClO_2} \quad 亜塩素酸(弱酸)$$

$$\underset{(+5)}{Cl_2O_5} + H_2O \longrightarrow \underset{(+5)}{2HClO_3} \quad 塩素酸(強酸)$$

$$\underset{(+7)}{Cl_2O_7} + H_2O \longrightarrow \underset{(+7)}{2HClO_4} \quad 過塩素酸(強酸)$$

解答 (1)(a) MgO (b) Al_2O_3 (c) SiO_2
(2) **酸化ナトリウム**
$$Na_2O + H_2O \longrightarrow 2NaOH$$
(3) **酸化アルミニウム**
(4) **硫酸, 過塩素酸**

293 解説 (1) **電気陰性度**(原子が共有電子対を
引きつける強さ)は, 希ガス(貴ガス)を除いて, 周
期表の右上に位置する元素が最大である(周期表の
左下に位置する元素が最小である)。17族の最も上
位にある(イ) F が該当する。

(2) 酸とも塩基とも反応する元素は**両性元素**(Al,
Zn, Sn, Pb)であるが, 第3周期では(エ) Al と第4
周期の(コ) Zn が該当する。

(3) **イオン化エネルギー**(原子から電子1個を取り去
り1価の陽イオンにするのに必要なエネルギー)は,
周期表では右上に位置する元素ほど大きく, 左下に
位置する元素ほど小さい。表中の元素の中では, 18
族の Ne が最大で, 1族の(カ) K が最小である。

(4) **遷移元素**(不完全に満たされた内側の電子殻をも
つ元素)は, 第4周期以降の3 ～ 11族の元素であり,
$_{21}Sc$ ～ $_{29}Cu$ まで(9元素)が該当する。
12族の Zn は, M殻が閉殻となっているので,
典型元素に分類されることに注意したい。

(5) 常温・常圧で単体が液体である元素は, $_{35}Br$ と
$_{80}Hg$ のみである。第4周期までの元素では, 臭
素 Br_2 だけである。Hg は第6周期なので該当しな
い。

(6) 1族のアルカリ金属の単体は, 原子半径が大きい
ほど, 金属結合が弱くなり融点は低くなる。1族の
最も下位にある(カ) K が該当する。
$$Li \quad > \quad Na \quad > \quad K$$
融点 181℃ 98℃ 64℃
一般に, 1原子あたりの自由電子の数が少なく,
原子半径が大きい金属ほど, 自由電子の密度が小さ
いので, 金属結合が弱くなり, 融点も低くなる。

294 ～ 295

5-22 非金属元素(その1) 141

解答 (1) F (2) Al と Zn (3) K
(4) Cu (5) Br (6) K

294 **解説** (1) ハロゲ
ン化水素は，水素とハロ
ゲンを直接反応させて得
られる。その水溶液はい
ずれも酸性を示す。

$$H_2 + X_2 \longrightarrow 2HX$$

ただし，フッ化水素
HF だけは H^+ が電離しにくく弱酸である。これは，
H−F の結合エネルギーが特に大きいことが主な原
因と考えられる。一方，塩化水素 HCl，臭化水素
HBr，ヨウ化水素 HI はどれも強酸である。

(2) ハロゲン化水素の沸点を比較すると，HF だけは
分子量が小さいにもかかわらず，残りの分子よりも
沸点が異常に高い。これは，HF の分子間には**水素**
結合がはたらいており，この結合を切るのに余分な
熱エネルギーを要するためである。

(3) Cl$_2$ は Br^- や I^- から電子を奪って Br_2 や I_2 を遊離
させる。Br_2 や I_2 はいずれも褐色でよく似ている(同
濃度では I_2 は Br_2 より濃い褐色を示す)。
I_2 にデンプン水溶液を少量加えると青紫色を呈す
る(**ヨウ素デンプン反応**)が，Br_2 はデンプン水溶液
とは呈色反応しない。

$$2KBr + Cl_2 \longrightarrow 2KCl + Br_2$$

(4) ハロゲン化物イオンの水溶液に硝酸銀水溶液を加
えると，AgCl(白色)，AgBr(淡黄色)，AgI(黄色)
は水に不溶で沈殿するが，AgF だけは水に可溶で
沈殿しない。

参考 **なぜフッ化銀だけ水溶性なのか**
　ハロゲンと銀の電気陰性度の差を比較する
と，AgF(2.1)，AgCl(1.1)，AgBr(0.9)，
AgI(0.6)。電気陰性度の差が大きい AgF で
はイオン結合性が強く水によく溶ける。一方，
AgCl，AgBr，AgI の順に電気陰性度の差が減
少し，共有結合性が強くなるため，この順に水
に溶けにくくなる。

(5) 塩化ナトリウムに不揮発性の酸(濃硫酸)を加えて
熱すると，揮発性の酸(塩化水素)が発生する。この
とき生成する塩は，正塩の Na_2SO_4 ではなく，酸性
塩の $NaHSO_4$ である。これは，硫酸 H_2SO_4 の第一
電離($H_2SO_4 \longrightarrow H^+ + HSO_4^-$)は起こりやすいが
第二電離($HSO_4^- \longrightarrow H^+ + SO_4^{2-}$)はやや起こり
にくいためである。したがって，

$$2NaCl + H_2SO_4 \longrightarrow Na_2SO_4 + 2HCl$$

の反応は，500℃以上の高温でないと進行しない。

参考 **NaCl と濃 H_2SO_4 の反応で，酸性塩**
$NaHSO_4$ が生成する理由
　$NaCl + H_2SO_4 \longrightarrow NaHSO_4 + HCl$ …①
　H_2SO_4 と HCl は，ともに強酸であり，酸の強
さは H_2SO_4(第一電離) ≒ HCl であるから，①
の反応はやがて平衡状態になる。しかし，加熱
することで不揮発性の H_2SO_4 が揮発性の HCl
を反応系から追い出すことになるので，①の反応
は右へ進行する。
　一方，NaCl と濃 H_2SO_4 の反応において，
正塩 Na_2SO_4 が生成するには，次の②の反応
が進行する必要がある。
　$NaCl + NaHSO_4 \longrightarrow Na_2SO_4 + HCl$ …②
　このとき，酸の強さは HCl > H_2SO_4(第二
電離)であるため，②の右向きの反応は進みに
くく，むしろ左向きに進行しやすい。すなわち，
弱い酸である HSO_4^- から H^+ が電離し，それ
を強い酸のイオンである Cl^- が受け取ることは
ない。
　したがって，NaCl と濃硫酸の反応では，①
の反応だけが進み，酸性塩の $NaHSO_4$ が生成
するが，②の反応は起こらないので，正塩の
Na_2SO_4 は生成しない。

(6) 空気中で塩化水素(気体)とアンモニア(気体)が出
会うと，直ちに反応して塩化アンモニウムの白煙を
生じる。

$$HCl + NH_3 \longrightarrow NH_4Cl$$

この反応は HCl，NH_3 の検出に利用される。

(7) ハロゲンの単体と水素との反応性は，次の通り。

F_2	Cl_2	Br_2	I_2
冷暗所でも爆発的に反応	常温，光照射で爆発的に反応	触媒・加熱で反応	触媒・加熱で一部が反応

解答 (1) HF
(2) HF (理由)フッ化水素は，分子間で水素
結合を形成しているから。
(3) KBr
(4) AgF
(5) $NaCl + H_2SO_4 \longrightarrow NaHSO_4 + HCl$
(6) 濃アンモニア水をつけたガラス棒を近づ
け，塩化アンモニウムの白煙が生じるかど
うかで検出する。
(7) 冷暗所…F_2 高温…I_2

295 **解説** (1) 炎色反応を示すのは，Li，Na，K，
Ca である。このうち，2 族の Ca の融点が最も高い。
1 族元素のうち，原子番号は Li < Na < K である。
したがって，K は原子半径が最も大きく，金属 1 原
子あたりの自由電子の密度が小さいため，金属結合
が弱くなり，融点も最も低い。

(2) 第 4 周期の**遷移元素**は最外殻(N 殻)の 1 つ内側の

M殻へ電子が配置されていくが，主に，N殻の電子1，2個が最外殻電子となる。

(3) 最高酸化数が＋7なので，7族のMnである。

Mn	Mn²⁺	MnO₂	MnO₄²⁻	MnO₄⁻
0	+2	+4	+6	+7

Mnの酸化数

(4) 金属のほとんどは銀白色の光沢をもち，有色のものは，赤色の銅，黄色の金だけである。希塩酸に溶けず希硝酸に溶けることから，水素よりイオン化傾向の小さなCuである。第6周期の11族元素のAuは硝酸にも溶けず，王水にしか溶けない。

(5) **両性元素**のPbは第6周期，Snは第5周期で，いずれも該当しない。第3，4周期の両性元素は，Al，Znであるが，トタンや黄銅の成分であるのはZnである。

(6) 大気，海水および地殻（地表〜16kmまで）中の元素の質量百分率を**クラーク数**といい，多い順にO，Si，Al，Feである。大気，海水，地殻のうち，質量割合が最も大きいのは地殻である。したがって，クラーク数はほぼ地殻中の元素の存在率と一致する。

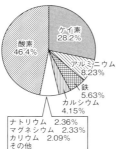

(7) CO₂は分子結晶をつくるが，SiO₂はすべての原子が共有結合で結びついた共有結合の結晶をつくる。

(8) **酸性雨**の主な原因物質は，硫黄酸化物 SO$_x$ と窒素酸化物 NO$_x$ である。下式のように変化し，雨水を酸性化する。

SO₂ ⟶ SO₃ ⟶ H₂SO₄（硫酸）
NO ⟶ NO₂ ⟶ HNO₃（硝酸）

件では反応しない窒素と酸素が反応して，窒素酸化物が生成してしまう。
SO$_x$ や NO$_x$ が大気中に放出されると，太陽光や大気中の酸素や各種の酸化性物質などと化学反応を起こし，それぞれ硫酸 H₂SO₄，硝酸 HNO₃ となり雨水に溶け込む。これが主な酸性雨の原因となっている。酸性雨によって，次のような被害が報告されている。
①大理石の彫刻やコンクリートの建造物の侵食，金属の腐食が進んだ例。
②湖沼の水が酸性化して水生生物が減少した例。
③土壌が酸性化して森林が枯れた例。
日本では，石油中から硫黄分を除いておく**脱硫精製**の対策により，自動車の排ガス中のSO$_x$ はかなり減少した。また，工場や発電所などから発生する SO$_x$ は，石灰石(CaCO₃)の細粉と反応させ，ほとんどセッコウ(CaSO₄)に変えることによって除去している。一方，自動車のエンジン内で発生する NO$_x$ は，自動車のマフラー内の白金 Pt，パラジウム Pd などの触媒層の中を通すことによって，窒素と水などに変えて無害化する方法がとられている。

解答 (1) K (2) N 殻 (3) MnO₂ (4) Cu (5) Zn (6) O (7) SiO₂ (8) N，S

参考 ふつうの雨は空気中の CO₂ が飽和しているため，pH＝5.6程度の弱い酸性を示す。一般に，pH が 5.6 より小さい酸性の強い雨を**酸性雨**という。かつては，日本の都市部において pH が 4.0 に近い酸性の雨が降ることもあったが，現在では平均 pH が 5.0 程度である。
化石燃料である石炭や石油には微量の硫黄や窒素が含まれているため，燃焼させると，二酸化硫黄などの**硫黄酸化物 SO$_x$（ソックス）**や，一酸化窒素 NO や二酸化窒素 NO₂ などの**窒素酸化物 NO$_x$（ノックス）**が生成する。また，自動車のエンジン内は高温になるため，通常の条

23 非金属元素(その2)

296 [解説] (1) 塩化アンモニウム(弱塩基の塩)に水酸化カルシウム(強塩基)を加えて加熱すると、塩化カルシウム(強塩基の塩)を生じて、アンモニア(弱塩基)を追い出すことができる。

(2) 水によく溶け、空気よりも軽い気体の捕集には、**上方置換**を用いる(NH$_3$のみ)。

(3) 水和水を含む固体(水和物)を加熱する場合だけでなく、無水物の固体であっても、加熱によって分解反応などが起こって水が生成することがある。この水が加熱部に流れ落ちると試験管が割れてしまう。そこで、固体を加熱する場合は、試験管の口を少し下げて試験管が割れないようにする。

(4) NH$_3$は塩基性の気体なので、ソーダ石灰(CaO + NaOH)、酸化カルシウムCaOなどの塩基性の乾燥剤が適当である。濃硫酸や十酸化四リンP$_4$O$_{10}$などの酸性の乾燥剤は中和反応によって、NH$_3$を吸収してしまう。また、CaCl$_2$は中性の乾燥剤であるが、CaCl$_2$・8NH$_3$という化合物をつくってNH$_3$を吸収するので適さない。

(5) 空気中でアンモニアと塩化水素が出会うと、直ちに反応して、塩化アンモニウムの白煙を生じる。この反応は、NH$_3$とHClの検出に利用される。

NH$_3$ + HCl ⟶ NH$_4$Cl

塩基性の気体であるNH$_3$を検出するには、水で湿らせた赤色リトマス紙の青変でもよい。

(6) 塩化アンモニウム(弱塩基の塩)に、NaOH(強塩基)を加えて加熱しても塩化ナトリウム(強塩基の塩)を生じて、NH$_3$(弱塩基)が発生する。

NH$_4$Cl + NaOH ⟶ NaCl + NH$_3$ + H$_2$O

通常、水酸化カルシウムが用いられるのは、安価なためと、細かい粉末状なので、塩化アンモニウムと混合しやすいためである。

[解答] (1) 2NH$_4$Cl + Ca(OH)$_2$ ⟶ CaCl$_2$ + 2NH$_3$ + 2H$_2$O
(2) **上方置換**
(3) 反応で生じた水が加熱部へ流れ落ちると、その部分で試験管が割れてしまうため。
(4) (ア)
(5) 濃塩酸をつけたガラス棒をフラスコの口に近づけ、白煙を生じることで確認する。
(6) (エ)

297 [解説] (1),(3) 約800℃に加熱した白金網(触媒)に、NH$_3$と空気の混合気体を短時間接触させると、無色の一酸化窒素NOが生成する。NOは140℃以下に冷却されると、空気中のO$_2$により自然に酸化され、赤褐色の二酸化窒素NO$_2$が生成する。

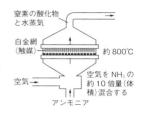

NO$_2$を約50℃の温水に吸収させて硝酸HNO$_3$を製造する。このとき副生するNOを、(b)の反応に戻して再び酸化し、(c)の反応を繰り返すことで、原料のNH$_3$をすべてHNO$_3$に変える。このような硝酸の工業的製法を**オストワルト法**という。

(c)の反応では、NO$_2$ 3分子のうち、2分子は酸化されてHNO$_3$に、残りの1分子は還元されてNOになる。このような同種の分子間で行われる酸化還元反応を**自己酸化還元反応**という。

(2) 解答に示した反応式(a)~(c)から反応中間体のNO、NO$_2$を消去する。

{(a)+(b)×3+(c)×2} ÷ 4 より、
NH$_3$ + 2O$_2$ ⟶ HNO$_3$ + H$_2$O

(4) オストワルト法では、NH$_3$ 1molからHNO$_3$ 1molが生成するから、63% HNO$_3$ x [kg]が生成するとすると、

$$\frac{1.7 \times 10^3}{17} = \frac{x \times 10^3}{63} \times \frac{63}{100} \quad \therefore \quad x = 10 \text{[kg]}$$

[解答] ① 無 ② 一酸化窒素 ③ 赤褐
④ 二酸化窒素 ⑤ 硝酸
(1) (a) 4NH$_3$ + 5O$_2$ ⟶ 4NO + 6H$_2$O
(b) 2NO + O$_2$ ⟶ 2NO$_2$
(c) 3NO$_2$ + H$_2$O ⟶ 2HNO$_3$ + NO
(2) NH$_3$ + 2O$_2$ ⟶ HNO$_3$ + H$_2$O
(3) **オストワルト法** (4) **10kg**

参考 自己酸化還元反応について

過酸化水素H$_2$O$_2$が水H$_2$Oになるとき、酸素の酸化数が-1から-2となり、相手から電子を奪う酸化剤としてはたらく。H$_2$O$_2$が酸素O$_2$になるとき、酸素の酸化数が-1から0となり、相手に電子を与える**還元剤**としてはたらく。このように、酸化剤にも還元剤にもなり得る物質は、反応相手となる適当な酸化剤や還元剤が存在しない場合、同種の分子間で電子の授受を行うことがある。このような反応を、とくに**自己酸化還元反応**という。

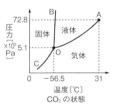

参考 $3NO_2 + H_2O \longrightarrow 2HNO_3 + NO$ の自己酸化還元反応について

NO₂ は酸性酸化物なので，水に溶けるとオキソ酸を生成するはずである。ところが窒素 N のオキソ酸には，硝酸 HNO₃（N の酸化数＋5）と亜硝酸（N の酸化数＋3）が存在するが，NO₂（N の酸化数＋4）に相当するオキソ酸は存在しない。

NO₂ が冷水に溶けると，NO₂ 2 分子のうち，1 分子は酸化されて HNO₃ に，もう 1 分子は還元されて HNO₂ となる自己酸化還元反応が起こる。

$2NO_2 + H_2O \longrightarrow HNO_3 + HNO_2$ …①

また低温では，HNO₂ は水溶液中で存在可能であるが，温度が上がると不安定となり，次のように分解する。

$3HNO_2 \longrightarrow HNO_3 + 2NO + H_2O$ …②

①×3＋②より，HNO₂ を消去すると，

$3NO_2 + H_2O \longrightarrow 2HNO_3 + NO$ …③

こうして，NO₂ を温水に溶かした反応式と一致する。

298 解説
(1) 物質の状態と温度・圧力の関係を示した図を**状態図**という。右図を見ると，CO₂ には $1×10^5$ Pa（1 気圧）では液体の状態は存在しない。そこで，31℃以下で加圧し，凝縮させ，ボンベにつめて市販されている。この CO₂ を細孔から空気中へ噴出させると，気体が急激に膨張し，周囲に仕事をするので，自身の温度が急激に低下（**断熱膨張**）し，雪状に凝固する。これを押し固めたものが，**ドライアイス**である。

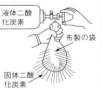

(2) CO₂ が水に溶けて生じた炭酸 H₂CO₃ は，きわめて弱い 2 価の酸である。ふつう，第一電離だけが起こる。

$CO_2 + H_2O \rightleftarrows H^+ + HCO_3^-$

(3) CO₂ 濃度は，1800 年以前は約 280ppm でほぼ一定であったが，1800 年以降，増加し続けている。産業革命期における CO₂ 濃度の増加の主な原因は森林伐採であったが，1940 年代以降はエネルギー革命にともなう化石燃料の大量消費（森林伐採も含む）が主な原因となっている。近年では約 1.8ppm/年の割合で増加している。

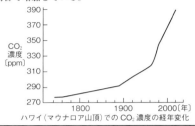

ハワイ（マウナロア山頂）での CO₂ 濃度の経年変化

参考
大気中の CO₂ や H₂O は，太陽からの可視光線などはよく通すが，地球が宇宙空間に放出する赤外線をよく吸収し，それを地球に向かって再放射するので，地球を温めるはたらきをする。これを大気の**温室効果**という。現在，温室効果によって地球温暖化が起こり，次のような問題が懸念されている。

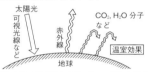

① 極地の氷の融解などによって海水面が上昇し，低地や島国が水没したり，大型台風，高潮の被害が発生したりする。
② 世界的な気候の変動により，耕地が砂漠化し，穀物生産が減少する。
③ 熱帯病や病害虫が増加し，生態系に影響をおよぼす。

そこで，1997 年，先進国は 2017 年までに，**温室効果ガス**（CO₂，CH₄，N₂O，フロン，SF₆ など）の総排出量を 1990 年に比べて平均 5.2％（日本は 6％）削減するという京都議定書が採択され，2012 年，日本はこの目標を達成した。しかし，地球温暖化には歯止めがかかっておらず，京都議定書に続く新たな国際的な枠組みとして，2015 年にパリ協定が採択された。その内容は，各国が温室効果ガスの削減目標を定め，そのための国内対策を推進する義務を負う。日本は，2030 年までに，2013 年比で温室効果ガス排出量を 26％削減する目標を定め，その達成に向けて努力を続けている。

解答
(1) ① 気体　② 凝縮　③ 凝固
　　④ ドライアイス　⑤ 温暖化
(2) ⓐ $CO_2 + H_2O \rightleftarrows H^+ + HCO_3^-$
　　ⓑ $2NaOH + CO_2 \longrightarrow Na_2CO_3 + H_2O$
(3) **化石燃料の大量消費**
　　森林の大規模な過剰伐採

299

[解説] ダイヤモンドは天然物質の中で最も硬く，**各炭素原子は4個の価電子すべてを用いて共有結合をつくり，正四面体を基本単位とする立体網目状構造**をもつ結晶である。一方，**黒鉛**は各炭素原子が3個の価電子を使って共有結合して正六角形を基本単位とする**平面層状構造**を形成し，この平面構造が比較的弱い分子間力で層状に積み重なったものである。残る1個の価電子はこの平面構造内を比較的自由に動くことができるので，黒鉛は電気伝導性を示す。**無定形炭素**は，黒鉛の微結晶の集合体で，多孔質で吸着力が大きい。

1985年，クロトー（英）やスモーリー（米）らによって発見された分子式 C_{60} や C_{70} で表される球状の炭素分子は，建築家バックミンスター・フラーの建てたドーム状建造物にちなんで**フラーレン**と名付けられた。これは，C_{60}（サッカーボール形）や C_{70}（ラグビーボール形）などがあり，炭素の同素体に分類されている。

フラーレンは無定形炭素と外観は似ているが，ベンゼンやヘキサンなどの有機溶媒に溶ける。また，アルカリ金属を添加してつくられたフラーレンは，数十K程度の温度でも電気抵抗が0になるという**超伝導体**としての性質を示す。

C_{60} C_{70}

[参考] カーボンナノチューブ，グラフェンについて

1991年，飯島澄男博士は，黒鉛のもつ平面構造が筒状に丸まった構造をもつ**カーボンナノチューブ**を発見した。これには単層構造と多層構造のものがあるほか，層の巻き方によって電気的性質が異なり，(i)金属，(ii)半導体としての性質をもつものなどがあり，現在，電子部品や電池の電極および，炭素繊維への補強材料などへの利用が期待されている。

アームチェア型　ジグザグ型　らせん型
（金属）　　　（半導体）　（半導体）

2004年，ガイム（オランダ）とノボセロフ（ロシア）は，当時，不安定で単離は困難とされていた黒鉛のシートの1層分をセロハンテープを使って剥がし取ることに成功した。この単離されたシートは，黒鉛(grphite)と二重結合(-ene)から**グラフェン**(graphene)と名付けられた。

グラフェンが多層に積み重なったものが黒鉛，筒状に丸まったものがカーボンナノチューブであり，球状に閉じたものがフラーレンといえる。

石灰水（水酸化カルシウムの水溶液）に CO_2 を通じると，水に不溶性の炭酸カルシウム $CaCO_3$ が沈殿する。ここへ，さらに CO_2 を過剰に通じると，炭酸イオン CO_3^{2-} は水溶液中に生じた炭酸 H_2CO_3 から H^+ を受け取り，炭酸水素イオン HCO_3^- となり，水に可溶性の炭酸水素カルシウム $Ca(HCO_3)_2$ となる。$Ca(HCO_3)_2$ が水に溶けやすいのは，Ca^{2+} と HCO_3^- にはたらくクーロン力が，Ca^{2+} と CO_3^{2-} にはたらくクーロン力よりもかなり弱いためである。

石灰岩（主成分 $CaCO_3$）が，CO_2 を溶かした地下水に長い年月にわたって侵食されると，地下に大きな洞穴（**鍾乳洞**）ができる。また，$Ca(HCO_3)_2$ を含む水が鍾乳洞の天井の隙間からしみ出したり，滴下する際，H_2O や CO_2 が空気中に蒸発して，解答に示した⑥式の逆反応が起こると，$CaCO_3$（**鍾乳石，石筍**）が生成する。

一酸化炭素 CO は無色・無臭であるが，きわめて有毒であり，空気中に濃度0.1%含まれていても CO 中毒を起こす。生物に対する CO の毒性は，血液中のヘモグロビンと強く結合し，O_2 の運搬能力を失わせる作用による。また，

$$Fe_2O_3 + 3CO \longrightarrow 2Fe + 3CO_2$$

のように，CO は高温では**還元性**を示し，酸化鉄(Ⅲ)から酸素を奪って鉄を遊離させる。この反応は鉄の製錬に利用されている。

[参考] 一酸化炭素中毒

血液中の赤血球は，ヘモグロビンとよばれる色素タンパク質を含んでいる。このヘモグロビンの中心には Fe^{2+} があり，ここに O_2 が結合・解離することで，肺で取り入れた O_2 を体の各組織へ運ぶ役割をしている。一酸化炭素 CO は，この Fe^{2+} に O_2 の約250倍の強さで配位結合して，ヘモグロビンの酸素運搬能力を失わせる。その結果，体の各組織は酸素欠乏状態になり，一酸化炭素中毒になる。

[解答] ① 同素体　② ダイヤモンド　③ 黒鉛
④ 無定形炭素　⑤ フラーレン　⑥ 二酸化炭素
⑦ 鍾乳洞　⑧ 鍾乳石（石筍）　⑨ 一酸化炭素

300～301

⑩ 還元

〔問〕
ⓐ $Ca(OH)_2 + CO_2 \longrightarrow CaCO_3 + H_2O$
ⓑ $CaCO_3 + CO_2 + H_2O \longrightarrow Ca(HCO_3)_2$
ⓒ $HCOOH \longrightarrow CO + H_2O$
ⓓ $2CO + O_2 \longrightarrow 2CO_2$

300 〔解説〕 気体の**発生装置**は，使う試薬が(ⅰ)固体と固体か，(ⅱ)固体と液体かで選ぶ（気体の発生では，液体と液体の組み合わせはない）。

(ⅰ) **固体と固体の場合**，いくら細かく砕いても，固体粒子間の接触面積は少ないため，加熱しないと反応は進まない。したがって，固体どうしの反応は加熱が必要である。

(ⅱ) **固体と液体の場合**，加熱を要するものと，加熱を必要としないものがある。

希塩酸や希硫酸は強酸性を示し，H⁺が多く電離している典型的な**イオン反応**となり，その活性化エネルギーは小さい。よって，加熱は不要である。また，酸化力の強い硝酸も強酸性を示し加熱は不要である。

濃硫酸は水分が少なく電離度が小さい。よって，典型的な**分子反応**となり，その活性化エネルギーは大きい。したがって，加熱が必要となる。また，濃塩酸とMnO₂を使って塩素を発生させる場合，MnO₂は酸化力がさほど強くないので，その酸化力を補うために加熱が必要と考えられる。

なお，加熱する場合は，三角フラスコではなく，熱に強い丸底フラスコを用いる。

捕集装置は，水に溶けにくい気体は**水上置換**，水に溶けて空気より軽い気体(NH_3だけ)は**上方置換**，水に溶けて空気より重い気体は**下方置換**で集める。

・水に溶けにくい気体…単体(H_2, O_2, N_2)
　　　　低酸化数の酸化物(NO, CO, N_2O)
　　　　炭化水素(CH_4, C_2H_4, C_2H_2 など)
・水に溶けて空気より軽い気体(分子量＜29)
　　　　…NH_3 のみ
・水に溶けて空気より重い気体(分子量≧29)
　　　　…HCl, H_2S, SO_2, CO_2, NO_2, Cl_2 など

(1)〜⑩の気体が発生する化学反応式は次の通りである。

(1) $FeS + H_2SO_4 \longrightarrow FeSO_4 + H_2S$
(2) $2NH_4Cl + Ca(OH)_2 \xrightarrow{加熱} CaCl_2 + 2NH_3 + 2H_2O$
(3) $Cu + 2H_2SO_4 \xrightarrow{加熱} CuSO_4 + SO_2 + 2H_2O$
(4) $MnO_2 + 4HCl \xrightarrow{加熱} MnCl_2 + Cl_2 + 2H_2O$
(5) $Zn + H_2SO_4 \longrightarrow ZnSO_4 + H_2$
(6) $Cu + 4HNO_3 \longrightarrow Cu(NO_3)_2 + 2NO_2 + 2H_2O$
(7) $CaCO_3 + 2HCl \longrightarrow CaCl_2 + CO_2 + H_2O$
(8) $HCOOH \xrightarrow{加熱} CO + H_2O$
(9) $NaCl + H_2SO_4 \xrightarrow{加熱} NaHSO_4 + HCl$
⑽ $3Cu + 8HNO_3 \longrightarrow 3Cu(NO_3)_2 + 2NO + 4H_2O$

〔解答〕 (1)…(オ), (c), (e) (2)…(イ), (a), (d)
(3)…(シ), (b), (e) (4)…(コ), (b), (e)
(5)…(ア), (c), (f) (6)…(サ), (c), (e)
(7)…(ケ), (c), (e) (8)…(キ), (b), (f)
(9)…(エ), (b), (e) ⑽…(ク), (c), (f)

301 〔解説〕 リンPには，黄リン，赤リンなどの**同素体**が存在する。黄リンは，淡黄色のろう状の有毒な固体で，二硫化炭素CS_2に溶ける。黄リンはP_4分子からなり，空気中で**自然発火**(発火点約35℃)するので水中に保存する。黄リンは危険物として，現在，製造が中止されている。

一方，**赤リン**は暗赤色の粉末で，毒性は少なく，空気中に放置しても自然発火(発火点約260℃)することはない。赤リンは，P_4分子が鎖状〜網目状に連なった高分子化合物で，組成式でPと表す。また，CS_2には溶解しない。赤リンは，マッチの側薬や農薬の原料などとして利用されている。

マッチ箱とマッチ棒

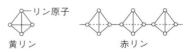

黄リン　　　　　赤リン

リンを空気中で燃焼させると，**十酸化四リン**P_4O_{10}が生成する。

$4P + 5O_2 \longrightarrow P_4O_{10}$

十酸化四リンP_4O_{10}は白色粉末で，吸湿性，脱水作用はいずれも濃硫酸よりも強力である。十酸化四リンを水に加えて煮沸すると，**リン酸**H_3PO_4が生成する。

$P_4O_{10} + 6H_2O \longrightarrow 4H_3PO_4$

純粋なリン酸は無色の結晶(融点42℃)であるが，通常は水分を含み，粘性の大きなシロップ状の液体である。水溶液は中程度の強さの酸性を示す。

リン鉱石の主成分であるリン酸カルシウム$Ca_3(PO_4)_2$は水に不溶であるが，適量の硫酸と反応させると，水溶性のリン酸二水素カルシウム$Ca(H_2PO_4)_2$と難溶性の硫酸カルシウム$CaSO_4$の混合物が得られる。これを**過リン酸石灰**といい，リン酸肥料に用いられる。

$Ca_3(PO_4)_2 + 2H_2SO_4 \longrightarrow Ca(H_2PO_4)_2 + 2CaSO_4$

〔解答〕 ① 同素体　② 黄リン　③ 水　④ 赤リン
　　　　⑤ マッチ　⑥ 十酸化四リン

⑦ 乾燥剤（脱水剤）　⑧ リン酸
⑨ リン酸カルシウム
⑩ リン酸二水素カルシウム

302 [解説]　ケイ素の単体は暗灰色の金属光沢をもつ結晶で，ダイヤモンドと同じ正四面体構造をもつ**共有結合の結晶**である。しかし，C-C 結合よりも Si-Si 結合の方が結合エネルギーが小さいので，光や熱によって一部の結合が切れ，価電子の一部が移動できるようになり，わずかに電気伝導性を示す。このような物質を**半導体**という。半導体は，絶縁体と金属（導体）の中間程度の電気伝導度をもつ（ただし，金属は高温ほど電気伝導性が小さくなるが，半導体では高温ほど電気伝導性が大きくなる点が異なる）。

参考　**ケイ素の半導体**
　ケイ素の Si-Si 結合(226kJ/mol)は，ダイヤモンドの C-C 結合(354kJ/mol)に比べて結合エネルギーがやや小さい。したがって，ケイ素の結晶に光が当たると，Si-Si 結合の一部が切れ，価電子が移動できるようになる。これにより，**半導体**の性質を示すが，その電気伝導性はかなり小さい。そこで，Si に少量のヒ素 As やリン P (5価)を加えると，結合に使われずに余った電子が結晶中を移動し，電気伝導性がやや大きくなる(**n 型半導体**)。
　同様に，Si に少量のホウ素 B やインジウム In (3価)を加えると，電子の不足した場所(**正孔**，ホールという)が生じ，この移動により電気伝導性がやや大きくなる(**p 型半導体**)。これらの組合せによって，太陽電池や種々の集積回路などが作られる。

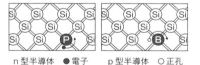

n 型半導体　●電子　p 型半導体　○正孔

　光ファイバーは，高純度の二酸化ケイ素 SiO_2 (石英ガラス)を用いて，光が外へもれ出さないように二層構造にしたもので，光通信用のケーブルなどに用いられている。

参考　**光ファイバー**は，光の屈折率の高い中心部（コア）と，屈折率の少し低い周辺部（クラッド）の二層構造になっている。この構造により，中心部に入射した光は，二層の境界面で全反射を繰り返しながら，コア内だけを伝播していくため，情報をほとんど減衰させずにより速くまで伝えることができる。

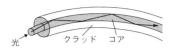

　この光ファイバーを利用すると，同じ太さの銅線に比べて数千倍の情報量を光の速さで伝送することができる。それゆえ，光ファイバー網は今日の情報化社会を支える大きな社会インフラとなっている。
　また，光ファイバーには 2 種類あり，ガラス製のものは光損失が少ないので，都市間の長距離通信に，プラスチック製のものは安価で曲げに強いので，胃カメラや LAN ケーブルなどの短距離通信にそれぞれ用いられている。

　SiO_2 は酸性酸化物に分類されるが，水とは直接反応しない。そこで，NaOH や Na_2CO_3 などの強塩基とともに融解すると，徐々に反応してケイ酸ナトリウム（塩）Na_2SiO_3 を生成する。ケイ酸ナトリウムに水を加えて長時間加熱すると，**水ガラス**とよばれる粘性の大きな液体になる。これに希塩酸を加えると，ケイ酸 H_2SiO_3 とよばれる白色ゲル状沈殿が生成する。これは，（弱酸の塩）＋（強酸）→（強酸の塩）＋（弱酸）の反応で生じたものである。生じたケイ酸を水洗後，長時間穏やかに加熱すると，分子鎖どうしが脱水縮合して不規則な立体網目構造をもつ**シリカゲル**ができる。シリカゲルの表面には親水基の-OH が残っており，しかも，多孔質であるので，水蒸気や他の気体をよく吸着する。

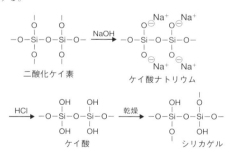

[解答]　① ダイヤモンド　② 共有結合　③ 半導体
④ 石英　⑤ 水晶　⑥ ケイ砂　⑦ 光ファイバー
⑧ ケイ酸ナトリウム　⑨ 水ガラス　⑩ ケイ酸
⑪ シリカゲル　⑫ 乾燥剤（吸着剤）
(1) ⓐ　$SiO_2 + 2NaOH \longrightarrow Na_2SiO_3 + H_2O$
　　ⓑ　$Na_2SiO_3 + 2HCl \longrightarrow H_2SiO_3 + 2NaCl$
(2) **ケイ酸イオンは長い鎖状のイオンで動きにくく，互いに絡み合っていて強い粘性を示すから。**

303 〔解説〕
混合気体Aでは，酸性の気体であるCO_2が不純物として含まれるので，塩基性の乾燥剤であるソーダ石灰の中を通すと，二酸化炭素が吸収される。窒素N_2はソーダ石灰と反応しない。

混合気体Bでは，不純物として酸素O_2が含まれている。Bを熱した銅網の中を通すと，酸素が酸化剤としてはたらいて次のように反応し，酸素を取り除くことができる。このとき，窒素は銅と反応しないので吸収されない。

$$2Cu + O_2 \longrightarrow 2CuO$$

混合気体Cでは，不純物として水素H_2が含まれる。熱した酸化銅(Ⅱ)CuOの中を通すと，水素が還元剤としてはたらいて次のように反応する。

$$CuO + H_2 \longrightarrow Cu + H_2O$$

このとき水蒸気が生じるので，これを取り除くために塩化カルシウム$CaCl_2$の中を通すと，窒素N_2だけが得られる。

混合気体Dから水分を除くには，アンモニアと反応しない乾燥剤を選べばよい。アンモニアは塩基性の気体であるから，塩基性の乾燥剤であるソーダ石灰を用いる。

混合気体Eから水分を除くには，塩素と反応しない乾燥剤を選べばよい。塩素は酸性の気体であるから，酸性の乾燥剤である濃硫酸を用いる。

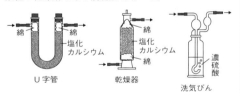

主な乾燥装置

〔解答〕　(A)…(ウ)　(B)…(ア)　(C)…(エ)　(D)…(ウ)　(E)…(イ)

24 典型金属元素

304 〔解説〕
水素を除く1族元素を**アルカリ金属元素**という。アルカリ金属元素の原子は価電子を1個もち，1価の陽イオンになりやすい。単体は塩化物の**溶融塩電解(融解塩電解)** で得られ，融点が低く，いずれも密度の小さな軟らかい金属で，化学的に非常に活発である。例えば，Naは空気中の酸素や水蒸気と容易に反応するので，石油中に保存する。

$$4Na + O_2 \longrightarrow 2Na_2O$$
$$2Na + 2H_2O \longrightarrow 2NaOH + H_2$$

NaOHの結晶を空気中に放置すると，空気中の水蒸気を吸収し，その水に溶けてしまう。この現象を**潮解**といい，NaOH以外でもKOH，$CaCl_2$，$FeCl_3$などの物質で見られる。これらの物質は，いずれも水によく溶け，飽和溶液の濃度が大きいため，その蒸気圧がきわめて小さい。これが潮解の起こる主な原因である。

一方，$Na_2CO_3 \cdot 10H_2O$ や $Na_2SO_4 \cdot 10H_2O$ のように，水和物の飽和水蒸気圧が大気中の水蒸気圧よりも大きい物質では，結晶中から水和水が絶えず蒸発し続け，やがて，結晶は砕けて粉末状になる。この現象を**風解**という。

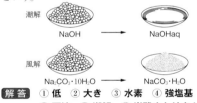

〔解答〕　① 低　② 大き　③ 水素　④ 強塩基　⑤ 石油　⑥ 潮解　⑦ 炭酸ナトリウム　⑧ 水和水(結晶水)　⑨ 風解

305 〔解説〕
(1) 食塩NaClと石灰石$CaCO_3$を原料とする炭酸ナトリウムの工業的製法を**アンモニアソーダ法(ソルベー法)** という。主反応@では，単にNaCl飽和水溶液にCO_2を溶解させるよりも，まずNH_3を十分に溶かした塩基性の溶液に酸性気体のCO_2を吹きこむ方が，CO_2の溶解量を多くすることができる。水溶液中にはNaClの電離で生じたNa^+とCl^-のほかに，NH_3とCO_2が，

$$NH_3 + CO_2 + H_2O \rightleftarrows NH_4^+ + HCO_3^-$$

のように電離している。このとき，水溶液中に存在する4種のイオン(Na^+，Cl^-，HCO_3^-，NH_4^+)のうち，溶解度の比較的小さい$NaHCO_3$が反応溶液中から沈殿することにより，@式の反応が進行する。$NaHCO_3$をろ過し，約200℃に加熱すると分解して，炭酸ナトリウムNa_2CO_3が得られる。さらに，残ったNH_4Clを含むろ液に$Ca(OH)_2$を加えて熱し，

306〜307

NH₃ を回収する方法が**アンモニアソーダ法**である。

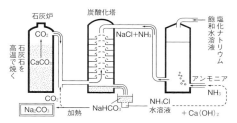

(2) 解答に示した反応式を順に, ⓐ, ⓑ, ⓒ, ⓓ,
CaO + H₂O ⟶ Ca(OH)₂……ⓔ とし,
ⓐ×2+ⓑ+ⓒ+ⓓ+ⓔ を計算すると, アンモニアソーダ法全体を表す次の反応式が得られる。
2NaCl + CaCO₃ ⟶ Na₂CO₃ + CaCl₂……①
CaCO₃ が沈殿するので, 本来, ①は左向きに進む反応である。しかし, NH₃ をうまく利用することによって, 右向きに進行させている。

(3) 反応式ⓑ, ⓒは熱分解反応(吸熱反応)で加熱しなければ反応が進まない。ⓓは吸熱反応ではないが, NH₄Cl と Ca(OH)₂ の固体どうしを反応させて気体 NH₃ を発生させており, 加熱が必要である。

(4) 反応式①より, NaCl 2mol から Na₂CO₃ 1mol が生成する。
必要な塩化ナトリウムを x [t] とすると, NaCl=58.5, Na₂CO₃ = 106, 1t = 1×10⁶g より,
$$\frac{x \times 10^6}{58.5} \times \frac{1}{2} = \frac{2.0 \times 10^6}{106} \quad \therefore \quad x ≒ 2.20 ≒ 2.2 [t]$$

解答 (1) **アンモニアソーダ法(ソルベー法)**
(2) ⓐ NaCl + NH₃ + CO₂ + H₂O
⟶ NaHCO₃ + NH₄Cl
ⓑ 2NaHCO₃ ⟶ Na₂CO₃ + CO₂ + H₂O
ⓒ CaCO₃ ⟶ CaO + CO₂
ⓓ 2NH₄Cl + Ca(OH)₂
⟶ CaCl₂ + 2NH₃ + 2H₂O
(3) ⓑ, ⓒ, ⓓ (4) **2.2t**

306 解説 (a) Na₂CO₃(弱酸の塩)から NaCl(強酸の塩)にするには, HCl を加えればよい。
Na₂CO₃ + 2HCl ⟶ 2NaCl + CO₂ + H₂O
(b) NaOH(強塩基)から Na₂CO₃(弱酸の塩)にするには, NaOH 水溶液を CO₂(酸性酸化物)で中和すればよい。
2NaOH + CO₂ ⟶ Na₂CO₃ + H₂O
(c) Na₂CO₃(炭酸塩)から NaHCO₃(炭酸水素塩)にするには, H₂CO₃(弱酸)で中和するか, HCl(強酸)で部分中和すればよい。
Na₂CO₃ + CO₂ + H₂O ⟶ 2NaHCO₃

Na₂CO₃ + HCl ⟶ NaCl + NaHCO₃
(d) NaHCO₃(弱酸の塩)から NaCl(強酸の塩)にするには, HCl(強酸)を加えればよい。
NaHCO₃ + HCl ⟶ NaCl + CO₂ + H₂O
(e) NaOH(強塩基)から NaCl(強酸の塩)にするには, HCl(強酸)で中和すればよい。
NaOH + HCl ⟶ NaCl + H₂O
(f) Na₂CO₃(弱酸の塩)から NaOH(強塩基)は, 通常の酸・塩基の反応ではつくれない。そこで, 次のような特別な反応を利用する。Na₂CO₃ 水溶液に Ca(OH)₂ を反応させて CaCO₃ を沈殿させることで反応が右向きに進行し, ろ液中に NaOH が生成する。以前はこの方法で NaOH がつくられていた。
Na₂CO₃ + Ca(OH)₂ ⟶ 2NaOH + CaCO₃
(g) NaHCO₃(炭酸水素塩)から Na₂CO₃(炭酸塩)をつくるには, 熱分解しやすい炭酸水素塩の性質を利用する。
2NaHCO₃ ⟶ Na₂CO₃ + CO₂ + H₂O
(h) NaCl(強酸の塩)から NaHCO₃(弱酸の塩)は, 通常の酸・塩基の反応ではつくれない。そこで, アンモニアソーダ法(本冊 p.216 参照)の主反応を利用する。
NaCl + NH₃ + CO₂ + H₂O ⟶ NaHCO₃ + NH₄Cl
(i) NaCl(強酸の塩)から NaOH(強塩基)は, 通常の酸・塩基の反応ではつくれない。そこで, NaCl 水溶液を電気分解すると, 陽極に Cl₂, 陰極に H₂ および NaOH が生成する。
2NaCl + 2H₂O ⟶ H₂ + Cl₂ + 2NaOH

解答 (a)…(エ) (b)…(ウ) (c)…(ウ)**または(エ)**
(d)…(エ) (e)…(エ) (f)…(カ) (g)…(イ)
(h)…(ア) (i)…(オ)

307 解説 (ア) 各原子の電子配置は次の通り。
K(K2L8M8N1) Li(K2L1) Na(K2L8M1)。
K⁺ は Ar 型 Li⁺ は He 型 Na⁺ は Ne 型の電子配置をとる。〔×〕
(イ) アルカリ金属の原子は, 原子番号が大きいほどイオン化エネルギーが小さく, 陽イオンになりやすい。つまり, 単体の反応性は, Li よりも K の方が大きくなる。〔○〕
(ウ) 1族元素の硫化物 K₂S, Li₂S, Na₂S はいずれも水によく溶ける。〔×〕
(エ) アルカリ金属の結晶は, いずれも面心立方格子よりも少し詰まり方のゆるい**体心立方格子**である(これは, アルカリ金属の金属結合が, 他の金属に比べて弱いためである)。〔×〕
(オ) アルカリ金属の単体の融点は, 原子番号が大きくなるにつれて低くなる。これは, 1原子あたりの自由電子の数が同じでも, 原子半径が大きくなるほど,

自由電子の密度が小さくなり，金属結合が弱くなるためである。〔×〕

(カ) K⁺はAr型，Li⁺はHe型，Na⁺はNe型の電子配置をしており，イオン半径はAr型＞Ne型＞He型の順なので，K⁺＞Na⁺＞Li⁺の順となる。〔○〕

(キ) 同じ電子配置をもつLi⁺などの1族元素のイオンとBe²⁺などの2族元素のイオンを比較した場合，原子番号の大きいBe²⁺のほうが原子核の正電荷が大きく，電子を強く引きつけるから，イオン半径は小さくなる。〔○〕

(ク) 2族元素の酸化物は，すべて**塩基性酸化物**である（ただし，BaO，CaOは冷水と反応するが，MgOは冷水とは反応しない）。〔×〕

(ケ) BaSO₄，CaSO₄は水に溶けにくいが，MgSO₄は水に可溶である。〔×〕

> **参考　イオン結晶の水への溶解度**
>
> イオン結晶が水に溶解するときのエネルギー変化は，(1)イオン結晶を，ばらばらの気体状のイオンにするのに必要なエネルギー（**格子エネルギー**：E_1）と，(2)気体状のイオンを水に溶かし，水和イオンにするときに放出されるエネルギー（**水和エネルギー**：E_2）の大小関係で考えられる。
> $E_1 > E_2$のときは，そのイオン結晶は水に溶けにくく，$E_1 < E_2$のときは，水に溶けやすくなる。
> 一般に，イオン半径の差が小さいイオン結晶では，E_2よりもE_1の影響が大きく表れ，水に溶けにくいものが多い。一方，イオン半径の差が大きいイオン結晶では，E_1よりもE_2の影響が大きく表れ，水に溶けやすいものが多い。
> 例えば，SO₄²⁻の半径は約0.23nm（1とする）であるが，Ba²⁺の半径は0.149nm（約0.65）に対して，Mg²⁺の半径は0.086nm（約0.37）しかない。したがって，Ba²⁺とSO₄²⁻のイオン半径の差が小さいので，BaSO₄は水に溶けにくく，Mg²⁺とSO₄²⁻のイオン半径の差が大きいので，MgSO₄は水に溶けやすいことが理解できる。

(コ) イオン化傾向が大きい元素（イオン化列でK〜Al）の酸化物は，炭素で還元して金属単体を得ることはできない（溶融塩電解を行うしかない）。〔×〕

(サ) 2族元素の塩化物は，みな水に可溶である。〔○〕

解答　(イ)，(カ)，(キ)，(サ)

308 〔解説〕 MgとCaの相違点は次の通り。

	Mg	Ca
水との反応	熱水と反応し，Mg(OH)₂を生成。	常温の水と反応し，Ca(OH)₂を生成。
水酸化物	水にほとんど溶けず，**弱塩基性**を示す。	水に少し溶け，**強塩基性**を示す。
炎色反応	なし	橙赤色
硫酸塩	MgSO₄は水に可溶。	CaSO₄は水に難溶。

MgとCaの共通点は次の通り。
① 2族元素で，2価の陽イオンになる。
② 塩化物，硝酸塩は水に可溶。
③ 炭酸塩は水に不溶で，過剰のCO₂を通じると，炭酸塩の沈殿は炭酸水素塩となり水に溶ける。
  CaCO₃ + CO₂ + H₂O ⟶ Ca(HCO₃)₂
  MgCO₃ + CO₂ + H₂O ⟶ Mg(HCO₃)₂
④ 2族の炭酸塩は熱分解して，CO₂を発生する。
  CaCO₃ ⟶ CaO + CO₂
  MgCO₃ ⟶ MgO + CO₂

なお，上記④に対して，1族の炭酸塩は熱分解しない（融解するだけである）。

解答　(1) C　(2) A　(3) A　(4) C　(5) C
　　　　(6) B　(7) C　(8) B

309 〔解説〕 (1) 酸化カルシウム CaO（**生石灰**）は白色の固体で，吸湿性が強く，水分を吸収すると，多量の熱を発生しながら反応し，水酸化カルシウム（**消石灰**）になる。

CaO + H₂O ⟶ Ca(OH)₂

(2) BaCl₂，Ba(NO₃)₂など水溶性のバリウム塩は有毒。硫酸バリウム BaSO₄ はほとんど水に不溶で化学的安定性も大きいので白色顔料に，また，酸にも溶けずX線をよく吸収するので，胃・腸のX線撮影造影剤に用いられる。

(3) 塩化カルシウム CaCl₂ は無水物，二水和物ともに吸湿性が強く，乾燥剤に用いられる。また，道路の凍結防止剤にも利用される。

(4) 硫酸カルシウム二水和物（**セッコウ**）CaSO₄・2H₂O を約140℃に加熱すると，CaSO₄・$\frac{1}{2}$H₂O（**焼きセッコウ**）になる。これに水を加えて練ると，次第に水和水を取り込んでセッコウに戻り固化する（やや体積が膨張する）。この性質を利用して，セッコウ像，建築材料（セッコウボード）などに利用される。

焼きセッコウは，水和水を取り込みながら溶解度の小さいセッコウとなって固化する。

(5) 水酸化カルシウム Ca(OH)₂ は**消石灰**ともいい，水に少し溶け，水溶液は**石灰水**とよばれる。石灰水は，CO₂ の検出に利用される。
　　Ca(OH)₂ + CO₂ ⟶ CaCO₃ + H₂O
　また，水酸化カルシウムは強塩基で，安価な土壌中和剤に利用される。

(6) 酸化カルシウム CaO と炭素 C を電気炉で強熱すると，炭化カルシウム(カーバイド)CaC₂ が得られる。
　　CaO + 3C ⟶ CaC₂ + CO
　カーバイドに水を加えると，激しく反応して可燃性のアセチレンが発生する。
　　CaC₂ + 2H₂O ⟶ Ca(OH)₂ + C₂H₂

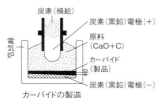

カーバイドの製造

解答　(1)…(エ)　(2)…(ウ)　(3)…(ア)
　　　　(4)…(イ)　(5)…(カ)　(6)…(オ)

310 [解説] ① 弱酸の塩 + 強酸 ⟶ 強酸の塩 + 弱酸の反応で，CO₂ の製法に利用される。
　　CaCO₃ + 2HCl ⟶ CaCl₂ + CO₂ + H₂O
② 900℃ 以上に加熱すると，石灰石 CaCO₃ は熱分解して酸化カルシウム(**生石灰**)CaO になる。
　　CaCO₃ ⟶ CaO + CO₂
③ 生石灰は水分をよく吸収し，乾燥剤に用いる。生石灰に水を加えると発熱しながら反応し，水酸化カルシウム(**消石灰**)Ca(OH)₂ になる。
　　CaO + H₂O ⟶ Ca(OH)₂
④ 酸化カルシウムを炭素 C と電気炉中で強熱すると，**炭化カルシウム**(カーバイド)CaC₂ が生成する(1000℃ 以上では，C + CO₂ ⇌ 2CO の平衡が右へ移動し，CO₂ ではなく CO が発生することに留意する)。
　　CaO + 3C ⟶ CaC₂ + CO
⑤ 炭化カルシウムに水を加えると，アセチレン C₂H₂ が発生し，水酸化カルシウムが生成する。
　　CaC₂ + 2H₂O ⟶ Ca(OH)₂ + C₂H₂
⑥ カルシウム Ca の単体は常温の水と反応し，水酸化カルシウムと水素が生成する。
　　Ca + 2H₂O ⟶ Ca(OH)₂ + H₂

[参考] **硬水と軟水の話**
　カルシウムイオン Ca²⁺ やマグネシウムイオン Mg²⁺ を多く含む水を**硬水**，これらを少量しか含まない水を**軟水**という。一般に，日本では河川水は軟水，地下水や温泉水は硬水であることが多い。
　硬水でセッケンを使うと，セッケンが Ca²⁺ や Mg²⁺ などと反応して，不溶性の塩(セッケンのかす)を形成するので，泡が立たず，セッケンの洗浄力は低下するので不適である。
　また，硬水をボイラー水に用いると，加熱によって炭酸カルシウムが沈殿し，ボイラーの熱伝導が悪くなったり，配管のパイプを詰まらせたりするので不適である。
　このように，硬水は農業用水にはそのまま使用できるが，生活用水や工業用水に使用する場合には，あらかじめ軟水に変えておく必要がある。

解答　(1)(a) Ca(HCO₃)₂，炭酸水素カルシウム
　(b) CaO，酸化カルシウム
　(c) CaC₂，炭化カルシウム(カーバイド)
　(d) CaCl(ClO)・H₂O，さらし粉
　(e) Ca，カルシウム
(2) ① CaCO₃ + 2HCl ⟶ CaCl₂ + CO₂ + H₂O
　② CaCO₃ ⟶ CaO + CO₂
　③ CaO + H₂O ⟶ Ca(OH)₂
　④ CaO + 3C ⟶ CaC₂ + CO
　⑤ CaC₂ + 2H₂O ⟶ Ca(OH)₂ + C₂H₂
　⑥ Ca + 2H₂O ⟶ Ca(OH)₂ + H₂
(3) **希硫酸を用いると，大理石の表面に水に不溶性の硫酸カルシウム CaSO₄ を生成するので，大理石と酸との接触が妨げられて，反応はやがて停止するから。**

311 [解説] (1) アルミニウム Al の単体は，酸(塩酸)，強塩基(NaOH 水溶液)と反応して水素を発生して溶ける。このような元素を**両性元素**という。
　　2Al + 6HCl ⟶ 2AlCl₃ + 3H₂
　　2Al + 3NaOH + 6H₂O
　　　⟶ 2Na[Al(OH)₄] + 3H₂
同様に，酸化アルミニウム Al₂O₃ も水酸化アルミニウム Al(OH)₃ も，酸，強塩基の水溶液と反応して溶ける。このような酸化物や水酸化物を**両性酸化物，両性水酸化物**という。このとき，希塩酸では AlCl₃，NaOH 水溶液では**テトラヒドロキシドアルミン酸ナトリウム Na[Al(OH)₄]** という塩が生成することを押さえておく。また，Al，Fe，Ni などの金属は，濃硝酸中では表面にち密な酸化被膜を生じ，内部を保護するため反応が進行しない。このような状態を**不動態**という。

> **参考** アルミ製品を陽極につなぎ、希硫酸やシュウ酸水溶液中で電気分解すると、表面に厚い酸化被膜が形成される。このように、アルミ製品の表面に人工的に酸化被膜をつくり、耐食性を高めた製品を**アルマイト**という。

酸化アルミニウム Al_2O_3 のうち、酸・塩基とも反応するのは結晶化していない無定形のアルミナゲルだけである。結晶化した Al_2O_3 には、赤色のルビー（Cr_2O_3 を含有）や青色などのサファイア（Fe_2O_3 や TiO_2 を含有）などがあり、これらは酸・塩基と全く反応せず、ダイヤモンドに次ぐ硬さをもつ。

Al はイオン化傾向が大きく酸化されやすい。つまり、強い還元力をもつ。したがって、Al 粉末と Fe_2O_3 粉末の混合物に、右図のように Mg リボンを埋め込み、その根元に少量の $KClO_3$（酸化剤）を盛り、導火線に点火すると、激しく反応が起こり、Al は Fe_2O_3 から酸素を奪って単体の Fe を遊離させるとともに、自身は Al_2O_3 に変化する。この反応を**テルミット反応**という。このとき、Al の燃焼熱が非常に大きいので、この発熱量から Fe_2O_3 の還元に必要な熱量を差し引いても、やはり発熱量が上回るので、融解状態の Fe が遊離する。

$$Fe_2O_3 + 2Al \longrightarrow 2Fe + Al_2O_3$$

ミョウバン $AlK(SO_4)_2 \cdot 12H_2O$ の正式名称は、硫酸カリウムアルミニウム十二水和物といい、$Al_2(SO_4)_3$ と K_2SO_4 の2種類の塩が1：1の割合で結晶を構成している。このような塩を**複塩**とよぶ。複塩の特徴は、水に溶かすと次式のように各成分イオンに電離することである。

$$AlK(SO_4)_2 \cdot 12H_2O \longrightarrow Al^{3+} + K^+ + 2SO_4^{2-} + 12H_2O$$

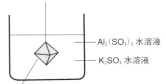

ミョウバンの結晶の生成

(2) Al^{3+} は水中ではアクア錯イオン $[Al(H_2O)_6]^{3+}$ の状態で存在し、配位した水分子の一部が H^+ を電離して弱酸性を示す。これは、金属イオンの配位子となった水分子が、もとの水分子に比べて、O-H 結合の電荷のかたより（極性）が大きくなり、H^+ を放出

しやすくなるためである。
　一般に、価数の大きな金属のアクア錯イオンほど、金属イオンが H_2O の中の O 原子を強く引きつけるため、H^+ が電離しやすくなり、酸性は強くなる。このように、金属イオンが水分子を引きつけて H^+ を電離する現象を**金属イオンの加水分解**という。

> **参考** ミョウバンについて
> ミョウバンは、一般には1価の金属 M^I と3価の金属 M^{III} の硫酸塩からなる複塩である。化学式は $M^I M^{III}(SO_4)_2 \cdot 12H_2O$ で表され、いずれも同じ正八面体形の結晶をつくる。その構造は、$[Al(H_2O)_6]^{3+}$ と $[K(H_2O)_6]^+$ が、上図のように NaCl の結晶と同様の配列をしており、SO_4^{2-} はこれらを結ぶ対角線上の隙間に位置し、両イオンを結びつける役割をしている。ミョウバンの水和水のうち、6分子は Al^{3+} と強く結合しており**配位水**とよばれる。残り6分子は K^+ と弱く結合しており、結晶格子の空所を満たしているだけなので、**格子水**とよばれる。
> したがって、ミョウバンの結晶を 100℃ 付近まで熱すると、まず6分子の格子水を失って六水和物になる。200℃ 付近まで熱すると、残りの配位水を失って、無水物（焼きミョウバン）となる。

[解答] ① 亜鉛（スズ・鉛）　② 水素
③、④ ルビー，サファイア（③、④順不同）
⑤ 両性酸化物　⑥ 還元　⑦ テルミット反応
⑧ ミョウバン　⑨ 複塩
(1) ⓐ $2Al + 2NaOH + 6H_2O$
　　　　$\longrightarrow 2Na[Al(OH)_4] + 3H_2$
　ⓑ $2Al + Fe_2O_3 \longrightarrow Al_2O_3 + 2Fe$
　ⓒ $Al(OH)_3 + NaOH \longrightarrow Na[Al(OH)_4]$
(2) ミョウバンは水溶液中で各成分イオンに電離し、このうち Al^{3+} が次のように加水分解するから。
$$[Al(H_2O)_6]^{3+} + H_2O$$
$$\longrightarrow [Al(OH)(H_2O)_5]^{2+} + H_3O^+$$

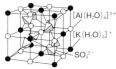

312 [解説] イオン化列でK, Ca, Naは常温の水, Mgは熱水, Al, Zn, Feは高温の水蒸気と反応し, いずれもH_2を発生する。同時に生成する物質は, K～Mgの場合は水酸化物であるが, Al～Feの場合は高温のために水酸化物が脱水して酸化物が生成する。

$$Zn + H_2O \longrightarrow ZnO + H_2$$

Znの単体, ZnO(酸化物), $Zn(OH)_2$(水酸化物)は, Alと同様に, いずれも酸, 強塩基の水溶液と反応するので, それぞれ**両性元素**, **両性酸化物**, **両性水酸化物**とよばれる。このとき, いずれの場合にも, 希塩酸では$ZnCl_2$, 希硫酸では$ZnSO_4$, NaOH水溶液では**テトラヒドロキシド亜鉛(Ⅱ)酸ナトリウム**$Na_2[Zn(OH)_4]$という塩が生成することを押さえておく。

$$\begin{cases} Zn + 2HCl \longrightarrow ZnCl_2 + H_2 \\ Zn + 2NaOH + 2H_2O \longrightarrow Na_2[Zn(OH)_4] + H_2 \end{cases}$$

白色の酸化亜鉛ZnOは**両性酸化物**で, 希塩酸, NaOH水溶液と反応して溶ける。

$$\begin{cases} ZnO + 2HCl \longrightarrow ZnCl_2 + H_2O \\ ZnO + 2NaOH + H_2O \longrightarrow Na_2[Zn(OH)_4] \end{cases}$$

白色ゲル状の水酸化亜鉛$Zn(OH)_2$は**両性水酸化物**で, 希塩酸, NaOH水溶液と反応して溶けるだけでなく, 過剰のアンモニア水にも**テトラアンミン亜鉛(Ⅱ)イオン**という錯イオンをつくって溶ける。(重要)

$$Zn(OH)_2 + 2NaOH \longrightarrow Na_2[Zn(OH)_4]$$
$$Zn(OH)_2 + 4NH_3 \longrightarrow [Zn(NH_3)_4]^{2+} + 2OH^-$$

[解答] (a) ZnO (b) $ZnCl_2$ (c) ZnS
(d) $Na_2[Zn(OH)_4]$ (e) $Zn(OH)_2$
(f) $[Zn(NH_3)_4](OH)_2$

313 [解説] (1) アルミニウムは, 原料鉱石の**ボーキサイト**を精製した酸化アルミニウム(**アルミナ**)の**溶融塩電解(融解塩電解)**で得られる。アルミナAl_2O_3と氷晶石Na_3AlF_6の融解液では, 次のように電離している。

$$\begin{cases} Al_2O_3 \longrightarrow 2Al^{3+} + 3O^{2-} \\ Na_3AlF_6 \longrightarrow 3Na^+ + Al^{3+} + 6F^- \end{cases}$$

陰極では, イオン化傾向の大きいNa$^+$は還元されず, 代わりにAl^{3+}が還元される。

$$Al^{3+} + 3e^- \longrightarrow Al$$

陽極では, 電気陰性度の大きなフッ化物イオンF$^-$は酸化されず, 代わりに酸化物イオンO^{2-}が酸化されることになるが, 実際には酸素O_2は発生しない。これは, 炉内が高温のため, 反応性が高くなった電極の炭素Cが, 酸化物イオンO^{2-}と反応して一酸化炭素COや二酸化炭素CO_2が生成するからである(このとき発生する熱量は炉内を高温に保つのに使われる)。

$$C + O^{2-} \longrightarrow CO + 2e^-$$

$$C + 2O^{2-} \longrightarrow CO_2 + 4e^-$$

(2) 純物質よりも, 融点の低い別の物質を含む混合物の方が融点が低くなる。この**融点降下**の原理を利用して酸化アルミニウムの溶融塩電解が行われる。アルミナ(Al_2O_3)の融点は2054℃とかなり高いので, そのままでは融解させるのが困難である。そこで, 氷晶石Na_3AlF_6(融点1010℃)の融解液に少しずつアルミナを加えて融点を下げ, 約960℃で電気分解を行う。この方法を**ホール・エルー法**という。氷晶石自身は全く電気分解されず, アルミナの融点を下げるはたらき(融剤)をしたことになる。

(4) Alを1mol(27.0g)生成するには, 電子3molが必要である。x[C]の電気量が必要とすると,

$$\frac{250}{27.0} \times 3 = \frac{x}{9.65 \times 10^4} \times \underset{(電流効率)}{0.800}$$

$$\therefore \quad x \fallingdotseq 3.350 \times 10^6 \fallingdotseq 3.35 \times 10^6 \text{[C]}$$

参考 **電流効率について**

電気分解において, どれだけの電気量が目的とする反応に利用されたかの割合を**電流効率**といい, 次式で求められる。

$$電流効率[\%] = \frac{実際の析出量}{理論的な析出量} \times 100$$

通常の水溶液の電気分解での電流効率は約95%であるが, 溶融塩は水溶液に比べて電気抵抗が大きいため, 発熱量が大きくなり, 溶融塩の電気分解の電流効率は下がる。アルミニウムの**溶融塩電解**では, 炉内の高温を維持するのにも多量の電気エネルギーが使われる。

[解答] (1) 陰極: $Al^{3+} + 3e^- \longrightarrow Al$
陽極: $C + O^{2-} \longrightarrow CO + 2e^-$
$C + 2O^{2-} \longrightarrow CO_2 + 4e^-$

(2) 酸化アルミニウムの融点を下げるため。

(3) Al^{3+}を含む水溶液の電気分解では, イオン化傾向の大きいAl^{3+}は還元されず, 代わりに水分子が還元されて水素が発生するから。

(4) 3.35×10^6C

参考 **Alの溶融塩電解について**

電気分解を行うと, 陽極の炭素電極Cは消費されるので, 絶えず補給する必要がある。

問題文に掲げた図は, あらかじめ別の工場でつくった炭素電極を電解槽に取り付ける方法で, **プリベーク式**という。陽極の構造は簡単であるが, 陽極がなくなったら, 新しいものと取り換える必要がある。もう一つの方法は, **ゼーダーベルグ式**とよばれ, 電解槽の上部から原料の炭素を入れると, 炉熱によって自動的に焼成されて炭素電極がつくられる。連続操業が可能なので, 多くの工場でこの方法が採用されている。

5-24 典型金属元素

314 ~ 315

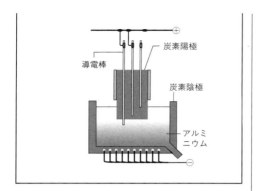

314 解説 (a) 加熱すると熱分解するのは，**炭酸塩**と**炭酸水素塩**のいずれかであり，また，炎色反応が黄色より Na の化合物である。これに該当するのは Na_2CO_3 と $NaHCO_3$ であるが，Na_2CO_3 は加熱しても融解するだけで熱分解はしないから，$NaHCO_3$ に決定する(アルカリ金属の炭酸塩は熱分解しないと覚えておく。また，1族，2族の炭酸水素塩はどれも熱分解しやすいと覚えておく)。

(b) 強酸で分解されることから，弱酸の塩の炭酸塩か炭酸水素塩のいずれかである。(1)の $NaHCO_3$ を除くと，Na_2CO_3 と $CaCO_3$ が該当するが，水に溶けにくいのは，$CaCO_3$ である。

(c) Ba^{2+} と沈殿をつくるのは，SO_4^{2-} か CO_3^{2-} である。ただし，硫酸塩は強酸の塩だから，加水分解せずに中性を示すのに対し，炭酸塩は弱酸の塩だから，加水分解して塩基性を示す。よって，水溶液が中性を示すので，硫酸塩の $CaSO_4$ か Na_2SO_4 が該当するが，水に可溶なのは Na_2SO_4 である。

(d), (e) NH_3 水を少量加えて生じる沈殿は水酸化物である。水酸化物が水に溶けにくく沈殿するのは，アルカリ金属，アルカリ土類金属を除く全金属イオンであり，本問では Al^{3+} か Zn^{2+} が該当する。これらの水酸化物 $Al(OH)_3$，$Zn(OH)_2$ のうち，過剰の NH_3 水に溶けるのは $Zn(OH)_2$ であるから，もとの(d)の化合物は $Zn(NO_3)_2$ である。

また，$Al(OH)_3$ と $Zn(OH)_2$ のうち，過剰の NH_3 水を加えても，アンミン錯イオンをつくらないのは，$Al(OH)_3$ であるから，もとの(e)の化合物は $Al(NO_3)_3$ である。

解答 (a)…(カ) (b)…(ウ) (c)…(キ) (d)…(ク) (e)…(ア)

315 解説 (1) Cl^- を加えて沈殿が生じるのは Pb^{2+} のみ。 ∴ A……Pb^{2+}

(2) 炎色反応の色から，E……Ba^{2+}，F……Ca^{2+}

参考 **炎色反応のしくみ**
　炎色反応は，その原子のもつ価電子が熱エネルギーを吸収して励起状態となり，再びもとの基底状態に戻るときに，そのエネルギーを可視光線の形で放出する現象である。
　Na の場合，M 殻の 3s 軌道の電子が熱により励起されて，1 つ上の 3p 軌道へ移るが，直ちに再びもとの 3s 軌道へ戻る。このとき強い黄色の光を発する(右図)。
　ガスバーナーの炎(最高 1600℃)では，あまり大きな熱エネルギーは供給できないので，励起に必要なエネルギーが小さく，しかも，放出される光の波長が肉眼で観察可能な可視光の範囲にある，アルカリ金属，アルカリ土類金属だけに炎色反応が認められる。

炎色反応の覚え方
リアカー無き　K村(で)
Li 赤，Na 黄，K 紫
動　力に馬　力を借ると　するも(貸して)くれない
Cu 緑，Ba 緑，Ca 橙，Sr 　　　　　紅

(3) NaOH 水溶液を加えて沈殿が生じないのは，水酸化物が水に溶けるアルカリ土類金属の Ca^{2+} と Ba^{2+} である。NaOH 水溶液を加えて生じる沈殿は**水酸化物**で，このうち，過剰の NaOH 水溶液で溶解するのは**両性元素**のみである。よって，A, B, C は Zn^{2+}，Pb^{2+}，Al^{3+} のどれかである。(1)より，A が Pb^{2+} なので，B, C は Zn^{2+} か Al^{3+} のどちらかである。一方，NaOH 水溶液を加えて生じる水酸化物の沈殿が過剰の NaOH 水溶液に溶解しないのは Mg^{2+} である。
　∴　D……Mg^{2+}

(4) NaOH 水溶液を加えて生じる水酸化物の沈殿が過剰の NH_3 水に溶けるのは Zn^{2+} である。
　∴　C……Zn^{2+}，B……Al^{3+}

解答　A：Pb^{2+}　B：Al^{3+}　C：Zn^{2+}　D：Mg^{2+}
　　　E：Ba^{2+}　F：Ca^{2+}

参考　塩の種類を推定する問題では，問題で説明されている順番通りに決まっていくとは限らない。順番を少し変えたほうがわかりやすいということがしばしばある。すなわち，順番にこだわらずに，決まるところから決めていくことを原則としたい。

25 遷移金属元素

316 [解説] 遷移元素の特徴は次の通りである。

遷移元素は周期表の3〜11族に属し，すべて金属元素である。原子番号の増加とともに，電子は最外殻より1つ内側の電子殻へと配置されていく。したがって，原子番号が増加しても，最外殻電子の数は2個または1個(Ptは例外で0個)で変化せず，その化学的性質もあまり変化しない。

(1) 遷移元素の化合物，イオンには有色のものが多い。例えば，Cu^{2+}青，Fe^{2+}淡緑，Fe^{3+}黄褐，Cr^{3+}暗緑，Mn^{2+}淡赤，Ni^{2+}緑，Co^{2+}赤など。これらの色は，例題102で述べたように，すべて**アクア錯イオン**の存在に基づく。例外として，Ag^+は無色である。

(2) 最外殻電子の数はどれも2，1個で，族番号と一致しない。

(3) すべて金属元素で，その単体は一般に融点が高く，密度も大きい。非金属元素は含まない。

> [参考] 遷移元素では，最外殻電子だけでなく，内殻電子の一部が自由電子のようにはたらき，かつ，原子半径も比較的小さいので，典型元素の金属に比べて相対的に金属結合は強くなる。

(4) 遷移元素は，内殻が完全に閉殻ではないので，配位子を受け入れ，安定な**錯イオン**をつくりやすい。また，互いに化学的性質が似ているので，原子半径や結晶構造に大きな差がなければ，互いに**合金**をつくりやすい。

(5) 遷移元素の原子がイオン化するとき，最外殻電子だけでなく，内殻電子の一部が放出されることがある。したがって，価数が異なるイオンや，異なる酸化数をもつ化合物が多い。

(6) 遷移元素の単体はほとんど重金属であるが，例外は，スカンジウム$_{21}Sc$(密度3.0g/cm^3)，チタン$_{22}Ti$(密度4.5g/cm^3)で，軽金属(密度4〜5g/cm^{3}以下)に分類される。

> [参考] 遷移元素の酸化物には，酸化数が増加するにつれて，塩基性酸化物→両性酸化物→酸性酸化物へと変化する例が知られている。
>
> | Cr | Cr | CrO | Cr$_2$O$_3$ | CrO$_3$ |
> |---|---|---|---|---|
> | 酸化数 | 0 | +2 | +3 | +6 |
> | | | 塩基性酸化物 | 両性酸化物 | 酸性酸化物 |
>
> | Mn | Mn | MnO | MnO$_2$ | Mn$_2$O$_7$ |
> |---|---|---|---|---|
> | 酸化数 | 0 | +2 | +4 | +7 |
> | | | 塩基性酸化物 | 両性酸化物 | 酸性酸化物 |

[解答] (1)，(4)，(5)，(6)

317 [解説] 鉄の酸化物には，"酸化鉄(Ⅱ)FeO，黒色"，"酸化鉄(Ⅲ)Fe$_2$O$_3$，赤褐色"，"四酸化三鉄(酸化二鉄(Ⅲ)鉄(Ⅱ))Fe$_3$O$_4$，黒色"がある。

FeOは天然には存在せず，人工的にのみ得られる。Fe$_2$O$_3$は赤鉄鉱として天然に存在する。また，Fe$_3$O$_4$はFeO・Fe$_2$O$_3$と書ける。つまり，Fe^{2+}とFe^{3+}を1:2の物質量比で含む複合酸化物とみなすことができ，天然には磁鉄鉱として存在する。

鉄を高温の空気や水蒸気に触れさせると，四酸化三鉄の被膜(鉄の黒さび)が生成する。

$3Fe + 4H_2O \rightleftarrows Fe_3O_4 + 4H_2$

鉄は希硫酸と反応して溶け，水素を発生する。

$Fe + H_2SO_4 \longrightarrow FeSO_4 + H_2$

(1) Fe^{2+}の化合物は空気中で酸化され，Fe^{3+}の化合物になりやすい。特に緑白色の水酸化鉄(Ⅱ)Fe(OH)$_2$はH$_2$O$_2$(酸化剤)を加えると，直ちに赤褐色の水酸化鉄(Ⅲ)Fe(OH)$_3$になるが，Fe(OH)$_2$を空気中に放置しても，徐々に酸化されてFe(OH)$_3$になる。

$4Fe(OH)_2 + O_2 + 2H_2O \longrightarrow 4Fe(OH)_3$

> [参考] 空気中のようにO$_2$存在下では，Fe^{3+}の方が安定であるが，O$_2$の存在しない条件下では，Fe^{2+}の方がむしろ安定である。例えば，鉄が希酸に溶解するとH$_2$が発生するが，このとき生成するのは鉄(Ⅱ)化合物であることに留意すること。

Fe^{2+}とFe^{3+}の検出反応は重要である。

	Fe^{2+}	Fe^{3+}
NaOHaq NH$_3$aq	Fe(OH)$_2$ 緑白色沈殿	Fe(OH)$_3$ 赤褐色沈殿
K$_4$[Fe(CN)$_6$]aq	─	濃青色沈殿
K$_3$[Fe(CN)$_6$]aq	濃青色沈殿	─
KSCNaq	変化なし	血赤色沈溶液

──:反応はあるが，出題はされない。

$Fe^{2+} + K_3[Fe(CN)_6]$
$\longrightarrow KFe[Fe(CN)_6]\downarrow + 2K^+$
　　　　　ターンブル青

$Fe^{3+} + K_4[Fe(CN)_6]$
$\longrightarrow KFe[Fe(CN)_6]\downarrow + 3K^+$
　　　　　紺青(ベルリン青)

ターンブル青と紺青は，歴史的に異なる化合物と見られていたが，現在，同一組成をもつ化合物であることが明らかになっている。

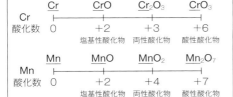

$Fe^{3+} + nKSCN \longrightarrow$
$[Fe(SCN)_n]^{3-n} + nK^+$
血赤色溶液(錯イオン，n = 不定数)

(Fe^{2+}はKSCNとは呈色反応しない。)

(2) Fe-Cr(18%)を 18-ステンレス鋼といい，耐食性が大きい。Fe-Cr(18%)-Ni(8%)を 18-8 ステンレス鋼といい，耐食性がさらに大きい。

参考　銑鉄と鋼の用途

鉄は，炭素量の違いにより，銑鉄，硬鋼と軟鋼に分けられ，それぞれの用途に利用される。

	炭素含有量(%)	用途
銑鉄	5～3	鋳物
硬鋼	2～0.6	工具，刃物
硬鋼	0.9～0.5	鉄道のレール
硬鋼	0.5～0.3	ばね，機械の部品
軟鋼	0.3～0.04	くぎ，鉄線
軟鋼		薄板

解答　① 酸化鉄(Ⅲ)　② 四酸化三鉄　③ 酸化鉄(Ⅱ)
④ 水素　⑤ 水酸化鉄(Ⅱ)　⑥ 水酸化鉄(Ⅲ)
⑦ ヘキサシアニド鉄(Ⅲ)酸カリウム
⑧ ヘキサシアニド鉄(Ⅱ)酸カリウム
⑨ チオシアン酸カリウム
(1) ⓐ $FeSO_4 + 2NaOH \longrightarrow Fe(OH)_2 + Na_2SO_4$
ⓑ $2Fe(OH)_2 + H_2O_2 \longrightarrow 2Fe(OH)_3$
(2) **ステンレス鋼**

318 **解説**　(1) 銅の酸化物には酸化数が +1 と +2 のものがあり，銅を空気中で加熱すると，1000℃以下では**酸化銅(Ⅱ)CuO(黒色)**が生成するが，さらに 1000℃以上で強熱すると熱分解が起こり，**酸化銅(Ⅰ)Cu₂O(赤色)**となる。

$4CuO \longrightarrow 2Cu_2O + O_2$

硫酸銅(Ⅱ)$CuSO_4$ 水溶液に NaOH 水溶液を加えると，青白色の**水酸化銅(Ⅱ)Cu(OH)₂** が沈殿する。

$CuSO_4 + 2NaOH \longrightarrow Cu(OH)_2 + Na_2SO_4$

水酸化銅(Ⅱ)は両性水酸化物ではないので，過剰の NaOH 水溶液に溶けないが，過剰のアンモニア水には**テトラアンミン銅(Ⅱ)イオン**$[Cu(NH_3)_4]^{2+}$ とよばれる深青色の錯イオンをつくって溶ける。

$Cu(OH)_2 + 4NH_3 \longrightarrow [Cu(NH_3)_4]^{2+} + 2OH^-$

また，Cu^{2+} を含む水溶液に H_2S を通じると，黒色の硫化銅(Ⅱ)CuS が沈殿する。

$Cu^{2+} + H_2S \longrightarrow CuS + 2H^+$

(2) 銅の屋根や銅像の表面が青緑色を帯びてくるのは，**緑青(ろくしょう)**とよばれる銅のさびが生じたからである。緑青は，銅が空気中の水分や CO_2 と徐々に反応して生じた $Cu_2CO_3(OH)_2$ で表され，塩基性塩であることから，塩基性炭酸銅(Ⅱ)，または，炭酸二水酸化銅(Ⅱ) などとよばれる。このさびは水に不溶で，内部の銅を保護するはたらきをもつ。

(3) 硫酸銅(Ⅱ)五水和物の結晶を加熱すると，段階的に水和水を失って，最終的には硫酸銅(Ⅱ)無水塩の白色粉末になる。

$CuSO_4 \cdot 5H_2O \xrightarrow{110℃} CuSO_4 \cdot H_2O \xrightarrow{150℃} CuSO_4$

硫酸銅(Ⅱ)無水塩は水分を吸収すると，再び五水和物に戻り青色になるので，微量の水分の検出に用いられる。

参考　CuSO₄·5H₂O の構造と脱水過程

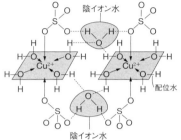

←が配位結合，……が水素結合

$CuSO_4 \cdot 5H_2O$ の結晶中では，Cu^{2+} 1 個に対して 4 個の水分子が正方形の頂点方向から強く配位結合している(**配位水**という)。また，この平面の少し離れた位置には SO_4^{2-} があり，Cu^{2+} に少し弱く配位結合している。残る 1 個の水分子は SO_4^{2-} と配位水との間にあって水素結合でつながっている(**陰イオン水**という)。

$CuSO_4 \cdot 5H_2O$ の結晶を加熱すると，結合力の最も弱い陰イオン水と配位水 1 分子が失われる。このとき配位水 1 分子が抜けた場所には SO_4^{2-} が配位し，結晶の密度が増加する。続いて配位水 2 分子が失われ，$CuSO_4 \cdot H_2O$ になる。このとき，配位水 2 分子が抜けた場所にも SO_4^{2-} が配位し，結晶の密度はさらに増加する。この $CuSO_4 \cdot H_2O$ は，もとの $CuSO_4 \cdot 5H_2O$ の H_2O と SO_4^{2-} の配置を入れ替えたような構造をしており，この H_2O は SO_4^{2-} だけでなく別の Cu^{2+} にも配位結合しているので，加熱により最も脱離しにくくなっている。

解答　① 一酸化窒素　② 水酸化銅(Ⅱ)
③ 酸化銅(Ⅱ)　④ 酸化銅(Ⅰ)
⑤ 硫酸銅(Ⅱ)五水和物　⑥ 青白(淡青)
⑦ テトラアンミン銅(Ⅱ)イオン　⑧ 深青
⑨ 硫化銅(Ⅱ)
(1) ⓐ $3Cu + 8HNO_3$
　　　$\longrightarrow 3Cu(NO_3)_2 + 2NO + 4H_2O$
ⓑ $Cu(OH)_2 \longrightarrow CuO + H_2O$
ⓒ $CuSO_4 + 2NaOH$
　　　$\longrightarrow Cu(OH)_2 + Na_2SO_4$
ⓓ $Cu(OH)_2 + 4NH_3$
　　　$\longrightarrow [Cu(NH_3)_4]^{2+} + 2OH^-$

(2) 緑青
(3) 硫酸銅(Ⅱ)五水和物の結晶中には,銅のアクア錯イオン[Cu(H_2O)_4]^{2+}が存在するため青色を呈するが,加熱すると水和水が失われ,結晶が壊れて白色粉末になる。

319 [解説] 銀の化合物には水に溶けにくいものが多いが,硝酸銀は水によく溶ける(220g/100g水,20℃)。Ag_2SO_4は溶解度が小さい(0.79g/100g水,20℃)。

Ag^+を含む水溶液にK_2CrO_4水溶液を加えると,Ag_2CrO_4の赤褐色沈殿を生成する。(→ア)

2Ag^+ + CrO_4^{2-} ⟶ Ag_2CrO_4(赤褐)↓

また,Ag^+を含む水溶液に塩基の水溶液を加えると,AgOHは不安定で生成せず,褐色の酸化銀Ag_2Oが沈殿する。(→オ)

2Ag^+ + 2OH^- ⟶ Ag_2O↓ + H_2O

Ag_2Oは過剰のNH_3水には,ジアンミン銀(Ⅰ)イオンという無色の錯イオンをつくって溶ける。(→ク)

Ag_2O + H_2O + 4NH_3 ⟶ 2[Ag(NH_3)_2]^+ + 2OH^-

Ag^+を含む水溶液にハロゲン化物イオン(F^-を除く)を加えると,それぞれAgCl(白),AgBr(淡黄),AgI(黄)の沈殿を生じる。(→イ,カ,キ)

Ag^+ + Cl^- ⟶ AgCl(白)↓
Ag^+ + Br^- ⟶ AgBr(淡黄)↓
Ag^+ + I^- ⟶ AgI(黄)↓

水に対する溶解度はAgCl > AgBr > AgIの順に小さくなり,過剰のNH_3水を加えると,AgClは[Ag(NH_3)_2]^+を生じて容易に溶けるが,AgBrはかなり溶けにくく,AgIは溶けない。しかし,AgBrやAgIにチオ硫酸ナトリウムNa_2S_2O_3水溶液や,シアン化カリウムKCN水溶液を加えると,それぞれ[Ag(S_2O_3)_2]^{3-},[Ag(CN)_2]^-という錯イオンを生じて溶ける。(→ケ,コ)

AgBr + 2S_2O_3^{2-} ⟶ [Ag(S_2O_3)_2]^{3-} + Br^-
AgI + 2CN^- ⟶ [Ag(CN)_2]^- + I^-

このように,水に対する溶解度の小さい沈殿を錯イオンとして溶解するには,Ag^+に対する配位能力の大きいNa_2S_2O_3やKCNを用いる必要がある。

Ag^+を含む水溶液にH_2Sを通じると,硫化銀Ag_2Sの黒色沈殿を生成する。(→エ)

2Ag^+ + S^{2-} ⟶ Ag_2S(黒)↓

なお,Agの化合物には,程度の差があるが,光が当たると,分解しやすい性質(**感光性**)がある。塩化銀に光が当たると,白→紫→灰→黒色へと変化するのは,Agの微粒子がしだいに生成するためである。(→ウ)

2AgCl ⟶ 2Ag + Cl_2

[解答] (ア) Ag_2CrO_4 (イ) AgCl (ウ) Ag
(エ) Ag_2S (オ) Ag_2O (カ) AgBr
(キ) AgI (ク) [Ag(NH_3)_2]^+
(ケ) [Ag(S_2O_3)_2]^{3-} (コ) [Ag(CN)_2]^-

320 [解説] (1) 黄銅鉱CuFeS_2をコークスCや石灰石CaCO_3とともに溶鉱炉中で加熱して,硫化銅(Ⅰ)Cu_2Sを得る。

4CuFeS_2 + 9O_2 ⟶ 2Cu_2S + 2Fe_2O_3 + 6SO_2

硫化銅(Ⅰ)を転炉に入れ,空気を送って燃焼させると,粗銅(Cu:99%)ができる。

Cu_2S + O_2 ⟶ 2Cu + SO_2

電気分解を利用して,不純物を含む金属から純粋な金属を取り出す方法を**電解精錬**という。

銅の電解精錬では,粗銅を陽極に,純銅を陰極につないで電解液に硫酸銅(Ⅱ)水溶液を用いて電気分解を行う(なお問題文に,硫酸酸性とあるのは,硫酸を加えることで電解液の電気伝導性を大きくするためである)。

粗銅中の不純物のうち,銅よりイオン化傾向の大きい金属(Zn,Fe,Niなど)は,イオン化して溶解する。一方,銅よりもイオン化傾向の小さい金属(Ag,Auなど)はイオン化せず,陽極の下に単体のまま沈殿する。この沈殿を**陽極泥**という。

ただし,鉛Pbだけは,いったんイオン化するが,直ちに溶液中のSO_4^{2-}と結合してPbSO_4となり,陽極泥といっしょに沈殿することに注意したい。

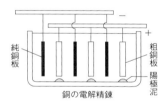

銅の電解精錬

(2) 陽極では,粗銅中の銅が酸化されて溶解する。

Cu ⟶ Cu^{2+} + 2e^-

一方,陰極では,銅(Ⅱ)イオンが還元されて銅が析出する。

Cu^{2+} + 2e^- ⟶ Cu

(3) 低電圧を保つことにより,陽極ではCuよりもイオン化傾向の小さいAgやAuのイオン化を防ぎ,かつ,陰極ではCuよりもイオン化傾向の大きいZn^{2+},Fe^{2+},Ni^{2+}などが金属として析出するのを防いでいる。

[解答] (1) ① 黄銅鉱 ② 陽 ③ 陰
④ 硫酸銅(Ⅱ) ⑤ 大き ⑥ 小さ
⑦ 陽極泥 ⑧ 電解精錬
(2) 陽極:Cu ⟶ Cu^{2+} + 2e^-
陰極:Cu^{2+} + 2e^- ⟶ Cu
(3) 電圧を高くすると,陽極からAgが溶解

158 5-25 遷移金属元素

321 ～ 322

したり, 陰極に Zn や Fe などが析出して,
銅の純度が低くなるから。

321 [解説] A は NaOH 水溶液に溶けるので**両性
金属**である。さらに, その水酸化物が過剰の NH_3 水
に溶けるので Zn である。

$$Zn(OH)_2 + 4NH_3 \longrightarrow [Zn(NH_3)_4]^{2+} + 2OH^-$$

B は水素よりイオン化傾向が小さい。さらに, その
酸化物が褐色より Ag である。

$$2Ag^+ + 2OH^- \longrightarrow Ag_2O(褐) \downarrow + H_2O$$

[参考] イオン化傾向の小さい Ag^+ と Hg^{2+} は, 水酸
化物が不安定であるため, かわりに, 酸化物の
Ag_2O(褐)・HgO(黄)が沈殿する。

C は常温の水と反応するので, イオン化傾向が大き
い。さらに, その炭酸塩が沈殿するので, 2 族のアル
カリ土類金属元素である。Ca^{2+}, Sr^{2+}, Ba^{2+} のうち,
CrO_4^{2-} と黄色沈殿をつくるのは Ba^{2+} のみである。

$$Ba^{2+} + CrO_4^{2-} \longrightarrow BrCrO_4(黄) \downarrow$$

D は, 水素よりイオン化傾向が小さい。さらに, 水
酸化物が青白色より Cu である。

$$\underset{\text{水酸化銅(Ⅱ)(青白色)}}{Cu^{2+} + 2OH^- \longrightarrow Cu(OH)_2 \downarrow}$$

水酸化銅(Ⅱ)が過剰の NH_3 水に溶ける反応は次の
通りである。

$$\underset{\text{テトラアンミン銅(Ⅱ)イオン(深青色)}}{Cu(OH)_2 + 4NH_3 \longrightarrow [Cu(NH_3)_4]^{2+} + 2OH^-}$$

錯イオンは金属イオンの種類によって配位数が決ま
る。また, 配位子は金属イオンに対して空間的にでき
るだけ対称的に配置するので, 錯イオンの立体構造は
次のように決まる。

2 配位	Ag^+→直線形
4 配位	Zn^{2+}→正四面体形
	Cu^{2+}→正方形
6 配位	Fe^{2+}, Fe^{3+}, Ni^{2+}, Cr^{3+}→正八面体形

[参考] **アンミン錯イオンの形成**
水溶液中の Cu^{2+} は $[Cu(H_2O)_4]^{2+}$ というアク
ア錯イオンとして存在する。ここへ NaOH や
NH_3 水などの塩基を加えていくと, 配位子であ
る H_2O から順次 H^+ が電離し, 加えた OH^- と
中和する。やがて $[Cu(OH)_2(H_2O)_2]$ を生成す
るが, これが水酸化銅(Ⅱ)の沈殿の本当の姿で
ある。ここへさらに NH_3 水を過剰に加えると,
Cu^{2+} に対しては H_2O や OH^- よりも NH_3 の
方が強い配位結合をつくることができるので,
次々に配位子交換が起こり, 最終的により安定
度の大きなアンミン錯イオン $[Cu(NH_3)_4]^{2+}$ を
生じ, 水酸化銅(Ⅱ)の沈殿は溶解する。

[解答] A:Zn B:Ag C:Ba D:Cu
ⓐ $[Zn(NH_3)_4]^{2+}$, テトラアンミン亜鉛(Ⅱ)

イオン, 正四面体形
ⓑ $[Ag(NH_3)_2]^+$, ジアンミン銀(Ⅰ)イオン,
直線形
ⓒ $[Cu(NH_3)_4]^{2+}$, テトラアンミン銅(Ⅱ)
イオン, 正方形

322 [解説] (1) A は希塩酸に不溶で, 希硝酸に
溶ける金属なので, 水素よりイオン化傾向の小さい
Cu か Ag である。Cu の酸化物には, CuO(黒)と
Cu_2O(赤)の 2 種類があるので, A は Cu である。
(2) B は空気中で加熱しても酸化されず, 電気伝導度
が最も大きい金属なので, Ag である。
(3) C は希塩酸に溶けにくく, 希硝酸に溶ける金属で,
Cu, Ag 以外のものは選択肢より Pb である。Pb が
希塩酸に溶けにくいのは, Pb の表面が水に不溶性
の $PbCl_2$ でおおわれ, 酸との接触が妨げられて反応
が停止するからである。Pb^{2+} を含む水溶液に塩
基を加えると, 水酸化鉛(Ⅱ)が沈殿する。

$$Pb^{2+} + 2OH^- \longrightarrow Pb(OH)_2(白)$$

(4) 王水(濃硝酸と濃塩酸の1:3の混合物)にしか溶
けないのは, Pt と Au。このうち有色の金属光沢を
もつことから, D は Au である。
(5) Fe, Al, Ni などの金属を濃硝酸に浸すと, 表面が
ち密な酸化物でおおわれ反応性を失う(**不動態**)。さ
らに, 赤褐色の酸化物となることから E は Fe である。

(Fe_2O_3 は赤褐色, Al_2O_3 は白色, NiO は緑色である。)

(6) F は希塩酸に溶ける金属なので, 水素よりイオン
化傾向が大きい。また, 濃硝酸によって不動態とな
る Al, Ni が該当する。((5)より, Fe を除く)

$$Al^{3+} + 3OH^- \longrightarrow Al(OH)_3(白)$$
$$Ni^{2+} + 2OH^- \longrightarrow Ni(OH)_2(緑)$$

よって, F は Ni である。

[解答] A:銅 B:銀 C:鉛 D:金 E:鉄
F:ニッケル

[参考] **不動態について**
不動態の成因には3つある。
①特定の金属を酸化力の強い濃硝酸に浸すと
いう方法で形成された不動態を**化学的不動
態**という。
②電気分解を利用して, 金属を陽極で酸化す
ることにより形成される不動態を**電気化学
的不動態**という。例えば, 鉄を陽極として
希硫酸を電気分解する場合, 加える電圧を
上げていくと電流も増加するが, 最初は Fe
は Fe^{2+} となって溶解する。さらに電圧を上
げていくと電流も増加するが, ある時点で電
流は急激に減少(電圧は急に上昇)する。この
とき, わずかに電流が流れており, 酸素の発
生がみ られ, Fe の溶解は止まってしまう。
③特定の金属(アルミニウム)や合金(ステンレ

ス鋼)などが空気中に放置されたときに，自然に不動態が形成される場合もあるが，このような不動態は**自然不動態**ともいう。

323 [解説] クロム Cr は周期表6族の遷移元素で，単体は空気中で安定に存在し，耐食性に富むので，メッキの材料に用いられる。化合物の酸化数は，+2(不安定)，+3，+6のものが知られている。
　クロム酸イオン CrO_4^{2-}，二クロム酸イオン $Cr_2O_7^{2-}$ はいずれも Cr の酸化数が+6で，水溶液中では次のような平衡状態を保つ。

$$2CrO_4^{2-} + H^+ \rightleftharpoons Cr_2O_7^{2-} + OH^- \cdots \text{①}$$

酸性溶液中では，CrO_4^{2-} が $Cr_2O_7^{2-}$ に変化して赤橙色になる。

$$2CrO_4^{2-} + 2H^+ \longrightarrow Cr_2O_7^{2-} + H_2O \cdots \text{②}$$

塩基性溶液中では $Cr_2O_7^{2-}$ が CrO_4^{2-} に変化して黄色になる。

$$Cr_2O_7^{2-} + 2OH^- \longrightarrow 2CrO_4^{2-} + H_2O \cdots \text{③}$$

②，③式をまとめると，①式のようになる。
　$Cr_2O_7^{2-}$ は強い酸化剤としてはたらくが，沈殿はつくりにくい。

$$Cr_2O_7^{2-} + 14H^+ + 6e^- \longrightarrow 2Cr^{3+} + 7H_2O$$

一方，CrO_4^{2-} は酸化剤としてはさほど強くないが，沈殿をつくりやすい。

　[例] Ag_2CrO_4(赤褐), $PbCrO_4$(黄), $BaCrO_4$(黄)

[参考] $Cr_2O_7^{2-}$ に Ba^{2+} を加えると，$BaCr_2O_7$ よりも $BaCrO_4$ のほうが沈殿しやすいので，①の平衡が左へ移動し，結局，$BaCrO_4$ が沈殿する。一方，$BaCrO_4$ に強酸を加えると，①の平衡が右へ移動して CrO_4^{2-} は $Cr_2O_7^{2-}$ に変化し，$BaCrO_4$ の沈殿は溶解する。

　H_2O_2 は通常は酸化剤としてはたらくが，$K_2Cr_2O_7$ に対しては還元剤としてはたらく。

$$Cr_2O_7^{2-} + 14H^+ + 6e^- \longrightarrow 2Cr^{3+} + 7H_2O \cdots \text{④}$$
$$H_2O_2 \longrightarrow 2H^+ + O_2 + 2e^- \cdots \text{⑤}$$

④+⑤×3 より，[解答]のイオン反応式が得られる。
　④式の通り，$Cr_2O_7^{2-}$ が酸化剤としてはたらくと，暗緑色のクロム(Ⅲ)イオン Cr^{3+} になる。
　Cr^{3+} を含む水溶液に NaOH 水溶液を少量加えると，水酸化クロム(Ⅲ)の暗緑色沈殿を生じる。

$$Cr^{3+} + 3OH^- \longrightarrow Cr(OH)_3 \downarrow$$

この沈殿は過剰の NaOH 水溶液に溶け，テトラヒドロキシドクロム(Ⅲ)酸イオン $[Cr(OH)_4]^-$ に変化し，暗緑色溶液となる。これらの反応から，Cr が Al と同じ**両性元素**としての性質をもつことがわかる。

[解答] ① 赤橙　② 黄　③ クロム酸鉛(Ⅱ)
　　　④ クロム酸銀　⑤ 酸素　⑥ (暗)緑
　　　⑦ 水酸化クロム(Ⅲ)

ⓐ $Cr_2O_7^{2-} + 2OH^- \longrightarrow 2CrO_4^{2-} + H_2O$
ⓑ $Cr_2O_7^{2-} + 8H^+ + 3H_2O_2 \longrightarrow 2Cr^{3+} + 3O_2 + 7H_2O$
ⓒ $Cr(OH)_3 + OH^- \longrightarrow [Cr(OH)_4]^-$

324 [解説] (1) Cl^- は，中心の Cr^{3+} に対して，(i)配位子として配位結合している場合と，(ii)配位子としてではなく，錯イオンとイオン結合している場合とがある。
　錯塩 A〜C に含まれる Cl^- のうち，AgCl を生成するのは中心金属イオンに配位結合していないものだけである(配位子となった Cl^- は水中でも解離できず，Ag^+ を加えても AgCl は生成しない)。
　この反応性の違いで，Cl^- を区別できる。

(ア) $[Cr(H_2O)_6]Cl_3$ の Cl^- はすべて配位子ではないので，(ア)の0.01mol から AgCl が0.03mol 生じる。したがって，A。

(イ) $[CrCl(H_2O)_5]Cl_2 \cdot H_2O$ の配位子ではない Cl^- は2個より，(イ)の0.01mol から AgCl は0.02mol 生じる。

(ウ) $[CrCl_2(H_2O)_4]Cl \cdot 2H_2O$ の配位子ではない Cl^- は1個より，(ウ)の0.01mol から AgCl は0.01mol 生じる。したがって，B。

(エ) $[CrCl_3(H_2O)_3] \cdot 3H_2O$ の配位子ではない Cl^- は0個より，(エ)の0.01mol から AgCl は生じない。したがって，C。

(2) 2個以上の配位子からなる錯イオンの場合，配位子どうしの立体配置の違いから異性体が存在する場合がある。中心原子に対して同種の配位子が隣り合っているものを**シス形**，向かい合っているものを**トランス形**といい，両者は**シス-トランス異性体**とよばれ，色，性質などがやや異なっている。

B には，2個の Cl^- どうしが中心金属に対して，隣り合うもの(図左：**シス形**)と，向かい合うもの(図右：**トランス形**)の2種類がある。

C には，3個の Cl^- がすべて隣り合うもの(図左：シス・シスの場合)と，3個の Cl^- のうち隣り合うものと向かい合うもの(図右：シス・トランスの場合)の2種類がある。なお，3個の Cl^- がすべて向かい合うもの(すなわち，トランス・トランスの場合)は存在しない。

[解答] (1) A：(ア)　B：(ウ)　C：(エ)

(2) B：2種類　C：2種類

錯イオンの化学式の書き方・読み方

① 中心金属と配位子を化学式で書き，配位数も書く。ただし，多原子の配位子は（ ）でくくり，配位数を書く。さらに，錯イオンの部分は[ ]をつけ，その電荷を右上に書く。
（錯イオンの電荷）
　　　　　＝（中心金属の電荷）＋（配位子の電荷の和）

② 配位子が複数あるときは，陰イオン・分子の順にそれぞれアルファベット順で書く。
　例　[CoCl₂(H₂O)₄]⁺，[Al(OH)(H₂O)₅]²⁺

③ 錯イオンの名称は，化学式のうしろから読む。すなわち，配位数，配位子名，中心金属名とその酸化数をローマ数字で書き，（ ）でくくる。ただし，錯イオンが，陽イオンのときは「～イオン」とし，陰イオンのときは「～酸イオン」とする。また，配位子が複数あるときは，中心金属に近いほうから読む。

配位数	2	4	6
読み方	ジ	テトラ	ヘキサ

配位子	NH₃	H₂O	OH⁻	CN⁻	S₂O₃²⁻
名称	アンミン	アクア	ヒドロキシド	シアニド	チオスルファト

④ 錯塩（錯イオンを含む塩）は，錯イオンを先に，他のイオンはあとに読む。
　例　[Cu(NH₃)₄]SO₄　テトラアンミン銅(II)硫酸塩

⑤ 配位子名が複雑でまぎらわしいときは，配位数の数詞は，2（ビス），3（トリス），4（テトラキス）を使い，配位子名を（ ）でくくって区別する。
　例　[Ag(S₂O₃)₂]³⁻
　　ビス(チオスルファト)銀(I)酸イオン

26 金属イオンの分離と検出

325 [解説] (1) Cu²⁺は青色，Fe³⁺は黄褐色である（Ag⁺を除く遷移金属イオンは有色である）。

(2) AgCl，PbCl₂はともに白色沈殿で，前者はアンモニア水に溶け，後者は熱湯に溶ける。

(3) BaSO₄，PbSO₄はいずれも白色沈殿である。

(4), (5) 硫化物の沈殿生成の条件は，イオン化列と深い関係がある。（重要）

参考 硫化水素は水溶液中で電離し，生じた硫化物イオン S²⁻と，金属イオンが反応して，硫化物の沈殿を生成する。
　　　H₂S ⇌ 2H⁺ + S²⁻ ……①
溶液が酸性のときは，①の平衡は左へ移動し，硫化物イオンの濃度[S²⁻]は小さくなる。一方，溶液が中～塩基性のときは，①の平衡が右へ移動し，[S²⁻]は大きくなる。

(i) **イオン化傾向の小さい金属イオン**(Sn²⁺～Ag⁺)は硫化物の溶解度積が非常に小さく，硫化物が沈殿しやすい。したがって[S²⁻]の小さい**酸性条件でも硫化物が沈殿する**。

(ii) **イオン化傾向が中程度の金属イオン**(Al³⁺～Ni²⁺)は硫化物の溶解度積が比較的大きく，硫化物がやや沈殿しにくい。したがって[S²⁻]の小さい酸性条件では硫化物が沈殿せず，[S²⁻]の大きい**中性～塩基性条件のとき硫化物が沈殿する**。ただし，Al³⁺はAl₂S₃でなくAl(OH)₃として沈殿する。

(iii) **イオン化傾向の大きい金属イオン**(K⁺～Mg²⁺)は，硫化物の溶解度が大きく，いかなる条件を与えても**硫化物は沈殿しない**。

(6) 水酸化物のうち，**両性水酸化物**のZn(OH)₂とPb(OH)₂は過剰のNaOH水溶液にヒドロキシド錯イオンをつくって溶ける。
　　[Zn(OH)₄]²⁻，[Pb(OH)₄]²⁻

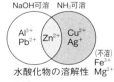

(7) Cu²⁺，Zn²⁺，Ag⁺の水酸化物（酸化物），すなわちCu(OH)₂，Zn(OH)₂，Ag₂Oは過剰のアンモニア水にアンミン錯イオンをつくって溶ける。
　　[Cu(NH₃)₄]²⁺，[Ag(NH₃)₂]⁺，[Zn(NH₃)₄]²⁺
　　　深青色　　　　無色　　　　無色

[解答] (1) Cu²⁺，Fe³⁺　(2) Ag⁺，Pb²⁺
(3) Ba²⁺，Pb²⁺　(4) Cu²⁺，Ag⁺，Pb²⁺
(5) Ba²⁺，Mg²⁺　(6) Zn²⁺，Pb²⁺

(7) Cu^{2+}, Zn^{2+}, Ag^+

326 [解説]
まず，強酸である塩酸，硫酸によって沈殿する次のイオンを沈殿させる。

Ag^+, Pb^{2+}（HClで沈殿）
Ca^{2+}, Ba^{2+}, Pb^{2+}（H_2SO_4で沈殿）

それでも分離できないときは，塩基の水溶液で水酸化物を沈殿させる。そして，それらが NaOH 水溶液や NH_3 水により錯イオンをつくるかどうかで沈殿とろ液に分離する。

それでも分離できないときは，硫化水素を使う。このとき，反応液の液性に注意し，酸性→塩基性の順に変化させるとよい。

(1) HCl によって Ag^+ だけが AgCl の沈殿となる。

(2) NaOH 水溶液を加えると，$Al(OH)_3$，$Zn(OH)_2$，$Fe(OH)_3$ の沈殿を生じるが，NaOH 水溶液を過剰に加えると，両性水酸化物である $Al(OH)_3$ と $Zn(OH)_2$ は，ヒドロキシド錯イオンを生じて溶けるが，$Fe(OH)_3$ は溶けずに残る。

$Al^{3+} \xrightarrow{OH^-} Al(OH)_3 \xrightarrow{OH^-} [Al(OH)_4]^-$
$Zn^{2+} \xrightarrow{OH^-} Zn(OH)_2 \xrightarrow{OH^-} [Zn(OH)_4]^{2-}$
$Fe^{3+} \xrightarrow{OH^-} Fe(OH)_3$（このまま）

(3) Ba^{2+} だけが H_2SO_4 によって $BaSO_4$ の沈殿となる。

(4) 過剰の NaOH 水溶液では，両性水酸化物でない $Fe(OH)_3$ と $Cu(OH)_2$ がいっしょに沈殿するので，不適。

過剰の NH_3 水では，Cu^{2+} が $[Cu(NH_3)_4]^{2+}$，Zn^{2+} が $[Zn(NH_3)_4]^{2+}$ となってともに溶けるので，不適。

酸性条件で H_2S を通じると，Cu^{2+} だけが CuS の沈殿となる。

(5) 過剰の NaOH 水溶液では，両性水酸化物でない Ag_2O，$Fe(OH)_3$ がいっしょに沈殿するので，不適。

NH_3 水を少量加えると，Ag_2O，$Fe(OH)_3$ の沈殿を生じるが，過剰の NH_3 水では，Ag_2O はアンミン錯イオンを生じて溶けるが，$Fe(OH)_3$ は溶けずに残る。

$Ag^+ \xrightarrow{OH^-} Ag_2O \xrightarrow{NH_3水} [Ag(NH_3)_2]^+$
$Fe^{3+} \xrightarrow{OH^-} Fe(OH)_3$（このまま）

[解答] (1)…(イ)，AgCl (2)…(オ)，$Fe(OH)_3$
(3)…(ア)，$BaSO_4$ (4)…(エ)，CuS
(5)…(カ)，$Fe(OH)_3$

327 [解説]
(1) 水酸化物が青白色沈殿だから，Cu^{2+} を含む。⇨(イ)

$Cu^{2+} \xrightarrow{NH_3水} Cu(OH)_2 \downarrow \xrightarrow{NH_3水} [Cu(NH_3)_4]^{2+}$
（青白色）　　　　　（深青）

Cu^{2+} を含む水溶液に NH_3 水を少量加えると，水酸化銅(II)$Cu(OH)_2$ の青白色沈殿を生じる。さらに，NH_3 水を過剰に加えると，$Cu(OH)_2$ は溶けて

テトラアンミン銅(II)イオン$[Cu(NH_3)_4]^{2+}$を含む深青色の溶液となる。

(2) 水酸化物が過剰の NaOH 水溶液に溶けるから，両性元素の化合物の $ZnCl_2$，$Al_2(SO_4)_3$，$(CH_3COO)_2Pb$ のいずれかである。このうち，$BaCl_2$ を加えて白色沈殿を生じるのは，$Al_2(SO_4)_3$ か $(CH_3COO)_2Pb$ のいずれか（この段階ではどちらか決められない）。

(3) 水酸化物が赤褐色沈殿だから Fe^{3+} を含む。⇨(オ)

$Fe^{3+} \xrightarrow{OH^-} Fe(OH)_3 \downarrow$（赤褐）

水酸化鉄(III)$Fe(OH)_3$ は，アンミン錯イオンをつくらないので，過剰の NH_3 水を加えても溶解しない。

(4) 塩化物が沈殿し，さらに，熱水に溶けるので，この沈殿は $PbCl_2$ である。よって Pb^{2+} を含む。⇨(カ)

$Pb^{2+} \xrightarrow{Cl^-} PbCl_2 \downarrow$（白）熱水に可溶
$Pb^{2+} \xrightarrow{OH^-} Pb(OH)_2 \downarrow$（白）$\xrightarrow{OH^-} [Pb(OH)_4]^{2-}$（無）

Pb^{2+} を含む水溶液に NaOH 水溶液を少量加えると，水酸化鉛(II)$Pb(OH)_2$ の白色沈殿を生じる。$Pb(OH)_2$ は両性水酸化物なので，NaOH 水溶液を過剰に加えると，ヒドロキシド錯イオン$[Pb(OH)_4]^{2-}$を含む無色の水溶液となる。

(4)が $(CH_3COO)_2Pb$ と決まったので，最後に(2)は $Al_2(SO_4)_3$ の(エ)と決まる。したがって，(2)の後半の反応は，

$Ba^{2+} + SO_4^{2-} \rightarrow BaSO_4 \downarrow$（白）
$Al^{3+} \xrightarrow{OH^-} Al(OH)_3 \downarrow$（白）$\xrightarrow{OH^-} [Al(OH)_4]^-$（無）

Al^{3+} を含む水溶液に NaOH 水溶液を少量加えると，水酸化アルミニウム $Al(OH)_3$ の白色沈殿を生じる。$Al(OH)_3$ は両性水酸化物なので，NaOH 水溶液を過剰に加えると，ヒドロキシド錯イオン$[Al(OH)_4]^-$を含む無色の水溶液となる。

[解答] (1)…(イ) (2)…(エ) (3)…(オ) (4)…(カ)
① $Cu(OH)_2$ ② $[Cu(NH_3)_4]^{2+}$ ③ $BaSO_4$
④ $Al(OH)_3$ ⑤ $[Al(OH)_4]^-$ ⑥ $Fe(OH)_3$
⑦ $PbCl_2$ ⑧ $Pb(OH)_2$

328 [解説]
(a) 炎色反応が青緑色より，B…Cu^{2+}，炎色反応が黄色より，D…Na^+

(b) 酸性条件で H_2S を通じると，イオン化傾向の小さい $Sn^{2+} \sim Ag^+$ が硫化物として沈殿する。よって，B，C に該当するのは Cu^{2+}，Ag^+。すなわち，B からは CuS↓（黒）が，C からは Ag_2S↓（黒）が沈殿する。

∴ C…Ag^+

イオン化傾向の大きい $K^+ \sim Mg^{2+}$ は，いかなる条件でも硫化物が沈殿しない。また，イオン化傾向が中程度の $Al^{3+} \sim Ni^{2+}$ は酸性条件では硫化物が沈殿しないが，中～塩基性条件では硫化物が沈殿する。よって，A，D に該当するのは，Na^+，Mg^{2+}，Fe^{2+}，Ca^{2+}，Al^{3+} であるが，(a)より，D は Na^+ と決まっ

162　5-26　金属イオンの分離と検出

329 ～ 331

たので, A は Mg^{2+}, Fe^{2+}, Ca^{2+}, Al^{3+} のいずれか。

(c) B, C, D はすでに決まったので, A だけについて考えると, NaOH 水溶液によって生じる沈殿には, $Mg(OH)_2$, $Fe(OH)_2$, $Al(OH)_3$ があるが, これらのうち, 過剰の NaOH 水溶液に溶けるのは, 両性水酸化物の $Al(OH)_3$ のみである。

∴　A…Al^{3+}

(d) C の Ag^+ が Cl^- により, AgCl の白色沈殿を生成する。

解答　A：Al^{3+}　B：Cu^{2+}　C：Ag^+　D：Na^+

---

329 **解説**　金属イオンを沈殿の生成する条件によって, 次の6つのグループ(属)に分離する方法がある。

(ア)　酸性で硫化物が沈殿するもののうち, 塩化物が沈殿する Ag^+, Pb^{2+} を**第1属**, 残りを**第2属**とする。

(イ)　塩基性で硫化物が沈殿するもののうち, 3価の陽イオンで弱塩基性条件でも水酸化物が沈殿しやすい Fe^{3+}, Al^{3+} を**第3属**, 残りを**第4属**とする。

(ウ)　硫化物が沈殿しないもののうち, 炭酸塩が沈殿する Ca^{2+}, Ba^{2+} を**第5属**, 残りを**第6属**とする。

これらの金属イオンの混合溶液に, 決まった試薬(**分属試薬**という)を加えて, イオン化傾向の小さい金属イオンからイオン化傾向の大きい金属イオンの順序で各沈殿として分離する操作を, **金属イオンの系統分離**という。

(1), (3)　操作①では, 第1属の Ag^+ が沈殿しているので, HCl を加えればよく, 沈殿(a)は AgCl となる。

操作②では, 第2属の Cu^{2+} が沈殿しているので, H_2S を通じればよく, 沈殿(b)は CuS となる。

操作②で還元剤のはたらきのある H_2S を通じていると, Fe^{3+} は Fe^{2+} へと還元されていることに留意すること。

操作③では, 煮沸して H_2S を除いたのち, 酸化剤である濃硝酸を少量加えて, Fe^{2+} を Fe^{3+} に戻す必要がある。これは, NH_3 水を十分に加えたときに沈殿する $Fe(OH)_2$ は溶解度がやや大きいので, Fe^{2+} を完全に沈殿させることはできないが, $Fe(OH)_3$ は溶解度がきわめて小さいので, Fe^{3+} を完全に沈殿させることができるからである。

> **参考**　煮沸せずに濃硝酸だけを加えたとすると, 溶液中に残っている H_2S が HNO_3 によって酸化され, 多量の S の単体が遊離してくる。そのために, 濃硝酸が多量に必要になるばかりか, 生じた S のために, ろ過しなければ次の操作③には移れず, 不都合が生じる。

操作④では, 第3属の Fe^{3+} が沈殿しているので, NH_3 水を加えればよく, 沈殿(c)は $Fe(OH)_3$ となる。

操作⑤では, 第5属の Ca^{2+} が沈殿しているので, $(NH_4)_2CO_3$ 水溶液を加えればよく, 沈殿(d)は $CaCO_3$ となる。

操作⑤では, $(NH_4)_2CO_3$ のかわりに H_2SO_4 を加えても, Ca^{2+} は $CaSO_4$ として沈殿する。しかし, 硫酸塩を沈殿させてしまうと, あとで強酸を加えてもこれを溶解できない。炭酸塩ならば強酸に溶けるので, あとのイオンの検出・確認(炎色反応など)が容易となる。

(2)　沈殿(a) AgCl に NH_3 水を加えると, ジアンミン銀(Ⅰ)イオンという無色の錯イオンを生じ, 沈殿は溶解する。

$$AgCl + 2NH_3 \longrightarrow [Ag(NH_3)_2]^+ + Cl^-$$

解答　(1)①(ウ)　②(エ)　③(イ)　④(ア)　⑤(オ)
　　　　(2) ジアンミン銀(Ⅰ)イオン
　　　　(3)(b) CuS　(c) $Fe(OH)_3$　(d) $CaCO_3$

---

330 **解説**　(1)　NaOH 水溶液を加えて生じた水酸化物の沈殿が, 過剰の NaOH 水溶液に溶けるのは, 両性元素(Pb, Zn)の水酸化物。A, B は, Pb^{2+}, Zn^{2+} のいずれかを含む。

(2)　A, B に NH_3 水を加えて生じた水酸化物 $Pb(OH)_2$, $Zn(OH)_2$ のうち, NH_3 水の過剰に溶けるのは, アンミン錯イオンをつくる $Zn(OH)_2$ のみ。

∴　B…$ZnSO_4$　A…$Pb(NO_3)_2$

(3)　有色の水酸化物(酸化物)は, $Fe(OH)_3$(赤褐), Ag_2O(褐), HgO(黄)で, 過剰の NaOH 水溶液, 過剰の NH_3 水のいずれにも溶解しないのは, $Fe(OH)_3$ と HgO である。

∴　C, E は, Fe^{3+} と Hg^{2+} のいずれかを含む。

(4)　Fe^{3+} と Hg^{2+} に酸性条件で H_2S を通じたら, イオン化傾向の小さい Hg^{2+} は, HgS(黒)として沈殿するが, Fe^{3+} は沈殿しない(Fe^{3+} は中～塩基性条件でないと硫化物は沈殿しない)。

∴　E…$HgCl_2$　C…$FeCl_3$

(5)　A($Pb(NO_3)_2$)と B($ZnSO_4$)に $BaCl_2$ 水溶液を加えて生じる沈殿は, それぞれ $PbCl_2$, $BaSO_4$ であり, これらは NH_3 水には溶けない。D に $BaCl_2$ 水溶液を加えて生じた沈殿は, NH_3 水に溶けることから AgCl である。　∴　D…$AgNO_3$

解答　A：(イ)　B：(エ)　C：(ウ)　D：(カ)　E：(キ)

---

331 **解説**　(1)　金属イオンの混合水溶液に塩酸を加えると AgCl, $PbCl_2$ が沈殿する。このうち $PbCl_2$ は熱湯に可溶である。ゆえに, 熱湯に溶けない沈殿 C は AgCl である。$PbCl_2$ は熱湯に溶けて Pb^{2+} となり, K_2CrO_4 水溶液を加えると $PbCrO_4$ の黄色沈殿 G が生成する。

> **参考**　　**塩化銀 AgCl の確認法**
> 沈殿 C(AgCl)は熱湯には不溶だが, NH_3 水にはジアンミン銀(Ⅰ)イオン $[Ag(NH_3)_2]^+$ という錯イオンをつくって溶ける。また, AgCl

332

には感光性があり，光に当たると，銀の微粒子を生じて紫～黒色に変化する。

HCl 水溶液を加えたろ液 B は酸性で，H_2S を通じると CuS の黒色沈殿 E が生成する。このとき，ろ液 F 中の Fe^{3+} は H_2S（還元剤）によって還元されて Fe^{2+} となっているので，HNO_3（酸化剤）を加えて Fe^{3+} に戻す操作が必要である。

続いて，NH_3 水を十分に加えると，3 価の金属イオンである Al^{3+} と Fe^{3+} がともに水酸化物 $Al(OH)_3$ と $Fe(OH)_3$ となって沈殿する（沈殿 H）。このとき，Ba^{2+}，Na^+ は変化せず，Zn^{2+} はアンミン錯イオンの $[Zn(NH_3)_4]^{2+}$ になる（ろ液 I）。

> **参考** 実際には NH_3 水を十分に加える前に，塩化アンモニウム NH_4Cl を加えておく。なぜなら，NH_4Cl の電離で生じた NH_4^+ により，アンモニアの電離平衡 $NH_3 + H_2O \rightleftharpoons NH_4^+ + OH^-$ は左に移動し，溶液中の $[OH^-]$ を低く保つことができる。こうしておくと，溶解度の特に小さい 3 価の金属イオン Al^{3+}，Fe^{3+}，Cr^{3+}（**第 3 属**）だけを水酸化物として沈殿させることができる（第 4 属の $Mn(OH)_2$ や第 6 属の $Mg(OH)_2$ は，この条件では沈殿しない）。

ろ液 I に塩基性条件で H_2S を通じると，ZnS の白色沈殿 J が生成する。

最後のろ液に，$(NH_4)_2CO_3$ 水溶液を加えると，$BaCO_3$ の白色沈殿 K が生成する。

(2) Na^+ は沈殿をつくらないので，炎色反応（黄色）で確認する。

(3) 煮沸して H_2S を追い出しておかないと，硝酸（酸化剤）を加えた段階で H_2S が酸化され，多量の S が遊離してしまう。また，次に NH_3 水を加えた段階で，ZnS など第 4 属グループが硫化物として沈殿してしまう恐れがある。

(4) Fe^{2+} のままだと NH_3 水を加えたとき $Fe(OH)_2$ が沈殿する。しかし，$Fe(OH)_3$ のほうが $Fe(OH)_2$ よりも溶解度が小さいので，試料溶液中の鉄イオンをより完全に沈殿として分離できる。

(5) AgCl に NH_3 水を加えると，$[Ag(NH_3)_2]^+$ という錯イオンを生じて無色の溶液となる（$PbCl_2$ は過剰の NH_3 水には溶けない）。

(6) $Fe(OH)_3$，$Al(OH)_3$ のうち，$Al(OH)_3$ は**両性水酸化物**なので，NaOH 水溶液にはヒドロキシド錯イオンをつくって溶けるが，$Fe(OH)_3$ は溶解しない。
$$Al(OH)_3 + OH^- \longrightarrow [Al(OH)_4]^-$$

解答 (1) C：AgCl　E：CuS　G：$PbCrO_4$
　　　　 H：$Al(OH)_3$，$Fe(OH)_3$
　　　　 J：ZnS　K：$BaCO_3$

(2) Na^+ （確認法）**炎色反応**

(3) 溶液中に溶けている H_2S を追い出すため。

(4) Fe^{3+} は H_2S によって還元され Fe^{2+} になっているので，HNO_3 で酸化して，もとの Fe^{3+} に戻す必要があるから。

(5) $AgCl + 2NH_3 \longrightarrow [Ag(NH_3)_2]^+ + Cl^-$

(6) $Al(OH)_3 + NaOH \longrightarrow Na[Al(OH)_4]$

---

332 〔解 説〕 (a) Ba^{2+} で生じる沈殿は，$BaSO_4$（白），$BaCO_3$（白），$BaCrO_4$（黄）のみである。
　　∴　D…CrO_4^{2-}
B，E は，SO_4^{2-} か CO_3^{2-} のいずれかを含む。

(b) B，E から生じた沈殿 $BaSO_4$，$BaCO_3$ のうち，塩酸（強酸）に溶けるのは，弱酸の塩である $BaCO_3$ であり，強酸の塩である $BaSO_4$ は強酸にも不溶である。
　　∴　B…CO_3^{2-}　E…SO_4^{2-}

(c) D に酸を加えて黄色から橙赤色に変化するのは，水溶液中で次の平衡が右へ移動するためである。よって D に存在するのは CrO_4^{2-} である。
$$2CrO_4^{2-} + H^+ \rightleftharpoons Cr_2O_7^{2-} + OH^-$$

(d) Ag^+ で生じる沈殿は，AgCl（白），AgI（黄），Ag_2CrO_4（赤褐）であるが，すでに D は CrO_4^{2-} と決まっているので，残る A，C は Cl^- か I^- のいずれかである。また，Ag^+ を加えても沈殿を生じない F は NO_3^- である。

(e) (d)で，A，C から生じた沈殿 AgCl，AgI の水への溶解度は，AgCl より AgI のほうがはるかに小さい。したがって，これらの沈殿に NH_3 水を過剰に加えると，AgCl は $[Ag(NH_3)_2]^+$ となって溶けるが，AgI は溶解しない。　∴　A…Cl^-　C…I^-

〔解答〕 (1) A：Cl^-　B：CO_3^{2-}　C：I^-　D：CrO_4^{2-}
　　　　　 E：SO_4^{2-}　F：NO_3^-

(2) B：$BaCO_3$，白　D：$BaCrO_4$，黄
　　 E：$BaSO_4$，白

(3) A：AgCl，白　C：AgI，黄
　　 D：Ag_2CrO_4，赤褐

27 無機物質と人間生活

333 [解説] 現在，発見された元素は118種類であるが，そのうち性質が確認されているものは104種類。そのうち82種類が金属元素で，22種類が非金属元素である。2010年現在，世界での金属の生産量は，鉄(約13.5億t)，アルミニウム(0.38億t)，銅(0.17億t)，亜鉛(0.12億t)，鉛(0.08億t)である。

金属の特徴は，**電気・熱の伝導性**が大きいこと，**展性**(たたくと薄く広がる性質)，**延性**(引っ張ると細く延びる性質)をもつこと，独特な**金属光沢**をもつことである。これらは，いずれも**自由電子**の存在によってもたらされる性質である。

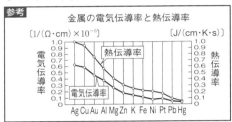
参考 金属の電気伝導率と熱伝導率

密度が $4 \sim 5 \mathrm{g/cm^3}$ 以下の金属は**軽金属**とよばれ，アルカリ金属，アルカリ土類金属(Raを除く)，Be，Mg，Al，Sc，Tiなどである。一方，密度が $4 \sim 5 \mathrm{g/cm^3}$ より大きい金属を**重金属**といい，Sc，Ti以外の遷移金属や，Zn，Cd，Hg，Sn，Pbなどである。

空気中で容易にさびない金属を**貴金属**といい，Au，Ag，Ptなどがある。一方，空気中で容易にさびる金属を**卑金属**といい，Fe，Al，Pb，Znなどがある。また，地球上での存在量が少なかったり，採掘や製錬の難しい金属を**レアメタル**という。

参考 貴金属と卑金属
　貴金属は，天然に単体のまま産出することが多いことからもわかるように，安定でさびにくい金属である。これに対して，**卑金属**は化合物のかたちで産出し，さまざまな手段で製錬(冶金)しなくては単体にすることができない。つまり，卑金属は単体の状態では安定でなく，空気中に放置すると，酸素や水分，二酸化炭素などと反応して化合物になろうとする金属のことである。

[解答] ① 鉄　② アルミニウム　③ 銅　④ 電気　⑤ 熱　⑥ 合金　⑦ 軽金属　⑧ 重金属　⑨ 卑金属　⑩ 貴金属

334 [解説] 貴金属のうち，金や白金は単体の状態で産出するが，陸上に存在する大部分の重金属は，酸化物や硫化物などの鉱物として産出することが多い。(海水中に存在する軽金属は，主に塩化物として産出することが多い)。一般に，有用な金属を取り出すことのできる鉱物を**金属鉱石**という。

金属鉱石から金属の単体を得るには，鉱石から酸素や硫黄を取り除く必要がある。この操作を**金属の製錬**といい，化学的には**還元反応**にあたる。

一般に，イオン化傾向の小さい金属ほど還元されやすく，製錬は容易である。一方，イオン化傾向が大きい金属ほど還元されにくく，製錬は困難となり，それに要するエネルギーも大きくなる。

　K〜Al…塩(酸)化物を電気分解で還元。
　Zn〜Pb…酸(硫)化物をC，COで還元。
　Cu〜Ag…酸(硫)化物を強熱して還元。
　Pt，Au…単体として産出し，製錬は不要。

参考 金属の利用の歴史
　人類は，最初，天然に単体として産出した自然金や自然銀をそのまま装飾品などに利用していた。続いて利用が始まったのは銅で，クジャク石や赤銅鉱などの銅鉱石を木炭とともに加熱して銅を製錬する方法が，紀元前5000年頃メソポタミアで発明されたといわれる。何かの偶然から，銅とスズの合金がつくられ，硬さを増した青銅が銅に代わって盛んに利用されるようになったのは，紀元前3800年の頃といわれる。
　その後，砂鉄などから鉄を製錬するようになったのは，紀元前1500年頃のヒッタイト帝国(現在のトルコ周辺)といわれる。鉄は武器，農機具などに利用された。このように鉄の利用が遅れたのは，鉄の製錬には銅の製錬よりも高温が必要だったことや，鉄の加工技術が難しかったことと考えられる。溶鉱炉とコークスを使って大量の鉄がつくられるようになったのは18世紀ごろで，このことで産業革命が起こった。
　現代文明を支えるアルミニウムは，原料鉱石を炭素で還元することができなかったため，その利用は最も遅れた。19世紀末になって，溶融塩電解が発明されて以降，初めてその製錬が可能となった。

[解答] ①，② **イ，エ**(順不同)　③，④ **シ，ス**(順不同)　⑤ **カ**　⑥ **キ**　⑦ **ケ**　⑧ **ア**　⑨ **サ**　⑩ **ウ**　⑪ **オ**

335 [解説] 最も一般的なガラスを**ソーダ石灰ガラス**といい，ケイ砂(石英 SiO_2 でできた砂)，炭酸ナトリウム Na_2CO_3，石灰石 $CaCO_3$ を加熱して融かしてつくられたものである。融けやすく安価なので，板ガラスやガラスびんなどに多量に用いられる。

Na_2CO_3 の代わりに K_2CO_3 を加えてつくられた**カ**

リ石灰ガラスは，ソーダ石灰ガラスより硬質で，薬品に侵されにくいので，理化学器具などに用いられる。
　Na_2CO_3 と $CaCO_3$ のかわりにホウ砂($Na_2B_4O_7$)を用いたものが**ホウケイ酸ガラス**で，アルカリ分が少ないため，軟化温度が高く薬品にも強いので，理化学器具や調理器具に用いられる。このガラスは耐熱ガラスともよばれ，熱に対する膨張率が普通のガラスの約$\frac{1}{3}$と小さいため，温度を急に変化させても膨張や収縮でひずみが生じにくく，割れにくい。
　$CaCO_3$ のかわりに PbO を含んだ**鉛ガラス**は，光の屈折率が大きいので，カメラなどの光学レンズに用いるほか，多面体にカットすると，美しく輝くので，カットガラスとして工芸品にも用いられる。さらに鉛の含有量の多いものは，放射線の遮蔽用ガラスとしても用いられる。
　石英ガラス(主成分は SiO_2)は，不純物の少ないケイ砂を原料としてつくられ，赤熱したものを水中に投じても割れないので，電熱器のヒーターを覆うパイプなどに使われる。高純度の SiO_2 でできた石英ガラスは非常に透明なので，**光ファイバー**に用いられる。光ファイバーは，高純度の二酸化ケイ素を原料として，屈折率の高い中心部(コア)と屈折率のやや低い周辺部(クラッド)の2層からできている。光の信号は，屈折率の高い中心部を全反射しながら伝送される。

光ファイバーの構造

解答　(1)…(ウ), (a)　(2)…(エ), (c)
　　　　 (3)…(ア), (b)　(4)…(イ), (d)

336 **解説**　2種以上の金属を混合して溶融させたものを**合金**といい，成分金属とは異なる性質をもち，実用的価値が大きいものが多い。
　多くの合金は，結晶格子中において金属原子どうしが入れ換わったもので，**置換型合金**という。
　一方，鋼のように鉄原子のつくる結晶格子の隙間に炭素原子のような小さな非金属原子などが入り込んでできた合金を**侵入型合金**という。一般に，金属結晶内に金属原子以外の原子が入り込むと，金属結合の連続性は失われ，展性・延性は減少する。代わりに，侵入した原子が金属原子の移動を妨げるため，純金属よりも硬くなる。
(1)　**青銅**…ブロンズともいい，スズが2〜35%，残りは銅からなる合金で，古代から知られている。銅より融点が低く，硬くて腐食しにくいので，美術品や仏像，銅像，鐘などに使われる。

(2)　**黄銅(真鍮)**…銅と亜鉛からなる黄色の合金。銅より硬く，加工しやすいので，機械部品に多く用いられる。ブラスバンドの語源は，金管楽器が真鍮(ブラス)でできていることに由来する。
(3)　**ステンレス鋼**…鉄にクロムとニッケルを混ぜた合金で，さびにくく機械的強度も大きい。
(4)　**ニクロム**…ニッケルとクロムの合金で，大きな電気抵抗をもつので電熱線に用いられる。
(5)　**無鉛はんだ**…スズと銀と銅の合金で，融点が200℃前後と比較的低く，電気部品の接合材料に用いられる。以前は，スズと鉛の合金からできた**はんだ**が利用されていたが，鉛の有毒性に配慮して無鉛はんだへの切り換えが進められた。
(6)　**白銅**…銅とニッケルの合金で，キュプロニッケルともよばれる。加工性，耐食性，耐海水性がよいので，硬貨，熱交換器(ラジエーター)などに用いられる。
(7)　**ジュラルミン**…アルミニウムにマグネシウムや銅，マンガンなどを混ぜた合金で，軽くて強度が大きいので，航空機の機体などに用いられる。
(8)　**超伝導合金**…ある温度(臨界温度)以下になると，電気抵抗が0になる現象を**超伝導**という。超伝導合金には，Nb_3Sn(7K)，Nb_3Ga(20K)，Nb_3Ge(23K)，MgB_2(39K)などが知られている(Nb はニオブ)。
(9)　**水素吸蔵合金**…温度や圧力によって，水素を吸蔵したり放出したりすることができる合金。Fe, Ti合金(自体積の650倍の水素を蓄える)，La(ランタン)，Ni合金(自体積の約1000倍の水素を蓄える)などがある。ニッケル-水素電池の負極材料に用いられる。

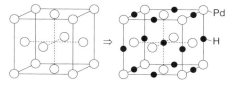
パラジウム(Pd)への水素(H)の吸蔵のようす
$2Pd + H_2 = 2Pd \cdot H + Q$[kJ]

(10)　**形状記憶合金**…ニッケルとチタンの合金で，高温時の形を記憶しており，変形しても加熱することにより，もとの形にもどる**超弾性**を示す。

参考　**超弾性のしくみ**
　図(a)に示すような高温で安定な状態にある母相が，外力によって図(b)の状態に変形させられたとする。図(b)の状態(マルテンサイト相)は，母相に比べて結晶内部に大きな歪みをもつ。この合金をある温度(変態温度)以上に加熱すると，蓄えられていた歪みエネルギーは解放され，もとの母相に戻る。

5-27 無機物質と人間生活

337～339

(a)母相　　　(b)マルテンサイト相

(11) **アルニコ磁性体**…Al(8%)-Ni(14%)-Co(24%)の頭文字をとってこうよばれるが，主成分は Fe である。安価で保磁力が強いので，永久磁石として利用される。

[解答]　(1)…(イ), (c)　(2)…(エ), (a)　(3)…(ウ), (d)
(4)…(ア), (b)　(5)…(オ), (e)　(6)…(カ), (f)
(7)…(ク), (g)　(8)…(キ), (k)　(9)…(ケ), (j)
(10)…(サ), (i)　(11)…(コ), (h)

337 [解説]　一般に，金属以外の無機物質を高温で焼き固めてつくられたものを**セラミックス**(窯業製品)といい，セラミックスをつくる工業を，**ケイ酸塩工業**または**窯業**という。セラミックスには，ケイ砂(主成分 SiO_2)を主原料とする**ガラス**，粘土(主成分アルミノケイ酸塩)を主原料とする**陶磁器**，石灰石(主成分 $CaCO_3$)を主原料とする**セメント**などがある。

粘土や陶土(良質の粘土)などの材料を高温で焼き固めたものを**陶磁器**という。陶磁器は，古くから使われてきたセラミックスで，熱に強く，うわ薬をかけたものは表面が汚れにくく腐食もしない。

粘土を水でこねて成形し，乾燥させてから高温に加熱すると，全体が石のように固まって水に溶けなくなる。これは，粘土粒子が部分的に融けあい，互いにくっつきあって固まるからである。これを**焼結**という。

陶磁器は，焼成する温度や用いる粘土の種類によって，土器，陶器，磁器に分けられ，後者ほど高温で焼成される。**土器**は瓦，植木鉢，土管など，**陶器**は食器，タイル，衛生陶器(トイレ器具)など，**磁器**は高級食器，美術品，碍子(電線を絶縁して支持する部品)などに用いられる。

種類	焼成温度[℃]	吸水性	焼結	打音
土器	700～900	大	小	濁音
陶器	1100～1250	小(ほとんどなし)	中	やや濁音
磁器	1300～1450	なし	大	金属音

[解答]　①(イ)　②(ア)　③(ウ)　④(エ)　⑤(カ)
⑥(オ)　⑦(ケ)　⑧(ク)　⑨(キ)　⑩(コ)
⑪(サ)　⑫(シ)

[参考]　**セメントについて**
ふつうのセメントは19世紀頃発明されたもので，**ポルトランドセメント**とよばれる。石灰石，粘土，ケイ石，スラグなどの原料を高温で焼いてできた塊(クリンカー)を粉末にして，少量のセッコウ(硫酸カルシウム二水和物)を加えたものである。セッコウは，セメントの初期凝結を遅らせるはたらきがある。

338 [解説]　(1)　石英は，Si 原子と O 原子が交互に規則正しく並んだ結晶である。これを約1800℃に加熱して融解したものを冷却すると，温度が下がるにつれて粘性が大きくなり，結晶とはならずに固化する。これが**石英ガラス**である。石英ガラスも Si 原子と O 原子でできた四面体(SiO_4四面体)が O を共有してつながっているが，その並び方は石英に比べて不規則になっている。〔○〕

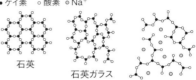

●ケイ素　○酸素　●Na^+
石英　　石英ガラス　　ソーダ石灰ガラス

(2)　純粋な SiO_2 からなる**石英ガラス**は，軟化点，硬度，耐熱性が大きい。Na_2O，CaO を成分として含む**ソーダ石灰ガラス**では，SiO_2 の網目構造がかなり破壊され，軟化点，硬度，耐熱性が低くなる。B_2O_3 を成分として含む**ホウケイ酸ガラス**では，SiO_2 の網目構造がいくらか修復されているので，軟化点，硬度，耐熱性は向上する。また，重金属の酸化物 PbO を成分として含む**鉛ガラス**中では，光の透過速度が遅くなり，光の屈折率が大きくなる。〔○〕

(3)　ガラスの主成分である二酸化ケイ素 SiO_2 は，フッ化水素 HF の水溶液であるフッ化水素酸にのみ溶ける。〔×〕

$$SiO_2 + 6HF \longrightarrow H_2SiF_6 + 2H_2O$$

(4)　ガラスに重金属イオンが入ると，それぞれ特有の波長の光を吸収するので，色がついて見える。したがって，重金属の化合物は，陶磁器の絵付けや，うわ薬の着色にも用いられている。〔○〕

(5)　二酸化ケイ素 SiO_2 のみからなる物質のうち，石英や水晶などは，SiO_4 四面体が規則的に配列した結晶構造をもつが，石英ガラスは SiO_4 四面体の配列が乱れた**非晶質**(アモルファス)の構造をとっており，加熱しても軟化するだけで，一定の融点を示さない。〔×〕

[解答]　(1)○　(2)○　(3)×　(4)○　(5)×

339 [解説]　(1)　**銅**は銀の約94%の電気伝導度をもち，安価なので電線など電気材料に用いられる。銅とスズの合金(青銅)は，人類が最も古くから利用

している合金である。
(2) 金，白金，銀はいずれも貴金属であるが，自然に単体として産出するのは，金と白金である。このうち，語群にある金を選ぶ。
(3) 「たたら」とよばれる炉の中に，砂鉄，木炭を積み上げ，ふいごで送風して**鉄**をつくるのが，**たたら製鉄**である。

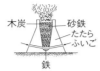

(4) **亜鉛**の融点(420℃)は比較的低く，加工しやすい。乾電池の負極のほか，トタン(亜鉛めっき鋼板)や黄銅(銅との合金)などとして利用される。
(5) 金属の生産量は，**鉄＞アルミニウム＞銅＞亜鉛＞**鉛の順である(**333**解説参照)。
(6) **水銀**の融点は－39℃で，常温で唯一の液体金属である。鉄，コバルト，ニッケルを除く多くの金属と**アマルガム**とよばれる合金をつくる。
(7) **タングステン**は硬く，その融点は約3400℃で，高温に熱しても蒸発しにくい。この性質を利用して，電球のフィラメントに用いる。
(8) **銀**は，電気伝導度が最大である。かつてはハロゲン化銀(塩化銀，臭化銀)の形で写真材料に多量に用いられていたが，現在では太陽電池などへの利用が増加している。
(9) **チタン**(融点1660℃)は，アルミニウム(融点660℃)，マグネシウム(融点649℃)と比べて，軽金属では融点がかなり高い。また，Ti，Al，V(バナジウム)等の合金は**チタン合金**とよばれ，軽量で強度が大きいため，眼鏡フレーム，時計，ゴルフクラブなどに使用される。
(10) **鉛**(融点328℃)は融点が低く，軟らかいので加工しやすく，耐食性に富む。鉛蓄電池の電極として多量に用いられるほか，X線などの放射線を吸収する能力が大きいので，放射線の遮蔽剤として利用される。また，Sn，Cd，Bi(ビスマス)などとの合金は**易融合金**とよばれ，ヒューズやスプリンクラー弁などに利用される。

[解答] (1) Cu (2) Au (3) Fe (4) Zn (5) Al (6) Hg (7) W (8) Ag (9) Ti (10) Pb

340 [解説] 金属の表面に生じる腐食生成物を**さび**という。さびの生成を防ぐには，金属を水や空気と触れないようにする必要がある。具体的には，金属の表面をさびにくい他の金属で覆ったり(**めっき**)，ペンキなどを塗装すればよい。ステンレス鋼のように，**合金**にすることによってさびを防ぐこともできるし，アルマイトのように，金属表面をその金属自身の酸化物の

被膜で覆う方法もある。
　トタンは，銅(鉄)板に亜鉛を電気的にめっきするか，融けた亜鉛の中に鉄製品を投入し，表面を亜鉛の被膜で覆ったものである。亜鉛の方が鉄よりイオン化傾向が大きいが，亜鉛は酸化被膜を形成するため，内部までさびが進行しにくい。また，傷ついて鉄が露出しても，亜鉛のイオン化傾向が鉄より大きいため，亜鉛が先に腐食されるので，亜鉛が存在する限り，内部の鉄は腐食されずにすむ。トタンは屋外で傷がつきやすいところに多く用いられる。
　ブリキは銅(鉄)板にスズを電気的にめっきするか，融けたスズの中に鉄製品を投入し，表面をスズの被膜で覆ったものである。ブリキは，スズの方がイオン化傾向が小さいため，鉄よりもさびにくい。しかし，傷がついて鉄が露出した場合には，内部の鉄はより腐食されやすくなる。ブリキは缶詰の内壁など，傷がつきにくい容器に多く用いられる。

　クロムは硬くさびにくい金属なので，鉄や真鍮に対してめっきして用いられることが多い。空気中では，表面に自然に酸化被膜ができて**不動態**となり，内部まで酸化されるのを防いでいる。
　アルミニウムの表面に生成する酸化被膜はち密で丈夫であり，内部を保護することができる。そこで，電気分解を利用して，適当な厚さの酸化被膜で覆ったアルミニウム製品が**アルマイト**である。アルミニウム製品の多くはアルマイト加工が施されている。

> **参考　アルマイト加工について**
> アルミ製品を陽極につないで希硫酸中で電気分解する。このとき生成したAl_2O_3は多孔質(右図)なので，顔料を加えた後，加熱水蒸気で処理すると，着色されたち密な酸化被膜をつくることができる。

[解答] (1)…(ウ) (2)…(オ) (3)…(イ) (4)…(エ) (5)…(ア) (6)…(カ)

341 [解説] (1) 絶縁体であるアルミナAl_2O_3に導電性成分(SnO_2，TiO_2，NiOなど)を添加して焼成された導電性セラミックスが市販されている。これは，半導体と絶縁体の中間程度の電気伝導性を示すに過ぎず，現在，金属並みの電気伝導性をもつセラミックスは知られていない。　［×］

168　5　共通テストチャレンジ

342 ～ 343

(2) 陶磁器，ガラスのように，天然の鉱物を原料として焼き固めたり，融解してつくられた製品を，**伝統的セラミックス**といい，主にケイ酸塩などを原料としてつくられるが，Na，Ca，Al などの金属元素を少量含んでいる。　〔×〕

(3)，(4)　**セラミックス**は，粘土，石灰石，ケイ砂，長石，セッコウなど，比較的安価な無機物の原料を用いてつくられる。熱や腐食に強いものが多い。　〔○〕

(5)　**ソーダ石灰ガラス**は，ケイ砂(約70％)，炭酸ナトリウム(約25％)，石灰石(約5％)を混合し，約1400℃に加熱してつくられる。　〔○〕

(6)　現在，最も多量に生産されているガラスは**ソーダ石灰ガラス**で，窓ガラス，飲料用びんなどに多く使用されている。　〔×〕

(7)　**コンクリート**は，セメント，砂，砂利を水とともに練り合わせたもので，セメントが固化する過程で，水酸化カルシウムを生じるため，塩基性を示す。したがって，アルカリには強いが，酸には弱く侵されやすい。　〔×〕

(8)　ガラスに CoO(青)，Cr_2O_3(緑)，MnO_2(紫)，CdS(赤)を加えると，色ガラスができる。　〔○〕

(9)　高純度の原料を用いて，精密な条件でつくったセラミックスを**ファインセラミックス**といい，Al_2O_3，ZrO_2，Si_3N_4，AlN，SiC など，金属元素を主成分としたものもある。

　　ファインセラミックスは他の窯業製品とは異なり，天然の材料をそのまま用いるのではなく，純度の高い金属酸化物や窒化物などを原料として，焼成温度や時間を精密に制御してつくられる。

　　ファインセラミックスは，通常のセラミックスにはみられない特性をもつものが多い。例えば，生体になじみやすい性質をもつヒドロキシアパタイト $Ca_5(PO_4)_3OH$ などは人工骨や人工歯に，光を当てると電気伝導性が変化する硫化カドミウム CdS などは光センサーに，圧力を加えると電気伝導性が変化するチタン酸ジルコン酸鉛(Ⅱ)$Pb(Zr,Ti)O_3$ などはガスコンロの圧電素子に用いられる。

解答　(1)×　(2)×　(3)○　(4)○　(5)○　(6)×
　　　(7)×　(8)○　(9)○

共通テストチャレンジ

342 [解説]　硫化鉄(Ⅱ)に希硫酸を加えると，硫化水素が発生し，同時に硫酸鉄(Ⅱ)も生成する。

$$FeS + H_2SO_4 \longrightarrow H_2S\uparrow + FeSO_4$$
弱酸の塩　　強酸　　　　弱酸　　　強酸の塩

① 硫化水素 H_2S は有毒な気体なので，換気装置のあるドラフト内か，風通しの良い場所で実験を行う必要がある。　〔○〕

② 硫酸 H_2SO_4 の水への溶解熱は大きい(74kJ/mol)ので，希硫酸を調製するときは，水に濃硫酸を少しずつ加える。濃硫酸に水を加えると，多量の溶解熱によって水が沸騰し，周囲に硫酸が飛び散るので危険である。　〔○〕

③ H_2S は水に溶け(2.6L／水1L，20℃)，空気よりも重い気体なので，下方置換で捕集する。　〔○〕

④ H_2S を酢酸鉛(Ⅱ)$(CH_3COO)_2Pb$ 水溶液に通じると硫化鉛(Ⅱ)の黒色沈殿を生成する。　〔○〕
$$Pb^{2+} + S^{2-} \longrightarrow PbS\downarrow$$

⑤ 硫化鉄(Ⅱ)FeS は弱酸の塩，HCl は強酸なので，これらを反応させても，弱酸の H_2S が発生する。〔○〕
$$FeS + 2HCl \longrightarrow FeCl_2 + H_2S$$

⑥ FeS は弱酸の塩なので，これから弱酸 H_2S を遊離させるには，強酸を反応させる必要がある。FeS は弱酸の塩であり，強塩基の NaOH とは反応せず，H_2S も発生しない。　〔×〕

解答　③，⑥

343 [解説]　硝酸 HNO_3 はアンモニア NH_3 を原料として，次の反応にしたがって製造される。

$$4NH_3 + 5O_2 \longrightarrow 4NO + 6H_2O \cdots\cdots ①$$
$$2NO + O_2 \longrightarrow 2NO_2 \cdots\cdots\cdots\cdots\cdots ②$$
$$3NO_2 + H_2O \longrightarrow 2HNO_3 + NO \cdots\cdots ③$$

(1)　反応式①の係数比より，NH_3 4mol を酸化するのに必要な O_2 は 5mol だから，NH_3 1000mol の酸化に必要な O_2 の物質量は，

$$1000 \times \frac{5}{4} = 1250 \text{[mol]}$$

(2)　反応式①～③から，反応中間体の NO，NO_2 を消去する。

　　まず，②×3＋③×2 より，NO_2 を消去すると，
$$4NO + 3O_2 + 2H_2O \longrightarrow 4HNO_3 \cdots\cdots ④$$
　④＋①より，NO を消去すると，
$$NH_3 + 2O_2 \longrightarrow HNO_3 + H_2O \cdots\cdots ⑤$$
　反応式⑤の係数比より，
　NH_3 1000mol から HNO_3 1000mol が生成する。
　生成する63％硝酸を x [kg]とすると

344〜347

5 共通テストチャレンジ　169

HNO$_3$ のモル質量は 63g/mol より，

$$\frac{x \times 10^3 \times 0.63}{63} = 1000$$

∴　$x = 100$〔kg〕

解答　(1) ②　(2) ③

344 **解説**　A の気体から B の気体を除くので，C の水溶液は A とは反応せず，B だけと反応するものを選ぶ必要がある。

① B の塩化水素 HCl は強酸なので，弱酸の塩である炭酸水素ナトリウム NaHCO$_3$ を次のように分解する。

$$NaHCO_3 + HCl \longrightarrow NaCl + H_2O + CO_2$$

A の二酸化炭素 CO$_2$ は酸性酸化物であるから，NaHCO$_3$ のような塩とは反応しない。〔○〕

② B のアンモニア NH$_3$ は塩基性の気体なので，硫酸 H$_2$SO$_4$ とは中和反応により吸収される。

$$2NH_3 + H_2SO_4 \longrightarrow (NH_4)_2SO_4$$

A の水素 H$_2$ は中性の気体なので，H$_2$SO$_4$ とは反応しない。〔○〕

③ B の二酸化硫黄 SO$_2$ は還元剤として作用し，硫酸酸性の過マンガン酸カリウム KMnO$_4$（酸化剤）水溶液とは，酸化還元反応によって吸収される。

A の酸素 O$_2$ は還元剤としては作用せず，酸化剤の KMnO$_4$ とは反応しない。〔○〕

④ B の硫化水素と A の塩化水素は，いずれも硝酸銀 AgNO$_3$ 水溶液とは次のように反応し，吸収されてしまうので不適である。〔×〕

$$2Ag^+ + S^{2-} \longrightarrow Ag_2S\downarrow（黒）$$
$$Ag^+ + Cl^- \longrightarrow AgCl\downarrow（白）$$

⑤ B の二酸化炭素 CO$_2$ は酸性酸化物であり，石灰水中の Ca(OH)$_2$ は塩基なので，中和反応によって吸収される。

$$Ca(OH)_2 + CO_2 \longrightarrow CaCO_3\downarrow + H_2O$$

A の窒素 N$_2$ は中性の気体なので，酸・塩基の水溶液には吸収されない。〔○〕

解答　④

345 **解説**　a　アとウを混合すると白煙（固体の微粒子）を生じたので，ア，ウは NH$_3$，HCl のいずれかである。

$$NH_3 + HCl \longrightarrow NH_4Cl$$

H$_2$S と SO$_2$ を混合しても，白煙（S の微粒子）を生じるが，選択肢に SO$_2$ がないので不適である。

b　大気上層で紫外線を吸収するのはオゾン O$_3$ であり，その同素体であるイは酸素 O$_2$ である。地上 20〜30km 付近にはオゾン濃度の高い部分（**オゾン層**）が存在し，生物に有害な紫外線の大部分を吸収して

いる。

c　ウ，エは水に溶けると酸性を示すので，ウ，エは HCl，H$_2$S のいずれかである。a の記述より，ウは HCl と決まり，アは NH$_3$，エは H$_2$S となる。

d　エの硫化水素 H$_2$S には腐卵臭があり，還元性も示すので，d の記述とも一致する。

$$H_2S \longrightarrow S + 2H^+ + 2e^-$$

解答　④

346 **解説**　① 飽和 NaCl 水溶液に NH$_3$ を十分に溶かし，CO$_2$ を通じると，次式の反応が進行する。

$$NaCl + NH_3 + CO_2 + H_2O$$
$$\longrightarrow NaHCO_3\downarrow + NH_4Cl$$

この反応は，**アンモニアソーダ法（ソルベー法）**の主反応の一つである。〔○〕

② 一般に，炭酸水素塩は熱分解すると，炭酸塩に変化する。〔○〕

$$2NaHCO_3 \longrightarrow Na_2CO_3 + CO_2 + H_2O$$

③ アルカリ金属の炭酸塩は水に可溶であるが，2 族元素の炭酸塩はすべて水に不溶である。〔○〕

$$Ca^{2+} + CO_3^{2-} \longrightarrow CaCO_3\downarrow$$

④ Na$_2$CO$_3$，NaHCO$_3$ は強塩基（NaOH）と弱酸（H$_2$CO$_3$）からできた塩であり，その水溶液は，加水分解によって Na$_2$CO$_3$ は塩基性，NaHCO$_3$ は弱塩基性を示す。（0.1mol/L 水溶液の pH は，Na$_2$CO$_3$ は約 12，NaHCO$_3$ は約 8.3 である。）〔×〕

⑤ いずれも強塩基と弱酸からできた塩だから，強酸を加えると弱酸である炭酸 H$_2$CO$_3$ が遊離する反応が起こる。ただし，炭酸はある濃度以上になると H$_2$O と CO$_2$ に分解してしまうため，CO$_2$ が発生する。〔○〕

（弱酸の塩）＋（強酸）$\longrightarrow$（強酸の塩）＋（弱酸）
$$Na_2CO_3 + 2HCl \longrightarrow 2NaCl + H_2O + CO_2$$
$$NaHCO_3 + HCl \longrightarrow NaCl + H_2O + CO_2$$

解答　④

347 **解説**　銀 Ag，銅 Cu はいずれも酸化作用のある硝酸に溶ける。

$$3Ag + 4HNO_3（希）\longrightarrow 3AgNO_3 + NO + 2H_2O$$
$$3Cu + 8HNO_3（希）\longrightarrow 3Cu(NO_3)_2 + 2NO + 4H_2O$$

ここへ NaCl 水溶液を加えると，Ag$^+$ のみが次のように反応し，塩化銀 AgCl の白色沈殿が生成する。

$$Ag^+ + Cl^- \longrightarrow AgCl$$

このように，合金中に含まれていた Ag の質量は，最終的にはすべて AgCl に変化しているので，AgCl 中の Ag の質量と等しい。

$$（Ag の質量）＝（AgCl の質量）\times \frac{Ag の原子量}{AgCl の式量}$$

170　5　共通テストチャレンジ

$$= 287 \times \frac{108}{143.5} = 216 \text{[mg]}$$

∴　合金中の Cu の質量：240 − 216 = 24[mg]

解答　②

348 解説　①　過マンガン酸カリウム $KMnO_4$ は，水溶液中では K^+ と MnO_4^- に電離しており，過マンガン酸イオン MnO_4^- による赤紫色を示す。

マンガン(Ⅱ)イオン Mn^{2+} は濃い水溶液では淡赤色，薄い水溶液では無色であるが，$KMnO_4$ 水溶液中には存在しない。〔×〕

②　硫酸銅(Ⅱ)$CuSO_4$ のように，Cu^{2+} を含む水溶液に $NaOH$ 水溶液や NH_3 水を加えると，水酸化銅(Ⅱ)の青白色沈殿を生成する。〔○〕

$$Cu^{2+} + 2OH^- \longrightarrow Cu(OH)_2\downarrow$$

③　硫酸銅(Ⅱ)五水和物 $CuSO_4\cdot5H_2O$ の青色結晶を 150℃ 以上に加熱すると，水和水をすべて失った白色の硫酸銅(Ⅱ)無水塩 $CuSO_4$ に変化する。逆に，$CuSO_4$ の白色粉末が水分を吸収すると，青色の $CuSO_4\cdot5H_2O$ に戻るため，水分の検出に利用される。〔○〕

④　クロム酸カリウム K_2CrO_4 のように，CrO_4^{2-} を含む水溶液に，硝酸鉛(Ⅱ)$Pb(NO_3)_2$ のように Pb^{2+} を含む水溶液を加えると，クロム酸鉛(Ⅱ)$PbCrO_4$ の黄色沈殿を生成する。〔○〕

$$Pb^{2+} + CrO_4^{2-} \longrightarrow PbCrO_4\downarrow$$

⑤　Ag^+ を含む水溶液に $NaOH$ 水溶液を加えると，水酸化銀 $AgOH$ ではなく，酸化銀 Ag_2O の褐色沈殿が生成する。〔○〕

$$2Ag^+ + 2OH^- \longrightarrow [2AgOH] \longrightarrow Ag_2O\downarrow + H_2O$$

（補足）　イオン化傾向の小さな Ag の水酸化物 $AgOH$ は不安定で，常温でも容易に脱水して，安定な酸化銀 Ag_2O の褐色沈殿に変化する。

解答　①

349 解説　Al^{3+} を沈殿させる試薬 a は**アンモニア NH_3 水**である。Al^{3+} を含む水溶液に NH_3 水を過剰に加えると，次の反応が起こり，水酸化アルミニウム $Al(OH)_3$ の白色沈殿が生成する。

$$Al^{3+} + 3OH^- \longrightarrow Al(OH)_3\downarrow$$

Zn^{2+} は過剰の NH_3 水によって一度生じた水酸化亜鉛 $Zn(OH)_2$ の白色沈殿が溶けて，テトラアンミン亜鉛(Ⅱ)イオン $[Zn(NH_3)_4]^{2+}$ になっている。

Ba^{2+} は過剰の NH_3 水を加えても変化しない。

Zn^{2+} を沈殿させる試薬 b は**硫化水素 H_2S** である。ろ液 A は過剰に NH_3 水を加えたことにより塩基性になっており，H_2S を通じると，硫化亜鉛 ZnS の白色沈殿を生じる。

$$Zn^{2+} + S^{2-} \longrightarrow ZnS\downarrow$$

Ba^{2+} は H_2S を通じても変化しない。

一方，ろ液 A に炭酸アンモニウム $(NH_4)_2CO_3$ 水溶液を加えると Zn^{2+} も Ba^{2+} も $ZnCO_3$，$BaCO_3$ として沈殿するので分離できない。

Ba^{2+} を沈殿させる試薬 c は $(NH_4)_2CO_3$ **水溶液**である。

ろ液 B に $(NH_4)_2CO_3$ 水溶液を加えると，炭酸バリウム $BaCO_3$ の白色沈殿を生成する。

$$Ba^{2+} + CO_3^{2-} \longrightarrow BaCO_3\downarrow$$

一方，ろ液 B に $NaOH$ 水溶液を加えても，Ba^{2+} は沈殿しない。

解答　②

28 有機化合物の特徴と構造

350 [解説] 炭素原子を骨格とする化合物を**有機化合物**という。ただし，一酸化炭素，二酸化炭素，炭酸塩，シアン化物は無機化合物に分類される。

(ア) 有機化合物を構成する元素の種類は少ないが(C, H, O, N, Sなど)，化合物の種類はきわめて多い(現在，約1億種以上の有機化合物の存在が知られている)。これは，炭素原子が鎖状や環状，単結合や二重結合，三重結合など多様な共有結合でつながるからである。〔×〕

(イ) 有機化合物は無機化合物に比べて，極性が小さいか無極性のものが多いので，極性溶媒である水に溶けにくく，極性の小さな有機溶媒に溶けやすい。〔○〕

(ウ) 有機化合物はほとんど分子性物質からなり，融点が低く，300℃以上になると分解してしまうものが多い。〔×〕

(エ) 有機化合物は分子からなる物質が多く，常温では固体だけでなく液体や気体として存在するものもある。また，溶液中でも電離しない物質(**非電解質**)が多い。〔×〕

(オ) 有機化合物には可燃性の物質が多く，燃焼するとCO_2やH_2Oを生じる。また，加熱すると融点よりも低い温度で分解してしまうものもある。〔×〕

(カ) 有機化合物が反応するときには，共有結合の切断をともなう。これには大きな活性化エネルギーが必要となり，反応速度が小さい反応が多い。〔○〕

(キ) 炭素原子は互いに何個でも共有結合でつながる能力(**連鎖性**)をもち，分子量の大きな**高分子化合物**をつくることができる。〔○〕

[解答] (イ), (カ), (キ)

351 [解説] 分子式が同じで性質が異なる化合物を**異性体**という。異性体には次のような種類がある。

〔1〕 **構造異性体**…原子どうしの結合の順序，つまり，構造式が異なる異性体。
1) 炭素骨格の違い(**連鎖異性体**)
   C-C-C-C 　C-C-C
   　直鎖　　 　　|
   　　　　 　　C　枝分かれ
2) 官能基の種類の違い(**官能基異性体**)
   C-C-OH　　C-O-C
   アルコール　エーテル
3) 官能基の位置の違い(**位置異性体**)
   C-C-C-OH　C-C-C
   　　　　　　　|
   　　　　　　 OH
   C=C-C-C
   C-C=C-C

(オルト o-, メタ m-, パラ p- ジクロロベンゼン)

〔2〕 **立体異性体**…原子の結合の順序，つまり，構造式は同じだが，分子中の原子，原子団の立体配置が異なる異性体。

1) **シス-トランス異性体(幾何異性体)**…二重結合が分子内で回転できないために，原子，原子団の立体配置が固定されて生じた異性体。

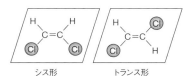

シス形　　　トランス形

2) **鏡像異性体**…**不斉炭素原子**(4種の異なる原子(団)と結合した炭素原子)をもつ化合物に存在し，原子，原子団の立体配置が異なる異性体。
鏡像異性体は，互いに実像と鏡像の関係に，または左手と右手の関係にあるので，**鏡像体**あるいは**対掌体**ともよばれる。

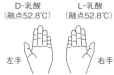

I D-乳酸 (融点52.8℃)　II L-乳酸 (融点52.8℃)
左手　　　右手
乳酸の鏡像異性体

鏡像異性体は，化学的性質やほとんどの物理的性質は同じであるが，**旋光性**(偏光面を回転させる性質)の方向が互いに逆であるので，**光学異性体**ともいう。また，鏡像異性体は味，匂いなど生物に対する作用(生理作用)が異なることがある。

> **参考　旋光性について**
> 自然光はあらゆる方向に振動しているが，偏光板を通すと，一方向のみで振動する**偏光**が得られる。その振動面を**偏光面**という。通過してくる光に向かって偏光を左，右に回転させる性質を，それぞれ**左旋性(-)**, **右旋性(+)**という。旋光性の大きさは**旋光度**で表され，鏡像体の一方が右旋性であれば，他方は左旋性となり，その回転角は等しい。例えば，D-乳酸では-3.8°, L-乳酸は+3.8°であるが，必ずしもD型が右旋性，L型が左旋性とは限らない。

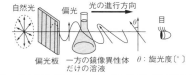

[解答] ① (イ)　② (ア)　③ (カ)　④ (ウ)　⑤ (エ)　⑥ (オ)

352〜354

352 [解説] 異性体だと思って書いた構造式が，実は，同じ化合物を書いていることがよくある。異性体を重複なくもれなく書き出すためには，異性体であるか否かをしっかりと見分ける目を養う必要がある。

〈異性体を見分けるポイント〉
・C原子だけでまず骨格をかく。次に，H原子以外の原子（団）を結合させる（H原子は書かない）。
・回転させたり，裏返したりしたときに重なり合う化合物は，同一物質である。
・C-C結合は自由に回転できるので，その自由回転で生じた化合物も，同一物質である。
・二重結合があればシス-トランス異性体に注意する。
・不斉炭素原子があれば，鏡像異性体が存在することに留意する。

(1)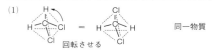

(2) C-C-C-C ≠ C-C-C 連鎖
　　直鎖　　　　　|　　異性体
　　　　　　　　　C　　枝分かれ

(3) C-[O]-C ≠ C-C-[OH]　官能基
　　エーテル結合　ヒドロキシ基　異性体

(4) [Cl]-C-C-C ≠ C-C-C　位置
　　　　　　　　　　|　　異性体
　　　　　　　　　 [Cl]

(5)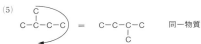
分子全体を紙面上で180°回転させると重なる。

(6)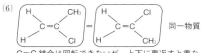
C=C結合は回転できないが，上下に裏返すと重なる。

参考 C=C結合は，その結合を軸として回転できない。このため，二重結合の炭素にそれぞれ異なる原子・原子団が結合している場合に限って，**シス-トランス異性体**が存在することに留意せよ。

```
    H        H          H        Cl
     \      /            \      /
      C = C                C = C
     /      \            /      \
    Cl      Cl          Cl       H
     シス形              トランス形
```

(6)のように，二重結合の炭素のいずれかに同じ原子（団）が結合している場合は，シス-トランス異性体は存在しない。

(7)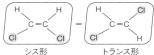

[解答] (1) A　(2) B　(3) B　(4) B　(5) A　(6) A　(7) A

353 [解説] (1) 濃NaOH水溶液または，ソーダ石灰（CaO＋NaOHの混合物）と加熱すると，NはNH_3となり発生する。
　試験管の口に濃塩酸をつけたガラス棒を近づけると，NH_3（気）とHCl（気）は空気中で反応して，塩化アンモニウムNH_4Cl（固）の白煙を生じることで検出される。
(2) 酸化銅（II）CuOは，試料を完全燃焼させるための酸化剤としてはたらく。試料を完全燃焼させると，CはCO_2となる。
　石灰水を白濁させる気体は，CO_2である。
(3) 加熱した銅線に試料をつけてバーナーの外炎に入れると，Clは$CuCl_2$となり，青緑色の炎色反応を示す（**バイルシュタイン反応**という）。
(4) 金属Naと加熱すると，SはNa_2Sとなり，これに$(CH_3COO)_2Pb$水溶液を加えると，硫化鉛（II）PbSの黒色沈殿を生成する。
　$Pb^{2+} + S^{2-} \longrightarrow PbS$（黒）↓
(5) 試料を完全燃焼させると，HはH_2Oとなる。
　塩化コバルト（II）紙は$CoCl_2$（青色）を含み，乾燥した状態では青色を示すが，水分を吸収すると$[Co(H_2O)_6]^{2+}$（淡赤色）に変色する。
　水は，白色の硫酸銅（II）無水塩$CuSO_4$が青色の硫酸銅（II）五水和物$CuSO_4 \cdot 5H_2O$に変化することでも検出できる。

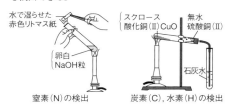

窒素（N）の検出　　　炭素（C），水素（H）の検出

[解答] (1) N　(2) C　(3) Cl　(4) S　(5) H

354 [解説] 有機化合物中の各元素の含有量を求め，各成分元素の割合を求める操作を**元素分析**という。元素分析のデータは，普通は，CO_2とH_2Oの質量で与えられているので，炭素（C），水素（H）の質量を求める必要がある。しかし，本問のように，各元素の質量百分率（%）で与えられている場合は，このような計算は省略できる。
(1) 質量百分率で，C…60.0%，H…13.3%，O…26.7%の有機化合物Aが100gあるとすると，各元素の質量は，C…60.0g，H…13.3g，O…26.7gとなる。この値をそれぞれのモル質量（原子量）[g/mol]で割る

と，物質量の比，つまり原子数の比が求められる。これを最も簡単な整数比に直した化学式が**組成式**（実験式）である。

$$C : H : O = \frac{60.0}{12} : \frac{13.3}{1.0} : \frac{26.7}{16}$$
（原子数の比）

$$\fallingdotseq 5.00 : 13.3 : 1.67 = 3 : 8 : 1$$
（最小のものを1とおく）

∴ 組成式は C_3H_8O

分子式は組成式を整数倍したものだから，分子式を $(C_3H_8O)_n$（n は整数）とおく。

同様に，分子量は式量の整数倍に等しいから，
$$\underbrace{(12 \times 3 + 1.0 \times 8 + 16) \times n}_{式量} = \underbrace{60}_{分子量} \quad \therefore \quad n = 1$$

よって，分子式も C_3H_8O

(2) **構造式**は，各原子の**原子価**（原子のもつ価標の数）を一致させるように書く。

$-\overset{|}{\underset{|}{C}}-$ (4)　$-\overset{|}{N}-$ (3)　$-O-$ (2)　$H-$ (1)　$Cl-$ (1)

① 炭素骨格の形（直鎖か枝分かれか）を決める。
② O原子の結合位置を決める。O原子は2価なので，炭素骨格の末端につく場合と，炭素骨格の間に割り込む場合とがある。
③ 最後に，C原子の原子価4を考慮して，H原子を結合させ，構造式を完成する。

炭素数は3だから，炭素骨格は直鎖のみである（炭素数4以上で，枝分かれが出てくる）。

O原子が末端につく場合
(i) C—C—C—O　　(ii) C—C—C
　　　　　　　　　　　　　　|
　　　　　　　　　　　　　　O

C原子の間にO原子が割り込む場合
(iii) C—O—C—C

各C原子にH原子を結合させると，答えになる。

【解答】(1) 組成式：C_3H_8O　分子式：C_3H_8O

(2)
```
    H H H                H H
    | | |                | | |
H—C—C—C—O—H          H—C—C—C—H
    | | |                | | |
    H H H                H O H
                           |
                           H

    H   H H
    | | | |
H—C—O—C—C—H
    | | |
    H H H
```

355【解説】(1) 酸化銅(Ⅱ) CuO は，高温では**酸化剤**として作用し，試料の不完全燃焼で生じた CO などを酸化し，CO_2 にするはたらきがある。よって，CuO は試料を入れた白金皿の右側に置く必要がある。

(2) ソーダ石灰は CaO と NaOH の混合物で，強い塩基性を示し，CO_2 を吸収するだけでなく，H_2O

も吸収する。先にソーダ石灰管をつなぐと，CO_2 と H_2O が一緒に吸収されるので，C と H の元素分析はできなくなる。したがって，吸収管 A には**塩化カルシウム**を入れて H_2O だけを吸収させ，吸収管 B には**ソーダ石灰**を入れて CO_2 だけを吸収させることで，それぞれの質量増加量を測定する。

(3) 試料 X の 45 mg 中に含まれる各元素の質量は，

$$C : 66 \times \frac{C}{CO_2} = 66 \times \frac{12}{44} = 18 〔mg〕$$

$$H : 27 \times \frac{2H}{H_2O} = 27 \times \frac{2.0}{18} = 3.0 〔mg〕$$

$$O : 45 - (18 + 3.0) = 24 〔mg〕$$

各元素の質量をモル質量（原子量）〔g/mol〕で割ると，物質量の比，つまり，各原子数の比が求まる。

$$C : H : O = \frac{18}{12} : \frac{3.0}{1.0} : \frac{24}{16}$$
（原子数の比）

$$= 1.5 : 3.0 : 1.5 = 1 : 2 : 1$$

∴ 組成式は CH_2O

化合物 X（1価の酸）の分子量を M とすると，中和の関係式より，

（酸の出した H^+ の物質量）
$\qquad =$（塩基の出した OH^- の物質量）

$$\frac{0.27}{M} \times 1 = 0.10 \times \frac{45}{1000} \quad \therefore \quad M = 60$$

分子式は組成式を整数倍したものだから，分子式を $(CH_2O)_n$（n：整数）とおくと，

$30n = 60$ ∴ $n = 2$

よって，分子式は $C_2H_4O_2$

参考　分子量の測定方法

(i) 試料が揮発性物質の場合，蒸気の密度から気体の状態方程式を利用して求める。
(ii) 試料が不揮発性物質の場合，溶液の凝固点降下から求める。
(iii) 試料が高分子化合物の場合，溶液の浸透圧から求める。
(iv) 試料が酸・塩基性物質の場合，中和滴定から求める。

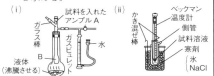

(i) アンプル A を B に落として割り，試料を蒸発させ，蒸気の体積を測定し，分子量を求める。

(ii) 溶媒と溶液の凝固点をはかり，その差から分子量を求める。

【解答】(1) 試料を完全燃焼させるはたらき。
(2) ソーダ石灰の入った吸収管 B を先につなぐと，CO_2 と H_2O が一緒に吸収され，試

174 6-29 脂肪族炭化水素

356 ～ 357

料中の炭素と水素の質量が求められなくなるから。

(3) 組成式：CH_2O　分子式：$C_2H_4O_2$

356 [解説]　有機化合物中の炭素と水素の質量は，前問 355 の図に示した**炭素・水素分析装置**で求められる。一方，窒素の質量は，本問の図に示した**窒素分析装置**で求める必要がある。

CO_2 の気流中で，一定質量の試料を CuO（酸化剤）とともに加熱すると，試料中の C は CO_2，H は H_2O，N は N_2 となる。これから CO_2 と H_2O を濃 KOH 水溶液に吸収させた後，残った N_2 をアゾトメーター（窒素測定装置）に導き，正確に体積を測定することにより，試料中の窒素の含有量がわかる（ただし，捕集した N_2 には KOH 水溶液の水蒸気圧が含まれるので，その補正が必要である）。

(1) 炭素・水素分析の結果から，化合物中の C と H の質量は，

$$C : 55.0 \times \frac{12}{44} = 15.0 \, (mg)$$

$$H : 22.5 \times \frac{2.0}{18} = 2.50 \, (mg)$$

窒素分析の結果から，化合物中の N の質量は，N_2 の体積を気体のモル体積22.4L/molを用いて物質量に直し，さらに，N_2 のモル質量28g/molを用いて質量に変換すると，

$$\frac{6.96}{22.4 \times 10^3} \times 28 \times 10^3 = 8.70 \, (mg)$$

化合物中の O の質量は，

$$36.2 - (15.0 + 2.50 + 8.70) = 10.0 \, (mg)$$

したがって，化合物 X 中の C，H，N，O の原子数の比は，

$$\underset{\text{(原子数の比)}}{C : H : N : O} = \frac{15.0}{12} : \frac{2.50}{1.0} : \frac{8.70}{14} : \frac{10.0}{16}$$

$$= 1.250 : 2.500 : 0.621 : 0.625$$

$$≒ 2 : 4 : 1 : 1 \quad \text{(最小のものを1とおく)}$$

∴　組成式は　C_2H_4NO

(2) 分子式は組成式を整数倍したものだから，分子式を $(C_2H_4NO)_n$（n：整数）とおくと，

$$58n = 116 \quad ∴ \quad n = 2$$

よって，分子式は　$C_4H_8N_2O_2$

参考　**有機化合物の分子式**
有機化合物の分子式では，ふつう C，H の順に元素記号を並べ，これ以外の原子はアルファベット順に並べる。
例　$C_2H_5NO_2$，$C_2H_3ClO_2$ など

[解答]　(1) C_2H_4NO　(2) $C_4H_8N_2O_2$

---

29 脂肪族炭化水素

357 [解説]　炭素と水素だけからなる化合物を**炭化水素**という。炭化水素は，有機化合物の基本となる化合物で，炭素骨格の形・構造に基づいて分類される。

炭化水素のうち，炭素間がすべて単結合（飽和結合）であるものを**飽和炭化水素**，炭素間に二重結合や三重結合（不飽和結合）を含むものを**不飽和炭化水素**という。また，炭素骨格が鎖状のものを**鎖式炭化水素**（脂肪族炭化水素ともいう），環状のものを**環式炭化水素**という。また，32 章で学習するが，ベンゼン環とよばれる独特な炭素骨格をもつものを**芳香族炭化水素**という。

以上の分類を組み合わせて，鎖式の飽和炭化水素を**アルカン**という。鎖式の不飽和炭化水素のうち，二重結合を 1 個もつものを**アルケン**，三重結合を 1 個もつものを**アルキン**という。

また，環式の飽和炭化水素を**シクロアルカン**という。環式の不飽和炭化水素のうち，二重結合を 1 個もつものを**シクロアルケン**という。環式炭化水素のうち，自然界に存在するのは構成する炭素原子が 3 個以上のものである。なお，シクロアルカン，シクロアルケンのように，芳香族炭化水素以外の環式炭化水素を**脂環式炭化水素**ということがある。

参考　**環式炭化水素**では，環状構造を構成している炭素原子の数によって，**三員環，四員環**，…という。三員環以上のものが存在し，**六員環**が最も安定で，五員環がこれに次ぐ。
（　）内は沸点。

シクロプロパン（−33℃）　シクロブタン（12℃）

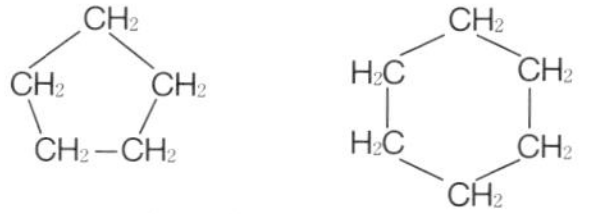

シクロペンタン（49℃）　シクロヘキサン（81℃）

三員環や四員環構造をもつシクロプロパンとシクロブタンの反応性はかなり大きい。それは，環を構成する C 原子の結合角（C−C 結合の角度）が，C−C 結合の本来の結合角 109.5°よりもかなり小さく，環に大きなひずみエネルギーが生じているためである。

一方，シクロヘキサンは平面構造ではなく，実際には下図のような立体構造（いす形と舟形）をとっているが，いす形の方が舟形に比べてエネルギー的に安定で，常温ではほとんどいす形（99.9%）として存在する。両者は，環の C−C 結合を切らなくても，C−C 結合の回転だけで可逆的に変化し得るので，**配座異性体**と

いい，立体異性体としては扱わない。
(a) いす形　(b) 舟形

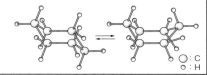

アルカンのうち最も簡単な構造をもつ**メタン**分子は，中心にあるC原子が，正四面体の頂点の方向で4つのH原子と共有結合している。つまり，**メタンは，正四面体形の分子**をしている。他のアルカンは，このメタンの正四面体が各頂点でつながったもので，実際の炭素鎖は，折れ曲がったジグザグ構造をしている。しかし，構造式では，これを真っすぐに引き伸ばしたように表すので，十分に注意したい。
エタンのC－C結合は，それを軸として自由に回転できるが，エチレンのC＝C結合は，それを軸として回転ができない。したがって，C＝C結合をつくる2個のC原子および，それに直結した4個のH原子は，すべて同一平面上にある。すなわち，**エチレンは平面状分子**である。

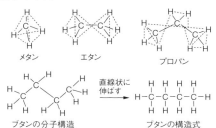

メタン　　エタン　　プロパン

ブタンの分子構造　　ブタンの構造式

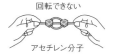

エタン分子　　エチレン分子

回転できない

アセチレン分子

一方，アセチレンのC≡C結合もそれを軸として回転できず，C≡C結合をつくる2個のC原子および，それに直結した2個のH原子はすべて**同一直線上**にある。すなわち，**アセチレンは直線状分子**である。

[解答] ① 飽和炭化水素　② 不飽和炭化水素
③ 鎖式炭化水素(脂肪族炭化水素)
④ 環式炭化水素
⑤ アルカン　⑥ アルケン　⑦ アルキン
⑧ シクロアルカン　⑨ シクロアルケン
⑩ 3　⑪ 同一平面　⑫ 同一直線

358 [解説]（1）アルカンには不飽和結合が存在しないので，付加反応は起こらないが，光の存在下ではハロゲンとは置換反応が起こる。例えば，メタンに光を当てながら塩素を作用させると，H原子とCl原子が次々に**置換反応**を起こし，種々の塩素置換体の混合物が生成する。

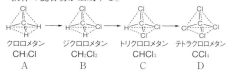

クロロメタン　ジクロロメタン　トリクロロメタン　テトラクロロメタン
CH_3Cl　　CH_2Cl_2　　$CHCl_3$　　CCl_4
A　　　　B　　　　C　　　　D

メタンのハロゲン置換体は，アルカンの名称の前に，ハロゲンの置換基名（F…フルオロ，Cl…クロロ，Br…ブロモ，I…ヨード）と数（1…モノ（省略），2…ジ，3…トリ，4…テトラ）をつけて命名する。

[参考] **メタンと塩素の置換反応について**
塩素分子Cl_2に光（紫外線）を当てると，Cl－Cl結合が切れて塩素原子Cl・を生じる。
Cl・のように不対電子をもった化学種を**ラジカル（遊離基）**といい，きわめて反応性が大きい。
Cl・のようなラジカルにより進行する反応を**ラジカル反応**という。メタンと塩素の置換反応はこの反応に属していて，次のように反応が進行する。
1. CH_4分子にCl・が作用して，H・を引き抜く（同時に，HCl分子が生成する）。
2. 1で生じた・CH_3がCl_2分子からCl・を引き抜くと，CH_3Cl（クロロメタン）が生じる（同時に，Cl・が再生する）。
3. Cl・が別のCH_4の分子からH・を引き抜くと，1，2の反応により，CH_3Clを生じる。
4. Cl・がCH_3Cl分子からH・を引き抜くと，・CH_2Clを生じ，これがCl_2分子からCl・を引き抜くと，CH_2Cl_2（ジクロロメタン）を生じる（同時に，Cl・が再生する）。
5. Cl・がCH_2Cl_2分子からH・を引き抜くと，・$CHCl_2$を生じ，これがCl_2分子からCl・を引き抜くと，$CHCl_3$（トリクロロメタン）を生じる（同時にCl・が再生する）。
6. Cl・が$CHCl_3$分子からH・を引き抜くと，・CCl_3を生じ，これがCl_2分子からCl・を引き抜くと，CCl_4（テトラクロロメタン）を生じる（同時に，Cl・が再生する）。
このように，Cl・とCH_4とのラジカル反応では，反応途中にさまざまなラジカルが生成し，結局，種々のメタンの塩素置換体が混合物

として得られることになる。
　一般に，CH₄量に対してCl₂量が多ければ，より多くのCl原子が置換した化合物(CHCl₃やCCl₄など)が多く得られ，CH₄量に対してCl₂量が少なければ，置換したCl原子の数の少ない化合物(CH₃Cl，CH₂Cl₂など)が多く得られることになる。

解答　A：CH₃Cl　クロロメタン(塩化メチル)
　　　　B：CH₂Cl₂　ジクロロメタン(塩化メチレン)
　　　　C：CHCl₃　トリクロロメタン(クロロホルム)
　　　　D：CCl₄　テトラクロロメタン(四塩化炭素)

参考　**メタンの立体構造の発見**
　メタンには，歴史的には(a)正方形，(b)四角錐，(c)正四面体の3種類の構造が考えられた。
　いま，メタンの塩素二置換体のジクロロメタンBの異性体の数を調べてみると，(a)，(b)にはそれぞれ2種類の異性体が考えられるが，実際のジクロロメタンには，異性体は存在しなかった。

(a) 正方形　　(b) 四角錐　　(c) 正四面体

異なる化合物　異なる化合物　同じ化合物

　このような事実から，**ファントホッフ**はメタンが(c)のような**正四面体構造**をとっていることを明らかにした。

359　[解説]
　アセチレンには，三重結合という不飽和結合が存在するが，これは，二重結合が強い**σ結合**1本と少し弱い**π結合**1本からなるのと同様に，三重結合は，強いσ結合1本と少し弱いπ結合2本からなる。アセチレンもエチレンとほぼ同様に**付加反応**が起こるが，**二段階の付加反応**が特徴である。
　アセチレンに触媒なしで付加するのはハロゲンだけで，他の分子は触媒存在下でのみ付加反応を行う。

① アセチレンに酢酸が付加すると，**酢酸ビニル**になる。
　　CH≡CH + CH₃COOH ⟶ CH₂=CHOCOCH₃

② アセチレンに塩化水素が付加すると，**塩化ビニル**を生じる。
　　CH≡CH + H-Cl ⟶ CH₂=CHCl

　なお，エチレン CH₂=CH₂ から H 原子を1個除いた炭化水素基 CH₂=CH- を**ビニル基**という。

③ CH≡CH + 2Br₂ ⟶ CHBr₂CHBr₂
　炭素骨格の形からこの炭化水素名はエタン，その前にハロゲンの置換基名の「ブロモ」と，その数「テトラ」および，位置番号「1,1,2,2-」をつけて表す。

④ アセチレンにシアン化水素HCNが付加すると，アクリロニトリルが生成する。
　　CH≡CH + H-CN ⟶ CH₂=CHCN

⑤ アセチレン(≡C-H)の水素は，ごく弱い酸の性質をもち，塩基性条件ではAg⁺と置換され**銀アセチリド**(乾燥すると爆発性をもつ)とよばれる白色沈殿を生成する。
　　HC≡CH + 2[Ag(NH₃)₂]⁺
　　　⟶ Ag-C≡C-Ag↓ + 2NH₃ + 2NH₄⁺
　　　　　銀アセチリド(白)

　しかし，CH₃-C≡C-CH₃のように，炭素骨格の末端に三重結合をもたないアルキンでは，この反応は起こらない。したがって，この反応は，アルキンの炭素骨格の末端にある三重結合(C≡C-H)の検出に使われる。

⑥ アセチレンに硫酸水銀(Ⅱ)を触媒として水を付加して生じたビニルアルコールは不安定であるため，H原子の分子内移動(**水素転位**という)により，直ちに安定な異性体の**アセトアルデヒド**に変わる。
　　CH≡CH + H-OH
　　　─(HgSO₄)→ [CH₂=CHOH] ⟶ CH₃CHO
　　　　　　　　　　ビニルアルコール

参考　**ケト・エノール転位について**
　ビニルアルコールのように，一般に，二重結合しているC原子に-OHが結合した化合物(**エノール**という)は不安定で，分子内でH(厳密にはH⁺)の移動によって，安定な異性体(ケト形)に変化する。この変化を，とくに**ケト・エノール転位**という。
　例えば，プロピン(メチルアセチレン)への水の付加反応で，アセトンが生成する。このときも同様の変化が起こっている。

CH₃-C≡C-H ⇨ CH₃-C=C-H ⇨ CH₃-C-CH₃
　　　　　　　　　(HO⁀H)　　　(⁀H)　　　O
　　プロピン　　　　　　　　　　　　　アセトン
　　　　　　(⁀は電子の移動，→はH⁺の移動)

　エノール形からケト形への変化が起こりやすい理由は，次のように考えられる。O原子はC原子よりも電気陰性度が大きいので，C=O結合は強く分極しており，結合エネルギーが大きい。すなわち，C=Oの結合エネルギー(799kJ/mol)はC-Oの結合エネルギー(351kJ/mol)の2倍よりも大きい。一方，全く分極していないC=Cの結合エネルギー(719kJ/mol)はC-Cの結合エネルギー(366kJ/mol)の2倍よりも小さい。したがって，ケト・エノール転位において，エノール形からケト形への変化は発熱反応となり，ケト形の方が熱力学的に安定となる。

6-29 脂肪族炭化水素　177

360〜361

[解答] ① CH₂＝CHOCOCH₃　酢酸ビニル
② CH₂＝CHCl　塩化ビニル
③ CHBr₂CHBr₂
　　1,1,2,2-テトラブロモエタン
④ CH₂＝CHCN　アクリロニトリル
⑤ AgC≡CAg　銀アセチリド
⑥ CH₃CHO　アセトアルデヒド

360 [解説] 各炭化水素を構造式に直して考える。

(ア) エチレン　　　　　(イ) アセチレン

(ウ) エタン　　　　　　(エ) プロペン

(オ) シクロヘキサン

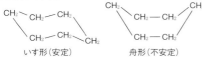

　　いす形(安定)　　　　　舟形(不安定)

(1)(ア) 二重結合の炭素原子に直結した原子は、常に同一平面上にある。
(イ) 三重結合の炭素原子に直結した原子は、常に同一直線上にある。
(エ) メチル基の炭素は、他の炭素原子と同一平面上にあるが、メチル基の水素は同一平面上にはない。
(オ) 通常、シクロヘキサンはいす形の構造をとり、同一平面上にはない。
(2) アルカンの(ウ)とシクロアルカンの(オ)には、不飽和結合が存在しないので、付加反応は起こらず、光の存在下でハロゲンとの**置換反応**が起こる。
(3) アルケンの(ア)と(エ)、アルキンの(イ)には、不飽和結合が存在するので、**付加反応**が起こりやすい。
(4) 炭化水素では、「C_1〜C_4が気体」、「C_5〜C_{15}が液体」、「C_{16}〜が固体」を目安とする。
(5) 炭素間の不飽和結合をもつアルケン、アルキンは、硫酸酸性の**KMnO₄(酸化剤)** によって、炭素間の不飽和結合が酸化・開裂(切断)される。

[解答] (1)…(ア)　(2)…(ウ), (オ)　(3)…(ア), (イ), (エ)
(4)…(オ)　(5)…(ア), (イ), (エ)

361 [解説] 炭化水素の異性体を、もれなく、重複なく書き出すには、かなりの訓練が必要である。

炭化水素の異性体を、大まかなグループに分類してみると、

1. C_nH_{2n+2} ………… アルカン($C≧1$)
2. C_nH_{2n} ………… アルケン($C≧2$)
　　　　　　　　　シクロアルカン($C≧3$)
3. C_nH_{2n-2} ………… アルキン($C≧2$)
　　　　　　　　　アルカジエン($C≧3$)
　　　　　　　　　シクロアルケン($C≧3$)

以上より、アルカンからH原子が2個減少(**不飽和度が1増加**)するごとに、二重結合または環構造が1つずつ増えていく(三重結合は不飽和度は2と考える)。

① アルカン C_nH_{2n+2}
　アルケン、シクロアルカン C_nH_{2n}
　アルキン、シクロアルケン C_nH_{2n-2}
　の一般式のどれに該当するかを考える(置換体では、その置換基をHに戻すと、もとの炭化水素が何であったかがわかる)。
② (i)直鎖状のもの　(ii)枝分かれ1つ　(iii)枝分かれ2つ　という順に漏れがないように炭素骨格を書く。
③ ②に不飽和結合や置換基をつけて異性体を区別する。二重結合があれば**シス-トランス異性体**、不斉炭素原子があれば**鏡像異性体**の存在に注意すること。
④ 最後にH原子をつけ、C-H結合の価標を省略した簡略構造式で表す。

※異性体の総数を問われたら、**構造異性体のほかに立体異性体(シス-トランス異性体、鏡像異性体)も含めた数を答えること。**

以下、炭素骨格のみで異性体を示す。

(1) $C_2H_2Cl_2$の置換基ClをHに戻すと、C_2H_4になる。すなわち、$C_2H_2Cl_2$はエチレンC_2H_4の塩素二置換体である。考えられる異性体には、次の3種類がある。

　　H　　H　　　　H　　Cl　　　　Cl　　Cl
　　 C=C　　　　　 C=C　　　　　 C=C
　　Cl　　Cl　　　Cl　　H　　　　H　　H
　　　　　　　　シス形　　トランス形

(2) 分子式C_5H_{10}の鎖式化合物には**アルケン**が該当する。炭素骨格を直鎖、枝1つ、枝2つの順で考え、さらに、C=C結合の位置の違いを考える。

〔直鎖〕　　　　〔枝1つ〕　　　　〔枝2つ〕
(i) C=C-C-C-C　(iii) C=C-C-C　(vi)　C
　　　　　　　　　　　　　 C　　　　C-C-C
　　　　　　　　　　　　　　　　　　　C
(ii) C-C=C-C-C　(iv) C-C=C-C
シス・トランス形　　　　　C
立体異性体あり
　　　　　　　　(v) C-C-C=C
　　　　　　　　　　　　 C

よって、異性体の総数は(i), (ii)のシス形とトランス形、(iii), (iv), (v)の6種類ある。

(3) 分子式C_5H_{10}の環式化合物には**シクロアルカン**が該当する。炭素骨格を五員環、四員環＋枝1つ、三

178　6-29　脂肪族炭化水素

362 ～ 363

員環＋枝２つの順で考える。

（i）　　　（ii）　　　（iii）

　C　C　＊は不斉炭素原子　C

よって，異性体の総数は７種類ある。

解答　(1) **3種類**　(2) **6種類**　(3) **7種類**

参考　**シス−トランス異性体（幾何異性体）について**

　シス−トランス異性体は，主として二重結合がその軸を中心として回転できないことにより生じる。着目した置換基が二重結合に対して同じ側にあるものを**シス形**，反対側にあるものを**トランス形**という。これらの異性体では，各原子の結合状態は同じであるため，化学的性質はよく似ているが，置換基どうしの距離に違いがあるため，物理的性質では少なからず違いがみられる。
　トランス形はシス形よりも分子の対称性が高いので，結晶をつくりやすく融点が高くなる。
　例　トランス−2−ブテン（融点−106℃），シス−2−ブテン（融点−139℃）
　シス形はトランス形よりも分子の極性が大きいので，分子間力が強く沸点は高くなる。
　例　シス−2−ブテン（沸点4℃），トランス−2−ブテン（沸点1℃）
　また，環式化合物では，環内の**C−C**結合は回転できないので，シス−トランス異性体が存在することがある。
　上記の(i)は，環平面に対してメチル基が同じ側に出ているのでシス形。
　上記の(ii)と(iii)は，メチル基が互いに反対側に出ているのでトランス形である。実は，(i)，(ii)，(iii)には**不斉炭素原子**が２個ずつ存在し，(ii)と(iii)は実像と鏡像の関係にある**鏡像異性体**である。
　一方，(i)は，分子内に対称面をもつので，それぞれの不斉炭素原子による旋光性が打ち消されて，旋光性を示さない**メソ体**となる。

362　**解説**　分子式C_4H_8はC_nH_{2n}の一般式に該当するから，**アルケンかシクロアルカン**である。

有機化合物の構造決定の方法

① 与えられた分子式に可能な構造式（炭素骨格と官能基だけでよい）を，もれなく，重複のないように書き出す。その際，立体異性体の存在にも注意すること。

② その中から，問題の条件に合うものを選び出す。
　これが，構造決定の最も一般的な方法である。
　C_4H_8に考えられる異性体は，次の(i)～(v)である。

（i）C=C−C−C　　（ii）C−C=C−C　　（iii）C=C−C
　↓H_2　　　　　↓H_2　　　　　　　　│
C−C−C−C　　C−C−C−C　　　　　C
　　　　　　　　　　　　　　　　　　↓H_2
　　　　　　　　　　　　　　　C−C−C
　　　　　　　　　　　　　　　　　│
　　　　　　　　　　　　　　　　　C

（iv）C−C　　　　（v）　C
　　　│ │　　　　　　　△
　　　C−C　　　　　C−C

(1)　A，B，C は臭素付加するので，アルケンの(i)，(ii)，(iii)のいずれかである。

(2)　D，E は臭素付加しないので，シクロアルカンの(iv)，(v)のいずれかである。

(3)　A，B に水素付加すると，同じアルカンになるということは，炭素骨格の形が同じであるから，(i)か(ii)である。よって，C は(iii)と決まる。

(4)　なお，C＝C 結合が炭素骨格の末端にある(i)，(iii)にはシス−トランス異性体は存在せず，C＝C 結合が炭素骨格の中央にある(ii)のみにシス−トランス異性体が存在する。よって，B は(ii)の 2−ブテン，残る A が(i)の 1−ブテンとなる。

参考　**アルケンの命名法**

　アルケンの命名では，二重結合の位置も二重結合を含む最長の炭素骨格の端からつけた番号で示す。その際，より小さくなるように番号をつける。例えば，$CH_2=CH-CH_2-CH_3$では，左端から番号をつけると，二重結合は1と2の炭素に属しているが，そのうち小さい方の1を位置番号として，1−ブテンと命名する。

---

(5)　シクロアルカンのうち，E は炭素骨格に枝分かれがあるので，(v)のメチルシクロプロパン，残る D は枝分かれのない(iv)のシクロブタンである。

解答　　A：$CH_2=CH-CH_2-CH_3$
　　　　　B：$CH_3-CH=CH-CH_3$
　　　　　C：$CH_2=C-CH_3$　　D：CH_2-CH_2
　　　　　　　　　　│　　　　　　　│　　│
　　　　　　　　　　CH_3　　　　CH_2-CH_2
　　　　　E：CH_2
　　　　　　　△
　　　　$CH_2-CH-CH_3$

363　**解説**　(1)　アルケンの一般式をC_nH_{2n}とおくと，アルケンの臭素付加の反応式は，
$$C_nH_{2n} + Br_2 \longrightarrow C_nH_{2n}Br_2$$
分子量について，$14n \times 3.8 = 14n + 160$
$39.2n = 160$（nは整数）　∴　$n = 4$

（C＝C 結合を入れると，中央のC原子が5価となり不適）

よって，A，B の分子式はC_4H_8である。C_4H_8のアルケンに考えられる異性体は次の通り。

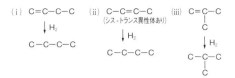

A, Bを水素付加すると，同一のアルカンが得られるから，A, Bの炭素骨格の形は同じ。よって，A, Bは直鎖の炭素骨格をもつ(i)か(ii)である。

また，Bにはシス-トランス異性体が存在するから，Bは(ii)の**2-ブテン**。よって，Aは(i)の**1-ブテン**。また，CはC_4のアルカンで直鎖構造の**ブタン**である。

(2) A, Bに臭素付加すると，次の通り(＊は不斉炭素原子を示す)。

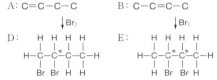

Dには，不斉炭素原子が1個あるので，1対，つまり2種類の鏡像異性体が存在する。

Eには，不斉炭素原子が2個あるので，2対，つまり4種類の立体異性体が下図(a)～(d)として存在するはずである。

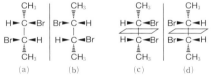

▶ …紙面手前側へ向かう結合
▮▮▮ …紙面奥側へ向かう結合
― …紙面上にある結合
▱ …対称面

(a), (b)は回転しても，裏返しても重なり合わないので，互いに**鏡像異性体**(鏡像体)である。

(c), (d)は紙面上で180°回転させると互いに重なり合うので，同一の化合物である。

また，(c)には，分子内に対称面が存在するため，分子内でそれぞれの不斉炭素原子による旋光性(**361** 参考 参照)が打ち消し合って，旋光性を示さない(このような化合物を**メソ体**という)。したがって，Eには，(a), (b)，それに(c)または(d)の3種類の**立体異性体**しか存在しない。

参考 一般に，分子中に2個以上の不斉炭素原子をもち，かつ，分子内に対称面または対称中心をもつ化合物には**メソ体**が存在することに留意する。

したがって，メソ体が存在する化合物では，メソ体の鏡像体が存在しないことから，立体異性体の数は，不斉炭素原子の数(n)から予想される理論値(2^n)から，メソ体の数を減じたものに等しくなる。

一方，鏡像異性体の関係にあるD体とL体の等量混合物に偏光をあてた場合，左・右の旋光性が互いに打ち消し合って旋光性を示さない。このような鏡像異性体の混合物を**ラセミ体**という。

解答 (1) A：$CH_2=CH-CH_2-CH_3$ **1-ブテン**
B：$CH_3-CH=CH-CH_3$ **2-ブテン**
C：$CH_3-CH_2-CH_2-CH_3$ **ブタン**
(2) D：**2種類**　E：**3種類**

364 解説 この問題は，まず，①分子式を求める。次に，②構造式を決める。

①分子式を求める。

A, B, Cは鎖式炭化水素で，(a)と(b)より，同じ分子式をもつことがわかる。各1molに水素1molが付加してアルカンに変化するので，**アルケン**である。

その一般式をC_nH_{2n}とおくと，(a)の完全燃焼から，

$$C_nH_{2n} + \frac{3}{2}nO_2 \longrightarrow nCO_2 + nH_2O$$

気体の反応では，反応式の**係数比＝体積比**より，

$$\frac{3}{2}n = 7.5 \ (n\text{は整数}) \quad \therefore \quad n = 5$$

∴ A, B, Cの分子式はC_5H_{10}

②構造式を決める。

したがって，アルケンA～Cに考えられる構造と，硫酸酸性のKMnO₄による酸化生成物は次の通り。

(i) C≠C-C-C-C
 ↓
 CO₂とカルボン酸

(ii) C-C≠C-C-C
 ↓
 カルボン酸とカルボン酸

(iii) C≠C-C-C
      |
      C
 ↓
 CO₂とケトン

(iv) C≠C-C-C
       |
       C
 ↓
 CO₂とカルボン酸

(v) C-C≠C-C
      |
      C
 ↓
 カルボン酸とケトン

(b)より，Cに水素付加すると，直鎖のアルカンFに変化するから，Cは直鎖の炭素骨格をもつ(i), (ii)のいずれかである。

A, BにH_2を付加すると，Fの異性体であるE

180　6-29　脂肪族炭化水素

に変化するから，A，B は枝分かれの炭素鎖をもつ(iii)，(iv)，(v)のいずれかである。

(c)の説明より，直鎖状の部分の C＝C 結合を KMnO₄ で酸化するとカルボン酸を生成するが，C＝C 結合に枝分かれのある部分の C＝C 結合を KMnO₄ で酸化するとケトンが生成する。また，末端の $\overset{H}{\underset{H}{}}$C＝C 結合の部分を KMnO₄ で酸化すると，$CO_2$ が生成することがわかる。

A，B は水素付加すると枝分かれのあるアルカンが生成するので，炭素鎖に枝分かれのある(iii)，(iv)，(v)のいずれかであるが，A を酸化すると CO_2 とケトンを生成するから，A は(iii)と決まる，B を酸化するとカルボン酸と CO_2 を生成するから，B は(iv)と決まる。

C は水素付加すると直鎖のアルカンが生成するので，直鎖の炭素鎖をもつ(i)，(ii)のいずれかであるが，C を酸化するとカルボン酸のみを生じるから，C は(ii)と決まる。

解答　A:　　　　　　B:

C:　　　　　　　または
シス形　　　　　　トランス形

参考　**アルケンの構造決定**

アルケンの C＝C 結合は，強い酸化剤によって酸化・開裂(切断)され，カルボン酸またはケトンが生成する。したがって，この生成物の種類から，もとのアルケンの構造が決定できる。

アルケンの構造決定には，次の 2 つの方法がある。

〔1〕**オゾン分解**　オゾンによるアルケンの二重結合の酸化・開裂を利用する方法。

アルケンを有機溶媒に溶かしておき，低温でオゾンを通じると，C＝C 結合が開裂して，不安定なオゾニドとよばれる油状物質ができる。これを還元剤とともに加水分解すると，アルデヒドまたはケトン(**カルボニル化合物**と総称する)が生成する。これをもとに，アルケンの構造決定できる。

オゾニド

例えば，オゾン分解で，アセトアルデヒド CH_3CHO と，アセトン CH_3COCH_3 が生成したとすると，カルボニル基(C＝O)の O 原子の部分を向かい合わせにして並べ，それを取り去ると，もとのアルケンになる。

O をとって　　　アルケン
つなぐ

よって，もとのアルケンは 2‑メチル‑2‑ブテンである。

〔2〕**KMnO₄ 分解**　硫酸酸性の KMnO₄ によるアルケンの二重結合の酸化・開裂を利用する方法。

アルケンを硫酸酸性の KMnO₄ 水溶液で酸化すると，C＝C 結合が完全に切断されカルボン酸とケトンを生成する。これは，生成したアルデヒドが KMnO₄ によってさらにカルボン酸まで酸化されるからである。

アルケン　　　　ケトン　　カルボン酸

ただし，R₃＝H のときは，生成物のギ酸 HCOOH はさらに KMnO₄ によって酸化され，CO_2 と H_2O が生成することになる。

365　**解説**　(1)　炭化水素 A〜D の組成式は CH_2 なので分子式はその n(整数)倍の C_nH_{2n} である。しかも，臭素が付加するので**アルケン**である。その反応は，

$$C_nH_{2n} + Br_2 \longrightarrow C_nH_{2n}Br_2$$

アルケン 1mol には，Br₂1mol が付加するので，求める A〜D の分子量を M とおくと，

$$\frac{2.1}{M} = \frac{4.0}{160} \qquad \therefore \quad M = 84$$

一方，C_nH_{2n} の分子量は $12n + 2n = 14n$ より，

$$14n = 84 \qquad \therefore \quad n = 6$$

よって，A〜D の分子式は C_6H_{12} である

(2)　アルケンに低温でオゾン O_3 を作用させると，オゾニド(アルケンとオゾンの不安定な化合物)を生じる。これを亜鉛と酢酸を用いて還元的条件で加水分解すると，アルデヒドまたはケトンが生成する。この一連の反応を**オゾン分解**という。オゾン分解は C＝C 結合をもつ化合物の構造決定に利用される。CH_3‑CH＝のように，炭素骨格に枝分かれのない C＝C 結合からはアルデヒドが生じ，CH_3‑C＝のように，
　　　　　　　　　　　　　CH_3

炭素骨格に枝分かれのある C=C 結合からはケトンが生成する。

Aについて）
　アセトアルデヒド CH₃-C(=O)-H とともに生成したケトンの炭素数は 6－2＝4 であり，その構造はエチルメチルケトンが該当する。

CH₃-C(=O)-CH₂-CH₃

この2つの化合物の >C=O を向かい合わせに並べ，互いに O を除くと，もとのアルケン A の構造がわかる。

H₃C\\H/C ⫶O ＋ O⫶ C/CH₃\\CH₂-CH₃
　　　　　　除く

A ⇒ H₃C\\H/C=C/CH₃\\CH₂-CH₃
3-メチル-2-ペンテン

Bについて）
　1種類のケトンのみが生成したので，C=C 結合を中心とした対称的な構造をもつ。よって，このケトンは炭素数が3のアセトンが該当する。

CH₃-C(=O)-CH₃

アセトンの >C=O を向かい合わせに並べて O を除くと，もとのアルケン B の構造がわかる。

H₃C\\H₃C/C ⫶O ＋ O⫶ C/CH₃\\CH₃
　　　　　除く

B ⇒ H₃C\\H₃C/C=C/CH₃\\CH₃
2,3-ジメチル-2-ブテン

Cについて）
　1種類のアルデヒドのみが生成したので，Bと同様に，C=C 結合を中心とした対称的な構造をもつ。よって，このアルデヒドは炭素数が3のプロピオンアルデヒドが該当する。

CH₃-CH₂-C(=O)-H

Bと同様にして，

CH₃-CH₂\\H/C ⫶O ＋ O⫶ C/H\\CH₂-CH₃
　　　　　　除く

C ⇒ CH₃-CH₂\\H/C=C/H\\CH₂-CH₃
3-ヘキセン

Dについて）
　ホルムアルデヒド H-C(=O)-H とともに生成したケトンの炭素数は 6－1＝5 であり，次の構造が

考えられる。

① C-C(=O)-C-C-C　② C-C-C(=O)-C-C
③ C-C-C(=O)-C-C

このうち，対称的な構造をもつのは，③のジエチルケトンである。

Bと同様にして，

H\\H/C ⫶O ＋ O⫶ C/CH₂-CH₃\\CH₂-CH₃
　　　　除く

D ⇒ H\\H/C=C/CH₂-CH₃\\CH₂-CH₃
2-エチル-1-ブテン

(3)　A～Dのうち，シス-トランス異性体をもつのは C=C 結合に結合している炭素原子に，それぞれ異なる原子，原子団が結合した A と C である。

[解答]　(1) C_6H_{12}

(2) A: H₃C\\H/C=C/CH₃\\CH₂-CH₃　　B: H₃C\\H₃C/C=C/CH₃\\CH₃

C: H\\CH₃-CH₂/C=C/H\\CH₂-CH₃　　D: H\\H/C=C/CH₂-CH₃\\CH₃

(3) A と C

366 [解説]　2個の臭素原子がそれぞれアルケンの二重結合に対して反対側から付加（**トランス付加**）する。このとき，次の2通りの場合があり，その反応確率はちょうど50％ずつである。

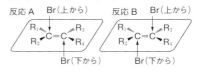

[1] シス-2-ブテンに臭素 Br_2 が付加する場合

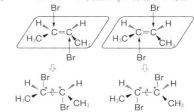

（右側の*C を C-C 結合を軸として180°回転させる。）　（左側の*C を C-C 結合を軸として180°回転させる。）

182 6-29 脂肪族炭化水素

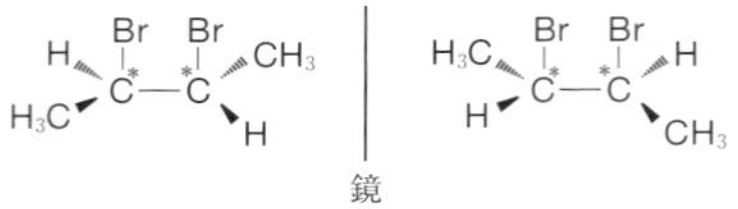

両者は実像と鏡像の関係にあり，**鏡像異性体**（鏡像体）である。

ただし，反応 A と反応 B の起こる確率は 50 % ずつであるから，生成物は鏡像異性体の等量混合物（**ラセミ体**）となり，旋光性を示さない（**光学不活性**）。

[2] トランス-2-ブテンに臭素 Br_2 が付加する場合。

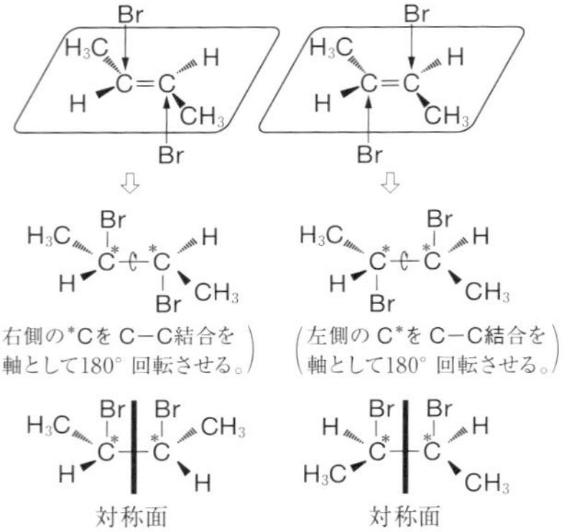

（右側の*C を C−C 結合を軸として 180° 回転させる。）（左側の C* を C−C 結合を軸として 180° 回転させる。）

対称面　　　　　　対称面

両者は，紙面上で 180° 回転させると重なり合うので，同一物質である。しかも，分子内に対称面があり，2 個の不斉炭素原子による旋光性が分子内でちょうど打ち消し合い，旋光性を示さない（**光学不活性**）。このような化合物を**メソ体**という。

解答 シス-2-ブテンからの生成物

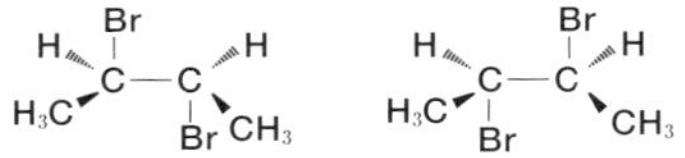

トランス-2-ブテンからの生成物

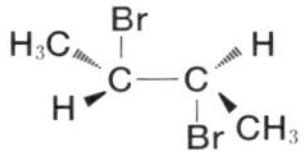

参考　アルケンの臭素付加のしくみ

アルケンに臭素 Br_2 が付加するとき，Br_2 がアルケンに接近すると一種の錯体を生じる。これが臭素原子を含む三員環構造をもつ陽イオン中間体（環状ブロモニウムイオン）と臭化物イオン Br^- に変化する。

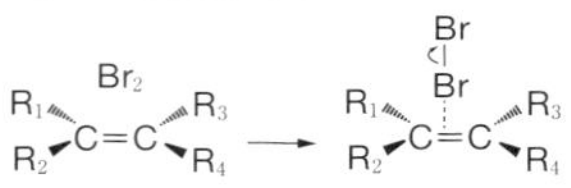

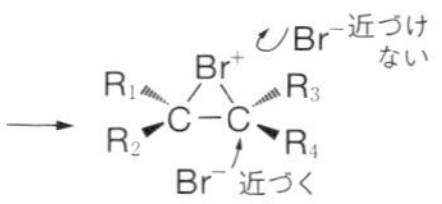

あとは問題文にあるように，Br^- が三員環の炭素原子に結合するが，臭素原子が大きく，三員環の臭素原子のある側からは接近しにくいため，その反対側から結合することになる。

6-30 アルコールとカルボニル化合物　183

30 アルコールとカルボニル化合物

367 [解説] (1)〜(3)第一級アルコールのエタノールを酸化すると，(ア)の**アセトアルデヒド**を経て，(イ)の**酢酸**へと酸化される(→①)。

酢酸を水酸化カルシウムで中和後(→②)，得られた(ウ)の酢酸カルシウムの固体を**乾留**(空気を絶って加熱すること)すると，(エ)の**アセトン**が生成する。

$$(CH_3COO)_2Ca \longrightarrow CaCO_3 + CH_3COCH_3$$

また，アセトンは，2-プロパノールの酸化でも生成する。

$$CH_3CH(OH)CH_3 \xrightarrow{(O)} CH_3COCH_3 + H_2O$$

130 〜 140℃でエタノールを濃硫酸で脱水すると，**分子間脱水**が起こり，(ク)の**ジエチルエーテル**が生成する。分子間脱水のことを，**脱水縮合**または単に，**縮合**ともいう(→③)。

$$2C_2H_5OH \longrightarrow C_2H_5OC_2H_5 + H_2O$$

一方，160 〜 170℃でエタノールを濃硫酸で脱水すると，**分子内脱水**が起こり，(カ)の**エチレン**が生成する(→⑥)。分子内脱水のことを**脱離反応**ともいう。反応温度による生成物の違いに注意する。

$$C_2H_5OH \longrightarrow C_2H_4 + H_2O$$

(オ)のアセチレンに硫酸水銀(Ⅱ)を触媒として水を付加させると，**アセトアルデヒド**が生成する(→④)。

$$CH \equiv CH + H_2O \xrightarrow{(HgSO_4)} [CH_2 = CHOH] \longrightarrow CH_3CHO$$
ビニルアルコール(不安定)　アセトアルデヒド

> 現在，エチレンに塩化パラジウム(Ⅱ)PdCl$_2$を触媒として，空気中の酸素で酸化して，アセトアルデヒドがつくられている。
> $$2CH_2 = CH_2 + O_2 \xrightarrow{(PdCl_2)} 2CH_3CHO$$
> この方法を，ヘキスト・ワッカー法という。

エタノールに金属 Na を加えると，ヒドロキシ基の - H と Na との置換反応(→⑤)が起こり，H$_2$とともに，(ケ)の**ナトリウムエトキシド** C$_2$H$_5$ONa という塩が生成する。

$$2C_2H_5OH + 2Na \longrightarrow 2C_2H_5ONa + H_2$$

この反応は， - OH の検出に利用される。

(ケ)のナトリウムエトキシドとヨウ化メチル CH$_3$I を無水状態で加熱すると(→⑦)，(コ)の**エチルメチルエーテル** C$_2$H$_5$OCH$_3$が得られる。

$$C_2H_5ONa + CH_3I \longrightarrow C_2H_5OCH_3 + NaI$$

この方法は，非対称エーテル R - O - R' の合成に利用される。

(4) 飽和1価アルコールと金属 Na との反応式は，
$$2C_nH_{2n+1}OH + 2Na \longrightarrow 2C_nH_{2n+1}ONa + H_2$$
すなわち，アルコール 2mol から水素 1mol が発生する。

アルコールの分子量を M とおくと，

$$\frac{3.70}{M} \times \frac{1}{2} = \frac{0.560}{22.4} \qquad \therefore \quad M = 74.0$$

このアルコール C$_n$H$_{2n+2}$O の分子量は，

$$12n + 2n + 2 + 16 = 14n + 18 \text{より，}$$
$$14n + 18 = 74.0$$
$$\therefore \quad n = 4 \qquad \text{よって，分子式は C}_4\text{H}_{10}\text{O}$$

考えられる飽和1価アルコールの構造は，

(i) C - C - C - C - OH

(ii) C - C - C - C
　　　　　　|
　　　　　 OH

(iii) C - C - C - OH
　　　　 |
　　　　 C

(iv) C - C - C
　　　 |　 |
　　　 C　 OH

[解答] (1)(ア) CH$_3$CHO　(イ) CH$_3$COOH
　　　(ウ) (CH$_3$COO)$_2$Ca　(エ) CH$_3$COCH$_3$
　　　(オ) CH $\equiv$ CH　(カ) CH$_2$ = CH$_2$
　　　(キ) CH$_2$ = CH$_2$　(ク) C$_2$H$_5$OC$_2$H$_5$
　　　(ケ) C$_2$H$_5$ONa　(コ) C$_2$H$_5$OCH$_3$

(2) ① (ア)　② (イ)　③ (エ)　④ (カ)　⑤ (オ)

(3) ③ 2C$_2$H$_5$OH $\longrightarrow$ C$_2$H$_5$OC$_2$H$_5$ + H$_2$O
　　⑥ C$_2$H$_5$OH $\longrightarrow$ CH$_2$ = CH$_2$ + H$_2$O
　　⑦ C$_2$H$_5$ONa + CH$_3$I $\longrightarrow$ C$_2$H$_5$OCH$_3$ + NaI

(4) CH$_3$(CH$_2$)$_3$OH
　　CH$_3$CH$_2$CH(OH)CH$_3$
　　(CH$_3$)$_2$CHCH$_2$OH
　　(CH$_3$)$_3$COH

368 [解説] 2Cu + O$_2$ $\longrightarrow$ 2CuO の反応で生じた酸化銅(Ⅱ)は，メタノールの蒸気に触れると還元されて銅に戻るとともに，メタノールは酸化されてホルムアルデヒドが生成する。

$$CH_3OH + CuO \longrightarrow HCHO + Cu + H_2O$$

上記の反応では，全体として銅は Cu→CuO→Cu のように変化して元に戻り，自身は変化しなかったが，反応を進める役割を果たした。したがって，この反応は「メタノールを銅を触媒として空気酸化すると，ホルムアルデヒドが生成する」と表現されることがある。

ホルムアルデヒドは無色・刺激臭の気体で，水によく溶け，その約 40％ 水溶液を**ホルマリン**という。これは，消毒薬・防腐剤，合成樹脂の原料などに利用される。

銀鏡反応に用いる**アンモニア性硝酸銀溶液**の主成分は，ジアンミン銀(Ⅰ)イオン[Ag(NH$_3$)$_2$]$^+$という錯イオンである。

銀鏡反応ではアルデヒドが還元剤としてはたらくので，アルデヒド自身は酸化されて，カルボン酸塩に変化することに留意する。

$$[Ag(NH_3)_2]^+ + e^- \longrightarrow Ag + 2NH_3 \cdots ①$$
$$HCHO + 3OH^- \longrightarrow HCOO^- + 2e^- + 2H_2O \cdots ②$$

184 6-30 アルコールとカルボニル化合物

①×2＋②より，
HCHO＋3OH⁻＋2[Ag(NH₃)₂]⁺
　　　⟶ HCOO⁻＋2Ag＋4NH₃＋2H₂O

一方，**フェーリング液**
(Cu²⁺ に NaOH と酒石酸ナトリウムカリウムを溶かしたもの)中には，銅(Ⅱ)イオン Cu²⁺ が，塩基性溶液でも安定な酒石酸イオンとの錯イオンとして存在している。ここへ，還元性物質を加えて加熱すると，Cu²⁺ が還元されて Cu⁺ となり，さらに OH⁻ と反応し，酸化銅(Ⅰ)Cu₂O の赤色沈殿が生成する(**フェーリング液の還元**)。

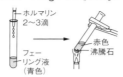

HCHO＋5OH⁻＋2Cu²⁺
　　　⟶ HCOO⁻＋Cu₂O＋3H₂O

ギ酸分子中には，カルボキシ基だけでなく，アルデヒド基(ホルミル基)も存在しているので，**還元性**を示す(自身は，酸化されて CO₂ になる)。

ギ酸の還元性については，硫酸酸性の過マンガン酸カリウム水溶液の赤紫色を脱色したり，銀鏡反応は陽性であるが，フェーリング液の還元は，きわめて起こりにくい。

[解答] ① 酸化銅(Ⅱ) ② ホルムアルデヒド
③ 酸化銅(Ⅰ) ④ 銀鏡反応
⑤ ギ酸 ⑥ アルデヒド(ホルミル)

参考 銀鏡反応とフェーリング反応の反応式の書き方

まず，アルデヒド R-CHO がカルボン酸 R-COOH に酸化される半反応式を書く。ただし，塩基性条件では，カルボン酸は中和されてカルボン酸イオンとなることに留意する。

R-CHO ⟶ R-COO⁻
　[x]　　　　[y]

アルデヒド基の C の酸化数を x，カルボン酸イオンの C の酸化数を y とおく。
x＋(＋1)＋(－2)＝0 より x＝＋1
y＋(－2)×2＝－1 より y＝＋3

① 酸化数の変化分だけ，電子 e⁻ を加える。
　R-CHO ⟶ R-COO⁻＋2e⁻
② 電荷を H⁺(塩基性のときは OH⁻)で合わせる。
　R-CHO＋3OH⁻ ⟶ R-COO⁻＋2e⁻
③ 原子の数を H₂O で合わせる。
　R-CHO＋3OH⁻ ⟶ R-COO⁻＋2H₂O＋2e⁻ …①

銀鏡反応では，[Ag(NH₃)₂]⁺ 中の Ag⁺ が Ag へ還元される。
　[Ag(NH₃)₂]⁺＋e⁻ ⟶ Ag＋2NH₃ …②
①＋②×2 より，e⁻ を消去すると
　R-CHO＋2[Ag(NH₃)₂]⁺＋3OH⁻
　　　⟶ R-COO⁻＋2Ag＋4NH₃＋2H₂O
フェーリング反応では，Cu²⁺ が Cu⁺ へと還

元され，塩基性条件なので，酸化銅(Ⅰ)の赤色沈殿を生成する。
　2Cu²⁺＋2e⁻＋2OH⁻ ⟶ Cu₂O＋H₂O …③
①＋③より，e⁻ を消去すると
　R-CHO＋2Cu²⁺＋5OH⁻
　　　⟶ R-COO⁻＋Cu₂O＋3H₂O

---

369 [解説] (1) (a) エタノールと濃硫酸を約130℃で反応させるためには，反応液の温度を確かめながら反応を進める必要があるので，温度計の球部を反応液に浸す。

(蒸留するときは，蒸気の温度を測る必要があるので，温度計の球部を枝付きフラスコの枝元に置く。混同しないこと。)

(b) 可燃性の物質を加熱するときは，蒸気などへの引火を防ぐため，バーナーのかわりに，電気ヒーターを用いる。

(c) 液体をまんべんなく加熱するには，直火ではなく水浴や金網などを用いて間接的に加熱するのがよい。しかし，**水浴**では温度は100℃までしか上がらないので，この実験では不適。100～180℃までは**油浴**を用いる。180℃～は**砂浴**を用いる。

(d) リービッヒ冷却器へ流す冷却水は，下から入れ上から出す。そうしないと，冷却器全体に水が満たされず，冷却効果がきわめて悪くなる。

(e) ジエチルエーテルなどの揮発性の液体を受器へ集めるときは，冷却する必要がある。

参考 エーテルをつくる実験操作では，エタノールと濃硫酸の混合液をフラスコに入れて温度を調節しながら加熱する。また，留出した量とほぼ同量ずつ，エタノールを滴下ろうとから加えていく。

(2) 温度が130℃なので，次の反応で生成する H₂O(A) が水蒸気となって，ジエチルエーテルとともに留出してくる。

　2C₂H₅OH →(130℃, 濃硫酸)→ C₂H₅OC₂H₅＋H₂O

留出後に，酸化カルシウム CaO(乾燥剤)を加えて，次の反応により水分を除去している。

　CaO＋H₂O ⟶ Ca(OH)₂

有機化学の実験では，乾燥剤は，ふつう CaCl₂ や Na₂SO₄ がよく使われる。この実験では，濃硫酸を加熱しているので，SO₂ の発生が少しみられる。そこで，CaO という塩基性の乾燥剤を使うと，水分と同時に，この SO₂ も除去できるので好都合である。

H₂O を除去した後，100℃以下で蒸留するとジエチルエーテルとともに未反応のエタノールがともに留出してくる。ここへ，金属 Na を加えると，エタノール(B)だけが反応し，ナトリウムエトキシドが生成する。

$2C_2H_5OH + 2Na \longrightarrow 2C_2H_5ONa + H_2$

　これは，イオン結合性の物質（塩）で，不揮発性物質なので，再び蒸留しても留出せず，純粋なジエチルエーテル（C）だけが得られる。

(3) (ア) ジエチルエーテルは引火性，麻酔性があり，その蒸気は空気より重い。〔○〕

（ジエチルエーテルが気体になると，その分子量が74だから，空気の平均分子量29と比較して，約2.6倍の密度をもつ。）

(イ) エタノールは水と任意の割合で溶け合うが，ジエチルエーテルは水に溶けにくい。〔×〕

(ウ) 酸化剤により，エタノールは，アセトアルデヒド，酢酸へと酸化されるが，ジエチルエーテルは，通常，酸化剤の作用を受けない。〔○〕

(エ) ジエチルエーテルは，エステルのように加水分解されない。〔×〕

解答 (1) …(c), (d)
(2) A：H_2O　B：CH_3CH_2OH
　　C：$CH_3CH_2OCH_2CH_3$
(3) …(ア), (ウ)

370 [解説] (1) 一般式が $C_nH_{2n+2}O$ で，ヒドロキシ基をもつ化合物は**アルコール**である。したがって分子式 $C_4H_{10}O$ をもつアルコール A～D の構造は，次の4種類が考えられる。

(i) C－C－C－C－OH

(ii) C－C－C－OH
　　　　｜
　　　　C

(iii) C－C－C*－C
　　　　｜
　　　　OH

(iv) 　　C
　　　　｜
　　C－C－C
　　　　｜
　　　　OH

＊は不斉炭素原子

　A, B の酸化生成物の E, F が銀鏡反応を示すアルデヒドであるから，A, B は第一級アルコール。よって，A, B は(i), (ii)のいずれかである。
　一般に，同じ官能基をもつ異性体では，直鎖の化合物のほうが側鎖をもつ化合物に比べて，表面積が大きい分だけ分子間力が強くなり，沸点が高くなる。したがって，A は直鎖の 1-ブタノール((i))。B は側鎖をもつ 2-メチル-1-プロパノール((ii))。
　C は不斉炭素原子をもつから，2-ブタノール((iii))。D は最も酸化されにくいので第三級アルコールの 2-メチル-2-プロパノール((iv))である。

参考　ブタノールの沸点・融点の高低
(i) $CH_3-CH_2-CH_2-CH_2-OH$
〔−90℃〕(117℃)

(ii) $CH_3-CH_2-CH-CH_2-OH$
　　　　　　　　　｜
　　　　　　　　　CH_3
〔−108℃〕(108℃)

(iii) $CH_3-CH_2-CH-CH_3$
　　　　　　　　｜
　　　　　　　　OH
〔−115℃〕(99℃)

(iv) 　　CH_3
　　　　｜
　　CH_3-C-OH
　　　　｜
　　　　CH_3

〔　〕は融点，(　)は沸点　〔26℃〕(83℃)

　上の(i)～(iv)の沸点は，第1級＞第2級＞第3級アルコールの順になる。これは，この順に立体障害の影響が大きくなり，隣の分子の−**OH** との**水素結合**が形成されにくくなるためである。また，同じ第1級アルコール(i), (ii)の沸点は，炭素骨格の形によって決まり，直鎖＞分枝の順になる。これは，分子の形が球形に近づくほど分子の表面積が減り，分子間力が小さくなるためである。このように，沸点には分子間力が大きく影響する。一方，融点には分子の形状（対称性）が大きく影響する。対称性の高い(iv)の融点が最も高く，対称性の低い(ii)や(iii)の融点が低い。とくに，第2級アルコールの(iii)は第1級アルコールの(ii)に比べて水素結合が形成されにくく，(iii)の融点が最も低くなる。

(2) アルコールの−**OH** は，分子間に**水素結合**を形成するため，同程度の分子量をもち水素結合を形成しない化合物に比べて，その沸点はかなり高くなる。また，カルボン酸の−**COOH** 中には電子吸引性のあるカルボニル基 $\diagdown C=O$ が存在するので，アルコールの−**OH** よりもさらに強く水素結合を形成する。そのため，カルボン酸の沸点は同程度の分子量をもつアルコールの沸点よりやや高くなる。
　また，アルコールは水分子との間に水素結合を形成することで溶解する（炭素数3までは水にいくらでも溶ける）。

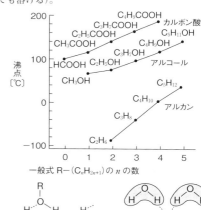

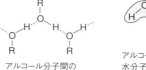
アルコール分子間の
水素結合

アルコールと
水分子間の
水素結合

(3) **ヨードホルム反応**は，<u>CH₃CO-R(またはH)，CH₃CH(OH)-R(またはH)</u>の部分構造をもつ化合物に陽性である。これらの化合物を，ヨウ素とNaOH水溶液とともに加熱すると，特異臭のある黄色結晶の**ヨードホルム(CHI₃)** が沈殿するとともに，反応液中には炭素数の1つ減少したカルボン酸塩が生成する。

本問では，2-ブタノール(C)にはCH₃CH(OH)-の部分構造があり，その酸化生成物のエチルメチルケトン(G)にはCH₃CO-の部分構造があり，いずれもヨードホルム反応が陽性である。

(4) 金属Naと反応しないのはエーテル類である。考えられる構造は，次の3種類である。
(i) C-O-C-C-C (ii) C-O-C-C
　　　　　　　　　　　　　　　|
　　　　　　　　　　　　　　　C
(iii) C-C-O-C-C

[解答] (1) A：CH₃-CH₂-CH₂-CH₂-OH
　　　　B：CH₃-CH-CH₂-OH
　　　　　　　|
　　　　　　CH₃
　　　　C：CH₃-CH₂-CH-CH₃
　　　　　　　　　　|
　　　　　　　　　OH
　　　　　　　　CH₃
　　　　　　　　|
　　　　D：CH₃-C-CH₃
　　　　　　　　|
　　　　　　　OH

(2) 極性のあるヒドロキシ基の部分で，水素結合を形成しているから。
(3) C，G
(4) CH₃O(CH₂)₂CH₃
　　CH₃OCH(CH₃)₂
　　C₂H₅OC₂H₅

参考　アセトンのヨードホルム反応の反応式の書き方

アセトンCH₃COCH₃のカルボニル基〉C⁺=O⁻の極性は大きく，Oは負，Cは正に帯電している。これが隣の-CH₃に影響して，そのHがわずかに酸の性質を示す。塩基性条件では，-CH₃とヨウ素I₂との間で，3H⁺と3I⁺の形で置換反応がおこる(同時に，3HIも生成する)。

生成したトリヨードアセトン(下図)のC⁺にOH⁻が付加すると，一瞬，C原子が5価になってしまうが，直ちに点線部分の結合が切れ，C原子は4価に戻る。

```
    I       O⁻
    |       ‖
I - C ┆ C⁺ - CH₃
    |       |
    I       OH⁻
```

脱離したCI₃⁻は水H₂OからH⁺を受け取り，**ヨードホルムCHI₃** が沈殿する。
残るCH₃COOHの部分は，塩基性では中和されて，カルボン酸塩CH₃COONaが生成することになる。

(1) アセトンの-CH₃中の3Hを3Iで置換するには，I₂ 3molだけでなく，NaOH 3mol（副生するHI 3molを中和するため）も必要である。
(2) トリヨードアセトン1molの加水分解には，さらにNaOH 1molが必要である。
合計，アセトン1molに対して，I₂ 3mol，NaOH 4mol必要であり，反応後は，アセトンの-CH₃に由来するCHI₃ 1mol，-CH₃以外の部分に由来するCH₃COONa 1molおよび，HI 3molとNaOH 3molの中和で生成したNaI 3molとH₂O 3molを生成する。
CH₃COCH₃ + 3I₂ + 4NaOH ⟶
　　　CHI₃ + CH₃COONa + 3NaI + 3H₂O

371 [解説] (1) アルデヒドとケトンはともにカルボニル基をもつので，総称して**カルボニル化合物**という。分子式C₅H₁₀Oの化合物に考えられる構造は，アルデヒドが(i)～(iv)，ケトンが(v)～(vii)である。

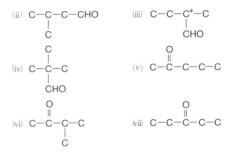

アルデヒド基-CHO，ケトン基〉C=Oには，炭素原子がそれぞれ1個ずつ含まれるから，残りの部分を構成する炭素原子は4個。したがって，4個の炭素骨格を考え，それぞれについてアルデヒド基とケトン基の結合位置を考えればよい。
(2) 不斉炭素原子(*で示す)をもつのは，(iii)のみ。
(3) **ヨードホルム反応**を示すのは，CH₃CO-をもつ(v)，(vi)である。
(4) 1-ペンタノールCH₃(CH₂)₄OHは第一級アルコールなので，その酸化生成物には，アルデヒドR-CHOとカルボン酸R-COOHの2種類がある。

[解答] (1)(a) **4種類** (b) **3種類**
　　　(2) CH₃-CH₂-CH-C-H
　　　　　　　　　　|　‖
　　　　　　　　　 CH₃ O

6-30 アルコールとカルボニル化合物　187

372～373

(3)
$$CH_3-\overset{\displaystyle O}{\overset{\|}{C}}-CH_2-CH_2-CH_3$$

$$CH_3-\overset{\displaystyle O}{\overset{\|}{C}}-\overset{\displaystyle }{\underset{\underset{CH_3}{|}}{CH}}-CH_3$$

(4)
$$CH_3-CH_2-CH_2-CH_2-\overset{\displaystyle O}{\overset{\|}{C}}-H$$

$$CH_3-CH_2-CH_2-CH_2-\overset{\displaystyle O}{\overset{\|}{C}}-OH$$

372 〔解説〕　まず分子式から，次のような可能性を検討する。

(1) 分子式 C_3H_6O は，一般式 $C_nH_{2n}O$ に該当するので，①アルデヒド，②ケトン，③ $C=C$ 結合をもつアルコール（不飽和アルコール），④不飽和エーテル，⑤環式構造をもつアルコール，⑥環式構造をもつエーテルのいずれかである。

　題意より，A～Dは鎖式化合物だから，①～④が該当し，次の(i)～(iv)の構造が考えられる（炭素骨格と官能基のみでこれを示す，以下同様）。

(i) $C-C-\overset{\displaystyle O}{\overset{\|}{C}}-H$ 　　(ii) $C-C-\overset{\displaystyle O}{\overset{\|}{C}}-C$

(iii) $C=C-C-OH$ 　(iv) $C=C-C-O-C$

> **参考**　二重結合している炭素原子にヒドロキシ基 $-OH$ が直接結合した化合物は，**エノール**とよばれ，非常に不安定で，水素原子の移動（**水素転位**）により，安定なアルデヒドやケトン（**カルボニル化合物**）に変化し，実際には存在しない。したがって，次のエノールの構造はアルコールの異性体からは除外して考えること。
>
> $$\left(CH_3-\underset{O\lceil H\rceil}{C=CH_2}\right) \longrightarrow CH_3-\overset{\displaystyle }{\underset{\underset{O}{\|}}{C}}-CH_3$$
>
> $$\left(CH_3-\underset{\lceil H\rceil O}{CH=CH}\right) \longrightarrow CH_3-CH_2-\overset{\displaystyle }{\underset{\underset{O}{\|}}{C}}-H$$

　A, Bは臭素水を脱色することから，$C=C$ 結合をもつ(iii)か(iv)である。また，Ni触媒下で水素付加を受け，その生成物のうち，沸点の高いEを生成するAは不飽和アルコールの(iii)，沸点の低いFを生成するBは不飽和エーテルの(iv)である。

　Cは容易に酸化されてカルボン酸に変化するので，アルデヒドの(i)である。

　Dは酸化を受けないので，ケトンの(ii)である。

　なお，アセトン(D)は，CH_3CO- の部分構造をもつので，ヨードホルム反応が陽性である。

(2) 環式化合物は三員環以上を考えればよく，該当す

るのは，アルコールかエーテルである。考えられる構造異性体は，次の(i), (ii), (iii)の3種類である。ただし，(iii)には不斉炭素原子 C^* が1個存在するので，1対の鏡像異性体が存在する。したがって，異性体の総数は4種類となる。

(i)
$$\underset{OH}{\underset{|}{\overset{CH_2}{\overset{\diagup\diagdown}{CH_2-CH}}}}$$

(ii)
$$\overset{O}{\overset{\diagup\diagdown}{\underset{CH_2}{CH_2-CH_2}}}$$

(iii)
$$\overset{O}{\overset{\diagup\diagdown}{\underset{CH_3}{CH_2-\overset{*}{CH}}}}$$

〔解答〕　(1) A：$CH_2=CH-CH_2-OH$

　　B：$CH_2=CH-O-CH_3$

　　C：
$$CH_3-CH_2-\overset{\displaystyle O}{\overset{\|}{C}}-H$$

　　D：
$$CH_3-\overset{\displaystyle O}{\overset{\|}{C}}-CH_3$$

(2) **4種類**

373 〔解説〕　与えられた分子式 $C_5H_{12}O$ は，一般式 $C_nH_{2n+2}O$ に該当する。したがって，この化合物は飽和1価アルコールかエーテルである。

(a) 金属Naと反応するから，A～Hはすべて $-OH$ をもつアルコールである。考えられる構造は次の通りである。 $*$ は不斉炭素原子を示す。

(i) $C-C-C-C-C-OH$　　(ii) $C-C-\overset{\displaystyle }{\underset{\underset{C}{|}}{C}}-C-OH$

(iii) $C-C-\overset{*}{C}-C-OH$　　(iv) $C-\overset{\displaystyle }{\underset{\underset{C}{|}}{C}}-C-OH$
$\underset{\underset{C}{|}}{}$　　　　　$\underset{\underset{C}{|}}{}$

(v) $C-C-C-\overset{*}{C}-C$　　(vi) $C-\overset{\displaystyle }{\underset{\underset{C}{|}}{\overset{*}{C}}}-C$
$\underset{\underset{OH}{|}}{}$　　　$\underset{\underset{OH}{|}}{}$

(vii) $C-C-C-C-C$　　(viii) $C-\overset{\displaystyle }{\underset{\underset{OH}{|}}{\overset{\overset{|}{C}}{C}}}-C$
$\underset{\underset{OH}{|}}{}$

(b) A～Dを酸化すると，銀鏡反応が陽性の化合物（アルデヒド）を生じるから，A～Dは**第一級アルコール**。よって，(i), (ii), (iii), (iv)のいずれかである。

　E～Gを酸化すると，銀鏡反応に陰性の化合物（ケトン）を生成するから，E～Gは**第二級アルコール**。よって，(v), (vi), (vii)のいずれかである。

　Hは酸化剤で酸化されないから，**第三級アルコール**。　　∴　Hは(viii)と決まる。

(c) CH_3CO- または $CH_3CH(OH)-$ が，いずれも $R-$（炭

188　6-30　アルコールとカルボニル化合物

化水素基），または水素 H に結合した化合物は，ヨウ素と NaOHaq を加えて加熱すると，特異臭のあるヨードホルム CHI_3 の黄色沈殿を生成する。この反応を**ヨードホルム反応**という。

　　E，G は，ヨードホルム反応が陽性だから，$CH_3CH(OH)-$ の構造をもつ(v)か(vi)のいずれか。

　　　∴　残った第二級アルコール F は(vii)である。

(d)　E，G はともに不斉炭素原子をもつが，残る B は第一級アルコールで，しかも不斉炭素原子をもつのは(iii)のみ。　∴　B は(iii)と決まる。

(e)　G は第二級アルコールで(v)か(vi)かは未決定である。それぞれを濃硫酸で脱水したときの生成物を予想してみると，

(v)
$$C-C-C\overset{@}{-}C\overset{ⓑ}{-}C \xrightarrow{-H_2O} (主)\ C-C-C=C-C$$
$$\underset{OH}{|} \qquad\qquad (シス，トランスあり)$$
$$(副)\ C-C-C-C=C$$

(vi)
$$C-C-C-C \xrightarrow{-H_2O} (主)\ C-C=C-C$$
$$\underset{C}{|}\ \underset{OH}{|} \qquad\qquad \underset{C}{|}$$

$$(主)…主生成物 \qquad (副)\ C-C-C=C$$
$$(副)…副生成物 \qquad\qquad \underset{C}{|}$$

(v)の 2-ペンタノールの脱水では，－OH の結合した C 原子の左隣，右隣の C 原子をそれぞれ@，ⓑとおく。@には 2 個の H 原子が，ⓑには 3 個の H 原子がそれぞれ結合しているので，**ザイツェフの法則**により，H 原子の少ない@に結合した H と OH から水が脱離して生じた 2-ペンテンが主生成物となり，H 原子の多いⓑに結合した H と OH から水が脱離して生じた 1-ペンテンは副生成物となる。

(vi)の 3-メチル-2-ブタノールの脱水についても，同様に考えると上図のようになり，(vi)の脱水反応で生じたアルケンにはいずれも，シス-トランス異性体が存在しない。　∴　G は(vi)と決まる。

　　∴　残る第二級アルコールの E は(v)と決まる。

参考　アルコールの脱水反応では，隣接する C 原子にそれぞれ結合した －OH と －H から水が脱離してアルケンが生成する。

$$\underset{\boxed{H\ \ OH}}{-C-C-} \longrightarrow -C=C-$$

　　(v)や(vi)を濃硫酸で脱水したとき，2 種のアルケンが生成するが，どちらがより多く生成するかを予測できる。すなわち，ヒドロキシ基 －OH の結合した C 原子の両隣の C 原子に結合した H 原子の数を比較して H 原子の少ないほうの C 原子から H 原子が脱離して生じたアルケンが主生成物となる。これを，**ザイツェフの法則**という。これは，C＝C 結合に対して，

より多くのアルキル基が結合した熱力学的に安定なアルケンの方が生成しやすいことを示している。この法則は，脱離反応の方向性を予測するのに利用される。例えば，2-ブタノールの脱水では，下図のように 2-ブテンが主生成物，1-ブテンが副生成物となる。

$$\underset{\underset{2\text{-ブタノール}}{\underset{OH}{|}}}{C-C-C-C} \xrightarrow{-H_2O} \begin{array}{l}(主)\ C-C=C-C \\ \quad 2\text{-ブテン} \\ \quad (シス，トランスあり) \\ (副)\ C-C-C=C \\ \quad 1\text{-ブテン}\end{array}$$

　　この法則は，反応中間体の安定性ではなく，生成物の熱力学的な安定性から次のように説明される。

　　C＝C 結合の π 電子は，アルキル基を構成する C－H 結合の σ 電子と互いに相互移動すること（電子の**非局在化**という）によって安定化することができる。すなわち，C＝C 結合に対して，メチル基が 2 個結合した 2-ブテンの方が，エチル基が 1 個結合した 1-ブテンより電子の非局在化による安定化が幾分大きくなる。よって，2-ブタノールの脱水による主生成物は 2-ブテンとなることが理解できる。

　　ところで，2-ブテンにはシス形とトランス形の 2 種のシス-トランス異性体が存在する。大きな置換基（－CH_3）が互いに接近したシス形は，置換基が互いに離れたトランス形よりも置換基どうしの反発（**立体障害**という）が大きく，熱力学的にはやや不安定になる。したがって，生成割合は安定なトランス形が最も多く（約62%），不安定なシス形が少なく（約21%），最も少ないのは 1-ブテン（約17%）となる。

(f)　D は濃硫酸で脱水されないということは，－OH の結合した C 原子の両隣に，いずれも H 原子が結合していないことを示す。この条件を満たすのは(iv)である。　∴　D は(iv)と決まる。

(g)　F は(vii)で直鎖の炭素骨格をもつので，脱水して生じたアルケンを，さらに水素付加すると，次のような直鎖のアルカンを生成する。
$$\underset{OH}{\underset{|}{C}}-C-C-C-C \xrightarrow[(H_2SO_4)]{-H_2O} C-C-C=C-C \xrightarrow{+H_2} C-C-C-C-C$$

　　以上より類推すると，A も直鎖の炭素骨格をもつことがわかる。　∴　A は(i)と決まる。

　　最後に残った C が(ii)と決まる。

(2)　分子式が $C_5H_{12}O$ で，金属 Na と反応しないのは，エーテル類で，次の構造が考えられる。

(i)　$C-O-C-C-C-C$　(ii)　$C-O-C\overset{*}{-}C-C$
$$\qquad\qquad\qquad\qquad\qquad\qquad \underset{C}{|}$$

374 〜 375

6-31　カルボン酸・エステルと油脂　189

(iii) $C-O-C-C-C$
　　　　　　　$\underset{\displaystyle C}{|}$

(iv) $C-C-O-C-C-C$

(v) $C-C-O-C-C$
　　　　　$\underset{\displaystyle C}{|}$

(vi) $C-O-C-C$
　　　　　$\underset{\displaystyle C}{|}\ \underset{\displaystyle C}{|}$

　構造異性体の数は 6 種類だが，異性体の総数と問われたら，立体異性体(シス-トランス異性体，鏡像異性体)を含めて答える必要がある。(ii)には，1 対の鏡像異性体が存在するから，異性体の総数は 7 種類である。

[解答] (1) A : $CH_3-CH_2-CH_2-CH_2-CH_2-OH$

B : $CH_3-CH_2-\underset{\displaystyle CH_3}{\underset{|}{CH}}-CH_2-OH$

C : $CH_3-\underset{\displaystyle CH_3}{\underset{|}{CH}}-CH_2-CH_2-OH$

D : $CH_3-\underset{\displaystyle CH_3}{\overset{\displaystyle CH_3}{\underset{|}{\overset{|}{C}}}}-CH_2-OH$

E : $CH_3-CH_2-CH_2-\underset{\displaystyle OH}{\underset{|}{CH}}-CH_3$

F : $CH_3-CH_2-\underset{\displaystyle OH}{\underset{|}{CH}}-CH_2-CH_3$

G : $CH_3-\underset{\displaystyle CH_3}{\underset{|}{CH}}-\underset{\displaystyle OH}{\underset{|}{CH}}-CH_3$

H : $CH_3-\underset{\displaystyle OH}{\overset{\displaystyle CH_3}{\underset{|}{\overset{|}{C}}}}-CH_2-CH_3$

(2) **7 種類**

---

31 カルボン酸・エステルと油脂

374 [解説] (a)〜(e)の各反応の反応式は，次の通り。

(a) $CH\equiv CH + CH_3COO-H \xrightarrow{\text{付加}} CH_2=CH$
　　　　　　　　　　　　　　　　　　　　　　$\underset{\displaystyle OCOCH_3}{|}$
　　　　　　　　　　　　　　　　　　A：酢酸ビニル

(b) $2CH_3COOH + Ca(OH)_2 \xrightarrow{\text{中和}} (CH_3COO)_2Ca + 2H_2O$
　　　　　　　　　　　　　　　　　B：酢酸カルシウム

(c) $(CH_3COO)_2Ca \xrightarrow[\text{乾留}]{\text{熱分解}} CH_3COCH_3 + CaCO_3$
　　　　　　　　　　　　C：アセトン

(d) $2CH_3COOH \xrightarrow{\text{縮合}} (CH_3CO)_2O + H_2O$
　　　　　　　　　　　D：無水酢酸

(e) $CH_3COOH + C_2H_5OH \xrightarrow{\text{縮合}} CH_3COOC_2H_5 + H_2O$
　　　　　　　　　　　　　　　　E：酢酸エチル

(3) ① 　アセトンは，やや芳香のある無色の液体で，水にも有機溶媒にもよく溶ける。
　　$\left(\begin{array}{l}\text{酢酸エチルも芳香のある無色の液体であるが，}\\\text{水に溶けにくいので，該当しない。}\end{array}\right)$

② 　酢酸エチルはエステルなので，加水分解すると，もとの酢酸とエタノールを生じる。

③ 　ビニル基($CH_2=CH-$)をもつ化合物は，適当な条件下で**付加重合**を行い，分子量の大きな化合物(**高分子化合物**)になる。

④ 　無水酢酸は徐々に加水分解して，酢酸に戻る性質がある。

$(CH_3CO)_2O + H_2O \longrightarrow 2CH_3COOH$

> [参考]　**無水酢酸**は，酢酸 2 分子から水 1 分子を失ってできた化合物で，$-COOH$ をもたないので，酸性を示さない。一方，水分を含まない純粋な酢酸(融点 17℃)は，冬季には氷結するので**氷酢酸**という。

⑤ 　酢酸カルシウムはイオン結晶からなる塩の 1 つで，水によく溶ける。弱酸と強塩基からなる塩なので，水溶液は弱塩基性を示す(酢酸塩はみな水によく溶ける)。

[解答] (1) A : $CH_2=CHOCOCH_3$
　　　　　B : $(CH_3COO)_2Ca$　C : CH_3COCH_3
　　　　　D : $(CH_3CO)_2O$　E : $CH_3COOC_2H_5$
(2) (a) **付加**　(b) **中和**　(c) **熱分解**　(d) **縮合**
　　(e) **縮合**
(3) ① C　② E　③ A　④ D　⑤ B

375 [解説] (1) 　**エステル化**の反応機構は，^{18}O という同位体を使った実験で明らかになった。すなわち，CH_3COOH と $C_2H_5{}^{18}OH$ を用いてエステルを生成した場合，^{18}O は H_2O ではなくエステル中に含まれる。つまり，酸の$-OH$とアルコールの$-H$から水がとれてエステルが生成する。

6-31 カルボン酸・エステルと油脂

|参考| **エステルの示性式の書き方**
R－COOHとR′－OHとのエステルの示性式は，カルボン酸を先に書くとR－COO－R′となり，アルコールを先に書くとR′－OCO－Rと表さねばならない。これをR′－COO－Rと書いてしまうと，R′－COOHとR－OHとのエステルということになり，異なるエステルを表してしまうことになるので注意すること。

(2) このようなはたらきをする冷却器を**還流冷却器**といい，簡易の実験ではガラス管で代用するが，普通は，リービッヒ冷却器(a)，球管冷却器(b)，蛇管冷却器(c)などを用いる。冷却効果は(a)<(b)<(c)である。

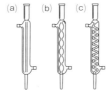

(3) エステル化は，反応熱が小さく，典型的な**可逆反応**である。例えば，エタノール1.0mol，酢酸1.0molを使って約70℃で反応させると，酢酸エチル，水が約0.67molずつ生成したところで，反応が見かけ上止まったような**平衡状態**になる。すなわち，反応後の溶液は，酢酸，エタノール，濃硫酸，エステル，水の混合物なので，ここからエステルを取り出すためには，何回かの抽出操作が必要となる。

 ⓐ 濃硫酸の溶解熱が大きいので，必ず，エタノールと酢酸の混合溶液に，濃硫酸を少しずつ加えるようにする。
 ⓒ 未反応の酢酸は
エステル中では，主に**二量体**(右図)をつくって溶けている。これを水層へ分離するために，

  CH₃COOH + NaHCO₃
   (強い酸)   (弱い酸の塩)
    ⟶ CH₃COONa + CO₂ + H₂O
         (強い酸の塩)   (弱い酸)

の反応を利用すると，酢酸は水溶性の塩となってエステル中から水層へと分離される。
 ⓓ エステル中に混入しているエタノールは，濃いCaCl₂aqと反応してCaCl₂・4C₂H₅OHという分子化合物をつくることで，水層へ分離される。
 ⓔ エステル中の水分は，塩化カルシウム(**乾燥剤**)に水和水となって取り込まれて除去される。

(4) エタノール0.150molと酢酸0.100molが完全に反応したとすると，酢酸エチルCH₃COOC₂H₅(分子式：C₄H₈O₂，分子量88)は0.100mol生成し，その質量は0.100 × 88 = 8.80〔g〕である。

∴ 収率 = $\frac{5.30}{8.80}$ × 100 ≒ 60.22 ≒ 60.2〔%〕

|解答| (1) CH₃COOH + C₂H₅OH
       ⟶ CH₃COOC₂H₅ + H₂O
   濃硫酸はエステル化の触媒として反応速度を大きくする。また，脱水剤として平衡を右へ移動させ，エステルの収率を高めるはたらきもある。
(2) 蒸発した反応物や生成物を冷却して液体にし，反応容器に戻すはたらき。
(3) ⓐ 濃硫酸の混合によって激しく発熱し，突沸するのを防ぐため。
 ⓒ 未反応の酢酸を水溶性の塩にして，エステル中から分離するため。
 ⓓ エステル中に含まれるエタノールを除くため。
 ⓔ エステル中に含まれる水分を除くため。
(4) **60.2%**

376 [解説] エステルの構造決定は，有機化学では必須の重要問題であり，何回も練習しておくこと。エステルの構造を決めるときは，その加水分解生成物であるカルボン酸とアルコールに分け，それぞれの構造を決定する。最後に，それらをつなぎ合わせると，エステルの構造が決まる。

エステルA，B，C，Dの加水分解で得られたカルボン酸をa，b，c，d，アルコールをa′，b′，c′，d′とする。
過マンガン酸イオンMnO₄⁻の赤紫色を脱色するカルボン酸は，**還元性をもつギ酸のみ**。
よって，a，dはギ酸HCOOHである。
ヨードホルム反応は，炭素数2のアルコールではエタノール，炭素数3のアルコールでは2-プロパノールだけが陽性である。したがって，これらがa′，c′のいずれかである。
aはギ酸HCOOHだったので，その結合相手のa′は炭素数3の2-プロパノールと決まる。
よって，c′はエタノールC₂H₅OHと決まるので，その結合相手のcは炭素数2の酢酸と決まる。
また，アルコールの沸点は，分子量が大きいほど(分子量が同じならば，炭素鎖の枝分かれが少ないほど)分子間力が強くなるため，高くなる。したがって，沸点は，メタノール<エタノール< 2-プロパノール< 1-プロパノールの順となる。よって，最も沸点の高いd′が1-プロパノール。最も沸点の低いb′がメタノールだから，その結合相手のbは炭素数3のプロピオン酸CH₃CH₂COOHと決まる。

解答

A: H−C(=O)−O−CH(CH₃)−CH₃ **ギ酸イソプロピル**

B: CH₃−CH₂−C(=O)−O−CH₃ **プロピオン酸メチル**

C: CH₃−C(=O)−O−CH₂−CH₃ **酢酸エチル**

D: H−C(=O)−O−CH₂−CH₂−CH₃ **ギ酸プロピル**

参考 ギ酸の還元性について

ギ酸は最も簡単な構造のカルボン酸で,カルボキシ基−COOHとアルデヒド基−CHOの両方をもつ。

このうち,アルデヒド基により還元性を示し,銀鏡反応は陽性であるが,フェーリング反応はきわめて起こりにくい。その理由を考えてみよう。

[図: H−C(=O)−O−H, アルデヒド基／カルボキシ基]

アンモニア性硝酸銀溶液[Ag(NH₃)₂]⁺3mLにギ酸を1〜数滴加えたものを60℃,70℃,80℃に加熱したがいずれも銀鏡は生じなかった。一方,塩基性を強めたトレンスの試薬([Ag(NH₃)₂]⁺ + NaOHaq3mL)にギ酸を1〜数滴加えたものをそれぞれ60〜70℃に加熱しても銀鏡は生じなかったが,80℃〜90℃に加熱するとそれぞれ銀鏡を生じた。ただし,ギ酸を過剰に加えたものは,この温度条件に関わらず銀鏡は生じなかった。

ギ酸に塩基を加えると,ギ酸の電離が進みギ酸イオンの割合が多くなる。ギ酸イオンはAg⁺に対して2配位の錯イオン[Ag(OCOH)₂]⁻を形成すると予想される。ギ酸を過剰に加えたときに銀鏡が生じなかったのは,Ag⁺がギ酸イオンと錯イオンを形成し,自由なAg⁺がほとんど存在しなかったためと考えられる。ギ酸1〜数滴の場合でも,60〜70℃では錯イオン[Ag(OCOH)₂]⁻が安定で,自由なAg⁺とギ酸イオンが生じないので銀鏡は生成しなかったが,80〜90℃では[Ag(OCOH)₂]⁻が熱的に解離して自由なAg⁺とギ酸イオンが生じ,両者の間で酸化還元反応が起こって銀鏡が生じたと考えられる。

また,ギ酸のフェーリング液の還元については,強塩基性のフェーリング液中では,①Cu²⁺とギ酸イオンは安定なキレート錯体*を形成しており,80℃以上に加熱してもCu²⁺とギ酸イオンに解離しにくいこと,②Cu²⁺はAg⁺に比べて還元されにくいこと,などの理由か

ら,ギ酸イオンの場合,フェーリング液の還元はきわめて起こりにくいと考えられる。

*キレート錯体は,1個の配位子が2か所以上で中心の金属原子と配位結合して生じた環状構造の錯化合物である。

参考

エステルの命名は,カルボン酸名にアルコールの炭化水素基名をつけて表される。

例 ギ酸と **1−プロパノール**のエステル名は,
　　　　　(アルコール名)

ギ酸と**プロピル**アルコールのエステルと考え,
　　　　(炭化水素基名)

ギ酸プロピルとなる。

すなわち,普段あまり使わないアルコールの慣用名を覚えておく必要がある。

示性式	組織名	慣用名
CH₃OH	メタノール	メチルアルコール
C₂H₅OH	エタノール	エチルアルコール
CH₃(CH₂)₂OH	1-プロパノール	プロピルアルコール
(CH₃)₂CHOH	2-プロパノール	イソプロピルアルコール
CH₃(CH₂)₃OH	1-ブタノール	ブチルアルコール
(CH₃)₂CHCH₂OH	2-メチル-1-プロパノール	イソブチルアルコール
C₂H₅CH(OH)CH₃	2-ブタノール	セカンダリー s-ブチルアルコール
(CH₃)₃COH	2-メチル-2-プロパノール	ターシャリー t-ブチルアルコール

377 解説

セッケンの分子は,右図のように,炭化水素基からなる**疎水基**

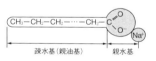

疎水基(親油基)／親水基

と,カルボン酸イオンからなる**親水基**を合わせもち,このような物質を**界面活性剤**という。セッケンが水に溶けると,水と空気,水と油などの境界面(界面)に配列するので,水の表面張力を低下させるはたらきがある。このため,セッケン水は純水よりも繊維などの細かな隙間にも浸透しやすくなり,その洗浄作用に大きく貢献している。

セッケン水は一定濃度以上になると,数十〜数百個の分子どうしが分子間力によって会合して,コロイド粒子(**ミセル**)をつくるようになる。

セッケン水中でミセルが形成しはじめる濃度は約0.2%で,この濃度を**臨界ミセル濃度**という。セッケン水の濃度を大きくしていくと,臨界ミセル濃度に達するまでは水の表面張力は低下するが,これを超えると,水の表面張力はほぼ一定値を示す。

セッケン分子は繊維上にある油汚れを疎水基の部分でとり囲み,外側に向けた親水基の部分を使って細かな微粒子(**ミセル**)として水中に分散させるので,繊維

上から油汚れが落ちる。このような作用を**セッケンの乳化作用**といい，できたコロイド溶液を**乳濁液**(エマルション)という。

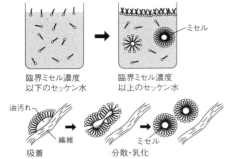

セッケンは弱酸(脂肪酸)と強塩基(NaOH)からなる塩で，水溶液中で加水分解して**弱塩基性**を示す。また，硬水中で使用すると，Ca 塩や Mg 塩が水に不溶であるため，洗浄力を示さない。一方，**合成洗剤**は強酸(硫酸)と強塩基(NaOH)からなる塩で，水溶液中でも加水分解せず**中性**を示す。また，Ca 塩や Mg 塩が水に可溶であるため，硬水中で使用しても洗浄力を失わない。
LAS(R-〇-SO₃Na，直鎖アルキルベンゼンスルホン酸ナトリウム)を代表とする合成洗剤は，セッケンに比べて洗浄能力は優れているが，微生物による分解速度はセッケンに比べてかなり遅く，環境への負荷が大きいという欠点がある。
合成洗剤の構造は次の通りである。

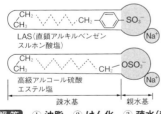

解答 ① 油脂　② けん化　③ 疎水(親油)
④ 親水　⑤ ミセル　⑥ 表面張力
⑦ 界面活性剤　⑧ 乳化作用　⑨ 乳濁液
⑩ 弱塩基　⑪ 羊毛　⑫ 硬水　⑬ 不溶性
⑭ 中

378 解説　(1) 油脂は高級脂肪酸とグリセリン(3価アルコール)とのエステルであるから，**油脂 1 分子中には 3 個のエステル結合を含む。**
　油脂をアルカリで加水分解(けん化)する反応式の係数比より，**油脂 1mol を完全にけん化するにはアルカリが 3mol 必要である。**

$(RCOO)_3C_3H_5 + 3KOH \longrightarrow 3RCOOK + C_3H_5(OH)_3$
油脂 A の分子量を M とおくと，KOH $= 56$ より，
$$\frac{30.0}{M} \times 3 = \frac{7.00}{56} \quad \therefore\ M = 720$$

(2) 飽和脂肪酸 B の分子量を M' とおくと，脂肪酸は鎖式の 1 価カルボン酸だから，中和の公式より，
$$\frac{0.520}{M'} \times 1 = 0.100 \times \frac{26.0}{1000} \times 1 \quad \therefore\ M' = 200$$
飽和脂肪酸の一般式は，$C_nH_{2n+1}COOH$ だから，
$C_nH_{2n+1}COOH = 200$ より，
$14n + 46 = 200 \quad \therefore\ n = 11$
∴ B の示性式は，$C_{11}H_{23}COOH$

不飽和脂肪酸 C では，分子中の C=C 結合 1 個につき，I₂ 分子 1 個が付加するから，油脂 A の 1 分子中に含まれる C=C 結合の数(**不飽和度**)を x 個とすると，I₂ $= 254$ より，
$$\frac{100}{720} \times x = \frac{35.3}{254} \quad \therefore\ x \fallingdotseq 1 \text{〔個〕}$$
不飽和脂肪酸の場合，C=C 結合が 1 個増すごとに，飽和脂肪酸の H 原子の数から 2 個ずつ少なくなるから，不飽和脂肪酸 C の示性式は，$C_nH_{2n-1}COOH$ と表せる。
　したがって，油脂 A の示性式は，
$C_3H_5(OCOC_{11}H_{23})_2(OCOC_nH_{2n-1})$
と表せる。この分子量が 720 であるから，
$41 + (199 \times 2) + (14n + 43) = 720 \quad \therefore\ n = 17$
∴ C の示性式は，$C_{17}H_{33}COOH$(オレイン酸)

(3) 油脂 A の構造においては，不飽和脂肪酸 C がグリセリンの両端(1 位または 3 位)の -OH に結合した場合は(i)，中央(2 位)の -OH に結合した場合は(ii)の，2 種類の構造異性体が存在する。

(i)　　　　　　　　　　(ii)
$CH_2-OCO-C_{11}H_{23}$　　$CH_2-OCO-C_{11}H_{23}$
$C^*H-OCO-C_{11}H_{23}$　　$CH-OCO-C_{17}H_{33}$
$CH_2-OCO-C_{17}H_{33}$　　$CH_2-OCO-C_{11}H_{23}$

(i)には不斉炭素原子*が存在するので 1 対の鏡像異性体が存在するが，(ii)には不斉炭素原子が存在しないので，鏡像異性体は存在しない。なお，自然界に存在する油脂は，(ii)のようにグリセリンの 2 位(中央)の炭素に不飽和脂肪酸が結合したものが多い。

(4) 不飽和油脂に Ni 触媒などを用いて H₂ を付加すると，融点が上がり，固化する。この操作で得られる油脂は**硬化油**とよばれ，マーガリンやセッケンの原料に用いられる。この油脂 1 分子中には，C=C 結合が 1 個含まれるから，完全に付加するのに必要な H₂ の体積は，
$$\frac{100}{720} \times 1 \times 22.4 \fallingdotseq 3.111 \fallingdotseq 3.11 \text{〔L〕}$$

6-31 カルボン酸・エステルと油脂

[解答] (1) 720
(2) B：C₁₁H₂₃COOH　C：C₁₇H₃₃COOH
(3) CH₂-OCO-C₁₁H₂₃　　CH₂-OCO-C₁₁H₂₃
　　CH-OCO-C₁₁H₂₃　　 CH-OCO-C₁₇H₃₃
　　CH₂-OCO-C₁₇H₃₃　　CH₂-OCO-C₁₁H₂₃
(4) 3.11 L

379 [解説] リンゴ酸は，分子中に-COOHを2個もつ2価カルボン酸であると同時に，-OHをもつ**ヒドロキシ酸**でもある。

リンゴ酸の脱水には，次の〔1〕と〔2〕の2通りの方法があるが，通常は，〔1〕の反応が起こる。

〔1〕
HOOC-C-C-COOH
　　　　|OH H|
(i) マレイン酸 (ii) フマル酸

〔2〕
HO-C-C-H
　|COOH COOH|
(iii) 無水リンゴ酸

A, Bは臭素水を脱水するから，C=C結合をもつ(i), (ii)となる。Cは臭素水を脱水しないから，C=C結合をもたない(iii)と決まる。

(リンゴ酸の脱水反応では，〔1〕，〔2〕のほかに，-OHと-COOHの脱水縮合による環状のエステルの生成が考えられる。しかし，これらは三員環，四員環の構造となり，いずれも不安定である。よって，化合物Cの解答は，五員環構造の酸無水物と考えるのが妥当である。)

[参考] リンゴ酸を約160℃で脱水すると，フマル酸（約90％）とマレイン酸（約10％）を生じる。フマル酸が多く生成するのは，大きな置換基（-COOH）が接近したシス形の方がエネルギー的に不安定であることによる。

(エネルギー図：マレイン酸 105kJ 約29kJ フマル酸)

分子式C₄H₄O₄のマレイン酸とフマル酸は互いに**シス-トランス異性体**の関係にある。シス形のマレイン酸は-COOHどうしが互いに近い位置にあり，加熱すると約160℃で脱水して**無水マレイン酸（酸無水物）**になる。

マレイン酸 →加熱→ 無水マレイン酸 + H₂O

一方，トランス形のフマル酸は-COOHどうしが離れた位置にあり，上記の条件では脱水されない。

(しかし，フマル酸を高温で長時間加熱すると，シス形のマレイン酸に異性化したのち，無水マレイン酸が生成する。これは，高温ではC=C結合が回転可能であることを示す。)

よって，加熱により酸無水物Dに変化しやすいAがシス形のマレイン酸(i)，Dは無水マレイン酸である。一方，加熱により酸無水物に変化しなかったBはトランス形のフマル酸(ii)である。

マレイン酸，フマル酸は，触媒を使って水素付加すると，ともにコハク酸Eになる。

HOOC-CH=CH-COOH →(H₂/Pt)→ HOOC-CH₂-CH₂-COOH
　　　　　　　　　　　　　　　　　　　　コハク酸

[参考] **マレイン酸とフマル酸の相違点**

① マレイン酸の融点（133℃）よりもフマル酸の融点（300℃）の方が高い。その理由は，フマル酸は分子間だけで水素結合を形成しているのに対して，マレイン酸では分子間だけでなく分子内でも水素結合を形成しており，その分子内の水素結合をした分だけ分子間の水素結合の数が少なくなり，分子間にはたらく引力（分子間力）が弱くなるためである。

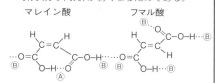

Ⓐ…分子内水素結合，Ⓑ…分子間水素結合を示す。

② マレイン酸は電子吸引性のカルボキシ基-COOHがC=C結合に対して同じ側にあるので，極性分子となり，水に溶けやすい。一方，フマル酸は-COOHが，C=C結合に対して反対側にあるので，無極性分子となり，水にあまり溶けない。

6-31 カルボン酸・エステルと油脂

380

参考 カルボン酸2分子から水1分子がとれた形の化合物を**酸無水物**という。酸無水物には，無水酢酸のように，別々の分子間で脱水結合が起こってできたものと，無水マレイン酸のように，同一分子内で脱水縮合が起こってできたものがある。後者では，五員環や六員環の構造ができる場合が多い。一般に，酸無水物は普通のカルボン酸に比べて反応性が大きいので，触媒がなくても次のように容易にエステル化が起こり，マレイン酸メチルが生成する。

（構造式：無水マレイン酸 + CH₃OH → マレイン酸メチル）

〔解答〕

A: H-C(HOOC)=C(COOH)-H

B: H-C(HOOC)=C(H)-COOH

C: HO-CH-CH₂ / O=C-O-C=O

D: H-C=C(H) / O=C-O-C=O

E: HOOC-CH₂-CH₂-COOH

380 〔解説〕 油脂は，グリセリンと高級脂肪酸3分子がエステル結合してできた化合物である。例えば，ステアリン酸3分子とグリセリン1分子がエステル結合してできた油脂を，ステアリン酸トリグリセリド，略して，トリステアリンともいう。天然の油脂の場合，このような1種類の脂肪酸からできた油脂（**単純グリセリド**）はほとんどなく，何種類かの脂肪酸からできた油脂（**混成グリセリド**）が，任意の割合で混ざり合った複雑な混合物となっている。しかし，これでは油脂の量的計算ができない。そこで，問題文で述べている「3種類の脂肪酸からなる純粋な油脂A」とは，天然の油脂のような複雑な混合物ではなく，グリセリン1分子にリノレン酸とステアリン酸と未知の脂肪酸X各1分子がエステル結合した混成グリセリドのみからなる油脂であるとして解答すればよい。

次表にあげた脂肪酸は，油脂の計算によく出てくるものなので，名称と化学式は覚えておくこと。

飽和脂肪酸の一般式は $C_nH_{2n+1}COOH$ で表される。

名称と示性式	融点〔℃〕	C=C結合の数
パルミチン酸 $C_{15}H_{31}COOH$	63	0
ステアリン酸 $C_{17}H_{35}COOH$	71	0

不飽和脂肪酸の一般式は，分子中のC=C結合の数（**不飽和度**）を m とすると， $C_nH_{2n+1-2m}COOH$ で表される。

名称と示性式	融点〔℃〕	C=C結合の数
オレイン酸 $C_{17}H_{33}COOH$	13	1
リノール酸 $C_{17}H_{31}COOH$	-5	2
リノレン酸 $C_{17}H_{29}COOH$	-11	3

なお，リノール酸とリノレン酸は，ヒトの体内では合成できない**必須脂肪酸**である。

参考 同一炭素数ならば，飽和脂肪酸の融点は不飽和脂肪酸の融点よりも高い。

この理由は，天然油脂を構成する不飽和脂肪酸に含まれるC=C結合はすべてシス形であるので，二重結合が多くなるほど，分子の形が屈曲して分子どうしの接触面積が減り，分子間力が小さくなるためである。

飽和脂肪酸分子　　不飽和脂肪酸分子

なお，油脂の融点は，構成脂肪酸の融点の高低によって強く影響されると考えられる。

また，分子中にC=C結合を多く含む脂肪酸で構成された油脂では，空気中に放置すると次第に流動性がなくなり樹脂状に固化する。この現象を**油脂の乾燥**という。これは，空気中のO₂によって油脂中のC=C結合が酸化され，O原子を仲立ちとして重合反応が進んでいくためである。このような脂肪油を**乾性油**という。一方，C=C結合をあまり含まない脂肪酸で構成された油脂では，空気中に放置しても，乾燥は起こりにくい。このような脂肪油を**不乾性油**という。また，両者の中間の性質をもつ脂肪油を**半乾性油**という。

(1) 油脂Aを加水分解すると，グリセリンと高級脂肪酸を生成する。このとき生成する高級脂肪酸はリノレン酸 $C_{17}H_{29}COOH$，ステアリン酸 $C_{17}H_{35}COOH$ と，構造の不明な脂肪酸X RCOOHである。したがって，この油脂の加水分解の反応式は，次のように書くことができる。

$CH_2-OCO-C_{17}H_{29}$
$C^*H-OCO-C_{17}H_{35}$ + 3H₂O　　＊は不斉炭素原子
$CH_2-OCO-R$
油脂A

→ CH_2-OH　　$C_{17}H_{29}COOH$
　$CH-OH$ + $C_{17}H_{35}COOH$
　CH_2-OH　　RCOOH
　グリセリン　　高級脂肪酸

油脂の加水分解で得られるグリセリンは，3価アルコールで，分子内に-OHを3個もつため，沸点が高く，粘性があり，やや甘味もある。

$\left(\begin{array}{l}\text{末端の}-\text{OH の 1 つを}-\text{CHO に変えたものが,三}\\\text{炭糖のグリセルアルデヒドである。}\end{array}\right)$

グリセリンに濃硝酸と濃硫酸の混合物(**混酸**)を作用させると,**ニトログリセリン**が生成する。

$\text{C}_3\text{H}_5(\text{OH})_3 + 3\text{HO}-\text{NO}_2$
$\qquad\qquad \longrightarrow \text{C}_3\text{H}_5(\text{ONO}_2)_3 + 3\text{H}_2\text{O}$

(H_2SO_4 は触媒なので,反応式中には書かない)

参考 ニトログリセリンはニトロ化合物ではない!
ニトログリセリンは淡黄色の液体で,爆発性がありダイナマイトなどの原料に用いられる。ニトログリセリンはニトロ基($-\text{NO}_2$)をもつが,**ニトロ化合物**とは C 原子にニトロ基が直接結合した化合物を指す。
　一般に,オキソ酸(硫酸,硝酸など)の $-\text{OH}$ とアルコールの $-\text{H}$ から脱水縮合してできた化合物を広義の**エステル**といい,それぞれ,硫酸エステル,硝酸エステルなどとよばれる。すなわち,ニトログリセリンは,**硝酸エステル**なのである。硝酸エステルでは,ニトロ基がアルコールの O 原子と結合しているが,C 原子とは結合していない。

---

(2) 次の(3)にあるように,油脂 B は,ステアリン酸トリグリセリドであるから,その分子量は,

$\text{C}_3\text{H}_5(\text{OCOC}_{17}\text{H}_{35})_3 = 41 + (283 \times 3) = 890$

油脂 1mol のけん化には,常にアルカリ 3mol が必要であるから,$\text{NaOH} = 40$ より,

$\dfrac{100}{890} \times 3 \times 40 \fallingdotseq 13.5\text{[g]}$

(3) 油脂 A に水素を付加させてできた油脂 B 1mol からステアリン酸ナトリウムが 3mol 得られることから,油脂 B はステアリン酸トリグリセリドである。これより,油脂 A を構成する脂肪酸はいずれも同じ炭素数をもち,$\text{C}=\text{C}$ 結合の数(不飽和度)だけが異なることがわかる。
　油脂 A 1mol に水素 5mol が付加することから,この油脂 1 分子中には,$\text{C}=\text{C}$ 結合を 5 個含む。リノレン酸 $\text{C}_{17}\text{H}_{29}\text{COOH}$ は,ステアリン酸に比べて H 原子が 6 個少ないので,$\text{C}=\text{C}$ 結合は 3 個含まれる。よって,脂肪酸 X には $\text{C}=\text{C}$ 結合が 2 個含まれることになる。よって脂肪酸 X に含まれる H 原子はステアリン酸よりも 4 個少なく,脂肪酸 X は $\text{C}_{17}\text{H}_{31}\text{COOH}$(リノール酸)であることがわかる。

(4) グリセリンの $-\text{OH}$ への 3 種の脂肪酸の結合位置の違いにより,3 種類の構造異性体が存在する。

$\left(\begin{array}{l}\text{いずれもグリセリンの 2 位の C が不斉炭素原子と}\\\text{なり,1 対の鏡像異性体が存在する。ただし,本}\\\text{問では構造異性体のみを扱っているので,これら}\\\text{は考慮しなくてよい。}\end{array}\right)$

解答 (1) **ニトログリセリン**
(2) **13.5g** (3) $\text{C}_{17}\text{H}_{31}\text{COOH}$
(4)

$\begin{array}{ll}\text{CH}_2-\text{OCO}-\text{C}_{17}\text{H}_{35} & \text{CH}_2-\text{OCO}-\text{C}_{17}\text{H}_{29}\\\quad|&\quad|\\\text{CH}-\text{OCO}-\text{C}_{17}\text{H}_{29} & \text{CH}-\text{OCO}-\text{C}_{17}\text{H}_{31}\\\quad|&\quad|\\\text{CH}_2-\text{OCO}-\text{C}_{17}\text{H}_{31} & \text{CH}_2-\text{OCO}-\text{C}_{17}\text{H}_{35}\end{array}$

$\begin{array}{l}\text{CH}_2-\text{OCO}-\text{C}_{17}\text{H}_{29}\\\quad|\\\text{CH}-\text{OCO}-\text{C}_{17}\text{H}_{35}\\\quad|\\\text{CH}_2-\text{OCO}-\text{C}_{17}\text{H}_{31}\end{array}$

参考 油脂のけん化価とヨウ素価
　一般に,天然の油脂は複雑な混合物であって,分子量や融点は一定ではない。そこで,油脂の平均分子量や不飽和度を推定するのに,けん化価やヨウ素価が利用される。
けん化価 油脂 1g をけん化するのに必要な水酸化カリウムの質量(mg)の数値。油脂 1mol を完全にけん化するには,アルカリ 3mol が必要で,油脂の平均分子量を M とすると,

けん化価:$\dfrac{1}{M} \times 3 \times 56(\text{KOH の式量}) \times 10^3$

ヨウ素価 油脂 100g に付加するヨウ素の質量(g)の数値。油脂中の $\text{C}=\text{C}$ 結合 1mol につき,I_2 1mol が付加するので,油脂の不飽和度($\text{C}=\text{C}$ 結合の数)を n とすると,

ヨウ素価:$\dfrac{100}{M} \times n \times 254(\text{I}_2\text{ の分子量})$

---

381 **解説** (1) 完全燃焼で生じる CO_2 と H_2O の質量から,化合物 A に含まれる C と H の質量を求め,A の組成式と分子式を求めると,

$\text{C}:264 \times \dfrac{12}{44} = 72\text{[mg]}$

$\text{H}:90.0 \times \dfrac{2.0}{18} = 10\text{[mg]}$

$\text{O}:114 - (72 + 10) = 32\text{[mg]}$

$\underset{\text{(原子数の比)}}{\text{C}:\text{H}:\text{O}} = \dfrac{72}{12} : \dfrac{10}{1.0} : \dfrac{32}{16} = 6 : 10 : 2 = 3 : 5 : 1$

したがって,A の組成式は $\text{C}_3\text{H}_5\text{O}$
分子式は組成式を整数倍したものだから,
　$(\text{C}_3\text{H}_5\text{O}) \times n = 228$　(n は整数)
　$57n = 228$　∴　$n = 4$
　よって,A の分子式は,$\text{C}_{12}\text{H}_{20}\text{O}_4$

(2) A は加水分解を受けるからエステルで,しかも,分子式中に O 原子が 4 個含まれる。また,A を加水分解すると,B,C,D という 3 種類の化合物が得られることから,A は,その 1 分子中にはエステル結合を 2 個持つエステル(**ジエステル**)と考えられる。
　エステル A をけん化したとき,エーテル層から

196　6-31　カルボン酸・エステルと油脂

得られた化合物 B, C は，その分子式より，いずれも 1 価のアルコールである。

> **参考**　一般に，エステルのけん化では，カルボン酸ナトリウムとアルコールが得られる。前者は塩であるから，常に水層へ分離されるが，水に溶けにくいアルコール（$C \geqq 4$）はエーテル層へ，水に溶けやすいアルコール（$C \leqq 3$）は水層へ分離される。

分子式 $C_4H_{10}O$ のアルコールに考えられる異性体は，次の通りである。

(ⅰ) C-C-C-C-OH 　　(ⅱ) C-C-C*-C
　　　　　　　　　　　　　　　　　|
　　　　　　　　　　　　　　　　　OH

(ⅲ) C-C-C-OH 　　　(ⅳ) 　　C
　　　　|　　　　　　　　　　　|
　　　　C　　　　　　　　　C-C-C
　　　　　　　　　　　　　　　|
　　　　　　　　　　　　　　　OH

B を酸化するとアルデヒドになるから，B は第一級アルコールの(ⅰ)か(ⅲ)である。C は酸化されないから，第三級アルコールの(ⅳ)と決まる。

B と C を脱水すると同一のアルケンが得られることから，B は C 同様に炭素骨格に枝分かれをもつことがわかる（直鎖の炭素骨格をもつアルコールの脱水では，枝分かれをもつアルケンは生成しない）。よって，B は炭素骨格に枝分かれをもつ(ⅲ)と決まる。

一方，水層を酸性にして得られた化合物 D は，カルボン酸である。その分子式は，ジエステル A の加水分解より，

A + 2H$_2$O $\xrightarrow{\text{加水分解}}$ B + C + D

$C_{12}H_{20}O_4 + 2H_2O \longrightarrow 2(C_4H_{10}O) + C_4H_4O_4$

D は 2 価カルボン酸 $R-(COOH)_2$ で，$R=C_2H_2$ は炭素 C に比べて水素 H が少ないので，不飽和結合（二重結合）を 1 つ含む。分子式 $C_4H_4O_4$ の二価カルボン酸には，次の 3 種類が考えられる。

(ⅴ) 　H　　　　　H　　　(ⅵ) 　H　　　　　COOH
　　　　\　　　 /　　　　　　　 \　　　 /
　　　　 C=C　　　　　　　　　　C=C
　　　　/　　　 \　　　　　　　 /　　　 \
　　HOOC　　　COOH　　　HOOC　　　 H

(ⅶ) 　H　　　　COOH
　　　　\　　 /
　　　　 C=C
　　　　/　　 \
　　　 H　　　COOH

題意より，D は 160℃ の加熱でも脱水せず，そのシス-トランス異性体である E が脱水して酸無水物に変化する。よって，E がシス形の(ⅴ)マレイン酸，D はトランス形の(ⅵ)フマル酸と決まる。

> (ⅶ)のメチレンマロン酸は，(ⅴ)，(ⅵ)とはシス-トランス異性体ではなく，炭素原子の結合順序が異なるから，構造異性体の関係にある。また，加熱により生成が予想される酸無水物は，四員環の構造で不安定である。

A は，フマル酸と 2-メチル-2-プロパノールと，2-メチル-1-プロパノールとのジエステルである。

これら 3 つの化合物をエステル結合させて，A の構造式を書き直すと，解答の構造式となる。

解答　(1) $C_{12}H_{20}O_4$
　　　　(2) B：**2-メチル-1-プロパノール**
　　　　　　C：**2-メチル-2-プロパノール**
　　　　　　D：**フマル酸**　　E：**マレイン酸**

A の構造式

```
          CH3   H        O
           |     \       ‖
CH3-C-O-C  C=C  C-O-CH2-CH-CH3
      |     /  \             |
     CH3   O    H           CH3
```

32 芳香族化合物①

382 [解説] ベンゼン C_6H_6 に含まれる炭素骨格をベンゼン環という。ベンゼン環の中に含まれる二重結合は、アルケンのように1か所に固定されたものではなく、分子全体に広がっている。すなわち、ベンゼン環の炭素間の結合は、C=C結合とC-C結合のちょうど中間的な性質をもつ。したがって、<u>ベンゼンはアルケンのような付加反応は起こりにくく、むしろ、ベンゼン環が保存される**置換反応**が起こりやすい。</u>

参考 6個の炭素原子が単結合と二重結合で交互に結合した正六角形の環状構造(**ベンゼン環**という)をもつのが、ベンゼン C_6H_6 である。

ベンゼン

ベンゼンの分子をよく見ると、3つのエチレンの部分構造が認められる。これらがつながってできたベンゼンもエチレンと同様に、**平面構造**をもつ。

炭素原子間の結合距離は、C-C > C=C > C≡Cの順である。ただし、ベンゼンの炭素原子間の結合は、単結合と二重結合の中間的な状態にあり、結合距離もエタンのC-C結合(0.154nm)と、エチレンのC=C結合(0.134nm)のほぼ中間の値の0.140nmを示す。

ベンゼン環では、二重結合を形成するπ電子はアルケンのように固定されているのではなく、分子全体に広がった状態になっており(**非局在化**という)、安定化している。この安定化エネルギーは次のように求められる。

シクロヘキセンの水素化熱は120kJ/molである。

⌬ + H_2 = ⌬ + 120kJ
シクロヘキセン　シクロヘキサン

ベンゼンをアルケンのような固定化された3つの二重結合が存在する、1,3,5-シクロヘキサトリエン(仮想の化合物)と仮定すると、水素化熱は360kJ/molと予想される。

⌬ + $3H_2$ = ⌬ + 360kJ……①
1,3,5-シクロヘキサトリエン　シクロヘキサン

実際のベンゼンの水素化熱は208kJ/molと測定されている。

⌬ + $3H_2$ = ⌬ + 208kJ……②

①-②より、⌬ = ⌬ + 152kJ……③

③のように、ベンゼンは1,3,5-シクロヘキサトリエンよりも152kJだけ水素化熱が小さい。この分のエネルギーが電子の非局在化によるベンゼンの**安定化エネルギー**である。

次の@〜@は、ベンゼンの重要な置換反応であるから、しっかりと理解しておくこと。

@ ベンゼン環の水素原子が、塩素(ハロゲン)原子で置換される反応を**塩素化**、**ハロゲン化**という。

@ ベンゼン環の水素原子が、スルホ基 $-SO_3H$ で置換される反応を**スルホン化**という。水溶性で強酸性の**ベンゼンスルホン酸**が生成する。

@ ベンゼンのH原子が、ニトロ基 $-NO_2$ で置換される反応を**ニトロ化**という。生成物の**ニトロベンゼン**は水より重い淡黄色油状の液体で水に溶けにくい。一般に、C原子に $-NO_2$ が結合した化合物を**ニトロ化合物**という。ニトロ化における濃硝酸は主剤なので反応式中に書き表すが、濃硫酸は触媒なので、反応式中には書かないこと。

ベンゼンに $AlCl_3$ のような触媒を用いて、ハロゲン化アルキルを反応させると、ベンゼンの-Hがアルキル基(-R)で置換される。この反応を**アルキル化**という(フリーデル・クラフツ反応ともいう)。

⌬ + CH_3Cl →(AlCl₃) ⌬-CH_3 + HCl
　　クロロメタン　　　　　　　トルエン

ベンゼンの二置換体のキシレン $C_6H_4(CH_3)_2$ には3種類の構造異性体がある。また、キシレンと構造異性体の関係にある芳香族炭化水素にはエチルベンゼンもあり、下のような方法でつくられる。

o-キシレン　m-キシレン　p-キシレン　エチルベンゼン

⌬-H + $CH_2=CH_2$ →(酸触媒) ⌬-CH_2-CH_3
　　　　　　　　　　　　　　　エチルベンゼン

エチルベンゼン $C_6H_5-CH_2CH_3$ を触媒(Fe_2O_3)を用いて水蒸気とともに高温に加熱して脱水素すると、スチレン $C_6H_5-CH=CH_2$ が生成する。

⌬-CH_2-CH_3 →(触媒/加熱) ⌬-$CH=CH_2$ + H_2

スチレンにはC=C結合が存在するので、容易に臭素が付加して脱色が起こる。

⌬-$CH=CH_2$ + Br_2 → ⌬-$\overset{*}{C}HBr-CH_2Br$

また、スチレンはビニル基 $CH_2=CH-$ をもつので、分子どうしが付加重合を行う。したがって、スチレンは合成樹脂(プラスチック)の原料となる。

参考 スチレンのような非対称なアルケンに、HX型(HCl, H_2O, H_2SO_4 など)の分子が付加する場合、2種類の物質が生成する可能性がある。

この場合，どちらが多く生成するかについての経験則が知られている。

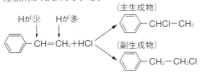

非対称のアルケンに HX 型の分子が付加する場合，二重結合炭素のうち，H 原子が多く結合した C 原子には H 原子が，もう一方の原子には X が付加した化合物が主生成物になる。これを，**マルコフニコフの法則**という。

これは，スチレンに先に H^+ が付加して生じる反応中間体(i),(ii)の安定性が関係している(少し遅れて X^- が付加する)。

(i) ⟨C₆H₅⟩-⁺CH-CH₃(安定)

(ii) ⟨C₆H₅⟩-CH₂-⁺CH₂(不安定)

炭化水素基 CH_3- には電子供与性があるため，ベンジル基 $C_6H_5-CH_2-$ だけが C^+ に結合した(ii)よりもフェニル基 C_6H_5- とメチル基が C^+ に結合した(i)の方が正電荷が分子全体に分散して安定化する。したがって，(i)の反応中間体を経由する反応が起こりやすくなる。

ⓓ ベンゼンは付加反応よりも置換反応のほうがずっと起こりやすいが，特別な条件下では付加反応が起こることもある。

参考 ベンゼンの構造と反応性について

ベンゼンの C 原子がもつ 4 個の価電子のうち 3 個は，同一平面上で重なり合って強い **σ結合**をつくり，正六角形の平面構造をつくる(下図の(a))。各 C 原子に残る 1 個の価電子は，σ結合のつくる平面に対して上下方向に広がる別の軌道に存在し，これらが側面で重なり合い，やや弱い **π結合**をつくる(下図の(b))。

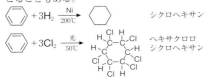

ベンゼンのσ結合(a)　ベンゼンのπ結合(b)

このπ結合に関与する 6 個の電子(π電子)は，特定の C 原子だけでなく，軌道の重なりを利用して，ベンゼンの 6 個の C 原子間に広がって存在(**非局在化**という)する。電子が非局在化すると，電子の自由度が大きくなり，エネルギー的に安定な状態になることが知られている。具体的にベンゼンの構造は，σ結合でつくられた正六角形の平面が，その上下にある大きなドーナツ状のπ電子雲によってはさまれたような構造をしているといえる。

したがって，芳香族化合物では，安定なベンゼン環が保存される置換反応は起こりやすいが，安定なベンゼン環が壊れてしまう付加反応は起こりにくいといえる。

解答 ① クロロベンゼン　② ベンゼンスルホン酸
③ ニトロベンゼン　④ トルエン
⑤ キシレン　⑥ 3　⑦ エチルベンゼン
⑧ スチレン　⑨ シクロヘキサン
⑩ ヘキサクロロシクロヘキサン
ⓐ $C_6H_6 + Cl_2 \longrightarrow C_6H_5Cl + HCl$
ⓑ $C_6H_6 + H_2SO_4 \longrightarrow C_6H_5SO_3H + H_2O$
ⓒ $C_6H_6 + HNO_3 \longrightarrow C_6H_5NO_2 + H_2O$
ⓓ $C_6H_6 + 3Cl_2 \longrightarrow C_6H_6Cl_6$

383 解説
エタノール C_2H_5OH は無色の液体(沸点78℃)，フェノール C_6H_5OH は無色の固体(融点41℃)であり，その性質には相違点と共通点がある。

(a) 金属 Na はエタノール，フェノールともに $-OH$ の H と Na が置換反応を行い，水素を発生する。
$2C_2H_5OH + 2Na \longrightarrow 2C_2H_5ONa + H_2$
$2C_6H_5OH + 2Na \longrightarrow 2C_6H_5ONa + H_2$

(b), (c) フェノールは弱酸性物質で，NaOH 水溶液と中和反応するが，エタノールは中性物質で，NaOH 水溶液とは反応しない。

(d) フェノール類は Fe^{3+} と錯イオンをつくり青～赤紫色(フェノールは紫色)に呈色するが，エタノールは Fe^{3+} とは呈色反応しない。

(e) エタノールは水にいくらでも溶けるが，フェノールは水に少ししか溶けない。
フェノールは，水 100g に 8.2g(20℃)溶けるので，水に少し溶けると表現されることもある。

(f) エタノールは第一級アルコールで，酸化するとアセトアルデヒドを経て酢酸になる。フェノールを強く酸化すると，有色のキノン化合物になる。

参考
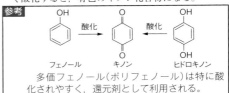

フェノール　キノン　ヒドロキノン

多価フェノール(ポリフェノール)は特に酸化されやすく，還元剤として利用される。

6-32 芳香族化合物① 199

(g) エタノール，フェノールともに−OHをもつので，氷酢酸，無水酢酸と反応してエステルを生成する(フェノールは反応性が小さく，無水酢酸を使わないとエステル化されない)。

$C_2H_5OH + CH_3COOH \longrightarrow C_2H_5OCOCH_3 + H_2O$
　　　　　　　　　　　　　　酢酸エチル

$C_6H_5OH + (CH_3CO)_2O \longrightarrow C_6H_5OCOCH_3 + CH_3COOH$
　　　　　　　　　　　　　　酢酸フェニル

(h) エタノール，フェノールの水溶液にはともに殺菌・消毒作用がある。しかし，フェノールの濃い溶液には皮膚を激しく侵す腐食性があるので，取り扱いには注意が必要である(エタノールの濃い溶液にはフェノールのような腐食性はない)。

参考　フェノール類が弱酸性を示す理由
　フェノール類では，O原子の非共有電子対の軌道はベンゼン環平面に対して上下方向に広がっており，またベンゼン環の上下にあるドーナツ状のπ電子雲と側面で重なっている(下図)。したがって，O原子の非共有電子対の一部はベンゼン環の方へ流れ込み(**非局在化**という)安定化することができる。このため，O原子自身はやや電子不足の状態になり，O−H結合の共有電子対を自分の方へ強く引き寄せる。したがって，フェノール類ではヒドロキシ基からH⁺が放出されやすくなり，弱酸性を示すことになる。
　一方，ヒドロキシ基がベンゼン環に直結していないベンジルアルコールでは，フェノール類のような電子軌道の重なりはないので，ヒドロキシ基からのH⁺の放出はみられず，中性を示す。

解答　(a) O　(b) P　(c) P　(d) P　(e) E　(f) E
　　　　(g) O　(h) P

384 **解説**　ベンゼンからフェノールを合成する工業的製法には，次のような方法がある。
　(a) **クメン法**
　(b) ベンゼンスルホン酸ナトリウムの**アルカリ融解法**
　(c) クロロベンゼンの**加水分解法**
　現在，日本では100%**クメン法**でフェノールが製造されている(問題の図(1))。概略は次の通りである。
① ベンゼンを酸触媒の存在下で，プロペンに付加させて**クメン(イソプロピルベンゼン)**をつくる。

② クメンを空気酸化してクメンヒドロペルオキシドとする。

③ クメンヒドロペルオキシドを希硫酸で分解すると，フェノールとアセトンが生成する。

参考　クメンの合成は，プロペンに対するベンゼンの付加反応と考えるとわかりやすい。このとき，マルコフニコフの法則に従う。

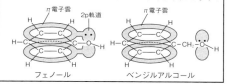

　問題の図(2)は，古典的なフェノールの製法の，ベンゼンスルホン酸の**アルカリ融解法**である。

① ベンゼンを濃硫酸で**スルホン化**して，ベンゼンスルホン酸をつくる。
② ベンゼンスルホン酸をNaOH水溶液で中和して，ベンゼンスルホン酸ナトリウム(塩)とする。
③ この結晶をNaOH(固体)とともに約300℃の融解状態で反応させる(**アルカリ融解**)と，ナトリウムフェノキシドが生成する。
④ これに塩酸を加え酸性にすると，フェノールが生成する。この方法は，③のアルカリ融解の段階で，多量のエネルギーを必要とし，経済的な理由から，現在，日本では全く行われていない。
　このほか，古典的なフェノールの製法には，クロロベンゼンの**加水分解法**もある。

① ベンゼンに鉄触媒を用いて塩素と反応させて，クロロベンゼンをつくる。
② クロロベンゼンを高温・高圧の条件で，NaOH水溶液と反応させる(加水分解)と，ナトリウムフェノキシドが生成する。
③ これに塩酸を加え酸性にすると，フェノールが生成する。この方法も，②の加水分解の段階で，多量のエネルギーを必要とし，経済的な理由から，現在，日本では全く行われていない。

解答

A　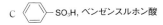，クメン（イソプロピルベンゼン）

B　CH₃-CO-CH₃，アセトン

C　-SO₃H，ベンゼンスルホン酸

D　-ONa，ナトリウムフェノキシド

(1) **クメン法**　(2) ⓔ **アルカリ融解**

385 解説 (a)〜(c)の構造は次の通りである。

(a) シクロヘキサン　(b) シクロヘキセン　(c) ベンゼン

(1) **シクロヘキサン**は飽和炭化水素で，アルカンとよく似た性質をもち，いかなる条件でも付加反応はしない。また，光照射下ではハロゲンと置換反応を行うが，光が当たらなければ置換反応はしない。

シクロヘキセンは不飽和炭化水素で，アルケンに似た性質をもち，触媒なしでもハロゲンと付加反応を行う。本問では臭素(赤褐色)が付加して，溶液の色は消える。

ベンゼンの炭素間の結合は，二重結合でも単結合でもなく，それらの中間的な結合であり，付加反応よりも置換反応が起こりやすい。しかし，鉄触媒を使わないと，臭素とは置換反応しない。また，光の当たらない条件下ではハロゲンと付加反応しない。

(2) シクロヘキセンの二重結合だけは，KMnO₄(酸化剤)によって酸化されて開裂し，アジピン酸という二価カルボン酸になる。

ベンゼンもシクロヘキサンも，酸化剤のKMnO₄に対しては安定で，反応しない。

(3) ベンゼンに，濃硝酸と濃硫酸(混酸)を作用させると，60℃で反応(ニトロ化)し，ニトロベンゼンを生成する。しかし，60℃でシクロヘキサンやシクロヘキセンに濃硝酸と濃硫酸(混酸)を作用させてもニトロ化されない。60℃でニトロ化されるのはベンゼンだけである。

解答　(1) (b)，臭素の四塩化炭素溶液の赤褐色が消える。

(2) (b)，過マンガン酸カリウム溶液の赤紫色が消える。

(3) (c)，C₆H₆ + HNO₃ ⟶ C₆H₅NO₂ + H₂O

386 解説 (1) 分子式C₈H₁₀の芳香族炭化水素には，次の(i)〜(iv)の構造が考えられる。

(i) エチルベンゼン　→(O)→　(v) 安息香酸(COOH)

(ii) o-キシレン　→(O)→　(vi) フタル酸

(iii) m-キシレン　→(O)→　(vii) イソフタル酸

(iv) p-キシレン　→(O)→　(viii) テレフタル酸

ベンゼン環に直接結合した炭化水素基(**側鎖**)は，KMnO₄などの強い酸化剤で十分に酸化すると，その炭素数に関わりなく，すべて-COOHになる。

参考　**ベンゼン環の側鎖の酸化**

炭化水素基(側鎖)をもつ芳香族化合物を酸化すると，ベンゼン環に直結した炭素原子が酸化されて-COOHとなる。例えば，エチルベンゼンをKMnO₄で酸化すると，まず側鎖のHが引き抜かれ，次のような中間体(ラジカル)が生成する可能性がある。

(i) C₆H₅ĊHCH₃　(ii) C₆H₅CH₂ĊH₂

(i)の中間体はベンゼン環との相互作用を行うことにより，(ii)の中間体に比べてやや安定性が大きい。したがって，エチルベンゼンの酸化反応は(i)を経由して進行するようになり，生成物は安息香酸 C₆H₅COOH と二酸化炭素 CO₂ となると考えられる。

アジピン酸

酸化すると安息香酸になる A は(i)のエチルベンゼンである。フタル酸(vi)は，−COOH が隣接しており，加熱すると容易に脱水されて無水フタル酸になる。したがって，B は(ii)の o−キシレンである。

ベンゼンの o−，m−，p−異性体のそれぞれにもう 1 つ別の置換基(−X)を導入したとき生じる異性体の数から，o−，m−，p−異性体を区別することができる。例えば，(vi)～(viii)の芳香族ジカルボン酸の臭素一置換体の異性体数は，次の通りである。

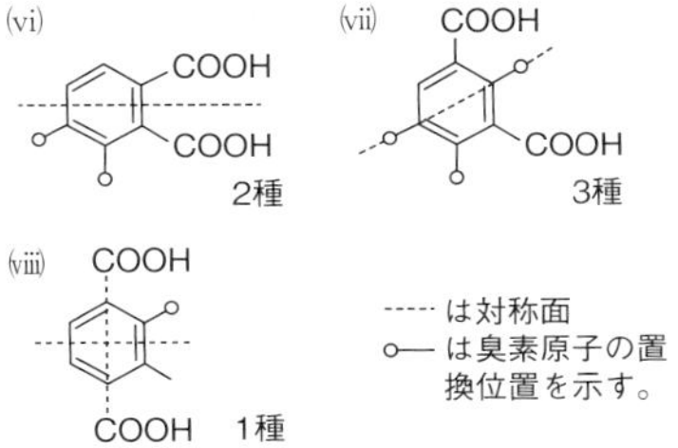

(vi) COOH COOH　2種
(vii) COOH COOH　3種

(viii) COOH COOH　1種

------- は対称面
○—○ は臭素原子の置換位置を示す。

したがって，上図のように臭素一置換体の異性体数より，2 種の B′が(vi)のフタル酸，3 種の D′が(vii)のイソフタル酸，1 種の C′が(viii)のテレフタル酸と決まる。

したがって，C′は(viii)のテレフタル酸なので，C は(iv)の p−キシレン。D′は(vii)のイソフタル酸なので，D は(iii)の m−キシレンである。

(2) ナフタレン $C_{10}H_8$ と空気の混合気体を，酸化バナジウム(V)V_2O_5 触媒の存在下で約 400℃ で反応させると，ナフタレンの一方(右側)のベンゼン環だけが開裂し，フタル酸になるが，高温のために直ちに脱水して，無水フタル酸が生成する。この変化を反応式で書くと，

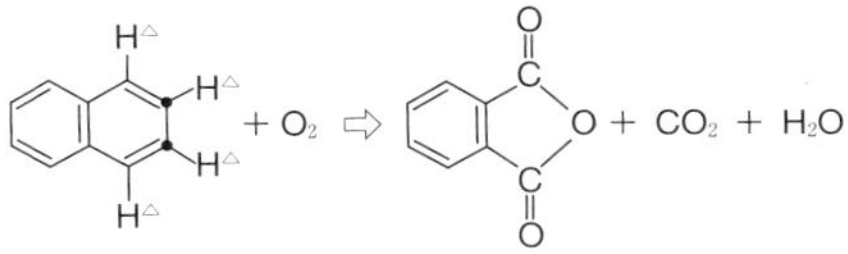

ここで，●印の炭素は CO_2 に，△印の水素は H_2O になる。化学反応式を完成させるために，すべてを分子式に直してから，係数をつける。

( )$C_{10}H_8$ + ( )O_2
$\longrightarrow$ ( )$C_8H_4O_3$ + ( )CO_2 + ( )H_2O

$C_{10}H_8$ の係数を 1 とおく。
C の数より，$C_8H_4O_3$ の係数は 1，CO_2 の係数は 2。
H の数より，H_2O の係数も 2。
O の数は右辺より 9 個より，O_2 の係数は $\dfrac{9}{2}$。

全体を 2 倍して，分母を払う。

解答 (1) A：

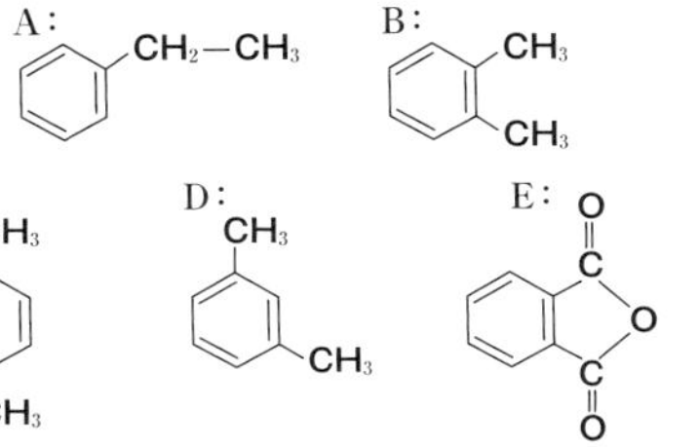

CH_2-CH_3

B：CH_3 CH_3

C：CH_3 CH_3

D：CH_3 CH_3

E：

(2)

2 $+9O_2 \longrightarrow 2$ $+4CO_2+4H_2O$

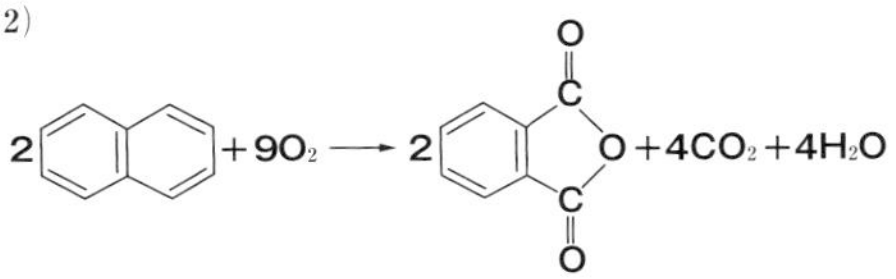

387 **解説** (1) 生成した CO_2 と H_2O の物質量の比が 7：4 であることから，その中に含まれる C と H の原子数の比は 7：8 である。化合物 A～C の組成式を $C_7H_8O_n$ とおくと，分子量が 108 だから，

$92 + 16n = 108$ ∴ $n = 1$

よって，分子式は C_7H_8O

(2) 分子式が C_7H_8O の芳香族化合物には，次の(i)～(v)の異性体が存在する。

① ベンゼンの一置換体($C_6H_5\,X$)とすると，
$X=C_7H_8O-C_6H_5=CH_3O$
これより，(i)−CH_2OH と(ii)−OCH_3 が考えられる。

② ベンゼンの二置換体($X-C_6H_4-Y$)とすると，
$X+Y=C_7H_8O-C_6H_4=CH_4O$
これを 2 分割すると，置換基 X，Y は −OH と −CH_3 になる。

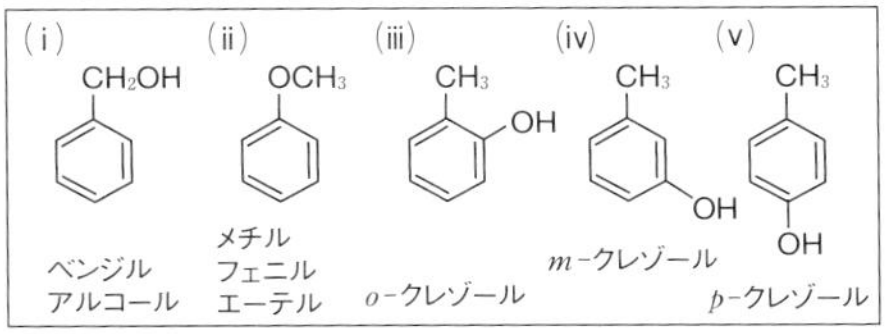

(i)	(ii)	(iii)	(iv)	(v)
CH_2OH	OCH_3	CH_3 OH	CH_3 OH	CH_3 OH
ベンジルアルコール	メチルフェニルエーテル	o−クレゾール	m−クレゾール	p−クレゾール

B は金属 Na と反応しないので，エーテル類の(ii)。

A は金属 Na と反応するので −OH をもつが，NaOH 水溶液と反応しないので，アルコールの(i)である(ベンジルアルコールは中性物質である)。

C は NaOH 水溶液によく溶けるので，弱酸性物質のクレゾールの(iii)，(iv)，(v)のいずれか。

なお，ベンジルアルコールを $K_2Cr_2O_7$ で酸化すると，次式のように酸化され，最終生成物として安息香酸 D が得られる。

202 6-33 芳香族化合物②

ベンジルアルコールを穏やかな酸化剤で酸化すると，途中のベンズアルデヒドの段階で反応を止めることができる。ベンズアルデヒドは芳香のある液体で，空気中で徐々に酸化され，安息香酸に変化しやすい（**還元性**をもつ）。ただし，銀鏡反応は陽性であるが，フェーリング液は還元しない。

Cを酸化して得られた化合物が，医薬品の原料として広く用いられることから，この生成物は**サリチル酸**である。したがって，Cはオルト体で，(iii)の o-クレゾールである。一連の反応は次の通り。

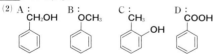

参考 エステルは，酸化剤に対して比較的安定であるから，アセチル化は反応性の高い−OHや−NH$_2$などを酸化剤から保護するのに利用される。

[解答] (1) C_7H_8O
(2) A：CH$_2$OH（ベンゼン環付） B：OCH$_3$（ベンゼン環付） C：CH$_3$，OH（ベンゼン環付） D：COOH（ベンゼン環付）

33 芳香族化合物②

388 [解説] (1) フェノールは弱酸性の物質なので，NaOH水溶液を加えると，中和反応が起こり，ナトリウムフェノキシド（→ A）となる。

C$_6$H$_5$OH + NaOH ⟶ C$_6$H$_5$ONa + H$_2$O

なお，フェノールの酸性は炭酸 H$_2$CO$_3$ よりも弱いので，ナトリウムフェノキシドの水溶液に常温・常圧で CO$_2$ を通じると，弱酸のフェノール（→ B）が遊離する。

C$_6$H$_5$ONa + CO$_2$ + H$_2$O ⟶ C$_6$H$_5$OH + NaHCO$_3$

問題文の後半は，サリチル酸の製法（コルベ・シュミットの反応）に関しての記述である。

ナトリウムフェノキシドを，5×10^5 Pa 程度に加圧した CO$_2$ とともに約125℃に加熱すると，サリチル酸ナトリウム（→ C）が得られ，これに塩酸（強酸）を加えると，弱酸であるサリチル酸（→ D）が遊離する。

C$_6$H$_5$ONa + CO$_2$ —加圧 125℃→ サリチル酸ナトリウム —H$^+$→ サリチル酸

（CO$_2$は，ナトリウムフェノキシドの o-位に置換する。このとき脱離したH$^+$は，酸として強い方の−COO$^-$ではなく，弱い方の−O$^-$に受け取られて−OHとなる。一方，−COO$^-$はNa$^+$とイオン結合したサリチル酸ナトリウム（塩）となる。）

サリチル酸は，分子内にカルボキシ基−COOHと，フェノール性ヒドロキシ基−OHを o-位にもつ化合物で，カルボン酸とフェノール類の両方の反応を行う。

サリチル酸に無水酢酸を作用させると，**アセチル化**が起こり，**アセチルサリチル酸**（→ E）の無色の結晶が生成する。一方，サリチル酸をメタノールに溶かして濃硫酸を少量加えて加熱すると，**エステル化**が起こり，芳香のある**サリチル酸メチル**（→ F）の無色の液体が生成する。サリチル酸メチルには消炎・鎮痛作用があるので外用薬として，アセチルサリチル酸は解熱・鎮痛剤として用いられる。

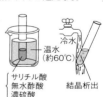

アセチルサリチル酸の製法

389

サリチル酸メチルの製法

(2) 酸の強さは，カルボン酸＞炭酸＞フェノール類だから，Fのサリチル酸メチルが最も弱い。D, Eにはいずれにも－COOHがある。しかし，Dは右図のように－COOHの電離で生じた－COO⁻が隣の－OHとの間で分子内の**水素結合**を形成して安定化するので，H⁺がより電離しやすく，酸性が最も強くなる。

(3) フェノールはベンゼンよりも置換反応が起こりやすく(特に o-, p- 位の電子密度が高く反応性が大きい)，濃硝酸と濃硫酸の混合物(混酸)を加えて**ニトロ化**すると，最終的に，フェノールの o-位と p-位にニトロ基が3個導入された**ピクリン酸**(2,4,6-トリニトロフェノール)が生成する。**395 参考**(**オルト・パラ配向性**)参照のこと。

(4) フェノールは触媒なしでも臭素と容易に置換反応して，**2,4,6-トリブロモフェノール**という白色沈殿を生成する。この反応は，フェノールの検出にも使われる。

解答 (1) A: ◯－ONa B: ◯－OH
C: ◯－OH／COONa D: ◯－OH／COOH
E: ◯－OCOCH₃／COOH F: ◯－OH／COOCH₃

(2)(i) D (ii) F
(3) **ピクリン酸(2,4,6-トリニトロフェノール)**
(4) OH／Br Br Br(2,4,6-トリブロモフェノール)

389 [解説] (1), (2) A, B: ニトロベンゼンにスズ(工業的には鉄)と濃塩酸を加えて加熱すると，ニ

トロベンゼン(油滴)が還元されて，**アニリン塩酸塩**の均一な水溶液ができる。

2C₆H₅NO₂ + 3Sn + 14HCl
　　　　→ 2C₆H₅NH₃Cl + 3SnCl₄ + 4H₂O

(アニリンが生成するのではない。アニリンは塩基性物質なので，酸性溶液で反応させると，中和反応が起こり，アニリン塩酸塩として生成する。)

C: アニリン塩酸塩(弱塩基の塩)に水酸化ナトリウム水溶液(強塩基)を加えると，アニリン(弱塩基)が遊離する。

(3) 加えた NaOH 水溶液は，まず，過剰の HCl を中和するので目立った変化はない(中和熱の発生を伴うので，冷却すること)。続いて，次のように水酸化スズ(IV) Sn(OH)₄ の白色沈殿を生じる。

SnCl₄ + 4NaOH ⟶ Sn(OH)₄↓ + 4NaCl

過剰に NaOH 水溶液を加えると，両性水酸化物の Sn(OH)₄ はヒドロキシド錯イオン [Sn(OH)₆]²⁻ を生じて溶ける。

Sn(OH)₄ + 2NaOH ⟶ Na₂[Sn(OH)₆]

この後，油状物質のアニリンが遊離し，乳濁液となるので，冷却後，ジエチルエーテルを加えてアニリンを抽出する。

C₆H₅NH₃Cl + NaOH ⟶ C₆H₅NH₂ + NaCl + H₂O

(4) アニリンは水(下層)に溶けにくく，エーテル(上層)に溶けやすい。

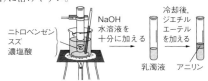

(5) アニリンは無色の油状の液体であるが，空気中に放置すると，徐々に酸化され赤褐色になる。この性質を利用して，**アニリンにさらし粉水溶液(酸化剤)を加えると，赤紫色になる。**これは，アニリンの検出に利用される。

(6) －NH₂ の H がアセチル基(CH₃CO－)で置換される反応を**アセチル化**，生じた化合物を**アミド**という。アニリンをアセチル化すると，**アセトアニリド**(融点135℃)の白色結晶が生成する。

参考　融点の測定
生成したアセトアニリドの結晶が純粋であるかどうかは，図のような装置で融点を測定すればわかる。融け始める温度と融け終わる温度の差が1～2℃であれば，ほぼ純物質と判断してよい。

アセトアニリドのようなアミドは，酸や塩基の水溶液との加熱によって加水分解され，もとのアミンとカルボン酸に戻る性質がある。

[解答] (1) ① スズ　② 濃塩酸　③ 水酸化ナトリウム
　　　　　④ アセトアニリド
(2) B：ニトロベンゼン　C：アニリン
(3) SnCl$_4$ + 4NaOH ⟶ Sn(OH)$_4$ + 4NaCl
　　Sn(OH)$_4$ + 2NaOH ⟶ Na$_2$[Sn(OH)$_6$]
　　C$_6$H$_5$NH$_3$Cl + NaOH ⟶ C$_6$H$_5$NH$_2$ + NaCl + H$_2$O
(4) 上層
(5) さらし粉水溶液を加えて赤紫色になるかどうかを調べる。
(6) C$_6$H$_5$NH$_2$ + (CH$_3$CO)$_2$O
　　　⟶ C$_6$H$_5$NHCOCH$_3$ + CH$_3$COOH

390 [解説] (1) ベンゼンに濃硝酸と濃硫酸の混合物（混酸）を反応させると，**ニトロ化**がおこり，**ニトロベンゼン（→ A）**が生成する。

(2) ニトロベンゼンにスズと濃塩酸を加えて加熱すると，ニトロベンゼンが**還元**されてアニリン塩酸塩（弱塩基の塩）が生成する。これにNaOH水溶液を加えると，**アニリン（→ B）**（弱塩基）が遊離する。

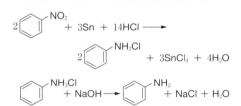

(3) アニリンを希塩酸に溶かし，氷冷しながら亜硝酸ナトリウム水溶液を加えると，**ジアゾ化**が起こり，**塩化ベンゼンジアゾニウム（→ C）**が生成する。

ジアゾ化で塩化ベンゼンジアゾニウムの水溶液をつくる。

NH$_2$
　＋ 2HCl + NaNO$_2$
⟶ N$^+$≡NCl$^-$
　＋ NaCl + 2H$_2$O
塩化ベンゼンジアゾニウム

（冷却せずにジアゾ化を行うと，ジアゾニウム塩が容易に分解してフェノールが生成する（したがって，ジアゾ化は冷却して行う必要がある）。）

N$^+$≡NCl$^-$ + H$_2$O
⟶ OH + N$_2$↑ + HCl

(4) 塩化ベンゼンジアゾニウムの水溶液にナトリウムフェノキシドの水溶液を加えると，**カップリング**が起こり，アゾ染料として利用される赤橙色の**p-ヒドロキシアゾベンゼン（→ D）**を生成する。

塩化ベンゼンジアゾニウム溶液
フェノールの水酸化ナトリウム水溶液に浸したもめん布
カップリング反応を利用してアゾ化合物をつくり，布を染色する。

N$^+$≡NCl$^-$ + ONa
⟶ N=N-OH + NaCl
p-ヒドロキシアゾベンゼン

[解答]
A：NO$_2$　B：NH$_2$
C：N$_2$Cl　D：N=N-OH

391 [解説] (1) 無水酢酸は水と徐々に反応（加水分解）して，酢酸に戻っていく性質がある。無水酢酸は酢酸に比べて反応性は高い。そのため，無水酢酸をできるだけ加水分解させずにサリチル酸と反応させるために，乾いた試験管を用いて実験を行う。
　　(CH$_3$CO)$_2$O + H$_2$O ⟶ 2CH$_3$COOH
(2) 生成したアセチルサリチル酸は，残っている無水酢酸中に溶けている。よって，反応液に冷水を加えてかき混ぜると，無水酢酸が加水分解されるので，その中に溶解していたアセチルサリチル酸が結晶として析出しやすくなる。
(3) 無水酢酸(CH$_3$CO)$_2$Oは，サリチル酸の-COOH

とは反応せず，$-OH$ の H とアセチル基 CH_3CO- が置換反応を行うので，この反応を**アセチル化**という。

(4) (3)の反応式の係数比より，サリチル酸 1mol からアセチルサリチル酸 1mol が生成する。サリチル酸(分子量 138)1.0g から生成するアセチルサリチル酸(分子量 180)の理論値を x〔g〕とすると，

$$\frac{1.0}{138} = \frac{x}{180} \quad \therefore \quad x \fallingdotseq 1.30〔g〕$$

$$収率〔\%〕 = \frac{実際の生成量}{理論的な生成量} \times 100$$

$$= \frac{0.95}{1.30} \times 100 \fallingdotseq 73.0 \fallingdotseq 73〔\%〕$$

[解答] (1) 水があると，無水酢酸と水が反応して酢酸となり反応性が低下し，アセチルサリチル酸の収量が減少するため。

(2) 過剰の無水酢酸を加水分解することにより，アセチルサリチル酸の結晶化を促すため。

(3)

(4) 73%

[参考] **アセチルサルチル酸(アスピリン)の歴史**
古代より，ヤナギの樹皮には解熱作用があることが知られていた。ヤナギの樹皮の有効成分は，セイヨウシロヤナギの学名 *Salix alba* からサリシンと名付けられ，1827 年，サリシンから芳香族化合物のサリチル酸が単離された。しかし，サリチル酸をそのまま飲むと，酸性が強く，胃を荒らす副作用が大きい。そこで，サリチル酸をアセチル化して，サリチル酸の酸性を弱めた**アセチルサリチル酸**(商品名**アスピリン**)として，1899 年に発売が開始されて以降，現在も広く解熱・鎮痛剤として利用されている。また，サリチル酸からは消炎作用のあるサリチル酸メチルも合成され，筋肉痛などを和らげる湿布薬として広く利用されている。

392 [解説] まず，5 種類の芳香族化合物は，次のように分類される。
塩基性物質：アニリン(酸に溶ける)
酸性物質：サリチル酸，フェノール(塩基に溶ける)
中性物質：ニトロベンゼン，トルエン(酸・塩基いずれにも溶けない)

サリチル酸，フェノールは酸性物質であるから，NaOH 水溶液を加えると，いずれも水溶性の塩となって水層に分離される。**アニリンは塩基性物質**だから，HCl 水溶液を加えると，アニリン塩酸塩となって水層に分離される。しかし，**トルエン，ニトロベンゼンは**

中性物質だから，酸・塩基のいずれとも反応せず，最後までエーテル層に残る。

ここで厄介なのが，2 種類の酸性物質を分離することである。これには，酸の強さの違いと，次の原則をよく理解しておく必要がある。

(弱酸の塩)＋(強酸)→(強酸の塩)＋(弱酸)
なお，酸としての強さの順は，
塩酸，硫酸＞カルボン酸＞炭酸＞フェノール類

この関係は，(i)強い方の酸を水溶性の塩に変えたいとき，(ii)弱い方の酸を水溶液から遊離させたいときに利用される。

(i)の例として，炭酸水素ナトリウム $NaHCO_3$ という炭酸の塩の水溶液を用いると，炭酸より強いカルボン酸は塩となって溶解するが，炭酸より弱いフェノール類は溶解しない。こうして，2 種類の酸性物質は分離できる。

(ii)の例として，フェノール類とカルボン酸がいずれもナトリウム塩となって溶けている水溶液に，CO_2 を十分に通じると，水溶液中に炭酸 H_2CO_3 ができる。このとき，炭酸より弱いフェノール類は，弱酸の分子となって遊離されるが，炭酸より強いカルボン酸は塩のままで水溶液中に存在する。こうして，2 種類の酸性物質は分離できる。

(1) サリチル酸に炭酸水素ナトリウムを加えると，次式のように CO_2 を発生しながら溶け，水層Ⅰ へ分離される。

サリチル酸ナトリウム
(水層Ⅰ)

一方，フェノールは $NaHCO_3$ とは反応しないから，エーテル層Ⅰ にとどまる。

$NaHCO_3$aq と反応して溶けるのは，炭酸よりも強いカルボン酸などである。炭酸よりも弱いフェノール類は $NaHCO_3$aq とは反応しない。

続いて，NaOH 水溶液を加えると，酸性物質のフェノールが反応して溶け，水層Ⅱ に分離される。

ナトリウムフェノキシド
(水層Ⅱ)

最後に，アニリンは塩基性物質なので，これを分離するために希塩酸(A)を加えると反応して溶け，水層Ⅲ に分離される。

アニリン塩酸塩
(水層Ⅲ)

中性物質のニトロベンゼンとトルエンは，いかなる酸・塩基とも反応せず，エーテル層Ⅲに残る。
(2) 水層では，それぞれの塩は電離してイオンになっているから，その状態を構造式で示すこと。
(3) ① 水層Ⅰのサリチル酸ナトリウムに強酸の塩酸を加えると，弱酸であるサリチル酸が遊離する。

[構造式] OH/COONa + HCl ⟶ OH/COOH + NaCl

② 水層Ⅱのナトリウムフェノキシドに CO_2 を十分に通じると，フェノールより強い炭酸 H_2CO_3 によって，弱酸であるフェノールが遊離する。

[構造式] ONa + CO_2 + H_2O ⟶ OH + $NaHCO_3$

③ 水層Ⅲのアニリン塩酸塩に強塩基の NaOH 水溶液を加えると，弱塩基であるアニリンが遊離する。

[構造式] NH_3Cl + NaOH ⟶ NH_2 + NaCl + H_2O

④ エーテル層Ⅲには，ニトロベンゼンとトルエンが存在する。これを蒸留すると，低沸点のトルエン(沸点110℃)が留出して除かれ，高沸点のニトロベンゼン(沸点211℃)が容器中に残る。

これは，ニトロベンゼン(分子量123)の方がトルエン(分子量92)よりも分子量が大きいため，分子間力が強くはたらき，沸点が高くなるためである。

参考　分液ろうとを使用する際の注意点
　分液ろうとのコックを閉じ，試料溶液と混ざり合わない有機溶媒を加える。次に，手のひらで栓を押さえて逆にし，分液ろうとを上下に振って溶液を混合する。このとき，有機溶媒がさかんに蒸発して，ろうと内部の圧力が上昇する。そこで，ときどきコックを開いて，ろうと内の圧力を外圧に合わせる(ガス抜きという)必要がある。特に，$NaHCO_3$ 水溶液を用いる場合は，有機溶媒の蒸発に加えて，CO_2 の発生を伴うので，より頻繁にガス抜きをする必要がある。
　その後，分液ろうとをスタンドのリングにかけ，しばらく静置する。下層液を取り出したいときは，空気孔を開いた状態でコックを開き，2層の境界面がコックの位置に来たところで，コックを閉じる。なお，上層液は，栓をはずして上方の口から別の容器に取り出すようにする。上層液を取り出す際，下層液を取り出したときと同様に，分液ろうとの脚部から液を流出させると，脚部に付着していた下層液が混入するので良くない。

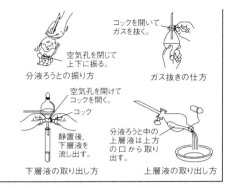

参考　問題によっては，水層・エーテル層ではなく，上層・下層と書いてある場合もある。このとき，代表的な有機溶媒の水に対する比重(密度)の知識が必要である。
　ジエチルエーテルの密度は $0.71g/cm^3$ なので，上層がエーテル層になる。一方，クロロホルム $CHCl_3$ ($1.5g/cm^3$) や，ジクロロメタン CH_2Cl_2 ($1.3g/cm^3$) など塩素系の有機溶媒を使うと，有機溶媒層は下層となることに注意を要する。

解答　(1) (ウ)
(2) Ⅰ [構造式] OH/COO⁻　　Ⅱ [構造式] O⁻　　Ⅲ [構造式] NH_3^+
(3) ① [構造式] OH/COOH　② [構造式] OH
③ [構造式] NH_2　④ [構造式] NO_2

393 [解説]　アゾ色素の一種であるプロントジルは，スルファニルアミドのジアゾニウム塩と芳香族ジアミンとのカップリングにより合成される。
　プロントジルの左半分は，m-ジアミノベンゼンで，m-ジニトロベンゼンをスズと濃塩酸で還元してつくられる。

[構造式] ベンゼン $\xrightarrow[ニトロ化]{HNO_3(H_2SO_4)}$ NO_2/NO_2 (A) $\xrightarrow[還元]{Sn, HCl}$ NH_2/NH_2 (B)

ベンゼンを濃硝酸と濃硫酸の混合物(混酸)で，約60℃で反応させるとニトロベンゼンが生成するが，95～100℃で反応させるとAの m-ジニトロベンゼン(黄色固体)が生成する。
　ニトロ基-NO_2 は，ベンゼン環から電子を引っ張る性質(電子吸引性)がある。したがって，次の置換反応は，m-位で起こりやすい。**395 参考**(メタ配向性)参照のこと。

6-33 芳香族化合物② 207

394〜395

m-ジニトロベンゼンをスズと濃塩酸で還元した後，塩基性にすると，m-ジアミノベンゼン（→ B）が生成する。……〔操作1〕

一方，プロントジルの右半分はスルファニル酸から次の反応でつくられる。

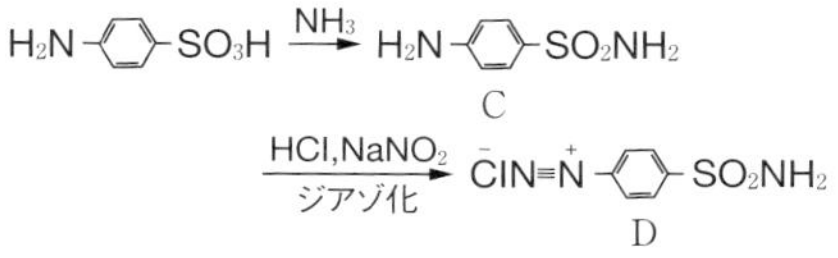

$$H_2N-\langle\ \rangle-SO_3H \xrightarrow{NH_3} H_2N-\langle\ \rangle-SO_2NH_2$$
$$\text{C}$$

$$\xrightarrow[\text{ジアゾ化}]{\text{HCl,NaNO}_2} ClN\overset{+}{\equiv}N-\langle\ \rangle-SO_2NH_2$$
$$\text{D}$$

スルファニル酸を濃 NH_3 水と反応させると，スルホ基−SO_3Hの−OHがアミノ基−NH_2で置換されて，スルファニルアミド（→ C）が生成する。……〔操作Ⅱ〕

スルファニルアミドを塩酸に溶かし，氷冷下で亜硝酸ナトリウム水溶液を少しずつ加えて，スルファニルアミドのジアゾニウム塩（→ D）をつくる。この反応を**ジアゾ化**という。……〔操作Ⅲ〕

なお，操作Ⅱ，操作Ⅲを逆の順で行ってはならない。操作Ⅱでジアゾ化したとすれば，生成物のジアゾニウム塩は不安定だから，次の操作Ⅲを行う前に分解してしまうので不適となる。

スルファニルアミドのジアゾニウム塩（→ D）と，m-ジアミノベンゼン（→ B）を弱塩基性条件で混合すると，**カップリング反応**が起こり，アゾ色素の一種であるプロントジルを生じる。

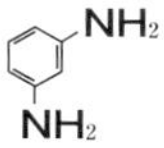

解答 (1)A：$\langle\ \rangle$NO_2 B：$\langle\ \rangle$NH_2
　　　　　　NO_2 　　　　NH_2

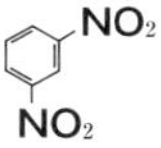

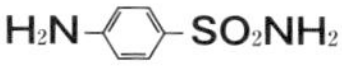

C：$H_2N-\langle\ \rangle-SO_2NH_2$

D：$\bar{C}lN\overset{+}{\equiv}N-\langle\ \rangle-SO_2NH_2$

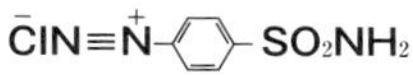

(2)操作Ⅰ…(オ)　操作Ⅱ…(ウ)　操作Ⅲ…(カ)

(3)① **還元**　② **ジアゾ化**　③ **カップリング**

394 解説　A，B，Cはいずれもベンゼン環をもち，$NaHCO_3$ と反応して塩をつくって溶けたことから，−$COOH$をもつ。なお，ベンゼン環に直接結合した炭化水素基（側鎖）は，十分に酸化されると，炭素数に関係なく最終的に−$COOH$に変化する。A，B，Cとして考えられる構造式は次の通りである。

(i) 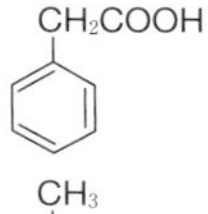 CH_2COOH
(ii) 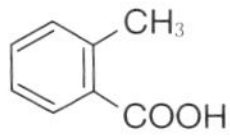 CH_3
　　　COOH
(iii) 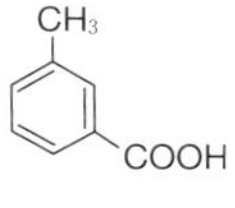 CH_3
　　　COOH
(iv) 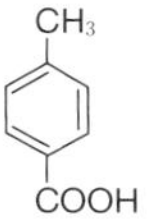 CH_3
　　　COOH

Aの分子式$C_8H_8O_2$と酸化生成物 D の分子式$C_7H_6O_2$を比較すると，炭素原子が1個減少しているが，酸素原子の数は変化していない。また，Dはトルエンの酸化生成物（すなわち**安息香酸**）と同一であるから，Aはベンゼンの一置換体の(i)（フェニル酢酸）である。

B，C の分子式$C_8H_8O_2$の場合，その酸化生成物 E，F の分子式$C_8H_6O_4$と比較すると，ともに炭素原子の数は変化していないが，酸素原子が2個増加している。このことは，ベンゼン環の側鎖が酸化されて−$COOH$に変化したことを示す。よって，B，Cはベンゼンの二置換体の(ii)，(iii)，(iv)のいずれかである。

さらに，E を加熱すると1分子の水を失った化合物（**酸無水物**）になるので，E はオルト体のフタル酸である。よって，Bもオルト体の(ii)（o-トルイル酸）である。

F は加熱しても酸無水物ができないことと，C のベンゼン環の水素原子1つを臭素原子で置換した化合物が，2種類しか生じないことから，C はパラ体の(iv)（p-トルイル酸）である。よって，F もパラ体のテレフタル酸である（下図のように，もし，C がメタ体のイソフタル酸ならば，同様の操作で，4種類の化合物が生じることになり，不適である）。

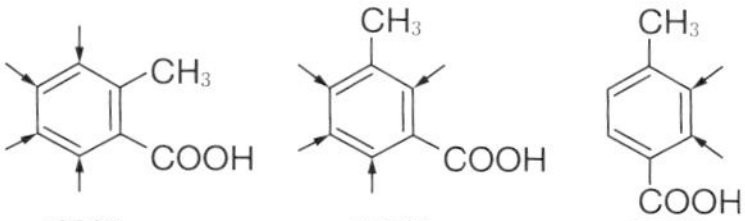

CH_3　　CH_3　　CH_3
　CH_3　　　CH_3　　　
COOH　　COOH　　COOH
4種類　　4種類　　2種類

ベンゼン環の水素原子1つを Br 原子で置換したベンゼンの三置換体に可能な構造式（臭素の置換位置を→で表す）

解答
A：CH_2COOH　B：CH_3　C：CH_3
　　　　　　　　　COOH　　　COOH

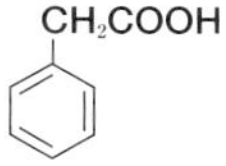

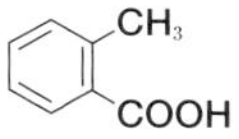

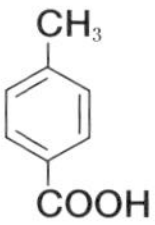

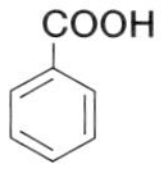

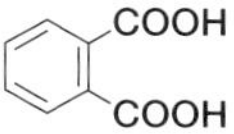

D：COOH　E：COOH F：COOH
　　　　　　　COOH　　　COOH

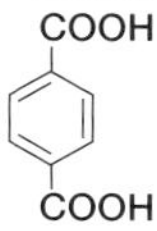

395 解説　(1)　分子式$C_8H_8O_2$で表される芳香族エステルは R−COO−R′ と表されるので，R と R′ の組合せにより，次の①〜③の場合が考えられる。

① R＝C_6H_5（芳香族カルボン酸）のとき，R′＝CH_3なので R′ のアルコールはメタノール。

② R＝CH_3（酢酸）のとき，R′＝C_6H_5（芳香族化合物）なので R′ のアルコールはフェノール。

③ R＝H（ギ酸）のとき，R′＝C_7H_7（芳香族化合物）なので R′ のアルコールはベンジルアルコール。

このことから，エステル A，B，C として考えられ

る構造式は次の通りである。

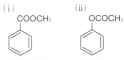

芳香族化合物 D は NaOH 水溶液とは反応せず，金属 Na と反応する。KMnO$_4$ で酸化すると芳香族カルボン酸 F になったことから，D は芳香族のアルコールのベンジルアルコール。よって D を成分にもつ A は(iii)である。

また，ベンジルアルコールの酸化生成物の F は安息香酸だから，F を成分にもつ C は(i)となる。

よって，残りの B は(ii)と決まり，E はその成分のフェノールとなる。

(2) A～F の中で，FeCl$_3$ 水溶液を加えて呈色するのは，フェノール類の E のみである。

（ベンジルアルコール D は，フェノール類ではないので呈色しない。また，B のフェノール性ヒドロキシ基 −OH はアセチル化されているので，呈色しない。）

(3) フェノールの o−, p−位は反応性が大きく（オルト・パラ配向性），濃硝酸と濃硫酸の混合物（混酸）を用いると，これらすべてがニトロ化され，2, 4, 6−トリニトロフェノール（ピクリン酸）とよばれる黄色結晶を生成する。この化合物は爆発性をもち，かなり強い酸性を示す。

OH + 3HNO$_3$ —(H$_2$SO$_4$)→ 2,4,6-トリニトロフェノール + 3H$_2$O

解答

(1) A: ベンジル−O−CO−H 構造（ギ酸ベンジル）
B: フェニル−O−CO−CH$_3$ 構造（酢酸フェニル）
C: フェニル−CO−O−CH$_3$ 構造（安息香酸メチル）
D: フェニル−CH$_2$OH （ベンジルアルコール）
E: フェニル−OH （フェノール）
F: フェニル−CO−OH （安息香酸）

(2) E　(3) ピクリン酸 (2, 4, 6-トリニトロフェノール) 構造：O$_2$N−, −NO$_2$, −NO$_2$, −OH のベンゼン環

参考　ピクリン酸の酸性

ピクリン酸のフェノール性 −OH は，ベンゼン環に電子吸引性の強い −NO$_2$ が 3 つも結合していることで，H$^+$ が電離しやすくなっており，ベンゼンスルホン酸に匹敵するほど強い酸性を示す。

参考　置換基の配向性

ベンゼンの一置換体に対して置換反応を行う場合，既に入っている置換基の種類によって次の置換基の位置が決まる。これを**置換基の配向性**という。

(1) **オルト・パラ配向性**

−OH, −NH$_2$, −CH$_3$, −Cl などベンゼン環に電子を与える性質（**電子供与性**）の官能基が結合していると，o−, p−位の電子密度が高くなり，この位置で次の置換反応が起こりやすくなる。

トルエン —ニトロ化→ o−ニトロトルエン(58%) および p−ニトロトルエン(38%)

(2) **メタ配向性**

−NO$_2$, −COOH, −SO$_3$H などベンゼン環から電子を引きつける性質（**電子吸引性**）の官能基が結合していると，o−, p−位の電子密度が低くなり，相対的に電子密度の高い m−位で，次の置換反応が起こりやすくなる。

ニトロベンゼン —ニトロ化→ m−ジニトロベンゼン(93%)

396 [解説] (1) 題意より，A～E はカルボニル基をもつから，芳香族のアルデヒドまたはケトンである。考えられる構造は次の通りである。

(i) CH$_2$CHO のベンゼン環
(ii) CO−CH$_3$ のベンゼン環
(iii) CH$_3$, CHO のベンゼン環（オルト）
(iv) CH$_3$, CHO のベンゼン環（メタ）
(v) CH$_3$, CHO のベンゼン環（パラ）

A, B, C は空気中で −COOH へと酸化されやすい（**還元性**をもつ）から，アルデヒド基 −CHO をもつ。さらに KMnO$_4$ で強く酸化すると，側鎖の −CH$_3$ も −COOH となる。A, B, C は十分に酸化すると，分子式 C$_8$H$_6$O$_4$ の 2 価カルボン酸に変化するから，(iii), (iv), (v) のいずれかである。

加熱すると，酸無水物になるのは，オルト体のフタル酸。よって，A は(iii)と決まる。

(iii) CH$_3$, CHO —(O)→ CH$_3$, COOH —(O)→ COOH, COOH （フタル酸）

合成繊維の原料となるのは，パラ体のテレフタル酸。よって，Bは(v)と決まる。
残るCは，メタ体の(iv)と決まる。

(iv) CH₃-C₆H₄-CHO →(O)→ CH₃-C₆H₄-COOH →(O)→ HOOC-C₆H₄-COOH

(v) CH₃-C₆H₄-CHO →(O)→ CH₃-C₆H₄-COOH →(O)→ HOOC-C₆H₄-COOH

また，D, Eはともにベンゼンの一置換体である。Dは還元性があるからアルデヒド基をもつ(i)，Eは還元性がないのでケトン基をもつ(ii)と決まる。
D(アルデヒド)とE(ケトン)に触媒Niを用いて水素H₂で還元すると，それぞれ第一級アルコール(I)と第二級アルコール(J)に変化する。Jには不斉炭素原子が存在するので，1対の鏡像異性体が存在する。

D: C₆H₅-CH₂CHO →2H→ C₆H₅-CH₂-CH₂OH : I (不斉炭素原子なし)

E: C₆H₅-COCH₃ →2H→ C₆H₅-*CH(OH)-CH₃ : J (不斉炭素原子あり)

(2) 物質の融点の高低は，分子間の引力だけでなく，分子の形(対称性)にも影響される。一般に対称性の高い分子では，結晶格子に組み込まれやすいので，融点は高くなり，逆に，対称性の低い分子では，結晶格子に組み込まれにくいので，融点は低くなる。

F: o-トルイル酸 (融点:108℃) 対称面なし
H: m-トルイル酸 (融点:115℃) 対称面(……)あり
G: p-トルイル酸 (融点:182℃)

o-:108℃，m-:115℃，p-:182℃である。

o-トルイル酸，m-トルイル酸では，分子内に対称面が存在しないので，分子の対称性が低く，結晶格子に組み込まれにくく融点は低くなる。一方，p-トルイル酸には，分子内に対称面が存在し，分子の対称性が高く，結晶格子に組み込まれやすいので3つの異性体の中では最も融点は高くなる。

解答

(1) A: o-CH₃-C₆H₄-CHO B: p-CH₃-C₆H₄-CHO

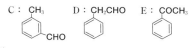

C: m-CH₃-C₆H₄-CHO D: C₆H₅-CH₂CHO E: C₆H₅-COCH₃

(2)  p-CH₃-C₆H₄-COOH

(理由) Gはp-置換体であるため，o-，m-置換体よりも分子の形が対称的である。したがって，結晶化しやすくなり，融点は高くなる。

参考 ペンタン C₅H₁₂ の異性体の融点について

例えば，ペンタン C₅H₁₂ の構造異性体には，直鎖状のペンタン，枝分かれ1つのイソペンタン，枝分かれ2つのネオペンタンがある。
これらの分子内にある対称面の数と結晶格子への組み込まれやすさを模式図で示すと，次のようになる。

対称面1つ
CH₃-CH₂-CH₂-CH₂-CH₃ ペンタン
結晶格子
分子内に対称面が1つあり，2方向(↑，↓)のいずれからでも結晶格子に組み込まれる。

対称面なし
CH₃-CH-CH₂-CH₃ イソペンタン
    |
    CH₃
結晶格子
分子内に対称面がなく，1方向(↓)のみからしか結晶格子に組み込まれない。

対称面2つ
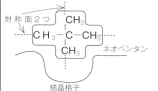 ネオペンタン
結晶格子
分子内に対称面が2つあり，4方向(↑，↓，→，←)のいずれからでも結晶格子に組み込まれる。

以上より，対称面を2つもつネオペンタンの融点(−17℃)が最も高く，対称面をもたないイソペンタンの融点(−160℃)が最も低く，対称面を1つもつペンタンの融点(−130℃)が両者の中間の値を示すことが理解できる。

---

397 〔解説〕 (1) (a)の元素組成の値から，Aを構成する各原子数の比を求めると，

$$C : H : N : O = \frac{79.98}{12} : \frac{6.69}{1.0} : \frac{6.22}{14} : \frac{7.11}{16}$$

$$≒ 6.67 : 6.69 : 0.444 : 0.444$$

$$≒ 15 : 15 : 1 : 1$$

よって，組成式は $C_{15}H_{15}NO$ (式量225)
$(C_{15}H_{15}NO)_n ≤ 300$ より，$n = 1$

210　6-33　芳香族化合物②

∴　A の分子式は $C_{15}H_{15}NO$

(2)　(b)~(d)の実験で，化合物 A は窒素を含み，酸(触媒)を加えて加熱すると，B，C に加水分解されたので，**アミド**であることがわかる。

　また，A は N 原子と O 原子を 1 個ずつ含むことから，分子内にはアミド結合を 1 個もつ。

　アミド A の加水分解の反応式は，次式の通り。

$Ar_1-CONH-Ar_2 + H_2O \longrightarrow Ar_1-COOH + Ar_2-NH_2$

(芳香族炭化水素は，アリール基($Ar-$)と表される)

参考　アミドは，酸・塩基のどちらを触媒として用いても加水分解できる。
(i)　酸を用いた場合
　$R-CONH-R' + HCl + H_2O$
　　　$\longrightarrow R-COOH + R'-NH_3Cl$
(ii)　塩基を用いた場合
　$R-CONH-R' + NaOH$
　　　　　　$\longrightarrow R-COONa + R'-NH_2$

　加水分解後，反応液にエーテルを加えて振り混ぜると，生成が予想される芳香族カルボン酸 B はエーテル層Ⅰに移り，芳香族アミン C の塩酸塩は水層Ⅱに残るので，B と C が互いに分離できる。

　水層Ⅱに強塩基の NaOHaq を加えると，次式のように反応して，弱塩基の芳香族アミン C が遊離する。

$Ar-NH_3Cl + NaOH \longrightarrow Ar-NH_2 + NaCl + H_2O$

(e)より，化合物 C はベンゼン環をもち，それに直接結合する H 原子が 4 個あるので，ベンゼンの二置換体である。この H 原子のうち 1 個を Cl 原子で置換した化合物に 2 種の異性体が存在するのは，次のように置換基$-R$と$-NH_2$が $p-$位にあるときだけである。

　(f)より，化合物 B は，芳香族カルボン酸で，その酸化生成物を加熱することにより容易に脱水して酸無水物 D に変化したことから，次の反応が考えられる。

BとCから生じるアミドAの炭素数が15であるから，BとCのベンゼン環に炭素が$6 \times 2 = 12$個，アミド結合に炭素が1個含まれるので，BとCの置換基のうち，($R+R'$)分の炭素数は2。したがって，RとR'の炭素数はそれぞれ1個ずつであり，$R=R'=CH_3$と決まる。

　よって，B は $o-$メチル安息香酸($o-$トルイル酸)，C は $p-$アミノトルエン($p-$トルイジン)である。

　よって，A は，B の$-COOH$と C の$-NH_2$が脱水縮合してできたアミドである。

解答　(1) $C_{15}H_{15}NO$

(2) A：

B：　　　　　　　C：　　　　　D：

398 **解説**　まず，有機化合物 A の元素組成と分子量から，分子式が求められる。

　質量百分率で，C $= 53.8\%$，H $= 5.1\%$，O $= 41.1\%$の有機化合物 A が 100g あるとすると，各元素の質量は C $= 53.8$g，H $= 5.1$g，O $= 41.1$g となる。この値をそれぞれのモル質量で割ると，物質量の比，つまり原子数の比が求められる。これを最も簡単な整数比で表した化学式が**組成式**である。

$$C : H : O = \frac{53.8}{12} : \frac{5.1}{1.0} : \frac{41.1}{16}$$
(原子数の比)
$$\fallingdotseq 4.48 : 5.1 : 2.56 \quad \leftarrow (最小の値を1とおく)$$
$$\fallingdotseq 1.75 : 2.0 : 1 \fallingdotseq 7 : 8 : 4$$

組成式は　$C_7H_8O_4$

　分子式は組成式を整数倍したものだから，分子式を$(C_7H_8O_4)_n$（n：整数）とおくと，分子量は組成式量の整数倍に等しいから，

$$130 \leq 156n \leq 170$$

これを満たす整数 n を求めると，$n = 1$

∴　分子式も　$C_7H_8O_4$

　有機化合物 A は容易に加水分解されるのでエステルである。また，加水分解生成物として C のナトリウム塩が得られたので，C はカルボン酸である。また，C は加熱すると容易に分子内脱水されるので，シス形の二価カルボン酸と考えられる。C を $R-(COOH)_2$とおくと，その分子量が 116 より $R-$の部分の分子量は 26 なので，$R-$の部分構造は$-CH=CH-$と考えられる。

　よって，C はシス形の不飽和二価カルボン酸の**マレ**

398

6-33 芳香族化合物② 211

イン酸(分子式 $C_4H_4O_4$)であり,その分子内脱水で得られる E は酸無水物の**無水マレイン酸**である。

エステル A が酸性を示すことから,マレイン酸の2個の−COOH のうち,1個だけがエステル化されたモノエステルである(もう1個の−COOH はエステル結合していない)。

もう1つの加水分解生成物 D の分子式は,

$C_7H_8O_4 + H_2O - C_4H_4O_4(C) = C_3H_6O$

D は一般式「$C_nH_{2n}O$」に該当するので,アルデヒド,ケトン,C=C 結合を含む不飽和アルコール,不飽和エーテルの(i)〜(iv)が考えられる。

(i) $CH_3-CH_2-\overset{\displaystyle O}{\overset{\|}{C}}-H$ (ii) $CH_3-\overset{\displaystyle O}{\overset{\|}{C}}-CH_3$

(iii) $CH_2=CH-CH_2OH$ (iv) $CH_2=CH-O-CH_3$

D は金属 Na ともフェーリング液とも反応しないので,(ii),(iv)のうちいずれかである。

D がマレイン酸(C)とエステル結合をつくるには,−OH をもつ構造に変化する必要がある。その可能性があるのは,(ii)のアセトンだけである。

一般に,C=C 結合に−OH が結合した化合物(**エノール**という)は不安定で,H 原子の移動によって安定なカルボニル化合物に変化する。このことをアセトンに適用すると,

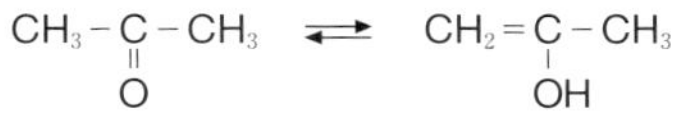

$$CH_3-\overset{\displaystyle O}{\overset{\|}{C}}-CH_3 \rightleftarrows CH_2=\overset{\displaystyle OH}{\overset{\|}{C}}-CH_3$$

〔ケト形〕   〔エノール形〕

よって,A は,マレイン酸(C)の−COOH 1個とケト形のアセトンではなく,エノール形のアセトンの−OH との間でエステル結合を形成してできたモノエステルである。

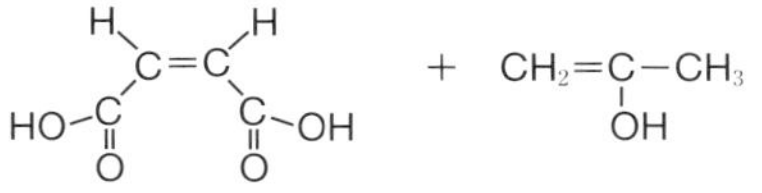

マレイン酸(C)   アセトン(D)エノール形

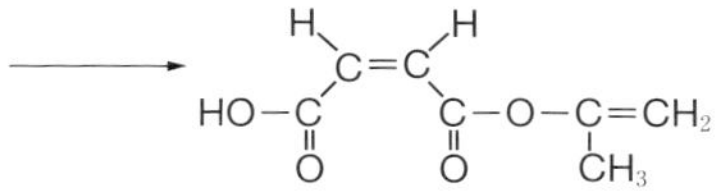

エステルA

エステル A の C=C 結合2か所に Br_2 2分子が付加すると,B が得られる。

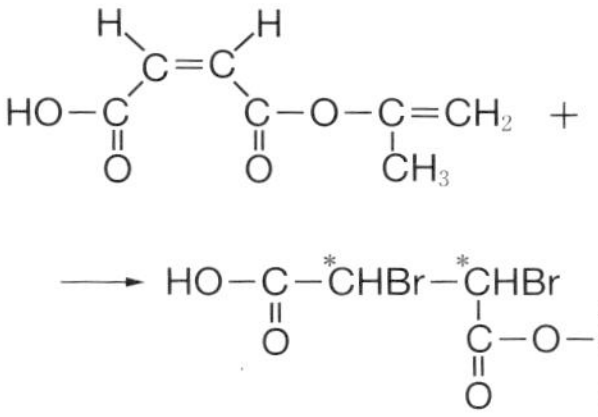

$$HO-\overset{\overset{\displaystyle H}{|}}{C}=\overset{\overset{\displaystyle H}{|}}{C}-\overset{\displaystyle O}{\overset{\|}{C}}-O-C=CH_2 \ + \ 2Br_2$$

$$\longrightarrow HO-\overset{\displaystyle O}{\overset{\|}{C}}-\overset{*}{C}HBr-\overset{*}{C}HBr \qquad (*は不斉炭素原子)$$

(解答)

A:

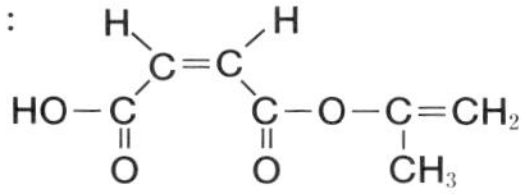

B: $HO-\overset{\displaystyle O}{\overset{\|}{C}}-CHBr-CHBr$

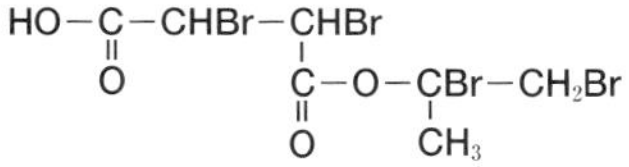

C:

D: $CH_3-\overset{\displaystyle O}{\overset{\|}{C}}-CH_3$

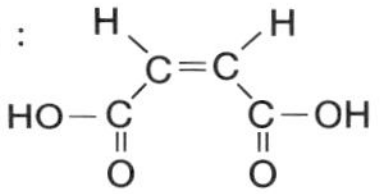

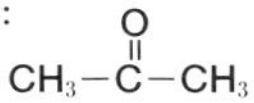

E:

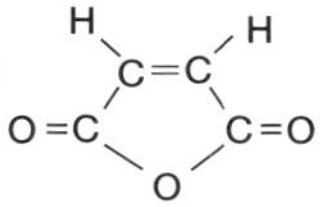

34 有機化合物と人間生活

399 [解説] **染料**は，**天然染料**と**合成染料**に分類され，天然染料は，動物，植物，鉱物染料に分類される。

現在，多くの天然繊維・合成繊維の染色に使用されている染料のほとんどは合成染料である。

染料分子が繊維に結びつくことを**染着**という。水に可溶で繊維に染着する色素を**染料**，水に不溶で繊維に染着しない色素を**顔料**という。

直接染料…多くはポリアゾ染料(アゾ基を複数もつ染料)で，－SO₃Na をもつため水溶性である。染料分子が繊維中に入り込み，分子間力などで染着するが，染着力はさほど強くはない。

酸性染料…分子中に酸性基(－COONa，－SO₃Na)をもち，繊維中の－NH₃⁺とイオン結合で染着する。

塩基性染料…分子中に塩基性基(－NH₂Cl，－NHRCl)をもち，繊維中の－COO⁻とイオン結合で染着する。なお，タンパク質からなる羊毛や絹は，－NH₃⁺，－COO⁻などの官能基をもつので，酸性・塩基性染料でよく染まる。

媒染染料…金属イオンの媒介により，繊維と染料分子が結合する。この目的で加える金属塩を**媒染剤**という。媒染剤の種類で色調が変化する。

建染染料…水に不溶性の染料を還元して水溶性に変え，繊維に吸着させた後，空気に曝して酸化して発色，不溶化させ染着する。インジゴは代表的な建染染料である。

分散染料…不溶性の染料を分散剤(界面活性剤)で乳化した後，繊維に分散させ染着する。

反応性染料…染料と繊維中の官能基が，互いに共有結合をつくって染着する。

アゾイック染料…繊維上でカップリングさせることで不溶性のアゾ染料をつくり，染色する。

繊維の種類に応じて，最も適した染料(染色法)を使用する必要がある。直接染料は綿，酸性・塩基性染料は絹・羊毛，建染染料やアゾイック染料は綿・レーヨンなど，分散染料はポリエステル・アクリル繊維などの染色に適している。

[解答] (1)カ (2)ウ (3)ケ (4)ア (5)エ (6)オ (7)キ

[参考] **染料の構造と発色のしくみ**

染料(色素)分子が発色するためには，その構造の中に，二重結合と単結合を交互に含んだ共役二重結合などの電子が動きやすい原子団(**共役系**という)が必要である。このように，色素分子の発色の原因となる原子団を**発色団**といい，次のようなものがある。

$$>C=C<,\ >C=O,\ -N=N-,\ -N=O$$

一方，発色団となる共役二重結合に電子を送り込んで電子を動きやすくして発色を強める原子団を**助色団**といい，次のようなものがある。また，染料分子を水溶性にして繊維への染着性を高める原子団も助色団となる。

$$-OH,\ -NH_2,\ -N{<}^R_R,\ -SO_3H$$

[例] オレンジⅡ

400 [解説] (1) 藍の葉から得られる青色の色素は**インジゴ**である。茜の根から得られる赤色の色素は**アリザリン**である。アニリンをクロム酸で酸化し，エタノールで抽出すると紫色の色素が得られ，この色素は**モーブ**(アニリンパープル)とよばれ，世界初の合成染料として利用された。

(2) インジゴは水に不溶である。これをハイドロサルファイト(還元剤)などで還元すると，水溶性のロイコインジゴ(無色)となる。これを布の繊維に吸着させた後，空気で酸化するともとのインジゴ(青色)にもどり染着する。この染色法を**建染法**という。

インジゴ (青色，難溶性)　　ロイコインジゴ (無色，水溶性)

(3) 繊維と染料の結合には下のようなものがあり，これは繊維中の結晶領域ではなく，染料分子の染み込みやすい非晶質領域で主に行われる。

[解答] (1)① **インジゴ** ② **アリザリン** ③ **モーブ**

(2) **水に不溶な色素インジゴを還元反応により水に可溶性とし，これを布の繊維に吸着させた後，空気による酸化反応でもとのインジゴに戻して染着させる。**

(3) **繊維中の官能基－NH₃⁺や－COO⁻などの部分にはたらくイオン結合，－OH などの部分にはたらく**

水素結合で結びつく。さらに，**繊維と染料分子の間**にはファンデルワールス力もはたらいている。

参考 **媒染染料について**
媒染染料は，金属イオンと染料分子とが配位結合して特殊な錯体をつくることで染着する。アリザリンは，代表的な媒染染料で，媒染剤の種類によりその色調が変わる。

媒染剤
$\left(\begin{array}{l}Al^{3+}\cdots 赤色，Fe^{3+}\cdots 褐色\\Cr^{3+}\cdots 紫色\end{array}\right)$

401 解説 (1) 医薬品が人間や動物に与える作用を**薬理作用**という。そのうち治療目的にかなう有益な作用を**主作用(薬効)**といい，それ以外の望ましくない作用を**副作用**という。薬理作用は，医薬品の分子が，細胞膜などに存在する受容体や酵素と結合することで発現する。したがって，構造のよく似た分子は，同じような薬理作用を示すことが期待される。このような原理に基づいて，新しい医薬品を設計することを**ドラッグデザイン**という。

参考 **医薬品の薬理作用**
アスピリン…炎症によって生じる痛みを神経系に伝える物質(プロスタグランジン)の生成を阻害する。
サルファ剤…細菌の生命活動に必要な葉酸の合成を阻害する。
ペニシリン…細菌の細胞壁をつくるはたらきを阻害する。
ニトログリセリン…体内で分解されて生じたNOが，血管を拡張させる。
ストレプトマイシン…細菌のタンパク質合成を阻害する。
シスプラチン…ガン細胞のDNA合成を阻害し，その増殖を抑制する。
AZT…エイズウイルスのもつRNAをもとにDNAをつくるはたらきをもつ酵素(逆転写酵素という)のはたらきを阻害する。

(2) **副作用**は，医薬品を多量に，長時間使用したり，別の物質との相互作用などが原因で起こることがある。
(3) 動物には，異物が体内に侵入するのを防いだり，侵入した異物を排除したりするしくみが備わっており，これを**免疫**という。特に，ヒトなどでは，異物が侵入すると，それを**抗原**と認識し，それと特異的に反応する**抗体**を生成して異物を排除するしくみが発達している。抗原と抗体の反応を**抗原抗体反応**といい，この反応により抗原としてのはたらきが失われたり，白血球が抗原を分解処理しやすくなる。さ

らに，次に同じ抗原が侵入したときは，直ちに多量の抗体が生成されるので，発症しにくくなる。

参考 **アレルギー**
抗原抗体反応のうち，生物体に好ましくない過剰な反応が現れた場合，**アレルギー**という。じんましん，花粉症，喘息などがその例である。

(4) 体内に免疫をつくらせる目的で用いる，病原性を弱めた病原体や死菌，不活性化した毒素などの抗原を**ワクチン**という。結核の予防に用いるBCG，はしか(麻疹)，風疹，日本脳炎，ポリオなどのワクチン接種が行われている。
(5) 抗生物質などの薬剤に対して抵抗性をもつ細菌類を**耐性菌**という。抗生物質を乱用すると，耐性菌を増加させることになるので，注意しなければならない。MRSA(メチシリン耐性黄色ブドウ球菌)や，VRE(バンコマイシン耐性腸球菌)などは耐性菌の一種で，これによる院内感染が問題となっている。
(6)，(7) 医薬品には，病気の根本原因を取り除いて治療する**化学療法薬**と，病気に伴う不快な症状を緩和する**対症療法薬**がある。

この他，病原体の増殖を阻止・死滅させる**消毒薬**，病気の診断に役立つ**診断薬**，健康を増進するための**保健薬**などもある。

解答 (1) **主作用(薬効)** (2) **副作用** (3) **免疫**
(4) **ワクチン** (5) **耐性菌** (6) **化学療法薬**
(7) **対症療法薬**

402 解説 (1) ドマークは，アゾ染料の一種のプロントジルが細菌の増殖を抑えることを発見

$H_2N-\bigcirc-SO_2NH_2$
スルファニルアミド
(サルファ剤の骨格部分)

し，これが最初の**サルファ剤**となった(1935年)。
(2) 鈴木梅太郎は，米糠の中から脚気の予防に有効な成分(ビタミンB_1)を抽出し，**オリザニン**と命名した(1910年)。
(3) フレミングは，アオカビの中から最初の抗生物質である**ペニシリン**を発見した(1928年)。

$C_6H_5CH_2CONH$ ペニシリンG (COOH, CH₃, CH₃, N, O, S 構造式)

ペニシリンG

(4) 最初に**ワクチン療法**を行ったのは，ジェンナーである。彼は，牛痘(ウシの天然痘)を使って天然痘の予防接種を行った(1796年)。一方，コレラ，炭疽病，狂犬病などの弱毒性ワクチンをはじめて開発したのは，パスツールである。
(5) ワックスマンは，1944年，土壌中の細菌(放線菌)から，結核の特効薬であるストレプトマイシンを発

見した。

(6) 医薬品には，鏡像異性体をもつものが多く，そのうちの一方だけに薬効があり，他方には害がある場合がある。野依良治は，光学活性なジホスフィンを Ru（ルテニウム）に配位結合させた物質（BINAP－Ru触媒）を考案し，鏡像異性体の一方だけを合成する方法（**不斉合成法**）を考案した。

ストレプトマイシン

BINAP－Ru触媒
Ph：C_6H_5-を示す。

解答 (1)(ウ) (2)(カ) (3)(エ) (4)(イ) (5)(キ) (6)(ク)

403 **解説** 分子内に親水基と疎水基の部分を合わせ持った物質は**界面活性剤**とよばれる。

界面活性剤は，水と油のような溶け合わない液体どうしを，互いに混じり合わせる作用（**乳化作用**）を示し，セッケンや合成洗剤として用いられている。界面活性剤は，親水基が水溶液中でどのような状態で存在するかによって，次の4種類に分類される。

親水基の部分が陰イオンであるものを**陰イオン界面活性剤**とよび，セッケンやアルコール系洗剤（アルキル硫酸ナトリウムなど），石油系洗剤（直鎖アルキルベンゼンスルホン酸ナトリウムなど）がある。

親水基の部分が陽イオンであるものを**陽イオン界面活性剤**とよび，洗浄力は弱いが殺菌力が強いので，リンス，殺菌剤，消毒剤，柔軟仕上剤や帯電防止剤などに用いられる。殺菌・消毒剤の場合には**逆性セッケン**ということがある。

親水基の部分がイオンでないものは**非イオン界面活性剤**とよび，皮膚に対する刺激が少ないので，液体洗剤のほか，化粧品の乳化剤にも用いられる。

親水基の部分が陽イオンになったり，陰イオンになったりするものは**両イオン界面活性剤**といい，リンスインシャンプーや工業用洗剤，食品の乳化剤などに用いられる。

参考 **非イオン界面活性剤について**
非イオン界面活性剤の親水基は，オキシエチレン基 $-CH_2-CH_2-O-$ で，この基の数が増すと親水性が強くなる。一方，疎水基は，炭化水素基で，その炭素数が増すほど，疎水性が強くなる。非イオン界面活性剤は，電離しな

いので皮膚に対する刺激性や脱脂力は小さく，泡立ちは少ないが，洗浄力はかなり大きい。

解答 ①(イ) ②(ウ) ③(エ) ④(ア)

404 **解説** (1) セッケンは油脂のけん化でつくるが，合成洗剤は主に石油を原料としてつくられる。〔×〕

(2) セッケンは，脂肪酸（弱酸）と NaOH（強塩基）からなる塩であり，水溶液は弱塩基性を示す。しかし，アルキルベンゼンスルホン酸塩は，強酸と強塩基からなる塩であり，水溶液は中性を示す。このためフェノールフタレインを加えても，無色のまま変化しない。〔×〕

(3) セッケンの水溶液は弱塩基性なので，塩基性に弱い動物性の天然繊維（絹・羊毛）の洗浄には適さないが，合成洗剤の水溶液は中性なので，天然繊維，合成繊維の両方の洗浄に有効である。〔×〕

(4) 市販の衣料用洗剤には，タンパク質分解酵素（プロテアーゼ）や，脂肪分解酵素（リパーゼ）が配合されているものが多い。〔○〕

(5) **セッケン**は，海水中の Ca^{2+} や Mg^{2+} と不溶性の塩をつくり，洗浄力を失う。〔×〕

(6) セッケンやアルキルベンゼンスルホン酸塩は，疎水性の炭化水素基の部分と，親水性のイオンの部分からなる。疎水性の炭化水素基の部分が油滴を包み込み，親水性のイオンの部分が外側に並んだ微粒子（**ミセル**）となって水溶液中に分散する。〔○〕

油滴
疎水性 親水性
セッケンのミセル

〈セッケンの構造〉
炭化水素基
疎水性（親油性）
カルボン酸陰イオン（親水性）

(7) **ビルダー**として，水の軟化剤，酵素，再汚染防止剤，蛍光増白剤などが加えられている。〔○〕

(8) セッケンや合成洗剤の疎水性（親油性）の部分が繊維に付着した油汚れを取り囲み，微粒子（**ミセル**）の状態にして水中に分散させる。この作用を**乳化作用**といい，**乳濁液**ができる。〔○〕

解答 (1)× (2)× (3)× (4)○ (5)× (6)○
(7)○ (8)○

405 ～ 407

6 共通テストチャレンジ　215

共通テストチャレンジ

405 【解説】 a. 分子式 C_5H_{12} は，一般式 C_nH_{2n+2} を満たすのでアルカンである。直鎖と枝分かれ（1つ，2つ）を考えると，次の構造異性体が存在する。

$$CH_3-CH_2-CH_2-CH_2-CH_3 \qquad CH_3-CH-CH_2-CH_3 \qquad CH_3-\overset{\displaystyle CH_3}{\underset{\displaystyle CH_3}{\overset{|}{\underset{|}{C}}}}-CH_3$$

　　　　ペンタン　　　　2-メチルブタン　　2,2-ジメチルプロパン

b. 分子式 C_3H_5Br は C_3H_6 の臭素一置換体である。また，C_3H_6 は一般式 C_nH_{2n} を満たすので，アルケンかシクロアルカンの可能性があるが，題意より，二重結合を1つもつプロペン（次図）である。

(a)→ H　　　　H ←(c)　　　この H1 個を Br1 個に
(b)→ H $\diagup$ C＝C $\diagdown$ CH$_3$ ←(d)　　置換する方法は(a), (b), (c), (d)の4通りがある。

(a)　　　　(b)　　　　(c)　　　　(d)

構造異性体では(a)，(b)は区別しないから，3種類であるが，異性体の総数では(a)，(b)も区別して，4種類である。

トランス形　　シス形
シス−トランス異性体

c. プロパン C_3H_8 の H2 個を Cl 2個で置換した化合物は，

(a)　　　　(b)　　　　(c)

(d)

(c)には不斉炭素原子＊が1個存在するので1対の鏡像異性体が存在する。したがって，この化合物の構造異性体は4種類であるが，異性体の総数では鏡像異性体も含めて5種類となる。

d. C_4H_9Cl は，アルカンの C_4H_{10} の H1 個を Cl 1個で置換した化合物である。なお，C_4H_{10} には直鎖構造のブタンと枝分かれ構造の 2-メチルプロパンが存在する。

(a)　　　　　　(b)

(c)　　　　　　(d)

(b)には不斉炭素原子＊が存在するので，1対の鏡像異性体が存在する。したがって，この化合物の構造異性体は4種類であるが，異性体の総数は5種類である。

【解答】 a. ③　　b. ④　　c. ⑤　　d. ⑤

406 【解説】 環構造または二重結合を1個もつごとに，アルカン C_nH_{2n+2} よりも結合する H の数が2個ずつ減少する。

・条件 a より，環を1個もつので，アルカン C_nH_{2n+2} に比べて H 原子の数は2個少なく，その分子式は C_nH_{2n} である。
・条件 b より，二重結合を2個もつので，H 原子の数はさらに4個少ない。
　よって，求める炭化水素の分子式は C_nH_{2n-4} と表される。
・条件 c より，水素原子の数は炭素原子の数よりも4個多いので，
　$$2n-4 = n+4 \qquad \therefore \quad n=8$$
　したがって，この炭化水素の分子式は C_8H_{12} である。
　C_8H_{12} が完全燃焼する化学反応式は，次のように表される。
　$$C_8H_{12} + 11O_2 \longrightarrow 8CO_2 + 6H_2O$$
　1.0mol の C_8H_{12} が完全燃焼すると，消費される酸素 O_2 は 11mol である。

【解答】 ⑤

407 【解説】 ア．エチレンの2個の C 原子と4個の H 原子は同一平面上にある。したがって，C＝C 結合に直接結合した原子は，同一平面上にあるといえる。

①　　　　　　　　②

③　　　　　　　　④

⑤

　　　　　　　　　○が同一平面上
　　　　　　　　　にある原子

③以外は，分子を構成するすべての C 原子が同一平面上にある。

イ．アルケンを水素化して得たアルカンが，枝分かれをした炭素鎖をもつものは②と⑤である。

②より $CH_3-CH-CH_3$　　⑤より $CH_3-CH-CH_2-CH_3$
　　　　　　　|　　　　　　　　　　　　　|
　　　　　　 CH$_3$　　　　　　　　　　　CH$_3$

ウ．$C_nH_{2n} + Br_2 \xrightarrow{付加} C_nH_{2n}Br_2$
　アルケン 1mol は臭素 $Br_2$1mol と付加反応するから，このアルケンの分子量を M とすると，

$$\frac{0.56}{M} = 1.0 \times \frac{10}{1000} \qquad \therefore \ M = 56$$

分子量は，②の C_4H_8 は 56，⑤の C_5H_{10} は 70 である。条件ア～ウをすべて満たすものは②である。

解答 ②

408 解説 反応式の係数比より，カルボン酸，アルコール，エステルの物質量はすべて等しい。

反応させた 1-ブタノール $CH_3(CH_2)_3OH$（分子量74）14.8g の物質量は，

$$\frac{14.8}{74} = 0.20 \text{[mol]}$$

生成したエステル $C_nH_{2n+1}COO(CH_2)_3CH_3$ の分子量は，

$$12n + 1.0 \times (2n+1) + 101 = 14n + 102$$

生成したエステル 31.6g の物質量は，

$$\frac{31.6}{14n+102} \text{[mol]}$$

エステル生成の化学反応式より，生成したエステルの物質量は，反応した 1-ブタノールの物質量に等しいから，

$$\frac{31.6}{14n+102} = 0.20 \qquad \therefore \ n = 4$$

解答 ④

409 解説 アルコール C_mH_nOH とナトリウムの反応は次の化学反応式で表される。

$$2C_mH_nOH + 2Na \longrightarrow 2C_mH_nONa + H_2$$
$$\text{2mol} \ : \ \text{2mol} \ : \ \text{2mol} \ : \ \text{1mol}$$

この反応で H_2 は 0.25mol 発生しているので，反応したアルコールは 0.50mol である。アルコールの分子量を M とおくと，

$$\frac{42}{M} = 0.50 \qquad \therefore \ M = 84$$

また，$C_mH_nOH = 84$ より $C_mH_n = 67$ である。
$m = 4$ のとき $C_4H_n = 67$ $n = 19$（多すぎて不適）
$m = 5$ のとき $C_5H_n = 67$ $n = 7$ （適当）
$m = 6$ のとき $C_6H_n = 67$ $n = -5$ （不適）
したがって，このアルコールの示性式は C_5H_7OH である。

炭素数 5 の飽和 1 価アルコールの示性式は $C_5H_{11}OH$ であり，C＝C 結合 1 個につき結合する水素原子は 2 個ずつ減るので，C_5H_7OH の 1 分子中には，C＝C 結合が 2 個含まれている。よって，C_5H_7OH 1分子には H_2 2分子が付加することができる。

C_5H_7OH に対する水素付加の反応式は，

$$C_5H_7OH + 2H_2 \longrightarrow C_5H_{11}OH$$

以上より，このアルコール 21g に付加する水素の体積（標準状態）は，

$$\frac{21}{84} \times 2 \times 22.4 = 11.2 \text{[L]}$$

解答 ③

410 解説 鎖式の不飽和脂肪酸を $RCOOH$ とすると，そのメチルエステル A は $RCOOCH_3$ で表される。A のけん化は，次式で表される。

$$RCOOCH_3 + NaOH \longrightarrow RCOONa + CH_3OH \cdots (i)$$

A を完全にけん化するのに必要であった 5.00mol/L の水酸化ナトリウム水溶液 20.0mL 中の NaOH の物質量は，

溶質の物質量〔mol〕＝モル濃度〔mol/L〕×体積〔L〕

$$= 5.00 \times \frac{20.0}{1000} = 0.100 \text{[mol]}$$

(i)から，メチルエステル A の物質量は反応した NaOH の物質量に等しいことがわかる。よって，反応したメチルエステル A の物質量も 0.100mol である。

また，0.100mol の A に付加した標準状態の水素 6.72L の物質量は，

$$\frac{6.72}{22.4} = 0.300 \text{[mol]}$$

よって，A の 1mol には H_2 3mol が付加して飽和脂肪酸のメチルエステルに変わるということがわかる。

飽和脂肪酸の炭化水素基の一般式は $C_nH_{2n+1}-$ だから，H_2 3 分子（H 原子 6 個）が付加する不飽和脂肪酸の炭化水素基の一般式は $C_nH_{2n+1-6}-$ すなわち $C_nH_{2n-5}-$ である。

選択肢①～⑥のメチルエステルのうち，当てはまるものは，$C_{17}H_{29}COOCH_3$ である。

$$C_{17}H_{29}COOCH_3 + 3H_2 \longrightarrow C_{17}H_{35}COOCH_3$$
メチルエステル A　　　　飽和脂肪酸のメチルエステル

解答 ③

411 解説 反応式の係数比より

理論値 1mol → 1mol → 1mol
収率を考慮して 1mol → (1×0.8)mol → (1×0.8×0.7)mol

よってベンゼン（分子量78）39g から生成するアニリン（分子量93）の質量を x〔g〕とすると，

$$\frac{39}{78} \times 0.8 \times 0.7 = \frac{x}{93}$$

$$\therefore \ x \fallingdotseq 26 \text{[g]}$$

解答 ①

412 解説 アニリン $C_6H_5NH_2$（塩基性物質），サリチル酸 $C_6H_4(OH)COOH$（酸性物質），フェノール

C_6H_5OH（酸性物質）を含むジエチルエーテル溶液に NaOH 水溶液を加えると，酸性物質のサリチル酸とフェノールはいずれも NaOH と中和して塩を形成し，水層へ移動する。

一方，塩基性物質のアニリンは NaOH とは反応せずにエーテル層に溶けたままであり，このエーテルを蒸発させるとアニリン（→A）が残る。

水層に塩酸を加えると，溶けていた塩はもとのサリチル酸とフェノールになる。

ここに $NaHCO_3$ 水溶液を加えると，次式のようにサリチル酸の−COOH は炭酸よりも強い酸性を示すので，$NaHCO_3$ を分解して CO_2 を発生し，自身は塩（サリチル酸ナトリウム）を生成し，水層に分離される。

反応後の水溶液にエーテルを加えて振り混ぜると，フェノールの−OH は炭酸よりも弱い酸性を示し，$NaHCO_3$ を分解できないのでエーテル層に残り，サリチル酸ナトリウムは水層にそれぞれ分離される。エーテルを蒸発させると，フェノール（→B）が得られる。一方，水層のサリチル酸ナトリウムに塩酸を十分に加えて酸性にすると，弱酸のサリチル酸（→C）が遊離する。

解答 ②

35 糖類(炭水化物)

413 [解説] 糖類(炭水化物)は，加水分解される，されないによって次のように分類される。

単糖類…分子式 $C_6H_{12}O_6$
加水分解されない。
(例)グルコース，フルクトース

二糖類…分子式 $C_{12}H_{22}O_{11}$
2分子の単糖が脱水縮合した構造。
加水分解によって単糖を生じる。
(例)マルトース，スクロース，ラクトース

多糖類…分子式 $(C_6H_{10}O_5)_n$
多数の単糖が脱水縮合した構造。
(例)デンプン，セルロース，グリコーゲン

グルコースが環状構造をとったとき，新たに不斉炭素となった①(1位)の炭素に結合するヒドロキシ基が，環の下側にあるものを**α型**，環の上側にあるものを**β型**と区別する。これらは同一の単糖に属するが，物理的性質などがやや異なる立体異性体で，互いに**アノマー**という。

α-グルコースとβ-グルコースは立体異性体の関係にあるが，グルコースとフルクトースは構造式が異なり，構造異性体の関係にある。

> **参考 グルコースの立体異性体について**
>
> グルコースの鎖状構造には，②～⑤(2～5位)に不斉炭素原子が4個あるので，理論上 $2^4 = 16$ 種類の立体異性体が存在し，その内訳は，D型，L型それ
>
>
>
> ぞれ8種類ずつである。すなわち，グルコースの場合は，⑤(5位)の不斉炭素原子に結合している -CH₂OH が環の上側にあるものをD型，環の下側にあるものをL型としており，天然の糖類はすべてD型であるから，⑤(5位)の立体配置はどれも不変である。
>
> したがって，②～④(2～4位)の不斉炭素原子に結合する-Hと-OHの立体配置の違いにより，8種類の六炭糖の立体異性体が区別される。
>
> すなわち，上図のグルコースに対して，②(2位)の-Hと-OHの立体配置だけが異なるのが**マンノース**，④(4位)の-Hと-OHの立体配置だけが異なるのが**ガラクトース**である。これらのように，②～④(2～4位)の-OHの立体配置の1か所だけが逆である立体異性体を**エピマー**という。D-グルコースの立体異性体(全部で8種類)のうち，天然に多く存在するのは，D-マンノース，D-ガラクトースだけであり，その他5種類はほとんど存在しない。

グルコースは，水溶液中でα型，β型および，鎖状構造のものが，1:2:微量 の割合で平衡状態となっている。その鎖状構造に**アルデヒド基**(ホルミル基)があるため，グルコースの水溶液は還元性を示す。すなわち，銀鏡反応を示したり，フェーリング液を還元して酸化銅(Ⅰ)Cu_2O の赤色沈殿を生じる。

フルクトースの水溶液中では，その鎖状構造にヒドロキシケトン基 -COCH₂OH が存在するため，グルコースの水溶液と同様に還元性を示す。

二糖類のうち，2分子のα-グルコースが脱水縮合した構造をもつのが**マルトース**，グルコースとフルクトースが脱水縮合した構造をもつのが**スクロース**である。また，二糖類は，酸や酵素によって単糖類に加水分解される。

$$\text{マルトース} \xrightarrow{\text{マルターゼ}} \text{グルコース} + \text{グルコース}$$

$$\text{スクロース} \xrightarrow{\text{スクラーゼ}} \text{グルコース} + \text{フルクトース}$$

スクロースはα-グルコースの①(1位)の炭素原子に結合した-OHと，β-フルクトースの②(2位)の炭素原子に結合した-OH，すなわち，ともに還元性を示す構造どうしで脱水縮合した二糖である。そのため，水溶液中で鎖状構造がとれず還元性を示さない。

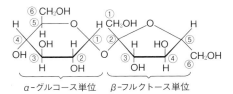

α-グルコース単位   β-フルクトース単位

> **参考 スクロースの加水分解**
>
> スクロースは希酸あるいは酵素スクラーゼ(インベルターゼ：転化酵素を意味する)で加水分解され，グルコースとフルクトースになり，還元性を示すようになる。このとき，旋光性が右旋性から左旋性に変化するので，この変化を**転化**といい，生成したグルコースとフルクトースの等量混合物を**転化糖**という。

(2) α-グルコースの①(1位)の-OHと，α-グルコースの④(4位)の-OHとが脱水縮合すると，**マルトース**ができる。また，α-グルコースの①(1位)の-OHと，β-フルクトースの②(2位)の-OHとが脱水縮合すると，**スクロース**ができる。

(3) スクロースの加水分解の反応式は，
$$C_{12}H_{22}O_{11} + H_2O \longrightarrow 2C_6H_{12}O_6$$
スクロース1molから単糖2molを生じる。また，フェーリング反応より，単糖2molから酸化銅(Ⅰ)Cu_2O 2molが生成する。したがって，スクロース

1molから酸化銅(I) 2molが生成する。
$C_{12}H_{22}O_{11} = 342$, $Cu_2O = 143$ より,
$\frac{2.4}{342} \times 2 \times 143 ≒ 2.00 ≒ 2.0 [g]$

[解答] (1) ア：$C_6H_{12}O_6$　イ：**単糖類**
ウ：**アルデヒド(ホルミル)**　エ：**構造**
オ：**ヒドロキシケトン**　カ：$C_{12}H_{22}O_{11}$　キ：**二糖類**
ク：**示さない**　ケ：**スクラーゼ(インベルターゼ)**
コ：**転化糖**　サ：**示す**

(2)
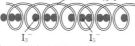
マルトース

スクロース

(3) **2.0g**

414 [解説] デンプンは α-グルコースの縮合重合体で，1,4-グリコシド結合のみからなる直鎖状構造の**アミロース**と，1,4-グリコシド結合の他に1,6-グリコシド結合をもつ枝分かれ構造の**アミロペクチン**からなる。アミロースは比較的分子量が小さく(数万～数十万)，温水に可溶である。一方，アミロペクチンは分子量がかなり大きく(数十万～数百万程度)，温水にも不溶である。

デンプンの水溶液にヨウ素溶液(ヨウ素ヨウ化カリウム水溶液)を加えると，デンプン分子の**らせん構造**の中にI_3^-(三ヨウ化物イオン)やI_5^-(五ヨウ化物イオン)が取り込まれることで呈色する。この呈色反応を**ヨウ素デンプン反応**という。加熱すると，デンプンのらせん構造からI_3^-などが出ていくため，色は消えてしまうが，冷却するとらせん構造にI_3^-などが入り込むため，もとの呈色が見られるようになる。アミロースは長い1本のらせんからなるので，ヨウ素デンプン反応は濃青色を示す。一方，アミロペクチンは枝分かれしていて1本のらせんが短いので，ヨウ素デンプン反応では赤紫色を示す。

一方，動物の肝臓中には**グリコーゲン**とよばれる多糖が貯蔵されており，アミロペクチンよりもさらに枝分かれが多く，1本のらせんがさ

デキストリン

らに短いので，ヨウ素デンプン反応は赤褐色を示す。また，枝分かれの多いグリコーゲンは酵素アミラーゼの作用を受けやすく，速やかに加水分解され，大量のグルコースを供給することができる。

アミロースにアミラーゼを作用させると，完全にマルトースまで加水分解される。しかし，アミロペクチンにアミラーゼを作用させても，枝分かれ部分の1,6-グリコシド結合は切断できず，枝分かれ部分を多く残した**デキストリン**(デンプンが部分的に加水分解されてできた多糖の総称)と**マルトース**が生成する。

セルロースは β-グルコースの1位と4位の -OH の間で脱水縮合してできた高分子である。**直線状構造**をもち，平行に並んだ分子間では数多くの水素結合が形成され，強い繊維状の物質となる。セルロースが熱水にも溶けないのは，水素結合により結晶化しているためである。

セルロースは，酵素セルラーゼによって加水分解され，二糖の**セロビオース**となり，さらに酵素セロビアーゼによって単糖のグルコースに加水分解される。

[参考] セルロースのはたらき
セルロースは，食品化学上は，不溶性の**食物繊維**に分類される。動物は，セルロースの加水分解酵素であるセルラーゼをもっていないが，植食性動物(ウシ，ウマ，ヒツジ，ヤギなど)は消化管内にセルラーゼを産出する細菌が共生していて，セルロースを栄養として利用できる。
食物繊維は，私たちにとって栄養とはならないが，便秘を防いだり，腸内細菌の栄養分となり，その発酵で生成する有害な物質などを速やかに体外に排出するなどの有効なはたらきを示す。

[参考] デンプンとセルロースの構造
デンプンでは，α-グルコースがすべて同じ方向に結合しているので，その1つの構成単位に曲がりがあると，それが繰り返されて高分子ができると，大きな曲がりをもつ**らせん状構造**(左巻き)となる。
一方，セルロースでは，β-グルコースが1単位ごとに逆向きに結合しているので，たとえその1つの構成単位に曲がりがあったとしても，分子全体としては曲がりが打ち消し合って，真っすぐに伸びた**直線状構造**となる。

[問] $(C_6H_{10}O_5)_n + nH_2O \longrightarrow nC_6H_{12}O_6$ より，デンプン1molからグルコース n [mol] が生成する。
分子量は $(C_6H_{10}O_5)_n = 162n$, $C_6H_{12}O_6 = 180$ より，
$\frac{9.0}{162n} \times n \times 180 = 10 [g]$

[解答] ① **α-グルコース**　② **らせん**
③ **ヨウ素デンプン反応**　④ **アミロース**
⑤ **アミロペクチン**　⑥ **グルコース**

220　7-35　糖類(炭水化物)

415 〜 417

⑦ **デキストリン**　　⑧ **グリコーゲン**
⑨ **β－グルコース**　⑩ **直線**
⑪ **セルラーゼ**　　　⑫ **セロビオース**
⑬ **セロビアーゼ**　　⑭ **グルコース**
〔問〕**10g**

415 [解説]　(1) A〜Fはいずれも常温の水によく溶けるので，単糖類か二糖類である。G，Hは常温の水に溶けないので，多糖類であり，温水に溶けるGはデンプン，溶けないHはセルロースである。
(2) 単糖類はすべて還元性を示し，多糖類はすべて還元性を示さない。多くの二糖類は還元性を示すが，スクロースだけは還元性を示さない。還元性を示さないDは二糖のスクロースである。
(3) スクロースを加水分解すると，単糖A，Cの等量混合物(**転化糖**)が得られるから，A，Cはグルコースかフルクトースのいずれかである。
(4) Bを加水分解するとただ1種の単糖Aが得られるから，BはマルトースでAはグルコースである。よって，Cはフルクトースである。残る二糖Eはラクトースで，加水分解すると，グルコースと共に生成する単糖Fは，ガラクトースである。

参考 **糖類の甘味**
　糖類の甘味は，ふつう，スクロースを基準の1として示される。フルクトースの甘味が最も強く約1.5，グルコースは約0.5，マルトースは約0.3，ラクトースは0.2程度である。

[解答]　A：**グルコース**　　B：**マルトース**
C：**フルクトース**　　D：**スクロース**
E：**ラクトース**　　　F：**ガラクトース**
G：**デンプン**　　　　H：**セルロース**

416 [解説]　(1) フルクトースは，水溶液中でヒドロキシケトン基 $-COCH_2OH$ をもつ鎖状構造を生じ，還元性を示す。〔×〕
(2) 二糖類のうち，スクロースは還元性を示さない。(**413** [解説]参照)〔×〕
(3) 鎖状構造，環状構造のいずれも5個の $-OH$ が存在する。〔○〕

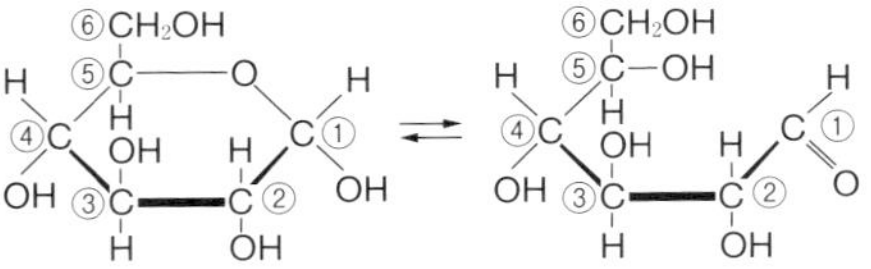

(4) グルコースの水溶液は次式のようにアルコール発酵を行う。$C_6H_{12}O_6 \longrightarrow 2C_2H_5OH + 2CO_2$〔○〕
(5) セルロースに希酸を加えて長時間熱すると，二糖

のセロビオースを経て，単糖のグルコースへと加水分解される。〔×〕
(6) グルコースとフルクトースは同じ分子式 $C_6H_{12}O_6$ をもつが，互いに構造式が異なるので立体異性体ではなく構造異性体の関係にある。なお，グルコースはアルデヒド基をもつので**アルドース**，フルクトースはケトン基をもつので**ケトース**と分類されている。〔×〕
(7) デンプンは $α$－グルコースの縮合重合体，セルロースは $β$－グルコースの縮合重合体である。しかし，これらを加水分解すると，セルロースからは $β$－グルコースのみが，デンプンからは $α$－グルコースのみが得られるというわけでなく，いずれもグルコース($α:β ≒ 1:2$ の平衡混合物)が得られる。〔×〕
(8) セルロースに濃硝酸と濃硫酸の混合物(混酸)を作用させると，セルロースを構成するグルコース1単位に含まれる3個の $-OH$ すべてが硝酸によってエステル化され，**トリニトロセルロース**が得られる。

$$[C_6H_7O_2(OH)_3]_n + 3nHNO_3 \xrightarrow{エステル化}$$
セルロース
$$[C_6H_7O_2(ONO_2)_3]_n + 3nH_2O$$
トリニトロセルロース

　トリニトロセルロースは綿火薬として用いられる。ニトロセルロースやニトログリセリンでは，ニトロベンゼンのようにニトロ基 $-NO_2$ が C 原子に結合していないので，ニトロ化合物ではなく，**硝酸エステル**である。〔×〕
[解答]　(3)，(4)

417 [解説]　(2) **グルコース**(ブドウ糖)は，水溶液中では下図のように3種類の構造が**平衡状態**となっている。

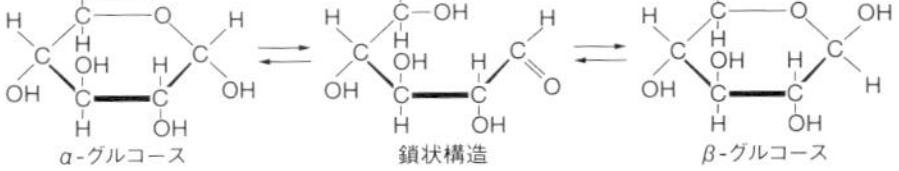

　鎖状構造のグルコースがもつアルデヒド基(ホルミル基) $-CHO$ が還元性を示す。
(3) 4種類の異なる原子・原子団と結合している炭素原子を，**不斉炭素原子**という。図 A の $α$－グルコースの場合，着目した C 原子から環を一周したとき，立体構造の違いを比較する。例えば，②(2位)の C 原子に着目した場合，$-H$ と $-OH$ が異なるだけでなく，環の右回りに③→④→⑤→O→①と見た立体構造と，環の左回りに①→O→⑤→④→③と見た立体

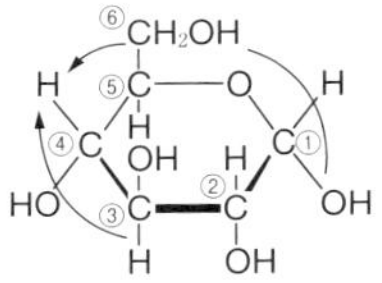

構造では異なるので，不斉炭素原子と判断する。したがって，1～5位の炭素原子がすべて不斉炭素原子である。

(4) フルクトース（果糖）は，水溶液中では下図のような平衡状態にあり，鎖状構造中のヒドロキシケトン基－COCH₂OHが還元性を示す。

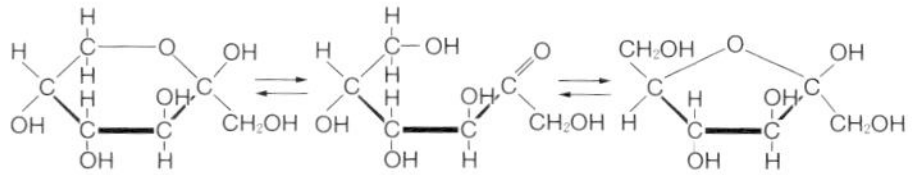

β-フルクトース（六員環）　　　鎖状構造　　　β-フルクトース（五員環）

参考　フルクトースの還元性について

結晶中のフルクトースは六員環構造をとるが，水溶液中では，鎖状構造や五員環構造のものと平衡状態にある。このうち，鎖状構造の中にあるヒドロキシケトン基－COCH₂OHの部分が還元性を示す。

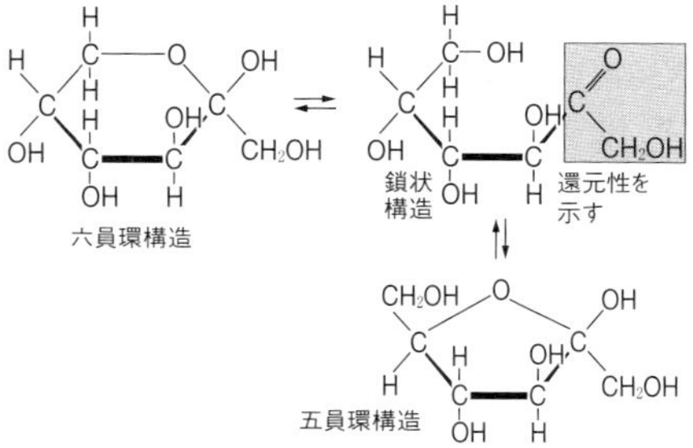

六員環構造　　　鎖状構造　還元性を示す

五員環構造

塩基性条件では，ヒドロキシケトン基をもつフルクトースからアルデヒド基をもつマンノースなどへの異性化反応（**アシロイン転位**）が起こりやすい。すなわち，ヒドロキシケトン基は塩基性水溶液中では，H⁺の脱離およびH⁺の転位により，アルデヒド基に変化して還元性を示す。

カルボニル基>C＝Oは強く分極しており，隣接位（α位）のHはわずかに酸の性質を帯び，塩基のOH⁻によってH⁺として脱離する。電子の移動により，新たにC＝C結合が形成されると同時に，カルボニル基のO⁻はH₂OからH⁺を受け取り－OHに戻ると共に，塩基OH⁻が再生される。

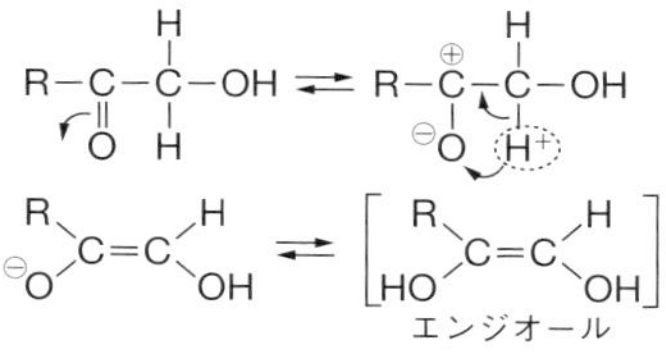

エンジオール

生成したC＝C結合に2個の－OHが結合した化合物は**エンジオール**とよばれ，きわめて不安定な反応中間体である。エンジオールの右

側の－OHから脱離したH⁺が隣接位のC原子に移動（**水素転位**という）すれば，アルデヒド基が生成する。このようなエノール形とケト形との間には平衡関係（**ケト・エノール平衡**）が成り立つが，通常，ケト形の方がずっと安定である。

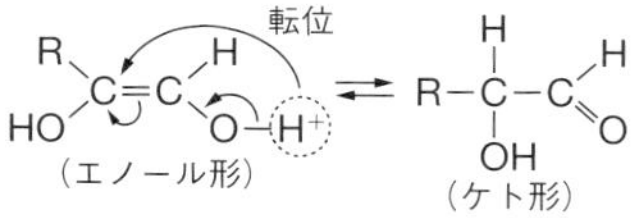

（エノール形）　　　　　　（ケト形）

解答 (1) ① **単糖類** ② **ヒドロキシ** ③ **ブドウ糖**
④ **アルデヒド（ホルミル）** ⑤ **Cu₂O**
⑥ **エタノール** ⑦ **アルコール発酵**
⑧ **果糖** ⑨ **構造**
(2) A…**α-グルコース** B…**β-グルコース**
a…**OH** b…**CHO** c…**OH** d…**H**
(3) **5個** (4) **(オ)**

---

418 **解説** ① デンプンの分子式は，その重合度を n とすると，$(C_6H_{10}O_5)_n$ で表される。このデンプンの分子量が 4.05×10^5 だから，

$$162n = 4.05 \times 10^5 \quad \therefore \, n = 2500$$

② A, B, Cの分子量は，それぞれ 222, 208, 236 であるから，モル質量は，222g/mol，208g/mol，236g/mol となる。A, B, Cの物質量の比が，それぞれ A, B, Cの分子数の比に等しいから，

$$A : B : C = \frac{3.064}{222} : \frac{0.125}{208} : \frac{0.142}{236} \fallingdotseq 23 : 1 : 1$$

③ デンプンを構成するグルコースは，右の4種類に区別できる。

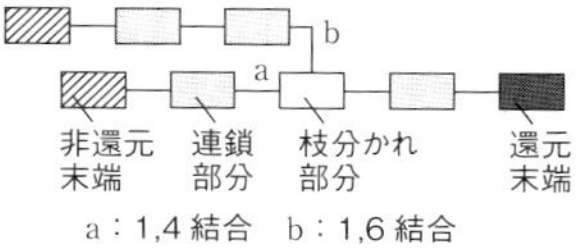

非還元末端　連鎖部分　枝分かれ部分　還元末端
a：1,4 結合　b：1,6 結合

デンプンの－OHのうち，メチル化されるものは，他のグルコースと結合していないフリーの状態にあるものである。

Aには，1位と4位に－OHが残っているから，Aは1，4位で他のグルコースと結合していた**連鎖部分**にあったことがわかる。

Bには，1位，4位，6位に－OHが残っているから，Bは1位，4位，6位で他のグルコースと結合していた**枝分かれ部分**にあったことがわかる。

Cには1位だけに－OHが残っているから，Cは1位だけで他のグルコースと結合していた**非還元末端**にあったことがわかる。

よって，このデンプンでは，（連鎖部分 23 ＋枝分かれ部分 1 ＋非還元末端 1）のあわせてグルコース25分子あたり1個の枝分かれが存在する。

④ ①より，このデンプン1分子は2500個のグルコ

ースからなる。
③より25分子あたり1か所の枝分かれがある。
よって，このデンプン1分子には $\frac{2500}{25} = 100$ か所の枝分かれが存在する。

参考　還元末端部分はどう扱うか

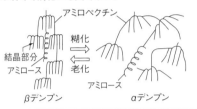

還元末端のグルコース単位には4個の-OHがあるので，メチル化すると，上右のメチル化生成物が生じる。これを酸で加水分解すると，グリコシド結合(↑)の部分だけでなく，反応性の高い1位に結合した-OCH₃(⇑)も加水分解されるので，-OHに戻ってしまう。したがって，最終生成物は，CH₃O基3個もつ主生成物Aが得られる。
　このデンプン分子には2500個のグルコース単位を含むが，そのうち還元末端はたった1個，すなわち0.04%しか含まれないので，無視して計算しても構わない。

参考　多糖類の還元性について

デンプンやセルロースなどの多糖類は，いずれも高分子化合物である。このうち，直鎖状構造をとるアミロースとセルロースでは，長い分子鎖の中に，還元性を示さない末端(**非還元末端**)と，還元性を示す末端(**還元末端**)が1個ずつ存在するだけである。一方，枝分かれ構造をとるアミロペクチンやグリコーゲンでは，(枝分かれの数＋1)個の非還元末端が存在するが，枝分かれの数に関わらず，還元末端はただ1個しか存在しない。
　したがって，いずれの多糖類においても，分子鎖の末端にはただ1個の還元末端しか存在しない。これは分子全体からみると無視できるほど少量なので，多糖類は実際には還元性を示さないのである。

参考　αデンプンとβデンプンの違い

生のデンプンは，多くの枝分かれの構造をもったアミロペクチンの隙間に，直鎖状のアミロースがはさみ込まれたような構造をしている。そして，アミロペクチンでは，デンプンの分子鎖が密に配列した**結晶部分**と，不規則に配列した**非結晶部分**が入り混じった状態にある。このようなデンプンを**βデンプン**という。
　一方，デンプンに水を加えて熱すると，結晶部分の水素結合が緩み，水を吸って膨れ，やがて粘性のあるコロイド溶液となる。このような現象をデンプンの**糊化**といい，このようなデンプンを**αデンプン**という。
　αデンプンでは，水と熱のはたらきによってアミロペクチンの枝部分が広がり，βデンプンに存在していた結晶部分が消失しているため，柔らかくて消化にも良い。
　一方，αデンプンを放置しておくと，内部の水分子が抜けていくことによって，もとの結晶部分が復活し，βデンプンに戻っていく。この現象をデンプンの**老化**という。βデンプンは硬くて消化にも良くない。

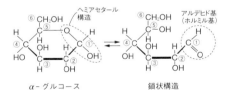

解答　①2500　②23　③25　④100

419 [解説]　グルコースの環状構造には，1位(図の①)のC原子に対して，-OHと-O-が結合した構造(**ヘミアセタール構造**)を含むので，水溶液中では，この部分で開環して，アルデヒド基(ホルミル基)をもつ鎖状構造に変化し，還元性を示す。

すなわち，グルコースの1位の-OHが還元性に関与していると考えてよい。

ア：グルコースの還元性を示す1位の-OHどうしで縮合してできた二糖分子は，水溶液中で開環できないので，還元性を示さない。ただし，各グルコースにはα型，β型の立体異性体があるので，その組合せは次の4種類が考えられる。

このうち，(ii)と(iii)は裏返すと重なるので同一物である。したがって，グルコース2分子からなる非還元性の二糖分子Aの異性体は3種類である(このうち，(i)が天然に存在するトレハロースである)。

イ：グルコースの還元性を示す1位の-OHが別のグルコースの2位(②), 3位(③), 4位(④), 6位(⑥)の-OHと縮合してできた二糖分子は, 水溶液中でその一方の環だけが開環できて, 還元性を示す。グリコシド結合の仕方には, 次の4種類が考えられる。

ただし, 各グルコースにはα型, β型があるので, Ⓐ, Ⓑ, Ⓒ, Ⓓについて, 上記の(ⅰ), (ⅱ), (ⅲ), (ⅳ)のそれぞれ4通りの組合せがある。したがって, グルコース2分子からなる還元性の二糖分子Aの異性体は, 全部で4×4＝16種類ある。

ウ：非還元性の二糖の水溶液では, 左側のグルコースも右側のグルコースもどちらも開環しない。したがって, その水溶液の種類は, アと同じ3種類である。
　還元性の二糖の水溶液では, 左側のグルコースは開環しないので, α型, β型の立体構造は変化しない。一方, 右側のグルコースにはヘミアセタール構造が存在し, 開環するので, 平衡状態になると, α型とβ型の混合物となる(右側のグルコースの立体構造は次第に変化し, やがて同じ平衡混合物となってしまう)。したがって, (ⅰ)と(ⅱ), (ⅲ)と(ⅳ)は平衡状態においては区別できないので, 還元性の二糖分子Aの水溶液の種類は4×2＝8種類となる。以上より, 二糖分子Aの水溶液の種類は, 全部で3＋8＝11種類である。

[解答] ア：3　イ：16　ウ：11

36 アミノ酸とタンパク質, 核酸

420 [解説] 同一の炭素原子にアミノ基とカルボキシ基が結合した化合物を, **α-アミノ酸**という。α-アミノ酸は, R-CH(NH$_2$)COOHの一般式で表され, R-の部分をアミノ酸の**側鎖**という。アミノ酸の種類は, この側鎖の構造によって決まる。タンパク質の加水分解で得られるα-アミノ酸は約20種類で, R=Hであるグリシンを除いて, いずれも<u>不斉炭素原子をもつので, **鏡像異性体**が存在する。</u>

> **参考　アミノ酸の鏡像異性体**
> 鏡像異性体は, D型, L型で区別されるが, 天然のα-アミノ酸はすべてL型, 天然の糖類はすべてD型の立体構造をとっていることが知られている。
>
>
>
> D-アラニン　鏡　L-アラニン

アミノ酸は分子中に塩基性の-NH$_2$と, 酸性の-COOHの両方をもつので, **両性化合物**である。結晶中では, -COOHから-NH$_2$へH$^+$が移動し, **双性イオン**として存在する。そのため, 有機物でありながら, イオン結晶のように融点が高く, 水に溶けやすいが, 有機溶媒には溶けにくいものが多い。α-アミノ酸は, 水溶液のpHに応じて, その電荷の状態が変化し, 中性アミノ酸の場合は, 次のような平衡状態にある。

酸性溶液中　　　　　　　　中性溶液中
R-CH(NH$_3^+$)COOH ⇌(OH$^-$/H$^+$) R-CH(NH$_3^+$)COO$^-$
陽イオン　　　　　　　　　双性イオン

　　　　　　　　　　　　　塩基性溶液中
　　　　　⇌(OH$^-$/H$^+$) R-CH(NH$_2$)COO$^-$
　　　　　　　　　　　　　陰イオン

<u>アミノ酸の双性イオンは酸性水溶液中ではH$^+$を受け取って陽イオンになり, 塩基性水溶液中ではH$^+$を放出して陰イオンとなる。</u>
　各アミノ酸は, それぞれ一定のpHにおいて, 分子内で正, 負の電荷が打ち消しあう。このときのpHをそのアミノ酸の**等電点**という。等電点では, アミノ酸はほとんど双性イオンになっており, 直流電圧をかけてもアミノ酸はどちらの電極へも移動しない。α-アミノ酸のうち, 側鎖Rに-COOHも-NH$_2$をもたず, 分子中に-COOHと-NH$_2$を1個ずつもつものを**中性アミノ酸**, 側鎖Rに-COOHをもつものを**酸性アミノ酸**, 側鎖Rに-NH$_2$をもつものを**塩基性アミノ酸**

224　7-36　アミノ酸とタンパク質, 核酸

421～423

という。なお, 生体内で十分に合成できず, 食物から摂取しなければならない α-アミノ酸を**必須アミノ酸**といい, ヒトの場合9種類といわれている。

グリシンやアラニンのような中性アミノ酸では等電点は6付近, グルタミン酸のような酸性アミノ酸では3付近, リシンのような塩基性アミノ酸では10付近にある。

解答 ① **20** ② **グリシン** ③ **鏡像異性体**
④ **L** ⑤ **両性** ⑥ **双性イオン** ⑦ **高い**
⑧ **陽** ⑨ **双性** ⑩ **陰** ⑪ **等電点**

〔問〕(A)：R－CH－COOH
　　　　　　 $|$
　　　　　　 NH$_3^+$

(B)：R－CH－COO$^-$　(C)：R－CH－COO$^-$
　　　　 $|$　　　　　　　　　　 $|$
　　　　 NH$_3^+$　　　　　　　 NH$_2$

421 **解説** (1) アミノ酸は, 結晶中では, 分子内で－COOH から－NH$_2$ へ H$^+$ が移動し, 分子内塩をつくる**双性イオン**の状態で存在する。

各アミノ酸は, それぞれ一定の pH において, 分子内で正, 負の電荷がちょうど打ち消し合った状態となる。このときの pH をアミノ酸の**等電点**という。等電点では, アミノ酸はほとんど双性イオンになっており, 直流電圧をかけてもどちらの電極へも移動しない。

また, 等電点より酸性の水溶液中では, 双性イオンの－COO$^-$ は H$^+$ を受け取って－COOH となり, アミノ酸は陽イオンとなる。逆に, 等電点より塩基性の水溶液中では, 双性イオンの－NH$_3^+$ は H$^+$ を放出して－NH$_2$ となり, アミノ酸は陰イオンになる。アミノ酸の等電点の違いを利用して, 各アミノ酸を分離する方法を, アミノ酸の**電気泳動**という。

アミノ酸を検出するには, ニンヒドリン水溶液を噴霧して加熱すると紫色に呈色する反応(**ニンヒドリン反応**)を利用するのが最適である。

(2) 中性アミノ酸であるアラニンの等電点は6.0であるから, pH＝6.0 では双性イオンの状態にあり, 電気泳動によって移動せずにbの位置にとどまる。酸性アミノ酸であるグルタミン酸の等電点は3.2であるから, pH＝6.0 では陰イオンの状態にあり, 陽極側のaに移動している。塩基性アミノ酸であるリシンの等電点は9.7であるから, pH＝6.0 では陽イオンとして存在し, 陰極側のcに移動している。

解答 (1)① **等電点** ② **電気泳動** ③ **ニンヒドリン**
④ **紫**
(2)a …**グルタミン酸**　b …**アラニン**
c …**リシン**

422 **解説** (1) α-アミノ酸の一般式は, R－CH(NH$_2$)COOH で, 分子量が最小の X は, R＝H のグリシン(分子量75)。分子量が2番目に小さいYは, R＝CH$_3$ のアラニン(分子量89)である。

(2) このペプチドの加水分解に要した水の質量は,

(22.5 ＋ 17.8)－ 32.2 ＝ 8.1〔g〕

X と Y と H$_2$O の物質量の比は, 分子数の比に等しいから,

$$X : Y : H_2O = \frac{22.5}{75} : \frac{17.8}{89} : \frac{8.1}{18.0}$$
$$= 0.30 : 0.20 : 0.45 = 6 : 4 : 9$$

アミノ酸 n 個がペプチド結合したペプチドでは, $(n-1)$ 個のペプチド結合が存在し, 脱水縮合の際にとれた水分子の数も $(n-1)$ 個である。

よって, このペプチドは, グリシン6個とアラニン4個, 合計10個のアミノ酸が脱水縮合してできたペプチドである。したがって, ペプチドの分子量は, グリシン6個＋アラニン4個の分子量の和から, 脱水縮合でとれた9個の水の分子量を引けばよい。

$75 \times 6 + 89 \times 4 - 18 \times 9 = 644$

解答 (1) X ：**グリシン**　Y ：**アラニン** (2)**644**

423 **解説** (1) このポリペプチドの単位構造は,

$2nH_2N-CH_2-COOH + nH_2N-CH(CH_3)-COOH$
$\longrightarrow \{HN-CH_2-CO\}_2-\{NH-CH(CH_3)-CO\}_1\}_n$
　　　　　　分子量57　　　　　　分子量71
$+ 3nH_2O$

分子量は, $(57 \times 2 + 71) \times n = 185n$ より,

$185n = 3.7 \times 10^4$

∴　$n = 200$(重合度)

このポリペプチド1分子中のペプチド結合の数は, 脱水縮合の際にとれた水分子の数に等しい。

$3 \times 200 = 600$　よって, 6.0×10^2〔個〕

（高分子化合物の場合, その分子量が大きいため, 高分子の末端の原子(－H)や原子団(－OH)などを考慮せずに, 重合度 n の計算を行っても構わない。）

(2) アミノ酸A 2分子とB 1分子からなる鎖状トリペプチドの結合順序は, A, Bのどちらが中央にあるかの違いによってA－A－BとA－B－Aの2通りある。さらに, ペプチド結合には2通りの結合の仕方がある。すなわち, ペプチド結合の方向性の違いによる－CONH－と－NHCO－は, それぞれの末端にあるアミノ基末端(**N 末端**といい, 下図では**Ⓝ**で表す)と, カルボキシ基末端(**C 末端**といい, 下図では**Ⓒ**で表す)で区別することができる。

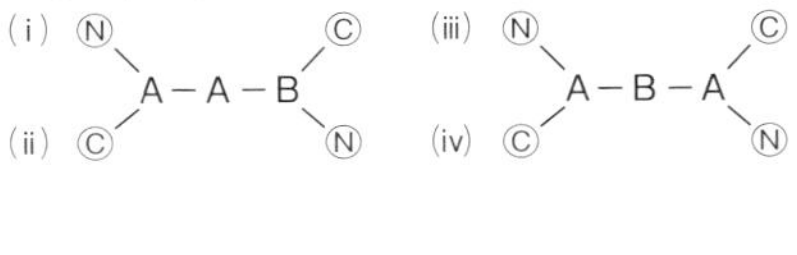

(i)　Ⓝ　　　　　Ⓒ　　(iii)　Ⓝ　　　　　　　Ⓒ
　　　A－A－B　　　　　　A－B－A

(ii)　Ⓒ　　　　　Ⓝ　　(iv)　Ⓒ　　　　　　　Ⓝ

7-36 アミノ酸とタンパク質,核酸 225

ただし,(iii)と(iv)は回転させると重なり合うので同一物質である。

∴ 構造異性体は,(i),(ii),(iii)の3種類。

(3) アミノ酸A,B,Cの結合順序は,A,B,Cのうちどれが中央にあるかの違いによって3通りある。また,ペプチド結合の方向性の違い−CONH−と−NHCO−をN末端,C末端で区別すると,次のようになる。

$\textcircled{N}$ $\textcircled{C}$ $\textcircled{N}$ $\textcircled{C}$ $\textcircled{N}$ $\textcircled{C}$
A−B−C B−A−C B−C−A
$\textcircled{C}$ $\textcircled{N}$ $\textcircled{C}$ $\textcircled{N}$ $\textcircled{C}$ $\textcircled{N}$

(これら6種類が,構造異性体である。)

解答 (1) 6.0×10^2個 (2) 3種類 (3) 6種類

424 **解説** (1) アミノ酸Aは,旋光性を示さないので光学不活性である。よって,不斉炭素原子をもたないグリシン $CH_2(NH_2)COOH$ である。

アミノ酸Bはキサントプロテイン反応が陽性なので,ベンゼン環をもつ。したがって,次のように考えると,与えられた分子式を満たす天然のα−アミノ酸はフェニルアラニンしかない。

$\underset{\text{(共通部分)}}{C_9H_{11}NO_2} - \underset{\text{(ベンゼン環)}}{C_2H_4NO_2} - \underset{\text{(メチレン基)}}{C_6H_5} = CH_2$

アミノ酸B：

$\underset{\text{フェニルアラニン}}{\bigcirc\!\!\!-CH_2-CH-C}$
        |
       NH₂

Sの質量百分率は,100 − (25.8 + 5.8 + 11.6 + 26.4) = 26.4(%)となるので,アミノ酸Cの組成式は,

$C:H:N:O:S = \underset{\text{(原子数の比)}}{\dfrac{29.8}{12} : \dfrac{5.8}{1.0} : \dfrac{11.6}{14} : \dfrac{26.4}{16} : \dfrac{26.4}{32}}$

$≒ 2.48 : 5.8 : 0.83 : 1.65 : 0.83$

$≒ 3 : 7 : 1 : 2 : 1$

よって,$(C_3H_7NO_2S)_n = 121$であり,$n = 1$したがって,分子式も $C_3H_7NO_2S$ である。

側鎖(R−)の分子式は,

$\underset{\text{(共通部分)}}{C_3H_7NO_2S - C_2H_4NO_2} = CH_3S$

したがって,考えられる構造は,

(i) CH_3S- (ii) $HS-CH_2-$

の2通りあるが,天然のα−アミノ酸に該当し,メチル基をもたないのは,(ii)のシステインである。

$HS-CH_2-CH(NH_2)-COOH$

(2) グリシン(Gly),システイン(Cys),フェニルアラニン(Phe)からなる鎖状トリペプチドの構造異性体は,まず,Gly,Cys,Pheの結合順序を考え,次に,ペプチド結合の方向性(−NHCO−か−CONH−)をN末端(記号$\textcircled{N}$),C末端(記号$\textcircled{C}$)で,次のように区別すればよい。

(i) $\dfrac{\textcircled{N}}{\textcircled{C}}\!\!> Gly-Cys^*-Phe^* <\!\!\dfrac{\textcircled{C}}{\textcircled{N}}$

(ii) $\dfrac{\textcircled{N}}{\textcircled{C}}\!\!> Cys^*-Gly-Phe^* <\!\!\dfrac{\textcircled{C}}{\textcircled{N}}$

(iii) $\dfrac{\textcircled{N}}{\textcircled{C}}\!\!> Cys^*-Phe^*-Gly <\!\!\dfrac{\textcircled{C}}{\textcircled{N}}$

*は不斉炭素原子

合計6種類の構造異性体があり,それぞれに $2^2 = 4$ 種類の鏡像異性体が存在する。よって,異性体として,$6 \times 4 = 24$ 種類が考えられる。

解答 (1) A：CH_2-COOH
              |
             NH_2

B：$\bigcirc\!\!\!-CH_2-CH-COOH$
                    |
                   NH_2

C：$HS-CH_2-CH-COOH$
                  |
                 NH_2

(2) 24種類

参考 | **アスパラギン酸とリシンのジペプチドの構造異性体**

$\underset{\qquad\qquad NH_2}{HOOC-CH_2-CH-COOH}$ アスパラギン酸(Asp)

$\underset{\qquad\qquad\qquad\qquad\qquad NH_2}{H_2N-\overset{\varepsilon}{C}H_2-\overset{\delta}{C}H_2-\overset{\gamma}{C}H_2-\overset{\beta}{C}H_2-\overset{\alpha}{C}H-COOH}$ リシン(Lys)

アスパラギン酸のα位の−COOHを$\textcircled{C}_1$,−NH_2を$\textcircled{N}$,β位の−COOHを$\textcircled{C}_2$と区別する。リシンのα位の−NH_2を$\textcircled{N}_1$,−COOHを$\textcircled{C}$,ε位の−NH_2を$\textcircled{N}_2$と区別する。

(1)
$\textcircled{N}-Asp<\!\!\!\dfrac{\textcircled{C}_1}{\textcircled{C}_2}\quad\dfrac{\textcircled{N}_1}{\textcircled{N}_2}\!\!\!>Lys-\textcircled{C}$

(2)
$\dfrac{\textcircled{C}_1}{\textcircled{C}_2}\!\!\!>Asp-\textcircled{N}-\textcircled{C}-Lys<\!\!\!\dfrac{\textcircled{N}_1}{\textcircled{N}_2}$

(1)には4種類の構造異性体があるが,(2)には1種類の構造異性体のみである。

よって,構造異性体は全部で5種類ある。

425 **解説** (1) グリシンは,水溶液のpHの低い方から順に,陽イオン(A^+),双性イオン(B),陰イオン(C^-)として存在する。

$K_1 = \dfrac{[B][H^+]}{[A^+]} = 5.0 \times 10^{-3}[mol/L]$ ……①

$K_2 = \dfrac{[C^-][H^+]}{[B]} = 2.0 \times 10^{-10}[mol/L]$ ……②

pH = 3.5,つまり $[H^+] = 1.0 \times 10^{-3.5}$mol/L のときの$[A^+]$と$[C^-]$の濃度比を求めるには,①,②式より$[B]$を消去して,

$K_1 \times K_2 = \dfrac{[B][H^+]}{[A^+]} \times \dfrac{[C^-][H^+]}{[B]}$

$$= \frac{[C^-][H^+]^2}{[A^+]} = 1.0 \times 10^{-12} [(mol/L)^2] \cdots\cdots ③$$

③に，$[H^+] = 1.0 \times 10^{-3.5}[mol/L]$ を代入して，

$$\frac{[C^-]}{[A^+]} \times 1.0 \times 10^{-7} = 1.0 \times 10^{-12}$$

$$\therefore \frac{[C^-]}{[A^+]} = 1.0 \times 10^{-5} \Longrightarrow \frac{[A^+]}{[C^-]} = 1.0 \times 10^5$$

(2) 3種のイオンが存在する平衡混合物の電荷が，全体として0となるときの pH をアミノ酸の**等電点**といい，水溶液全体で正・負の電荷がつりあっている。

Bは双性イオンなので，分子中の正電荷と負電荷は等しい。よって，陽イオン A^+ のモル濃度$[A^+]$と陰イオンC^-のモル濃度$[C^-]$が等しくなると，水溶液中に存在するアミノ酸の電荷の総和がちょうど0となる。つまり，アミノ酸の**等電点**の条件は$[A^+] = [C^-]$のときである。

③に，$[A^+] = [C^-]$を代入して，
$[H^+]^2 = 1.0 \times 10^{-12} [mol/L]^2$
$\therefore [H^+] = 1.0 \times 10^{-6} [mol/L]$

よって，pH = $-\log_{10}(1.0 \times 10^{-6}) = 6.0$

(3) グリシン水溶液(双性イオン)に，NaOH 水溶液を加えると，次式のように中和反応が起こる。

H$_3$N$^+$-CH$_2$-COO$^-$ + OH$^-$ ⟶
　　　　　　　H$_2$N-CH$_2$-COO$^-$ + H$_2$O

つまり，グリシンの双性イオン1molは，水酸化ナトリウム1molとちょうど中和する。よって，このとき中和されて生じたグリシンの陰イオンは，

$$0.10 \times \frac{6.0}{1000} = \frac{0.60}{1000} [mol]$$

残ったグリシンの双性イオンは，

$$0.10 \times \frac{10-6.0}{1000} = \frac{0.40}{1000} [mol]$$

いずれも，(10 + 6.0) mL の混合水溶液中に含まれるから，C^-とA^+の濃度の比と物質量の比は等しい。したがって，上記の値を，②式に代入して，

$$K_2 = \frac{[C^-][H^+]}{[A]} = \frac{\frac{0.60}{1000} \times [H^+]}{\frac{0.40}{1000}} = 2.0 \times 10^{-10}$$

$\therefore [H^+] = \frac{4}{3} \times 10^{-10} [mol/L]$

pH = $-\log_{10}(\frac{2^2}{3} \times 10^{-10})$
　　= $10 - 2\log_{10}2 + \log_{10}3 = 9.88 ≒ 9.9$

参考　グリシンの滴定曲線
(1)は a 点, (2)は b 点, (3)は c 点で表される。

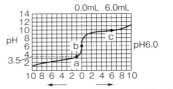

加えた0.10mol/L 塩酸の量[mL] ／ 加えた0.10mol/L水酸化ナトリウム水溶液の量[mL]

参考　グルタミン酸の電離平衡について

グルタミン酸水溶液を強酸性にすると，1価の陽イオン Glu$^+$ となる。これに NaOH 水溶液を加えると，順次 H$^+$ を電離して，双性イオン Glu$^±$，1価の陰イオン Glu$^-$，2価の陰イオン Glu^{2-} と変化する。

HOOC-(CH$_2$)$_2$-C(H)(NH$_3^+$)-COOH ⇌ HOOC-(CH$_2$)$_2$-C(H)(NH$_3^+$)-COO$^-$
　　　　Glu$^+$　　　　　　　　　　　　　Glu$^±$

⇌ $^-$OOC-(CH$_2$)$_2$-C(H)(NH$_3^+$)-COO$^-$ ⇌ $^-$OOC-(CH$_2$)$_2$-C(H)(NH$_2$)-COO$^-$
　　　Glu$^-$　　　　　　　　　　　　　Glu^{2-}

α位とγ位の-COOHのどちらが先にH$^+$を電離するかは，両者の酸としての強さを比較すればよい。

α位の-NH$_3^+$ は電子吸引性[*1]を示すから，より近い距離にあるα位の-COOHの酸性が強められ，相対的に遠いγ位の-COOHの酸性が弱くなる。

[*1] -NH$_2$ では，N原子の非共有電子対により電子供与性を示すが，-NH$_3^+$ では，N原子に非共有電子対がないので，電子吸引性を示す。

したがって，Glu$^+$はα位の-COOHから先にH$^+$を電離してGlu$^±$となり，続いて，γ位の-COOHからH$^+$を電離してGul$^-$となる。その後，α位の-NH$_3^+$からH$^+$を電離して，Glu^{2-}となる。

解答 (1) **1.0 × 10^5** (2) **6.0** (3) **9.9**

---

426 [解説] (1) **キサントプロテイン反応**…ベンゼン環のニトロ化に基づく呈色反応であり，フェニルアラニン(呈色は弱い)，チロシン，トリプトファンなどのベンゼン環をもつ**芳香族アミノ酸**および，それらを構成成分とするタンパク質で反応が起こる。

卵白水溶液に濃硝酸を加えると，まず，タンパク質の**変性**により白色沈殿を生じる。これを加熱すると，しだいにベンゼン環に対するニトロ化が進行して黄色に変化する。冷却後，アンモニア水を加えて

溶液を塩基性にすると呈色が強くなり，橙黄色を示す。
(2) **ビウレット反応**…ペプチド結合－NHCO－中の N 原子が Cu^{2+} に配位結合して生じた錯イオンの形成に基づいて起こる呈色であり，赤紫色を示す。2つ以上のペプチド結合をもつトリペプチド以上のペプチドでこの反応が起こる。ペプチド結合を1つしかもたないジペプチドではこの反応は起こらない。
(3) **タンパク質の変性**…タンパク質に熱，強酸，強塩基，有機溶媒，重金属イオン（Cu^{2+}, Ag^+, Pb^{2+}, Hg^{2+} など）を加えると，凝固・沈殿する。これは，タンパク質の立体構造を維持するのにはたらいていた水素結合などが切断され，その立体構造が壊れてしまうためである。いったん変性したタンパク質はもとに戻らないことが多い。

変性

(4) **ニンヒドリン反応**…ニンヒドリン反応では，アミノ酸やタンパク質中で，ペプチド結合に使われていない遊離のアミノ基－NH_2 が，ニンヒドリン分子と複雑な縮合反応により紫色に呈色する。
(5) **硫黄反応**…システイン，シスチンなどの硫黄を含むアミノ酸および，それを構成成分とするタンパク質が，強塩基性条件で分解されて，生じた S^{2-} が Pb^{2+} と反応して PbS の黒色沈殿を生成する。

HS－CH_2－CH－COOH　　S－CH_2－CH(NH_2)COOH
　　　　　　|　　　　　　|
　　　　　NH_2　　　　　S－CH_2－CH(NH_2)COOH
　システイン　　　　　　　　　　シスチン

解答 (1) **キサントプロテイン反応**
(2) **ビウレット反応** (3) **(タンパク質の)変性**
(4) **ニンヒドリン反応** (5) **硫黄反応**
(ア)(c) (イ)(f) (ウ)(e) (エ)(a) (オ)(h) (カ)(b)

427 [解説] 1つのアミノ酸のアミノ基－NH_2 と，他のアミノ酸のカルボキシ基－COOH との間で，1分子の水がとれてできる結合（－CONH－）を**ペプチド結合**という。多数のアミノ酸がペプチド結合によってつながったものは，**ポリペプチド**とよばれる。

タンパク質の構造は，次のように分類される。
一次構造　タンパク質を構成するポリペプチド鎖のアミノ酸の配列順序。一次構造は，DNA の遺伝情報によって決まる。
二次構造…ポリペプチドのペプチド結合の部分で，〉C＝O…H－N〈のようにはたらく**水素結合**によってつくられる部分構造。<u>α-ヘリックス(α-らせん)構造</u>と<u>β-シート構造</u>および，<u>β-ターン構造</u>などがある。

三次構造…ポリペプチドの側鎖（－R）間にはたらく，
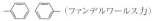
などの相互作用によって，折りたたまれた特定の立体構造。

四次構造…三次構造をもつポリペプチドが，さらにいくつか集合してできた構造。

ヘモグロビンは，4つのタンパク質の三次構造（サブユニット）が集まったもので，それぞれのサブユニットには，Fe 原子を含むヘム（色素）が存在する。

(1) ポリペプチドにある側鎖（－R）間で，次のような相互作用がはたらき，三次構造を形成する。

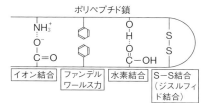

問題文に，S－S 結合が書かれているので，これを除いた残り3つの中から，2つを答える。
(2) S－S 結合は，2つの－SH が酸化されることによって形成される結合である。タンパク質にみられるS－S 結合は，2つのシステインの－SH 間に形成され，タンパク質の立体構造を維持するうえで重要な役割を果たす。タンパク質中の S－S 結合には，分子内 S－S 結合と，分子間 S－S 結合とがある。

2HS－CH_2－CH(NH_2)COOH
　　　システイン
　　　酸化
　　　⇌　　S－CH_2－CH(NH_2)COOH
　　　還元　|
　　　　　　S－CH_2－CH(NH_2)COOH
　　　　　　　　　　シスチン

(3) コラーゲンは軟骨・腱など結合組織に繊維状で存在する**構造タンパク質**としてはたらく。

ヘモグロビンは酸素を運搬する赤血球中に存在する**色素タンパク質**としてはたらく。

アクチンとミオシンは筋肉中に存在し，筋収縮に関係する**運動タンパク質**としてはたらく。

免疫グロブリンは，免疫のはたらきをもつ抗体をつくる**防御タンパク質**としてはたらく。

ケラチンは，毛髪，爪，皮膚などに存在する**構造タンパク質**としてはたらく。

アルブミンは，血しょう中に存在し，体液の浸透圧の維持にはたらく。また，栄養分を必要な所へ運搬する**輸送タンパク質**の役割もある。

[解答] ① ペプチド ② 一次構造 ③ 水素
④ α-ヘリックス ⑤ β-シート
⑥ 二次構造 ⑦ 三次構造 ⑧ 四次構造
(1) イオン結合，ファンデルワールス力，水素結合など
(2) システイン
(3) A：(ア), (カ)　B：(エ)　C：(オ)
　　D：(キ)　E：(ウ)　F：(イ)

428 [解説] (1) **酵素**は，生体内で触媒として機能するタンパク質であるが，タンパク質の中には毛髪・爪に含まれるケラチンのように，酵素の機能をもたないものが数多くある。〔×〕
(2) タンパク質には，加水分解すると α-アミノ酸だけを生じる**単純タンパク質**と，アミノ酸に加えて色素や糖類なども生じる**複合タンパク質**がある。〔×〕
(3) タンパク質には水に溶けにくい**繊維状タンパク質**（ケラチンやフィブロインなど）のほか，水に溶けやすい**球状タンパク質**（アルブミン，グロブリンなど）がある。生体内では，球状タンパク質は血液中や細胞内で水に溶けた形で存在する。繊維状タンパク質は骨や筋肉，腱などの結合組織をつくる構造成分として存在する。〔×〕

繊維状タンパク質　　球状タンパク質

(4) タンパク質の立体構造は，分子内や分子間における水素結合やイオン結合などによって決まる。タンパク質を加熱したり，強酸や強塩基，有機溶媒，重金属イオンなどを加えると，これらの結合が切断され，高次構造が壊れることによって変性が起こるが，ペプチド結合が切断されるわけではない。〔×〕

　　　　　　変性

(5) この**硫黄反応**は，タンパク質中に含まれる硫黄S元素の存在によって起こる。〔○〕
(6) **ビウレット反応**は，分子内に2つ以上のペプチド結合をもつ場合にみられる。タンパク質は分子内に多数のペプチド結合をもつので，すべてビウレット反応を示す。〔○〕
(7) **キサントプロテイン反応**は，芳香族アミノ酸を含むタンパク質では陽性であるが，ゼラチンのように，芳香族アミノ酸の極端に少ないタンパク質では，その呈色がきわめて弱い。〔×〕
(8) タンパク質の**変性**は，その高次構造（二次構造以上）が変化することで起こるが，アミノ酸の配列順序（一次構造）は変化していない。〔×〕
(9) 水に溶けたタンパク質は，親水コロイドとしての性質を示し，多量の電解質を加えると，水和水が奪われて沈殿する（**塩析**）。〔○〕
(10) タンパク質中の窒素N元素の検出は，濃NaOH水溶液を加えて加熱し，発生したNH_3に濃塩酸を近づけ，白煙（NH_4Cl）を生じることで検出する。NaOHと酢酸鉛(Ⅱ)水溶液を加えて加熱し，黒色沈殿（PbS）を生じることで検出するのは，硫黄S元素である。〔×〕
(11) 生体内で十分な量を合成できず，食物から摂取しなければならないアミノ酸を**必須アミノ酸**といい，ヒト（成人）では9種類ある。〔×〕

[解答] (1) ×　(2) ×　(3) ×　(4) ×　(5) ○　(6) ○
(7) ×　(8) ×　(9) ○　(10) ×　(11) ×

429 [解説] (1) システインに穏やかな酸化剤を作用させると，側鎖のチオール基-SHが酸化され，**ジスルフィド結合**（-S-S-）が形成されて，システインの二量体であるシスチンに変化する。

$$2HS-CH_2-CH(NH_2)COOH \underset{還元}{\overset{酸化}{\rightleftarrows}} \begin{matrix} S-CH_2-CH(NH_2)COOH \\ | \\ S-CH_2-CH(NH_2)COOH \end{matrix}$$

（シスチンをスズと塩酸で穏やかに還元すると，システインが得られる。）

(2) ・ペプチドXは5個のアミノ酸からなる鎖状のペンタペプチドである。
・ペプチドXのN末端は酸性アミノ酸のグルタミン酸（Glu），C末端は不斉炭素原子をもたないのでグリシン（Gly）である。
・塩基性アミノ酸（リシン）の-COOH側のペプチド結合を特異的に切断する酵素（トリプシン）で加水分解するとペプチドⅠ，Ⅱを生成する。ペプチドXがペンタペプチドだから，ビウレット反応が陽性なペプチドⅡはトリペプチド，ビウレット反応が陰性なペプチドⅠはジペプチドである。

この酵素による切断場所は，次の(i)，(ii)の2通りが考えられる。

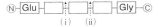
　　　　(i)　(ii)

ペプチドⅠは，NaOH水溶液とPb^{2+}により，硫化鉛(Ⅱ)PbSの黒色沈殿を生じたことから，硫黄

を含むアミノ酸のシステイン(Cys)を含む。

ペプチドIIは，キサントプロテイン反応を示したことからベンゼン環をもつチロシン(Tyr)を含む。

この酵素の切断場所が(i)のとき，ジペプチドIのC末端はリシン(Lys)でなければならないが，ジペプチドIが硫黄Sを含むシステイン(Cys)をもつという問題の条件に反するので，不適。

この酵素の切断場所は，(ii)が正しい。

$$\text{N}-\boxed{\text{Glu}}-\boxed{\text{Tyr}}-\boxed{\text{Lys}}-\text{C} \quad \text{N}-\boxed{\text{Cys}}-\boxed{\text{Gly}}-\text{C}$$
ペプチドII　　　　　ペプチドI

よって，ペプチドXのアミノ酸配列は，N末端から順に並べると，次のようになる。

$$\text{N}-\text{Glu}-\text{Tyr}-\text{Lys}-\text{Cys}-\text{Gly}-\text{C}$$

(3) pH=2.5の酸性水溶液中では，ペプチドIIに含まれる各アミノ酸は，H^+を受け取り陽イオンとして存在する。

$$\text{HOOC}-(\text{CH}_2)_2-\underset{\underset{\text{NH}_3^+}{|}}{\text{CH}}-\text{COOH}$$
酸性アミノ酸のグルタミン酸(等電点pH2.8)は，1価の陽イオンとなる。

$$\text{HO}-\text{C}_6\text{H}_4-\text{CH}_2-\underset{\underset{\text{NH}_3^+}{|}}{\text{CH}}-\text{COOH}$$
中性アミノ酸のチロシンも1価の陽イオンとなる。

$$\text{H}_3\text{N}^+-(\text{CH}_2)_4-\underset{\underset{\text{NH}_3^+}{|}}{\text{CH}}-\text{COOH}$$
塩基性アミノ酸のリシンは2価の陽イオンとなる。

リシンの正電荷が大きいので，他のグルタミン酸やチロシンに比べて陰極側へ移動しやすい(電気泳動によるアミノ酸の移動速度が大きい)。

解答 (1) ジスルフィド結合
(2) Glu − Tyr − Lys − Cys − Gly
(3) (a) リシン　(b) 陰極

430 解説 生体を構成するタンパク質には，α-アミノ酸だけからなる**単純タンパク質**と，アミノ酸以外の成分(**補欠分子族**という)を含む**複合タンパク質**がある。

後者には，糖タンパク質，核タンパク質，リポタンパク質，色素タンパク質，リンタンパク質，金属タンパク質などがある。また，タンパク質は分子の形状によって，**球状タンパク質**と**繊維状タンパク質**に分類される。タンパク質の主なものは次の通りである。

タンパク質	性質	所在
アルブミン	水に可溶	卵白，血液
グロブリン	塩類溶液に可溶	卵白，血液
グルテリン	希酸・希アルカリに可溶	小麦，大豆，米
フィブロイン	溶媒に不溶	絹糸，クモの糸
ケラチン		毛髪，爪，羊毛
コラーゲン	熱水に可溶	軟骨，腱，皮膚

カゼイン	リン酸を含む	牛乳
ヘモグロビン	ヘム(色素)を含む	血液(赤血球)
ミオグロビン	ヘム(色素)を含む	筋肉
ヒストン	染色体の構成要素	細胞の核
ムチン	糖を含む	だ液

解答 ① ク　② イ　③ ケ　④ オ　⑤ カ
⑥ ウ　⑦ エ　⑧ ア　⑨ キ

431 解説 (1) タンパク質に濃硫酸および分解促進剤として硫酸銅(II)，硫酸カリウムを加えて煮沸すると，タンパク質中の窒素はすべて硫酸アンモニウム$(\text{NH}_4)_2\text{SO}_4$となる。これを水で薄めた後，水酸化ナトリウムなどの強塩基を加えて加熱すると，次式のように反応が起こり，弱塩基のアンモニアが発生する。

$$(\text{NH}_4)_2\text{SO}_4 + 2\text{NaOH}$$
$$\longrightarrow \text{Na}_2\text{SO}_4 + 2\text{NH}_3\uparrow + 2\text{H}_2\text{O}$$
$$\left(\begin{array}{l}(弱塩基の塩)+(強塩基)\rightarrow(強塩基の塩)+(弱塩基)の反応\\ を利用している。\end{array}\right)$$

この反応で発生したアンモニアを硫酸の標準溶液に吸収させた後，残った硫酸を別の塩基の水溶液で**逆滴定**すると，アンモニアの物質量がわかる。H_2SO_4は2価の酸，NaOHとNH_3は1価の塩基なので，中和点では，

(酸の出したH^+の物質量)
＝(塩基の出したOH^-の物質量)

の関係が成り立つ。

よって，発生したNH_3をx[mol]とすると，

$$x + 0.050 \times \frac{30}{1000} \times 1 = 0.050 \times \frac{50}{1000} \times 2$$

$$\therefore \quad x = 3.5 \times 10^{-3}\text{[mol]}$$

(2) NH_3 1mol 中には，N原子も1mol含まれる。NH_3 3.5×10^{-3}mol 中に含まれるN原子の質量は，

$$3.5 \times 10^{-3} \times 14 = 4.9 \times 10^{-2}\text{[g]}$$

よって，もとの食品中に含まれていたN原子も，4.9×10^{-2}gである。

大豆中のタンパク質の割合をy[％]とすると，タンパク質中には窒素Nを16％含むから，

$$1.0 \times \frac{y}{100} \times \frac{16}{100}$$
$$= 4.9 \times 10^{-2}$$
$$\therefore \quad y = 30.6 \doteqdot 31\text{[％]}$$

大豆
タンパク質 y%
16％がN

解答 (1) 3.5×10^{-3}mol (2) 31％

432 解説 生体内の細胞でつくられる物質で，生体内で起こる種々の化学反応(**代謝**という)を促進する触媒の作用をもつ物質を**酵素**という。酵素は単純タンパク質であるもの(アミラーゼ，ペプシンなど)と，複

合タンパク質であるもの(チマーゼ,デカルボキシラーゼなど)に大別される。後者は,タンパク質部分の**アポ酵素**と,非タンパク質の低分子である**補酵素**とからなり,両者が結合した状態(**ホロ酵素**という)ではじめて酵素のはたらきを示すようになる。

酵素の特性として,1)特定の物質(**基質**という)だけに作用するという**基質特異性**が顕著である。2)**最適温度**(35〜40℃)をもつ。3)**最適pH**(中性付近にあるものが多いが,各酵素で異なる)をもつことがあげられる。

酵素の最適温度

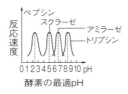
酵素の最適pH

酵素の主成分はタンパク質であるため,加熱すると変性し,触媒としての作用を失う(**失活**)。酵素は,一般に,35〜40℃付近で最も効果的に作用する。また,酸性や塩基性が強くなりすぎると変性して失活する。ほとんどの酵素の最適pHは,中性(pH = 7)付近である。しかし,胃液は塩酸を含んでいてpHは2前後の強い酸性であり,胃ではたらくペプシンの最適pHはおよそ2である。また,トリプシン,リパーゼがはたらく小腸のpHは,およそ8〜9の弱塩基性であり,小腸ではたらくトリプシン,リパーゼの最適pHは8〜9である。

参考 酵素の基質特異性

酵素の触媒作用は,酵素分子の全体で行われるのではなく,酵素分子中の特定の部分(**活性部位**という)で行われる。

酵素はその種類ごとに特定の基質としか反応しない。この性質を酵素の**基質特異性**という。これは,酵素の活性部位にちょうど合致する基質とのみ結合し,**酵素-基質複合体**をつくって反応が進行するからである。このような酵素と基質の関係を,フィッシャー(ドイツ)は,鍵と鍵穴の関係にたとえた。

酵素-基質複合体

解答 ① 代謝 ② 触媒 ③ タンパク質 ④ 変性 ⑤ 最適温度 ⑥ 最適pH ⑦ ペプシン ⑧ トリプシン(リパーゼ) ⑨ 基質 ⑩ 基質特異性

433 [解説] 主な酵素の種類とはたらきは次の通り。

	酵素名	はたらき
加水分解酵素	アミラーゼ	デンプン→マルトース
	マルターゼ	マルトース→グルコース+フルクトース
	スクラーゼ	スクロース→グルコース+フルクトース
	ラクターゼ	ラクトース→グルコース+ガラクトース
	ペプシン	タンパク質→ポリペプチド
	トリプシン	特定のペプチド結合を切断。
	ペプチダーゼ(各種)	ポリペプチド→アミノ酸。ペプチド鎖末端のペプチド結合を切断。
	リパーゼ	脂肪→脂肪酸+モノグリセリド
呼吸酵素	脱水素酵素	有機物から水素を取りはずす。
	酸化酵素	有機物に酸素を結合させる。
	脱炭酸酵素	カルボキシ基(-COOH)からCO_2を取りはずす。
その他	カタラーゼ	過酸化水素を分解する。$2H_2O_2 \longrightarrow 2H_2O + O_2$
	ATPアーゼ	ATPを分解・合成する。ATP $\rightleftharpoons$ ADP+リン酸

参考 酵素の分類

名称	はたらき
加水分解酵素	基質を加水分解する。
酸化還元酵素	基質を酸化したり,還元したりする。
脱離酵素	基質から原子団を脱離させ,分解する。
転移酵素	原子団を別の基質に移しかえる。
異性化酵素	基質内の原子の並び方を変える。
合成酵素	生物体をつくる各種の物質を合成する。

参考 膵リパーゼのはたらき

かつては,油脂が消化されると,最終的にグリセリンと3分子の脂肪酸になると考えられていた。しかし,近年の研究により,膵臓から分泌されるリパーゼ(膵リパーゼ)は,油脂の分子中に存在する3つのエステル結合のうち,2個しか加水分解しないことが明らかになった。すなわち,油脂(トリグリセリド)中の1,3位のエステル結合を特異的に加水分解する。したがって,2位に結合した脂肪酸(不飽和脂肪酸が多い傾向がある)は加水分解されることなく,モノグリセリドの形で体内へ吸収される。

$$R_1-COO-CH_2 \qquad\qquad HO-CH_2$$
$$R_2-COO-CH + 2H_2O \longrightarrow R_2-COO-CH + R_1-COOH$$
$$R_3-COO-CH_2 \qquad\qquad HO-CH_2 \qquad R_3-COOH$$
油脂(トリグリセリド) モノグリセリド 脂肪酸

解答 (1)…(エ), (d) (2)…(イ), (a), (b)
(3)…(ア), (a) (4)…(ウ), (e)
(5)…(オ), (a), (c) (6)…(キ), (f), (h)
(7)…(カ), (g) (8)…(ク), (j), (m)

434 [解説] (1) DNA(デオキシリボ核酸)とRNA(リボ核酸)の共通点は,五炭糖,塩基,リン酸から

なる**ヌクレオチド**が多数結合した高分子化合物のポリヌクレオチドでできている点である。
(2) 塩基の種類は，DNA では，アデニン(A)，**チミン**(T)，グアニン(G)，シトシン(C)であるが，RNA では，アデニン，**ウラシル**(U)，グアニン，シトシンである。
(3) 糖の種類が，DNA が**デオキシリボース**，RNA は**リボース**である。
(4) DNA は 2 本鎖の構造であるが，RNA は多くが 1 本鎖の構造である。
(5) DNA(デオキシリボ核酸)は，遺伝子の本体をなし，主に核に含まれる。RNA(リボ核酸)は，DNA の指令を受け，タンパク質の合成に直接関与し，主に細胞質に含まれる。
(6) 核酸の構成元素は C，H，O，N，P である。

解答 (1) **C** (2) **A** (3) **A** (4) **B** (5) **B** (6) **D**

参考 タンパク質の合成のしくみ
DNA の遺伝情報をもとに，目的とするタンパク質の合成は次のような順序で行われる。
①核の DNA の遺伝情報のうち，ほどけた二重らせんの一方を鋳型として，特定の塩基配列が RNA に写しとられる(**転写**)。転写された RNA は，不要な部分が除かれ，必要な部分だけからなる **mRNA** となる(この過程を**スプライシング**という)。
② mRNA は核から細胞質へ出ていき，**リボソーム**に付着する。なお，mRNA の塩基配列において，3 個並びの塩基配列が 1 つのアミノ酸を指定する遺伝暗号(**コドン**)となっている。

③細胞質にある **tRNA** は，mRNA に相補的な 3 個並びの塩基配列(アンチコドン)をもっており，特定のアミノ酸と結合した後，これをリボソームまで運搬する。
④リボソーム上では，**mRNA** のコドンに基づいて特定のアミノ酸と結合した tRNA が順次並び，**rRNA** によってアミノ酸どうしがペプチド結合でつながり，目的のタンパク質が合成される(**翻訳**)。
※ mRNA はメッセンジャー RNA，伝令 RNA，
tRNA はトランスファー RNA，運搬 RNA，
rRNA はリボソーム RNA という。

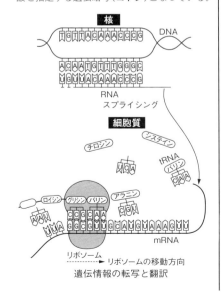
遺伝情報の転写と翻訳

435 [解説] (1), (2) DNA(**デオキシリボ核酸**)と RNA(**リボ核酸**)の共通点は，五炭糖，塩基，リン酸からなる**ヌクレオチド**が多数結合した高分子化合物であるポリヌクレオチドでできている点である。相違点は，糖の種類が，DNA が**デオキシリボース**，RNA は**リボース**であり，塩基の種類は，DNA では，アデニン(A)，**チミン**(T)，グアニン(G)，シトシン(C)であるが，RNA では，アデニン，**ウラシル**(U)，グアニン，シトシンである。また，構造は，DNA が 2 本鎖の構造であるが，RNA では主に 1 本鎖の構造である。
(3) 多くの生物の DNA を構成する塩基の組成を調べた結果，A＝T，G＝C の関係が明らかとなった(**シャルガフの法則**)。また，ウィルキンスやフランクリンによる DNA の X 線回折の研究から，DNA は規則的ならせん構造の繰り返しでできていることが示唆された。以上のことから，**ワトソン**(アメリカ)，**クリック**(イギリス)は，DNA は，2 本のポリヌクレオチド鎖どうしが，互いに塩基を内側に向け，水素結合によって結ばれ，分子全体が大きならせんを描いた，**二重らせん構造**をしていることを明らかにした(1953 年)。
(4), (5) ヌクレオチドは，糖とリン酸との間にできるエステル結合で結びついて，ポリヌクレオチドをつくる。また，各塩基は A と T，G と C のように，それぞれ決まった相手とのみ水素結合で結びつく。この塩基どうしの関係を**相補性**という。
(6) 二重らせん構造をとる DNA では，A＝T，G＝C の関係が成り立つから，
A＝27.5％ということは，T＝27.5％
残り，100－27.5×2＝45〔％〕
これは，G と C の和を表し，G＝C の関係より，
45÷2＝22.5〔％〕 これが C の mol％である。
(7) 炭素 C，水素 H，酸素 O，窒素 N は，タンパク質，核酸に共通に存在する元素である。硫黄 S はタンパク質には存在するが核酸には存在せず，リン P は核酸

に存在するがタンパク質には存在しない。

(8) ヒトDNAの二重らせんの1回転には塩基対10個分を含むから，塩基対全体では，

$$\frac{30 \times 10^8}{10} = 3.0 \times 10^8 〔回転〕$$

DNA1回転の長さは3.4nmだから，ヒトDNAの長さは，

$$3.4 \times 3.0 \times 10^8 = 1.02 \times 10^9 〔nm〕$$

1nm = 1×10^{-9}m より 1m = 1×10^9nm

よって，$\dfrac{1.02 \times 10^9}{1 \times 10^9} ≒ 1.0 〔m〕$

[解答] (1) デオキシリボ核酸 (2) ヌクレオチド
(3) 二重らせん構造，ワトソンとクリック
(4) a. リン酸　b. デオキシリボース
　 c. チミン　d. グアニン
(5) 水素結合 (6) **22.5%** (7) **窒素，リン**
(8) **1.0m**

436 **[解説]** シトシン-グアニン塩基対にみられる水素結合は次の2通りである。

〉C=O‥‥H-N〈　　〉N‥‥H-N〈
カルボニル基　アミノ基　　二重結合のN　イミノ基

一方，塩基Aには上記の水素結合の形成部位は3か所ある。

塩基A：
O → (カルボニル基) ‥‥‥‥ アミノ基(-NH₂)
N → (二重結合のN) ‥‥‥‥ イミノ基(〉NH)
NH₂ → (アミノ基) ‥‥‥‥ カルボニル基(〉CO)
　　　　　　　　水素結合　　相手の塩基

塩基Aと相補的な水素結合をつくる相手の塩基には，アミノ基，イミノ基，カルボニル基がこの順に並んでいなければならない。

塩基①：
NH₂ → (アミノ基)
N → (二重結合のN)
NH₂ → (アミノ基)

塩基②：
NH₂ → (アミノ基)
NH → (イミノ基)
O → (カルボニル基)

塩基③：
O → (カルボニル基)
NH → (イミノ基)
O → (カルボニル基)

よって，塩基Aと相補的な水素結合をつくるのは，塩基②である。

[解答] ②

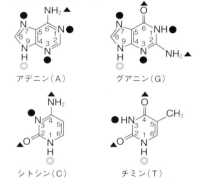

参考　DNAの塩基間の水素結合

DNAを構成する4種類の塩基の構造は次の通りである。アデニンとグアニンのように，2個の環構造をもつ塩基を**プリン塩基**，シトシンやチミンのように，1個の環構造をもつ塩基を**ピリミジン塩基**という。

アデニン(A)　　グアニン(G)

シトシン(C)　　チミン(T)

水素結合が可能な部位は，カルボニル基〉C=Oとアミノ基-N〈H/H (▲と表す)およびNの二重結合-N=とイミノ基〉N-H (●と表す)である。

まず各塩基が糖(デオキシリボース)の1位の-OHと結合できるのは，イミノ基〉N-Hの-Hだけであり，生じた-C-N〈結合を*N*-**グリコシド結合**という。糖と*N*-グリコシド結合をつくるのは，2個の環構造をもつプリン塩基のアデニンとグアニンでは9位，1個の環構造をもつピリミジン塩基のシトシンとチミンでは1位と決まっている(◎印)。

実際に，塩基間で相補的な水素結合を形成しているのは，水素結合が可能な部位(▲または●)が連続している部分でなければならない。

それは，糖と N-グリコシド結合をつくる位置（◎印）からみて，最も遠い場所でもある。したがって，アデニンでは 1，6 位，グアニンでは 1，2，6 位，シトシンでは 2，3，4 位，チミンでは 2，3，4 位である。

グアニンの（▲●▲）とシトシンの（▲●▲）では相補的な 3 本の水素結合を形成する。

アデニンの（▲●）とチミンの（▲●）では相補的な 2 本の水素結合を形成する。

また，アデニンの（▲●）とチミンの（▲●）が相補的な 2 本の水素結合を形成するためには，チミンを裏返しにしなければならない。したがって，この位置での水素結合は形成されないと考えられる。

437 解説

① 無水酢酸によるアセチル化は，アミノ酸のアミノ基に対して起こる。

$$R-\underset{\text{分子量16}}{NH_2} + (CH_3CO)_2O \longrightarrow$$
$$R-\underset{\text{分子量58}}{NHCOCH_3} + CH_3COOH$$

アミノ基1か所をアセチル化するごとに分子量は，$58 - 16 = 42$ 増加する。

よって，A はアミノ基を1個もつ。

参考

ジペプチドは，本来，ペプチド結合を1個しかもたないので，ビウレット反応は陰性である（**ビウレット反応**は，ペプチド結合を2個以上，すなわち，トリペプチド以上のペプチドで陽性）。

しかし，ジペプチドをアセチル化すると，分子内にはペプチド結合が2個存在することになり，銅（Ⅱ）イオンと右図のような錯イオンを形成して，ビウレット反応が陽性となる。

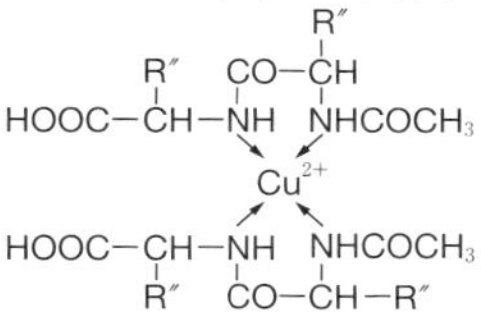

$$
\begin{array}{c}
R'' \\
R' \quad CO-CH \\
HOOC-CH-NH \quad NHCOCH_3 \\
Cu^{2+} \\
HOOC-CH-NH \quad NHCOCH_3 \\
R'' \quad CO-CH-R''
\end{array}
$$

→ は配位結合を示す。

② エタノールによるエステル化は，アミノ酸のカルボキシ基で起こる。

$$R-\underset{\text{分子量45}}{COOH} + C_2H_5OH \longrightarrow$$
$$R-\underset{\text{分子量73}}{COOC_2H_5} + H_2O$$

カルボキシ基1か所をエステル化するごとに分子量は，$73 - 45 = 28$ 増える。

よって，A はカルボキシ基を $56 \div 28 = 2$ 個もつ。

③ ジペプチド A の構造式は，次の通りである。

$$
\begin{array}{c}
H_2N-CH-CONH-CH-COOH \\
\quad\quad | \quad\quad\quad\quad\quad | \\
\quad\quad R_1 \quad\quad\quad\quad R_2
\end{array}
$$

$R_1 + R_2 + \underset{\text{分子量130}}{C_4H_6N_2O_3} = 204$　より，$R_1 + R_2 = 74$

一方，R_1 または R_2 には $-COOH$（分子量45）を1個含むので，残りの分子量は，

$74 - 45 = 29$　となる。

よって，R_1，R_2 には，次の組合せがある。

(i)　$-H$（グリシン）， $-(CH_2)_2COOH$（グルタミン酸）

(ii)　$-CH_3$（アラニン）， $-CH_2COOH$（アスパラギン酸）

(iii)　$-C_2H_5$， $-COOH$（天然のα-アミノ酸には該当するものがない。）

(i)　グリシン（Gly）とグルタミン酸（Glu）のジペプチドの構造異性体は3種類ある。

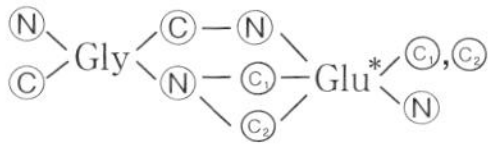

$$
\begin{array}{l}
Ⓝ \quad Ⓒ- \quad Ⓝ \\
Ⓒ\ Gly\ \ Ⓝ\ \ Glu^*\ Ⓒ,Ⓒ \\
Ⓝ \quad Ⓒ- \quad Ⓝ
\end{array}
$$
（グルタミン酸の α 位の $-COOH$ を Ⓒ，γ 位の $-COOH$ を Ⓒ とする。）

（$-COOH$ の結合した炭素から順に，α，β，γ，…位という。）

(ii)　アラニン（Ala）とアスパラギン酸（Asp）のジペプチドの構造異性体は3種類ある。

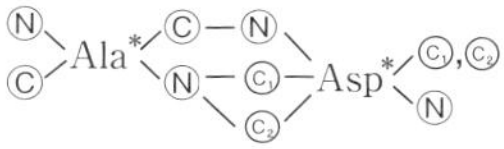

$$
\begin{array}{l}
Ⓝ \quad Ⓒ- \quad Ⓝ \\
Ⓒ\ Ala^*\ \ Ⓝ\ \ Asp^*\ Ⓒ,Ⓒ \\
Ⓝ \quad Ⓒ- \quad Ⓝ
\end{array}
$$
（アスパラギン酸の α 位の $-COOH$ を Ⓒ，β 位の $-COOH$ を Ⓒ とする。）

(i)には分子内に不斉炭素原子が1個存在するので，$3 \times 2 = 6$〔種類〕の鏡像異性体が存在する。

(ii)には分子内に不斉炭素原子が2個存在するので，$3 \times 2^2 = 12$〔種類〕の鏡像異性体がある。

∴　合計　$6 + 12 = 18$〔種類〕

解答 ①1 ②2 ③18

438 解説

(1)　A の組成式は，

$$C:H:N:O = \underset{\text{（原子数の比）}}{\frac{57.1}{12} : \frac{6.2}{1.0} : \frac{9.5}{14} : \frac{27.2}{16}}$$
$$\doteqdot 4.76 : 6.2 : 0.68 : 1.7$$
$$\doteqdot 7 : 9 : 1 : 2.5$$

2倍して，組成式は，$C_{14}H_{18}N_2O_5$

分子量が 294 より，$(C_{14}H_{18}N_2O_5)_n = 294$

∴　$n = 1$. 分子式も $C_{14}H_{18}N_2O_5$

(2)　A はジペプチドのエステルで，その加水分解の反応式，

$$C_{14}H_{18}N_2O_5 + 2H_2O \xrightarrow{H^+} B + C + CH_3OH \cdots ①$$

$$C_{14}H_{18}N_2O_5 + H_2O \xrightarrow{\text{酵素}} B + D \cdots ②$$

よって，D は C とメタノールとのエステルで，D の分子式が $C_{10}H_{13}NO_2$ だから，

C の分子式は，

$$C_{10}H_{13}NO_2 + H_2O - CH_4O = C_9H_{11}NO_2$$

よって，B の分子式は，②より

$$C_{14}H_{18}N_2O_5 + H_2O - C_{10}H_{13}NO_2 = C_4H_7NO_4$$

B の水溶液は弱酸性を示すから，側鎖（$R-$）に

-COOHを含む酸性アミノ酸である。
α-アミノ酸の一般式から考えると，側鎖の分子式は，共通部分を引いて，
$C_4H_7NO_4 - C_2H_4NO_2$
$= C_2H_3O_2$
さらに，側鎖は-COOHを含むので，残りは-CH$_2$-（メチレン基）である。よって，Bの構造式は，

HOOC-CH$_2$-CH-COOH
         |
         NH$_2$
アスパラギン酸

次に，Cはキサントプロテイン反応が陽性なので，ベンゼン環をもつ。側鎖の分子式は，共通部分を引いて，
$C_9H_{11}NO_2 - C_2H_4NO_2 = C_7H_7$
また，側鎖はベンゼン環C_6H_5-を含むので，残りは-CH$_2$-。したがって，Cの構造式は

◯-CH$_2$-CH-COOH
         |
         NH$_2$
フェニルアラニン

DはCとメタノールとのエステルなので，

◯-CH$_2$-CH-COOCH$_3$
         |
         NH$_2$
フェニルアラニンメチルエステル

(3) Aは，BとDのジペプチドで，そのペプチド結合の仕方には，次の(i)と(ii)の2通りがある。

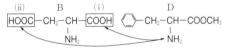

(i) Dの-NH$_2$が，Bのα位の-COOH(i)とペプチド結合したとすると，

HOOC-CH$_2$-CH-CONH-CH-CH$_2$-◯
      α   β | |
             NH$_2$ COOCH$_3$
アスパルテーム

(ii) Dの-NH$_2$が，Bのβ位の-COOH(ii)とペプチド結合したとすると，

HOOC-CH-CH$_2$-CONH-CH-CH$_2$-◯
      α β |
         NH$_2$ COOCH$_3$

（-COOHの結合した炭素から順に，α，β，γ，…位という。）

(i)で生じたAはβ位にアミノ基-NH$_2$をもつ。すなわち，β-アミノ酸としての構造をもつが，(ii)で生じたAはα位にアミノ基をもつα-アミノ酸としての構造をもつので不適である。

よって，Aの構造式は(i)と決まる。

解 答 (1) $C_{14}H_{18}N_2O_5$

(2) B：HOOC-CH$_2$-CH-COOH
              |
              NH$_2$

C：◯-CH$_2$-CH-COOH
              |
              NH$_2$

(3) HOOC-CH$_2$-CH-CONH-CH-CH$_2$-◯
              | |
              NH$_2$ COOCH$_3$

439 解説 ① ペプチドAはN末端とC末端を1つずつもつ。つまり，グルタミン酸(Glu)の側鎖の-COOHやリシン(Lys)の側鎖の-NH$_2$がペプチド結合に関与していない直鎖状のペプチドである。
② ペプチドAは6種類のアミノ酸を組み合わせてできた7個のアミノ酸からなるペプチドである。したがって，ペプチドAには同種のアミノ酸が2個含まれることになる。
③ ペプチドAのC末端は，酸性アミノ酸なのでグルタミン酸。N末端は不斉炭素原子をもたないアミノ酸なのでグリシン(Gly)である。
④ ペプチドAを酵素（トリプシン）で加水分解すると，ペプチドB，Cおよびグルタミン酸が生成したことから，ペプチドB，CのC末端は，塩基性アミノ酸のリシンである。これより，ペプチドAに2個含まれるアミノ酸はリシンである。
⑤ ビウレット反応は，2個以上のペプチド結合を含むトリペプチド以上で呈色するが，ペプチド結合を1個しか含まないジペプチドでは呈色しない。ペプチドBはビウレット反応が陽性で，ペプチドCはビウレット反応が陰性であるから，ペプチドBは4個のアミノ酸，ペプチドCは2個のアミノ酸から構成されていることになる（ペプチドB，Cがともに3個のアミノ酸で構成されている場合，ともにビウレット反応が陽性となり，題意に反する）。

ここまでにわかった情報を図にまとめると，

Ⓝ-Gly-□-□-□-□-Lys-Glu-Ⓒ
         (i)   (ii)

この酵素の切断場所の1つは，1番右端のペプチド結合であるが，もう1つの切断場所は，(i)と(ii)の2通り考えられる。
⑥ 4個のアミノ酸からなるペプチドBにグリシンが含まれることから，この酵素のもう1つの切断箇所は(ii)と決まる。

ペプチドBをさらに2つのペプチドに加水分解すると，リシンとロイシン，アラニンとグリシンからなるペプチドが得られることから，①がアラニ

（Ala），②がロイシン（Leu）と決まる。また，ペプチド C の N 末端の③は残ったセリン（Ser）である。

解答 Gly－Ala－Leu－Lys－Ser－Lys－Glu

37 プラスチック・ゴム

440 [解説] 熱や圧力を加えると成型・加工のできる合成高分子化合物を，**プラスチック(合成樹脂)**という。

低分子化合物から高分子化合物をつくる反応を**重合反応**という。このうち，分子内の二重結合(不飽和結合)が開裂して付加反応を繰り返しながら行う重合を**付加重合**，単量体から水などの簡単な分子がとれる縮合反応を繰り返しながら行う重合を**縮合重合**という。

合成樹脂は，その熱に対する性質から熱可塑性樹脂と熱硬化性樹脂に分けられる。ポリエチレンやポリスチレンのような付加重合体のすべてと，ナイロンやポリエステルのように2官能性モノマー（重合に関与する官能基を2個もつ単量体)どうしの間の縮合重合で得られる高分子は，**鎖状構造**をもち，加熱すると分子間の結合が弱いところから軟化するが，冷却すると再び硬くなる。このような合成樹脂を**熱可塑性樹脂**という。

一方，フェノール樹脂や尿素樹脂のように，3官能性以上のモノマーが**付加縮合**してできる高分子は，**立体網目状構造**をもち，合成する際に加熱すると，重合がさらに進んで硬化する。このような合成樹脂は**熱硬化性樹脂**とよばれる。

熱可塑性樹脂	熱硬化性樹脂

・鎖状構造。	・立体網目状構造。
・溶媒にやや溶けやすい。	・溶媒に溶けない。
・耐熱性がやや小さい。	・耐熱性が大きい。

解答 ① プラスチック　② 二重(不飽和)
③ 付加重合　④ 鎖状　⑤ 熱可塑性樹脂
⑥ 付加縮合　⑦ 立体網目状
⑧ 熱硬化性樹脂

補足 　**合成樹脂のつくり方**
(1) **付加重合**…不飽和結合(二重結合)が切れて次々に分子が結合する。
　　例 ポリエチレン，ポリスチレン，ポリ塩化ビニル
(2) **縮合重合**…分子間で小さな水分子などがとれて次々に分子が結合する。
　　例 ポリエチレンテレフタラート，ナイロン 66
(3) **開環重合**…環が開きながら次々に分子が結合する。
　　例 ナイロン 6
(4) **付加縮合**…付加反応と縮合反応を繰り返して次々に分子が結合する。
　　例 フェノール樹脂，尿素樹脂，メラミン樹脂

441～443

441 [解説] (1)～(3) (ア) ポリスチレン(c)に発泡剤(有機溶媒)を染み込ませたものを加熱すると，発泡ポリスチレンが得られ，食品トレー，断熱材，梱包材などに用いられる。
(イ) 分子中にC＝C結合をもつ**ポリブタジエン**(a)に，硫黄を加えて加熱すると，C＝C結合にS原子による架橋結合が形成され，ゴムの弾性が向上する(**加硫**)。加硫は，天然ゴムだけでなく合成ゴムに対しても行われる。
(ウ) 分子中に多数のアミド結合－CONH－をもつ高分子をポリアミドといい，溶融状態の熱可塑性樹脂を，そのまま冷やすとプラスチックになる。また，外力を与えながら延伸すると，分子の方向が揃って合成繊維(**ナイロン66**(b))に加工することができる。
(エ) 尿素のアミノ基のHがメチレン基－CH₂－でつながり，立体網目状構造をもつ熱硬化性樹脂が**尿素樹脂**(d)で，各種の家庭用品に利用される。
(オ) ポリメタクリル酸メチル(e)はアクリル樹脂ともよばれ，大きな側鎖をもつので結晶化しにくく，透明度が大きい。飛行機の窓ガラス，胃カメラの光ファイバー，水族館の巨大水槽などに利用される。
(カ) メラミンのアミノ基のHがメチレン基でつながり，立体網目状構造をもつ熱硬化性樹脂が**メラミン樹脂**(f)である。耐熱性，強度に優れ，硬くて傷つきにくいので，食器，化粧板などに用いられる。

メラミン

[解答] (1)(a) **ポリブタジエン** (b) **ナイロン66**
 (c) **ポリスチレン** (d) **尿素樹脂**
 (e) **ポリメタクリル酸メチル**
 (f) **メラミン樹脂**
(2)(a) **ブタジエン**
 (b) **アジピン酸，ヘキサメチレンジアミン**
 (c) **スチレン**
 (d) **尿素，ホルムアルデヒド**
 (e) **メタクリル酸メチル**
 (f) **メラミン，ホルムアルデヒド**
(3)(ア)…(c) (イ)…(a) (ウ)…(b) (エ)…(d)
 (オ)…(e) (カ)…(f)

442 [解説] プラスチックの長所(利点)
・熱や電気を通しにくい。
・熱を加えると，成型・加工がしやすい。
・化学的に安定で，薬品に侵されにくい。
・密度が小さく，製品を軽くできる。
プラスチックの短所(欠点)
・熱に対して弱い。
・軟らかく，傷がつきやすい。
・微生物による生分解がしにくく，廃棄処分がむずかしい。
(ア) 電気伝導性をもつプラスチックも開発されているが，一般のプラスチックは電気絶縁性であり，熱に弱い。〔○〕
(イ) 酸・塩基などの薬品には，侵されにくい。〔×〕
(ウ) 高分子中に顔料(水に不溶性の色素)を分散させると，着色できる。〔×〕
(エ) 金属より密度は小さく，機械的強度も小さい。〔×〕
(オ) 生分解性プラスチックも開発されているが，一般のプラスチックは腐食しにくく，自然界では，微生物により分解されにくい。〔○〕

参考 今までのプラスチックには耐熱性や機械的強度に弱点があったが，金属の代わりになり得る強度をもつように改良されたプラスチックができており，それを**エンジニアリングプラスチック(エンプラ)**という。

[解答] (ア)，(オ)

443 [解説] (1) 合成高分子は，多数の低分子(**単量体**)が付加重合や縮合重合などによって共有結合でつながってできたものである。〔×〕
(2) 一般に，合成高分子は一定の分子量をもたず，重合度の異なる種々の分子量をもつ分子が混在するため，平均分子量が用いられる。〔○〕
(3) 合成高分子では，分子量の異なる分子が混在するとともに，固体内では**結晶領域**や**非結晶領域**がある。このため，分子間にはたらく引力が一様ではないので，加熱すると，結合の弱いところからしだいに軟化していく。すなわち，一定の融点は示さない。〔○〕

非結晶領域　結晶領域

(4) 合成高分子には，加熱によって軟らかくなる**熱可塑性樹脂**のほかに，加熱によって次第に硬くなる**熱硬化性樹脂**もある。〔×〕
(5) 合成高分子は，分子量が大きく，しかも，分子量が一定ではないので，低分子のように結晶をつくることは稀である。〔×〕
(6) 合成高分子を加熱すると，次第に軟化し，やがて融解する。さらに加熱すると，熱分解するか，燃焼するのが一般的で，気体になることはない。なかには，融解せずに熱分解するものもある。〔×〕
(7) 立体網目状構造の熱硬化性樹脂は溶媒には溶けないが，鎖状構造の熱可塑性樹脂の中には溶媒に溶けるものもある(ポリ酢酸ビニル，ポリアクリロニトリルなど)。こうして溶媒に溶かした高分子は，接

7-37 プラスチック・ゴム　237

444～445

着剤などとして利用される。例えば，ポリ酢酸ビニルは木工用の接着剤，アルキド樹脂（グリセリンと無水フタル酸からつくる）は自動車用の塗料に使われる。〔○〕

解答 (2)，(3)，(7)

444 **解説** それぞれの高分子の構成単位は，

(1)
$$-CH_2 \overset{OH}{\underset{\overset{|}{CH_2-}}{\bigcirc}} CH_2-$$

(2)
$$-CH_2-\overset{Cl}{\underset{|}{CH}}-$$

(3)
$$-CH_2-\overset{O}{\underset{|}{N}}-\overset{\parallel}{C}-\overset{|}{N}-CH_2-$$
（CH_2 の枝あり）

(4)
$$-CH_2-CH=CH-CH_2-$$

(5)
$$-CO-(CH_2)_5-NH-$$

(6)
$$-CH_2-\overset{|}{\underset{CN}{CH}}-$$

(7)
$$-OC-\bigcirc-COO-(CH_2)_2-O-$$

(8)
$$-CH_2-\overset{|}{\underset{OCOCH_3}{CH}}-$$

a. **ポリエチレンテレフタラート**（略称 PET）は，分子中にエステル結合をもつポリエステルであり，合成繊維として各種の衣料や，ペット（PET）ボトルとして飲料容器として広く利用される。

b. アミノ基をもつ単量体からつくられる尿素樹脂，メラミン樹脂を合わせて**アミノ樹脂**という。

c. 分子鎖中の C＝C 結合が**シス形**になると，分子は折れ曲がった構造になり，結晶化しにくく，軟らかく弾性をもつゴム状物質になる。

d. ポリ塩化ビニルには Cl が結合していて分子量が大きく，分子間力が強くはたらくため，硬質のプラスチックになる。適当な異分子（**可塑剤**という）を数十％加えると，分子鎖どうしが動きやすくなり，軟質のプラスチックになる。また，難燃性である。

e. −CN の置換基名を**シアノ基**といい，R−CN（R：炭化水素基）の化合物を**ニトリル**という。すなわち，有機化合物中の−CN を置換基として命名するときは「シアノ」，−CN を含む化合物として命名するときは「ニトリル」とする。
（例）$C_6H_4(CH_3)CN$（シアノトルエン），C_6H_5CN（ベンゾニトリル）

f. カプロラクタムは環状構造のアミドであり，**開環重合**によって**ナイロン 6** になる。

$$n\begin{bmatrix}(CH_2)_5 \\ NH-C \\ \parallel \\ O\end{bmatrix} \xrightarrow{H_2O} \begin{bmatrix}NH-(CH_2)_5-C \\ \parallel \\ O\end{bmatrix}_n$$

g. ポリ酢酸ビニルの軟化点（約 50℃）は低く，ふつう，プラスチックとしては用いない。乳化状態のものは，木工用ボンドとして接着剤に用いられる。

h. **フェノール樹脂**はベークライトともよばれる熱硬化性樹脂で，電気絶縁性に優れ，電気部品に多く用いられる。

参考 ┃ **フェノール樹脂の合成法**

フェノールにホルムアルデヒドを加え，触媒を作用させると，フェノール 2 分子とホルムアルデヒド 1 分子から水 1 分子がとれる形で重合反応が進みフェノール樹脂が生成する。この反応は，(1)フェノールに対する HCHO の付加反応と，(2)その生成物と別のフェノールとの縮合反応が連続的に繰り返されて進行するので，**付加縮合**に分類されている。

酸を触媒とすると，主に縮合反応が起こり，分子量が 1000 程度の直鎖状の固体（**ノボラック**）が得られる。これを加熱しても立体網目状の高分子にはならないので，硬化剤とともに加熱・加圧するとフェノール樹脂となる。
一方，塩基を触媒とすると，主に付加反応が起こり，分子量が 100～300 程度の粘性のある液体（**レゾール**）が得られる。これは熱処理するだけでフェノール樹脂となる。

（$n＝0～10$）ノボラック　　レゾール

解答 (1) ア，エ，h　(2) コ，d　(3) ア，キ，b
(4) イ，c　(5) ク，f　(6) カ，e　(7) オ，ケ，a
(8) サ，g

445 **解説** (1) **ナイロン 66，ポリエチレンテレフタラート**は，いずれも 2 官能性モノマーが，**縮合重合**してできた熱可塑性樹脂である。残りはすべて，付加重合で合成されるポリマーである。

(2) ポリエステルである**ポリエチレンテレフタラート**は主鎖にエステル結合をもち，ポリ酢酸ビニルは側鎖にエステル結合をもつ。なお，主鎖にエステル結合をもつ高分子は**ポリエステル**に分類されるが，側鎖にエステル結合をもつポリ酢酸ビニルはポリエステルに分類されない。

(3) **ポリエチレンテレフタラート（PET）**は，丈夫で，紫外線を通さないので，飲料水の容器（ペットボトル）に多量に利用されている。

(4) **ポリイソプレン**（天然ゴム）に数%の硫黄を加えて加熱（加硫）すると，**弾性ゴム**が得られるが，数十%の硫黄を加えて長時間加熱（加硫）すると，黒色で硬いプラスチック状の**エボナイト**が得られる。

(5) 分子構造中に N を含む高分子には，アミド結合 −CONH− をもつナイロン 66 と，シアノ基 −CN

446 ～ 448

解答 (1) イ, オ (2) エ, オ (3) オ (4) カ (5) イ, キ

446 [解説] ゴムの木から得られる白い樹液を**ラテックス**といい, 炭化水素(ポリイソプレン)をコロイド粒子とする疎水コロイド溶液である。ここへ酢酸などの有機酸を加えると, 凝析が起こり, **天然ゴム(生ゴム)**が得られる。

天然ゴムは, **イソプレン $CH_2=C(CH_3)CH=CH_2$** が付加重合した構造をもつ高分子であり, 乾留(熱分解)すると, 単量体であるイソプレンが得られる。したがって, 天然ゴムはイソプレンが付加重合した, ポリイソプレンの構造をもつ。

このとき, イソプレンの両端にある 1, 4位のC原子どうしで付加重合が起こるので, ポリイソプレンでは, 構成単位の中央部の 2, 3位に新たに C=C 結合が形成されることに留意する。

$$nCH_2=C(CH_3)CH=CH_2 \longrightarrow$$
$$\{CH_2C(CH_3)=CHCH_2\}_n$$

天然ゴムに数%の硫黄を加えて加熱すると, 二重結合部分に硫黄原子が結合し, 鎖状のゴム分子間に S 原子による**架橋構造**が形成される。

このため, ゴム分子は立体網目状構造となり, 引っ張っても分子鎖どうしのすべりがなくなり, 弾性・強度・耐久性がいずれも向上する。この操作を**加硫**という(加硫は, 天然ゴムだけでなく合成ゴムに対しても行われる)。加硫されたゴムを**弾性ゴム**という。

加硫の際に加える硫黄の量を増やすと, ゴム分子の立体網目状構造がさらに発達するため, 弾性を失い, 黒色の硬いプラスチック状の物質(**エボナイト**)になる。

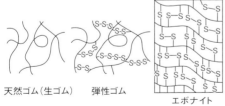

天然ゴム(生ゴム)　弾性ゴム　エボナイト

解答 ① ラテックス ② 酢酸(またはギ酸)
③ 天然ゴム(生ゴム) ④ イソプレン
⑤ $CH_2=C(CH_3)-CH=CH_2$ ⑥ 付加
⑦ $\{CH_2-C(CH_3)=CH-CH_2\}_n$
⑧ 架橋 ⑨ 加硫 ⑩ エボナイト

447 [解説] (1) **フェノール樹脂**は, 1907年, ベークランド(アメリカ)によって発明された合成樹脂で, ベークライトともよばれる。耐熱性, 電気絶縁性に優れた熱硬化性樹脂である。

(2) 常温・常圧で触媒を使ってつくられる**高密度ポリエチレン**は, 不透明で硬質である。一方, 高温・高圧で触媒を使わずにつくられる**低密度ポリエチレン**は, 透明で軟質である(**448** [解説]参照)。

(3) **ポリ塩化ビニル**は難燃性であるが, 燃やすと有毒な **HCl** を発生する。

参考 **ポリ塩化ビニルの自己消火性**
ポリ塩化ビニルを燃やすと熱分解が起こり, 不対電子をもつ塩素原子を生じる。この塩素原子は遊離基(ラジカル)とよばれ, 反応性が高い。燃焼時にはさまざまなラジカルが生成, 消滅しているが, 活性な塩素ラジカルはその近くに存在する, 燃焼の継続に必要とされるラジカルともよく結合するので, 燃焼の連鎖反応を止めてしまう性質(**自己消火性**)がある。

(4) ポリメタクリル酸メチルを**アクリル樹脂**といい, 透明度が大きいので, 飛行機の窓ガラス, 胃カメラの光ファイバー, 水族館の巨大水槽などに用いられる。

(5) 耐熱性が大きいのは熱硬化性樹脂であるが, アミノ樹脂(尿素樹脂, メラミン樹脂など)のうち, 最も耐熱性, 強度, 耐薬品性に富むのは, **メラミン樹脂**である。

(6) ポリテトラフルオロエチレン$\{CF_2-CF_2\}_n$は**テフロン**ともよばれ, 耐熱性・耐薬品性に富み, 摩擦係数が小さく, 金属の表面加工に用いられる。

解答 (1) エ (2) ウ (3) ア (4) カ (5) イ (6) オ

448 [解説] **高密度ポリエチレン**は, チーグラー触媒($TiCl_4$ と $Al(C_2H_5)_3$)を用いて, $1\times10^5 \sim 5\times10^6\ Pa$, $60\sim80℃$で付加重合させたもので, 分子に枝分かれが少なく, 結晶化しやすい。結晶領域が多くなるほど硬くなり, 微結晶により光の反射が起こりやすく, 不透明になる。ポリ容器などに利用される。

低密度ポリエチレンは, 無触媒で$1\times10^8\sim2.5\times10^8\ Pa$, $150\sim300℃$で付加重合させたもので, 分子に枝分かれが多く, 結晶化しにくい。結晶領域が少なくなるほど軟らかくなり, 微結晶による光の反射は起こりにくく, 透明になる。ポリ袋やフィルムなどに利用される。

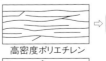

高密度ポリエチレン ⇒ {密度: $0.94\sim0.97\ g/cm^3$, 軟化点: 約 $120\sim130℃$}

低密度ポリエチレン ⇒ {密度: $0.91\sim0.93\ g/cm^3$, 軟化点: 約 $100\sim110℃$}

7-37 プラスチック・ゴム 239

〔問〕 結晶領域の少ない(A)が低密度ポリエチレン。結晶領域が多い(C)が高密度ポリエチレン。結晶領域が見られない(B)はゴムである。

解答 ① (イ) ② (ア) ③ (オ) ④ (ク)
⑤ (ケ) ⑥ (コ)
〔問〕 ⓐ …(A) ⓑ …(C)

449 **解説** (1) フェノール(C_6H_6O) $\xrightarrow{\text{反応1}}$ 化合物 A($C_7H_8O_2$)より, 反応1では分子式で CH_2O だけ増加している。よって, A はフェノールにホルムアルデヒド HCHO が付加してできた化合物である。

フェノールの $-OH$ には電子供与性があるので, ベンゼン環に電子が流れ込む。したがって, ベンゼン環の o, p 位の電子密度が大きくなり, その反応性が大きくなる(**o, p-配向性**)。

(ⅰ) フェノールの o 位に HCHO が付加すると,

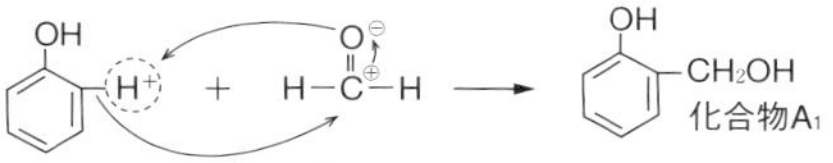

(ⅱ) フェノールの p 位に HCHO が付加すると,

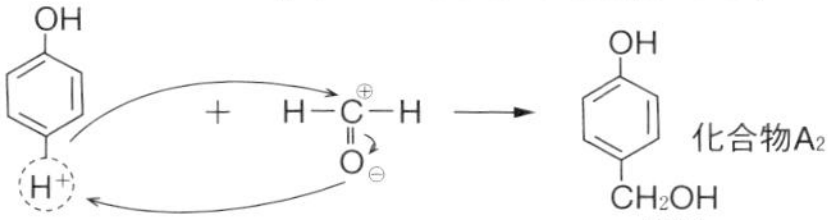

(2) A($C_7H_8O_2$) + フェノール(C_6H_6O) $\xrightarrow{\text{反応2}}$ 化合物 B($C_{13}H_{12}O_2$)より, 反応2では, 分子式で H_2O だけ減少している。よって, B は A とフェノールが脱水縮合してできた化合物である。

① 化合物 A_1 がフェノールの o 位で脱水縮合すると,

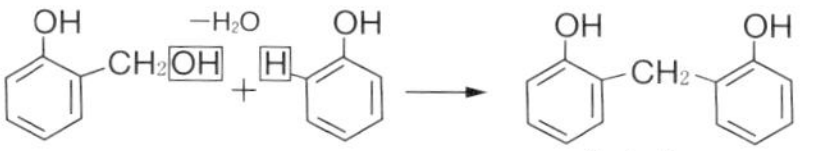

② 化合物 A_1 がフェノールの p 位で脱水縮合すると,

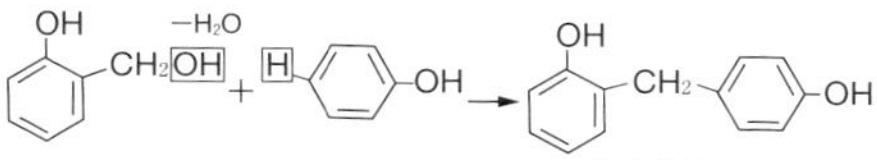

③ 化合物 A_2 がフェノールの o 位で脱水縮合すると,

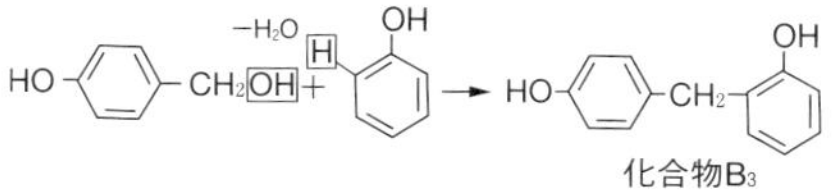

④ 化合物 A_2 がフェノールの p 位で脱水縮合すると,

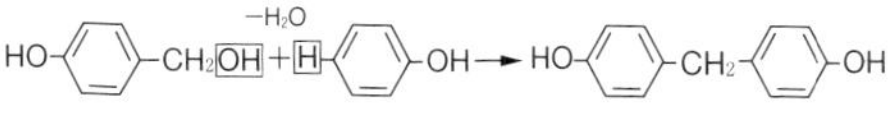

(なお, 化合物 B_2 と化合物 B_3 は同一物質である。)

フェノール樹脂は, フェノールとホルムアルデヒドとが(1)のような付加反応と(2)のような縮合反応を繰り返しながら, 立体網目状構造をもつ熱硬化性樹脂となる。このような重合反応を, **付加縮合**という。

(3) フェノール2分子とホルムアルデヒド1分子が反応する(下図)が,

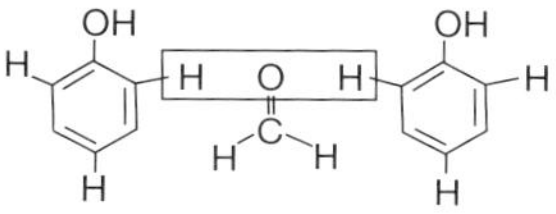

フェノールは, o, p-配向性で1分子中に反応場所が3か所ある3官能性モノマーである。したがって, フェノール1分子はホルムアルデヒド1.5分子と反応することができる。よって, フェノールとホルムアルデヒドが完全に重合したときの反応式は次の通りである。

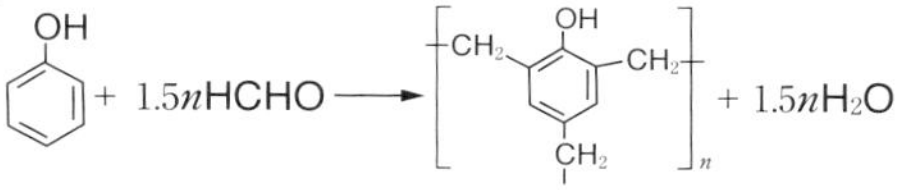

したがって, フェノール 1mol と完全に重合するホルムアルデヒドは1.5molである。フェノールのモル質量は94g/mol, HCHO のモル質量は30g/mol より,

$$\text{フェノールの物質量}：\frac{94}{94} = 1.0〔mol〕$$

$$\text{HCHO の物質量}：\frac{45}{30} = 1.5〔mol〕$$

両者は過不足なく完全に反応する。生成する H_2O の物質量は, 反応した HCHO の物質量と同じ1.5molである。よって, 生成するフェノール樹脂の質量は, H_2O のモル質量は18g/mol より,

$$94 + 45 - (1.5 \times 18) = 112〔g〕$$

解答 (1)

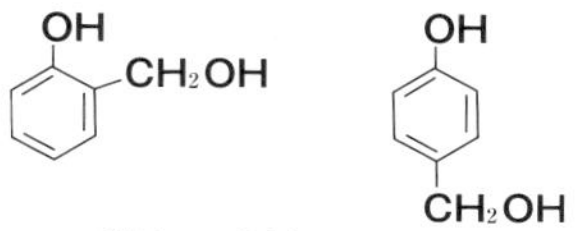

(2)

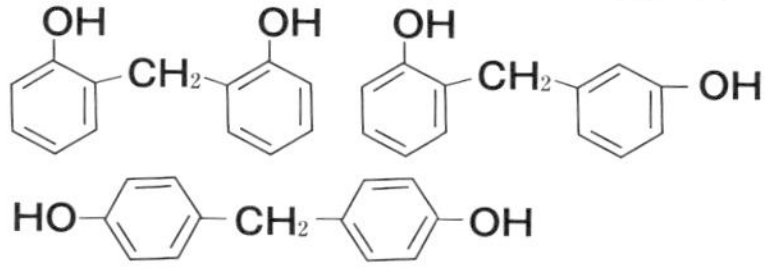

(3) **112g**

450

[解説] (1) ブタジエンやクロロプレンを付加重合してできる合成ゴムを, それぞれ**ブタジエンゴム**, **クロロプレンゴム**という。

ブタジエンが付加重合する場合, 分子の両端の1, 4位の炭素原子どうしで付加重合(1,4付加)が起こる。このとき, 二重結合が分子の中央部の2, 3位に移り, C=C結合に関してシス形とトランス形の**シス-トランス異性体**が生じる。

トランス形のポリイソプレン構造をもつ**グッタペルカ**では, C=C結合の両側で分子鎖はほとんど曲がっていないために, 分子がかなり規則的に配列して結晶化するので, ゴム弾性を示さない。したがって, 硬いプラスチック状の物質となる。

一方, **シス形**のポリイソプレン構造をもつ**天然ゴム**では, C=C結合の両側で分子鎖が折れ曲がっているために, 分子が規則的に配列することができず, 結晶化しにくい。

したがって, この分子鎖の両側に外力を加えて引き伸ばしても, 外力を除くと, 自身の熱運動によってもとの状態に戻ろうとする**ゴム弾性**を示すことになる。

参考 ゴム弾性について

シス形のポリイソプレンは分子鎖が折れ曲がっており, 分子間力があまり強く作用せず, 結晶化しにくい。そのため, 分子中のC—C結合の部分が比較的自由に回転できる。このような分子内での部分的な熱運動を**ミクロブラウン運動**という。通常, ゴム分子はこのミクロブラウン運動によっていろいろな配置が可能な丸まった形をとっている。

ところで, 外力を加えてゴム分子を引き伸ばして一定の配置にしたとしても, 外力を除くと, ゴム分子は自身のミクロブラウン運動によって再び丸まった形に戻っていく。これが**ゴム弾性**の原因である。

一方, トランス形のポリイソプレンは**グッタペルカ**とよばれ, 分子鎖は真っすぐに伸びており, 分子間力が強く作用し, 結晶化しやすい。そのため, 分子中のC—C結合が回転しにくく, ゴム弾性を示さず, 硬いプラスチック状の物質となる。

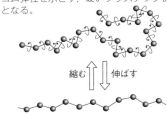

縮む ⇄ 伸ばす

(2) 天然ゴムを空気中に放置すると, ゴム分子中に含まれるC=C結合は, 主にO₂(微量のO₃)などの作用によって酸化されて, C=C結合の一部が切断される。本来の天然ゴムの分子量は大きく, 非晶質のみであり, 軟らかいものであるが, O₂によるゴム分子の切断によって, ゴムの分子量が小さくなると, 次第に結晶化が進み, 硬くなり, 劣化していく。この現象をゴムの**老化**という。

 老化

非晶質のみ(軟らかい) — 一部結晶化あり(硬い)

(3) 合成ゴムの原料の合成法は次の通り。

$$CH \equiv CH + CH \equiv CH \xrightarrow{触媒} CH_2=CH-C \equiv CH$$
ビニルアセチレン

$$CH_2=CH-C \equiv CH + H_2 \xrightarrow{触媒} CH_2=CH-CH=CH_2$$
ブタジエン

$$CH_2=CH-C \equiv CH + HCl \xrightarrow{触媒} CH_2=CH-CCl=CH_2$$
クロロプレン

合成ゴムは, クロロプレンやブタジエンの付加重合, ブタジエンとスチレン, あるいはブタジエンとアクリロニトリルの共重合などによってつくられる。ブタジエンとスチレンを共重合させると, 合成ゴムの**スチレン-ブタジエンゴム**(SBR)を生じる。

(4) 題意を満たすSBRの構造式は次の通り。

$$-(CH_2-CH(C_6H_5))_1-(CH_2-CH=CH-CH_2)_4-_n$$
分子量104   分子量54

分子量は, $(104 + 54 \times 4) \times n = 320n$ である。このSBRには, 最大 $4n$ [mol]のH₂が付加するから, その体積(標準状態)は,

$$\frac{4.0}{320n} \times 4n \times 22.4 = 1.12 \fallingdotseq 1.1 \text{[L]}$$

(5) ブタジエンとアクリロニトリルを共重合させると, 合成ゴムの**アクリロニトリル-ブタジエンゴム**(NBR)が得られる。NBRの構造式は次式で表せる。

$$-(CH_2-CH(CN))_x-(CH_2-CH=CH-CH_2)_y-_n$$
分子量53   分子量54

窒素の質量百分率より, $\dfrac{14x}{53x+54y} = 0.0875$

これを解くと, $x:y \fallingdotseq 1:2$

NBR 10kg中に含まれるブタジエンの質量は, 分子量にしたがって比例配分すればよい。

$$10 \times 10^3 \times \frac{54 \times 2}{53 + 54 \times 2} \fallingdotseq 6.70 \times 10^3 \text{[g]} \Rightarrow 6.7 \text{[kg]}$$

【解答】(1) ① イソプレン ② 加硫
③ H   H   ④ H   CH₂
   \\ /   \\ /
    C=C   C=C
   / \\   / \\
 -CH₂ CH₂-   -CH₂ -
⑤ スチレン-ブタジエンゴム(SBR)
⑥ アクリロニトリル-ブタジエンゴム(NBR)
(2) 天然ゴム中に含まれる二重結合の部分が空気中の酸素と反応して，その一部が切断されるため。
(3) 2CH≡CH ⟶ CH₂=CH-C≡CH
CH₂=CH-C≡CH + H₂
   ⟶ CH₂=CH-CH=CH₂
(4) 1.1L (5) 6.7kg

38 繊維・機能性高分子

451 [解説] 天然繊維以外の繊維を**化学繊維**といい，合成繊維や半合成繊維，再生繊維が含まれる。日本での繊維の生産量は，およそ合成繊維60%，天然繊維30%，その他10%である。

天然繊維は植物繊維と動物繊維に分けられ，植物繊維の代表である綿や麻の主成分は**セルロース**，動物繊維の代表である羊毛や絹の主成分は**タンパク質**である。

セルロースは分子間にはたらく水素結合により結晶化しており，熱水や有機溶媒にも溶けない。そこで，セルロース中の-OHをエステル化し，-OH間にはたらく水素結合の数を減らすと，溶媒に溶けるようになる。

銅アンモニアレーヨン…
セルロースを，テトラアンミン銅(Ⅱ)水酸化物[Cu(NH₃)₄](OH)₂の水溶液(**シュワイツァー試薬**)に溶かしたのち，希硫酸中に押し出して繊維状にしたもの。**キュプラ**ともいう。

ビスコースレーヨン…セルロースを濃い水酸化ナトリウム水溶液に浸してアルカリセルロースとし，これを二硫化炭素CS₂と反応させて，セルロースキサントゲン酸ナトリウムとする。これを水酸化ナトリウム水溶液に溶かすと，赤褐色のコロイド溶液(**ビスコース**)が生成する。これを，細孔から希硫酸中に押し出して繊維状にしたものである。ビスコースを膜状に加工したものを**セロハン**という。

アセテート繊維…セルロースを無水酢酸と濃硫酸(触媒)でアセチル化して**トリアセチルセルロース**をつくる。さらに，その一部を加水分解して**ジアセチルセルロース**としてアセトンに溶かしたのち，細孔から温かい空気中に噴出してアセトンを蒸発させ，繊維状にしたもの。

$[C_6H_7O_2(OH)_3]_n$
　　セルロース
$\xrightarrow{無水酢酸} [C_6H_7O_2(OCOCH_3)_3]_n$
　　　　トリアセチルセルロース
$\xrightarrow[(一部)]{加水分解} [C_6H_7O_2(OH)(OCOCH_3)_2]_n$
　　　　ジアセチルセルロース

アセテート繊維のように，セルロースのヒドロキシ基の一部を変化させた化学繊維を**半合成繊維**という。一方，銅アンモニアレーヨン，ビスコースレーヨンの

242　7-38　繊維・機能性高分子

ように，セルロースのヒドロキシ基に変化のない化学
繊維を**再生繊維**という。

解答 ① **合成繊維** ② **セルロース** ③ **タンパク質**
　　　④ **レーヨン** ⑤ **シュワイツァー試薬**
　　　⑥ **銅アンモニアレーヨン(キュプラ)**
　　　⑦ **ビスコース** ⑧ **ビスコースレーヨン**
　　　⑨ **セロハン** ⑩ **アセテート繊維**
　　　⑪ **無水酢酸**

452 **解説** (1), (2)　脂肪族のポリアミド系合成繊
維を**ナイロン**といい，いずれも分子中に多数の**アミ
ド結合**$-CONH-$をもつ。**ナイロン66**は，ヘキサ
メチレンジアミンとアジピン酸の縮合重合で生成す
る。**ナイロン6**は環状アミドの構造をもつカプロラ
クタムの**開環重合**で得られる。一方，タンパク質で
できた絹は，α-アミノ酸が縮合重合した高分子で，
分子中にペプチド結合$-CONH-$をもつ。
　テレフタル酸とエチレングリコールの縮合重合に
より，ポリエステル系合成繊維の**ポリエチレンテレ
フタラート(PET)**が得られる。PETは，分子中に
親水基をもたないので，吸湿性がほとんどなく，水
に濡れても乾きやすい。
　ポリアクリロニトリルは，アクリロニトリルの付
加重合で得られ，羊毛に似た風合いをもつが，染色
性がよくない。そこで，アクリロニトリル，塩化ビ
ニル，アクリル酸エステルなどと共重合して，**アク
リル繊維**として利用される。
　芳香族のポリアミド系合成繊維を**アラミド繊維**と
いい，高強度，高耐熱性の性質をもつ。特に，テレ
フタル酸ジクロリドと，p-フェニレンジアミンの
縮合重合でつくられるポリ-p-フェニレンテレフタ
ルアミドを**ケブラー®**とよぶ。
$$n\text{ClOC}\text{-}\bigcirc\text{-}\text{COCl} + n\text{H}_2\text{N}\text{-}\bigcirc\text{-}\text{NH}_2$$
$$\longrightarrow [\text{OC}\text{-}\bigcirc\text{-}\text{CONH}\text{-}\bigcirc\text{-}\text{NH}]_n + 2n\text{HCl}$$
(3)　アミド結合$-CONH-$の間には，下図のように
水素結合(----)が形成される。
$$>\text{C}=\overset{\delta-}{\text{O}}\text{----}\overset{\delta+}{\text{H}}-\text{N}<$$
(4)　$n\text{H}_2\text{N}-(\text{CH}_2)_6-\text{NH}_2 + n\text{HOOC}-(\text{CH}_2)_4-\text{COOH}$
$$\longrightarrow \left[\overset{H}{\text{N}}-(\text{CH}_2)_6-\overset{H}{\text{N}}-\overset{O}{\text{C}}-(\text{CH}_2)_4-\overset{O}{\text{C}}\right] + 2n\text{H}_2\text{O}$$
分子量226

　ナイロン66の分子量は$226n$であるから，重合
度nは，
$$226n = 2.0 \times 10^5 \quad \therefore n \fallingdotseq 885$$
　反応式より，水1分子が脱離するごとにアミド結
合が1個生成する。すなわち，ポリマー1分子中の
アミド結合の数は，脱離した水分子$2n$個と等しい。

$$2n = 2 \times 885 = 1770 \fallingdotseq 1.8 \times 10^3 \text{〔個〕}$$

参考　**繊維の性質はどの構造で決まるのか**
　ナイロンでは，水素結合を形成するアミド結合
$-\overset{O}{\overset{\|}{\text{C}}}-\overset{H}{\overset{|}{\text{N}}}-$が，繊維に硬さや強度を与える部
分なので**ハードセグメント(硬質相)**，メチレン
鎖$-(\text{CH}_2)_n-$が繊維に軟らかさや伸縮性を与え
る部分なので**ソフトセグメント(軟質相)**とい
う。したがって，ナイロン4とナイロン6を
比較した場合，ナイロン4はメチレン鎖が短
く軟化点が高くなり，ナイロン6ではメチレ
ン鎖が長く軟化点が低くなる。

$$\left[\overset{O}{\overset{\|}{\text{C}}}-(\text{CH}_2)_3-\overset{H}{\overset{|}{\text{N}}}\right]_n \qquad \left[\overset{O}{\overset{\|}{\text{C}}}-(\text{CH}_2)_5-\overset{H}{\overset{|}{\text{N}}}\right]_n$$
ナイロン4　　　　　　　ナイロン6

ポリエステルではベンゼン環の部分だけが
ハードセグメントで，他の部分はソフトセグメ
ントとしてはたらく。
　一方，アラミド繊維では，ベンゼン環とアミ
ド結合の部分がともにハードセグメントとし
てはたらき，分子中にソフトセグメントを含ま
ないので，剛直な高強度の繊維となる。

$$\left[\overset{O}{\overset{\|}{\text{C}}}-\bigcirc-\overset{O}{\overset{\|}{\text{C}}}-\text{O}-(\text{CH}_2)_2-\text{O}\right]_n$$
ポリエチレンテレフタラート
(ポリエステル)

$$\left[\overset{O}{\overset{\|}{\text{C}}}-\bigcirc-\overset{O}{\overset{\|}{\text{C}}}-\overset{H}{\overset{|}{\text{N}}}-\bigcirc-\overset{H}{\overset{|}{\text{N}}}\right]_n$$
p-フェニレンテレフタルアミド
(アラミド繊維)

解答 (1) (ア) **アジピン酸** (イ) **縮合** (ウ) **開環**
　　　(エ) **エステル** (オ) **エチレングリコール**
　　　(カ) **付加** (キ) **共** (ク) **縮合**
(2) ①
$$\left[\overset{O}{\overset{\|}{\text{C}}}-(\text{CH}_2)_4-\overset{O}{\overset{\|}{\text{C}}}-\overset{H}{\overset{|}{\text{N}}}-(\text{CH}_2)_6-\overset{H}{\overset{|}{\text{N}}}\right]_n$$
②
$$\left[\overset{O}{\overset{\|}{\text{C}}}-(\text{CH}_2)_5-\overset{H}{\overset{|}{\text{N}}}\right]_n$$
③
$$\left[\overset{O}{\overset{\|}{\text{C}}}-\bigcirc-\overset{O}{\overset{\|}{\text{C}}}-\text{O}-(\text{CH}_2)_2-\text{O}\right]_n$$
④
$$\left[\text{CH}_2-\overset{\text{CH}}{\underset{\text{CN}}{|}}\right]_n$$
⑤
$$\left[\overset{O}{\overset{\|}{\text{C}}}-\bigcirc-\overset{O}{\overset{\|}{\text{C}}}-\overset{H}{\overset{|}{\text{N}}}-\bigcirc-\overset{H}{\overset{|}{\text{N}}}\right]_n$$

(3) 隣接するナイロン(ポリアミド)分子のアミド結合の間に水素結合が形成されるから。
(4) 1.8×10^3 個

453 [解説] 代表的な廃棄プラスチックのリサイクル(再生利用)の方法は，次の3つである。
①**マテリアルリサイクル**：融かして，もう一度成形して再利用するリサイクル。
②**ケミカルリサイクル**：原料になる物質まで分解して，再び合成して再利用するリサイクル。
③**サーマルリサイクル**：石油から合成されたプラスチックは燃焼により石油の燃焼に相当する熱量が得られるので，燃焼させて熱エネルギーとして利用する。
プラスチックのリサイクルでは，①と②が推奨されており，①，②ができない場合，③を行うべきとされている。

[解答] (1) サーマルリサイクル
(2) マテリアルリサイクル
(3) ケミカルリサイクル

454 [解説] (1) **羊毛**…主成分のケラチンは硫黄を多く含み，分子間にS-S結合を形成し，弾力性があり，しわになりにくい。塩基にかなり弱く，洗濯がむずかしい。
(2) **ナイロン**…1935年にアメリカのカロザースが絹に似た繊維として発明したもので，1937年に工業化された合成繊維。ヘキサメチレンジアミンとアジピン酸が交互に多数結合した構造をもつ。強く弾力性に富み，しわになりにくい。吸湿性が小さく，洗っても乾きやすい。肌ざわりや光沢は絹に似ている。
(3) **絹**…カイコガのまゆから取り出される動物繊維の代表で，塩基にかなり弱く洗濯がむずかしい。光で黄ばみやすい。
(4) **綿**…セルロースからなる植物繊維で，綿花からとれる。酸に比較的弱く，塩基には比較的強い。また，ヒドロキシ基-OHをもち，この部分が水を引きつけやすいので，吸湿性に優れ，下着に用いられる。水に濡れるとかえって強くなる性質があるので，洗濯にも強い。
(5) **ポリエステル**…エチレングリコールとテレフタル酸の縮合重合によってつくられる。化学薬品に対して安定で，しわにならず吸湿性がほとんどないため，洗っても乾きやすい。熱可塑性があるので，熱加工して付けた折り目は，なかなか消えない。
(6) **レーヨン**…天然にあるセルロース(木材パルプや綿くず)を一度薬品と反応させて溶かした溶液を，凝固液の中に噴射して再び繊維としたもの。綿と同じセルロースからできており，性質もよく似ていて光沢があり，

吸湿性もあるが，水に濡れると弱くなる性質がある。
(7) **アクリル繊維**…アクリロニトリルの付加重合によってつくられる。羊毛に似た柔軟性と風合いをもち，保温性に優れている。
(8) **ビニロン**…1939年，桜田一郎が発明した日本初の合成繊維。強度，耐摩耗性が大きいうえに，吸湿性があり，綿に似た性質がある。
(9) **炭素繊維**…アクリル繊維を，約1000℃で熱処理して水素を除く。約2000℃で熱処理して窒素を除き，残った炭素が黒鉛型の構造に変化し，丈夫で電気伝導性をもつ炭素繊維ができる。

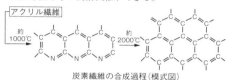
炭素繊維の合成過程(模式図)

(10) **アラミド繊維**…芳香族のポリアミド系合成繊維で，高強度，高弾性を利用して，飛行機の複合材料，防弾チョッキなどに，高耐熱性を利用して，消防服にも使われる。

[解答] (1) ウ (2) カ (3) イ (4) ア (5) エ
(6) ク (7) オ (8) キ (9) コ (10) ケ

参考 **天然繊維について**
綿は，直径0.01mm程度，長さ数cmの繊維の集まりである。各繊維には，天然の撚りがあるので繊維を互いにからみ合わせて強い糸にする。これを紡糸という。綿も麻もセルロースからできている。また，内部には，中空部分(ルーメン)があって，ここに空気や水蒸気をよく吸収するので，吸湿性が大きい。酸には比較的弱いが，塩基には比較的強い。
羊毛は，羊の毛から得られる。成分は，毛髪やつめと同じ**ケラチン**というタンパク質である。羊毛の表面は，無数のウロコ状の表皮(**キューティクル**)があるので水をはじき，かつ，からみ合いやすい。また，キューティクルの隙間を通じて，空気や水蒸気が出入りし，内部にこれらを蓄えるので，羊毛は保温性，吸湿性に優れる。なお，繊維の断面は円形であるが，大きさは不揃いである。酸には比較的強いが，塩基にはかなり弱い。

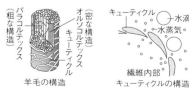
羊毛の構造　繊維内部 キューティクルの構造

絹は**フィブロイン**というタンパク質からできている。カイコガのまゆからとった生糸はフ

ィブロインの繊維をセリ
シンという水溶性のタン
パク質で包んだ構造をし
ている。これを湯で煮てセ
リシンを除くと特有の光
沢をもつ絹糸となる。これ
を**絹の精練**という。

生糸の構造

　1個のまゆから 1000〜1500m の長繊維
が得られる。断面は丸みを帯びた三角形で，こ
の形が，絹特有の光沢，手ざわり，絹鳴りの
原因となっている。絹は，塩基にかなり弱く，
光により黄ばみやすい。

455 解説　2種類以上の単量体を任意の割合で混
合したものを重合させることを**共重合**，得られた高分
子化合物を**共重合体**という。

アクリロニトリル $CH_2=CHCN$ とアクリル酸メチ
ル $CH_2=CHCOOCH_3$ を $x:y$（物質量比）の割合で共
重合すると，次式のように反応し，共重合体のアクリ
ル繊維が得られる。

$$xCH_2=CH + yCH_2=CH \longrightarrow \{CH_2-CH\}_x\{CH_2-CH\}_y$$
$$\quad\quad CN \quad\quad\quad COOCH_3 \quad\quad\quad CN \quad\quad COOCH_3$$

共重合体の重合度について，
$x + y = 500$ ……①
分子量は，$CH_2=CHCN$ が 53，$CH_2=CHCOOCH_3$ が
86 より，共重合体の分子量について，
$53x + 86y = 29800$ ……②
②−①×53 より，$y = 100$，$x = 400$
よって　$x:y = 4:1$

解答　**4:1**

456 解説　(1) スチレンと p-ジビニルベンゼン
を過不足なく完全に共重合したので，スチレンと
p-ジビニルベンゼンの物質量の比が，分子数の比に
等しいから，スチレン（分子量 104），p-ジビニルベ
ンゼン（分子量 130）より，
$$\frac{8.32}{104} : \frac{1.30}{130} = 8 : 1$$

(2) この共重合体の構造式は下図の通りで，その重合
度を n とすると，

$$\left[\{CH-CH_2\}_8\{CH-CH_2\}\right]_n$$

この共重合体の分子量に関して，次式が成り立つ。
$(104 × 8 + 130) × n = 8.0 × 10^4$
∴ $n ≒ 83.2$
1 分子中のスチレン単位の数は，

$83.2 × 8 = 665.6 ≒ 6.7 × 10^2$〔個〕
(3) スルホン化により，$-H$ がとれ $-SO_3H$ が結合す
るので，式量は 80 ずつ増加する。
　スルホン化は，スチレン部分だけで起こるから，
生成した陽イオン交換樹脂の分子量は，
$8.0 × 10^4 + 80 × 6.65 × 10^2 ≒ 1.33 × 10^5$
生じた陽イオン交換樹脂の質量を x〔g〕とすると，
もとの共重合体と生じた陽イオン交換樹脂の物質量
は変わらないから，
$$\frac{50}{8.0 × 10^4} = \frac{x}{1.33 × 10^5} \quad ∴ \quad x ≒ 83.1 ≒ 83〔g〕$$

解答　(1) **8:1**　(2) **6.7 × 10² 個**　(3) **83g**

457 解説　結合している官能基の化学変化などに
より，特殊な機能を発揮する高分子を，**機能性高分子**
といい，多方面で利用されている。

導電性高分子…ポリアセチレン $\{CH=CH\}_n$ は単結
合と二重結合が交互にあり，これを**共役二重結合**と
いう。共役二重結合をつくっている電子は，金属の
自由電子のように両隣りの炭素原子の間を移動でき
る。ここにヨウ素 I_2 などの物質を加えると電気伝
導性がさらに増加し，金属と同程度になる。導電性
高分子は，携帯電話の二次電池や，さまざまな電子
部品に利用されている。白川英樹博士は，2000年，
この研究によりノーベル化学賞を受賞した。

感光性高分子…光を当てると，側鎖の部分に架橋構造
を生じ，立体網目状構造となり，溶媒に対して不溶
となるような高分子。印刷用の製版材料，プリント
配線などに用いられる。
　例えば鎖状構造のポリケイ皮酸ビニルに光（紫外
線）が当たると，側鎖の C=C 結合部分どうしが付
加して二量体となり，立体網目状構造となる。

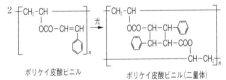
ポリケイ皮酸ビニル　　　ポリケイ皮酸ビニル（二量体）

　残したい部分に光（紫外線）を当てると，プラスチ
ックが不溶性になり，不要な部分を溶媒に溶かして
しまえば印刷用の凸版ができる。また，歯科用の充
填剤への利用もある。虫歯の部分を切削したあと，
充填剤を詰め込み，紫外線を照射すると 1 分程度で
硬化し，治療が終わる。

高吸水性高分子…ポリアクリル酸ナトリウム $\{CH_2-CH(COONa)\}_n$ は，アクリル酸ナトリウム $CH_2=CHCOONa$ の付加重合体を架橋した三次元構造をし
ている。吸水して $-COONa$ が電離すると $-COO^-$ の

反発により網目状構造が拡大し、多量の水が閉じこめられ、吸収された水は加圧しても外部へは容易に出てこない。紙おむつ、土壌保水剤に利用される。

吸水前 → 吸水後

生分解性高分子…ポリグリコール酸やポリ乳酸などの脂肪族のポリエステルは、芳香族のポリエステルに比べて生体や微生物による生分解性が大きい。特に、グリコール酸 $HO-CH_2-COOH$、乳酸 $HO-CH(CH_3)-COOH$ などのヒドロキシ酸のポリエステルは生分解性高分子として、外科手術用の縫合糸や釣り糸、使い捨ての食器類などに用いられている。

ポリ乳酸　ポリグリコール酸

光透過性高分子…ポリメタクリル酸メチルは光の透過性に優れており、有機ガラスとして、眼鏡レンズや医療用の光ファイバー、水族館の巨大水槽などに用いられる。

ポリメタクリル酸メチル

解答 (1) 高吸水性高分子
(2) 導電性高分子
(3) 生分解性高分子
(4) 感光性高分子
(5) 光透過性高分子

458 **解説** 本問のように、互いに混じり合わない2種の溶液の境界面で、縮合重合を行わせる方法を**界面縮合**という。この方法は、高温を必要としない。また、一般の縮合重合のように反応物質の物質量を正確に合わせる必要がなく、一方の物質がなくなれば、反応は自動的に停止する。耐熱性の芳香族ポリアミド（**アラミド繊維**）などは、この方法ではじめてつくることが可能となった。

(1) 本実験に使える有機溶媒 A は、水と混じり合わずに二層に分離することで、その境界面で縮合重合が起こり、**ナイロン66**の薄膜が生じるものである。

したがって、アセトンは水に可溶なので不適である。〔1〕の溶液に〔2〕の溶液を静かに加え、界面にできるだけ薄いナイロン66の膜を形成させるには、〔1〕の溶液の密度は、〔2〕の溶液の密度よりも大きい方がよい。よって、ジクロロメタン CH_2Cl_2 (1.3g/cm^3)は適するが、ジエチルエーテル $C_2H_5OC_2H_5$ (0.7g/cm^3)は好ましくない。

(2),(3) $nH_2N-(CH_2)_6-NH_2 + nClCO-(CH_2)_4-COCl$
ヘキサメチレンジアミン　　　　　アジピン酸ジクロリド

$\longrightarrow$ $\{NH(CH_2)_6-NHCO-(CH_2)_4-CO\}_n + 2nHCl$
ナイロン66　　　　　　　分子量226n

の反応式が示すように、縮合重合が進行すると、HCl が生成するので、NaOH を加えて中和することにより、この反応をより右へ進行させることができる。

参考　アジピン酸ジクロリドを使う理由
アジピン酸よりもヘキサメチレンジアミンとの反応速度が大きいこと、アジピン酸ジクロリドは水に不溶で、有機溶媒に可溶なので、ヘキサメチレンジアミン水溶液との界面縮合を行いやすいためである。

(4) 反応式より、ヘキサメチレンジアミンとアジピン酸ジクロリドは等物質量ずつ反応する。したがって、アジピン酸ジクロリドが、0.010mol × 0.70 = 7.0 × 10^{-3}〔mol〕反応すると、ヘキサメチレンジアミンも 7.0 × 10^{-3}mol 反応する。

ナイロン66 の分子量は 226n だから、反応式の係数比より、ヘキサメチレンジアミン、アジピン酸ジクロリドが 7.0 × 10^{-3}mol ずつ反応すると、生成するナイロン66 の質量は、次のようになる。

$$7.0 \times 10^{-3} \times \frac{1}{n} \times 226n \doteqdot 1.58 \doteqdot 1.6 〔g〕$$

解答 (1) イ　(2) ヘキサメチレンジアミン
(3) $nH_2N-(CH_2)_6-NH_2 + nClCO-(CH_2)_4-COCl$
$\longrightarrow$ $\{NH(CH_2)_6-NHCO-(CH_2)_4-CO\}_n + 2nHCl$
(4) **1.6g**

459 **解説** スチレンと p-ジビニルベンゼン（少量）を**共重合**させると、立体網目状構造の合成樹脂 A となる。この高分子中ではポリスチレンのパラ位の反応性が高く、濃硫酸（発煙硫酸）でスルホン化すると、水に不溶性の**陽イオン交換樹脂**が得られる。すなわち、p-ジビニルベンゼンで架橋したポリスチレンに、スルホ基 $-SO_3H$ などの酸性の官能基をつけた陽イオン交換樹脂をカラムに詰め、上部から電解質水溶液を流すと、樹脂中の $-SO_3H$ に含まれる H^+ と、水溶液中に含まれる陽イオンとが交換される。

一方、p-ジビニルベンゼンで架橋したポリスチレ

246　7-38　繊維・機能性高分子

ンに，$-CH_2-N(CH_3)_3OH$ などの塩基性の官能基を
つけたものが**陰イオン交換樹脂**である。

(1)　陽イオン交換樹脂に陽イオンを通すと，樹脂中の
$-SO_3H$ に含まれる H^+ と水溶液中の陽イオンが交
換される。

$$R-SO_3H + Na^+ \rightleftharpoons R-SO_3^-Na^+ + H^+ \cdots ①$$
（R はイオン交換樹脂の炭化水素基）

したがって，NaCl水溶液を通すと Na^+ が H^+ と
交換されるので，流出液には HCl が含まれる。

(2)　①式のイオン交換反応は可逆反応であって，高濃
度の塩酸を陽イオン交換樹脂に流すと，①式の平衡
は左に移動して，もとの状態に再生される(この後，
塩酸が流出しなくなるまで，十分に純水で洗浄する
必要がある)。

(3)　一般に，塩類(イオン)を含んだ水を，陽イオン交
換樹脂と陰イオン交換樹脂の両方を通過させると，
陽イオンは H^+ に，陰イオンは OH^- に交換され，
生じた H^+ と OH^- は中和して，イオンを含まない
純水が得られる。この純水を**脱イオン水**といい，各
種の研究室，工場などで用いられている(ただし，
非電解質や多くの有機物は除去できない)。

(4)　$2RSO_3H + Ca^{2+} \longrightarrow (R-SO_3)_2Ca + 2H^+ \cdots ②$
②式より，$Ca^{2+}:H^+ = 1:2$(物質量比)で交換され，
かつ，$H^+:OH^- = 1:1$(物質量比)で中和されるから，
$CaCl_2$ 水溶液の濃度を x〔mol/L〕とおくと，

$$\left(x \times \frac{10}{1000}\right):\left(0.10 \times \frac{40}{1000}\right) = 1:2$$

∴　$x = 0.20$〔mol/L〕

[解答]　① **スチレン**　② **共**　③ **スルホ**　④ **陽イオン**
⑤ **陽イオン交換樹脂**　⑥ **陰イオン**
⑦ **陰イオン交換樹脂**
(1) **希塩酸**
(2) **希塩酸を流した後，十分に水洗しておく。**
(3) **純水**　(4) **0.20mol/L**

460　[解説]　**酢酸ビニル**は，従来，アセチレンに酢
酸を付加させる方法でつくられていたが，現在は，
O_2 存在下で，エチレンと酢酸との気相反応でつくられ
る。

$$CH_2=CH_2 + CH_3COOH + \frac{1}{2}O_2$$
$$\longrightarrow CH_2=CHOCOCH_3 + H_2O$$

酢酸ビニルを付加重合させると，ポリ酢酸ビニルを
生じる。この化合物は側鎖にエステル結合をもち，
NaOH 水溶液で**けん化**すると，**ポリビニルアルコー
ル**と酢酸ナトリウムになる。

$$\begin{bmatrix} CH_2-CH \\ | \\ OCOCH_3 \end{bmatrix}_n + nNaOH$$
$$\longrightarrow \begin{bmatrix} CH_2-CH \\ | \\ OH \end{bmatrix}_n + nCH_3COONa$$

ポリビニルアルコールは炭素鎖の1つおきに親水性
の $-OH$ をもつため水に溶けやすい。そこで $-OH$ の
$30 \sim 40\%$ をホルムアルデヒドで処理して，疎水性の
$-O-CH_2-O-$(この構造を**アセタール構造**という)
にする。また，この処理を**アセタール化**という。

(1)　アセタール化してできた水に不溶性の繊維**ビニロ
ン**は，親水性の $-OH$ が残っているので，適度な吸
湿性をもち，分子間に水素結合が形成されることで
強い丈夫な繊維となる。

(2)　PVA の $-OH$ の 30% をホルムアルデヒドと反応
させたビニロンをつくる反応式は，次の通りであ
る。

$$\begin{bmatrix} CH_2-CH-CH_2-CH \\ | \qquad\quad | \\ OH \qquad\quad OH \end{bmatrix}_n \xrightarrow[\text{アセタール化}]{nHCHO}$$
分子量88n

$$\begin{bmatrix} CH_2-CH-CH_2-CH \\ | \qquad\quad | \\ OH \qquad\quad OH \end{bmatrix}_{0.7} \begin{pmatrix} CH_2-CH-CH_2-CH \\ | \qquad\quad | \\ O-CH_2-O \end{pmatrix}_{0.3} \end{}_n$$
(=88)　　　　　(=100)

分子量：$(88 \times 0.7 + 100 \times 0.3)n = 91.6n$
$\left(\begin{array}{l}\text{ビニロンの繰り返し単位中の分子の長さと，PVAの繰り返し}\\\text{単位中の分子の長さを揃えておく必要がある。}\end{array}\right)$

PVA100kg をアセタール化して得られるビニロン
を x〔kg〕とおくと，アセタール化では，PVA とビ
ニロンの物質量は変化しないので，次式が成り立つ。

$$\frac{100 \times 10^3〔g〕}{88n〔g/mol〕} = \frac{x \times 10^3〔g〕}{91.6n〔g/mol〕}$$

$x = 104.0 = 1.04 \times 10^2$〔kg〕

〈別解〉　PVA の $-OH$ の 100% をホルムアルデヒド
と反応させたビニロンをつくる反応式は，次のよう
に表せる。

$$\begin{bmatrix} CH_2-CH-CH_2-CH \\ | \qquad\quad | \\ OH \qquad\quad OH \end{bmatrix}_n \xrightarrow[\text{アセタール化}]{nHCHO} \begin{bmatrix} CH_2-CH-CH_2-CH \\ | \qquad\quad | \\ O-CH_2-O \end{bmatrix}_n$$
分子量88n　　　　　　　　　　　　　分子量100n

$\left(\begin{array}{l}\text{ビニロンとPVAの繰り返し単位中の分子の長さを揃えてお}\\\text{く。}\end{array}\right)$

PVA 100kg を完全にアセタール化して得られる
ビニロンを y〔kg〕とおくと，アセタール化では，
PVA とビニロンの物質量は変化しないので，次式
が成り立つ。

461 ～ 462

$$\frac{100 \times 10^3 [g]}{88n [g/mol]} = \frac{y \times 10^3 [g]}{100n [g/mol]}$$

$y ≒ 113.6 [kg]$

PVA 100kg の完全なアセタール化での質量増加は 13.6kg。よって，PVA 100kg の -OH の 30% だけアセタール化したときの質量増加は，

$13.6 \times 0.30 = 4.08 [kg]$ である。

よって，得られるビニロンの質量は，

$100 + 4.08 = 104.08$
$≒ 1.04 \times 10^2 [kg]$

解答 ① 付加重合 ② けん化(加水分解)
③ ホルムアルデヒド ④ ヒドロキシ
⑤ アセタール化
(1) 親水性のヒドロキシ基が残っているから。
(2) 1.04×10^2 kg

461 [解説] (1) セルロース $(C_6H_{10}O_5)_n$ は右図のような構造式をもち，グルコース単位には3個の -OH が含まれる。セルロースの示性式は $[C_6H_7O_2(OH)_3]_n$ と表される。

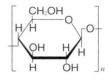

セルロースを無水酢酸と反応させると，セルロース分子中のすべての -OH の H がアセチル基 -COCH$_3$ で置換され(**アセチル化**)，トリアセチルセルロースが得られる。

(2) 解答(1)に示した反応式の係数比より，セルロース 1mol を完全にアセチル化するのに，3n[mol] の無水酢酸が必要である。分子量は，

$(C_6H_{10}O_5)_n = 162n$，$(CH_3CO)_2O = 102$

より，必要な無水酢酸を $x[g]$ とすると，

$$\frac{324}{162n} \times 3n = \frac{x}{102} \quad \therefore \quad x = 612 [g]$$

(3) トリアセチルセルロースの繰り返し単位の中にはアセチル基は3個ある。その一部 (y) 個だけが加水分解されたとすると，残るアセチル基は $(3-y)$ 個となる。

$[C_6H_7O_2(OCOCH_3)_3]_n + nyH_2O \longrightarrow$
$[C_6H_7O_2(OH)_y(OCOCH_3)_{3-y}]_n + nyCH_3COOH$

加水分解して得られたアセチルセルロースの分子量：$(288 - 42y)n$ ($0 < y < 3$ の任意の値)

上の反応式の係数比より，トリアセチルセルロース(分子量 $288n$) と加水分解して得られたアセチルセルロースの物質量は等しいから，

$$\frac{576}{288n} = \frac{508}{(288-42y)n} \quad \therefore \quad y ≒ 0.809$$

アセチル化の割合：$\dfrac{3 - 0.809}{3} \times 100 ≒ 73 [\%]$

解答 (1) $[C_6H_7O_2(OH)_3]_n + 3n(CH_3CO)_2O$
$\longrightarrow [C_6H_7O_2(OCOCH_3)_3]_n + 3nCH_3COOH$
(2) **612g**
(3) **73%**

462 [解説] トウモロコシ等に含まれるデンプンはグルコースに変換され，微生物の作用によってつくられた乳酸を原料として，**ポリ乳酸**がつくられる。

脂肪族ポリエステルのうち，ヒドロキシ酸のポリマーには，生分解性に優れたものが多く，**生分解性プラスチック**として注目されている。

生分解性プラスチックには，ポリアミド系(ポリグルタミン酸，ポリリシンなど)のものと，ポリエステル系(ポリ乳酸，ポリグリコール酸)のものとがある。

(1) 高分子I(ポリ乳酸)は，乳酸 $CH_3CH(OH)COOH$ の -COOH と -OH の間で脱水縮合により高分子を形成している。このため，NaOH 水溶液で十分にけん化すると，-COOH が中和され -COO$^-$Na$^+$ となり，乳酸ナトリウム(化合物 A)が生成する。

$$\left[-O-\overset{\overset{\displaystyle CH_3}{|}}{\underset{\underset{\displaystyle H}{|}}{C}}-\overset{\overset{\displaystyle}{\|}}{\underset{\underset{\displaystyle O}{}}{C}}-\right]_n + nNaOH \longrightarrow nHO-\overset{\overset{\displaystyle CH_3}{|}}{\underset{\underset{\displaystyle H}{|}}{C}}-\overset{\overset{\displaystyle}{\|}}{\underset{\underset{\displaystyle O}{}}{C}}-ONa$$

(2) 乳酸ナトリウム(弱酸の塩)に塩酸(強酸)を加えると，乳酸(弱酸)が遊離する。

$$HO-\overset{\overset{\displaystyle CH_3}{|}}{\underset{\underset{\displaystyle H}{|}}{C}}-\overset{\overset{\displaystyle}{\|}}{\underset{\underset{\displaystyle O}{}}{C}}-ONa + HCl$$

$$\longrightarrow HO-\overset{\overset{\displaystyle CH_3}{|}}{\underset{\underset{\displaystyle H}{|}}{C}}-OH + NaCl$$

(3) 乳酸2分子から水2分子が失われて脱水縮合すると，次のような六員環構造をもつ化合物Cを生成する。

$$\begin{array}{c} CH_3 \\ HO-CH-C-OH \\ \\ HO-C-CH-OH \\ CH_3 \end{array} \xrightarrow[\text{脱水}]{-2H_2O} \begin{array}{c} \text{乳酸のラクチド} \end{array}$$

(ラクチドとは，ヒドロキシ酸の脱水縮合で得られる環状ジエステルの総称である。)

(4) 化合物Cには，不斉炭素原子*が2個あるので，立体異性体(鏡像異性体)として，$2^2 = 4$ 種類が考えられる。しかし，(a)，(b)は互いに鏡像異性体であるが，(c)，(d)には対称中心があるため，2つは同一物

となる。したがって，立体異性体は全部で3種類となる。

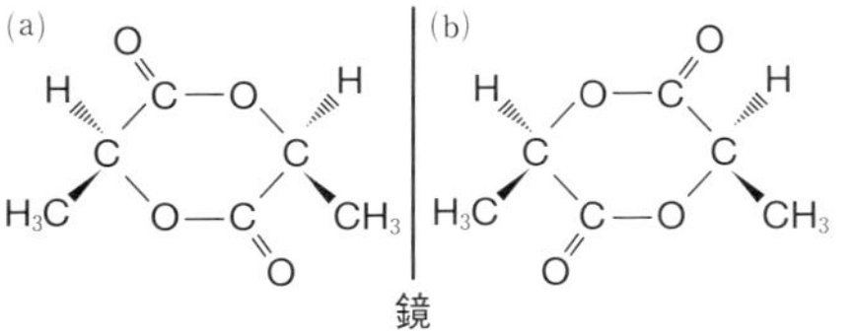

(a) | (b)

(a)と(b)は裏返しても回転しても重ならないので，鏡像異性体（鏡像体）である。

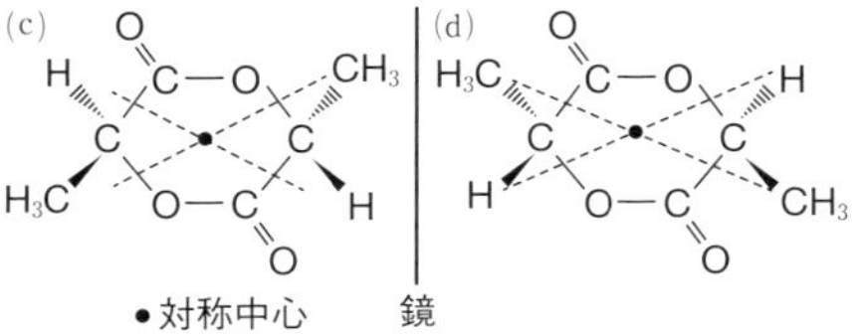

(c) | (d)

●対称中心　鏡

(c)を180°回転させると(d)に重なるので同一物である（HとH，CH_3とCH_3を結ぶ線の交点が対称中心となる）。

―― : 紙面上の結合　　―◀ : 紙面の手前側に向かう結合
―◁ⅲ : 紙面の奥側へ向かう結合

(5) 高分子Ⅰの重合度 n を求めればよい。高分子Ⅰの構造式より，

$$(C_3H_4O_2)_n = 1.8 \times 10^5$$
$$72n = 1.8 \times 10^5 \qquad \therefore \quad n = 2.5 \times 10^3$$

乳酸をそのまま縮合重合させただけでは，低分子量のポリ乳酸しか得られない。そこで，まず，乳酸の環状ジエステルである乳酸のラクチドをつくり，これを開環重合させる方法で高分子量のポリ乳酸がつくられる。

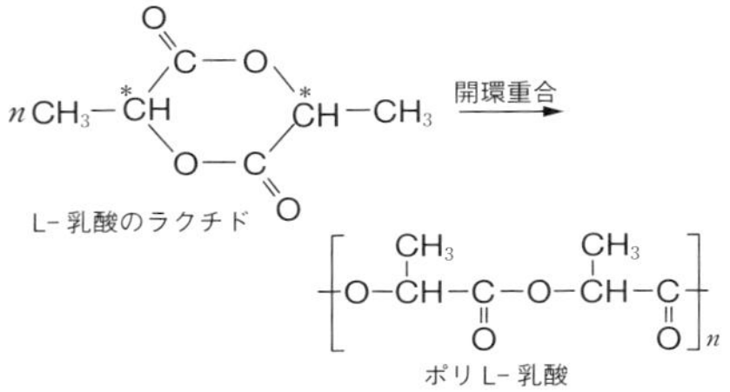

L-乳酸のラクチド

開環重合→

ポリ L-乳酸

解答 (1)

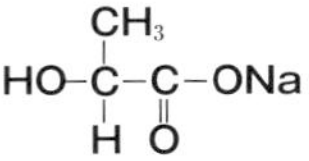

(2) **乳酸**

(3)

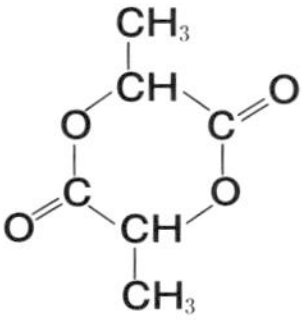

(4) **3種類**

(5) **2.5 × 10³**

参考 **高分子の立体構造と性質**

高分子化合物では，たとえ同一の物質であっても，単量体がどのような向きで結合したかによって，生じた重合体（ポリマー）の性質にかなりの違いが生じることがある。

例えば，ポリスチレン

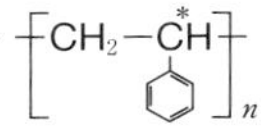

において，ベンゼン環が結合した **C*** は不斉炭素原子であり，重合の際に用いる触媒の種類などによって，次のような立体構造の異なる高分子が得られることが知られている。

立体構造	モデル
アタクチックポリマー	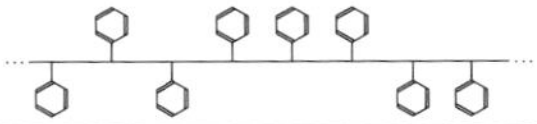
シンジオタクチックポリマー	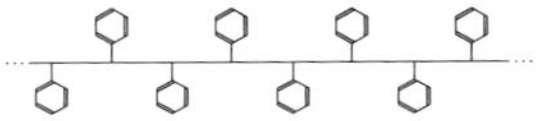
アイソタクチックポリマー	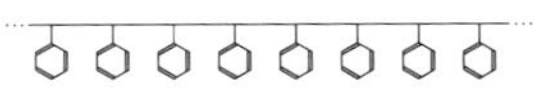

日用品やプラモデルなどに用いられる一般的なポリスチレンは，結晶化しにくく透明で，その分子はベンゼン環の立体配置がランダムな**アタクチックポリマー**である。これに対して，ベンゼン環の立体配置が交互に入れ替わった**シンジオタクチックポリマー**は，結晶化しやすく乳白色で，強度が大きく，耐熱性にも優れた性質を示す。ベンゼン環の立体配置が全て同じである**アイソタクチックポリマー**も結晶化するが，その速さはシンジオタクチックポリマーよりも少し遅い。

共通テストチャレンジ

463 [解説] ① グルコースもフルクトースも水溶液は還元性を示す。ただし、グルコースの鎖状構造はアルデヒド基をもつが、フルクトースの鎖状構造には −CO−CH₂OH というヒドロキシケトン基の構造があり、この部分が還元性を示す。〔×〕

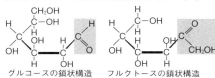
グルコースの鎖状構造　　フルクトースの鎖状構造

② スクロースは、グルコースとフルクトースのそれぞれが還元性を示す部分どうしで脱水縮合した構造をもつので、水溶液は還元性を示さない。〔×〕
③ グルコースは鎖状構造、環状構造ともにヒドロキシ基を5個ずつもつ。〔○〕

（環状構造　　鎖状構造の図）

④ 酵素チマーゼのはたらきによって、グルコース1分子から2分子のエタノールと2分子の二酸化炭素が生成する。〔×〕

$C_6H_{12}O_6 \longrightarrow 2C_2H_5OH + 2CO_2$

⑤ β-グルコースの重合体である**セルロース**を加水分解すると、二糖類であるセロビオースを経て、グルコースを生じる。〔×〕
⑥ **グリコーゲン**は、動物の体内でグルコースから合成されるエネルギー貯蔵物質であり、**動物デンプン**ともよばれる。動物の肝臓や筋肉などの組織中に多く存在する。グリコーゲンは必要に応じて加水分解されてグルコースとなり、血液中のグルコース濃度は一定に保たれている。〔○〕
⑦ デンプンにはアミロースとアミロペクチンの2種類の成分があり、**アミロース**はα-グルコースが直鎖状に結合した構造をもち、分子量は比較的小さい。一方、α-グルコースが枝分かれ状に結合した構造をもつのは、**アミロペクチン**であり、分子量はアミロースよりも大きい。〔×〕

[解答] ③, ⑥

464 [解説] ① タンパク質は、加熱すると凝固したり沈殿したりする。これを**タンパク質の変性**といい、冷却しても再びもとに戻らないことが多い。酸・塩基・重金属イオン(Cu^{2+}, Pb^{2+}など)・アルコールなどの有機溶媒の影響でも変性する。変性すると、タンパク質分子の立体構造が変化してしまい、もとのタンパク質の性質や機能が失われる。〔×〕
② タンパク質の水溶液に水酸化ナトリウム水溶液と少量の硫酸銅(Ⅱ)水溶液を加えると、赤紫色に呈色する。この反応を**ビウレット反応**という。アミノ酸3分子以上からなるポリペプチドが存在すると、銅(Ⅱ)イオンと2個以上のペプチド結合とが錯体をつくることにより赤紫色に呈色する。〔×〕
③ タンパク質の水溶液に濃硝酸を加えて加熱すると、黄色に呈色し、冷却後に水溶液を塩基性にすると橙黄色になる。この反応を**キサントプロテイン反応**という。タンパク質の構成アミノ酸にあるベンゼン環がニトロ化されることで呈色する。〔○〕
④ タンパク質は、多数のアミノ酸がペプチド結合(アミド結合) −CO−HN− でつながった高分子化合物(**ポリペプチド**)でできている。
⑤ タンパク質を構成するアミノ酸の配列順序は、**一次構造**とよばれる。アミノ酸が多数つながってできた鎖状の高分子(ポリペプチド鎖)は、ペプチド結合の部分で水素結合し、α-ヘリックス構造やβ-シート構造などの**二次構造**を形成する。さらに二次構造のポリペプチド鎖は、側鎖部分のジスルフィド(S−S)結合やイオン結合および水素結合などによって複雑に折りたたまれて**三次構造**を形成する。複数の三次構造をもつポリペプチド鎖が集合し、一定のまとまった構造をとっているものを**四次構造**という。なお、二次構造以上をまとめて、タンパク質の**高次構造**という。〔×〕
⑥ α-アミノ酸の構造は $R-CH(NH_2)COOH$ なので、R(側鎖)がHであるグリシン以外は不斉炭素原子をもつ。〔×〕
⑦ アミノ酸には、元素 H, C, N, O 以外に、硫黄Sを含むものがある。〔×〕

例) H₂N−CH−COOH　　H₂N−CH−COOH
　　　　｜　　　　　　　　　｜
　　　CH₂−SH　　　　　　(CH₂)₂−SCH₃
　　　システイン　　　　　　メチオニン

[解答] ③, ④

465 [解説] 単糖分子どうしが脱水縮合してできたエーテル結合(−O−)を、特に**グリコシド結合**という。
加水分解によって、シクロデキストリン中のグリコシド結合(−O−)が切断されて、−OH になる。このとき、グリコシド結合1個に対して、水分子 H_2O 1個が反応する。

466 ～ 469

シクロデキストリン

このシクロデキストリン 1 分子中にはグリコシド結合が 6 個あり，また，題意より，シクロデキストリンは完全に加水分解されてすべてグルコースになっているので，このグリコシド結合はすべて切断されていることがわかる。

したがって，シクロデキストリン 0.10 mol の加水分解で反応した水の物質量は，
0.10 mol × 6 = 0.60 [mol]
水 H_2O のモル質量が 18 g/mol なので，その質量は，
0.60 mol × 18 g/mol = 10.8 [g]

解答 ⑥

466 **[解説]** ポリエチレンテレフタラートの繰り返し単位は，次のようになる。

−[O−(CH$_2$)$_2$−O−C(=O)−⟨benzene⟩−C(=O)]−$_n$

（このポリエチレンテレフタラートは高分子なので，分子の両端の −H，−OH の構造は考慮しなくてよい）

繰り返し単位中に 2 個のエステル結合を含み，繰り返し単位の式量は $C_{10}H_8O_4$ = 192 である。
したがって，分子量 $2.0 × 10^5$ のポリエチレンテレフタラート 1 分子に含まれるエステル結合の数は，

$\dfrac{2.0 × 10^5}{192}$ × 2 ≒ $2 × 10^3$

1 分子中の繰り返し単位の数 ／ 繰り返し単位中のエステル結合の数

解答 ②

467 **[解説]** ① **陽イオン交換樹脂**は，スチレンと p-ジビニルベンゼンの共重合体を，濃硫酸でスルホン化することで得られる。〔×〕

② 陽イオン交換樹脂は，

−CH$_2$−CH(−C$_6$H$_4$−SO$_3$H)− + Na$^+$ ⇌ −CH$_2$−CH(−C$_6$H$_4$−SO$_3$Na)− + H$^+$

のように反応し，陽イオンを交換する。そのため，水酸化ナトリウム水溶液と反応すると，Na$^+$ が H$^+$ に交換され，この H$^+$ と OH$^-$ が直ちに中和して H_2O になるので，純水（**脱イオン水**）となる。〔○〕

③ 陽イオン交換樹脂に塩酸を通じても，水素イオンどうしの交換となるため，質量その他，何も変化しない。〔×〕

④ 食塩水に陽イオン交換樹脂を浸すと，Na$^+$ が H$^+$ に交換されるため，塩酸が生じる。その結果，水溶液は酸性となり，pH は小さくなる。〔×〕

⑤ 陽イオン交換樹脂のイオン交換反応は，②で示したように可逆反応であるため，強酸を多量に加えると，H$^+$ が増加して平衡が左へ移動し，陽イオン交換樹脂が再生する。〔×〕

解答 ②

468 **[解説]** (1) 天然ゴムは，イソプレンを付加重合させてつくられた**ポリイソプレン**である。

$nCH_2=C(CH_3)−CH=CH_2$
イソプレン
⟶ −[CH$_2$−C(CH$_3$)=CH−CH$_2$]−$_n$
ポリイソプレン

① ベンゼン環はもたない。〔×〕
② ポリイソプレンは，繰り返し単位の中に 1 個 C=C 結合をもち，その構造がシス形のため，分子全体が折れ曲がった形をとりやすく，分子が規則的に配列しにくいため，結晶化しにくい。したがって，ゴム特有の弾性を示す。〔○〕
③ 単量体であるイソプレンの分子式は C_5H_8 の炭化水素である。〔×〕
④ 不斉炭素原子をもたない。〔×〕

(2) 反応式に示すように，NBR 1 分子を構成するアクリロニトリルとブタジエンの割合が 1 : x であるとすると，NBR 1 分子中には N 原子が n 個含まれている。

$nCH_2=CH(CN) + nxCH_2=CH−CH=CH_2$
⟶ −[CH$_2$−CH(CN)]−[CH$_2$−CH=CH−CH$_2$]−$_x$$_n$

NBR 分子中の N の含有率は 6.5 % であるから，次式が成り立つ。

$\dfrac{14n}{(53+54x)n} × 100 = 6.5$ ∴ $x ≒ 3.0$

解答 (1) ② (2) ③

469 **[解説]** ポリビニルアルコール（PVA）は分子中に親水基の −OH を多くもち，水に溶けやすい。そこで，この −OH の数を減らして水に不溶性の繊維と

するために，ホルムアルデヒド **HCHO** で処理(**アセタール化**)を行うと，**ビニロン**が得られる。

　与えられた構造式を用いて，PVA の $-OH$ の 50% がアセタール化されたビニロンの構造は下図(B)のようになる。

(A) $\left[\begin{array}{c} CH-CH_2-CH-CH_2-CH-CH_2-CH-CH_2 \\ \ \ |OH\ \ \ \ \ \ \ \ \ \ |OH\ \ \ \ \ \ \ \ \ \ |OH\ \ \ \ \ \ \ \ \ \ |OH \end{array}\right]_n$

ポリビニルアルコール

HCHO ↓ アセタール化

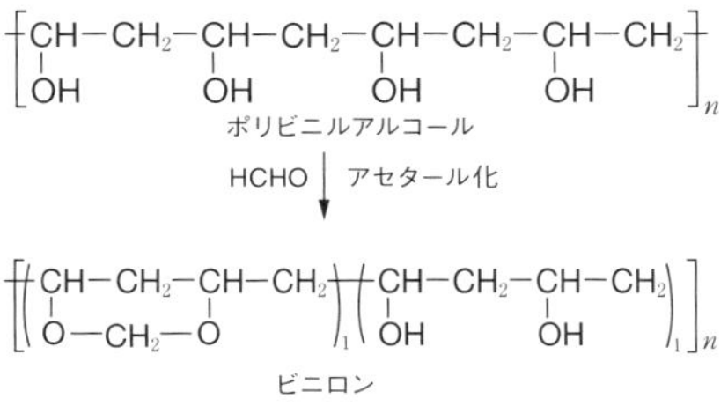

(B) $\left[\left[\begin{array}{c} CH-CH_2-CH-CH_2 \\ \ \ |O-CH_2-O|_1 \end{array}\right]\left[\begin{array}{c} CH-CH_2-CH-CH_2 \\ \ \ |OH\ \ \ \ \ \ \ \ \ \ |OH|_1 \end{array}\right]\right]_n$

ビニロン

$\Big/$ 高分子化合物の量的計算では，PVA(反応物)とビニロン(生成物)の繰り返し単位( )n の中にある分子の長さを揃えて比較しなければならないので，PVA の構造は上図(A)のように(B)と同じ長さにする必要がある。$\Big\backslash$

　∴　この PVA の分子量は，$44n \times 4 = 176n$

　∴　このビニロンの分子量は $100n + 88n = 188n$

　得られるビニロンの質量を x〔g〕とおくと，アセタール化(A)→(B)の前後では，物質量は変化しないから，次式が成り立つ。

$$\frac{88}{176n} = \frac{x}{188n} \quad ∴ \quad x = 94〔g〕$$

〈**別解**〉　PVA88 g が完全にアセタール化されたとして，得られるビニロンの質量を y〔g〕とおくと，

(C) $\left[\begin{array}{c} CH-CH_2-CH-CH_2 \\ \ \ |OH\ \ \ \ \ \ \ \ \ \ |OH \end{array}\right]_n$　分子量 $88n$

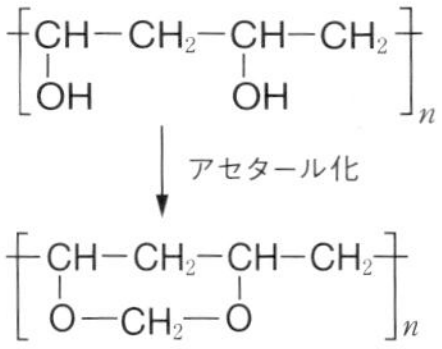

↓ アセタール化

(D) $\left[\begin{array}{c} CH-CH_2-CH-CH_2 \\ \ \ |O-CH_2-O \end{array}\right]_n$　分子量 $100n$

アセタール化(C)→(D)の前後で，物質量は変化しないので次式が成り立つ。

$$\frac{88}{88n} = \frac{y}{100n} \quad ∴ \quad y = 100〔g〕$$

　このときの質量増加は，$100 - 88 = 12$〔g〕である。いま，PVA の $-OH$ の 50% しかアセタール化されない場合，その質量増加はこの $\frac{1}{2}$ の 6 g である。

　よって，得られるビニロンの質量は，$88 + 6 = 94$〔g〕

解答 ②

原子量概数

水 素	H	……	1.0
ヘ リ ウ ム	He	……	4.0
リ チ ウ ム	Li	……	7.0
炭 素	C	……	12
窒 素	N	……	14
酸 素	O	……	16
フ ッ 素	F	……	19
ネ オ ン	Ne	……	20
ナ ト リ ウ ム	Na	……	23
マ グ ネ シ ウ ム	Mg	……	24
アルミニウム	Al	……	27
ケ イ 素	Si	……	28
リ ン	P	……	31
硫 黄	S	……	32
塩 素	Cl	……	35.5

アルゴン	Ar	……	40
カ リ ウ ム	K	……	39
カルシウム	Ca	……	40
ク ロ ム	Cr	……	52
マ ン ガ ン	Mn	……	55
鉄	Fe	……	56
ニ ッ ケ ル	Ni	……	59
銅	Cu	……	63.5
亜 鉛	Zn	……	65.4
臭 素	Br	……	80
銀	Ag	……	108
ス ズ	Sn	……	119
ヨ ウ 素	I	……	127
バ リ ウ ム	Ba	……	137
鉛	Pb	……	207

基本定数

アボガドロ定数　$N_A = 6.02 \times 10^{23}$〔/mol〕

モル体積　標準状態($0°C$，1013hPa)の**気体**　22.4〔L/mol〕

水のイオン積　$K_w = 1.0 \times 10^{-14}$〔mol/L〕^{2}

ファラデー定数　$F = 9.65 \times 10^4$〔C/mol〕

気体定数　$R = 8.31 \times 10^3$〔Pa·L/(K·mol)〕$= 8.31$〔J/(K·mol)〕

　　　　　体積の単位に〔m^3〕**を用いると**　8.31〔Pa·m^3/(K·mol)〕

単位の関係

長さ　　$1nm(ナノメートル) = 10^{-7}cm = 10^{-9}m$

圧力　　$1013hPa(ヘクトパスカル) = 1.013 \times 10^5 Pa(パスカル)$

　　　　　　　　　　　　　$= 1気圧(atm) = 760mmHg$

熱量　　$1cal = 4.18J(ジュール)$，　$1J = 0.24cal$

大学入学共通テスト・理系大学 受験

化学の
新標準演習 改訂版
化学基礎収録

【解答・解説集】